U0218875

国家重大出版工程项目

养 猪 学

（第 7 版）

SWINE SCIENCE
Seventh Edition

［美］**Palmer J. Holden，M. E. Ensminger**　　著

王爱国　**主译**
盛志廉　**主审**

中国农业大学出版社

图书在版编目(CIP)数据

养猪学/(美)霍登(Palmer J. Holden),(美)恩斯明格(M. E. Ensminger)著;王爱国主译. —7 版.
—北京:中国农业大学出版社,2007.6
书名原文:Swine Science,Seventh Edition
ISBN 978-7-81117-150-1

Ⅰ.养…　Ⅱ.①霍…②恩…③王…　Ⅲ.养猪学　Ⅳ.S828

中国版本图书馆 CIP 数据核字(2007)第 026476 号

书　　名	养猪学(第 7 版)		
作　　者	[美] Palmer J. Holden,M. E. Ensminger　著		
	王爱国　主译　盛志廉　主审		

策划编辑	宋俊果	责任编辑	彭威鑫　丛晓红
封面设计	郑　川	责任校对	王晓凤　陈　莹
出版发行	中国农业大学出版社		
社　　址	北京市海淀区圆明园西路 2 号	邮政编码	100094
电　　话	发行部 010-62731190,2620	读者服务部	010-62732336
	编辑部 010-62732617,2618	出　版　部	010-62733440
网　　址	http://www.cau.edu.cn/caup	e-mail	cbsszs @ cau.edu.cn
经　　销	新华书店		
印　　刷	涿州市星河印刷有限公司		
版　　次	2007 年 6 月第 1 版　2011 年 7 月第 2 次印刷		
规　　格	889×1 194　16 开本　38.75 印张　1 140 千字		
定　　价	135.00 元		

图书如有质量问题本社发行部负责调换

主　译　王爱国

译校者　（排名不分先后）

王爱国　　傅金恋　　王晓凤　　孔路军

赖长华　　刘桂芬　　蔺海朝　　曹长仁

房文宁　　王　鑫　　白　瑜　　任　倩

邓　慧　　李海晶　　刘　蕊　　郭永立

李宗进　　关　舒

主　审　盛志廉

作 者 简 介

　　帕默·J·霍登(Palmer J. Holden)，爱荷华州立大学动物科学退休教授。他在北达科他州立大学获得学士学位，在爱荷华州立大学获得动物营养硕士和博士学位。研究生毕业后，霍登博士到越南服兵役，上尉军衔。1972年进入爱荷华州立大学动物科学系，晋升为教授直至2002年退休。

　　霍登博士建立了举世闻名的猪营养与家畜农业推广项目，到19个国家进行讲学与咨询。爱荷华州立大学的《生命周期猪营养》(*Life Cycle Swine Nutrition*)具有国际影响，也是爱荷华州被公认为养猪中心的主要因素之一，其第17版译成4种文字。霍登博士自1990年直至退休作为爱荷华州立大学《猪业手册》(*Pork Industry Handbook*)的负责人。他联络了西半球26个点，组织了NRC的《猪营养需要》图书出版的国际卫星发布会。他制作了33盘录像，其中许多在爱荷华公共电视节目系列播出。

　　2000年霍登博士被美国动物科学学会(ASAS)命名为特别会员，同时得到该学会的推广奖。爱荷华猪肉生产者协会1986年授予他"猪肉生产者荣誉大师"称号，1997年给予他该协会的"养猪大奖"。

　　M·E·恩斯明格(M. E. Ensminger)(1908—1998)，在密苏里农场长大，获密苏里大学学士和硕士学位，获明尼苏达大学博士学位。他曾任职于马萨诸塞大学、明尼苏达大学和华盛顿州立大学(系主任)。他曾任农业服务基金会主席。

　　恩斯明格博士出版了22部涉及动物、奶牛、肉牛、绵羊和猪的科学与营养的专著(其中一些译成几种语言)，并发表了大量的文章。他的国际知名度源于他对畜牧业的贡献、他的书、他的许多国际畜牧学校和国际农业技术学校。在他杰出的生涯中曾获得许多奖励，其中相当一部分是国际公认的。

译 者 的 话

当我翻阅着这部由帕默·J·霍登(Palmer J. Holden)和 M·E·恩斯明格(M. E. Ensminger)所著的"Swine Science"时,越看越振奋,虽然从事养猪教学科研工作十几年了,这样的好书还是不多见的,从书中可以看出,作者对猪业科学的热爱和执着,可以感受到他们精益求精的态度。当然,更主要的是书中的内容和编写方法具有许多国内著作不可比及之处,于是产生了要尽快翻译成中文版的想法,以便国内猪业同行尽快看到这本好书。该书具有观点新颖、通俗易懂的特点。内容非常丰富,几乎涵盖了猪业科学的所有领域。全书包括5大部分:历史透视、基本生产要素、管理技能、商业技能和参考信息。具体内容不仅包含了猪业的发展历史与展望、猪的品种、行为习性、遗传改良、饲料营养、繁殖技术、饲养管理、猪群保健、猪舍与设备和粪污处理等,而且突出的特点是详细介绍了猪的福利、户外养猪、猪的装饰和展览、猪肉及其副产品、市场营销和猪肉生产体系等国内同类书籍很少涉猎的内容。另外,需要指出的是书中大量的图表和数据由国际权威人士提供。作者帕默·J·霍登和M. E. 恩斯明格博士是国际知名畜牧专家,产出颇丰,为畜牧业的发展作出了卓越贡献,本书由美国其他7所大学的学者进行了审阅。相信中文版的出版发行必然对我国养猪业产生积极的促进作用。

当前,我国养猪业已进入了新的发展阶段,猪肉产品供求基本平衡,提高猪肉产品质量与市场竞争力,增加经济效益和社会效益,改善生态环境已成为我国养猪业实现可持续发展的主要目标。为了适应这一新形势的要求,提高从业人员的理论水平、生产技能以及科学意识是当前刻不容缓的任务,认真研读一些优秀著作,对个人乃至企业整体水平的提高都大有好处。本书具有科学性、先进性和实用性,可供养猪生产者以及大专院校、科研单位的科技工作者学习参考。希望读到此书的人们能够受益匪浅。

我国著名动物数量遗传学家、猪育种专家盛志廉教授(东北农业大学)对本书进行了认真审阅,在此表示衷心感谢。

由于译者水平有限,时间仓促,书中难免有翻译不够贴切之处,热忱希望广大读者提出宝贵意见,以期改正和完善。

译者

2006 年 12 月于中国农业大学

献　　辞

　　我希望能将这本书奉献给指导和帮助我的同事们,以及那些养猪生产者和企业人员,他们提供了大量的实践经验,引领我走向成功与令人愉快的职业生涯,成为在爱荷华州立大学拥有30多年资历的养猪推广专家和教授。正是基于这一背景,我才能够进一步修订和完善这本书。

前　言

随着养猪业的迅速发展,以"优秀个体交配来选择有利性状的方法"逐渐被"通过寻找影响那些表型性状基因的方法"取代,市场运作方式也由买方采购活猪转变为生产者按照胴体的重量和品质定价后直接送货。另外,从分娩到出栏的猪场也逐渐被仅经营生产过程中某个环节的专门化企业所取代,并且越来越多的老百姓也开始关注环境质量和家畜生产的方式了。

产业团体如国家猪肉协会和州立猪肉组织主要负责制定一些积极的方案来确保消费者购买的猪肉免于抗生素残留、猪肉的风味和营养价值都能得到提高以及在人道的条件下进行养猪生产;还要确保在猪肉生产过程中能够保持甚至提高环境质量。猪肉商业组织和从事研究教育的大学间的合作空前加强,双方都在努力利用逐年降低的预算来保持与发展相关的项目。

作为一种农业产业——养猪业,我们必须准备去面对甚至引导其发展成为影响农业生存和发展的至关重要的部分,这就需要我们了解动物农业本身以及发展养猪业使农户过上富足生活所面临的问题。

猪业的发展前途

随着猪业的发展,挑战和机遇并存。以下是与猪的生产相关的 5 个方面:

1. 猪场向数量少、规模大的趋势发展。人们负担逐渐加重,农户也不例外。衣食、教育和养老的花销逐年增加,所以说,为了保持生活质量需要增加收入。

2. 特需市场的逐渐发展,为那些希望从事诸如自由放养、有机的或者无抗生素残留等特色猪肉生产者带来了丰厚的收入。

3. 动物福利将继续直接影响生产方式。我相信绝大多数生产者都知道为动物福利所支付的费用是关系到他们经营成败的关键。然而,对动物福利内涵的认识则存在着许多文化和伦理上的差异。但让人欣喜的是,那些直接影响生产方式的法规完全遵从科学的指导。

4. 生猪生产以及在此过程中所产生的粪肥和废气使环境问题越来越普遍。国家和州立法规已经成为管理家畜生产的主导力量。

5. 饲喂专门化饲粮,产生具有特殊内在品质如富含几类脂肪酸和其他有益组分的猪肉的研究工作正在进行着。

生产者必须具有一定的预见性,才能在竞争中生存。我希望此书能为入行者打下一个良好的基础,并为那些从业者提供有益参考。

帕默·J·霍登(**Palmer J. Holden**)

2004 年于美国爱荷华州艾姆斯市

感谢以下学者对《养猪学》第 7 版进行审阅:

李·E·安德森(Lee E. Anderson),佛罗里达农工大学(Florida A & M University);

W·L·弗劳尔(W. L. Flower),北卡罗来纳州立大学(North Carolina State University);

爱德华·S·丰达(Edward S Fonda),加利福尼亚州立理工大学(California State Polytechnic University-Pomona);

瑞克·琼斯(Rick Jones),乔治亚大学(University of Georgia);

莱尔·G·麦克尼尔(Lyle G. McNeal),犹他州立大学(Utah State University);

焦蒂·斯特里(Jodi Sterle),德克萨斯农工大学(Texas A & M University);

哈罗德·赛瑞(Harold Thirey),威尔明顿学院(Wilmington College)。

目　　录

第一部分　历　史　透　视

第二部分 基本生产要素

第三部分 管 理 技 能

第四部分　商业技能

第五部分 参 考 信 息

第一部分
历 史 透 视

第一章　美国养猪业的历史和发展

"在巡视员唐宁（Downing）指导下的政策是清除伯纳德·莱利（Bernard Riley）的猪场"。纽约市迁移猪场的政策，旨在努力使他们的城市更卫生。猪被赶出，猪圈被烧，废弃物用生石灰覆盖。（© Bettmann/CORBIS）

目标

学习本章后，你应该：

1.了解猪的起源与驯化。

2.知道猪的动物学起源。

3.知道猪引入美洲的时间与原因。

4.了解猪西迁美国及发生原因。

游牧民族并不能像放养牛、羊或马这些已经被驯化的家畜一样随意地将猪带在身边，因为猪不能够在自然状况下迁徙很长的距离，而早期的游牧民族又不能随意地移动它们，在这种情况下，猪被驯养在了几个不同的地区，并且每个地区或国家的猪被育成了一个具有本地特征的猪种。

此外，封闭圈养的猪依旧被猪圈中肮脏的气味和苍蝇所包围。因此，早期养猪的人们很被别人看不起。这时的猪是用垃圾喂养的，这有可能使它们感染同样影响人类健康的旋毛虫（trichina）。这也许就是希伯来人和穆斯林人不喜欢猪的最初原因，而后又因宗教性的规则有所加强。

猪的动物学分类

以下概要阐述了家猪在动物学系统中的基本地位：

动物界（Animalia）：包括所有的动物；动物界。

脊索动物门（Chordata）：动物界中的 21（近似）门之一，具有脊椎（脊椎动物）或脊椎的雏形（头索动物）。

哺乳纲（Mammalia）：哺乳动物或恒温、皮毛类的动物，生产幼崽并用乳腺分泌的乳汁哺乳一段时间。

偶蹄目(Artiodactyla):具有偶数趾,有蹄类的哺乳动物。

猪次目(Suina):包括河马、猪、野猪(*peccaries*)。

猪科(Suidae):非反刍的有蹄动物,由野猪和家猪组成,但是在现代分类中,野猪不包括在内,隶属于猯猪科(Tayassuidae)。

猪属(*Sus*):猪的典型属类,曾经分布广泛,如今仅限于欧洲野猪及其同类,并包括由其衍生的家猪品种。

猪种(*Sus scrofa*):欧洲野猪和亚洲野猪,大多数家猪起源于此。

亚种包括:(1)欧洲中部野猪(*Sus scrofa*)、(2)东南亚野猪(*Sus vittatus*)和印度野猪(*Sus cristatus*)。人们认为这3个亚种构成了(3)家猪(*Sus domesticus*)的培育。

其他猪属(*Sus*)的主要品种包括胡须猪(*Sus barbatus*)及爪哇野猪(*Sus verrucosus*)。

在猪科中,还有包括疣猪(*Phacochoerus aethiopicus*)、鹿猪(*Babyrousa babyrussa*)、大林猪(*Hylochoerus meinertzhageni*)和非洲野猪(*Potamochoerus porcus*)在内的其他属。

猪的起源与驯化

现今有6属31种的野猪。家猪的祖先起源于猪属和几个种,这些种被公认的3种可交替使用的名称为 pigs,hogs 和 swine。

猪种(*Sus scrofa*)主要通过以下的亚种或种族对美洲猪种做出了贡献:(1)马来半岛地区的亚洲野猪(*Sus scrofa vittatus*);(2)印度野猪(*Sus scrofa cristatus*);(3)欧洲野猪(*Sus scrofa scrofa*)。

考古学证据指出,猪是最先于新石器时代、在东印度群岛(the East Indies)和亚洲的东南部被驯养的:(1)始于约公元前9 000年,在新几内亚(位于太平洋上澳大利亚北面的岛屿)的东部地区(现为巴布亚新几内亚);(2)约公元前7 000年,在杰里科(坐落于死海以北的约旦)。欧洲野猪的驯养是单独进行的,并且晚于东印度猪(图1.1)。在大约公元前5 000年的时候,东印度猪被带到了中国。从那时起,中国猪又于19世纪被带到了欧洲,并在那里与欧洲野猪的后代杂交,由此融合了欧洲和亚洲猪种(*Sus scrofa*)的血统并创造了现行品种的基础。

在野生状态下,猪是群居动物,常常组成大的群体。它们主要以从田地和森林里收集到的根、坚果(尤其山毛榉和橡树的果实)及此类的草料为食。尽管它们的食物以素食为主,它们也吃腐肉(死的动物)、小的或受伤的动物,小鸟、蛋、蜥蜴、蛇、青蛙、根虫(*rooted worms*)和鱼。由于它们流浪的本性,疾病和寄生虫几乎不能威胁到它们。猪在人类的驯化下显得非常易变并且非常服从人类的选择。然而,只要有机会,猪就会在短短的几代内获得它们相隔甚远的祖先所具有的体格和特性,迅速回复到一种野性的状态。美国的自我维持(self-sustaining)的半野猪/尖背猪就是这种返祖现象的一个例子(图1.2)。

图1.1 野猪(*Babirussa*),1941。野猪起源于印度尼西亚,为5大猪属之一。(芝加哥菲尔德博物馆提供)

图1.2 德克萨斯州的半野猪/尖背猪。(美国农业部提供)

欧亚野猪（*Sus scrofa*）

欧亚野猪（欧洲和亚洲地区）分布在欧洲、非洲北部和亚洲。尽管在过去的几百年间数量减少很多，但这一著名的野猪品种似乎并不会像欧洲野牛（家牛的主要祖先）一样面临绝种的危险。和家猪相比，这一种族的猪有着更粗糙的毛发（背上有颈脊鬃毛）、更大而长的头、更大的蹄子、更长而强壮的獠牙、更窄的身体和更擅长奔跑打斗的能力。成年猪有掺杂着灰色和铁锈色毛发的近乎黑色的身体。幼猪则是有斑纹的。它们的耳朵短，而且是竖立的。

这些家猪强壮的祖先们异常勇猛，是难以征服的好战者，有能力驱赶走除人类外几乎所有的对手。尽管通常情况下它们和大多数动物一样害羞、尽量躲避人类，可一旦被攻击，它们就会使用具有致命性威胁的獠牙予以还击。野猪的狩猎在历史上一直被当做一种贵族运动。古老的习俗规定这种狩猎应该在猎犬的跟随下在马背上进行，猎物应该用矛来猎杀。欧亚野猪可以和家猪自由杂交，它们的后代繁殖力很强。

图 1.3 东南亚猪种。（Pond、Maner 和 Harris，猪肉生产系统，1991）

东南亚野猪

东南亚野猪曾经被认为是包括许多来自东印度群岛和亚洲东南部地区的野生猪种在内的一个单独的品种（图 1.3）。外表上，这些猪比欧亚野猪小且更优雅，并且它们的双颊上有白色的条纹，脊背上也没有鬃毛。今天，这些猪主要被分类为东南亚野猪（*Sus scrofa vittatus*）和印度野猪（*Sus scrofa cristatus*），野猪的东部亚种，因为东部和西部样本之间的所有中间型（intermediates）都已确定了。

培根（腌肉）名字的由来

一位权威人士说"培根，bacon"这个词是来源于古德语中的 baec，意思是背（back）。然而，其他人却认为这个词可能源自于著名的英国人劳德·培根（Lord Bacon），因为 Lord Bacon 的头饰描绘是一头猪。与后一种说法相符的是，培根可以说在很长一段时间里都是英国人菜单中的最爱。另外，人们还说"bringing home the bacon，带腌肉回家"（意思是"成功、谋生"）这个成语起源于英国，是由一种英国古老的仪式演变而来的，这种仪式曾在一个距伦敦约 40 mi（64 km）的村庄里 1 年举行 1 次。在这个仪式中，人们会按照惯例发给每对新婚 1 年的夫妇一片"腌熏猪肋条肉"（a flitch of bacon），以奖励这些发誓没有因结婚而后悔并且因此而感到幸福的夫妻。人们在 1949 年恢复了这个有着 700 年历史的习俗。

猪引入美洲

虽然在欧洲人进驻之前，北美洲大陆上已遍布了各种野生动物，然而，美国印第安人并没有见过野猪。

猪是最早由哥伦布在他 1493 年的第 2 次航行中带往古巴的。据历史学家们说，当时只有 8 头猪被留了下来作为基础猪群。然而，这些强壮的动物一定是以超快的速度繁殖的，因为 13 年后，同一片领土的殖民者发现，急需采取用犬猎杀那些凶猛野猪的措施；那些数目众多的猪毁坏农作物、袭击人类，甚至杀害牛群。

尽管猪是跟随哥伦布早期的探险队到达西班牙的殖民地的（Cortez 在 1519 年将猪带到了北美洲大陆），它们却是在跟随赫南多·迪索托（Hernando de Soto）的出游中第 1 次见到了美洲的土地。这个西班牙探险家在 1539 年到达坦帕海湾（现在的佛罗里达州）。在他的几艘船上（7～10 艘），有 600 多名士兵、200 或 300 匹马和 13 头为探险提供"可以行走的食物"的大母猪。

从佛罗里达的湿地到密苏里的高地，这个耐劳的猪群一直跟随西班牙探险者的队伍行进。不管是和敌意的美洲本土人的战斗、艰难的旅程还是其他的困难，这些猪依然兴旺地繁育，以至到 1542 年（登陆坦帕的 3 年以后）迪索托在密西西比北部去世的时候，它们已发展到 700 头。迪索托的接任者于是命令将猪在人们当中拍卖。

由此可以推断，迪索托的猪群的横跨国土的巡游应该是在美洲大陆上开展的第一项养猪事业。据说，因印第安人非常喜爱猪肉，而迪索托不愿增加猪的贸易还引起了几次早期的印第安人和他的远征军队之间的冲突。一些迪索托的猪一定逃到了森林里，而剩下的也许与印第安人做了交易。无论如何，这个强壮的猪群都是一些早期的美洲品种的祖先。

美国的殖民地养猪生产

华尔特·雷利（Walter Raleigh）于 1607 年将母猪带到了詹姆斯敦殖民地。它们的半野性的后裔闯了许多祸，为了防止太多的破坏发生，一些新英格兰的城镇指派了"抓猪人"（hog ringer），他们的职责是抓住一定高度以上的所有的猪（马萨诸塞州的哈德利将标准定在 14 in）。在曼哈顿岛上，人们在殖民地的北部边界建起了一道坚固的长围墙，以控制那些闲逛的猪群。这个地区现在叫华尔街（Wall Street）。一份 1633 年的历史档案提到过那些数也数不清的猪。约翰·品钦（John Pynchon）于 1641 年在马萨诸塞州的春田市建立了第一个肉食包装工厂。他加工的桶装咸猪肉是运往西印度群岛的船装货物，大多用于交换糖和朗姆酒。Pynchon 的记录显示早期的新英格兰殖民地猪（New England Colony hogs）有着黑或浅褐色的被毛、狭尖的背脊；他们同样指出，这些猪是很快的奔跑者（从它们在半野性的状态下漫游森林的事实中基本可以推断出来）。凭着它们巨大的獠牙，公猪被认为有能力对付有可能袭击它们的任何狼群。Pynchon 的书记录了一个共 162 头猪的群体总重量——27 409 lb，平均每头只有 170 lb。它们中的 16 头体重小于 120 lb，25 头大于 200 lb；2 头最重的分别达到 270 lb 和 282 lb。其他的人也效仿 Pynchon 包装猪肉，据报道，在 1790 年美国出口了 600 万 lb 的猪肉和猪油。

不像牛、羊和马很大程度上被放牧的城镇居民所限制，早期的新英格兰猪在周围的乡下闲逛。其中的许多猪在买卖期间被猎犬捕捉。通常一只犬会一直咬住猪的两只耳朵，直到它被捆绑并且扔到一个完全封闭的货车里。几乎没有猪被做记号，因为它们数量众多以至于没有人在乎一两头被偷。人们对这些猪唯一的（却也不经常有的）照顾就是给予分娩母猪使用遮蔽处的特别待遇，或者说允许它们在畜舍或房舍下活动。

美国猪种的培育

没有其他种类（纲）的动物拥有这么多的纯正美国品种。这些事实恐怕要归因于：(1)本地黄玉米或印度玉米作为饲料的适宜性；(2)猪肉在冷藏技术出现以前就很容易加工处理和储藏的特点；(3)承担着一个未被开发的国家沉重发展工作的体力劳动者对脂肪和高能量食品的需求（图 1.4）。

不同于牛肉和奶制品生产者，他们将自己的本地牛送去屠宰，然后从英格兰引进了整群血统优良的牛只，美国猪的饲养者很满足于使用杂种母猪（殖民地品种的后代）作为基础，与进口的中国猪（Chinese)、几内亚猪(Guineas)、那不勒斯猪(Neapolitan)、巴克夏猪(Berkshire)、塔姆沃思猪(Tamworth)、俄国猪(Russian)、萨福克黑猪(Suffolk Black)、拜非尔德猪(Byfield)和爱尔兰革瑞猪(Irish Grazier boars)进行杂交。早在 1825 年前后就开始引进这些猪了。除了有着地域性差异的各种杂交之外,也产生了几个纯种美国品种。保持纯种特性的猪种包括 1823 年抵达的巴克夏猪、1882 年的塔姆沃思猪、1892 年的大约克夏猪和 1920 年的汉普夏猪。丹麦长白猪于 1934 年引进,但只用做杂交育种。

在结构上,现代猪的创造意在培育体侧和腿上长肌肉而不是长骨头、脂肪和大头的品种(图 1.5)。在生理上,品种的改良使猪的肠子得以延长,因此使它能够消化更多的饲料并转化为肉。依照自然学家/博物学家的观点,野猪平均的肠子长度比上身长是 9∶1;然而,改良的美国品种的这个比例是 13.5∶1。

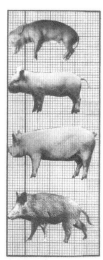

家猪胎儿
9周,0.5 lb

家猪
3周,15 lb

家猪
15周,100 lb

野猪
成年,300 lb

有相同大小的猪头

图 1.4　在冷藏技术出现以前,人们每天在户外屠宰猪。(美国农业部提供)

图 1.5　说明了多年的选择是怎样改变了猪的体型以迎合市场需求的。每头猪都缩小到了具有相同的头部大小。如图所示,当一种改良的品种成熟时,腰与头和脖子的比例大幅度增加;没有改良的品种(如野猪)成熟时这个比例并无多大变化。(John Hammond,农畜,Edward Arnold, Ltd.,伦敦,1983)

辛辛那提作为猪屠宰中心的兴起

随着农业耕作向阿莱干尼(Allegheny)山脉西部的延伸,玉米主要通过猪牛来上市。在 1840 年美国第 1 次人口普查时,猪生产的第 1 大州是田纳西州,其次是肯塔基州和俄亥俄州。田纳西州在 1850 年仍保持第一位,印第安那州在 1860 年接替了这个位置,在 1870 年伊利诺斯州又成了猪生产的第 1 大州。从 1880 年至今,爱荷华州一直保持着猪肉生产的第 1 名。辛辛那提(美国俄亥俄州西南部城市)是美国最早和最主要的猪肉加工中心。到 1850 年时,它都是有名的"猪肉城邦(Porkopolis)"。

辛辛那提创建了自己的系统并使它趋于完美——用 15 bu(1 bu 容量等于 8 gal)玉米喂 1 头猪,再把猪装入桶里,越山过海运送以供人类食用。

一些关于辛辛那提屠宰数量大幅度增加和价格波动的信息见表 1.1。价格在 1865—1866 年的膨胀和 1967 年的暴跌是美国内战需求引发的结果。同样的历史在第一、二次世界大战中重演。

辛辛那提有幸成为一个早期的猪肉加工中心的原因：(1)在当时它是美国的猪生产中心的近邻；(2)在战略上以销售的观点定位。大量加工猪肉被装入浅底船经由俄亥俄州和密西西比河运送到南方，猪肉和猪油出口西印度群岛、英国和法国。

表 1.1　辛辛那提市场的生猪屠宰数量

年份	屠宰数	年份	价格/($ /100 lb)
1833	85 000	1855	5.75
1838	182 000	1860	6.21
1843	250 000	1862	3.28
1853	360 000	1865	14.62
1863	606 457	1866	11.97
—	—	1867	6.95

来源：美国农业部。

芝加哥成为生猪屠宰中心

到 1860 年时印第安那州还引领着美国的猪肉生产，1870 年时伊利诺斯州就接替了它的位置。随着猪肉生产中心的向西迁移，猪肉加工业也跟着迁移，芝加哥（伊利诺斯州最大的城市）就成了最主要的加工中心（图 1.6）。很多条铁路汇集于芝加哥，运来了东部和西部多产地区的猪。最初，当时的 5 大铁路线建造畜栏是为了招商。然而在 1865 年，伊利诺斯州的立法机构将牲畜市场联盟（the Union Stockyards）和运输公司（协调各铁路的单一机构）合并为一体。1865—1907 年，牲畜市场联盟接收了大约 2.41 亿头猪，也就是平均每年约 600 万头（Coburn，1910）。芝加哥保持了主要市场中心的位置很多年。在 1914 年，伊利诺斯州当地的诗人 Carl Sandburg 创作了以下描写芝加哥的文字："世界的猪屠夫，工具的制造者，麦子的囤聚者，铁路的游戏者，

图 1.6　一个 1867 年的 Armour & Company 屠宰厂。（Armour & Co. 提供）

还有国家货运的管理者；激烈、强壮、喧闹着，一个脊梁般的城市……"。

直到第二次世界大战以后，中央集权化的农产品集散市场依然是市场管理的主要方法。然而，这种市场营销逐渐分散化。加工厂被建在临近生产的地区，生产者开始略过委托机构直接向加工商销售猪。第二次世界大战以后，芝加哥接收的猪的数量从 1945 年的约 350 万头下降到 1965 年的约 140 万头，到了 1970 年的上半年只有约 30 万头。在 1970 年 5 月，所谓的"世界的猪屠夫"停止在牲畜市场联盟接收猪，从此结束了另一个时代。在 2003 年只有 3 个牲畜围场继续接受活猪——南圣保罗（明尼苏达州）、圣约瑟夫（密苏里州）和苏福尔斯（南达科他州）。

美国猪业的发展

猪生产一直与玉米的生产（在中北部州或玉米带州）同步发展，这些生产玉米的州生产几乎占全美 3/4 的玉米。尽管生猪周期仍然存在，波动的幅度已不像历史上那样剧烈。由于更多的猪被当做一些农场的唯一经济来源来饲养，猪的数量保持相对稳定。

正如图 1.7 所示，猪的存栏数年与年间变化幅度很大。在第二次世界大战期间，有一个明显的增

长,在 1944 年 1 月 1 日达到所有时期的最大值——8 374.1 万头。然而,近些年猪的数量在 6 000 万以下徘徊。大体上,美国人每年消费 55～60 lb 猪肉。当生产水平低于那个标准,价格便会上涨。出口量根据世界经济而变化。

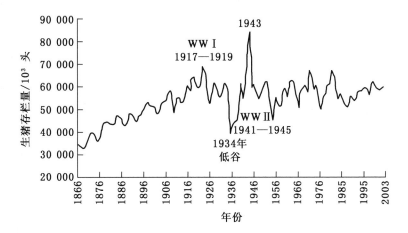

图 1.7　1866—2003 年美国的生猪存栏数(农业普查和美国农业部提供)(图中 WW Ⅰ 表示第一次世界大战,WW Ⅱ 表示第二次世界大战,下同。译者注)

猪价的变化大体分 3 个阶段。1895—1941 年,活猪的价格大约是每 100 lb 10 \$;1942—1972 年,价格上涨到 15～25 \$;1973—2003 年,价格是 40～50 \$(图 1.8)。

关于美国和世界猪业的更多信息将在第二章介绍——"世界和美国猪与猪肉产业的过去、现在和将来"。

图 1.8　1895—2003 年美国的生猪价格,\$/100 lb 活重。(美国国家农业统计局和美国农业部提供)

学习与讨论的问题

1.猪在动物学系统中的地位是什么?

2.为什么游牧民族不像迁移牛、马、羊一样地迁移猪?

3.是什么促使早期的探险家携带猪同行?

4.与牛、马、羊相比,美国猪形成了更多的品种。解释这个现象。

主要参考文献

Encyclopaedia Britannica, Encyclopaedia Britannica, Chicago, IL

History of Livestock Raising in the United States, 1607-1860, J. W. Thompson, Agri. History Series No. 5, U.S.

Department of Agriculture, Washington, DC, November 1942

Natural History of the Pig, The, I. M. Mellen, Exposition Press, New York, NY, 1952

Pigs-A Handbook to the Breeds of the World, Valerie Porter, Cornell University Press, Cornell，NY，1993

　　Pigs from Cave to Corn Belt，C. W. Towne and E. N. Wentworth，University of Oklahoma Press，Norman，OK，1950

　　Pork Facts 2002—2003，Staff，National Pork Producers Council，Des Moines，IA，2003，http：//www. porkboard. org/publications/pubIssues. asp? id_65

　　Swine in America，F. D. Coburn，Orange Judd Company，New York，NY，1910

　　Swine Nutrition，E. R. Miller，D. E. Ullrey，and A. J. Lewis，Butterworth-Heinemann，Stoneham，MA，1991

第二章　世界和美国猪与猪肉产业的过去、现在和将来

1954 年变化的生猪类型。（美国农业部提供）

目标

学习本章后，你应该：

1. 了解猪是在世界上的什么地区饲养的。
2. 了解它们为什么被饲养在这些地区。
3. 知道为什么美国不同地区进行猪肉生产。
4. 知道猪对农业的重要性。
5. 了解猪-玉米比价和它对盈利的相对重要性。
6. 知道对猪肉生产增长的有利和不利因素。

猪的大量生产基本集中在温带地区和人口相对稠密的地方。我们有理由相信这些条件会继续占优势。但是通过学习一些历史趋势，通常可以更加清晰地确定未来的发展情况。

世界猪的分布和生产

世界上的大多数猪被饲养在中国,中国一直以来拥有所有国家中最多的猪群,美国紧居其后。但是因为拥有大量的人口,中国的猪生产基本上是自产自销,极少参与世界贸易。尽管中国的猪是以散养为主,但用于销售的集中生产仍然在增加。此外,肥料的价值也是饲养它们的主要动机之一。

在南美洲,猪的数量自 20 世纪 50 年代以来有了快速的增加。巴西占有这个地区产量的大多数。

人口数量和密度与猪肉产量相互关联(表 2.1)。在拥有最大人口数量或人口密度的 10 个国家中,除了加拿大和波兰,都同样是前 10 名的猪生产国家。世界人口在 2002 年是 63.02 亿,而世界的猪产量是 11.26 亿头。

表 2.1　2002 年猪肉产量与人口数量和密度的关系

国家	人口数量	密度①	产量/10^3 头	屠宰量/10^3 头
澳大利亚	19 731 984	3	5 458	5 639
巴西	182 032 604	22	32 455	30 500
保加利亚	7 537 929	68	2 590	2 401
加拿大	32 207 113	4	29 630	22 134
中国大陆	1 286 975 468	138	574 367	565 000
捷克共和国	10 249 216	130	5 600	4 700
欧盟②	820 204 576	121	214 750	202 750
匈牙利	10 045 407	109	7 300	5 846
日本	127 214 499	322	17 100	16 100
韩国	48 289 037	492	15 906	15 338
墨西哥	104 907 991	55	15 250	13 840
菲律宾	84 619 974	284	21 500	19 500
波兰	38 622 660	127	25 000	22 300
罗马尼亚	22 271 839	97	5 700	5 360
俄罗斯联邦	144 526 278	9	34 200	29 000
中国台湾	22 603 000	701	10 100	9 700
乌克兰	48 055 439	80	8 500	6 900
美国	290 342 554	32	100 759	100 263
世界	6 302 309 691	48	1 126 165	1 077 271

注:①密度的单位是每平方千米。乘以 2.6 即转换成每平方英里。

　②欧盟由奥地利、比利时、丹麦、芬兰、法国、德国、希腊、爱尔兰、意大利、卢森堡、荷兰、瑞典和英国组成。

来源:美国人口普查局和美国农业部海外服务局。

欧洲国家的猪数量与乳品加工业和大麦、土豆生产的发展息息相关——就像美国猪的分布和玉米的英亩数息息相关一样。奶业副产品,脱脂乳、黄油乳和乳清一直以来都是丹麦、荷兰、爱尔兰和瑞典重要的猪补充饲料。在德国和波兰,土豆始终被大量用于猪的饲养。当今的猪肉产业无疑是相对其他产业而独立的,但并不能和饲料生产分开。大多数的北美洲猪产于美国,美国的生猪和玉米紧密结合在一起(图 2.1)。

与欧盟、美国及加拿大这几个主要出口国相比,中国尽管在猪肉生产方面领先,但出口量很少(表 2.2)。日本是世界上的主要猪肉进口国。表中最后一列将猪肉的净消费量(生产量加上进口量再减去出口量)和人口数量进行了比较。东欧和西欧国家、中国(中国大陆、香港和台湾地区)和北美拥有主要的猪肉消费群。

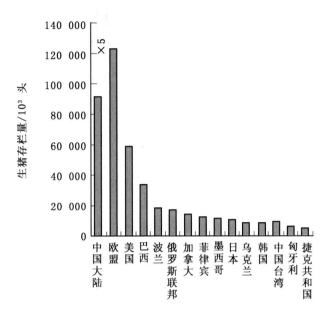

图 2.1 2001 年领先国家的生猪存栏量 注:中国生猪存栏量需要乘以 5,欧盟成为第 2 大猪肉生产区域,依次为美国和巴西。(美国农业部海外服务局提供)

表 2.2 世界猪肉生产量和人均消费量

国家	2003 年生产量及进出口量(胴体重)/10³ t				2004 年人均消费量/	
	生产量	进口量	出口量	合计	kg	lb
中国大陆	44 600	1 150	282	44 467	40.4	88.9
欧盟	17 800	70	1 194	16 750	41.2	90.6
美国	9 073	538	779	8 833	29.4	64.7
日本	1 259	1 133	0	2 372	17.5	38.5
俄罗斯联邦	1 710	600	1	2 309	15.1	33.2
巴西	2 560	0	603	1 957	10.1	22.2
波兰	1 740	40	120	1 640	37.2	52.4
墨西哥	1 100	371	48	1 423	10.0	22.0
韩国	1 153	155	14	1 255	23.8	52.4
菲律宾	1 145	10	0	1 155	—	—
加拿大	1 895	91	974	1 026	29.0	63.9
中国台湾	890	54	0	944	42.2	92.8
乌克兰	765	7	12	760	—	—
捷克共和国	583	31	34	586	—	—
罗马尼亚	435	50	0	487	—	—
中国香港	146	302	0	448	52.2	114.8
匈牙利	480	23	90	413	45.8	100.8
澳大利亚	365	67	74	358	—	—
保加利亚	145	22	0	172	—	—
新加坡	19	40	0	61	—	—

来源:经济研究局/美国农业部全球农产品市场 2005 年展望/AER-750。http://www.fas.usda.gov/psd/complete_files/default.asp;http://www.ers.usda.gov/publications/。

从 1923 年开始,至 20 世纪 50 年代,美国的猪肉和猪油出口呈现下降的趋势(第二次世界大战期间的增长除外)。这归因于加拿大和欧洲国家(特别是丹麦、德国和爱尔兰)产量的显著增长,还有进口国家所强加的多种贸易限制。而这个下降绝不是由美国农民生产力的不足造成的。此外,出口猪肉的总体趋势自 20 世纪 60 年代有所上升,但是猪油的生产和出口由于消费者喜好的改变有所下降。

世界生猪数量在可用饲料供给的基础上有着相当大的波动。然而,更大的农场规模和垂直统一管理使发达国家的产量更相对稳定。同样,世界上不同国家人均年猪肉消费量也因一些原因有着很大的区别,比如生产和实用性、成本、人们的喜好口味、甚至是宗教原因而明令禁止猪肉作为食品等。

美国猪的生产和分布

"撤销抵押的功臣(mortgage lifter)"这个毋庸置疑的称号将不起眼的猪对美国农业的贡献表达得淋漓尽致。没有其他的动物对农民们如此重要,尽管猪的数量和价值一直处于波动状态。

养猪的要点和目的在于产肉。图 2.2 比较了猪肉生产与牛肉、家禽和火鸡、羔羊和羊肉的生产。2002 年的数据显示猪肉产量约占美国禽肉和红肉产量的 23%。

养猪区域

美国猪的地理分布和玉米(主要的猪饲料)的地理分布相一致。通常情况下,一半的玉米都喂了猪。因此 63% 的养猪场都建在爱荷华州、伊利诺斯州、印第安那州、堪萨斯州、明尼苏达州、密苏里州、内布拉斯加州和俄亥俄州这些玉米带(Corn Belt)就不足为奇了。然而,这并不能说明玉米带以外的地域就不适宜发展养猪生产。事实上,只要是产出小粒谷物的地区就可以生产高质量的猪肉。

50 个州都生产一定量的猪(图 2.3),但是爱荷华州自 1880 年以来就处于毋庸置疑的领先地位。其他

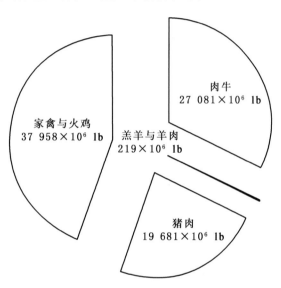

图 2.2　2002 年美国的禽肉和红肉生产。(美国农业部家畜、奶牛和家禽展望/LDP-M-103/2003.1.16)

各州的排序变化相当大。种植玉米和生产猪肉为中西部的北部农业带来了很大的收益。值得注意的是,尽管玉米带生产大多数的猪,并非谷物产地的北卡罗莱纳州排在生产量的第 2 位。很多在北卡罗莱纳州生产的猪被运往玉米地带继续饲养。

自 1920 年以来,玉米带西北部和平原地区西部的猪肉生产有着显著的增加。这归因于这些地区的玉米和大麦产量的增加。然而养猪生产大幅度地增长发生在北卡罗莱纳州(表 2.3)。北卡罗莱纳州的猪肉生产是垂直综合性的(vertically integrated),这与玉米带的猪肉生产有着很大的不同。北卡罗莱纳州更大的增长当前被新场暂缓(a moratorium)所限制,如果他们不能采取措施证明自己拥有管理肥料的新技术,现状就不能改变。

综合生产单元也同样在科罗拉多州、俄克拉荷马州、德克萨斯州和犹他州增长。尽管这些州属于谷物不足的地区,人口密度低是一个促进因素。

美国的东部地区——新英格兰和西部的州是猪肉不足的地区。尽管太平洋海岸的人口急剧膨胀,值得注意的是,这个地区的生猪数量仍然保持了 1900 年以来的相同水平。

历史上,西海岸的很多屠宰厂杀的猪是用火车从玉米带运来的。这时活猪的运输距离比 20 世纪更远,因为东部的屠宰加工商被鼓励将他们的屠宰厂从东海岸移到芝加哥。而今,屠宰加工厂位于产区的

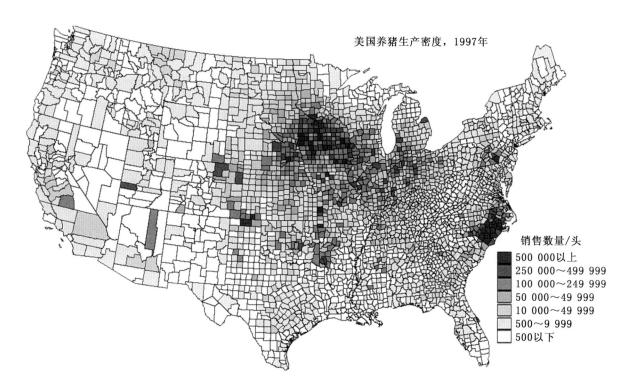

美国养猪生产密度，1997年

销售数量/头
500 000以上
250 000～499 999
100 000～249 999
50 000～49 999
10 000～49 999
500～9 999
500以下

图2.3　美国养猪生产密度；大多数产地都位于玉米带和北卡罗莱纳州的东部。（来源：1997年美国农业普查）

邻近地区，主要在玉米带和北卡罗来纳州，因此猪被装车运送的距离要比从前短得多。这些猪大多由生产商直接卖给加工商，价格依据宰后的胴体价值决定。

表2.3　2003年主要州的生猪和种猪存栏数

州	生猪/10^3 头	种猪/10^3 头	州	生猪/10^3 头	种猪/10^3 头
爱荷华	15 800	1 060	堪萨斯州	1 630	160
北卡罗莱纳	9 900	1 000	俄亥俄	1 520	160
明尼苏达	6 400	600	南达科他	1 260	145
伊利诺斯	3 950	410	宾夕法尼亚	1 100	120
印第安那	3 100	300	密歇根	950	110
密苏里	2 950	340	德克萨斯	930	105
内布拉斯加	2 900	370	科罗拉多	770	110
俄克拉荷马	2 340	360	美国	60 040	5 966

来源：美国农业部农业统计局（NASS），2003.12.30。

玉米与生猪的关系

随着密西西比流域（Mississippi valley）中心地区的开放，这个地区显而易见地成为了世界上最大的玉米产地之一。肥沃的土壤、相对长的生长季节、湿润的空气和温暖的黑夜是种植玉米的理想条件。同样，人们很快地意识到玉米是不可取代的猪饲料。猪与玉米似乎结成了无可匹敌的组合，早期的猪在将玉米转变成猪肉和猪油方面显得相当出色（尤其是猪油）。

第二次世界大战以后，对牛油和猪油的需求急剧下降，于是美国的养猪生产者立刻将注意力放在了改良现有猪种和培育一些新的、具有明显美国特征的猪种上。因而，"玉米王"和美国猪在美国农业发展和农民增收上起到了主要的作用。猪为玉米开拓了一个配置渠道（或者说是市场），并且这种渠道以适当的价格为美国和其他国家人民提供了非常美味和营养的肉品(图 2.4)。

东南部州的养猪生产

自 1980 年以来,人们就共同努力丰富南方农业的种类,使其不仅仅限于传统的棉花、花生和烟草生产。在某种程度上,这个运动是由需要关注的公众需求所推动的,改良土壤的保持工作,有时因销售棉花、花生和烟草而遭遇的无盈利情况都是需要关注的问题。特别地,北卡罗莱纳州采取了集中措施发展猪肉生产。同样,综合生产企业通过提供必要的资本和劳动力专业化、中央管理服务和规模经济(比如大批量购买)加速了运动的进程。

图 2.4　1955 年用玉米穗喂猪。(美国农业部提供)

南部的州绝不可能统一种植农作物的品种。种类繁多的适宜的猪饲料在各个地区生产,但产量并不足够使其维持主要饲料产地的地位。很多产于东南部的猪都被运往玉米带以完成肥育和上市。

西部和西南部州的养猪生产

美国的西部是猪肉缺乏的地区,这很大程度上是因为其他产业更有利可图,并且在很长一段时间内农民和牧场主倾向于做一些最有利于他们的事。这个地区的首要谷物——小麦往往因为价格太高而不能作为猪饲料,人们认为它主要是人类的谷物食品,况且通常是联邦政府给予补贴。20 世纪 90 年代西部养猪业的扩张是由大型养猪企业驱使的,这些企业是为了在犹他州和科罗拉多州寻找宽广而开放的空间,以逃避越来越多的反对在玉米带制造臭味和污染的立法和诉讼,还有将他们企业和其他猪和猪病隔离开来。

猪场数量的减少和规模的扩大

近年来美国的猪场数量大幅度下降(图 2.5)。在 1968—2002 年间,猪场的数量从 967 580 个下降到 75 400 个,下降了 90% 以上。

美国养猪业并没有因为农场数量的减少而受到很大影响。因此,现有猪场生产的生猪数量是有所增加的(图 2.6)。农场猪的存栏数 1980 年 12 月份还不到 100 头,到 1990 年增加到约 200 头,2000 年是 685 头,而到 2002 年 12 月份就变成了 782 头。

猪场的存栏数发生了相当显著的变化。1988 年约 68% 的猪场的猪存栏数不到 100 头,1 000 头以上的猪场只占 3.1%(图 2.7)。到 2002 年少于 100 头猪的猪场下降到 56.7%,1 000 头以上的猪场增加到 16.8%。事实上,到 1996 年还新增了两个分类,即 2 000～4 999 头/场和 5 000 头/场。这清楚地显示出很多小猪场退出了猪肉生产,而大猪场扩大了生产规模。

近年来,美国的生猪数量相对稳定。由 56.7% 的规模不到 100 头的猪场生产的生猪数量所占的比例,由 1988 年的 8.4% 下降到 2002 年的 1.0%。相反地,规模在 1 000 头以上的猪场生产的生猪数量所占的比例,由 1988 年的 36.1% 增长到 2002 年的 87%,其中 53% 是由规模大于 5 000 头的猪场生产的(图 2.8)。

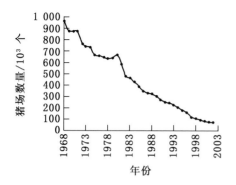

图 2.5 美国的猪场数量在减少。(美国农业部农业统计局提供)

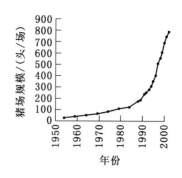

图 2.6 美国猪场规模持续增长,由 1954 年的 26 头增长到 2002 年的 782 头。(美国农业部农业统计局提供)

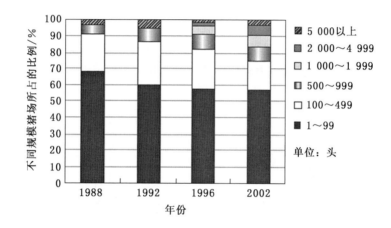

图 2.7 1988—2002 年不同规模猪场的变化。"1 000～1 999 头"在 1988 年和 1992 年中也包括所有存栏生猪在 1 000 头以上的。(美国农业部提供)

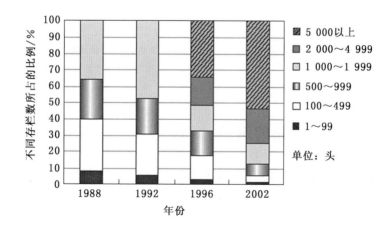

图 2.8 1988—2002 年不同规模猪场占总存栏量的百分比。例如,2002 年 53.0％的生猪是由规模大于 5 000 头的猪场生产的。"1 000～1 999 头"在 1988 年和 1992 年中也包括所有存栏生猪在 1 000 头以上的猪场。(美国农业部提供)

现金收益

畜牧业收入的相对百分比依据生产水平和消费者需求而年年变化。图2.9中的饼状图显示了2002年不同畜禽及其产品所占的比例。猪占2002年畜禽和畜产品现金收入的10.8%,而牛和犊牛、奶制品、禽类、火鸡以及鸡蛋的收入都超过了猪的收入。可以想象,这些比例在某种程度上是因年而异的,这取决于不同农产品的相对价值和所生产的数量。

世界猪肉消费

大体上讲,猪肉的消费和生产在世界的温带地区和人口稠密的地区是最高的。在许多国家,比如说中国,猪主要是自由觅食,而在其他国家,猪的数量是与玉米、小粒谷物或奶制品紧密联系的。可以想象,不同国家的人均猪肉消费量因产量和可利用性差别很大(表2.2)。饮食习惯和宗教限制同样影响猪肉的消费量。例如,伊斯兰教和犹太教都禁止食用猪肉。猪肉消费量大的国家/地区是匈牙利、中国台湾、波兰、中欧/东欧、欧盟、中国香港和中国大陆。图2.10汇总了食用猪肉领先国家的人均消费量,并且显示了猪肉的地位。然而,猪肉消费量最大的国家并不见得是肉类消费量很大的国家。匈牙利和波兰从"中欧/东欧"中单列出来,就是因为它们例外地有大量的猪肉消费。

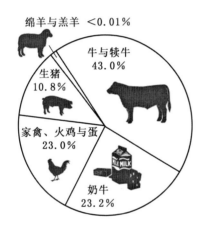

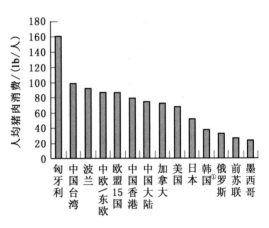

图2.9 2002年不同畜禽及其畜产品的现金收入所占的比例。2002年的畜牧业的现金总收入是891亿$。(美国农业部提供)

图2.10 2002年人均猪肉消费领先的国家或地区。(美国农业部经济研究局提供)

美国猪肉及其他动物产品的消费

牛肉一直都是美国人的首选肉食品,直到20世纪90年代早期才被禽肉超越。猪肉是人们的第二选择,直到20世纪80年代同样被禽类超越。自1970年以来,猪肉的消费量在人均40~50 lb之间浮动。小牛肉和羔羊肉的消费量一直都很低(图2.11)。

---

① 原文误为日本,译者注。

美国猪肉的进口与出口

生猪生产者不禁要问：为什么养猪业高度发达的美国要进口猪肉？相反，猪肉消费者有时疑惑：为什么我们要出口猪肉？有时候，从暂时的依据和某些地区看，这些关注是正当合理的。但是，如表2.4所示，相对于生产量，美国既不出口也不进口大量的猪肉。美国在1995年出口量首次超越进口量以前，一直都是猪肉的纯进口国家，而后，美国就一直是猪肉出口量不断增长的纯出口国家。

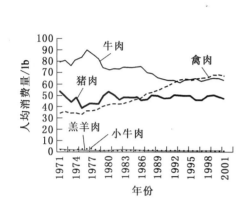

图2.11　美国的精肉及禽类产品的人均消费量。（美国农业部经济研究局提供）

表2.4　猪肉的生产、进口和出口胴体重　　　10^6 lb

年份	生产	进口	出口
1971	16 006	496	88
1981	15 873	542	307
1991	15 999	775	290
1994	17 658	744	549
1995	17 849	664	787
1996	17 085	620	970
2000	18 928	967	1 287
2001	19 160	950	1 563
2002	19 165	1 071	1 612
2003	19 982	1 185	1 717

来源：美国农业部经济研究局，美国肉类与家畜累计贸易量。http://usda.mannlib.cornell.edu/data-sets/livestock/94006/。

猪肉进口的主体是来自欧洲的高价分割肉。出口分为运往日本的高价值产品和主要运往东欧的低价值产品。还有6个月到2004年6月30日为止，日本占美国猪肉出口量的47%和总价值的61%，其次是墨西哥占美国猪肉出口量的23%（图2.12）。

美国比其他国家出口更多的猪油。首要的目的地国家和地区是墨西哥、中国台湾、伯利兹城和日本。墨西哥购买约美国出口量一半的猪油。[①]

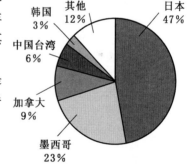

图2.12　进口美国猪肉的国家及其2003年6月至2004年6月在美国总出口量中所占的百分比。（美国农业部海外服务局提供）

猪的功能

人们通常知道猪具有提供肉食的基本功能。然而却很少有人了解，由于猪具有很多其他功能，它是使农业健全、成熟、持久不可缺少的部分。猪的主要功能是：

1）生产食品。

2）提供利润。

3）将不可食用的饲料转变成有价值的产品。

4）提高土壤肥力。

5）饲料谷物生产的同伴。

6）提供独特的产品。比如心脏瓣膜、医药品及保护烧伤的皮肤。此外，猪是用于营养与医学研究的

---

①美国农业部海外服务局。

动物,以探究人类的健康问题。

有关猪功能的更多信息可以在本书中找到。

生产食品

猪肉是许多民族的首选肉食,尤其是西班牙语系民族和亚洲人。增长的民族市场被视为美国猪肉的重要出路。

美国主要食物和产品的人均消费量在表 2.5 中列出。在美国,猪肉消费是肉食消费中次于禽类和牛肉消费的第 3 名。美国人消费的油和脂肪差不多和红肉类或禽类一样多。

表 2.5 主要日常食品的人均消费量[①] lb

种类	1992 年	1997 年	2001 年
红肉[②]	113.4	109.0	111.3
牛肉	62.4	62.6	63.1
小牛肉	0.8	0.8	0.5
羔羊肉和羊肉	1.0	0.8	0.8
猪肉	49.1	44.7	46.9
家禽[②]	60.4	63.1	66.2
鸡肉	46.4	49.4	52.4
火鸡	14.0	13.6	13.8
鱼肉和贝类[②]	14.6	14.3	14.7
蛋	30.1	30.2	32.4
全部奶制品,奶的主要成分	562.6	567.2	587.2
奶酪(除低脂乳酪)	25.9	27.5	30.0
低脂乳酪	3.1	2.6	2.6
饮料奶	216.3	201.9	189.8
流动性奶油制品	7.9	8.8	10.6
酸奶(除冻酸奶)	4.5	5.8	7.0
冰激凌	16.2	16.1	16.3
低脂冰激凌	7.0	7.8	7.3
冻酸奶	3.1	2.0	1.5
脂肪和油	66.4	63.7	—
黄油和人造黄油	15.2	12.5	—
起酥油	22.3	20.5	—
猪油和可食牛脂	3.5	4.0	—
沙拉及烹调油	27.0	28.0	—
水果	282.1	290.3	275.7
蔬菜	394.6	418.0	412.9
花生(带壳)	6.2	5.7	—
树坚果(带壳)	2.2	2.1	2.2
面粉和谷物产品	184.6	197.3	195.7
热量甜味品[③]	136.1	148.1	147.1
咖啡	10.0	9.1	9.4
可可	4.5	4.0	4.5

注:①lb,除非另外指出,则指零售重量。消费量通常指的供应量减去出口、非食品用途及结存量。以上为近似值。

②去骨、修整重量。

③干重等价量。

来源:美国农业部经济研究局,表 39 主要日常食品的人均消费量,农业展望:统计指标,2003.5 http://www.ers.usda.gov/topics/view.asp? T=101402。

1992—2001 年,红肉的消费量相对稳定,而家禽、蛋和牛奶的消费量有一些增长。水果和蔬菜的消费量大于 680 lb/(人·年),其次是面粉和谷物以及带热量的甜味品(精糖和谷物甜味品)的消费。

由于越来越多的可支配收入和相对廉价的食品,美国人的食品花销占收入的比例越来越小(表2.6)。1960 年以前 20% 以上的可支配收入用于食品的花销。如今,这个比例大约只有 10%。家庭食品是花销节省的大部分,从 21.2% 降到 6.2%。家外用餐支出只占食品支出的 12%(3.1÷24.3),然而在2002 年家外用餐支出几乎是 40%。这说明现在饭店餐饮占餐饮的比例很大。

表 2.6　食品花销占可支配收入的比例

年份	个人可支配收入/10 亿 $	家庭/%	家外/%	合计[①]/%
1930	746	21.2	3.1	24.3
1940	767	17.6	3.1	20.7
1950	2 106	16.9	3.6	20.5
1960	3 662	14.1	3.4	17.5
1970	7 365	10.3	3.6	13.8
1980	20 198	8.9	4.2	13.2
1990	42 936	7.0	4.1	11.2
2000	71 202	6.1	4.0	10.2
2002	78 155	6.2	4.0	10.1

注:①以上为近似值。

来源:美国农业部经济研究局,消费者物价指数食品与花销数据,表 7。http://www.ers.usda.gov/briefing/CPI-FoodAndExpenditures/Data/table7.htm。

在美国,猪肉在满足人们的营养需求方面做出了很大贡献。它提供约 21% 的蛋白质、16% 的磷、16% 的铁、20% 的维生素 B_1 和 13% 的烟酸,而这些营养素都是健康的身体所必需的。此外,猪肉提供100% 人们需求的维生素 B_{12},即一种只存在于动物源食品和发酵产品的维生素。另外值得注意的是,肉类中所含的铁大约是植物中的 2 倍(关于猪肉营养特性的详细信息,参见第二十章)。

提供利润

虽然近年来利润有所减少,历史上的猪肉生产一直是种植业的一个极好的补充产业。大多数生产者养猪是因为它是农场收入的宝贵来源。形成一项利润丰厚的养猪业的主要因素包括:与其他家畜生产相比有相对高的劳动回报以及贯穿全年基本始终如一的劳动力需求。然而,并非所有消费者在零售柜台支付的钱都由饲养家畜的农民所得。

在认识食品对美国经济和人民福利重要性的基础上,了解消费者在食品上花钱的去向就显得尤为重要——有多大比例到了生产者的腰包里,又有多大比例到了中间人的腰包里呢?此外,了解生产者以及一些中间商——加工商和零售商,所要的价钱和所得的利润也很重要。在这其中,误解是会常常发生的,消费者倾向于将高价归咎于生产者。比如说,一些消费者可能会将加工商购买活猪的价钱和自己在柜台购买猪肉的价钱相比较。

在 1970 年,农民收入占在食品杂货店购买所有餐饮食品付款的 37%;在 2001 年,农民只收入21%。猪肉生产者在零售价格中所得到的比例从 1970 年的 51% 下降到了 2000 年和 2001 年的 30%(表 2.7)。这意味着当今消费者所支付的猪肉价钱的 70% 都用于准备、处理、包装和销售——而不是支付给食品本身。农民收入减少的原因之一就是肉产品经历比以前多的处理过程,以迎合消费者的需求。

总体而言,农民在 2001 年获得的食品收益份额为 21%,而 1970—1990 年这一比例超过 30%。肉、禽、蛋、奶的零售价中生产者所占的份额相对较高,是由于其加工过程简单、便宜,且由于产品的集中性,运输成本也较低。然而,蔬菜、水果、油、焙烤食品及谷物产品中农民所占的份额较低,因为这些产品的加工和容器成本较高,且运输起来体积大而费用昂贵。焙烤食品及谷物产品中的一个典型例子是比较一条面包的价钱。售价超过 1 ＄的 1 lb 重的面包也许含有不到 1 lb 的小麦,农民得到约 0.05 ＄。显然,从农场到消费者购买之间存在很多加工环节。

表 2.7　农民收入占销售收入的比例　　　　　　　　　　　　　　　　　　　％

项　　目	1970 年	1980 年	1990 年	2000 年	2001 年[①]
餐饮食品/菜篮子	37	37	30	19.9	21.0
精选牛肉	64	63	60	48.6	45.8
家禽	46	54	44	39.3	41.0
蛋	63	64	56	39.3	35.0
奶制品	48	52	39	29.5	34.0
肉产品	53	51	46	29.8	31.0
猪肉	51	50	45	30.8	30.1
新鲜蔬菜	32	27	28	18.8	19.1
加工过的水果和蔬菜	19	23	26	16.5	16.1
新鲜水果	28	26	23	15.7	15.8
脂肪和油	30	29	23	14.8	13.3
谷物及面包店产品	11	14	8	4.9	5.0

注:①2001 年的数据是初步统计的。

来源:简报室。食品销售与价差:美国农业部菜篮子。美国农业部经济研究局,2003。http://www.ers.usda.gov/Briefing/FoodPriceSpreads/basket/table2.htm。

将不可食用的饲料转变成有价值产品

美国仅有很小部分的玉米为适合人类消费的等级,其余的必须用来饲喂家畜。此外,猪可把肉类加工业、渔业、谷物加工业及植物油加工业的大量副产品转变为可食用的食物。这些残渣中的一部分长久以来被广泛应用于动物饲料中,以至于它们一般被归为饲料原料,而不涉及该副产品的来源,比如谷物。多数加工残渣对于人类消费的营养来源没有或只有很小的价值。必须注意到,随着 2003 年在俄勒冈州的一头母牛发生了疯牛病,反刍动物的肉骨粉等副产品在养猪中的应用可能受到了影响。

猪也可以利用很多不适合人类消费的废物,包括垃圾、焙烤废物、花园垃圾、淘汰或损坏的谷物、块根作物和水果。参见第九章关于废物处理和饲喂的讨论。

增加土壤肥力

家畜粪肥是谷物或饲草生产极好的营养来源。粪肥中除了基本的氮、磷、钾,也可以提供很多有机物质和微量元素。

不论是谷物还是饲草,商品作物都会导致土壤肥力的下降。尽管多数农民使用商业肥料来维持土壤肥力,但通过施用粪肥补充部分丧失的肥力是有益的。如果一个自繁自养商品猪场的饲料效率为4:1,那么采食量的 75％由粪和尿排泄而不被猪保留。

这种情形的历史依据可以在以下事实中找到,尽管在中国大部分谷物作为人的粮食,但其养猪数量仍是世界上最多的。在中国农民中流传一种说法:"猪多肥多;肥多粮多。"确实,牲畜粪肥在中国非常宝贵;它们被小心贮存并施于土地。粪肥作为增加耕作中农田产量的方法被使用。因此,采用适当的贮存方法,这种肥力价值可以回到土壤(参见第十六章)。

谷物饲料产品的同伴

猪通过为每年变化的谷物供应提供大量灵活的销路来保证谷物生产的弹性和稳定性。当谷物大量生产且价格低廉时,更多母猪用来繁育产仔,且商品猪的上市体重可以较大。当谷物产量低且价格高时,母猪可以理想的价格出售,而商品猪可在较轻体重时屠宰。

玉米在美国多数的养殖区是猪日粮中的首要成分,而饲料构成生产总成本的主要部分。生猪-玉米比价(猪粮比价)是谷物生产如何决定猪肉生产的一个很好的例子(表2.8)。生猪-玉米比价可简单地通过每100 lb活猪所能获取的价格除以当时每蒲式耳玉米的时价来计算。

表 2.8 生猪-玉米比价①

年份	生猪-玉米	年份	生猪-玉米
1993	20.5	1999	17.3
1994	16.4	2000	23.3
1995	16.4	2001	23.4
1996	15.4	2002	15.9
1997	20.1	2003	19.1
1998	14.7		

注:①生猪-玉米比价是每100 lb商品活猪的价格除以1 bu玉米的价格。

来源:美国农业部国家农业统计局,第7章,牛、猪、羊的统计。表7-34 生猪和玉米:生猪-玉米比价。http://www.usda.gov/nass/pubs/agr04/acro04.htm

因此,当玉米价格相对于生猪便宜时,多数采用传统单一方式的生产者选择将玉米喂猪来提升价值,而不是直接出售。当玉米相对于生猪价格高时,农民可能会选择出售玉米。所以,在某一特定的比价之上,生产者将更多地扩大生猪生产,反之在该水平之下时,他们通常会削减生产。生猪-玉米比价也由于玉米是养猪生产的主要成本而显得重要。不过,在其他生产成本如设备设施成本增加时,猪肉生产的饲料成本已从超过75%下降到大约60%。

另外,当把谷物生产作为猪肉生产的同伴考虑时,以下方面很重要:

1)如果仅限于人类的直接消费,诸如玉米和大麦的谷物价值很有限,但是如果它们最终能作为动物产品出售,其价值就会变得非常大。因此,人类食用的谷物食物和饲喂牲畜的谷物饲料之间需要区分开。

2)猪生长至上市体重需消耗10~12 bu的谷物,而猪出售时所占的空间仅为这些谷物的1/4,因此节约了运输成本。即使动物运输费用约是每100 lb谷物的2倍,但通过动物来出售谷物的运输成本仍有所降低。

3)在散养体系中,生猪可通过自由采食或在作物收割后采食落穗来对作物生产进行补充。此外,粪肥的肥力也得以保留。猪的这种贡献在作物被毁坏或倒伏时尤为明显。不过,随着大型农业机械的出现,围栏被拆除,在未收割的田地里放牧及在收割过的田地里拾遗变得较为罕见。

提供独特的产品

由于猪能为消费者提供独特的产品,故它们有着额外的价值。每天有数百万的人为了健康、享受、消遣、装饰及其他乐事而使用猪产品。这些产品将在第二十章做进一步描述,它们包括心脏瓣膜、缝合线、漆刷、内分泌腺萃取液、制作皮革和帮助治疗烧伤的猪皮、凝胶及胃蛋白酶。

这个单子很长,但是仅通过简单地列举猪的医学用途就可使其变得更长,这包括作为研究影响人类环境的实验动物,因为猪和人在生理上十分相似。这些数不清的副产品为提高人类生命质量做出了贡献,其中很多产品的利用离不开养猪业的发展。

对养猪生产有利的因素

猪在美国农业中占据的重要地位是基于各种有利于养猪生产的因素和经济条件的。

1)猪自由采食的习惯使劳动量极小化(图2.13)。

2)与其他许多农业企业相比,初级生产者进入该产业的最初

图 2.13 1942年爱荷华州附近的人工喂猪情形。(Jack Delan摄影,美国农业部)

投资可以很少,而盈利较快。青年母猪在 6～8 月龄时开始受孕,在产仔后 3～8 周作为架子猪或在产仔后 5～6 个月作为屠宰肉猪上市。

3)猪的屠宰率高,当屠宰加工(去除头、板油、肾脏和多余的脂肪)时产量为活重的 72%～76%,而牛的屠宰率为 62%～63%,羊和羔羊为 50%～57%。此外,由于骨占的比例小,猪胴体中可食用肉的比例较大。

4)生猪可以在体重为 230～270 lb 时出售没有价格问题。同样,在繁殖群中利用年限长的母猪可以轻易地上市。

5)猪的繁殖力强,一般产仔 8～14 头,每年可产两胎。

6)猪同时适于粗放饲养和集约化生产。

7)猪把水和副产品转化为猪肉的效率高。

8)猪把精料转化为食物的效率比肉牛和羊高,尽管其效率不如奶牛、鱼或家禽。富含纤维素的饲料最好饲喂反刍动物,很少用于喂猪。

对养猪生产不利的因素

我们不建议给猪提供所有有利的条件。如果想获得成功,应考虑到某些限制条件。其中部分限制如下:

1)由于消化道的状态,生长猪和哺乳猪必须主要饲喂浓缩料。在谷物缺乏且高价的地方或时期,这可能会导致高的生产成本。

2)鉴于日粮特性和快速的生长速度,猪对不平衡的日粮、质量差或变质的原料以及不良的饲料管理非常敏感。

3)像所有家畜一样,猪对许多疾病和寄生虫敏感。不过,集约化饲养的猪比典型粗放饲养的反刍动物更易被感染。

4)母猪在分娩时应受到特殊的关注。

5)猪不适合牧区广阔且植被稀少的农业类型(例如西部牧场)。它们也并不太适合永久牧场地区的利用。

6)猪使用的牧场围栏比牛羊贵得多。

7)由于猪的固定性和舍饲习惯,猪难以放牧。

8)增加的能量消耗将有益于粗放的生产企业。

9)日益增加的向乡村转移的城市居民不习惯养猪生产或农业生产所带来的气味和噪声。

养猪业的未来

影响未来美国养猪业的部分因素包括以下几方面:

1)对谷物的竞争。

2)海外竞争。

3)增加猪肉消费。

4)地理区域内的竞争。

5)高能成本。

6)猪肉印象。

7)动物福利。

8)美国生猪生产的集中。

9) 肉品加工厂的利用率和市场准入。

10) 肥料管理。

11) 能量利用。

12) 动物权利。

每个因素都会在以下部分分别讨论。

对谷物的竞争

很多国家遭受了粮食短缺,需要进口谷物以满足增长的人口。到 2020 年前,估计美国和加拿大(拉丁美洲和南美也有可能)将会是仅有的谷物生产充分且生产多于消耗的地区。猪将直接地与人类竞争食物。

谷物缺乏利于反刍动物——通常,超过 95% 的猪采用浓缩料饲喂,低于 5% 的猪用粗饲料饲喂,而肉牛可完全以粗饲料为食,即便育肥场的阉牛也仅消耗约 75% 的浓缩料。因此,与反刍动物相比,谷物短缺会使猪处于较不利的地位(图 2.14)。

谷物短缺使得更多的谷物为人类食用,而供应给动物的量减少——谷类食品是世界食物供应中最重要的单一成分,占全世界食物产量的 30%～70%。它对世界上很多穷人来说是主要的、有时几乎是唯一的食物来源,提供他们中多数人的消耗总能量的 60%～75%。随着世界不同地区零星发生的食物短缺和饥荒,对谷物的竞争随之增加。有时城市扩张也会占用一些地区的农田。

图 2.14　当谷物价格高时,农场主可选择是饲喂粗饲料还是自由放牧。(Keith Weller 摄影,美国农业部)

若忽视肉、蛋、奶的高营养价值,不把谷物饲喂动物,更多人可利用这些谷物减轻饥饿。显然,猪的生产效率大约为 7 单位或 8 单位的饲料生产出 1 单位的可食肌肉。即使谷物的营养全集中到肌肉,谷物也能满足更多的人食用。这种低效率是所有动物饲养中营养不可避免流失的结果,且这部分用于维持的动物饲料不能收回。

购买动物蛋白的费用比谷物蛋白和能量高得多。这恰好是发展中国家消费大量植物蛋白和很少动物蛋白的原因。不过,通常随着收入的增加,对动物蛋白的需求也会增加。

海外竞争

一些欧洲国家成为猪肉出口国,一定程度上是由于其完善的动物福利规定。发展养猪业的南美国家将成为出口国,其唯一需要的动机是有前景的市场。加拿大在养猪生产的数量和质量上都有很大的进步。由于具有大量的玉米和大豆生产能力,美国的猪肉工业是世界上成本最低的。不过,随着谷物和大豆生产的增长,巴西正在成为有竞争力的低成本猪肉生产国。

增加猪肉消费

美国猪肉消费的增加有两个来源:(1) 增长的人口;(2) 人口平均消费猪肉量的增加。与 20 世纪 50 年代的满足需求相比,现在更多地关注产品的瘦肉率和多样性,相关广告也随之增加。最近人们关注猪肉的营养价值问题,是因为猪太瘦时营养价值可能会减少。一个强势增长的领域是将猪肉产品引入快餐业。

地理区域内的竞争

尽管将会有生产上的某种转变,但玉米带仍是主要的生猪生产区。于是,有 3 个州值得关注:北卡罗莱纳州、明尼苏达州、南达科他州,它们不在玉米带但却处于 1994 年猪肉生产州的前 10 位(图 2.3)。

西方生猪生产的扩张发生在 20 世纪 80—90 年代,主要源于一些大企业寻求更为开阔的空间:(1)以逃避针对多数居民区的气味和污染物而增加的立法和诉讼;(2)将他们的生产运营与其他猪和猪病相隔离。

能量成本

美国未来养猪业将受到能量成本的影响,因为现代猪场有多种能量消耗项目——供热、制冷、通风等。能量利用效率对养猪运营成功与否至关重要。20 世纪 70 年代早期的能源危机引起生产者乃至全世界开始寻求替代能源和更高的能源利用率。

养猪生产者必须寻找其他种类的能源,例如太阳能、风能、沼气和地热,以及能保存能源的施工管理技术。绝缘和热交换机是两种常用的能源保存技术。

图 2.15　Cajun 五香烤猪肉是"另一种白肉"计划的结果。(国家猪肉委员提供)

猪肉印象

尽管猪肉的营养质量很好,但很久以来却被某些媒体和自称的营养学家描述成不健康的食物。这种印象在近几年有所转变,主要是由国家猪肉委员会发起的"猪肉,另一种白肉"运动开始。目前猪肉与禽肉和其他肉类相比是一种瘦的、营养的且通用的产品。消费者可以看到柜台陈列着大量不同的猪肉产品,从数量较少的鲜肉到选择多样的微波即食产品(图 2.15)。

动物福利

对于所有的养殖者,动物行为和环境的法则和应用取决于理解并认识到人类应该为动物尽可能提供舒适的环境,这同时是为了动物福利和经济原因。这需要关注影响动物行为福利的环境要素和生理上的舒适,同时强调两种对所有动物行为和环境最重要的影响因素——饲料和设施。

美国生猪生产的集中

生猪生产的集中包括使用专门的设施,雇佣专门的工人,通常是垂直统一管理。以前,每单位的生猪生产随着与之联系的农田面积而变化。如今,每单位的生猪数量随设施的规模而变化。

随着部分或完全在舍内设施生产生猪的快速发展,1970 年开始出现了集约化养猪生产。新工艺、新管理技术、较低的生产成本以及增强的质量控制成为了驱动力。相反,转移生猪生产者、关闭农业综合企业以及恶化农村社会会阻碍其发展。

由于生猪生产集中在更少和更大的生产单元,社会团体和政府讨论是欢迎还是设法阻止这种增长。尽管采用在政府水平以反对合并的立法来设法保存家庭农场失败了,但邻居和社会团体通过立法和诉讼反对难闻气味和污染物趋势的增长成为了新的力量。在玉米带和北卡罗莱纳州的反对成为了事实。某些生猪运营转入了西部和西南部的露天场所,这可能促进所有权和垂直统一管理更快速地集中。

肉品加工厂的利用率和市场准入

由于肉品加工厂合并,某些生产区可用的加工厂变少,这通常需要生产者在上市前将屠宰生猪运输更远的距离。很多地区的准入由加工厂-生产者合同限制指定交货的时期,且通常由大的生产者签订。没有合同的生产者可能成为剩余的供应商,他们的猪仅被购买以完成特定时期需要的加工处理。这在生产垂直统一管理的地区尤为正确。

粪肥管理

生产者用对环境负责的方法处理粪肥的能力和意愿将影响美国养猪业的未来。如果处理不当,猪粪、气味、灰土、苍蝇及其他昆虫将影响周边环境、地表水及蓄水土层。

能量利用

在封闭设施里的养猪生产在生产阶段需要补充热量和通风。能量成本可能会增加,所以生产者必须采取能量节省措施,例如增加绝缘材料、垫草及自然通风。生产者在某些气候条件下可以有效率地将消化后的粪转化为沼气,用做发电机的动力或提供热量。最佳的猪舍应该是主要的能量节约处。

动物权利

畜禽生产企业能否盈利主要依赖于动物的生产力,而这些生产者会改善生产条件以使动物和自身同时受益。不过,各类动物权利团体提出任何一种畜牧业类型都是不正确的并宣传素食主义;他们甚至可能会破坏动物生产设施。由于公众与其食物生产地和方法距离日益遥远,动物权利团体提出的错误观念在无知消费者面前变成了事实。

学习与讨论的问题

1.为什么亚洲有如此多的猪(表2.2和图2.1)?

2.讨论说明领先的4个生猪生产国家(图2.1)为何维持其各自排名的因素。

3.讨论为何美国生猪生产的60%处于玉米带内7个州(图2.3)的几个原因。

4.选择一个你自己的或你熟悉的猪场,讨论该场的养猪生产与当地农业之间的关系。

5.假设你没有在特定区域"扎根",那么你推荐在美国的哪个地区建立养猪企业?证明你的答案。

6.爱荷华州的养猪生产具有绝对领先地位(表2.3),为什么?你认为这会改变吗?

7.北卡罗莱纳州作为美国一个生猪生产州名列第2(图2.3),是什么因素促进了该州猪肉工业的增长?

8.为什么美国猪场数量有如此大的减少,而规模却增加了(表2.5和表2.6)?这是好事还是坏事?

9.图2.9中的饼状图表明猪在美国动物产品收益中名列第四。你是否预测猪的排名上升到高于牛肉、奶或家禽?证明你的答案。

10.猪肉作为一种食物在世界上占有何种地位(表2.2)?什么因素和变化决定了这种地位?

11.作为出口商品和进口商品,猪肉的重要性如何?什么因素决定了美国出口和进口猪肉的数量(表2.4)?为什么美国成为一个净出口国?什么因素可能影响这种趋势?

12.列举并讨论猪的作用。你认为猪最重要的作用是什么?

13.展望未来,你相信养猪生产有利因素超过不利因素的事实吗?证明你的答案。

14.你如何回答这个问题:"谁将吃掉粮食——人还是猪?"

15.讨论动物福利和动物权利运动。你支持这两项运动吗?

16. 讨论美国生猪生产的产业化。收益和成本各是什么？

17. 以对环境负责的方法处理粪肥将如何影响美国未来的养猪业？

18. 总体而言，你认为美国养猪生产的未来是乐观的还是悲观的？证明你的答案。

主要参考文献

Agricultural Statistics，USDA-National Agricultural Statistics Service，http：//www. usda. gov/ nass/pubs/ agstats. htm

Economics and Statistics System，USDA，http：//www. usda. mannlib. cornell. edu

Fasonline，USDA Foreign Agricultural Service，http：//www. fas. usda. gov

Feeds & Nutrition，2nd ed. ，M. E. Ensminger，J. E. Oldfield，and W. W. Heinemann，The Ensminger Publishing Company，Clovis，CA，1990

Pork Facts 2002/2003，Staff，National Pork Board，Des Moines，IA，2002

Reports by Commodity-Index of Estimates，USDA-National Agricultural Statistics Service，http：//www. usda. gov/ nass/pubs/estindx. htm♯A

Swine Production and Nutrition，W. G. Pond and J. H. Maner，AVI Publishing Company，Westport，CT，1984

第三章 猪 的 品 种[①]

杂交育种生产的仔猪。(爱荷华州立大学 Palmer Holden 提供)

内容

美国猪的发展

生猪类型

　脂肪型

　腌肉型

　瘦肉型

美国猪种

　巴克夏猪

　切斯特白猪

杜洛克猪

格洛斯特花猪

汉普夏猪

海福特猪

长白猪

缪尔福特猪

波中猪

花斑猪

太姆华斯猪

约克夏猪

近交猪种

中国猪引入美国

　枫泾猪

　梅山猪

　民猪

专门化种猪供应商

　无特定病原猪

　专门化种猪

小型猪

学习与讨论的问题

主要参考文献

目标

学习本章后,你应该:

1.定义生猪类型。

2.认识不同类型纯种猪的特征。

3.认识 20 世纪 30 年代引入丹麦长白猪的重要性。

4.认识 1989 年美国农业部将中国猪引入美国的重要性。

　　品种是指具有共同祖先和相似外形的一群动物和植物,特别是指经驯化有别于野生型的种群,或指经人工选择发展并由人工控制繁殖以维持的种群。全球范围内有超过 400 个猪种,大多数在 Valerie Porter 编写的《世界猪种手册》(康奈尔大学出版社)中有精彩记载。在美国,目前仅有以下 9 个品种登记在册:巴克夏猪、切斯特白猪、杜洛克猪、汉普夏猪、海福特猪、长白猪、波中猪、花斑猪、约克夏猪。过去一些其他品种曾登记在册,如太姆华斯猪、俄亥俄州改良切斯特猪(OIC)、诏纳大草原猪、英国大黑

---

①承认一个品种的唯一法律依据见《1930 年美国关税法》,它规定了如果纯种种畜在起源国家登记,就可免关税准入。但这仅适用于美国的进口动物。核准一个品种不要求有法规或美国农业部的描述。

猪、肯塔基州红巴克夏猪、威赛克斯白肩猪等,但这些品种目前已不再使用。

美国猪的发展

除了巴克夏猪、长白猪和约克夏猪,美国常见的猪种都是严格意义上的美洲品种。这种现象引人关注,因为我们仅有一个役马品种、极少数熟知的绵羊和肉牛品种是在美洲发展起来的。除海福特和一些新近的杂种猪,美洲品种形成于1800—1880年期间,该时期的特征是玉米大量生产以饲喂生猪,同时消费者需求高脂肪、粗分割的猪肉,而欧洲品种不满足这些要求。

图3.1　Hernando de Soto在密西西比河的发现。他于1539年首次带了13头猪运往美国坦帕海湾(现佛罗里达州)。他把它们视为自己向西部探险的"会走路的食物"(Bettman/CORBIS)。

生产者可从大窝仔猪中选择是否饲养肉用型青年母猪。每年强调同种特性且采用同种公猪的持续选择可在4～5年的短时期内完全改变猪的体型。尽管存在这个事实,生产肉用型猪在20世纪30—40年代仍进展艰难缓慢。结果,(1)猪肉逐渐失去其优势地位,牛肉取而代之占据了20世纪50年代的领先位置;(2)培育了许多新"特色(tailor-made)"美洲猪种,其中多数在一定程度上沿用了长白猪的育种方法。

不过,必须记住的是,若没有引入国外品种,美洲猪种品种也不会发展。在Hernando de Soto进口猪之前,美洲大陆并不存在生猪(图3.1)。Hernando de Soto的具有强健狭尖背脊的猪的后代,和随后进口的欧洲及亚洲生猪一起,成为后来美洲品种的基础群。由于有了这些猪的早期多花色混合类型,美国不同地区猪的生产者通过选择及选配的方法逐步培育了一致的动物,也就是后来所说的品种。然而,需要注意的是,这些基础动物携带的基因组成是不定的。这使得它们在由育种家控制时灵活易变,也说明了随后猪的类型的基本变化,这种变化曾在纯种中被观察到。

生猪类型

猪的类型是以下3种因素起作用的结果:(1)消费者的需求;(2)可利用饲料的特性;(3)育种家培育能满足消费者需求、采食可利用饲料、高产且可获利的猪的能力。

在历史上,公认生猪的3种不同类型是:(1)脂肪型;(2)腌肉型;(3)瘦肉型。然而,目前全美国猪的品种都朝瘦肉型猪的目标发展以生产高品质的猪肉,尽管很明显某些品种比其他品种更易达到这个目标。

脂肪型

最初,猪育种者调庞大的体型和重量以及优良的育成特性。这种普遍的类型一直持续到19世纪后期。大约从1890年开始,育种者把注意力转移到了早熟、体型优美、育成时身体结实的猪的培育。为了获得这些想要的特性,动物被培育得体型更小、紧凑粗壮、腿很短。此种流行时尚在品种波中猪的培育中走向了极端,也最终在"暴躁型/神经质(hot bloods)"猪的培育中达到顶点。这种粗壮的脂肪型猪有时被称为"圆筒(cob rollers)",因生产力不高而声名狼藉。它们通常只产2～3头仔猪,并且当其体重超过 200 lb 时,所需成本极为昂贵。1890—1910 年间,这种小而优美的类型处于市场的支配地位。

为了保证增长的经济特性,育种者最终于 1915 年左右开始转向大型猪品系。不久以后,该转变横扫全国,趋势再一次剧烈逆转。育种者要求大型、生长快、体长、骨多的品种。大型动物四肢瘦长且成熟较晚。其中很多在展览会上的个体由于其长腿、塌腰以及像猫一样的后腿而胜出。由于该类型达到成熟太慢且需要较大的体重以达到上市标准,不能满足加工者或生产者的需求,所以另一种向理想类型的转变成为了必然(图 3.2)。

 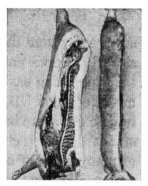

图 3.2　过时的典型脂肪型猪。就目前的市场需求而言脂肪含量过高。(美国农业部畜牧局,1930)

腌肉型

丹麦、加拿大、爱尔兰长时间以来以生产高品质腌肉而闻名。过去这些国家生产的过剩猪肉在英格兰有现成的市场,大部分出售到威尔特郡地区。在可利用饲料包含奶业副产品、豆类、大麦、小麦、燕麦、黑麦及块根类作物的地区,腌肉型猪(图 3.3)较为普遍。它们的身体构造有大比例的肌肉以生产所需的腌肉,而不是大量猪油。

饲料特性作为影响腌肉型肉猪生产的因素,其重要性在被强调的同时,并不能推断否定遗传差异的存在。也就是说,即使腌肉型猪在玉米带内被大量饲以玉米,它们也决不会完全失去其腌肉特性。参见本章讨论的早期腌肉型猪种太姆华斯猪。

 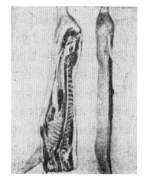

图 3.3　腌型猪。由加拿大肉类加工工业肉发展委员会选育,以达到生产英格兰或威尔特郡地区腌肉的类型和条件。(美国农业部畜牧局,1930)

瘦肉型

从1925年前后开始,美国的猪育种者转向培育介于脂肪型与腌肉型之间的瘦肉型猪(图3.4)。瘦肉型猪综合了瘦肉率高、体长、平衡以及达到上市体重而无过剩脂肪的能力等特征。在培育瘦肉型猪的过程中,生产者的选育计划通过肉类认证计划、家畜展览会、研讨会不断得到发展。直到第二次世界大战之后,猪油需求显著下降,为满足更加挑剔的市场,生产者很快转向培育较瘦的生猪。

图3.4　现代的瘦肉型猪。其光亮、整洁、清秀等特征正是美国当前市场所需求的。(美国农业部畜牧局,1930)

美国猪种

表3.1显示了1994—2002年注册登记的猪的常见品种。此登记标志了每个主要纯种当前的普及程度。1910年最普及的品种依次为波中猪、巴克夏猪、泽西杜洛克猪以及切斯特白猪。

表3.1　美国登记在册的主要猪种[①]

品种	1994年		2002年	
	窝数	个体数	窝数	个体数
巴克夏猪	1 792	—	12 334	96 953
切斯特白猪	—	27 342	1 634	14 172
杜洛克猪	—	130 625	11 933	—
汉普夏猪	—	122 002	7 031	—
长白猪	4 714	—	3 364	—
波中猪	—	14 872	976	7 468
花斑猪	26 930	—	2 109	17 324
约克夏猪	—	208 662	12 767	—

注:①信息由不同的品种登记处提供。

尽管存在许多品种差异,大多数品种协会也经常宣扬各自品种的优点,但也许仍可以公平地说,从生产效率和胴体品质方面来看,品种内差异要多于品种间差异。毫无疑问,每个品种的前景和普及的持久性取决于其实现这两个主要必需条件的程度。

要在不同的品种协会进行登记,通常身体上半部弯曲,存在疝气、隐睾、锁肛、直肠或子宫脱落、乳头少于12个的个体都是不合格的。

巴克夏猪

巴克夏猪(Berkshire)是最早的改良猪种之一。巴克夏猪引人注目的外表和姿态使得其成为猪种中的杰出者。

起源与原产地

巴克夏猪的原产地在英格兰中南部,主要集中在伯克郡和威尔特郡地区。作为野猪的后代,该古老的英国猪种被用做基础群,而且这些早期的猪用引入的中国、暹罗(泰国)及那不勒斯的猪血统加以改良。在1789年,巴克夏猪被描述为带有黑色斑点的红棕色,耳朵大而下垂,腿短,骨骼纤细,适于早期育肥。

美国早期的引进

据可靠记载,巴克夏猪最早是在1823年由新泽西州的John Brentnall进口到美国的。随后,纽约橘郡(Orange County)的Bagg和Wait于1839年,纽约布法罗的A B Allen于1841年也进口了巴克夏猪。

尽管在美国有很多巴克夏猪的育种者,但密苏里州锡代利亚的N. H. Gentry是杰出者之一。国内外都没有育种者能达到像他一样的成功。他确实是个高明的育种家。今天最好的巴克夏猪多数都可上溯到他的育种,尤其是出色的优势公猪朗费罗(Longfellow)。

品种特征

巴克夏猪明显的品种特性是短而有时朝天的鼻子。面部略有中凹,耳朵竖起稍向前倾。黑体色中有6个白色部位——4处位于蹄部,1处位于面部,1处在尾尖。不过,白斑也可能出现在其身体的任一部位。

巴克夏猪的体型可被描述为极好的瘦肉型。幸运的是,巴克夏猪的育种者们并没有狂热地追求大体型。因而目前看来,该品种有着明显的一致性。

现代巴克夏猪的体躯很长,侧面深长;背部宽度适当,整体光滑毛稀;平衡性较好;四肢长度中等(图3.5)。肉质非常好,瘦肉纹理适当,并且没有覆盖大量的脂肪。该品种曾在全国阉公猪及胴体竞赛中保持令人羡慕的纪录。目前,很多巴克夏猪品种出售时以"巴克夏黄金"为品牌名,可在市场上获得更多的收益。其胴体多数出口日本,因为那里对高品质的巴克夏猪肉有着极大的需求。

6岁8个月大的典型巴克夏公猪Duke。其售价为750 $。注意其6个白色区域。(猪病学,1914)

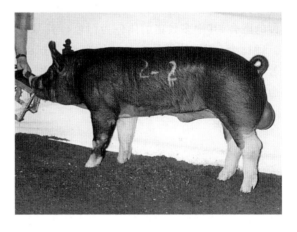

图3.5 2002年世界猪肉博览会上的巴克夏公猪。(爱荷华州立大学农学院提供)

巴克夏猪不如其他多数品种的猪体型大。不过,由于其较大的长度、深度及平衡,人们可能低估了它的重量。总的来看,巴克夏猪是能够耐受寒冷的强健粗壮的猪种。

巴克夏猪黑白相间,耳朵竖起是其典型特征。它应该在四肢、面部和尾巴(除非被剪短)都具有白色。四肢末端的白色可能在其中一肢不出现。它在耳朵前的面部不会具有一致的白色或黑色,且不会有纯黑的鼻子(含四周)。耳朵也可能出现白色,但是不会是一致的白色。白色的斑点也偶然会出现在躯体上(图 3.6)。

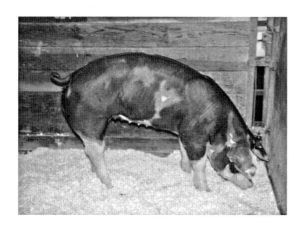

图 3.6　在爱荷华州得梅因举行的 2003 年爱荷华州展览会上的巴克夏青年母猪。注意该品种承认的不同毛色。(爱荷华州立大学 Palmer Holden 提供)

1941 年爱荷华州展览会上的切斯特白猪公猪。(家畜育种改良委员会,1942 年)

切斯特白猪

切斯特白猪(Chester White)在美国北部农场非常受欢迎,且该品种的阉公猪在家畜展览阉公猪类别中有良好的声誉。如今切斯特白猪的数量已相当有限。

起源与原产地

切斯特白猪起源于宾夕法尼亚州东南部肥沃的农业种植区,主要在切斯特郡及特拉华郡。这两个郡都与美国最著名的种植业和畜牧业产地之一的兰开斯特郡接壤。该品种似乎源于 19 世纪早期几个品种的融合,其中多数猪的体色为白色。其基础群包括从英国约克郡、林肯郡以及柴郡进口饲养的猪种。1818 年,切斯特郡的 James Jeffries 船长从英格兰贝德福德郡进口了 1 对白猪。此次进口的公猪显著地影响了切斯特白猪品种基础群的纯化。到 1848 年,该品种已达到相当程度的一致性和纯度,并被命名为"切斯特郡白猪"。名字中的"郡"很快消失,现今的名称得以确立。

品种特征

正如其名,该品种的毛色为白色。尽管其皮肤上会出现一些被成为雀斑的带蓝色斑点,但有这样的斑点会受到区别对待。

一般说来,该品种内的类型改变是接着波中猪和杜洛克猪之后,尽管它们在自然界中较为基本。毫无疑问,一些约克夏猪的血统在追求大体型的狂热中被注入到某些猪群内。如果是这样的话,也许可以补充说,此血统给这个品种带来了真正的改进和益处。

切斯特白猪的母猪高产,母性很好。猪对各种条件适应性强,成熟较早;育成的阉猪在市场上很受欢迎。

切斯特白猪必须具有该品种的特征且毛色须为纯白。皮肤上的颜色大于 1 \$ 硬币大小以及出现有色毛都是不允许的。耳朵应下垂且大小中等（图 3.7）。

杜洛克猪

当前，杜洛克猪（Duroc）在有登记的年产窝数中排名第 3，超过了约克夏猪和巴克夏猪。

起源与原产地

杜洛克猪起源于美国的东北部。尽管一些不同的成分组成了基础群，但相当确定的是，纽约的杜洛克猪和新泽西的泽西红猪对该家系的贡献最大。

图 3.7　2001 年在爱荷华州育种场的现代切斯特白猪种公猪。（爱荷华州立大学 Palmer Holden 提供）

泽西红猪是于 19 世纪早期在新泽西育成的大体型、粗糙、多产的红色猪种。杜洛克猪体型较小、结构紧凑，且性情温驯。这种在纽约发现的起源不明的红色猪种以当时著名的种公马杜洛克命名。从 1860 年开始，这两种红毛猪品系系统地融合在一起，于是形成了现在知名的品种杜洛克猪（图 3.8）。

图 3.8　一对杰出的杜洛克-泽西猪。（F. D. Coburn, 1910）

品种特征

杜洛克猪的毛色为深浅变化的红色。尽管多数育种者首选中间的樱桃红，但只要不是很极端，较浅和较深的色度之间并没有特殊的区别。杜洛克猪的耳朵中等大小且向前倾斜（图 3.9）。

在追求大体型的时期，杜洛克猪的体型也有所变化。高大、四肢瘦长的个体在展览会上占优势，这种动物拥有狭窄的腰、不发达的后躯、单薄的身体，且成熟缓慢。尽管由于这种根本转变，品种内仍缺乏一定的一致性，但如今其最好的代表被公认为瘦肉型。该品种大受欢迎也许应归因于其体型、采食量、生长速度、繁殖力、耐受性等方面的综合。

具有以下特征的个体没有登记资格：白色的蹄子或身体的任意部位有白色斑点；鼻尖有白色；身体

上有直径超过 2 in 的黑斑;身体上半部或颈部弯曲;隐睾(一侧或两侧睾丸未下降到阴囊内)公猪或每侧乳头少于 6 个。

杜洛克猪必须为红色且具有该品种的特征,包括耳朵必须下垂且中等大小,而且身体上没有白色或黑色的毛。猪的皮肤上不得有多于 3 处的黑斑且每个黑斑的直径不得大于 2 in。腰部不得有任何黑斑或带痕(图 3.10)。

图 3.9 杜洛克种公猪。(爱荷华州立大学 Palmer Holden 提供)

图 3.10 现代的杜洛克青年公[①]猪。(爱荷华州立大学 Palmer Holden 提供)

格洛斯特花猪

格洛斯特花猪(Gloucester Old Spots)是黑白相间以白为主的品种(图 3.11)。最近几年,向更少黑色的选择使得现在通常只能看到一两个斑点。该品种同样也有一对低垂的耳朵。它们起源于英格兰伯克利峡谷地区,现在已遍布整个英国。该品种的起源不明,但大概是来自本地区的地方血统以及引入的不同品种。在 1855 年,Youatt 和 Martin 提到格罗斯特郡有具不清晰白色的地方品种。

图 3.11 1987 年在爱荷华州立大学的格洛斯特花猪公猪。(爱荷华州立大学 Palmer Holden 提供)

格洛斯特花猪是英格兰大体型猪中的一种。由于部分被饲以当地掉落的苹果以及剩余的农产品,它们曾经一度被称为果园猪或农家猪。据说它们是很好的草食动物。该品种的母猪以产仔数多和泌乳力强出名。

格洛斯特花猪品种形成于 1913 年。尽管此品种从来未在本国或任何其他国家占据优势,但它影响了世界的养猪生产。毫无疑问,该品种对花猪的颜色图案具有重要的影响,它同样也用于美国明尼苏达州 3 号品种的培育。

汉普夏猪

汉普夏猪(Hampshire)是最新近的猪种之一,但其普及程度迅速增长。它广泛分布于玉米带和南

---

①原文为青年母猪,有误,译者改为青年公猪。

部地区。

品种特征

起源与原产地

汉普夏猪有多种起源的缘由(图 3.12)。它与英国南部的埃赛克斯白肩猪和威赛克斯白肩猪品种的颜色类型相似,可能是于 1825—1835 年间由 McKay 先生引入美国。主要的培育在肯塔基州布恩县完成,即从辛辛那提市穿过俄亥俄州河的地方。据说俄亥俄州的屠夫前往肯塔基州以高价购买这些生猪。其基础群由 15 头有条带的猪组成,通常被认为是皮薄且身体中间有环带。原始猪群由 Major Joel Garnett 于 1835 年在宾夕法尼亚州购买并运往匹兹堡,然后又出口至肯塔基州。若干年后,6 名布恩县(肯塔基州)农民于 1893 年组织成立了薄皮猪协会,1904 年更名为汉普夏猪协会。

图 3.12　1913 年国际家畜展览会上的冠军汉普夏猪家族。(猪病学,1914)

品种特征

汉普夏猪最突出的特征是其环绕在肩部和前腿上的白带(图 3.13)。黑色上具有白带构成了其与众不同的特征;品种专家们把这称为百万美元的商标。

汉普夏猪的育种者总是强调高品质以及光滑无毛。这包括了面颊整洁柔和、头部精巧、耳朵直立、肩部光滑结实及背腰呈弓形。如今人们做了很多努力,以保证骨骼更大、瘦肉更多、更健康的公猪和母猪,它们能在保持瘦肉及生产效率的前提下增重更多。很多年以来,汉普夏猪在测定站内以最薄的背膘和最大的眼肌面积而出名。该品种的猪行为活跃,其母猪耐久力强,且窝产仔数提高的比例大。同样地,它们体型中等大小且对户外环境的适应性较强。

用于育种的汉普夏猪须为黑色且有从前腿开始的白带。条带必须完全环绕身体(包括前腿,并且在前腿及脚都很显著)。种猪如果有多于 2/3 的白色或在头部有任何白色则不合格。猪嘴前鼻孔周围的白色是允许的,但不得破坏鼻子的边缘。当嘴闭着时,下嘴唇的白色不得超过 25 美分硬币所覆盖的面积。后腿上的白色不得延伸至超过跗关节以上,身体的任何部位都不能有红色,且此猪及其同窝同胞都必须没有多余残留趾的痕迹(图 3.14)。

具有白带的汉普夏商品猪都可进行登记,而不论其颜色怎样及有无背部弯曲。脸上有白斑的猪则不在登记之列。

图 3.13　现代汉普夏公猪。(国家种猪登记协会提供)

图 3.14　爱荷华州种畜场的汉普夏母猪。(爱荷华州立大学 Palmer Holden 提供)

海福特猪

海福特猪(Hereford)是分布较少的猪种之一。其之所以引起人们的特殊关注是由于它的毛色斑纹与海福特牛相似。

起源与原产地

海福特猪是由密苏里州拉普拉塔市的 R. U. Webber 发现的。他设想能生产出一种白脸肉猪,其身体具有类似于海福特牛斑纹的鲜红色(图 3.15)。其基础群包括切斯特白猪、OIC 猪(俄亥俄州改良切斯特猪)、杜洛克猪以及其他起源不明的猪种。通过近交和选择,该品种在超过 20 年的时期内有了进一步的发展。1934 年,国家海福特猪协会在无角海福特牛注册协会的资助下成立。

品种特征

图 3.15　海福特阉公猪。(爱荷华州立大学 Palmer Holden 提供)

海福特猪最突出的特征是其类似于海福特牛的有色斑纹。为了符合登记条件,猪必须在颜色上有至少两三处或浅或深的红色,且面部须有 4/5 的白色;耳朵可为红色或白色,或红白相间;白色必须出现在至少 3 个蹄子上且向上延伸至少 1 in,可以一直到腿。理想的有色海福特具有白色的头和耳朵、4 个白色的蹄子、白色的尾尖以及下体轮廓的白色斑纹。

海福特猪在体型上小于其他猪种。过去,该品种的很多个体被认为脂肪过多、肩背宽厚并且性子较烈,但是通过选择得到了很大的改良。

具有以下任何特点的猪没有登记或展览的资格:面部没有一定的白色并且少于最少 2/3 的红色;在肩、背或臀部有白色区带延伸;白色的蹄子少于 2 个;只有一侧睾丸的公猪;任何形式的永久畸形;其母体在产仔时年龄小于 10 个月。

长白猪

就像美利奴羊一开始只是西班牙的专利一样,丹麦在很长一段时间垄断着长白猪(Landrace)。

1934年,长白猪被出口到美国和加拿大,但根据政府的协议,这些猪在几年后便不能继续用于纯种生产,而只限于用来杂交(图3.16)。后来,与丹麦政府达成的一项新的协议放开了对纯种长白猪的利用。再后来(1950年),加上挪威和瑞典的长白猪,美国长白猪协会得以成立,美国长白猪开始成为知名品种。

图3.16　1938年进口至爱荷华州立大学农业试验站的丹麦长白青年母猪。(爱荷华州立大学农学院提供)

起源与原产地

长白猪是丹麦的本地品种,可用来生产高质量的腌肉。在政府试验站的帮助下,经过选育的长白猪具有突出的胴体质量和生产效率。除了育种性状得到改善,在丹麦较为常见的饲料——小粒谷类和牛奶副产品,也有益于高质量腌肉的生产。多年以来,丹麦盈余的猪肉主要出口到伦敦,以威特夏胴体(Wiltshire sides)的形式出售。

品种特征

长白猪一般为白色,有的皮肤上会有一些暗斑点。其典型特征包括体长、顶平、乳头排列整齐、腰窝深、颚骨整齐、嘴巴笔直、中等下垂耳朵。长白猪主要因高产和饲料利用率高而著名(图3.17,图3.18)。

图3.17　长白公猪。(国家种猪登记协会提供)

图3.18　长白青年母猪,2002年。(国家种猪登记协会提供)

存在以下缺陷的猪不能用于育种:(1)身体任何部位有白色以外的毛发;(2)双耳垂直;(3)每侧少于6个有效乳头,或有翻转乳头;(4)显示出明显的残留趾痕迹。皮肤上的黑斑是比较忌讳的,有较大斑点或黑斑数量众多的猪都会被认为不合格。不过,猪身体上小范围的黑色素沉积还是允许的。

缪尔福特猪

美洲缪尔福特猪(Mulefoot)的起源仍不清楚,但有文字记载其已具有100多年的历史。F. D. Coburn在其1916年出版的《美国猪种》一书中,指出缪尔福特猪在阿肯色州、密苏里州、爱荷华州、印第安那州、美洲西南部及墨西哥的一些地区都有发现。国家缪尔福特猪登记协会于1908年1月在印第安那州波利斯成立。后来还成立了另外 2 个登记处。1910 年,共计有 235 家种猪公司在 22 个州登记。

Coburn 在书中描述缪尔福特猪主要为黑色,偶尔会有一些带有白斑。此外,它具有中等下垂耳朵,毛发柔软。该品种生性相当温和、易于育肥,2 年可长到 400～600 lb 重。它们被认为是质量最好的"火腿猪",往往被喂到较高体重后再屠宰。种猪生产者曾一度称缪尔福特猪对猪瘟具有免疫功能,尽管这种观点遭到过一些人的反驳(图 3.19)。

缪尔福特猪最为突出的特征是蹄非常结实,与骡的蹄比较类似。具有结实猪蹄(也称并指)的猪在过去的几个世纪里引起了许多作者的兴趣,包括亚里斯多德和达尔文。虽然只能看到 1 个脚趾,但实际上底下还有 2 个衬垫(图 3.20)。

图 3.19　缪尔福特阉公猪。(爱荷华州立大学 Palmer Holden 提供)

图 3.20　近视 1 个脚趾的缪尔福特阉公猪。(爱荷华州立大学 Palmer Holden 提供)

缪尔福特猪被美国畜禽品种保护委员会认定为"濒危"品种(每年的登记量少于 200 头)。它目前在密苏里州各地均有饲养,另一些猪群最近还被输往乔治亚州。

波中猪

起源与原产地

波中猪(Poland China,图 3.21)起源于俄亥俄州西南部一块名为迈阿密谷的肥沃区域,尤其是在沃伦和巴特勒郡。19 世纪早期,迈阿密谷是美国最丰产的玉米产区。此外,在第一次世界大战之前,辛辛那提是美国的猪肉加工中心。因此,这里的环境非常适于开发新的猪种。

迈阿密谷早期移民者饲养的猪群一般为杂色,品种和类型也是混合的。其基础群通常和 19 世纪早期引进迈阿密谷的俄国猪和 Byfield 猪进行杂交。1816 年,宗教组织 Shaker 协会引进了"大华猪(Big China)"品种。通过这些育种和改良诞生了所谓的"沃伦郡(Warren County)"猪,它们具有身材高大、育肥性能佳等突出优点。后来,巴克夏猪和爱尔兰的 Grazer 品种也被引进到该地区,并与沃伦郡猪杂交。如此一来,当地猪群的质量和体格得到改善,进而出现早熟性。一般认为,约自 1845 年后便再没有外部猪种血统进入迈阿密谷。

波中猪的名称在 1872 年由国家种猪协会在印第安那州波利斯的一次大会上提出。由于实际上好像根本没有名为波兰的猪种被用做基础群,人们对于为何选择"波中"这个名称很是好奇。迈阿密谷的一位著名的波兰养殖户 A Mr. Asher 有可能是波兰一词的起由。由于中国猪种曾被 Shaker 协会引进到该地区,"波中"这一名称得以采用。

图 3.21　1908 年堪萨斯州饲养的 1 对波中猪。（美国猪种，F.D.Coburn,1916）

品种特征

现代波中猪主要为黑色,只在腿、鼻及尾尖有 6 处白色。但在 1872 年之前,它们通常为黑色、白色和花斑的混合。6 处白色中缺少一两处也没有什么关系,人们对猪身上出现的一些小白斑也不会太在意(图 3.22)。

直到 19 世纪下半叶,波中猪的巨大体型才为人们所熟知。大约从 1890 年开始,育种者转向关注培育体格健壮、更加早熟且体型更小的品种。这种趋势最终在开发"hot bloods"这种极小、紧凑且腿短的品种时达到了顶峰,该品种占据了从 1900—1910 年的各种展会。

最终,为了获得更多的应用品质,育种者开始转向大型品系。这种狂热很快席卷美国,并再一次走向极端。然而,从 1925 年开始,育种者的努力朝着更为保守的肉用型发展。而今,波中猪可生产瘦肉率高的优质胴体(图 3.23)。

图 3.22　2003 年在爱荷华州得梅因举行的爱荷华州展览会上的波中青年母猪。（爱荷华州立大学 Palmer Holden 提供）

图 3.23　波中公猪。该品种育种者所认为的理想类型。（国家猪肉委员会提供）

生产商经常选择波中猪作为终端杂交的父系,因为它们的深色受第2个品种控制,而第2个品种通常为白色。白色的生猪很受美国屠宰场欢迎,因为其加工过程中易于打毛。

波中猪必须具有的特征包括耳朵下垂,黑色身体中有6处白色(脸、腿和尾巴)。尽管偶尔会在猪身上出现白色斑点,但如果不止有1条腿为黑色,则不能被认为是波中猪(尾巴全黑是允许的)。波中猪还不能出现明显带状白斑,不能有红色或土色毛或色素。

花斑猪

此品种很多年以来被称为花斑波中猪。花斑猪(Spotted)的普及主要归结于育种家在对品种做某些改良的同时成功地保存了古老花斑波中猪的有用价值。

起源与原产地

花斑猪在美国北部的中央地区主要是印第安那州培育。正如其名称,迈阿密流域波中猪基础群的颜色通常为黑色和白色斑点。事实上,1869年在圣路易斯举行的商品猪大奖赛的优胜者即为波中猪(图3.24)。照片底部的说明如下:"注意花斑的外观。"此外,这些猪在体型、粗壮、骨骼以及多产方面有着较好的声誉。

在盛行"hot bloods"的时期,很多育种者放弃了波中猪品种,试图得到迈阿密流域的原始花斑肉猪的有用特性。于是,花斑猪得以确立。除了利用经选择的波中猪品系,育种家还于1914年引入了英格兰格洛斯特花猪的血统。尽管花斑猪品种正式始于1914年登记协会的成立,但大体型波中猪血统的自由输入持续到10年之后。此外,在20世纪70年代及80年代,花斑猪的登记向波中猪开放(图3.25)。

图 3.24 商品波中猪。曾获得 1869 年圣路易斯商品猪大奖赛的 700 $ 奖励。注意其花斑外观。(猪病学,1914)

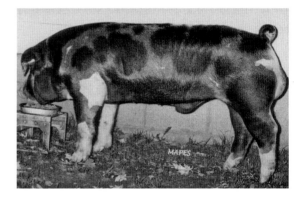

图 3.25 现代花斑公猪。(国家花斑猪记录)

品种特征

目前,最被认可的波中猪和花斑猪类型之间并没有大的差别。前者的体型稍大,但一般来说,构造非常相似。

花斑猪必须为黑色和白色且具有此品种的特征。耳朵不能为直立。有红色或褐斑的猪不合格,而且从耳朵往前的头部不得为纯黑色。可以没有环绕并延伸向下至每个肩膀的明显白带(毛发或皮肤)。

太姆华斯猪

英国品种太姆华斯猪(Tamworth)是明显的腌肉型猪。

这个古老英国品种的确切起源并不明确,但是太姆华斯猪协会的一本册子上称"太姆华斯猪起源于爱尔兰,可能来自'爱尔兰草食动物',并与巴克夏猪相近。据说,大约在 1812 年,Robert Peel 对它们的特征留有印象,引入了其中的一些,开始在自己在英格兰太姆华斯的庄园进行繁育。他们自进口后对这些猪进行了广泛的选育"。

太姆华斯猪分布在英格兰斯塔福德郡,品种改良主要发生在该地区及其在英格兰中部的周边地区。太姆华斯猪是最古老的猪种之一,大概也是所有猪种中血统最纯正的品种之一。它同样也被公认为所有品种中最极端的腌肉型。关于纯种繁育和谨慎选择的记录可上溯到 100 多年前。

现代太姆华斯猪公猪,2002 年。(Mapes 家畜摄影,俄亥俄州米尔福德中心)

早期的美国进口

据可靠记载,太姆华斯猪最早是由伊利诺斯州罗斯维尔的 Thomas Bennett 于 1882 年进口到美国的。

品种特征

该品种的体色为红色,从浅到深变化。体型也许可描述为极端的腌肉型。黑色超过 5% 的猪没有登记资格。

约克夏猪

起源与原产地

约克夏猪(Yorkshire)是一个普及的英国腌肉品种,将近 1 个世纪前起源于约克郡及其在英格兰北部的邻近地区。约克夏品种在英格兰被称为大白猪(Large White)。

早期的美国进口

尽管约克夏猪可能首先在 19 世纪早期引入美国,这个现代类型的代表是由明尼苏达州的 Wilcox 和 Liggett 于 1893 年首次引入的。早些时候,大量约克夏猪进口涌入加拿大,而该品种始终在加拿大占据显著的位置(图 3.26)。

品种特征

约克夏猪的体色应为全白。尽管会有不构成缺陷的称为"雀斑"的黑色斑点,但育种家不喜欢这样的猪。其面部稍微中凹,耳朵直立。

约克夏母猪以母性好著名。它们不仅产仔并哺育众多仔猪,而且也具有极好的产奶性能。约克夏

图 3.26　1904 年圣路易斯世界展览会上的冠军约克夏公猪。(Coburn,1910)

猪的饲料利用极好,与其他任何品种相比能很好地节约饲料(图3.27)。

约克夏猪必须为白色且具有耳朵直立的品种特征(图3.28)。出现以下1项或几项特征的约克夏猪没有登记资格:除白色外的其他颜色毛发;皮肤上有黑色斑点非常不好,并且大量的大型黑色斑点使得猪登记不合格;有额外残留趾的明显痕迹。然而,猪的身体上允许有少量的黑色素沉积。

图3.27 约克夏公猪 Altoulf。(国家种猪登记协会提供)

图3.28 约克夏青年母猪。(国家种猪登记协会提供)

近交猪种

从19世纪30年代开始持续到整个50年代,人们注重开发多产、增重快而高效且能生产高质量胴体的新猪种。新品种由私人育种者在马里兰州贝尔茨维尔的一些州立农业试验站及加拿大培育出来。其中很多建立在与1934年及之后进口的丹麦长白猪杂交的基础上。由于这些近交猪(新品种)数量的增加,所以引起了对注册登记的需求。于是,近交家畜登记协会于1946年组织成立。

这些"特色猪"包括在以下地方培育的品种:明尼苏达州农业试验站(明尼苏达州1号、2号和3号猪)、蒙大拿(蒙大拿1号或汉普夏猪)、马里兰州贝尔茨维尔的美国农业部农业研究中心。明尼苏达州1号(图3.29)为丹麦长白猪和太姆华斯猪的杂交,而蒙大拿1号或汉普夏猪(图3.30)是黑色汉普夏公猪与丹麦长白猪杂交的结果。其他品种由私人育种者在印第安那州(San Pierre猪)、华盛顿(Palouse猪)以及加拿大培育出来。尽管这些新的猪种大多没有保留下来,但它们推动了古老猪种的发展。

图3.29 在明尼苏达州大学的明尼苏达州1号猪近交系,1956。(明尼苏达大学农业、食品与环境科学学院提供)

图3.30 蒙大拿1号猪(汉普夏母猪),1936。(近交家畜登记协会提供)

中国猪引入美国

在美国农业部、伊利诺斯州大学以及爱荷华州立大学的协作努力下,来自中国的一些品种于1989年被引入美国。在这项计划中美国总计引进了144头枫泾猪、梅山猪及民猪。这些品种生长缓慢且脂肪较多,但风味非常好。它们被认为对某些疾病有抵抗力且能消耗大量粗饲料。它们在中国的日粮由浓缩料、农业副产品、多汁植物组成。

这些猪与传统"西方"猪在遗传上有极大的不同,以致人们应加强研究,例如通过定义影响窝产仔数及猪肉生产中关注的其他性状的基因来进行研究。

图3.31 1989年进口至爱荷华州立大学的枫泾公猪。(爱荷华州立大学 Palmer Holden 提供)

枫泾猪

枫泾猪可通过其多皱褶的面部和皮肤来识别(图3.31)。成年母猪大约为27 in(69 cm)高和153 lb(69.6 kg)活重。背膘厚为1.4 in(3.5 cm),屠宰率66.0%。

枫泾猪于2.5~3.0月龄到达初情期。此品种是世界上最多产的猪种之一,胚胎存活率高,窝产仔数多。已产过3胎及以上的经产枫泾猪能产仔猪17.0头,断奶仔猪12.1头。仔猪240日体重为174 lb(79 kg),平均日增重0.75 lb(0.35 kg)。

图3.32 中国的梅山猪。(爱荷华州立大学 Max Rothschild 提供)

梅山猪

梅山猪属于太湖猪,其名称来源于它们起源地区内的太湖,太湖位于中国北部和中部之间,在长江下游盆地和东南沿海地区。这个地区的气候温和。

梅山猪以其具有皱褶的面部和皮肤出名(图3.32)。成年母猪大约23 in(58 cm)高和135 lb(62 kg)活重。背膘厚为1.0 in(2.5 cm),屠宰率66.8%。它们大概是世界上最多产的猪种之一。梅山猪于2.5~3.0月龄到达初情期,达到高的胚胎存活率以及15~16头的高产仔数。

民猪

民猪来源于气候寒冷干燥的中国最北部,这使得民猪对低温和苛刻的饲喂条件耐受力很强。它们也被成为"明"、"民"或"大民"。据说民猪意为"民间的猪"。

民猪可通过其特别长的黑色被毛来识别。该被毛有粗糙的长鬃毛以及冬季密生的绒毛。被毛使得母猪可在39°F(4℃)的开放猪棚内顺利地产仔。此品种的体型相对较大,背腰狭平。民猪可在腹部贮存10 lb(4.6 kg)的体脂。成年母猪大约34 in(87.5 cm)高和194 lb(88.3 kg)活重。背膘厚为1.2 in(3.2 cm),屠宰率为72.2%。

尽管比不上其他的进口品种,但民猪仍是一个多产的品种。民猪于 3～4 月龄到达初情期,达到高的胚胎存活率以及 15～16 头的高产仔数。已产过 3 胎及以上的经产民猪能产仔猪 15.5 头,断奶仔猪 11.0 头。仔猪 240 日龄体重为 233 lb(106 kg),平均日增重 1.1 lb(0.5 kg)。

专门化种猪供应商

直到大约 1950 年,典型的美国商品肉猪生产者从自己的猪群中选择最适合的种母猪,然而几乎所有公猪购买于纯种。但是专门化种猪供应商的进入改变了很多育种规划。一份最近的调查显示,专门化种猪供应商提供了全国 14.1% 的母猪和 27.7% 的公猪。调查也显示了大的商品猪生产商从这些新的专门化种猪供应商购买种猪的趋势(图 3.33)。

无特定病原猪

无特定病原(SPF)并非一个品种或遗传规划。SPF 的生产者饲养多个品种的猪,但它们的主要特征是其更新群中不含某些“特定”疾病。见第十五章对畜群健康规划信息的讨论。

专门化种猪

多数的专门化种猪供应商培育和销售 1 种或多种传统纯种。另外,他们通常在自己的遗传名称下生产并销售 1 种或多种杂交品种、近交品种、母系母本及终端父系。他们有很好的强调性能和胴体品质的销售和测定方案。其中一些也向其客户提供资金援助。附录提供了部分专门化种猪供应商名单。

图 3.33 Boar Power 公猪。Farmers Hybrid 也许是为商业生产者的利用而出售猪专门化品系的首家商业公司。公司于 1945 年在爱荷华州成立,生产 6 个专门化品系。其业务于 20 世纪 90 年代晚期结束。(Boar Power,爱荷华州埃姆斯市)

小型猪

在 20 世纪 50 年代,人们对较小体型猪种的需要增加,以用于生物医学研究。美国原子能委员会开展的一些工作使人们注意到了这种需求。人们为了某些研究把猪作为供选择的动物进行挑选。但是普通猪的大体型和产生大量粪污导致了如何处理的问题,使得它们不能应用于长期研究。1949 年,明尼苏达州大学 Hormel 研究所开始了对可遗传小型猪——荷美尔微型猪的开发,但现已在美国灭绝。它们曾用于原子能委员会早期的部分研究。随后,其他小型品系也培育了出来,例如皮特曼-摩尔猪(Pitman-Moore)、汉福德(Hanford)和哥廷根(Gottingen)小型猪。这些微型猪比普通猪的体型小很多。它们是生物医学研究良好的实验动物,在普通猪之外具有经济和方便的优势。它们也需要较少的生活空间、采食较少、操作更容易,而且产生的粪便较少。

越南大肚子猪——该亚洲本地品种通常比传统美国猪的 1/5 还要小,它首次是在 1988 年为动物园引入美国的。但是它们很快变为新奇的宠物,售价为 5 000 $ 甚至更高。正常情况下,它们为 18～24 in 高,肚子大,脊背凹陷,尾巴笔直并在高兴时会摇摆。到 1994 年,全国估计有 20 万头大肚子猪,而价格直落到 50～100 $。

地方法令通常限制在城市内或市政当局限定的范围内饲养家畜。由于大肚子猪与美国商品猪遵循相同的国家兽医条例,故它的主人应与兽医保持联系,以在检测及健康保健方面获得帮助。大肚子猪应饲以与其较大同类相似的饲料,但是数量要小得多。取决于猪的状况,每 50 lb 体重饲喂 0.50～0.75 lb 饲料。

学习与讨论的问题

1. 一个新猪种是否必须经某人认可? 或者是否任何人可以开发一个新的品种? 证明你的答案。

2. 描述近年来猪种的转变,包括促使这些转变的因素。

3. 美国猪的类型为何转变迅速,且比牛、羊类型快得多?

4. 大多数美国育成的猪种在两个时期进化,即(a)1800—1880 年;(b)从 1940 年起。如何解释这种现象?

5. 表 3.1 给出了每年登记的猪种。这些数字显示当今巴克夏猪、杜洛克猪和约克夏猪 3 个品种统治着纯种猪,为什么?

6. 列举主要美国猪种的起源地和各自不同的特征,讨论每个品种的重要性。

7. 收集关于你最喜欢猪种的品种登记协会文献及期刊。评价你所得到材料的公正性和价值(见附录地址)。

8. 说明你对某个特定猪种偏爱的理由。

9. 在 20 世纪 30—40 年代期间,一些新的美国近交猪种得以培育,其中多数带有长白猪血统。这种发展的原因何在? 它们的培育及成本是否合理?

10. 专门化猪种与近交品种以及传统品种有何不同?

11. 为什么小型猪比正常猪种更适合于生物医学研究?

12. 品种特征如何重要? 后腿和猪排的品种差异可否被检测?

主要参考文献

Breeds of Livestock, Oklahoma State University, Department of Animal Science, ttp：// www. ansi. okstate. edu/breeds/swine/

Pigs：A Handbook to the Breeds of the World, Valerie Porter, Cornell University Press, Ithaca, NY，1993

Pigs from Cave to Corn Belt, C. W. Towne and E. N. Wentworth, University of Oklahoma Press, Norman, OK,1950

Stockman's Handbook, *The*, *7th ed*., M. E. Ensminger, Interstate Publishers, Inc., Danville, IL，1992

Swine in America, F. D. Coburn, Orange Judd Publishing, Bennington, VT, 1916

Breed literature pertaining to each breed may be secured by writing to the respective breed registry associations(see the appendix for the name and address of each association)

第二部分
基本生产要素

第四章　猪的遗传学原理

标志Ⅱ 2000 年以来的推荐标准。（国家猪肉委员会提供）

内容

标志Ⅱ,理想的上市猪

早期动物育种者

孟德尔的贡献

猪遗传学基本原理

　　染色体和基因

　　突变

　　单基因遗传（质量性状）

　　多基因遗传（数量性状）

遗传与环境

性别决定

　　性比

遗传缺陷

　　结构缺陷

　　肉质缺陷

　　遗传或环境

公猪和母猪的相对重要性

　　优先遗传

　　基因配合

　　家系

繁育体系

　　纯种繁育

　　近亲繁殖

　　品系繁育

　　远缘杂交

　　级进杂交

杂交

　　杂种活力或杂种优势

　　互补

　　杂交的影响因素

　　杂交的缺点

　　杂交繁育体系

学习与讨论的问题

主要参考文献

目标

学习本章后,你应该:

1.了解早期遗传学者的工作内容。

2.掌握遗传的基本单位。

3.了解显性基因和隐性基因的遗传规律。

4.了解质量性状和数量性状之间的差别。

5.掌握猪(人)的性别是如何被决定的。

6.掌握优先遗传和基因巧合之间的差别。

7.掌握近交和品系繁育的差别及其风险和受益。

　　遗传学原理的背景对理解影响动物遗传构成的基本因素很重要。当科学发展到单个基因被一一定位到染色体上的阶段时,雄性动物和雌性动物的基因结合变得更为复杂。在纯种繁育或杂交方案中利用这些遗传变异使育种者可以提高有利性状的发生率,消除或降低不利性状的发生率。

标志Ⅱ,理想的上市猪[①]

国家猪肉委员会(National Pork Board,NPB)定期修改理想的上市猪的标准。如上文提到的1996年制定的标志Ⅱ,比1983年提出的标准体长更长,脂肪更少,肌肉更发达。按标志Ⅱ的标准,生猪应达260 lb才能上市销售,即阉公猪需要156日龄,青年母猪需要164日龄。

要求阉公猪和青年母猪都达到的活重饲料转化率为每增重1 lb饲喂的饲料不超过2.4 lb。体重达260 lb时,阉公猪的眼肌面积要达到6.5 in²,青年母猪达7.1 in²,并且要求颜色、大理石纹和最终pH值均要达到一定的标准。肌内脂肪含量阉公猪≥2.9%,青年母猪≥2.5%。

要求阉公猪瘦肉指数至少达到49.8,青年母猪则为52.2或更高。标志Ⅱ要无应激敏感基因,并且在终端杂交方案中母系猪每年要提供25头猪。标志Ⅱ应是通过环境控制达到健康生产体系的产物。现在标志Ⅱ的很多标准已经被部分行业所超过,但是大部分标准还需要努力才能达到。

之所以进行改良育种是因为高品质的猪能多赚钱。几年以来,养猪业者已经意识到了这一点。例如,经济原因使得育种规划的育种目标从脂肪型猪转向瘦肉型猪。除了体型和分割肉的价值改变外,重要的是生产者已经开始了重要经济性状如产仔数、生长速度和饲料转化率的改良与选育工作。育种规划的底线是:随着育种方案取得的每一点进步,商品猪的生产成本都会降低。

饲养的纯种猪一般都被卖到商品猪生产者手中,作为杂交用的种猪使用。这些杂交方案是将几个品种的最佳性状尽量结合在一起,使其产生的后代更优秀,具有脂肪含量低、产肉量高、饲料转化率高、生长速度快、抗逆性强的特性。如今,商品猪生产者可以选择购买母系青年母猪与父系公猪交配,也可以选择购买所需要的所有后备猪。

任何猪群的改良都意味着效益的增加。同样地,任何育种者单独完成的猪群永久性改变必定会使品种得到永久性改良。

猪育种者一定要有清晰的育种目标和明确的育种方案来保证达到那些目标。即使过去已经取得了显著的进展,机遇仍然存在。看一眼每天商品猪交易市场的销售情况就足以证明以上工作的重要性。最大的挑战是改进大规模猪群使得更多个体接近理想标准。同样地,在今天这个计算机普及的年代,生产效率会更高,并且意味着较快的生长速度,更少的饲料生产更多的肉以及猪肉产量高于美国的平均水平。基于育种先驱们留下的经验以及现在我们对遗传学和繁殖生理知识的了解,使得育种进展的获得更可靠和更快。动物育种当然也已经从一门技术转变成技术与科学的结合。

早期动物育种者

直到近年来,一些基本原理才成为唯一公认的遗传学法则。这些原理的长期应用使得动物的类型朝着选择的方向改变,且从现代猪种和类型的比较中能明显的看出这种变化。

毫无疑问,在19世纪发现孟德尔遗传规律之前,被称为18世纪动物育种之父的英国育种学家罗伯特·贝克维尔(Robert Bakewell)以及同期的其他育种者,就对指明家畜改良的道路做出了巨大贡献。贝克维尔采用的后裔测定和限制饲养具有划时代的意义,同时,他向农民们出租他培育的新品种莱斯特公羊、夏尔马和长角牛的改良也同样功勋卓著。他和其他育种先驱者的心中都有明确的育种目标,按照这些标准,他们能够培育出近乎完美的品种。他们都很讲求实际,从不忽视实用价值和市场需求。只有产肉多、产奶量高、产毛多且质量好、饲料转化率高达1∶1、役用能力强或者其他经济性能都优良的动物品种才能满足他们的要求。他们的最终目标就是为市场提供更好的家畜并且降低生产成本。这当然

---

① http://www.porkboard.org/docs/2002-3%20PORK%20FACTS%20BK.pdf.

也是现在和将来的育种专家们的最终目标。

　　后来的继任者们接过了贝克维尔和他的同事们未完成的动物遗传改良事业,历时多年终于育成了稳定成型的品种。随着对遗传学的深入了解,在过去的100多年里,在肉用品种育种中取得了令人瞩目的成就,即满足了广大消费者对动物品种高产优质的需求。现代瘦肉型猪种取代了阿肯色野猪和脂肪型猪种。

　　遗传学原理在猪育种中的应用与其他家畜完全一样。但猪的育种更灵活,原因是:(1)猪一般性成熟早,因此缩短了世代间隔;(2)它们的妊娠期相对较短;(3)它们是多胎动物。基于这些原因,世界范围内的猪育种者们已经根据可用的饲料和消费者们期望得到的猪肉产品类型,与其他家畜相比,培育出的品种更多,品种类型变化更快。

孟德尔的贡献

　　孟德尔遗传学是由奥地利修道士格利戈·约翰·孟德尔(Gregor Johann Mendel,图4.1)创立的,他在1857—1865年,即美国南北战争时期,进行了著名的豌豆育种实验。在Brunn修道院,即现在捷克的布尔诺,孟德尔具有强烈的好奇心和清晰的头脑,这使他揭示了一些基本的遗传信息传递规律。他着手对豌豆(他选择豌豆这种植物是因为它繁殖周期短)这种植物的物理性状进行观察和计数,试图预测后代表现出来的性状。

　　孟德尔断定:亲代和子代间通过某种因子相连接,这个因子从一代传递给下一代。他认为,每1个体的每1个性状由2个而不是1个因子决定,这些因子的相互作用产生了这个个体的最终物理特性。1866年,他在当地科学协会学报上发表了关于他这8年来研究成果的1篇报告。但是,在随后的34年中,它的这些发现并未受到重视。终于在1900年,即在孟德尔逝世后的16年,3个欧洲生物学家各自独立地重复了他的发现,这导致这个修道士34年前出版的最初论文被重新拾起。

图4.1　格利戈·约翰·孟德尔在他的遗传实验花园工作。孟德尔是奥地利科学家,他用豌豆试验建立了遗传学原理。(© Bettmann/CORBIS)

　　孟德尔遗传学的要点是遗传物质是一些微小的粒子或单元(即基因),这些基因成对存在,每对基因中的两个分别来自父亲和母亲,并且每个基因在世代传递的过程中都保持它的特性不变。因此,孟德尔用豌豆实验得出了2条基本遗传学规律:基因分离定律和自由组合定律。后来,遗传学原理不断进行补充,然而基于基因互作产生的所有遗传现象,一般都被统归于孟德尔遗传学说。

　　因此,现代遗传学由于是一个未接受过专业培训,仅因为兴趣而研究的业余科学家所建立,而显得格外特殊。自从1900年孟德尔遗传学理论被再次发现后,更多的遗传原理被发现,而孟德尔提出的基本遗传原理被一一证实。因此,可以说无论是动物还是植物的遗传现象都符合孟德尔发现的生物法则。

猪遗传学基本原理

　　现代育种者知道把遗传物质从一个世代传到下一世代的工作是由生殖细胞即来自雄性的1个精子和来自雌性的1个卵子完成的。因此所有动物都是2个这样小小的分别来自2个亲本的细胞结合的产物。这2个生殖细胞包含了后代将要继承的全部解剖学、生理学和心理学的特征。

在动物的体细胞中,染色体成倍存在(二倍体);在形成精子和卵子这两种性细胞时,发生了减数分裂,只有1条染色体及每对基因中的1个基因传递到1个性细胞中(单倍体)。这意味着体细胞中只有1/2的染色体和基因传递到每个精子或卵子中,但每个精子或卵子都含有它们物种所有性状的基因。在以后的章节中将会涉及,每个生殖细胞所得到哪1/2遗传物质都是随机的。当交配和受精时,来自每个亲本的生殖细胞的单个染色体结合成新的对子,于是基因又成倍存在于胚胎的体细胞中了。当这些新的细胞进行有丝分裂时,因为染色体又成倍存在了,它们就和亲本的体细胞一样了。

所有动物的身体都由数百万的微细胞组成。每个细胞都有1个细胞核,核中存在着很多对染色体。每条染色体的中央都含有1条长长的双链螺旋结构的分子称为脱氧核糖核酸,简称DNA。DNA分子是遗传物质,即指导蛋白质合成的遗传密码。基因则是DNA分子上的一部分,存在于每条染色体上固定的或特定的位置,叫基因座。

染色体和基因

染色体携带有动物从体型到毛色的所有遗传信息或基因。哺乳动物有3万～4万个基因,这些遗传功能单位控制了1个或多个性状的传递和表达。

在每1个细胞核中,有很多成对存在的X状物质,称为染色体。由于染色体成对存在,因此基因也成对存在。猪的1个细胞含有18对常染色体和1对性染色体(X和Y),共有38条染色体(图4.2)(注:人有23对染色体,牛有30对染色体,羊有27对染色体)。1个雌性个体有2条X染色体,而雄性个体有1条X染色体和1条Y染色体。染色体上有成千上万的基因,它们通过DNA上的编码信息决定活体动物的所有遗传性状。

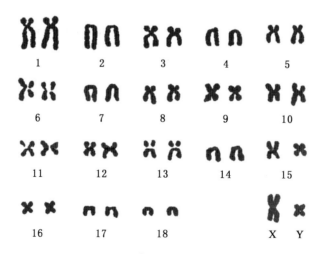

图4.2 猪的19对染色体显微照片,制作于细胞有丝分裂中期,此时的染色体被染色后在显微镜下清晰可见。其中有18对常染色体和1对性染色体(XY),这些染色体含有形成1头公猪所需要的所有遗传信息。(皮尔森教育提供)

脱氧核糖核酸(DNA)

细胞核中最重要的遗传物质是脱氧核糖核酸(DNA),它是遗传信息的来源。细胞能将DNA链上的遗传密码翻译出来,用来(1)形成决定细胞基本形态和功能的结构蛋白、激素和特殊结构的酶;(2)控制形成1个器官的1组细胞的分化和形成过程;(3)控制1个胚胎发育成1头猪、奶牛或是人(图4.3)。1个基因只是DNA链上很小的一段。

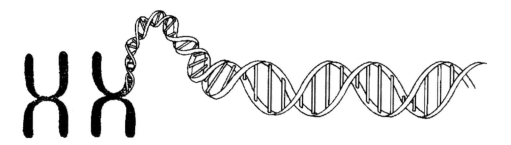

染色体对   DNA 链

图 4.3 染色体由脱氧核糖核酸(DNA)和一种紧密盘绕的蛋白质组成。DNA 分子(由左至右解开)呈双螺旋结构。注:此图是放大的染色体。(皮尔森教育提供)

遗传密码由 1 个双链 DNA 分子组成。DNA 分子上的每对核苷酸都是互补的。这样,当细胞复制时,所有的染色体都复制并且分离,每个新的细胞因此都包含有同样数量的染色体,即相同的遗传信息。在大多数情况下,双链 DNA 分子聚合形成 1 个螺旋结构,与 1 个螺旋楼梯极为相像。因此,DNA 被称为"双螺旋"。

双链 DNA 螺旋包括 4 种基本碱基:腺嘌呤(A)、鸟嘌呤(G)、胞嘧啶(C)和胸腺嘧啶(T)。腺嘌呤与胸腺嘧啶配对,鸟嘌呤与胞嘧啶配对(图 4.4)。这 4 种碱基在 DNA 链上的排列顺序就是遗传密码,在细胞分裂时遗传信息就从一个细胞传给另一个细胞。据估计,大概有 30 亿个碱基对。

连锁图谱

基因就是编码特定蛋白的一组信息。它们是染色体上的微小片断,被看作是数量性状位点(QTL),QTL 决定每个基因所处的位置。因此,连锁图谱通过赋予基因间的距离一个数值而给出一个基因所处的特定区域或 QTL。然而,这个位置并不是从每条染色体的一端开始的,也不是相对整条染色体而言的。事实上,只是在染色体部分区域定位基因和基因间的距离,在这个意义上说,更像一幅道路交通图,显示的是州际公路沿线的一些城镇。对染色体上大部分 DNA 有了一个全面了解时,就可以使用这种图谱来选择影响某个性状的一些基因。基因间的距离(单位为厘摩或 cM)越短,这两基因距离越近(图 4.5)。

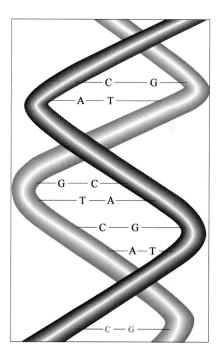

图 4.4 部分 DNA 链,从图中可以看到腺嘌呤(A)与胸腺嘧啶(T)相连,鸟嘌呤(G)与胞嘧啶(C)相连。(美国猪基因组图谱协调项目,爱荷华州立大学,1997—2003)

在 DNA 序列上遗传标记是有差别的,因此它们可以用来标记或"标签"在染色体上的特定位置。遗传学家们用这些标记和表型观察值结合来估计育种值,选择种用家畜。由于性状受多基因控制,与某种性状相关的遗传标记的鉴定已经完成,如产仔数。

一旦性状的 1 个 QTL 被检测到,那么这个区域就有可能由成千上万个基因组成。要进一步定位这些特定基因,就要对这些基因进行精细定位。这是一个耗时和昂贵的工作。然而,在物种间基因在染色体上的定位通常是在相同的区域。这样,详细绘制的人类和小鼠基因组图谱就可以用来在猪的染色体上定位相同基因。

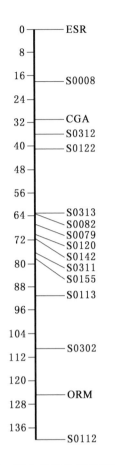

0	ESR
8	
16	S0008
24	
32	CGA
	S0312
40	S0122
48	
56	
64	S0313
	S0082
72	S0079
	S0120
	S0142
80	S0311
	S0155
88	S0113
96	
104	
112	S0302
120	
	ORM
128	
136	
	S0112

图 4.5 猪 1 号染色体的连锁图谱。右侧是已定位的基因,左侧是距染色体起点的距离。第 1 个基因是雌激素受体(ESR),它与多产仔性状高度相关。(美国猪基因组图谱协调项目,爱荷华州立大学,1997—2003)

遗传多样性

1 对同源染色体的相同位置上有 2 个相对应的基因或 QTL,这对在相应位置的基因以相同的方式或相反的方式影响 1 个性状。如果它们以相同的方式影响这个性状,那么这个个体就称为这个 QTL 的纯合子。相反,该个体就称为这个 QTL 的杂合子。它遵循以下规律:纯合子个体产生的配子携带有相同的基因,因为传递到卵子或精子中的这个性状的基因总是相同的。而杂合子个体产生的精子或卵子分别携带有 2 种基因型中的 1 种。

纯合子和杂合子也可指一系列的遗传因子。然而,很少有哪种动物完全是纯合子,由于精子或卵子携带有相同的基因而产生完全一样的后代。更多的情况是,动物是杂合子,并且同一个雌性亲本或雄性亲本的后代间往往差异很大。合格的育种者都知道这一点,因此长期坚持记录所有后代的生产信息而不是只记录那些被选择做种用的个体。

考虑到猪 19 对染色体及其所携带的基因的所有可能组合情况,在特定品种内没有 2 个个体会完全相似并不奇怪(同卵双生的个体除外)。即使亲缘关系非常近的全同胞姐妹这样的个体,在大小、生长速度、性情、体型等其他所有性状上都有可能存在着较大的差别。一般来说,这些变异很大一部分是由不可见的环境差异造成的,然而,仍然有很大比例的变异是由遗传差异造成的。

基因组学是研究特定基因是怎样与观察到的性状联系起来的。它尝试识别那些研究起来费用昂贵或难以确定的性状,例如产仔数和肉质性状。1989 年美国引进的中国猪就是为了研究猪群间的差异(与美国猪种比较),并试图在染色体上定位影响这些性状的基因或 QTL。

由于影响一个性状的基因变异如此之多,因此,当 1 个有很好的后代记录的母猪与更优良的公猪交配时,并不一定生出和与它的亲本一样优秀的后代。后代有可能在某些性状上显著地劣于它们的亲本。但可能在一些性状上它们比两个亲本都优秀。

通过选择和近交或者品系繁育,猪育种者可以获得含有相似遗传决定子的染色体和基因的公猪或母猪,这样获得的动物在遗传上更加纯合。

突变

基因的改变在学术上称为突变。突变可以定义为 1 个基因或多个基因的改变而引起的突变,这种突变能够通过遗传被传递下去。突变不仅是小概率和随机事件,而且普遍有害。因此,在实际生产中,可以认为从一代传递给下一代基因是保持不变的。

如果突变在家畜中频繁发生,并且这种突变产生了显著效应,那么常把这些家畜称为"突变体"。突变有时有应用价值。在有角海福特牛和短角牛中出现的无角性状就是有经济价值突变的 1 个例子,已经从中选育出了无角海福特和无角短角牛。

电离辐射(如 X 射线、镭)、各种化学制品(如芥子气、LSD)和紫外线能使基因突变频率大大增加。

遗传学家总想通过一定的方法产生特定或定向的突变而培育新品种。这种设想是否能够变为现实目前还不能确定,但这是一个诱人的设想,而 DNA 重组技术为之提供了成功的可能性。

单基因遗传(质量性状)

最简单的遗传仅涉及 1 对基因。这种遗传能够证明基因是怎样被随机分配到精子和卵子中的。因此,可能出现的基因组合遵守概率(可能性)法则,这类似于扔硬币所得到的结果。这要求有相对大的样本数才能达到明显的预期比例。例如,1 枚硬币被扔的次数足够多时,扔到正面和反面的几率将趋近于一致。然而在实际操作中,很可能扔 4 次,4 次都是正面或都是反面,甚至 3 正 1 反。

显性和隐性因子

如果 1 对同源染色体上的 2 个相应的等位基因不同,一个基因的表达常常抑制另一个基因的表达,那么这个基因称为显性基因,另一个则称为隐性基因。

以控制猪耳朵直立和下垂的 1 对基因为例,说明在遗传中概率定律是怎样运行的。具体如图 4.6 所示 。在这个例子中,垂耳基因是显性基因,也就是说只要有该基因存在,无论另一个基因存在与否,都表现为耳下垂。立耳公猪只携带垂耳的隐性基因,也只能产生携带隐性基因的精子。垂耳母猪只携带垂耳的显性基因,且只能产生携带显性基因的卵子。

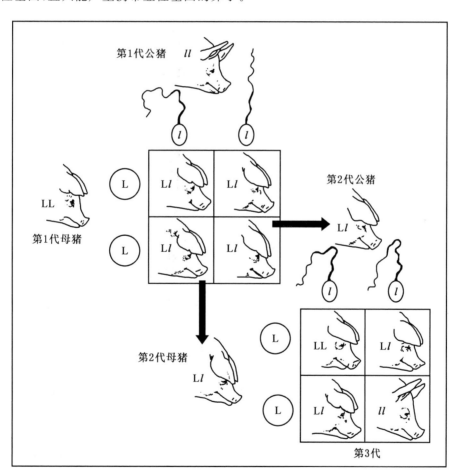

图 4.6　起初,第 1 代纯种立耳公猪(*ll*)与第 1 代纯种垂耳母猪(LL)交配。由于垂耳是显性,因此它们的所有后代(L*l*)因携带 L 基因,都将表现垂耳。当第 2 代这些垂耳公母猪间互相交配时,它们将产生同样比例的垂耳或立耳的精子与卵子。第 3 代中垂耳(显性基因)猪和立耳猪(双隐性基因)的比例将为 3∶1。(皮尔森教育提供)

所有的子一代都是杂合的垂耳猪,也就是说,它们表现出耳朵下垂的性状但是携带有 1 个控制耳朵下垂的显性基因和 1 个控制耳朵直立的隐性基因。用科学术语来描述,它们的表型(看到的样子)表现为垂耳,而它们的基因型同时包括垂耳和立耳 2 个基因。如果子一代再交配,这些后代将产生携带显性或隐性基因的精子和卵子。如果群体数很大,交配结果将出现的表型比例为:1/4 的后代为立耳,3/4 的后代为垂耳。基因型比例则为:1/4 垂耳-垂耳(显性纯合);1/2 垂耳-立耳(杂合);1/4 立耳-立耳(隐性纯合)。

很明显,显性性状会遮蔽相应的隐性性状。猪的种用性能不能由它的表型来判断,这在实际育种中意义重大。

很容易理解,显性的存在使得鉴别和剔除携带不利隐性因子的动物的工作变得很困难。隐性基因可以一代一代地被传递下去,只有恰巧两个同时携带隐性因子的动物交配产生的后代才表现出隐性性状。即使这样,平均也只有 1/4 的后代是表现隐性性状的隐性纯合子。如果这个隐性基因控制的是重要经济性状,那么发现隐性性状的这一窝仔猪都不能选为猪群的后备种猪,而种公猪和种母猪也要被淘汰(图 4.7)。

图 4.7　图中标出的这头汉普夏猪患有脐疝病。病猪腹壁变薄,但是该病常由环境刺激而引发,例如寒冷会导致仔猪扎堆取暖。大部分病猪能达到上市体重,没有其他不利影响。但是在育种中这样的个体及其全同胞都要被淘汰。(爱荷华州立大学提供)

毛色遗传

对猪而言,白毛是显性。当白毛猪与其他毛色猪杂交时,杂种一代都是白毛,但有些后代的皮肤上有时会出现一些色斑。下面是猪毛色遗传的例子:

1)黑毛猪(波中猪)×白毛猪(切斯特白猪、约克夏猪或长白猪)。后代毛色一般是白色,并带有黑斑,偶有杂色。

2)黑毛猪(波中)×红毛猪(杜洛克猪)。后代均为黑底红斑。

3)红毛猪(杜洛克猪)×白毛猪。后代毛色一般是白色,偶有杂色。

4)白带猪(汉普夏猪)×红毛猪或黑毛猪。后代通常有白带。

5)白带猪(汉普夏猪)×白毛猪。后代毛色一般是白色,并带有一些黑斑或不同程度的杂毛,常表现出诡异图案。

隐性缺陷

在动物上,有害隐性性状有猪的阴囊疝和翻转乳头(或瞎乳头)。当发生这种情况时,就可以肯定母猪和公猪都携带有相应的隐性基因而导致这种情况的发生。因此在选种方案中应对此情况高度重视。

如果在一个群体中出现了一种遗传缺陷或畸形,而且是隐性遗传,那么在育种方案中就要防止或最大程度地减小这种现象发生,猪群类型是其中的一个决定因素,这个猪群是商品群还是纯种群尤其需要区分。在一个普通的商品群中,较为简单的方法是育种者常用同一品种的远交公猪进行本品种选育或者与另一品种的公猪杂交来防止有害隐性遗传缺陷的发生。在这个育种体系中,育种者已经充分意识到了隐性遗传缺陷的存在,他们采取一定措施使之不能显现出来。

然而,如果这样一个有害的隐性遗传缺陷出现在一个纯种或者原种猪群中,那么就应该采取更加有力的措施防止其出现。一个优秀的育种者,无论他所从事的工作是纯种还是商品群的育种,他都应该本着对自己负责和对消费者负责的精神,必须净化纯种和原种猪群中有害基因和致死基因。净化方法如下：

1）剔除那些能将有害隐性性状传递给后代的公猪和母猪。

2）淘汰患有隐性遗传缺陷的公猪和母猪的所有后代，包括所有正常和不正常的后代，因为在此情况下约有 1/2 的正常个体会携带隐性致病基因。

3）在某些情况下，可以将后备公猪与几个已知携带隐性有害基因的母猪进行配种，通过观察后代是否出现隐性性状以确定该后备公猪是否携带隐性基因。

在纯种或原种猪群中进行这样的淘汰和测交工作不仅费力而且费用高。然而这却是防止纯种猪有害隐性基因存在的唯一方法。

多基因遗传（数量性状）

在家畜中，只有很少的重要经济性状是像前面描述的垂耳-立耳这对性状一样以简单方式进行遗传的。产仔数、日增重、采食量、背膘和肉质等这些重要经济性状是受多基因控制的，因此称之为多因子性状或多基因性状。由于这样的性状表现出来的性能是一种从高到低的线性变化，因此也称之为数量性状。尽管如此，寡基因或多基因的遗传机制仍然是相同的（图 4.8）。

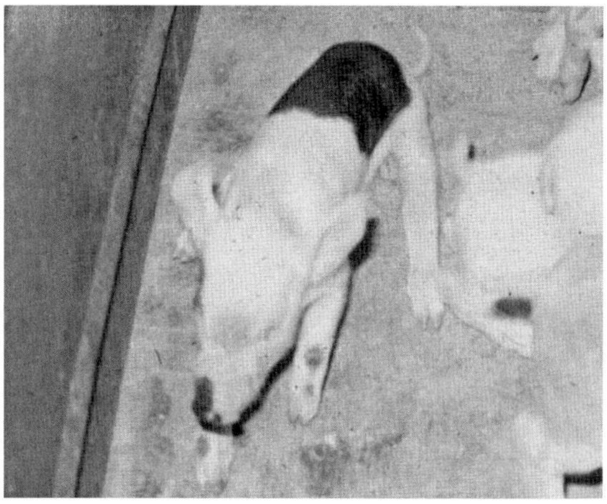

在数量遗传中，最大值（最好）和最小值（最差）往往在平均值附近上下波动。因此，具有较高生产性能的公、母猪的后代不一定像它的父亲或母亲一样优秀。同样，2 个非常普通的亲本的后代也可能优于任一亲本。

估计影响每一重要经济性状的基因数量可能差异很大，但是大多数遗传学家一致认为：多数这样的

图 4.8 猪的两腿向外叉开或呈八字是最常见的一种腿部畸形。该病很可能是由多基因引起的。这样的仔猪生来后肢软弱无力，可以在出生头几天在腿四周绑带子予以矫正。（爱荷华州立大学提供）

性状与 10 个或更多个基因有关。例如，猪的生长速度受以下因素影响：(1)食欲或采食量；(2)消化效率，即吸收进入血液循环摄入饲料的比率；(3)消化后营养成分的沉积——生长或育肥。这个例子清楚地说明了像生长速度这样的性状是受多基因控制的，并且这类性状的作用方式难以确定。

遗传与环境

具有理想外形的健康瘦肉型猪，是遗传和环境共同作用的结果。如果将之放归森林，它的全同胞将会表现出完全不同的外形特征。同理，即使给予最适环境，性能不佳的家系也不会出现优秀的个体。

这些都是特例，但适用于各种家畜，它说明了任何家畜都是遗传和环境共同作用的产物这个事实。另一种说法是，遗传是内因，环境是外因。遗传的作用是在受精之前，而环境的作用则要伴随家畜的一生直到死亡。

诚然，仅从外表上，育种者难以判断 1 个家畜是否具有高产或低产的遗传潜力，也难以否定环境在决定遗传差异在表型上的反映程度所起的巨大作用。动物的表型是它的遗传组成及其所生活的环境相互作用的产物。

试验最后证明初生仔猪的大小和活力取决于从微小的卵子与精子受精后胚胎发育的环境。一些证据表明：在受精之前，新生仔猪受精子与卵子所处环境的影响。换句话说，也许因为早期的物质储备，即青年母猪采食的饲料种类和质量可能影响到其后代的质量。一般来说，环境可能抑制从受精前直至生

理成熟期间遗传潜质的完全表达。

因此,一般认为,生长、体形、产奶量等重要经济性状只有在营养、健康、环境和其他管理因素都达到最佳时才能得到最大限度地提高。然而,接下来的问题是一个育种方案是否能在营养不是最佳如一般农场环境的情况下取得最大的遗传进展。一种观点认为,家畜体形和生长速度这类性状的选择,只有在营养丰富的条件下才能达到最佳效果。另一种观点认为,遗传差异影响性状在非最佳环境中的有效表达,并且在这种环境条件下观察到的差异可能与非最佳环境下的真实效用无关。所以,那些支持后一种观点的人认为,非最佳营养条件下种猪生产和选择应该也应该在同样的条件下进行,不应喂得太饱。

在平均水平或高于平均水平条件下饲养的纯种猪只有5%～40%的性状差异是由遗传变异造成的。显然,如果比较那些遗传差异较大的个体,例如高性能猪和普通猪90%或以上的表型差异是遗传造成的。然而,问题是正如刚才提到的最极端的例子,没有包括家畜品种改良取得的进展。性能在平均水平或平均水平之上的家畜间进行比较,观察到的差异往往非常小。

育种者面临的问题是选择猪群中遗传上最优秀的个体作亲本。因为只有5%～40%的表型差异是遗传变异造成的,并且环境差异能产生偏差,因此种猪的错选在所难免。然而,如果育种者们的心中有明确的育种目标并在选择中坚持它,就一定会取得显著的进展。

性别决定

总体而言,在所有家畜品种中,如果群体足够大,公畜和母畜的比例大致相当。当然,在个别的畜群中也存在着一些特例。

性别是由个体的染色体组成所决定的。1对特殊的染色体称为性染色体。在哺乳动物中,雌性携带有1对相同的性染色体叫X染色体;雄性有2条不同性染色体,一条叫X染色体,另一条叫Y染色体。在鸟类中,恰好相反,雌性的2条性染色体不同,而雄性的则相同。

生殖细胞形成时2条性染色体分离。因此,母猪所产生的每1枚卵子只含有X染色体,而公猪的生殖细胞有2种类型:1/2的精子含有X染色体,1/2的精子含有Y染色体。由于精子和卵子结合是随机的,因此很容易理解为什么后代有1/2染色体是XX型(雌性),1/2是XY型(雄性)(图4.9)。

性比

在过去的几个世纪里,人们一直渴望选择他们后代的性别。统治者们总是希望多生儿子,还有一些统治者希望他们的仆人少生儿子。对畜牧生产者而言,控制家畜后代的性别有极大的吸引力,这是基于经济上的考虑,因为这样可以根据实际需要来选择全部生产雌性后代或雄性后代。正常的性比是雄性:雌性=50:50,因为与卵子受精的是X精子还是Y精子是随机的,就像扔硬币时是扔到正面还是反面一样。

人们尝试了很多方法来改变性比,其中的一些方法是技术成熟的、科学的,而另一些则是由偶然的观察发展而成的迷信。大多数科学方法集中在人工授精前除去或改变精液中的X或Y精子。主要有3种方法:(1)沉淀法,经过沉淀较重的X染色体会沉积在底部,而相对较轻的Y染色体会悬浮在液体上层;(2)电荷法,假设X和Y精子带有不同的净电荷,化学或者电学方法可以固定或吸引带有正电荷或者负电荷的精子;(3)化学法,用化学物质处理精液致死X精子或Y精子。较有潜力的性比控制方法包括:(1)免疫法,利用抗体阻止Y精子和卵子结合;(2)胚胎移植,只移植那些想要的性别胚胎;(3)克隆,对包括预选考虑性别的全部遗传组成进行克隆。

自然似乎将要屈服于人类的性别控制。尽管目前该项技术还没有在商业上得到广泛应用,但是6～12日龄胚胎的性别鉴定已经实现,含有X和Y染色体的精子的分离研究也正取得进展。

此时,该考虑的问题应该是到底要更多的雌性还是雄性?公猪通常在饲养和上市之前就被去势,因

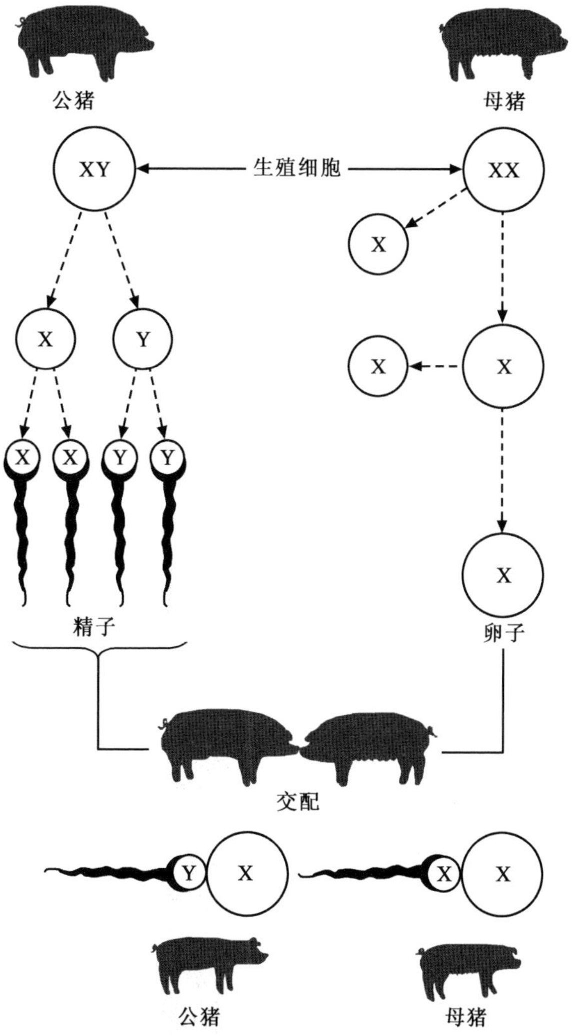

图 4.9　猪性别决定机制图解,说明了猪的性别是如何由个体的染色体组成决定的。母猪含有 2 个相同的性染色体,称为 X 染色体;公猪含有 2 个不同的性染色体分别称为 X 染色体和 Y 染色体。因此当卵子和携带一样性染色体的精子结合,后代就是雌性;如果卵子与不同性染色体的精子结合,后代就为雄性。(皮尔森教育提供)

为这可以去除它们性成熟时散发的膻味,而这样做的结果是,阉公猪比青年母猪的脂肪长得多,但长得更快。养青年母猪则更经济,因为不但瘦肉多而且还能产仔。由于人工授精技术的普及使得用于配种的公猪数量大大减少。因此,在养猪业中公猪的需要量很少。

遗传缺陷

所谓"致死因子"是指引起幼畜在出生前或出生后不久死亡的遗传因子。其他遗传缺陷不足以导致家畜死亡但会削弱病畜的经济利用价值。已经报道的猪的一些致死因子和其他畸形总结于表 4.1。

表 4.1　猪遗传致死因子和不致死畸形

畸形类型	畸形描述	可能的遗传方式
A. 致死		
锁肛	无肛门开口	不明
先天性八字腿	四肢外倾,僵硬	隐性
脑疝	头骨闭合不全,脑突出	可能隐性
Catlin 褶痕	头骨发育不全	隐性
裂上腭	活仔但无法哺乳,兔唇	隐性
过度肥胖	过于肥胖,长到 70~150 lb 后死亡	不明
死胎	出生时已经死亡或被吸收	隐性
脑积水	脑中积水,头涨大,常伴随短尾	隐性
无腿	出生时是活仔,但没有四肢	隐性
肌肉挛缩	常只有前肢受影响,偶尔也包括后肢,前肢僵硬,出生不久后死亡	隐性
瘫痪	后肢完全瘫痪,除非特殊护理否则饿死	隐性
裂耳	耳朵裂开伴有裂唇和残疾的后肢	可能隐性
前肢增厚	相连组织渗水取代肌肉纤维导致前肢增厚	隐性
B. 不致死		
血瘤(黑色素瘤)	随年龄日渐长大的皮肤瘤,常见于杜洛克猪和汉普夏猪	不明
隐睾症	一侧或两侧睾丸滞留在体腔内	隐性
胃溃疡	胃黏膜溃烂,大多在食管区	隐性
无毛	生来无毛或少毛	隐性
血友病	形成伤口时,血液无法及时凝固	隐性
两性体	同时拥有两个性别的性征	性连锁隐性
驼背	肩部以后脊柱弓形	不明
翻转乳头(瞎乳头)	乳头翻转,功能缺失	不明
淋巴肉瘤(血液病,淋巴瘤)	淋巴结恶性瘤,生长受阻,15 月龄前死亡	常染色体隐性
运动神经元疾病	保育猪运动紊乱,表现为无法协调肌肉运动和轻度瘫痪	常染色体显性
水肿(黏液水肿)	组织或体腔不正常积水	常染色体隐性
持久小系带	黏液状膜将阴茎包皮紧密连接在体表导致阴茎无法伸出,不能配种	不明
多趾	出现多余的趾	不明
猪应激综合征	高瘦肉率猪猝死或者宰后胴体表现苍白、松软、渗水	常染色体隐性
假维生素 D 缺乏症(软骨)	不能与非基因导致的维生素 D 缺乏区分,明显特征是弓腿	常染色体隐性
直肠下垂	直肠和肛门突出体外	主要由环境决定但有遗传基础
红眼	存在于汉普夏中,伴随有浅棕色体毛	可能隐性
螺旋尾(卷曲尾)	尾椎骨融合导致尾巴弯曲,卷曲成螺旋状	多基因隐性遗传
阴囊疝	肠管通过腹股沟进入腹腔内	两对隐性基因控制
螺旋毛(体毛螺旋)	前额或颈或后背毛发卷曲成螺旋状	至少两对隐性基因控制
并趾	2 趾合并成 1 趾	显性
脐疝	脐部肌肉衰弱,肠管突出	显性
肉垂	在喉咙靠近下颌处垂下的皮肤样组织	显性
羊毛状	毛发卷曲	显性

来源:皮尔森教育。

在美国的农场和猪场,每年都有很多这样的畸形猪出生。不幸的是,一些专门经营种猪生意的纯种猪或种猪供应商,由于害怕影响销量而不道德地隐瞒他们所销售的猪群发生的遗传缺陷。不过,商品猪的生产者们一旦发现了遗传缺陷个体的存在,通常都不顾巨大的经济损失,公开地坦然承认并及时修正,一般会变更引种渠道。

从精子和卵子结合到胎儿出生期间的胚胎发育是非常复杂的。然而奇怪的是,大部分的后代都能正常发育,只有少数个体发育异常。

像这样的发育异常(一般称为畸形)很多是可以遗传的,因为这种异常是受某个"有害"基因的控制。而且,大多数致死基因为隐性因而可能隐藏数代不被发现。要避免出现这种遗传畸形就得剔除群体基因中的所有"有害"基因。这意味着在涉及隐性致死基因时,生产者必须意识到该致死基因由双亲携带。为了彻底消除致死基因,必须进行测交和严格的选择。对1个已知公猪的最佳测交方案包括与其女儿的交配和不同窝的公猪后代半同胞间的交配,当怀疑有阴囊疝基因存在时,建议将该公猪与其女儿进行回交加以检测。

解剖学缺陷可能是由于基因或者环境造成的。虽然大多数缺陷的发生率小于1%,也要对其进行检测以防止这些缺陷在猪群中长期存在。然而,有些选择标准不是固定的,如生长速度,有些标准或全或无。

一些遗传缺陷是简单的隐性性状,这意味着双亲都必须携带该隐性基因才能表达。简单隐性基因很难从猪群中彻底清除,因为在后代中常常不表现出来。简单显性基因会在后代中都表达,即使只有1个亲本携带该基因。如果双亲都携带显性缺陷基因,这种遗传缺陷会表现得更严重,这样自然选择就会将有缺陷的个体从群体中淘汰。

一些基因是性别连锁的,即通常只在X染色体上发现。因此,这样的遗传缺陷很可能只在雄性中表达。限性性状可能是显性的,也可能是隐性的,并且只在一种性别中表达。例如阴囊疝只发生在公猪身上。

结构缺陷

在选择方案中应该剔除这些先天性具有结构缺陷的猪。饲养员很容易就能发现这些缺陷,这些猪及其双亲和同窝仔猪都应该从种群中剔除。

阴囊疝和脐疝的发生分别是由于腹股沟或脐部周围的肌肉组织松弛引起的。它们都可以通过外科手术治愈。对于阴囊疝来说,无论是治愈的个体还是其双亲或者同窝仔猪都不应该留做种用。由于脐疝可能因为环境的影响变得更严重,因此建议不必剔除所有有亲缘关系的个体。

闭肛是以新生仔猪没有直肠开口为特征。淘汰这样个体的双亲且其同窝猪不应做种用。

表面看来,阴户发育不良表现为阴户较小。这样的青年母猪不应留做种用,因为有可能它的繁殖系统也同样发育不良(图4.10)。

患有隐睾症的公猪一侧或者两侧的睾丸滞留在腹腔里。这种情况应剔除亲本,同窝猪不能留做种用。

两性体同时拥有公母猪的性器官。剔除亲本,同窝猪不能留做种用。

其他结构缺陷包括乳头畸形,如发育不良或乳头翻转、震颤和各种腿部缺陷。详细论述见养猪业手册。

图4.10　发育不良的阴户。(爱荷华州立大学提供)

肉质缺陷

猪应激综合征(PSS)

在 20 世纪 60 年代,爱荷华州立大学的 David Topel 博士提出了猪应激综合征(PSS)这个术语。PSS 是一个隐性性状。携带这种基因的猪肌肉组织发达,因此常被生产者选做后备猪,这就造成 PSS 在猪群中的发生率增加,这种猪屠宰后猪肉为苍白、松软、渗水肉(PSE 肉)。这种猪的亲本和同窝猪都应该从群体中剔除。现在已经有了一种对该基因进行准确测定的 DNA 检测方法。大部分种猪场都会提供他们公猪的 PSS 基因检测结果。

PSS 是以瘦肉率高的猪在应激的情况下猝死为特征,或者观察其胴体是否表现为 PSE 肉而加确诊。PSS 是常染色体上的一种隐性遗传病。1 头 PSS 猪的出生就宣告了它的父母都是该基因的携带者(杂合子)或者拥有两拷贝的隐性基因(纯合子)。患 PSS 的猪在遇到装卸、运输、过度拥挤和争斗、接种以及天气的突然变化这样的应激条件下,就会出现以下反应:

1)肌肉和尾部颤抖。

2)呼吸困难(呼吸短促)。

3)浑身苍白(皮肤和黏膜组织出现因缺氧造成的蓝色或紫色污点),尤其是大白猪更为常见。

4)体温迅速升高,即使在气温很低的环境中也表现出热应激。

5)完全崩溃,四肢僵直,体温急剧上升。

6)休克死亡。

屠宰后 PSS 猪肉表现为:

1)苍白,松软,肌肉组织渗水。

2)蛋白质变性,肉品下降。

尽管在正常的销售和管理过程中只有不到 1% 的猪死于 PSS,但是这种劣质猪肉对腿臀和眼肌的影响却高达 8%~10%。PSS 基因的纯合个体的死亡率约为 15%,PSE 肉的出现率达 95% 以上。

PSS 猪看起来比健康猪身躯短,体型小,但肌肉更发达。它们眼肌大,臀部呈锯齿状(indentation),后腿丰满。臀部两大块肌肉间界限分明是明显的特征。受到外界刺激后往往会表现出瞳孔扩张,尾巴颤抖。然而,并不是所有的肌肉发达的猪都患有 PSS。

爱荷华州立大学的几篇报道及丹麦的 1 篇报道都指出,携带该基因的猪比正常猪的瘦肉率高1.5%~4%,而生长速度也不比正常猪慢。所有的研究都表明,所有携带该基因的猪的肉质一般都较差。

常见的改善措施是避免外界刺激和给有此迹象的猪降温。PSS 无治疗方法,只能通过选择予以剔除。

目前,DNA 探针检测,常用的是 HAL-1843 DNA 检测,可准确地检测出该隐性基因(除非人为失误),并且已获得了政府的批准。肌氨酸磷酸激酶(CPK)测定和氟烷麻醉法是过去常用的诊断 PSS 的方法。CPK 测定首先要从猪耳采 1 滴血,滴于 1 张特殊的卡片上,再把卡片送到实验室分析肌氨酸磷酸激酶的活性,CPK 是一种血清酶,患有 PSS 的猪其 CPK 的活性非常高。

氟烷麻醉法需要氟烷气体使猪麻醉,患有 PSS 的猪在吸入氟烷气体 5 min 之内表现出肌肉僵直的特征(图 4.11)。这种方法能提供直接结果,但是设备昂贵,并且得在经过培训的技师指导下才能进行。

国家遗传评估项目(NGEP)开始于 1990 年,完成于 1995 年,该项目对应激敏感基因的效应进行了评估。主要报告内容如下:

1)纯合突变型(nn),应激敏感基因可能有不利效应。如果外界刺激没有导致死亡,几乎可以断定猪肉定是 PSE 肉无疑。

2)如果存在正常的等位基因(N),一般不会引起应激死亡,对氟烷也不表现肌肉僵直。

对 2 863 头健康猪(NN)和 391 头氟烷敏感基因携带者(Nn)进行了比较,结果发现:

1)生长速度、肢蹄结实度、背膘厚二者相似。

2)391 头应激敏感基因携带者组的眼肌面积平均为 0.29 in^2,比正常猪高 0.4%,瘦肉率只高一点点。但是,与正常猪肉相比,这些猪肉肉色灰白,嫩度差,肌内脂肪含量低,滴水损失大。PSS 胴体 5% 的滴水损失,据保守估计,大约会造成 10 \$/猪的损失。根据这项研究,应激敏感基因应该从猪群中清除出去。

图 4.11　吸入氟烷气体后应激敏感阳性猪发生肌肉僵直甚至死亡。注意应激敏感阳性猪具有典型的肌肉发达的特征。(爱荷华州立大学 Palmer Holden 提供)

3)即使无应激敏感基因,也有 22.5% 正常猪的眼肌由于品质差而不合格。因此,PSS 基因不应为养猪业的所有猪肉品质问题负责。监控猪肉品质以及改良肉质性状的选育工作势在必行。

必须提到的是大多数养猪业的从业者都一致同意剔除应激敏感基因。国家种猪登记协会已经规定,自 2002 年 1 月 1 日起,无论是约克夏猪、长白猪、杜洛克猪还是汉普夏猪,只要通过有资质的实验室进行 DNA 检测后,检测出应激敏感基因阳性或者携带者的,都将取消其系谱资格。这项规定是对屠宰商关注的阳性猪、生产者关注的生产优质猪肉以及零售商所关注的猪肉品质做出的回应。

酸肉基因(rendement napole)

据报道,酸肉基因(RN)是影响肉质的一个主效显性基因,尤其是对猪肉处理过程中的滴水损失和烹调损失影响更大。报道称,该基因在汉普夏猪种中分布频率最高,在其他品种中也有一定的分布。

遗传或环境

除了遗传引起的畸形外,营养不足和发育期的意外事故也会导致畸形,后者包括偶然发生的事故和不明原因的情况。当在一个特定群体中只出现少数几个有缺陷个体时,通常难以判断畸形的发生是由以下哪种因素引起的:(1)遗传缺陷;(2)营养不足;(3)母猪病毒感染;(4)发育不良。然而,如果有相当数量的个体发生了畸形,这很可能是遗传和营养所造成的。当然无论在什么情况下,诊断都不是件容易的事。以下这些情形主要是针对遗传缺陷:

1)在同一物种中,以前已经报道过。

2)在某个家系内或近交或品系繁育时发生的频率较高。

3)不同的季节和不同的日粮条件下都会发生。

以下这些情况发生的畸形一般是由营养不良造成的:

1)以前已经报道过是由于营养不良造成的。

2)只在某个地区发生(如毒枝菌素)。

3)已知其母亲营养不良。

4)改善饲喂日粮后病症消失。

如果怀疑日粮营养缺乏,就应该改善日粮,这样不仅可以避免畸形的发生,也对优良而高效的饲养管理有好处。

如果有充足的理由证明畸形是由遗传导致的,那么接下来应该做的就是净化群体中有害的基因,这与前面剔除群体中隐性有害基因的步骤相同。当然,近交是最有效的检测遗传致死基因的方法。

一头趾外突的猪,表现为内趾比外趾小,前肢以一定角度外突而不是朝前。这样的猪由于有跛脚的可能,因此不能做良种用。(爱荷华州立大学 Palmer Holden 提供)

这头猪的前肢太直,使得关节所受的压力较大。在硬地面如混凝土地面上饲养这样的猪常会发展成跛足。(爱荷华州立大学 Palmer Holden 提供)

公猪和母猪的相对重要性

由于在一个特定的季节或一生中,公猪比母猪的后代要多得多,因此,从遗传观点上看,就整个猪群来说,单个公猪比母猪更重要,而就 1 个后代来说,公猪和母猪同等重要。由于 1 头公猪在特定的时间内能与多头母猪配种,因此公猪通常比母猪选择得更严格,而育种者用在优秀公猪身上的费用要比对同样优秀的母猪高。

长期以来有经验的养猪生产者深信女儿比儿子更像其父亲,而儿子更像其母亲。因此,母猪因为其儿子的优秀表现而身价倍增,而公猪因为其女儿们的优秀表现而获得好声誉。虽然这种说法有点言过其实,但这种现象可能由于性连锁遗传而存在,这可以这样理解:决定性别的基因由其中的一条染色体携带,而位于同一条染色体上的其他基因将与性别连锁或相连并与性一起传递给后代。

由于性连锁,男性色盲比女性色盲的比例大。在家禽育种中,利用性别连锁性状在早期区别雏鸡的雌雄。当黑羽公鸡与芦花母鸡杂交时,所生后代中所有母鸡都是黑羽,所有公鸡都是芦花羽。然而必须强调的是,大部分情况下公猪和母猪对任何一个后代的影响是相同的,因此大多数育种者都力求种用家畜无论公、母均要有优秀的性能。

优先遗传

优先遗传是指公猪或者母猪把它们自己的特性传递给后代的能力。例如,一个优先遗传的公猪其所有后代比一般的半同胞个体更像它们的父亲,彼此之间也比一般的半同胞个体更相像。对优先遗传进行检测的唯一方法是对后代的观察。

从遗传角度来说,一个家畜是优先遗传个体,必须具备 2 个条件:(1)显性;(2)纯合性。得到 1 个或多个显性基因的每一个后代都表现出该显性基因所应表现出的特殊性状。而且,完全纯合的家畜会将相同的基因传递给其后代。尽管完全纯合的家畜很可能是不存在的,但是通过建立近交系来获得几乎完全纯合个体是可能的,而且这是唯一的一种产生完全纯合个体的方法。

然而,相反的观点是,没有证据可以证明在 1 个动物个体身上表现出某种性状就能预测优先遗传的存在。具体来说,1 头精力旺盛、肌肉发达的公猪比 1 头在这些方面相对逊色的公猪更有优先遗传的优势,这种说法是难以令人信服的。

同时也需要强调,确定优先遗传在动物育种中到底有多重要也是不大可能的,虽然过去很多公猪以优先遗传而著称。也许这些公猪是有优势的,但也有可能,它们的后代之所以表现出众是因为它们的与配母猪性能优秀。

总之,可以说如果1头公猪或母猪拥有大量控制优势表型和性能的完全显性基因,并且又是纯合的,那么它的后代在表型上将与其父母极为相像,彼此之间也极为相像。但谁又能这样幸运真正地拥有这样1头猪呢?

基因配合

如果某个组合的后代特别出色,并且在整体上优于它们的父母,育种者对此的解释是动物配合得好。例如,1头母猪与某一公猪交配后可产生优秀的后代,但是当与另一头有同样优点的公猪交配后,后代却可能大失所望。甚至有时两头相当平庸的公、母猪交配后,产下的后代却无论表型还是性能都非常优秀。

从遗传的角度来说,所谓成功的基因配合是来自双亲控制优良性状基因的正确组合的结果,虽然可能每个亲本缺少一些成为优秀个体的基因。换句话说,配合得好的家畜是因为它们的彼此互补的优良基因组合在了一起。

家畜育种的历史就是按照推理将几个优势基因配合在一起的记录。然而由于好的基因配合纯属偶然,因此这样培育出的优秀个体要从育种的角度来仔细考察,因为这样育出的优秀个体是杂合子,这样的性状很难忠实地遗传给下一代。

家系

对家畜而言,家系是以品种为基础追溯公畜或者母畜一个家系的历史。不幸的是,家系的价值往往被夸大。显然,如果基础公猪或母猪往下延续了很多代,这个"家系的源头"的遗传优势由于一代一代的多次配种行为而依次递减,这样的话就没有理由认为这个家系比别的家系优越。如果育种者们特别重视某一数量较少的家系,这种情况就会更加严重,因为他们忽视了家系成员少的原因,在某些情况下这种结果是由于繁殖性能不佳或者存活率低而造成的。

家系本身是很容易推测的。因此,家畜育种的历史经常遭受错误的家系选育的毁灭性打击,如以没有太多实际意义的家系作为选种的依据。幸运的是,养猪生产者对猪的家系没有达到其他某些家畜那样的痴迷程度。

当然,某些近交家系确实有遗传学意义。此外,如果在相应的育种过程中再结合严格的选育,就会选育出许多优良的个体,那么这个家系就可能被大家所认同。

繁育体系

现存家畜的不同类型和品种是起源于物种内的有限几个野生类型。这些早期驯化的动物拥有的基因池使得育种者们可以灵活地进行选配和选种。

在任何情况下,一开始都没有一个最佳的育种体系或者是成功选种的秘诀。每一个育种方案都是个例,需要仔细研究。育种体系的选择应该主要考虑群体大小和质量、育种者对动物育种原理的技术和知识的掌握、资金和最终的育种目标。

纯种繁育

1头纯种猪可认为是某一品种的一员,这个品种中的所有成员都拥有共同的祖先和独特的特征,并且已经注册或者有资格注册为这个品种的一员。品种协会是由育种者组成的一个团体,该协会成立的目的是:(1)记录猪种的血统;(2)保护品种的纯正;(3)提升品种的影响力(图 4.12)。

图 4.12 约克夏成年公猪。(爱荷华州立大学 Palmer Holden 提供)

所谓纯种是指其所在的整个家系无论上溯多少代,直至公认的纯种基础群或者后来批准引入的个体都是纯种。

纯种繁育和纯合性这两个词含义差别很大。但二者之间也有一些联系。由于大多数品种的基础群都比较小,因此在繁育过程中不可避免地会导致近交和品系繁育,这就导致了一定比例的纯合性。而且,根据过去的经验,每繁殖 1 代,纯种的纯合性将提高 0.25%~0.5%。

应该强调的是,纯种家畜不是优良家畜和高产家畜,性能优秀不是成为纯种的必需条件。也就是说,纯种这个词语本身并不神圣也没有魔力。很多人都有过伤心的经验,有的纯种生产性能根本不好。然而,纯种家畜比非纯种家畜的优势在于能够忠实地传递优良性状的基因而杂种可能在实际的表现性状时做得更好。

对有经验和资金充足的育种者而言,培育纯种动物将提供无限机会。大家一致认为,一旦纯种家畜育种成功,育种者无疑将拥有荣誉、名望和财富。但应补充的是,只有极少数的人才能达到这个成功的巅峰。

纯种繁育是一项高度专业化的生产工作。一般说来,只有非常有经验的育种者才能承担纯种繁育工作,为其他纯种育种者们提供所需的基础群和后备群,或者为杂交提供纯种公猪。虽然已经有了很多有建树的猪的育种者,也取得了很大成绩,但是只有少数几个人才有资格被称为育种大师。

近亲繁殖

近交指的是亲缘关系更近的个体间的交配,例如父女间交配、母子间交配、全同胞(兄弟姊妹)间交配。今天猪育种者已经很少使用这样方法了,但在大部分品种基础群的组建中较为常用。

近交使用的不同祖先的数量很小。例如,当用 1 头公畜和它的全同胞姐妹多次交配,就只有 2 个祖父母而不是 4 个,2 个曾祖父母而不是 8 个,每代甚至更远一代只有 2 个祖先而不是理论上的 16、32、64、128 个。最高程度的近交是发生在植物中的自交,如小麦和豌豆以及一些低等动物,但是家畜是不能自交的。实施近交的原因如下:

1)近交增加了家畜的纯合性,使得后代的大多数基因的纯合性比品系繁育和远缘杂交后代更高。这样做的目的可使不想要的隐性基因显现出来而更容易剔除。因此,近交与严格的选择结合提供了一个最可靠的和最快的方法来消除有害基因和固定或保持有利基因。

2)经过一段时间的近交,群体就会逐渐形成表型及其他特征一致的品系。

3)近交维持了个体与理想祖先之间有最大相关。

4)较高的纯合性使得近交后代有更大的优先遗传。也就是说,经过选择的近交后代有利基因(常常是显性)的纯合性较高,因此,它们往下传递的基因就有更大的一致性。

5)通过培育近交系以及随后进行的某些近交系间的杂交,人们摸索出来一条现代家畜改良育种的道路。而且,最优秀的近交个体在远交中也倾向于得到最好的杂交结果。

6)依靠到外面引入种猪以维持猪群的优势是一种倒退,当育种者处于这样的特殊境地时,近交可以为其提供最好的健康后备猪,以维持现有的猪群品质不下降或者进行进一步的遗传改良。

防止近交应注意以下几点:

1)因为近交极大地增加了在前几代中由于纯合性增强而出现隐性性状的概率,培育出不良个体的概率增加是一定的。这包括所谓的退化性状,如体形减小、繁殖力下降、生活力下降。在近交个体中致死因子和其他遗传畸形的发生频率都有增加趋势。

2)为了防止有害性状的固定应采取严格的淘汰措施,特别是在近交繁育的前几代,这个繁育系统必须保证群体数量足够大,并且农场主要有足够的资金来支持这种与育种规划同时进行的严格选育工作。

3)近交要求在制定选配计划和严格选育方面具有一定的技巧,因此只有好的育种者采用这种育种方案才能取得最好的效果。

4)育种者在处理边际群体时不应采用近交育种方式,因为当动物表现均一时就意味着存在很少的优良基因。近交将使有害基因的纯合子的频率增加。

单从表型来说,近交的结果非常的不利,近交常导致有缺陷的家畜出现,它们缺乏成功和高效生产所必需的生命力。但是这决不意味着适用于所有的情况。虽然近交常常导致表型值低的家畜产生,但是优良的个体无疑比普通个体拥有更多的优良基因的纯合子,因此有更大的育种价值。所以,可以形象地将近交比喻成"火的考验",育种者将得到许多并非期望的个体从而不得不将其剔除。然而,如果近交使用得当,育种者也能得到极有价值的可靠个体。

虽然在20世纪近交育种在实际中应用得不多,而在纯种家畜品种形成期采用得较多,如果完全理解了近交原理及其限制因素,那么近交也有其优点。也许近交只有熟练的育种者才能运用自如,需要有良好的经济条件进行严格而灵活的选育工作并能忍受缓慢的经济回报,同时这个群体必须是一个处于平均水平之上的大群体。如果不符合上述条件,那么品种就不会得到改良。

品系繁育

品系繁育是比近亲繁殖的个体亲缘关系更远的一种选配方式,这种选配主旨在于保持后代与一些表现出众的祖先高度相关,如半同胞兄弟与半同胞姐妹间,母畜与祖父间以及堂(表)兄妹间。从生物学的角度来看,近亲繁殖和品系繁育是相同的,差别只是在强度上。一般来说,猪育种者们一直以来都赞成使用低强度的品系繁育方式,而反对使用高强度的近亲繁殖方式。

在品系繁育方案中,亲缘关系都不会比半同胞兄弟姐妹近,也不会比堂(表)兄弟姐妹以及祖父与曾孙等之间的关系远。

在实践中,保存和固定1个异常出色公猪或者母猪的优良基因时要采用品系繁育方式。因为这样的后裔有相似的血统,有相同的遗传物质,因而也表现出表型与生产性能上的高度一致性(图4.13)。

从狭义上来说,品系繁育方案与近亲繁殖方案有同样的优缺点。一定要说区别的话,那就是品系繁育比近亲繁殖提供优良基因和缺陷基因的可能性都小。这是一个中庸的方案,中小型育种场都愿意采用这种育种方案。通过这种方式,可以得到过得去的遗传进展而不用承担太大的风险。优势基因的纯合性可以得到大幅度的提高,却不用担心有害基因会增加。

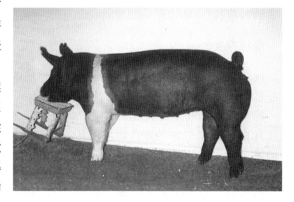

图 4.13　2002 年猪展上的卫冕冠军汉普夏青年母猪。(国家种猪登记协会提供)

采用品系繁育方案育种,往往会培育出更多的优秀公猪,因为公猪的后代要比母猪后代的数目多得多。如果育种者有1头非常优秀的公猪——大量的生产性能记录证明这个后代是优秀的,那么品系繁育方案可能会按照以下的路线进行:从这头公猪的后代中选出 2 头最优秀的,与它们的半同胞姐妹交配,在随后的选配中平衡所有可能的缺陷。接下来的世代选配则包括把 1 个优秀儿子的 1 个女儿和另 1 个的儿子交配等。

如果在这样的方案中,能确保用杰出的血缘(基因)纠正 1 个或者几个群体常见缺陷不失为一种明智的选择,这可以通过选择少数外来的杰出母猪而做到这一点——它们的后代生活力强,但是可能群体数量不足。然后,用这些母猪与这个品系的公猪交配,就有望生下一头优秀的种用后代。

小型的育种场往往按照品系繁育的育种方案,从大的育种场购进的一头这样方案生产的公猪,与本场的母猪进行交配,这样,就追上了大育种场的育种进展。

自然地,品系繁育方案也可以通过其他途径实现。不管实践中采用哪种选配,在这样的育种体系中,主要目标就是想将理想表型和优异性能纯合子保留在一些非常优秀的系祖身上,同时消除有害的纯合子。因此,方案成功的关键在于一开始有哪些可以利用的优势基因并强化这些优良基因的效应。

需要强调的是,有些类型的群体不应该采用近亲繁殖或品系繁育这两种繁殖方式。这些群体包括那些表现一般的群体,即该群体的性能不高于该品种的平均性能。商品群育种者也冒着一定的风险,即使他们育种成功,也不能把他们的家畜以更高的价格当做种畜卖。

对于一般水平的纯种畜群,常可以通过引进优秀公畜进行远缘杂交获得较快的遗传进展。而且,如果只有一般水平,那么该群体就必须"不良"基因占优势,通过近交和血系繁殖手段将这些不良基因强化掉。

远缘杂交

远缘杂交是指同一个品种中没有血缘关系(4～6 代以后)的动物之间的杂交。大部分纯种家畜都是远缘杂交的产物。这是一种风险较小的繁育体系,因为两个亲缘关系这么远的个体不大可能携带同样的有害基因并且把它们传给后代。

也许还应该提到的是,对那些中等或中等偏下的畜群,育种者最好采用远缘杂交育种方案进行纯种繁育,因为这样畜群的问题是要保留杂合基因型,以期望通过优良基因将有害基因抵消掉。对于这种中等或者中等偏下的畜群,采用近交方案只能使少数优良基因达到纯合,这也就只能使畜群表现平平。一般来说,持续的远缘杂交既不会实现遗传改良的希望,也不会带来像近交或者品系繁育那样退化的风险。

在品系繁育或近交中偶尔适当地应用远缘杂交对整个育种方案有好处。当高度近交个体的优良基因纯合的频率越来越高时,它们的有害基因也有可能越来越趋近纯合,即使它们的整体性能水平仍然在平均水平之上。这些缺陷可以通过引入 1 个或一些与之互补的优良性状进行远缘杂交而予以纠正。这个目的达到后,明智的育种者就会再返回到原来的近交或品系繁育的方案上来,这样就避开了远缘杂交方案的局限性。

级进杂交

级进杂交是纯种或原种公畜与一头本地或改良母畜进行交配的一种繁育体系。它的目的是为了保持品种的优良特性并提高后代的性能。

品质和性能改良进展最大的一步是在第一次杂交中取得的。这种育种方案得到的子一代携带有纯种或种畜父母的 50% 的遗传物质。接下来一代则携带有 75% 纯种或原种父母的血缘,随后的世代所携带的第一代父母的遗传物质的比例随着杂交次数的增加依次减半。再往后的杂交仍能不断地提高后代的质量和性能,只是程度较小。3 或 4 次杂交后,后代就已经在形态上与纯种或原种很接近了,只有非常出色的种公猪才能带来更进一步的提高。特别是级进杂交的各世代连续使用的公猪是来自同一个家系更是如此。

杂交

杂交是两个不同品种间的交配。杂交用于:(1)通过杂种优势而使家畜生产力高于纯种;(2)将两个品种中的优良性状合理的组合在一起生产商品猪;(3)生产培育新品种用的基础群。

杂交广泛应用的动力是:(1)人工授精的普及使得在不同品种公猪的轮换简单化;(2)养猪生产者的需要,提高养猪生产效率,使之在行业内外的竞争中处于不败之地。杂交将会在未来的商品猪的生产中起着愈来愈重要的作用,因为它具有几大优势,这将在后面进行讨论。

杂种活力或杂种优势

杂种活力或者杂种优势是指杂种后代表现出优于其亲本平均值的生物学现象。对大多数性状而言,杂种的性能一般总是优于其亲本的平均值。这种现象几年前就已经众所周知并在很多育种方案中加以应用。杂交玉米的生产可能是杂种优势利用的一次最成功的尝试,它是先培育近交系,然后进行系间杂交。杂种优势也被广泛应用在商品猪、牛、羊、蛋鸡及烤鸡的生产中。国家养猪户 2002 生产者概评 (National Hog Farmer 2002 Producer Profile)估计猪肉生产者饲养的猪有 86% 是杂种猪,而这些杂种猪很可能占上市猪的 95% 以上。

遗传学上对杂种优势的解释基本相同,无论是动物还是植物。杂种优势的产生是由于亲本的显性基因常比其隐性基因更有优势。当 2 个亲本的基因组的基因频率不同并存在显性效应时,就产生了杂种优势。

对一个特定性状来说,杂种优势是杂种后代超过 2 个亲本或近交系的平均值的数量,用以下公式进行计算:

(杂种平均值－纯种平均值)/纯种平均值×100%＝杂种优势或杂种活力的百分数

因此,如果断奶窝重的两个亲本群体的平均值是 284 lb,它们的杂种后代的平均值是 336 lb,用上面的公式得出杂种优势为 52 lb 或者 18%。

(336 lb－284 lb)/284 lb×100%＝18% 杂种优势或杂种活力。

高遗传力的性状,如胴体长、背膘厚和眼肌面积,选择效果好但杂种优势小;低遗传力的性状,如产仔数、断奶窝重和成活率往往表现为较强的杂种优势。

互补

互补指的是一个杂种优于另一个杂种或纯种,是由于 2 个或更多性状结合或者相互补充的结果。这是品种间的选配问题,目的是将品种间互补的性状结合在一起以获得理想性状。因此,在一个杂交方案中应该选择那些彼此互补的品种,使得理想性状最大化,而使不利性状最小化。因为选择的品种往往在一些性状上表现得最好,也会有一些不利的性状,因此不同的品种应该按照不同的目标来选择。

没有一个品种或品系可以拥有所有的理想性状,因此生产者在选种前必须研究性状间的作用方式以及不同品种或种群的优点。

杂交提供了一种快速引进新的理想基因的途径,这比在品种内进行选择得到进展要快得多。因为不利的性状常是隐性的,因此杂交提供了改良某些性状的最佳方法,它是通过显性基因掩盖或抑制隐性基因而实现的。

除了两品种杂交,杂交还提供了一个机会让杂种优势表现在种猪上。这对提高猪群的繁殖力、仔猪的成活力、断奶窝重和仔猪的生长速度意义重大,这些都意味着会给生产者带来更多的利润。

杂交的影响因素

尽管还能举出很多杂交好处的例子,但是应该注意到,与连续的直接育种相比,连续不断的杂交使得每头母畜的生产力直接增加了 15%～25%,这取决于以下因素:

1)进行广泛的杂交。杂交范围越广,杂种优势越明显(图 4.14)。

2)选择互补的品种。杂交方案中使用的品种应该是能使其产生的后代优势性状充分表达的那些品种。

3)使用性能最优秀的种猪。一旦育种方案启动,进一步的遗传改良主要取决于性能优秀公猪的使用。

4)要有完整的杂交繁育体系。为使每头母猪的杂种优势持续高水平表达并有最大产出,就必须有一个完整的繁育体系。这应包括杂交母猪的使用,因为研究清楚地表明一半以上的利润来自杂种母本。

5)经常选种。必须经常选种以更新杂种的活力,否则,杂种优势将消失。

图 4.14 一次展销会上展出的汉普夏与杜洛克的杂交公猪和汉普夏与约克夏的杂交母猪。(美国农业部提供)

杂交的缺点

杂交存在以下缺点:

1)一般来说,杂种猪缺乏纯种猪那样的均匀毛色和迷人的外形。

2)必须找到并买到 2～3 个品种或品系的优秀公猪,而人工授精技术已经部分解决了这个问题。

3)杂交有这么多的优点,因此没有必要对公猪进行选择,这种想法是错误的。

4)杂交不是万能药,在实际生产中,仍要重视饲养、管理、管理和卫生。

杂交繁育体系[①]

对商品猪生产者而言,杂交是一种非常有效的提高经营效率和利润的方法。要得到最大的经济效益只能靠精心选择互补的品种并从这些品种中选择优秀的后备猪进行替换。杂交使得育种者能够利用杂种优势,同时必须有计划、有步骤地充分利用不同品种的优势。

如果一些品种被确定为优秀的母系品种,而另一些为优秀的父系品种,那么不同品种的优良性状就可以被利用。1 个来自父系品种(生长速度快、胴体品质好)的公猪与来自母系品种(繁殖性能好、母性好)的母猪交配就强化了 2 个品种的优点,同时弱化了一些缺点。在美国应用的一些杂交体系和比例列于表 4.2。

杂交并没有改变一个群体现有的基因频率,只是使它们的组合更优化。最初的杂交进展仍然能在随后的连续杂交过程中得到保留。但是,永久的遗传进展只能通过选择来实现。

表 4.2 美国农场的杂交体系类型

体系类型	比例/%
农场生产的与终端公猪杂交用的 F1 代母猪	34.2
购买的与终端公猪杂交用的 F1 代母猪	31.8
三品种轮回杂交	16.8
纯种繁育	14.0
两品种轮回杂交	9.9
两品种轮回母猪和终端公猪轮回杂交	6.5
三品种轮回母猪和终端公猪轮回杂交	5.1
四品种轮回杂交	2.7
其他	5.5
总计	100.0

注:百分率可能反映多重答案。

来源:《国家养猪户 2002 读者答复概评》第 292 条。

---

①由俄克拉荷马州立大学的 Buchanan 博士等根据《俄克拉荷马州推广事实》第 3603 条改编。

　　杂交分为 2 个基本的杂交方式:轮回杂交和终端杂交。当然,这 2 种方式可以结合使用。轮回杂交系统涉及 2 个或更多品种,作为父本的品种在每代都与上一代不同,而交替使用的杂交母本在每次杂交后都被保留下来。在终端杂交中,后备母本一般都是购买的或者是本场通过纯繁生产的繁殖性能突出的个体。

　　轮回杂交

　　两品种轮回杂交是由 2 个不同品种的公猪轮流参加杂交,保留部分杂种作为下一级轮回杂交的母本(图 4.15)。这种杂交方式操作起来非常简单。用于轮回杂交的品种要求繁殖力强,因为从长期来看,每一个品种对后代的贡献都是一样的,无论是商品猪的生产性状还是后备母猪的繁殖性状。因此,应该选用那些生长和胴体性状足够好的高繁殖性能的品种作为轮回杂交的品种。

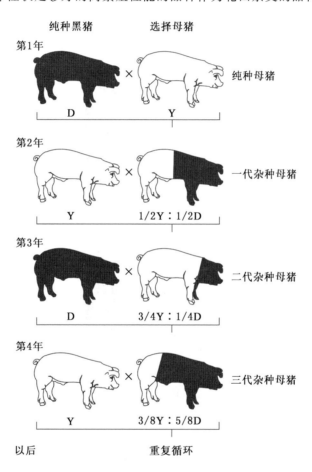

　　图 4.15　两品种轮回杂交体系。第 1 年用纯种杜洛克(D)公猪与纯种约克夏(Y)母猪杂交,接下来的世代交替使用纯种约克夏公猪和纯种杜洛克公猪进行轮回杂交。(皮尔森教育提供)

　　在这个体系中,纯种公猪与一定比例的同品种母猪交配。因此,最大杂种优势难以达到(表 4.3)。实际上,在 6 代以前,每一代保留的杂种优势都稍有变化,在 6 代以后,两品种轮回杂交获得了 2/3 的总优势。

　　要获得更大的杂种优势,可以通过引入第 3 个品种参与轮回杂交(表 4.3 和图 4.16)。与两品种轮回杂交(杂种优势利用率为 67%)相比,三品种轮回杂交在第 7~8 代后可以获得 86% 以上的杂种优势。同样,由于每一个品种既作为父本又做母本,因此也要求生长性状、胴体性状与繁殖性状一样优秀。三品种轮回杂交比两品种轮回杂交更能得到认可,因为能获得更大的杂种优势。

表 4.3　品种组成及两品种和三品种轮回杂交方案获得的最大杂种优势比例

世代	两品种轮回杂交				三品种轮回杂交				
	血统/%		预期的杂种优势		血统/%			预期的杂种优势	
	A	B	后代	母本	A	B	C	后代	母本
1	50	50	100	0	50	50[1]	0	100	0
2	75[1]	25	50	100	25	25	50[1]	100	100
3	38	62[1]	75	50	63[1]	12	25	75	100
4	69[1]	31	62	75	31	56[1]	12	88	75
5	34	66[1]	69	62	16	28	56[1]	88	88
6	67[1]	33	66	69	581	14	28	84	88
7	33	67[1]	67	66	29	57[1]	14	86	84
8	67[1]	33	67	67	14	29	57[1]	86	86

注:[1]用于生产后代的公猪品种。

来源:皮尔森教育。

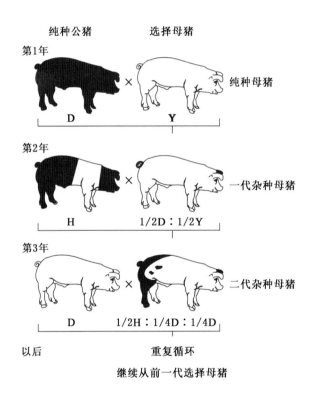

图 4.16　三品种轮回杂交。第 1 年用杜洛克(D)公猪与约克夏(Y)母猪杂交,第 2 年产下相同比例的杂种一代公母猪;用杂种一代母猪与汉普夏(H)公猪交配,第 3 年产生三元杂种猪,同年再用约克夏公猪与之配种,以后按此顺序重复进行。(皮尔森教育提供)

也可以采用 4 个品种进行轮回杂交,可使杂种优势利用率达到 92%。即使四品种轮回杂交比三品种轮回杂交得到更大的杂种优势,但是前者并不比后者应用广泛,因为要找到第 4 个生产水平较高的品种比较困难。随着轮回杂交中使用的品种数量的增加,需要维持的育种群的数量也相应地随着加大,因为在轮回杂交的不同阶段要有不同品种的母本参与,这需要不同的公猪品种。

　　轮回杂交系统比终端杂交系统更常用,也更可行,因为一次轮回杂交只需要从外购进所需要的种公猪即可。这样,育种者就不必为后备母猪的费用问题烦恼了,而且因为只需要买公猪,也避免了多次引种会引入疾病的风险。

　　但轮回杂交不能充分利用各个品种的优良性状组合。理想的情况是,生产商品猪的母猪应具有好的母性,而公猪应该具有突出的生长和胴体性能。而这在轮回杂交繁育体系中是很难达到的。

终端杂交

　　终端杂交繁育体系可以包括 2、3 个或 4 个品种(表 4.4)。两元杂交使用一个品种的纯种公猪与另一个品种的纯种母猪交配。例如,汉普夏公猪与约克夏母猪可用来生产商品猪。这个系统允许生产者将母系品种的高繁殖性能与父系品种的优秀的生长性能和胴体性能组合在一起。在该繁育体系中,所有后代都是杂种,因此都获得了杂种的优秀性能。然而,因为母猪都是纯种猪因此没有从杂种母本母猪获得繁殖性能方面的杂种优势。

表 4.4　终端杂交在维持的杂种优势率及其对一个性状的影响

父系品种	母系品种	杂种优势/%			21 d 每窝重/lb
		猪	母本	父本	
纯种 A	A	0	0	0	72.0
二元杂交 A	B	100	0	0	80.1
三元杂交 C	AB	100	100	0	93.8
四元杂交 CD	AB	100	100	100	97.0

来源:皮尔森教育。

　　三元杂交是用一个品种的纯种公猪与其他两个品种的杂种母猪交配。例如,在商品猪的生产中使用杜洛克公猪与大白和长白猪杂种母猪。在这个繁育体系中,二元杂种母猪集中了两个品种母性好的优势,与配的第 3 个品种的公猪则在生长和胴体性状方面表现突出。所有后代都是杂种。因此这个繁育体系中杂种母猪的使用使杂种优势的利用达到了最大化,是生产效率最高的繁育体系之一。

　　四元杂交具有与三元杂交一样的母本杂种优势。另外,也利用了公猪的杂种优势。缺点是杂种公猪比纯种公猪难获得,好在一些种猪生产者往往同时维持 2 个或多个品种群,因此如果需要的话,它们可以很容易生产出符合要求的杂种公猪。

　　总之,终端杂交全面地利用到了每一个品种的优势并使杂种优势达到了最大化。主要的缺点是获得后备母猪比较困难。如果是购进,那么就要承担引种时会同时引入外来疾病的风险,如果是自繁,商品猪生产者就需要至少 1 个纯种群来生产后备猪。

　　近年来的趋势是从育种公司购买后备母猪和公猪,以人工授精代替饲养后备猪,这大大促进了终端杂交繁育体系的推广。生产者可以每年向种猪供应者分批购买杂种后备母猪,每次购买的青年母猪都应来自同一祖代猪群,并且购进后应该采取隔离措施。种猪供应者也可提供公猪和精液,这些公猪都是来自拥有理想父本性状的祖代群。表 4.2 的数据表明 31.8% 的美国商品猪生产者都是购进 F1 代(杂种)母猪,再与终端公猪配种。

终端轮回杂交

　　如果利用高繁殖性能的品种进行轮回杂交来生产后备母猪,然后再与另一品种公猪交配来生产商品猪(图 4.17),就可以将以上两个体系的优点结合起来了。在二元轮回杂交中,生产者只需要维持很小的群体(10%～15%),在轮回杂交中使用最好的母猪,而轮回杂交生产的其余母猪与终端杂交公猪交配。用于轮回杂交的品种要母性好,用于终端杂交的父系应是生长和胴体性能优良的品种,并且用于配种的公猪应该是该品种中的佼佼者。所有的商品猪都是有较大母系杂种优势的杂种母本与在终端杂交中利用的 100％ 父系杂种优势的杂种父本的后代。因此,也只需要购买公猪或者精液,也把疾病的威胁降到了最低。

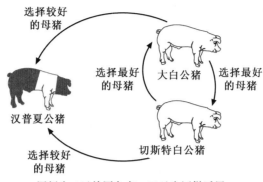

选择较好的母猪

选择最好的母猪   大白公猪   选择最好的母猪

汉普夏公猪

选择较好的母猪   切斯特白公猪

图例为二元轮回杂交,三元也同样适用

图 4.17　母猪的轮回杂交体系和公猪的终端杂交体系。以汉普夏(瘦肉型)作为终端杂交公猪,以母性性能好的约克夏猪(Y)与切斯特白猪(CW)二品种轮回杂交生产杂种母猪。也可以考虑把长白猪作为两品种或三品种轮回杂交母系猪而加入该体系。(皮尔森教育提供)

　　这个体系的缺点是非常复杂,并且需要维持很大的猪群数量。除非年产 200 窝以上,在轮回杂交体系中才能保证终端公猪的用量,这只能通过购买轮回杂交用公猪的精液才能实现。

　　有很多的杂交体系可供选择。每个体系都有各自的优缺点,有些体系的方案很简单但不能充分利用杂种优势;有些方案很复杂,需要更多的时间来处理,但是可以保证畜群的平均水平较高,该方案充分地利用了各个品种的优势并保持了较大的杂种优势。没有一个体系能适合所有生产者。

　　花费大量时间进行育种工作的生产者可以考虑使用比较复杂的繁育体系,这样能使整个猪群的平均性能达到较高水平。另外,各生产者一定要根据自身的实际情况建立最合适的繁育体系,这就应该考虑本场的设备、种猪来源、疾病控制以及其他因素。

学习与讨论的问题

　　1.为什么猪育种比牛和羊育种更灵活?

　　2.孟德尔遗传学形成时的特殊环境是怎样的?

　　3.说明染色体、基因、DNA 这三者之间的关系。

　　4.在什么情况下理论上完全纯合的个体是有害的和不利的?

　　5.以下情况各举两个例子:(a)猪的显性现象;(b)猪的隐性现象。

　　6.为了获得最佳选择和较大的遗传进展,环境因素有多重要?

　　7.性别决定是怎么回事?性别比率能被改变吗?

　　8.当生下畸形猪时,哪种情况是以下原因造成的:(a)遗传缺陷;(b)营养缺乏?

　　9."公畜相当于半个畜群"的说法是保守的,还是夸张的?

　　10.名词解释(a)优先遗传;(b)基因配合;(c)远缘杂交;(d)级进杂交。

　　11.你认为什么样的繁育体系适合你的猪群或者你所熟悉的猪群? 证明你的选择。

　　12.解释并说明杂种优势或杂种活力。

　　13.讨论杂种猪的优缺点。

　　14.你认为以下杂交繁育体系哪一个比较好:二元轮回杂交、三元轮回杂交或终端杂交? 证明你的选择。

15.为什么养猪生产者保持良好的生产记录很重要？

16.出现哪种症状你会认为猪携带了 PSS 基因？

主要参考文献

Animal Breeding Plans，J. L. Lush，Collegiate Press，Inc.，Iowa State University，Ames，IA，1963

Animal Science，M. E. Ensminger，Interstate Publishers，Inc.，Danville，IL，1991

Genetic Evaluation，Bob Uphoff，Chairman of NPPC Genetic Program Committee，National Pork Producers Council，1995

Pork Industry Handbook，Cooperative Extension Service，Purdue University，West Lafayette，IN，2003

U. S. Livestock Genome Mapping Projects，http：// www. genome. iastate. edu/，Iowa State University，Ames，IA

第五章　猪遗传学的应用

猪群的生长环境是其整体水平提高的重要影响因素之一。根据猪的品种选择带有不同漏缝地板的畜舍以控制环境。(爱荷华州立大学 Palmer Holden 提供)

内容

选择基础
　品种类型或个体特征
　生产或性能测定
　测定方法
　系谱
猪的性能测定
　中心测定站
校正因子
　母猪生产力指数
　生产校正
选择指数
　胴体评定

数量性状
　胴体质量性状(肉质)
瘦肉增重
利用群体记录选择
重要经济性状和遗传力
　遗传与环境效应
　遗传进展的估计
选择方法
　顺序选择法、独立淘汰法或选择指数法
　评估指数(STAGES、EBV、EPD 和 BLUP)
建群时考虑的因素
　现代肉猪类型
　纯种、原种或杂种
　品种或品系
　群体大小
　一致性
　健康
　日龄
　价格
　猪场设计的合理性
种猪供应商的选择
　青年母猪的选择
　公猪的选择
猪的评估和鉴定
　理想的类型和外貌特征
学习与讨论的问题
主要参考文献

目标

学习本章后,你应该:

1. 掌握指数选择和比率选择的基础知识。

2. 掌握猪应激综合征对养猪业造成的影响。是否包括正面的效应?

3. 掌握 STAGES、EBV、EPD 和 BLUP 的定义及其对选择的影响。

4. 掌握多性状选择的优缺点。

　　猪的育种目标是使得与配个体的后代能够拥有以下几种情况所需要的基因:(1)猪肉生产最大化;(2)发育成理想体型;(3)性能达到期望水平;(4)适应环境。通过合理的饲养和管理使猪的遗传潜力得到最大程度的发挥,因为所有个体都是遗传和环境共同作用的产物。

选择基础

选择基础母猪、公猪和后备母猪需要考虑的因素很多。这部分将对其中几个重要的因素进行讨论。必须注意的是,只有在同群饲养的情况下,对动物外形的感官评价才有意义,否则这些结果对它们遗传优势的估计价值不大。然而,一些外观特征如体况等仍需要从外观上进行评估。

品种类型或个体特征

基于品种或者个体特征的选择意味着家畜的这些选择目标或标准已经达到了几乎完美的境地,而不符合这些标准的个体将被淘汰。猪的不同品种可以满足不同的生产条件和市场的需要。例如,放牧饲养的猪有些选择标准并不符合舍饲猪的标准。

理想瘦肉型猪身体的各部分都是均衡发展的。头部与颈部界限分明,无赘肉;背平直而宽广;腰宽而结实;后腿和臀部肌肉丰满,微鼓,一直延伸到跗关节。肩部平坦而光滑,体侧长深而光滑。腿直并与身体垂直,趾骨结实。走路轻松自如,不僵直。此外,理想的瘦肉型猪有与年龄相符的体尺。

生产或性能测定

最准确和最重要的选择标准是个体生产性能记录。进步的纯种和原种猪饲养者对他们的猪进行了生产记录。成功的养猪生产者越来越多地使用性能记录作为选种的依据。

生产测定体系及其各自的优点将在本章的后半部分进行阐述。同时也包括了推荐的记录形式。

测定方法

由于市场价格以及对瘦肉型种猪的需求,因此猪背膘厚度和眼肌面积的测定方法是非常重要的。

测定背膘的金属探针是爱荷华州立大学于 1952 年开发的,用于估计猪的背膘厚度。Lanoy Hazel 和 Ed Kline 博士到当地的五金商店买了 1 把窄的金属尺子。他们在猪的背部皮肤上做了 1 个切口并将尺子插入其中,测量背最长肌上部的脂肪厚度。这种金属探针已经使用了数年,并且直到现在仍是测量背膘厚的最经济的方法。

例如,在医疗行业,超声波技术用于测量机体组成和观察胎儿在孕妇体内的发育已经有 30 多年的历史了,由于医学上使用的扫描仪和传感器的改进,在过去 20 年中,已经将超声波技术应用于肉用家畜的背膘和眼肌面积测定以及妊娠诊断。

目前,在养猪业中,采用以下方法测定身体组成:(1)背膘探针;(2)瘦肉测定仪;(3)超声波。

背膘探针

简易的背膘探针是估计猪瘦肉率的最有影响的进展。图 5.1 中标出了探针放在猪身体上的 3 个位置。这 3 个位置与胴体的 3 个背膘部位相对应。

探针检测所需要的唯一设备是限制猪活动的抓猪器,锋利的刀或者解剖刀片以及一把 6 in 宽的最小刻度为 0.1 in 的金属尺(图 5.2)。探针测膘的步骤和方法如下:

1)用几层绷带缠绕刀或手术刀的尖部约 3/8 in 防止刀刃插入过深。

2)称重。

3)用抓猪器或者称重的猪笼固定猪。

4)与体长垂直(直角)的方向距背中线约 2 in 的部位将刀片插入体内。

5)将探针插入切口并稍倾斜使之指向中心部位。

6)探针刺透脂肪直至背最长肌的上缘。当探针触到眼肌时会感到明显的阻力。

图 5.1　猪背膘测定的 3 个点。距离第 1 根肋骨、最后 1 根肋骨和最后 1 根腰椎的背中线 2 in。（爱荷华州立大学 Maynard Hogberg 提供）

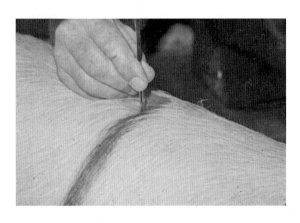

图 5.2　与猪体长垂直的方向，距离背中线约 2 in 的地方将金属尺插入皮肤的切口中，测定插入点与背最长肌之间的距离。（爱荷华州立大学 Maynard Hogberg 提供）

7）将探针上的别针沿着皮肤的纹理推动。拔掉尺子并读数。

过去，测定背膘厚要测 3 个点，即距背中线一定距离的第 1 肋骨处、最后肋骨处和最后腰椎处。现在，推荐只测定第 10 肋骨处的 1 个点。这种方法测得的数值与宰后测得的胴体实际数值的相关度很高。通常在第 1 肋骨处很难得到准确的读数，原因是假瘦肉层的存在。屠宰后，将胴体沿背中线劈开，用金属尺测定最后肋骨处的背膘厚度。在胴体中，最后肋骨比第 10 肋骨更容易找到。

背膘厚应该校正为活重如 250 lb 这样的体重后，个体之间才能进行有效的比较和选择。校正公式将在本章稍后介绍。

瘦肉测量仪

许多加工厂使用各种瘦肉测量仪来估计猪胴体的瘦肉量。大部分测定仪都有 1 个探针，将该探针插入背膘和肌肉中，由于脂肪和背最长肌在光学上的差异而给出读数。常用的探针是肉脂仪（Fat-O-Meter），在许多屠宰场的胴体生产线上用于估计瘦肉产量。

最先进的测定方法是全身导电法（total body electrical conductivity，TOBEC）。TOBEC 测定设备是由铜丝缠绕着的管子组成的（图 5.3 和图 5.4）。当线圈通电时，产生了磁力较弱的安全电磁场。这种技术也被应用于人。携带胴体或肉块的导体通过金属管时，从磁场中吸收的能量与它的传导率成正比。

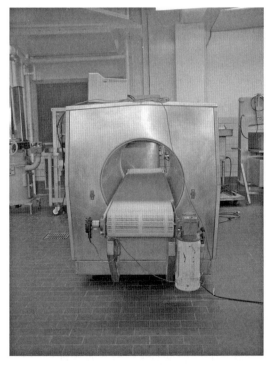

图 5.3　内布拉斯加州大学肉品实验室的 TOBEC 分析仪。胴体或者肉片从该仪器中通过可以分析其胴体组成上的差别。（内布拉斯加州大学 Jennie James 提供）

测定者测量并记录所吸收的能值。瘦肉组织有很高的含水量，因此是很好的导体。脂肪和骨头的传导率不高。因此，TOBEC 的信号强弱与瘦肉含量高度相关，这是由于胴体或肉块的脂肪含量差异造成的。

由于 TOBEC 测定法比直接屠宰测定麻烦，因此目前它的应用受到限制。TOBEC 法主要在精度要求很高的屠宰厂使用。

超声波

超声波或者实时超声波技术采用高频声波定位组织边界。由于不同组织中脂肪和瘦肉的含量不同，因此声波的反射速度不同。一个中心处理器收

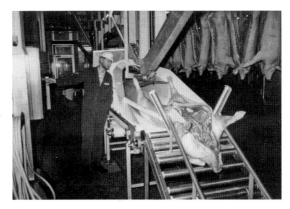

图 5.4　屠宰车间悬挂在铁钩上的胴体正在通过 TO-BEC 分析仪。(Sioux 中心 Vande Berg Scales 提供)

集这些信息并形成可以被技术人员测量的超声波图像。该设备调试好后，就可以测定脂肪厚度和瘦肉厚度或面积。

各超声波仪的主要差别在于形成超声波图像的水晶数量以及显示信息的复杂程度的差异。养猪业中使用的超声波仪器主要有两种：A 型和 B 型，B 型超声波仪也称为实时超声波仪。

A 型超声波仪自从 20 世纪 50 年代起就已经开始使用了，在超声波探针中仅使用 1 个晶体，并且只能估计 1 个点的背膘厚度和瘦肉厚度。A 型超声波仪测量背膘比较精确，然而在测量眼肌面积时不够精确(图 5.5)。A 超只测量眼肌厚度，测量值随着探头的角度以及不同猪种、不同个体眼肌的形状(圆形与椭圆形)不同而表现出显著差异。

B 超首次在 20 世纪 80 年代使用，测定费用昂贵但结果精确。这种方法不是采用 1 个晶体进行测定，而是由多个晶体串联排成了 7 in 长的探针。它们能够通过中央处理器将背膘和眼肌面积的超声波图像显现在视频监视器上。这种图像具有实时性，因此你可以通过图像的播放观察到肌肉的活动。已经证实，如果由熟练的技术员操作实时超声波仪是精确度非常高的一种仪器，是首选的超声波估计方法(图 5.6)。

这种精密的仪器使得该设备及其附件的成本大幅度增加。A 超的价格在 500～2 000 $，而 B 超则需要 10 000～25 000 $。

影响超声仪精度的最重要的一个因素是技术员的水平。国家猪品种改良联合会(NSIF)已经制定了程序标准以规范背膘和眼肌面积的超声波测定工作。这些规程包括研讨和培训，参加培训人员的扫描操作实习及笔试。要对培训人员进行评估其预测胴体数据的能力、测定结果的可重复性及活体测定与胴体数据的偏差程度。

对当前的超声波技术的建议——由于 A 超与 B 超价格相差悬殊，因此生产者必须确定他想要达到的背膘厚和眼肌面积测定的准确度。A 超在以下两种情况下使用：(1)按照背膘分类等级和产量进行销售时；(2)根据脂肪厚度选择后备母猪时。尽管 A 超的准确度较低，但是由于投资成本低且操作简单，因此在种猪选择中被广泛应用。如果对背膘厚和眼肌面积要求的测定准确度都较高时，如原种场则应考虑使用 B 超。当进行群体间统计时，可靠性十分重要，因此建议技术人员经培训后使用 B 超。中心测定站扫描采集数据及国家种猪登记协会的现场测定数据推荐使用 B 超。

仪器测定方法为种猪的选择和优质猪肉生产提供了必要的外貌鉴定和度量的辅助手段。在纯种、原种猪的选择方案以及商品猪生产和商业销售中的应用越来越广泛。

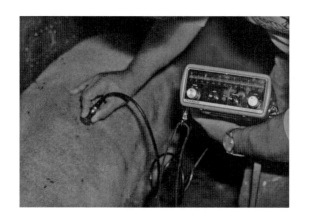

图 5.5　测定背膘厚和眼肌厚度的 A 超仪。扫描仪常多次测量眼肌厚度,估计眼肌面积要乘 2.54 倍。这种测膘仪最适合估计椭圆形眼肌面积。如果眼肌呈肾形则估计值会偏低,而呈圆形时会使估计值偏高。(爱荷华州立大学 Palmer Holden 提供)

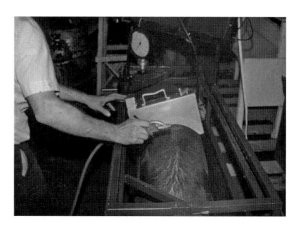

图 5.6　用 B 超估计背膘厚和眼肌面积。B 超提供猪眼肌的横截面图像,描出横截面的图像就可以估计出眼肌面积。(爱荷华州立大学 Palmer Holden 提供)

系谱

在种猪的选择中,系谱是个体遗传性的记录。如果祖先性能优秀,那么它产生优秀后代的概率就比较大。然而,应强调的是,仅有名字和注册号是毫无意义的。只有祖先在系内进行闭锁繁育时,且其父母和祖父母都非常优秀和杰出的系谱才有价值。通常,纯种生产者会将 1~2 个优秀的个体在第 3、4 代进行回交。如果需要系谱选择能够起到一些作用的话,人们必须对其中所列出的动物了如指掌。

系谱中的父本祖先应有一定的名气。但仅仅这样是不够的,因为它们也应该是所选品种或品系的优秀代表。用终端父本指数(TSI)评估商品猪的父母代公猪,排名靠前的公猪在终端杂交方案中使用。TSI 用背膘厚、达 250 lb 体重日龄、瘦肉量及饲料转化率的期望后代差(EPDs)与经济系数加权计算。

同样地,系谱中优秀的母本祖先也是十分重要的,不管是纯种还是杂种。母猪一般用母系指数(MLI)进行评估,MLI 是一种用于生产后备母猪的原种生物经济学指数。在杂交方案中 MLI 用终端和母系性状的 EDPs 与经济价值加权估计。繁殖性状要比断奶后性状重要 2 倍。

像这样的祖先,用育种值和选择指数进行选择,确保了优质猪的生产达到了整齐一致。登记证书也极大地增强了系谱的整体性能。目前,主要品种的育种协会在系谱中都包括繁殖和生产性能信息。

猪展上的优胜者

直到 1970 年左右,大部分的养猪生产者都把能参加猪展作为选种的目标。纯种猪的育种者很快就发现了猪展的巨大吸引力并通过广告大力宣传他们的冠军猪。以现场展览为基础的选择主要价值在于他们直接关心的是那些能满足经验丰富的育种者和评估者标准的类型和品系。大多数情况下,基于这些标准的种猪选择在类型和体型外貌是很有效的,但在生产性状如背膘厚或日增重这类性状的选择却难以奏效。

随着从现场或集中测定获得大量的生产数据成为可能,猪展渐渐失宠。像 FFA、4-H 俱乐部及其他青少年参展者举办的畜展览会对他们准备终身参与竞争继续有价值。这要向他们讲授选种、饲养、训练、展览及运动等基本知识。青少年参展者很可能没有足够数量的纯种猪进行严格的选择,因此,很可能不是种猪的最佳来源。

猪的性能测定

目前,种猪性能测定和遗传评估体系(STAGES)、估计育种值(EBV)、期望后代差(EPD)以及最佳线性无偏预测(BLUP)使得曾经风靡一时的品种登记协会进行的生产性能测定黯然失色。几个品种登记处提供了其成员的估计值。纯种育种者感兴趣的是由种猪登记协会开展的生产性能测定,这可与执行秘书处或者品种登记协会的农场代表联系。

生产测定作为选种的依据,主要包括:(1)性能测定(有时也称个体性能测定);(2)后裔测定。这两者的区别和联系论述如下:

1)性能测定是根据个体的性能进行评估和选择的实践活动。

2)后裔测定是根据它们后裔的性能进行选择的实践活动。

3)生产测定定义范围更广泛,包括性能测定和后裔测定。

生产测定不是随机的观察而是从出生开始就进行的准确记录。为了得到最为有效的结果,随之进行的选择必须以重要经济性状和高遗传力的性状为依据(表 5.1),客观的测量方法,比如生长速度、背膘厚等的测定,应该以测量的每 1 个性状为依据。最终从后备猪或者育种群中淘汰那些没有达到较高标准的个体。只有种猪的必需基因相对纯合时才能把它们的优良性状成功地传递给下一代。

表 5.1　猪的重要经济性状及其遗传力[1]

性状	估计遗传力[2]/%	注　释
产活仔数	10	1 头母猪从配种到断奶耗料 900 lb,多产猪会降低每头猪的饲料成本
初生重	5	重量轻的猪成活率较低
21 d 窝重	15	断奶重与产活仔数和母猪的哺乳能力高度相关
断奶窝重	5	尽管与管理有关,但仔猪的存活率是衡量母猪母性的一个方法
初情期日龄	35	初情期较早的猪产仔较早,降低了生产成本
达 250 lb 体重日龄	35	达 250 lb 体重日龄与饲料效率和采食量有关
平均日增重	30	较高的日增重可以缩短上市日龄和降低固定成本
饲料转化率	30	高产家畜一般饲料效率较高
乳头数	18	一般至少有 12 个乳头
胴体长	60	长度为高遗传力性状并且很少存在问题
背膘厚	40	背膘厚与瘦肉率呈高度负相关
眼肌面积	50	眼肌面积与瘦肉率呈高度正相关
腿臀比例	50	腿臀是高价值分割块
瘦肉率	50	高的瘦肉率意味着更多可食的肉
食用品质[3]	20	猪肉的食用品质用嫩度、肉色、大理石纹、硬度和风味表示

注:[1]这些遗传力被应用于估计群内和品种内的变异。品种间变异的遗传力要比品种内的高。来源:养猪手册,
　　PIH106,1998;M. E. Ensminger,养猪学,1997。

　　[2]其他的由环境决定。此处给出的遗传力估计值是在样本量较大的基础上得出的,因此个别群体中估计值可能
　　有一些变异。

　　[3]摘自于:de Varies, A. G. 等,猪肉质量:遗传只影响 20%,Pigs-Misset,1994,14-15。

这种测定方法由于使用了安全准确的生产记录使该方法较为严格和可靠,但保留什么样的生产记录及如何适应是很必要的。NSIF 已经制定了各种评估方法的指南。

中心测定站

第 1 个公猪测定站于 1907 年在丹麦成立。在美国,公猪测定站从 1954 年起开始投入使用。这些

测定站为评估猪的遗传潜力提供了相同的环境,测定的性状包括:生长速度、饲料转化率和背膘厚。然而,目前仅剩下爱荷华中心测定站,并且是后裔测定站。

现场测定

如果不用考虑测定设备的话,性能测定可以在农场中进行。主要的要求是对所有的动物都要进行相似的处理。给予一小群猪进行特别处理会导致错误的结论,并且如果不进行更正,可能影响遗传进展。合理的现场测定方案会加快遗传进展,因为与测定站测定相比,它可以进行更大样本的测定。现场测定方案的设计有助于育种者系统地评估他们的猪群。这个方案可以:(1)鉴定优秀个体、类群、品系或品种;(2)帮助育种者选择后备公猪和母猪;(3)为跟踪从中心测定站或原种生产者手中购买公猪的育种值提供一种手段;(4)要求育种者在种猪选择中使用常用术语和指南。

图 5.7　杜洛克公猪现场测定设备。(爱荷华州立大学 Palmer Holden 提供)

目标

只有整个猪群都进行性能测定,才能满足现场测定方案的目标。只从群体中选出 1 个样本进行测定会产生有限的和错误的信息。EPDs 是描述每头猪作为种用的遗传优势,通过结合种猪个体及其亲属所有可利用的信息可以使估计的结果更加准确(图 5.7)。

在所有测定方案中,准确性都是极其重要的部分。大多数的生产者都有能力进行性能测定。然而,育种协会、测定组织、国家合作推广局和私人商行提供的专业帮助有助于生产者将测定仪器、记录过程和数据报告与测定方案联系起来。

猪应该在测定组内进行评估并按分娩组、月或季节分组。这些测定组应该按照统一标准进行饲养管理。在测定组中所有猪机会均等。同龄组应该至少由 20 头猪组成,这些猪至少来自 5 窝和至少是 2 个公猪的后代。如果测定组的样本数小,将会导致缺乏比较和 EPD 可靠性较差。

每个记录都应该表示为测定组或者群体均值比率。在对可能的后备猪进行排名时,应使用个体指数。

程序

NSIF 推荐采用以下程序进行现场测定:

1. 猪群里所有猪的识别。推荐使用耳号识别系统区别不同个体,窝号打在右耳,个体号打在左耳。耳标或刺号可用做耳号的辅助标记。

2. 活体评估。任何遗传缺陷都应当记录。影响生产和繁殖的表观性状是结构与腹线的美格。种猪必须结构匀称才能保证正常生理功能的灵活运转,而母猪则须用有效乳头来哺育仔猪。应在或接近测定结束时进行评估并记录日期。

3. 出生记录。应该记录产活仔数和死胎数。仔猪在出生 3 d 内要打耳号,并记录下列信息:性别、出生日期、体重、耳号和父母品种。

4. 断奶前窝重记录。可随时断奶,但是在断奶前应该记录窝重,并且应该尽可能在接近 21 日龄时记录,因为用 21 日龄窝重估计母猪的泌乳力是最准确的。NSIF 推荐在 14~28 日龄称重并校正到 21 日龄窝重。

校正因子

母猪生产力指数

母猪生产力指数(SPI)可用来作为选择后备母猪的一种快速的现场选择依据。经产母猪和后备母猪应被分别评估,因为经产母猪在产仔数和泌乳力上比后备母猪优势明显。SPI指数按照以下公式进行计算:

$$母猪生产力指数(SPI)＝6.5×校正活仔数＋校正21日龄窝重(lb)$$

活仔数应该被校正到成年母猪水平,方法是根据母猪的胎次记录将表5.2中的数据乘以一个校正系数。如果可能的话,在出生后24 h内或最晚不超过48 h,要将每窝仔猪数量调整到8～12头。选择中等大小的猪转走。如果可能,将窝内的小公猪转走,仅剩下小母猪由母猪哺育。记录调整后每窝饲养的仔猪数,其中包括寄养的仔猪。产后体重记录的标准化将会降低泌乳力好的母猪与后备母猪之间的偏差,后备母猪由于未到最佳生产体况可能产仔多的机会较小。

猪不应该在10日龄之内进行断奶和称重。猪的断奶日龄越接近于21日龄,校正将越准确。使用表5.3中给出的校正因子将产后窝重校正到以21 d为标准的水平,结果可以对母猪进行SPI排名。例如,16日龄窝重为100 lb校正到21日龄窝重为120 lb(100 lb×1.20)。

表5.2　产活仔数的胎次校正因子(产仔数＋相应的值)

胎次	产活仔数
1	1.2
2	0.9
3	0.2
4～5	0.0
6	0.2
7	0.5
8	0.9
＞9	1.1

来源:猪改良方案指南,国家猪改良联合会,http://www.nsif.com。

表5.3　21 d窝重的校正因子(以相应的系数乘以断奶窝重)

称重日龄	系数	称重日龄	系数
10	1.50	20	1.03
11	1.46	21	1.00
12	1.40	22	0.97
13	1.35	23	0.94
14	1.30	24	0.91
15	1.25	25	0.88
16	1.20	26	0.86
17	1.15	27	0.84
18	1.11	28	0.82
19	1.07		

来源:猪改良方案指南,国家猪改良联合会,http://www.nsif.com。

下列公式也可以直接将窝重校正到21日龄窝重:

$$校正21日龄窝重＝窝重×(2.218-0.081\ 1×日龄+0.001\ 1×日龄^2)$$

例如:16日龄断奶窝重为100 lb,校正到21日龄窝重为多少?

$$校正的21日龄窝重＝100\ lb×(2.218-0.081\ 1×16+0.001\ 1×16^2)＝120\ lb$$

例如:母猪在第2胎产下10头活仔,16日龄断奶窝重为100 lb。

$$SPI＝6.5×校正活仔数＋21日龄校正窝重(lb)$$
$$SPI＝6.5×(10头×0.9)＋(100×1.2)＝178.5$$

如果生产者想以每窝 10 头断奶仔猪为标准对所有窝进行比较,可使用表 5.4 中的校正因子。窝重(已经校正到 21 d 为基础)应加上表 5.4 中给出的相应值可标准化为 10 头猪的窝重。例如,如果只有 8 头仔猪断奶,校正窝重加上 21 lb,则成为 10 头的校正窝重。

生产校正

生长速度、背膘厚、眼肌面积和估计瘦肉率的校正公式如下:

1. 生长。所有公猪或小母猪的生长速度必须按照下面其中 1 个方法进行度量。

表 5.4　转群后猪数(要护理的猪数)
对应的 21 日龄窝重校正因子

转群后的猪	21 日龄窝重的校正因子
1～2	104
3	76
4	61
5	51
6	41
7	30
8	21
9	17
≥10	0

来源:猪改良方案指南,国家猪改良联合会,http://www.nsif.com。

a. 目标体重日龄。如果猪只在测定结束时称重 1 次,应该在或接近 250 lb 或其他的达目标体重时称重。达目标体重日龄的校正公式与上一部分的公式相似。

$$达\ 250\ lb\ 校正日龄=实际日龄=(250-实际体重)×(实际日龄-a)/实测体重$$

式中:公猪和去势猪 $a=50$,后备母猪 $a=40$。

例如:165 日龄体重为 270 lb 的后备母猪。把它校正到 250 lb 的日龄为多少?

达 250 lb 校正日龄$=165+(250-270)×(165-40)/270=155.7(d)$。

b. 测定期增重。猪应在开始测定时称重,建议在约 70 lb 时称重。每头猪的始重应当尽量一致。测定结束时猪的平均体重至少比始重多 160 lb。如果是早期隔离断奶(SEW)的测定猪,测定可以在平均始重为 40 lb 时开始,在比始重多 190 lb 时结束测定。增重以测定期平均日增重的统计。

2. 背膘。在测定结束体重达(250±15)lb 时,测量第 10 肋骨处的背膘厚度。如果使用金属探针和 A 超,则应该记录距背中线 2 in 的左右 2 个部位测定的平均值。金属探针和 A 超只提供 1 个背膘厚测定值。

如果使用 B 超(实时),可以在屏幕上看见背膘和眼肌的横截面。使用 B 超时,只需要进行单侧测定。用 B 超测定眼肌中点处的背膘厚度,其中包括皮肤。NSIF 建议,测定猪的背膘应该由 1 位执证技师来执行(参见本章最后的参考文献)。全部测定应该被报告为被校正以适应的一个恒定的基础,使用下列公式。所有的测定值都用下面公式校正到基准水平。

$$第\ 10\ 肋校正背膘厚=实测背膘厚+(250-实测体重)×(实测背膘厚)/(实测体重-b)$$

式中:公猪 $b=-20$;去势猪 $b=+30$;后备母猪 $b=+5$。

例如:1 头去势猪在体重为 230 lb 时,第 10 肋的背膘厚为 1.0 in。将校正到 250 lb 体重时的背膘厚:

第 10 肋校正背膘厚$=1.00+(250-230)×1.00/(230-(+30))=1.10(in)$。

3. 眼肌面积(LMA)。LMA 应该在测定结束时测量,结果应在目标体重上下浮动 30 lb 的范围内(例如(250±15) lb)。眼肌面积应该在距离背中线 2 in 处的第 10 肋处测量。将 LMA 校正到标准体重(250 lb)的校正公式为:

$$校正\ LMA=实测\ LMA+(250-实测体重)×实测\ LMA/(实测体重+155)$$

例如:体重为 270 lb 的猪,第 10 根肋骨处的眼肌面积为 6.5 in²。将 LMA 校正到 250 lb 体重:校正 $LMA=6.5+(250-270)×6.5/(270+155)=6.2(in^2)$。

4. 预测瘦肉率(PPL)。这一性状在选择指数中用背膘厚代替。如果猪在测定结束时的体重为(250±15)lb,用以下公式计算 PPL:

$$校正\ PPL=(80.95-16.44×校正背膘厚+4.693×校正\ LMA)/活重$$

例如:1 头活重为 250 lb 的猪,校正背膘为 0.8 in,校正 LMA 为 6 in^2。预测其校正瘦肉率是多少?
校正 $PPL=[80.95-(16.44 \times 0.8\ in)+(4.693 \times 6.0\ in^2)]/250\ lb=38.4\%$。

5. 饲料转化率。 如果可能的话,饲料转化率应以个体测定为准。如果是群饲,则应该进行后裔测定。在群饲情况下,应该记录每圈饲养的数量、性别以及群内个体之间的关系。

饲料转化率应该在终测体重为 240~250 lb 时进行估计。测定站应该报告饲料为颗粒料还是粉料,以及饲料重量的测量方法。求积法不适合作料重的测量方法,因为这种测量方法的准确性受环境的影响。报告应包括饲料是以袋装还是以散装的形式运到测定站的。概要应该包括在测定中的季节和平均温度。

选择指数

环境影响使得在不同地点、不同时间或不同管理条件下测定结果之间的可比性差。以群体均数离差为依据的选择指数为同龄组内动物之间的比较提供了有效方法。这些比较为遗传优势评估提供了依据。不过应当记住,指数选择法并不适合组间动物的比较。还要注意的是,下列指数是在准确评估生产和胴体性状时使用,而不能用于对任何母性性状进行排名。在使用选择指数之前,必须将数据调整到一个基准水平。

1)指数中包括的性状定义如下:

$G=$ 个体平均日增重(ADG)－群体平均 ADG;

$B=$ 个体背膘厚－同龄组平均背膘厚;

$F=$ 个体或每圈动物的料重比－同龄组所有圈或所有个体(单饲时)平均料重比;

$M=$ 个体预测瘦肉率－同龄组平均预测瘦肉率。

2)测定的饲料转化率[①]:

A 超背膘厚

指数 $=100+68G-142B-80F$

B 超背膘厚(如果用金属探针测定背膘厚也采用这个指数)

指数 $=100+52G-92B-68F$

PPL

指数 $=100+55G+11M-76F$

3)非测定的饲料转化率[①]:

A 超背膘厚

指数 $=100+100G-194B$

B 超背膘厚(如果用金属探针测定背膘厚也采用这个指数)

指数 $=100+78G-115B$

PPL

指数 $=100+83G+14M$

胴体评定

收集 1~2 头猪的胴体数据对选择来说意义不大。事实上,应该收集 20 个或更多数据的统计结果才有意义。养猪生产者可以从屠宰场、展览会及个体屠宰户获得他们育肥猪的胴体评估数据。一个公正而经验丰富的生产者应对收集的这些数据加以整理并提出自己的见解。

商品猪的评定过程包括:(1)刺号识别;(2)表观检查;(3)热胴体重;(4)肋条胴体。

[①]详细计算方法见《猪统一改良方案指南》,国家猪改良联合会,2002—2003。

数量性状

为了确定瘦肉或肌肉的比率,推荐几种方法,而特定方法通常取决于合作屠宰设备情况或使用超声波估计活猪的瘦肉量[1]。

1)方法一:组合了热胴体重、第10肋背膘厚和眼肌面积。按照以下公式估计标准无脂瘦肉量(SEFL):

$$SEFL(lb)=8.588+0.465×热胴体重(lb)-21.896×第10肋背膘厚(in)+3.005×LMA(in^2)$$

2)方法二:组合了热胴体重和最后肋背膘厚。该方法在胴体不能按肋骨分割时使用。

$$SEFL(lb)=23.568+0.503×热胴体重(lb)-21.348×最后肋背膘厚(in)$$

3)方法三:组合了超声波和活重。

$$瘦肉(lb)=-0.534+0.291×热胴体重(lb)-16.498×第10肋背膘厚(in)+$$
$$5.425×第10肋LMA(in^2)+0.833×猪的性别$$

猪的性别:去势猪=1,小母猪=2。

胴体质量性状(肉质)

效率是用最少的饲料获得最快的日增重的多产健康仔猪为衡量标准。此外,生产者也应该关心瘦肉量和可食猪肉量以及消费的欢迎程度。

胴体评估还包括:(1)肉色;(2)肌肉韧度;(3)眼肌大理石纹(图5.8)。肉质好的猪肉应为微鲜红色,质地略有韧性并且无表面渗出物(水状)。肉质差的肉有PSE肉和DFD肉,PSE肉表现为灰白、松软以及渗水;DFD肉表现为暗红、坚硬以及干燥。在猪肉的零售中,猪肉的质量差别也是常见的,包括不同程度的PSE肉和DFD肉。可从得梅因的国家猪肉管理委员会索取"NPPC肉色和大理石纹官方标准"描述这些情况的有关资料,邮政编码50306,邮箱10306。

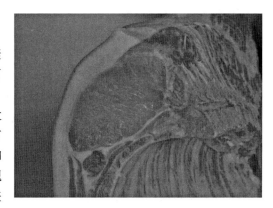

图5.8 第10肋骨处的眼肌横切面。现在能够估计背膘厚、眼肌面积、肉色、大理石纹和硬度。(爱荷华州立大学Palmer Holden提供)

瘦肉增重[2]

最完整而全面地评估上市商品猪应包括生猪生产和胴体价值。同时,生产者也应测定瘦肉的日增重。测定的步骤如下:

1)屠宰前用刺号或耳标来识别猪。

2)直接观察评估刚宰的热胴体,如果发现猪身上有由于传染病等引起的大面积的淤伤(大于5%)或部分缺损就要判定胴体不合格。

3)称量胴体重(lb),如果可能,在热皮肤上对轻微的淤伤进行修饰以减少损失。如果胴体重低于150 lb,则判定胴体不合格。

4)测量胴体长(in),如果胴体长不到29.5 in则判定不合格。今天这种问题较少。

5)在第10~11肋间切开胴体并且测量背膘厚(in)。

---

[1]依据《猪肉胴体组成评估程序》,国家猪肉管理委员会,2002。
[2]根据《NPPC上市商品猪评估程序》(第3版)改编,国家猪肉管理委员会,1991,4-5。

6）估测眼肌面积(in²),如果不到 4.5 in² 则判定不合格。

7）对眼肌的硬度/湿度评分。如果是 PSE 或者 DFD 肉,则判定不合格。

8）对眼肌颜色评分,得分为 1～6。如果肉色呈苍白色(1 分)或暗红色(6 分)则胴体不合格。

9）对眼肌的大理石纹评分,得分为 1～10,估计肌内脂肪含量。如果缺乏脂肪则不合格。

10）对满足上述基本标准的胴体,为了进行等级排序,确定无脂瘦肉的日增重。采用以下公式计算:

$$瘦肉日增重＝(最终胴体瘦肉量－开始瘦肉量)/天数$$

$$最终胴体瘦肉量(lb)＝8.588＋0.465×热胴体重(lb)－21.896×第 10 肋背膘厚(in)＋$$
$$3.005×第 10 根肋骨 LMA(in²)$$
$$开始瘦肉量(lb)＝0.418×活重(lb)－3.650$$

如果测定是从出生开始的,最终胴体瘦肉可以简单地按猪的日龄进行划分。

利用群体记录选择

将所有动物按重要经济性状进行生产性能的评定是很重要的。这需要一个好的记录保存系统,动物的性能记录成为永久记录的一部分。长期的良好生产是大家梦寐以求的。生产者很容易记住由公、母猪产下的优秀个体,而对那些性能普通的或淘汰的个体很容易忘记。

对任何一个生产数据,每头猪通过耳标识别是先决条件。对于纯种猪的育种者来说,无论什么情况下他们都必须使用动物识别系统,没有商量的余地。然而,体重、等级和记录的取得都要耗费一定的时间和劳动。

近亲的生产性能信息(父母及兄弟姐妹)可以弥补动物本身的信息不足,因此对选择特别有用。较亲的生产记录不很重要,由于样本的遗传属性,许多世代后,它们只有几个基因贡献给后代。

最后,应该注意的是,养猪的主要目的是获取利润,而利润取决于生产效率和市场价格。幸运的是,影响生产效率的因素,包括产仔数、存活率、生长速度和饲料转化率并不随着潮流而变化。基于这个原因,重点应放在生产因素的适当平衡上。补充一点,可以肯定如果是以建立在胴体价值基础上的市场需求为导向,品种的改变将不会像过去那样激进。

现在,猪的大部分记录都用计算机处理,场内数据的保存或者场外记录服务可利用的质量程序有好几种。为了使工作变得简单,记录表格应相对简单。图 5.9 是设计的个体母猪记录表,用于记录一头母猪的终生生产情况;图 5.10 是窝记录表,用于记录一窝猪的详细信息。

一个好的公猪后裔测定方案包括后备公猪与一定数量母猪的交配。然后对后代进行测定和评估,只有那些经后裔测定证明为最优秀的公猪才被留做种用。如果每头公猪与 6 头或 8 头母猪交配,将在 114 d 后分娩并进行后裔测定。因此,如果幸运的话,1 头公猪将在 12 月龄的时候就可能得到其后代的数据。

然而如果在选择过程和畜群更新中使用不当,则群体记录的价值不大。大部分养猪生产者都应该能够使用生产记录用于估计群体遗传进展以及确定每个性状的相对重要性。

重要经济性状和遗传力

一般认为猪的重要经济性状变异很大。问题是要找出最有价值的变异基因,然后增加突变基因的频率,同时剔除群体中有害性状。

表 5.1 给出了猪的重要经济性状及其估计遗传力。应该知道遗传力的估计揭示了遗传性状的贡献率,剩下的方差部分是环境导致的。一般地,遗传力低于 20％为低遗传力性状,20％～30％为中等遗传力,高于 30％为高遗传力。例如,猪产活仔数的遗传力估计值为 10％,表示 10％的平均产活仔数是遗传效应的选择结果,同时也表示 90％是环境效应的选择结果——无论它们是什么环境。

猪

母猪个体记录表

品种＿＿＿＿＿＿＿＿＿＿＿＿＿＿＿＿＿名称和登记号＿＿＿＿＿＿＿＿＿＿＿＿＿＿＿＿

产仔日期＿＿＿＿＿＿＿＿＿＿＿＿＿＿＿身份＿＿＿＿＿＿＿＿＿＿＿＿＿＿＿＿＿＿＿

（耳标，刺号）

饲养者＿＿＿＿＿＿＿＿＿＿＿＿＿＿＿＿＿＿＿＿＿＿＿＿＿＿＿＿＿＿＿＿＿＿＿＿＿

（姓名和地址）

母猪的系谱＿＿＿＿＿＿＿＿＿＿＿＿＿＿＿＿ { ＿＿＿＿＿＿＿＿＿＿＿＿＿＿＿＿＿

（父本）

＿＿＿＿＿＿＿＿＿＿ { ＿＿＿＿＿＿＿＿＿＿＿＿＿＿＿＿＿

（母本）

母猪的窝产记录

　　产仔数＿＿＿＿＿＿＿＿＿＿＿＿＿＿＿＿＿断奶仔猪数＿＿＿＿＿＿＿＿＿＿＿＿＿＿

　　在＿＿＿＿＿＿＿＿＿＿＿＿日龄断奶重

　　个体重＿＿＿＿＿＿＿＿＿＿＿＿＿＿＿＿＿平均窝重＿＿＿＿＿＿＿＿＿＿＿＿＿＿

同窝胴体记录，如果存在的话：

　　胴体数＿＿＿＿＿＿＿＿＿＿；平均背膘厚＿＿＿＿＿＿＿＿；眼肌＿＿＿＿＿＿＿；体长＿＿＿＿＿＿＿

（in）　　　　　　（in²）　　　　　（in）

乳头数＿＿＿＿＿＿＿＿＿＿＿＿＿＿＿＿＿

母猪生产记录

	1	2	3	4	5	6	7	8
窝号								
父本								
服务号								
生产数据								
日期								
母猪的性情(温顺、神经质、暴躁)								
出生仔猪数：活仔								
死亡								
木乃伊								
总数								
平均初生重								
有效乳头数								
断奶数据：日龄								
断奶活仔数								
平均断奶体重								
留种后代：后备母猪数								
后备公猪数								

母猪的处理

日期＿＿＿＿＿＿＿＿＿＿＿＿＿＿＿＿＿　原因＿＿＿＿＿＿＿＿＿＿＿＿＿＿＿＿＿＿

买家＿＿＿＿＿＿＿＿＿＿＿＿＿＿＿＿＿＿＿＿＿＿＿＿＿＿＿＿＿＿＿＿＿＿＿＿＿

（姓名和地址）

价格＿＿＿＿＿＿＿＿＿＿＿＿＿＿＿＿＿　$

图 5.9　包括家系名称、系谱和每窝产仔记录的母猪个体永久记录。（皮尔森教育提供）

猪
窝记录

品种_____ 窝号_____
(耳标,刺号)

母本数据

家系_____ ⎫ _____
(名称、注册号和耳标)   (父本)

                                                _____
                                                      (母本)

出生日期_____
(日期和年份)

同窝胴体数据,如果有的话:

胴体数_____;平均背膘厚_____;眼肌面积_____;体长_____
(in)   (in²)   (in)

母猪胎次_____

父本数据

家系_____ ⎫ _____
(名称、注册号和耳标)   (父本)

                                                _____
                                                      (母本)

出生日期_____
(日期和年份)

同窝胴体数据,如果有的话:

胴体数_____;平均背膘厚_____;眼肌面积_____;体长_____
(in)   (in²)   (in)

出生日期_____ 健康服务

产仔数   霍乱免疫日期_____

活仔数_____ 丹毒免疫日期_____

死亡数_____ 寄生虫免疫日期_____

木乃伊_____ 其他,包括补铁药丸(列出)_____

总计_____

断奶仔猪数_____ _____

猪的个体记录

猪号	性别	乳头数	出生重	杂色毛	缺陷或畸形	断奶重 __d	去势日期	死亡日期和原因	处理日期和人员	备注

图 5.10　产仔记录包括家系名称、系谱、仔猪保健防疫和仔猪个体数据。在仔猪断奶后这些信息变为永久的母猪记录。
(皮尔森教育提供)

遗传与环境效应

养猪生产者都知道猪的产仔数、断奶重、体型等都存在差异。如果这些动物将这些优秀的理想性状全部遗传给后代,遗传进展的获得将会变得简单而快速。不幸的是,事实并非如此。这些重要经济性状受到环境(饲喂、生长、健康、管理等)的极大影响。因此,某些动物仅有部分显著改良可以遗传给后代(图5.11)。

图 5.11 调整给料器使饲料覆盖的面积不超过 25%。如果调整的比例不合适,会降低采食量或由于饲料浪费而导致估计值偏高。(爱荷华州立大学 Palmer Holden 提供)

像预料的那样,环境引起的改良是不能遗传的。这意味着如果多数重要经济性状的改良是环境改进的结果,那么,该性状为低遗传力性状,通过选择提高遗传进展比较困难。然而,如果是高遗传力性状,通过选择可以获得显著的遗传进展。因此,猪的毛色是高遗传力性状,因为环境对其作用很小。然而,像断奶重这类性状遗传力较低,因为受到环境的影响较大(受母猪的哺育能力影响较大)。

因此,有必要了解每个重要经济性状的遗传及环境变化量(表 5.1)。这些遗传力是在大量数据基础上估计的平均值,因此在个别猪群中可能出现偏差。即使表中所列出的许多性状的遗传力很低,了解它的累加效应和永久效应还是有意义的。

比率

通常使用比率来对不同环境下的动物进行比较,并且确定是遗传还是环境决定了动物的优良性状。比率用动物个体性能与全群或测定群平均值的比值来简单表示,计算公式如下:

动物性能×100/群体平均性能

例如:1 头公猪的日增重为 2.20 lb,其所在群体的平均日增重为 2.00 lb,那么该公猪的日增重比率为 2.20 lb×100/2.00 lb=110。比率为 110 意味着在该性状上那头公猪比测试组平均值高 10%。相似地,90% 的比率表示公猪的性能比同群猪的平均性能低 10%。比率为 100% 表示该动物性能处于平均水平。

比率剔除了组间(通常为性状间)平均性能水平上的差异。因此,它们使得不同测定组的个体之间进行的是无偏比较。这种情况只适用于组间均差不是遗传造成的情况。组间大部分的差异是由饲喂、气候、猪舍和管理等造成的。比率是个体与同组群体之间的比较。这是不同世代个体之间比较的一种好方法,如在不同测定组或群中的个体间的比较,或者不同性状间的比较。国家猪改良联合会(NSIF)建议在生产测定方案中,不同性状的生产性能水平应该以比率的形式表示。

遗传进展的估计

为了解释表 5.1 中的遗传力在育种实践中的应用情况,用下述例子进行说明:

在某一特定的猪群中,平均产仔数为 7 头,范围为 4~15 头。从产仔数较多(平均为 12 头)且可选择余地较大的窝中选择后备种猪。那么产仔数较多(12∶7)的性状有多大比例能遗传给其后代呢?这个问题逐步解答如下:

1)所选择的猪窝产仔数比其群体多产仔猪:12 头－7 头＝5 头。

2)从表 5.1 可以发现产活仔数有 10％是可以遗传的。这意味着增加 0.5 头(5 头×10％)产活仔数是可以达到的,因为较高遗传性能的猪被留做种用,其余的 90％是来源于环境(饲料、饲养、管理等)。

3)5 头×10％＝0.5 头,这意味着对产仔数这个性状来说,留做种用的群体比它所在的选择群每窝多产 0.5 头仔猪。

4)7 头＋0.5 头＝7.5 头/窝,是后代性能(产仔数)的预测值。

需要强调的是,7.5 头/窝仅仅是预测值。实际的结果可能随着环境(饲料、饲养和管理等)以及其他偶然因素的变化而变化。同时,也应该认识到,当一个性状的遗传力较低时,遗传进展也较慢。这解释了为什么一个性状对大群选择效果的影响程度有限。

应用这些遗传力,对某个猪群的记录,可以估计该猪群选择一代的遗传进展,结果总结在表 5.5 中。该方法对表 5.1 中列出的每种性状也同样适用。

表 5.5　猪遗传进展的估计值

重要经济性状	群体均值	选择的后备猪数	平均选择优势[①]	遗传力/％	后代性能预测值[②]
产活仔数	7	12	5	10	7.5
断奶仔猪数	6	10	4	12	6.48
21 日龄窝重	180	400	220	15	213
平均日增重	1.2	1.6	0.4	30	1.32
饲料转化率	450	375	75	30	427.5

注:①平均选择优势＝选择的后备猪数－群体均值;
　　②性能预测值＝群体均值＋(平均选择优势×遗传力)。
来源:皮尔森教育。

猪育种者需要了解通过选择获得遗传进展的影响因素。这些影响因素包括:

1. 性状的遗传力。对高遗传力性状进行选择,这些性状大部分会在后代中表现出来,能够明显地看出显著的遗传进展。

2. 同时选择的性状数量。选择的性状越多,每个性状的遗传进展就越慢。换句话说,如果只考虑一个性状,遗传进展将比较快。例如,如果对 4 个独立性状进行同等强度的选择,任何一个性状取得的遗传进展都将是单性状选择的 1/2;对于 9 个性状的选择将使遗传进展降低到 1/3。这强调了在选择中限制性状数量的重要性,特别是那些有重要经济价值和高遗传力的性状。同时,应该知道,仅选择一个性状的情况也极少,因为经济价值常由几个性状来决定。

3. 性状间基因型与表型的相关。以下两种情况会使选择效率降低:(a)两个有利性状间的负相关;(b)有利性状与不利性状间的正相关。

4. 遗传变异量用特定单位如磅、英寸、数量等进行度量。如果遗传变异以特定单位如磅、英寸、数目等度量的量很小,那么所选择的动物不会比其群体均值高多少,因而遗传进展会很慢。例如,初生重比154 日龄体重差异要小得多(个体间初生重的差异一般不超过 2 lb,而个体间 154 日龄体重的差异一般为 30~40 lb)。因此,选择 154 日龄体重较大的猪比选择初生重较大的猪取得的遗传进展大。

5. 记录的准确性和执著于一个育种目标。一个既定的事实是,保持准确的记录并一直坚定不移地朝某一特定目标选择的育种者比起那些没有准确记录和目标不确定的育种者来说,能够得到较快的遗传进展。

6. 供选动物的数量。选择时可利用动物的数量越多,遗传进展越大。换句话说,为了得到最大的遗传进展,应该生产并饲养足够的动物以满足严格的选择。由于这个原因,猪的遗传进展要比每年只产 1 个后代的动物快,维持现有规模或变小的猪群要比规模变大的猪群的遗传进展大。

7. 选择日龄。早期选择获得的遗传进展较快。这是因为高产的动物往往在其生命的早期就优于其他动物,因而体重增加得就较快。

8. 世代间隔。 从繁殖的角度来看,世代间隔是指父母被后代取代所需要的时间。它等于父母产第1胎的平均年龄。家畜的最小世代间隔如下:马4年;牛3年;羊2年;猪1年。而人的世代间隔平均为30年。假设留种率相同,世代间隔越短,每年获得的遗传进展越大。

一般来说,降低公畜的世代间隔是可能的,而降低母畜的世代间隔在实际操作中可行性不大。因此,为了得到遗传进展,最好的年轻公畜应该比它们的父本优秀。然后这种优势可通过尽快地改变新一代而获得。最后,建议育种者使用等于或者超过它们父辈记录的年轻公畜。然而在考虑使用这种方案时应该注意的是,不同年龄或不同年份记录的比较十分困难。

9. 公畜的质量。 由于留种的后备公畜的比例一般比母畜小很多,因此公畜的选择更严格,畜群遗传进展大部分来自公畜的选择。因此,如果一个畜群中公畜的留种率为2%,母畜的留种率为50%,假设它们的世代间隔相同,那么它们后代获得的遗传进展约有75%来自公畜,25%来自母畜。如果公畜的世代间隔比母畜的短,那么公畜选择带来的遗传进展占有的比例会更大。

性状的相对重要性

后备动物很少在所有重要经济性状上都表现优秀,因此生产者必须确定每个性状的重要程度。养猪生产者将必须确定产仔数、成活率、增重速度、饲料利用效率和胴体性状的重要性究竟有多大。

每个性状的相对重要性可能随环境的变化而变化。在某种情况下,一些性状甚至可以被忽略。决定每个性状的重要程度的因素分述如下:

1. 性状对生产者的经济重要性。 表5.1列出了猪重要经济性状并总结了它们对生产者的重要意义(见备注列)。经济重要性用美元表示。因此,那些对利润有重要影响的性状应受到最多的重视。

2. 性状的遗传力。 遗传力较高的性状应该优先于那些遗传力略低的性状,因为它们能够带来更大的遗传进展。

3. 选择差或每个性状的变异量。 很明显,如果所有动物在某一给定的性状上的表型几乎相同,那么该性状就不存在选择。同样地,如果一个给定性状的变异量很小,选出的动物不可能比群体均值高很多,因此遗传进展将很慢。

4. 性能已经达到水平。 如果一个畜群在某一性状上已经达到了理想的性能水平,就没有必要对该性状进行进一步的选择了。

5. 性状间的遗传相关。 一个性状可能与另一个有很强的相关,因而对一个性状的选择也同时对另一个性状进行了选择。例如,增重速度和饲料转化率的相关使得对增重速度的选择也同时选择了饲料转化率。相反地,一个性状也可能与另一个性状存在负相关,使得一个性状的提高,导致了另一个性状的下降,如生长速度较快的猪常常有较厚的背膘。

选择方法

为了熟练掌握育种体系和生产性能测定,养猪生产者需要按照一个选择方法进行选择,以使在几个世代或几年内得到最大的遗传进展。

养猪生产者使用的几个选择方法如下(每个都会详述):顺序选择法、独立淘汰法或选择指数法、STAGES、EBV、EPD和BLUP。此外,猪应没有遗传性的猪应激综合征(PSS)。

顺序选择法、独立淘汰法或选择指数法

1. 顺序选择法。 顺序选择是指每次只选择一个性状直至该性状达到满意的遗传进展,然后再进行另一个性状的选择,依此类推。在实际操作中,这种方法能使选择性状很快获得遗传进展,但是它有两

个主要的缺点:(a)一般不可能只选择 1 个性状;(b)一般收益往往取决于几个性状。顺序选择法只在极少数畜群中推荐使用,该畜群只需要改良 1 个性状。例如,只需要提高产仔数的某个猪群。

2. 独立淘汰法或建立每个性状的最低标准及同时而独立地选择每个性状。 在这个方法中,同时选择几个最重要的经济性状。毫无疑问,这个方法是最常见的选择方法。它包括建立每个性状的最低标准和淘汰不达标准的个体。例如,如果后备猪的选择标准是产仔数不低于 7 头或断奶重不低于 120 lb,或从断奶到体重达到 250 lb 期间的日增重不少于 2 lb,那么达不到这个标准的猪将被淘汰。如果环境因素变化很大的话(例如,由于疾病而使猪平均体重下降),最低标准可随年份的变化而变化。这个方法的主要缺点是:1 个个体可能仅由于 1 个性状不佳而被淘汰,即使它在其他方面表现极佳。

3. 选择指数法。 选择指数是将几个重要的性状综合成 1 个综合值或指数。从理论上来讲,1 个选择指数提供了一个理想的方式来选择几个性状而不是:(a)顺序选择;(b)建立每个性状的最低标准以及同时而独立选择每个性状。选择指数用于:

　a. 强调不同的性状具有相对不同的重要性。

　b. 平衡每个动物的优点和缺点。

　c. 每个动物都得到一个综合分,然后可以将所有个体按照由高到低的顺序排名。

　d. 确保所考虑的每个性状的重要程度稳定而客观,不随年度的变化而变化。

　e. 提供一个方便的方法校正环境效应,比如饲喂方法不同等。

其他几个选择指数已在本章开头介绍了。

评估指数(STAGES、EBV、EPD 和 BLUP)

种猪性能测定和遗传评估体系(STAGES)是应用先进的 BLUP 遗传技术评估种猪的一个综合遗传评估系统。1985 年,该系统由普渡大学、美国农业部(USDA)、全国种猪登记协会和全国猪肉生产委员会共同启动。生产性能记录数据由养猪生产者提供。

约克夏猪、杜洛克猪、汉普夏猪和长白猪都加入到该体系中,并为养猪业提供了最大的数据库。性状领先名录 2003 版描绘了养猪业最大数据库中的顶级公猪的特征。近 3.7 万头的公猪被评估,在评估过程中用到了 120 万条以上的记录。

动物个体的基因型值受到加性和非加性组分的影响。非加性组分是基因和非遗传因素共同作用的结果,但是它的值可以通过杂交来提高。加性组分被称为育种值。在这个组分表现优秀动物产生的后代有较高的育种值,因为它们的后代从每个亲本那里各获得 1/2 的遗传物质。

估计育种值(EBV)是一个动物育种值作为遗传物质来源的估计值。另一种说法是,EBV 表示 1 个个体作为猪群遗传来源的价值。例如,1 个 EBV 为 -6.0 d 的公猪和 EBV 为 -2.0 d 的母猪交配产生的后代的育种值将是 -4.0 d。

期望后代差(EPD)是一个动物后代生产性能与群体均值之差的预测值,是以现有可能信息为基础的。EPDs 等于 EBV 的 1/2 并且以性状的度量单位记录(如磅、英寸、平方英寸、天)。它需要进行校正,因为每个动物可利用的信息量是不同的。采用 BLUP(最佳线性无偏预测)法,按照个体遗传价值进行排序,并对同一品种动物进行直接比较。值的正负主要取决于性状(日龄和背膘的 EPDs 期望值为负;产活仔数和窝重的 EDPs 期望值为正)。

群体内或群体间的 EPDs 可以计算出来。要求利用全部信息来计算群内所有个体的 EPDs。除个体数据外,信息还应包括全同胞、半同胞、亲本和后代的即时更新数据。有商用计算机程序用于计算群内的 EDPs。群体间育种值的估计应该采用多性状动物模型程序和来自本数据的遗传参数来进行估计。准确性反映了遗传评估中使用的信息量。纯种猪育种者可以通过国家种猪登记协会 STAGES 系统进行遗传评估。

EPD 的准确性是预测遗传优势精度的度量,其范围为 0.01～0.99。如果没有可利用的信息,精度为 0.01；如果有大量的个体及其亲属生产性能信息，精度为 0.99。这表示的是 EPD 的可靠程度。准确性表示了 EPD 预测值接近该动物真实遗传潜力的置信水平。准确性大于 0.5 时可靠性较大。在前面例子中−6.0 和−2.0 的 EBVs 准确性可能变化，也可能不变。

种公猪的选择应该根据每头公猪个体的 EPD 进行选择。准确性用于决定公猪被使用的广泛程度。有理想的 EPDs 和准确性高的公猪可放心使用；它们将为猪群的遗传进展做出贡献。准确性并不是固定不变的，因为每次分析都增加了大量的新信息（表 5.6）。

表 5.6　2003 年 4 月终端父本指数（TSI）的 EPDs 示例[1]

公猪名字和拥有者	头数	群数	BF (acc)[2]/ in	日龄(acc)[2]/ d	瘦肉量/ lb	TSI	MLI
杜洛克猪							
SDF0 next level 120-2, Stewarts 杜洛克猪场	202	4	−0.04(0.80)	−8.75(0.79)	0.57	150.3	仅有 1 个记录
WFD9 Kobe 241-1,SGI 及 其他公司	573	14	−0.02(0.96)	−8.02(0.95)	0.55	147.2	111.7
约克夏猪							
NAY9 Saturn 503-5,猪 遗传国际有限公司	135	7	0.01(0.77)	−9.12(0.75)	−0.49	146.2	121.2
长白猪							
BCF0 Omega 46-10, Whiteshire/Hamroc	161	2	0.01(0.78)	−5.30(0.77)	−0.46	132.0	123.3

注：①BF＝期望背膘变化(in)，负值为佳；日龄＝从出生至 250 lb 体重的天数，负值为佳；瘦肉量＝增加的胴体瘦肉量(lb)，正值为佳。

②acc＝EPD 的准确性。准确性的最大值为 1.00。

来源：普渡大学，http://www.ansc.purdue.edu/stages/index.htm。

达 250 lb 体重日龄和背膘厚的 EPDs 为负值是比较理想。瘦肉重、活仔数、窝重、终端父系指数、母猪生产力指数和母系指数的 EPDs 则正值为佳。

表 5.6 表示 3 个品种终端父本指数的 EPDs。这些值来自于这些品种中顶级的公畜。先看括号内的准确性，第 1 头杜洛克公猪，SDF0，有 4 群共 202 头猪的生产性能记录，背膘厚的准确性为 0.8，达 250 lb 体重日龄的准确性为 0.79。第 2 头杜洛克公猪，WFD9 有 14 群共 573 头猪的记录，背膘厚和达 250 磅体重日龄准确性分别为 0.96 和 0.95。

WFD9 拥有 1 个公猪群，在多个群体中使用，因此准确性较高。即使估计出 SDF0 达 250 lb 体重日龄减少了 8.75 d。第 2 头公猪准确性高达 0.95，达 250 lb 体重日龄减少 8.02 d，可靠性稍高一点。然而这两个准确性都是非常高的。

表中也列出了约克夏猪和长白猪的顶级 TSI 父本。约克夏公猪的达 250 lb 体重日龄为−9.12 d，比杜洛克猪好。然而，这并不意味着这头约克夏猪的后代将会比杜洛克猪的后代长得更快，因为这种比较只能在品种内进行，只是表明它们的猪比其他一般 EPDs 水平约克夏猪的后代达上市体重日龄短。注意：顶级约克夏猪的 TSI 比顶级杜洛克猪低 4。

长白猪是一个母系品种，显然不是根据其 TSIs 而是根据其母性性状进行选择的，如产仔数和泌乳能力（断奶窝重）。列出母系指数（MLIs）进行比较。

最佳线性无偏预测（BLUP）是一个用于 STAGES 进行遗传估计的统计方法。BLUP 使用动物个体记录（如果可能）及其所有的亲属记录，包括祖先、同胞和后代。因此，它考虑了管理组内的遗传关系和个体的相对优势。主要特征为估计是无偏的或不受环境因素影响，比如动物不同的日龄、管理以及窝效应与胎次效应。因此，无环境效应的遗传趋势可以被估计出来。

BLUP 使育种者能够:(1)对种猪进行较准确的评估以用于选择和淘汰;(2)在育种规划中评估群体所取得的遗传进展,尤其是在市场条件发生改变时。

建群时考虑的因素

开始建群时应注意,大多数的养猪生产者养猪主要是出于经济目的。生猪容易达到这个目的,这是毫无疑问的。为了达到利润最大化和建立满意的猪群,每个养猪生产者都必须考虑猪的类型、育种、品种、群体大小、一致性、健康、年龄、价格以及场址选择的合理性。

现代肉猪类型

1930 年,USDA 的一篇报告将猪分为 3 种类型。第 1 种是老式的脂肪型猪,对于现在的市场需求来说,这种猪太肥。第 2 种是现代肉猪,这种猪整体看起来光滑、整齐、整洁,符合现代美国市场的需求。第 3 种是熏肉型猪,是加拿大肉类加工厂选育的一种类型,这种类型可以满足英格兰或者威尔特郡熏肉的生产(见第三章)。

第二次世界大战以后,对脂肪型猪的需求迅速下降,造成产品过剩,肉的价格常常比猪蹄还要低。结果,这种类型猪的生产者开始追求高瘦肉、低脂肪以及分割肉价值最大化。美国养猪协会开始签发了一系列证书,证明养猪生产者饲养的猪已经达到了肉用型猪的早期标准。

目前,市场上的生猪很大一部分是瘦肉型和多肉型。然而,经过几年的培育,大部分纯种猪都是综合型,生产的猪有短胖型、瘦长型及中间类型。很明显,恰好现在这些品种保留了各种类型的基因使得可以进行育种和选择。即使如此,现在大多数猪肉生产者更喜欢中间类型的猪,而不喜欢短胖型或瘦长型的猪。

短胖的猪通常在生产力和生长速度方面存在不足而趋向早熟,在增重早期就长背膘。瘦长的猪体重大但往往肌肉不发达。屠宰厂和消费者不喜欢短胖型猪,因为它们脂肪太多,也不喜欢瘦长型,因为它们出肉量低。因此,可以断定目前最成功的养猪生产者喜欢瘦肉型和多肉型猪。

随着育种目标朝着提高胴体瘦肉和减少脂肪方向发展,另一个变化是前驱和后驱的比例也发生变化(图 5.12)。

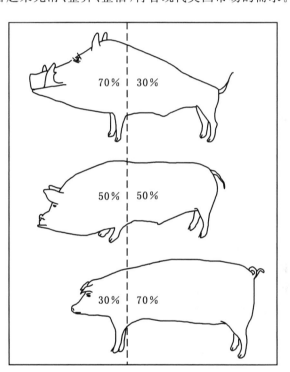

图 5.12　图中虚线按照英国剑桥的约翰·哈蒙德先生的标题进行说明:"育种者的目标应该是为减轻猪的前躯比重而奋斗。"按照他的说法,欧洲野公猪前躯比重比后躯大得多,因此只有对这些性状进行持之以恒的选择,才能彻底改变这种野生型。(来源:猪的生长,养猪进展,荷兰,1957)

纯种、原种或杂种

一般来说,只有经验丰富的育种者才能承担纯种猪的生产任务,最终为其他纯种猪的育种者、原种猪育种者或商品猪生产者提供优秀的基础群和后备群(图 5.13)。他们必须愿意花费时间去做详细的记录,对后代进行生产性能测定,使用超声波技术估计猪的背膘厚和瘦肉量,制定各种能培育出理想性

图 5.13 一群登记的杜洛克后备母猪。如果你决定饲养纯种猪,那么就要饲养一个性能优秀的家系,这样你才有纯种猪的销售市场或者用 F1 代母猪来维持你的养猪业。(爱荷华州立大学 Palmer Holden 提供)

状的选配计划,并提交给计算机估计选配和种用价值。获得的许多新培育品种/系是大的育种公司以纯种群体的遗传物质为材料,采用计算机辅助选择来实现的。

种猪生产已经在第三章的"专门化种猪供应"的标题下进行了讨论。

猪的杂交在第四章已经进行了充分的讨论。这一点足以说明此类育种方案在生猪生产上的应用远比其他家畜广泛。

品种或品系

没有哪一个品种或品系能够在各种情况下和所有性状上都优于其他品种或品系。然而,事实上,特定品种和品系的某几个性状可能更适合于某些特定的环境,例如,在炎热、光线充足地区,如果猪在户外饲养,那么浅色的猪更抗晒。然而,同一品种或品系内的个体之间的差异往往比不同品种或品系间的差异更大。这一点已经在生产类型和效率上得到了应用。

群体大小

猪比其他家畜繁殖的速度快。它们配种的年龄也早,每年能产两胎,平均每胎产 8～15 头仔猪。因此不久肥猪即可上市。

下列因素将最终决定群体大小:(1)相邻的距离;(2)合适的粪污处理设备;(3)充足的排粪区;(4)生产设备的类型;(5)劳动力的种类和数量;(6)疾病和寄生虫情况,包括隔离;(7)市场;(8)养猪与其他企业的比较利润。

一致性

血统和体型外貌的一致确保了高质量猪的生产,生产出的猪体型外貌一致并符合本品种特征。在纯种和商品猪的生产中都有应用。整齐一致的后代在任何日龄的销售价格都比一般的要高,不管是用做基础群的纯种,还是生长猪或上市生猪。母猪群一致性好,也可促进公猪群的选择。

健康

生产者在引进种猪时,应考虑引进种猪的健康状况与现有猪群保持相同水平。引进的种猪应该健壮有活力,并且这些种猪来自那些严格控制疾病和寄生虫的供应商的猪场。所有购进的猪应该没有传染病。它们应该在与供应商猪场相似的环境中生活一段时间再进本场。

日龄

在建立猪群时,新场可以从当地有名的种猪生产者手中购买一些外形一致、祖先优秀并且父本证明也优秀的种母猪。很难买到优秀经产母猪,因为大多数生产者一直饲养这些母猪直到淘汰。

购买公猪也是如此。当成年公猪体重太大难以用来配后备母猪时,要购买经过测定的年轻公猪作为新父本。一般来说,以与遗传优势相吻合的价格从育种者手买进一批新公猪,然后对这些公猪进行普选是一种可行的方法。此外,越年轻的猪包括青年母猪和公猪,利用的年限就越长。然而,就公猪来说,应该严格把握人工授精的时机。

价格

初养者总是以保守方式买进种猪。然而,这决不应该成为购买较差个体的理由——这种猪以任何价格购买都是贵的。从商品猪生产者手中按上市体重选购的青年母猪组建基础群是一种经济的方法。告诉商品猪生产者,你对含 50％母本品系或品种的青年母猪很感兴趣。

猪场设计的合理性

一个猪场可能同时与牛场、奶牛场、羊场、用于休闲和运动的轻挽马场以及家禽场相邻。所有的企业都对各自的养殖业很满意,并且很成功。这说明,一个地区可以同时很好地容纳几种类型家畜的饲养。因此,应从各个农场的角度分析应该选择从事哪种养殖业比较好。

对一个特定的农场和农场主来说,往往是几种因素综合在一起才能看出企业应该饲养哪种家畜合适。判断大型养猪企业成功与否的因素包括:

1)从业者对猪的了解、兴趣以及熟练程度。

2)土地类型是否适合种植谷物或牧草?

3)附近地区谷物或者其他高能量饲料是否供应充足?

4)粪便处理设施是否合理,包括粪污堆放地。

5)远离居民区或者公共场所。

6)足够且方便的猪舍和设备,但不要求精致。

7)劳动力在养猪方面的熟练程度,特别是在产仔期。

8)令人满意的市场销路。

种猪供应商的选择

种猪业的作用是向商品猪生产提供健康和优秀的种猪。如果商品猪生产想要获得遗传进展,必须要经过种猪生产者这一关。因此,种猪生产者必须将重要经济性状的选择作为主要目标,以性能测定结果为依据进行选择并适当结合体型评定结果。因此,一个有计划的高效育种方案是获得遗传进展所必需的。而且,种猪生产者必须保持一定的生产规模以满足消费者的需要以及提供系间的遗传多样性,以使商品猪生产者系统地应用杂交体系最大程度地利用杂种优势,并利用每个品种或品系的优秀性状。因此可以断定,在选择种猪供应商时,商品猪生产者应对种猪与供应商同时进行评估。

青年母猪的选择

母猪群的生产能力是商品猪生产的基础。同时,生长育肥猪的遗传组成有一半是由母猪群贡献的。这些因素综合表明认真选择青年母猪的重要性。

下面列出的性状,前 3 项是"保留或淘汰"的衡量标准。腹线、繁殖和肢蹄的稳健度是衡量其是否能用做种用还是淘汰的标准。通过前面 3 项的选择之后,选择生产性能最好的小母猪。通常,满足前 4 项标准的所有母猪都将被保留作为后备群。如果可选择的余地比较大,那么选留最瘦的。

1. 腹线发育良好。后备母猪应有足够数量的乳头以哺育较多的仔猪。最低标准是每侧至少有 6 个以上正常一致的乳头。有翻转乳头或瞎乳头的小母猪不留。

2. 生殖健康。多数繁殖系统的解剖学缺陷都在体内,因此看不到。然而,阴户小的青年母猪很可能阴道狭窄应淘汰。

3. 肢蹄。小母猪应该四肢健壮且肢蹄结实并与地面成锐角。《养猪手册》PIH-101 对此有详细的描述并附有肢蹄健壮程度的图。

4. 性能。 从泌乳力强（21 日龄窝重大）的母猪的大窝中选择生长速度快的小母猪。体重对日龄的标准化是通过校正公式将日龄校正至 250 lb 体重时的日龄来实现的,该公式是在背膘厚和眼肌面积的测定基础上对动物进行比较得到的。通常,所有符合快速生长这个选择标准的母猪以及从 21 日龄窝重最大的猪中选出 50% 青年母猪用于满足母猪的更新率。

5. 背膘。 在群内进行选择时,后备母猪应该是瘦肉型的,第 10 肋的背膘厚为 1.0 in 以下,然后校正到 250 lb 体重,在此基础上进行选择。

公猪的选择

商业生产者不会在他们自己的猪群中选择公猪。农场中生产的大多数商品猪都是杂种,尽管它们是高产的,但这多半是与青年母猪的选择有关。为了避免近交,推荐从外面购买公猪。如果选择场内公猪作为农场后备猪或外销,纯种生产者可以设定更大的选择强度。

公猪的选择强度大于母猪是可行的,因为在大部分猪群中购买 1 头公猪可配种 15～20 头母猪。通过购买精液或采本场公猪的精液进行人工授精,这个数字能扩大 5～10 倍。

选择公猪时,一些性状显然要依据亲属记录,而其他性状应根据公猪的个体记录进行选择。同时,性状的价值变化取决于公猪是否被用于生产后备母猪还是用做终端父本生产商品猪。在选择公猪时,应考虑下列性状或标准:

1. 行为。 行为习性表现为温顺、性情、性别特征、成熟和争斗。这些与繁殖潜力相关。

2. 母猪生产力。 母猪生产力性状包括繁殖力、产仔数、泌乳力和母性。用于生产后备母猪的公猪应该从那些窝产仔数≥10 头或断奶数≥8 头的仔猪中选择。因此,当选择具备这些性状的公猪时,选择 MLI 突出的公猪。

3. 生产性能。 生产性能性状包括:(a)达 250 lb 的生长速度;(b)采食量;(c)饲料转化率。这些性状的经济价值都要在平均数以上。作为指南,公猪:(a)应该在 155 日龄以下达到 250 lb;(b)体重在 60～250 lb 时,每消耗 275 lb 以下的饲料就增重 100 lb;(c)测定期日增重 2 lb 以上。当对这些性状进行选择时,重点是公猪的个体记录。

4. 背膘。 胴体价值最好以背膘厚、眼肌面积或者肌肉来估计。这些性状遗传力较高。例如,一头公猪第 10 肋的 250 lb 校正背膘厚为 0.8 in 以下。

5. 生殖美格。 与繁殖性状相关的腹线性状包括乳头的间距、数目和位置,遗传缺陷如疝气和隐睾,以及配种能力。公猪应该有 12 个或更多的均匀分布的乳头。遗传缺陷和配种能力这两个性状有很高的经济价值。对于这些性状来说,要强调的是,这些公猪的亲属没有这些缺陷,并且依赖于育种者的诚实。肢蹄的结实程度、骨骼的大小和力量也很重要。肢蹄应该是中等大小,前后肢距离适中,行动灵活,前后蹄垫合适,蹄趾大小一致。

6. 体型。 体型包括体长、体深、体高和骨骼大小,肌肉大小和形状,公猪雄性特征和睾丸的发育情况。体型性状如体长和体高是高遗传力的性状。选择公猪主要是根据这些性状的个体记录进行。

应选购 6～7 月龄的公猪,最早 8 月龄就可使用。建议在使用前至少 45～60 d 要买进后备公猪。这样可以有时间对购进公猪进行隔离检查健康情况,适应本场的健康情况,配种并评估其繁殖性能。生产者主要考虑的是,只选择那些能提高现有猪群生产水平,同时减少群内平庸个体。

1 头好公猪的价值? ——从长远观点来看,买 1 头公猪时节省 100 $ 或更多,很可能在将来损失更大。原因如下:假设 1 头公猪每周与 4 头母猪交配。90% 受胎并且每窝断奶仔数为 8 头,那么该公猪每年可以产生 187 窝或 1 497 头仔猪。假设劳动力和设备成本为 17 $/d,饲料成本为 0.07 $/lb,背膘厚每降低 0.1 in 的市场补贴 1.70 $,活猪的市场价是 0.45 $/in。

同样假定,生产者使用表 5.6 中的顶级杜洛克公猪并且其后代在 250 lb 时出售。公猪 SDF0 的后代可以将达 250 lb 体重日龄减少 8.75 d。如果假设,没有对母猪达 250 lb 体重日龄进行选择,那么它的后代将会提前 4.375 d 上市。

每头杜洛克公猪的利润:1 497 头×4.375 d×0.17 \$/d=1 113 \$

这头公猪的背膘厚的 EPD 为－0.04。此外,假设母猪没有选择,它的后代的背膘厚将减少 0.02 in。

1 497 头×0.02 in×17.00 \$/1.0 in=509 \$,即比 1 头普通杜洛克公猪多获利 509 \$。

饲料转化率的 EPDs 没有在 STAGES 中报道。然而,在最后 200 lb 增重中饲料转化率每提高 1%,每头猪就可以节省 6 lb 的饲料。

1 497 头×6 lb×0.07 \$/lb=629 \$,即比 1 头普通杜洛克公猪多获利 629 \$。

大多数人认为这些是可以实现的目标。当这 3 个性状的进展在公猪后代中相加时,1 头优秀的公猪 1 年可增加 2 200 \$ 以上的利润! 同时,1 头公猪可以使用 2～3 年。

这并不意味着一个生产者应该购买最贵的公猪,而是性能和胴体数据决定较高的价格。

猪的评估和鉴定

纯种猪育种者已经在猪的评估方面积累了丰富的经验,然而这是没有止境的。各个品种协会主办的研讨会对此做出了突出贡献。通过提供性能和胴体数据来支持活体测定工作,这些评估为生产者和屠宰商制定了标准。

接下来对个体选择下面第 1 点进行进一步阐述。除了个体价值,"鉴定"这个词表示相对的评价或对一些动物的定位。鉴定猪和鉴定所有家畜一样,是一门需要耐心学习和长期实践的技术。经验丰富的育种者十分胜任家畜的鉴定工作。一个合格的鉴定员必须具备以下条件:

1. 猪体部位知识。一个好的鉴定员要掌握描述和定位一头猪不同部位的专门术语(图 5.14)。此外,了解这些部位中有哪些是与主要经济性状和美格重要性相关是很必要的,不同的部位要给予不同的评估结果。

2. 明确定义理想或完美的标准。合格的种猪鉴定员必须知道他们所追求的是什么,即鉴定员的心目中必须有个理想或完美的标准。

3. 敏锐的观察和全面的判断。合格的鉴定员应具有辨别外形好坏的能力,并且能衡量和估计那些性状的相对重要性。

4. 性能标准的知识。鉴定员必须能够将背膘和眼肌扫描图像与性能数据以及观察到活猪的优点综合起来。

5. 诚信和勇气。任何家畜的合格鉴定员都必须具备诚实、正直和勇敢的品质,无论是在参展猪出售或是

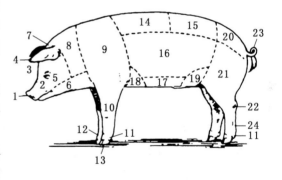

1.鼻;2.面部;3.眼;4.耳;5.面颊;6.下颌;7.头顶;
8.颈;9.肩部;10.前腿;11.悬蹄;12.系部;13.趾;
14.背;15.腰;16.体侧;17.腹部;18.前肋;19.后肋;
20.臀部;21.大腿;22.跗关节;23.尾;24.后腿。

图 5.14　猪体部位。对活猪进行鉴定的第 1 步是掌握描述和定位身体各部分的术语。(皮尔森教育提供)

制定育种和营销方案时。例如,在以下几种情况下通常需要相当大的勇气评定猪的等级,而不管:(a)以前参展的排名;(b)归谁所有;(c)公众欢迎。淘汰 1 头后代不合标准的高价猪需要更大的勇气和胆量。

6. 鉴定的系统程序。对于新鉴定员来说,过近地观察有很大的风险,有时会导致"距离一棵树太近会导致看不见整个森林"。好的鉴定程序包括以下 3 个独立步骤:(a)一定的观察距离保证能看到待鉴定猪的全身;(b)近距离检查;(c)观察正在运动的猪。

由于猪不会一直静止不动,也不会在一个地方待很久,因此,制定一套检查猪的程序是不可能的。从这方面来看,猪的鉴定比其他家畜的鉴定更为困难。然而,按图 5.15 中所阐释的步骤进行检查则能

够获得满意的结果,也许是较好的一种方法。

7. 斟词酌句。 在讨论:(a)参展等级或(b)农场或大牧场饲养的家畜时,评语要多加斟酌。家畜的主人很可能对他们的动物不利的评价十分反感。

了解了以上知识后,评定者必须花较长的时间耐心地学习,观察其他鉴定员并且练习比较动物之间的差别。不是所有领域都有专家和熟练的鉴定员。然而,如果得到一个资深的老师或经验丰富的生产者的指导,对评定和选择家畜的训练是很有效的。

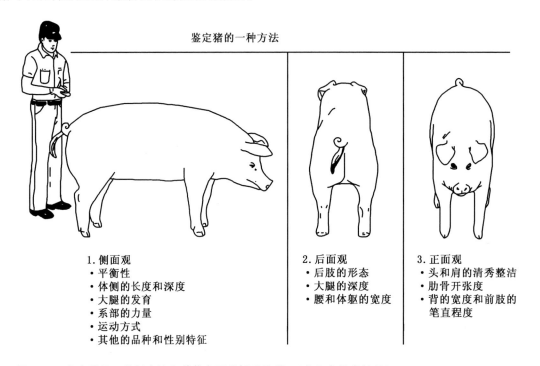

图 5.15 鉴定猪的一种好方法和其他方面的标准流程。(皮尔森教育提供)

理想的类型和外貌特征

在鉴定或选择中最需要的是头脑中要有清晰的理想型或标准。这个理想型应该是以下几个方面综合的产物:(1)从生产者的角度来讲的家畜生产效率;(2)消费者确定的商品猪理想的胴体特征。此外,在评价纯种家畜时,要采用品种的标准特征。

最被认可的肉用种畜综合了生长、整齐度和品质。后代在生长期有长出足够肌肉而不产多余脂肪的能力。头与颈整洁清秀,背部呈光滑的拱形且有足够的宽度;体侧长深且光滑;后躯发育良好且深广;腿长适中、直且与地面成直角;趾骨短而粗壮;骨骼结实强壮。这样优秀的肉用品种应该具有独特的风格、体型匀称、品质佳、圆润丰满。

母猪应表现出温柔和护仔性,并且乳房发育良好,每一侧至少有 6 个乳头。公猪应表现出鲜明的雄性特征,如雄壮有力的头部、带纹的颈部、发育良好而光滑的肩部、全身透出一种野气以及充沛的精力。公猪的繁殖器官应该清晰可见且发育良好。

理想肉用型猪及其常见缺陷的描述见图 5.16。由于没有任何个体是完美的,因此,经验丰富的鉴定员必须能辨别、衡量和估计其优点和常见的缺陷。此外,鉴定员必须对鉴定的个体给出是好还是不好的结论。

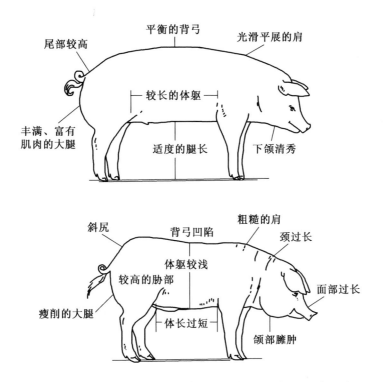

图 5.16　理想肉猪类型(上部)与常见的缺陷型(下部)的比较。合格的鉴定员要了解自己是要寻找什么并且能够辨别和评价优点和常见缺陷。(皮尔森教育提供)

学习与讨论的问题

1. 从图 5.12 可以看出选择使猪的外貌特征发生了改变,使得腰部到头部比例大于欧洲野猪。生产者为什么要进行这样的改变呢?

2. 猪肉质量为什么这么重要? 描述优质猪肉的特征。

3. 什么是瘦肉增重? 它是怎样确定的?

4. 为什么养猪生产者做好记录是很重要的?

5. 根据:(a)遗传力和(b)美元价值,在猪生产性能测定方案中,哪个性状最应该受到重视?

6. 一头公猪的平均日增重为 2.3 lb,其所在测定组的平均数为 2.1 lb,公猪的比率为多少?

7. 列出并讨论有哪些因素影响选择的遗传进展。

8. 猪应激综合征是有利的还是有害的? 证明你的观点。

9. 讨论每一种选种依据。你怎样对它们进行排名? 你认为何为最低选择依据?

10. 在选择中,为什么背膘和肌肉是重要的考虑因素?

11. 举例说明,为什么纯种和商品猪育种者不能以参展获胜猪作为选种依据?

12. STAGES、EBV、EPD、BLUP 和 SPI 分别代表什么? 详细说明你在选择中如何应用 EPDs。

13. 选择某个(你自己的或你熟悉的)农场。假设目前农场没有猪。逐项列出:(a)你怎样建群;(b)你要考虑的因素。证明你的决定。

14. 在建群时,下列因素为什么是重要的:类型、育种、品种或品系、群体规模、一致性、健康、日龄、价格以及农场设计的合理性?

15. 养猪生产者在选择种猪供应商时应该考虑什么因素？

16. 在以下两种情况下你应考虑哪些重要性状或标准,选择:(a)后备母猪;(b)后备公猪？

17. 为什么了解猪体部位是重要的？

18. 为什么很难形成一套猪的鉴定程序？

主要参考文献

Animal Breeding Plans, J. L. Lush, Collegiate Press, Inc. , Iowa State University, Ames, IA, 1963

Animal Science, M. E. Ensminger, Interstate Publishers, Inc. , Danville, IL, 1991

Genetic Evaluation, Bob Uphoff, Chairman of NPPC Genetic Program Committee, National Pork Producers Council, 1995

National Swine Improvement Federation, http://www. nsif. com, Certified technicians: http://www. nsif. com/certif. htm

Pork Composition and Quality Assessment Procedures, National Pork Board, Des Moines, IA, 2000

Pork Industry Handbook, Cooperative Extension Service, Purdue University, West Lafayette, IN, 2003

Stockman's Handbook, *The*, 7th ed. , M. E. Ensminger, Interstate Publishers, Inc. , Danville, IL, 1992

Swine Improvement Program Guidelines, National Swine Improvement Federation, http://www. nsif. com

Swine Testing and Genetic Evaluation System (*STAGES*), National Association of Swine Records, http://www. nationalswine. com/or http://www. ansc. purdue. edu/stages

第六章　猪营养基本原理

家庭猪场固定式饲料配制粉碎机。(爱荷华州立大学 Palmer Holden 提供)

内容

营养的前景
猪的体成分
猪的消化系统
营养物质的分类
营养物质的功能
 维持
 生长
 繁殖
 泌乳
营养物质
 能量
 碳水化合物
 脂类
 饲料能值的测定和表示
 蛋白质和氨基酸

饲养管理影响矿物质和维生素的需要
矿物质
 主要或常量矿物质
 痕量或微量矿物质
 螯合矿物质
 矿物质源饲料
 电解质
 矿物质的来源与生物利用率
维生素
 脂溶性维生素
 水溶性维生素
 未知生长因子
 维生素的来源与生物利用率
 水
猪饲料
 浓缩料
 能量饲料
 蛋白质饲料
 牧草
 干草
 青贮饲料
 拱食作物
 厨余垃圾
 饲料添加剂
饲料评价
 物理学评价法
 化学分析法
 生物学分析法
学习与讨论的问题
主要参考文献

目标

学习本章后,你应该:

1. 了解猪体成熟过程中体组成的相对变化。
2. 能够描述猪的消化系统。
3. 理解猪的基础维持需要和生产需要。
4. 能够详细说明主要营养物质的种类并举例。
5. 理解各种能量的定义和它们在猪营养中的应用。
6. 了解必需氨基酸和第一限制性氨基酸的作用。
7. 了解在猪日粮中为什么必须添加的微量元素和维生素。
8. 了解为什么植物性磷不是猪的一个好的磷源。
9. 了解在猪饲养中水的重要性和必需性。
10. 了解一般的饲料评估技术。

养猪生产的效益取决于养猪生产者对猪营养基本原理的理解与应用,原因主要有两个:

1)养猪生产中,饲料成本占总成本的 55%～75%。因此,养猪生产者配制日粮时既要考虑能满足猪的生长需要,又要考虑使成本尽可能的低,这样才能使每单位的饲料消耗生产出最大数量的优质猪肉。

2)如今,美国大多数的猪场都是户内饲养。相对于在牧场或开放环境饲养条件下的动物来说,户内饲养的动物对饲料的选择范围最小。大多数情况下,它们只能摄取饲养者提供的饲料,而这些饲料大部分是精料,很少甚至没有青饲料。由于现代遗传学的快速发展和理想的生产环境,猪生长快而且繁殖期年龄提前,因此,了解猪营养需要的知识就显得特别重要。

营养的前景

营养不仅仅是简单的饲养,它是营养素与生物机体相互作用的一门科学。它始于对土壤肥力和植物体构成的认识,包括饲料的摄取、能量的释放、水的排除和所有用于维持、生长、繁殖和泌乳所需物质的合成。影响猪营养需要的因素很多,主要包括:

1)猪的品种或品系、性别和遗传。

2)猪的年龄和体重。

3)健康状态。

4)环境如温度、气候、圈舍和采食的竞争。

5)饲料中营养成分的可变性。

6)日粮中营养成分的吸收率和利用率。

7)日粮的能量浓度。

8)饲料添加剂或生长促进剂的水平。

9)饲喂水平如限制饲喂或自由采食。

10)日粮中霉菌、毒素或抑制剂的有无。

猪的体成分

营养包括各种使饲料成分转化为机体成分的化学和物理反应。因此,机体成分的改变有助于理解猪对营养的反应。

1843 年,两位著名的英国科学家 Lawes 和 Gilbert 在洛桑试验站(Rothamsted Station)开创了持续半个多世纪艰苦的家养动物整个机体组成分析工作。随后,类似的有关猪、牛和羊的研究工作在世界范围内相继开展。

有关猪在不同体重阶段化学组成的估计值见表 6.1,每种成分的释义如下:

表 6.1　猪空腹体重的化学成分　　　　　　　　　　　　　　%

项目	初生	6.8 kg	25 kg	110 kg(瘦肉型猪)	110 kg(脂肪型猪)
灰分	3	3	3	3	3
脂肪	2	15	12	15	35
蛋白质	18	16	16	18	14
水分	77	66	69	64	48

来源:de Lange, C. F. M., S. H. Birkett 和 P. C. H. Morel. 2000. 猪蛋白质、脂肪和骨骼组织的生长, A. J. Lewis 和 L. L. Southern,猪的营养(第 2 版),CRC 出版社,65-81.

1. 灰分。灰分的含量变化非常小。但是,由于脂肪组织的矿物质含量比肌肉组织的低,因此随着猪的育肥程度加强,灰分略微降低。

2.脂肪。脂肪的含量随着猪的生长及育肥而增加,从出生时的2%增加到出栏时的35%。

3.蛋白质。蛋白质的含量在生长期相当稳定,但到育肥期会降低。一般来说,猪体内蛋白质与水的比值在3~4。

4.水分。用百分数表示,猪体内水分含量随体重增加显著降低,从出生时的77%下降到出栏时的48%。

猪体重的增加不能说明体成分的增加。但是,产出的瘦肉和脂肪比例影响饲料的利用效率(单位饲料的增重),因此,从营养的角度看,猪的体成分很重要。随着猪体脂肪含量的增加,水分含量则降低。

体成分参数——表6.1列出的只是体成分的一般关系,然而遗传选择已经使现代的猪体组织生长发生了改变,蛋白质的产出更多,而脂肪较少。另外,除了遗传背景不同外,还有以下几个因素影响猪的体成分:断奶日龄、遗传、性别、添加剂、温度、日粮和补偿生长。NRC猪营养需要(1998)就指出不同体成分的增加决定了不同养分的需要。这是在一系列的屠宰试验或采用超声波检测对机体瘦肉和脂肪含量进行估测过程中得出的结论。

同时,机体化学成分的含量在不同器官和组织之间变化很大,而且依功能的不同在局部表现出或多或少的变化。水分是机体每部分必不可少的成分,但是它的含量在不同体组织中变化非常大:血浆中水分含量为90%~92%,肌肉中为72%~78%,骨骼中为45%,但牙釉中水分含量只有5%。除了水,蛋白质是肌肉、腱和关节组织的基本成分,大多数的脂肪则主要分布在皮下、肾脏和肠周围,也有少量分布在肌肉内(大理石纹)、骨骼和其他部位。

表6.1没有估计动物体中含量非常少的碳水化合物(主要是葡萄糖和糖原),这部分物质主要存在于肝脏、肌肉和血液中。碳水化合物在动物营养中的作用很重要,但其总含量在体内却不足1%。值得一提的是,碳水化合物的含量是植物体和动物体成分的基本区别之一。动物机体的细胞壁主要由蛋白质构成,但植物体的细胞壁则主要由纤维素和其他碳水化合物构成。另外,植物体主要以淀粉及其他碳水化合物储备能量,而动物体中储备的能量几乎全部是脂肪。

猪的消化系统

肉食动物可以分为两大类:反刍动物和非反刍动物。猪属于非反刍动物或单胃动物(图6.1)。与反刍动物相反,猪只有1个胃,而不像牛和羊那样有可以分成4个部分的复胃。

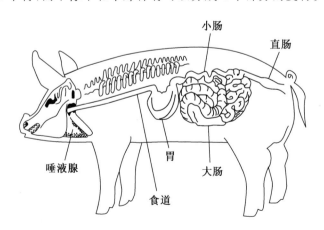

图6.1　单胃动物猪的消化道。(皮尔森教育提供)

为了快速有效地生长,猪必须采食高能低纤维的精料。然而对反刍动物(牛和羊)来说,由于消化道结构的特殊性,它们能消化大量的纤维性饲料,如干草和牧草。

消化道(或肠道)好似一根被机体包裹着而两端却开放的连续的空管。它又是一条起相反作用的工厂装备线,但它不是生产东西而是拆分东西。猪的消化道由 5 个部分组成:嘴、食道、胃、小肠和大肠。

嘴是消化系统的开始部位,包括 3 个与消化有关的器官:舌头起到混合与移动食物的作用;牙齿则将饲料颗粒咀嚼成小单元;唾液腺的分泌物使食物湿润,黏液有助于吞咽,其中的缓冲成分可调节 pH 值和淀粉酶。

食道是一种肌肉管道,能通过蠕动将食物从嘴运送到胃中。胃贲门的括约肌是食道与胃连接处的一个阀门,可以防止刚到达胃中的食物回流。

胃是一个梨形的肌肉器官,可贮存并移动摄入的食物,分泌胃液,特别是盐酸、胃蛋白酶和胃蛋白酶原。胃中的 pH 值大约为 2,呈酸性。成年猪的胃能容纳约 7.5 L 的东西。食糜通过胃幽门括约肌而进入小肠。

营养成分的消化和吸收大部分是在小肠内进行。小肠可分为 3 部分:十二指肠、空肠和回肠,总长约 18 m,能容纳 9 L 的食糜。十二指肠内有胰腺分泌的胰液、肝脏分泌的胆汁以及小肠壁的分泌物,大部分的消化过程在此完成。营养物质吸收则主要在空肠和回肠中进行。

大肠可分为 3 部分:盲肠、结肠和直肠,总长约 5 m,可容纳 9 L 食糜。大肠主要吸收食糜中的水分,分泌一些矿物元素,贮存未被消化的物质,是一些细菌发酵的地方。大肠几乎不吸收营养物质。

反刍动物和单胃动物虽然消化道的结构差异很大,但是消化道的消化功能在所有动物中都是相同的,即把饲料分解成简单的化学成分供动物吸收并将这些成分重新合成为动物自身的体成分。

营养物质的分类

动物并不能摄入多少饲料就利用多少,而只能利用其中的一部分,即在消化过程中释放出来并被吸收入体循环和体组织中的所谓的营养物质。

营养物质通常是指那些从饲料中获得、能被动物以适当的形式用于构建机体细胞、器官和组织的物质。包括碳水化合物、脂肪、蛋白质、矿物质、维生素和水(更准确地说,营养物质指的是 40 多种有营养的化学成分,包括氨基酸、矿物质和维生素)。由于能量来源于体内碳水化合物、蛋白质和脂肪的代谢,通常也把能量列为营养物质。在我们能实际而科学地运用营养原理之前,了解营养物质在动物体内的基本功能以及各种营养物质和细胞内代谢产物间的相互关系是十分必要的。

营养物质的功能

猪摄取的饲料,一部分被猪消化和吸收,不能消化的部分则成为粪便的一部分而被排出。来源于饲料中经过消化的营养物质被用于许多不同的机体过程,这些过程随猪的种类、年龄和生产力而不同。所有的猪都会将一部分营养物质用于维持必要的功能,如机体新陈代谢、维持体温、补充和修复机体细胞和组织。这种营养物质的利用称作维持。用于生长、妊娠、或乳的形成这部分消化的饲料利用则称作生产需要。

根据每天的营养物质用于不同目的的数量,可将营养物质需要量分为高、低、不定或中等几种。用于产奶的部分称为高需要量,而用于毛发生长的部分称为低需要量。妊娠后期的营养需要量是不定的。生长的营养需要可看作是中等需要量。这几种需要量将在下面详细讨论。

维持

猪不像机器,从不停顿。即使它们不用于生产,也会时时刻刻利用营养物质维持机体的功能。

维持需要是指用于保持动物机体功能所需要的营养物质的总和,这些营养物质既不使体重增加或减少,也不使任何生产行为增强或减弱。虽然维持需要相对来说很简单,但是它们对于生命本身是必要的。猪必须有:(1)热量维持体温;(2)充足的能量以保持生命必需的机能过程;(3)用于最小限度运动所需的能量;(4)用于修复损伤或替代功能丧失的细胞和组织所必需的营养物质。因此,能量是维持所需的基本的营养物质。尽管维持所需的其他营养物质的量相对较少,但是,保持平衡的必需氨基酸、矿物质和维生素也是维持所必需的。

无论猪有多平静,即使是躺在圈舍里,它也需要一定数量的能量和其他营养物质。猪能赖以生存的最低数量的这部分需要称为基础维持需要。除了马,大多数的动物站着比躺着需要的能量高约9%,行走或跑时需要的能量更多。

一般情况下,在猪的一生中很少遇到只存在维持需要这种情况。未交配的成年雄性动物,或干奶期和空怀期的成年雌性动物则几乎处于维持状态。不过,维持需要是估测营养需要的基准或参考点。

猪的非生产需要可以用维持需要来表达,但是影响维持需要的因素很多。包括:(1)训练;(2)气候;(3)应激;(4)健康;(5)个体大小;(6)温度;(7)个体变异;(8)生产水平;(9)泌乳。前4个为外部因素,在某种程度上可通过饲养管理或改善设备进行控制。其他的为内部因素,由动物本身决定的。外部因素和内部因素都随其强度而影响维持需要。例如,越冷或越热,就越偏离最适(或最理想)温度,这时维持需要就越高。

生长

生长是指骨骼、肌肉、内脏和机体其他部位体积的增大。正常的生长过程在出生前就开始,出生后继续生长,直到猪达成熟为止。生长主要受摄入的营养物质影响。当饲养幼龄动物完全以生产为目的,如要求猪在150~190日龄就达出栏体重时,营养需要就成为日益严峻的问题。与猪生长有关的日采食量、日增重、饲料转化效率、体重和年龄分别见图6.2至图6.5。由NRC《猪的营养需要》中的数据可估计猪从断奶到出栏阶段的生长情况(表6.2)。

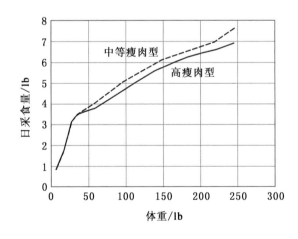
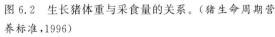

图6.2　生长猪体重与采食量的关系。(猪生命周期营养标准,1996)

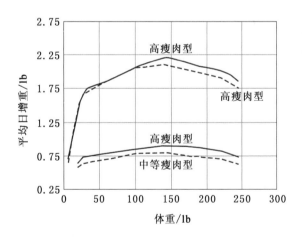

图6.3　生长猪体重与平均日总增重和肌肉增重的关系。(猪生命周期营养标准,1996)

生长是养猪生产的基础。如果小猪不健壮,也不采取节约的饲养方式,那么猪就不会达到最经济的育肥效果。同样,如果种母猪生长不适当,其繁殖力也会受到严重损伤。

一般而言,器官对于生命的维持是至关重要的,例如,脑可协调机体各部分的活动,肠道是动物出生后生长的依赖,这两大器官在早期发育,而更具商业价值的部分器官如肌肉则发育较晚。

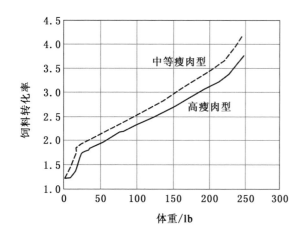

图 6.4　生长猪体重和饲料转化率的关系。(猪生命周期营养标准,1996)

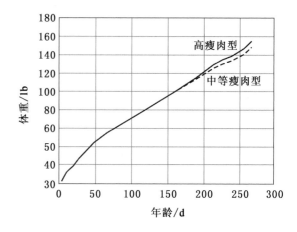

图 6.5　生长猪年龄和体重的关系。(猪生命周期营养标准,1996)

表 6.2　猪的期望生长性能

| 阶段 | 体重/ | | 日采食量/ | | 日增重/ | | 饲料/增重 |
	lb	kg	lb	kg	lb	kg	
保育前期	12~20	5~9	0.7~1.3	0.3~0.5	0.4~0.7	0.2~0.3	1.7~1.8
仔猪	20~60	9~27	1.3~3.5	0.6~1.5	0.7~2.0	0.3~0.9	1.8
生长猪	60~130	27~60	3.5~5.3	1.6~2.4	2.0~2.7	0.9~1.2	1.8~2.0
肥育猪	130~280	60~127	5.3~7.3	2.4~3.3	2.6~2.7	1.2	2.0~2.9

来源:NRC,猪的营养需要,1998。

　　了解猪的正常生长和发育有利于应对各种生产目的。从营养的观点来看,生长曲线主要是作为度量营养物质供应充足与否的标准。实际上,生长曲线常常是确定日粮供给量和制定饲养标准的基础。同时,生长曲线也为饲养群的比较提供基础,也可作为确定饲养与管理目标的参考点。从经济学角度来说,生长很重要。其中,幼龄动物的增重效率最高。与老龄动物相比,幼龄动物:(1)按体尺算,消耗更多的饲料;(2)将较小比例的饲料用于维持;(3)形成相对多的肌肉组织,而肌肉组织比脂肪组织含更低的热值和需要更少的营养物质。另外,用于生长的营养需要因品种、性别、生长率和健康状况而不同。

繁殖

　　产仔和产活仔是养猪生产首要的,也是最为重要的必备前提,因为如果猪不能繁殖,那么养猪企业很快就会破产。即使含有世界上最优秀基因的完美的猪,如果不能使精子和卵子成功地结合或没有成活的后代出生,那么含有这些基因的猪是没有价值的。同时研究还表明,猪的胚胎死亡率达 15%~30%,所产活仔在断奶前有 10%~20% 发生死亡,所饲养母猪群中有 15% 的母猪不能产仔。营养可能是引起繁殖失败的一个原因,在妊娠期,许多营养物质供应不足或某些营养物质特别是能量供给过量都会导致产仔失败。养猪生产者在开始饲养猪的时候就已经确定了生产目标,因此,了解猪的繁殖失败原因及其解决办法对于他们是很重要的。

　　有 1 篇文献明确地指出了 3 种繁殖难点:(1)母猪没有发情迹象;(2)初配妊娠率低;(3)出生时或出生后第 2~5 d 的死亡率过高。

　　对于哺乳动物来说,胎儿的生长大多数发生在妊娠的第 3 期。另外,母猪在妊娠期必须要有一定的机体储备,因为泌乳需要的营养物质通常高于母猪从饲料中获得的营养物质。因此,在哺乳期的母猪,尤其是初产母猪对营养物质的摄入非常重要。

我们也知道,日粮对精子的生成和精液品质有重要的影响,而且主要是通过调控公猪的体况影响的。体况太肥会导致暂时性或永久性的不育。在提供营养平衡良好的日粮条件下,公猪的繁殖性能可以得到较好的提高。

泌乳

所有泌乳母猪的泌乳需要高于维持或妊娠需要(图 6.6)。幸运的是,雌性动物在妊娠期都能储备营养,而在泌乳期又能将这些机体储备释放出来。如果在妊娠期没有一定的机体储备,为了满足胎儿的生长和泌乳需要,母体就得动用自身的成分。因此,当营养供应不足时,母猪尤其是青年母猪在下次发情前将会消瘦,甚至体虚,或泌乳生产受到严重影响。

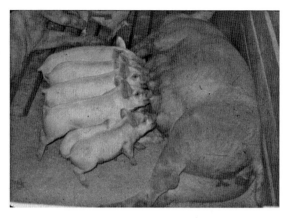

图 6.6　泌乳日粮和仔猪日粮是猪营养中两种最重要的日粮,在这两种情况下足够的采食量是限制性因素。(爱荷华州立大学 Palmer Holden 提供)

营养物质

营养物质被用于两个代谢过程之一:合成代谢或分解代谢。合成代谢是指将小分子营养物质合成为较大分子的复合物质。合成代谢是吸收能量的过程,即在反应过程中需要向系统输入能量。分解代谢是将营养物质氧化分解,并释放用于满足机体需要的能量的过程(放能反应)。

能量

所有的生命过程——心脏的跳动、血压的维持、肌肉收缩、神经冲动的传导、离子通过膜、肾脏的重吸收、蛋白质和脂肪的合成,乳的生成都需要能量。

能量供应不足表现为生长和发育缓慢,体组织损失,或者肌肉合成减少,其特征不同于许多矿物质和维生素的缺乏症。因此,能量缺乏常常不易被察觉且在较长时期内错过了校正。

日粮中必须含有碳水化合物、脂肪和蛋白质。尽管这些营养物质各自在维持正常的机体具有特殊功能,还能为维持、生长和繁殖提供能量。从供能的观点看,碳水化合物的重要性远远大于其他几种化合物,因为机体消耗碳水化合物的量高于其他化合物。脂肪是第二重要的功能物质。通常情况下,碳水化合物的来源较丰富,价格也较便宜,而且大多数的碳水化合物都非常容易被消化、吸收和转化为脂肪。另外,在温暖的气候条件和保存较长时间的情况下,碳水化合物饲料比脂肪饲料更易保存。日粮中过多的蛋白质也可以作为能源,但蛋白质的价格比碳水化合物和脂肪高。

碳水化合物

碳水化合物是由碳、氢和氧在植物体内通过光合作用合成的有机化合物。它们占植物体干重的75%,是猪日粮的大部分组成。碳水化合物在猪体内作为热源和能源,过剩的部分则转化为脂肪贮存起来。

动物体内碳水化合物的含量没有一个可评估的总值。贮存在肝脏中的糖原(所谓的动物淀粉)占肝重的 3%～7%。糖原不断地转化为血糖,大多数动物体内血糖的含量相当稳定,为 0.05%～0.1%。这部分少量的血糖主要作为燃料以维持体温和为生命过程提供能量。

脂类

脂类(脂肪和脂肪类似物)同碳水化合物一样,含碳、氢和氧 3 种元素。脂类在体内主要作为热源和能源以及合成脂肪的原料,因此它的功能更类似于碳水化合物。由于脂类含碳和氢的比例较大,当其被氧化时释放的能量比碳水化合物多,氧化每单位脂肪释放的能量约为碳水化合物的 2.25 倍。因此,实现相同的功能只需少量的脂肪。

图 6.7 压榨大豆是给猪日粮添加脂肪的一种简易有效的方式。(爱荷华州立大学 Palmer Holden 提供)

试验表明,在生长育肥猪日粮中添加 3%～5% 的脂肪会提高猪的日增重和改善饲料转化率。通常情况下,日粮中每增加 1% 的脂肪,饲料效率提高 2%。添加脂肪有增加背脂厚度的趋势。

对母猪的研究表明,在妊娠后期或泌乳期日粮中添加脂肪可提高仔猪的存活率,这可能是乳产量和乳脂含量提高的原因(图 6.7)。

饲料中的脂肪影响体脂——猪采食软脂或油脂,如豆油或全脂大豆,就可能生产出软的猪肉,而采食饱和脂肪,如来源于大麦中的脂肪,其背脂就会相对较硬。

脂肪酸——脂肪酸是脂肪(脂类)组成的关键成分,其长度和饱和度(氢的总量)决定了脂肪的许多物理性状,如熔点和稳定性。

亚油酸是配制猪日粮所必需的成分。花生四烯酸曾被认为是日粮的必需脂肪酸,但研究表明猪可以将亚油酸转化为花生四烯酸。通常情况下,谷物饲料和日粮中的蛋白质饲料能满足猪对亚油酸的需要。一般来说,猪不易出现脂肪酸缺乏,但脂肪酸缺乏会导致皮炎、生长抑制、增加水的消耗和沉积、繁殖受损和增加代谢率。脂肪在保持细胞的完整性方面起着重要的作用。

饲料能值的测定和表示

如果要维持有效的生产就得保证各种营养物质的充足供应,因此不能说哪一种营养物质比其他的营养物质更重要。然而,前人仍然根据饲料为动物提供能量的多少对其进行过比较或评估。这是可以理解的,因为:(1)能量的需要量比任何一种营养物质都大;(2)能量在养猪生产中是主要的成本。

经过这些年,我们对能量代谢的理解越来越多。由于这方面知识的增长,用于表示饲料能值的方法和术语都发生了变化。

美国通常使用卡路里系统测定和表示能量,而许多欧洲国家则使用焦耳系统。

能量的定义与转化

有关能量的定义与转化主要有以下几种:

卡(Calorie,cal)——将 1 g 水的温度升高 1℃(精确地说,是从 14.5℃升高到 15.5℃)所需要的热量定义为 1 卡。1 卡等于 4.184 焦耳。习惯上,将有关人的热量需要量表示为千卡(1 000 卡)。

千卡(Kilocalorie,kcal)——将 1 kg(1 000 g)水的温度升高 1℃(从 14.5℃升高到 15.5℃)所需要的热量,即相当于 1 000 卡。

兆卡(Megacalorie,Mcal)——等于 1 000 千卡或 1 000 000 卡。兆卡的写法以 megacalorie 为首选,但也可记作 therm。

焦耳(J)——表示机械能、化学能或电能,也是热量概念的一个国际单位(4.184 焦耳＝1 卡)。

能量评估的卡系统

热量用氧弹式热量计测定,即将所测定饲料(或其他物质)置于热量计内,在有氧的情况下燃烧。这样测定出的能量代表的是饲料的总能。

经过各种消化和代谢过程,饲料在通过猪的消化系统时大量的能量被损失掉。这些损失的能量如图 6.8 所示。用于表示能量需要和饲料能量含量的测定方法根本不同于消化和代谢损失能量的测定。因此,以下名词可用于表示饲料的能值。

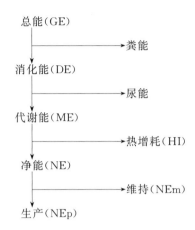

图 6.8　能量的营养学划分。每一种划分中能量损失的总量取决于饲料中的粗纤维、脂肪以及蛋白质的数量。(爱荷华州立大学 Palmer Holden 提供)

总能(GE)——总能代表用氧弹式热量计测定的饲料总的可燃烧的能量。由于玉米和木头具有相似的总能值,因此总能对于它们来说并没有营养学上的价值。除了高脂饲料,各种饲料的总能并没有很大的差别。

消化能(DE)——指饲料总能中没有随粪便排出的那部分能量。消化能决定于猪每天的采食量。

代谢能(ME)——指饲料总能中没有随粪尿和气体损失的那部分能量。在猪消化道中以气体形式损失的能量很少。因此,代谢能值没有对这部分损失的能量进行校正。相对于总能或消化能来说,代谢可以更好地描述饲料中有用的能量。但是,代谢能并没有考虑作为热增耗损失的那部分能量。热增耗是在代谢过程中释放的热量。除了在冷的环境中可维持体温外,热增耗并没有其他方面的价值。代谢能值可以通过几个公式进行计算,其中一个高效的公式为:

$$ME = DE \times (1.012 - 0.001\ 9 \times CP\%)$$

式中:CP 为粗蛋白。

净能(NE)——净能指总能中扣除粪能、尿能、气体能或热增耗后剩余的那部分能量。换句话说,指代谢能减去热增耗即为净能。作为代谢能的一个组成部分,净能变化很大,从小麦的 27% 到玉米的 69% 和豆油的 75%。NE 是度量能量用于维持和生产的最好方式,但是 NE 很难测定。目前,没法表示维持和生产的 NE 需要量。因此,猪的能量需要量和饲料的能值表示为 DE 和 ME 值。

总的可消化养分(TDN)

总的可消化养分(TDN)是指可消化粗蛋白、粗脂肪、无氮浸出物(NFE)和醚浸出物(EE 或脂肪)× 2.25 的总和。现在已经不使用总消化养分来估计猪饲料的能量了,但是由于历史的原因,在以前主要用它来描述猪饲料的能量。TDN 值根据以下几个步骤测定:

1. 消化率。 特定品种动物对特定饲料的消化率是通过消化试验测定的。

2. 可消化营养物质的计算。 可消化营养物质是通过粗蛋白（CP）、粗纤维（CF）、无氮浸出物（NFE）和醚浸出物（EE）的百分数乘以相应的消化系数计算而来。结果表示为可消化营养物质。例如，玉米含77%的可消化粗蛋白8.3%，其可消化粗蛋白的百分含量为6.4。

3. TDN 的计算。 通过以下公式进行 TDN 计算：

$$TDN(\%) = DCP(\%) + DCF(\%) + DNFE(\%) + DEE(\%) \times 2.25$$

式中：DCP 为可消化粗蛋白；DCF 为可消化粗纤维；$DNFE$ 为可消化无氮浸出物；DEE 为可消化醚浸出物或脂肪。

TDN 通常以日粮的百分数或重量单位（kg）表示，而不以热量形式表示。

TDN 系统的缺点主要有以下几点：

1）TDN 不是饲料中实际的可消化营养物质的总和。它不包括饲料中的矿物质（如食盐、石粉和脱氟磷酸盐中的可消化部分），而且由于脂肪的能值比碳水化合物和蛋白质的高，可消化脂肪在表示为 TDN 形式之前已乘了系数 2.25，结果导致饲料的脂肪偏高，有时出现 TDN 的百分数超过 100（纯脂肪的消化率系数为 100%，理论上 TDN 值就为 225%（100%×2.25））。

2）TDN 是以与动物实际代谢无关的化学反应为基础确定的。

3）它表示为百分数或重量（kg），而能量是以卡来表示的。

4）它只考虑了消化损失，而没有考虑其他重要的损失，如尿、气体和增加的热产量（热增耗）形式的损失。

5）当按高生产效率饲喂动物时，与浓缩料相比，它过高地估计了粗料的营养价值，因为在高纤维饲料中，单位重量饲料的 TDN 热损失更高。

蛋白质和氨基酸

蛋白质主要是由氨基酸组成的复杂的有机化合物，每一种特定的蛋白质都有其典型的氨基酸组成。这种营养物质始终含碳、氢、氧、氮。除此之外，它通常还含有硫和磷。在所有植物和动物生命中，蛋白质是每一个活细胞所必需的成分。

粗蛋白指饲料中所有的含氮化合物。它是通过测定氮的百分含量然后乘以 6.25 计算而来。蛋白质的氮含量平均为 16%（100÷16＝6.25）。

在植物体中，蛋白质大部分集中在活跃生长的部位，特别是叶和种子。植物能利用来源于太阳的能量，将土壤和空气中某些简单的成分，如二氧化碳、水、硝酸盐和硫酸盐，合成自身的蛋白质。因此，植物以及一些能合成这些产物的细菌是所有蛋白质的原始资源。

蛋白质在动物体中的分布要比在植物体中的更广泛。因此，动物体的蛋白质是许多结构性和保护性组织，如骨骼、韧带、羽毛、皮肤和软组织，包括器官和肌肉的基本组成。

所有年龄阶段的猪都需要充足的、品质相当的蛋白质用以维持、生长和繁殖。当然，用于生长所需要的蛋白质是最多和最重要的。

从营养的观点看，猪对蛋白质的需要不仅是需要蛋白质，而且需要某些猪不能合成但对正常生长和发育是必需的氨基酸。这些必须由日粮提供的氨基酸是指必需或必不可少的氨基酸。如果某种氨基酸能在体内合成就是非必需（不是必要的）氨基酸，合成这些氨基酸需要日粮中的蛋白质功能成分氮。

在体内，对于新的蛋白质来说，氨基酸的作用就像建筑用的砖块一样。同时，氨基酸也具有其他特定的代谢作用，如合成神经传递素、激素、嘌呤和尿素。以下是确定的必需氨基酸和非必需氨基酸。

必需氨基酸(不可缺少的):	非必需氨基酸(不是必要的):
精氨酸	丙氨酸
组氨酸	天冬酰胺酸
异亮氨酸	天冬氨酸
亮氨酸	半胱氨酸
赖氨酸	胱氨酸
蛋氨酸	谷氨酸
苯丙氨酸	谷氨酰胺
苏氨酸	氨基乙酸
色氨酸	羟基脯氨酸
缬氨酸	脯氨酸
	丝氨酸
	酪氨酸

指定仔猪日粮中蛋氨酸和赖氨酸水平,以及在评价所有其他猪日粮时指定赖氨酸的水平是很有必要的。如果日粮中任何一种必需氨基酸的量供应不足,蛋白质的合成就不能继续下去,这种氨基酸就称为第一限制性氨基酸。猪赖氨酸和其他必需氨基酸的需要量随以下情况变化而发生改变:

1)仔猪和快速生长猪的需要量较高。

2)公猪和母猪比阉公猪的需要量高。

3)瘦肉型猪的需要量较高。

4)在炎热的夏季食欲减退和采食量降低时需要量较高。

选择饲料时,养猪生产者应该意识到并不是所有的蛋白质都是等同的。谷物类饲料的赖氨酸、蛋氨酸、胱氨酸、色氨酸和苏氨酸的含量较低。因此,常用蛋白质的品质来描述蛋白质的氨基酸平衡。当一种蛋白质含有的各种必需氨基酸的比例和数量都合适时,称之为高品质蛋白质。而当其必需氨基酸的含量不足和平衡性不好时,则称之为低品质蛋白质。从这一点可以看出,蛋白质的有效性取决于它的氨基酸组成,因为猪真正需要的是氨基酸而不是蛋白质本身。

习惯上,通常用百分比表示日粮中蛋白质的含量,但是如果没有提供所用饲料或所有氨基酸的信息,这种表示法在猪营养中几乎没有意义。猪对蛋白质质量与数量的要求是同等重要的。对猪来说,采食含蛋白质 12％但氨基酸很平衡的日粮,其生长可能会好于采食含蛋白质 16％但氨基酸不平衡的日粮。

实际生产中,为猪配制平衡日粮的问题主要集中在校正谷物饲料的不足。虽然玉米、小麦和大麦含8％～12％的蛋白质,但是它们所含蛋白质的必需氨基酸——赖氨酸严重不足。玉米同肉骨粉一样,色氨酸的含量也不足。由于蛋白质饲料的成本比谷物饲料高,因此就尽可能不饲喂蛋白质饲料。

前面介绍过,当猪采食过多的能量时就以脂肪的形式贮存起来。蛋白质在体内贮存的量是不可评估的。如果饲喂的蛋白质过剩,没有被利用的那部分氮就以尿素的形式随尿排出,多余的碳则作为能源被利用。从经济的角度看,饲喂给猪超过其营养需要的蛋白质是无利可图的。

目前,使用晶体氨基酸,尤其是赖氨酸和蛋氨酸,使低蛋白日粮在养猪生产中的应用成为了可能,这种日粮的蛋白质含量低于通常推荐的蛋白质含量。蛋白质(氨基酸)缺乏症表现为采食量降低、生长减慢、毛发皮肤不良和繁殖性能降低。

饲养管理影响矿物质和维生素的需要

随着遗传、圈舍、饲喂和管理条件的改变(图 6.9),猪日粮中矿物质和维生素的添加量从 20 世纪 80 年代就已经增加。其中,矿物质和维生素比较重要的变化主要有以下几点:

1)舍内生产使猪不能像以前那样能通过牧场的庄稼和土壤获得矿物质和维生素。

图 6.9 爱荷华州大学猪营养和管理研究农场。大学的研究设备对于营养需要和饲喂程序的确定是必不可少的。同时注意较远处的堆贮肥料的 SlurryStore™ 罐。（爱荷华州立大学农学院提供）

2)漏缝地板使猪不能采食到粪便,而粪便中含有丰富的可由大肠微生物合成的维生素 B 和维生素 K。

3)可相互弥补矿物质和维生素不足的多种蛋白质饲料在日粮中的使用减少了,从而作为这些营养素源的蛋白质供给随之减少。

4)母猪在妊娠期采食量降低,要求日粮中矿物质和维生素的含量增加。

5)2.5～4 周龄的早期断奶趋势,要求提供高品质和营养全面的仔猪日粮。

6)在热干燥处理的谷物和饲料成分中营养物质的生物利用率变化很大。

7)饲料中抑制剂和霉菌的存在可能会导致某些维生素的吸收降低,而增加其需要量。

由于现代的猪日粮中都添加了适当的矿物质和维生素,因此,很少发生微量矿物质和维生素的缺乏症。但是,在不久的将来会发生盐的缺乏症。钙和磷的缺乏,猪外观表现为生长减慢,潜在表现为骨骼脆弱和易折。

矿物质

在所有家畜中,猪是最可能遭受矿物质缺乏的。这是因为养猪生产存在以下特点:

1)猪的饲料主要是以谷物及其副产物为主,这些原料含的矿物质尤其是钙相对较低。

2)猪的骨架所支撑的体重比例比其他任何一种家畜都大。

3)为了早出栏,最好是在其体成熟之前上市,猪是以最大生长率进行饲养的。

4)猪的繁殖年龄要比其他家畜早。

5)舍内饲养不可能通过接触土壤或青饲料来平衡谷物饲料中矿物质的缺乏。

矿物质具有非常不同的作用。从某些组织的结构功能到其他组织调控功能,变化多样。

猪需要的矿物元素已知至少有 13 种,包括钙、氯、铜、碘、铁、镁、锰、磷、钾、硒、钠、硫和锌。合成维生素 B_{12} 也需要钴。猪也可能还需要其他在别的动物体内被证明具有生理功能的微量元素,如砷、硼、溴、镉、铬、氟、铅、锂、钼、镍、硅、锡和钒。这些元素的需要量太低,因此还没有证明它们对猪日粮的重要性。大多数的这些元素在天然饲料原料中含量都是充足的。

表 6.3 列出了每一种矿物质的相关信息:(1)报道的主要缺乏条件;(2)功能;(3)缺乏症或毒性;(4)来源。

主要或常量矿物质

盐(钠和氯)、钙、磷、镁、钾和硫是主要的或常量矿物质。

钙(Ca)和磷(P)

钙和磷对骨骼的发育起着重要的作用。它们也有助于血液凝固、肌肉收缩和能量代谢。体内大约 99% 的钙和 80% 的磷分布在骨骼和牙齿。

猪日粮中钙或磷的缺乏都会导致生长受阻、佝偻病或骨软化、骨折和晚期瘫痪。在农场,很少发生严重的营养物质缺乏,图 6.10 展示的是一例猪的磷缺乏症。大多数营养物质缺乏的最常见症状都表现为生长受阻和饲料转化效率降低。

图 6.10　磷的缺乏。左:这是一头典型的磷缺乏后期的猪。腿骨无力并发生弯曲。右:该头猪采食的日粮除可利用磷含量充足之外,其余营养成分完全与左图中的猪一样。(普渡大学提供)

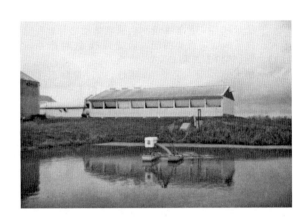

带有一个小通风装置的猪肥类蓄积池。大部分的氮从蓄池损失进入空气,而磷和钾趋向沉积于池底的淤泥中。如果不搅动蓄池而直接施用到农田,那么它的营养作用就很低。(爱荷华州立大学 Palmer Holden 提供)

表 6.3　猪的必需矿物质[①]

矿物质	缺乏条件	矿物质的功能	缺乏症状/毒性	来源	备注
主要的或常量矿物质					
食盐(NaCl)	当所有的或主要的蛋白质原料为植物源性时,尽管草食动物比猪需要更多的食盐	钠和氯分别是体内细胞外主要的阳离子和阴离子 氯是胃液中主要的阴离子 增强食欲、促进生长、有助于调控 pH 值,是胃中形成盐酸所必需	缺乏症:食欲不振和减退,生长受阻 毒性:紧张、虚弱、蹒跚、癫痫性抓挠、瘫痪和死亡	松散状态的食盐	在碘缺乏地区,应该使用稳定的碘盐 当猪极度缺盐时,要注意防止猪过量采食盐

续表 6.3

矿物质	缺乏条件	矿物质的功能	缺乏症状/毒性	来源	备注
钙(Ca)	当蛋白质原料主要为植物源性时和几乎不用草料时 当猪处于限制饲喂状态又没有添加维生素D时 在妊娠期采食受限制时 当 Ca：P 比例不平衡时 日粮的蛋白质来源（或植酸含量）和镁的水平影响钙的存留	骨骼和牙齿的形成，神经功能，肌肉收缩，血液凝固，细胞的渗透性 泌乳所必需	缺乏症：食欲降低和生长受阻，没有生气，僵硬，骨结构不牢固，繁殖力减弱；严重的会出现血清钙降低和抽搐；小猪可能会出现佝偻病，或老龄动物出现骨软化；后腿瘫痪 毒性：钙过量降低猪的生产性能和增加猪对锌的需要量	石粉、石膏或贝壳粉 同时需要 Ca 和 P 时，使用磷酸一钙、磷酸二钙、磷酸三钙、脱氟磷酸盐或骨粉	由于谷物饲料（猪日粮的主要部分）含 Ca 低，同其他矿物质相比，除食盐外，猪更容易发生钙缺乏 最佳的 Ca：P 比为(1～1.5)：1。 猪乳的 Ca：P 比为 1.3：1
磷(P)	日粮只含植物性原料，妊娠和泌乳后期，高钙日粮，猪限制饲喂又不添加维生素D，Ca：P 比例不平衡 日粮的蛋白质来源（或植酸含量）和镁的水平影响磷的存留	骨骼和牙齿的形成，是在脂类的转运和代谢及细胞膜结构中起着重要作用的磷脂的成分 能量代谢，是合成蛋白质所需的重要的细胞结构 RNA 和 DNA 的成分 一些酶系统的成分	缺乏症：食欲降低，生长受阻，僵硬，骨结构软弱，血液无机磷含量低，食欲颓废，繁殖力减弱，小猪佝偻病或老龄动物骨软化后腿瘫痪也叫产后瘫痪 毒性：磷过量降低生产性能，但不会中毒	同时需要 Ca 和 P 时，使用磷酸一钙、磷酸二钙、磷酸三钙、脱氟磷酸盐或骨粉 日粮中添加植酸酶可提高可利用磷的量	谷物及其副产物以及含油饼粕中 60%～70% 的磷是以很难被猪利用的植酸盐形式存在 最佳的 Ca：P 比为(1～1.5)：1 猪乳的 Ca：P 比为 1.3：1 过量的磷降低猪的生产性能
镁(Mg)	研究表明，天然成分的镁只有 50%～60% 是猪可利用的日粮中不缺乏镁	作为骨骼的成分是骨骼发育所必需的，是许多酶系统的协因子，主要存在于糖分解系统中	缺乏症：高度过敏，肌肉颤动，站立不稳，联结不牢，平衡性丧失，抽搐，伴随着死亡 毒性：镁的毒性水平没有确定	氧化镁，硫酸镁，碳酸镁 白云石	猪乳可为哺乳仔猪提供充足的镁
钾(K)	日粮中含充足的钾	细胞内主要的阳离子，参与维持渗透压和酸碱平衡	缺乏症：食欲不振，生长缓慢，毛发皮肤不良，饲料效率降低，不好动，协调性不良，心脏活动受损 毒性：钾的毒性水平没有确定 提供充足的水猪可耐受 10 倍需要量的钾	玉米中钾含量为 0.33%，其他谷物饲料含钾 0.42%～0.49%	钾是猪体内含量占第 3 的矿物质，仅次于钙和磷 没有确定其对肥育猪和种猪的可利用性
硫(S)		合成含硫化合物，如谷胱甘肽、硫磺胆酸和硫酸软骨素			向日粮中添加无机硫没有任何益处
痕量或微量矿物质					
铬(Cr)	还没有确定铬的需要量	可能是胰岛素的协因子		吡啶烟酸铬	200 μg/kg 可提高窝产仔数

续表6.3

矿物质	缺乏条件	矿物质的功能	缺乏症状/毒性	来源	备注
钴(Co)	如果维生素 B_{12} 受限日粮中钴含量充足	维生素 B_{12} 的必需成分	缺乏症:在猪上还没有缺乏症的报道,但添加钴可防止与锌缺乏相关的机体损伤 毒性:400 μg/kg 的钴对仔猪具有毒性而引起食欲减退、腿僵直、背部长肉瘤、协调性不好、肌肉颤抖和贫血	氯化钴,硫酸钴,氧化钴或碳酸钴市场上也有一些好的含钴商业矿物质	还没有确定钴的需要量
铜(Cu)	哺乳仔猪不接触土壤	是许多酶系统的必需成分,合成血色素和防止营养性贫血所必需;血色素作为载体携带氧遍及全身100～250 mg/kg 的铜可促进猪生长	缺乏症:生长减慢,毛发和皮肤不良,跛腿和僵直,骨结构软弱,腿软和弯曲,贫血,心脏和血管活动失调 毒性:血色素水平降低和黄疸。500 mg/kg 有毒性	硫酸铜,碳酸铜和氯化铜 的效率相同硫酸铜和氧化铜中的铜不易被猪利用	除了哺乳阶段,天然饲料通常含足够的铜 饲喂100～250 mg/kg 的铜可提高繁殖年龄之前猪的增重速率和效率
碘(I)	碘缺乏地区(美国西北部和大湖地区)不饲喂碘盐时饲喂来源于碘缺乏地区的饲料	甲状腺合成甲状腺素所必需,调节机体代谢率或产热的含碘激素的合成	缺乏症:食欲减退,生长减慢,毛发和皮肤不良,繁殖力或妊娠受损,胎儿死亡或弱仔,猪出生时无毛,和/或甲状腺肿大 毒性:日粮中800 mg/kg 的碘可抑制生长猪的生长、降低血色素水平和肝脏中铁的含量;1 500～2 000 mg/kg 的碘对母猪无害	稳定的碘化盐含0.007% 的碘碘化钙,碘化钾和原高碘酸五钙	猪体内大部分的碘分布在甲状腺
铁(Fe)	哺乳仔猪不接触土壤维持新生仔猪的正常生长 每天需要吸收7～16 mg 的铁	铁是红细胞中血红素的成分;在肌肉的肌球蛋白、血清的转铁蛋白、胎盘的 intero-ferrin、乳的乳铁传递蛋白、肝脏的铁蛋白和血铁质中也含有铁铁也作为许多有代谢功能酶的组成在体内起着重要的作用	缺乏症:食欲减退,生长缓慢,毛发和皮肤不良,黏膜苍白,仔猪死亡率高,易感疾病,猪肺病(以呼吸困难为特征)和贫血。每100 mL 血液中血色素的克数是快速反映猪体内铁状态可靠的指标。血色素水平低于 10 g/100 mL 表明处于贫血边缘;7 或低于 7 g/100 mL 表明贫血 毒性:3～10 日龄的猪,硫酸亚铁的口服中毒剂量约为600 mg/kg 体重	在出生的前3 d 肌肉注射单一的右旋糖甘铁200 mg, 或在出生后的几小时内口服螯合铁,或每天给予新刈割的青草硫酸亚铁、螯合铁、柠檬酸铁、柠檬酸–维生素 B 复合铁、柠檬酸铵铁可有效防止缺铁性贫血氧化铁中的铁大部分是不可利用的	初生仔猪体内含铁约 50 mg;在含棉子酚日粮中添加铁具有解毒作用添加可溶性铁的量与棉子酚的重量比为1:1乳中缺铁(猪乳中含铁量平均为1 mg/L);尽早让仔猪采食干饲料天然饲料中的铁足以满足断奶后仔猪的需要哺乳或纯采食液体料的仔猪对铁的需要量为50～150 mg/kg 乳固形物;采食以酪蛋白为基础固态日粮的猪,对铁的需要量比采食相似的液态日粮高 50%/单位干物质

续表 6.3

矿物质	缺乏条件	矿物质的功能	缺乏症状/毒性	来源	备注
锰(Mn)		作为一些参与碳水化合物、脂类和蛋白质代谢的酶的成分	缺乏症:骨骼生长异常,脂肪沉积增加而使发情周期无规律或没有发情周期,胎儿重吸收,猪产弱小胎,泌乳量降低 毒性:没有确切的锰毒性水平。但500~4 000 mg/kg 的锰会降低采食量、抑制生长和肢体僵硬	氧化锰	在大多数猪日粮中锰的含量都是充足的,但可能还不足以维持母猪理想的繁殖性能
硒(Se)	日粮成分全是来自于硒缺乏地区时	作为谷胱甘肽过氧化物酶的组成部分,使其在体内发挥抗氧化功能 硒和维生素 E 具有相同的功能,即抗过氧化物酶的作用。但高水平的维生素 E 并不能掩盖硒的作用	缺乏症:突然死亡,繁殖功能受损,降低乳产量和影响免疫反应 毒性:食欲减退,毛发掉落,肝脏脂肪渗透,肝脏和肾脏变性,浮肿,冠状带的蹄和皮肤偶然性分裂。5 mg/kg 可能具有毒性	亚硒酸钠或硒酸钠	环境应激可能会增加硒缺乏症的发生率和强度 注意:硒的毒性剂量是 5 mg/kg
锌(Zn)	相对于锌的高水平钙会影响锌的利用率和增加锌的需要量	锌是许多金属酶和胰岛素的成分;它在蛋白质、碳水化合物和脂类代谢中起到重要作用	缺乏症:角化不全或猪的皮炎,猪出现疥癣,食欲降低,无力没有生气,生长率低,腹泻和可能呕吐。锌影响所有年龄段的猪 锌缺乏引起母猪窝产数和仔猪体重低 毒性:生长抑制,关节炎,翅下出血,胃炎和肠炎;日粮中高水平的钙可减轻锌的毒性	碳酸锌或硫酸锌	已证明角化不全是因为锌和钙形成不能利用的复合物而引起的

注:①每日的需要量见表 7.4 和表 7.9;日粮中的推荐量见表 7.2 和表 7.9;推荐供应量见表 7.14 和表 7.22。

需要量和推荐供应量的区别在于:需要量指不考虑安全余量,而推荐供应量是指为了补偿饲料成分、环境和在贮存与加工过程可能的损失等的变异,而考虑了安全余量。

来源:皮尔森教育。

过量的钙或磷都会干扰其他元素的吸收。因此,保持这两种元素的合理比例十分重要。最佳的钙磷比为 1.2:1,但介于(1.0~1.5):1 之间的任何一个比例都不会减弱其他元素的吸收。维生素 D 对钙磷的有效利用是必要的。

钙过量会干扰锌的吸收,导致角化不全。高水平的钙(超过 0.9%)和亚缺乏状态的锌配合使用就会出现角化不全。

在猪日粮中添加钙和磷很重要。谷物是组成猪日粮的主要成分,它们是较好的磷源,但钙含量相当低。谷物中大多数的磷都是以肌醇六磷酸盐形式存在,这种形式的磷很难被猪消化。据报道,谷物中磷的利用率在 8%~60% 之间,如玉米的可利用磷为 14%,豆粕为 23%,小麦为 50%。动物源性的磷,如肉粉和鱼粉中的可利用磷约为 90%,这些原料也是很好钙源。

植酸酶 由于化肥或猪粪肥的应用超过了农作物的需要,很多农田已经含有高水平的磷。在欧洲,养猪生产密集的地区由于农田的磷含量过高而遭到谴责。美国的几个州普遍限制使用磷肥或规定施肥的时间,即通过收获的谷物或草料中的磷含量限制施肥的时间。

在猪日粮中添加植酸酶是改善玉米和豆粕中磷利用率的有效手段。添加植酸酶可以降低日粮中无机磷的用量和粪肥中磷的含量,因此可减轻磷对环境的污染。但是,和所有的原料一样,生产者需要考虑添加植酸酶与添加高水平无机磷相比的成本问题。

试验表明,添加植酸酶可使粪肥的磷含量降低 30%～50%。如果谷物饲料中多数的植酸磷在消化过程中变为可利用的磷,那么这些磷就可满足育肥猪的需要。因此,在日粮中添加不含无机磷的矿物质可减少磷的排出。植酸酶现在已经是一种可接受的经济的猪用添加剂。使用植酸酶应该根据生产厂家的说明进行添加。

食盐——钠(Na)和氯(Cl)

食盐包含 Na^+ 和 Cl^-,它们都是体液和体软组织中非常重要的成分。它可增强食欲,促进生长,有助于调节机体 pH 值,是胃内盐酸形成所必需的组分。

与其他种类的家畜相比,猪对食盐的需要量较少,但是添加一些食盐,尤其是当所提供的蛋白源不是来自于动物或海产品时,对猪的生长通常是有益的。食盐缺乏表现为食欲不振或减退、生长受阻。当猪处于饥饿状态时,不能让其单一采食纯食盐,因为这种情况下猪可能吸收过量的食盐以至于发生食盐中毒。

如果提供充足的饮水,猪可以耐受非常高水平的食盐。有些研究给妊娠母猪提供的食盐量达 10%或 20%。如果猪的饮水量偶尔受到限制,应该在控制采食的情况下重新供水。

镁(Mg)

镁在酶系统和骨骼组成中是一种协同因子。猪对镁的需要量约为 0.04%。玉米和豆粕的镁含量分别为 0.12%和 0.3%,在不额外添加镁的情况下就能满足猪对镁的需要。镁的毒性水平是未知的,但猪能耐受 0.3%的镁。

钾(K)

钾是猪体中含量第 3 丰富和肌肉组织中最普遍的矿物元素。猪对钾的需要量变化较大,从仔猪日粮的 0.3%到育肥猪日粮的 0.17%。玉米和豆粕含钾分别为 0.33%和 2.14%,在不额外添加钾的情况下能满足猪对钾的需要。日粮中高水平的氯会增加猪对钾的需要。如果供水充足,猪可耐受 10 倍需要量的钾。

硫(S)

硫是一种必需元素。但含硫氨基酸(胱氨酸和蛋氨酸)似乎足以满足猪合成含硫化合物的需要。向猪的低蛋白日粮中添加无机硫并没有益处。

痕量或微量矿物质

需要量很少的矿物质称为痕量或微量矿物质,包括铜、碘、铁、锰、硒和锌。只要日粮中维生素 B_{12} 充足就不需要微量元素钴。其他矿物质如铬,通常都能满足猪的正常生长。

铬(Cr)

铬参与一些营养物质的代谢,但它确切的功能还是未知的。它可能作为胰岛素的协因子发挥作用。目前还没有铬的估计需要量。添加 200 $\mu g/kg$ 的铬饲喂 6 个月可增加窝产仔数。添加铬还能改善生长猪的生长性能和肌肉品质。

钴(Co)

钴是维生素 B_{12} 的组分。如果猪日粮中添加了维生素 B_{12},则不需要添加钴。猪肠道微生物在提供其足量钴的条件下能够合成维生素 B_{12}。但日粮中只有最少量的钴参与了此过程。肠道合成维生素 B_{12} 的过程在日粮中维生素 B_{12} 的量有限时起着更重要的作用。钴可部分替代锌,防止与锌缺乏有关的损伤。

仔猪的钴中毒水平为 400 mg/kg。硒和维生素 E 可减轻日粮中钴过量所引起的毒性作用。

铜(Cu)

猪需要铜是因为铜参与血红蛋白的合成,并与机体正常新陈代谢所必需的一些氧化酶的合成及其活化有关。铜的缺乏将颉颃铁的动用。日粮中 6 mg/kg 的铜就足以满足仔猪的需要。

饲喂水平达 100~250 mg/kg 的铜可促进猪的生长,这是因为高水平的铜具有抗菌作用。铜的中毒水平为 500 mg/kg。

碘(I)

日粮中碘的需要量尚未确定。然而,碘的用量会因某些饲料,如油菜子、亚麻子、扁豆、花生和大豆中的致甲状腺肿物质的存在而增加。在玉米-豆粕型日粮中,0.14 mg/kg 的碘可防止生长猪甲状腺肿,添加 0.35 mg/kg 的碘可防止母猪缺碘。

日粮中添加 0.2% 的碘化盐(含碘 0.007%)就可满足采食谷物-豆粕型日粮的生长猪对碘的需要。碘化钙、碘化钾和乙二胺二氢化碘(EDDI)中碘稳定且其利用率为 100%。

日粮中 800 mg/kg 的碘抑制生长猪的生长。1 500~2 500 mg/kg 的碘对母猪无害。

铁(Fe)

铁是形成血红细胞的血色素所必需的元素,可防止营养性贫血。血色素是氧的载体,携带氧至全身。

随着胎儿的发育,母体提供的铁逐渐贮存在胎儿的体内。同一窝猪中不同个体贮存铁的总量差异非常大。胎儿所贮存的铁能够维持其生长最多到出生后 10~14 d。母乳中含铁量非常低,还没有研究发现有增加母乳中铁含量的方法。因此,如果哺乳仔猪不接触土壤或饲料,就可能因为仔猪的贫血造成巨大损失。一旦猪开始采食天然饲料,贫血的威胁就可消除,这是因为日粮中含足量的铁可满足猪的需要。

防止新生仔猪贫血最常用的铁源是注射制剂和口服制剂,但优先选用注射制剂。在猪出生后 1~3 d 内肌肉注射 200 mg 的右旋糖甘铁可防止贫血。含铁黏土或新鲜青草也是有用的铁源,但不像注射用铁源那样是首选的,因为它们的摄入量、生物利用率和吸收率都是很难确定的。

是否需要进行第 2 次注射铁源,取决于第 1 次的注射剂量以及在哺乳期间仔猪利用铁的量。只要仔猪开始采食开食料、母猪料或鲜草,就没有必要再次注射铁源或给予铁黏土。

铁剂的注射部位应该在颈部肌肉,这是因为注射铁剂可能会造成肌肉永久性的着色。因此,不应在高价值切块处如后腿肌肉注射。

血液中的血色素是反映铁状态的一个快速而可靠的指标。当其含量为 10 g/dL 或以上时表明铁是充足的。处于贫血状态的猪体内血色素含量通常低于 10 g/dL,此时猪表现为非常苍白、食欲不振和虚弱与没有活力。在缺乏症的严重阶段,猪的呼吸吃力,即所谓的猪肺病。这时候的猪很容易感染其他疾病和寄生虫病,严重者甚至会发生死亡。

口服剂量 600 mg/kg 3~10 d 的仔猪有毒性。对产自于维生素 E 缺乏母猪的仔猪注射铁可能会有毒性。断奶仔猪日粮铁的含量约需要 100 mg/kg(此时需要注射或口服铁剂,因为母乳中铁是非常缺乏的），育肥猪则降至 40 mg/kg。

锰（Mn）

锰通过许多酶在软组织的代谢和骨骼的发育中发挥作用。锰的缺乏症状是跛行、骨组织软弱、发情周期没有规律、产死胎或弱胎、背脂增厚。

锰的需要量是仔猪为 4 mg/kg，而成年猪则降至 2 mg/kg。通常情况下，日粮中的锰是充足的（玉米含 7 mg/kg，豆粕中的含量超过 30 mg/kg）而不用而外添加。但是这个含量的锰还不足以满足母猪理想的繁殖性能，估计 20 mg/kg 才能满足其需要。研究表明，饲喂 500～4 000 mg/kg 的锰会降低猪的生产性能。

硒（Se）

硒是谷胱甘肽过氧化物酶的组成成分，谷胱甘肽过氧化物酶能使谷胱甘肽在体内发挥类似于维生素 E 的生化抗氧化剂作用。这就是为什么硒和维生素 E 具有相同作用的原因。但是，高水平的维生素 E 并不能完全消除动物对硒的需要。

目前，美国食品与药物管理局（FDA）对猪日粮中硒的允许添加剂量为 0.3 mg/kg，尤其是在大湖周围地区。相反地，在达科他地区的土壤里常常含高水平的硒。除了断奶仔猪，一般添加 0.1 mg/kg 的硒就能满足猪对硒的需要。有时，日粮中硒水平为 5 mg/kg 时会出现中毒症状。

锌（Zn）

猪对锌的需要量非常低，但当日粮中钙含量高时，锌的利用就会受到影响而需要量增加。锌缺乏会导致类似疥癣的角化不全（图 6.11）。另外，表现为生长不良、饲料利用率低、母猪窝产仔数少且小、公猪睾丸发育迟缓和仔猪甲状腺发育迟缓。公猪对锌的需要量比母猪高，母猪对锌的需要量则比阉公猪的高。

锌水平达 2 000～4 000 mg/kg 时猪可能中毒。但最近研究证明，饲喂 3 000 mg/kg 的氧化锌 5 周具有药理作用，可促进断奶后仔猪的生长和降低腹泻。

图 6.11　锌缺乏。左边为采食含 17 mg/kg 锌日粮的猪，74 d 的增重仅有 1.362 kg，可见严重的皮肤病（疥癣）或角化不全。右边为采食与左边猪相同日粮但含锌 67 mg/kg 的猪，74 d 增重 50.394 kg。（普渡大学提供）

螯合矿物质

螯合矿物质指与可增强吸收的有机化合物如氨基酸结合的矿物质。最近研究表明,螯合矿物质有0~15%可利用。但是,它们的成本可能是非螯合矿物质的2~3倍。

矿物质源饲料

来源于饲料原料中的矿物质是猪最好的矿物质源。了解饲料中矿物质的确切种类和数量是很重要的。

1)谷物及其副产物和植物源的蛋白质饲料含钙量低,含磷量相当高。但是,正如前面所说的那样,如果不添加植酸酶,植物中的磷对猪来说利用率非常低。

2)动物源性蛋白质(脱脂乳、酪乳、下脚料、废弃肉和鱼粉)、豆科草类(牧草和干草)和双低油菜(油菜子)富含钙。

3)大多数富含蛋白质的饲料中磷含量都高。

4)植物源微量元素的利用率是不确定的。因此,饲料中很多微量元素的分析值即使达到需要量也常常需要添加。同时,由于在猪日粮中添加微量元素成本低,因此,不愿冒缺乏的风险而添加它们通常情况下才是最安全的。

电解质

电解质(矿物质)对维持猪体内水分的平衡是必需的。参与电解质平衡的元素主要有钠、氯、钾、镁和钙,且以钠、氯和钾为主。猪日粮中电解质的水平建议不要超过第七章表中矿物质的需要量。即使在如断奶或肥育猪的出栏或转运造成的有关应激情况下,建议也不能超过该表中的推荐水平。当动物采食量最低时可以添加电解质。由于仔猪更容易发生腹泻,而腹泻可引起严重的脱水,因此,电解质平衡对这一阶段的猪特别重要。

矿物质的来源与生物利用率

通常添加到猪日粮中的主要的矿物质饲料源见第二十二章,其中也列出了几种矿物质的生物利用率。选择使用哪种矿物质饲料主要根据单位可利用元素的价格而决定。

维生素

维生素是一类需要量很小、维持健康和正常机体功能所必需的复杂有机化合物。与氨基酸类似,每一种维生素都具有一种特殊的功能。维生素分为两类——脂溶性维生素和水溶性维生素。机体能长时间贮存少量的脂溶性维生素,而贮存的水溶性维生素很快就会耗尽。

表6.4总结出了所列每一种维生素的有关信息:(1)通常情况下的缺乏条件;(2)功能;(3)缺乏症/毒性;(4)来源。关于维生素的进一步阐释见文中叙述。

表 6.4　猪的必需维生素[①]

维生素	缺乏条件	功能	缺乏症/毒性	来源	备注
脂溶性维生素					
维生素 A	青绿饲草,尤其在限制条件下缺乏	是上皮组织正常维持和发挥功能所必需的,尤其是眼睛、呼吸、消化、繁殖、神经和泌尿系统的上皮组织	缺乏症:夜盲、急躁、食欲不振、生长缓慢、跛行动不协调和后腿失控;对呼吸性感染抵抗力弱;母猪可能重吸收胎儿、产死胎并有各种畸形和缺陷胎 毒性:被毛粗糙、鳞状皮、高度过敏和对触摸敏感、蹄上皮肤破裂并出血、粪尿中带血、腿失控不能抬起,并伴有周期性颤动、死亡	维生素 A 酯或各种维他命原	主要靠肝脏贮存,饲喂给断奶仔猪的玉米中 1 mg 的胡萝卜素相当于 261 IU 的维生素 A;人工脱水的牧草粉中含胡萝卜素比日光干燥的牧草粉高;总的来说,肝脏贮存的维生素 A 量、血浆维生素 A 水平和脑脊髓液的压强是评估猪维生素 A 状态的可靠指标
维生素 D	有限的光照和/或日光干燥的干草	有助于钙磷的同化作用和利用,动物包括胎儿骨骼正常发育所必需的	缺乏症:仔猪佝偻病或成年猪骨软化;两种情况都导致关节肿大和骨软弱;严重的维生素 D 缺乏,猪可能表现出钙和锰的缺乏症,包括抽搐 毒性:采食量和生长率降低,死亡;维生素 D_3 的毒性比 D_2 的强	维生素 D_2(钙化醇)和维生素 D_3(胆钙化醇)对猪的生物活性相似。紫外光可使植物中的麦角固醇转化为钙化醇,动物皮肤中 7-脱氢胆固醇经光照可转化为维生素 D_3 辐射酵母 暴露在日光下日光干燥的干草(日粮中含 10% 的苜蓿干草就能提供正常需要量的维生素)	谷物、谷物副产物和高蛋白质饲料几乎都缺乏维生素 D;除非猪每天都暴露于日光下经紫外线照射,否则日粮中就应该添加维生素 D 当日粮中的钙磷比例适宜时,维生素 D 的需要量就少 1 IU 的维生素 D 相当于 0.025 μg 的胆钙化醇的活性
维生素 E	日粮中含过多高度不饱和的脂肪酸或氧化脂肪 饲料中硒含量低,尤其是猪饲养在室内,又没有饲喂草料	抗氧化剂;肌肉结构;繁殖;高水平日粮维生素 E 可提高免疫反应	缺乏症:食欲不振;生长缓慢;母猪在妊娠期和哺乳期缺乏维生素 E 胚胎的死亡率会提高,仔猪的肌肉收缩则不协调;出现广泛的病理变化 毒性:尚未证明维生素 E 对猪的毒性	α-生育酚 很难预测饲料中维生素 E 的活性	8 种天然的生育酚具有不同的生化活性,其中 d-生育酚的活性最强。1 IU 维生素 E 相当于 1 mg dl-α-生育酚醋酸盐的活性 很多日粮因素影响维生素 E 的需要量,包括硒水平、不饱和脂肪酸、含硫氨基酸、维生素 A、铜、铁和合成的抗氧化剂
维生素 K	发霉饲料 高抗生素水平可能会导致肠道微生物合成的维生素 K 不足	是凝血素形成和血液凝固所必需的	缺乏症:仔猪出血,可进行注射或口服维生素 K 处理;生长缓慢和高度过敏 毒性:日粮中含甲萘醌重亚硫酸酰亚胺盐(MPB)110 mg/kg 对断奶仔猪不具有毒性	以下几种水溶性的甲萘醌形式常用于日粮中添加:甲萘醌重亚硫酸钠复合物(MSB)、甲萘醌硫酸氢钠复合物(MS-BC)和甲萘醌重亚硫酸丁基酰亚胺盐(MPB)	维生素 K 存在 3 种形式:叶绿醌(维生素 K_1)、甲基萘醌(维生素 K_2)和甲萘醌(维生素 K_3) 在实际生产条件下,猪对维生素 K 的需要可通过饲料和肠道微生物合成的维生素 K 满足

续表 6.4

维生素	缺乏条件	功能	缺乏症/毒性	来源	备注
水溶性维生素					
叶酸	日粮中的叶酸加上肠道细菌合成的叶酸足以满足动物需要	参与一碳化合物合成更大分子物质的代谢反应;参与丝氨酸转化为氨基乙酸和高半胱氨酸转化为蛋氨酸的反应	缺乏症:生长不良、毛发褪色和贫血。叶酸可能会增加母猪产的活仔数	合成叶酸	包括一组具有叶酸活性的化合物
烟酸		烟酸是碳水化合物、蛋白质和脂类代谢所必需的辅酶的组成成分	缺乏症:食欲减退、增重降低,伴随着腹泻,偶尔有呕吐,皮炎和掉发	烟碱烟酸	玉米、小麦和高粱烟酸缺乏,因为它以结合态形式存在,因此对猪几乎是不能利用的 日粮色氨酸水平也影响烟酸的需要量,因为色氨酸可转化为烟酸
泛酸(B_3)	长期摄入泛酸不足	作为辅酶 A 的组分,泛酸在碳水化合物和脂肪代谢中对二碳化合物的分解和合成是很重要的	缺乏症:鹅步、食欲减退、生长不良、腹泻、掉发、繁殖力降低和配种失败	泛酸钙(只有 D 型的才具有维生素活性);干乳产品、浓缩的鱼可溶性物质和苜蓿粉	广泛分布于所有饲料中,但饲料中的含量可能不会都满足猪的需要
核黄素(B_2)		是两种辅酶的组分,在蛋白质、脂肪和碳水化合物代谢起着重要作用	缺乏症:食欲减退、生长不良、皮毛粗糙、腹泻、白内障、呕吐、母猪繁殖障碍、产死胎或弱胎、曲腿和不协调	硫胺氢氯化物;硫胺硝酸盐;糙米;麦芽粉;酵母;油子粕;蒸馏的可溶性物质	
维生素 B_6(吡哆醛,吡哆胺)	日粮中都含充足的维生素 B_6	是许多氨基酸酶系统的辅因子。维生素 B_6 在中枢神经系统功能中也起至关重要的作用	缺乏症:食欲减退、体增重降低、皮毛粗糙、兴奋、高度过敏、后腿不协调和贫血	通过微生物发酵生产的商业合成 B_{12} 动物源性蛋白质饲料 发酵产物	猪日粮中容易缺乏维生素 B_{12} 肠道微生物合成的可作为日粮维生素 B_{12} 的来源 维生素 B_{12} 含有微量元素钴,因此,肠道 B_{12} 的合成依赖于日粮中钴的多少。这可能是钴作为营养物质的主要的,要不然就是唯一的功能
维生素 C	日粮中的加上肠道合成的维生素 C 就足以满足需要	维生素 C 是水溶性的抗氧化剂,参与胶原质的形成和维持、铁的吸收和转运、脂肪和脂类的代谢、胆固醇的调节、牙齿和骨骼的健全、毛细管壁的坚固、血管壁的健康、叶酸的代谢和作为一般的抗氧化剂	缺乏症:维生素 C 缺乏没有特殊的症状	维生素 C	正常情况下,猪能合成足量的维生素 C 以满足其需要,但有限的迹象表明在某些情况下日粮维生素 C 是有益的

注:①每天的需要量见表 7.4 和表 7.9;日粮的推荐量见表 7.2 和表 7.9;推荐允许量见表 7.14 和表 7.22。

推荐量和推荐允许量的区别是:需要量指不考虑安全余量,而推荐供应量是指为了补偿饲料成分、环境和在贮存与加工过程可能的损失等的变异,而考虑了安全余量。

来源:皮尔森教育。

脂溶性维生素

对猪很重要的脂溶性维生素主要有维生素 A、维生素 D 和维生素 E。某些情况下可以考虑添加维生素 K,但猪日粮中通常都添加维生素 K。

维生素 A

添加维生素 A 或胡萝卜素可满足猪对维生素 A 的需要。植物饲料中不含维生素 A,但绿色植物和黄玉米中含胡萝卜素,在动物体内可转化为维生素 A。日粮中维生素 A 和胡萝卜素同时存在时表现出来的是维生素 A 的活性。

胡萝卜素很容易被阳光中的紫外线和热破坏。玉米和豆科干草中的胡萝卜素在贮存过程中失效很快,因此,人工合成的维生素 A 比天然状态的维生素 A 更适用。大多数的猪饲料使用的是稳定的、包被的维生素 A 酯,这种维生素 A 酯的活性能持续相当长的时间。

维生素 A 对于维持猪的视觉、繁殖、生长、分化的上皮细胞的保持和黏膜分泌是必需的。猪可将维生素 A 贮存在肝脏中,并且在维生素摄入量低时能动用这部分贮存的维生素 A。

维生素 A 缺乏在生长猪表现为行动失调、后腿调节失控、背部软弱和夜盲。母猪可能不出现发情周期、出现胎儿重吸收、产死胎并伴随有各种畸形和缺陷。维生素 A 也是正常视觉和呼吸道、消化道与繁殖器官管道新生细胞的生长所必需的。

有研究表明,注射维生素 A 可使每窝产仔数增加 0.5～0.8 头。有必要进行更多的研究以确定其适宜注射剂量和注射时间。

维生素 D

维生素 D 有时被称为阳光维生素,这是因为在太阳光的照射下皮肤中某些化合物可转化为维生素 D。如果将猪暴露在阳光下就不会缺乏维生素 D。

有生命的植物体内不含有维生素 D,但成熟的植物或在阳光下收割和愈合的植物因阳光的辐射作用而含有一定量的维生素 D。猪能同等地利用维生素 D_2(植物产品中的钙化醇)和维生素 D_3(动物产品中的胆钙化醇)。辐照的酵母是很好的维生素 D_2 源。

维生素 D 对钙、磷的有效同化是必需的,因此,强健的骨骼生长需要提供充足的维生素 D。缺乏维生素 D 会导致猪骨骼僵硬而疼痛、骨折或变形、关节增大,无生气,小猪发生佝偻病,成年猪出现软骨病。

值得注意的是,当日粮中钙、磷比例平衡时维生素 D 的需要量较低。

维生素 E

维生素 E 是一种防止不饱和脂肪酸氧化的抗氧化剂。有 8 种天然的称为生育酚的化合物具有维生素 E 活性,其中活性最强的是 α-生育酚,而且在贮存过程或混合饲料中 α-生育酚也非常稳定。由于动物体细胞膜含不饱和脂肪酸,维生素 E 缺乏可能会对细胞产生氧化性损伤,严重者表现为肝脏坏死、肌肉苍白、桑葚心、浮肿和猝死。

许多年来,饲料的中维生素 E 主要来源于绿色植物和种子中天然形式的维生素 E(d-α-生育酚),但氧化会很快破坏天然的维生素 E。例如,苜蓿在 32.2℃ 下贮存 12 周,维生素 E 会损失 50%～70%,苜蓿脱水则损失 5%～30%。天然维生素 E 和矿物质预混料贮存在一起后会损失 80%,但是稳定的维生素 E 可维持活性至少 10 周。谷物在高水分条件下贮存或用有机酸处理也会使维生素 E 大量损失。因此,很难预测饲料成分中维生素 E 的活性。1 IU 维生素 E 相当于 0.671 mg d-α-生育酚。

微量元素硒在防止机体氧化性损伤方面也具有维生素 E 的功能。当日粮中硒含量低时,猪对维生素 E 的需要量增加,因此,在饲料含硒低和猪没有给饲牧草的地区,有必要添加维生素 E 或硒,或二者同时添加。但由于天然饲料中维生素 E 具有不可预测性,故大多数营养师都推荐添加维生素 E。

图 6.12 现代化的猪栏能迅速将粪便清离,防止了猪的嗜粪癖(吃粪便)。粪中生长的细菌是多种维生素的来源,然而,如今还是必须靠在日粮中添加足量的必需维生素以满足猪的需要。(爱荷华州立大学 Palmer Holden 惠赠)

还没有维生素 E 对猪的毒性报道。生长猪日粮中维生素 E 的水平达 100 IU/kg 时不产生毒性作用。

维生素 K

维生素 K 存在 3 种形式:叶绿醌(维生素 K_1)、甲基萘醌(维生素 K_2)和甲萘醌(维生素 K_3)。甲萘醌是人工合成形式的维生素 K,它具有维生素 K_1 和维生素 K_2 相同的环状结构。维生素 K_1 存在于天然的绿色植物中,维生素 K_2 则存在于微生物体内,由肠道细菌合成。

维生素 K 是血液凝固的必需因子。通常情况下,由消化道合成通过肠道吸收或从粪便中获得的维生素 K_2 能满足猪的需要(图 6.12)。但是在使用高剂量抗生素或饲料中霉菌的凝血抑制因子(双香豆素)存在或钙过量时,消化道合成的维生素 K_2 可能不足以满足猪的需要。

维生素 K 的缺乏症状表现为生长缓慢、出血、凝血时间延长和高度过敏。猪大概能耐受 1 000 倍于推荐量的甲萘醌而不中毒。

水溶性维生素

烟酸、泛酸、核黄素和维生素 B_{12} 是猪日粮最可能缺乏的水溶性维生素,但其他水溶性维生素偶尔也缺乏。因此,生物素、胆碱、叶酸、硫胺素、维生素 B_6 和维生素 C 也将在以下各节讨论。

生物素

生物素作为许多酶的辅因子在代谢中起着重要作用。大多数常用饲料中生物素的含量是充足的,但在各饲料中它的生物利用率变化很大。母猪脚的损伤和趾裂与生物素的缺乏有关,并且不会因日粮中添加了生物素而得到改善。

一般情况下,添加生物素并不能提高饲喂各种饲料的仔猪或生长育肥猪的生长性能。母猪日粮中添加生物素的效果也不尽一致,有时能改善繁殖性能和蹄的硬度,有时却没有这种效果。

胆碱

维生素包括胆碱,但它并不是真正的维生素,这是因为胆碱的需要量要比维生素高很多,而且它也不参与任何一种已知的酶系统的活动。

胆碱作为甲基供体在代谢中发挥作用,从而可降低原来作为甲基供体的蛋氨酸需要量。胆碱也是体内某些重要磷脂的组成成分,参与肝脏脂肪的动用与氧化。尽管大多数猪饲料原料中胆碱含量充足,但研究表明,在母猪妊娠日粮中添加 880 mg/kg 的胆碱可使每窝产活仔数增加 1 头或多头。由于大部分的胆碱是由蛋白质饲料提供的,因此,当在日粮因添加合成赖氨酸而降低蛋白质含量时,胆碱的摄入量就会减少。

胆碱缺乏时表现为繁殖性能降低、猪产弱仔和协调性减弱。有时候仔猪叉腿也可能是胆碱缺乏造成的。目前仔猪叉腿的具体原因还不完全清楚,但可能是多种因素如遗传、管理、光滑地面、毒素或病毒引起的。

叶酸

叶酸包括一组具有叶酸活性的化合物。叶酸参与许多酶反应,这些酶反应是保证胚胎存活所必需的。

叶酸缺乏会引起一碳化合物的代谢紊乱,包括甲基、丝氨酸、嘌呤和胸腺嘧啶的合成。叶酸参与氨基酸的转化代谢,如丝氨酸转化为氨基乙酸、高半胱氨酸转化为蛋氨酸。猪缺乏叶酸引起体增重减慢、毛发枯萎和贫血。猪饲粮中的叶酸,加上肠道细菌合成的叶酸通常就能满足不同阶段猪的需要。

堪萨斯州立大学早期的研究表明,在妊娠母猪日粮中添加叶酸可使活产仔数每窝约增加 1 头。但没有其他的研究重复这个结果,因此,有必要进一步确定日粮添加叶酸的价值。

烟酸

烟酸作为辅酶烟酰胺二核苷酸(NAD)和烟酰胺二核苷酸磷酸(NADP)的成分在体内代谢中起到重要作用。这些辅酶是猪体内碳水化合物、蛋白质和脂类代谢所必需的。烟酸缺乏表现为腹泻、皮肤粗糙和生长抑制。

谷物中的烟酸常以结合态形式存在,玉米中的烟酸几乎完全不能被猪利用,因此可以推测,谷物及其副产物中的烟酸都是不可利用的。蛋白质饲料源和日粮中色氨酸的含量也影响烟酸的需要量,因为色氨酸可以转化为烟酸。

泛酸(维生素 B_3)

泛酸是辅酶 A 的组成成分,在能量代谢中起到关键性的作用。实际生产中都推荐在猪日粮中添加泛酸。

大麦、小麦和豆粕中泛酸的生物学利用率高,但是玉米和高粱中泛酸的生物学利用率低。干乳产品、浓缩的鱼可溶性物质和苜蓿粉是很好的天然的泛酸来源。也可利用合成的泛酸如泛酸钙。

缺乏泛酸可能会导致生长不良、腹泻、掉发和鹅步。

核黄素(B_2)

核黄素有时又称为维生素 B_2。它作为辅酶黄素单核苷酸(FMN)和黄素腺嘌呤二核苷酸(FAD)的组分而发挥其功能。核黄素在蛋白质、脂肪和碳水化合物的代谢中起着重要作用。通常推荐在猪饲粮中添加核黄素。乳产品和其他动物蛋白质、苜蓿粉和蒸馏可溶解物质是很好的天然核黄素的来源。

生长猪核黄素缺乏可能会引起食欲不振、僵硬、皮炎和眼病。曾有报道,给母猪饲喂核黄素缺乏的日粮会降低妊娠率和繁殖力,早产、产死胎或弱胎。

硫胺素(维生素 B_1)

硫胺素是碳水化合物和蛋白质代谢所必需的,α-酮酸氧化脱羧基必须有辅酶硫胺素焦磷酸参与。

由于猪不像反刍动物那样能由消化道合成充足的硫胺素,因此,必须由日粮提供硫胺素才能满足需要。谷物是猪的主要饲料,也是很好的硫胺素源,因此,在正常情况下,饲料中含的硫胺素就能满足猪的需要。但是,以下几种情况下可能导致硫胺素缺乏:(1)加工过程中过度热处理饲料原料,因为硫胺素是热不稳定的;(2)饲喂没有加工处理过的某种鱼或鱼的下脚料,因为在这种鱼中含有抗硫胺素因子——硫胺素酶(图 6.13)。

图 6.13 同窝猪硫胺素的缺乏。左边的猪接受的硫胺素量为 44.1 μg/kg 活重,右边的猪没有给予硫胺素,但它们采食的日粮是相同的。(美国农业部提供)

维生素 B_6

维生素 B_6 在饲料中以吡哆醇、吡哆醛、吡哆胺和吡哆醛磷酸盐形式存在。吡哆醛磷酸盐是许多氨基酸酶系统重要的辅因子,维生素 B_6 在中枢神经系统功能中起着关键作用。

通常不需要在谷物-豆粕日粮中添加维生素 B_6,因为这些日粮原料中所含的维生素 B_6 能满足猪的需要。

缺乏维生素 B_6 表现为食欲减退和生长率降低,严重缺乏会导致眼部周围有分泌物、痉挛、协调性差、昏迷和死亡。

维生素 B_{12}(钴胺素)

维生素 B_{12} 是 1948 年发现的,最初由于它与动物源性成分有关,就称之为动物蛋白因子。维生素 B_{12} 可促进食欲和生长、改善饲料效率,是维持正常繁殖所必需的。

猪需要维生素 B_{12},但需要量不一致,主要是因为环境和肠道微生物可合成维生素 B_{12},加上猪有异嗜(吃粪便)的倾向。但通常推荐在猪日粮中添加维生素 B_{12}。

维生素 C(抗坏血酸)

维生素 C 是一种参与各种代谢过程的抗氧化剂,它也是脯氨酸和赖氨酸羟基化所必需的,羟基化的脯氨酸和赖氨酸是胶原蛋白的组分。胶原蛋白是软骨和骨骼生长所必需的。维生素 C 能促进细胞间质、骨质和牙质的形成。

日粮来源的维生素 C 对于灵长类动物和几内亚猪是必需的,但家养猪能合成维生素 C。即使猪能合成维生素 C,而且日粮中添加维生素 C 可能是有益的,但添加维生素 C 对生产性能没有改善作用。因此,通常不推荐在猪日粮中添加维生素 C。

未知生长因子

未知生长因子对猪生产性能的改善作用也很大。这些未知生长因子主要来源于蒸馏后的干燥的可溶解物质、鱼的可溶性物质、乳清粉和其他副产物。研究发现,随着日粮中维生素和上述物质添加量的增多,未知生长因子的价值就逐渐消失。

维生素的来源与生物利用率

绿叶植物、草和苜蓿是猪优质的维生素原料。但是,由于室内饲养,可用的绿叶植物原料很少,而可用于饲料配方的原料则更少。因此,在做猪的日粮配方时,推荐所有维生素和矿物质水平都为添加水平,而且推荐添加合成维生素。

猪用的主要维生素原料及其生物利用率列于表 6.5。尽管谷物和蛋白质饲料中含有维生素,但通过添加维生素添加剂提供动物需要的维生素会更安全些,因为谷物和蛋白质饲料中的维生素在干燥、贮存和加工过程中可能会损失。NRC 中维生素的需要量是总的需要量,包括含在饲料原料中的维生素(除烟酸以外)。维生素的允许量应该是指添加到日粮中的维生素水平,通常扣除了饲料中所含的那部分天然维生素。

表 6.5 维生素来源和生物利用率[①]

维生素	1 IU 相当于	来源	RB[②]/%	注解
维生素 A	0.3 μg 视黄醇或 0.344 μg 维生素 A 醋酸盐	维生素 A 醋酸盐(所有反式醋酸盐)	未知	包被形式
	0.55 μg 维生素 A 棕榈酸盐	维生素 A 棕榈酸盐	未知	主要用于食品
	0.36 μg 维生素 A 丙酸盐	维生素 A 丙酸盐	未知	主要用于注射剂
	1 视黄醇当量(RE)=1 μg 所有反式视黄醇			
维生素 D	0.025 μg 维生素 D₃	维生素 D₂(钙化醇)		
		维生素 D₃(胆钙化醇)	未知	包被形式更稳定
维生素 E	1 mg dl-α-生育酚醋酸盐	dl-α-生育酚醋酸盐	100	
	0.735 mg d-α-生育酚醋酸盐	d-α-生育酚醋酸盐(RRR)	136	
	0.909 mg dl-α-生育酚	dl-α-生育酚(RRR)	110	非常不稳定
	0.671 mg d-α-生育酚	d-α-生育酚	244	非常不稳定
维生素 K	1ansbacher 单位=20 Dam 单位=0.000 8 mg 甲萘醌	甲萘醌亚硫酸二甲基吡啶(MPB)	100	
		甲萘醌亚硫酸氢钠复合物(MSBC)	100	规定只用于禽类
		甲萘醌亚硫酸氢钠(MSB)	100	包被形式更稳定
核黄素	无国际单位,使用 μg 或 mg	晶体核黄素	100	
烟酸	无国际单位,使用 μg 或 mg	烟酰胺	100	
		烟酸	100	
泛酸	无国际单位,使用 μg 或 mg	d-泛酸钙	100	
		dl-泛酸钙	50	
		dl-泛酸钙+氯化钙复合物	50	
维生素 B₁₂	1 μg 维生素 B₁₂ 或 1 USP 单位 或 11 000 LLD 单位	氰钴胺	未知	
胆碱	无国际单位,使用 μg 或 mg	氯化胆碱	未知	吸湿的
生物素	无国际单位,使用 μg 或 mg d-生物素	d-生物素	未知	
叶酸	无国际单位,使用 μg 或 mg	叶酸	未知	包被形式更稳定

注:①最常用的原料以斜体表示。
　　②RB=相对生物利用率。
来源:内布拉斯加州大学和南达科他州大学,猪营养指南,2000;NRC,猪营养需要,1998。

水

水太平常了,所以,很少把它看作是一种营养物质,但是地球上的生命没有水是不可能存在的。动物如果没有饲料,生存的时间可能要比没有水长些。但是,几乎所有的生命体,其最大部分是水。猪出生时水占其体重的 80%,但到育肥出栏时就降低到约为 50%。

水在机体中发挥着许多作用,它是血液的大部分组成,将营养物质运送到细胞而把细胞中的废物运出;机体大多数的化学反应必须要水;它构成机体的冷却系统——调节体温,充当润滑剂的作用。

猪对水的需要量与采食量和体重有关,在正常情况下,一头猪每消耗 1 单位干饲料,则消耗 2~3 单位水。不同阶段及种类的猪水的消耗量估计值见表 6.6。

表 6.6　猪对水的估计消耗量

种类	体重/kg	水的消耗量/(L/d)	种类	体重/kg	水的消耗量/(L/d)
妊娠母猪	—	11~20	保育仔猪	6~20	0.5~1.5
泌乳母猪	—	12~40	生长猪	20~63	4~6
吮乳仔猪	1.5~6	0~0.2	肥育猪	63~114	6~9

来源:NRC,猪营养需要,1998。

猪对水的需要随着腹泻、大量盐的摄入、高温、发烧或泌乳增加。对于生长猪,建议在一群猪中,每 15 头猪就应该提供 1 个饮水装置,每一群猪最少提供 2 个饮水装置。而对于仔猪,每 10 头就应该提供 1 个饮水器。

当通过一种合适的可控分配系统管理时,水是除虫剂、抗生素或化学疗法、口服疫苗或水溶性营养物质的载体。

猪饲料

全世界的猪都是以各种饲料饲养的,包括各种副产物。除了放牧或配以干草粉外,猪很少吃粗饲料。在美国,猪消耗的饲料中只有约 4% 是粗饲料。

玉米与养猪生产一直是紧密相连的。但是,农业是非常广泛的,猪日粮的配制宜采用当地生产的原料。因此,世界上大部分的地区,饲喂猪的饲料都以本地产的为主。爱尔兰主要是靠土豆和乳副产物提供饲料,丹麦养猪业的发展促进了奶牛业的发展,牛奶和乳清粉满足了国内的需求而只需进口谷物(大部分是大麦);德国的猪饲料主要是农作物如土豆、甜菜和青草料;在中国,农户散养的猪主要以家庭副业的产物为主要饲料,几乎不与人类竞争粮食,而大型猪场的猪主要以谷物和蛋白质饲料为主。

因此,养猪生产者通常在配制猪日粮时对原料的选择余地较大,每种原料含营养素的量是不同的。由于原料的价格、所含营养素的量和质量均有所差别,所以要根据这些方面对原料进行选择。

根据原料所含某种营养物质最多将其分成不同种类。因此,由于玉米含能量高将其划为能量饲料,豆粕由于蛋白质含量高将其划为蛋白质饲料。当然,这两种饲料都提供能量和蛋白质。

浓缩料

由于猪是单胃动物,它同除家禽之外的其他家养动物相比,消耗更多的浓缩料而消耗较少的粗料。猪的这种特性使它们消耗富含钙和维生素的粗料的机会减少,因而不得不在日粮中添加矿物质和维生素。

多数的浓缩饲料并不适合于作为猪唯一的日粮原料,但是我们应当知道,猪比其他家养动物能更好地利用更广泛的饲料。一般来说,谷物——玉米、大麦、小麦、燕麦、黑麦和高粱构成了猪主要的日粮成分。但是,当地产的甜土豆、精土豆、豌豆和花生也能作为饲料饲喂猪。大豆是最常用的蛋白质原料,但在美国的几乎每一个地区,副产物饲料包括来自于渔业、肉品业、制粉业和奶业的副产物都可以饲喂猪。人类食品废弃物,如废物或垃圾(商业垃圾必须煮熟)也可饲喂猪。

猪对蛋白质和维生素的需要量与反刍动物的差别很大,这是因为反刍动物的瘤胃微生物改善了蛋白质的质量并通过微生物合成了某些维生素。

不管怎样,在平衡猪日粮时,通过考虑以下几个方面是可以满足猪对营养物质的需要的:

1)谷物及其副产物含磷水平相对较低,而且很多是不能利用的,钙及其他矿物质含量也低。

2)除了黄玉米和绿豌豆含胡萝卜素外,谷物是很差的维生素源。

3)大多数谷物源性蛋白质的质量都不好。

4)动物源性饲料和豆粕通常提供的都是高品质的蛋白质,但植物源性饲料和其他粕类提供的都是低质的蛋白质,常常是赖氨酸不足。

5)由于大多数精料的养分都不充足,故通常需要靠添加矿物质和维生素来保证饲料的质量。

能量饲料

碳水化合物和脂肪都划为猪的能量饲料。通常用做能量饲料的原料有玉米、大麦、高粱和小麦。

在美国,玉米和养猪生产一直是密不可分的。美国大部分的猪都饲养在玉米生产地带,他们有 1/4 的玉米都用于饲养猪(图 6.14)。玉米是最廉价的能量原料,但其价格经常随其他能量饲料波动,如中西部和西北部的大麦、内布拉斯加州和堪萨斯州的小麦和西南部的高粱。

图 6.14 玉米是饲喂猪的主要谷物饲料。玉米带生产的玉米产量通常比贮存、饲喂和运输外卖的数量还多,因此,猪肉生产就与丰富而便宜的玉米产地紧密相连。(爱荷华州立大学 Palmer Holden 提供)

虽然大麦、高粱和小麦的蛋白质含量比玉米高,但值得注意的是,它们与玉米含的蛋白质一样,质量都很差。同样也要注意,所有谷物饲料的维生素和矿物质都同样缺乏。

对每一种常用于猪的能量饲料的深入讨论见第九章"谷物和其他高能饲料"。

蛋白质饲料

蛋白质由含氮化合物氨基酸组成,各种蛋白质含氨基酸的种类与数量是不同的。在消化过程中蛋白质被降解为各种氨基酸,然后猪又将这些氨基酸合成肌肉发育、修复更新组织等所必需的各种氨基酸。因此,猪真正需要的是氨基酸而不是蛋白质。

猪能够合成一些它们不能够从日粮中获得的氨基酸。但是,有 10 种氨基酸被定义为必需氨基酸,这是因为这些氨基酸要么是不能完全在体内合成,要么是合成的量不能满足其最佳的生长。富含必需氨基酸的原料对于配方日粮是很重要的。

在实践中我们通常指日粮中的蛋白质为"百分蛋白",但这种定义对于未知配方原料成分的猪饲料来说,并没有任何意义。当蛋白质饲料含有猪需要的所有必需氨基酸,并且比例均衡和数量充足时,就可以说是优质蛋白质饲料。

到目前为止,豆粕是美国最主要的高蛋白饲料,所有饲喂动物的高蛋白饲料中(包括油子粕和动物蛋白),豆粕的用量大约占了一半。虽然豆粕含的蛋氨酸缺乏,但其他氨基酸的比例很平衡。采用豆粕也必须在日粮中添加矿物质和维生素添加剂。由于豆粕的适口性好且其成本比谷物高,如果让猪自由采食将会导致猪摄入的蛋白质超过其需要量,因此,通常情况下是不考虑让猪自由采食豆粕日粮的。

豆粕是使用最广泛的蛋白质饲料,但其他蛋白质饲料也适合做猪饲料,如棉子粕、脱脂奶粉、鱼粉、亚麻子粕、肉粉、肉骨粉、花生粕和双低菜子粕。关于每一种蛋白质饲料的深入讨论见第十章"猪的蛋白质和氨基酸饲料"。

图 6.15 为母猪配有 A 型小棚的爱荷华州东北地区的一个养猪牧场。该牧场既可用于妊娠母猪,也可用于泌乳母猪。值得注意的是,刚翻耕、被粪尿侵蚀的地面更适合于种植草料而不是农作物。(爱荷华州立大学 Palmer Holden 提供)

牧草

在现代化的美国养猪生产中牧草发挥着较小的作用。不过,好的豆科牧草可为猪提供优质的饲料。如果饲喂含有大量豆科成分的优质牧草,妊娠母猪每天每头可少饲喂 908 g 的谷物和 227 g 的蛋白质饲料。

对于生长育肥猪来说,优质豆科牧草可提供一部分蛋白质。同室内饲养相比,生长育肥猪饲喂豆科牧草可使日粮中蛋白质水平降低 2%(图 6.15)。

牧草及其使用将在第十一章"青草和牧草生产"和第十五章"猪的生产和管理"中讨论。

干草

苜蓿是美国唯一用于饲喂猪的干草,虽然在其他国家还有可用的豆科作物。如果苜蓿粉作为能量和蛋白质源的价格低于玉米和其他谷物,那么在妊娠母猪日粮中苜蓿粉的比例可占到 15%～50%,而在生长肥育猪日粮中可能会占 5%。对干草的深入讨论见第十一章。

青贮饲料

优质青贮饲料是母猪的优质饲料,因此,在奶牛和肉牛农场使用青贮饲料可能更有优势。除非母猪的体形特别大,否则不可能花钱给猪专门建青贮窖。由于青贮饲料暴露在空气中 1～2 d 就会坏,因此,每天饲喂的量必须足够大才能防止饲喂变质的青贮饲料。玉米青贮是最常用的青贮饲料,但苜蓿青贮料也可用于妊娠母猪。对青贮料的深入讨论见第十一章。

拱食作物

有时候可以允许猪自己去"收割"庄稼,那些被恶劣的暴风雨或其他方式损坏的,或由于气候原因不能收割的农作物,可以通过猪自己去拱食。收割期后也可以让猪去田地里拱食洒落的庄稼。但是,这样就得把篱笆从农田里移开,而如果允许猪毫无约束地进入这些受到破坏的农田,对于妊娠母猪来说,就有可能采食作物过多。对拱食作物的深入讨论见第九章"粮食作物和其他高能饲料"。

厨余垃圾

从驯养开始的远古时代,猪就被看作是清道夫——经常以餐桌残余物和其他废弃物为食。即使在今天,大多数发展中国家的猪和较少的其他家畜仍然消耗一些适合做人类食品的宝贵的产品。美国所有 50 个州的法律都规定地方性的厨余垃圾必须煮熟才能饲喂,这样可以防止疾病传播。对厨余垃圾的深入讨论见第九章。

饲料添加剂

有些饲料添加剂已经成为标准的猪日粮原料成分,尤其是对于那些初生到出栏体重阶段的猪。这些添加剂并没有营养价值,因此它们不是日粮的要素组分。有关饲料添加剂的细节见第八章"选择性的饲料、饲料添加剂和饲养管理"。

饲料评价

利润是任何一种家畜饲养成功的最终标准,而营养物质的成本是决定成功的一个重要因素。这本书和其他书中的饲料成分价值表示的仅仅是有关饲料营养价值数据总和的平均值。不同的饲料样本,其营养成分存在着相当大的固有的变异。因此,成功的生产者必须认可通过一个很好的饲料分析程序得来的分析值。

饲料可以通过物理的、化学的或生物学的程序进行分析。虽然物理评价(表观、气味、显微镜观测)可能是精确度最小的一种方法,但是通过它可快速、方便地获得有关饲料品质的大量信息。化学评价法比物理法更精确,但它费时。生物学评价法(微生物学或饲养动物)必须花费大量时间和费用,其结果受动物变异的影响。

物理学评价法

为了生产或购买好品质的饲料,养猪生产者需要了解饲料品质是由哪些方面构成,并且如何识别它们。他们需要熟悉那些适口性好和营养物质含量高的饲料的可识别特征。如果拿不准,就通过观察猪对这些饲料的采食情况进行判断,因为猪更喜欢和更积极采食优质饲料。优质谷物和其他精料具有如下容易识别的特征:

1)种子没有裂开或破碎。

2)种子含水量低,通常含干物质的量为88%。

3)种子色泽好。

4)精料和种子没有感染霉菌。

5)精料和种子没有遭鼠害和虫害。

6)精料和种子没有其他杂物,如筛屑或铁屑。

7)精料和种子没有腐臭味。

化学分析法

当今,饲料都要通过常规的高度复杂的化学过程进行分析。许多农业试验站、大型的饲料公司和私人实验室都有对饲料营养问题进行预防和诊断的设备。

化学分析给开始饲料评价提供了一个牢固的基础。因此,饲料成分表是日粮配方和购买原料的基础。商业饲料必须经州立法律许可,并贴有成分表和具有分析保证的标签。

虽然各州的法律不一样,但大多数都要求饲料标签上要显示粗蛋白和脂肪的最小百分值、粗纤维和灰分的最大百分值。大多数的饲料标签也包括盐和钙的最大与最小百分值、磷的最小百分值。这些数字是购买者的保证,即饲料的高成本项目——蛋白和脂肪的最低含量不超过低成本、低价值的项目——粗纤维、钙和盐的规定数量。

近似分析(Weende 程序)

100 多年来,饲料分析一直是通过两个科学家建立的方法进行的,即 Henneberg 和 Stohmann 在德国 Weende 实验站发展起来的饲料近似分析法或 Weende 系统。按照这种方法,饲料被分为 6 种成分:(1)水分;(2)灰分;(3)粗蛋白;(4)醚浸出物;(5)粗纤维;(6)无氮提取物。

近红外(NIR)光谱法

近红外线是光谱中可见光和红外线之间的一部分。我们在可见光谱区能看见东西。在可见光谱区看见的苹果的颜色,是苹果中各种色素的和化学的综合信息。我们不能"看见"那些不吸收可见光的物体(如糖溶液)。但是,水、糖、酸和其他有机物却能吸收与它们浓度相称的近红外线。

NIR法常用于评估广泛的成分,如干物质,或谷物或饲草中的蛋白质和氨基酸。它最大的好处是快速,几乎是一准备好样品就能得出结果。

氧弹式热量测定仪

当化合物在氧气中完全燃烧时,释放的热量被称为总能或燃烧热。常用氧弹式热量计测定饲料、饲料消耗物(如粪和尿)和组织的总能。

卡被定义为将 1 g 的水升高 1℃(精确地说是从 14.5℃升高到 15.5℃)所需要的热量。由此我们很容易明白氧弹式热量计的工作原理。氧弹式热量计有助于我们获得饲料总能,但是,要确定动物对饲料的利用情况,必须采用一种或其他种的动物试验。

生物学分析法

很多时候,生物学分析法是用于分析饲料中的营养物质。有两种基础的生物学分析法:(1)微生物分析法;(2)采用营养物质缺乏的动物。

生物学法通常费时又费力。为了获得统计学上可靠的结果,需要大量的样本数。而且,很多时候从生物学法获得的数据变异性很大。采用营养物质缺乏动物的分析法特别麻烦,这是因为:(1)试验动物的年龄、性别和体重要几乎一致;(2)需要花费时间诱导这些动物处于某种营养物质的缺乏状态。

学习与讨论的问题

1.为什么了解猪的体成分很重要?

2.表 6.1 给出了猪从出生到成熟的体成分的范围。详述猪从出生到成熟过程中体成分水、脂肪、蛋白质和灰分的变化情况。

3.描述猪的消化系统。比较猪(非反刍动物)的消化系统和反刍动物的消化系统的区别。

4.为什么猪是人类营养研究的好模型?

5.指出猪需要的营养物质有哪些?

6.讨论以下机体功能需要哪些相关的营养物质:

　　a.维持;

　　b.生长;

　　c.繁殖;

　　d.泌乳;

　　e.育肥。

7.表 6.2 显示猪从仔猪到肥育阶段饲料转化效率发生了巨大变化。你如何解释这种现象?

8.饲料的总能和消化能有什么区别? 为什么这种区别很重要?

9.什么是必需氨基酸? 哪些氨基酸是猪所必需的?

10.什么是限制性氨基酸?

11.解释从 20 世纪 80 年代以来,猪对矿物质和维生素的摄入是如何受管理的改变影响的?

12.区别常量矿物质和微量矿物质。

13.描述以下矿物质的功能和猪的缺乏症:盐、钙、磷、碘和铁。

14.讨论钙、磷和维生素 D 在猪营养中的关系。

15.为什么在配制日粮时说植物源性的磷生物学利用率为 30％或更低?

16.什么是螯合矿物质？在日粮中推荐使用它们吗？

17.讨论矿物质的来源和生物利用率。

18.描述以下维生素的功能和猪的缺乏症：维生素 A、维生素 D、维生素 E、胆碱、泛酸和核黄素。

19.在谷物-豆粕型日粮中，最容易缺乏哪种维生素？

20.在现代饲料配方和维生素出现之前，生产者是如何保证猪采食到所有必需的维生素？

21.讨论水对猪的重要性。

22.列出并描述饲料分析的方法。为什么进行饲料分析很重要？

主要参考文献

Animal Feeding and Nutrition, 9th ed., M. J. Jurgens, Kendall/Hunt Publishing, Co., Dubuque, IA, 2002

Animal Science, 9th ed., M. E. Ensminger, Interstate Publishers Inc., Danville, IL, 1991

Applied Animal Nutrition, *Feeds and Feeding*, 2nd ed., Peter R. Cheeke, Prentice Hall, Upper Saddle River, NJ, 1999

Bioenergetics and Growth, Samuel Brody, Hafner Publishing Co., New York, NY, 1945

Feeds and Nutrition Digest, M. E. Ensminger, J. E. Oldfield, and W. W. Heinemann, The Ensminger Publishing Company, Clovis, CA, 1990

Fundamentals of Nutrition, L. E. Lloyd, B. E. McDonald, and E. W. Crampton, W. H. Freeman and Co., San Francisco,CA, 1978

Kansas Swine Nutrition Guide, Kansas State University Extension, Manhattan, KS, 2003

Life Cycle Swine Nutrition, 17th ed., Pm-489, P. J. Holden, et al., Iowa State University, Ames, IA, 1996

Livestock Feeds and Feeding, 4th ed., Richard O. Kellems and D. C. Church, Prentice Hall, Upper Saddle River, NJ, 1998

Nontraditional Feed Sources for Use in Swine Production, P. A. Thacker and R. N. Kirkwood, Butterworths, Boston, MA, 1990

Nutrient Requirements of Swine, 10th rev. ed., National Research Council, National Academy of Sciences, Washington, DC, 1998

Pork Industry Handbook, Cooperative Extension Service, Purdue University, West Lafayette, IN, 2003

Stockman's Handbook, *The*, 7th ed., M. E. Ensminger, Interstate Publishers Inc., Danville, IL, 1992

Swine Nutrition, E. R. Miller, D. E. Ullrey and A. J. Lewis, Butterworth－Heinemann, Boston, MA, 1991

Swine Nutrition Guide, University of Nebraska, Lincoln, NE and, South Dakota State University, Brookings, SD, 2000

Swine Production and Nutrition, W. G. Pond and J. H. Maner, AVI Publishing Company, Inc., Westport, CT, 1984

第七章　营养需要量和供给量、日粮配方与饲养方案[①]

位于爱荷华州大学猪营养和管理研究农场的现代化饲料加工厂。（爱荷华州立大学 Palmer Holden 提供）

内容
营养需要
国家研究委员会（NRC）营养需要
预期的饲料投入和产品产出
推荐的营养供给量

目标

学习本章后,你应该:

1. 了解如何利用 NRC 猪的营养需要表。
2. 说明营养需要量和推荐的营养供给量之间的差别。
3. 了解每一个生产阶段所需要的饲料量。
4. 了解如何对不同的环境或遗传因素进行需要量的调整。
5. 了解为生长猪确定适宜日粮的必需步骤。
6. 了解为繁殖猪确定适宜日粮的必需步骤。

　　猪的饲养是一门复杂的科学。为了取得最大的成功,养猪生产者必须遵循一个科学的饲养程序,这个程序是以了解每一阶段猪的营养需要及其如何受环境影响为基础制定的。这就需要生产者详细了解猪的状况,例如,必须评估猪的瘦肉增长潜力、目前的气候条件和猪的健康状态。当确定了从仔猪到种猪每一阶段的特定营养需要后,再根据这些因素进行调整。

　　许多因素都影响猪的营养需要,包括优良的遗传优势、日粮配方、饲养程序、饲料的利用率和品质、采食量、营养素的相互作用、营养物质的生物利用率、饲喂过程、安全限度、非营养性添加剂、环境、健康、饮水和经济学,这些因素相互影响。因此,它们的净产出决定了养猪生产的水平和效益。作为研究和管

---

①本章资料来源:NRC,猪的营养需要,1998;猪营养的生命周期,爱荷华州立大学出版,1996;猪营养指南,内布拉斯加大学和南达科他州立大学出版;堪萨斯猪营养,堪萨斯州立大学出版。

理的结果,这些因素不断地变化。为了获得最大的生产性能和利润,需要不断地调整营养需要量和饲养程序。

营养需要

营养需要见表中列出的不同品种动物为特定的生产目的,如生长、繁殖和泌乳所需要的营养物质的量。大多数的需要量表示为:(1)每天需要的营养物质的量;(2)日粮中的浓度。第 1 种表示法用于在24 h 中提供给动物某种饲料精确的量,而第 2 种表示法用于在没有时间限制的情况下提供给动物饲料任其消耗,也称为自我饲养。

国家对猪的营养需要已经做过详细说明,生产者通过利用这些标准,可以设计满足特定营养需要的日粮配方进行配制。虽然营养需要是极好的并且是必需的指南,但是存在不能非常精确地指定营养物质需要的问题。例如,为了获取最佳的胴体瘦肉沉积对某种营养物质的需要量可能要比为获取最佳的增重要高。瘦肉型猪在其增重中沉积更多的蛋白质,这就增加了它们对蛋白质和特殊氨基酸的需要量。在瘦肉猪的增重中沉积更多的蛋白质肯定与饲料效率相联系的,因此,为了获取最佳饲料效率的营养需要通常要高于为获取最佳的体增重的营养需要。为了达到最大的血色素浓度所需要的铁可能要高于为获得最大增重速度或效率所需要的铁,与获得最大增重相比,要获取最大的骨灰分通常需要较高水平的钙和磷。

此外,营养需要并没有告诉我们有关日粮的适口性、物理特性或可能的消化干扰等信息,也没有考虑猪的个体差异、管理差异和各种应激的影响,如气候、疾病和寄生虫。因此,有许多改变营养需要及其利用率的可变因素,在制定营养需要时即使知道饲料的品质,也很难将这些可变因素量化而包括在其中。最终是每一个养猪生产者必须选择一套能在他们的特殊环境下带来最大经济回报的标准。理想的标准应该是与猪的遗传潜力、本地区饲料的价格及实用性相联系的。

国家研究委员会(NRC)营养需要

最新的营养需要是由美国国家研究委员会(NRC)出版的。国家科学研究院会周期性地任命一个委员会,由大家公认的一直从事广泛的特定品种研究工作的研究员组成,他们将科学文献汇总并为不同的功能作用修订营养需要。因此,每种家畜的营养需要都是分别制定而且深入进行的。

营养需要的制定是以发表的研究结果为基础,同时也是估计营养需要的基础,这些数据大部分也是需要量(而不是供给量)。因此,它们没有为补偿饲料组成和环境的变异以及在贮存或加工过程中潜在的养分损失而提供安全极限。在使用表 7.1 至表 7.10 时,应该注意下面几点:

1)各种饲料的营养价值是不同的,无论是产自同一地区还是不同地区。

2)猪生长的环境会改变营养需要。

3)瘦肉率高的猪种和瘦肉率一般或低的猪种相比,对营养的需要差别是很大的。

NRC 猪营养需要或标准见表 7.1 至表 7.10。

表 7.1 生长猪在自由采食下氨基酸的需要量(90%干物质)[1]

项目	体重/kg					
	3～5	5～10	10～20	20～50	50～80	80～120
日粮消化能含量/(kcal/kg)	3 400	3 400	3 400	3 400	3 400	3 400
日粮代谢能含量[2]/(kcal/kg)	3 265	3 265	3 265	3 265	3 265	3 265
摄入消化能的估计值/(kcal/d)	855	1 690	3 400	6 305	8 760	10 450
摄入代谢能的估计值/(kcal/d)[2]	820	1 620	3 265	6 050	8 410	10 030
采食量的估计值/(g/d)	250	500	1 000	1 855	2 575	3 075
粗蛋白质[3]/%	26.0	23.7	20.9	18.0	15.5	13.2
氨基酸需要量[4]:以真回肠可消化氨基酸为基础/%						
精氨酸	0.54	0.49	0.42	0.33	0.24	0.16
组氨酸	0.43	0.38	0.32	0.26	0.21	0.16
异亮氨酸	0.75	0.65	0.55	0.45	0.37	0.29
亮氨酸	1.35	1.20	1.02	0.83	0.67	0.51
赖氨酸	1.34	1.19	1.01	0.83	0.66	0.52
蛋氨酸	0.36	0.32	0.27	0.22	0.18	0.14
蛋氨酸＋胱氨酸	0.76	0.68	0.58	0.47	0.39	0.31
苯丙氨酸	0.80	0.71	0.61	0.49	0.40	0.31
苯丙氨酸＋酪氨酸	1.26	1.12	0.95	0.78	0.63	0.49
苏氨酸	0.84	0.74	0.63	0.52	0.43	0.34
色氨酸	0.24	0.22	0.18	0.15	0.12	0.10
缬氨酸	0.91	0.81	0.69	0.56	0.45	0.35
以总氨基酸为基础[5]/%						
精氨酸	0.59	0.54	0.46	0.37	0.27	0.19
组氨酸	0.48	0.43	0.36	0.30	0.24	0.19
异亮氨酸	0.83	0.73	0.63	0.51	0.42	0.33
亮氨酸	1.50	1.32	1.12	0.90	0.71	0.54
赖氨酸	1.50	1.35	1.15	0.95	0.75	0.60
蛋氨酸	0.40	0.35	0.30	0.25	0.20	0.16
蛋氨酸＋胱氨酸	0.86	0.76	0.65	0.54	0.44	0.35
苯丙氨酸	0.90	0.80	0.68	0.55	0.44	0.34
苯丙氨酸＋酪氨酸	1.41	1.25	1.06	0.87	0.70	0.55
苏氨酸	0.98	0.86	0.74	0.61	0.51	0.41
色氨酸	0.27	0.24	0.21	0.17	0.14	0.11
缬氨酸	1.04	0.92	0.79	0.64	0.52	0.40

注:①性别混合的猪(公、母猪比例为 1:1),体重为 20～120 kg 阶段的高中等瘦肉生长率(325 g/d 胴体无脂瘦肉)的猪。

②假定代谢能为消化能的 96%。在玉米-豆粕型日粮中的粗蛋白水平,代谢能为消化能的 94%～96%。

③玉米-豆粕型日粮中的粗蛋白水平。在 3～10 kg 阶段猪饲喂干燥血浆粉和/或干燥乳产品日粮,蛋白水平比表中的低 2%～3%。

④总氨基酸需要量是以下列日粮类型为基础:3～5 kg 猪,含 5% 干燥血浆粉和 25%～50% 干燥乳产品的玉米-豆粕型日粮;5～10 kg 猪,含 5%～25% 干燥乳产品的玉米-豆粕型日粮;10～120 kg 猪,玉米-豆粕型日粮。

⑤3～20 kg 猪的总赖氨酸百分比为经验估计值。其他氨基酸的百分比是根据氨基酸与赖氨酸(真可消化基础)的比值得来;但是,几乎没有经验数据与这些值相符。20～120 kg 猪的需要量是根据生长模型估计的。

来源:NRC,猪的营养需要(第 10 版),1998,111,表 10.1。

表 7.2　生长猪在自由采食下日粮矿物质、维生素和亚油酸的需要量(90%干物质)[①]

项目	体重/kg					
	3～5	5～10	10～20	20～50	50～80	80～120
矿物质						
钙[②]/%	0.90	0.80	0.70	0.60	0.50	0.45
总磷[②]/%	0.70	0.65	0.60	0.50	0.45	0.40
有效磷[②]/%	0.55	0.40	0.32	0.23	0.19	0.15
钠/%	0.25	0.20	0.15	0.10	0.10	0.10
氯/%	0.25	0.20	0.15	0.08	0.08	0.08
镁/%	0.04	0.04	0.04	0.04	0.04	0.04
钾/%	0.30	0.28	0.26	0.23	0.19	0.17
铜/(mg/kg)	6.00	6.00	5.00	4.00	3.50	3.00
碘/(mg/kg)	0.14	0.14	0.14	0.14	0.14	0.14
铁/(mg/kg)	100	100	80	60	50	40
镁/(mg/kg)	4.00	4.00	3.00	2.00	2.00	2.00
硒/(mg/kg)	0.30	0.30	0.25	0.15	0.15	0.15
锌/(mg/kg)	100	100	80	60	50	50
维生素						
维生素 A[③]/(IU/kg)	2 200	2 200	1 750	1 300	1 300	1 300
维生素 D₃[③]/(IU/kg)	220	220	200	150	150	150
维生素 E[③]/(IU/kg)	16	16	11	11	11	11
维生素 K(甲萘醌)/(mg/kg)	0.50	0.50	0.50	0.50	0.50	0.50
生物素/(mg/kg)	0.08	0.05	0.05	0.05	0.05	0.05
胆碱/(g/kg)	0.60	0.50	0.40	0.30	0.30	0.30
叶酸/(mg/kg)	0.30	0.30	0.30	0.30	0.30	0.30
有效烟酸[④]/(mg/kg)	20.00	15.00	12.50	10.00	7.00	7.00
泛酸/(mg/kg)	12.00	10.00	9.00	8.00	7.00	7.00
核黄素/(mg/kg)	4.00	3.50	3.00	2.50	2.00	2.00
硫胺素/(mg/kg)	1.50	1.00	1.00	1.00	1.00	1.00
维生素 B₆/(mg/kg)	2.00	1.50	1.50	1.00	1.00	1.00
维生素 B₁₂/(mg/kg)	20.00	17.50	15.00	10.00	5.00	5.00
亚油酸/%	0.10	0.10	0.10	0.10	0.10	0.10

注:①性别混合的猪群(公、母猪比例为 1:1)。高瘦肉生长型猪(>325 g/d 胴体无脂瘦肉)的需要量可能要稍微高
　　些,但没有造成差别。

　　②对于后备公猪和母猪从 50～120 kg 体重开始,钙、磷和有效磷的百分比应该相应增加 0.05～0.1 个百分点。

　　③换算:1 IU 维生素 A=0.344 μg 视黄醇醋酸盐;1 IU 维生素 D₃=0.025 μg 钙化醇;1 IU 维生素 E=0.67 mg
　　d-α-生育酚或 1 mg dl-α-生育酚醋酸盐。

　　④玉米、高粱、小麦和大麦中的烟酸是不可利用的。相似地,如果这些谷物的副产物没有经过发酵或湿加工处
　　理,其中的烟酸利用率也很低。

来源:NRC,猪的营养需要(第 10 版),1998,115,表 10.5。

表7.3 生长猪在自由采食下每日的氨基酸需要量(90%干物质)[1]

项目	体重/kg					
	3～5	5～10	10～20	20～50	50～80	80～120
体重/kg	4	7.5	15	35	65	100
日粮消化能含量(kcal/kg)	3 400	3 400	3 400	3 400	3 400	3 400
日粮代谢能含量[2]/(kcal/kg)	3 265	3 265	3 265	3 265	3 265	3 265
摄入消化能的估计值/(kcal/d)	855	1 690	3 400	6 305	8 760	10 450
摄入代谢能的估计值[2]/(kcal/d)	820	1 620	3 265	6 050	8 410	10 030
采食量的估计值/(g/d)	250	500	1 000	1 855	2 575	3 075
粗蛋白质[3]/%	26.0	23.7	20.9	18.0	15.5	13.2
氨基酸需要量[4]:以真回肠可消化氨基酸为基础(g/d)						
精氨酸	1.4	2.4	4.2	6.1	6.2	4.8
组氨酸	1.1	1.9	3.2	4.9	5.5	5.1
异亮氨酸	1.8	3.2	5.5	8.4	9.4	8.8
亮氨酸	3.4	6.0	10.3	15.5	7.2	15.8
赖氨酸	3.4	5.9	10.1	15.3	17.1	15.8
蛋氨酸	0.9	1.6	2.7	4.1	4.6	4.3
蛋氨酸+胱氨酸	1.9	3.4	5.8	8.8	10.0	9.5
苯丙氨酸	2.0	3.5	6.1	9.1	10.2	9.4
苯丙氨酸+酪氨酸	3.2	5.5	9.5	14.4	16.1	15.1
苏氨酸	2.1	3.7	6.3	9.7	11.0	10.5
色氨酸	0.6	1.1	1.9	2.8	3.1	2.9
缬氨酸	2.3	4.0	6.9	10.4	11.6	10.8
以总氨基酸为基础[5](g/d)						
精氨酸	1.5	2.7	4.6	6.8	7.1	5.7
组氨酸	1.2	2.1	3.7	5.6	6.3	5.9
异亮氨酸	2.1	3.7	6.3	9.5	10.7	10.1
亮氨酸	3.8	6.6	11.2	16.8	18.4	16.6
赖氨酸	3.8	6.7	11.5	17.5	19.7	18.5
蛋氨酸	1.0	1.8	3.0	4.6	5.1	4.8
蛋氨酸+胱氨酸	2.2	3.8	6.5	9.9	11.3	10.8
苯丙氨酸	2.3	4.0	6.8	10.2	11.3	10.4
苯丙氨酸+酪氨酸	3.5	6.2	10.6	16.1	18.0	16.8
苏氨酸	2.5	4.3	7.4	11.3	13.0	12.6
色氨酸	0.7	1.2	2.1	3.2	3.6	3.4
缬氨酸	2.6	4.6	7.9	11.9	13.3	12.4

注:①性别混合的猪群(公、母猪比例为1:1),体重为20～120 kg阶段的高中等瘦肉生长率(325 g/d胴体无脂瘦肉)的猪。

②假定代谢能为消化能的96%。在玉米-豆粕型日粮中的粗蛋白水平,代谢能为消化能的94%～96%。

③玉米-豆粕型日粮中的粗蛋白水平。在3～10 kg阶段猪饲喂干燥血浆粉和/或干燥乳产品日粮,蛋白水平比表中的低2%～3%。

④总氨基酸需要量是以下列日粮类型为基础:3～5 kg猪,含5%干燥血浆粉和25%～50%干燥乳产品的玉米-豆粕型日粮;5～10 kg猪,含5%～25%干燥乳产品的玉米-豆粕型日粮;10～120 kg猪,玉米-豆粕型日粮。

⑤3～20 kg猪的总赖氨酸百分比为经验估计值。其他氨基酸的百分比是根据氨基酸与赖氨酸(真可消化基础)的比值得来;但几乎没有经验数据与这些值相符。20～120 kg猪的需要量是根据生长模型估计的。

来源:NRC,猪的营养需要(第10版),1998,112,表10.2。

表 7.4　生长猪在自由采食下每日矿物质、维生素和亚油酸的需要量(90%干物质)[①]

项目	体重/kg					
	3~5	5~10	10~20	20~50	50~80	80~120
体重/kg	4	7.5	15	35	65	100
日粮消化能含量/(kcal/kg)	3 400	3 400	3 400	3 400	3 400	3 400
日粮代谢能含量[②]/(kcal/kg)	3 265	3 265	3 265	3 265	3 265	3 265
摄入消化能的估计值/(kcal/d)	855	1 690	3 400	6 305	8 760	10 450
摄入代谢能的估计值[②]/(kcal/d)	820	1 620	3 265	6 050	8 410	10 030
采食量的估计值/(g/d)	250	500	1 000	1 855	2 575	3 075
矿物质						
钙[③]/(g/d)	2.25	4.00	7.00	11.13	12.88	13.84
总磷[③]/(g/d)	1.75	3.25	6.00	9.28	11.59	12.30
可利用磷[③]/(g/d)	1.38	2.00	3.20	4.27	4.89	4.61
钠/(g/d)	0.63	1.00	1.50	1.86	2.58	3.08
氯/(g/d)	0.63	1.00	1.50	1.48	2.06	2.46
镁/(g/d)	0.10	0.20	0.40	0.74	1.03	1.23
钾/(g/d)	0.75	1.40	2.60	4.27	4.89	5.23
铜/(mg/d)	1.50	3.00	5.00	7.42	9.01	9.23
碘/(mg/d)	0.04	0.07	0.14	0.26	0.36	0.43
铁/(mg/d)	25.00	50.00	80.00	111.30	129.75	123.00
锰/(mg/d)	1.00	2.00	3.00	3.71	5.15	6.15
硒/(mg/d)	0.08	0.15	0.25	0.28	0.39	0.46
锌/(mg/d)	25.00	50.00	80.00	111.30	129.75	153.75
维生素						
维生素 A[④]/(IU/d)	550	1 100	1 750	2 412	3 348	3 998
维生素 D$_3$[④]/(IU/d)	55	110	200	278	386	461
维生素 E[④]/(IU/d)	4	8	11	20	28	34
维生素 K(甲萘醌)/(mg/d)	0.13	0.25	0.50	0.93	1.29	1.54
生物素/(mg/d)	0.02	0.03	0.05	0.09	0.13	0.15
胆碱/(g/d)	0.15	0.25	0.40	0.56	0.77	0.92
叶酸/(mg/d)	0.08	0.15	0.30	0.56	0.77	0.92
有效烟酸[④]/(mg/d)	5.00	7.50	12.50	18.55	18.03	21.53
泛酸/(mg/d)	3.00	5.00	9.00	14.84	18.03	21.53
核黄素/(mg/d)	1.00	1.75	3.00	4.64	5.15	6.15
硫胺素/(mg/d)	0.38	0.50	1.00	1.86	2.58	3.08
维生素 B$_6$/(mg/d)	0.50	0.75	1.50	1.86	2.58	3.08
维生素 B$_{12}$/(mg/d)	5.00	8.75	15.00	18.55	12.88	15.38
亚油酸/(g/d)	0.25	0.50	1.00	1.86	2.58	3.08

注:①性别混合的猪群(公、母猪比例 1:1)。高瘦肉生长型猪(325 g/d 胴体无脂瘦肉)对某些矿物质和维生素的需
要量可能要稍微高些,但没有造成差别。

②假定代谢能为消化能的 96%。在玉米-豆粕型日粮中的粗蛋白水平,代谢能为消化能的 94%~96%。

③50~120 kg 体重阶段的后备公猪和母猪每天钙、磷和有效磷的需要量稍微高些。

④换算:1 IU 维生素 A=0.344 μg 视黄醇醋酸盐;1 IU 维生素 D$_3$=0.025 μg 钙化醇;1 IU 维生素 E=0.67 mg
d-α-生育酚或 1 mg dl-α-生育酚醋酸盐。

⑤玉米、高粱、小麦和大麦中的烟酸是不可利用的。相似地,如果这些谷物的副产物没有经过发酵或湿加工处
理,其中的烟酸利用率也很低。

来源:NRC,猪的营养需要(第 10 版),1998,116,表 10.6。

表 7.5 妊娠母猪日粮氨基酸的需要量(90%干物质)①

项目	配种体重/kg					
	125	150	175	200	200	200
妊娠期体增重②/kg	55	45	40	35	30	35
预期窝产仔数	11	12	12	12	12	14
日粮消化能含量/(kcal/kg)	3 400	3 400	3 400	3 400	3 400	3 400
日粮代谢能含量③/(kcal/kg)	3 265	3 265	3 265	3 265	3 265	3 265
摄入消化能的估计值/(kcal/d)	6 660	6 265	6 405	6 535	6 115	6 275
摄入代谢能的估计值③/(kcal/d)	6 395	6 015	6 150	6 275	5 870	6 025
采食量估计值(kg/d)	1.96	1.84	1.88	1.92	1.80	1.85
粗蛋白质④/%	12.9	12.8	12.4	12.0	12.1	12.4
氨基酸需要量:以真回肠可消化氨基酸为基础/%						
精氨酸	0.04	0.00	0.00	0.00	0.00	0.00
组氨酸	0.16	0.16	0.15	0.14	0.14	0.15
异亮氨酸	0.29	0.28	0.27	0.26	0.26	0.27
亮氨酸	0.48	0.47	0.44	0.41	0.41	0.44
赖氨酸	0.50	0.49	0.46	0.44	0.44	0.46
蛋氨酸	0.14	0.13	0.13	0.12	0.12	0.13
蛋氨酸+胱氨酸	0.33	0.33	0.32	0.31	0.32	0.33
苯丙氨酸	0.29	0.28	0.27	0.25	0.25	0.27
苯丙氨酸+酪氨酸	0.48	0.48	0.46	0.44	0.44	0.46
苏氨酸	0.37	0.38	0.37	0.36	0.37	0.38
色氨酸	0.10	0.10	0.09	0.09	0.09	0.09
缬氨酸	0.34	0.33	0.31	0.30	0.30	0.31
以总氨基酸为基础④/%						
精氨酸	0.06	0.03	0.00	0.00	0.00	0.00
组氨酸	0.19	0.18	0.17	0.16	0.17	0.17
异亮氨酸	0.33	0.32	0.31	0.30	0.30	0.31
亮氨酸	0.50	0.49	0.46	0.42	0.43	0.45
赖氨酸	0.58	0.57	0.54	0.52	0.52	0.54
蛋氨酸	0.15	0.15	0.14	0.13	0.13	0.14
蛋氨酸+胱氨酸	0.37	0.38	0.37	0.36	0.36	0.37
苯丙氨酸	0.32	0.32	0.30	0.28	0.28	0.30
苯丙氨酸+酪氨酸	0.54	0.54	0.51	0.49	0.49	0.51
苏氨酸	0.44	0.45	0.44	0.43	0.44	0.45
色氨酸	0.11	0.11	0.11	0.10	0.10	0.11
缬氨酸	0.39	0.38	0.36	0.34	0.34	0.36

注:①根据妊娠模型估计每日消化能、采食量和氨基酸需要量。

②增重包括母体增重和妊娠物。即增重包括仔猪、胎膜、羊水、子宫、乳房、母猪本身(译者注)。

③假定代谢能为消化能的96%。

④粗蛋白质和总氨基酸需要量是以玉米-豆粕型日粮为基础确定。

来源:NRC,猪的营养需要(第10版),1998,117,表10.7。

表7.6　妊娠母猪每日氨基酸需要量(90％干物质)[1]

项目	配种体重/kg					
	125	150	175	200	200	200
妊娠期体增重[2]/kg	55	45	40	35	30	35
预期窝产仔数	11	12	12	12	12	14
日粮消化能含量/(kcal/kg)	3 400	3 400	3 400	3 400	3 400	3 400
日粮代谢能含量[3]/(kcal/kg)	3 265	3 265	3 265	3 265	3 265	3 265
摄入消化能的估计值/(kcal/d)	6 660	6 265	6 405	6 535	6 115	6 275
摄入代谢能的估计值[3]/(kcal/d)	6 395	6 015	6 150	6 275	5 870	6 025
采食量估计值/(kg/d)	1.96	1.84	1.88	1.92	1.80	1.85
粗蛋白质[3]/％	12.9	12.8	12.4	12.0	12.1	12.4
氨基酸需要量:以真回肠可消化氨基酸为基础/(g/d)						
精氨酸	0.8	0.1	0.0	0.0	0.0	0.0
组氨酸	3.1	2.9	2.8	2.7	2.5	2.7
异亮氨酸	5.6	5.2	5.1	5.0	4.7	5.0
亮氨酸	9.4	8.7	8.3	7.9	7.4	8.1
赖氨酸	9.7	9.0	8.7	8.4	7.9	8.5
蛋氨酸	2.7	2.5	2.4	2.3	2.2	2.3
蛋氨酸＋胱氨酸	6.4	6.1	6.1	6.0	5.7	6.1
苯丙氨酸	5.7	5.2	5.0	4.8	4.6	4.9
苯丙氨酸＋酪氨酸	9.5	8.9	8.6	8.4	7.9	8.5
苏氨酸	7.3	7.0	6.9	6.9	6.6	7.0
色氨酸	1.9	1.8	1.7	1.7	1.6	1.7
缬氨酸	6.6	6.1	5.9	5.7	5.4	5.8
以总氨基酸为基础[4]/(g/d)						
精氨酸	1.3	0.5	0.0	0.0	0.0	0.0
组氨酸	3.6	3.4	3.3	3.2	3.0	3.2
异亮氨酸	6.4	6.0	5.9	5.7	5.4	5.8
亮氨酸	9.9	9.0	8.6	8.2	7.7	8.3
赖氨酸	11.4	10.6	10.3	9.9	9.4	10.0
蛋氨酸	2.9	2.7	2.6	2.6	2.4	2.6
蛋氨酸＋胱氨酸	7.3	7.0	6.9	6.8	6.5	6.9
苯丙氨酸	6.3	5.8	5.6	5.4	5.0	5.4
苯丙氨酸＋酪氨酸	10.6	9.9	9.6	9.4	8.9	9.5
苏氨酸	8.6	8.3	8.3	8.2	7.8	8.3
色氨酸	2.2	2.0	2.0	1.9	1.8	2.0
缬氨酸	7.6	7.0	6.8	6.6	6.2	6.7

注:①根据妊娠模型估计每日消化能、采食量和氨基酸需要量。

　②增重包括母体增重和妊娠物。即增重包括仔猪、胎膜、羊水、子宫、乳房、母猪本身(译者注)。

　③假定代谢能为消化能的96％。

　④粗蛋白质和总氨基酸需要量是以玉米-豆粕型日粮为基础确定。

来源:NRC,猪的营养需要(第10版),1998,118,表10.8。

表 7.7　泌乳母猪日粮氨基酸需要量(90％干物质)[①]

项目	母猪产后体重/kg					
	175	175	175	175	175	175
哺乳期体重变化[①]/kg	0	0	0	−10	−10	−10
猪只日增重[②]/g	150	200	250	150	200	250
日粮消化能含量/(kcal/kg)	3 400	3 400	3 400	3 400	3 400	3 400
日粮代谢能含量[③]/(kcal/kg)	3 265	3 265	3 265	3 265	3 265	3 265
摄入消化能的估计值/(kcal/d)	14 645	18 205	21 765	12 120	15 680	19 240
摄入代谢能的估计值[③]/(kcal/d)	14 060	17 475	20 895	11 635	15 055	18 470
采食量估计值/(kg/d)	4.31	5.35	6.40	3.56	4.61	5.66
粗蛋白质[③]/％	16.3	17.5	18.4	17.2	18.5	19.2
氨基酸需要量:以真回肠可消化氨基酸为基础/％						
精氨酸	0.36	0.44	0.49	0.35	0.44	0.50
组氨酸	0.28	0.32	0.34	0.30	0.34	0.36
异亮氨酸	0.40	0.44	0.47	0.44	0.48	0.50
亮氨酸	0.80	0.90	0.96	0.87	0.97	1.03
赖氨酸	0.71	0.79	0.85	0.77	0.85	0.90
蛋氨酸	0.19	0.21	0.22	0.20	0.22	0.23
蛋氨酸＋胱氨酸	0.35	0.39	0.41	0.39	0.42	0.43
苯丙氨酸	0.39	0.43	0.46	0.42	0.46	0.49
苯丙氨酸＋酪氨酸	0.80	0.89	0.95	0.88	0.97	1.02
苏氨酸	0.45	0.49	0.52	0.50	0.53	0.56
色氨酸	0.13	0.14	0.15	0.15	0.16	0.17
缬氨酸	0.60	0.67	0.72	0.66	0.73	0.77
以总氨基酸为基础[④]/(g/d)						
精氨酸						
组氨酸	0.40	0.48	0.54	0.39	0.49	0.55
异亮氨酸	0.32	0.36	0.38	0.34	0.38	0.40
亮氨酸	0.45	0.50	0.53	0.50	0.54	0.57
赖氨酸	0.86	0.97	1.05	0.95	1.05	1.12
蛋氨酸	0.82	0.91	0.97	0.89	0.97	1.03
蛋氨酸＋胱氨酸	0.21	0.23	0.24	0.22	0.24	0.26
苯丙氨酸	0.40	0.44	0.46	0.44	0.47	0.49
苯丙氨酸＋酪氨酸	0.43	0.48	0.52	0.47	0.52	0.55
苏氨酸	0.90	1.00	1.07	0.98	1.08	1.14
色氨酸	0.54	0.58	0.61	0.58	0.63	0.65
缬氨酸	0.15	0.16	0.17	0.17	0.18	0.19
精氨酸	0.68	0.76	0.82	0.76	0.83	0.88

注:①根据泌乳模型估计每日消化能、采食量和氨基酸需要量。

　　②假定每窝 10 头仔猪,哺乳期 21 d。

　　③假定代谢能为消化能的 96％。在玉米-豆粕型日粮中,在表中所列粗蛋白质水平下,代谢能为消化能的 95％～96％。

　　④粗蛋白质和总氨基酸需要量是以玉米-豆粕型日粮为基础确定。

来源:NRC,猪的营养需要(第 10 版),1998,119,表 10.9。

表 7.8　泌乳母猪每日氨基酸需要量(90%干物质)[1]

项目	母猪产后体重/kg					
	175	175	175	175	175	175
哺乳期体重变化[2]/kg	0	0	0	−10	−10	−10
猪只日增重[2]/g	150	200	250	150	200	250
日粮消化能含量/(kcal/kg)	3 400	3 400	3 400	3 400	3 400	3 400
日粮代谢能含量[3]/(kcal/kg)	3 265	3 265	3 265	3 265	3 265	3 265
摄入消化能的估计值(kcal/d)	14 645	18 205	21 765	12 120	15 680	19 240
摄入代谢能的估计值[3]/(kcal/d)	14 060	17 475	20 895	11 635	15 055	18 470
采食量估计值/(kg/d)	4.31	5.35	6.40	3.56	4.61	5.66
粗蛋白质[4]/%	16.3	17.5	18.4	17.2	18.5	19.2
氨基酸需要量:以真回肠可消化氨基酸为基础/(g/d)						
精氨酸	15.6	23.4	31.1	12.5	20.3	28.0
组氨酸	12.2	17.0	21.7	10.9	15.6	20.3
异亮氨酸	17.2	23.6	30.1	15.6	22.1	28.5
亮氨酸	34.4	48.0	61.5	31.0	44.5	58.1
赖氨酸	30.7	42.5	54.3	27.6	39.4	51.2
蛋氨酸	8.0	11.0	14.1	7.2	10.2	13.2
蛋氨酸+胱氨酸	15.3	20.6	26.0	13.9	19.2	24.5
苯丙氨酸	16.8	23.3	29.7	14.9	21.4	27.9
苯丙氨酸+酪氨酸	34.6	47.9	61.1	31.4	44.6	57.8
苏氨酸	19.5	26.4	33.3	17.7	24.6	31.5
色氨酸	5.5	7.6	9.7	5.2	7.3	9.4
缬氨酸	25.8	35.8	45.8	23.6	33.6	43.6
以总氨基酸为基础[4](g/d)						
精氨酸	17.4	25.8	34.3	14.0	22.4	30.8
组氨酸	13.8	19.1	24.4	12.2	17.5	22.8
异亮氨酸	19.5	26.8	34.1	17.7	25.0	32.3
亮氨酸	37.2	52.1	67.0	33.7	48.6	63.5
赖氨酸	35.3	48.6	61.9	31.6	44.9	58.2
蛋氨酸	8.8	12.2	15.6	7.9	11.3	14.6
蛋氨酸+胱氨酸	17.3	23.4	29.4	15.7	21.7	27.8
苯丙氨酸	18.7	25.9	33.2	16.6	23.9	31.1
苯丙氨酸+酪氨酸	38.7	53.4	68.2	35.1	49.8	64.6
苏氨酸	23.0	31.1	39.1	20.8	28.8	36.9
色氨酸	6.3	8.6	11.0	5.9	8.2	10.6
缬氨酸	29.5	40.9	52.3	26.9	38.4	49.8

注:①根据泌乳模型估计每日消化能、采食量和氨基酸需要量。

　②假定每窝 10 头仔猪,哺乳期 21 d。

　③假定代谢能为消化能的 96%。在玉米-豆粕型日粮中,在表中所列粗蛋白质水平下,代谢能为消化能的 95%～96%。

　④粗蛋白质和总氨基酸需要量是以玉米-豆粕型日粮为基础确定。

来源:NRC,猪的营养需要(第 10 版),1998,120,表 10.10。

表 7.9　妊娠和泌乳母猪日粮和每日矿物质、维生素和亚油酸需要量(90％干物质)[①]

项目	需要量(%或每千克日粮中含量)		每天需要量	
	妊娠	泌乳	妊娠	泌乳
日粮消化能含量/(kcal/kg)	3 400	3 400	3 400	3 400
日粮代谢能含量[②]/(kcal/kg)	3 265	3 265	3 265	3 265
消化能摄入量/(kcal/d)	6 290	17 850	6 290	17 850
代谢能摄入量[②]/(kcal/d)	6 040	17 135	6 040	17 135
采食量/(kg/d)	1.85	5.25	1.85	5.25
矿物质				
钙/%	0.75	0.75	13.9	39.4
总磷/%	0.60	0.60	11.1	31.5
可利用磷/%	0.35	0.35	6.5	18.4
钠/%	0.15	0.20	2.8	10.5
氯/%	0.12	0.16	2.2	8.4
镁/%	0.04	0.04	0.7	2.1
钾/%	0.20	0.20	3.7	10.5
铜/mg	5.00	5.00	9.3	26.3
碘/mg	0.14	0.14	0.3	0.7
铁/mg	80	80	148	420
锰/mg	20	20	37	105
硒/mg	0.15	0.15	0.3	0.8
锌/mg	50	50	93	263
维生素				
维生素 A[③]/IU	4 000	2 000	7 400	10 500
维生素 D_3[③]/IU	200	200	370	1 050
维生素 E[③]/IU	44	44	81	231
维生素 K/(甲萘醌)mg	0.50	0.50	0.9	2.6
生物素/mg	0.20	0.20	0.4	1.1
胆碱/g	1.25	1.00	2.3	5.3
叶酸/mg	1.30	1.30	2.4	6.8
有效烟酸[④]/mg	10	10	19	53
泛酸/mg	12	12	22	63
核黄素/mg	3.75	3.75	6.9	19.7
硫胺素/mg	1.00	1.00	1.9	5.3
维生素 B_6/mg	1.00	1.00	1.9	5.3
维生素 B_{12}/mg	15	15	28	79
亚油酸/%	0.10	0.10	1.9	5.3

注:①需要量的确定分别以每天采食 1.85 kg 妊娠期日粮和 5.25 kg 哺乳期日粮为基础。如果采食量较低,应该提高日粮中这些养分的比例。

　　②假定代谢能为消化能的 96％。

　　③换算:1 IU 维生素 A＝0.344 μg 视黄醇醋酸盐;1 IU 维生素 D_3＝0.025 μg 钙化醇;1 IU 维生素 E＝0.67 mg d-α-生育酚或 1 mg dl-α-生育酚醋酸盐。

　　④玉米、高粱、小麦和大麦中的烟酸是不可利用的。同样地,如果这些谷物的副产物没有经过发酵或湿加工处理,其中的烟酸利用率也很低。

来源:NRC,猪的营养需要(第 10 版),1998,121-122,表 10.11 和表 10.12。

表 7.10 配种公猪对日粮和每日氨基酸、矿物质元素、维生素和脂肪酸的需要量（90%干物质）[①]

项目	需要量（%或每千克日粮中含量）	每日需要量	项目	需要量（%或每千克日粮中含量）	每日需要量
日粮消化能含量/(kcal/kg)	3 400	3 400	矿物元素		
日粮代谢能含量/(kcal/kg)	3 265	3 265	钙	0.75%	15.0 g
消化能摄入量/(kcal/d)	6 800	6 800	总磷	0.60%	12.0 g
代谢能摄入量/(kcal/d)	6 530	6 530	有效磷	0.35%	7.0 g
采食量/(kg/d)	2.00	2.00	钠	0.15%	3.0 g
粗蛋白质[②]/%	13.0	13.0	氯	0.12%	2.4 g
			镁	0.04%	0.8 g
氨基酸（总氨基酸基础）			钾	0.20%	4.0 g
精氨酸	—	—	铜/mg	5	10
组氨酸	0.19%	3.8 g	碘/mg	0.14	0.28
异亮氨酸	0.35%	7.0 g	铁/mg	80	160
亮氨酸	0.51%	10.2 g	锰/mg	20	40
赖氨酸	0.60%	12.0 g	硒/mg	0.15	0.3
蛋氨酸	0.16%	3.2 g	锌/mg	50	100
蛋氨酸+胱氨酸	0.42%	8.4 g	维生素		
苯丙氨酸	0.33%	6.6 g	维生素 A_3/IU	4 000	8 000
苯丙氨酸+酪氨酸	0.57%	11.4 g	维生素 D_3[③]/IU	200	400
苏氨酸	0.50%	10.0 g	维生素 E_3/IU	44	88
色氨酸	0.12%	2.4 g	维生素 K(甲萘醌)/mg	0.50	1.0
缬氨酸	0.40%	8.0 g	生物素/mg	0.20	0.4
			胆碱/g	1.25	2.5
			叶酸/mg	1.30	2.6
			可利用烟酸[④]/mg	10	20
			泛酸/mg	12	24
			核黄素/mg	3.75	7.5
			维生素 B_1/mg	1.0	2.0
			维生素 B_6/mg	1.0	2.0
			维生素 B_{12}/mg	15	30
			亚油酸	0.1%	2.0 g

注：①需要量的确定以每日采食 2.0 kg 饲料为基础。采食量应根据公猪的体重和期望的增重而调整。

②假定所用的玉米-豆粕型日粮。赖氨酸需要量设定为 0.60%(12.0 g/d)。其他氨基酸的需要量按照与哺乳母猪相似的比例（以总氨基酸为基础）计算。

③换算：1 IU 维生素 A＝0.344 μg 视黄醇醋酸盐；1 IU 维生素 D_3＝0.025 μg 钙化醇；1 IU 维生素 E＝0.67 mg d-α-生育酚或 1 mg dl-α-生育酚醋酸盐。

④玉米、高粱、小麦和大麦中的烟酸是不可利用的。同样地，如果这些谷物的副产物没有经过发酵或湿加工处理，其中的烟酸利用率也很低。

来源：NRC，猪的营养需要（第 10 版），1998，123，表 10.13。

预期的饲料投入和产品产出

高瘦肉率和中等瘦肉率的种猪生产典型的上市肉猪的饲料需要量见表 7.11。高瘦肉率的母猪由于其较高的维持需要，因此它需要稍微多些的饲料，但是高瘦肉率的仔猪和生长育肥猪的效率显著地高于其他猪，同时在胴体中沉积更多的瘦肉。有关如何获得这些估计值的资料见表后。这些值包括母猪和公猪的估计分配、每一头已上市猪的饲料消耗加上上市猪的饲料消耗。爱荷华州立大学养猪企业记录摘要表明：所有猪（小猪到肥猪）的效率平均为 3.7 饲料单位/猪肉单位，标准差为 0.17。因此，合理的目标应该是 3.3 饲料单位/猪肉单位，或比平均数好大约 1 个标准差。

由于生长育肥猪消耗饲料总量的 80%,因此可以允许生产系统中的这一部分在饲料效率和饲料成本上有最多的投入。开食料的成本虽然非常高,但它们仅占饲料总量的 6%～7%。高瘦肉率的母猪由于维持需要高的原因,它们对饲料的需要就较高。

表 7.11　在标准条件下每生产 120 kg 猪的预期饲料投入和产品产出[①]

项目	瘦肉生长能力			
	高/lb	高/kg	中/lb	中/kg
饲料投入	84	38.1	80	36.3
空怀及妊娠母猪	28	12.7	28	12.7
哺乳母猪	6	2.7	6	2.7
公猪	51	23.2	63	28.6
仔猪(5.5～23 kg)	623	283.0	710	322.8
生长育肥猪(23～120 kg)	792	359.7	887	403.1
总量				
产品产出				
母猪增重/出栏猪	5	2.3	5	2.3
猪	265	120.5	265	120.5
总重	270	122.8	270	122.8
胴体瘦肉(无脂)	98.0	44.5	90.4	41.1
产品效率				
饲料/单位猪体重	2.93	2.93	3.28	3.28
饲料/单位瘦肉	9.08	9.08	9.81	9.81

注:①这些值是根据每头已出栏猪消耗的而分摊给母猪和公猪的饲料加上出栏猪消耗的饲料进行估计。1994 年的 ISU《养猪企业记录概要》指出,平均的 3.69 饲料单位/猪单位的全群效率的标准差为 0.17。因此,合理的目标是 3.3 饲料单位/猪肉单位,或比平均数好大约 1 个标准差。
来源:ISU,生命周期猪营养,1996。

空怀和妊娠期饲料

每头母猪每年估计产 2.0 窝,包括母猪群中的后备母猪 120 kg。每头母猪每年的出栏肥猪数为 18.1(9.4 断奶头数－5%断奶后的死亡损失率×2.0 每头母猪年产仔窝数)。按 21 d 的泌乳期算,每头母猪每年平均有 42 d 采食泌乳期日粮,有 323 d(365 d－42 d)采食空怀及妊娠期日粮。高瘦肉率的母猪的平均日采食量为 2.1 kg,中等瘦肉型母猪平均日采食量为 2.0 kg,那么每年空怀期和妊娠期(323 d)的饲料用量分别为 690 kg 和 661 kg,再将这个饲料总量除以每头母猪每年的出栏数 18.1,结果就是分摊到每头猪上的空怀和妊娠期的饲料量 38 kg 和 36 kg。

哺乳期饲料

21 d 哺乳期乘以每年 2.0 窝,即为 42 d 哺乳期。如果日采食量平均为 5.5 kg,每头母猪在哺乳期就消耗饲料 229 kg。这个数除以 18.1 就是分摊到每头猪上的哺乳期饲料量 12.7 kg。

公猪料

猪群的公猪数按 20 头母猪需要 1 头公猪估计,或 362 头出栏猪(20 头×18.1)。这个数将随着每年的仔猪数和配种方法如本交或人工授精而发生变化。按每天平均采食量 2.7 kg 计,每头公猪每年将消耗 995 kg 饲料或每头出栏猪消耗 2.7 kg。

仔猪料

仔猪料包括从断奶 5.5 kg 到 23 kg 体重阶段采食的饲料。高瘦肉型猪的饲料转化率为 1.35,而中等瘦肉型猪的饲料转化率为 1.65,因此它们在仔猪阶段消耗的饲料分别为 23 kg 和 28 kg。

生长猪饲料

在 23～120 kg 体重猪阶段,瘦肉沉积能力是估计的饲料效率的一个重要因素。假定高瘦肉生长力猪的饲料效率为 2.9,那么在这个阶段所需要的饲料就为 283 kg。中等瘦肉生长力猪的饲料效率为 3.3,需要 322 kg 生长育肥饲料。

产品产出

饲料投入使得每出栏 1 头猪的 2.3 kg 母猪增重(41 kg/年÷18.1 头)加上每头出栏猪的 122.8 kg 猪肉总增重。高瘦肉型猪屠宰率为 74%,其中 50% 为无脂瘦肉或约 44.5 kg 的瘦肉。中等瘦肉型猪的屠宰率为 74.2%,而无脂瘦肉为 45% 或约 41.1 kg 的瘦肉。

推荐的营养供给量

由于养猪生产者感兴趣的是理想的生产性能,因此在饲喂不很过度的情况下,营养的投入能允许生产性能达到理想状态。营养需要量通常描述的是能配制成日粮的最低数量的营养物质,在标准条件下获得最佳的生产性能,而营养供给量考虑了安全限量。

基础的营养需要是基于体重和优良的遗传优势制定的。然而,具体使用的标准必须结合生产条件来制定。表 7.12 详细说明了标准的生产条件以及该条件下的营养供给量见表 7.14(生长猪的营养供给量)和表 7.22(种猪的营养供给量)。饲养在不同于标准条件下的生长猪应该用表 7.17a 和 7.17b 重新定义营养需要。母猪和公猪的则进行校正后列于表 7.20、表 7.21 和表 7.23。

表 7.12 标准生产条件

猪群和种猪群因素	标准条件	猪群和种猪群因素	标准条件
猪群因素		种猪群因素	
猪性别	公母比例 1:1	胎次	母猪（第 1 胎）
与抗原接触	适度（表 7.15）	初始配种体重	130 kg
温度气候	热平衡（图 7.4）	饲料粒度	750～900 μm
群居气候		母猪体增重	
圈舍和食槽	足够或以上	1～3 胎	37～41 kg
每头猪所占空间	（图 7.5）	4～5 胎	34 kg
猪体重差异	低于平均体重的 20%	6～8 胎	20 kg
日粮组成		瘦肉生长力	中等（表 7.13）
谷物原料	玉米	母猪体况	理想状态
蛋白质原料		泌乳期体重损失	产后到断奶没有体重损失
2.7～14 kg 猪	大豆和动物蛋白质		
大于 14 kg 猪	去皮豆粕		
维生素和矿物元素	生物学上可利用的和稳定的		
抗菌剂	亚治疗水平		
饲喂方法			
采食	自由		
饲料形式	粉料		
饲料粒度	650～750 μm		
饲料毒素	无		
生长调节剂	无		

来源：ISU,生命周期猪营养,1996。

定义生长猪的营养供给量

确定营养需要的生物学基础

动物的生长和繁殖是由许多遗传和生产条件相互调节的生物学过程的结果。动物的基因型决定这些过程发生的最高速率,而条件如温度和群居气候、日粮成分和健康状态等,则决定由遗传潜力实际表

图 7.1　在敞开的料仓前采取室外饲喂的繁殖母猪的营养需要量与饲喂在妊娠栏中的母猪营养需要量显著不同,尤其是能量需要量。(爱荷华州立大学 Palmer Holden 提供)

达的部分(图 7.1)。这些生物学过程需要能量(碳水化合物)、氨基酸、矿物元素和维生素的投入。因此,这些过程发生的速率受动物摄入的营养物质影响。

猪体内发生的主要生物学过程被分成维持和生长过程。维持包括体组织和体液的修复或交换、有意识活动(如行走)和无意识活动(如心脏收缩)所需的能量、体热的产生和机体防御(如免疫)系统的调控。生长包括体组织(如肌肉、骨骼)、器官(如乳腺)、流体(乳)和体液成分(如血红细胞)的增长。

决定维持的营养需要量的主要因素是体重(组织的总量)和较低程度的生理活动、体温调节和机体防御系统。决定生长的营养需要量的主要因素是组织(如肌肉、胎儿-胎盘)增长速率、产奶量或猪断奶前的体增重。

摄入的营养物质超过这些生物学过程所需,则被贮存在体内或被降解而排出体外。因此,摄入的营养物质超过最佳化的组织生长所需,就可能对可食猪肉产品的营养成分(如维生素、矿物元素和脂类)和这些产品的物理特性(如颜色、持水力)有所贡献。但是,摄入的营养物质过多就会随粪便和尿液排出。

在做猪日粮配方之前,有必要了解:(1)所饲养猪包括体重和基因型的营养需要量;(2)饲粮的有效性、营养成分和成本;(3)饲料的可接受性和物理特性;(4)猪的平均日采食量;(5)存在的可能对产品质量有害的物质。

确定营养需要的经济学基础

养猪业的经济回报指的是生产的猪肉产品创造的价值减去生产这些产品所支付的成本。猪肉产品的价值是由消费者对食品质量的感觉和食品生产方法的可接受性所决定的。生产每单位优质猪肉的生产成本,通常情况下是在所提供的能够让每一个生物学过程以最佳速率继续下去的营养物质的总量和类型中最低的,而这个最佳的速率是猪在特定生产条件下可能维持下去的。与动物的生物学需要的营养物质缺乏或过量摄入,都会降低猪肉生产的生物学和经济学效率。日粮中添加营养物质仅仅使生长性能得到较小的提高,可能还不能回报所添加营养物质的成本。目前,只推荐使用那些能使每生产 1 lb 可接受的优质猪肉所需饲料成本最低、又能保持动物福利和环境的饲料原料。

标准生产条件

营养需要量应该以饲养在特定条件下的特定猪群为基础(表 7.12 和表 7.14)。饲养在偏离标准条件的生产条件下的生长猪、母猪和公猪的营养需要量必须重新定义(表 7.17a、表 7.17b、表 7.20 和表 7.22)。

猪的瘦肉生长力

为猪确定营养需要量的第一步是依靠它们生长瘦肉的能力。营养供给量所依靠的瘦肉生长能力被定义在表7.13中。确定猪的营养供给量是把猪按瘦肉生长力高、中和低人为地分成3个遗传等级。这几个等级并不是仅仅根据瘦肉和眼肌面积确定的,因为最瘦的出栏猪往往是那些生长较慢的猪,而我们的目标不是为生长慢的猪确定日粮。更有价值的遗传评定是猪快速生长瘦肉的能力。表7.13中的这些值是断奶到出栏阶段猪的依据。

表7.13　18～120 kg猪的瘦肉生长力

瘦肉生长能力	无脂瘦肉	
	lb/d	kg/d
高	0.65～0.77	0.29～0.35
中	0.52～0.60	0.24～0.27
低	0.34～0.47	0.15～0.21

来源:ISU,生命周期猪营养,1996。

生长猪营养供给量的调整

下面是为猪设计的一套营养供给量的概要。猪的营养需要量根据它们的遗传潜力和所处的生产条件不同而发生改变。

瘦肉生长遗传潜力的确定

猪瘦肉生长遗传潜力的确定是以每天生长1 lb或1 kg瘦肉为标准的。这可以通过以下任何一种方法进行测定:

1)采用公布的遗传资源价值。

2)采用下一节"瘦肉生长遗传潜力的估计"中描述的过程,结合养猪企业的生长数据和屠宰记录估测猪的瘦肉生长潜力。

3)假定猪是中等瘦肉生长潜力的。

4)瘦肉生长遗传潜力的估计应该是根据猪饲养在与表7.12定义的生产条件接近的条件下确定的。使用表7.13的值,将猪沉积瘦肉的能力分为高、中或低3类。

瘦肉生长遗传潜力的估计

有许多程序都可以确定瘦肉生长速率,但这些程序提供的仅仅是估计值,应该定时地重新评价。这些数据应该是来源于在类似于表7.13中描述的标准条件下评估的普通遗传力的猪群。来源于其他低于标准生产条件下的瘦肉生长的估计值必须校正或甚至不用。对瘦肉生长力的评价最好是评价体重为40～265 lb(18～120 kg)猪的瘦肉生长力。

无脂瘦肉生长估计的实例

a.实例资料

初始活重	43 lb	眼肌面积 (LMA)	5.5 in²
43 lb 至上市	110 d	第10肋背膘厚[1]	2.54 cm
上市体重	265 lb	无脂瘦肉率[2]	43.8%
热胴体重(HCW)	196 lb	屠宰率	74%

注:[1]最后肋中线背膘厚度转化为第10肋偏离中线的背膘厚度,则将测得的最后肋中线背膘厚减去0.38。如果不知道LMA,则用5.5 in²(35.5 cm²)。

　　[2]无脂瘦肉率通常是根据屠宰记录而得。

b.胴体无脂瘦肉(FFL)估计的磅数和 FFL 百分率(如果不是由屠宰记录得到的数据)

$$FFL(lb) = 0.465 \times HCW(lb) + 3.005 \times LMA - 21.896 \times 第10肋背膘厚$$

$$FFL(lb) = 0.465 \times 196 - 3.005 \times 5.5 - 21.896 \times 1.0 = 85.8(lb)$$

$$FFL 百分率 = FFL(lb) \div HCW(lb) \times 100\%$$

$$FFL 百分率 = 85.77 \div 196 \times 100\% = 43.8\%$$

c.估计胴体和活猪体内的无脂瘦肉(FFL)

$$胴体 FFL(lb) = FFL 百分率 \times HCW(lb)$$

$$胴体 FFL(lb) = 43.8\% \times 196 lb = 85.8 lb FFL$$

$$生长猪 FFL(lb) = 43.8 \times 生长猪体重(lb) - 3.65$$

$$生长猪 FFL(lb) = 41.8\% \times 43 - 3.65 = 14.3(lb)$$

d.FFL 生长(lb)/测定天数 = FFL 增重/d

从生长到出栏猪体重的 FFL 生长 = 胴体 FFL(lb) - 生长猪 FFL(lb)

$$FFL 生长 = 85.8 lb - 14.3 lb = 71.2 lb$$

71.2 lb/110 d = 0.65 lb/d = 高瘦肉增长(表 7.13)

e. 快速瘦肉生长估计[1](每日无脂瘦肉生长,lb)

平均日增重/lb	第10肋背膘厚/in				
	0.7	0.8	0.9	1.0	1.1
1.60	0.57	0.56	0.54	0.53	0.51
1.80	0.64	0.63	0.61	0.59	0.58
2.00	0.68	0.66	0.65	0.63	0.61
2.20	0.78	0.77	0.75	0.73	0.71

注:[1]假定是从约 18.2 kg 至上市体重阶段的增重和 74% 的屠宰率。

确定猪的发育阶段

根据表 7.14 的猪沉积瘦肉能力和体重、生长猪在标准生产条件下的营养供给量来确定猪的发育阶段和相关的猪群营养需要量。

对非标准生产条件的校正

为饲养在标准生产条件下的某种遗传性能优良的猪制定了营养供给量之后,建议对非生产条件下进行校正,例如温度、空间、有疾病和抗原的侵袭等所有这些都将影响猪的生长和饲料的效率(图 7.2)。

气候、群居和抗原

确定猪饲养的非标准生产条件的气候、群居和抗原的校正。生长猪的热平衡和群居环境见图 7.3和图 7.4。假定每组 10～30 头的猪圈养在漏缝地板、隔热和气流低于 15.25 m/s 的猪舍内,相对湿度为 20%～80%。饲养在潮湿地板、隔热条件差和高速气流的猪舍中的猪,为了保持热平衡,需要猪舍的温度分别升高 3～5℉(1.7～2.8℃)、3～5℉(1.7～

图 7.2 过度拥挤的圈舍使采食量降低和咬斗行为增加。(爱荷华州立大学 Palmer Holden 提供)

表 7.14 饲养在标准生产条件下的生长猪的营养供给量

猪体重与应该饲喂的饲料/lb

瘦肉生长力	高	6~12	12~18	18~27	27~39	39~55	55~75	75~100	100~130	130~166	166~208	208~257	257~313		
	中	6~8	8~13	13~18	18~26	26~37	37~51	51~69	69~91	91~118	118~150	150~188	188~233	233~283	
	低	6~9	6~9	9~14	14~19	19~26	26~36	36~49	49~65	65~85	85~109	109~138	138~162	162~201	201~246
发育阶段		1	2	3	4	5	6	7	8	9	10	11	12	13	14
氨基酸															
赖氨酸/%		1.90	1.71	1.54	1.39	1.25	1.13	1.02	0.92	0.83	0.75	0.67	0.60	0.54	0.49
苏氨酸/%		1.29	1.16	1.05	0.94	0.84	0.74	0.67	0.61	0.55	0.51	0.46	0.42	0.38	0.35
色氨酸/%		0.38	0.34	0.31	0.28	0.25	0.22	0.20	0.18	0.17	0.15	0.13	0.12	0.11	0.10
蛋氨酸+胱氨酸/%		1.06	0.96	0.86	0.78	0.70	0.63	0.57	0.52	0.47	0.44	0.39	0.35	0.32	0.29
粗蛋白质①/%		27.70	27.10	26.50	24.00	22.10	20.30	18.80	17.50	16.10	15.10	14.00	13.00	12.20	11.40
代谢能②/(kcal/lb)		1 566	1 469	1 466	1 480	1 484	1 486	1 489	1 493	1 496	1 498	1 499	1 502	1 503	1 504
矿物质元素															
钙/%		1.11	1.04	0.95	0.88	0.80	0.75	0.70	0.65	0.61	0.59	0.56	0.52	0.50	0.49
总磷/%		0.93	0.86	0.78	0.72	0.66	0.60	0.56	0.52	0.49	0.47	0.45	0.42	0.40	0.39
有效磷/%		0.70	0.62	0.54	0.48	0.41	0.36	0.31	0.27	0.24	0.21	0.19	0.16	0.14	0.12
钠②(Na)/%		0.21	0.20	0.19	0.18	0.17	0.16	0.16	0.15	0.15	0.14	0.14	0.13	0.13	0.12
氯②(Cl)/%		0.31	0.30	0.28	0.27	0.26	0.24	0.24	0.22	0.22	0.21	0.21	0.20	0.20	0.19
微量元素（添加）															
铁/(mg/kg)		174	160	147	135	124	114	105	97	89	82	75	69	64	58
锌/(mg/kg)		174	160	147	135	124	114	105	97	89	82	75	69	64	58
铜/(mg/kg)		10.8	10.0	9.2	8.5	7.8	7.2	6.6	6.1	5.6	5.1	4.7	4.4	4.0	3.7
锰/(mg/kg)		5.4	5.0	4.6	4.3	3.9	3.6	3.3	3.1	2.8	2.6	2.4	2.2	2.0	1.9
碘/(mg/kg)		0.22	0.21	0.2	0.19	0.17	0.16	0.15	0.14	0.14	0.13	0.12	0.11	0.11	0.1
硒/(mg/kg)		0.30	0.30	0.30	0.30	0.28	0.25	0.23	0.21	0.2	0.18	0.17	0.15	0.14	0.13

续表 7.14

瘦肉生长力	高	12~18	18~27	27~39	39~55	55~75	75~100	100~130	130~166	166~208	208~257	257~313		
	中													
猪体重与应该饲喂的饲料/lb	高	6~12	12~18	18~27	27~39	39~55	55~75	75~100	100~130	130~166	166~208	208~257	257~313	
	中	6~8	8~13	13~18	18~26	26~37	37~51	51~69	69~91	91~118	118~150	150~188	188~233	233~283
	低	6~9	9~14	14~19	19~26	26~36	36~49	49~65	65~85	85~109	109~138	138~162	162~201	201~246
维生素（添加）														
维生素 A/(IU/lb)		2 300	2 200	2 100	1 900	1 800	1 700	1 600	1 500	1 400	1 300	1 250	1 200	1 100 / 1 000
维生素 D_3/(IU/lb)		230	220	210	190	180	170	160	150	140	130	125	120	110 / 100
维生素 E/(IU/lb)		16	15	14	13	12	12	11	10	10	9	9	8	8 / 7
维生素 K(甲萘醌)/(mg/lb)		0.69	0.65	0.61	0.57	0.54	0.51	0.48	0.45	0.42	0.40	0.37	0.35	0.33 / 0.31
烟酸(mg/lb)		31	28	25	23	20	18	16	14	12	10	9	8	7 / 6
泛酸(mg/lb)		20	18	16	15	13	12	11	10	9	8	7	6	5 / 5
核黄素(mg/lb)		7.1	6.4	5.8	5.3	4.8	4.2	3.7	3.2	2.9	2.5	2.2	1.9	1.7 / 1.5
维生素 B_{12}/(mg/lb)		35	32	29	26	23	20	18	16	14	12	10	9	8 / 7
生物素[3]/(mg/lb)		0.013	0.012	0.011	0.010	0.009	0.007	0.005	0.002					
叶酸[3]/(mg/lb)		0.061	0.055	0.050	0.045	0.036	0.03	0.024	0.012					
胆碱[3]/(mg/lb)		90	80	70	62	55	48	32	16					

注：①粗蛋白和代谢能是表 7.18 中的配方实例日粮的值,它们不是最低水平。

②钠和氯是通过添加食盐(NaCl)而提供的。

③对于中等或低瘦肉生长力的猪和主要或最大程度暴露在抗原中的猪来说,不需要添加生物素、叶酸和胆碱。

来源：ISU,生命周期猪营养,1996。

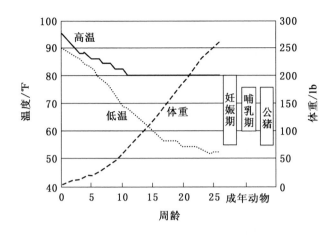

图 7.3　理想的温度范围。右边的 3 条柱形显示的分别是妊娠母猪、哺乳母猪和公猪的最适温度范围。（爱荷华州立大学 Palmer Holden 提供）

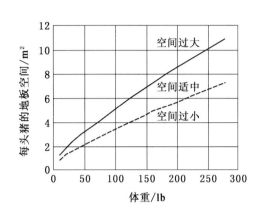

图 7.4　生长猪的小气候。空间受限制会降低猪的生产性能，而空间过大却会浪费设备利用。（ISU，生命周期猪营养，1996）

2.8℃）和 5～7℉（2.8～3.9℃）。

群居环境与每头猪的可利用空间紧密相关，包括圈舍空间、料槽空间和饮水空间（图 7.5）。拥挤的圈舍会降低采食量，增加打斗和撕咬的机会。空间过剩不能改善生产性能，反而会降低可利用空间的经济性。当处于寒冷的环境中时，每间猪舍的猪数量不足会限制热量的产生，而这些由猪产生的热量可以用于维持舍内温度。

抗原刺激

抗原刺激或刺激机体产生抗体的物质会显著影响营养的需要量。根据表 7.15 猪所暴露的抗原水平，将猪在每一个生长阶段（如仔猪和生长育肥猪）分为不同群。脚注描述的是如何评估每一因素的

图 7.5　在牧场放牧的妊娠小母猪可从草料中得到一些它们所需要的营养物质。（德克萨斯州工学院 John Mc-Glone 提供）

值。如果猪群对每一个所列的因素有最小、适度、中等、主要或最大程度的刺激，则分别记为 1、2、3、4、5 分。所有评估因素的总值除以评估因素的数量得到一个最接近的整数。这个数代表猪所刺激的抗原水平，在表 7.17a 和表 7.17b 中可用于校正它们的营养需要。

可以使用一种简化的抗原刺激评估方法，例如，1＝加有药的早期断奶（MEW），2＝隔离早期断奶（SEW），3＝全进/全出（AIAO），4＝持续的流动，5＝慢性疾病。

日粮调整

如果你不愿意为环境因素做校正，就使用表 7.16。但是，为了取得最佳的饲喂效率，推荐为特定的生产条件进行适当的校正。对高瘦肉率的猪进行校正就使用表 7.17a，对中等或低瘦肉生长力猪进行校正则使用表 7.17b。

为不同性别、气候、群体、日粮形式和抗原暴露等因素的营养供给量（表 7.14）选择适宜的发育阶段，决定了校正的必要性。下面是为表 7.17a 和表 7.17b 的特定生产条件进行营养供给量的校正时所遵循的几个步骤：

1)确定要校正的发育阶段(猪体重)。

2)确定此发育阶段猪的生产条件与表7.12定义的标准生产条件的偏离程度。

3)对偏离标准条件的生产条件,汇总此发育阶段校正的适宜数量。对总量进行四舍五入到最接近的整数,加上或减去此发育阶段的校正系数。使用此校正数确定表7.14中最接近于满足饲养在这些特定生产条件下猪营养需要的日粮养分浓度。

计算举例

具有高瘦肉生长力而且处于发育第6阶段(55~75 lb)的猪,饲养在寒冷环境(低于热平衡,TN 5℉(2.8℃))和在中等水平抗原刺激中。对这些特定条件的校正总数为+0.9(+0.35+0.55)。将这个数四舍五入为最接近的整数得到+1.0。此数值(1)加上阶段6等于7,代表表7.14定义的饲养在特定生产条件下的猪的营养需要对应的发育阶段。

4)选择能满足猪营养需要的日粮。这可以通过购买商业饲料或利用饲料原料配制日粮实现,自行配制的日粮是使用表7.18或表7.19的日粮、玉米-豆粕和预混料、玉米和蛋白质饲料。其他一些好的日粮配方信息资源可以在《猪肉产业手册》和反映当地饲料的大学推广服务中心获得。

表7.15　抗原刺激的水平

因素	抗原刺激				
	最低(1分)	适度(2分)	中等(3分)	主要(4分)	最大(5分)
全进全出设施①	总有	通常有	一些	很少	没有
多组群/间②	很有	很少	一些	通常	总有
设备卫生情况③	总是	通常是	有时	很少	从不
设备生物安全④	高	中等	低	最小	没有
抗原出现的数量⑤					
血清滴度	0	1	2	3	>3
可视症状	0	1	2	3	>3
不良生长⑥/%	0~2	2~3	3~5	5~7	7~10
死亡率⑦/%	0~1	1~2	2~3	3~5	4~10

注:①猪群被赶出,设施完全腾空。

②来自不同幢猪舍、农场或其他来源的两群或更多群猪放在同一间猪舍。

③不同群间的设备经高压喷雾消毒;作为必需品在表面重新标识。

④设备生物安全性:高=隔离场所(分开最小为0.5 mi(0.8 km))和工作室,内有淋浴;中等=隔离场所(分开小于0.2 mi(0.3 km)),相似的工作室,内有淋浴;低=相似的场所,隔离的工作室,内有淋浴;最小=相似的场所和工作室,所有的东西和靴子都是干净的;没有=相似的场所和工作设施,没有防范。

⑤抗原出现的数量根据血清抗体滴度表明猪已经暴露的病原数(如肺炎、APP、PRV、PRRS、TGE)和疾病的可视症状(如咳嗽、腹泻、衰弱)。

⑥一群猪中有20%~30%的生长在平均值以下的猪的百分比。

⑦一群中死亡损失猪的百分比。

来源:ISU,生命周期猪营养,1996。抗原是指能刺激抗体产生的任何物质。

表7.16　默认日粮计划(Default dietary regimens)

瘦肉生长力	该饲喂某阶段日粮时的体重/lb					该饲喂某种日粮时的体重/kg				
高	12~39	39~100	100~208	208~313	—	5~18	18~45	45~94	94~142	—
中	8~26	26~69	69~150	150~283	—	4~12	12~31	31~68	68~129	—
低	6~19	19~49	49~109	109~201	201~246	3~9	9~22	22~50	50~91	91~112
发育阶段	3	6	9	12	14	3	6	9	12	14

来源:ISU,生命周期猪营养,1996。

表7.17a 对特定生产条件下的高瘦肉生长猪营养供给量(表7.14)的校正

项目	饲喂某阶段日粮时的猪体重/lb											
发育阶段	6~12	12~18	18~27	27~39	39~55	55~75	75~100	100~130	130~166	166~207	207~257	257~313
	1	2	3	4	5	6	7	8	9	10	11	12
猪的性别												
公猪	0	0	0	0	0	−0.15	−0.35	−0.70	−1.15	−1.60	−1.40	−1.10
母猪	0	0	0	0	0	−0.10	−0.30	−0.60	−1.00	−1.40	−1.00	−0.70
阉公猪	0	0	0	0	0	+0.10	+0.30	+0.60	+1.00	+1.40	+1.00	+0.70
温热环境(图7.4)												
冷−10°F低于TN	+0.60	+0.60	+0.50	+0.40	+0.40	+0.70	+0.70	+0.70	+0.80	+0.90	+1.40	+2.00
−5°F低于TN	+0.30	+0.30	+0.25	+0.20	+0.20	+0.35	+0.35	+0.35	+0.40	+0.45	+0.70	+1.00
热+5°F高于TN	0	−0.05	−0.05	−0.10	−0.10	−0.15	−0.30	−0.50	−0.60	−0.70	−0.80	−0.90
+10°F高于TN	0	+0.05	+0.10	+0.15	+0.20	+0.30	+0.45	+0.60	+0.70	+0.80	+0.90	+1.00
群居环境(图7.5)												
拥挤密度增加20%	+0.15	+0.12	+0.10	+0.08	+0.06	+0.03	0	−0.05	−0.15	−0.30	−0.50	−0.70
日粮形式												
粒度>900 μm	+0.30	+0.25	+0.20	+0.15	+0.12	+0.10	+0.08	+0.05	+0.02	−0.01	−0.04	−0.08
制粒①	−0.15	−0.15	−0.10	−0.10	−0.10	−0.10	−0.10	−0.12	−0.15	−0.25	−0.35	−0.45
抗原刺激(表7.15)												
最小	−0.30	−0.40	−0.50	−0.50	−0.55	−0.55	−0.55	−0.55	−0.60	−0.60	−0.60	−0.60
适度	0	0	0	0	0	0	0	0	0	0	0	0
中等	+0.30	+0.40	+0.50	+0.50	+0.55	+0.55	+0.55	+0.55	+0.60	+0.60	+0.60	+0.60
主要	+0.60	+0.80	+1.00	+1.00	+1.10	+1.10	+1.10	+1.10	+1.20	+1.20	+1.20	+1.20
最大	+0.90	+1.20	+1.50	+1.50	+1.65	+1.65	+1.65	+1.65	+1.80	+1.80	+1.80	+1.80
除了玉米和豆粕的其他日粮组分	保持和表7.14中相同的可消化养分与代谢能比例											
生长调控因子	如果可替代原料中养分(尤其是氨基酸和磷)的消化率与玉米和豆粕的差别很大,就相应地提高和降低日粮的养分与代谢能比例											
	根据生长调控子对采食量、瘦肉组织和养分消化率的影响而调整养分的含量											

注:①当日粮制粒时则将日粮的维生素含量提高20%。

来源:ISU,生命周期期猪营养,1996。

表 7.17b 对中等瘦肉生长力猪在特定生产条件下营养供给量（表 7.14）的校正

项目	饲喂某阶段时的猪体重/lb												
	6~8	8~13	13~18	18~26	26~37	37~51	51~69	69~91	91~118	118~150	150~188	188~233	233~283
发育阶段	1	2	3	4	5	6	7	8	9	10	11	12	13
猪性别													
公猪	0	0	0	0	0	0	-0.15	0.30	-0.60	-1.10	-1.60	-1.30	-0.80
小母猪	0	0	0	0	0	0	-0.10	-0.25	-0.50	-0.90	-1.30	-1.00	-0.50
阉公猪	0	0	0	0	0	+0.10	+0.10	+0.25	+0.60	+0.90	+1.30	+0.90	+0.50
冷热环境（图 7.4）													
冷-10°F 低于 TN	+0.60	+0.60	+0.50	+0.40	+0.40	+0.70	+0.70	+0.70	+0.80	+0.90	+1.40	+2.00	+2.60
-5°F 低于 TN	+0.30	+0.30	+0.25	+0.20	+0.20	+0.35	+0.35	+0.35	+0.40	+0.45	+0.70	+1.00	+1.40
热+5°F 高于 TN	0	-0.05	-0.05	-0.10	-0.10	-0.15	-0.30	-0.50	-0.60	-0.70	-0.80	-1.00	-1.15
+10°F 高于 TN	0	+0.05	+0.10	+0.15	+0.20	+0.30	+0.45	+0.80	+0.90	+1.00	+1.10	+1.20	+1.35
群居环境（图 7.5）													
拥挤密度增加 20%	+0.12	+0.10	+0.08	+0.05	+0.03	-0.05	-0.15	-0.25	-0.40	-0.60	-0.80	-1.00	-1.20
日粮形式													
粒度>900 μm	+0.30	+0.25	+0.20	+0.15	+0.10	+0.07	+0.04	+0.01	0	0	0	0	0
制粒①	-0.15	-0.15	-0.10	-0.10	-0.10	-0.10	-0.10	-0.12	-0.15	-0.25	-0.35	-0.50	-0.65
抗原刺激（表 7.15）													
最小	-0.30	-0.35	-0.35	-0.40	-0.40	-0.40	-0.40	-0.40	-0.45	-0.45	-0.50	-0.50	-0.55
适度	0	0	0	0	0	0	0	0	0	0	0	0	0
中等	+0.30	+0.35	+0.35	+0.40	+0.40	+0.40	+0.40	+0.40	+0.45	+0.45	+0.50	+0.50	+0.55
主要	+0.60	+0.70	+0.70	+0.80	+0.80	+0.85	+0.85	+0.85	+0.90	+0.90	+1.00	+1.05	+1.10
最大	+0.90	+1.05	+1.05	+1.25	+1.25	+1.30	+1.30	+1.30	+1.45	+1.45	+1.50	+1.60	+1.65
除了玉米和豆粕的其他日粮组分	保持和表 7.14 中相同的可消化养分与代谢能比例												
生长调控因子	如果可替代原料中养分（尤其是氨基酸和磷）的消化率与玉米和豆粕的差别很大，就相应地提高和降低日粮的养分与代谢能比例；根据生长调控子对采食量、瘦肉组织和养分消化率的影响而调整养分的含量												

注：①当日粮制粒时则将日粮维生素含量提高 20%。

来源：ISU，生命周期猪营养，1996。

表 7.18　用标准生产条件下定义的饲料配制的生长猪日粮

lb

饲料成分	发育阶段													
---	1	2[①]	3[①]	4	5	6	7	8	9	10	11	12	13	14
玉米	347.50	339.60	357.60	546.40	600.60	648.40	691.00	728.70	765.80	791.85	823.05	849.90	871.00	891.90
去皮豆粕	140.00	435.00	460.00	415.00	365.00	320.00	280.00	245.00	210.00	185.00	155.00	130.00	110.00	90.00
乳清粉	175.00	150.00	150.00											
脱脂奶粉	125.00													
喷雾干燥血浆粉	75.00	40.00												
鱼粉、鲱鱼	100.00													
豆油或其他脂肪	25.00													
石粉	5.40	9.10	7.20	8.50	8.25	8.50	8.90	8.75	8.70	9.00	9.00	9.00	9.00	9.50
磷酸氢钙	1.20	20.55	19.75	21.00	17.60	15.25	12.75	11.00	9.50	8.50	7.50	6.00	5.00	4.00
食盐[②]	—	—	—	4.50	4.30	4.10	4.10	3.70	3.70	3.50	3.50	3.30	3.30	3.10
微量元素和维生素[③]	5.90	5.75	5.55	4.60	4.25	3.75	3.25	2.85	2.30	2.15	1.95	1.80	0.95	0.85
饲料添加剂[④]	—	—	—	—	—	—	—	—	—	—	—	—	—	—
总计	1 000.00	1 000.00	1 000.00	1 000.00	1 000.00	1 000.00	1 000.00	1 000.00	1 000.00	1 000.00	1 000.00	1 000.00	1 000.00	1 000.00

注:①哺乳仔猪从阶段2或阶段3可以采食开食料。
②当日粮中含有乳清粉和/或喷雾干燥血浆粉时,不用添加食盐(钠源和氯源)。
③微量元素,维生素和胆碱预混料的范例可见第八章表8.7和表8.8。
④饲料添加剂可以按照第八章表8.2中经FDA批准的各种水平添加。

来源:ISU,生命周期猪营养,1996。

表 7.19 用可替代饲料配制的生长猪日粮

单位：lb

饲料成分	抗原状态					发育阶段								
	1 最小	2① 最小	2 适中	3① 最小	3 适中	6	6	6	9	9	9	12	12	12
玉米	241.35	226.50	381.00	433.00	497.00	712.05	532.55	647.10	809.40	739.00	761.65	913.90	865.60	863.15
去皮豆粕,煮熟	165.00	392.50	300.00	430.00	460.00	217.50		270.00	127.50		162.50	40.00		65.00
全脂大豆,煮熟②							435.00			235.00			112.50	
肉骨粉														
中等小麦						55.00		50.00	56.00		50.00	35.00		50.00
乳清粉	300.00	250.00	150.00	100.00										
脱脂奶粉	125.00	75.00	50.00											
喷雾干燥血浆粉	75.00		60.00											
鱼粉,鲱鱼	50.00													
L-赖氨酸·HCl	0.75	0.50	0.50	0.50	0.50	1.75	1.50	1.50	1.00	1.75	1.50	2.00	2.00	2.00
L-蛋氨酸		1.00	0.50	0.50	0.50									
大豆油	25.00	25.00	25.00											
石粉	7.00	6.50	10.25	7.50	8.25		9.00	9.20		9.15	9.25		9.20	9.50
磷酸氢钙	5.00	17.50	17.25	21.50	24.00	6.00	14.25	14.50		9.00	9.00	4.00	5.60	5.25
食盐③				2.00	4.75	4.00	4.00	4.00	3.75	3.75	3.75	3.30	3.30	3.30
微量元素和维生素④	5.90	5.50	5.90	5.00	5.00	3.70	3.70	3.70	2.35	2.35	2.35	1.80	1.80	1.80
饲料添加剂⑤														
总计	1 000.00	1 000.00	1 000.00	1 000.00	1 000.00	1 000.00	1 000.00	1 000.00	1 000.00	1 000.00	1 000.00	1 000.00	1 000.00	1 000.00

注：①哺乳仔猪从阶段 2 或阶段 3 可以采食开食料。

②根据来源于全脂大豆的能量相应增加养分水平。

③当日粮中含有乳清粉和/或喷雾干燥血浆粉时，不用添加食盐（钠源和氯源）。

④微量元素、维生素和胆碱预混料的范例可见第八章表 8.7 和表 8.8。

⑤饲料添加剂可以按照第八章表 8.2 中经 FDA 批准的各种水平添加。

来源：ISU，生命周期猪营养，1996。

确定种猪的营养需要量

确定种猪营养需要的第 1 步是确定猪的性别(母猪或公猪)和生产阶段(配种、妊娠或泌乳)。第 2 步,确定种猪所处的特定生产条件与标准生产条件(表 7.12)的差别。以表 7.20 至表 7.23 为指南,分别为配种/妊娠母猪、哺乳母猪和公猪确定适宜的养分浓度和日粮。表 7.23 中的 G2(妊娠)和 L5(哺乳)营养需要可以作为默认的饲喂程序。

后备母猪

一旦根据母猪的遗传优势而将它们选作种用,母猪就应该被充分饲喂,直到它们达到表 7.14 的最重阶段。记录日增重或到达出栏的天数和背脂厚,尽量选择两项性能都高于平均的母猪。例如,高瘦肉生长的母猪应该被充分饲养到体重约 257 lb(117 kg)。充分饲养结束后,日采食量和养分摄入量应该按表 7.20 的妊娠母猪进行调整。母猪在配种前可通过增加 50%~100% 的采食量而进行 14~21 d 的"短期优饲"。配种后就降低日采食量到 4 lb 或 5 lb(1.8 kg 或 2.3 kg)。

表 7.20　为满足特定生产条件的妊娠母猪采食量和赖氨酸需要量的调整[1]

项　目		每天饲料量/		赖氨酸/%
		lb	kg	
标准生产条件[2]		4.0	1.8	0.51
调整:				
胎次 2		+0.4	+0.2	0
3		+0.4	+0.2	−0.07
4		+0.5	+0.2	−0.09
5		+0.6	+0.3	−0.10
6~8		+0.4	+0.2	−0.20
高瘦肉生长		+0.2	+0.1	0
10°F 低于适中温度		+0.8	+0.4	−0.07
优越条件		−0.5	−0.2	+0.03
产后到断奶期间的体重损失				
15 lb	7 kg	+0.3	+0.1	0
30 lb	14 kg	+0.6	+0.3	+0.01
45 lb	20 kg	+0.8	+0.4	+0.02
60 lb	27 kg	+1.1	+0.5	+0.03
75 lb	34 kg	+1.4	+0.6	+0.04

注:①见表 7.12。

来源:ISU,生命周期猪营养,1996。

表 7.21　选择泌乳母猪日粮(不同日采食量[1]下的日粮号[2][3])

每窝哺乳仔猪	日采食量/lb						
	10	11	12	13	14	15	16
8	**L7**	**L6**	**L4**	**L3**	L2	L1	
9	**L8**	**L7**	**L6**	**L4**	L3	L2	L1
10	**L9**	**L7**	**L6**	**L5**	**L4**	L3	L2
11	**L10**	**L8**	**L7**	**L6**	**L5**	**L4**	L3
12	**L11**	**L9**	**L8**	**L7**	**L6**	**L5**	L4

注:①1 哺乳 21 d 的平均日采食量。

②日粮编号为粗体的表示相关的采食量不能够为泌乳提供充足的能量。在这种情况下机体贮存的能量将被动用。

③范例:哺乳 21 d、断奶窝仔数平均为 10 头的母猪平均采食量为 11 lb/d。日粮 L7 最接近于满足这些条件的营养需要。

来源:ISU,生命周期猪营养,1996。

表7.22 繁殖母猪的营养供给量

项目	生产阶段													
	配种/妊娠			哺乳										
日粮编号	G1	G2	G3	L1	L2	L3	L4	L5	L6	L7	L8	L9	L10	L11
氨基酸														
赖氨酸/%	0.44	0.51	0.56	0.72	0.76	0.81	0.85	0.88	0.94	1.00	1.06	1.11	1.15	1.20
苏氨酸/%	0.32	0.37	0.41	0.45	0.47	0.50	0.53	0.55	0.58	0.62	0.66	0.69	0.71	0.74
色氨酸/%	0.10	0.11	0.12	0.14	0.15	0.16	0.17	0.18	0.19	0.20	0.21	0.22	0.23	0.24
甲硫氨酸+胱氨酸/%	0.36	0.41	0.45	0.35	0.37	0.40	0.42	0.43	0.46	0.49	0.52	0.54	0.56	0.59
粗蛋白/%	10.60	11.60	12.20	14.70	15.20	15.80	16.40	16.80	17.70	18.50	19.30	20.10	20.60	21.20
代谢能①/(kcal/lb)	1 483	1 478	1 481	1 496	1 492	1 490	1 488	1 485	1 482	1 479	1 477	1 474	1 471	1 469
矿物质														
钙/%	0.80	0.85	0.90	0.65	0.67	0.70	0.73	0.76	0.80	0.84	0.88	0.91	0.94	0.97
总磷/%	0.63	0.68	0.73	0.59	0.61	0.64	0.66	0.69	0.73	0.76	0.80	0.83	0.85	0.88
有效磷/%	0.36	0.42	0.50	0.31	0.33	0.35	0.37	0.40	0.43	0.46	0.49	0.52	0.54	0.56
钠②/%	0.14	0.16	0.18	0.13	0.14	0.15	0.15	0.16	0.17	0.18	0.19	0.20	0.21	0.22
氯③/%	0.21	0.24	0.26	0.20	0.21	0.22	0.23	0.24	0.26	0.27	0.29	0.30	0.31	0.33
微量元素（添加）														
铁/(mg/kg)	86	100	110	82	86	92	96	100	107	114	120	126	131	136
锌/(mg/kg)	73	85	94	70	73	78	82	85	91	97	102	107	111	116
铜/(mg/kg)	5.2	6.0	6.6	4.9	5.2	5.5	5.8	6.0	6.4	6.8	7.2	7.6	7.9	8.2
锰/(mg/kg)	10	12	13	10	10	11	12	12	13	14	14	15	16	16
碘/(mg/kg)	0.15	0.17	0.19	0.14	0.15	0.16	0.16	0.17	0.18	0.19	0.20	0.21	0.22	0.23
硒/(mg/kg)	0.15	0.18	0.20	0.15	0.15	0.17	0.17	0.18	0.19	0.21	0.22	0.23	0.24	0.24

续表 7.22

项　目	配种/妊娠			哺　乳										
维生素（添加）														
维生素 A/(IU/lb)	1 376	1 600	1 760	1 312	1 376	1 472	1 536	1 600	1 712	1 824	1 920	2 016	2 096	2 176
维生素 D$_3$/(IU/lb)	138	160	176	131	138	147	154	160	171	182	192	202	210	218
维生素 E/(IU/lb)	15	18	20	15	15	17	17	18	19	21	22	23	24	24
维生素 K(甲萘醌)/(mg/lb)	0.34	0.40	0.44	0.33	0.34	0.37	0.38	0.40	0.43	0.46	0.48	0.50	0.52	0.54
烟酸/(mg/lb)	6.9	8.0	8.8	6.6	6.9	7.4	7.7	8.0	8.6	9.1	9.6	10.1	10.5	10.9
泛酸/(mg/lb)	8.2	9.5	10.5	7.8	8.2	8.7	9.1	9.5	10.2	10.8	11.4	12.0	12.4	12.9
核黄素/(mg/lb)	2.6	3.0	3.3	2.5	2.6	2.8	2.9	3.0	3.2	3.4	3.6	3.8	3.9	4.1
维生素 B$_{12}$/(μg/lb)	10.3	12.0	13.2	9.8	10.3	11.0	11.5	12.0	12.8	13.7	14.4	15.1	15.7	16.3
生物素②/(mg/lb)	0.12	0.14	0.15	0.11	0.12	0.13	0.13	0.14	0.15	0.16	0.17	0.18	0.18	0.19
叶酸②/(mg/lb)	0.28	0.34	0.38	0.11	0.12	0.13	0.13	0.14	0.15	0.16	0.17	0.18	0.18	0.19
胆碱②/(mg/lb)	301	350	385	287	301	322	336	350	375	399	420	441	459	476

注:①粗蛋白和代谢能值是表 7.24 中的配方实例日粮的值,它们不是最低水平。
　　②钠和氯是通过添加食盐(NaCl)而提供的。
来源:ISU,生命周期猪营养,1996。

配种和妊娠母猪

母猪的营养推荐量是基于非哺乳和妊娠母猪饲养在表 7.12 中的标准生产条件下和图 7.6 所列的

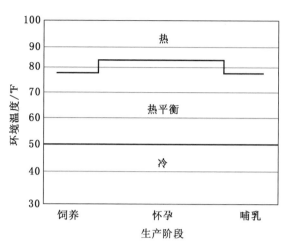

图 7.6　种猪的温度适中区。母猪在配种、胚胎着床和泌乳期间遭受热应激可能会出现繁殖问题。在配种和胚胎着床期间处于过高的温度下可能会降低受胎率和着床率，母猪就不得不重新配种。过高的温度会降低哺乳母猪的采食量。低温通常不会导致母猪出现问题。当温度降低到 50°F（10℃）以下时，需要增加饲料量以维持它们的能量平衡。（来源：ISU，生命周期猪营养，1996）

温度适中这个假设之上提出的。标准条件包括单独圈养的母猪和公猪，圈舍为隔热建筑、漏缝地板、缝隙风最少。对于圈养在潮湿地面、隔热条件差或常有缝隙风侵袭的圈舍中的母猪来说，必须把温度分别提高 5、5、8°F（2.8、2.8、4.4℃）以维持适中的温度。对于群养在水泥地板或铺有干草的圈舍中的动物来说，温度可以分别降低 4、8°F（2.2、4.4℃）也能维持适中的温度。

标准的母猪是第 1 胎次的母猪，有中等的瘦肉生长力和理想的体况，从产后到断奶期间期望的体重损失低于 15 lb（7 kg）。表 7.20 简要说明了饲养在有别于标准生产条件下的妊娠母猪的采食量和赖氨酸水平的调整。

例如，饲养在标准生产条件下的第 1 胎次母猪（小母猪）的饲喂量每天为 4.0 lb（1.8 kg），含赖氨酸 0.51%。但是，第 2 胎次的母猪需要 4.4 lb（4.0 lb＋0.4 lb）或 2.0 kg/d，含 0.44% 的赖氨酸（0.51%～0.07%）。使用估计的采食量和赖氨酸来确定表 7.22 中配种和妊娠母猪的适宜营养需要量。

泌乳母猪

哺乳母猪的适宜日粮可以通过表 7.21 来估计。

图 7.7　母猪和它的哺乳仔猪。（美国农业部提供）

对在同一个哺乳母猪舍内的母猪只可能饲喂一种哺乳期日粮，因此，生产者应该根据季节确定每头母猪平均的哺乳仔猪数量以及平均的采食量。然后选择一种最接近于满足窝仔数和采食量的日粮（图 7.7）。建议在哺乳期间采用自由采食的饲喂方式，并且让母猪在断奶后尽可能快的达到最大采食量。每天饲喂 2 次新鲜的日粮，应该每天都要把剩余的日粮移走。注意表 7.21 中大多数日粮的数量是以粗体形式标出，并详细说明了母猪泌乳期间期望的体重损失。泌乳的营养需要在表 7.22 中。

种猪的营养供给量见表 7.22，3 种妊娠期日粮以 G1、G2 和 G3 代表。它们是以表 7.20 的采食量和赖氨酸的校正为基础。总的来说，每天消耗 4 lb（1.8 kg）的妊娠母猪应该饲喂 G2 日粮，含 0.51% 的赖氨酸。泌乳期日粮 L1～L11 是根据表 7.21 的泌乳期平均采食量和哺乳仔猪数进行选择的。泌乳母猪的饲喂量应该尽可能多，即它们每天能消耗多少就饲喂多少。并不是所有的母猪都能消耗足够多的饲料而满足机体的营养需要,因此,可考虑饲喂高赖氨酸日粮以提供一个安全余量。

能满足表 7.22 中种猪推荐量的日粮范例都列于表 7.24 中。这些日粮是以玉米和豆粕为基础,而其他饲料可能根据当地的可利用饲料和考虑成本问题被替代了。

公猪

生长公猪的营养供给量经表 7.14a 中适当的性别校正后可见表 7.14。推荐的采食量、不同体重公猪的日粮选择和配种频率见表 7.23。

表 7.23　不同体重公猪的饲养方案(每天饲料量[①]及日粮编号)　　　　　　　　　　　lb

项目	公猪体重/lb			
	270～350	350～450	450～550	550～650
每周配种 1～2	5.3	5.6	5.8	6.2
每周配种 2～4	5.5	5.8	6.0	6.4
日粮[②③]	L3	L2	L1	G3

注:①需要量是以表 7.12 中的标准生产条件为基础的。饲养在较冷环境中的公猪,在温度低于适中区时每降低 5℉ (2.8℃)(图 7.3),每天的饲料供给量应该增加 0.17 lb(0.08 kg)。

②如果日粮不是玉米-豆粕型,需要对饲料和营养供给量进行校正。

③表 7.22 中最接近于满足公猪营养需要的日粮代表为泌乳(L3,L2 和 L1)和妊娠(G3)需要。

来源:ISU,生命周期猪营养,1996。

表 7.24　在标准生产条件下母猪和公猪的日粮

原料成分	生产阶段						
	G1	G2	G3	L1	L2	L3	L4
玉米	891.15	862.50	843.70	799.30	781.50	765.10	748.85
去皮豆粕	75.00	100.00	115.00	175.00	190.00	205.00	220.00
石灰石	10.50	10.00	9.00	6.25	7.70	7.70	7.75
磷酸氢钙	16.80	20.00	24.00	13.50	14.50	15.50	16.50
食盐	3.50	4.00	4.50	3.25	3.50	3.75	3.75
母猪微量元素预混料[①]	0.90	1.00	1.10	0.85	0.85	0.90	0.95
母猪脂溶性维生素预混料[①]	0.30	0.35	0.35	0.30	0.30	0.30	0.35
母猪 B 族维生素预混料[①]	0.35	0.40	0.45	0.35	0.35	0.40	0.40
母猪叶酸预混料[①]	0.20	0.25	0.25				
胆碱预混料[①]	1.30	1.50	1.65	1.20	1.30	1.35	1.45
饲料添加剂[②]							
总计	1 000.00	1 000.00	1 000.00	1 000.00	1 000.00	1 000.00	1 000.00

原料成分	生产阶段					
	L5	L6	L7	L8	L9	L10
玉米	737.00	709.95	687.90	665.95	943.95	627.45
去皮豆粕	230.00	255.00	275.00	295.00	315.00	330.00
石灰石	7.75	7.80	7.85	7.90	8.00	8.00
磷酸氢钙	18.00	19.50	21.00	22.50	24.00	25.00
食盐	4.00	4.25	4.50	4.75	5.00	5.25
母猪微量元素预混料[①]	1.00	1.10	1.15	1.20	1.25	1.30
母猪脂溶性维生素预混料[①]	0.35	0.35	0.40	0.40	0.40	0.45

续表 7.24

原料成分	生产阶段					
	L5	L6	L7	L8	L9	L10
母猪 B 族维生素预混料[①]	0.40	0.45	0.50	0.50	0.50	0.55
母猪叶酸预混料[①]						
胆碱预混料[①]	1.50	1.60	1.70	1.80	1.90	2.00
饲料添加剂[②]						
总计	1 000.00	1 000.00	1 000.00	1 000.00	1 000.00	1 000.00

注：①生长猪的微量元素、维生素和胆碱预混料的范例可见第八章表 8.7 和表 8.8。

②饲料添加剂可以按照第八章表 8.2 中经 FDA 批准的各种水平添加。

来源：ISU,生命周期猪营养,1996。

学习与讨论的问题

1.列表说明影响猪营养需要量、日粮配方和饲养程序的主要因素。

2.为什么说那些如表 7.1 至表 7.10 中的营养需要不是最终的需要量？

3.为什么不同生产阶段的猪需要不同的日粮？

4. 解释营养需要量和营养供给量之间的差异？

5.讨论以下几个方面的赖氨酸需要量：

　　a.瘦肉型、快速生长型猪；

　　b.冬天与夏天；

　　c.分性别群养。

6.什么是生长育肥猪？为什么要根据经济学来决定它们日粮的改变或修正它们的日粮？

7.应该在什么阶段和年龄选择后备母猪？在选定以后应该如何饲养它们？

8.你觉得对母猪进行"短期优饲"是可取的吗？如果是,你打算怎么做？

9.有必要对妊娠母猪和经产母猪进行限制饲喂,列表详细说明 4 种限制饲喂系统。

10.你觉得对母猪断奶后就立即进行自由采食或限制饲喂是可取的吗？为什么？

11.估计生产 1 头 265 lb 出栏猪需要的总饲料量,然后将其分解为下列每一个生产阶段的需要量：(a)妊娠母猪日粮(包括妊娠前和配种)；(b)公猪日粮；(c)泌乳期日粮；(d)仔猪日粮(开食到 40 lb)；(e)生长育肥猪日粮(40~265 lb)。

12.公猪的增重和饲料转化效率都比阉公猪和母猪高,为什么公猪的饲喂量不多？

主要参考文献

Animal Feeding and Nutrition, 9th ed., M. J. Jurgens, Kendall/Hunt Publishing Co., Dubuque, IA, 2002

Composition and Quality Assessment Procedures, National Park Board, Des Moines, IA, 2000

Feeds and Nutrition, 2nd ed., M. E. Ensminger, J. E. Oldfield, and W. W. Heinemann, The Ensminger Publishing Company, Clovis, CA, 1990

Kansas Swine Nutrition Guide, Kansas State University Extension, Manhattan, KS, 2003

Life Cycle Swine Nutrition, 17th ed., Pm-489, P. J. Holden, et al., Iowa State University,

Ames，IA，1996

Nutrient Requirements of Swine，10th rev. ed.，National Research Council，National Academy of Sciences，Washington，DC，1998

Pork Industry Handbook，Cooperative Extension Service，Purdue University，West Lafayette，IN，2003

Swine Nutrition，E. R. Miller，D. E. Ullrey，and A. J. Lewis，Butterworth-Heinemann，Boston，MA，1991

Swine Nutrition Guide，University of Nebraska，Lincoln，NE，and，South Dakota State University，Brookings，SD，2000

Swine Production and Nutrition，W. G. Pond and J. H. Maner，AVI Publishing Co.，Inc.，Westport，CT，1984

第八章　选择性饲料和添加剂与饲养管理

一个良好的猪饲养管理系统需要体积足够大的饲料贮存罐，以便向一幢猪舍提供好几种日粮。（爱荷华州立大学 Palmer Holden 提供）

内容
选择性饲料
饲料添加剂
　平衡日粮
　配合日粮的步骤
　水分的校正
配合日粮的方法
　计算机法
　皮尔森正方形法
　联立方程法
　试验-误差法
　配方/混合工作表
　配制日粮中的指示器

家庭配合日粮与商业配制日粮
设计基础混合料或预混料
质量控制
选择商业饲料
饲料加工
　粉碎与辗磨
　制粒
　热处理
日粮制备方法
饲喂系统
　全价日粮
　自由采食
　液态饲料
饲喂方案和日粮
　乳仔猪的饲养
　生长育肥猪的饲养
　种猪的饲养
　妊娠母猪的饲养
　泌乳母猪的饲养
　展示和出售猪的饲养
其他饲料与管理方面
　营养性贫血
　腹泻
　软猪肉
生猪-玉米比价
毒物和毒素
学习与讨论的问题
主要参考文献

目标

学习本章后，你应该：

1. 了解如何选择可使猪日粮成本降低的饲料。

2. 了解并理解饲料添加剂的种类和如何找到有关被认可的添加剂的信息。

3. 了解如何对水分含量不同的饲料进行校正。

4. 能够使用皮尔森正方形法做日粮配方。

5. 理解选择日粮配制方法要考虑的因素，如基础混合料、预混料和完全蛋白质饲料的使用。

6. 能够设计维生素和微量元素预混料。

7. 理解如何阅读饲料标签。

8. 了解不同饲料加工和饲喂系统的优点与缺点。

9. 了解限制母猪采食量的各种方法及其优点。

10. 理解猪粮比价。

选择性饲料

成功的养猪生产者都知道具有相似营养特性的饲料原料在价格允许的情况下,在日粮中可以也是应该互换的,因此,在任何时候都可以以最低的成本获得平衡的日粮。表8.1中列出的猪用饲料替代水平,给出了常用饲料比较价值的概要。最大推荐量包括能保持最佳生产性能的饲喂水平。相对饲用价值是将能源的营养价值与玉米相比,蛋白源的营养价值与去皮豆粕相比。这些值是以代谢能、赖氨酸和有效磷为基础的。当使用这些饲料替代标准时要注意以下几点:

1)不同年龄和不同组群的同种动物,其饲喂应该不一样。

2)不同的饲料其饲用价值差异很大。例如,大麦和燕麦,根据种皮的含量和体积密度(每体积的重量)比较,其饲用价值变化很大。

3)有些饲料,尤其是那些蛋白质含量中等的,如苜蓿、花生和豌豆,可以作为谷物及其副产物或蛋白质饲料的互换饲料(图 8.1)。

图 8.1　北达科他州的一块用做配合饲料的双低油菜地。双低油菜当与合成赖氨酸配合时,对猪来说,是一种具有竞争性的蛋白源。

(爱荷华州立大学 Palmer Holden 提供)

4)有些饲料的饲用价值受加工过程的严重影响;土豆和豆类饲料应该煮熟了喂猪。所报道的值都是以适当的饲料加工过程为基础的。

由于这些原因,饲料替代表中所列的饲用值是相对的并不是绝对的,它们是以优质饲料的平均值为基础的近似值。实验室分析可使饲料替代精确度提高。

表 8.1 猪的饲料替代水平[①]

饲料（饲喂基础）	最大推荐水平/%				相对饲喂价值比较[①]		备注
	妊娠	哺乳	1~3	4~14	玉米	去皮大豆粕	
苜蓿干草,早花期	0~50	5	0	5	75~85		低能,是胡萝卜素和 B 族维生素的良好来源,对仔猪的适口性不好
苜蓿粗粉,脱水	50	10	0	5	80~100	30	低能,高纤维,高胡萝卜素
面包副产物	40	40	20	40	95~110		食盐的含量不定
大麦[②]	90	85	25	95	100~105		能源饲料,纤维含量中等,低赖氨酸
豆类（精选）	5	10	0	7		70	彻底煮熟,添加蛋氨酸
甜菜浆,干缩	10	10	0	0	90~105		大容积,高纤维,蓬松
血粉,喷雾干燥	5	5	5	5	205~220		高赖氨酸,低异亮氨酸和色氨酸;适口性差
酪乳,干	0	0	20	0	85~90		氨基酸平衡
酪乳,液态(9.7%干物质)	自由采食			自由采食	27~37	10~12	通常以自由采食形式给饲
酪乳,浓缩(29.1%干物质)					80~110	31~34	氨基酸平衡
双低油菜粕,浸提	5	5	0	5		72~74	高纤维
木薯,干粉	80	70	0	45	85		低蛋白氨酸;在热带地区可作为猪饲料;氰氢酸对动物有害,阳光干燥可能使其灭活
干椰肉粕(椰子粕),(21%蛋白质)	25	5	0	20	50		估计会使生产性能有较小的降低
玉米粉	80	5	0	5	75~80		大容积,低能量;可以构成妊娠母猪日粮的 80%
玉米,蒸馏干缩物,可溶解物	10	5	5	5	45~50		B 族维生素的来源,低赖氨酸
玉米蛋白饲料,23%蛋白质	90	10	5	10	110~130	40~50	赖氨酸和色氨酸的利用率低
玉米蛋白饲料,60%蛋白质	5	5	0	5	100~105	55~65	赖氨酸和色氨酸的利用率低
高赖氨酸玉米	95	90	50	95	100~105		赖氨酸的含量比玉米高
玉米,青贮(25%~30%干物质)	90					20~30	大容积,低能量,只适合于妊娠母猪
玉米,黄色[②]	90	85	35~45	60~90	100		能源饲料,低赖氨酸和色氨酸
玉米,黄色,高油	90	85	35~45	85	105		能源饲料,低赖氨酸和色氨酸
棉子粕,浸提	5	5	0	5		64~68	棉子酚有毒,低赖氨酸
二粒小麦	80		0		80~90		二粒小麦可以像大麦一样利用

续表 8.1

饲料（饲喂基础）	最大推荐水平/%				相对饲喂价值比较①		备　注
	妊娠	哺乳	1～3	4～14	玉米	去皮大豆粕	
动物脂肪，稳定	8	8	8	8	140～160		高能量，减少粉尘，在日粮中可超过 5%
羽毛粉	3	0	0	3		85～92	低赖氨酸，蛋氨酸和色氨酸
鱼粉（60%）	10	10	10	5		165～170	氨基酸非常平衡，是好的钙和磷源
鱼粉，鲱鱼	10	10	10	5		165～170	氨基酸非常平衡，是好的钙和磷源；有潜在的腐臭味
鱼类可溶物，浓缩（51%干物质）	5	5	5	3		65	含食盐约 5%
玉米粥饲料	60	60	0	60	100～105		能源饲料，可能有腐臭味，高水平会产生软猪肉
乳糖	0	0	20	0	85～95		能源饲料，适口性好
亚麻子粕（35%蛋白质）	25	5	0	25		60～70	添加赖氨酸，轻微蓬松
麦芽	10				100		
肉骨粉（50%蛋白质）	10	10	5	5	85～95	108～115	低色氨酸，高钙和磷
肉粉（54%蛋白质）	10	10	5		34～38	125～135	低赖氨酸
栗（枣）	50	5	5	5	85～95		适口性好，用于制粒，在 15% 以上就蓬松
糖蜜，甜菜、茎、柑橘类植物（74%干物质）	5	5	5	5	34～38		能源饲料，适口性好
燕麦，去壳（去壳燕麦）	30	30	30	30	115～125		根据其密度作为能源的估计值，高纤维
燕麦	90	15	0	20	80～85		恶臭，有害
燕麦，裸	90	70	40	65～95	105～110		
花生粕，溶剂浸提（49%蛋白质）	5	5	0	5		65～75	长时间贮存会变得腐臭
花生仁	20	12	5	5		60～70	低赖氨酸，煮熟适合仔猪，可能含有黄曲霉毒素，产生软猪肉
豌豆	0	5	5			70～80	低赖氨酸
喷雾干燥血浆粉	0	0	8	0		205～215	免疫球蛋白，高盐分
马铃薯，煮熟（20%～22%干物质）	50	25	0	30～50	20～22		在日粮中的水平表示为干物质的%，按 3 份湿土豆与 1 份谷物的比例进行饲喂
马铃薯，干果（88%干物质）	50	0	0	0～15	92～98		

续表 8.1

饲料（饲喂基础）	最大推荐水平/%				相对饲喂价值比较①		备 注
	妊娠	哺乳	1~3	4~14	玉米	去皮大豆粕	
马铃薯，甜（27%~30%干物质）	50	0	0	0	20		必须煮熟
马铃薯，甜（90%干物质）	40	10	0	40	70		必须煮熟
家禽副产物粉	5	5	0	5		136~139	灰分含量高
糙米	90	20	0	40	80~85		低能量，低赖氨酸，对增重没有影响，但降低F/G
米糠	33	5	0	5	100		高脂肪，腐臭味有害，产生软猪肉
大麦	33	10	0	10	100~120		腐臭味有害，产生软猪肉
黑麦	20~30	0	0	25	90		因为适口性不好，应限制其用量，磨碎后饲喂猪；注意麦角病
红花子粕，带壳	5	0	0	0		45~55	高纤维，低赖氨酸和色氨酸
红花子粕，去壳	3	0	0	5		80~90	低赖氨酸和色氨酸
虾粉，阳光干燥	50	5~10	0	5~20		85~95	含0~7%的盐
干燥脱脂牛奶粉（94%干物质）	0	0	20	0		100~105	氨基酸非常平衡，适口性好，价格昂贵
液态脱脂牛奶（9.5%干物质）	自由采食	0	0	自由采食	30~40	12~13	通常以自由采食形式给饲
高粱粒①	90	85	45	95	92		能源饲料，低赖氨酸和色氨酸
去皮大豆粕，溶剂浸提①	10	25	45	40		100	与玉米搭配氨基酸平衡性好
大豆粕，溶剂浸提①	12	30	48	45		96	与玉米搭配氨基酸平衡性好
大豆油	8	8	8	8	190~215		高能量，其饲喂量可超过5%
全脂大豆，煮熟	15	32	60	50		90~100	高能量，产生软猪肉
斯佩尔特小麦	90	60	0	90	65~85		低能量，低赖氨酸；其饲喂价值随豆皮的含量而变化
糖（蔗糖）	0	0	5	0	95~105		添加的目的是增强适口性
葵花子粕（36%~45%蛋白质）	0	10	0	10	90~95		低赖氨酸
葵花子粕（28%蛋白质）	10	0	0	10		45~55	高纤维，低赖氨酸
葵花子	50	25	0	25	100		高能量，高纤维，低赖氨酸，产生软猪肉
黑小麦	90	85	45	90	90~95		高水平时可能全降低适口性；麦角碱有害
麦麸	30	10	0	5	95~105		高纤维，蓬松性

续表 8.1

饲料（饲喂基础）	最大推荐水平/%				相对饲喂价值比较①		备注
	妊娠	哺乳	1~3	4~14	玉米	去皮大豆粕	
细麸皮	30	20	5	5	95~115		低能量，可部分替代谷物饲料
红色白色小麦下脚料②	90	20	0	50	115~120		不一致的产品
小麦，硬②	90	85	45	95	110~115		能量饲料源；低纤维；磨碎后使用
乳清，干燥	5	5	30	5	130~160		氨基酸平衡性和适口性非常好；盐分含量高
乳清，干燥，去乳糖	5	5	30	5	140~200		与干燥乳清一样
乳清，液态（7.1%干物质）	自由采食	自由采食	自由采食	自由采食	11~15		通常以自由采食形式给饲
酵母，干燥的啤酒糟	3	3	3	3		112~115	B族维生素的来源

注：①相对值考虑了赖氨酸，净能和有效磷含量。一种饲料的成本可以通过将它的成本再乘以特定的系数而估计，这个特定的系数是这种饲料与玉米或去皮大豆粕相比后再乘以特定的成本比值。这些值应限定饲喂源的相对值。这些值应限定饲喂值在推荐限度之内。高纤维饲料的值会降低，因为它们的饲喂水平增加了。

②玉米，大麦，高粱或小麦相比相对值。豆粕被限定为基础的蛋白质源饲料，它可由推荐范围内的其他替代饲料。根茎类饲料的饲喂价值比谷物饲料及其副产物饲料的低，因为它们含较高的水分。

来源：猪肉工业手册，2003；Pond 和 Maner，养猪生产和营养，1984；ISU，生命周期猪营养，1996；NRC，猪的营养需要，1998；Thacker 和 Kirkwood，用于养猪生产的非传统饲料，1990。

饲料添加剂

自从 20 世纪 50 年代发现饲料添加剂后,猪日粮中使用饲料添加剂在美国已经是很普遍的事了。大多数的养猪生产者都使用饲料添加剂,这是因为饲料添加剂已经被证明可以提高生长率、改善饲料利用率、降低死亡率和临床与亚临床的发病率。大多数(并非所有的)猪用添加剂主要分为以下几大类:

1)抗生素。

2)化疗药物。

3)驱虫剂或除虫剂。

4)含铜化合物。

5)氧化锌。

6)益生素。

7)其他添加剂。

抗生素是一种通过有机体如细菌或霉菌合成的化合物,这些有机体可以抑制其他细菌或霉菌的生长。

化疗药物是通过化学法而不是微生物法生产的类似于抗生素的化合物。

驱虫剂(除虫剂)是添加在猪日粮中帮助控制内部或外部寄生虫的化合物。

含铜化合物,如硫酸铜,当其饲喂量高于营养需要量时,就具有类似于抗生素的刺激生长的特性。250 mg/kg 的铜与抗生素一样可以促进生长。铜可以作为药物对某些抗生素或化学疗剂无效的肠道疾病进行有效地治疗。

氧化锌的水平达 3 000 mg/kg 时可促进仔猪生长和降低腹泻率。

益生素对消化道中微生物的作用与抗生素相反。益生素像添加到日粮中的乳酸菌一样,是正常的有益菌。益生素的作用被推测是有利于有益菌在肠道定植,而不是杀死或抑制有害菌。

还有很多其他的添加剂,如来克多巴胺盐酸盐,可以改善生产性能和肥育猪的肌肉沉积;铬可以提高产仔数;植物性药物可能还具有抗细菌特性。

一些公认的猪用添加剂见表 8.2。每一种添加剂的信息包括:(1)化学名称;(2)商业名称;(3)公认的使用剂量(g/t);(4)屠宰之前的停药期;(5)美国食品与药物管理局(FDA)的申明。无论使用添加剂与否,都应该注意以下几点安全警示:

1)只使用公认的猪用添加剂。调整变化,并经常检查它们。

2)仔细遵循标签的使用说明。

3)使用最小的有效剂量。

4)精确添加或使用。

5)为保证在肉中没有残留,有些添加剂必须在屠宰之前停止使用。建议某些饲料添加剂的停药时间。

除了表 8.2 所列出的添加剂外,为了提高日粮的可接受性、保持日粮的质量或提高日粮的消化性和利用率,可以使用其他添加剂,如抗氧化剂、霉菌抑制剂、香味剂、甜味剂、黏合剂、酶制剂、有机酸、丝兰提取物和电解质。

表 8.2　美国食品与药物管理局（FDA）批准认可的猪饲料添加剂①

化学名称	商业名称	添加剂用量/(g/t)	停药期(屠宰之前)/d	FDA 批准申明② A	B	C	D	E	F	G	H	I	J	K	M	N	O	Q
阿泊拉霉素	Apralan	150	28		B													
对氨苯基胂酸	Pro-Gen	45~90	5	A							H							
对氨苯基胂酸和杆菌肽 MD 或锌		45~90 和 10~50	5	A							H							
对氨苯基胂酸和氯四环素		45~90 和 10~50	5	A							H							
对氨苯基胂酸和氯或氧土霉素		45~90 和 10 mg/(lb·d)	5	A				E										
对氨苯基胂酸和青霉素		45~90 和 100	5	A				E			H							
杆菌肽 MD	BMD	10~30	无	A														
杆菌肽 MD	BMD	250(单独配给)	无								H							
杆菌肽 MD 和氯四环素		10~30 和 400(最多 14 d)	无	A				E					J					Q
杆菌肽锌	Albac,Baciferm	10~50	无	A														
班贝霉素	Flavomycin	2~4	无	A														
卡巴氧	Mecadox	10~25	42②	A														
卡巴氧	Mecadox	50	42②	A														
氯四环素	Aureomycin,Aureomix,	10~50	无	A					F		H							
氯四环素	Aureozol,PfiChlor,CLTC	50~100	无	A														
氯四环素	CTC	400 14 d	无												M			Q
氯四环素	CTC	10 mg/lb 体重 14 d	不定					E					J					
氯四环素和磺胺甲嘧啶和青霉素	Aureo SP 250,PfiChlor 250	100,100,50	15	A				E						K		N		
氯四环素和磺胺甲嘧啶和青霉素	CSP 250	100,100,50	7	A			D	E						K		N		
林肯霉素	Lincomix	20	无	A														
林肯霉素④	Lincomix	40	无								H							Q
林肯霉素④	Lincomix	100(单独配给 21 d)										I						Q
林肯霉素④	Lincomix	200(单独配给 21 d)	无														O	
新霉素	Neomix	10 mg/lb,最多 14 d	3		B													

续表 8.2

化学名称	商业名称	添加剂用量/(g/t)	停药期(屠宰之前)/d	FDA 批准申明①													
				A	B	C	D	E	F	G	H	I	J	K	M	P	Q
氧四环素	Terramycin,OXTC,OTC	10~50	无	A											M		
氧四环素	Terramycin,OXTC,OTC	10 mg/lb,7~14 d	无	A				E					J				
氧四环素和新霉素⑤	Neo-Terramycin,NEO/OXTC r/OXY	50~150 和 35~140	5~10				D	E		G				K			
青霉素(来自于普鲁卡因 G 普鲁卡因	Penicillin P-50,Penicillin G Procaine	10~50	无	A													
莱苯	Rabon	0.05 g/(100 lb·d)	无			C											
米克多巴胺⑥	Paylean	4.5~18.0,>16%CP 日粮	无	A													
米克多巴胺⑥和泰乐菌素(见泰乐菌素)		4.5~18.0 和 100	无	A													Q
罗克萨松	3-Nitro-10,_20,_50	22.7~34.0,全价饲料	5	A													
罗克萨松	3-Nitro-10,_20,_50	181.5,(最多 6 d)	5	A								I					
罗克萨松和杆菌肽 MD		22.7~34.1 和 10~30	5	A													
罗克萨松和杆菌肽 MD		22.7~34.1 和 250	5	A							H						
罗克萨松和杆菌肽 MD		181.5 和 10~30(6 d)	5	A								I					
罗克萨松和杆菌肽锌		22.7~34 和 10~50	5	A													
罗克萨松和杆菌肽锌		181.5 和 10~50	5	A								I					
罗克萨松和氯四环素		22.7~34.1 和 400(14 d)	5	A				E					J				
罗克萨松和氯四环素		181.5 和 10~50(6 d)	5	A								I					
罗克萨松和氯四环素		181.5 和 400(6 d)	5	A				E				I	J				
罗克萨松和青霉素		22.7~34.1 和 100	5	A				E									
泰妙菌素	DENAGARD 10	10	无	A													
泰妙菌素	DENAGARD 10	35(至少饲喂 10 d)	2								H						Q
泰妙菌素	DENAGARD 10	200(2 周,然后为 35)	7									I					
泰妙菌素和氯四环素		35 和 400 14 d	2					E			H		J				
替米考星	Pulmotil 90	181~363	7													P	
泰乐菌素	TYLAN 40,TYLAN 100	100	无											K			
泰乐菌素	TYLAN 40,TYLAN 100	100,3 周,然后为 40	无							G							

续表 8.2

化学名称	商业名称	添加剂用量/(g/t)	停药期(屠宰之前)/d	FDA批准申明②
泰乐菌素	TYLAN 40,TYLAN 100	100,21 d,单独配给	无	Q
泰乐菌素	TYLAN 40,TYLAN 100	10~20 或 20~40 或 20~100	无	A
泰乐菌素/磺胺甲嘧啶	TYLAN 40 Sulfa-G	100	15	A,G,J,K,L
维及利亚霉素	V-Max 10,20,50,Stafac 10,20,500	5~10	无	A
维及利亚霉素	V-Max 10,20,50,Stafac 10,20,500	25	无	H
维及利亚霉素	V-Max 10,20,50,Stafac 10,20,500	100,2周,然后50	无	H,I

注:①这是经 FDA 批准的一部分添加剂及其组合列表。表中没有把每一种添加剂批准的所有使用水平列出。建议使用者阅读产品标签按照添加剂生产者的推荐剂量使用。

②此申明是指使用剂量和使用期限都是从 FDA 核准文件中获得的。爱荷华大学不承担所有后果与使用这个表所有的与使用剂量有的目的与有关的责任。使用以下饲料添加剂必须遵循相应的准则和规则。以下是对适合使用的添加剂提出的几个要求:

a. 提高增重速率和改善饲料效率。

b. 预防断奶后的大肠杆菌疾病。

c. 控制处理猪粪肥的流失。

d. 细菌性肠炎(腹泻)的预防。

e. 细菌性肠炎(腹泻)的治疗。

f. 细菌性肠炎(腹泻)的控制。

g. 猪痢疾(Serpulina hyodysenteriae)的预防。

h. 猪痢疾(红痢)的控制。

i. 猪痢疾(红痢)的治疗。

j. 由巴斯德菌和/或 C. 化脓性细菌引起的细菌性肺炎的控制。

k. 当出现萎缩性鼻炎时能保持体增重。

l. 降低博得特氏菌支气管炎鼻炎的发生率和严重性。

m. 有助于细菌螺旋菌病的预防和治疗。

n. 减轻子宫化脓。

o. 减轻由猪肺炎支原体引起的支原体肺炎的严重性。

p. 猪呼吸道疾病(猪胸膜肺炎放线杆菌和猪多条性巴氏杆菌)的控制。

q. 与细胞内劳索尼亚菌有关的猪风湿性肠病(回肠炎)的预防或控制。

③妊娠母猪或哺乳做种用的猪不能饲喂。不要混合含黏土的饲料。

④饲喂林肯霉素猪在宰前 2 d 可能会发生腹泻和/或肛门肿大,这些不良现象在不继续使用林肯霉素的 5~8 d 就会自行好转。不能给兔子,仓鼠,几内亚猪,马或反刍动物饲喂含林肯霉素。超过 250 lb 的猪也不能饲喂林肯霉素。

⑤新霉素的使用剂量表示为新霉素基础(70%新霉素硫酸盐水平)。例如:140 g 新霉素基础等于 200 g 新霉素硫酸盐。使用剂量为 140 g/t 时屠宰之前 10 d 停药。使用剂量低于 140 g/t 时屠宰之前 5 d 停药。

⑥来克多巴胺使用剂量为 4.5~18.0 g/t 时可提高增重速率和提高胴体瘦肉。饲喂来克多巴胺盐酸盐的猪会增加表现镇静猪综合征(也称作是缓慢,服从,疑似)的危险。经减轻镇静猪综合症处理的猪应彻底该评估,优先使用来克多巴胺盐酸盐。种猪不能使用。

来源:饲料添加剂概略,Miller 出版公司,2004-6。

平衡日粮

饲养者给被限制饲养的动物提供的只有饲料和水。因此，为满足动物所有必需的营养物质，为它们提供平衡日粮就显得很重要。本章推荐的日粮通常都能满足动物的需要，但是日粮必须随条件而改变，而且必须重新配合日粮以满足遗传或特定农场环境条件的需要。

养猪生产者应该知道如何平衡日粮；选择和购买有保证的饲料；检查厂商、经销商或咨询者如何很好地满足养猪生产者的需要，并评估这些结果。

日粮配合由各种按一定消耗量、能为动物提供每天所需要营养物质的饲料组成。日粮配合可通过本章后面所讲的方法进行，但是下面几点是必需的：

1）在配制日粮过程中，由于没有数据能替代配制者的经验和猪的直觉，因此不能只考虑简单的算术问题。配合日粮是艺术和科学的结合，艺术来自于对动物掌握的诀窍、经验和敏锐的观察；科学则很大程度上建立在数学、化学、生理学和细菌学的基础上。这两者都是成功所必备的。

2）在打算配合日粮之前，应该考虑以下主要的因素。

不同饲料成分的有效性和成本——饲料成分成本的确定应该以加工后的运输为基础更为合适，因为这部分成本变化很大。

水分含量——大多数猪日粮都以"饲喂基础"或 88％～90％ 干物质为基础。当考虑成本和配合日粮时，饲料应该放在一个可比较的水分基础上；通常，要么是"饲喂基础"，要么是"无水状态"。这对于含水量高的饲料特别重要。

饲料组成——由于各种饲料的成分差异很大，应该把饲料成分表作为配方的指南。在可能的情况下，尤其是大宗采购时，最好是对主要的饲料原料采取典型的样品并对关心的营养成分进行化学分析，如赖氨酸、脂肪、水分，经常也包括钙和磷。有些原料如油粕和精制成分必须符合特定的标准，除了品质控制的测定外没有必要经常分析。分析猪饲料蛋白质的含量价值不大，因为猪需要的是氨基酸而不是蛋白质。虽然有方程估计蛋白质和赖氨酸之间的关系，但是也有差异。

尽管大家公认化学分析值，但是化学分析值并不能提供有关营养物质的有效性、样品间的变异、获得有代表性的样品或与饲料作用有关的任何信息。化学分析不能断定饲料的味道、适口性、组织结构和不适合的生理作用如放松效果等。

然而，化学分析为评价饲料提供了一个坚实的基础，让我们知道这是有价值的所有饲料（全价饲料）的成分，而让做日粮配方的人能明智地确定要购买蛋白质的种类和数量以及要添加的钙和磷的总量。微量元素和维生素不用特意分析，因为无论是在能量饲料中还是在蛋白质饲料中都要考虑它们的成本和可能受限制的必需微量元素与维生素通常情况下在日粮中都要添加的事实。

饲料质量——决定饲料品质的因素很多，包括：

a. 收割饲草的阶段——早期收割的饲草质量比成熟期收割的饲草高。

b. 污染——外界物质的污染，如灰尘、木屑和瓦砾，能降低饲料品质，霉菌毒素、杀虫剂残留和各种化学试剂也降低饲料品质（图 8.2）。

c. 同一性——饲料是来自于一个特殊的地区还是它代表了几种来源的混合物。

图 8.2 在猪场贮存的用于检测饲料品质和饲料添加剂残留的样品。如果饲料中没有不符合规定的残留物，在猪送去屠宰后 2 个月就可以将样品丢弃。（爱荷华州大学 Palmer Holden 提供）

d.贮藏的时间——当饲料长期贮存时,由于时间和暴露在某些成分中的原因,其品质会降低。草料特别如此。

加工程度——通常,饲料经过加工处理后其价值要么增加要么降低。例如,加热某些谷物会使它们更容易被猪消化而提高了它们的饲喂价值,但是过度加热可能会降低一些氨基酸的有效性。辗磨能够提高营养物质的利用率。

土壤分析——如果所给饲料的来源是可知的,了解这个地区的土壤情况可能有所帮助,如(a)土壤中磷的含量;(b)富含钼和硒的土壤;(c)在动物营养中很重要的碘缺乏地区;(d)能增加蛋白质含量的高氮肥;(e)存在的其他相似的土壤-植物-动物关系。

3)除了提供饲料的适宜数量和满足氨基酸和能量的需要,一种平衡和让人满意的日粮应该是:

a. 可口的和可消化的。

b. 经济的。这就通常要求最大限度使用当地可利用饲料。

c. 氨基酸含量充足,但并不比实际需要的高。一般来说,中等或高蛋白质含量的饲料价格比能量饲料高。只要品质好和功能被加强、有合适的限制性氨基酸和必需的维生素和矿物元素,低蛋白质饲料可能会被成功使用。

d. 尽管用必需矿物元素加强,但是矿物元素不平衡的饲料应该避免使用。

e. 用必需维生素加强。

f. 强化抗生素或其他抗菌剂代理商资质的证实。

g. 能够保持或增强而不是有损于猪肉的品质。

4)除了考虑饲料有效性和价格方面的变化,日粮配合应该随着动物体重和生产力的改变而做相应阶段性的调整。

配合日粮的步骤

理想的日粮是能以最低的成本使生产效果达到最佳。成本高的日粮可能会产生较高的增重效果,但是每单位产品的成本可能使日粮在经济上是不可行的。同样地,最廉价的日粮也不总是最好的,因为它的许多营养成分都可能处于缺乏边缘而不能满足最大生产所需。

因此,每单位产品的成本是最终决定最佳日粮组成的因素。对这个事实的认知可将生产者区别为成功的或不成功的,或介于二者之间的。以下 4 个步骤在做经济日粮配方时应该考虑:

1.找出或列出所饲养的特定动物的营养需要量或供给量。营养需要量通常代表的是合并的营养物质的最低需要量,而允许量则考虑了安全余量。考虑的因素包括下面几个:

a. 体重或年龄。

b. 性别。

c. 采食量。

d. 遗传优势。

e. 生产类型。饲养是为了动物的维持、生长、繁殖或泌乳?

f. 生产强度。动物增重每天是 0、1、2、3 lb?增重中是脂肪高还是瘦肉高?泌乳动物是在产奶的高峰期吗?

2.确定什么饲料可用以及它们各自的营养组成。在猪日粮中,通常考虑氨基酸、能量、钙、磷、钠和氯(食盐)、维生素 A、维生素 D、维生素 E 和 B 族维生素几种微量矿物元素。由于有这些考虑,很容易明白为什么大多数生产者都使用计算机配制日粮。

3.确定饲料原料的成本。不仅要考虑饲料本身的成本,而且要考虑饲料运输、混合和贮存的成本。有的饲料需要抗氧化剂以防止饲料损坏。有的饲料由于长时间贮存而失去营养价值。

4.考虑各种饲料原料的局限性。配制最经济的日粮,要记住最终目标是配制使每单位产品成本最低的日粮。

水分的校正

猪日粮的组成表,包括 NRC 表中大多数是以"饲喂"基础给出的,但是饲料的干物质也包括在其中。牛饲料的营养需要量表通常是以干物质基础给出的,因为青贮料、干草料和谷物水分含量常常很高而且变化很大。

由表 8.3 中给出的例子可见,饲料中水分含量的重要性是很明显的。当将乳清和土豆中的赖氨酸与玉米中的相比较时,在干物质基础上乳中的赖氨酸含量较高,土豆和玉米中的赖氨酸含量接近。类似的原则同样可用于其他营养物质的比较中。

表 8.3　在饲喂基础与干物质基础上蛋白质含量的比较　　　　　　　　　%

饲料	水分	干物质	赖氨酸	
			饲喂基础	干物质基础
玉米,谷物	11.0	89.0	0.26	0.29
乳清,液体	93.4	6.6	0.07	1.06
土豆,精选,煮熟	78.0	22.0	0.06	0.27

通常有必要将日粮由饲喂基础转化为干物质基础,通过应用以下规则就可能实现。

规则 1　当日粮以饲喂基础列出,而生产者希望比较各种成分的含量和干物质基础的需要量时,公式为:

$$干物质基础的原料中总的营养成分=饲喂基础日粮中总的营养成分百分比/$$
$$干物质基础日粮中总的营养成分百分比×100$$

例如,一种原料成分,如高水分的玉米在饲喂基础上含 75% 干物质含 6.4% 的蛋白质,则日粮干物质基础的蛋白质含量为 8.5%。

规则 2　如果知道了原料的干物质含量、日粮中饲喂基础的原料百分比和日粮中所需要的干物质百分比,那么就可能计算出日粮中干物质基础的原料的总量。

$$日粮中干物质基础的原料量=日粮中饲喂基础的原料百分比/日粮中所需要的干物质百分比×$$
$$原料的干物质百分比$$

例如,如果日粮所需的干物质含量为 88%,原料含 75% 的干物质,在湿日粮中的配比水平为 80%,那么这种原料则构成日粮干物质重量的 68%。

规则 3　如果生产者想将原料的总量从饲喂基础变成干物质基础,就应该使用下面的公式:

$$饲喂基础部分=饲喂基础日粮中的原料百分比×原料的干物质百分比$$

对每一种成分以及所添加产品都应该进行这种计算。然后每一种产品再除以所有产品的总和。

如果将干物质基础的日粮成分转换为已知干物质百分比的饲喂基础,可以使用下面的公式:

$$饲喂基础的日粮成分=干物质基础的日粮成分百分比×$$
$$所要的日粮干物质百分比/该成分的干物质百分比$$

应该把日粮成分的总数和水分相加使其总和等于 100。

配合日粮的方法

下面将介绍 4 种不同的日粮配合方法:(1)计算机法;(2)皮尔森正方形法;(3)联立方程法;(4)试

验-误差法。尽管 4 种方法的原理有时相互混淆,但结果是相同的——按正确的比例配制出一种能满足动物营养需要的日粮。

理想情况下,日粮配合的方法会有助于设计一种能达到最大纯收益的日粮——计算的是纯利润而不是成本。在养猪生产中由于饲料代表的是成本项中最大的部分,因此,平衡日粮的重要性就显而易见了。在配合日粮的练习中,目的是要说明这 4 种方法的应用。

计算机法

实际生产中,所有的养猪企业都使用计算机进行设计日粮配方。虽然计算机能减少许多计算过程中的人为误差,但是通过计算机得出的数据并不一定能在实际中能产生很好的效果。因此,养猪生产者和准备输入、应用和评估这些结果的营养师就比以前显得更重要了。他们必须给出最基本的判断,根据:(1)饲料的适口性;(2)被利用的某些饲料的局限性;(3)当地可利用饲料的副产物;(4)饲料加工和贮存设备;(5)动物的健康、环境和应激情况;(6)那些引起实际饲料制备和饲喂的原因。

计算机要求营养师了解与营养物质组成、利用率、需要量或允许量和成本相关的确切信息。一个好的程序应该能评估至少 4 种或 5 种氨基酸;消化能、代谢能和/或净能的含量;主要的矿物元素;8～11 种维生素;6 种微量元素。采用人工计算方法,同时考虑 3 种或 4 种以上的营养物质是不现实的。而用计算机则可以同时考虑所有的营养物质。

计算机软件和硬件——计算机就足以运行所有的可利用的日粮配方软件。一些大学开发了低成本的电子制表软件,用联立方程法、皮尔森正方形法为第一限制性氨基酸、用试验误差法为其他必需营养成分进行日粮配方。大多数考虑的是原料的成本、一些预计的性能和增重成本。

许多商业公司出售一些日粮配方的计算机软件。这些软件多种多样,从非常简单易懂的到专门为大的饲料生产商设计的非常复杂的软件包,包罗万象。大学职员和营养顾问都是很好的软件信息资源。

通过计算机提供的饲料配方程序的信息——表 8.4 和表 8.5 概括了由计算机提供的饲料配方程序的信息类型。

选择的原料和满足营养需要的每一种原料在日粮中的数量都逐条列于表 8.4 中。为了控制原料的使用量,有些程序允许使用者设置最低和最高水平。例如,限制日粮中大麦的用量为 30%,也可以限制其他原料的用量。生产者考虑到成本,可以将苜蓿粉的用量设置最大为5% 或将某一种原料设置为最小。从最小成本的计算机配方输出的结果也可显示每一种原料的竞争性价格,这在考虑原料成本时对于原料的确定是非常有用的。

对一些氨基酸、矿物元素、微量元素和维生素的概括列于表 8.5。这种例子也包括粗蛋白质和总磷作为参照值。但是,真正需要的是氨基酸和可利用磷。日粮的每一种营养物质的水平在第 1 栏,推荐水平在第 2 栏,最后 1 栏是日粮中的水平与推荐水平的比值。

表 8.4　饲料配方程序中的原料输出

原料	数量/lb	最小/%	最大/%
玉米,黄色	499.50		
大麦	300.00		30.00
豆粕,去皮	174.00		
赖氨酸,合成	1.20		0.50
磷酸氢钙	9.30		1.00
石粉(碳酸钙)	9.40		1.00
食盐(NaCl)	4.00	0.25	0.50
G-F 微量元素			
维生素预混料	2.60	0.026	0.026
总计	1 000.00		

那些处于它们需要量水平的营养物质使日粮的成本增加。例如,赖氨酸和可利用磷处于它们较低的限制水平,这意味着如果它们中任意一种的用量降低,日粮的成本则随之降低。如果这些原料的用量降低引起动物生产性能受到威胁,那么,日粮成本的降低就将导致动物生产性能的降低。

其他计算机配方程序允许使用者指定每一种营养物质的最小和/或最大值及其不同的比值。例如,可以设置最大的钙、磷比值或期望的任意能量、赖氨酸比值。

表 8.5　饲料配方程序的营养物质输出

日粮分析	日粮	推荐值	比值
氨基酸			
赖氨酸/%	0.87	0.87	1.00
苏氨酸/%	0.58	0.58	1.00
色氨酸/%	0.19	0.17	1.09
蛋氨酸＋胱氨酸/%	0.54	0.49	1.08
粗蛋白质/%	15.8		
代谢能/(kcal/lb)	1 449		
能量与赖氨酸的比值	1 661	1 711	0.97
矿物质			
钙/%	0.63	0.63	1.00
总磷/%	0.53		
有效磷/%	0.25	0.25	1.00
钠/%	0.16	0.15	1.05
氯/%	0.24	0.22	1.10
微量元素(添加)			
铁/(mg/kg)	98	93	1.06
锌/(mg/kg)	98	93	1.06
铜/(mg/kg)	6.2	5.8	1.05
锰/(mg/kg)	3	3	1.05
碘/(mg/kg)	0.14	0.14	1.00
硒/(mg/kg)	0.21	0.20	1.03
维生素			
维生素 A/(IU/lb)	1 610	1 449	1.11
维生素 D_3/(IU/lb)	161	145	1.11
维生素 E/(IU/lb)	11	10	1.12
维生素 K(甲萘醌)/(mg/lb)	0.49	0.43	1.13
烟酸/(mg/lb)	16	13	1.20
泛酸/(mg/lb)	10	9	1.05
核黄素/(mg/lb)	3.5	3.0	1.15
维生素 B_{12}/(μg/lb)	18	15	1.17

皮尔森正方形法

正方形法是一种简单、直接和容易的方法。这种方法在保持市场波动、不干扰赖氨酸含量的情况下也可以快速地对饲料原料进行替代。用皮尔森正方形法配方的日粮,大家都知道只能主要考虑一种特定的营养物质。因此,确切地说,这种方法只为一种营养物质考虑,而不考虑维生素、矿物元素和其他营养需要。下面的例子显示了如何运用皮尔森正方形法配方猪日粮。

例1　一个养猪生产者有一批 40 lb 的猪,他/她希望给猪饲喂含 0.75% 赖氨酸的日粮。现有的玉米含 0.26% 的赖氨酸。他能购买到含蛋白质 35%(2.25% 赖氨酸)的蛋白质原料,这种原料能满足矿物元素和维生素的需要。那么配制的日粮中玉米和含 35% 蛋白质的原料的百分含量应该是多少?

配方此日粮的步骤如下所示(图8.3):

1)画1个正方形,将数字0.75%(期望的赖氨酸水平)置于正方形的中央。

2)在正方形的左上角写上玉米及其赖氨酸含量(0.26%);在左下角写上蛋白质原料及其赖氨酸含量(2.25%)。

3)减对角线上的数,大数减小数,将差值置于右边的上下角(0.75%-0.26%=0.49%;2.25%-0.75%=1.50%)。右上角的数是玉米重量所占的部分,右下角的数是使日粮赖氨酸含量为0.75%时蛋白质原料重量所占的部分。

4)为了确定日粮中玉米的百分比为多少,则用总的部分除以玉米部分:1.50%÷1.99%=75.4%的玉米。其余的部分即为蛋白质原料。

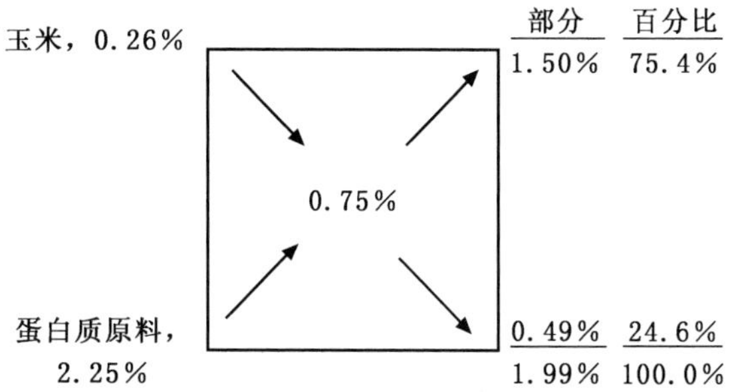

图8.3 用皮尔森正方形法平衡谷物和蛋白质饲料。(爱荷华州大学 Palmer Holden 提供)

正方形法也可以用于配制使用谷物、豆粕、矿物质和维生素预混料的日粮。在这种情况下,谷物和豆粕的量必须校正,因为它们只占日粮的一部分。

例2 一个养猪生产者想为生长猪配制一种含赖氨酸0.75%的玉米-豆粕日粮,添加3%的预混料可提供矿物元素和维生素,那么这种日粮中玉米和豆粕的百分比是多少?

配制此日粮有以下步骤:

1)因为赖氨酸必须由玉米和豆粕提供,97%(100%-3%)的日粮,那么正方形的中央就是0.77%(0.75%÷97%)。

2)玉米含0.26%的赖氨酸,豆粕含3.04%的赖氨酸。

3)如图8.4那样设置正方形。

4)如例1那样计算玉米和豆粕部分,结果是81.7%的玉米和18.3%的豆粕。但是,因为它们只组成了日粮的97%,它们必须乘以97%,结果就得到79.2%的玉米、17.8%的豆粕和3%的预混料。玉米中的赖氨酸含量乘以玉米的百分比(0.26%×79.2%)加上豆粕中的赖氨酸(3.04%×17.8%)结果就是日粮中含的0.75%的赖氨酸。

联立方程法

除了正方形法,还可以通过联立方程法快速配制含有两种原料和一种营养物质的日粮。

例3 一个生产者现有玉米含9%的蛋白质,可以买到含蛋白质40%的蛋白质添加物,此蛋白质添加物是经矿物元素和维生素强化的。现为30 lb的猪配制含蛋白质18%的日粮。

1)设定 X=玉米在所配制的100 lb混合饲料中的总量,Y=40%蛋白质添加物在混合饲料中的总量。现知道玉米含9%的蛋白质,蛋白质添加物含40%的蛋白质,配制的日粮含18%的蛋白质。因此,要解的方程如下:

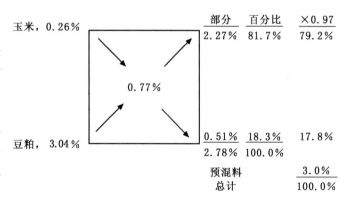

图8.4 用皮尔森正方形法平衡玉米、豆粕和预混料的日粮。(爱荷华州立大学 Palmer Holden 提供)

$0.09X+0.40Y=18$(lb),即100 lb饲料中蛋白质的重量

2)为解两个未知数(X 和 Y),需要建立一个"虚拟方程"。这可通过下面的方程式进行:

$$X+Y=100\ \text{lb}$$

3)将虚拟方程乘以 0.09,这样 X 项就与原始方程中的 X 项抵消了。因此

$$X+Y=100\ \text{变为}\ 0.09\ X+0.09\ Y=9$$

4)将原始方程减去新的虚拟方程,解 Y 如下所示:

原始方程 $\qquad\qquad\qquad\qquad 0.09\ X+0.40\ Y=18$

虚拟方程 $\qquad\qquad\qquad\quad \dfrac{-0.09\ X-0.09\ Y=-9}{0.00\ X+0.31\ Y=9}$

$Y=9/0.31,=29.03(\text{lb})$,即每 100 lb 饲料中所含 40%蛋白质补充料或 29.03%。

5)现在可以将已获得的 Y 值带入原始方程而解 X,过程如下:

$X=100-29.03=70.97(\text{lb})$,即每 100 lb 饲料中玉米的总量或 70.97%。

试验-误差法

在试验-误差法(试差法)中,配制者倾向于满足他所关心列出和考虑的每一种营养物质。

例 4 一个生产者想使用每磅中含 0.60%赖氨酸、1 500 kcal 代谢能,并含 0.52%钙和 0.16%可利用磷的日粮。

1)考虑可利用的饲料和普遍的饲养习惯,第 1 步是果断地制定一种日粮,看看它与所期望的供给量的吻合程度。使用饲料成分表(见第二十二章)可能达到可利用饲料的接近成分。只要使用了商业添加物,就会使用饲料标签对饲料进行保证。

如表 8.6a 所示那样将日粮设为 1 000 单位。每一种成分的总量乘以其养分的分析值,然后将 4 种养分的值相加。

2)将希望的供给量与目的日粮相比较。计算结果表明,这种日粮可提供 0.46%的赖氨酸、1 515 kcal/lb 的代谢能 0.29%的钙和 0.13%可利用磷。由于某些养分是不足的,因此,生产者就得做些改变,包括添加石粉,给出如表 8.6b 所示的新日粮。

表 8.6a 试验-误差法,估计日粮

成分	数量/lb	赖氨酸/%	代谢能/(kcal/lb)	钙/%	有效磷/%
玉米	920	0.26	1 535	0.03	0.04
去皮豆粕	50	3.04	1 540	0.26	0.16
肉骨粉	25	2.89	1 025	9.90	3.50
石粉				38.00	
维生素和矿物元素预混料	5				
日粮	1 000	0.46	1 515	0.29	0.13
期望值		0.60	1 500	0.52	0.16
差异		−0.14	15	−0.23	−0.03

表 8.6b 试验-误差法,校正日粮

成分	数量/lb	赖氨酸/%	代谢能/(kcal/lb)	钙/%	有效磷/%
玉米	864	0.26	1 535	0.03	0.04
去皮豆粕	95	3.04	1 540	0.26	0.16
肉骨粉	31	2.89	1 025	9.90	3.50
石粉	5			38.00	
维生素和矿物元素预混料	5				
日粮	1 000	0.60	1 504	0.55	0.16
期望值		0.60	1 500	0.52	0.16
差异		0.00	4	0.03	0.00

通过对这些饲料的计算,生产者发现现在的日粮可提供 0.60%赖氨酸、1 504 kcal/lb 代谢能、0.55%钙和 0.16%可利用磷。因此,生产者确定它接近于期望的供给量,可以考虑是满意的。

配方/混合工作表

当配合日粮时,可考虑在一个类似于图 8.5 的工作表中记录日粮的情况。可以为矿物元素、维生素和饲料添加剂等预混合料的微量营养成分建立一个相似的表格。此工作表有以下 4 个目的:

1)它提供了一种浏览和快速检查用于配方日粮计算的方式。如果总量出错,列在工作表上时就会很明显。

2)它可以用于组织混合过程。对于一个混合饲料的人来说,有必要参照此工作表记录哪些成分已经混合过了。

3)这个工作表可以存档作为以后的参考。当使用的饲料出现了问题,此工作表可提供饲料成分、配制日期和任何混合说明的原始记录。

4)任何一个饲料添加剂的停药时间都应该说明。

应该为每一个日粮设置一个标号以供日后参考,而配方或混合的日期也应该记录。除了列出饲料成分及数量,日粮实现的营养需要量应该列在表中各种饲料组分总量的下面。用营养需要量减去饲料中所含养分的总量,就能确定出这个人配制的日粮是否是明显地超额或不足(图 8.5)。

养分工作表											
日粮号:　　　　　　　　　日期:											
成分	√	数量/lb	赖氨酸/lb	苏氨酸/lb	色氨酸/lb	(蛋氨酸+胱氨酸)/lb	粗蛋白/lb	代谢能/kcal	钙/lb	磷/lb	有效磷/lb
总计											
百分比/%											
需要量/%											
差额(百分比−需要量)/%											
√ 当组分添加到混合饲料时 要计算每一种养分的数量,用养分的数量(lb)乘以养分的百分比。 百分比＝每一种养分的量磅除以总量(lb)。											

图 8.5　具有主要养分分析值的混合日粮的配方工作表。(*爱荷华州大学 Palmer Holden 提供*)

配合日粮中的指示器

在配合日粮和饲养猪的过程中,下面几点是值得注意的:

1)具有相似营养特性的饲料组分在日粮价格允许的情况下可以互相替换。

2)如果日粮中用的是小麦、大麦、燕麦和/或高粱而不是玉米,那么蛋白质补充料的用量就可以稍微降低,因为这些谷物饲料的赖氨酸含量比玉米地高。

3）不同地区谷物饲料的养分含量是不同的，因此在配制日粮时使用它们的养分分析值或当地的营养值是很重要的。

4）当使用动物源性蛋白质原料时，有必要少添加一些石粉和含磷原料。

5）由于饲料中维生素的可变性，有几种维生素是日粮中常常要添加的。

6）除了妊娠母猪和到配种日龄的公猪，其他猪通常是自由采食的。一般情况下优先选择将各种饲料组分混合在一起放在同一个饲槽中，而不像选择性采食那样将各种饲料组分分别放在不同的饲槽中。

7）在育肥猪体重到 100 lb(45 kg)之前要以其体重 4%～5%的量充分饲喂育肥猪。从 100 lb 至出栏这一阶段，则每天饲喂其体重 3%～4%的饲料。

家庭配合日粮与商业配制日粮

养猪生产者可选择在农场配合日粮或购买各种全价饲料。那些有家庭种植谷物原料的养猪者很可能在农场自己配制日粮，而购买商业的蛋白质添加物或油子粕和矿物元素和维生素。有很多种类的农场用混合机，包括可移动的粉碎-混合机和各种固定的搅拌机。养猪生产者使用家庭混合饲料有以下几个方面的选择：

1）购买商业制备的蛋白质添加物（用维生素和矿物元素强化），它们可以与当地或家庭种植的谷物混合。

2）购买商业制备的维生素或微量矿物元素预混料，它们可以与油子粕、钙磷原料、石粉或食盐混合，然后再与当地或家庭种植的谷物混合。

a. 推荐的微量矿物元素预混料见表 8.7。注意：这种矿物元素预混料根据它们的添加比例而加以校正，可以饲喂所有年龄段生长猪。

表 8.7　生长猪微量矿物元素预混料的实例[①]

微量矿物元素	每磅预混料中含量	每千克预混料中含量
铁/g	31.8	70.0
锌/g	31.8	70.0
铜/g	2.0	4.4
锰/g	1.0	2.2
碘[②]/mg	0.045	0.10
硒/mg	0.054	0.12

注：①几种可能用到的微量矿物元素来源。见表 22.6 的浓度和生物利用率。
②如果使用碘化盐则可去除碘。
来源：ISU，生命周期猪营养，1996。

b. 推荐的维生素预混料见表 8.8。分为脂溶性维生素、B 族维生素、生物素、叶酸和胆碱。正常情况下，尽管各阶段的猪因其日龄不同需要量随之改变，但是脂溶性和 B 族维生素预混料可以联合使用。生物素、叶酸和胆碱应该单独预混，因为并非所有猪都需要添加，那些体重超过 50～100 lb(23～45 kg)的猪是不需要添加的。注意：这些维生素预混料根据它们的添加比例而加以校正，可以饲喂所有年龄段生长猪。

表 8.8　生长猪维生素预混料的实例[①]

成分	每磅预混料中含量	每千克预混料中含量
脂溶性维生素预混料		
维生素 A/IU	2 300 000	5 060 000
维生素 D/IU	230 000	506 000
维生素 E/IU	16 000	35 200
维生素 K/mg	700	1 540
B 族维生素预混料		
烟酸/g	31	68.2
泛酸/g	20	44
核黄素/g	7	15.4
维生素 B_{12}/mg	35	77
生物素和叶酸预混料		
生物素/mg	13	28.6
叶酸/mg	60	132
胆碱预混料		
胆碱(60%)/g	236	519.2

注：①几种可能用到的维生素源（表 6.5）。
来源：ISU，生命周期猪营养，1996。

c. 这些预混料仅仅是一些例子,如果采用不同的营养供给量则需要校正。需要为种猪设计不同的预混料。

3. 使用基础混合料。

a. 基础混合料除了谷物和蛋白质原料外包含所有必需的成分(钙、磷、食盐、微量矿物元素和维生素),它通常占日粮的 2.5%～5.0%。基础混合料的范例见表 8.9。

b. 有些基础混合料可能包含氨基酸和饲料添加剂,这与表 8.9 的脚注混合指南一起列于饲料标签上。

c. 这些基础混合料只是一个范例,如果采用不同的营养供给量则需要校正。需要为种猪设计不同的预混料。

表 8.9　生长猪的玉米-豆粕型日粮的基础混合料[①]

项目	配方 1	配方 2	项目	配方 1	配方 2
成分			计算的分析值,最小		
石粉/lb	340.00	160.00	铁/%	0.350	0.350
磷酸氢钙/lb	406.00		锌/%	0.350	0.350
脱氟磷酸盐		485.00	铜/%	0.022	0.022
食盐/lb	150.00	150.00	锰/%	0.011	0.011
微量元素预混料[②]/lb	50.00	50.00	碘/%	0.000 5	0.000 5
脂溶性维生素预混料[②]/lb	24.00	24.00	硒/%	0.000 6	0.000 6
3 种维生素预混料[②]/lb	16.00	16.00	维生素 A/(IU/lb)	55 200	55 200
生物素和叶酸预混料[②]/lb	(8.00)	(8.00)	维生素 D_3/(IU/lb)	5 520	5 520
胆碱预混料[②]/lb	(6.00)	(6.00)	维生素 E/(IU/lb)	384	384
载体,麸皮/lb		101.00	维生素 K/(mg/lb)	16.8	16.8
饲料添加剂[③]/lb			烟酸/(mg/lb)	496	496
总计/lb	1 000.00	1 000.00	泛酸/(mg/lb)	320	320
			核黄素/(mg/lb)	112	112
计算的分析值,最小			维生素 B_{12}/(μg/lb)	560	560
钙/%	21.57	21.57	可选择的:		
总磷/%	7.59	7.59	生物素/(mg/lb)	0.10	0.10
有效磷/%	7.59	7.59	叶酸/(mg/lb)	0.46	0.46
钠/%	6.00	6.00	胆碱/(mg/lb)	1 416	1 416
氯/%	9.00	9.00			

注:①由于有微量元素的存在,维生素的稳定性降低。因此,应该在这种预混料在配制好的 30 d 内使用。完全预混料在超过日粮的限制范围是有效的。低于阶段 6 的日粮钙过量的而有效磷不足。超过阶段 12 的日粮钙缺乏而有效磷过量。

混合说明的例子:

阶段	生长猪预混料/lb	玉米/lb	去皮豆粕/lb
6	35	645	320
8	27	725	245
9	25	765	210
10	22	793	185
12	21	849	130

②微量元素和维生素预混料在表 8.7 和表 8.8 中。生物素、叶酸和胆碱添加剂是可选择或不选择的。如果不添加它们,则用载体替代。见第七章表 7.14 的需要量。

③饲料添加剂可以以 FDA 批准的不同水平添加,见表 8.2。

来源:ISU,生命周期猪营养,1996。

设计基础混合料或预混料

设计基础混合料或预混料是一件简单的数学事情。你必须确定几件事情：

1)添加到全价饲料中的基础混合料的单位。

2)所需养分的单位。

3)基础混合料所需营养物质源的数量。

例 5 确定以百分比表示的养分水平，如食盐（NaCl）。

假设每 1 000 个单位全价日粮中添加 25 个单位的基础混合料（2.5%）。最终的日粮需要添加 0.4% 的食盐，食盐为 100% 的氯化钠。

$$基础日粮中养分百分比＝最终日粮中养分百分比/基础混合料（日粮中百分比）$$

$$基础混合料中食盐百分比＝\frac{0.4\%}{2.50\%/100\%}＝16.0\%$$

如果养分的来源不是 100% 的纯品，则必须进行校正。例如，基础混合料需要 8% 的磷，而磷源是磷酸氢钙（含 18.5% 的磷），那么基础混合料中就需要添加 43.2%（8/0.185）的磷酸氢钙。

例 6 确定以 mg/kg 级需要量的养分水平，例如铁。

假设每 1 000 个单位全价日粮中添加 25 个单位的基础混合料（2.5%）。最终日粮需要添加 100 mg/kg（0.01%）的铁，铁源为硫酸亚铁（含 20.1% 的 Fe）。

将 mg/kg 转化为百分比，则除以 10 000。

$$基础混合料中养分百分比＝最终日粮中养分百分比/基础混合料（日粮中百分比）＝$$

$$\frac{1 \text{ mg/kg}/10 \ 000}{基础混合料（日粮中百分比）}$$

$$基础混合料中铁百分比＝\frac{100 \text{ mg/kg}/10 \ 000}{2.50\%/100}＝0.4\%$$

铁源（硫酸亚铁）含 20.1% 的铁。因此，基础混合料中则含 1.99%（0.4%/0.201）硫酸亚铁。

例 7 确定以单位/重量列出的养分水平。

假设每 1 000 个单位全价日粮中添加 25 单位的基础混合料（2.5%）。最终日粮需要添加烟酸 12 mg/单位，总混合料为 1 000 单位，烟酸源为含 99.5% 的烟酸。

$$需要的总烟酸量＝12 \text{ mg/单位}×1 \ 000 \text{ 单位}＝12 \ 000 \text{ mg}$$

12 000 mg 的烟酸在 25 个单位（lb 或 kg）的基础混合料中，因此基础混合料需要烟酸 12 000 mg/25 单位＝480 mg/单位（lb 或 kg）基础混合料。由于烟酸源含 99.5% 的烟酸，故需要添加烟酸源 480/0.995＝482（mg/单位）。如果总量为 100 单位或百分数（482×100），那么需要添加 48 200 mg 的烟酸。

基础混合料概要

成分	数量
食盐/%	16.0
磷酸氢钙/%	43.2
硫酸亚铁/%	0.4
烟酸源/g	48.2
其他成分/%	?
总计/%	100.0

质量控制

质量控制是猪饲料生产中的一个必要的部分。对于仔猪日粮的加工和混合来说，质量控制显得尤为重要。一个合理的质量控制程序能保证饲料中所期望的养分含量。由于饲料成本通常占总的养猪成本的 60%～70%，保证猪能采食到用优质原料经合理配合和生产的饲料就能使饲料的销售取得好的成绩。

选择商业饲料

商业饲料只是一个术语——不是家庭配合的饲料，这些饲料由商业的饲料生产商生产。商业饲料生产商具有明显的优势：（1）批量购买饲料原料，使价格优势成为可能；（2）经济而又可控制的混合饲料；（3）雇佣经过专业培训的人有助于决定饲料的选择；（4）质量控制（图 8.6）。由于具有这些优点，商业饲料很受养猪生产者的喜好。

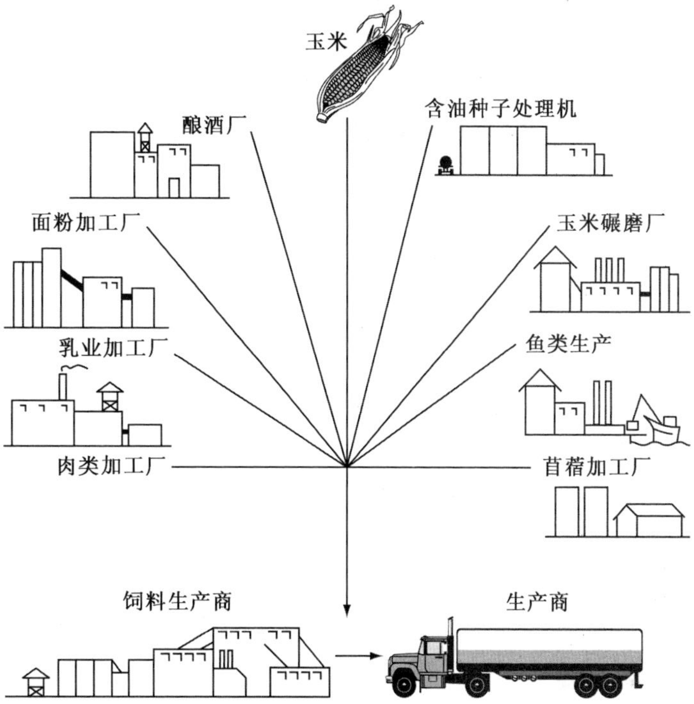

不种植谷物的大型猪场最好拥有一个商业的饲料厂进行配制和输送需要的饲料。中等大小的养猪场因受可利用劳动力的限制，也可能希望接受这种服务而不愿雇佣额外的劳动力。另外，那些有分散养猪场地的生产者更倾向于购买商业饲料，因为他们没有饲料卡车将饲料运往各养猪地点。

图 8.6　商业饲料厂从各种地方获得配制饲料的原料。有 100 多种原料成分可用于配制全价饲料或用于配制家庭种植谷物饲喂的浓缩料。（皮尔森教育提供）

从添加剂到全价饲料，各种类型的商业饲料在市场上都有销售，都是为特定品种、年龄或需要而设计的。这些饲料中有全价饲料、浓缩料、颗粒料、蛋白质补充料（添加或没有添加维生素和矿物元素）、维生素或矿物元素添加剂、添加剂、乳替代料、开食料、生长猪饲料、育肥猪饲料、为不同遗传水平猪的饲料、妊娠和泌乳猪饲料和加有药物的饲料。

总的来说，有两种可选择的饲料和日粮来源：家庭混合料或商业饲料。有能力的管理者会很明智地在这两种饲料中做出选择，或联合使用它们。

州立商业饲料法律——所有州都有法律调节商业饲料的销售。这既有利于养猪生产者，又有利于有名望的饲料生产商。州立法律要求每一种出售的商业饲料都应该有标签，必须保证化学成分的含量。

政府会定期采集商业饲料的样品并送往州立实验室对其进行分析测定，以确定饲料生产商是否遵守其保证。另外，专业的显微镜技术人员还会检测这些样品以确定其中的成分与生产商保证的是一样的。公然违反法律的厂商将会受到起诉。

商业饲料有别于其他！考虑或寻找购买商业饲料最重要的因素有以下几点：

1. 生产商的信誉。这应该由下面两点来决定：（a）使用过这种特定产品的其他养猪生产者授予；（b）检查这些商业饲料厂是否一直遵守法律的约束。

日粮的成本可显示厂家高品质原料的使用、支持研究、培训良好的顾问服务、有经验的员工、出版物或其他好处。因此,饲料成本的提高可由采食此饲料的动物生产性能的提高而证明是正当的。

2. 特殊需要。 饲料根据以下几点是变化的:(a)猪群、年龄和动物的生产力;(b)猪的饲喂是否主要是为维持、生长、育肥、繁殖或哺乳。养猪生产者应该为不同的需要而购买不同的配方日粮。

饲养猪是一个复杂的过程。饲料生产商可凭借广阔的资源为不同的需要而配方和检测日粮。结果大多数的饲料生产商对饲料都有很大的选择空间——其中一个就是为满足养猪生产者的需要生产饲料。因此,养猪生产者有必要向饲料销售商解释清楚他们饲养的猪需要什么饲料。

3. 标签。 州立法律要求给混合饲料贴上原料和饲料化学组分保证的标签(图 8.7)。饲料标签应该包含以下几个信息:

EZ 生长猪补充物

净重:50 lb

EZ-CTC

添加有药物

有助于提高增重率和饲料效率,防止和治疗细菌性肠炎,按照标签后面的混合说明,饲喂后在猪发生萎缩性鼻炎时能保持体增重

有效药物成分

氯四环素　　　　　　2 gms/lb

保证分析值

粗蛋白质,最低	40.0%
粗脂肪,最低	1.0%
粗纤维,最高	6.0%
钙(Ca),最低	2.5%
钙(Ca),最高	3.5%
磷(P),最低	1.7%
食盐(NaCl),最低	1.6%
食盐(NaCl),最高	2.6%
锌(Zn),最低	0.054%(540 mg/kg)
维生素 A,最低	12 000 USP 单位/lb
赖氨酸,最低	2.35%

饲料组分

豆粕,肉粉,L-赖氨酸,等

EZ Grow, Inc

Anywhere, USA

基础日粮的混合说明

	猪重/lb		
	60～100	100～150	150 lb 至出栏
Ⅱ玉米或高粱	450	1 635	1 750
EZ 生长猪添加物 (未添加药物)	450	350	225
EZ 矿物元素	—	15	25
总计/lb	2 000	2 000	2 000
蛋白质/%	16	14	12

在上述饲料中用氯四环素替代 EZ-CTC 生长猪补充物以给无药物的 EZ 生长猪补充物提供下列水平的氯四环素

EZ-CTC	氯四环素/(g/t)
25 lb/t	50
50 lb/t	100
75 lb/t	150

饲喂说明:单独将上述饲料饲喂给猪

图 8.7　一种典型的商业饲料标签。(爱荷华州立大学 Polmer Holden 提供)

饲料净重——lb 或 kg。

品牌名称和产品名称——品牌名称可以是任何单词、名字、标记或标识语,它们能让人鉴别发行人的饲料与其他厂家饲料的区别。产品名称能让人识别特定的饲料用途。

保证分析值——大多数的饲料标签给出了饲料中某种养分的最小和/最大的保证分析值。州与州之间的法律对分析值的保证是不同的,即使不是所有的,但是通常情况下都会列出下面大多数的几项:

(a)干物质;(b)粗蛋白质;(c)粗脂肪;(d)粗纤维;(e)灰分;(f)无氮浸出物;(g)钙和磷;(h)任何的饲料添加剂;(i)其他养分。现在的许多标签列出了一些添加的氨基酸。通常情况下,饲料含越多的蛋白质和脂肪,而含越少的纤维则表明此饲料的品质越高。大多数的标签列了最低的蛋白质、粗脂肪、钙、磷值和最高的粗纤维值。而钙和食盐的最高与最低保证值在大多数的饲料标签上都列出。

饲料含纤维的量高常常暗示其饲喂价值较低。尽管妊娠母猪的日粮能很好利用这些低能饲料,但是猪饲料纤维的含量一般忽略不计。

组分的明细表——饲料标签将饲料的组分按使用量的递减顺序列出。虽然标签上没有列出饲料组分的确切数量,但是购买者对饲料的组成可获得一个大致的概念。通常将蛋白质归类为"植物蛋白源"或"动物蛋白源",而不把每一种蛋白质源分别列出来。

使用说明——如果饲料是用于特定的目的,标签上可能会有其使用说明书。这些说明书会对此种饲料适用于何种动物和为何种特定的目的而配制进行详细的说明。

生产商的名字和邮件地址——生产商要对饲料的质量负责。任何有违保证或由饲料引起的污染问题都会使生产商对饲料造成的损失负责。由于这个原因,饲料生产商必须根据其产品而被清楚地识别出来。

警告——当饲料中添加药物时,标签上必须清楚地标识是添加药物的饲料。各州都要求标签上列出所添加药物的名称和有效成分的数量。同时,也必须描述添加药物的目的、使用限制和停药期。

4. 质量控制。一个好的商业饲料生产商应该遵循一个合理的质量控制程序,包括混合过程和向混合机加入饲料的先后顺序、两批饲料间的清扫过程、清洁、记录、样品保存等。养猪生产者应该查看和评估这个程序。

5. 灵活的配方。具有灵活配方的饲料通常是养猪生产者最愿意购买的,这是因为不同饲料中的原料组分的价格有时是变化的。因此,使用最低成本计算机配方程序的饲料生产商为了使饲料成本对养猪生产者来说降低到最低,他们会随着原料价格的变化而改变配方规则。这是因为:(a)没有一种最好的饲料;(b)如果明智地使用替代饲料,饲料的价格就会降低,而且养猪生产者也会得到同样的好结果。

饲料加工

大多数饲料在销售和饲喂前都经过加工。普通的方法包括粉碎或碾磨、制粒和热处理。选择一种或多种加工方法取决于使用的原料、所饲养猪的日龄和成本-利益的关系。加工不好的饲料会导致粒度变化、成分混合不充分、猪挑食、饲料利用率降低、生产性能降低,极端情况下,会引起严重的健康问题。

粉碎与碾磨

粉碎谷物饲料是所使用的最普通的加工方法。这是一种简单、相对廉价、具有明确的成本-利益关系的方法。粉碎使饲料的粒度减小,因此,在消化道中可以使饲料与消化酶接触的表面积增大。

锤式粉碎机或滚动式粉碎机是合适的加工机器。锤式粉碎机通过改变筛子就可以加工不同种谷物饲料,但是它比滚动式粉碎机消耗更多的能量,而且会产生更高比例的精粉和粉尘。当锤式粉碎机用旧时需要被替换或倒转,用旧的筛也需要替换。滚动式粉碎机的生产力比锤式粉碎机低。如果两种粉碎机处于良好状态,猪采食它们加工出来的饲料会具有相同的生产性能。

传统上,粉碎饲料产生的颗粒大小可以描述为细、中等或粗。颗粒大小的度量单位制还有待于在术语上给予确切的定义,因为这个术语对于不同的人意味着不同的事。通常粒度被表示为锤式粉碎机筛孔的大小,如"通过 3/16 in 的孔"。这种方法是一个步骤更好,但是,许多因素如外围速度、锤式粉碎机筛的清扫和谷物水分的含量影响粒度。

描述粒度的首选的方法是通过筛分析。这种方法是使用一套事先选出的具有特定孔径的筛子。粉

碎样品通过这些筛子,然后计算平均粒度,以微米(百万分之一米)为单位表示。粒度可以大致定义为以下几类:

类别	粒度/		锤式粉碎机筛孔径/	
	μm	in	mm	in
细	<700	<0.027 6	3.2～4.75	1/8～3/16
中等	800～1 000	0.031 5～0.039 4	6.35～9.52	1/4～3/8
粗	>1 300	>0.051 2	12.7	1/2

饲料各组分的粉碎粒度一致可以防止猪挑食,混合也更均匀。一般情况下,当饲料粉碎得更细时,饲料效率会有所改善的,在高纤维日粮中这种效益更大。但是,将谷物粉碎太细会降低饲料的适口性,在自动料箱中引起结拱,在封闭式猪舍中增加粉尘,并提高肠道溃疡的发生率。虽然这些后果是否与粒度有关还没有达成一致意见,但是大多数的养猪生产者喜欢所有谷物的粉碎粒度平均为 650～900 μm,除用于生长育肥猪和种猪的小麦以外。用于仔猪的饲料可以粉碎得更细一些。如果肠道溃疡是一个问题,种猪应该饲喂粉碎得粒度大一些的饲料 750～900 μm。过度粉碎小麦会造成适口性问题。

制粒

制粒可以通过使粉碎的饲料黏结成团、压塑并强制其通过冲模孔,同时配合以加热、加湿和加压等过程而完成。饲料可以被制成各种长度、直径和硬度的颗粒。与粉料相比,猪更愿意采食颗粒饲料,仔猪和刚断奶的小猪优先选择小颗粒料。

将猪饲料制粒可以提高猪的生长率和饲料效率。还有其他优点,包括降低粉尘、减少贮存空间、降低饲料浪费、减少猪挑食的机会。制粒温度超过 180～190°F(82～88℃)时会破坏一些饲料来源的病原菌,如沙门氏菌。制粒的缺点包括提高了加工成本、增加了肠道溃疡的发生率、部分维生素破坏、日粮中脂肪含量超过 6% 时增加了制粒的难度。

生长育肥猪饲喂完全颗粒料会使日增重提高 2%～5%,饲料效率改善 5%～10%。这是因为养分的消化率得以提高,可能是部分淀粉的糊化作用(淀粉分子断裂)和降低了饲料的浪费的结果。对低密度、较高纤维含量的日粮如含大麦或燕麦的日粮进行制粒,这种改善作用更突出。

购买全价饲料时,买颗粒料要比买粉料更经济。但是制粒的优势通常不足以被运往饲料厂进行制粒的谷物饲料的成本所抵消,而且制粒机的价格也昂贵。因此,对于大多数养猪生产者来说,就自己饲养的那些数量的猪不值得购买制粒机。

热处理

热处理某些饲料可以改善猪的生产性能,这是因为热处理提高了养分的生物学利用率、破坏了酶抑制因子或消除了有毒物质。加工方法包括加热,加热、加湿,加热、加湿又加压。但是,过度加热会引起碳水化合物,如葡萄糖,与游离氨基发生反应形成不能被消化酶水解的化合物(美拉德或"棕色"反应)。由于消化酶不能释放这些结合态的氨基酸,尤其是赖氨酸,因此这些氨基酸对于猪是不可利用的。所以,热加工的时间和温度可以提高或降低养分的消化率和利用率。

一些植物蛋白质源必须经过热处理才能被猪有效利用,大豆就是一个很好的例子。热处理猪用大豆的目的就是为了破坏生长抑制因子(抗胰蛋白因子)和灭活具有毒性的红血球凝集素。大多数的大豆都是经溶剂法提取油的,由此生成的豆粕经热处理改善其品质后用于畜禽的饲料。

必须调节热加工的时间、温度和水分以达到最佳的产品质量。全脂大豆既可以烹熟,又可以膨化,两种方法都能产生令人满意的结果(图 8.8)。确保设备适当地操作,遵循最小和最大的烹煮时间或膨化比率。有时候要采集样品来检测加工的适宜性。

如果豆粕或全大豆没有被煮熟,就不可能破坏或灭活抗生长因子。同样地,如果煮熟过度,虽然抗生长因子被破坏了,但是必需氨基酸尤其是赖氨酸的利用率又被降低了。脲酶对 pH 值的升高实验,可用于确定大豆的热处理适宜度。理想情况下,样品的 pH 值应该升高 0.05～0.20。pH 值升高低于0.05 表明大豆被过度加热,而 pH 值升高 0.20 则表明加热不足。

鉴于热处理玉米和其他谷物饲料的成本以及它们对猪生产性能的作用小,因此,很少关注这方面的加工方法。

图 8.8 农场的一台加工全大豆适于猪饲用蛋白质产品的压榨机。(爱荷华州立大学 Palmer Holden 提供)

日粮制备方法

制备猪用日粮的系统主要有以下 4 个:

全价饲料——全价饲料,可以通过商业性饲料商混合,是营养全面可以直接饲喂猪的饲料。虽然全价饲料饲用方便,但是它的价格通常是最贵的,这是因为饲料厂的管理费用、运输和服务费用是饲料成本的一部分。饲料原料选择的灵活性是唯一受饲料厂的能力限制的。通常大范围地选择饲料原料是具有竞争性的意义。

谷物和补充饲料——养猪生产者种植的谷物用补充料(最常用的是含 35%～40% 蛋白质的补充料)混合。这个系统通常比预混料或基础混合料系统的价格高,而且限制了饲料配方的灵活性。

基础混合料——基础混合料提供了矿物元素、维生素和添加剂。基础混合料是与当地可利用的谷物饲料和高蛋白质原料混合饲用的。一般情况下,基础混合料系统对于农场来说成本是很合算的,而且可适合很多便携式饲料系统(见表 8.9 推荐的基础混合料)。

预混料——预混料由矿物元素和/或维生素和添加剂组成。它与日粮的主要成分混合。正常情况下,主要矿物质、矿物质和维生素预混料以 0.1%～2.0% 水平添加在全价料中(见表 8.7 和表 8.8。)有营养学经验的养猪生产者发现预混料系统在满足各种饲喂条件的需要方面最具灵活性。

饲喂系统

选择饲喂系统必须与选择日粮结合起来。例如,如果谷物饲料和蛋白质补充料是分料槽或隔间让猪自由采食的,使这两种饲料的适口性保持相同就很重要,否则猪会过多采食其中一种饲料而过少采食另一种饲料。下面详细说明和讨论每一种常见的饲喂系统。

全价日粮

全价饲料是将所有原料混合在一起而制成的饲料混合物(图 8.9)。全价饲料可以由平衡的补充料和谷物饲料混合而成;也可以由豆粕和商业用维生素-矿物元素基础料与谷物饲料混合而成;或通过使用维生素和微量元素预混料与豆粕和谷物饲料在农

图 8.9 通过管道料槽进行饲喂的全价饲料。水源在饲料旁边的水槽中。(爱荷华州立大学 Palmer Holden 提供)

场混合而成。推荐生长育肥猪饲喂全价自由采食日粮,这是因为同自由选择饲喂相比,这种日粮:(1)比自由选择饲喂需要更少的劳动力和管理;(2)让猪自己操作;(3)可控制养分的摄入;(4)可导致更快的增重。

在农场自己混合饲料的养猪生产者都喜欢使日粮简单化。幸运的是,简单地用微量元素和维生素强化的玉米-豆粕日粮,其饲喂效果与由许多能量和蛋白质原料组成的复杂日粮的饲喂效果相似。具有大宗购买和计算机化配方的大养猪场和商业饲料公司可以有效地使用更复杂的日粮,特别是从提高适口性和氨基酸、微量元素和维生素平衡性的立场来看。

自由采食

自由采食饲喂方案是一种猪可以自由地随意采食两种或多种饲料的饲喂系统。谷物饲料和蛋白质补充料是经微量元素和维生素强化的,可以在不同的料槽或者有隔板的料槽中单独饲喂。猪可以尽可能多地任意采食它们喜欢吃的饲料。自由选食饲喂方式对于那些没有混合设备的小型养猪生产者或当使用高水分谷物饲料时可能是最好的饲喂系统。含水分高的谷物饲料每天应该新鲜饲喂,而高含水分高的玉米不用粉碎就可以饲喂。通过添加蛋白质补充料,自由选食推动了高水分饲喂方案。

由于谷物饲料或蛋白质补充料的适口性是变化多样的,猪可能会过多或过少采食蛋白质补充料或谷物饲料,因此对自由选择系统要求更多地监督管理。如果管理不善,饲料效率会降低,猪增重所需的投入会更高。如果猪的采食量理想,自由选择饲喂系统获得的增重效益与全价混合粉料间获得的增重效益间的差异会最小。

图 8.10　丹麦的液体饲喂系统。液体饲料槽在液体副产物如小麦与干料混合时工作得最好。过度添加液体是不利的,因为这限制了干物质的摄入。(爱荷华州立大学 Palmer Holden 提供)

液态饲料

液态饲料通常在饲喂前或饲喂的时候得预先确定饲料的饲喂量(图 8.10)。如果饲喂适当,这种方法在实践中可消除饲养区的粉尘和使浪费最小。饲料和水分比例的变化,可产生出稀、稠不同的饲料。通常情况下 2~3 份的水混合 1 份的干粉料较合适。某些情况下,料槽中可自动流进水。研究表明,饲喂液态料或干料的猪的增重率或饲料转化效率在两种饲喂方式间没有差异。饲喂液态料对屠宰率、胴体性状或胴体品质都没有影响。

液态饲料对断奶仔猪有一定的好处,因为小猪更倾向于采食湿的饲料。但保持液态饲料的新鲜度是一个问题。开食料中含乳产品高,味道很快变差。但是,如果饲料传输系统管理得当,而且饲料中加入适当的抗氧化剂,这些问题会在很大程度上得到克服。

饲喂方案和日粮

可利用各种商业饲喂系统为各阶段的猪提供液态混合饲料。由于仔猪的消化系统发育变化显著,因此,应该更经常地改变日粮。表 8.10 列出了不同断奶日龄仔猪日粮的期望需要量。遵循这些饲料使用指南有助于使过度饲喂昂贵仔猪料的情况减少到最低限度。通过阶段饲喂,养猪生产者可用最可能经济的日粮满足猪对营养物质的需要而取得理想的生产性能。虽然第 1 阶段的仔猪日粮价格非常高,但是仔猪采食量低而且饲料效率非常高,因此高成本也是理所当然的。

表8.10 早期和常规断奶仔猪的推荐阶段饲喂方案和推荐饲料需要量

仔猪体重/lb	早期断奶(14~21 d)日粮	常规断奶21 d以上	每头猪饲料量/lb	仔猪体重/lb	早期断奶(14~21 d)日粮	常规断奶21 d以上	每头猪饲料量/lb
1~11		日粮1	6	17~30	日粮4	日粮5	22
11~17	日粮2	日粮3	11	30~50	日粮6	日粮6	37

正如以前讨论的那样,猪的营养需要随着年龄、体重和生产阶段——妊娠或泌乳而变化。而且,随着价格的改变要随时调整日粮配方。在下一节,将给出各种猪的饲喂推荐方法。

可将第七章中可利用的推荐日粮当做有用的指南。明智的养猪生产者为了满足他们的需要会采纳这些推荐的日粮。

乳仔猪的饲养

新生仔猪在出生后的24 h内必须吃到初乳。初乳中含有抗体,这些抗体在仔猪自身免疫反应发育完善之前是保护仔猪抵抗疾病所必需的。在仔猪出生后24 h内调整并转移仔猪使每头母猪哺育的仔猪体重接近,这样可以提高仔猪的存活率。

随着高品质和仔猪料的使用,以及饲喂和管理方式的改进,7~14日龄的早期断奶已经是切实可行的了。但是,通常认为在2~3周断奶(早期断奶)是更可行的。考虑到可利用的仔猪设备和饲喂方案的首选行程安排,断奶日龄大的仔猪还是有利的。

在第十五章"养猪生产和管理"中给出了早期断奶的优点、缺点和建议。

仔猪补饲

在一个离开母亲的地方让仔猪自由采食称为仔猪补饲。研究表明,在3周龄前应该给仔猪饲喂少量的教槽料。在3周龄前浪费的教槽料通常要比猪实际消耗的多。为了保持饲料的新鲜度,建议在仔猪能很好地采食前,每天只给仔猪一点点教槽料(图8.11)。

同断奶日龄大的猪相比,早期断奶仔猪的消化系统变化显著,因此应该为早期断奶仔猪制定一个专门的营养方案。第七章表7.18和表7.19中介绍了早期隔离断奶(SEW)的日粮和饲喂方案。

图8.11 将少量的仔猪补料放在热垫上以刺激仔猪开始采食干饲料的兴趣。每天应该放1次或2次,以使饲料保持新鲜。(爱荷华州立大学 Palmer Holden 提供)

生长育肥猪的饲养

体重在50 lb(23 kg)到屠宰阶段的猪称为生长育肥猪。在出生-育肥的过程中,生长育肥日粮占所有日粮的75%~80%(表7.11)。生长猪直到约120 lb(54 kg)期间沉积瘦肉组织的速率较快。从这个体重到出栏体重阶段的猪称为育肥猪。这个阶段的猪由于成熟和消耗大量的饲料而沉积更多的脂肪。

必须根据经济效益和生产性能来确定改变或修改生长育肥猪的日粮。遵循夏季与冬季日粮的不同或分性别饲养的原则可能是经济而合理的。为瘦肉增重优势、分性别饲养、环境等进行的调整在第七章表7.17a和表7.17b有估计值,可以使用表中数据确定不同的发育阶段而选择合适的日粮。为断奶到出栏猪推荐的日粮基本上是使用玉米-豆粕型基础日粮,在表7.18中有介绍。其他组分根据饲料的利用率和价格可做适当的替代(表7.19)。

分性别饲养

分性别饲养指的是按公猪、母猪和阉公猪分类,分别饲喂各自特定的配方日粮。公猪每天比阉公猪或母猪少消耗 10%～15% 的日粮,但是其饲料转化率要比它们高 10%～15%。而且公猪比阉公猪或母猪的增重快。但是,传统上大多数国家饲养公猪的目的都不是为育肥上市,这是因为公猪肉中有"膻味"或异味。纳入检测方案中的公猪应该饲喂以高营养水平的日粮,从而可以检测到它们最好的潜在的遗传性能。

阉公猪的日增重大约比母猪高 0.1 lb(0.05 kg),这样其屠宰日龄可缩短 10 d。与阉公猪相比,母猪的背脂厚要低 0.1 in(0.25 cm)、眼肌面积大 0.5 in²(3.2 cm²)、瘦肉率高 1.8%。与阉公猪较高的背脂厚相一致,其屠宰率也较高。

由于母猪的日采食量比阉公猪低 0.5 lb(0.23 kg),因此它们需要高度强化的日粮以满足营养需要,而且由于母猪比阉公猪瘦和更高的效率,必须提高它们的氨基酸需要量。分性别饲养在大型猪场是非常普遍的,但是,无论何时生产者让猪断奶或购买猪以装满 2 个或更多个圈,并为两种日粮准备足够的饲料贮存罐时,应该考虑分性别饲养。

尽管阉公猪和母猪的营养需要量在 55～75 lb(25～34 kg)前差别很小,分性别饲养最方便的时间是在仔猪断奶或仔猪能到料槽采食的时候。确定将猪按性别或体重分开饲养是由养猪生产者决定的,这取决于猪体重的差异和可利用圈舍的数量,因为这两个因素在决定是否分开饲养方面都是很重要的。

影响营养需要的各种因素,包括快速生长猪、按性别分组、环境条件和抗原暴露(疾病暴露)的效果在第七章有介绍。瘦肉型、快速生长猪对氨基酸的需要量比慢速生长猪高。另外,冬天和夏天对赖氨酸和能量的需要量是不同的。在标准生产条件下生长猪和具有瘦肉生长潜力猪日粮营养物质的需要量在表 7.14 中有介绍,对温度和分性别饲养的校正见表 7.17a 和表 7.17b。

限制饲喂

限制饲喂意味着给动物的采食量要比它们在自愿采食状态下少。限制饲喂的目的主要是限制能量的摄入足以维持瘦肉组织生长,但是不让机体沉积过多的脂肪。通常情况下,当猪体重达 100～130 lb(45～60 kg)时开始进行限制饲喂,饲喂量为猪自动采食的 90%～95%。对出栏猪进行限制饲喂将导致增重减慢,劳动力增加和更多的机械。

图 8.12　生长育肥猪圈舍中的漏式料槽。料槽每天几次向地板的实心部位漏下定额的饲料。这样可使饲喂量限制在全量饲喂的 90%。(爱荷华州立大学 Palmer Holden 提供)

限制饲喂系统对低瘦肉生长力猪的益处大于对高瘦肉生长力的猪。较慢的生长率、增加的劳动力或机械需要、增加的必需的管理的投入可能要高于由沉积脂肪转向沉积瘦肉所产生的效益。因此,除非为适当瘦的胴体支付了额外的费用,限制饲喂可能并不是很适当的。

限制饲喂通常是通过架在高处的漏式料槽实现的,这种料槽可控制饲料每天向地板上漏放 3～8 次(图 8.12)。向仔猪躺睡区域漏放饲料要干净些,因为猪很少在它们采食的地方大小便。多次饲喂可以将饲料浪费降低到最小。虽然这种限制饲喂方式是自动的,但是也需要密切注意,因为猪的自动采食量受气候影响。

阶段饲喂

阶段饲喂指为了满足猪的营养需要而为不同时期的猪提供不同的日粮。如果长时间饲喂一种日粮，当较大日龄猪从一开始就采食这种日粮和过量饲喂这种日粮时，它就不能满足较大日龄猪的营养需要。通过阶段饲喂，养猪生产者可以将这种过度和不足饲喂减轻到最小，而且提供了一个更经济的饲喂方案。图 8.13 举例说明了一个对大体重范围猪的使用的 3 个赖氨酸水平的饲喂方案。结果有 2 个过度饲喂期和 2 个不足饲喂期。由于饲喂较多的日粮或阶段，赖氨酸的水平就较接近猪的需要量，结果是过度饲喂和不足饲喂的量较少。有些阶段饲喂在所有猪场都实用（图 8.14）。

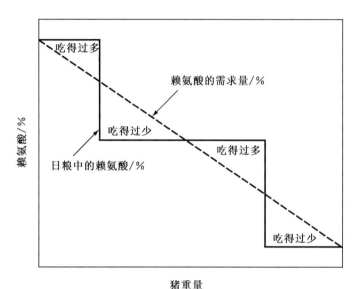

图 8.13　用 3 种赖氨酸校正的日粮使赖氨酸饲喂量过度和不足时的阶段饲养方案。日粮赖氨酸越是经常校正，猪赖氨酸的需要量就越能够精确的得到满足。（爱荷华州立大学 Palmer Holden 提供）

种猪的饲养

养猪生产者希望选择那些能将遗传潜力高的生产性能传递给其后代的后备种猪，这种遗传潜力包括生长速度在平均数以上和背脂厚在平均数以下。因此，后备母猪在其达到如表 7.14 所注的发育体重阶段前应该实行自由采食。例如，高瘦肉型的母猪可以自由采食直到体重约为 257 lb（117 kg），然后从育肥舍转出后则每天应该饲喂 5 lb（2.3 kg）。

公猪的饲养

青年种公猪的饲料供给量应该根据其体况和它们的配种能力变化。种公猪的性能测定比母猪的更重要。因此，让它们自由采食应该要超过典型的出栏生长阶段。性能测定后，就有必要对种公猪进行限制饲喂。

图 8.14　养猪生产者可通过这 3 条饲料运输管线为不同生产阶段的猪选择饲料并送到每种自动料槽。（爱荷华州立大学 Palmer Holden 提供）

种公猪的饲料需要量与同等体重的母猪相似。种公猪应该一直保持健壮、精力充沛、性欲旺盛的状态。种公猪决不能过肥，也不能过瘦和过度使用。成年公猪根据其体重和每周的配种或采精次数（表7.23），每天饲喂5～7 lb的饲料。在冬天以及在种公猪频繁配种期间，必须给种公猪提供更足量的饲料。

NRC关于性欲旺盛的公猪每日氨基酸、矿物元素、维生素和亚油酸的需要量列于表7.10中。由于农场的公猪数量相当小，专门为公猪制备特定的日粮就不太实际。通常泌乳母猪的日粮就可以满足公猪的营养需要，但妊娠母猪的日粮是不够的。

限制饲喂

配种后将母猪日采食量降低到4～5 lb（1.8～2.3 kg），基础饲料和养分摄入量的校正列于表7.20。此表的基础是每天采食含赖氨酸0.51%的饲料4 lb，得根据各详细的因素做一些调整。在妊娠期间过度饲喂母猪会引起胚胎死亡，结果降低产仔数。

图8.15　一个厚垫草妊娠母猪舍中的单个饲喂栏。母猪被封锁在栏内直到它们吃完所分配的饲料。（爱荷华州立大学 Palmer Holden 提供）

有几种方法可以用于限制母猪的采食量，包括个体饲喂、组群饲喂、大体积或纤维性饲料和间隔饲喂。

个体饲喂可以测定饲喂给每一头母猪的饲料量。这是在单独的圈、栏或通过电子料槽进行（图8.15）。这个系统是采食量控制最好的系统。

组群饲喂可测定几头母猪采食的饲料量。我们希望每头猪都采食到适量的饲料，但是，这个系统常常使得有侵略性的母猪过度采食，而胆小的母猪却采食量不足。采用组群饲喂需要将饲喂区域扩大。

饲喂大体积或纤维性饲料如青贮饲料、干草或苜蓿。这些饲料应该组成日粮的至少1/3。实际上，这是一种降低日粮能量浓度的方法。尽管大体积饲料抑制猪增重，但是却常常使饲喂方案的成本提高。对这个饲喂系统需要更多的监督管理以确保饲料的纤维水平足以限制能量的摄入和饲料成本不超额。大多数的大体积饲料成本比玉米高，再加上必须饲喂给母猪更多的饲料以满足其每天的热量需要。

采用间隔饲喂，每隔2 d或3 d或设定量的饲料会输送到每一个圈，而小母猪和经产母猪可允许在自动料槽采食2～4 h。在这种饲喂系统下，小母猪每次通常会采食12 lb饲料（或每天平均4 lb），而经产母猪采食15 lb（每天平均5 lb）。这个系统主要的问题是占较大优势的母猪会采食比它们应得量更多的饲料。在间隔饲喂系统中消耗的饲料量可通过以下几个方式控制：(1)改变间隔时间，从每隔1 d改为每周2次；(2)延长母猪采食的时间；(3)提供固定量的饲料但扩大给饲料的区域。

采用间隔饲喂和每天手工饲喂以限制采食量两种方式饲喂的母猪繁殖性能相似。将母猪换为自动料槽的间隔饲喂比每天手工饲喂需要的劳动力少，但是在有些情况下，会对栅栏和设备造成更大的压力。

催情补饲

催情补饲是指对经产母猪和青年母猪不加限制的饲喂，以使它们的日增重在配种前1～2周到配上种期间达1.0～1.5 lb。与正常饲喂量4～5 lb相比，短期优饲通常要增加饲料量50%～100%。试验和经验表明，短期优饲对小母猪是有效的，但是对第2胎和第3胎母猪没有效果（见第十二章"经产母猪和青年母猪的催情补饲")。如果给母猪进行了催情补饲,在配种后立即降低其采食量到 4～6 lb 就很重要。持续给妊娠母猪催情补饲日粮可能会降低胚胎的存活率。过度饲喂妊娠母猪也会降低泌乳期的采食量,对母猪造成损害。

妊娠母猪的饲养

饲喂给妊娠青年母猪或经产母猪的养分必须首先考虑通常的维持需要。如果青年母猪还没完全成熟,给其提供的养分既要用于母猪的生长,又要用于胎儿的生长。蛋白质、矿物元素和维生素的质量和数量对于青年妊娠母猪尤其重要,因为它们对养分的需要比成年母猪更多更严格。

胎儿生长约 2/3 是发生在妊娠期的最后 1 个月。但是,有关增加妊娠期最后 30 d 采食量的优点方面的数据很不一致。通常情况下,保证整个妊娠期每天采食量 4～6 lb 与其他饲喂方案具有同等效果。

在妊娠期间损失由泌乳前期贮存的用于下一个泌乳期利用的体脂也是很必要的。产仔数多的母猪产奶量大,用于产奶的需要一般要比其在泌乳期自由采食的量高。虽然期望的增重根据初始条件会发生改变,但是头胎妊娠青年母猪在妊娠期间增重应该达 90～100 lb(40～45 kg),而成年母猪通常体增重达 70 lb(32 kg)。这意味着从配种到产仔期间,青年母猪的增重每天应该为 0.9 lb(0.4 kg),成熟母猪为 0.7 lb(0.3 kg)。要达到此目的,每头猪每天的饲料供给量为 4～5 lb,同时根据环境条件的不同而有所变化。

对头胎妊娠青年母猪和经产母猪进行限制饲喂是否成功取决于对母猪的采食量的调节。首选的是单独饲喂,但如果采用的是组群饲喂,必须注意每头母猪是否采食到它们所需要的饲料。

在第十五章图 15.3A 和图 15.3B 中举例说明了一种用于评价妊娠母猪采食量及其对母猪体况的作用效果的可视评价系统。

妊娠期每天的养分供给量见第七章表 7.22。推荐日粮见表 7.24 中的 G1、G2 或 G3。注意:除非出现便秘问题,否则不应该给母猪饲喂轻泻性饲料。

泌乳母猪的饲养

大多数的哺乳母猪在产后被允许采食饲料的那天开始,食欲是最好的。但是,有人发现,如果母猪在产后前 3 d 是限制饲喂的,就很容易出现泌乳问题。如果哺乳期实行限制饲喂,在产仔后那天至少提供 3 lb 的饲料,之后增加饲料量 3 lb/d。在产后第 4 天,母猪应该自由采食。母猪不应该给饲超过它们每天采食量的饲料,因为剩余饲料会变味而降低母猪的采食量。

泌乳母猪的营养需要比妊娠母猪的更严格。除了对有关优质蛋白质和 B 族维生素要求高些外,它们的营养需要与奶牛相似,因为这些蛋白质和维生素在猪体内不能合成。

在泌乳高峰期,一头泌乳性能好的母猪每天可泌乳 25 lb。猪乳的各种营养成分尤其是脂肪含量比牛奶高,因此,哺乳母猪需要自由采食富含必需氨基酸、矿物元素和维生素的饲料。

哺乳仔猪吃到足够的母乳是非常重要的,因为在它们的一生中再也没有机会能像该阶段那样获得如此有效而经济的增重。仔猪从出生到断奶期间的增重很大程度上决定于母猪的泌乳量,依次地也决定于所饲喂的日粮以及母猪的泌乳遗传力大小。在泌乳期间应该让泌乳母猪自由采食,以获得足够的营养和较小的体重损失,这比限制饲喂更为经济,原因是乳中的营养成分要么来源于饲粮,要么来源于体组织。通常让泌乳母猪自由采食还因为即使在采取人为补料时,它们实际上也是给多少就吃多少。

母猪在哺乳期间的营养供给量见表 7.22。推荐的哺乳期日粮见表 7.24,日粮 L1～L11 依赖于表 7.21 中所估计的基于哺乳仔猪数和整个哺乳期间平均日采食量的日粮需要量的信息。

展示和出售猪的饲养

在前面章节描述的各种类群和年龄段猪的所有日粮都适合于相似类群的展示猪。最近的趋势倾向于对青年种猪和适合于展示的商品阉公猪与青年母猪实行自由采食。生产导向猪证实包括增重速度或肌肉增重速度是作为与体型同等重要的标准。因此,生产导向猪被留下实行自由采食直到展示的时候。

只评价体型和瘦肉的展示猪可以在最后 1 个月或 2 个固定期进行人工饲喂。但是,大多数有经验的展示者相信他们能得到较好的繁殖成绩和体况通过人工饲喂或人工与自动饲喂结合(每天人工饲喂2 次并允许自由接近自动料槽)。这种限制饲养可降低猪的背膘厚,使它们外观得到改善。

关于猪的装饰和展示的其他细节见第十八章,猪的装饰和展览。

其他饲料与管理方面

除涵盖第七章和这章的主题内容外,在养猪生产中还有其他一些很重要的饲养与管理内容。其中的一些将在以下几节中详细描述。

营养性贫血

贫血是指血液中缺乏将氧运往全身各处的血红素。贫血是由日粮中缺乏铁和铜引起的,还没有接受铁补充料或没有接触土壤的哺乳仔猪最可能发生贫血。饲养在限制性环境中哺乳仔猪贫血有以下 4个基本原因:

1)新生仔猪体内铁贮存量低。

猪在出生时体组织的铁水平相当低,在体成熟时铁水平则较高,但其他品种动物在体成熟时仅维持在出生时的铁水平或有所降低。因此,仔猪对铁的需要量比其他动物高(表 8.11)。

表 8.11　不同物种的血液中铁的浓度　　　　　　　　　　　mg/kg

物种	新生	成年	物种	新生	成年
猪	29	90	兔	135	60
人	94	74	鼠	59	60

来源:皮尔森教育。

贫血的猪表现为精神不振、被毛粗糙、皮肤皱褶、耳朵和尾巴下垂、嘴和眼周围的黏膜苍白、呼吸吃力。

2)母猪初乳和常乳中铁含量低。初乳中的铁只能满足仔猪铁需要量的 10% 左右,约在第 3 天会降低到 5% 左右。

3)猪不能与土壤中的铁接触。出生和饲养在限制性环境中的猪不能与土壤接触。

4)仔猪极高的生长率。在出生后的第 1 周,猪出生体重的增加要比其他品种的高得多。结果,仔猪贫血的发生就要比其他品种更迅速。

下面是几个关于营养性贫血的预防措施:

1)在出生后 3 d 内给仔猪肌肉(颈部)注射 200 mg 右旋糖甘铁。如果第 1 次的注射量低于200 mg,在仔猪 3 周龄时如果还没有采食干饲料,这时可能就需要第 2 次注射了。

2)在 2～3 日龄时,给仔猪含铁的药片或黏土团。每 7～10 d 反复给予仔猪含铁药片或黏土团,直到仔猪能充分地采食教槽料为止。如果给仔猪药丸,必须看看它是否咽下而不能让它们吐出药丸。这种方法没有注射铁剂那么理想。

腹泻

养猪生产者面对的一个主要的问题是仔猪腹泻(非常稀的粪便),据估计,大约 20% 的仔猪死亡是在出生到断奶期间发生。腹泻可能是由饲养方式、日粮成分、管理方式、环境或疾病引起。关于腹泻的更多信息见第十四章"猪的健康"。

软猪肉

猪从日粮摄入的脂肪几乎不经多大的变化就直接转化为肌间脂肪和背脂。因此,当育肥猪被饲以含高度不饱和脂或脂肪在室温就液化的高脂肪日粮时,就会产生软猪肉。软猪肉的产生在猪采食全脂大豆、花生、添加不饱和脂或下脚脂肪时会更突出。谷物类脂肪在常温下呈液态,但它们的脂肪含量相当低。当饲喂低脂肪饲料时,大多数的胴体脂肪是由这些饲料中的碳水化合物形成。

无论从加工者还是消费者的角度看,软猪肉都是不受欢迎的。软猪肉即使在冷冻条件下依然是软而油腻的,而且软猪肉在加工过程中具有较大的收缩性,在销售中软猪肉切块是软而缺乏吸引力的;用它制成的熏肉很难将其切成薄片;其烹饪损失较高。由于这些原因,那些不受限制地采食能产生软猪肉饲料的猪在市场上通常是要打折扣的。

猪胴体的硬度可以通过以下几点判断:(1)抓摸后腿下侧;(2)将一头放在桌上而提起另一头(硬猪肉切块是不容易弯曲的);(3)用手指轻轻按(不凹陷)切块的表面。实验的碘值或折射指数(不饱和度的度量标准)都可以用于确定猪肉的软程度。

建议将通常情况下猪采食后会产生软猪肉的饲料只用于饲喂 150 lb 以下的猪或种猪。如要防止软猪肉问题,对于体重超过 150 lb 的生长育肥猪,豆粕和花生在其日粮中的含量不能超过 10％。

但是试验结果表明,当给已经采食富含不饱和脂饲料一段时间的猪可以产生硬脂肪的日粮,体脂也会逐渐变硬。这种做法称为硬化。因此,由于实际经验的原因,许多最初用豆粕、花生或下脚脂肪育肥的猪,后来采用大麦、玉米或其他合适的谷物饲料硬化。

生猪-玉米比价

在美国大多数地区,玉米是猪日粮的主要成分,而且饲料成本占养猪生产总成本的 60％～65％。因此,玉米相对于猪价便宜时,生猪-玉米比价(猪粮比价)就高,许多农场主选择饲喂玉米使其增值,而不是立即出售它们。当玉米价格相对于猪价高时,农场主可能选择出售玉米。因此,当生猪-玉米比价高于某值时,农场主就会扩大养猪生产或把猪饲养到更大体重,而当生猪-玉米比价低于某水平时,他们通常会削减养猪生产。这样,生猪-玉米比价起到了一个未来趋势综合指示器的作用。

生猪-玉米比价可通过每 100 lb 活猪的价格除以当时每蒲式耳玉米的价格而简单地确定。

$$生猪\text{-}玉米比价＝每 100\ lb 活猪市场价格/每蒲式耳(56\ lb)玉米价格$$

例如,如果生猪价格为 45 $/100 lb,玉米价格为 2.25 $/bu,那么生猪-玉米比价为 20(美国的猪价通常是胴体基础的,将胴体价格转换为生猪价格则用胴体价格乘以 74％)。即生猪-玉米比价＝(45 $/100 lb)/(2.25 $/bu)＝20。

对于那些与谷物饲料无关的农场养猪生产来说,生猪-玉米比价作为指南的作用就不是那么重要了。而那些对养猪设备有较大投资且唯一目的只是用于养猪生产的农场主就不会采用玉米的价格作为确定养猪生产的主要因素。

毒物和毒素

猪容易受许多有毒物质影响,任何一种有毒物质都会对猪群造成惨重的损失。这些有毒物质主要有:霉变饲料,包括 3 种毒素——黄曲霉毒素、麦角碱毒素和雌激素综合征;树脂中毒;铅中毒;汞中毒;杀虫剂;植物性中毒,包括几种对猪有毒的植物;蓝绿藻。一些有毒物质的来源、中毒症状、分布和损失、预防和治疗等详见表 8.12。

表 8.12 毒药和毒素

有毒物质	来源	中毒症状和征候	分布及其引起的损失	预防	治疗	备注
砷（As）	用于抑杀昆虫和杂草，使农作物落叶	中毒的发生是突然的；以呻吟，不安，呼吸急促，肌肉不协调，失明，光敏为特征。在3~4 h内死亡，如果摄入量较少则在儿周内死亡。尸检显示胃和肠道有严重的出血性胃和肠炎症，着黏膜有腐蚀性区域	砷是化学性中毒的主要原因	让动物远离砷	通过兽医处理。如果发现及时，首先去除砷源。可以使用硫代硫酸钠和有帮助性的治疗。英国的抗助性的抗病易斯气（二巯基丙醇是一种特殊的某些形式砷中毒的解毒剂	土壤中蓄积的砷可使农作物的生长和产量迅速降低，但它对吃生长在这些区域中的作物的动物或其他人类是无害的，只要它们没有吃喷洒砷植物的树叶
硫酸铜（CuSO$_4$·5H$_2$O）	过度服用硫酸铜（胆矾）或在处理寄生虫过程中使用太浓的硫酸铜溶液	抑制生长，降低血色素，死亡。腹部疼痛，呕吐和腹泻；尸检显示胃和肠道红肿，胃内层涂有一层硫酸铜	不要使用浓度超过2%的硫酸铜或服用计量不要超过4 fl oz 1%的溶液		日粮铜中毒与钼的浓度紧密相关。Cu和Mo比例为10：1时可能是有毒的	
麦角碱（一种寄生菌）	它在草和谷物类作物上面并取代之。它的外观像紫黑色的坚硬的香蕉，密集度为1/4~1/3 in(5.6~16.9 mm)长	一次性摄入大量的麦角碱会引起急性中毒，可能会产生四肢和舌头麻木，肠道紊乱，流产	麦角碱分布在全世界	不要饲喂麦角碱滋生的干草或含麦角碱饲料	如果及时发现，给予好的饲料，中毒会恢复；灌服单宁酸可作为解毒剂，可以给动物服用镇静松弛剂，如三氯乙醛氢氧化物	有6种不同的生物碱参与了麦角碱中毒
氟（F）	从饲料或饮水中摄取过量的氟	牙齿（釉呈斑驳色）和骨骼不正常，关节僵硬，食欲不振，衰弱，奶产量降低，腹泻和食盐饥饿	阿拉斯加，加利福尼亚，南加利福尼亚和德克萨斯州部分地区的水中曾被报道含过量的氟；有时候，美国到处都在矿物元素混合料中使用高氟磷酸的盐	避免使用含过量氟的饲料、水或矿物质添加剂	任何损害可能都是永久性的，但是对于那些症状还不严重的动物，如果消除了过量的氟源，在某种程度上是可以治疗的	氟是蓄积性中毒

续表 8.12

有毒物质	来源	中毒症状和征候	分布及其引起的损失	预防	治疗	备注
铅(Pb)	汽车排出的气体或其他来源中可排放出铅到空气中	在幼小动物其症状迅速表现,但是在成年动物表现缓慢	同时,铅是用于杀昆虫,蚂蚁和疾病的喷剂和漆料的组成成分。法律现在禁止使用含铅漆料	避免铅污源	如果对组织的损害很广,治疗是没有一点价值的。蛋白质(牛奶,鸡蛋,血清)可以降低肠道对铅的吸收 乙二胺四乙酸二钠钙	铅是蓄积性中毒;当铅被结合,几乎所有的铅都被转化为植物不能利用的形式;被植物根吸收的任何形式的铅都滞留于干停留在根部,而不是移向植物的顶端 铅中毒可以通过分析血液中铅的含量而得到诊断
汞(Hg)	汞是从工业中排向空气和水中的,可用于除草剂和杀真菌剂 用含汞的杀真菌剂处理过的种子 汞中毒发生在那些来自工业植物的汞被排到鱼水中,然后蓄积在鱼和甲壳类动物中的地方	胃肠道,肾和神经紊乱;但是从症状上看,不可能区分汞和其他物质的中毒 动物采食谷物饲料的病例如被污染汞的环境证据	饲喂给动物汞处理过的谷物饲料	不要给动物饲喂用含汞的杀真菌剂处理过的种子 剩余的汞处理过的谷物应该被烧焦并把灰烬埋在地面的深处	治疗不太满意 蛋白质(牛奶,鸡蛋,血清)可以降低肠胃道对汞的吸收	
霉菌毒素(产毒霉菌),如曲霉菌,青霉菌,岛青霉和镰曲霉	与花生,巴西坚果,青贮饲料,玉米和大多数的其他谷类饲料,干草和草有关的黄曲霉毒素(研究的大多数是其组群);霉菌在各种能支持其生长的实际食物(甚至合成食物)上都能产生黄曲霉毒素,它在某些地区另外一种非常频繁的霉菌毒素是黑曲霉菌产生的;大多数的黑曲霉毒素问题都是与少数的谷物的顶端的谷物有关	霉菌以各种方式影响动物,从降低生产到死亡。通常,最初的症状是食欲减退,体重减轻 少数动物会发育不全,有时动物会死亡 摄人霉菌毒素的量多,或同时摄人霉菌的量大时,会出现以下任何一种或同时过度症状:典型状:肺炎,血痢,弓状背,尾端肿或的肺炎,血痢,弓状性肝炎,肾蹄端干坏泪,出血性肝炎,肾损伤,跛腿和/或免疫系统功能	广泛分布在世界各地;另外,存在干被霉菌毒素或它们的代谢产物污染的牛奶中	引起黄曲霉毒素产生的最根本原因是水分.适当存在于谷物收割,干燥和贮存是减少霉菌毒素产生和污染的重要因素 丙酸和乙酸和丙酸钠可抑制霉菌生长,贮存高水分谷物时可使用它们	排出霉菌源 给遭受霉菌侵袭的动物频繁地注射维生素B 由于出血是经常发生的问题,所以采用铁治疗可能是帮助的	某些霉菌产生毒素或霉菌毒素 实验证明黄曲霉毒素有致癌作用(产生肿瘤) 紫外线照射和无水氨在低压下可减轻黄曲霉毒素的毒性.如果在霉毒处理时间足够长,可以使其完全失去毒性

续表 8.12

有毒物质	来源	中毒症状和征候	分布及其引起的损失	预防	治疗	备注
硝酸盐-亚硝酸盐中毒	采食高硝酸盐含量的饲料，这是由于施硝酸盐肥、干旱等原因引起饲料硝酸盐含量高；吃了硝酸盐或亚硝酸盐肥料，或喝了被它们污染的池塘水	呼吸加速，喝脉搏加快；腹泻；尿频；食欲减退、颤抖和步态蹒跚；嘴起泡；早产；黏膜、嘴唇和乳房由于缺氧而呈蓝色；血液黑褐色；采食致命剂量的亚硝酸盐 90~150 min 内死亡	由于高氮化肥的使用，饲料中含过量的硝酸盐是农场动物硝酸盐中毒的重要原因。硝酸盐和亚硝酸盐是水溶性物质可以滤过土壤而进入地下水	检查潜在的来源，如水和饲料；当怀疑时，对饲料进行分析；采取适当方法保存氮肥	通过兽医按 10 mg/kg 体重静脉注射 4% 的亚甲基兰溶液（在 5% 葡萄糖或 1.8% 硫酸钠溶液中）	硝酸盐并不具有实质性的毒害，可能只是引起猪胃肠道不适。亚硝酸盐的毒性强得多；亚硝酸盐将血色素转化为不能运输氧的高铁血红蛋白
树脂（飞碟靶中毒；煤焦油中毒）	耗尽的飞碟靶；屋顶材料；某些油和管道树脂	一种以临床上为抑制和病理上为显著的肝损伤为特征的急性而高度致命的疾病；贫血和黄疸	到处都存在树脂	不要让猪采食含树脂或焦油的产品	没有众所周知的处理方法	含黏土的牧草几年都是危险的；曾有报道用出臭气阀喷过水的区域在 35 年后出现过死亡
植物	藜（宽属植物 Retroflex-us），苍耳属植物（苍耳属植物 strumanum）和茄属植物（Solanum nigrum）	藜：虚弱 颤抖和步不协调；后腿麻痹；出现症状后 48 h 内昏迷和死亡 苍耳属植物：在摄入 8.24 h 后，精神不振、恶心、虚弱、痉挛，呼吸急促和死亡 茄属植物：食欲减退、便秘，精神不振、不协调、颤抖，痉挛，昏迷和死亡	主要是牧场的猪	去除杂草；确保牧场有充足而优良的草料	将动物远离该能发生苍耳属植物中毒的，口服矿物油或者注射毒扁豆碱	养猪生产者应该能识别不同生长阶段的这些植物
蛋白质中毒	大量饲喂高蛋白饲料	如果动物没有肾病，就不会出现任何症状	没有			尽管蛋白质中毒偶尔能诊断，但没有证据表明大量饲喂蛋白质是有毒的；一般情况下，高蛋白质饲料成本很高，因此没有理由饲喂太多的蛋白质

续表8.12

有毒物质	来源	中毒症状和征候	分布及其引起的损失	预防	治疗	备注
食盐（氯化钠）中毒	咸肉盐水；湿盐；在食盐饥饿后饲喂过量的食盐；在浓缩料的自动饲喂中不正确使用了食盐	摄入食盐后1～2 h突然发作；极度用神经过敏；肌肉颤抖和纯粹的颤动；非常摇晃、颤动、蹒跚和盘旋；失明；虚弱；温度正常，脉搏迅速而死亡；呼吸短促；腹泻；抽搐；在几小时到48 h内死亡	除猪之外，很少发生食盐中毒	如果动物长时间没有摄入食盐，应该用手给它们饲喂加供给量，并每日天增加供给量，直到在矿物的元素盒子里只留下一点其自动采食	给受食盐影响的动物提供大量的新鲜水，那些不能饮水的动物应该通过胃管给水	除非缺水，猪不会发生食盐中毒；如果饮水量少，即使正常量的食盐也可能有毒
硒中毒	采食种植在含硒土地上的植物	猪表现为大量换毛；严重情况下，蹄脱落；跛腿，采食量降低，饥饿而死	特别是在南达科他州，蒙大纳州，怀俄明州，内布拉斯加州，堪萨斯州的某些地区，大草原和罗基山脉的其他州，加拿大	放弃土壤含硒的地区，由于生长在这些地区的农作物会危及到动物和人类	虽然有实验显示，砷可抵消硒的毒性作用，但除了将动物从受硒影响的地区移走，似乎没有可以实用的办法	如果动物长期摄入含硒8.5 mg/kg饲料就会发生慢性中毒；如果摄入量达25～125 mg/kg时就会发生急性中毒
玉米烯酮	由玉米中的镰刀霉菌产生的一种具雌激素作用的霉菌毒素	出现阴道红肿和水肿；青春期前的小母猪乳腺发育；公猪发情延长；流产或产活仔数降低	饲喂玉米的任何地方	贮存玉米时防止有利的条件	停止饲喂霉变饲料	与阴道炎和直肠脱垂有关；湿玉米在高温条件下接着又在干低温产生玉米烯酮；可疑的日粮或玉米应该分析是否有玉米烯酮

学习与讨论的问题

1. 饲料替代表是些什么值？

2. 要达到列于饲料替代表中的饲料相当值，需要考虑哪些因素？

3. 为什么抗生素可用做饲料添加剂？如何区别抗生素和益生素的功能？

4. 列出一些在使用无论何种方法配合饲料之前必须考虑的因素。

5. 采用计算机配方日粮时应该注意些什么？

6. 选择一种特定类群的猪，使用可利用的价格最低的原料做一个日粮配方。

7. 价格最低日粮总是能取得最高的纯收入？

8. 在哪一种情况下你会

    a. 在农场混合猪饲料？

    b. 购买商业猪饲料？

9. 在购买商业饲料过程中你应该考虑或寻找哪些因素？

10. 列出并讨论加工猪饲料的形式。

11. 列出并讨论制备猪饲料的 4 种基本系统。

12. 为什么在生产猪饲料中质量控制是必需的？

13. 什么是阶段饲喂？什么时候并如何采用阶段饲喂？

14. 定义并讨论：

    a. 教槽饲养；

    b. 阶段饲养；

    c. 分性别饲养。

15. 在什么阶段何年龄段应该将后备母猪从育肥猪中分离出来？之后如何饲养它们？

16. 你建议对什么猪采取短期优饲：

    a. 第 2 和第 3 胎次母猪？

    b. 青年母猪？

    c. 为什么？如果是，你如何进行？

17. 有必要对妊娠小母猪和经产母猪进行限制饲喂。举例并详细说明限制饲喂的 4 种系统。

18. 你如何饲养刚分娩完和分娩后第 1 周的母猪？

19. 讨论猪营养性贫血的原因、症状和防治。

20. 公猪的增重和饲料效率都高于阉公猪或小母猪，为什么我们不饲养更多的公猪？

21. 生猪-玉米比价有什么样的重要性？

22. 指出两种毒素并简要说明其中毒症状和每一种毒素引起的问题。

主要参考文献

Animal Feeding and Nutrition，9th ed.，M. J. Jurgens，Kendall/Hunt Publishing Co.，Dubuque，IA，2002

Applied Animal Nutrition，*Feeds and Feeding*，2nd ed.，Peter R. Cheeke，Prentice Hall，Upper Saddle River，NJ，1999

Feeds and Nutrition，2nd ed.，M. E. Ensminger，J. E. Oldfield，and W. W. Heinemann，The Ensminger Publishing Company，Clovis，CA，1990

Kansas Swine Nutrition Guide, Kansas State University Extension, Manhattan, KS, 2003.

Life Cycle Swine Nutrition, 17th ed. Pm-489, P. J. Holden, et al., Iowa State University, Ames, IA, 1996

Nontraditional Feed Sources for Use in Swine Production, P. A. Thacker and R. N. Kirkwood, Butterworths, Boston, MA, 1990

Nutrient Requirements of Swine, 10th rev. ed., National Research Council, National Academy of Sciences, Washington, DC, 1998

Pork Industry Handbook, *Leaflets* PIH 4, 23, 31, 71, 73, 86, 108, 112, 126, and 129, Cooperative Extension Service, Purdue University, West Lafayette, IN, 2003

Swine Nutrition, E. R. Miller, D. E. Ullrey, and A. J. Lewis, Butterworth-Heinemann, Boston, MA, 1991

Swine Nutrition Guide, University of Nebraska, Lincoln, NE, and, South Dakota State University, Brookings, SD, 2000

Swine Production and Nutrition, W. G. Pond and J. H. Maner, AVI Publishing Co., Inc., Westport, CT, 1984

第九章 谷物饲料和其他高能量饲料[①]

完全漏缝地板、带双帘和饲料输送管道的育肥猪舍。(爱荷华州立大学 palmer Holden 提供)

内容

谷物

    玉米

    大麦

    二粒小麦和斯佩尔特小麦

    粟

    燕麦

    水稻

    黑麦

    高粱(南非高粱、西非高粱)

    小黑麦

    小麦

谷物副产品饲料

    玉米加工副产品

    稻谷加工副产品

    小麦加工副产品

    其他加工副产品

酿造和蒸馏工业副产品

    啤酒副产品

    酿酒副产品

干面包产品

其他能量饲料

    豆类(残次豆)

    荞麦

    柑橘类水果

    脂肪和油类

    厨余垃圾

    糖蜜

    根茎作物

    绒毛豆

学习与讨论的问题

主要参考文献

目标

学习本章后,你应该:

1. 熟悉养猪生产中常用的谷物饲料,它们的优点和饲喂要点。

2. 了解富含赖氨酸玉米的利弊。

3. 了解玉米磨粉和谷物蒸馏过程中的副产品和饲料用副产品之间的差别。

4. 了解小麦磨制过程中的副产品以及它们在猪的饲喂中的利弊。

5. 了解脂肪和油在猪肉生产过程中的影响和价值。

6. 了解为什么将糖蜜用做猪的饲料。

猪需要能量用于维持、生长、繁殖和泌乳。碳水化合物和脂肪能够满足猪所需的大部分能量。脂肪和油是高能量来源,比碳水化合物的热量高 2.25 倍。尽管谷物和脂肪或者油类能够满足猪的能量需

①所用原料改编自下列出版物:生命周期猪营养,爱荷华州立大学,1996;堪萨斯州猪营养指南,堪萨斯州立大学,2003;猪营养指南,内布拉斯加州和南达科他州立大学,2000。

要,但它们必须同时补充氨基酸(蛋白质)、矿物质和维生素。

　　饲料的能量含量和猪的能量需要量通常用消化能(DE)、代谢能(ME)和/或净能(NE)表示。猪的主要能量来源是谷物——玉米、高粱、小麦、大麦和它们的副产品。油脂常用于提高猪日粮的能量浓度。大多数的谷物饲料和脂肪的适口性都很好,并且易于消化。

　　选择性饲料的价值在第八章表8.1中提到过。玉米是美国最广泛采用的猪饲料。假定玉米的饲喂价值是100,高粱的价值是玉米的95%～97%。因此当高粱的价格低于玉米的95%时,就可以用高粱代替玉米。例如,如果高粱的价格低于0.038 \$/lb,买高粱比买0.040 \$/lb 的玉米合算。注意:高粱的饲喂价值低于玉米的原因在于代谢能和赖氨酸较低。

　　表8.1中相关的能量饲料的饲喂价值适用于在日粮中的含量不超过表中的值。当日粮中含量超过表中的值时,它们的饲喂价值会根据饲料不同而有或多或少的下降。当用表8.1中的能量饲料代替玉米时,只要饲料的体积不会使采食量降低,猪的日增重和繁殖性能就不会降低。由于各饲料成分和个体饲养目的的不同,饲喂值表示的只是一个范围。注意:除了能量饲料的饲喂价值,饲养者还应当考虑的因素有:储藏成本、饲料的优点、适口性和胴体品质。

　　当用燕麦、大麦或其他低能量饲料成分代替日粮中所有的玉米时,背膘厚会略有降低,因为加入的纤维使能量的摄入有所下降。表8.1中的饲料价值可以被饲料组成中的常用谷物和第二十二章中其他高能量饲料的加入提高。

谷物

　　谷物饲料是指来源于谷类植物的种子以及草本植物鹰嘴豆。它们含有大量的碳水化合物。玉米、高粱、大豆和燕麦是猪的主要饲料。大米和小麦是猪的富含营养的饲料,但是主要作为人类食品。它们磨制后的副产品被用于喂猪。黑麦、粟米、二粒小麦、斯佩耳特小麦和小黑麦被限量饲喂于肥猪。1985—2000年期间饲喂家畜的浓缩料被列在了表9.1中。

表 9.1　1985—2000 年饲喂给畜禽的饲料浓缩物　　　　　　　　　　　　　10^6 t

| 年份 | 谷 物 饲 料 | | | | 小麦 | 黑麦 | 饲料副产品[①] | 总浓缩物 |
	玉米	高粱	燕麦和大麦	总计				
1985	104.7	16.9	13.5	135.2	10.9	0.3	36.4	182.7
1986	118.8	13.6	11.5	144.0	11.3	0.4	37.8	193.5
1987	122.1	14.1	10.5	146.7	5.7	0.3	39.3	191.9
1988	100.3	11.9	7.5	119.6	3.6	0.3	36.0	159.5
1989	111.9	13.2	8.6	133.7	7.5	0.2	37.7	179.1
1990	117.3	10.2	8.8	136.4	12.1	0.2	39.8	188.5
1991	122.1	9.3	8.7	140.2	6.3	0.2	41.2	187.8
1992	133.7	11.6	7.7	153.0	3.9	0.2	42.4	199.5
1993	119.1	11.2	9.5	139.7	9.6	0.2	43.6	193.2
1994	139.0	9.6	7.9	156.5	7.5	0.2	45.3	209.4
1995	119.5	7.5	6.9	133.8	6.2	0.2	44.8	184.9
1996	134.4	13.1	6.3	153.7	7.7	0.1	47.3	208.9
1997	139.5	9.3	6.5	155.4	8.8	0.1	48.4	212.6
1998	139.2	6.6	6.2	152.1	6.5	0.1	49.2	207.8
1999	144.2	7.3	6.0	157.5	9.1	0.1	49.2	215.7
2000	148.6	5.6	5.4	159.6	6.0	0.1	53.2	218.9

　　注:①油子粉、动物蛋白饲料、加工副产品和矿物质补料。
　　来源:美国农业部国家农业统计局,1995年和2002年农业统计,表71。

谷物给养猪生产者提供了优良的可消化能量的来源,但是全面了解每一种可利用的谷物的特性是很重要的,因此根据适宜的比例制定经济的日粮并弥补缺乏的量是可能的。2002 年美国谷物和干草的产量在表 9.2 中列出。下面将主要讨论每一种重要的用于喂猪的谷物:

表 9.2　2002 年美国谷物和干草产品的概况

种类	产量	种类	产量
大麦/(10^3 bu)	226 873	水稻/(10^3 cwt)	210 960
玉米/(10^3 bu)	9 007 659	黑麦/(10^3 bu)	6 985
青贮玉米/(10^3 t)	104 979	高粱颗粒/(10^3 bu)	369 758
全干草/(10^3 t)	150 962	青贮高粱/(10^3 t)	3 360
苜蓿/(10^3 t)	73 824	全小麦/(10^3 bu)	1 616 441
其他/(10^3 t)	77 138	冬小麦/(10^3 bu)	1 142 802
燕麦/(10^3 bu)	119 132	硬质小麦/(10^3 bu)	79 450
黍/(10^3 bu)	2 755	其他春小麦/(10^3 bu)	394 189

来源:美国农业部国家农业统计局。

图 9.1　20 世纪 30 年代一群正在一片玉米地里采食的猪。(美国农业部提供)

玉米

玉米一直是美国谷物生产和猪饲料中最重要的一种谷物(图 9.1)。从 1996 年以来,玉米的年产量从 90 亿～100 亿 bu(230 000～250 000 t),是所有其他谷物产量的总和。这个产量的 1/4～1/2 被用做生猪饲料。由于这个原因,玉米的饲喂价值就被作为标准来与其他的谷类比较。每年全世界的产量大约是 600 000 t。

玉米是各阶段猪很好的能量饲料。由于它含有丰富的可消化碳水化合物(淀粉),纤维含量低,适口性好,因此它是理想的育肥猪饲料。

尽管有这些优点,但是,仅仅靠玉米是不能提供猪全面的营养。玉米的蛋白质含量为 7%～9%,它所提供的必需氨基酸在实际生产中对于断奶仔猪是不足的,尤其是赖氨酸和色氨酸。它的钙和其他矿物质含量也不足,并且维生素含量的不足使仅靠采食玉米日粮的猪发生死亡。因此,必须要补充蛋白质来弥补氨基酸的不足。必需矿物质和维生素也是同样重要的。通过适当的补充,玉米是各阶段猪很好的能量饲料。注意:研究人员已经推导出了用于估计以蛋白质含量为基础的玉米中赖氨酸含量的公式。但是,赖氨酸和蛋白质含量之间较弱的相关性使得这个方法不可靠。因此,如果在实际中没有测定谷物中赖氨酸的含量,则推荐使用登记的赖氨酸值。蛋白质含量很高或低的玉米都可作为赖氨酸测定的很好候选者。

白玉米的胡萝卜素(维生素 A 前体)含量较低。然而,当猪能够吃到好的牧草,当日粮中补充了足够的苜蓿粉或者添加了维生素 A 后,白玉米和黄玉米在饲喂价值上看起来是相等的。值得注意的是,黄玉米中的胡萝卜素会在贮存过程中损失;贮存 1 年后的黄玉米中胡萝卜素含量约损失最初维生素 A 的 25%,2 年后约损失 50%。

玉米应该被磨碎并且以一定的比例与其他饲料混合。如果是高水分玉米或饲喂给户外饲养的母猪时,就可以整株玉米饲喂。

与一些地方的观点相反的是,试验研究并没有揭示出杂交和自然授粉黄玉米在饲喂价值上对生长育肥猪有什么不同。

从市场的角度看,养猪生产者应该对于表9.3中的国家玉米等级相当熟悉。最低的一级是美国样品级,这种玉米:(1)并不能满足美国1~5级玉米的需要;(2)含石粒;(3)有霉味或酸味;(4)正处于产热状态或已产热;(5)有任何的不利于出售的外来的异味;(6)很明显的其他劣质现象。

表 9.3　玉米等级的必备条件

等级	每蒲式耳最低测试重/lb	湿度/%	损坏的最大限量		
			残玉米和异物/%	总计/%	热损坏颗粒/%
美国一级	56.0	14.0	2.0	3.0	0.1
美国二级	54.0	15.5	3.0	5.0	0.2
美国三级	52.0	17.5	4.0	7.0	0.5
美国四级	49.0	20.0	5.0	10.0	1.0
U.S.5 级	46.0	23.0	7.0	15.0	3.0

来源:美国官方谷物标准,美国农业部农业市场局谷物分部。

尽管含水量是决定国家玉米等级的主要标准,玉米粒的不完整率和异物含量也是影响等级的因素。从饲养猪的角度看,如果是以干物质基础进行比较,某些等级玉米的价值就几乎是相等的。同样的情况适用于软玉米(成熟前遭霜害的玉米)。当然,高水分含量可能引发处理和贮存问题。2 级玉米的水分含量较高而不能很好地被贮存(图9.2)。

图 9.2　密苏里州哥伦比亚的玉米丰收。(美国农业部 Bruce Fritz 提供)

黄玉米是美国大部分地区最便宜的能量来源。但是,价格的波动多次证实,同时考虑其他能量饲料是有必要的。当将玉米这种主要的猪饲料划定为100%时,表8.1(第八章)列出了在适当饲喂情况下,一些其他的谷物和高能量饲料在一个相同的基础上相比的结果。

高水分玉米——高水分玉米可以被干物质基础
上的干玉米代替而对整体的生产性能影响不大,如在饲料转化率和增重速度方面。大多数含水量高的玉米,尤其是那些含水量超过18%的玉米,暴露在空气中如碾磨或和放置在料槽中约24 h之内就会变质。因此,高水分的谷物必须经过处理,并且在温暖的气候时每天饲喂新鲜的,在寒冷天气时隔天饲喂。

高赖氨酸含量的玉米(opaque-2,奥帕克-2)——现在经过选育的玉米中赖氨酸和色氨酸含量比普通玉米高很多;因此,它能够更好地为猪的氨基酸需要提供平衡。同样地,含赖氨酸较高的玉米(被称为奥帕克-2)比普通玉米的总蛋白高。

高赖氨酸含量的玉米是有商业价值的,但是产量略低并且受到临近的普通玉米的杂交授粉的影响。同样地,高赖氨酸含量的玉米更加柔软并且容易在收获和加工的过程中被损害。玉米育种者正努力改善 Opaque-2 的品质,因为它能够改进这种玉米产区动物和人类的营养状况。在试验和经验的基础上,对于高赖氨酸玉米有以下建议:

1)在机械干燥高赖氨酸玉米时要特别注意水分,因为高赖氨酸玉米比普通玉米干燥的速度更快。

2)粉碎高赖氨酸玉米时粒度应该比普通玉米大。这种玉米较软并且更容易成粉。0.5 in 筛孔的粉碎机是最适合的。一些生产者在加工高赖氨酸玉米时更喜欢使用滚筒式粉碎机。

3)分析玉米的赖氨酸含量。

4)平衡以赖氨酸含量和营养需要为基础的日粮。这是常被推荐的。

如果养猪生产者考虑种植高赖氨酸玉米,他们必须评估一些经济因素,比如高赖氨酸玉米的低产量与普通玉米加上补充赖氨酸后的价格。

蜡质玉米——蜡质玉米是一种由其特殊的淀粉种类有时用于工业的玉米。在猪日粮中加入蜡质玉米似乎并没有什么优点和缺点。因此,决定是否生产并饲喂蜡质玉米应该从农业和经济因素的基础上考虑,而不是从蜡质玉米对猪生产性能的影响上。

大麦

大麦是世界上最古老,种植最广泛的谷物。它可以在不适合玉米生长的极寒冷地区,比如美国北部种植。在加拿大和北欧,大麦是喂猪最常见的谷物。它是一种很好的饲料,并且由于含饱和脂肪,有助于生产优质的含饱和脂肪的猪肉。

与玉米相比,大麦含有更多的蛋白质(赖氨酸)和纤维(来源于外壳),还有略低的碳水化合物和脂肪(见第十二章)。像燕麦一样,大麦的饲喂价值因其极大的密度(蒲式耳重或单位体积重)差异变化很大。尽管大麦的能量比玉米低,但只要比例适当,大麦粉对生猪的饲喂价值可以达到玉米的100%～105%,这主要是由于含有较高的赖氨酸。细磨的燕麦(600～700 μm)可以提高其饲喂价值。与玉米相比,大麦的适口性较差而蛋白质含量较高。因此,它不适合用于非限量饲喂中,因为猪会吃掉超过平衡日粮需要的补充蛋白。出于这个原因,最好在混合日粮中同时添加大麦和补充料进行饲喂。

二粒小麦和斯佩尔特小麦

二粒小麦和斯佩尔特小麦与大麦在外观和对猪的饲喂价值上类似,因为在脱粒时通常不去掉外壳。20世纪早期这两种谷物在美国的生产达到了高峰并且在之后稳定下降。北达科他和蒙大纳州生产有限数量的二粒小麦,斯佩尔特小麦在美国中西部,主要是俄亥俄州种植。当粉碎并且其量被限制在日粮的1/3以内时,它们对于生猪的饲喂价值与燕麦相似,这取决于其外壳的含量。

粟

粟作为一种重要的面包谷类,其产量与过去相比增加了。在美国,粟通常被叫作猪粟,有时作为家畜饲料在北部广大平原种植,因为这些地区的生长季节较短而不适合种植高粱。每英亩产量通常为500～1 600 lb(600～1 800 kg/hm²)。粟粉对猪的饲喂价值可以达到玉米的85%～95%。

燕麦

燕麦比玉米和高粱的赖氨酸含量高,但是它的纤维含量较高。由于较高的纤维含量:(1)燕麦在妊娠猪的日粮中被很好地利用;(2)在生长育肥猪的日粮中应该被限制在20%以内。饲喂量大时,燕麦会减少饲料的摄入和降低猪的生长速度。它们的饲喂价值是玉米的80%～85%。对于妊娠后期的母猪,燕麦可以作为唯一的谷物来源,加上适量的蛋白质、矿物质和维生素补料。

对于猪,粉碎的燕麦可以提高25%～30%的饲喂价值。如用于人类消费的燕麦片和滚压的燕麦,是展示幼猪非常好的饲料,但是通常情况下它们都很贵。

去壳的燕麦在非常小的仔猪中是尤其有价值的,其饲喂价值是玉米的100%～125%。然而,155～165单位的全燕麦才能生产出100单位的去壳燕麦。

水稻

水稻是全世界最重要的谷物之一,为1/2的地球人口提供主要的粮食。它是亚洲人口每天的主要粮食。在美国,水稻用于人类食品被种植在路易斯安那、阿肯色、德克萨斯和加利福尼亚州(图9.3)。价格或等级较低的水稻常被用于喂猪。同样地,水稻加工过程中的大量副产品都被利用做猪饲料。

喂猪的全稻谷即粉碎米或稻谷粉,它是将未脱壳的稻谷(或糙米)细磨而成。从化学组成和饲喂价值看,稻谷粉可以与燕麦相媲美。对于生长肥育猪来说,当稻谷被细磨并且在日粮中的添加量限制在40%时,它的饲喂价值是玉米的80%～85%。糙米粉可用于生产优质含饱和脂肪的猪肉。

黑麦

黑麦可以在贫瘠、沙质土壤中生长。在这些地区,尽管黑麦通常是高价出售而用于生产面包或酿酒,但有时黑麦是被销售用于喂猪。

黑麦和小麦在化学组成上相似(见第二十二章),但是作为猪饲料,它的适口性稍差。由于后一个原因,它应该与适口性好的饲料混合后饲喂,并且限制在妊娠猪和生长育肥猪饲料的25%以内。当适量添加补充料时,黑麦粉的饲喂价值可以达到玉米的90%。由于黑麦粒小而坚硬,因此,应该先粉碎后再用做猪饲料。

图 9.3　Lemont 是最早的高产半矮生水稻品种,成熟早且大米产量高。(美国农业部 David Nance 提供)

黑麦经常会发生麦角病(黑麦中常见的真菌病,图 9.4)。如果不超过总日粮的10%,感染麦角病的黑麦可以被饲喂给生长育肥猪。由于麦角病可能引起流产,决不能给妊娠的猪饲喂感染麦角病的黑麦,因为它会抑制泌乳。同样地,不应该给哺乳期的仔猪饲喂感染麦角病的黑麦。

高粱(南非高粱、西非高粱)

包括各种无穗作物的高粱,在美国农业中发挥着越来越重要的作用。新品种和高产品种逐渐被培育并且广泛种植,使得越来越多的高粱成为饲料用于喂猪。

南非高粱和西非高粱是谷类中较重要的高粱。其他种植不那么广泛的类型包括甜高粱、非洲高粱和红黑南非高粱、非洲芦粟和千花葵。这些谷物长在气候和土壤不适合玉米生长的地方,主要是中南部平原。

图 9.4　1 株感染了常见的真菌疾病——麦角病的黑麦。在大麦和其他小麦上也可能见到。(皮尔森教育)

像白玉米一样,高粱的胡萝卜素(维生素 A)含量较低。同时,它们缺乏其他维生素、蛋白质和矿物质(见第二十二章)。由于玉米的能值略高于高粱,饲喂玉米日粮的猪饲喂效率稍好于饲喂高粱的猪,但是平均日增重是相同的。对于生长肥育猪,高粱的饲喂价值大约是玉米的92%。

高粱的一个缺点是它养分含量的变化比玉米大。此外,由于高粱种子比玉米种子小而且坚硬,建议粉碎(1/8 in 或 5/12 in 筛子)或者辊压后使用。饲喂高粱的肉猪能够产出更优质的胴体。

小黑麦

小黑麦是一种通过小麦和黑麦杂交后得到的谷物,在杂交后将染色体加倍。杂交的目的是将小麦的优良品质、生产力和抗病力与黑麦顽强的生命力结合起来。首次杂交是在 1875 年由苏格兰植物学家斯蒂芬·威尔逊(Stephen Wilson)将黑麦的花粉弹到小麦的柱头上完成的。结果只有少量的种子生长发芽了,并且发现这种杂交是不育的。1937 年,法国植物学家皮埃尔·齐华顿(Pierre Givaudon)得到了能够繁殖的杂交小黑麦。自 1954 年以来,大量的改进小黑麦的实验在马尼托巴大学开展起来。

与小麦相比,小黑麦:(1)粒更大,但是每株(穗)数量较少;(2)有较高的蛋白质含量,氨基酸组成较为平衡,赖氨酸含量较高;(3)更耐寒。到目前为止,小黑麦的主要用途是作为饲料谷物、牧草和动物的青贮饲料。它的相对饲喂价值是玉米的90%~95%。

小麦

经过了若干年,小麦成为用于制作人类食用面包的原料。最早将小麦用于此目的的是居住在瑞士河的土著人、古埃及人、亚述人、希腊人和罗马人,还有希伯来人,据启示录记载,他们将小麦作为钱币的度量。即使现在,美国大多数的小麦都用于烘烤面包。

图 9.5 美国华盛顿州 Palouse 流域的小麦地。(美国农业部提供)

美国每年小麦的总产量仅次于玉米(图 9.5)。然而,由于它主要是用于生产面粉和其他人类食品,通常它的价格太高而不适合用于猪饲料。当价格合适或当谷物被昆虫、霜冻、火灾或疾病侵害时,将小麦用于生猪饲料就比用于人类食品更合算。

与玉米相比,小麦的蛋白质(赖氨酸)和碳水化合物含量较高,而脂肪较含量低,总可消化养分略高。小麦像白玉米一样缺乏胡萝卜素(第二十二章)。在等重的基础上,对于生猪的生长,小麦比玉米的价值高 10%~15%,因此小麦在作为猪饲料方面比玉米有独特的优势(表 8.1)。

由于谷粒小而坚硬,小麦应该被粉碎。由于小麦加工中容易成粉状,所以它应该被粗磨(3/16 in 筛孔)或者辊压。如果粉碎得较细,可能会降低饲料的摄入量并且使猪的生产性能降低。尽管它可以在猪日粮中完全替代玉米,但它通常与玉米等量混合饲喂。小麦可用于生产高质量的猪肉。

谷物副产品饲料

大多数的谷物在作为人类食品时通常都是经过磨制的。在磨制过程中产生的大量副产品,尽管它们通常被认为是对人类健康更加有益的产品,但是可以也常常被广泛地用做猪饲料。

玉米加工副产品

在现代人类食品玉米淀粉、糖、糖浆和油的生产过程中,可以得到下列常见的副产品饲料:(1)胚芽干粉;(2)胚芽湿粉;(3)面筋饲料;(4)玉米蛋白粉;(5)玉米麸(粗玉米粉)。

胚芽干粉

胚芽干粉是玉米在干磨成玉米粉、粗玉米粉、玉米麸和其他玉米产品过程中的副产品。为了取得最好的养猪效果,建议采用与玉米胚芽湿粉相同的饲喂方式利用玉米胚芽干粉。

胚芽湿粉

胚芽湿粉是玉米在湿磨成玉米淀粉、玉米糖浆和其他玉米产品过程中的副产品。这些加工过程中得到的玉米胚芽是干燥的、粉碎的并且是经过油萃取后的。然后将残渣和残块粉碎成粉状,生产成玉米胚芽粉。

玉米胚芽粉包含了 22% 的蛋白质和 10% 的纤维。当与优质蛋白结合使用时,玉米胚芽粉是令人满意的猪饲料。作为猪的蛋白质饲料,其用量不应该超过蛋白质补充料的一半,另一半包括能补充玉米胚芽粉所缺氨基酸的蛋白质原料。

当价格合适时,玉米胚芽粉可以作为日粮中部分谷物的替代品,但是它的含量不应超过饲料总量的 20%。当限量时,玉米胚芽粉的饲喂价值与玉米相同。

玉米淀粉渣

玉米淀粉渣饲料是在湿磨玉米生产玉米淀粉或糖浆的过程中提取了大部分的淀粉和胚芽后得到的,这个过程或有或没有发酵玉米提取物或玉米胚芽粉。这种饲料包含约 21% 蛋白质和 8.7% 的纤维。由于它体积大、适口性差和蛋白质质量较差,建议其用量应限制在母猪和生长育肥猪日粮的 10% 以内,或者混合在反刍动物日粮中,反刍动物可以更好地利用粗蛋白成分。

玉米蛋白粉

玉米蛋白粉与不含麸皮的玉米淀粉渣相似。平均含有 43% 的蛋白质和 3.0% 的纤维。

由于蛋白质的质量较低,玉米蛋白粉不能作为猪的唯一蛋白质来源。当价格合适时,它可以与能够提供玉米蛋白粉所缺乏氨基酸的其他蛋白质补充料结合使用,而作为蛋白质补料的一部分(25%～50%)。对于草地饲养,它可以构成蛋白质补充料的 50%——另一半来源于动物或海产品。当以这种方式利用时,玉米蛋白粉与任何常见的富含蛋白质的作物类补充料等价。在家禽饲料中常常使用玉米蛋白粉,因为其胡萝卜素含量高,这增加了黄色素在家禽皮肤和蛋黄中沉积。

玉米麸(粗玉米粉)

一种玉米磨制过程中的副产品,是玉米麸、玉米胚芽和一部分白玉米或黄玉米的淀粉混合物或者是生产珍珠玉米粉、粗玉米粉的混合物。玉米麸粉必须含有不少于 4% 的粗脂肪。如果要具体用白或黄字来做玉米的前缀,那就必须与相应的产品一致。

玉米麸饲料是猪饲料中很好的玉米替代品,但是与生产它的玉米相比,玉米麸粉的纤维含量略高并且适口性稍差。黄玉米麸饲料可提供胡萝卜素(维生素 A),但白玉米麸饲料却缺乏这种因子。从谷物和饲料效率的角度来看,白玉米麸饲料的添加量适当时,其饲喂价值是玉米的 100%～105%。但是,由于它的脂肪含量较高,如果在谷物日粮中它的含量超过 50% 时就可能产生软猪肉。为了避免玉米麸饲料变质腐臭,应该使用新鲜的玉米麸饲料,并且将其储藏在凉爽而通风良好的地方。

稻谷加工副产品

稻谷加工过程中最常见的副产品有:(1)酿造米;(2)糙米;(3)米皮;(4)米糠。在猪的饲养中,这些产品可作为谷物的替代品或者能量饲料。它们的组成成分见第二十二章。

酿造米(碎米)

酿造米是由稻谷磨制过程中产生的碎小米粒组成。它主要用于酿酒工业。碎米在组成和饲喂价值上与玉米相似。为了取得最好的饲喂结果,应该将碎米被磨成细粉,与适口性好的饲料原料混合,配制成平衡日粮。饲喂碎米的猪的肉硬实。

糙米

糙米是将稻谷脱壳后得到的产品。作为猪饲料时,它的饲喂价值几乎与玉米相同,并且饲喂糙米的猪的肉也硬实。

米皮

米皮是在除去稻壳和米糠后,生产精米过程中所得的副产品。它们的蛋白质含量平均为 13%,脂肪为 13.7%,纤维为 3.2%,并且维生素 B_1 的含量较高。由于脂肪含量较高,米皮在贮存中很容易腐败,并且用它饲喂猪容易产生软猪肉。建议在肥育猪饲料中其含量不得超过 10%。当在平衡日粮中用量合适时,它们对于各生长阶段的猪包括小猪和妊娠泌乳猪的饲喂价值等于甚至超过玉米。

米糠

米糠是在加工人类食用大米过程中得到的由大米表层或麸皮,与在常规的磨米过程中不可避免产生的碎稻谷壳混合而成的。米糠中粗纤维的量不能超过 13%。当碳酸钙超过了 13%(钙超过 1.2%),应在商标上标明其含量。

腐败是米糠的主要问题,因此需要引起注意而保证在饲喂时是新鲜的。当在日粮中的量限制在 5% 时,米糠的饲喂价值与玉米等价。较高的含量会降低其饲喂价值并产生软猪肉。

小麦加工副产品

在一般的小麦加工过程中,小麦粒重的 75% 被转化成了面粉,剩下的 25% 变成了副产物饲料。这 25% 中有以下几种猪料:(1)次小麦粉;(2)小麦副产品粉;(3)低等小麦粉;(4)细麸;(5)麦麸。

次小麦粉

次小麦粉是春小麦的副产品。它们主要由麦麸和胚芽的细粒及少量的低等小麦粉组成。根据美国饲料监督员协会(AAFCO)的定义,细麸皮中纤维的含量不得超过 9.5%。

总体来说,这种饲料的特点是蛋白质含量(约 16%)高而质量稍差。磷含量较高而钙较低,并且缺乏胡萝卜素和维生素 D。由于这些不足,次小麦粉最好与动物源性蛋白质补充料配合使用,并且在生长育肥猪日粮中的用量限制在 5%,在妊娠母猪日粮中可达 30%。当用这种方法饲喂猪时,其饲喂价值是玉米的 95%~105%(图 9.6)。

图 9.6　一群在有多孔自动料槽和完全漏缝水泥地板圈舍中饲养的育肥猪。(爱荷华州立大学 Palmer Holden 提供)

小麦副产品粉

小麦副产品粉是由粗麦麸、细麸皮、小麦次粉、小麦胚芽、面粉等组成的小麦加工副产品综合物。根据 AAFCO 规定,这种产品中的粗纤维不得超过 9.5%。由于它的体积较大,建议将副产品粉饲喂给年长的生猪。

用于描述面粉磨制过程中产生的小麦副产品的术语根据以下两点而有所不同:(1)一个国家的不同地区;(2)是来源于冬小麦还是春小麦。来源于春小麦磨制的副产品饲料通常被认为是麦麸、细麸皮、粉头和副产品粉。由冬小麦磨制的副产品被认为是麦麸、褐色小麦胚芽、灰色小麦胚芽和白色细麸。根据不同的纤维含量而区分不同的小麦副产物。

尽管小麦磨制产品的蛋白质含量比谷物的略高(这在设计饲料配方时常常加以利用),但是在实际的养猪实践中,将它们用作为谷物替代品的时候要多于将其作为蛋白质补充料。

低等小麦粉

来源于春小麦磨制过程的低等小麦粉,是由糊粉层和少量面粉和细麸微粒组成。它的粗纤维含量不应该超过 4%。由于它纤维含量较低且消化率较高,低等小麦粉可以在妊娠母猪日粮中代替谷物并且在生长育肥猪的日粮中用量可达 50%。当其用量限制在推荐水平时,它比玉米的饲喂价值高 15%~20%。

细麸

小麦细麸是由优质的麦麸、小麦胚芽、面粉和"磨粉微粒"组成的。AAFCO 要求小麦细麸的粗纤维含量不得超过 7.0%。饲喂价值与低等小麦粉相似。

麦麸

麦麸是小麦粒粗糙的外皮。它蛋白质含量适宜(约 16%),磷含量丰富,并且有轻泻作用。由于它体积较大,小麦麸在生长育肥猪日粮中的使用并不普遍。它在妊娠和泌乳母猪日粮中却有一定的作用。尽管泌乳母猪不常发生便秘,在泌乳母猪日粮中添加 10% 的麦麸却可以避免这个问题,并且不会显著降低母猪的采食量和泌乳量。在妊娠母猪和育肥猪日粮中分别添加 30% 和 5% 的麦麸是比较合适的(图 9.7)。

图 9.7 北达科他州待收割的小麦地(爱荷华州立大学 Palmer Holden 提供)

其他加工副产品

其他谷物如大麦、高粱、黑麦和燕麦的磨制过程基本是相同的,而且副产品的组成也几乎相似。对这些用于猪饲料的副产品的利用必须是基于它们作为能量饲料源来考虑的。一般来说,这些副产品比它们的来源物含有更高的蛋白质和纤维,由于蛋白质氨基酸的不平衡,在经济允许的情况下,它们可作为能量替代物发挥其最大作用。

酿造和蒸馏工业副产品

大量的谷物被用于酿造啤酒和淡色啤酒以及酒精饮料的蒸馏。蒸馏之后的副产品可以湿喂给反刍动物,但如果将其干燥,可将少部分用于饲喂猪。除此之外,这些工业的可溶物和酵母产品也可用做家畜的饲料,尽管应用的范围较小。

啤酒副产品

大麦是酿造啤酒和淡色啤酒的主要谷物。酿酒是从大麦发芽开始的,然后将麦芽和麦粒壳分开,这样就产生了两种可用做饲料的副产品。

将干净的发过芽的大麦与其他谷物(主要是玉米或大米)和一种调味品(啤酒花藤)混合并捣碎,然后将这种粉碎的混合物放在水中煮,以此来增强酶的活性。煮过后,将其分离为液体和固体两部分。液体的部分称为麦芽汁,经过酵母发酵形成酒精饮料啤酒或淡色啤酒。

啤酒浓缩可溶物——啤酒浓缩可溶物是从生产啤酒或麦芽汁的副产品中的液体浓缩得到的。它的固形物含量不得少于 20%,并且以干物质为基础时,碳水化合物含量至少为 70%。有保证的分析应包括最大湿度。

干啤酒糟——干啤酒糟是萃取麦芽后的干燥残渣或者是与生产麦芽汁或啤酒后的其他谷物产品的混合物。它可能包括研磨成粉的干燥的啤酒花藤,但其量不超过 3%,而且是均匀分布的。

干啤酒酵母——干啤酒酵母是在酿制啤酒或淡色啤酒过程中产生的酵母类中干燥的、未经发酵和萃取的酵母。其粗蛋白含量必须为 35%,并且必须按粗蛋白含量进行标注。干啤酒酵母是一种优质的蛋白质原料,其蛋白质的消化率高,赖氨酸含量超过 1%,并且是 B 族维生素的来源。

湿啤酒糟——湿啤酒糟是用大麦芽或大麦芽与其他谷物或谷物产品混合物生产麦芽汁过程中萃取后的残渣。有保证的分析应包括最大湿度。

干啤酒花藤——干啤酒花藤是由麦芽汁过滤后的物质干燥而得的。

麦芽清洗物——麦芽清洗物是在清洗发芽大麦或再次清洗蛋白质含量不符合最低标准的大麦芽的副产品。它必须按指定粗蛋白含量销售。

麦芽壳——大麦颗粒外面覆盖一层壳。在清洗发芽大麦的过程中,将壳除去以用做饲料。麦芽壳的粗纤维含量为 22%,这使得它们除了用于妊娠母猪饲料外,在用于其他猪饲料时就很受限制了。

麦芽苗(麦芽茎)——麦芽苗是从发芽的大麦苗上得到的。这些芽苗含有一部分的壳和麦芽的其他部分,但是它们粗蛋白的含量不能少于 24%。因为只有 1/2 的粗蛋白是真蛋白,麦芽苗在反刍动物日粮中是很有效的。

酿酒副产品

大量的酿酒副产品都能够在全世界范围内生产,每种副产品都有如下特征:(1)原料的范围;(2)所用原料的类型;(3)原料的制备;(4)原料的比例;(5)发酵条件;(6)蒸馏过程;(7)成熟过程,(8)混合技术。

酒糟用做饲料时可以鲜喂、干燥或青贮。干燥的产品是目前最容易处理和储藏的。这种产品对家畜的适口性不如啤酒糟,但是它的粗蛋白含量较高并且粗脂肪含量较低。酒糟副产品可由几种谷物产生,包括大麦、玉米、黑麦、高粱和小麦,还有糖蜜。

烧酒干燥可溶解物(DDS)

烧酒干燥可溶解物(DDS)是从谷物混合物经酵母发酵和蒸馏脱乙醇后,采用谷物蒸馏工业中的干燥方法得到的。将主要的谷物名放在该产品名的首位。

浓缩烧酒可溶解物(CDS)

被官方正式确定为饲料的浓缩烧酒可溶解物(CDS)是将一种或多种谷物混合物经酵母发酵和蒸馏脱去乙醇后,冷凝薄滑板输送器架内的那部分产品为半固体后得到的烧酒副产品。由于这个过程中使用了多种谷物,就把主要的谷物名放在该产品名的首位。例如,玉米浓缩烧酒可溶解物。

干烧酒糟(DDG)

干烧酒糟(DDG)是将 1 种或多种谷物混合物经酵母发酵和蒸馏脱去乙醇后,从全部滑板输送器架内分离出粗的谷物部分,采用烧酒制造业方法干燥而得。主要的谷物名称置于该产品名的首位。

烧酒糟残液和干燥物(DDGS)

烧酒糟残液和干燥物(DDGS)是将一种或多种谷物混合物经酵母发酵和蒸馏脱去乙醇后,将全部滑板输送器架内物质 3/4 的固体物质冷凝并干燥,采用烧酒制造业方法干燥而得。主要的谷物名称置于该产品名的首位。

近年的研究指出了采用旧工艺生产的酒精和建立在玉米生产地带上的新一代生产工艺生产的酒精质量之间的差别(图 9.8)。采用新工艺生产的烧酒副产物在蛋白质、能量、几种氨基酸和可利用磷的含量上都较高。

饲料的描述并不能区分新、老工艺生产的产品之间的差异,即使采用"新"工艺生产的产品质量也会随着工艺的不同而有所不同。这种产品的能值与玉米相似。颜色可以作为质量的区别，因为新工艺产品的颜色呈较深的金黄色且颜色均一。它还有一种甜的酸香味，与燃烧的气味和烟熏色相反。

采用旧工艺生产的 DDGS 的饲喂价值为脱壳大豆粉的 45%~50%，并且在妊娠母猪日粮中其用量应该被限制在 10%，在其他生产阶段猪日粮中为 5%。然而，据明尼苏达大学报道，在美国，饲喂猪的利益随着许多中西部乙醇工厂的发展而增加（http://www.ddgs.umn.edu/articles-swines/studies.pdf）。这些加工厂生产的 DDGS 可以构成妊娠母猪日粮的 50%，泌乳母猪日粮的 20%，生长育肥猪的 20%。

湿酒糟——湿酒糟是从谷物混合物发酵物蒸馏过程中脱去乙醇后得到的。有保证的分析应该包括最大湿度。

图 9.8　深色的 DDGS 显示的是一种质量较差、消化率较低的产品。右图浅色的 DDGS 显示的是一种高质量、高消化率的 DDGS。（明尼苏达大学 Gerald Shurson 提供）

干酒糟酵母——干酒糟酵母是来源于谷物的发酵和蒸馏前后碎麦芽中分离出的酵母，在植物分类中是未发酵的干酵母，它的粗蛋白含量至少为 40%。这种副产品富含除 B_{12} 外的 B 族维生素。

干面包产品

面包店的废弃物包括面包、饼干、蛋糕、薄饼、面粉和生面团，它们可以被干燥，以干面包产品之名用做家畜饲料。由于它的可消化脂肪和碳水化合物含量较高，当经济上可行时，通常用它代替谷物。然而，像谷物那样，干面包产品中维生素 A、蛋白质和矿物质的含量较低。它的盐含量相当高，如果盐的含量超过 3.5%，就必须在产品标签上标出盐的最大含量。它可以代替猪日粮中所有的谷物而不影响适口性。

典型的面包店废弃物在作为生猪饲料时其饲喂价值相当于玉米的 110%~120%，这取决于用于生产面包的基础面粉和脂肪的添加量。通常情况下，如果不分析这种产品，在体重的基础上玉米就可以替代它而不用考虑额外添加的赖氨酸。

其他能量饲料

尽管谷物饲料和它们的副产品构成了绝大部分的能量饲料，而其他大量的饲料也可用做常规饲料来为包括猪在内的家畜提供能量。除了禾本科植物，各种种子（如豆子）都可以被有效地利用做饲料。脂肪是一种非常浓缩的能量源。糖蜜是一种适口性和消化性都很好的液体能量饲料。当价格和可利用性合适时，根、块茎和某些其他饲料的副产品也被用做猪饲料。

豆类（残次豆）

全球有各种各样的豆，包括海军豆、菜豆、肾形豆和花菜豆，都是作为人类食物而被种植。有时候，豆类价格的低廉使得有些豆子被用做动物饲料。同时，残次的豆子——包括脱色的、粒小的和破碎的豆子，与一些从优质干豆中挑出来的杂豆子一起被烹制用于喂猪。

从化学组成上来说，各种豆子与豌豆相似，但是它们的饲喂价值低得多。用于饲喂猪的豆子要被完全煮熟,而且用量应限制在日粮的 5%～10%,并且要添加优质的蛋白质补充料,这样,豆子的饲喂价值就是脱壳大豆粉的 70%。

荞麦

尽管不是谷类,荞麦与谷类有基本相同的营养特性。它主要是用于制作早餐蛋糕的面粉的生产中。然而,当价格较低或等级略低时,荞麦通常被用做家畜饲料。由于它的纤维含量约为 10%且适口性不很好,荞麦在猪日粮中的含量不得超过 1/3。当用做猪饲料时,应该被磨成粉。有些猪,尤其是白猪,当饲喂荞麦时会患光敏症(对光敏感)。同样地,无壳荞麦粉副产品和荞麦次粉限量时可用做猪饲料。

柑橘类水果

柑橘类水果——次级的橙子、橘子、柚子和柠檬,有时在它们的产地被用做猪饲料。当新鲜的时候,它们与平衡的谷物和蛋白质补料日粮一起被自由饲喂。

柑橘粉和干的柑橘肉——柑橘粉是由干燥的柑橘类细颗粒组成,而柑橘果肉是其中体积较大的部分。两种都是柑橘罐头加工厂的副产品,这些工厂生产橙汁、罐头和其他产品。它们包括皮的干粉、内部的残留物和偶尔被淘汰的柑橘,这些果皮的部分油被或没有被抽提。

这些产品与干的甜菜果肉在化学组成上相似,但是它们适口性较差。它们的蛋白质含量为 6%,脂肪含量为 3%～5%,纤维含量为 10%～12%。柑橘粉和果肉适合作为牛的饲料,但是当它们的用量在日粮中为 5%以内时,就可以很好地用做生长育肥猪的饲料。其用量较高时会引起动物的生长效率降低、消化紊乱和较低的胴体率和等级。

脂肪和油类

脂肪和油类,比如白油脂、牛脂、玉米油和大豆油都是优质的能量饲料;它们的代谢能是谷物饲料的 2.25 倍。此外,日粮中少量的脂肪是较为理想的,因为脂肪是脂溶性维生素的载体,并且有证据表明,猪需要从日粮中摄入一定量的亚油酸。研究表明:

1)如果断奶前仔猪的成活率在 80%以下时,给日生长率为 5 lb 的产前 10 d 的母猪饲喂补充了 5%油脂的日粮有利于提高仔猪的成活率。因为这种方法可以提高奶产量和乳脂率。

2)给生长育肥猪日粮中添加 3%～5%的油脂可提高饲料效率和日增重。通常来说,在生长育肥猪日粮中每增加 1%脂肪就会使饲料效率提高 2%。

3)向自由采食猪的日粮中添加脂肪通常会增加背膘厚和肌内脂肪。

4)日粮中的脂肪和油类可以有助于控制粉尘的飘扬。

脂肪在室温条件下是固态的而油类是液态的。这两种能源都很难处理和混合。脂肪应在混合前被加热成液态。通常,在日粮中添加 1%的脂肪会降低饲料中的粉尘,使得饲料混合室和猪舍更加清洁。向日粮中添加超过 5%或 6%的脂肪会使饲料在料桶和进料器中更容易起拱和粘贴。

新的含有干燥脂肪的商品可减轻牧场添加液态脂肪引起的商业问题,但是,应该评估使用这些产品的经济可行性。

从这些事实中可以得出这样的结论:向猪日粮添加脂肪应该从经济的角度进行衡量。例如,如果添加脂肪会使日粮成本增加 5%,实际的饲料效率一定要提高 5%才可行。

厨余垃圾

在美国,厨余垃圾作为饲料受到联邦和各州的法律的共同约束。事实上,许多州明令禁止用厨余垃圾饲喂猪。所有的厨余垃圾都应该被煮熟后才能作为饲料。

联邦法规规定,如果厨余垃圾没有经过杀毒灭菌处理,任何人不得饲喂或者允许饲喂厨余垃圾给猪,而且必须除去不能食用的东西,这些东西包括任何一种动物的肉(包括鱼和禽类),还有其他在食物的处理、准备、烹制和消费过程中来源于动物原料的废弃物。这些废弃物必须在最低温度110℃下加热处理后而制成产品如动物蛋白粉、禽类蛋白粉、或者鱼粉、油脂或牛脂。可食用的用于动物饲料的厨余垃圾必须在许可证法人的监督下,经过100℃热处理30 min。

含有下列任何一种成分的厨余垃圾可以不经加热处理:着色产品、烤制面包废弃物、制糖废弃物、鸡蛋、家畜乳制品(包括牛奶)、美国或加拿大距离大陆200 mi(322 km)的大西洋的鱼,或者美国、加拿大内陆水域中的没有游入太平洋的鱼(动植物健康检查,美国农业部,166.4,2001)。

厨余垃圾可以用做母猪和养猪业的饲料或者其他来源的育肥猪的饲料。通常情况下,当把谷物和厨余垃圾结合在实践中成熟应用时,厨余垃圾作为饲料的做法似乎才是非常成功的。

据观察,最成功的厨余垃圾料槽是采用水泥地面、实行严格的卫生设施、考虑预防每一种疾病和寄生虫。除非饲喂大量的谷物给出栏肥猪,尤其是体重超过100 lb的猪,否则,饲喂厨余垃圾的肥猪就会产生软猪肉。

厨余垃圾的养分含量随着干物质含量的不同和产品中所含原料的种类而有很大差别,这取决于原料的种类和垃圾中原料的处理方法。

糖蜜

有3种糖蜜可以饲喂给猪:蔗糖蜜、甜菜糖蜜和柑橘糖蜜。前两种是制糖业的副产品,蔗糖蜜来源于甜甘蔗和甜菜。顾名思义,柑橘糖蜜是柑橘业的副产品。各种糖蜜无论是液态还是脱水状态都是可以利用的。

糖蜜有下列作用:(1)作为开胃食品;(2)降低日粮粉尘;(3)作为颗粒料的黏结剂;(4)蔗糖蜜可以提供微量元素。然而,对于猪来说,有比糖蜜更好更浓缩的能量饲料源。

蔗糖蜜(普通红葡萄酒)

在南部各州生产大量的这种碳水化合物饲料,并且还需要额外的进口(图9.9)。糖蜜转化成总含糖量不得少于43%,如果糖蜜的水分含量超过27%,它稀释2倍后的密度不得小于79.5白利糖度(特殊的重力单位)。糖蜜的含磷量很低(见第二十二章),因此当日粮中含有大量的糖蜜时就需要补充磷。

图9.9　哥斯达黎加的一片甘蔗地。(爱荷华州立大学 Palmer Holden 提供)

糖蜜可能会引起猪腹泻,除非它们在开始饲喂时是逐步添加而之后是限量饲喂的。当在日粮中的含量为3%～10%时,糖蜜有最高的饲喂价值,是饲喂玉米的34%～38%(74%干物质糖蜜)。同样,体重较大的猪利用糖蜜的效率要比体重较小的猪高。如果动物利用得好,由饲喂糖蜜引起的腹泻将不是一个难题。

甜菜糖蜜

甜菜糖蜜是甜菜糖厂的副产品。它的校正后的总含糖量不得少于48%,并且密度不得低于79.5白利糖度。甜菜糖蜜有轻泻的作用,因此,让猪逐渐地开始采食糖蜜然后限量饲喂是必要的。在育肥猪的日粮中可以达到10%,但推荐量为5%。当适度饲喂时,甜菜糖蜜作为猪饲料的饲喂价值与甘蔗糖蜜相等,即是玉米的34%～38%。

柑橘糖蜜

柑橘糖蜜校正后的总含糖量不少于45％,而密度不低于17.0白利糖度。柑橘糖蜜对猪的适口性不好因为它带有苦味。由于牛对气味不敏感,多数的柑橘糖蜜都用做牛饲料。当与适口性好的饲料混合时,柑橘糖蜜可以以与甘蔗糖蜜相同的含量饲喂给猪并且有相同的饲喂价值。

根茎作物

可以饲喂给猪一些块根和块茎作物,包括红薯、白薯或爱尔兰马铃薯、荸荠、木薯和耶路撒冷蓟。根的适口性较好,多汁,有轻泻作用,但是它们中的蛋白质、钙和维生素D含量较低,并且除了胡萝卜和红薯外,它们都不含有或者只含少量的胡萝卜素(维生素A值)。

红薯

精选或滞销的红薯是适口性好的猪饲料,有时用红薯饲喂猪,通常是把红薯从地里挖出来后再让猪去拱地收集落下的部分。红薯的碳水化合物含量比蛋白质和矿物质都较高。当给放牧采食红薯的猪饲喂用量为1/3～1/2的常规谷物,再补充蛋白质、适当的矿物质和维生素时,会取得最好的饲喂效果。对于小猪来说红薯的体积太大。用于饲喂肉猪时,400～500单位的红薯才相当于100单位的谷物。煮熟红薯可以提高其饲喂价值。尽管市场上销售的饲喂红薯的动物是大肚子的并且屠宰率较低,但饲喂红薯可以生产出优质的硬猪肉。脱水红薯在平衡日粮中含量为40％时,其饲喂价值约为玉米的70％。

马铃薯(爱尔兰马铃薯)

当市场价格较低时,马铃薯有时可用做猪饲料,尤其是当谷物价格较高时。由于马铃薯的适口性不好,生马铃薯消化率不高,它们必须被蒸或煮熟(适宜在盐水中,并且废弃掉蒸煮后的水)以提高适口性。当适当烹制后,马铃薯在日粮中的用量为30％～50％时,它们的饲喂价值是玉米的20％～22％。不能给妊娠后期或产后的母猪立即饲喂马铃薯。

当马铃薯的含量在生长育肥猪日粮中限制在5％以内时,脱水的爱尔兰马铃薯(马铃薯粉或马铃薯片)的饲喂价值是玉米的92％～98％。当然,脱水的成本太高而使得这一过程不可行,但过剩的脱水马铃薯有时在价格可以接受时是可利用的。

荸荠

荸荠,一种南方的块茎作物,通常在4—6月份可用于放牧饲喂。荸荠草,南方农场里面的湿地上常见的野草,在冬天仍然可以存活。荸荠应该与适量的蛋白质和矿物质饲料添加剂一起饲喂。在使用补充料的情况下,每英亩荸荠可以获得增重300～600 lb。荸荠会产生软猪肉。

木薯

木薯是一种肉质根作物,生长在美国海岸和许多热带国家,产量为每英亩5～6 t。木薯的根含有25％～30％的淀粉,可用于生产商业的木薯淀粉和猪饲料。在饲喂前,它们通常是经太阳晒干的。

当它们在日粮中的含量以干物质计不高于1/3时,木薯是适宜的肥猪饲料。对生长育肥猪来说,当日粮中含量限制在5％时,干木薯粉的饲喂价值是玉米的85％。但当与蛋白质补充料配合饲喂时,木薯的用量可以更大。

耶路撒冷蓟

耶路撒冷蓟,一种坚硬的多年生蔬菜,除了主要的碳水化合物是菊粉(一种果聚糖)以外,块茎的成分与马铃薯相似。它们块茎的产量为每英亩 6～15 t。块茎可以在地里过冬,并且即使在秋天收获,通常也会余留下足够的块茎以作来年种用。当饲喂了耶路撒冷蓟后,应该给肉猪补充谷物和添加料,因为猪仅靠这些块茎其增重是很少的。

其他根茎类作物

在美国,像甜菜、饲用甜菜、胡萝卜和芜菁这些根茎类作物并不特别地用做猪饲料。然而,当它们不适于销售做人类食品时,有时候就将它们饲喂给生猪。由于它们水分含量较高(通常为 80％～90％),9 lb 这些根茎的饲喂价值相当于 1 lb 的谷物。当它们被切成小块生饲,并且用量限制在谷物日粮的 1/4 之内时,饲喂效果较好。

绒毛豆

绒毛豆主要被用做草料来种植,但是偶尔也被收割用于家畜饲料。当带壳粉碎后,它们就成为绒毛豆粉。当把豆和豆荚一起粉碎时,它们就成为了绒毛豆荚粉。在不考虑类型的情况下,绒毛豆的用量在任何饲养阶段猪的日粮中都不能超过 1/4;否则,会产生引起痢疾和呕吐的毒素(与肾上腺素有关的二羟苯丙氨酸)。烹制会降低毒性并提高适口性和消化性,但是并不能使绒毛豆达到完全令人满意的程度。如果要加以利用,建议绒毛豆仅用于饲喂体重较大的猪,而不适合喂仔猪,并且需要添加高质量的蛋白补充料。

在沿海地区,绒毛豆有时与玉米一同种植或者与玉米和花生一同种植。在猪日粮中不建议使用绒毛豆。

学习与讨论的问题

1.在你们的地区,你期望哪种高能量饲料容易被利用?

2.哪种谷物主要被种植用于人类食品? 你认为为什么这样?

3.饲喂高赖氨酸玉米的优点是什么? 列出饲喂或生产这种玉米的劣势。

4.下列能量饲料成本较低。如果用做猪饲料,你有什么建议?

　　a.燕麦;

　　b.碎米;

　　c.麦麸;

　　d.干面包产品;

　　e.厨余垃圾。

5.列出可用做猪饲料的玉米和小麦的加工副产品。

6.为什么在猪的日粮中使用很少的酿酒和烧酒工业副产品?

7.高能量饲料中某些养分缺乏。运用本章和第二十二章的资料信息,列出主要的能量饲料玉米、燕麦和大麦的缺点。

8.在猪日粮中添加脂肪的好处是什么? 请给出各个阶段猪日粮中脂肪和油脂的推荐用量。

9.为什么在美国厨余废弃物的饲喂量减少了?

10.日粮中为什么要加入糖蜜? 列出糖蜜的来源。

11.列出一些能产生软猪肉的饲料。

主要参考文献

Animal Feeding and Nutrition,9th ed. ,M. J. Jurgens,Kendall/Hunt Publishing Co. ,Dubuque, IA,2002

Applied Animal Nutrition,*Feeds and Feeding*,2nd ed. ,Peter R. Cheeke,Prentice Hall,Upper Saddle River,NJ,1999

Association of American Feed Control Officials Official Publication,Association of American Feed Control Officials,Inc. ,Oxford,IN,2003

Feeds and *Nutrition Digest*,M. E. Ensminger,J. E. Oldfield,and W. W. Heinemann,The Ensminger Publishing Company,Clovis,CA,1990

Kansas Swine Nutrition Guide,Kansas State University Extension,Manhattan,KS,2003

Life Cycle Swine Nutrition,17th ed. ,Pm-489,P. J. Holden,et al. ,Iowa State University,Ames, IA,1996

Livestock Feeds and Feeding,4th ed. ,R. O. Kellems and D. C. Church,Prentice Hall,Upper Saddle River,NJ,1998

Nontraditional Feed Sources for Use in Swine Production,P. A. Thacker and R. N. Kirkwood, Butterworth Publishers,Stoneham,MA,1990

Nutrient Requirements of Swine,10th rev. ed. ,National Research Council,National Academy of Sciences,Washington,DC,1998

Overview of Swine Nutrition Research,J. Shurson,University of Minnesota,St. Paul,MN,http://www. ddgs. umn. edu/ articles-swine/studies. pdf

Pork Industry Handbook,Cooperative Extension Service,Purdue University,West Lafayette,IN, 2003

Swine Nutrition Guide,University of Nebraska,Lincoln,NE,and,South Dakota State University,Brookings,SD,2000

Swine Production and Nutrition,W. G. Pond and J. H. Maner,AVI Publishing Co. ,Inc. ,Westport,CT,1984

第十章 猪的蛋白质和氨基酸营养

收获前的大豆。（Scott Bauer 摄，美国农业部提供）

图 10.1　爱荷华州 Grundy 县农场玉米采摘机。(美国农业部,1939)

1890 年前,在家畜日粮中添加蛋白质还没有受到人们的关注,对维生素更是知之甚少。在明尼阿波利斯(美国的一个城市),由于没有人买麦麸,所以磨粉机磨出的麦麸被倒进了密西西比河。多数亚麻子粉被运输到欧洲。在亚洲之外的其他地区还很少知道豆粕,而且也没有肉骨粉的加工。

在 1890 年之前,任何自产的谷物以及可得到的农场废弃物都用于饲喂猪。通常是收割和贮存穗玉米,而且用穗玉米来饲喂猪和牛(图 10.1)。其他谷物,如大麦和燕麦的饲喂也同样受地理位置的影响。猪要饲喂到 10～16 月龄才上市,母猪 1 年只产 1 窝仔猪,且通常在春季产仔。季节性的肥猪上市很不平衡,到 20 世纪 40 年代,各种各样的生猪在春季开始上市了,这促进了母猪秋季产仔、生猪春季上市的养殖方式。

蛋白质

大约从 1900 年开始,科学家就发现家畜饲料中蛋白质的种类或质量是极其重要的,因而在营养学中出现了一个黄金时代。不久,焦点就集中在富含蛋白质的饲料上。许多曾经是污染国土、河流的副产品也空前地供不应求。

植物中的蛋白质主要集中在生长活跃的部位,特别是在叶子和种子内。植物具有从相对很简单的土壤和空气成分比如二氧化碳、水、硝酸盐和硫酸盐合成自身蛋白质的能力。因此,植物以及能合成这些产物的一些细菌是所有蛋白质的最初来源。

动物体内蛋白质的分布要比植物中更为广泛。动物机体内的蛋白质是许多结构性和保护性组织,比如骨骼、韧带、毛发、蹄和皮肤以及包括器官和肌肉在内的软组织的主要组分。生长猪机体的总蛋白质含量范围为 14％～18％(第六章,表 6.1)。经过进一步的比较,值得关注的是,除了瘤胃内的细菌作用之外,动物缺乏植物从无机物合成蛋白质的能力。因此,它们必须依赖植物或其他动物作为日粮蛋白质的来源。

一般情况下,在饲喂动物的饲料中都发现有蛋白质。蛋白质的总量、消化率以及必需氨基酸的平衡情况都是配制平衡日粮时要考虑的重要因素。当意识到需要多种多样的蛋白源之后,爱荷华州大学的

John Evvard 博士配制了分别由 50％肉骨粉、25％玉米油粕和 25％紫花苜蓿粉所组成的最初混合饲料。随后，Russell 和 Morrison（威斯康星农场报告 352，威斯康星州农业实验站，Madison，1923）用亚麻子油粕替代玉米油粕，这就是当时在整个养猪界著称的"三合一混合料"。

一般来说，对猪和其他单胃动物而言，动物蛋白质的氨基酸比例要比植物蛋白质的好得多。比如，玉米蛋白质（一种玉米的蛋白质）由于缺乏必需氨基酸——赖氨酸和色氨酸，因而是一种质量差或不平衡的蛋白质。然而，动物蛋白质，如乳和蛋却是赖氨酸和色氨酸的极好来源。肉类副产品通常色氨酸不足。

由于蛋白质饲料属于猪日粮中较为昂贵的成分之一，因此，提供足够但又要避免过高于其需要量的蛋白质，以满足动物完成其既定的功能是非常重要的。

以前，普遍的做法就是在猪日粮中使用多种蛋白质源，通过它们之间彼此的互补来达到氨基酸的平衡。现在，由于计算机在配制日粮中的应用以及具有竞争价格优势的合成氨基酸，如赖氨酸、蛋氨酸、苏氨酸和色氨酸的有效性逐渐提高，营养师就可以选用最少种类的蛋白质饲料来配制日粮。日粮配方程序可以快速地确定哪些氨基酸必须添加以及它们的添加水平。因此，只要适当地补充特定的氨基酸，就趋向于选用较少的蛋白饲料源。

当某种饲料粗（总）蛋白质的含量超过总成分的 20％时通常被归类为蛋白质饲料。根据来源的不同，蛋白质补充料可进一步分类为：(1)含油子实饼粕类蛋白质；(2)动物和海产动物蛋白质；(3)碾磨产品。在美国，1985—2000 年的 16 年间，这 3 类蛋白源各自用于饲喂家畜的数量见表 10.1。该期间含油子实饼粕类蛋白质在动物饲料中的使用比例从 64％增加到 74％，然而，动物性蛋白质源却从 11％的比率降到了 6％，同时碾磨产品的比例也从 25％减少到了 20％。这表明，含油子实饼粕类蛋白质在动物饲料中的使用更为容易得到或更具有价格竞争优势。

表 10.1 商业性饲料：美国 1985—2000 年间饲料的消耗量　　　　10^3 t

年份	含油子实饼粕类蛋白质						动物源性蛋白质				碾磨产品					总计
	大豆	棉子	亚麻子	花生	向日葵子	合计	肉骨粉	鱼粉	奶粉[①]	合计	小麦碾磨料	麸质料和麸质粉	糙米粉	紫花苜蓿粉	合计	
1985	17 355	1 382	100	159	314	19 309	2 545	465	375	3 385	5 289	1 057	504	778	7 628	30 322
1990	20 787	2 421	109	103	306	23 726	2 297	250	416	2 964	6 000	165	556	334	7 055	33 745
1995	24 191	2 692	117	165	435	27 599	2 305	264	382	2 951	6 543	801	547	232	8 123	38 672
2000[②]	28 806	2 585	175	100	451	32 118	2 170	199	298	2 667	6 638	1 294	569	na[③]	8 501	43 286

注：①包括饲用脱脂乳和乳清，但不含农场饲喂的奶制品。
②初步的数据。
③无数据。
来源：美国农业部国家农业统计服务局 1995 年和 2002 年农业统计，表 69。

氨基酸

氨基酸是蛋白质的结构单位。猪对粗蛋白并没有什么特别的需要，相反，所有年龄和生命周期的猪都需要氨基酸，只有这样它们才能够生长和繁殖。在消化过程中，蛋白质被水解为氨基酸。然后，氨基酸被吸收到血液并用于构造新的蛋白质，如肌肉组织。

氨基酸平衡的日粮是指用于猪的维持、生长、繁殖和泌乳所需的 10 种必需氨基酸需要达到适宜的水平和比例。猪的日粮所必需的 10 种必需氨基酸分别是精氨酸、组氨酸、异亮氨酸、亮氨酸、赖氨酸、蛋氨酸、苯丙氨酸、苏氨酸、色氨酸和缬氨酸。

玉米和其他谷物类中的蛋白质相比，缺乏某些必需氨基酸，特别是赖氨酸、色氨酸和苏氨酸。而谷物中这些缺乏的氨基酸可以通过添加蛋白添加剂给予改善。例如，谷物和豆粕按一定比例混合后就是极好的氨基酸平衡日粮,但开食料例外。

尽管谷物与豆粕是一种很好的组合,但也应该考虑其他的蛋白源。事实上,有许多可用于配制日粮的其他蛋白源,但在配制时应考虑氨基酸的平衡及其可利用率,甚至要考虑添加合成氨基酸。

可供选择的氨基酸源——可以用来取代豆粕的多种蛋白质或氨基酸源列于表10.2。注意,此处的蛋白源只分为植物性蛋白质和动物性蛋白质两个大类。

就氨基酸含量和比例而言,豆粕是唯一的一种质量可与动物性蛋白质媲美的植物性蛋白质,因此,在多数猪的日粮中它可作为唯一的蛋白质源。豆粕虽可以作为唯一的蛋白质源,但对开食料却不行,它尚需包括一些动物产品或奶产品。

为了确定可供选择的蛋白质源的相对赖氨酸值,将这些可供选择的蛋白质源与豆粕间进行赖氨酸水平的比较就非常重要。一些可供选择的蛋白质源的相对赖氨酸值列于表10.2,而根据这些蛋白质源的相对赖氨酸值可以确定它们部分或完全取代脱壳豆粕的相当经济值。赖氨酸值是通过饲料中赖氨酸含量除以脱壳豆粕中赖氨酸含量(3.02%赖氨酸)再乘以100计算而得,以使它们有1个百分比基础。

表10.2　可供选择赖氨酸源与豆粕间的比较

来源	蛋白质/%	赖氨酸/%	蛋白质中赖氨酸含量/%	相对脱壳豆粕的赖氨酸含量/%
植物蛋白质				
大豆蛋白质提取物	85.8	5.26	6.1	174
大豆蛋白质浓缩物	64.0	4.20	6.6	139
去壳豆粕	47.5	3.02	6.4	100
干啤酒酵母	46.4	3.47	7.5	115
豆粕	43.8	2.83	6.5	94
玉米蛋白质粉	43.3	0.83	1.9	27
花生粕	43.2	1.48	3.4	49
棉子粕	42.4	1.65	3.9	55
葵花子粕	42.2	1.20	2.8	40
菜子粕	35.6	2.58	7.2	85
玉米蛋白饲料	21.5	0.63	2.9	21
紫花苜蓿粉	17.0	0.74	4.4	25
小麦粗粉	15.9	0.57	3.6	19
麦麸	15.7	0.64	4.1	21
动物蛋白质				
喷雾干燥血粉	92.0	8.51	9.3	282
喷雾干燥血浆粉	78.0	6.84	8.8	226
鱼粉(压扎萃取)	64.5	5.87	9.1	194
鱼汁(烘干)	64.2	2.84	4.4	94
肉骨粉	51.5	2.51	4.9	83
干脱脂乳	34.6	2.86	8.3	95
乳清(烘干)	12.1	0.90	7.4	30

例如:假定每吨47.5%去皮豆粕售价250 $,那么1 t 44%的豆粕又值多少呢? 由于47.5%去皮豆粕的赖氨酸含量为3.02%,而44%豆粕的赖氨酸含量为2.83%,所以较低蛋白含量的豆粕就只有去皮豆粕饲用价值的94%(2.83÷3.02×100=94%)。因此,如果用去皮豆粕的价值乘以94%(94%×250 $),则该较低蛋白质豆粕其相对赖氨酸值就为235 $。若能低于该价格买到,那么这种低蛋白质的豆粕就比250 $的去皮豆粕更有价值了。

相对赖氨酸值与相对饲用值并不等同。相对饲用值还应包括饲料中其他的有重要价值的营养成分。典型地说,相对饲用值还应该包括能量和可消化磷的含量,因为它们与赖氨酸一起都是猪日粮中3 种最为重要的指标。

可供选择氨基酸源的"隐藏"价值——当选择可供选择氨基酸源时,除了营养成分价值之外,养猪生产者还应考虑储藏和运输成本、抗营养因子、产品稳定性、粗纤维含量、变质腐败性和加工不足或加工过度等。尤其是副产蛋白源这些因素更是值得考虑,因为副产饲料营养成分其组成上变化很大,因此有必要了解有关化学成分的正确信息以确保猪的最佳生产性能。

一些饲料成分可替代豆粕的最高水平——当用其他蛋白质源替代豆粕时,一定要知道该新的饲料成分的最高用量,以确保不会严重影响生产性能。在妊娠、泌乳、开食和生长肥育各阶段常用的饲料所添加的推荐水平以及完全或部分取代豆粕的日粮参见第八章的表 8.1。例如,葵花子粕在泌乳母猪和生长肥育猪的日粮中可以最多添加到 10% 的水平。然后用豆粕和合成赖氨酸来重新配制日粮,这样就有可能节省豆粕的用量。

豆粕作为日粮中唯一的蛋白质添加源——豆粕作为猪日粮中唯一的蛋白质添加源时其用量可以超过 25 lb(11 kg)。较小和较轻的猪对存在于豆粕中复杂的蛋白质的利用率有所降低。此外,刚开食的仔猪可能对豆粕中的某些蛋白质还会发生过敏性反应。为此,对于刚开食的仔猪日粮,应该使用较少过敏性、较高可消化性的氨基酸源,比如乳清干粉、脱脂乳干粉、喷雾干燥血浆粉和血粉以及鲱鱼粉或大豆蛋白质浓缩物。

理想蛋白质或氨基酸平衡——理想蛋白质或理想氨基酸平衡是一种可提供给日粮既不多余又无不足的必需和非必需氨基酸的完美模式蛋白质。该模式应该反应猪的精确的氨基酸需要量。因此,一种理想的蛋白质就应 100% 精确地提供每种氨基酸的推荐水平。典型的玉米-豆粕日粮所提供的某些必需氨基酸的量可能超过它们需要量的 2 倍多。然而饲喂理想氨基酸平衡的日粮是比生产中实际所饲喂的玉米-豆粕型日粮的猪生产性能更好还是更差,还没有这方面的证据。

然而,如果降低饲料中过量的氨基酸,通过粪尿排泄的氮就会减少,因而降低了粪肥中的氮含量。如果不是因为经济或环境的因素而需要降低粪肥中氮的含量,养猪户就可以选择能够获得最低成本的氨基酸源。

限制性氨基酸——如果日粮中某种必需氨基酸不足,那么机体蛋白质的合成就不可能达到该氨基酸满足需要量时的效率,这种氨基酸就称为限制性氨基酸。标准的猪日粮配方应该满足猪对第一限制性氨基酸——赖氨酸的需要。然而,当配制的日粮在满足赖氨酸需要时,一些其他的氨基酸往往就会过量。

氨基酸可利用率——饲料组分在烘干或加工过程中过热将降低氨基酸尤其是赖氨酸的可利用率。如果豆粕或乳清干粉看起来比平常的发黑或有一种糊焦味,则蛋白质量就很可能降低。抗营养因子的存在同样也可影响氨基酸的可利用率。例如,大豆包含几种通过加热处理就可以破坏的抗营养因子。如果使用的副产物饲料组分比例很高,或饲料组分被过度加工处理,那么就应该在可利用氨基酸基础上考虑日粮的平衡性。

以可利用赖氨酸为基础配制日粮——以可利用赖氨酸为基础配制日粮要比以蛋白质为基础配制日粮更为精确。当以蛋白质为基础配制日粮时,日粮可能出现赖氨酸的缺乏,导致猪的生长性能降低。赖氨酸通常是谷物-豆粕型日粮的第一限制性氨基酸。一般来说,如果赖氨酸的推荐水平得到了满足,其他氨基酸也就足以满足需要了。但当日粮中使用血浆粉、血粉、酒糟残液干燥物以及其他副产物时,这个规则就是个例外。

猪日粮中的合成氨基酸——在猪日粮中添加合成氨基酸是否经济,则依赖于氨基酸的价格以及谷物与蛋白质补充料的价格。通常情况下,使用合成的 L-盐酸赖氨酸盐比较经济。合成的蛋氨酸也可以通过商业生产而获得,并且价格便宜,而饲料级的合成色氨酸和苏氨酸虽然也可以买到,但目前价格相

农场固定式饲料碾磨机,其左边是装玉米和豆粕用的罐,体积小的箱柜用来装维生素和矿物质。(爱荷华州大学 Palmer Holden 提供)

对比较昂贵。合成的赖氨酸和色氨酸可在同一种商业产品中同时获得,预计在不久的将来,同时含有这些合成氨基酸以及其他的氨基酸的另一些产品也必将出现。

通常情况下,如果以含 44% 粗蛋白的豆粕所含可消化赖氨酸为 100 单位,则需 3 单位的 L-盐酸赖氨酸盐(含 78% 纯赖氨酸)和 97 单位的玉米一起才与之相当。合成氨基酸的添加水平取决于配方中所使用的饲料以及第二限制性氨基酸的情况。在猪的多数日粮中,赖氨酸是第一限制性氨基酸,而色氨酸或者苏氨酸为第二限制性氨基酸。当配制日粮使用合成赖氨酸时,应先满足第二限制性氨基酸的需要,然后再添加合成赖氨酸以满足它的需要。然而,由于仔猪的教槽料含有较大比例的血浆蛋白粉和血粉,所以添加合成蛋氨酸则有益。为了使全价料中的合成氨基酸分布均匀,在将它们倒入搅拌器前必须先与一种载体混合,以使其体积最小。

注意:研究表明,限饲的猪(例如给母猪每天饲喂 1 次)其所添加的合成氨基酸的利用率比自由采食的猪(每天采食几次)低。合成氨基酸在小肠中能被快速地吸收,然而由氨基酸组成的蛋白质首先必须经过消化,才能释放出单体氨基酸以被吸收。最终,在天然氨基酸被消化和吸收前,合成氨基酸在血液中就达到了峰值。在限饲条件下,尽管从配方看,氨基酸的需要得到了满足,但是当用合成氨基酸替代天然蛋白质(如豆粕)时就可能导致其他氨基酸的缺乏。某种氨基酸的缺乏就降低了单位采食量的窝增重和母猪泌乳量。

植物蛋白质

与其他饲料相比,尽管植物性蛋白源中蛋白质含量并不太高,但是许多植物性蛋白在家畜日粮的总蛋白中占着极大的比例,这只是因为家畜需要消耗大量的饲料。在这些饲料中,不能提供的必需蛋白质通常可由一种或多种含油子实的副产物——豆粕、菜子粕、棉子粕、亚麻子粕、花生粕、红花子粕和葵花子粕或椰子粕来弥补。这些副产品的蛋白含量和饲用价值根据生产它们的子实类别、子实生长的地理区域、所含外壳或外皮的量,以及提取油的方法的不同而存在着差异。有的时候,未被加工的子实可直接被作为蛋白源和浓缩能量源。由于含油子实含有油因而它们的能量特别高。

在谷物的制粉、酿造、蒸馏和淀粉生产过程中得到的副产物属于另外一种植物性蛋白源。多数这样的加工厂在取用了谷物和种子中的淀粉后,便把含较高蛋白比例的原植物种子的残渣做另外的处理了。

油粕

含油子实可用于加工生产成人食用的植物油(人造黄油、起酥油和色拉油)和油漆以及其他工业用产品。这些子实经加工后,就可获得富含蛋白质的猪饲料蛋白质产品。豆粕、菜子粕、椰子粉、棉子粕、亚麻子粕、花生粕、红花子粕、芝麻饼和葵花子粕都是这类高蛋白的原料之一。图 10.2 介绍了不同油子实的世界相对产量。

豆粕

大豆占全球上含油子实产量的57%(图10.2)。美国的大豆产量大约占世界大豆产量的1/2,而且在美国豆粕大约占了蛋白质补充料的2/3。表10.1列举了1985—2000年间豆粕使用量的增加及其他蛋白质副产品的使用变化情况。

豆粕是从大豆中提取了大部分的油后所剩的渣滓残留物(豆饼或豆粕片)。可以通过以下3种处理中的任何一种来提取大豆油:(1)压榨处理;(2)液压处理;(3)溶剂处理。由每一种提取方法生产的豆粕其饲用价值差别不大,但根据所榨取的油量的不同会出现一些营养上的差异。不管所使用的提取方法是什么,有名的生产家现在都采用适当的加热处理以确保较高的蛋白质质量。

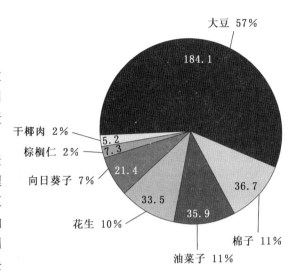

图10.2　2001年全球含油子实产量(10^6 t)。(美国农业部世界统计)

通常豆粕含41%～50%的蛋白质,这要根据豆皮和所提取的油量而定。去皮豆粕所含的粗纤维必须不超过3.5%,而其他未去皮的豆粕粗纤维含量必须最多不超过7.0%。豆粕可能含有碳酸钙或其他抗营养成分,但其含量不能超过0.5%。

豆粕除了蛋氨酸含量较少之外,其他的氨基酸非常平衡,同时豆粕的蛋白质比其他植物性蛋白质补充料的质量高。与多数植物种子一样,豆粕所含的钙、磷、胡萝卜素和维生素 D 的量较少。

豆粕特别符合猪的口味。如果用豆粕作为谷物饲料的补充料并让猪自由采食,那么它们常常吃得比其实际所需要的量多,这样就会造成浪费,因为豆粕与谷物类及其他高能饲料相比,它的价格更高。这种浪费可以通过以谷粉与豆粕为主要原料配制成全价日粮并通过自动送料方式得到减轻。

只要使用比例适当,就能使氨基酸得到适当的平衡,豆粕便可作为体重在 25 lb(11 kg)以上所有年龄段猪玉米型日粮很好的唯一蛋白质补充料,但还必须添加矿物质和维生素。

菜子粕

油菜子在全球的产量目前居含油子实的第 3 位。油菜子主要产于加拿大,但在美国的产量逐渐在增加(图10.3)。

20 世纪 70 年代加拿大植物科学家们通过多种油菜品种,培育出了 Canola 品种。那些以前的油菜子中芥苷成分含量高,当高水平饲喂动物时适口性差,且由于其致甲状腺肿作用将导致生产性能下降。Canola 却与众不同,新品种 Canola 菜子粕中芥苷含量低,菜子油中芥子酸(一种长链脂肪酸)的含量也低。AAFCO 对 Canola 的营养成分的定义是,菜子油成分中芥子酸含量低于 2%,每克空气干燥去油的固体成分中芥苷的含量低于 30 μmol,粗纤维最高含量不超过 12%。

图10.3　准备联合收割的北达科他州油菜田。(爱荷华州立大学 Palmer Holden 提供)

Canola 菜子粕的粗蛋白含量平均为 35%～43%,且除了赖氨酸外,其氨基酸含量可与豆粕媲美。Canola 菜子粕在母猪和生长育肥猪日粮中的添加量可达到 5%,且对生产性能无不良影响。

注意:虽然油菜子(canola)中芥子酸和芥苷的含量都减少了,但在挑选菜子品种时仍需要谨慎。

椰子粕

椰子粕是从干椰子肉中提取油后余下的残渣。椰子油是通过机械的或者溶剂浸提的方式来提取。椰子粕的蛋白质平均含量大约为 21%。由于其蛋白质质量较差,故通常椰子粕在妊娠母猪和生长育肥猪日粮中的添加水平不能超过 20%～25%。在泌乳母猪日粮中的含量应低于 5%,这是因为较高的粗纤维含量降低了日粮的消化率。

图 10.4　棉花作物。(David Nance 摄,美国农业部农业研究服务中心提供)

棉子粕

相对于豆粕的产量,棉子粕在所有油子粕中位居第 2 位(图 10.4)。生产棉子粕的加工步骤如下:(1)清洗棉子实;(2)脱壳;(3)碾碎核仁;(4)通过(a)机械(或螺旋压榨机),或(b)溶剂的方式萃取;(5)碾磨所剩残渣或饼,从而得到棉子粕。

棉子粕的粗蛋白含量必须不能低于 36%。对猪而言,棉子粕的赖氨酸和色氨酸含量较低,维生素 D、胡萝卜素(维生素 A)和钙也较缺乏。同时,它还含有有毒成分——棉子酚,并且其含量随种子和加工方法的不同而变化。但是棉子粕含有较丰富的磷。

低棉子酚的棉子粕中棉子酚含量必须不超过 0.04%。猪日粮(尤其生长猪日粮)中棉子粕的添加量建议不超过 5%。在该水平下,整个日粮中游离棉子酚的含量就不可能超过 0.01%。当日粮中棉子酚的水平达到 0.04%时,猪的生产性能开始下降。现在所生产的棉子粕逐渐都是无棉子酚的,因而使棉子粕在日粮中添加水平的限制得到缓解,但是需要补充铁。

亚麻子粕

亚麻子粕是一种早于历史记录的纤维植物——亚麻的副产物。在美国,亚麻是作为一种提取子实中油的商品作物来生产的,因而也产生了其副产物——亚麻子粕。绝大多数美国的亚麻产于北达科他州、南达科他州、明尼苏达州和德克萨斯州。

亚麻油可通过机械的(传统加工法)或溶剂浸提(新加工法)的方法从亚麻子中提取。大多数生产者更喜欢采用机械加工方法,这是因为通过这种方法生产的亚麻子粕适口性更好。亚麻子粕是在亚麻油被提取后剩下的微细的残渣(又称为亚麻饼、屑或片)。亚麻子粕的蛋白含量平均约为 35%。美国饲料管理协会(AAFCO)规定亚麻子粕的粗纤维含量必须不超过 10%。

对猪来说,由于亚麻子粕的氨基酸中赖氨酸和色氨酸含量低,故亚麻子粕的蛋白质并不能有效地补充谷物类日粮氨基酸的不足。同时,亚麻子粕还缺乏胡萝卜素和维生素 D,只有钙和 B 族维生素的含量适宜。由于亚麻子粕的这些不足,所以它不能作为猪日粮的唯一蛋白质补充料,必须还要同时添加赖氨酸。

亚麻子粕具有轻泻性,有限的添加量(成年母猪的日粮每天 1 lb)对处于哺乳期的母猪可能是有益处的,对于饲养来作为秀场猪展的猪也是有利的,因为它可以使参展猪的被毛更加光亮。

花生

花生是美国南方的一种重要的商业和饲料型作物,而且是美国最主要的产油作物,2002 年美国的花生产量就达 33 亿 lb。种植花生是为了生产人类消费的花生、花生酱或花生油。

历史上,大约有 1/3 花生的获取是靠猪用拱地的方法(把猪赶到地里让它们用鼻连根拱出花生)来收获的。通常情况下,西班牙种植的花生是在早秋便以拱地的方式收获,而种植葡匋型花生是为了在冬天利用。多数养猪者都是让繁殖母猪和生长猪拣食落下的花生,而让肥育猪拱食未收获过的花生。当农作物被收割完后,花生经常与玉米一起播种。即使在花生是通过人工方式来收获并用于销售的地方,也普遍流行让肥猪拱地收获的方式。

现在,除非谷物质量较差或价格下降,或者需要拣食收获后落下的花生,用猪拱地的方式来收获花生的方式已经不常见了。当以拱地采食花生的方式饲养猪时,还应该让它们能自由地采食食盐和钙添加剂。

带壳的花生大约含 25％的蛋白质和 36％的脂肪。它们缺乏赖氨酸、胡萝卜素、维生素 D 和钙,只有磷的含量适宜。

不幸的是,饲喂花生过量将产生软猪肉。所以,花生最好不要用于饲喂肥猪,然而在多数情况下,这种限制是不现实的。而且还有一些证据表明,饲喂花生可增加猪的背膘。一些特制(特级品)猪后腿还可以用来加工成"花生食品"。

花生粕

作为花生工业副产物的花生粕,它是花生通过机械的手段或溶剂浸提的方式提取了部分油之后剩下的花生饼产物。它是一种适口性好、质量高的植物性蛋白质补充料,被广泛地用于家畜和家禽的饲料中。花生粕的蛋白质含量为 41％～50％,脂肪含量为 1％～8％。它的蛋氨酸、赖氨酸和色氨酸含量较低,钙、胡萝卜素和维生素 D 的含量也较低。AAFCO 规定,花生粕中粗纤维的含量必须不超过 7％。

花生粕当贮存时间过长就容易腐臭变质,尤其是在暖和潮湿的季节。因此,在夏天花生粕贮存不能超过 6 周,在冬天不能超过 2～3 个月。

如果提供钙源添加剂,如石灰石粉和牡蛎壳粉,花生粕在比较好的牧场里可以作为猪或繁殖母猪的唯一蛋白质补充料。对肥育场的生长肥育猪和妊娠-泌乳母猪而言,与其他植物源蛋白质一样,花生粕在日粮中的比例最多为 5％～10％,而不足的蛋白质需由高质量的蛋白质源诸如豆粕或动物或海产蛋白质来补充。

红花子粕

红花种子的外壳大约占 40％的比例。当从红花子中提取红花油后,剩余产物中外壳比例大约为 60％,蛋白质占 20％～24％,而粗纤维含量高达 30％。人们采取了不同的方法试图降低红花粕中外壳含量高的问题。多数去壳种子生产的红花子粕的蛋白质含量约为 42％,粗纤维约为 8.5％。红花子粕的赖氨酸、蛋氨酸和色氨酸含量较低,因此,在猪日粮中的应用受到限制。

芝麻粕

尽管芝麻是最古老栽培的含油种子之一,但是在美国的种植量很少。芝麻粕是由完整的种子生产加工而成。以溶剂浸提的方法生产的芝麻粕所含蛋白质较高(45％),脂肪含量较低(1％),而以螺旋压榨机或以液压的方法生产的芝麻粕的蛋白质和油的含量分别为 42％和 5％～11％。芝麻粕的赖氨酸含量非常少,但其蛋氨酸含量极其丰富。

图 10.5　北达科他州法戈地区的向日葵。（Bruce Fritz 摄,美国农业部农业研究服务中心提供）

葵花子粕

葵花子产量在美国的含油作物中位居第 3 位（图 10.5）。2002 年,美国的向日葵种植量为 220 万英亩,共生产葵花子 125 万 t。

葵花子粕根据其提取加工方法以及是否去壳的不同而差异非常大。以溶剂浸提方式处理去壳种子生产的葵花子粕蛋白质含量大约为 42%,而由含壳的全葵花子生产的葵花子粕的蛋白质含量为 28%。溶剂浸提生产的含壳葵花子粕蛋白质含量为 25%~30%。由于葵花子粕的赖氨酸含量低,故它不能用做猪的唯一蛋白质添加物。

由于含壳葵花子粕的粗纤维含量高,故在猪的日粮中使用受到限制。但由于合成赖氨酸有助于平衡日粮,所以,含壳葵花子粕在妊娠母猪和生长肥育猪日粮中的比例可高达 10%,在泌乳母猪日粮中的添加比例也可高达 10%。

紫花苜蓿

使用紫花苜蓿作为蛋白质来源的好处有很多,其中,紫花苜蓿是一种常年生作物,一个生长季节就可收获多次,而且由于紫花苜蓿是豆科作物,它具有将氮转化为蛋白质的能力。因此,每单位土地面积的紫花苜蓿蛋白质的产量就高于任何其他作物。

最有效的保护紫花苜蓿营养成分的手段是在田间收割后立即加工,以减少其田间的损失,然后将叶子与茎分离,由此便形成了高蛋白质叶粕。茎随后可以当做青绿饲料饲喂,也可作为青贮饲料或脱水形成一种中等蛋白质的干粗饲料。但是,从经济角度来说,以这种方法大规模生产的可行性不高。一旦有新的改进方法来降低加工处理费用,脱水紫花苜蓿粉就将成为第 2 重要蛋白质补充料。

紫花苜蓿草粉或颗粒料——紫花苜蓿草粉是紫花苜蓿植物的地上部分,经太阳晒制或者脱水处理而成。以下是 AAFCO 推荐的对不同等级的紫花苜蓿草粉或紫花苜蓿干草做出的保证:

粗蛋白质/%	粗纤维不超过/%
15	30
17	27
18	25
20	22
22	20

紫花苜蓿草粉的蛋白质质量较好,可以平衡谷物类日粮氨基酸。紫花苜蓿草粉的矿物质尤其是钙含量丰富,而且维生素含量也非常高。如果叶子茂盛和绿色且栽培不超过 1 年,紫花苜蓿的胡萝卜素（维生素 A）含量是很高的。太阳晒制的干草同样是治疗佝偻症的维生素 D 的一种良好饲料源。紫花苜蓿也是 B 族维生素的极好饲料源。

尽管紫花苜蓿有许多优点,但是它的粗纤维含量较高（20%~30%）且能量含量较低,这使它不适合作为哺乳仔猪和泌乳母猪的日粮,在生长育肥猪日粮中的添加水平也限制在 5% 左右。

玉米加工副产品

参见第九章,谷物及其他高能饲料。

玉米蛋白粉

玉米面筋粉与无麸玉米蛋白饲料相似,其蛋白质和纤维含量分别为43%和4.5%左右。

由于玉米蛋白粉的蛋白质质量较差,所以它绝不能作为猪的唯一蛋白质添加物。玉米蛋白粉在肉禽日粮中使用较多,因为它有利于更多的黄色素沉积在皮肤中。虽然在猪日粮中使用玉米蛋白粉成本太高,但是在价格允许的情况下,其在日粮中的用量可达5%。对于放牧饲养来说,玉米蛋白粉可组成蛋白质补充料的50%,另外50%可由动物或海产蛋白质源提供。玉米蛋白粉的价格是去皮豆粕的55%~65%。

豆类蛋白质

豆子是豆科植物的种子,主要用于人类消费,但当它们的价格具有竞争优势时,它们可有效地用于饲喂猪。虽然豆科植物家族有13 000多个品种,但是只有约20种可用做食品或饲料。这些不同的豆子包括菜豆(普通豆、干豆、蹦豆、蚕豆、海军豆、绿豆和五香蚕豆)、鹰嘴豆、豇豆、野豆、野豌豆和鸽豆。这些豆类的粗蛋白质含量为19%~31%。大豆和花生属于豆类,但它们在家畜日粮中几乎全是作为子粒利用。

所有的豆子都含有抗营养成分。幸运的是,加工过程如蒸煮、发芽和发酵等能减轻其对家畜的危害。在豆类里起负面作用的所有化学因子中,主要有胰蛋白酶抑制因子、致甲状腺肿因子、氰、抗维生素因子、金属结合因子和植物血球凝集素。如果考虑将豆子饲喂给猪,养猪生产者应该对其进行必要的加工。

大豆

大豆是产自于东方的一种宝贵的豆类,从第二次世界大战以来,大豆在美国从一种次要的谷类作物逐渐发展成为一种主要的谷类作物。在大多数地方,大豆都经过加工处理,其油作为人类食品,而其副产物则用做家畜饲料。但是,对大豆用途的普遍兴趣在于将其作为家庭种植的猪饲料。

没有经过加工处理的大豆蛋白质很难被猪利用,因为存在抑制蛋白质消化的因子。但是,蒸煮或烘烤处理后大豆是很好的猪饲料。

生大豆

没有经过加工处理的大豆不容易被仔猪和生长猪利用,因为存在一种影响仔猪蛋白质消化的生长抑制因子——抗胰蛋白酶因子。生大豆特别是遭气候损害或低容重的大豆,常常用做选择性饲料添加到妊娠母猪日粮中。随着猪日龄的增长,它对胰蛋白酶抑制因子的敏感性降低。如果给仔猪饲喂大豆,死亡率将降低。但是不能给生长肥育猪饲喂大豆,因为这样会降低其生产性能,并且可能会产生软猪肉。

生大豆可以用于妊娠母猪日粮,因为被母猪摄入的大豆的数量所含的胰蛋白酶抑制因子的量还不足以达危害剂量。由于泌乳母猪的采食量大以及被哺乳仔猪采食的大豆会对其造成危害作用,故在泌乳母猪日粮中不应该使用大豆。

全脂大豆(热加工处理大豆)

熟大豆可以在猪日粮中用做替代豆粕或其他形式蛋白质的补充料。要加工全大豆,就需要投资购买蒸煮或焙烤大豆的设备。这种投资可以让购买者长期使用,但相对于全大豆来说,即使能降低豆粕的价格,这种投资在实践中也是不可取的。

图 10.6 用于将生全大豆加工成一种优良蛋白质添加物的市售膨化机。(爱荷华州立大学 Palmer Holden 提供)

值得一提的是,饲喂熟全大豆日粮的猪比饲喂豆粕日粮的猪胴体含有更多的软脂肪。这种情况可能会影响购买这些猪的食品生产厂的利润。

在适宜温度(在烘烤器中 250℉(121℃)2.5～3.5 min)热处理(膨化或焙烤)大豆可破坏抗胰蛋白酶因子,并且使大豆成为一种对所有猪都适合的饲料(图 10.6)。一种更精确的检测大豆热加工程度的方法是在处理过的豆浆中添加尿素,然后测定 pH 值的变化情况。AAFCO 列出了热加工大豆 pH 值的升高最多不超过 0.01 以及推荐的 pH 值范围。大豆可能会被热加工过度(pH 值升高小于 0.5),这将使得赖氨酸与糖结合而降低其利用率。

pH 值升高

＜0.05	热处理过度
0.05～0.20	热处理适度
＞0.20	热处理不足

如果养猪生产者想在某种日粮中添加脂肪或油,农场浸提或热处理并饲喂全脂大豆可能要比出售大豆后购买豆粕和油更经济些。由于全大豆或全脂大豆的蛋白质和赖氨酸含量比豆粕(35%～40%的蛋白质和 2.1%～2.4%)的低,因此,与添加豆粕相比,有必要在日粮中多添加 20%～25%的全大豆才能保证日粮相同的赖氨酸水平。这样可以向日粮提供约 3%的额外脂肪,而使饲料效率提高 4%～6%。

熟的全大豆对增重效率的影响很小,但是由于全大豆的脂肪含量较高,而增加了日粮的能量浓度,因此它常常可改善饲料效率达 5%～10%。然而,这种饲料效率的改善可能会因为全大豆中蛋白质含量较低而抵消。熟的全大豆含蛋白质平均为 37%,而豆粕的蛋白质含量常常高达 44%～49%。同样,由于大豆含较高的能量,大豆日粮的蛋白质应该比豆粕日粮的高 1%～2%。

大豆浓缩蛋白

大豆浓缩蛋白是通过除去优质、干净的去皮大豆中的大部分油、水溶性糖和非蛋白质成分而制成。大豆浓缩蛋白的蛋白质含量绝干基础必须不低于 65%,约含 4.2%的赖氨酸。研究表明,大豆浓缩蛋白可以有效地替代仔猪日粮中的脱脂奶粉。

大豆分离蛋白

大豆分离蛋白是最高的大豆蛋白源(它的蛋白质含量绝干基础必须不低于 90%)。脱脂大豆片在 pH 值降低到 4.5(等电点)时是不溶解的。达到这个点时,等电蛋白质就从不溶性溶剂中分离出来。然后,通过移注或离心除去不溶性的纤维物质完成蛋白质分离过程。终产物可以喷雾干燥制成等电点蛋白质或中和至 pH 值为 7.0,干燥制成普通的大豆分离蛋白。大豆分离蛋白是仔猪日粮中脱脂奶粉的有效替代物。

动物产品

动物源性的蛋白质添加物来自于:(1)肉类加工和脂肪提取加工;(2)禽类和禽类加工;(3)牛奶和牛奶加工;(4)鱼和鱼加工。在发现维生素 B_{12} 之前,大家常常考虑有必要在猪和鸡日粮中添加一种或多种这些蛋白质添加物。随着维生素 B_{12} 的发现及合成维生素 B_{12} 利用率的提高,动物源性的高蛋白质饲料的必要性变得小了,尽管它们仍然在大多数单胃动物日粮中使用。

哺乳动物源性蛋白质仅限于在非反刍动物饲料中使用,除非经过美国联邦标准(2 CFR 589—2000)特殊免除。含政府禁止成分的饲料必须标识"不能饲喂牛或其他反刍动物"。这样做主要是为了降低牛海绵状脑病(BSE 或疯牛病)的传播。

肉类加工副产品

虽然获取动物的肉是屠宰动物的主要目的,但是现代的工厂加工处理大量的和有价值的副产物,包括富含蛋白质的家畜饲料。美国饲料管理官员协会(AAFCO,2003)描述了以下肉类包装副产物。

动物肉产品

动物肉产品是干净的、新鲜的、来自于屠宰的哺乳动物的产品,包括但不限制于肺、脾脏、肾、肝脏、血液、骨、部分脱脂的低温脂肪组织、胃和除去内容物的肠,不包括毛发、角、牙和蹄。

标签应该包括最低粗蛋白、最低粗脂肪、最高粗纤维、最低磷和最高钙含量的保证。这种产品中的胃蛋白酶不吸收残留物不应该超过 12%,产品中胃蛋白酶不吸收的粗蛋白不应该超过 9%。钙水平应该不超过 2.2 倍磷的实际水平。

肉粉——肉粉是从哺乳动物组织经脂肪提取加工的产品,在动物肉产品中详细说明。它不包含骨。

肉骨粉——如果添加了骨,必须在肉粉和肉粉下脚料两个词中都插入单词"骨",它们就被分别称为肉骨粉和肉骨粉下脚料。肉骨粉应该至少含磷 4.0%。

肉粉下脚料——肉粉下脚料除了可能含添加的血或血粉外,它与肉粉相似。它含粗蛋白约为 60%,而肉粉含粗蛋白约为 54%。

肉骨粉下脚料——肉骨粉下脚料除了可能含添加的血或血粉外,它肉骨粉相似。但是,它不应该包含任何前面没有说明的添加的外源性物质。它应该含最低 4.0% 的磷。

水解毛发

水解毛发是由干净的不分解的毛发通过加热和加压精制而成的一种适合于饲喂动物的产品。其中的蛋白质至少 80% 必须是胃蛋白酶能消化的。

腺体粉和萃取腺体粉

腺体粉和萃取腺体粉是通过干燥屠宰的哺乳动物的肝脏和其他腺组织获得的。如果将其中那部分重要的水溶性物质除去,就可称为萃取的腺组织粉。

肌肉分离蛋白

肌肉分离蛋白是通过热处理后,再进行低温干燥以保存其中的功能与营养成分而制成的新鲜、干净、没有掺杂骨的肌肉蛋白。这种产品以新鲜的肉香味、最低蛋白含量 90%、脂肪含量最高仅 1% 和最高灰分含量 2% 为特征。

血制品

以前,采用传统的大缸加工处理方法将血液煮熟并干燥为血粉用做家畜饲料。虽然这种加工处理可得到高蛋白质成分,但是人们发现这种产品在猪日粮中的使用是有限的,因为其适口性差以及赖氨酸的利用率低。喷雾干燥和较新的瞬间干燥处理对血粉的适口性和赖氨酸利用率都有显著的改善。

从屠宰的猪和牛获得的副产物品——喷雾干燥猪和牛血浆和喷雾干燥血粉是对早期断奶仔猪进行彻底改革的营养方案。

喷雾干燥动物血浆粉——喷雾干燥动物血浆粉是由清蛋白、球蛋白和纤维蛋白原蛋白组成的。它含78%的蛋白质和6.8%的赖氨酸。血液被收集在冷冻罐中,添加柠檬酸钠以防止凝固。通过离心将血浆部分与血细胞分离开,然后贮存在25℉(-4℃)下直到喷雾干燥处理。这种产品可能有不同的品种名称,如猪和牛。

快速干燥血粉——快速干燥血粉的加工处理与血浆相似,但它含血浆与红血细胞。其中赖氨酸的最低生物学活性应该为80%。

两种喷雾干燥血液产品都是仔猪日粮的有效蛋白质源。当仔猪日粮中含喷雾干燥血浆粉和喷雾干燥血粉时,应该添加合成蛋氨酸。

图10.7 对仔猪来说适宜的氨基酸平衡是必需的。(爱荷华州大学 Palmer Holden 提供)

禽类产品

禽类副产品饲料来自于养禽业的所有环节——从孵化的全过程到屠宰加工上市。这类产品来自于肉鸡和火鸡养殖业,也有蛋产品。将这几个行业集中为一个有足够的废物容量的大单位,切实可行地将这些废物加工为可能的饲料,这已经为以前的一个难题开辟了一个新的市场。必须采取某些措施以使这些产品是最有用和最安全的,但是相当多的禽类产品目前都被用于各种动物的日粮中,包括反刍动物和单胃动物(图10.7)。

家禽

禽产品是指带有或不带骨骼的肉和皮的干净混合物,来自于家禽的部分和全部胴体或两种都有,但不含羽毛、头、爪和内脏。它适合于用做动物饲料。如果要用一个名称来描述它的类别,就必须与之符合。如果去除了骨骼,其加工处理就可能需要使用适当的饲料术语来说明。

禽肉粉

禽肉粉是指用来自于家禽的部分和全部胴体或两种都有,但不含羽毛、头、爪和内脏,带有或不带骨骼的肉和皮的干净混合物,经去脂肪并干燥处理的产品。它适合于用做动物饲料。如果要用一个名称来描述它的类别,就必须与之符合。如果去除了骨骼,其加工处理就可能需要使用适当的饲料术语来说明。

全禽水解物

全禽水解物是将淘汰的或死亡的尚未分解的整个家禽胴体经水解而成,它包含羽毛、头、爪、内脏、未发育成形的蛋、血液和其他特定的胴体部分。这种产品必须与全家禽的实际比例一致,并且所加入的部分必须是随意的,包含但不仅限于内脏、血液或羽毛。禽产品可能会经过发酵而作为生产加工的一个环节。这种产品应该以一种能使它适合于作动物饲料的加工方式进行加工,包括热处理(于海平面高度在 212℉(100℃)沸腾 30 min;在最低温度 284℉(140℃)下干燥膨化 30 s,在产品出膨化机时气压大约为 40 atm(4 MPa),或是等同条件)和搅拌(在蒸汽蒸煮设备中除外)。如果经酸或碱处理过,可能还需要进行中和处理。如果要用一个名称来描述它的类别,就必须与之符合。

家禽副产品水解物

家禽副产品水解物是屠宰的、干净的和尚未分解的家禽所有副产物经水解、热处理或几种方式的联合加工后的产品,这些副产物包括头、爪、未发育成形的蛋、内脏、羽毛和血。这些部分可能会经过发酵而作为生产加工的一个环节。这种产品应该以一种能使它适合于作动物饲料的加工方式进行加工,包括热处理(于海平面高度在 212℉(100℃)沸腾 30 min,或以等同条件处理,并除了在蒸汽蒸煮设备中以外都需搅拌)。如果经酸或碱处理过,可能还需要进行中和处理。如果要用一个名称来描述它的类别,就必须与之符合。

家禽副产品粉

家禽副产品粉包括屠宰家禽胴体的干净部分,去脂部分和下脚料,如脖子、爪子、未发育完全的蛋和肠道,但不包括羽毛,然而即使在良好的加工生产实践中也有可能不可避免地出现羽毛的混入。标签应该包括最低粗蛋白、最低粗脂肪、最高粗纤维、最低磷、最低和最高钙含量的保证。钙水平不应该超过实际磷水平的 2.2 倍。

由于头和爪子的存在,家禽副产品的营养价值比动物包括家禽肉的价值低,因此,其蛋白质的生物学价值比其他动物蛋白质的低。但是如果家禽副产品不是作为唯一的蛋白质源,它们可以很好地应用于猪日粮。

新鲜家禽副产品

新鲜家禽副产品必须由未经提取脂肪的干净的屠宰家禽的部分胴体组成,如头、爪子和无内容物的内脏,以及即使在良好的加工生产实践中也有可能不可避免出现的外源物质。由于头和爪子的存在,家禽副产品的营养价值比动物包括家禽肉的价值低。

水解羽毛粉

水解羽毛粉是将来自于屠宰家禽的干净的未分解羽毛在高压下处理后的、没有添加剂和/或生长促进剂的产品。水解羽毛粉中必须至少有 75% 的粗蛋白在胃蛋白酶消化法中是可消化的。

虽然水解羽毛粉的蛋白质含量高,但其营养价值却相当低,尤其是氨基酸中的组氨酸、赖氨酸、蛋氨酸和色氨酸。其中的氨基酸可利用率与谷物饲料或植物蛋白质相当。

由于水解羽毛粉缺乏多种氨基酸,当在猪饲料中使用水解羽毛粉时,必须要引起注意。额外添加鱼粉或肉粉可补偿水解羽毛粉的不足并可有助于其利用。实际生产中,羽毛粉在猪日粮中的量不超过 3%。

家禽孵化副产品

家禽孵化副产品是一种由蛋壳、鸡胚、未孵化蛋和精选的热加工处理过并干燥和粉碎的小鸡组成的混合物,有或没有除去脂肪。孵化副产品是家禽业中最有价值的副产品饲料。但是,这些产品若不迅速制冷会很快变质。

蛋产品

蛋产品是从蛋分级机、蛋破碎机和/或孵化过程中获得的。蛋产品经脱水、处理为液体或冷冻。这些产品应该标识为 USDA 规则控制蛋和蛋产品(7 CFR,第 59 部分)。这种产品应该不含蛋壳或其他非蛋物质,除非它们在好的加工过程中是必不可少的,最大灰分含量为干物质基础的 6%。

(牛)奶产品

脱脂奶、酪乳和乳清很久以来就被应用在生产或加工的农场和工厂中。但是,液态形式的这些产品在远距离运输或贮存中是很不经济的,而且它们很难保持卫生的饲喂条件。

大约在 1910 年,干燥酪乳的加工工艺发展起来了。从那以后,很快就建立起专门脱水酪乳的工厂,而且这种加工方法扩展到脱脂牛奶和乳清。大约从 1915 年开始,干燥牛奶副产品就用于商业禽类饲料中,随后就用于猪饲料。

牛奶副产品具有上好的营养价值是因为它们含有优质的蛋白质、维生素、矿物元素平衡、乳糖有益的作用。另外,这些产品适口性好、消化率高,它们是仔猪和平衡谷物饲料的理想的饲料。

限制它们广泛应用的主要原因是价格以及液体形式产品的变质和其较大的体积。

虽然全奶是一种极好的饲料,其价值是脱脂奶的 2 倍,但是作为猪饲料来说太昂贵了。由于这个原因,只讨论奶副产品。一般情况下,液态奶产品干物质为 7%～13%;半固态奶产品干物质为 30%;干奶产品干物质超过 90%。

脱脂奶

新鲜脱脂奶含干物质约为 7% 和赖氨酸 0.07%。由于除去了脂肪,脱脂奶的维生素 A 含量很低。但是,与全奶相比,脱脂奶蛋白质、乳糖和矿物元素含量较高。与所有的奶产品相似,脱脂奶维生素 D 和铁含量低。脱脂奶应该以甜的或酸的口味饲喂,因为突然改变容易引起消化紊乱。如果有选择的可能,建议选用新鲜脱脂奶。

脱脂奶是猪最好的单一蛋白质添加物,如果干燥的脱脂奶对仔猪特别有价值,就预先干燥并且在断奶后立即饲喂。额外添加牧草或精选的豆科干草可以弥补自由选择脱脂奶必需的维生素 A 和维生素 D 含量少的不足。

脱脂奶的饲喂量可以根据以下几个因素而不同:(1)可利用的饲料;(2)饲料的相对价格;(3)饲喂日粮中谷物的种类;(4)是否有牧草。

在没有牧草的情况下,并且由玉米构成谷物日粮的所有或大部分,则每头猪每天脱脂奶的允许量为 1～1.5 gal(3.8～5.7 L)。这可以让脱脂奶成为大部分蛋白质补充物的替代品。如果相同的谷物饲料和好的牧草,则脱脂奶的量可以减少 1/2。如果采用大麦或小麦(高蛋白质含量饲料)替代玉米,那么只需要这些量 2/3 的脱脂奶就可以了。由于随着日龄的增加,氨基酸的需要量逐渐降低,而总的日采食量增加,在这个基础上每天摄入恒定脱脂奶的量就接近于猪整个生命过程中变化的量。

脱脂奶的饲喂价值随着猪的日龄、日粮的种类、其他饲料的价格和摄入奶的量的改变而变化。当奶的供给充足而价廉时,饲喂较大量的奶可能会有利——特别是如果谷物饲料或蛋白质原料价格高时。估计 6 个重量单位的脱脂奶可以替代 1 个重量单位的全价饲料。

浓缩脱脂奶

浓缩脱脂奶是蒸发脱脂奶后的残余物。它至少含 27% 的总固形物。

饲料级干缩奶(完全奶粉)

完全奶粉是将奶或脂肪水平介于奶和其他脱脂奶之间的奶干燥后留下的残余物。它含至少 26%的乳脂。标签必须包含有对最低粗蛋白和最低粗脂肪的保证。

脱脂奶和酪乳

在第二次世界大战之前,干燥脱脂奶是在饲料中使用最广泛的干燥奶产品。其后,多数干燥脱脂奶是作为人类食品出售的。

如果酪乳没有被加入的搅乳器洗涤物稀释,酪乳和脱脂奶具有相似的组成成分,对猪具有相近的饲喂价值。干燥酪乳和干燥脱脂奶蛋白质含量平均为 32%～35%。虽然这两种乳产品都是极好的猪饲料原料,但是它们的价格太高,如果用于饲喂猪则很不经济,除非用于仔猪的开食料。

因此,对脱脂奶的讨论同样适用于酪乳,而且 6 个重量单位的酪乳可以替代 1 个重量单位的全价饲料。

浓缩奶油

浓缩酪乳是蒸发酪乳后的剩余物。它至少含 27%的总固形物,每 1%总固形物含乳脂至少0.055%,每 1%总固形物含灰分最高为 0.14%。

与其他牛奶副产品一样,浓缩酪乳:(1)对猪的适口性非常好;(2)对小猪的价值高于日龄较大的猪;(3)对肥育场饲养的价值高于牧场。或许浓缩酪乳的最大价值在于可作为开胃饲料。

饲料级干奶油

饲料级干奶油是烘干酪乳后的剩余物。它最多含 8.0%的水分,灰分最高为 13%,乳脂最低为5%。

饲料级脱脂奶粉

饲料级脱脂奶粉是烘干脱脂奶后的剩余物。它最多含 8.0%的水分。

干燥的培养脱脂奶和浓缩的培养脱脂奶

这两种乳产品是在用乳酸菌培养脱脂奶后的产品。这种干燥的产品最多含 8%的水分,浓缩产品最低含 27%的总固形物。

奶酪皮

奶酪皮是蒸煮干酪使脂肪而不是乳脂完全缺乏而获得的。

乳蛋白产品

目前可利用的 4 种乳蛋白产品主要是:

1)酪蛋白是脱脂奶经酸或凝乳酶凝结后的固体残余物。它含粗蛋白最低为 80%。

2)干燥乳白蛋白是通过烘干从乳清分离而来的凝结蛋白质残余物而获得的产品。

3)干燥乳蛋白是通过烘干可控制的酪蛋白沉淀、乳白蛋白和脱脂奶的次级乳蛋白的凝结蛋白质残余物而获得的产品。

4)干燥水解酪蛋白是通过烘干酶解酪蛋白的水溶性产物而获得的产品。

虽然乳蛋白产品的蛋白质质量和数量都是极好的,但是这些蛋白质源价格太昂贵了,通常不用做常规的猪饲料,除仔猪以外。

乳清

乳清是制作干酪的副产物。实际上,所有的酪蛋白和大多数的脂肪都在干酪中,留下的就是乳清,

图10.8 液态乳清饲喂系统提供优质的营养和液体。
(爱荷华州立大学 Palmer Holden 提供)

它乳糖含量高,而蛋白质(0.6%～0.9%)和脂肪(0.1%～0.3%)含量低。但是它的蛋白质质量很高。通常,乳清的饲喂价值大概是脱脂奶或酪乳的1/2。应该让猪逐渐习惯采食乳清,然后就可以让猪自由选择采食乳清(图10.8)。由于乳清蛋白质含量低,除了给生长谷物饲料和乳清以外,应该给予一种富含蛋白质的添加物。为了防止疾病传播,应该在工厂里将乳清用巴氏法灭菌后再在卫生条件下饲喂。

许多乳清产品都可在市场上可买到。这些产品是 AAFCO 公认的,主要有:

1. 乳清粉——是把乳清中的水除去后获得的。它至少含蛋白质11%和最多含乳糖61%。它富含核黄素和泛酸。有些养猪生产者更喜欢给仔猪饲喂食品级的乳清粉,因为食品级的乳清粉质量稳定。优质乳清粉的色泽应该是明亮的奶油色。颜色发暗的产品,是由于乳清中的糖和赖氨酸间发生了美拉德反应造成的,赖氨酸的利用率可能会被降低。

2. 浓缩乳清——是将乳清中的部分水除去获得的。在标签上应该标明这种产品总的乳清固形物的最低百分数。

3. 干燥的乳清可溶物——是除去乳清中的蛋白质,以及除去部分或不除去乳糖,之后烘干这种乳清的剩余物获得的。在标签上必须标明这种产品最低的粗蛋白质和乳糖的百分含量以及最高的灰分百分含量。

4. 浓缩乳清可溶物——是将乳清中的蛋白质除去,以及除去部分或不除去乳糖,之后浓缩这种乳清的剩余物获得的。标签上必须标明固形物、粗蛋白和乳糖的最低百分含量以及最高的灰分百分含量。

5. 水解乳清粉——是烘干乳清的乳糖酶水解残余物获得的。这种产品中总葡萄糖和半乳糖的含量至少为30%。

6. 浓缩水解乳清粉——是蒸发乳清的乳糖酶水解残余物获得的。其中的总固形物至少为50%,葡萄糖和半乳糖占总固形物的百分含量至少为0.3%。

7. 浓缩乳清产品——是蒸发除去乳糖、蛋白质和/或矿物元素部分的乳清获得的。必须在标签上说明固形物、粗蛋白和乳糖的最低百分比以及灰分的最高含量。

8. 干燥乳清产品——是烘干除去乳糖、蛋白质和/或矿物元素部分的乳清获得的。如果正常情况下乳清中的乳糖被除去,得到的干燥残余物就称为干燥乳清产品。在标签上必须标明粗蛋白和乳糖的最低百分比,灰分的最高百分比。(干燥乳清产品是一种富含水溶性维生素的来源)

9. 浓缩培养乳清——是除去培养乳清中的部分水后获得的。必须在标签上说明固形物的最低百分含量。

其他奶产品

其他可利用的地域性奶产品包括:(1)牛奶食品副产品;(2)改良浓缩乳清可溶物;(3)干燥乳清蛋白质浓缩物;(4)人工菌干燥乳清产品;(5)人工菌干乳清;(6)干燥的巧克力奶;(7)干奶酪;(8)干奶酪产

品。各种产品的描述见 AAFCO(2003)。

海产品

早期的水产业主都将水产废弃物倒入海中。后来,将有些废弃物在高温下干燥——通常在敞开的火焰干燥器中进行——用做肥料。大约在 1910 年,人们发现鱼罐头厂的废弃原料和不能吃的鱼是家畜很好的蛋白质源(图 10.9)。此外,实验站开展了一些工作确定这些现在广泛用于猪和禽日粮中的新产品的饲喂价值。

鱼粉

鱼粉是将新鲜的的全鱼或鱼的切块或二者皆有进行清理、干燥和粉碎而获得,其中的鱼油有的被提取了,有的没有被提取。如果鱼粉含盐量超过 3%,食盐的总量必须是鱼粉品牌名的一部分。食盐的量绝不能超过 7%。

图 10.9　装满秘鲁鳀的船舱(Engraulis ringens)。(国家海洋和大气局 Jose Cort 渔业收藏)

鱼粉是水产业的副产物,其饲喂价值随以下情况而变化:

1. 干燥方法。 干燥可以是真空、蒸汽或火焰干燥。较陈旧的火焰干燥法是将产品在高温下进行,这种方法使蛋白质的消化性降低,并使一些维生素遭到破坏。

2. 所用原料的种类。 原料可能来源于包装鱼过程中或罐头生产厂产生的碎屑、或经提取或未提取鱼油的全鱼。由碎屑生产的鱼粉含大量的鱼头,因其品质低和蛋白质消化率低而不很受欢迎。尽管没有比较不同鱼粉的饲喂效果,但是,如果将优质的原料进行适当的加工并且其脂肪含量适度时,很显然,所有的鱼粉都是令人满意的。鱼粉脂肪含量高时就被认为是低质量的,因为脂肪含量高可能会将鱼腥味传递到蛋、肉和奶中,这种鱼粉在贮存过程中很容易产生腐臭味。通常使用的鱼粉来源包括以下几种:

鲱鱼粉——是美国东部使用最普遍的一种鱼粉(图 10.10)。它由捕获来主要利用其鱼油的青鱼(一种非常肥而不适合做人类食品的鱼)生产而成。这种鱼粉是在提取完大部分的鱼油后干燥其残余物而获得。

沙丁鱼粉——是由沙丁鱼罐头废弃物和全鱼生产而成,主要在美国西海岸地区。

青鱼粉——是太平洋西北和阿拉斯加地区生产的一种高级产品。

鲑鱼粉——是太平洋西北和阿拉斯加地区鲑鱼罐头工业的副产物。

白鱼粉——是一种为人类生产食品鳕鱼和黑线鳕鱼后的副产品。其蛋白质品质非常好。

应该从信誉好的公司以蛋白质为基础购买鱼粉。鱼粉的蛋白质含量根据鱼的品种不同从 60%～

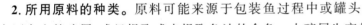

图 10.10　一艘在桅杆上设有了望台以寻找鲱鱼群迹象的鲱鱼捕鱼船。(国家海洋和大气局 Jose Cort 渔业收藏)

70%变化不等。鱼粉作为一种猪的蛋白质添加物,其质量比植物和动物副产物的高。优质鱼粉中

92%～95%的蛋白质是可消化的。如果加工不当或贮存不好,蛋白质的消化率显著降低。由于鱼粉是经过蒸煮的,其中的某些氨基酸,特别是赖氨酸、胱氨酸、色氨酸和组氨酸会失活,如果采取适当的加工技术,氨基酸的损失将会降到最低。

鱼粉是一种极好的矿物质源。钙和磷特别丰富,分别达 3%～6% 和 1.5%～3.6%。许多微量元素尤其是猪需要的碘可通过添加部分鱼粉而提供。

大多数的脂溶性维生素在提取鱼油的过程中损失了,但还保留有相当多的 B 族维生素。无论用何种方法加工鱼粉,鱼粉都是最富含维生素 B_{12} 的来源之一。

鱼粉和下脚料或肉粉的区别是鱼粉对于牧场作为育肥的猪而言,不是那么显著。当它作为唯一的蛋白质补充料而添加到牧场猪的玉米饲料中时,鱼粉相当于约 10% 以上的下脚料或肉粉。在一般情况下,由于鱼粉的价格较高,对草地上养的猪通常推荐用一种或多种富含蛋白质的植物料配制日粮。

除了各种可利用的鱼粉,市场上许多加工鱼、螃蟹和虾的副产物也是可用的。其中一些产品将在下面的章节进行说明。

鱼粉残余物——是来自于生产非油性鱼胶的干净的、干燥的、未分解的残余物。这种产品就盐的含量而言与鱼粉相同。

鱼肝和腺粉——是通过干燥鱼的全部内脏而获得。这种产品至少 50% 的干重必须由鱼肝脏组成,而且每磅必须至少含 18 mg 核黄素(40 mg/kg)。

螃蟹粉——是未分解的、粉碎的干燥螃蟹废弃物,包含有蟹壳、内脏和部分或全部蟹肉。这种产品至少含 25% 的粗蛋白。如果食盐含量超过 3%,这部分盐量必须构成商标的一部分。

螃蟹粉中矿物元素的含量非常高,约 40%。螃蟹粉的饲喂规则是 1.6 份的螃蟹粉可以替代 1 份鱼粉。

虾粉——是未分解的、粉碎的虾的废弃物并含有部分和/或全部的虾。如果虾粉中含盐量超过 3%,这部分盐量必须构成商标的一部分。这个产品中食盐的含量决不能超过 7%。

虾粉可经蒸汽干燥或阳光干燥,但前一种方法更好。平均地,虾粉含 32% 的蛋白质和 18% 的矿物质。

浓缩鱼可溶解物——是通过蒸发湿的提取鱼油后的产物中过量的黏结水和液态水而获得,其中除去了部分鱼油。必须保证鱼粉固形物的最低百分含量、粗蛋白的最低百分比和最低的粗脂肪含量。

浓缩鱼可溶解物,含约 50% 的总固形物和 30% 的粗蛋白,是 B 族维生素的丰富来源。鱼的可溶解物尤其富含泛酸、烟酸和维生素 B_{12}。但遗憾的是,浓缩鱼可溶解物不能以固态形式贮存而只能以黏稠状的半固态形式保存。

因此,这种产品在商业混合饲料或猪育肥饲料中的使用大大受限。

干燥鱼可溶解物——是通过脱去黏结水而获得。其中粗蛋白质含量必须不低于 60%。

鱼蛋白质浓缩物——饲料级的鱼蛋白质浓缩物是从干净的、未分解的全鱼或鱼切块,采用溶剂提取过程制备的可食用的全鱼蛋白质浓缩物。其蛋白质含量必须不低于 70%,水分不能超过 10%。如果规定了其精制度,就必须遵循。溶剂残留物不能超过食品添加剂规则中规定的量。

鱼副产物——应当由来源于鱼加工业的未经脂肪提取的、干净的、未分解鱼的部分(例如,但不限于鱼头、鳍、尾、末端、皮、骨和内脏)组成。

干燥鱼蛋白消化产物——是采用酶水解过程生产的干燥的、未分解的全鱼或鱼切块的酶解产物。这种产物不能含骨、鳞和不消化的固形物,鱼油部分或全部被提取。其蛋白质含量不能低于 80%,水分不超过 10%。如果规定了其精制度,就必须遵循。

浓缩鱼蛋白消化产物——类似于干燥鱼蛋白消化产物,除了干物质含量不同外,其蛋白质含量不低于 30%。

干燥鱼消化残留物是来源于生产鱼蛋白消化产物过程的干净的、干燥的、未分解的酶解残留物(骨、鳞、不消化固形物)。必须指明其蛋白质、钙和磷的含量。

单细胞蛋白(SCP)

单细胞蛋白(SCP)是指从单细胞生物体,如在特殊配制的培养基上生长的酵母、细菌和藻类获得的蛋白质。在它们当中,只有酵母才成功地成为家畜的一种日粮蛋白质来源。这种蛋白的生产可以通过石油衍生物或有机废物的发酵实现。

长期以来,酵母被用于烘焙、酿造和蒸馏工业;市售的干酪和其他的发酵食品以及用于食物的贮存和保藏。来源于酿造工业残余物的干啤酒酵母以及来源于木材残渣或其他纤维素源发酵产物的圆酵母,目前均有市场销售。

广泛的原料都可用做这些生物体的生长底物。来自化学、木材和造纸以及食品产业的工业副产物为单细胞生物体提供了相当多的营养来源。比如:(1)粗制和精制石油产品;(2)甲烷;(3)酒精;(4)亚硫酸盐废液;(5)淀粉;(6)糖蜜;(7)纤维素;(8)动物废弃物。

酵母包含大约45%的蛋白质,但是它们用做蛋白质源的不利因素是它们缺乏含硫氨基酸。幸运的是,合成蛋氨酸或蛋氨酸羟基类似物(MHA)已经成为经济的商业产品,因而可弥补酵母的这种不足。

单细胞蛋白的种类

啤酒干燥酵母——它是在啤酒和麦芽酒酿造过程中,由属于植物学分类的酵母 *Saccharomyces* 未经发酵和萃取的一种干燥酵母。其粗蛋白含量必需不低于35%,且必需根据其粗蛋白含量具体标注。

照射干酵母——它是指用紫外线照射以使其具有防治佝偻病的潜力且未经发酵的一种干酵母。当它用做四蹄动物的一种营养成分时,其名称之后可能还附带一个解释性的用语(维生素 D_2 来源)。

干燥圆酵母——它是由从其生长繁殖的培养基中分离得到的、属于植物学分类(球拟酵母属)的假丝酵母 *Candida utilis*(以前称球拟酵母)未经发酵的一种干燥酵母。其粗蛋白含量必须不低于40%。

有关单细胞蛋白的问题

单细胞蛋白作为人、畜的一种高蛋白来源的潜力是巨大的,然而,要使它能被广泛使用还必须克服许多障碍。尽管用单细胞蛋白饲喂家畜可能并没有产生有关生理机能方面的问题,但仍有必要对消费群体做出证明——消费饲喂单细胞蛋白的动物产品不会产生问题。这些问题包括适口性、消化率、核酸含量、毒性、蛋白质量以及经济成本。市场上有为数不多的啤酒酵母和圆酵母形式的单细胞蛋白产品,但由于这些产品通常价格太昂贵以至于不能用做猪日粮的一种主要蛋白源。

适口性——如果要改善微生物细胞的适口性,就必须进行加工处理,否则,动物不愿采食。酵母味微苦,藻类和细菌也具有不好的味道,因而降低了动物对它们的采食量。

消化率——要想使单细胞蛋白能与传统的蛋白饲料媲美,具有较高的消化率,就必须建立一种有效的制作方法。不同的单细胞产品,其消化率也表现出极大的差异。若单独饲喂藻类,其消化率较低,但若与其他饲料混合使用,则可改善其消化率。如果在用做饲料饲喂之前,不杀死这些单细胞产品中的生物体,那么它们的消化率就会显著降低。某些加工处理方法可以提高一些单细胞蛋白产品的消化率。比如,如果在使用前对藻类进行加热处理,在多数情况下可使它的消化率提高2倍。然而,在杀死酵母后再进行加工则几乎不影响其消化率。

核酸含量——在单细胞生物体中所发现的绝大部分氮是以核酸形式存在的。核酸的嘌呤经新陈代谢后便形成尿酸。人类的尿酸相对不溶解,结果导致肾结石或痛风的发生。因而,近年来开展了一些研究,旨在降低体内尿酸的浓度。

毒性——使用单细胞蛋白出现的毒性可能有两种来源:(1)微生物群自身产生的毒素;(2)微生物被污染。第 2 种类型的风险可能更容易发生。多数单细胞蛋白都是以加工副产物作为培养基或底物,通过培养加工而成。因此,微生物群在某些方面就反映了这些副产物的化学组成。比如,如果在这些副产物中含有诸如杀虫剂或大量的微量矿物质等化学残留,那么,由此得到的微生物就有很大的可能吸收了这些化学物质。当家畜食用这些被污染的微生物时,中毒就可能发生。所以,在广泛使用单细胞蛋白产品之前,要让人们以及他们的健康机构信服就比较麻烦。

蛋白质量——至今的研究表明,单细胞蛋白缺乏含硫氨基酸,赖氨酸和异亮氨酸也有可能缺乏。尽管单细胞蛋白的氨基酸比起谷物类饲料更为平衡,但是仍很明显地不及传统的蛋白添加物。然而,它的这种劣势通常可以通过添加商业性的蛋氨酸或通过与其他蛋白源组合使用得到消除。同时,基因工程的发展,有望生产出含有理想氨基酸的新的微生物产品。

经济成本——只要更多的传统蛋白源,如油子粕、肉粉、鱼粉、鸡蛋粉和牛奶制品能够以合理的价格购买,那么单细胞蛋白的选用就相对地较少。

如今是一个关心我们生活环境质量的年代,这意味着更需重视将工业副产物转化为可供人、畜利用的日用品。单细胞蛋白就是解决可能面临的挑战的一种方式。

混合蛋白质补充料

随着对可获得蛋白质源的逐渐认识,发现蛋白质补充料可以混合使用,进而满足不同年龄的猪的需要且成本也很满意。添加有矿物质和维生素的蛋白质补充料可以直接从市场上买到,或者在饲养场通过自己混合而得。之后,它们就可与不同的谷物组合,配制成所需蛋白质水平的日粮。表 10.3 和表 10.4 给出了 35％ 和 40％ 蛋白质补充料的推荐配方,而表 10.5 列出了得到不同蛋白水平的日粮时,这些蛋白质补充料(40％ 和 35％)与不同谷物的可能组合(这些日粮的特殊使用情况,参见第七章)。

随着猪的体成熟,蛋白质、钙和磷的需要量的比例也会发生改变。不幸的是,这些营养物质在全价蛋白质补充料中的比例是固定的,因而使它们限制在一个有限的生长阶段范围内使用。表 10.3 和表 10.4 中的脚注 1 指出了这些补充料因为在日粮中钙水平超量,同时一些其他营养物质又不平衡,所以对仔猪(1~5 阶段)来说,其营养不平衡。

这种不平衡导致了矿物质和维生素预混料的使用,让它与谷物和蛋白质源相混合,尤其是日粮中的钙和磷是由石灰石和磷酸二钙或其他磷源所提供的。

表 10.3 生长猪 35％的蛋白质补充料

项目	蛋白质补充料,2.25％赖氨酸[1]				
	蛋白质	1	2	3	4
成分					
豆粕,浸提	44.0％	737.40	578.40	457.90	582.90
去皮豆粕	47.5％				
玉米烧酒糟残液	27.0％			175.00	
肉骨粉	50.9％		150.00	145.00	157.50
小麦次粉	16.5％	166.00	225.00	170.00	165.00
鱼粉,鲱鱼	61.2％				50.00
L-赖氨酸·HCl				3.50	
石粉		44.00	21.50	23.50	19.50
磷酸氢钙		27.50			

续表 10.3

项目	蛋白质补充料,2.25%赖氨酸[1]			
	蛋白质	1	2	3	4
食盐		15.00	15.00	15.00	15.00
微量矿物质预混料		4.50	4.50	4.50	4.50
维生素预混料		5.60	5.60	5.60	5.60
饲料添加剂[2]		—	—	—	—
总计		1 000.00	1 000.00	1 000.00	1 000.00
计算分析:					
赖氨酸/%		2.25	2.26	2.26	2.26
苏氨酸/%		1.35	1.35	1.27	1.34
色氨酸/%		0.50	0.45	0.40	0.45
蛋氨酸+胱氨酸/%		0.94	0.95	0.91	0.94
粗蛋白/%		35.18	36.80	35.41	36.39
代谢能/(kcal/lb)		1 309	1 310	1 304	1 242
钙/%		2.50	2.50	2.51	2.50
总磷/%		1.14	1.26	1.23	1.25
有效磷/%		0.75	0.75	0.75	0.75

注:[1]这些补充料因为钙超量以及其他营养物质的不平衡,不能用于1~5阶段(仔猪)。

[2]经美国食品和药物管理局批准,饲料添加剂可以不同的水平添加。

来源:ISU 生命周期猪营养,1996。

表 10.4　生长猪 40%的蛋白质补充料

项目	蛋白质补充料,2.25%赖氨酸[1]			
	蛋白质	5	6	7	8
成分					
豆粕,浸提	44.0%				
去皮豆粕	47.5%	824.40	638.15	504.90	633.40
玉米烧酒糟残液	27.0%			100.00	
肉骨粉	50.9%		182.50	197.50	200.00
次小麦粉	16.5%	62.50	127.50	147.50	70.00
鱼粉,鲱鱼	61.2%				50.00
L-赖氨酸·HCl				3.50	
石灰石		46.50	19.00	18.00	16.00
磷酸二钙		38.00	4.25		2.00
食盐		17.50	17.50	17.50	17.50
微量矿物质预混料		5.00	5.00	5.00	5.00
维生素预混料		6.10	6.10	6.10	6.10
饲料添加剂[2]		—	—	—	—
总计		1 000.00	1 000.00	1 000.00	1 000.00
计算分析					
赖氨酸/%		2.55	2.55	2.55	2.55
苏氨酸/%		1.60	1.58	1.45	1.56
色氨酸/%		0.58	0.52	0.45	0.51
蛋氨酸+胱氨酸/%		1.19	1.16	1.08	1.15

续表 10.4

项目	蛋白质补充料,2.25%赖氨酸[1]			
	蛋白质 5	6	7	8
粗蛋白/%	40.19	41.71	39.52	41.42
代谢能/(kcal/lb)	1 356	1 345	1 326	1 277
钙/%	2.80	2.80	2.80	2.80
总磷/%	1.29	1.44	1.42	1.42
可利用磷/%	0.87	0.87	0.87	0.87

注:①这些补充料因为钙超量以及其他营养物质的不平衡,不能用于1～5阶段(仔猪)。

②经美国食品和药物管理局批准,饲料添加剂可以以不同的水平添加。

来源:ISU 生命周期猪营养,1996。

表 10.5　表 10.3 和表 10.4 中的补充料使用举例[1]

生长阶段[2]	6		8		10		12	
瘦肉适中的猪体重/lb	37～51		69～91		118～150		188～233	
成分								
玉米	550.0	616.5	665.0	710.0	750.0	780.0	818.5	845.0
35%蛋白质补充料	450.0		335.0		250.0		180.0	
40%蛋白质补充料		383.5		290.0		220.0		153.0
石灰石							1.5	2.0
总计	1 000.0	1 000.0	1 000.0	1 000.0	1 000.0	1 000.0	1 000.0	1 000.0
计算分析								
赖氨酸/%	1.15	1.13	0.92	0.92	0.75	0.76	0.61	0.60
苏氨酸/%	0.77	0.78	0.66	0.68	0.59	0.60	0.52	0.53
色氨酸/%	0.23	0.23	0.19	0.19	0.17	0.17	0.14	0.14
蛋氨酸+胱氨酸/%	0.63	0.66	0.57	0.60	0.53	0.55	0.49	0.50
粗蛋白/%	20.24	20.09	17.11	17.14	14.80	14.94	12.88	12.79
代谢能/(kcal/lb)	1 403	1 436	1 437	1 460	1 462	1 478	1 480	1 493
钙/%	1.14	1.09	0.86	0.83	0.65	0.64	0.53	0.53
总磷/%	0.67	0.67	0.57	0.57	0.50	0.50	0.43	0.43
可利用磷/%	0.36	0.36	0.28	0.28	0.22	0.22	0.17	0.17

注:①这些补充料因为钙超量以及其他营养物质的不平衡,不能用于1～5阶段(仔猪)。

②参见第七章的表 7.13,以确定生长的阶段。

来源:ISU 生命周期猪营养,1996。

学习与讨论的问题

1.植物的哪一部分蛋白质含量最高?

2.什么是"蛋白质质量"?

3.讨论植物和动物蛋白源的相对重要性。近年来有哪些蛋白源越来越重要? 你为什么这样认为?

4.解释为什么猪对粗蛋白没有一个特定的需要量?

5.分别说出来源于(a)植物和(b)动物的 5 种可供选择的氨基酸(蛋白质)源。

6.讨论下列每一个问题:

　　a.豆粕作为猪日粮的唯一蛋白质补充料来源;

　　b.理想蛋白质;

　　c.限制性氨基酸;

　　d.氨基酸可利用率；

　　e.以可利用赖氨酸为基础配制猪的日粮；

　　f.结晶氨基酸再猪日粮中的应用。

7.列举出常用的油子粕。为什么它们被称为油子粕？

8.讨论含油种子相对于豆粕的饲用价值。

9.详细说明豆荚类种子。列举出豆荚类种子的 3 种类型，并指出当豆荚类种子用做食物或饲料时应该注意些什么。

10.什么是紫花苜蓿粉？它在猪日粮中的价值是什么？

11.全脂大豆和生大豆都有些什么成分？它们是怎样使用的？

12.什么是喷雾干燥猪血浆粉和喷雾干燥血粉？这些产品是怎样使用的？

13.乳制品的使用局限有哪些？

14.什么是乳清？它有哪些营养价值？

15.列举出一些常用的鱼粉，并描述它们的饲用价值。

16.浓缩鱼可溶物指的是什么？

17.什么是单细胞蛋白？目前有用做动物饲料的吗？

18.简单讨论单细胞蛋白固有的利与弊？

19.描述 35％和 40％的蛋白质补充料以及它们在配制日粮时的使用和限制性。

主要参考文献

Animal Feeding and Nutrition，9th ed.，M. J. Jurgens，Kendall/Hunt Publishing Co.，Dubuque，IA，2002

Applied Animal Nutrition，*Feeds and Feeding*，2nd ed.，Peter R. Cheeke，Prentice Hall，Upper Saddle River，NJ，1999

Association of American Feed Control Official Publication，Association of American Feed Control Officials，Inc.，Oxford，IN，2003

Feeds and Nutrition，2nd ed.，M. E. Ensminger，J. E. Oldfield，and W. Heinemann，The Ensminger Publishing Company，Clovis，CA，1990

Nontraditional Feed Sources for Use in Swine Production，P. A. Thacker and R. N. Kirkwood，Butterworth Publishers，Stoneham，MA，1990

Pork Industry Handbook，Cooperative Extension Service，Purdue University，West Lafayette，IN，2003

Swine Production and Nutrition，W. G. Pond and J. H. Maner，AVI Publishing Co.，Inc.，Westport，CT，1984

第十一章 饲草和草地生产

紫花苜蓿草地上的 A 型棚。(爱荷华州立大学 palmer Holden 提供)

内容

优良草地的理想特征

目标

学习本章后,你应该:

1. 了解草地系统怎样适合猪肉生产。

2. 了解豆科牧草、青花菜、草原牧草的相关优点。

3. 理解大猪限饲牧草的原因。

4. 能够设计一个辐射状的牧场系统。

5. 了解在猪日粮中使用饲草的规定成分。

    猪的消化系统决定了它不能像羊和牛一样消化大量的牧草或粗饲料。但是,体重为 400 lb 的大母猪却可以消化相当数量的粗饲料。好的饲草也能够提供高质量的蛋白质和一定的维生素,因此能降低总的饲养需要。使用那些含有紫花苜蓿、白三叶和其他饲草的优质草地,能够降低母猪的饲料成本并且帮助公猪维持较高的繁殖能力。而且,在很多情况下,与舍饲系统相比,能增加产仔数。

    草地养猪在英格兰和威尔士非常流行,在 1998 年有 29% 的母猪群是在户外饲养的,而且,有 17.5% 的母猪在户外产仔。西欧的许多动物福利法规定,猪舍要铺垫草或户外饲养,也同样增加了户外生产的数量。尽管草地生产对动物福利和环境友好有潜力,但是,这种潜力的发挥主要取决于养猪生产者。

    在美国,草地户外生产只是猪肉生产的一个次要部分。生产者通常将拥有坡地作为最好的草地保护起来,以免受侵蚀。很多户外生产者有自己生产猪肉的市场营销方案,以保证小规模生产能获得更多的利润。

    关于草地养猪在节约饲料方面的研究结果差异较大。主要与草地类型、生猪年龄及管理体系有关。数据表明,对于生长和肥育猪将节省 3%～5% 的谷物和多达 1/3 的所需蛋白质。在草地上饲养种猪能获得显著的效益,因为这样便于它们随时补充额外的营养。

草地还能提供好的卫生设施和疾病控制方案。阳光在土壤干燥的条件下,是一种很好的消毒剂,而且可以提供更多的空间来减少猪与猪之间的疾病传播。在放牧过1季猪的草地上,可以在接下来的2年时间里放牛或用来收割干草。2年以后又可以再次放牧猪群了。这种间歇式的放牧可以减少微生物在不同猪群之间的传播。猪的疾病一般不会传播给牛,反之亦然。

优良草地的理想特征

虽然没有哪一块草地在各方面都比其他草地好,但以下几点可以作为选择草地养猪的标准。

1)适应当地的土壤和气候特点。

2)适口、多汁。

3)适宜载畜和放牧。

4)种植简单、成本低。

5)能在短期内提供鲜嫩多汁的饲草,或能够长时间内持续生长。

6)与其他饲草相比,含有更多的蛋白质、维生素和矿物质以及相对较低的粗纤维。

7)载畜量高。

8)满足轮作的要求。

9)未感染疾病或寄生虫。

美国大部分的草地都有1种或多种豆科牧草可以基本满足以上要求,而且,可以从它们其中选择而不用担心猪会得臌胀病,因为猪不像牛、羊那样容易感染这个病。

当然也没有一种牧草完全具备适合放牧猪应具备的所有特性。没有一种可以全年,尤其是在特别寒冷或干燥气候条件下生长的饲草,因此要在某一种草的生长高峰期,进行收割贮存以备牧草生长低谷期时的生产需要。所以,先进的养猪生产者必须:(1)种植多种牧草;(2)做好全年各月的计划;(3)保证全年都有牧草饲喂,或者早春或晚秋时在特殊的地区放牧。总之,综合采用常年生牧草和季节性牧草会获得最佳效果。

选中的牧草应该是多汁、高产、适口、富含蛋白质和维生素,而且有适当长度的生长期。总的来说,周期短的饲草比周期长的饲草更适合养猪生产,尤其是从控制疾病的角度来说。

草地类型和组成

饲草分析

表11.1列出了各种饲草的平均营养成分。饲草分析是实际日粮配方的基础。粗蛋白、钙、磷可以在大多数具有分析能力的实验室里以较低的成本进行化验。另外,大多数实验室提供中性洗涤纤维(NDF)和酸性洗涤纤维(ADF)分析。

NDF所含的纤维组分包括细胞壁、纤维素、半纤维素和木质素。木质素无法被消化,只有30%～40%的纤维素、半纤维素可以被消化。随着纤维含量的增加,牧草中所含的能量和粗蛋白的含量就会减少。ADF是中性洗涤纤维的附属物,含有纤维素和木质素。两者的水平越低,对猪来说就越理想。

遗憾的是,只有少量饲草的氨基酸含量分析数据。因为饲草一般都是用来饲喂反刍动物的,不需要把氨基酸含量作为营养需要来考虑。表11.1的数据只能给日粮配方提供少量的信息。然而,在评估各种饲草对猪的营养满足方面,就需要很好地重视。

表 11.1　一些饲草作物的营养成分(以干物质为基础)[①]

饲草种类	国际饲料编号	干物质/%	代谢能/(kcal/kg)	粗蛋白/%	乙醚抽提物/%	粗纤维/%	NDF%	ADF/%	钙/%	磷/%
							IFN			
苜蓿,新鲜		23.4	2 224	18.9	3.15	26.5	47.1	36.8	1.29	0.26
苜蓿,新鲜,全花	2-00-188	23.8	1 181	19.3	2.6	30.4	38.6	35.9119		0.26
苜蓿干草,经日晒,嫩花	1-00-059	90.5	2 170	19.9	2.9	28.5	39.3	31.9	1.63	0.21
苜蓿干草,经日晒,全花	1-00-068	90.9	1 990	17.0	3.4	30.1	48.8	38.7	1.19	0.24
苜蓿粉,脱水	1-00-022	90.4	2 130	17.3	2.4	29.0	55.4	37.5	1.38	0.25
苜蓿青贮	3-00-216	44.1	2 280	19.5	3.7	25.4	47.5	37.5	1.32	0.31
大麦青贮		37.1	2 170	11.9	2.9	—	56.8	33.9	0.52	0.29
草地早熟禾,营养早期	2-00-777	30.8	2 600	17.4	3.5	25.2	55	29	0.50	0.44
雀麦草 无毛,营养早期	2-00-956	26.1	2 168	21.3	4.0	23.0	47.9	31.0	0.55	0.45
雀麦草,无毛,干草,经日晒,花期	1-05-633	87.6	2 030	14.4	2.2	31.9	57.7	36.8	0.29	0.28
三叶草,白三叶,营养早期	2-01-380	19.3	2 460	25.8	4.6	13.9	35	33	1.27	0.35
三叶草,白三叶,干草,经日晒	1-01-378	89.1	2 170	22.4	2.7	20.8	36.0	32.0	1.45	0.33
三叶草,红三叶,新鲜,开花早期	2-01-428	19.6	2 490	20.8	5.0	23.2	40.0	31.0	2.26	0.38
三叶草,红三叶,干草,经日晒	1-01-415	88.4	1 990	15.0	2.8	30.7	46.9	36.0	1.38	0.24
玉米,黄粒,青贮,穗完好	3-28-250	34.6	2 600	8.65	3.09	19.5	46.0	26.6	0.25	0.22
燕麦,干草,经日晒	1-03-280	90.7	1 910	9.5	2.4	32.0	63.0	38.4	0.32	0.25
燕麦,青贮	3-03-296	36.4	2 130	12.7	3.12	31.8	58.1	38.6	0.04	0.05
鸭茅,新鲜,花期	2-03-443	27.4	2 060	10.1	3.5	33.5	57.6	35.6	0.23	0.17
油菜,新鲜,开花早期		11	1 232	23.5	3.8		—	—	—	—
黑麦草,新鲜	2-04-073	22.6	3 040	17.9	4.1	20.9	61.0	38.0	0.65	0.41
黑麦草,常年生,干草,经日晒		86	986	8.6	2.2		—	—	0.65	0.32
高粱,青贮	3-04-323	30	2 170	9.39	2.64	26.9	60.9	38.8	0.49	0.22
高粱,苏丹草,新鲜,花期		23	1 036	8.8	1.8		25	34	0.43	0.36
甜三叶,黄色,干草,经日晒		87	886	15.7	2.0		—	—	1.27	0.25
猫尾草,新鲜,营养晚期	2-04-903	26.7	2 390	12.2	3.8	32.1	55.7	29.0	0.40	0.26
猫尾草,经日晒,开花早期	1-04-882	89.1	2 130	10.8	2.8	33.6	61.4	35.2	0.51	0.29
猫尾草,经日晒,开花期	1-04-884	89.4	2 030	8.1	2.9	35.2	64.2	37.5	0.43	0.20
车轴草,牛角草,新鲜	2-20-786	19.3	2 390	20.6	4.0	21.2	46.7	—	1.74	0.26
车轴草,牛角草,干草,经日晒	1-05-044	90.6	2 130	15.9	2.1	32.3	47.5	36.0	1.70	0.23
小麦,新鲜,营养早期	2-05-176	22.2	2 640	27.4	4.4	17.4	46.2	28.4	0.15	0.13
小麦,干草,经日晒	1-05-172	88.7	2 100	8.7	2.2	29.0	68.0	41.0	0.15	0.20
小麦,青贮	3-05-184	34.2	2 060	12.5	6.09	26.8	60.7	39.2	0.44	0.29

注:①列出的是牛的代谢能,因为猪没有可以比较的数据。同样地,很多饲草的氨基酸含量是未知的。

来源:普渡大学合作推广处,猪肉工业手册,PIH-126,1998;肉牛的营养需要,国家科学出版社,1996。

饲草的质量随其成熟度急剧下降。表 11.2 给出了不同生长期收获的苜蓿干草粗蛋白、纤维素、NDF 和 ADF 的含量,随着成熟度的不断增加,干草的粗蛋白含量下降,纤维素、NDF 和 ADF 逐步升高。

表 11.2　成熟度对日晒苜蓿干草的质量的影响[①]　　　　　　　　　　%

生长阶段	干物质	粗蛋白	纤维	NDF[②]	ADF[②]
早期	90.5	19.9	28.5	39.3	31.9
中期	91.0	18.7	28.0	47.1	36.7
全盛期	90.9	17.0	30.1	48.8	38.7

注:①成分的能值是以干物质为基础的;

　　②NDF 为中性洗涤纤维,ADF 为酸性洗涤纤维。

来源:肉牛的营养需要,国家科学出版社,1996。

豆科牧草

豆科牧草是一种能和细菌共生，从而能将空气中的氮固定下来的一种植物。对猪来说，最经常用到的豆科牧草包括：紫花苜蓿、杂三叶草、车轴草、深红三叶草、白三叶草、胡枝子属、大豆饲草、红三叶草、甜三叶等(图 11.1)。

很多豆科牧草与其他牧草相比，富含蛋白质、钙和胡萝卜素等营养成分。它们还能提供除维生素 D 和维生素 B_{12} 之外的大量的其他维生素。下面将讨论这类牧草。

图 11.1　德克萨斯州辐射状草地上的妊娠母猪。(德克萨斯理工大学 John McGlone 提供)

紫花苜蓿——大多数关于猪饲草的研究都会涉及紫花苜蓿。它是一种最实用的牧草，它不仅可以用来放牧，做青贮还可以补充饲料中的营养成分。正是因为它的这些优点，它更适合种猪而不是育肥猪饲用。其潜在的优点还在于，妊娠期和哺乳期饲喂苜蓿可以改善仔猪的成活率，减少母猪的淘汰率。

一些研究表明，紫花苜蓿作为干草或青贮可以添加适量的钙、磷、盐和微量元素，代替 97% 的日粮组成。因为苜蓿与谷物相比能量较低，所以要通过大量饲喂来满足妊娠母猪每天 5 000～6 000 kcal 代谢能的需要。然而，在商业猪生产中，苜蓿在妊娠母猪的日粮组成中，不能多于 50%。饲喂脱水苜蓿成本较高。

对于生长猪来说，如果苜蓿含量在日粮中的组成不超过 5%，生长速度和谷物日粮的猪几乎没有区别。如果超出了这个水平，在采食量、饲料效率和生长速度等方面就会比全谷物日粮差。

杂三叶草——这种植物可以提供很好的茎叶，并且可以在那些对于红三叶来说，酸度大或湿度大的环境下生长。常在混合草地使用它。

车轴草——它在适口性和营养组成上都与紫花苜蓿相似。与苜蓿不同的是，它可以在干旱贫瘠的土地上生长。尽管在肥沃的土地上没有苜蓿的产量高，但是在那些较湿润的地方，车轴草的产量是可以超过紫花苜蓿的。大部分品种在较寒冷的地区会长得更好一些。它会在几年的时间里超过红三叶草。

深红三叶草——深红三叶草经常在春天提供优质的牧草，而在一些温暖的气候下，冬天也可以使用。

白三叶草——在适宜的条件下，这种草的产量没有紫花苜蓿高。但是它比紫花苜蓿含有更优质的蛋白质和更低的纤维素。它在美国的东北部、北部或气候类似的地区，都可以作为主要的牧草得到很好的应用。

胡枝子属——也叫做日本三叶草。对猪来说，它的适口性只比甜三叶好一些。它只有到中夏时才能开始放牧，而且它只有在碱性肥沃土壤中才会适宜生长。所以，它可以在红三叶不能生长的地区种植。

红三叶草——它是一种短期生长的植物，相对来说，很容易在那些对于紫花苜蓿来说太酸或太湿的土地上长期生长。红三叶草不像紫花苜蓿那样，可以在早春产出大量的牧草，但是它的抵抗力更强一些。它很适宜放牧或者做青贮。在没有过度放牧和过度成熟的情况下，它可以在大多数生长季节里提供优质的牧草。一些研究表明，猪采食红三叶草和紫花苜蓿的生长速度是一样的。

大豆饲草——大豆作为青绿牧草，没有紫花苜蓿、红三叶草和白三叶草的营养价值高。大豆应该成行种植以免被践踏。与其他牧草不同的是，大豆不能在顶端重新生长，也不像紫花苜蓿和三叶草那样，对土壤肥力要求那么高。在炎热气候条件下，在相同时期内，大豆的产量会比其他豆科牧草高。

猪在采食成熟大豆时要搭配谷物,同时加强维生素和矿物质的摄取。尽管如此,生大豆中的抑制因子会妨碍猪有效地利用日粮中的蛋白质。另外,大豆油脂会使胴体变软。

甜三叶草——对于猪来说,甜三叶草的适口性不好,所以,可以在那些需要改良的土壤上种植。尤其是那些不适宜种苜蓿和其他三叶草的地块上种植红三叶。如果在春天播撒两年生的甜三叶草,那么第1季比第2季收获的更加鲜嫩多汁,适口性更好一些。

白三叶草——对于那些终年放牧的草地来说,白三叶草是一种最合适的豆科牧草,尤其是在那些含有早熟禾牧草的草地上。白三叶草不但产量很高,而且可以适应多雨的气候。白三叶草是一种大株型的白三叶草,而荷兰三叶草和普通白三叶草是小株型的。

芸薹

芸薹属于芥菜属,而且包括很多蔬菜,像椰菜、甘蓝和芜菁。然而,只有油菜子对猪的饲喂有重要的作用。

油菜——油菜是芸苔属一种产量高、生长速度快的一年生饲草。相关种属还包括羽衣甘蓝和蕉青甘蓝。当为了避免过度放牧时,油菜作为猪的优质饲草,可以在一个长的生长季节里为猪提供丰富美味的饲草。但是潮湿的草地放牧时,容易导致光过敏性皮炎,尤其是白猪对此更加敏感。

草原牧草

草原牧草与豆科牧草和油菜相比,作为猪饲料其营养价值很低。在草嫩绿的时候,蛋白质含量还可以,但是水分的含量太高。当它成熟后,营养成分却降得太低。

早熟禾——早熟禾可以作为永久饲草来喂猪。这种草地可以很早就开始放牧,但是它的蛋白质的含量没有豆科牧草的高,而且在最炎热的夏季通常会停止生长。

无毛雀麦草——雀麦草是一种能抵挡住重牧的适口性好的牧草。它在早春就可以发育,使它比其他豆科牧草有更长的放牧期。研究表明,在雀麦草草地上放牧的猪比在苜蓿地上要多补充一些谷物和补充料。因此,可以将雀麦草和豆科牧草混播。

鸭茅——鸭茅属于多年生植物,耐践踏。如果不及时放牧或收割储藏则会生长过高过老而失去其饲料价值。

苏丹草——苏丹草是一年生植物,猪喜食,密植则能在其他植物休眠的炎热夏季里提供丰富的牧草。苏丹草在生长早期含有氰,在一定条件下,例如,萎蔫、践踏、咀嚼、霜冻、干旱,会转变为氢氰酸(氢氰酸对猪及反刍动物有剧毒!)。由于反刍动物的瘤胃 pH 值近中性,反刍动物对氰的反应比单胃动物更加强烈。只有在草高 18～24 in 时进行放牧才可避免中毒。由于苏丹草蛋白质含量低,最好用它来饲喂母猪和育肥猪。

猫尾草——猫尾草可承受重牧,但它只应该作为混合牧草的次要成分,因为它不像其他牧草那样必不可少。

冬黑麦——冬黑麦在每年的夏季末播种,可以为冬天和早春时节提供饲草。最佳的播种时间是能使植物进入冬眠之前有足够的时间将根扎好。当冬春时节进行放牧时,每英亩草地最多能放 8 头生长猪或 3～5 头母猪。

冬小麦和大麦——冬小麦和大麦是两种至少跟黑麦一样有营养又可口的谷物类作物,但它们没有像黑麦那样高的产量,也不能重牧。注意,新鲜小麦饲草比大麦含有更丰富的粗蛋白。

猪和草地管理

对放牧家畜和草地的有效管理是相辅相成的,它们无法分开。都需要投入精力去取得最大回报。

简言之,好的生产者、好的草地、好的生猪是一体的。

关于草地养猪饲料存储的研究报告相当多样化,关键取决于草地类型、猪的日龄和管理系统。资料表明,存储量能为生长育肥猪提供 3%～10% 的谷物和大约 1/3 的蛋白质。草地对饲养种猪尤更有益处,因为它们很容易提供额外的营养成分。实践中,饲养者要对以下的牧草管理要素多加注意。

1. 保持饲草的质量

a. 提供鲜嫩多汁的饲草。随着牧草的成熟,它们由于纤维含量增大,蛋白和维生素含量下降,不再有那么好的适口性和高的营养含量。在牧草生长季节进行刈割是一种很好的保持牧草鲜嫩多汁的方法。刈割也是一种消灭杂草和控制寄生虫的有效途径(后者是因为暴露使粪便干燥)。第 1 条要遵守的规则是放牧要保持牧草的高度不低于 3～6 in。

b. 防止过度放牧。避免连续过度放牧。这样可以保留足够的牧草使得每个季节有 1～2 种可以收割的干草。

c. 载畜量。如果草地是放牧猪的一个很重要的营养来源的话,一个成功的草地管理体系是很重要的。建议的载畜量(表 11.3)完全依赖于土壤的肥沃程度、牧草质量、时间和猪的采食量。

d. 鼻环。猪拱土很容易毁坏植被。当这种行为具有破坏性的时候,动物就应该上鼻环,只要安装正确,给猪嘴上任意一种鼻环都是可行的。

表 11.3　推荐草地载畜量[①]

项　目	每英亩/头	每公顷/头
妊娠母猪	8～12	20～30
母猪带仔	6～8	15～20
从断奶到 100 lb 的生长猪	15～30	37～75
从 100 lb 到上市猪	10～20	25～50

注:①这些推荐是假设利用了在足够湿度条件下优质的豆科牧场。载畜量取决于土壤肥力、草地质量和时节。
来源:密苏里大学,Publ G2360,1993。

出于本性,很多猪都拱土,这对于牧草尤其有害。当拱土开始之后,猪需要加装鼻环,这项措施适用于所有断奶后的猪。大猪应该被绳索或鼻子上加装的鼻环所限制,小猪应该予以阻止。

很多种鼻环能够并且已经成功地应用,但三角形或鱼钩形最常见(图 11.2)。鼻环(一般 1～3 个)被装在猪鼻上,在软骨的后面,但要远离骨头;也有生产者喜欢把鼻环穿在隔膜上(图 11.3)。

图 11.2　猪鼻环和鼻环钳。通常在鼻软骨上打上至少 2 个环。(爱荷华州立大学 Palmer Holden 提供)

图 11.3　一头生长育肥猪带了 2 个鼻环。草地饲养的猪通常需要鼻环来防止饲草被破坏。(猪肉工业手册,普渡大学)

e. 水池。草地应该在降雨或灌溉时被保护起来,把猪赶走,直到土地彻底干透,以防止地上形成水池。猪会在水池附近迅速的毁坏植被。

2. 围栏

a. 永久草地。很多生产者安装固定的边界围栏而不是用带低压电的临时间隔围栏。固定围栏应该用于小面积猪群密集的地方,用 32～36 in 网制围栏,网高 6 in。更大的区域(10 acre 或以上)或低密度的地方,26 in 的围栏就足够了。所有的猪围栏在围栏和地面之间应该拉 1 根带刺的铁丝。

b.电围栏。电围栏的使用可以允许更灵活的草地设计。关于猪围栏完整描述请查阅十五章。

3. 放牧。早春和晚秋放牧对猪来说,尤为适宜,但对牧草有害。牧草在春季需要时间充分生长以防猪的过度放牧。秋季,植物需要保护,以长出根系防止在冬季死亡。在清楚这些情况以后,一般需要做一个折中的方案——或早或晚放牧,但不能太过度,以免造成对牧草的过度损害。在牧草充裕的区域,此期间的草地管理是通过轮牧来实现的。

a.轮牧。现代养猪者发现了轮牧对于控制寄生虫和减少疾病危害的重要性。猪群不应该在同某一草地连续放牧,期间没有穿插任何草地耕作。有严重寄生虫侵袭的牧草,建议猪群在 2～3 年内不再进入。轮牧草地还防止牧区之间横向排水。

b.全年放牧。在温带和热带地区,全年放牧是很多猪场的实际运作方式。经过仔细的计划,其他地区也可以借用这一方式。图 11.4 举例说明了玉米带和北部中心州的常见牧草的生长期。我们注意到,通过选用合适的作物组合,猪每个月的饲草都可以确定下来。从这个观点来看,温带气候区有很大的优势。其他地区也可研究出同样的图表。

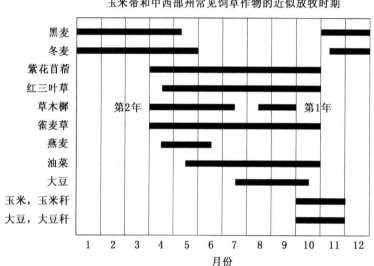

图 11.4　玉米带和中西部州常见饲草作物的近似放牧时期。在合适的计划下,可以实现全年放牧。(皮尔森教育提供)

许多玉米带的养猪生产者通过两种牧草——白三叶草和黑麦,就可以收获全年 12 个月的牧草。在不能全年放牧的北部,建议生产者尽可能安排一个长的放牧季节,特别是安排好早春和晚秋的草地。

4. 环境需要

a.清洁新鲜的水源。草地上的猪总是需要饮用干净新鲜的水。在轮牧系统中,安装水管到某些区域往往很难并且很昂贵,但是通常增加一些费用是适当的。如果可能的话,应该提供自来水。手工提水不方便、且费力,因而也是不合适的。在温度高于 0℃时可以铺设临时的地上塑料水管。

b.遮阳。应该给猪提供合适的遮阳处,包括小屋和凉棚。为了轮牧的灵活性,应采用便携设备。太阳的直射对于白猪来说是个问题。

c.草地避暑。草地避暑可以通过多种途径实现。可以使用遮阳的每天灌透几次的沙地。沙地或混凝土上加装喷雾设施更合适,因为它可避免破坏饲草和利于水分随时蒸发。然而,最好的夏季草地避暑的方法是提供一个遮阳、喷雾的混凝土水池(图 11.5)。热应激母猪会少产 2 头仔猪和少断奶 1 头仔猪。

5. 母猪限饲。妊娠母猪必须限饲。可以每天人工饲喂定量的饲料或采取间隔饲喂法。间隔饲喂的母猪可以采用自动料箱每 2 d 或 3 d 采食 1 次。通过调整料箱饲喂时间(2～12 h)或采食间隔天数(2～3 d)可以控制日采食量。已配青年母猪不推荐采用间隔饲喂法,因为它们不能消耗足够饲料在第 2 天或第 3 天。这样结果使它们增重少和生产瘦小的仔猪。

图 11.5　草地上猪在泥坑中打滚降温。(德克萨斯理工大学 John McGlone 提供)

在草地条件下管理母猪是很困难的,因为采食饲草的质量和数量是难以轻易预测的。通过调节采食量每月的体况评分要看饲草消耗的优化程度和母猪体况两个方面。参见十五章关于体况评分的相关讨论。

6. 蛋白质量。草地养猪需要补充一定量的蛋白质,考虑的要素如下:

a. 自由采食优质豆类牧草的猪需要补充相当于舍饲 50％ 的蛋白质供给量,限制采食优质牧草的猪要多吃饲草,仅仅需要相当于舍饲生猪的 30％～40％ 的蛋白质供给量。

b. 大猪比幼猪蛋白质量需要少,因为成年猪消耗更多的饲草且蛋白质需要量低——最终达到饲草即可为它们提供充足的蛋白质,达到需求平衡。同时,矿物质、维生素、盐需要单独提供。

c. 适口性好、蛋白质含量高的牧草,需要补饲的蛋白质量要减少。

d. 较少的蛋白质补充料意味着需要更大面积的草地,因为每头猪需要消耗大量的饲草,同时会导致更多的植物根系被破坏,因为猪会拱土觅食以满足它们的需求。

7. 矿物质。谷物及其加工产品以及其他高蛋白质饲料富含磷,豆科牧草和油菜作物富含钙。其他需要的矿物质,包括碘盐在缺碘地区需要在日粮中配合添加。自由采食盐-矿物质-维生素的预混料是一种保证满足需求的安全策略。这种预混料不应含有能量或蛋白质,因为那样它会更可口,猪会消耗太多的高价混合料。

8. 与其他家畜混合放牧。不同物种的家畜不应在相同放牧季节在同一块草地上混合放牧,因为可能存在潜在的疾病传播。

9. 撒粪和施肥。草地通过适当施肥可以增进土壤肥力。让猪粪在阳光下暴晒和干燥还可以减少疾病和寄生虫。撒粪可以通过间歇耕作来实现,尤其是在早春和晚秋。为了更好地控制疾病和寄生虫,猪粪绝不能从猪圈或粪堆直接拖运至草地施用。

10. 污染。猪群密度低或猪数量少的草地系统或轮牧的草地造成污染的可能性很小。但是在猪群密度大的草地系统却存在污染的潜在危险。通常,重牧的草地植被稀少,降雨冲走了很多土壤。当草地表面有坡度或有河道比邻或穿过草地时,问题就严重了。

当草地存在水土流失问题时,此地就不应该养猪,或者应该用 1 个蓄水池截回流失的土壤(图11.6)。每次降雨之后,积水必须用泵从蓄水池抽走或蒸发,以保证能够接纳下一次的降水。

图 11.6　这不是一块草地,而是一个流失了很多的污泥场。(爱荷华州立大学 Palmer Holden 提供)

草地系统的优点

很多生产者认为放牧比圈养生产有某些明显的
优点。牧场不需要妊娠栏和仔猪箱。这对猪场是一个优点还是缺点取决于生产者本人。大体上说,以下的优点可以证明草地系统比舍饲或圈栏养猪具有优越性。

1. 饲喂成本低。 草地能够节约谷物和蛋白饲料方面的成本,通过针对不同情况制定的平衡日粮,使用草地养猪节约饲料成本的效果有如下几点:

a. 优质牧草可以节约生产猪肉过程中的15%～20%的谷物和20%～25%的蛋白质饲料。

b. 对于成年母猪,好的牧草可以节约50%的饲料成本。在妊娠母猪饲喂以豆科作物为主的饲草可以每天节省2 lb谷物和0.5 lb蛋白饲料。事实上,母猪在产前6～8周可以从饲草中得到主要的营养成分。母猪的体况是添加浓缩料的最佳指南。

c. 当育肥猪采食优质豆科牧草时,氨基酸的含量与舍饲或圈栏生产相比,下降约0.15%(蛋白下降2%)。当育肥猪实行限饲时,所占用的草地面积相当于自由采食时的1/2～3/4,因为后者的饲草使用量加大。

2. 减少营养缺乏的危险。 优质牧草能够减少营养缺乏的危险,因为它们:(a)富含蛋白质。(b)由于草地养猪受太阳直射,增加了动物维生素D的摄入量。饲草又提供丰富的胡萝卜素、水溶性维生素。(c)富含矿物质,尤其是钙。尽管有了这些营养物质,但它们的量及被猪消化的数量也不得而知。另外,土壤富含多种矿物质可以被猪利用。

所以,牧场喂养的猪摄入了足量的胡萝卜素(维生素A)、多种B族维生素和维生素D,带有这些维生素添加剂的饲料比不添加的成本低。因此,它能更经济实惠地满足维生素和多种矿物质的补给。添加盐是必须的,因为没有哪种牧草含有足够的钠和氯。

3. 更好地隔离和控制疾病。 草地养猪与舍饲或圈栏养猪相比,互相接触的机会更少,因此,与封闭环境下养的猪比起来,相互传播疾病的问题就少得多了。例如,在单独分娩舍出生的仔猪比在中心分娩舍出生的更容易控制疾病的传播。

4. 减少猪场的资金投入。 草地养猪与圈舍养猪相比,节省了许多昂贵的建筑和设备,从而降低了每头猪的基础资金投入。

5. 较大的灵活性。 草地养猪与圈舍生产系统相比,具有更大的灵活性。不用考虑租赁人或其他一些不确定的长远计划。

6. 较低的技能及管理要求。 草地养猪养并不像圈舍生产那样需要高水平的技能和管理。另外,后者需要可靠的劳动力来进行完全自动化、高度机械化操作,比草地养猪复杂得多。

7. 不适于耕作的土地的良好利用。 草地系统是贫瘠多石土地的最好利用,并且保持良好草地可以减少侵蚀。

8. 减少粪肥处理问题。 当动物在草地上饲养时,60%～75%的植物养分直接回归到土壤,猪会将自己的排泄物到处撒放。圈舍养猪产出的粪肥也可以回归土壤,但是需要劳动力且在施肥和堆放过程中会有一些损失。

9. 为繁殖母猪提供运动和养分,改善繁殖。 草地养猪可以使母猪生产更多健康的仔猪并且母猪有充足的奶水。同样地,草地上饲养的公猪更有活力,是可靠的种公猪。育肥猪可能会因为额外的运动使肌肉发育与众不同。

10. 减少同类相残。 草地上的猪有更多的生活空间和更好的娱乐环境,使得咬尾或咬耳的问题可以避免。

草地系统的缺点

草地系统的缺点在于：

1. 管理、饲喂和给水需要劳动力多。 草地养猪在饲喂和供水设施的自动化和节约劳动力上并没有达到舍内生产那样的自动化程度。

2. 分娩时需要劳动力多。 母猪需要到各自的产棚去分娩。产后仔猪的处理，比如打耳号、去势等更加困难。

3. 体内寄生虫问题比较严重。 混凝土地面可以冲洗和消毒，而寄生虫卵毫无疑问地会在土壤中繁殖。一个积极有效的寄生虫处理方案很重要，包括轮牧和动物的处理。

4. 恶劣气候对养猪生产者来说将是一个大的挑战。 在潮湿阴冷的条件下，需要提供额外的垫草。

5. 生长速度较低。 额外的运动可以刺激食欲，但是，生长育肥猪由于摄入体积大、能量低的饲料导致生长速度较慢。此外，在持续数日的极端炎热或寒冷的气候下，采食量会降低。

6. 作物面积会减少。 在适于耕种的土地上种植玉米、大豆和其他作物会比草地养猪更赚钱。

7. 生猪达到上市体重的时间稍长。 草地养猪由于饲料摄入量的减少和生理活动的增加而需要更长的时间达到上市体重。

8. 粪便处理费力。 尽管草地上需要处理的粪便比舍内生产少，然而猪散养在草地上采用自动化处理是很困难的，而且猪粪中的氮很容易挥发而损失。

9. 阻碍在不扩大农场规模的情况下扩大养猪生产。 由于土地价格较高，当想要扩大养猪生产时须考虑到这个事实。

10. 缺乏极端气候的控制能力。 在很多地区，冬季的气候很不适于使用草地养猪设备。此外，在凉爽或寒冷的天气中，可能有较多的仔猪死亡。

青贮和半干青贮料

优质的青贮或半干青贮料是繁殖母猪极好的饲料。然而，除非母猪群很大，才会为生猪专门建一个青贮窖。收获季节时的青贮或半干青贮料对于奶牛或肉牛生产可以发挥很好的作用，每天可以使用很大量。通常，表面大约 4 in 厚的青贮应该被从窖中移开以防止腐败。最常见的青贮是玉米或苜蓿半干草。青贮应该在新鲜时饲喂，饲喂量以母猪可以在 8～10 h 内吃光为宜。

自由采食含有很多玉米粒的玉米青贮可以满足妊娠母猪的能量需要，但是它每天还需要 1.0～1.5 lb 含盐、矿物质和维生素的蛋白补充料。通常母猪每天吃青贮 10～15 lb，配种青年母猪每天吃 8～12 lb，还要考虑一些损失。

自由采食苜蓿半干青贮料可以满足妊娠母猪的蛋白质和氨基酸的需要量，但是还需要额外的谷物来满足能量需要以及补充磷、盐、微量元素和维生素。当饲喂豆科半干青贮料时，母猪每天可以消耗 6～8 lb 的半干青贮料。由于半干青贮料体积大，青年母猪应在添加大量谷物或补充料的情况下饲喂。用青贮料饲喂生猪时，要注意预防下列情况：

1）不要给生长猪饲青贮料，因为它的体积太大对生长不利。

2）不要饲喂不含蛋白质的玉米青贮料。

3）不要给泌乳母猪喂青贮料，因为大体积日粮会限制产奶所需能量的摄入。

4）不要饲喂发霉饲料，它可能导致母猪流产。

干草

苜蓿是美国养猪业中唯一适用的干草饲料。如果价格合适——如果它是比玉米和其他谷物便宜的赖氨酸和净能的来源——平均50%（或更高）的苜蓿粉将用于妊娠母猪的日粮中，5%的苜蓿添加到生长育肥猪的日粮中。

在玉米-豆粕日粮中加入适量的矿物质和维生素可以得到较好的结果，引起营养学家和猪肉生产者对日粮中添加苜蓿粉的做法产生怀疑。毫无疑问，苜蓿粉是优质蛋白质、胡萝卜素（维生素 A）、维生素 D、钙（如果有日照的话）和其他养分的极好来源。但是这些养分可以在其他更便宜的原料中得到。由于它纤维含量高（20%～30%）、能量低和适口性差，所以它不能在哺乳仔猪或断奶仔猪的日粮中添加。

妊娠和户外分娩

有两种主要的牧场类型。20 世纪 90 年代的户外系统，英国成为成功的先导并在美国运用，与美国早期的矩形系统有很大的不同。20 世纪 90 年代推广的现代草地系统的结构是放射状的设计，与传统的矩形系统相反。通常，围栏根据不同猪群进行的定位，包括妊娠母猪、分娩母猪、断奶与待配母猪、生长肥育猪，或者几个阶段的组合。

在传统的系统中，围栏通常都是规则的矩形，被小路隔开。它们可以按照自然形状和面积进行布局。

在放射状的系统中（图 11.7），V 形的围栏在一个大的圆型草地内布局，开口通向一个小的处理区和中心。通常，围栏周围有宽阔的道路并能通向中心，在此可以进行牧场的维修。大多数猪的饲养管理活动都可以在该系统中单独进行。

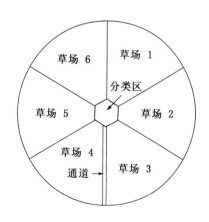

图 11.7　分牧区由分类中心区向外辐射。注意前面的中心区每英亩饲养了 7 头妊娠母猪。左面的草地每英亩 14 头母猪，与每英亩 7 头母猪相比浪费了大量的土地。牧区内浪费的地面包括饲喂、棚圈、泥坑用地和猪的走道。泥坑浪费了所占的全部面积，但是不能像饲喂地面那样为猪提供养分。显然母猪会在泥坑里或附近排泄，但与其他圈栏区相比并不经常发生（比如饲喂地面）。（德克萨斯理工大学 John McGlone 提供）

现代户外生产系统可以最少的资金建立并维持——大概不到封闭体系中每头母猪的1/2。一个典型的户外母猪体系包括：

1. 中心区。 中心区可以提供到(a)每个母猪圈和(b)公猪圈的入口。

2. 妊娠圈。 每个妊娠圈装备1个金属屋或A型棚(木质)、凉棚、自动料箱和水。

3. 分娩圈。 每个分娩圈，给母猪和仔猪分别提供钢或木质的凉棚、自动料箱、仔猪补料槽和水。

4. 生长育肥区。 生长肥育猪同样也可在草地系统中饲养，或者作为母猪饲养区的一部分或者在一个单独的饲养区，这个区域可以饲养不同组的生长肥育猪。提供凉棚、自动料箱和水。

如果计划全年生产，那么地理条件是很重要的。寒冷的冬天对于草地系统是不利的。仔猪应该早于21日龄断奶，但是通常在草地上饲养的仔猪要晚一些断奶，取决于它们断奶后的护理。25～85℉(－4～30℃)是户外生产的理想温度(图11.8)。

草地养猪节约的饲料——关于草地系统节省饲料量的报道差异很大，原因是草地的类型、生猪种类和日龄以及管理体系不同。然而，一般来说，与舍饲相比，在豆科草地上饲养的繁殖母猪和青年母猪需要1/2的谷物和少量或者不需要补充蛋白质；对于生长育肥猪，好的草地可以节省3%～10%的谷物和33%的蛋白质。因此，决定是否在草地或舍饲养猪应基于以下考虑：(1)净利润和(2)是否土地能够获取更大利润的选择。

图11.8　草地上的一排母猪产房。(德克萨斯理工大学 John McGlone 提供)

草地饲养妊娠母猪的日粮

妊娠母猪富含饲草或青贮的推荐日粮见表11.4。计算出的日粮组成仅是浓缩料的补充，并不是含有饲草的全部日粮。需要注意的是，豆科牧草日粮(包括豆科牧草、豆科-草原牧草、豆科牧草青贮和油菜)的浓缩补充料不含有豆粕，因为这些饲草的蛋白质应该满足猪蛋白质或氨基酸的需要。

表11.4　妊娠母猪饲喂青贮或放牧的推荐日粮补料[①]

成　分	豆科牧草	草地类型		油菜	青贮类型	
		草原牧草	豆科-草原牧草		豆科 (45% DM)	玉米 (33% DM)
玉米	975.5	884.5	972.0	949.0	975.5	864.0
大豆粉，脱壳	—	76.0	—	—	—	94.5
石粉	—	6.5	—	6.5	—	10.5
磷酸钙	—	21.0	—	30.5	—	19.0
磷酸钠	12.5	—	16.0	—	12.5	—
盐	6.0	6.0	6.0	6.0	6.0	6.0
维生素预混料[②]	3.0	3.0	3.0	3.0	3.0	3.0
微量元素[③]	3.0	3.0	3.0	3.0	3.0	3.0
总计	1 000.0	1 000.0	1 000.0	1 000.0	1 000.0	1 000.0

续表 11.4

成　分	豆科牧草	草地类型		油菜	青贮类型	
		草原牧草	豆科-草原牧草		豆科（45% DM）	玉米（33% DM）
计算成分						
代谢能/(kcal/lb)	1 516	1 492	1 511	1 475	1 576	1 489
粗蛋白/%	8.1	11.0	8.1	7.9	8.1	11.7
赖氨酸(估计)/%	0.25	0.46	0.25	0.25	0.25	0.51
钙/%	0.04	0.81	0.04	1.09	0.04	0.91
磷/%	0.55	0.69	0.62	0.83	0.55	0.66

注：①假设母猪每天消耗 3.5 lb 饲草或青贮干物质并且每天采食日粮 2.5 lb。饲草和饲料每天一共可以提供最少 0.65 lb 蛋白质、11 g 赖氨酸、14 g 钙和 11 g 磷。

②每吨全价料应该提供维生素 A 6 000 000 IU、维生素 D 300 000 IU、维生素 E 64 000 IU、维生素 K（甲萘醌）1.0 g、核黄素 6 g、烟酸 15 g、泛酸 18 g、维生素 B_{12} 22 mg、复合维生素 B 2000 g 和叶酸 2 g。

③每吨全价料应该提供铜 8 g、铁 120 g、锌 75 g、锰 30 g、碘 200 mg 和硒 0.44 g（浓度高于正常以补充饲料干物质摄入的不足）。

来源：普渡大学合作推广处，猪肉工业手册，PIH-126，1998。

此外，豆科牧草可以完全满足母猪钙的需要，因此不需要补钙。这是磷酸氢钠取代磷酸二钙作为磷的来源的原因。补充石灰石或磷酸二钙将引起钙磷的不平衡。

对于生长猪没有推荐日粮，因为大体积饲草摄入会降低总采食量。如果决定在豆科草地上生产肥育猪，提供一个可以供应玉米-豆粕日粮的自动料箱并将赖氨酸的水平降低 0.1% 个百分点。饲养在非豆科草地上的育肥猪应该提供与舍饲养猪同样的日粮。

出生至上市猪的草地饲养

完整的生猪生命周期可分为保育和生长育肥两个阶段，在这些阶段都需要为其提供足够的凉棚、饲喂器和供水系统等设备。相对于母猪来说，通常该阶段猪的良好管理不用草地系统，因为猪的数量大需要大量的土地面积。

猪从出生到上市都在草地上饲养，让饲养者用较少的投入开始逐渐接触生猪生产，使生产者在拟投入更多资金和集约化管理以扩大生产规模之前学习并掌握必要的技术。年轻的或没有经验的生产者通常选择草地系统，因为草地系统比集约化生产更"宽容"。

草地系统的主要缺点是一些生产者利用该系统的灵活性，在不适当的时候进入和退出养猪生产。在市场价格和利润比较高的时候，他们倾向于扩大生产。通常，他们在市场开始回弹之前结束减少生产。

学习与讨论的问题

1. 列出并讨论在草地养猪的优缺点。

2. 你怎样评价目前大量的专门人员进行舍内养猪的趋势？

3. 计算 1 acre 草地用来养猪的现金收入并与种玉米的获利进行比较。

4. 描述一个优质养猪草地。

5. 概括草地养猪的管理——饲喂、饮水、围栏、凉棚、粪肥处理、放牧和污染控制。

6. 好的草地养猪管理与好的舍饲管理的主要区别是什么？

7. 你会推荐在你们地区利用哪种饲草喂猪？

8.假设你有优质青贮饲料并希望用它喂猪,你会提出什么建议和警示?

9.喂猪时多少苜蓿是有利的?

10.描述并评价草地饲养妊娠母猪和户外分娩。

11.描述并评价生猪出生到上市的草地饲养。

主要参考文献

Feeds and Nutrition, 2nd ed., J. E. Oldfield, W. W. Heinemann, and M. E. Ensminger, Prentice Hall, Upper Saddle River, NJ, 1989

Forages for Swine, Agricultural publication G2360, H. N. Wheaton and J. C. Rea, University of Missouri-Columbia, 1993, http://muextension.missouri.edu/xplor/agguides/ansci/g02360.htm

Nontraditional Feed Sources for Use in Swine Production, P. A. Thacker and R. N. Kirkwood, Butterworth Publishers, Stoneham, MA, 1990

Plant Growth and Development as the Basis of Forage Management, E. B. Rayburn, Extension Specialist, University of West Virginia, 1993, http://www.caf.wvu.edu/~forage/growth.htm

Report on the Welfare of Pigs Kept Outdoors, Farm Animal Welfare Council, London, UK, 2003, http://www.fawc.org.uk/reports/pigs/fawcptoc.htm

Stockman's Handbook, The, 7th ed., M. E. Ensminger, Interstate Publishers, Inc., Danville, IL, 1992

第十二章　猪的繁殖

通过观察母猪行为进行发情鉴定。（爱荷华州立大学 palmer Holden 提供）

猪有许多繁殖问题,为减少这些问题,需全面了解母猪的生理学特点及相关的科学实践方法。可以说,繁殖是猪的育种中是最重要也是最优先考虑的问题,因为如果动物不能繁殖,育种者就要失业。

许多猪性能优秀但因其糟糕的繁殖力而不能做种用,这一点是让人沮丧的。例如,5%～30%的发育卵泡不能正常发育,导致了一定的胚胎死亡率。10%～20%的分娩时的活仔在出生后 5 d 内死亡。因此,猪的繁殖生理学非常重要。

公猪的生殖器官

公猪的繁殖功能包括:(1)产生雄性生殖细胞,即精子;(2)把精子在恰当的时间输入到母猪的生殖道。为使公猪发挥生殖潜能,育种者需全面了解公猪繁殖系统的解剖学特征及功能。图 12.1 是公猪生殖器官的简图,是对每一个生殖器官的描述。

1.性腺(睾丸)。 睾丸的主要功能是产生精子。它们被包裹在阴囊内,阴囊是腹部的一个肠盲囊。

阴囊的主要功能是调节温度,因为睾丸的温度要低于正常体温几度。这种体温的调节是通过精索静脉神经丛来完成的,假如温度较低,阴囊就会收缩,相反地,阴囊会膨胀。

隐睾公猪是指单侧或双侧睾丸未降入阴囊内,由于腹腔温度较高,往往会造成睾丸不育。睾丸通过腹股沟管和骨盆腔相连接,骨盆腔内有附器和腺体。公猪腹股沟管的缺陷是可遗传的;有时候部分内脏会通过腹股沟管进入阴囊中被称为阴囊疝。下面将介绍的与睾丸功能有关的结构(图 12.2)。

a.曲精小管。曲精小管是睾丸的原始部分,位于精原细胞内(产生精子的细胞)。如果把精小管全部接上,据估计一个公猪睾丸的精小管大约有 2 mi(3.2 km)长。每克睾丸每天大约能产生 2 700 万的精子。

在精小管两侧和周围是间质(莱氏)细胞,它能产生雄性激素——睾酮。睾酮对以下功能是十分必要的,即生殖器官的发育、雄性第二性征和性欲。

b.精索。精索是有几个曲精小管的集合。

c.输出小管(输出管)。输出小管携带着精子细胞从精索到达附睾的头部。另外,也认为,它们的分泌物对于精子细胞的营养和成熟是及其必要的。

2.附睾。 每个睾丸的输出管集合进入一个管道,因此形成附睾,这个盘绕的小管由 3 部分组成。

a.头。头包含几个小管后发育成的附睾小叶。

b.体。附睾的这部分沿着睾丸向下延伸。

c.尾。它尾于附睾的尾部。

附睾有 4 个功能,分别是:(1)从输精小管而来的精液的通道;(2)贮存精液;(3)促进精子成熟;(4)精液的浓缩。

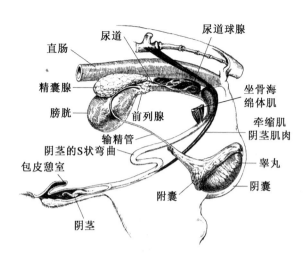

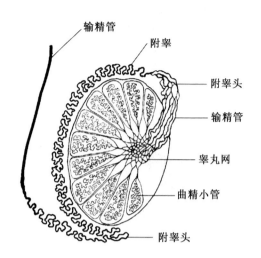

图 12.1　公猪的生殖器官,显示了它们在体内的相对位置。其中睾丸、输精管、精囊腺和尿道球腺都是成对存在的。为简便起见,本图只显示了它们左侧部分。(皮尔森教育提供)

图 12.2　睾丸内部结构图(纵切部分)。(皮尔森教育提供)

3. 输精管。输精管是一个细长的小管,内有纤毛细胞。从附睾的头部开始一直到达尿道的骨盆部。它的主要功能是在射精的时候排出精液进入尿道。

输精管和纵向平滑肌束、血管和神经一起被包裹在一个纤维鞘中构成精索(每个睾丸 1 个),向上延伸通过腹壁和腹股沟管,最后进入盆腔。

输精管被切除或闭锁称作结扎,是让公猪不育最常用的一个手术。经常用这种方法得到用来进行发情鉴定而又不会让母猪妊娠的公猪。

4. 精囊腺。精囊腺位于输精管末端附近的两侧,成对存在。它们是最大的雄性附性腺,位于盆腔内。

5. 前列腺。前列腺位于膀胱颈部。包围着或近似包围着尿道和直肠的腹侧。前列腺为精液提供液体和无机盐离子并为精子的运输提供容积和环境。

6. 尿道球腺(考伯氏腺)。公猪的尿道球腺直径通常达到 1.5 in,位于骨盆区尿道的两侧并通过小管和尿道相连。这些腺体产生公猪精液中非常重要的类凝胶成分,它们在母猪的阴道中具有塞子的作用。

7. 尿道。尿道是一个长的小管,从膀胱一直延伸到阴茎的末端。输精管和精囊腺开口于尿道,靠近它的初始点。尿道是精子和尿液的共同通道。

8. 阴茎。阴茎是公猪的交配器官。它主要由海绵组织构成。在勃起时,阴茎内的海绵体洞变得充血。

总之,公猪的生殖器官的功能是为配种产生和运输精液。精液由两部分构成:(1)精子,它们由睾丸产生;(2)精液,由曲精小管、附睾、输精管、精囊腺、前列腺和尿道球腺分泌;事实上,精子仅占射出精液的一小部分。一般来说,公猪每次射精量为 150～250 mL,也有可能少于 50 mL 或多于 500 mL。

母猪的生殖器官

母猪的繁殖功能是:(1)产生雌性生殖细胞(卵子);(2)在子宫内培育新的个体(胎儿);(3)在出生或

分娩时产出发育好的个体;(4)分泌乳汁哺育仔猪。事实上,相对于公猪,母猪的繁殖过程更为复杂。因此,育种者对母猪繁殖器官的结构及其功能应该有全面地了解。图12.3和图12.4显示了母猪的生殖器官,下面是对某些部分的描述。

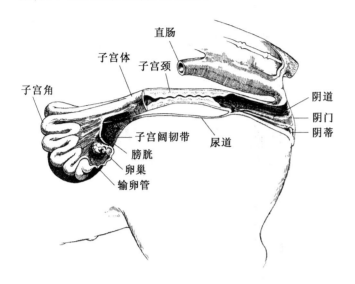

图12.3　母猪生殖器官,显示了在体内的位置。注意尿道(膀胱导管)的位置;当人工授精时,输精液的导管要指向阴道的上部是十分重要的,否则精液会输到膀胱中。(皮尔森教育提供)

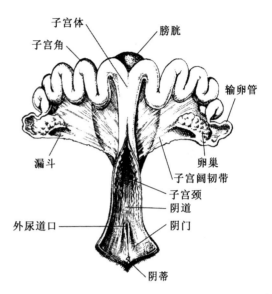

图12.4　母猪生殖器官,从上面观察。阴道鞘和子宫颈被切开。(皮尔森教育提供)

1. 卵巢。 两个形状不规则的卵巢分别在在脊椎附近腹腔内,处于骨盆的正前方。卵巢有3个功能:(a)产生雌性生殖细胞(卵子);(b)分泌雌性激素,如雌激素;(c)形成黄体,由黄体分泌孕激素。卵巢的这些功能表现可能稍有些不规则的变化。

卵巢和睾丸不同,其只在发情期或发情后的一段时间内排出有限个数的卵子。包含在卵泡内的卵子,它周围有大量的小细胞。大量的卵泡分散在整个卵巢。一般来说,卵泡在初情期之前保持静止状态,直到临近初情期时,一些卵泡中的液体体积逐渐增大。发情快结束时,卵泡(成熟时直径大约为0.33 in)破裂并排出卵子。这个过程叫做排卵。

一旦卵泡被释放,在卵泡释放的位置形成黄体。黄体分泌一种激素叫孕酮,它具有:(a)对子宫胚胎的植入和营养起作用;(b)在妊娠期,它可以阻止其他卵子的成熟和阻止母畜发情;(c)使母畜处于妊娠的生理状态;(d)在乳腺的发育过程中协助雌激素和其他激素发生作用。如果卵子没有授精,黄体就会萎缩以使新的卵泡成熟以及另一个新的发情周期的到来。

含有卵子的卵泡分泌雌性激素孕酮到血液中。孕酮对母畜雌性生殖系统的发育、母猪发情、乳腺的发育和雌性第二性征的发育都具有十分重要的作用。

从事育肥猪育种的工作者认为,青年母猪的第1个逐渐成熟的格拉夫卵泡(成熟卵泡)一般都会伴随着发情期的到来,这标志着繁殖的开始。

2. 输卵管。 输卵管是细小的内有纤毛的导管,它从卵巢开始一直到子宫角,大约10 in长。每个输卵管在最靠近卵巢的地方开始张开像一个漏斗,被称做漏斗部。漏斗部并不是和卵巢直接相连,但位置非常靠近,几乎都能成功地接受到卵巢排出的卵子。

排卵时,卵子进入漏斗部;在几分钟之内,管内纤毛通过管内自身肌肉的协助作用而运动,以此携带卵子向下进入输卵管(图12.5)。一般精子和卵子结合是在输卵管的上1/3处完成受精过程,然后受精卵再运动到子宫角。从排卵到受精卵进入子宫角的整个过程需要3~4 d。

3. 子宫。 子宫由肌肉组成,并和输卵管和阴道相连;在子宫内,受精卵附植在子宫壁上并发育,直到分娩是排出体外。子宫由 2 个子宫角、子宫体和子宫颈构成,其中子宫角、子宫体和子宫颈的长度分别为 4～5 ft、2 in 和 6 in。

对猪来说,包裹发育中胎儿的胎膜和完全子宫内膜相连接,母羊和母牛没有这种子叶胎盘结构。

4. 子宫颈。尽管从专业上来讲,子宫颈是子宫的一部分,但子宫颈经常被作为一个器官来讨论。它是一个非弹性的厚壁结构,大约 6 in 长,其管道同子宫体和阴道相连成筒状,内部是螺旋状的皱褶结构——和阴茎的末端是相一致的。它的主要功能是防止微生物污染子宫。猪在自然交配时,直接将精液射在子宫颈内;当分娩时,子宫颈必须张开形成仔猪出生的通道。

5. 阴道。阴道是交配时公猪阴茎进入的管道。仔猪出生时,它膨胀形成胎儿的产道。

6. 阴门。尿道和生殖道均开口于此,阴门大约 3 in 长。在雌激素的作用下,母猪的阴门变得红肿,成为母猪发情的标志之一。

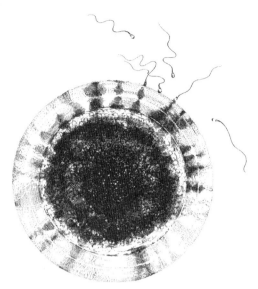

图 12.5 猪配种的最终目的是使来自公猪的精子和来自母猪的卵泡结合。这两者结合的目的使来自每个父母的所有遗传物质传递给胚胎。每个精子包含 19 条染色体(单倍体数),和来自卵巢的染色体数相同,因此,胚胎和后代将会有 38 条(二倍体)染色体,精子和卵子见本图。(皮尔森教育提供)

配种

猪的配种过程时间较长,精子浓度在 3～20 min 内从高到低发生较大变化。因此,猪配种时没有干扰是非常重要的。射精的过程由 3 个部分组成:

1)第 1 阶段,或射精前期,持续 5～10 min,由水样的液体构成,有类似珍珠粉样的颗粒但没有精子,构成整个射精量的 5%～20%,这部分的主要作用是刺激和清洗尿道及阴道。

2)第 2 阶段,或称富含精子阶段,持续 2～5 min,主要由富含精子的淡灰白色均匀一致的液体构成,占总射精量的 30%～50%。

3)第 3 阶段,或射精后期,持续 3～8 min。这部分的精液含非常少量的精子并有助于在母猪的生殖道内形成凝胶状的塞子,占总射精量的 40%～60%。

公猪可能像以上描述方式射精,也可能在一次交配中越过某一个或两个阶段多次射精。

配种方法

有 3 种方法在猪的配种中使用:(1)单圈交配(自然交配);(2)人工辅助交配;(3)人工授精(AI)。无论应用哪种方法,目的是要达到受胎率高和窝产仔数多。所有方法中最重要的因素是使精子在恰当的时间进入母猪生殖道,这样才有可能使妊娠率和窝产仔数达到最大化。

自然交配是将 1 头公猪或一群公猪赶进母猪圈舍进行配种。自然交配一般只适用于小型的商品猪场,它们可以:(1)平分母猪群,每群 10～12 头母猪,平均每群 1 头公猪;(2)一群母猪所使用的公猪采用

英国的一群饲养在厚垫草上的大白母猪。(爱荷华州立大学 Palmer Holden 提供)

轮换制,就是说今天用1头或1组公猪,第2天用另1头或另1组公猪。自然交配由于不能控制授精时间,可能过早或过迟,因此错过最佳授精力时期,从而导致受胎率降低。此外,公猪也可能几次只和众多处于发情母猪中的1头交配,而忽视了其他母猪。自然交配相对人工辅助交配而言,更节省劳动力和设施。不过母猪在育种时有很少或几乎没有保存任何记录。

人工辅助交配需对交配的公猪和母猪进行观察。相对于放养的家畜如牛和羊,这种方法在猪上使用得更多。它有助于保存记录,这是因为:(1)可以确知配种时间;(2)保证每头母猪受孕;(3)对公猪的生产性能更了解。在多次授精中,1头母猪可能和多头公猪交配。

人工授精是人工辅助交配的一种更加具体的形式。配种员者用假阴茎给母猪输精,所使用的精液可能是从农场采集的或者是从公猪站购买的。人工辅助交配或人工授精对猪的纯繁是十分必要的,因为育种者必须能确定每头仔猪的父亲。

自然交配的缺点包括:不知母猪是否配种,不能计划分娩时间,不能确定母猪是否处于发情期以及识别不能配种的公猪。一般来说,1头公猪或几头公猪常和几头发情母猪中的1头交配。

伴随着人工授精的普及,在工业化养猪生产中普遍使用人工辅助交配和人工授精(AI)。根据国家生猪生产者2002年生产报道,有54.5%的生产者采用人工授精,75%的窝是由AI公猪配种的,这表明越来越多的生产者使用人工授精技术。

母猪的正常繁殖特性

在限定试验条件下,猪适宜于试验研究。因此,更有理由期望,对猪的相关正常育种习性,我们应该有更多的了解。表12.1显示了母猪的平均繁殖特性。

表12.1 母猪的繁殖参数

繁殖特性	平均时间	繁殖特性	平均时间
初情期[①]	4.5~6月龄	排卵时间	发情结束前12 h(母猪发情开始后35~40 h)
初情期体重	150~230 lb(81~104 kg)		
发情持续时间	2~3 d(青年母猪1~2 d)	断奶后发情时间[②]	3~7 d(平均5 d)
发情周期	18~24 d(平均20~21 d)	妊娠期	114 d

注:①初配年龄很大程度上受品种、室内生产还是室外生产、营养和公猪的影响。
②发情推迟超过7 d通常是哺乳期体重过度损耗的结果,尽管2周断奶或更少的时间也可能很重要。

初情期

猪的初情期变化范围为4~8月龄,原因包括品种、公猪接触、环境差别(尤其是舍饲或户外)、营养等。一般而言,公猪初情期比母猪晚。一般建议,母猪在经过2个发情周期后在第3个发情期配种。

发情周期

在发情周期内,卵泡形成并排卵、黄体形成、退化和更多的卵泡形成(图12.6)。如果母猪没配种或妊娠,在正常情况下,每隔18~24 d就重新发情一次。典型的是平均21 d。孕酮由黄体分泌,而卵泡则分泌雌激素。假如妊娠,黄体在整个妊娠期不会退化而保持其功能。发情周期的控制在于促卵泡素(FSH)和促黄体素(LH)的水平,也受脑垂体和下丘脑的调控。

初配日龄

从理论上讲,早期配种可使种猪建立规律可靠的育种习惯和降低初生仔猪的花费。而排卵数在开始的前2或3个发情周期配种的话明显较高,具有每窝仔猪提高1~2头或更多头出生仔猪的潜力。因

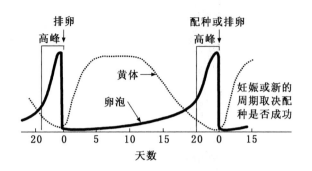

图 12.6 母猪的发情周期:卵泡形成,排卵,黄体形成,
退化和更多的卵泡形成。(皮尔森教育提供)

此,青年母猪通常在 7~8 月龄初配,在 11~12 月龄时分娩。

把在舍饲的青年母猪混栏然后重新分群,再和公猪接触可能使发情提早到来,这也有助于使第 1 和第 2 个发情期同步。

发情期

发情期是指经产母猪或青年母猪接受公猪配种的阶段;持续的范围为 1~5 d,平均 2 d,年龄大的母猪往往比青年母猪持续时间长些。

排卵大约在发情期结束前的 12 h 发生。然而,它是很难测定的。因此,授精经常安排在发情开始的一段时间内进行,经产母猪和青年母猪也有所不同,青年母猪发情持续期比经产母猪要短很多。有活力的精子必须在排卵发生前几个小时到达母猪生殖道,否则,将导致窝产仔数下降。

最适宜的配种时间取决于授精人员观察母猪静立发情的次数。若 1 d 观察到 1 次,母猪接收公猪爬跨时便安排配种;1 d 观察到 2 次,母猪应该在它们首次发现发情后 12~24 h 配种。青年母猪的发情期通常少于 2 d,每次发情后 12 h 它们将接受公猪,因此应尽快配种。在发情的整个观察过程中,都应该有公猪在场,因为公猪的存在会增大会使母猪发情鉴定的成功率最大,并提高子宫的收缩力从而有助于精子的运输(图 12.7)。

因为母猪是否妊娠是不确定的,所以当发情持续 3 d 以上时,持续的配种可能是对公猪体力的一种浪费。如果配种不成功,正常情况下,母猪会在 18~24 d 后会再次发情。授精时间对受胎率的影响在图 12.8 中已显示。

母猪发情的外部特征表现是极度不安地活动、阴门肿胀发红、频繁地爬跨其他母猪、频繁地排尿和偶尔的大声吼叫等。当然,这些特征不一定都会发生。

排卵数

排卵数即卵子的释放数目。它通常和遗传背景、配种年龄、配种时的体重及营养状况有关。杂交母猪排卵率比纯种高。青年母猪的排卵率在以后发情期可能会提高 1~2 个卵子,从第 1 窝产仔开始,直到第 5~6 窝达到排卵高峰。情期短期优饲(提高饲料能量的吸收)将会提高青年母猪的排卵率。

授精

通常认为母猪在发情开始 35~40 h 后排卵。当公、母猪交配时,在这个过程中精子首先到达在母猪的子宫颈或子宫体部,然后从那里前行到母猪的输卵管。在幸运的情况下,在靠近卵巢的输卵管上部分,精子会和卵子相遇完成受精。

在这个过程中,一系列的精确时间必须得以满足,否则卵子不会受精。精子在母猪的生殖道内仅存

图 12.7　公猪接近将刺激母猪产生站立反射。瑞典猪场的 1 头汉普夏公猪饲养在紧靠一群母猪的过道小栏内。（爱荷华州立大学 Palmer Holden 提供）

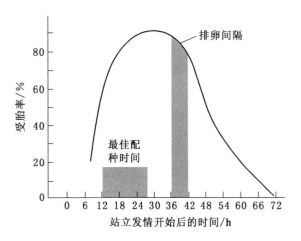

图 12.8　授精时间对母猪受胎率的影响。表明最佳配种时间是站立发情开始后的 12～24 h。母猪正常排卵在站立发情结束前 8～12 h。（猪肉工业手册，普渡大学）

活 24～48 h。卵子的存活时间更短，在排卵后存活 8～10 h。因此，如果要能受孕，必须在极其合适的时间配种。时间过长的精子和卵子受精，会造成后代畸形，因此，对授精时间的要求是比较严格。为此，要使排卵时都能有活的精子存在，经常进行多次授精。

妊娠期

母猪的平均妊娠期是 114 d，但 98 d 和 124 d 的也有报道。记住预产期一个容易的方法是三三法："3 个月、3 周和 3 d"。表 12.2 中提供了当配种日期已知时，分娩的大致日期。

表 12.2　114 d 妊娠表

配种日期	预期日期	配种日期	预期日期	配种日期	预期日期	配种日期	预期日期
1 月 1 日	4 月 25 日	4 月 6 日	7 月 29 日	7 月 5 日	10 月 27 日	10 月 3 日	1 月 25 日
1 月 6 日	4 月 30 日	4 月 11 日	8 月 3 日	7 月 10 日	11 月 1 日	10 月 8 日	1 月 30 日
1 月 11 日	5 月 5 日	4 月 16 日	8 月 8 日	7 月 15 日	11 月 6 日	10 月 13 日	2 月 4 日
1 月 16 日	5 月 10 日	4 月 21 日	8 月 13 日	7 月 20 日	11 月 11 日	10 月 18 日	2 月 9 日
1 月 21 日	5 月 15 日	4 月 26 日	8 月 18 日	7 月 25 日	11 月 16 日	10 月 23 日	2 月 14 日
1 月 26 日	5 月 20 日	5 月 1 日	8 月 23 日	7 月 30 日	11 月 21 日	10 月 28 日	2 月 19 日
1 月 31 日	5 月 25 日	5 月 6 日	8 月 28 日	8 月 4 日	11 月 26 日	11 月 2 日	2 月 24 日
2 月 5 日	5 月 30 日	5 月 11 日	9 月 2 日	8 月 9 日	11 月 31 日	11 月 7 日	3 月 1 日
2 月 10 日	6 月 4 日	5 月 16 日	9 月 7 日	8 月 14 日	12 月 6 日	11 月 12 日	3 月 6 日
2 月 15 日	6 月 9 日	5 月 21 日	9 月 12 日	8 月 19 日	12 月 11 日	11 月 17 日	3 月 11 日
2 月 20 日	6 月 14 日	5 月 26 日	9 月 17 日	8 月 24 日	12 月 16 日	11 月 22 日	3 月 16 日
2 月 25 日	6 月 19 日	5 月 31 日	9 月 22 日	8 月 29 日	12 月 21 日	11 月 27 日	3 月 21 日
3 月 2 日	6 月 24 日	6 月 5 日	9 月 27 日	9 月 3 日	12 月 26 日	12 月 2 日	3 月 26 日
3 月 7 日	6 月 29 日	6 月 10 日	10 月 2 日	9 月 8 日	12 月 31 日	12 月 7 日	3 月 31 日
3 月 12 日	7 月 4 日	6 月 15 日	10 月 7 日	9 月 13 日	1 月 5 日	12 月 12 日	4 月 5 日
3 月 17 日	7 月 9 日	6 月 20 日	10 月 12 日	9 月 18 日	1 月 10 日	12 月 17 日	4 月 10 日
3 月 22 日	7 月 14 日	6 月 25 日	10 月 17 日	9 月 23 日	1 月 15 日	12 月 22 日	4 月 15 日
3 月 27 日	7 月 19 日	6 月 30 日	10 月 22 日	9 月 28 日	1 月 20 日	12 月 27 日	4 月 20 日
4 月 1 日	7 月 24 日						

产后配种

在分娩后的前几天内,有些母猪可能会发情,然而在哺乳期母猪是不排卵的,因此,很明显不能受孕。有资料显示:在传统的5~6周哺乳期内,在哺乳后期21~25 d把仔猪从母猪身边分开24 h,将刺激母猪的发情。

现在大型商品猪生产的趋势就是母猪在3周龄甚至更早日龄断奶,然后母猪在断奶后3~7 d发情。因此,如果母猪在21日龄断奶,母猪可能在分娩后的24~28 d配种。

母猪的繁殖力和多产性

在较好的饲养和管理条件下,我们希望得到较高的母猪繁殖力。从出生到断奶,一窝10~12头仔猪的花费和一窝仔猪仅5~6头相比来说,只是多一点母猪饲料而已。换句话说,公猪和母猪维持需要基本是差不多的。然而,我们记得,在野生状态下,猪的繁殖力并不高。这是由于在饥饿和自然选择过程中,一窝仔猪可能会趋向于更少的头数;是人们通过选择和选配,改变了这种状况。

猪较低的繁殖力归因于环境和遗传两个因素。因为产仔数的遗传力低,环境便起着主要作用。要获得最大繁殖力取决于:在发情期有大量的卵子排出;在合适的授精时间时有充足的活精子的存在;胚胎和胎儿的死亡率最小。

众所周知,有些品种和品系猪的产仔数比其他猪多很多,在杂交育种中利用它们将提高产仔数。产仔数在12头或更多头是正常的情况,而中国猪产仔数特别多。因此,通过选择可以培育更多的高产仔品系。此外,窝产仔数和断奶仔猪数遗传力仅是10%和5%(见第五章,表5.1),这样的选择效果是累加的,因此,具有很高的价值。

产仔数随着母猪年龄而提高,在第5胎或第6胎时达到高峰。良好的饲养管理和环境能够提高产仔数,比自然选择要快得多。

尽管很多卵子可能排出和发育,产仔数在很大程度上受胚胎和胎儿死亡率的影响,变化范围是5%~30%,死亡的确切原因还未知,但胚胎和胎儿死亡率可能归结为:(1)遗传因素,可能是致死因子;(2)子宫的移动或由于胎儿过多在子宫内过于拥挤,结果限制了每个胎儿营养所需的子宫面积;(3)母猪妊娠前和妊娠期的营养;(4)授精时精子和卵子老化;(5)疾病或寄生物;(6)事故,受伤或母猪之间挤压;(7)激素不平衡。因为有些母猪怀有胎儿到分娩而多数没有损失,决定死亡的其他原因正在研究,希望可以防止胚胎和胎儿死亡。

可以肯定,公猪不会影响母猪卵子的排出,并且正常情况下,授精多数是一种或有或无的现象。然而,一些证据表明,公猪显著地影响产仔数,主要因为某些公猪配种所产生的胚胎或胎儿几乎很少能活到分娩,这就进一步支持了这个论点:胚胎致死和胎儿死亡是由遗传和授精误差所引起的(衰老精子和卵子),在这方面,1头母猪用多头公猪授精比只用1头公猪授精受胎率和产仔数要有所提高。仍需要一些后续研究确定公猪对这一现象的影响程度。

在有规律地使用公猪时,建议年轻公猪应该和几头青年母猪进行试配,在测定过程中,生产者应该观察公猪是否有性欲和障碍。如有必要的话,对首次或第2次配种的公猪给些人为的帮助。此外,生产者应该检查公猪交配时插入母猪生殖道的能力,某些公猪的阴茎可能存在太软、发育不成熟或打结的情况。最重要的是,已配种的青年母猪应该妊娠。经兽医或合格的技术员评定过的精液将完成配种检测。尽管没有绝对的繁殖力检测,但配种检测和精液质量评定经常能检查出不育或有繁殖问题的公猪。

2000年全国动物健康监控体系(表12.3)显示,在美国母猪的年龄是淘汰母猪的主要原因,其次是繁殖失败问题,可能是配种失败或维持妊娠失败的组合困难。

表 12.3 淘汰母猪原因的分析

淘汰原因	百分率/%
年龄	41.9
肢蹄	16.0
生产性能	12.0
繁殖失败	21.3
其他	8.8
总数	100.0

来源:猪 2000 年,国家动物健康监控体系,USDA—APHIS,第 3 部分,8。

同期发情

人们希望一批母猪可以同期发情,能在一段短时间每配种和分娩。母猪的同期发情是一个相对容易的事情,当一群母猪在同一时间断奶时,很大比例的母猪将在 4～7 d 内发情,为了利用断奶后的同期发情,充足的公猪力量是十分重要的。

经常地将青年母猪转圈,或让它们和 1 头成熟的公猪接触将刺激发情周期到来。如让青年母猪自然地同期发情,发情是十分困难的并具很多易变因素。

英特威(Intervet)公司生产了一类产品用于同期发情,并于 2003 年获得批准。这种名叫 Matrix 产品含有活性成分,四烯雌酮这种人工合成的孕激素类似物,能阻止卵泡发育和抑制发情,当停止使用时,卵泡发育开始,导致发情和排卵。建议只对那些至少完成了一次发情周期地青年母猪使用。

该产品是一种喷雾的液体,用一种装置喷到饲料中,每次喷出固定的剂量为 15 mg,每头青年母猪进行为期 14 d 的处理大约花费 20.5 $。所建议使用的量是可使青年母猪怀孕的恰当剂量。

研究显示,当青年母猪连续 14 d 每天饲喂该产品后,在停止饲喂的 4～9 d 内,它们当中表现发情者可高达 85%。从而为我们提供了一个所需要的青年母猪的配种高峰。

诱发发情

经产母猪和青年母猪在配种之前的 2～3 周,将日粮能量提高 50%～100%,这称为催情补饲。催情补饲的优点可归结为:更多的卵胞排出,具有提高产仔数的潜力。然而,通过催情补饲生产第 2 胎和第 3 胎的母猪,从试验和经验上并没有显示出其益处,可能是因为从断奶到配种的时间比较短。此外,催情补饲对青年母猪尤其是限饲的青年母猪似乎是有效的,可能是因为这些年轻动物需要摄取更高的能量。

当考虑催情补饲时,必须注意两点:首先,对于自由采食的或体况很好的母猪,实行催情补饲不会获得成功。它对限饲母猪是最有效的。其次,配种后母猪日粮量要立刻降到 4～6 lb。据资料显示,配种后仍持续自由采食将使催情补饲变得无效。对单个配种的母猪这可能不是问题,然而,对于单圈配种的青年母猪实行催情补饲可能是最好的,一直到允许公猪配种为止,这个时候再对青年母猪限饲。

母猪体况的管理是非常重要的,那些断奶后非常瘦的母猪经常推迟发情,如果这种现象很普遍,母猪将会延期发情并且产仔数将减少。如果跳过第 1 个延期发情,在 21 d 后配种(一般为一个正常的发情期)或者断奶后饲喂 2 倍的日粮直到延期发情出现,一般在断奶后需要 10～12 d。

妊娠诊断

饲养空怀母猪的代价是昂贵的!利用超声波妊娠诊断已变为现实。通过使用它,管理者判断母猪是否怀孕的准确率达到 90%～95%。这种超声波对于配种后 30～60 d 的母猪诊断是非常精确的。

超声波妊娠诊断仪的原理是来自母猪子宫液的超声反射波。伴随着妊娠波在母猪子宫液的速度提高,直到配种后 25～30 d 达到可检测的水平。配种后 80～90 d 内一直保持着可检测性,这段时间过后,子宫内的小猪超出了液体内容物。

母猪和青年母猪的早期妊娠诊断有几个优点:(1)淘汰或对空怀母猪进行重配是很可能的;(2)能使分娩期比较接近的母猪分为一群;(3)对于配种问题给予早期警示,例如公猪不育和母猪卵巢囊肿;(4)能使生产者更加有效地利用配种设施,并对分娩、保育和育肥需要等做详细的计划;(5)它有可能保证妊娠母猪的出售。

母猪生产力的测定

猪是多胎动物,母猪产仔数的多少成为评定母猪生产效率的最重要的经济性状之一。从经济角度讲,母猪生产力常由以下经济性状评定。

1)每头母猪年产断奶仔猪数。

2)年产窝数。

3)产活仔数。

4)断奶仔猪数。

5)母猪非生产日。

因为以上这些性状的遗传力低,特别强调良好的管理和营养可使环境的差别对母猪的繁殖力影响达到最小。如果环境因素能够标准化、最优化,那么度量的母猪产仔数差异认为是遗传造成的,这也使选择方案更加有效。

母猪生产力最重要的度量指标是每头母猪每年提供的断奶仔猪数。影响它的因素由两部分组成:(1)年产窝数;(2)断奶仔猪数。基本上,每头母猪每年的断奶仔猪数取决于产仔间隔,因为妊娠期是固定因素,哺乳期长短(或断奶日龄)和断奶到配种的间隔成为影响产仔间隔的主要因素。产仔数取决于排卵数、授精率、胚胎死亡和胎儿损失等。

影响产仔数的因素有:(1)产活仔数;(2)断奶前死亡率。断奶前死亡率变化范围是 10%～20%,主要原因是挤压和饥饿(表 12.4)。这两个原因通常很难区分的,因为很多仔猪是由于饥饿导致体弱不能从母猪身下逃脱被压死的。

表 12.4　哺乳期仔猪死亡原因

死亡原因	百分率/%
痢疾	8.2
挤压	55.5
饥饿	17
呼吸问题	1.6
其他已知因素	8.6
未知因素	9.1
总数	100

来源:猪 2000 年,国家动物健康监控体系,USDA－APHIS,第 3 部分,8。

要使母猪生产力最大化和确保断奶时仔猪数最多,生产者需要很好地了解影响它的以下因素。

1)选择那些已证明具有产仔数多的母猪。

2)使用那些已证明繁殖力最优的种公猪。

3)在整个繁殖周期内提供最好的圈舍和管理。

4)为母猪提供一个合理的饲喂计划包括:(a)整个妊娠期低水平饲喂;(b)哺乳期自由采食。

5)优化分娩和哺乳早期的管理。

6)要保存每头母猪的产仔记录,便于以后利用这些数据进行断奶性能的选择。

7)维持群体健康的保健方案。

缩短母猪哺乳期是提高母猪生产力的有效方法。在具备良好的管理条件下,在 2.5～4 周龄断奶是正常的。降低母猪的非生产日非常重要,要达到这一点,以下工作是重要的。

1)遵循提前断奶的原则。

2)评估每头母猪的生产性能,决定最佳淘汰时间。

3)使用高繁殖力的种公猪配种,并且每个发情期每头母猪至少配种 2 次。

4)使用合适的工作人员检查母猪发情和返情状况。

5)利用精确的妊娠诊断技术。

6)对配种母猪和公猪要进行日常的繁殖疾病检查。

公猪的饲养管理

良好的公猪饲养管理可以提高其繁殖力和延长使用年限。为此要考虑以下几点：(1)购买和更新公猪；(2)配种能力检测和精液品质评定；(3)圈舍和饲养条件；(4)狂躁问题；(5)公猪的年龄和使用；(6)繁殖力最大化；(7)保持和利用充足的记录。

购买公猪

公猪至少在需要配种前 45～60 d 前购买。如果必要，可依据国家种猪记录协会(National Association of Swine Records)制定的种猪市场守则(Code of Fair Practices)为指南调整公猪购买计划。比如，购买者应该从能够提供健康记录的猪场购买公猪，并且所有新买的公猪应该至少隔离 30 d，使用前进行健康检查。到场里后它们应该适应新群体几天，方法是让它们与淘汰母猪接触，从而使其持有场内正常微生物区系。

配种能力和精液品质的评定

记录显示，大约有 1/10 未配种的公猪存在繁殖问题，致使它们不育或繁殖力差。在配种前为了防止浪费时间和中断猪的流动，一个简单的做法是进行配种能力检测去发现公猪的繁殖问题。隔离期过后应该接着进行配种能力测定，时间大约在 7 月龄或更大一些。

圈养和饲喂公猪

当使用人工辅助交配体系(单圈交配)时，公猪应该采取单栏饲养。通常在约 28 in 宽、7 ft 长的猪栏内饲养，或在 6 ft×6 ft 的单圈中饲养。单栏饲养可消除公猪的斗架、爬跨和抢料现象。在采用单圈交配系统时，公猪从母猪群转出后应仍放在同圈饲养。

在隔离初期，公猪料应与卖家的相似，以减少应激。逐渐将饲料变为本场的水平。年轻的公猪仍然在发育，饲喂水平应该能保证公猪有个适中的增重速度。这取决于日粮、公猪年龄、况、圈舍以及气候条件等。比如：公猪应该饲喂含有 16% 粗蛋白的日粮(0.80% 的赖氨酸)，因此青年公猪的饲喂量为5.0～5.5 lb，成年母猪 5.5～6.5 lb(表 7.10 和表 7.23)；那些过度配种或采精的公猪，或在寒冷的天气里户外饲养的公猪都应该需要比正常水平更高的日粮，或者对它们的日粮水平做出其他相应的调整。同时，过度饲喂公猪可能会导致繁殖问题和降低它们的使用时间。

当限饲以降低能量摄取时，充足的蛋白质水平(氨基酸)、维生素和矿物质则必须保证，以满足公猪对这些营养的需要。假如公猪头数不多，可以专门为公猪对日粮做出调整。但在大多数群体中，给公猪饲喂平衡的哺乳日粮时即可达到满意的效果。

喉闹问题

有些公猪上、下颌持续有节奏地拍打和口吐白沫，这种行为称为喉闹。公猪开始过分喉闹时可能不采食，变得"小心翼翼"(身体紧张、肩部发硬)并影响发育。即使这种情况不影响它们的配种能力，从外观的角度讲，也令人讨厌。与其他公猪或与群体隔离一般能使公猪安静下来。把饲料拿走，在栏内放 1 头妊娠母猪或阉猪将有助于它重新吃食。

公猪的年龄和使用

公猪的配种强度因以下情况有所变化：年龄、发育、性情、健康、配种体况、使用的时间分配、配种方式(人工辅助交配、自然交配和人工授精)和分娩日程。没有适用于所有情况的配种强度标准，而在优秀的养猪生产者之间所实行的强度更是差别甚远。这些实践总结在表 12.5 中。

表 12.5　一头公猪的最大推荐配种次数

年龄	单个配种/次		单圈配种①/次
	每天	每周	一头公猪和多头母猪
青年(8～12 月龄)	1	5	2～4
成年(12 月龄以上)	2	7	3～5

注:①假设所有母猪在同一天断奶。
来源:猪肉工业手册,PIH-1,1993。

要取得最好效果,公猪至少要 8 月龄而且完全发育好才能使用。即使这种情况,公猪的使用也应该限定在每天 1 次和每周最多 5 次。把 1 头从未配种的公猪转入一群刚断奶发情的经产母猪群中使用,对公猪的来说后果将很糟。如果一群母猪同期发情,则需要更多的公猪。

公猪数量通常和所需配种次数相关,而不是母猪数,因为在每个发情阶段,母猪或青年母猪不只配种 1 次。通过人工辅助交配可以控制公猪交配次数,在单圈配种系统中,如果母猪成群断奶和配种将需要更多的公猪。如果由经验丰富的生产者饲喂和照看 1 头种公猪,在配种季节使用人工辅助交配系统的情况下,1 头强壮的精力充沛的公猪从 1～4 岁每天可配种 2 头母猪。过度使用公猪将导致精液浓度下降和精子不成熟。在单圈配种情况下,相应的配种母猪数比较少。

繁殖力的最大化

生产者通过以下措施使公猪繁殖力最大化:充足的公猪力量;轮流使用公猪或单个交配;提供宽敞的配种场所;在夏季时使公猪保持凉爽以及其他健康管理措施。从许多公猪站能得到新鲜的公猪精液,公猪繁殖力的匮乏不应该发生。

保存和利用充足的记录

为了更加有效地使用公猪和尽早发现公猪的繁殖问题,记录也是非常必要的。生产者应该存有公猪使用频率的记录,如果采用人工授精,每次采精时间和采精量都应该记录。对于保存、组织和分析这些记录,使用计算机程序是必要的。

妊娠母猪的饲养管理

在这里就无需重复讨论第六章和第七章关于妊娠母猪的饲养问题了。在妊娠期间,生产者在饲喂母猪时有两条基本原则应该牢记,在此强调一下:(1)提供的日粮应该保证母猪及胎儿的营养需要;(2)选择的饲料和采用的饲喂方法应该既经济又适应当地情况。与平时相反,这个阶段,利泻的日粮几乎是没有必要的,因为便秘很少发生。

妊娠母猪的圈舍也没必要复杂和昂贵,基本的需要是应该有牢固的凉棚,在恶劣的天气可提供保护,排水好并且干燥。空间也应该足够大,以便母猪能四处走动和舒适地躺卧。从前,除非天气恶劣,母猪会被赶到室外运动,呼吸新鲜空气,晒晒太阳。但时代不同,措施也发生了变化,绝大多数养猪生产者,让妊娠母猪在整个妊娠期都呆在舍内,或栏内或圈内。

土地价格高、环境问题和大群母猪的工作和管理效率都使养猪生产者采用舍内饲养模式。然而,这种养猪模式取决于管理者的技巧、能力和资金。相关内容见第十五章关于养猪生产模式的讨论。

舍内养猪生产的优点是:(1)更好地控制污泥、灰尘和粪污;(2)节省了饲喂、配种和转群过程中的劳动力;(3)增强了对体内和体外寄生虫的控制;(4)减少了土地需要;(5)在配种时能更好地监控猪群;(6)提高了建筑的利用效率;(7)管理者舒适和便利程度有所提高;(8)提供了更好的全方位管理的机会。

舍内圈养母猪的缺点包括:(1)较高的基础投资;(2)可能造成性发育延迟、配种日龄提高、青年母猪受胎率降低和母猪的配种率降低;(3)需要更好地管理和日常细节的观察,例如测量温度和通风情况;(4)肢蹄病增加。

分娩母猪的管理

认真而精细的管理者应当认识为母猪分娩提前做好准备的重要性。如果在母猪妊娠期的饲喂和管理比较到位，那么就能生产出一群强壮而活力旺盛的仔猪，而接下来的问题就是要让使仔猪在分娩时存活下来。

据估计，出生到断奶仔猪的死亡率为 10%～20%，而断奶后的损失为 3%～10%。

临产症状

母猪即将分娩时的直接反应是极度紧张和不安，阴门扩张，也可能有黏液排出和有乳汁分泌。

分娩准备

大约在母猪分娩前 2 周，应当在几天内完成对母猪的驱虫和对外寄生虫的处理工作，才能转入分娩猪舍。现在这类的药品很多，一定要按产品说明书使用。如果分娩是在分娩栏或产圈内，在 110 d 前就应该转群。

母猪如存在便秘问题，在母猪转入产房前，日粮中可加入 20% 小麦麸或 10% 脱水苜蓿草粉或甜菜渣。一些产品也可避免便秘问题，如在母猪分娩和泌乳日粮中饲料添加 15～20 lb/t 硫酸镁（泻盐）或15～20 lb/t 的氯化钾。如果有个别的母猪便秘，可每 1～2 d 在日粮中添加高浓度的硫酸镁，这可能会取得令人满意的效果，但必须搅拌到饲料中。

卫生措施

采用全进全出生产方式，可提高猪的生产性能。这个系统的应用必须对母猪进行有计划的配种。以便能在 2～3 d 内给母猪提供清洁的分娩设施。在另一群母猪转入同一设施前要进行彻底打扫。

母猪在转入产房前还应该做到：用温水和肥皂进行清洗并用温和的消毒剂进行全身消毒，使母猪本身对洁净的产房的污染程度最小化。

清洗分娩设施可通过擦拭、高压灭菌、蒸汽灭菌或用硬毛刷子刷拭等来完成。彻底的打扫是十分必要的。任何有机物质的残留都将大大地降低消毒剂的效能。有很多好的化学消毒剂可以使用，如季铵化合物、碘化合物和碱等。第十四章有对消毒剂的详细介绍。

分娩用具

此时的母猪对过高或过低的温度都是非常敏感的，需要比其他各阶段的母猪更多的保护。尤其在分娩时更是如此。建议母猪分娩区的温度变化范围在 55°～75℉（13～25℃）之间，仔猪区在开始的几天应该有辅助加热设施，使温度维持在 90°～95℉（32～35℃）之间。这段时间过后，仔猪区的温度可以逐渐降到 70°～80℉（21～27℃）直到断奶。同时要有适度的通风，但是气流一定要尽量地小。

分娩栏或分娩圈

大多数生产者采用分娩栏，一个优点是可以降低仔猪被母猪压死的概率；另一个优点是操作人员在处理仔猪的时候可免受母猪的攻击。大多数分娩栏为 5 ft 宽×7 ft 长。宽度部分包括 24 in 的母猪栏和两侧 18 in 宽的仔猪区。无论母猪个体大小，商用母猪栏也可以调节到合适的大小。多数分娩栏都具有漏缝地板，有些则采用垫草。母猪每天可赶出去 2 次采食和运动（图 12.9）。

使用开放的分娩舍时，分娩舍四周加上保护栏是避免仔猪被母猪压死的有效手段。需要指出的是：1/2 甚至更多损失的仔猪都是被母猪压死的，所以，在此特别强调这个简单保护设施的重要性。栏杆离地板高度是 8～10 in,离栏壁是 8～12 in。采用牢固的钢筋或用钢管构建,大小为 2 in×4 in、2 in×6 in。这个分隔栏通常用来限制母猪在前 3 d 的活动,可以使母猪在躺卧或移动时候留出空间让仔猪爬离(图 12.10)。

图 12.9　分娩栏地板用金属丝编制,用来限制母猪运动以防压死仔猪。(爱荷华州立大学 Palmer Holden 提供)

图 12.10　舒适的圈栏能使母猪进入栏内有更多的自由空间。当猪长到足够大能保护自己不会被母猪压死时,这些限制栏可以打开或者挪走。(爱荷华州立大学 Palmer Holden 提供)

垫草

在开放的分娩舍内,应该铺上清洁而新鲜的垫草。吸附能力好、不太长并且粗糙的材料均是合适的垫料。比如,小麦秸、大麦秸、燕麦秸,铡短的干草、玉米棒子芯、花生或棉子壳。另外,碎玉米秸、碎新闻用纸或刨花等都很常用。关于垫草的其他信息可参看第十六章。

护理

通过给母猪恰当的护理可降低死胎、假死猪和弱仔的发生。护理还包括帮助初生仔猪找到乳房,吸吮初乳,然后将仔猪放在分隔栏的保温区等。此外,这个时间段的护理可以提高分娩后几天的仔猪存活率。

正常情况下,每头仔猪的出生间隔为 15～20 min。正常顺产是头或尾先出来。通过护理能够(1)擦去仔猪身上的黏液;(2)帮助仔猪找到乳头;(3)尽可能救活那些不能呼吸的仔猪;(4)用碘制剂进行仔猪脐带消毒。如果分娩正常但十分缓慢,可以使用催产素加速分娩时间。如果有仔猪阻塞产道的迹象,催产素就不能使用。假如仔猪未出生而母猪长时间地强烈努责,表明需要护理员给予人工辅助。助产员要戴上非常光滑的无菌手套,伸入阴门,沿阴道上方尽可能地找到阻塞产道的仔猪,然后抓住仔猪,轻微而稳固地把仔猪拉出来。由于助产提高了并发症的可能性,如母猪感染,所以应该使用抗菌液作为润滑剂。使用医疗器械来辅助抓紧仔猪也是可行的。

当分娩临近时,有些生产者为控制分娩,采取诱发母猪分娩技术。诱发分娩可以避免母猪在不便的时间分娩,例如夜间或周末;同时;(1)可以更有效地利用产房和产箱;(2)便于把仔猪从大窝寄养给小窝的母猪;(3)更可能集中断奶,仔猪的年龄、大小也更加一致;(4)可使母猪断奶后在同一时间内发情。

注射激素是经常使用诱发分娩的方法,前列腺素 $PGF_{2\alpha}$,律胎素(Lutalyse,美国普强公司生产)是最常用的产品。当使用律胎素时必须谨遵标签上的说明。其中配种和分娩日期十分关键:母猪在妊娠期110 d 之前不应该做诱发分娩的处理,而处理后母猪则会在处理后 48 h 内分娩。要尽快摘掉胎衣,拿出产房进行处理,如做肥料、掩埋或焚烧。这样可防止母猪吃掉胎衣、细菌传播和恶臭气味。快速拿走死猪也是同样的原因。

如果使用垫草,要及时把潮湿的、污染的垫草拿走,换上清洁、新鲜的垫料。

冻仔和弱仔猪

仔猪在寒冷的环境中是很容易着凉。如果天气较冷,而猪舍又没有加热设施,就应当把仔猪从母猪身边移走,放在 1 个半截桶或篮子内,里面垫上垫草或碎布。把 1 个散热灯或 1 个热水袋(包裹好防止灼伤仔猪)放在桶或篮子内,或把仔猪放在温暖的室内直到它们全身干燥并能活动为止。

挽救仔猪最有效的办法之一是把冻仔除头部外全身都浸在水里,水温应是人的肘部能容忍的温度,仔猪放在水里几分钟,然后拿出来用布尽快擦干。

孤仔猪

仔猪的母亲如果死亡、得病或感冒也就导致泌乳停止,仔猪就成了孤仔。这种情况下,最好的安排就是给仔猪找个奶妈。如果找不到,可用牛奶或人工乳喂养仔猪。要是仔猪已经吃过少量初乳的话,问题将比较简单。有必要的话,可人工挤初乳给仔猪吃。

如果用牛奶喂养,不要加乳脂或糖。然而,如果用脱脂奶粉,按 1 汤匙加 1 pt 液态奶的比例加入。母乳替代品也应按照容器上的说明混匀。前 2～3 d,孤仔应该每 2 h 喂 1 次,并且奶温应该是 100℉(38℃)。以后可进一步加大饲喂间隔。所有的器皿(盘、瓶或奶嘴均可使用)都应该清洗和消毒。

孤仔在 1 周龄时就应开始尽快采食开食料。此外,必须给仔猪注射铁剂或提供日粮铁来源。

寄养

母猪产仔数可能过多或过少,因此产后通过寄养,使每头母猪带仔数比较均衡,这对生产是有利的。然而,仔猪寄养到另一头母猪之前应该从母亲那里吃到初乳。一般说来,仔猪在出生后的前 2 d 内就应该被转移。为了以后的后备猪选择,雌性仔猪应该由亲生母亲哺乳,保存记录更有利些。有些产房饲养员尽量使每头母猪的带仔数比较一致。

发育不良的仔猪

个体小的仔猪或"生长受阻的仔猪"对生产者来说一直是个问题。每窝产仔数越多,会存在更多的生长受阻的仔猪,这些猪通常都是出生较晚。因此,强迫它们和个体较大的先出生的仔猪竞争乳头。因为生长受阻的仔猪经常死去,许多生产管理者都让它们安乐死,而不是尽力挽救它们。一些研究显示,对体重低于一般体重(2.5 lb)的初生仔猪(生长受阻的仔猪)进行补饲,可以降低它们的死亡率。补饲的饲料可由以下组成:一种商业奶类替代品或 1 qt(0.95 L)的牛奶混合液,1 pt(0.47 L)"一半和一半",(或 1 杯乳脂)和 1 个生鸡蛋;15～20 mL 1 份,用注射器及软的塑料胃管每天喂 1～2 次(Moody 等,1996)。

人工供暖

为使母猪舒适和适应冬天的状况,大多数产房都装备了供暖单元以维持至少 60～65℉(16～18℃)的最低温度。提高初生仔猪局部环境温度对防止仔猪着凉是非常重要的;尤其在美国北部通常必须为初生仔猪提供人工供暖设备。为维持仔猪在它们的保温区,提供一个补充热源的空间是十分必要的。供暖区的温度在开始几天里应该是 85～95℉(29～35℃),然后降到 70～80℉(21～27℃)。通过对仔猪的观察,可以提供一个理想的温度范围。如果它们挤在一起,可能是温度太低,如果它们避开补充热源,温度是太高。

影响仔猪存活的一个主要不利因素是维持它们的体温非常困难,因为体表面积较大而被毛稀疏、体脂很薄。即使温度适中,仔猪也为维持正常的身体技能而需要大量的代谢能。出生后几天,随着日龄的增加,仔猪自身的温度维持能力也不断提高。

母猪与仔猪

加强母猪和仔猪的饲养管理之目的是使仔猪有一个良好的生长开端。和其他小家畜一样,小猪比大猪生长速度更快更有效率。对于小猪的健康,严格的环境卫生和合理的饲喂尤其重要。除此之外,第十五章中还概括了另外一些与仔猪健康相关的管理措施,如调整窝仔数大小、剪牙、打耳号、去势和运动等。

每窝有 8~11 头断奶仔猪的高产母猪比少于 8 头的母猪有更高的营养需要,因为泌乳需更高的营养需要。此外,年产仔少的母猪有更多的时间恢复泌乳的体重损失。通过观察,母猪频繁产仔少可能是泌乳期过分失重的结果。

高产母猪分娩后应该自由采食,但这并不意味着开始几天就饲喂大量的饲料,但无论饲喂什么都应该是母猪愿意吃的。第一天,它可能仅吃 1~2 把饲料。接下来便供给带仔 7 头或更多的母猪尽可能充足的日粮,以使其采食最大化,使其体况损失达到最小,因为过度的体况损失将导致母猪推迟发情和可能降低下一胎的产仔数。

整个泌乳期,母猪应该大量供应丰富的饲料从而将刺激母猪泌乳,在此期间,母猪日粮的最重要成分是充足的蛋白质(氨基酸)、维生素、矿物质和水(见第六、第七章)

正常的配种季节和分娩时间

猪是周期性、多次发情的动物,这意味着 1 年的任何时间内都可以配种,但在温度适宜季节,比其他家畜的受胎率要高得多。那些拥有环境控制系统猪舍的大多数生产者都希望全年猪生产量一致。为确保每月能有 1 窝仔猪分娩,因此列出了决定母猪每月配种次数的建议参数(表 12.6)。在美国温暖的 6、7、8 月份,母猪的受胎率低得多。然而在凉爽的季节,至少有比期待分娩母猪高出 25% 以上的母猪要与公猪接触。

人工授精

人工授精(AI)是指通过人工的手段而不是运用自然方式让精子到达在母畜的生殖道。这种技术称为人工授精。猪的人工授精被世界猪业广泛使用。2002 年,据估计,美国 55% 以上的生产者均采用人工授精,并且 75% 以上的仔猪都是通过人工授精而获得。

表 12.6　决定每月母猪配种数的建议参数

月份	1	2	3	4	5	6	7	8	9	10	11	12
参数[1]	1.25	1.28	1.35	1.43	1.52	1.64	1.69	1.70	1.52	1.35	1.30	1.25

注:[1]每月配种母猪数=分娩栏数×参数。
来源:猪肉工业手册,PIH-8,1995。

人工授精的优点如下:

1)与自然交配相比,在遗传上优秀的种公猪的利用率更高。

2)风险最小,为引进新的遗传物质提供了一种方法。

3)许多商业种公猪站都提供精液,这些精液来自很多品种和品系,这些公猪站场都尽力安全地、有效地处理种公猪和精液。

4)农场大幅度减少种公猪数量,例如,1头成年种公猪,在自然交配的情况下,每天配种数不能超过2头母猪。然而,种公猪一次射精,通过人工授精的方式可能配10头或10头以上的母猪。使用人工授精的猪场,通常仅养1头公猪用来刺激母猪发情即可。

5)采用人工授精降低了公猪、母猪和人受伤的危险性。关于猪的人工授精存在以下两条普遍的错误看法,即:

a.与自然交配相比,使用人工授精将降低分娩率和窝产仔数。事实上,如果人工授精使用适当,繁殖率将相当于自然交配的水平。

b.人工授精比自然交配需要更多的劳力。事实上,人工授精比母猪的人工辅助交配需要的时间要少。人工辅助配种需要把公母猪赶到配种栏并观察配种。

目前,全世界有很多人工授精站,这些站一直把高质量的公猪加到他们的基因库内。此外,在美国,有许多严格的猪人工授精服务组织,并且数量在逐渐增加。一般来说,这些公司主要出售新鲜精液(也有出售冷冻精液)、提供顾客处理和现场人工授精培训、出售人工授精器材,向美国国内和海外出售精液。

人工授精公猪的选择

挑选公猪时,纯种育种者可能选择本群公猪或购买外群公猪,人工授精给予他们第3种选择:他们可以从外购买精液而不是购买种公猪。从外面购买种公猪的渠道是其他个体纯种育种者,也可以从原种生产者公司购买。当从外场购买种公猪或精液时可以使用EPDs(见第五章,选择指数部分(STAGES、EBV、EPD和BIUP))。

商品猪生产者几乎不从本群内选择公猪,因为在一个商品群内,想维持纯系是没有效率的。在可以购买商品精液的情况下,这种无效对全群生产来说是浪费的。

除种用价值外,当挑选种公猪时,需要评估允许生产者采精和配种等特性(见第五章,选择公猪部分)。

人工授精实验室

在规划人工授精地点时,应该安排1个实用的、设施完备的人工授精实验室。最好是实验室和采精栏相邻。通过1个窗口,在它们之间建立1个手动传送通道,实验室应该装备:(1)准备精液采集设备;(2)精液检查设备;(3)精液保存设备;(4)稀释精液设备;(5)精液贮存设备;(6)清洗和保存设备。

采精场

商业公猪站或多数农场应该根据自己的情况建立采精站。采精圈(图12.11)四周至少有2~3面墙,用直径为2 in镀锌管构建,管高36~42 in,每隔11~12 in放置1个,管的间隔为11~12 in。这些周边管壁是处于安全的考虑而设计,采精人员不用开门就可进出采精场或越墙,而公猪却被限制在场内。

采精圈和四周的地方不应该有分散注意力的事物,以免转移公猪的注意力而离开台猪。固定台猪可能对采精有利,它能限制公猪在台猪周围的活动,并且采精人员可指引公猪爬跨台猪。可以把台猪放在圈内的拐角

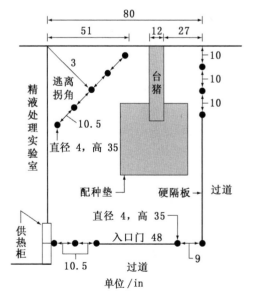

图12.11 采精栏是为人工授精时采集公猪精液设计的,标示栏周围工人能安全逃离的所有地方。(猪肉工业手册,普渡大学,1998)

处或附在墙上。采精圈建议的宽度是 6～8 ft,长度是 8～9 ft。在采精舍一侧建立逃脱拐角时,建议宽度是 8 ft。当采精时,附近要有一个屏障(挡板)。小的采精圈有助于训练公猪爬跨台猪。

采精舍中的台猪应该安全地固定到地板上或隔墙上。养猪生产者可自己制作或从专营人工授精设备公司购买台猪(图 12.12)。

图 12.12　采精栏内设置一个台猪。注意栏内垂直柱桩的分布,确保采精员能快速逃离此栏。(爱荷华州立大学 Palmer Holden 提供)

调教公猪

公猪一般都有爬跨固定物体的兴趣,因此,采精时并不需要发情的母猪。好台猪的基本要求是适当的高度以便公猪能爬上并叉开前肢,结构稳定和耐用。台猪四周好的地面对帮助公猪爬跨、插入和采精过程都是十分重要的。带孔橡胶配种垫很受欢迎,因为它的稳固性和弹性都很好,可永久使用,而不透水性也为清洗带来方便。

调教公猪采精是需要耐性的。公猪出现吼闹时或 7～8 月龄时,就应开始调教爬跨台猪。

常用来调教公猪爬跨台猪的技巧如下:(1)1 头公猪采精后立刻让待调教公猪爬跨该台猪;(2)在台猪后端抹上成年公猪的尿、精液或包皮液;(3)让公猪与 1 头陌生的公猪或邻近的青年母猪接触以进行性刺激。然后把公猪或青年母猪赶走,这在一定程度上可诱导新公猪爬跨台猪;(4)允许公猪在台猪附近爬跨发情母猪但不配种,然后把母猪赶走,引导公猪爬跨台猪;(5)在台猪附近,当公猪爬跨 1 头静立的发情母猪时采精;(6)允许公猪爬跨与台猪相邻的处于静立的发情的母猪,当射精大约 1 min 时,将公猪从母猪身上拉下来,然后让它爬跨台猪。

采精

以下这些技巧可使采精过程的污染最小化。

1)定期修剪包皮开口处的毛。

2)如果有必要,用一次性的纸巾擦洗包皮口及其周围部位。

3)抓住阴茎采精之前,要用手工方式使阴茎内液体排出。

4)为使精液的污染达到最小和降低公猪间交叉污染的风险,采精员要戴上一次性乙烯基手套或手要消毒后进行。

5)公猪爬跨台猪后,阴茎会露出来,用戴手套的手抓住阴茎,手把方向与公猪相垂直(可使包皮内液体流回阴茎的机会降到最小并把阴茎指向采精管方向)。切记,采精员的手要模仿母猪的子宫颈并且将阴茎螺旋头紧紧地握在手中。在阴茎螺旋部分的第 1 和第 2 脊处不停地挤压。直到射精完成才能放松。一旦这个锁形成,公猪将开始射精。

6)精液的 3 个不同组成部分按以下顺序射出:

a.无精子部分,几乎不包含精子,不应该采集。让一次射精的最初几下喷射到地上,而不收到集精杯里。

b.富含精子部分,这部分是不透明的,乳状的。

c.最后凝胶部分,也不应该采集。

使用绝缘的保温杯或泡沫塑料杯既便利而又经济,集精杯要先预热(100℉/38℃)。采精时用纱布或带网孔滤纸盖在集精杯上,可把凝胶部分过滤出去。把凝胶部分从精液中分离出来十分必要,因为凝胶会凝结成半固体团块干扰精子的产量、精液评定和处理。

真正射精时间变化很大,公猪完成一次射精经常最少需要 5～9 min。正常情况下,1 头公猪射精量为 150～250 mL,有时会超过 400 mL,与公猪的年龄、个体大小、采精技巧和采精频率有关。

采精需要 5～20 min。直到公猪完成射精才能松开公猪阴茎。每次采精,要获得充足的精液量、精子密度和剂量,建议采精频率为 48～72 h。

化学制品(乳胶手套、水、肥皂渣、酒精等)、光(阳光、紫外线)和温度(热、冷)对精子都是有害的,都应该避免。最后 1 条规则是:可能与公猪精液接触的任何物品都应该是洁净和干燥的。为了把与导致精子死亡的混合物接触的风险降到最小和消灭公猪间交叉污染的机会,建议单独使用一次性产品。当采精和处理精液时,精液仅与其温度相近的物质或稀释液接触也十分重要。过大的温度波动对精液品质有害。可轻微地摇动或转动精液,但不要震动。

精液品质评定

要获得满意的受精率,良好的精液品质十分重要。目前评定公猪精液品质常用的检查标准包括精子活率、形态和密度。如单个运用某个检查标准,事实上会限制确定一次射精的繁殖潜力的有效性。然而,通过检查,可以识别那些明显质量差的精液。可用来人工授精、未稀释鲜精的精液品质最小参数见表 12.7。

对用来人工授精的公猪精液品质做定期检查是十分重要的,因为与自然交配相比,对群体繁殖力的影响要高许多倍。检查可确保不会出现大的繁殖问题。当考虑到质量差的精液对群体的分娩率、产仔数、空怀天数和母猪和青年母猪的经济价值时,它的代价是非常高的。每头公猪的精液品质记录都应该保存下来。

表 12.7　人工授精使用的新鲜未稀释的公猪精液最小值

精液变量	值
外观	奶油状、均匀一致
颜色	浅白色或乳白色
总精子数	$>15 \times 10^9$ 精子/次
粗评活率	$\geqslant 70\%$
畸形率	$\leqslant 20\%$[1]
-细胞质滴[2]	$<15\%$

注:[1]最多含 20% 细胞质滴。
　　[2]包含近中心粒和远中心粒的细胞质滴。
来源:Althouse,G. C.,Compend Contin Educ Pract Vet 19(3):400-404,1997。

采精之后,精液要尽快评价。按常规,1 头新公猪前几次射精也应该检查。以后每月要进行检查,如果有繁殖问题要进行额外的检查。精液评定标准如下:

容积——精液容积可通过把它倒入 1 个有刻度的烧杯测量。精液也可被称重,并计算容积:1 g＝1 mL。

精子活率——精子活率高表明精子的活力强。常用的方法是,通过光学显微镜进行运动精子的视觉评定。这种方法的准确率很大程度上取决于技术员的经验和天赋。样品准备(例如:稀释率、稀释粉类型、温度)必须标准化以降低检查中的实验误差和变异。估计精子活率,在一张加热的(98.6℉ 或 37℃)显微镜载玻片上,滴 1 滴原精液用盖玻片盖上。

当在显微镜下观察时,精液样品应该足够薄能够显现精子的个体运动。如果看不到精子,在盖玻片盖上之前在精液样品上滴 1 小滴稀释液(与精液温度相同)。在 200 倍或 400 倍显微镜下,至少在载玻片 4 个不同的地方,通过观察最靠近精群中的 5% 的精子来评定精子活率。这样得出的结果然后平均。精子活率至少在 70% 以上的精液才能使用。这是特别重要的,因为精子活率和生活力在保存过程中会下降。

形态学——形态学是对畸形精子的评定,包括卷尾的或弯尾的,有头无尾或有尾无头的,巨头的和许多其他不正常形态的。有几种商业染色剂可使用并对检查精子畸形十分重要,通过染色后安置于支架上的盖玻片来观察。使用光学显微镜,染色剂使精子轮廓清晰,便于清楚地观察。高分辨率和更昂贵的相位差显微镜或微分干涉对比显微镜有内部硬件能产生它们自己的对比,可以放置湿的样本用来进行精子形态学评定。

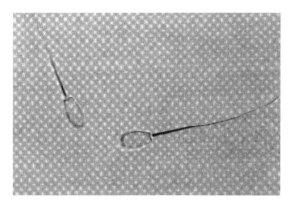

图 12.13　正常精子的形态,具有完整的头和垂直的尾。
(猪肉工业手册,普渡大学)

评定至少 100 个精子,然后划分为 3 类当中的 1 类:(1)正常精子(图 12.13);(2)头畸形的精子;(3)尾畸形的精子(包括细胞质滴)。如果精液有大量畸形精子,这表明精子在发育或成熟的过程中发生了某种形式的破坏或精液处理不恰当。一般精子畸形率不到 20%。因此,进行人工授精的精液,正常精子在 80% 以上。

精子密度——对无凝胶的公猪精液评定精子密度的常用方法是测定不透明度。样品不透光度的测定,最常用的是光度仪,它是一种通过样品测定光透率和光吸收率的仪器。公猪精液样品的不透明度决定于精子细胞的数目和其他精液成分,这些成分干扰了光通过测定样品。

正常情况下,公猪的精液极其不透明,以致光不会轻易通过。因此,测定前,少量的样品经常稀释成等渗的溶液。然后,光度计度量转换成每毫升的精子数目,通过光度仪内部转换或通过生产者使用一种转换图表,图谱和仪器是配套的。因为这种分光光度计的测定是相当精确的,因此公猪精液专门校准图表是必要的。

另一种方法是使用计数器(例如白细胞计数器),可以直接确定公猪精液的精子密度。计数器表面刻有限定的面积。按 1∶200 的比例稀释一部分精液,将很小的一部分稀释精液转移到计数器上,避免溢出! 精子在计数器上放置 5 min 后,用 200～400 倍的显微镜,在划定的表面积上数出精子的数目。

最少计数位于细胞计数器中心的 5 大(80 小)方格里的精子(图 12.14)。对于压线的精子遵循"计上不计下、计左不计右"的原则。两个数累加后平均。如果两个计数彼此偏差 10%,准备细胞计数器,重新计数两边。

精子数(N)通过平均所有累加数确定。然后根据计算公式计算每毫升精液精子的数目。用细胞计数器既耗费时间又令人厌烦,对大多数实验室而言是不可行的。因此,测定精子密度最普遍使用的技术是光度分析。除非精子密度已知,否则每次采精要测定的剂量为 6～10 个。

精液处理

精液处理是一个非常严格的过程。规定的程序如发生改变,很容易使精子伤残或杀死精子。下面的内容对于用一次采精来生产几剂合格的精液来说是十分必要的。

图 12.14　精子密度的细胞计数器测定。(猪肉工业手册,普渡大学)

精液稀释粉——如大批量购买稀释粉时,应该制成我们想要的稀释液,然后分装并重新包装在密封好的容器中。如不在稀释粉中混合,稀释粉当天应该添加保护性抗生素,然后加水重新构成。稀释粉的种类取决于精液是立即使用还是保存几天。购买的稀释粉应该有生产日期,保存在无霜冰箱里,买后 6 个月内使用。

水质——水质对精子的活力和繁殖力起负作用。关于公猪精液用水质量的专门规则仍在研究中。目前普遍推荐的是用蒸馏水或去离子水生产公猪的稀释精液。蒸馏水无杂质,接近纯水,用蒸馏、过滤和逆渗透方式去离子化,去离子水是通过双蒸馏生产的。

准备稀释液——稀释粉用蒸馏水或去离子水配制,在 98.6°F(37℃)下水浴至少 1 h 后,达到温度和

pH 值平衡。为防止污染,最好用一次性塑料袋准备稀释液。

稀释精液——每剂量精液的精子数目通常在 20 亿～60 亿之间(精子密度(25～80)×10⁶/mL)。每剂精液至少有 60 mL,最多 120 mL,每剂猪的稀释精液通常是 65～85 mL。精液的稀释率应该取决于原精液的品质、稀释粉种类和预期保存时间。当精液保存和使用在 24～72 h 内时,可把 1 份精液(富含精子部分)稀释成 7～11 份稀释精液。

如果公猪精液按体积百分比的方式稀释,保守的稀释方法是把 1 份精液(总射精)稀释成 4 份稀释精液,稀释精液在 24 h 内使用。使用体积百分比可能存在的问题如下:(1)稀释精液浓度过高,则要考虑超过一定时间后能量物质和缓冲剂的消耗问题;(2)精液稀释过度,就潜在地降低了精子的活力和繁殖力。此外,不能获得精液的最佳剂量,由于精子得不到最佳利用,会造成经济和遗传上的损失。

新鲜的刚采集的精液和稀释液应该在相似的温度下混合。精液和稀释液混合工作可把精液加到稀释液中或者相反顺序。用精液稀释可用一步法(一次性把所有经计算过的稀释液都加上)或二步法(加 1/2 计算好的稀释液到精液中,平衡 5～10 min,然后把余下的稀释液加入,完成稀释)技术。由于一步法更容易,耗费时间少,许多实验室都采用此种方法。

母猪的人工授精

由于母猪阴道和子宫颈的解剖学特点,在无视觉辅助或一些操作下,输精管也能确保进入通道抵达子宫颈,因此人工授精的实际步骤相对容易些。

要达到最大分娩率和产仔数,主要是要在恰当的时间里输精(表 12.8)。尽管技术简单,确保正确操作是很困难的。当频繁检查发情时,在适当的时间输精更有可能。在真正发情检查前,最好的发情检查是不允许公猪和母猪接触超过 1 h。这种分离使母猪一见到公猪立刻产生静立反应,如果可能,驱赶公猪通过母猪前面的过道,鼻对鼻的接触,使后面的输精完成得更好。

表 12.8 每天检查发情 1～2 次时建议的人工授精间隔

断奶到发情间隔	发情检查每天 1 次		发情检查每天 2 次	
	2 次配种	3 次配种	2 次配种	3 次配种
3～5 d		第 1 天上午		第 1 天下午
		第 2 天上午和下午		第 2 天上午和下午
6 d 以上	第 1 天上午	第 1 天上午和下午	第 1 天下午	第 1 天上午
	第 2 天上午	第 2 天上午和下午	第 2 天上午	第 2 天上午和下午
返情		第 1 天上午和下午		第 1 天下午
		第 2 天上午		第 2 天上午和下午

来源:猪肉工业手册,PHI-137,普渡大学,1998。

母猪排卵经常是在发情结束前大约 12 h 发生或发情开始后的 35～40 h,持续 1～3 h。排卵开始和持续时间有较大变异。

与把发情母猪限定在附近有头公猪的小圈内相比,用鼻对鼻或隔栏接触的方式更可取。用手压母猪的后背使母猪保持站立姿势或轻轻地挠母猪侧面,所有这些是在输精时让母猪保持站立的必要措施。

有几种类型的输精管可供使用。外形类似公猪阴茎的橡胶输精管和许多专门用来人工输精的一次性输精管。一次性输精管的主要优点是不需要清洗,消除污染的风险。人工授精应遵循下面基本步骤:

1)用纸巾擦净阴门。

2)把输精管前端的螺旋形体尖端插入阴道,尖端紧贴阴道的背部表面,防止进入膀胱口(图 12.15)。

3)沿着阴道背部表面,向前滑动输精管,直到感觉到子宫颈的阻力为止,通常为 8～10 in。

4)逆时针旋转输精管,直到锁住子宫颈。

5)当输精导管位置固定后,便把精液容器系到架子上,然后把精液缓缓挤压流入导管内。输精速度应该缓慢,以防止精液倒流,但整个操作过程应该尽快完成。如发生倒流,输精管应重新插入生殖道。如精液仍倒流,应减缓精液的输送速度。正常情况下,完成授精需要 4~10 min。

6)输精完毕后,顺时针旋转输精管,缓慢拔出。

7)18~24 h 后,给母猪再次输精。

设备的清洗和保存

为使环境污染降到最低,建议使用一次性设备,包括塑料管、塑料输精瓶和塑料集精杯。

如使用橡胶输精管,用后用热水把残骸除去擦洗干净,用冷水彻底冲洗,用蒸馏水煮 10 min,把它从消毒液中取出,甩掉水分,然后以末端朝上放置在通风橱内。完全干燥后,用一个密封的塑料袋保存起来。

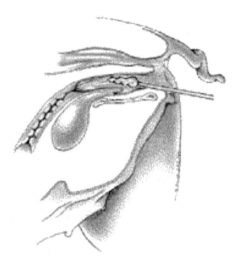

图 12.15 把输精管插入到子宫和阴道的恰当位置。注意向上部的插入的位置,以防进入膀胱。(猪肉工业手册,普渡大学)

冷冻精液

冷冻精液通常以颗粒和细管形式保存。但公猪精液不好冷冻。虽然冷冻精液保存时间比新鲜精液保存时间要长。但与新鲜精液相比,冷冻精液 :(1)生产剂量少;(2)分娩率平均低 30%~40%;(3)产仔数减少 1 头。

使用前,冷冻精液必须根据供应商的说明进行解冻,解冻后立刻使用。

总结

人工授精需要更多的管理投入、最少的专业设备,需要进行专业培训。然而,只要措施得力,产仔数和受胎率将近于自然配种,并且全群的遗传水平将有所提高。

所有纯种猪育种协会 AI 公猪的产仔记录登记在册,如果采精公猪不是育种者自己的,则需具备人工授精证书。

学习与讨论的问题

1.图解和标记公猪生殖器官并简要描述一下每个器官的功能。

2.图解和标记母猪生殖器官并简要描述一下每个器官的功能。

3.区分人工辅助交配、自然交配和人工授精。列出每种方法的优缺点。

4.描述母猪的发情周期。

5.为了同期排卵和授精,发情期母猪应该什么时间配种?

6.发情的标志是什么?

7.母猪经常在分娩后前几天发情,如果在此时配种,为什么它们通常不能怀孕?

8.母猪分娩后,应该什么时候配种?

9.5%~30%的受精卵都不能正常发育,导致胚胎死亡。10%~20%分娩时的活仔在出生后的前 7 d 死亡。讨论可能的原因和这种情况所带来的经济影响。

10.关于猪的妊娠诊断操作,你是怎么看的? 不要放弃你的答题机会。

11.列出 5 个测定母猪繁殖力的重要经济性状,讨论每个性状的重要性。

12. 对下面公猪饲养管理的每个方面进行讨论:(a)购买和引入公猪;(b)公猪的配种测定;(c)猪舍和饲养;(d)吼闹问题;(e)公猪的年龄和使用;(f)繁殖力最大化;(g)保存和拥有充足的记录。

13. 当训练公猪进行人工辅助交配时,1头成熟的公猪应该怎样使用? 如进行自然交配训练,你应该遵守什么规则?

14. 概括你认为有助于实现产仔数和仔猪出生后几天数目最大化的实际措施。

15. 描述母猪临产时的标志和实际分娩过程。

16. 为什么必须给仔猪提供一个保暖区?

17. 从实践和应用的角度论述猪的人工授精有哪些优点?

18. 人工授精将导致分娩率和窝产仔数比自然交配低吗? 人工授精比自然交配需要更多的劳动力吗?

19. 如何为自己的猪群购买1头公猪或人工授精用精液?

20. 讨论人工授精公猪的调教。

21. 列出和讨论评估公猪精液的基本要点。

22. 列出在给母猪人工授精时,用橡胶输精管或一次性输精管所遵循的步骤。

主要参考文献

Animal Reproduction-Principles and Practices, A. M. Sorensen, Jr., McGraw-Hill Book Co., New York, NY, 1979

Applied Animal Reproduction, H. J. Bearden and J. W. Fuquay, Reston Publishing Co., Inc., Reston, VA, 1996

Managing Swine Reproduction, L. H. Thompson, University of Illinois, Urbana-Champaign, IL, 1981

Moody, N. W, V. C. Speer and V. W. Hays, 1966, Effects of supplemental milk on growth and survival of suckling pigs, *Journal of Animal Science* 25:1250(abstract)

Pig Production, J. McGlone and W. Pond, Delmar Learning, Clifton Park, NY, 2003

Pork Industry Handbook, Cooperative Extension Service, Purdue University, West Lafayette, IN, 1998

Reproduction in Farm Animals, Ed. by E. S. E. Hafez, Lea & Febiger, Philadelphia, PA, 1993

Stockman's Handbook, The, 7th ed., M. E. Ensminger, Interstate Publishers, Inc., Danville, IL, 1992

第十三章　猪的行为习性及其生活环境

猪对环境的适应能力很强。在垫草较厚的情况下训练母猪在电子饲槽中采食。（爱荷华州立大学 palmer Holden 提供）

目标

学习本章后,你应该：

1.了解猪对环境的正常和异常反应。

2.理解社会优势关系特性及其重要性。

3.能够临别正常行为和异常行为。

4.了解猪对饲喂体系的反应。

5.了解猪是怎样适应环境变化的。

6.理解动物福利的"五项自由"及其在养猪业中的应用。

　　以下讨论所涉及的一切群居关系显然都在猪的群体中存在,无论是在舍内还是户外猪场,亦或是土或混凝土猪圈中均存在。而单圈饲养的公猪和母猪则很少有机会争斗或表现其他行为习性。但这并不意味着它们不受所处环境的影响,所讨论的一些行为在单圈饲养动物中也存在。

　　好的饲养员是动物行为的"研究者"。如他们能看出母猪何时发情（动情）或何时将要分娩。他们知道仔猪遇到麻烦时会发出尖叫声,而母猪在呼唤仔猪哺乳时往往会发出低沉而有节奏的哼哼声。饲养员应能够通过查看病畜的圈舍或活动场所发现它们的异常行为,进而进行早期治疗或采取措施以消除一些环境所引起的问题。而舍饲猪重新引起和增加了人们了解动物行为的兴趣或需求(图 13.1)。

但是,舍饲必须要有充足的饲料和水,同时还要有较好的通风和保暖设施。饲养者需要对动物自然生活环境有更多的了解。自然赋予了它们除吃、睡和繁殖外更多的生活习性。例如,猪的行为习性研究表明,猪在白天大部分时间是在积极进行探究行为,主要是采用鼻拱的方式来控制其活动。在自由的环境中,40%的白天时间用于睡觉,35%的时间用于探究新环境,15%的时间用于采食,剩下的 10%用于其他行为。

图 13.1 猪生活环境的改善。这种加宽、双帘、完全用板条盖成的猪舍给猪提供了最舒适的生活环境。(爱荷华州立大学 Palmer Holden 提供)

在漏缝地板猪舍中饲养猪时会发生什么情况? 精力是怎样被消耗掉以满足正常探究和鼻拱行为使用的? 有证据表明,环境的不足通常是通过争斗、咬尾、咬耳、胃溃疡或母猪照顾小猪不周体现的。

那么我们对此应做些什么呢? 给仔猪断尾以防止咬尾,这种对异常行为的预防与人不用消灭蚊子而通过使用药物来设法治疗疟疾引起的发烧情况类似。更确切地说,我们需要认识什么是异常行为——它是环境条件不适宜的一种警告信号。消除导致异常行为的原因是最佳的解决办法。

但这种方法往往很难实施,消除造成异常行为的原因包括设法模拟猪的自然生存条件,如改变每个动物的生存空间和群体大小、加强训练及逐渐改变日粮。从长远的发展来看,选择为矫正行为异常问题提供了基本答案;我们需要使猪适应饲养者所提供的环境。

本章提出了家畜行为的一些行为模式及应用。这些在家畜周围生活和与之实际接触的人已经积累了丰富的家畜行为日常知识。为了更好地饲养和照顾家畜以及早期判断发病症状,与家畜不接触的人需要熟悉家畜的行为习性。总之,家畜行为习性的行为模式及应用要在了解的基础上进行。

动物的行为习性

动物的行为是家畜对某种刺激的反应或者对外界环境的反应方式。对动物行为进行的个别研究和比较研究称为动物行为学。几年以来,对猪行为研究的重视程度远不如产肉的数量和质量性状。但是现代育种、饲养和管理技术已经重新引起了人们对行为的重视,尤其是将其视为获得最佳产品和效率的一个影响因素。由于群体规模的限制或制约,动物的许多异常行为使其饲养者烦恼不已,这些异常行为包括:食仔癖、食欲下降、刻板动作、缺乏母性、激烈争斗、反应迟钝、性行为退化、咬尾以及许多其他异常行为。舍饲不仅限制了动物的活动空间而且也干扰了它们的生活环境和社会组织,这样经历了几千年的进化,物种已经适应了这种环境。这是由于遗传时间延迟造成的。猪的生产者对环境的改变速度要快于对遗传组成的改变。

猪的行为习性

动物的种类不同,其行为表现各异。同时某些物种的一些行为方式或行为模式比其他物种发展得好。而且由于采食行为和性行为在商业上的重要性而得到最广泛的研究。然而,大部分猪都表现以下

的一般功能或行为体系,要讨论的行为如下:

1)采食行为(摄食与饮水)。

2)排泄行为。

3)性行为。

4)母性行为(抚育)。

5)争斗行为(竞争或好斗)。

6)群居行为。

7)探究行为。

8)热调节行为。

1. 采食行为(摄食与饮水)。采食行为是各物种和各年龄的动物所共同具有的特性。没有食物和水,动物就不能存活。而且高产的动物往往有争食的习惯,因为它们必须消耗大量的食物才能维持高产。

图 13.2　仔猪出生后几分钟就开始吃奶,48 h 就建立了"乳头序位"。(爱荷华州立大学 Palmer Holden 提供)

吃奶是所有哺乳动物的幼仔所共同具有的第 1 个采食行为性状。仔猪出生后几分钟就开始寻找乳头吃奶(图 13.2)。当分娩完成后,母猪开始哺乳。母猪发出一种低沉而有节奏的呼噜声呼唤仔猪回到母猪身边,而仔猪发出长而尖锐的叫声作为回应。而 1 头饥饿的仔猪通过它的叫声也能唤起母猪和其他仔猪发生哺乳行为。生后 48 h,仔猪就建立起一种"乳头序位"——每头仔猪吮吸一个特定的乳头。这是优势等级的一种形式。前面的乳头产奶量最多,被最优势的仔猪抢占。一旦乳头序位建立起来,就很少有争斗发生。母猪每隔 40～60 min 哺 1 次乳,但是晚上哺乳次数较少;随着仔猪逐渐长大,哺乳次数也会相应减少。

成年猪的上下颌长有牙齿。因此它们能咬、咀嚼和吞咽食物。猪生来喜欢植物的根茎。一有机会,它们就用鼻子深入土里,上下拱动将土翻开使蚯蚓、小虫和根茎露出而食之。在法国佩里戈尔地区,利用猪的这个天性训练它们寻找块菌——一种地下生长的蘑菇。

2. 排泄行为。如果提供良好的环境,猪有不随便排便的习惯。它们喜欢睡在保持干净和干燥的地方,它们通常在猪圈的一个角落里排粪排尿并远离睡觉的地方。在现代舍饲方式下,猪饲养在有限的区域内,扰乱了猪的与生俱来的排泄方式。然而,有些生产者利用猪的社会行为和采食行为来训练它们在特定的区域排便。在舍饲中全部或部分使用漏缝地板防止了粪便的积聚。

3. 性行为。繁殖是进行猪育种的首要和最重要的条件。如果没有足够数量的仔猪出生和存活,那么其他经济性状只能具有理论上的意义。因此,所有养猪者都应具备猪性行为的有关应用知识,这点是非常重要的。

性行为包括求偶和交配。这种行为主要受激素的调控。发情的母猪兴奋不安、外阴红肿。简单检测发情的一个较重要的标志是公猪和母猪以鼻对鼻的方式接触,发情母猪接受公猪的爬跨,此时公母猪采取典型的交配姿势——四肢僵硬,两耳竖起;当臀部受到按压时,母猪保持这种姿势呆立不动。因此可作为检测母猪发情的一种手段(图 13.3)。

但是,一些母猪采取的交配姿势可能取决于它们对公猪从听觉、嗅觉或视觉上的感受。使用公猪检测母猪发情是最精确的方法。实际上,这种方法增加了发现母猪发情的几率,特别是青年母猪,可增加

30%～40%。

公猪的求偶包括引起母猪站立不动姿势。公猪常常用其头部和鼻子轻触母猪或青年母猪的头部或两侧并发出求偶的叫声——一种低而有节奏的吼声。母猪也可被公猪的气味——外激素所诱发。从化学角度来说，这些外激素是雄酮，它是睾酮的代谢产物。当公猪试图爬跨时，母猪采取接受爬跨的交配姿势。有些公猪要进行几次爬跨才能完成交配，爬跨时间持续 3～20 min。

异常性行为在公猪中更为常见。例如，群养公猪常形成稳固的同性性行为关系。也有些公猪会爬跨无生命的物体，当训练公猪爬跨采精台以采集精液用于人工授精时，这是一种特别有用的行为。当 1～2 头母猪发情时，母猪常相互爬跨。

图 13.3　手压青年母猪试情的照片。当手压发情母猪背部时，母猪采取呆立不动的姿势，两耳竖立。（猪肉工业手册，普渡大学）

4. 母性行为。母猪在分娩前 1～3 d，往往有絮窝的行为发生。在田野或牧场，母猪将选择一个低洼的地方并用草、麦秸及其他材料做窝。而分娩笼和混凝土地板阻碍了衔草做窝行为的发生，但母猪在分娩前 24 h 左右活动会增加。它们可能会磨牙、咬或踩护栏并频繁地起卧。然而就在分娩前，母猪会安静下来并侧卧。母猪在分娩过程中常维持这一侧卧姿势不变，但也有一些母猪在产仔中间会起卧，因此会增加压死仔猪的几率。

许多家畜会舔它们的初生仔畜，但猪不这样。母猪在产下最后 1 头仔猪前一般不去关注已经产下的仔猪。但是，产完仔猪后，母猪会非常注意保护自己的仔猪，特别是在仔猪发出尖叫声时更是如此。母猪张口发出急促的呼呼声向侵犯者发出威吓。它们哺育仔猪直至断奶，当母猪与仔猪分离 2～3 d 后，母猪对仔猪将会变得漠不关心。如果仔猪在母猪身边呆 3～4 个月，母猪常会主动给仔猪断奶。如果在产后 1～2 d 内，将另一窝的仔猪寄养给母猪，它很容易就会接受。同期有一定数量母猪产仔的情况下，为了使每窝仔猪数大致相当，母猪间寄养仔猪是采取的一种较为常见的措施。

一些具有神经质的母猪，通常是青年母猪，在产仔期间或刚产下仔猪时会将自己产下的仔猪吃掉。如果观察到这种现象，在它们将要吃掉仔猪之前，应尽快地将所有的仔猪，包括活的和死的，连同胎盘膜一起移走。一般地，这样神经质的母猪会在产后安静下来，这时可将它们的仔猪归还给它们，而它们将表现出正常的保护行为。

5. 争斗行为(竞争或好斗)。争斗行为包括进攻、逃避及其他与争斗有关的反应。在所有物种的家畜中，公畜发生争斗的可能性比母畜大。但是母畜在某种情况下也表现争斗行为。妊娠母猪群养时，"等级关系"明显，具有优势的母猪总是具有优先采食权或优先选择躺卧或休息的地方。去势公畜往往十分温顺，这表明激素(尤其是睾酮)与争斗行为有关。因此，几百年来，农场主一直将阉割作为驯服公畜的一种方法，尤其是对猪、牛和马这 3 种家畜。

幼小的时候就圈养在一起的公猪很少发生争斗。原因可能是它们已经建立起自己的社会等级。而性成熟的陌生公猪放在一起总是会引起争斗。母猪和去势公猪(阉猪)也会引起争斗，但是它们并不像公猪争斗那样表现出上下颌相撞、产生大量的唾液(激烈地相互咬)。母猪只是咬，而公猪用它的獠牙攻击对方。

当陌生的公猪初次圈养在一起时，它们彼此嗅来嗅去并开始绕圈以"评估"对手的实力。它们不断地以肩抵肩，头部毛发直立、两耳竖起、抬高头部以防对手的进攻。在激烈的进攻中，争斗双方发出低吼声并撕咬对方，直至进攻结束。当争斗非常激烈的时候，每头公猪不断地张口露出牙齿从侧面和上面去咬对方的头部和颈部。如果公猪有獠牙,受伤部位常在双方的肩部。

争斗的公猪等待时机停止肩部接触而去咬对方的耳朵或颈部及前肢。有时它们甚至用张开的大口猛攻对方的身体。争斗可能持续 1 h 之久,有时也可能会很快结束。无论如何争斗,将一直持续到优势公猪胜出,失败者在胜者撕咬和猛烈进攻时逃跑或退却。

当饲养公猪的工作人员在圈舍内走动、驱赶公猪、收集精液或者进行其他活动时,这种争斗行为会给他们带来很大风险。在公猪附近时应时刻保持警惕以预防它们的攻击。配种室的围栏上应有一条狭缝以备公猪攻击时工作人员及时逃避之用。公猪管理风险是考虑使用人工授精的一个正当理由。

猪中其他争斗行为包括:(1)仔猪争斗以建立"乳头序位";(2)食槽附近发生的争斗行为;(3)咬尾。后两种争斗行为可能与高载畜量和食槽空间有关。

6. 群居行为。群居行为指合群性。猪在野生状态下,成群地在森林中游荡。这些野生群通常是在1 头公猪的领导下,由 5～10 头母猪组成。野公猪头大而长,獠牙强有力,是令大多数敌人敬畏的对手。

在驯养情况下,猪保留了其群居性,但人类使它们改变了很多。现在,猪通常在很有限的区域内饲养。但是野猪群在一起生活的个体不超过 10 头,但有时也可达到 80 头。

图 13.4　猪喜欢探究新事物,很聪明。(爱荷华州立大学 Palmer Holden 提供)

7. 探究行为。所有的动物都具有好奇性并有探索其生活环境的倾向。通过看、听、嗅、尝和触摸来进行探究。只要动物进入一个新环境,它的第一个反应就是探索它。有经验的饲养员认识到在以下 3 种情况给动物时间进行探究是很重要的:(1)在试着管理它们之前;(2)它们进入新环境之前;(3)群体中有新成员加入时。

猪也有好奇心(图 13.4)。当生人接近猪群时,它们就会发出警报或"低吼声",接着它们立即四散逃跑。此时,如果入侵者伫立不动或者立着或坐着,猪总是返回来通过嗅、拱和啃的形式进行探究。当猪在舍内饲养时,它们就没有多少空间进行探究活动了。

8. 热调节行为。猪对冷和热极为敏感。因此热调节是它们所具有的一个很重要的特性。在热的季节为猪提供阴凉处以防止光线直接照射尤其重要,因为它们的降温机制不够完善。在热的季节中,一有机会猪会在湿处打汪。

当环境温度过高时,猪张口喘气,睡卧时四肢张开、充分伸展躯体,以最大限度地暴露躯体表面;当环境温度过低时,睡卧时它们则蜷缩躯体,挤作一团,以最小限度地暴露躯体表面。仔猪对冷尤为敏感,因此它们需要进行辅助保暖。

猪群关系

畜群行为通常是指同一物种内或不同物种间个体间发生相互联系作用的行为。

畜群组织是指由个体组成的一个完整而有序的群体,各个体之间的相互关系是建立在相互依赖、相互影响的基础上的。

维持群体的畜群结构和基本结构具有重要的实际意义。畜群等级的某些概念由于增加了对群体内社会组织的理解而有所改变。

很显然,这种关系并不是简单地以数值等级划分的等级制度或等级关系。社会结构更为复杂。一般规则是,动物引入到一个群体中的年龄越大,群体就越不完整。

优势位序

将彼此不熟悉的猪放到一起,它们之间会发生争斗而建立起一种线型的优势位序。最优势序位的猪有权优先采食,是争斗遭遇战的优胜者。研究也证明,占有优位的猪体重较大、体长较长。然而,也有2头猪处于同一社会位序或存在一种三角形的社会位序关系的情况。在中下位序的猪间,其社会位序常会发生改变,但是占有优位的猪的位序一般不会改变。实际上一些实验表明,将占有优位的猪移走长达1个月之久后再将其放回该群体,其在群体中的位序会得到恢复。

一旦猪群等级关系建立起来,个体间就会相安无事。从此以后,占有优位的猪很少受到威胁。处于低位的猪服从处于高位的猪,很少产生冲突。当然,也有些猪每次相遇就会发生争斗。如果有陌生的猪引入这个群体中,群体解散导致暴发新的争斗,也就建立起一种新的猪群等级关系。

有几种因素影响社会的位序,其中:(1)年龄——年龄小的和年龄大的个体往往处于最底层;(2)早期经验——一旦在群体中处于低位,通常总是处于低位;(3)体重和体尺;(4)好斗性或懦弱性。

当群体饲养在有限的空间时,猪群等级变得很重要。如果对妊娠母猪采取限饲措施,这种等级关系就会变得更加重要。在这种情况下,优位母猪将低位母猪赶出采食区,结果会造成后者营养不良(图13.5)。提供足够的采食空间通常能解决这个问题。间隔饲喂也能奏效。进行间隔饲喂时,每3天饲喂1次,每次食物水平达到平时饲喂量的3倍,以提供比优位母猪的采食量更多的饲料。而对生长肥育猪则很少采用限饲,如果采用的话,饲料用量通常为自由采食的90%～95%。

如果可能,优位猪应聚在一起进行鉴定。当然,它们会争斗,直至建立起一个新的猪群等级关系。此时,饲料利用率和日增重都会受到影响。但是,将优位猪移走的结果是会造成其他猪的采食量增加,饲料效率和利润都将得到提高。在越固定的动物

图13.5　群养母猪需要将饲料覆盖大面积区域以防止优位母猪与其他母猪间采食不均的现象发生。(爱荷华州立大学 Palmer Holden 提供)

中,猪群行为变得越明显。处于优位的动物移走之后,其余动物安定下来,形成一个新的等级关系,而这种等级关系是按照它们自己的位序排列的。它们之间的相互作用可能对该群体、经济和饲养者的实际应用的影响不大。

优位和低位的位次不是遗传的,这种关系是由经验发展而来的。进攻(好斗行为)能力是由遗传得来,反过来,通过它来确定优位和地位位序。因此,当在群体中饲养有好斗动物时,这样的群体就不会稳定,而这正是高产动物所需要的。

领导地位

领导者与被领导者的关系对猪是很重要的。母猪领导小猪,长辈领导小辈。

识别优势位序中猪领导者与被领导者的关系是重要的。在群体中,后者受到驱使而不是领导。处于优位的猪从群体中移走后,领导者与被领导者的关系常常变得更加明显。众所周知,优位动物未必就是领导者。事实上,它很少是领导者。它花费了太多的精力在群体内与优位序列有关的其他的事情上,结果使它不具备领导者的品质。

种间关系

畜群关系是指种内各成员间正常形成的关系。但在两个不同的物种间也可形成这种关系。在驯养过程中,这种关系是很重要的,原因是:(1)在同一牧场或畜栏可允许多个物种在一起相安无事;(2)能在饲养者与动物间形成亲密关系。像这样的种间关系可人为产生,一般是利用母畜的母性,用它们作为养母。如曾有母牛和母犬饲养猪的例子。

一般来说,不同的物种不应同圈饲养。因为这样会使许多疾病在不同物种间传播。对某些物种来说,有些疾病可能不会引起死亡,但被另一物种的疾病感染时几乎会引起死亡。例如,伪狂犬病,猪是其唯一的天生宿主,猪感染后不过是生病而已,但是绵羊、牛、山羊、猫或犬感染后就会引起死亡。

猪之间的联系

联系指一头猪发出信号,被另一头猪接收而影响它的行为。猪之间可通过声音、气味或视觉显示进行联系。

声音——由于声音构成了人类语言的基石,因此,声音联系有特殊意义。语言能力使人与其他动物区别开来,在人与环境及社会组织的适应过程中发挥了巨大优势。

声音也是猪之间联系的重要方式。许多情况下它们之间使用声音,如:(1)采食。小猪饥饿时发出的声音或看到食物发出的声音。(2)求救信号。告知其他猪有敌人靠近或出现了。(3)性行为、求偶歌及争斗。(4)母子相互关系以建立联系并激发抚育行为。这些已经在前面讨论过了。

气味——猪的味觉很发达。在拱土觅食时,味觉能让猪找到食物。发情的母猪或青年母猪通过嗅觉或外激素找到公猪。

视觉显示——在猪的联系中视觉信号起一定的作用。好斗行为和性行为部分是通过视觉显示来识别的。例如,公猪鬃毛直立,这可使公猪看起来更强壮、更威武。

猪的正常行为

生产者需要熟悉动物的行为标准以发现和处理异常状况——尤其是疾病。许多疾病是由于行为上的变化而得到初步诊断,如食欲减退(厌食)、饮水量的改变、情绪低落、呼吸费力、体态、活动勉强或反常、长期发怒以及猪群行为的变化,如离群独处,这些是非常有用的诊断手段。健康状况良好的表现如下:

1)满足。

2)机警。

3)食欲旺盛。

4)皮肤柔软而有弹性,被毛光滑而有光泽。

5)眼睛明亮,结膜呈粉红色。

6)粪便正常。

7)体温正常(102.0～103.6℉(38.9～39.8℃))、心率正常(60～80 次/min)、呼吸频率正常(8～13次/min)。

视觉和睡眠也是猪行为的重要方面。与许多动物一样,猪的眼睛位于猪头部的两侧。这使得它们的视觉可同时看到前面、两侧和背后的情况。有时,这种视觉类型被认为是圆形的或球形的。猪的复眼视觉可直接看到猪前面的视野,而它的单眼视觉可以看到两侧和后面的视野。这种视觉类型导致了猪与人(复眼视觉)在理解上的差异。

猪的睡眠地点随温度而改变。夏天,它们睡眠时充分舒展躯体;冬天,它们蜷缩成一团睡眠。在任何情况下,猪的睡眠都非常好。

学习行为

如果给予适当的强化,通常是食物,猪很容易训练或建立起特定的条件反射。条件反射是动物对某种刺激发生反应的学习行为。养猪业上使用的是行为条件作用——猪学习控制某些环境的能力。如训练猪压下配电板开关去开灯,动物完成动作后给食物作为奖赏,就能建立起这一行为的条件反射。实际应用的一个例子是,揭开自动饲喂器的盖子和饮用饮水器中的水。在训练母猪使用电子饲槽进食时,训练起来较为困难,一般包括分区使母猪习惯使用这个设备。

猪的异常行为

目前还没有完全了解家畜的异常行为。与人的行为失调一样,有待进一步的研究。对捕获的野生动物的研究结果表明,当从数量和质量上(包括变异)减少动物的生活环境时,动物的异常行为增加。同时也发现,舍饲或在有限空间的室外脏地上饲养的动物往往会产生与几千年进化产生的适应相反的改变。

异常行为可通过许多形式表现出来,如采食、排泄、性、母性、好斗、啃咬栏杆或探究(图 13.6)。异常性行为最叫人头疼,因为整个生产都依赖于动物的繁殖能力。咬尾是较为常见的一种反常行为。这种行为与密闭有限空间相关,这种环境使猪的正常行为,如拱土、轻咬和咀嚼不能进行。到目前为止,出生断尾是防止咬尾的最佳方法。

图 13.6　啃咬栏杆往往是母猪在无聊时表现出来的一种行为。(爱荷华州立大学 Palmer Holden 提供)

有时,即使断尾的猪也会发生咬尾现象,饲养者想尽各种办法以制止该行为。一种办法是采用其他替代材料让猪去咬,如提供橡胶轮胎、在猪圈上悬挂吊链或提供矿石。偶尔在饲粮中添加动物蛋白或0.25%氧化镁(MgO)可暂时缓解这个问题。气候的变化也促进这种行为的发生。从根本上说,采用断尾的方法防止猪咬尾是一种行之有效的方法,尤其在采食或饮水空间有限、圈舍拥挤或通风不良的条件下更应如此。

猪行为的应用

介绍这一内容的目的是增加理解。但是知识和理解只有放到实践中才有意义。因此,生产者必须将猪的行为在饲养过程中真正加以利用。

适应性育种

家畜品种遍布世界各地,它的多样性反映了自然和人工选择是一个连续性过程,因此,动物要想生存,就必须适应气候和其他环境因素。适应性与动物的生存有关,但未必与高产性能有关。这可能是猪行为与生长上较为深刻的理论之一。

后备家畜选择是指在相似的环境下饲养家畜以使其后代能够达到预期的要求。而且,应证明这些家畜在这样的生活环境中能有较高的生产力。因此,应饲养和选择那种能迅速适应人工环境的家畜,即这种家畜在为它们提供的环境中不仅能存活,而且能健康生长。将遗传与环境合理结合起来,以弥补双方的不足。如果忽视其中的一方,双方就可能彼此削弱。

动物的生存环境

环境是指影响动物生长、发育及生产力的一切外界因素。影响最大的环境因素是营养和猪舍。

研究有机体与其生存环境以及机体与机体之间的相互关系的科学称为生态学。人通过衣服、家和车中的空调来实现环境控制。猪的环境控制包括:空间需求、光、空气温度、相对湿度、气流、湿垫草、氨气浓度、灰尘、气味、粪便处理以及适当的饲料和水。这些因素的控制和改变为提高动物的生产性能提供了可能。尽管还有许多环境控制的知识需要掌握,但是理论与应用之间的差距变得越来越小。动物环境的研究已经滞后,主要是因为它需要营养学、生理学、遗传学、工程学和气候学这几门学科的综合。

现在,污染控制是建新猪场或维持老猪场的首要要求。猪场的位置应避免:(1)在以气味、昆虫和灰尘影响为主的区域附近;(2)在地表和地下水被污染的地方。如果没有猪的行为知识,没有污染控制,没有资金,没有猪场所在地的地理知识,没有辛苦的劳动,就不会有养猪业的成功。

环境污染已引起全世界的关注。主要集中在以下 4 个重要领域:

1)给土地施肥时采用正确的施肥方法。

2)在贮存和施用氨水时减少氨水的散失。

3)在实际生产中,减少初次施肥用量并减少肥料中硝酸盐和磷酸盐的含量。

4)死亡动物的处理。

以下讨论的是动物生存环境中几个特别重要的因素。

饲料与营养

在环境中最重要的影响因素是饲料。猪会受到以下几个方面的影响:(1)饲料过多或过少;(2)日粮中缺乏一种或多种营养成分;(3)日粮营养过剩,主要是蛋白质(氨基酸)和磷过量;(4)营养不均衡;(5)日粮受到污染;(6)日粮外观,如日粮磨得太碎。

幸运的是,随着有关猪及其营养需求的可利用信息的日益增加,营养疾病和营养失调发生的概率越来越少。营养缺乏症主要在泌乳母猪上发生,一般来说,能量的摄取比蛋白的摄取更重要。母猪产仔后,由于产奶的需要,使得能量需求量急剧增加。因此,母猪在哺乳期的日粮供给量要比妊娠期多2~3 倍。否则,会使母猪的体重急剧下降,继而难以发情和妊娠。以下这些情况应适当增加饲料量:

1. 饲喂的规律性。猪是一种习惯性动物,因此,如果不采用自由采食方式饲喂,那么就应该采用每天定时饲喂的方式。

2. 饲喂不足。饲料不足会导致猪生长缓慢、发育迟缓;成年猪体重下降、健康不佳、易于疲劳;母猪繁殖力下降,表现为不易发情、多次配种才能受胎、产仔数减少和初生重下降。

3. 过量饲喂。过量饲喂会造成饲料浪费。显然,对自由采食的猪调整饲槽以减少溢出的损失是十分重要的。过量饲喂会造成繁殖力下降、种猪肥胖。实际上,摄取过多脂肪会使泌乳母猪采食量下降、产奶量降低。

4. 营养缺乏。任何必需营养成分的缺乏都会降低生产率和饲料利用率。动物只能通过多数限制性的营养来提供给自身的营养。

5. 营养过剩。营养的大量过剩会降低其他营养的利用效率。在某些情况下,某种营养的大量过剩由于营养不均衡而引起猪的采食量下降。某种营养的大量过剩也会降低日粮的适口性。

6. 一些饲料成分和日粮影响乳汁的成分。 妊娠期和哺乳期饲喂的日粮会影响乳汁中的一些成分。乳汁中的矿物质如锌和锰的含量,通过喂较高水平的锌、锰饲料就能增加,但乳汁中其他矿物质如钙、磷和铁的含量并不是通过日粮中添加这些物质来增加的。实验证明,猪乳汁中的脂肪含量可通过饲喂高脂肪日粮来增加,这对仔猪有益。

水

动物在没有食物的情况下在比没有水的情况下活的时间要长。水是动物身体最重要的组成部分,含量范围在上市生猪的50%到初生仔猪的80%之间。水占身体的百分比是很重要的。整个身体的水含量高于或低于几个百分点都会致病,如果失水量达到体重的10%～20%就会引起死亡。

猪对水的总需求量随着气候(温度和湿度)、饲料(质量和数量)、动物的年龄和体重以及动物的生理状态的变化而变化。蛋白质和盐的摄取增加,泌乳母猪的产奶量增加,水的需要量就会增加。水的质量也是很重要的,特别是与各种盐的含量、细菌污染及有毒化合物有关。

饲粮的含水量变化很大,干料或风干饲料为8%～10%,新鲜的青贮饲料为80%,其他饲料在二者之间。为满足每日需水量需要考虑各个方面。当然,体内摄入大部分水都是通过不停地饮水来提供的。

野猪和家猪的饮水次数主要由温度和湿度决定,即温度越高,湿度越大,饮水的次数也就越多。

图13.7　猪常用的是乳头式饮水器。这种装置可允许2头猪同时饮水(爱荷华州立大学 Palmer Holden 提供)

在实际情况下,猪的饮水次数由猪自己决定,只需要给它们提供可随时饮用的干净的清水(图13.7)。

当人工饲喂时,猪一般吃完所有饲料后才饮水;当自由采食时,进食与饮水交替进行。

气候

温度超出极限很容易被饲养员发现,进而采取各种措施给猪保暖或降温。湿度水平是影响温度的一个主要因素。气压对猪气质的影响会有微妙的变化,这些气质包括兴奋性、活动和采食。

当温度、湿度和空气流动偏离最适值时,猪的维持需要应相应增加。否则,这3种因素就会影响体热的散失和维持。

气候影响猪的维持需要。过热或过冷都能引起猪的生产性能大幅度波动。对猪舍或管理技术做出实际分析以减少对气候应激,但年与年之间气候的差异给这种分析造成了一定的困难。

气候影响条件能够也应该通过设备进行调整。研究清楚表明,粗放饲养(通常在牧场或在比较脏的地方)的猪在冬季提供圈舍,夏季提供阴凉处的情况下,能提高生产力和饲料利用率。

从环境条件上调整圈舍尝试解决由于气候变化而引起的问题。随着养猪业向舍饲和集约化饲养的转变,猪舍设计和环境控制变得越来越重要。如果在理想的温度、湿度和通风的条件下饲养,猪的生产效率提高,即生产和性能良好而耗料量减少。但是在每头猪上分摊的用于环境改善设备的固定成本大幅度提高。因此,是否采用舍饲和改善环境应由经济学来决定。同时,也要将粪肥的贮存和管理以及污染控制考虑进去。

舍饲养猪的猪舍大致分为两种类型:改进的前开放式(modified open front,MOF)和自动通风式。还有一些是二者的结合。MOF 猪舍在四面设有能够自动打开或关闭的门帘或木板,这种猪舍依赖于气候条件。自动通风式猪舍有固定的墙,通过风扇将外部空气吸入室内降温并排除室内积存的气体。

修建猪舍尽管费用高,但是它能提供适宜生存的环境条件,有利于猪的健康并能提高饲料的利用率。也与其他建筑一样,它借助于自动化设备,节约了人力;同时,由于使空间需求降到最低,与户外饲养或放牧相比,节约了土地成本。但是,如果设备出现故障,将会引起猪窒息而导致很大的经济损失。今天,舍饲养猪已经相当普遍。

在为猪设计环境系统前,了解以下几个方面是很重要的:(1)产热;(2)产湿;(3)空间需求。家畜圈舍设计的这些相关知识与日粮平衡的营养需要量一样重要。有关这方面的知识详见第十七章的猪舍与设备。

体温调节

最适的室温范围、最佳温度以及上下临界温度随着物种、品种、年龄、体尺、生理和生产状态、环境适应性、耗料(质量和数量)、活跃程度、蒸发冷却的有利条件的不同而变化。例如,成年人的最适室温范围为 72～85℉(22～30℃),而母猪产仔后的最适室温范围为 55～75℉(12～24℃),仔猪在生下最初几天的最适温度为 90～95℉(32～35℃)。第七章图 7.3 表示猪在成熟过程中最适室温范围的上下临界温度。

图 13.8 对产热和环境温度作图,描述了化学热调节和物理热调节间的关系。从图中也可以看出,猪对低温的适应范围较宽,而对高温的适应范围相对较窄。术语的定义遵循图 13.8。

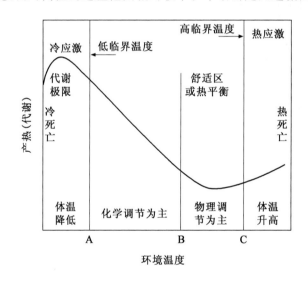

图 13.8 环境温度对产热和体温的影响。(S. Brody,生物能学与生长,Hafner 出版社,1964,283)

最适室温范围或热平衡温度范围(B 到 C)是猪生存的最适条件。在这个温度下猪的反应最有利,此时猪的生产性能最佳,饲料利用率最高。在最适温度范围内猪使用物理温度调节维持体温,如被毛、脂肪层、出汗或喘气、阳光、阴凉等。

低临界温度(lower critical temperature,LCT)即垂直线 A 是最适温度范围的最低点。低于这一点,动物不能维持正常体温。当环境温度降到 A 点以下,化学调节机制已不能控制寒冷与体温的下降,接下来猪就会死亡。

区域 A 到 B 通过化学温度调节维持体温。1925 年,法国生理学家 Giaja 使用术语代谢定点(维持最大产热量)来表示环境温度降低引起恒温机制崩溃的那一点,这会导致产热和体温下降最终引起动物的死亡。

高临界温度(upper critical temperature,UCT)即垂直线 C,是最适室温范围的最高点,温度高于这一点,动物受到热应激,体温升高。当温度升高超过线 C 时,采食减少或停止。辅助降温如需要使用洒水装置和风扇来保持体温不升高,若体温继续升高,最终会引起死亡。

采食粗饲料或含有较高纤维的谷物如燕麦,或者采食高蛋白日质粮的猪,在消化时会产生大量的热。因此,这些猪的临界温度低于相同条件下饲喂高浓缩、蛋白质含量适中的日粮的猪。消化能过剩实质上降低了相应 A、B 和 C 线的环境温度。

高湿使高温和低温两种应激加剧。高湿会使滴管冷却器(或出汗)的喷洒水汽化的降温效应变为最小,使呼吸的气体降温效应降低。当空气湿度增加时,任何温度下都感到不舒服,采食量也随之下降。

无风时的体热的散失速度比空气流动(风)时要快。在环境温度较高时,空气流动可使动物感觉更为舒适。但是,在环境温度较低时,会使温度应激加剧。在温度较低而风速增加时,需要增加营养以维持体温恒定。此外,通风状况良好的猪舍,当风穿过小缝隙直接进入室内或直接吹到猪身上时,这种情况比风本身还要令猪不舒适并影响营养的利用。

猪对环境的适应

每一学科都有自己的专有名词。适应环境的研究也不例外。下面给出的定义与本标题的讨论有关。

适应——指动物对外界环境的变化所产生的调节。

气候适应——指动物对临时环境所产生的短期(几天或几周)反应。

风土驯化——指一个物种对改变的环境所产生进化上的改变,这种改变能稳定遗传给后代。

习惯——是指使动物逐渐熟悉或适应新环境的行为或过程。

物种间对环境因素反应上的差异主要是由与生俱来的体温调节机制引起的,如表皮覆盖物的类型(毛发、绒毛、羽毛)和汗腺类型。猪的表皮上面仅覆盖一层薄薄的毛发,因此,猪对热和冷极为敏感。然而,牛却由于具有冬季多长毛而夏季脱毛的特性,因此,它们比猪更能忍受高温和低温。被毛粗乱而长的西藏牦牛和被毛似羊毛的苏格兰高原牛能像生活在北极的北美驯鹿、麝牛及驯鹿一样耐冷。

设施

由设施控制而形成的适宜环境只能为动物发挥其最佳生产潜能提供保证,但并不能补偿管理不力、健康问题或日粮不合适等不足。设施部分将在第十七章进行详细讨论。

研究表明,猪在理想的环境下饲养,猪的生产性能和饲料转化率会更高。因此,主要的原因是设施改善了环境。采用合适的畜舍及其他简易棚、阴凉处、泥坑中打滚、洒水器、隔热、通风、保暖、降温和光照以达到理想的环境。也需要对其他应激来源加强注意,如动物的空间需求和分组受到种类、年龄、大小和性别的影响。

在现代采用集约化经营的模式下,判定猪设施的主要科学而实用的标准是猪的生产力和生产成本,这些只能是健康的猪在最小应激条件下才能实现。用于环境改善的设施投资一般以预期增长的利润来抵消。

健康

健康——是一种康乐状态,并不是仅仅指无病状态。

疾病——指任何非健康状态。

寄生虫——是指依靠另一活的机体为生的有机体。

疾病和寄生虫(内和外)是猪常在的环境因素。死亡所付出的代价相当大。甚至由于生长缓慢、饲料转化率低、胴体禁食、肉质下降及劳动成本和药费增加而导致的经济损失更大。猪的保健将在第十四章中进行讨论。

任何非健康的迹象都会成为猪生病的先兆。大部分疾病都是以一种或多种不健康的迹象为前导，即通过指示信号告诉专业人员状况不太好，也就是告诉他们，明天这些动物将停止进食，提示他们在明天应采取某些措施。

不健康猪的表征包括食欲不振、情绪低落、眼睛凹陷、神经过敏或体态异常，如低头呆立。粪便极硬或稀软可能是感染疾病后扰乱了水平衡或肠胃消化所致。尿异常包括频繁排尿，但排不出或尿色不好。鼻、口和眼的异常也应引起注意。

另外，不停地蹭来蹭去、脱毛、被毛晦暗以及皮肤干燥、肮脏、营养不良，说明体况较差。一个合格的饲养员应观察以下迹象：眼黏膜和齿龈浅红或发紫；行动不便；发烧；呼吸困难（呼吸加深加快）；社会行为发生改变如离群独处；增重突然下降。

应激

应激是机体对任何外界刺激的非特异性反应。在这里，应激表示的是不利于动物康乐的外部或内部环境条件。然而，一定量的应激是正常的，实际上有这样一种说法，"没有应激就等于死亡"。动物对应激的成功反应能力是一个很重要的因素。

猪经历了许多应激期，即身体或生理压力。任何一种压力都影响动物。给猪施压的外力包括早期营养、突然改变日粮、水的改变、空间改变，生产水平、在一起饲养的动物数、畜舍或配偶的改变，照管的无规律性、运输、兴奋、生人出现、疲劳、生病、管理、断奶、温度以及气候的突然改变等。

在猪的一生中，一些应激是正常的，甚至是有利的，它们能刺激部分个体产生有益的行为。因此，我们需要区分应激与危急（distress）。危急不能适应，会引起有害结果。诀窍是控制应激，以使之不能变成危急而造成破坏并能识别危急的警告信号。

用于评价或估计人康乐或应激的主要标准是血压增加、肌肉张力增加、体温、心率加快、呼吸加快及内分泌腺功能的改变。在整个方案中，神经系统和内分泌系统与应激反应和应激效应密切相关。

用于评估猪健康或应激的主要标准是生长率和生产性能、饲料转化率、繁殖效率、体温、心率、呼吸率、死亡率和发病率。健康猪的其他表征，包括满意度、警惕性、食欲、光滑的被毛、柔软而有弹性的皮肤、明亮的眼睛、粉红色的眼结膜和正常的粪便，如果不符合上述表征，就可能构成一种警告信号。

应激是不可避免的。野生动物经常遭受巨大的应激，没有工作人员来改善它们的生存环境，它们经常处于过度放牧的环境中，营养不良、食肉动物、疾病和寄生虫给它们造成了巨大的伤亡。

家畜遇到的应激与野生动物不同，尤其是生存空间较为有限、饲养密度较大。但为了获得更高利润，就必须将应激降到最小。

猪应激综合征（PSS）是猪的一个特有的难题。在管理过程中，装卸、运输拥挤或环境突然改变等会使猪产生不利反应，甚至引起死亡。PSS在第四章中进行了详细讨论。

污染

自从20世纪90年代以来，污染就已经成为养猪业的首要问题。任何弄脏或玷污环境的东西都会污染环境，都会给猪的健康和生产性能造成有害的影响。因此，来自舍饲猪废物（粪和尿）的毒气、有气味的水汽和尘粒将直接影响环境的质量。肮脏的地面也污染环境。对健康和高产猪来说，每一种污染物都必须维持在一个可接受的水平。

污染潜在地影响人和猪的生活环境并随着美国养猪业向专门化、机械化和集约化方向发展而加剧。然而，它们高度依赖于管理，并不一定会产生污染。但是，见到的少数大型专门化农场比大部分饲养家畜的农场多得多。

为了与社会和谐共存,为了提供最大限度的自卫和避免邻居的投诉和诉讼而造成经济损失或触犯法庭禁令,猪的生产者必须了解有关污染的一些基本信息、策略并在建场时适当应用污染控制措施。

最令人头疼的猪污染是气味、灰尘、粪肥、肮脏的地面、驱虫剂以及水中的硝酸盐。下面将分别加以讨论。

气味

在猪的生产地,当地的邻居与社团常常抱怨猪场发出刺鼻的气味,这使猪气味问题变得更加突出。今天,许多猪场的邻居以前是城市的居民,他们为了所谓的"新鲜空气"从城市搬到乡村,没有在农场生活的经历。仅有很少的农场在饲养家畜,他们中许多人是农场的退休工人,对农场的农业结构调整很不满意。玉米销售和有臭味的猪粪便是争论的焦点,这些问题已经从农场和城镇转移到国家的首都。为了保护搬到农场附近的农民的利益,已经有 42 个州颁布了农场权利法,但是,在法院审理案件时遇到了挑战。

图 13.9　采用适当的堆肥方式,堆肥似乎是粪便和死尸无害化自理的一种对环境有益和经济的手段。(爱荷华州立大学 Palmer Holden 提供)

研究者正在研究的气味控制解决办法包括:(1)粪肥组成(图 13.9);(2)构成粪便的微生物菌群和气味以及每一部分在产生臭味中的作用;(3)减慢或停止微生物的活动;(4)在粪尿池和储粪罐上盖上天然或合成的盖子;(5)猪日粮的效应;(6)粪便中的臭味和饲料混合处理中不同成分的评估;(7)地里撒粪肥的方法和速度。

灰尘

灰尘指细小的干粉粒物质的混合物。由饲料加工过程、干燥的粪便以及动物的皮屑而形成。灰尘与人和猪的健康有关,特别是与呼吸道疾病密切相关。

自动化干粉料处理系统、猪皮屑和猪毛以及干燥的粪粒会导致舍内空气中的微尘含量增加。粪便散发出来的有害气体能附着在这些尘粒上,吸入这些附有有害气体的尘粒是不舒服的,令人不愉快的。微粒物质也包括来自畜舍的病毒、细菌和真菌的病原体并被人和猪吸入呼吸系统。

粪便

在任何情况下,都没有最佳粪便管理系统。但是无论如何,必须利用科学和技术发展一种利用粪便的方法,这种方法不能污染河流或大气,不能伤害附近的居民。粪便管理的综合讨论参见第十五章。

泥泞的地面

泥泞的地面常常令家畜饲养者苦恼不已,特别是在春天化雪、下大雨或冬天几个月期间。泥泞使新生仔猪腹泻和其他疾病的发生率增加,使成年猪的生产性能和饲料转化率降低。地面肮脏不堪,溢出的污水携有大量粪便和其他污物从排水沟流走(图 13.10)。

农药

农药——是一种用来预防、消灭、抵制或减轻害虫,往往是对昆虫有伤害作用的物质或物质的混合物。

图 13.10 无植被,降雨量不大的英国户外妊娠场。(爱荷华州立大学 Palmer Holden 提供)

害虫——是指在某种情况下对人或环境有害的一种生物体。

农业是现代农业生产的不可分割的一部分,对我们所享有的食品、衣服、木材的质量做出了巨大贡献。农药也预防了疾病和害虫,保护我们的健康。但是农药的使用也会造成环境污染,在某种条件下,也会危及人类的健康。遗憾的是,与农药有关的观点有两极分化的倾向。在"农药在美国将来农业中的作用"报告(国家学院出版社,2000)中,主要观点如下:虽然化学农药保护了庄稼并提高了农业产量,但是人们对它们的残留以及对生态系统的潜在危害的担心与日俱增。

申请某种限制使用的动物健康杀虫剂和杀真菌剂,需要培训购买和使用该类产品。向州自然资源部咨询以找出哪方面由州控制。许可或培训不需要将该产品用于抑制虱子、疥癣或内寄生虫,但在屠宰前需确定停药期。

水中的硝酸盐

美国环保局建立的饮水中硝酸盐($NO_3\text{-}N$)的含量标准是 10 mg/kg。之所以将标准设在这个水平是为了保护对硝酸盐敏感的那部分人群,即 3 个月以下的婴儿。与人相反,猪对水中硝酸盐的含量的耐受性为 300 mg/kg 甚至更高(饲料,1982)。

氮(N)主要是通过径流进入地表水中,而硝酸盐主要是通过淋溶进入地下水。有机氮(N)或氨化物通过硝化作用转变为硝酸盐。氮的主要农业来源包括商业化肥、动物废物与土壤和庄稼残余氮的分解。

动物福利与动物权利

动物饲养者必须认识到,动物的行为模式与应用以及境是建立在理解和认识的基础上的,无论是出于福利原因还是出于经济原因,他们都应为动物提供尽可能舒适的生存环境。这需要注意环境因素,包括影响行为福利的饲喂与畜舍建筑以及身体舒适程度。

动物福利问题随着城市化步伐的加快愈来愈突出。城市居民越来越少,他们搬到乡村居住,但不从事农业生产。结果导致生产者与非农业人口间关于动物福利的看法的差距加大。来自城市中心的新闻媒体与立法者也越来越多,因此非农业人的观点对未来家畜生产的影响越来越大。

最近几年,动物福利或动物权利团体对有限空间内动物的行为与环境的监督日益增强。例如,1988 年,瑞典通过了动物保护法,立法包括:(1)逐步淘汰层式笼;(2)停止使用母猪栏和分娩笼;(3)所有猪都要使用垫草(图 13.11);(4)为母猪和牛提供出口;(5)对去势、去角、断尾以及其他限制提供多种约

图 13.11 英国的 1 个母猪妊娠舍,地面上垫有厚厚的垫草。这符合英国的优待动物的福利法。(爱荷华州立大学 Palmer Holden 提供)

束条件。现有农场只能继续生产到 1993 年底。佛罗里达州在 2002 年通过了一项宪法修正案,在该州禁止使用妊娠栏。

2003 年,美国国家猪肉管理委员会发起了一场猪福利保证方案(SWAP)运动,以帮助猪肉生产者对他们农场的动物福利与安全问题进行评估。该方案包括培养来农场参观的人即参观者对农场动物福利与安全方面的优缺点提出建议。

1991 年,英国通过了猪福利条例。该条例禁止限制、规定猪圈的大小,并为猪的健康提供其他标准。拥有现在条件的现有农场允许继续维持到 1999 年,但新农场必须立即执行该条例。欧盟(EU)为其所有成员国设定了关于空间、运输和圈舍建设的最低福利标准。2013 年后,妊娠舍被禁止使用。对超出欧盟指令的部分各个国家有权设立限制条件。

英国 Brambell 委员会对农场动物福利进行了调查并发表了一篇报告,该报告致使农用动物福利委员会(FAWC)[①]的成立。Brambell(1965)报告包括以下著名的 5 项权利。

1)避免饥饿和口渴,即有权饮用清水和采食以保持健康的体魄和旺盛的精力。

2)避免不舒适,即适宜的环境条件包括圈舍和舒适的休息区。

3)避免痛苦、伤害或生病,即预防问题或快速诊断和治疗。

4)展示正常行为的权利,充足的空间、合适的设备以及情投意合的同伴。

5)避免惊恐和应激,即保证舒适的环境,治疗时避免受到精神上的伤害。

不同生产体系这 5 项权利怎样执行? 有无最优体系? 表 13.1 对 3 种妊娠管理体系的 5 项权利进行了比较,即户外群体饲养、单圈饲养和妊娠栏饲养。户外群体饲养由于群体争斗和优势序位行为导致营养权利差异较大;舒适的差异程度由当前的温度和卫生状况所决定。寄生虫是健康的一种潜在危险源,对母猪的治疗也是不同的;伤痛程度取决于好斗水平;丰富多彩的生活环境和良好的社会关系说明行为权利得到了充分的保障;惊恐程度的差异取决于争斗和食肉动物出现的次数。

表 13.1　妊娠体系与 5 项权利的比较

权利	户外群体饲养	舍饲(单圈饲喂)	妊娠栏饲养
营养	采食差异	受控制的	受控制的
舒适度(温度、物理)	冷热差异	受控制的	受控制的
卫生状况	干净到不干净	干净	良好
健康状况	寄生虫,治疗差异	增强	增强
伤痛	有差异	最小化	最小化
行为	好的、丰富多彩的	好的、丰富多彩	有限的、单调的
恐惧	有差异(争斗和肉食动物)	可接受的(争斗)	可接受的

来源:J. McKean,P. Holden,E. Stevermer 和 V. Meyer,爱荷华州立大学,1993。

妊娠栏,走了另一极端,营养(单个饲喂)和温度受到调控。由于在露缝地板上饲养,使猪与粪便立即分开,因而卫生状况良好。个体观察和易于治疗使得健康增强。没有争斗行为发生,因而使受到的伤害降到了最小,但混凝土地面可能导致肢蹄损伤。在一个有限的空间,猪的正常行为受到严格限制。恐惧因素是可以接受的并取决于与饲养员关系的亲密程度。

对动物福利的看法并不一致。一些人将许多现代训练看做是不正常的、对动物福利不利的。一般来说,他们将动物福利解释为舒适、健康和幸福的动物,他们认为集约化生产体系是残忍的,应予以禁止。大部分家畜生产者认为他们也是动物福利的支持者,因为动物的舒适必须归因于农场的成功经营(图 13.12)。

---

① http://www.fawc.org.uk/reports/pigs/fawcptoc.htm。

　　这两种观点的根本分歧在于对福利的评估手段不同。家畜生产者将家畜的生产性能(繁殖和生长符合要求)作为福利的一种最佳衡量标准,动物福利组织却主张评估应该增加行为、生理和环境的舒适度等依据。家畜生产者知道漠视或虐待动物会导致生产力和收益下降。他们认为与劳动和畜舍建筑有关的实践可能引起身体疾病和社会福利问题,而这些问题会缓解或加剧动物的福利问题。因为劳动与建舍费用的降低并不能弥补生产力降低的损失,因此必须采取措施以减少应激。

　　动物保护主义者的观点更为激进,他们坚持人也是动物,所有的动物都应遵守同一行为准则。他们主张动物有基本的身体和行为需求,如果这些需求得不到满足,就会导致孤独、应激和痛苦;他们的结论是所有的动物都有生存的权利。动物保护主义者一般不食用动物类食品(素食主义者)或使用任何动物产品,如皮革制品(严格的素食主义者)(图 13.13)。与动物权利组织讨论动物的生产问题是不会有任何结果的。

图 13.12　绑在围栏上的橡皮管为猪提供了玩具使其咀嚼以减轻单调、减少争斗和抑制咬尾。(猪肉工业手册,普渡大学)

图 13.13　英国的 1 个素食主义者组织主办的无肉类食品区的海报。(爱荷华州立大学 Palmer Holden 提供)

　　但是野生动物遇到的应激比驯养动物要严重得多。野生动物没有饲养员为其在贮备过冬食品或为其在旱季贮备饮水;为其提供暴风雪、极限温度和食肉动物的保护;为其控制疾病和寄生虫。生存往往是一种残酷的事情。

　　动物福利问题随着城市化进程变得越来越严重,原因是城市居民较少或缺乏家畜生产的实践知识。结果导致城镇与农村间的动物福利的观点的差距加大。消费者对动物福利的关心有助于瞄准和开发市场,在该市场动物产品被打上"福利好的"或"天然的"的标签,因此,常能博得较高的产品价格。

动物与其生存环境关系的改善

　　科学家和技术专家正致力于开发一种新型的设备或设施,用以改善动物与其生存环境的关系。1 个例子是 Moorman 妊娠栏(图 13.14 所示)以及"舒适"的产仔栏(图 13.15 所示)。Moorman 妊娠栏在前面安装了转轴而使后面加宽,这可使母猪自由转身。这种妊娠栏每头母猪的生存空间并不比传统的妊娠栏更大。这种妊娠栏是基于一种欧洲系统设计的,在欧洲系统中,产仔后母猪在 1 个分娩栏中饲养几天时间,然后一侧的栅栏门向外摆动,为仔猪留出一块保护区,但可允许母猪转身以及做其他活动。类似于 Moorman 妊娠栏,可在同一地方放置舒适的产仔栏作为标准的产仔栏。

图 13.14　Moorman 摆动式妊娠栏。边上装有板条转动轴,使母猪能自由转身。这种妊娠栏使母猪能做一些活动,但仍然采用单饲形式,以防止争斗。(爱荷华州立大学 Palmer Holden 提供)

图 13.15　在舒适的产仔栏中,在产下仔猪 3～4 d 后母猪有较大的自由活动空间,栏杆很结实,可避免压死仔猪。(爱荷华州立大学 Palmer Holden 提供)

学习与讨论的问题

1. 在动物行为习性这一章中,为了取得较大的经济效益,为什么要逐步加强对猪活动空间的限制?

2. 名词解释:动物行为与生态学。

3. 为什么会存在遗传时间滞后的现象? 为什么猪的生产者对环境的改变快于对动物遗传组成的改变?

4. 对猪所具有的以下行为进行论述:

　　a. 采食行为;

　　b. 排泄行为;

　　c. 母性行为;

　　d. 性行为。

5. 当几头猪饲养在一起形成一个群体时,它们的优势等级关系是怎样建立的? 这种等级关系又是怎样维持的?

6. 论述猪与另一头猪是怎样联系的以及每一种联系方法的重要性。

7. 举出在实际适应性育种中,应用猪行为的重要性的一个例子,并加以论述。

8. 论述以下每一环境因素是怎样影响猪的:

　　a. 饲料和营养;

　　b. 饮水;

　　c. 气候;

　　d. 设备;

　　e. 健康;

　　f. 应激。

9. 详述为什么以下污染物是猪生产过程中特别棘手的事情:

　　a. 气味;

　　b. 灰尘;

c. 粪便；

d. 泥泞的地面；

e. 水中硝酸盐的含量。

10. 假设你计划建一个 1 000 头猪的猪场，那么你必须遵守环境法及其条例的哪些内容？

11. 名词解释：(a)动物福利；(b)动物权利。

12. 美国国家猪肉管理委员会的猪福利保证方案都包括哪些内容？

13. 以猪的 3 种饲养方式：草地养猪、圈养和混凝土地板舍饲为例论述猪的 5 项权利。

主要参考文献

Animal Science, 9th ed, M. E. Ensminger, Interstate Publishers, Inc, Danville, IL, 1991

Animal Welfare, M. C. Appleby and B. O. Hughes, CAB International, New York, NY, 1997

Behavior of Domestic Animals, *The*, Ed. by E. S. E. Hafez, The Willianms & Wilkins Company, Baltimore, MD, 1975

Dictionary of Farm Animal Behavior, 2nd ed. J. F. Hurnik, A. B. Webster, and P. B. Siegel, Iowa State University Press, Ames, IA, 1995

Farm Animal Welfare, B. E. Rollin, Iowa State University Press, Ames, IA, 1995

Farm Animal Well-Being, S. A. Ewing, D. Lay, Jr, and E. von Borell, Prentice Hall, Upper Saddle River, NJ, 1999

Future Role of Pesticides in U. S. Agriculture, The National Academy Press, Washington, D. C, 2000

Pig Production: *Biological Principles and Applications*, John McGlone and Wilson Pond, Thomson-Delmar Learning, Clifton Park, NY, 2003

Pigs Display Wide Tolerance for Salinity in Water, John Goihl, Feedstuffs, Minnetonka, MN, 1982

Pork Industry Handbook, Cooperative Extension Service, Purdue University, West Lafayette, IN, 2002

Pork Quality Assurance program, http://www. Porkboard. Org/PQA/manualHome. asp, National Pork Board, Des Moines, IA

Stockman's Handbook, The, 7th ed. , M. E. Ensminger, Interstate Publishers, Inc. , Danville, IL, 1992

Swine Welfare Assurance Program, http://www. Porkboard. Org/SWAPHome/default2. asp, National Pork Board, Des Moines, IA

第十四章　猪 的 保 健[①]

屠宰后检查内脏是否患有传染病。（爱荷华州立大学 Sherry Hoyer 提供）

内容

正常生命的表征
疾病控制方法
  免疫
  兽药
生活周期群体保健
家畜活动管理条例
  联邦和州管理条例
  Harry S Truman 动物引进中心
  普兰姆岛动物疾病中心
猪的疾病
  猪传染性胸膜肺炎（APP）
  非洲猪瘟
  炭疽热（恶性炭疽）
  萎缩性鼻炎
  布鲁氏菌病
  古典猪瘟（猪瘟）
  猪痢疾（血痢、出血下痢、黑痢和弧菌性痢疾）
  水肿（肠毒血病、肠水肿病）
  大肠杆菌病（仔猪腹泻、肠型杆菌病、腹泻）
  猪丹毒
  口蹄疫（FMD）
  钩端螺旋体病
  乳房炎-子宫炎-无乳综合征（MMA 或无乳症）
  支原体肺炎（地方性流行性肺炎）
  肺炎
  猪细小病毒病（PPV）
  猪增生性肠病（增生性回肠炎）

猪繁殖与呼吸障碍综合征（PRRS）
猪应激综合征（PSS）
伪狂犬病（PR、阿捷申氏病，狂痒病）
狂犬病
轮状病毒病
沙门氏菌病
SMEDI（死胎、木乃伊化、胚胎死亡、不育）
链球菌性传染病（猪链球菌病）
猪流行性感冒（猪流感）
破伤风（牙关紧闭症）
传染性肠胃炎（TGE）
结核病
猪水疱病
猪寄生虫病
  蛔虫病（大型蛔虫、猪蛔虫）
  球虫病
  肾虫病（冠尾线虫病）
  肺线虫病（长刺后圆线虫病、复阴后圆虫病和萨氏后圆线虫病）
  结节虫病（猪食道口线虫病）
  胃线虫病（圆形似蛔线虫病、六翼泡首线虫病和红色圆形线虫病）
  棘头虫病（蛭形巨吻棘头虫）
  类圆线虫病（蓝氏类圆线虫病）
  旋毛虫病（旋毛线虫病）
  鞭虫病（毛首线虫病）
抗寄生虫药物（驱虫药）
体表寄生虫病
  丽蝇
  虱
  疥癣
  癣（皮肤霉菌病）
  螺旋虫（螺旋蝇幼虫）
  猪痘
杀虫药
  杀虫药的剂型
  使用杀虫药的注意事项
消毒剂
毒物
人、畜共患病
学习与讨论的问题
主要参考文献

---

①在本章的编写过程中得到了爱荷华州立大学教授 James McKean 博士的帮助，他为本书提供了专评并参与了本章兽医方面的指导工作。

> **目标**
>
> 学习本章后,你应该:
>
> 1.了解猪的正常表征。
>
> 2.了解免疫类型。
>
> 3.了解 FDA 药物的种类及其使用禁忌。
>
> 4.理解有关群体保健方面的知识。
>
> 5.了解减少疾病传播的方法。
>
> 6.了解你的国家曾发生过哪几种疫病,防止流行病的再次暴发和彻底扑灭需要
> 采取哪些措施?
>
> 7.能辨别你们当地最常发生的一些疾病的症状。
>
> 8.知道你们当地猪所感染的体内寄生虫有哪些?
>
> 9.能鉴别猪虱和疥癣感染。
>
> 10.知道在猪场可使用哪种消毒剂。
>
> 11.了解什么样人、畜共患病,为什么会引起人们的关注?

本章综合了有关猪的保健、疾病预防和寄生虫控制方面的理论与实践知识。这将对提高兽医的服务水平和协助猪饲养者有效控制疾病有所帮助。

猪的饲养者也应该了解猪疾病和寄生虫病与其他动物和人的健康有何关系,因为有许多疾病可在动物与人之间传播。这些疾病称为人、畜共患病。因此,在后面讨论猪病和寄生虫病时会涉及到人和其他动物。

正常生命的表征

猪的正常体温、心率(脉搏速率)和呼吸频率见图 14.1 所示。一般来说,明显或长期偏离这些正常值可视为动物健康不佳或应激的一种表现。

> **猪的正常表征**
>
> **直肠温度**
> 102.5℉(101.6~130.6℉)
> 39.2℃(38.7~39.8℃)
>
> **心率**
> 70~120 次/min
>
> **呼吸频率**
> 32~58 次/min

图 14.1 猪的正常表征。(爱荷华州立大学 Palmer Holden 提供)

猪的饲养者应有 1 支动物体温计,该体温计比普通人用体温计重、粗糙。在球形部分的一端,动物体温计有 1 个 12 in 的眼,与一段细绳相连,细绳末端用夹子固定。在测量体温时,将体温计全部插入直肠中,并在里面停留至少 3 min。将夹子固定在动物的毛上。

传染病最先引起注意的是机体的体温升高,但是,在测量体温的同时必须有当时的环境温度、运动、兴奋因素、年龄、饲料等记录。在气温下降、年龄较大、晚上时体温较低。

在耳的前轮或尾根处测定心率(心跳),也可将手掌放在左肘和胸侧之间测定。动物的年龄越小、越敏感,心率就越快。在运动、兴奋、消化和较高的外界温度时心率也会加快。

将手放在腹部,观察腹部的起伏或在冬季通过观察鼻孔呼出的白汽来确定呼吸次数(呼吸频率)。刚做完活动、兴奋、天热或室内通风不良而引起的呼吸加快不要与生病时的呼吸频率加快相混淆。在疼痛和发烧的情况下呼吸也会加快。

疾病控制方法

免疫

为了对健康与疾病进行充分的讨论,就必须简要介绍一下免疫方面的内容。说动物对某种疾病有免疫性主要是指它对这种病不易感。免疫包括两种形式:先天性免疫与获得性免疫。

人或动物一出生就对某种疾病具有免疫性,具有遗传性,称为先天性免疫。例如,绵羊接触猪霍乱后就从来不会患此病,因为它们是对该病具有先天免疫性的物种,这种免疫称为物种免疫。同样地,人对德克萨斯牛瘟具有先天免疫性。据说,阿尔及利亚绵羊对炭疽有很强的抗性,这种先天免疫类型称为种免疫。

身体也有免疫的能力,当用一已知的生物体或毒素适当刺激身体时,体内就会产生抗体或抗毒素。当动物有足够的抵抗特定(产生疾病)生物体的抗体时,就会对该病有免疫性。这种免疫类型就是所谓的获得性免疫。

获得性免疫或抗性分为主动免疫与被动免疫。当动物以这样方式(接种疫苗或接触实际病例)产生抗体时,称为获得性主动免疫。如果给动物注射来自主动免疫动物产生的抗体,就是获得性被动免疫。这种免疫常常是通过注射有免疫力的动物的血清而获得,血清中含有的物质给动物提供了保护作用。被动免疫作用由于注射而获得免疫性,但免疫性将在3～6周消失。哺乳动物的仔畜在刚出生的最初几天从母畜的初乳中获得被动免疫。

在接种疫苗或接触病例1～2周后才能产生主动免疫的抗性,但也可能由于动物产生抗体的时间较长而延长。因此,可以这样说,主动免疫有很大优势。但也有例外,如破伤风抗毒素。

兽药

药品与术语——为了有效地控制疾病,猪的饲养者应熟悉以下几种药品分类:

1. 非处方(OTC)药。这些药没有医生处方也可在一般公共场所买到。购买者遵照标签上的说明书即可常规使用。

2. 处方药。这些药要在兽医的指导下才可使用。可通过标签上的说明进行识别:"警告:联邦法规禁止在没有兽医处方的情况下使用。"

3. 标签外(extralabel)药。兽药使用澄清法(Animal Medicinal Drug Use Clarification Act,AMDU-CA,1994)[①]允许兽医在开处方时使用某种批准的标签外兽药,在某种情况下允许人药兽用。Extralabel用途是指批准的药物在某种意义上并不按照标签说明书上的使用方法使用。AMDUCA的主要限制是任何Extralabel用途都必须通过或按照医嘱进行,不在动物体内形成残留,必须按照联邦条例法(CFR)第21章第530条公布的执行条例的要求使用。

在联邦条例法中明确规定了一些药物严禁使用extralabel。目前还没有批准使用的猪球虫抑制药。在本书中建议采用extralabel治疗球虫病。

药典或条例中并不包括这类药,但是一般认为,兽医有权使用这类药。非处方药标签上推荐的用法或用量并不适合extralabel药的使用。饲料添加剂也不能当作extralabel产品使用。

4. 兽医饲喂指令(VFD)[②]。兽医饲喂指令是一种书面声明,它允许客户(动物的主人或者动物本身

[①] http://www.fda.gov/cvm/index/amducca/amducatoc.htm.

[②] http://www.fda.gov/cvm/index/updates/vfdfinal.htm.

或者动物饲养人员)获得和使用含有 VFD 药的动物饲料来治疗动物,且只能按照 FDA 推荐的使用说明进行。在 CFR 第 21 章第 530.3(i)条中规定兽医只有在兽医—客户—病畜关系有效存在的情况下才可以发出 VFD。VFD 需要的信息在最后一条中进行了规定。

VFD 药是 FDA 批准在动物进食时使用的一种药物,并且必须在一个有执照的兽医的专门监督下才可使用。禁止 VFD 药做 extralabel 用。虽然 VFD 药销售和使用的法规与处方药类似,但是 VFD 的执行条例只适用于添加 VFD 药的动物饲料的销售有关的特殊情况。本条例有助于确保公共卫生设施能有效发挥其保护作用,同时使动物饲养者方便而便宜地得到和使用所需要的药物。在开 VFD 药时兽医必须提供合适的停药时间。

在美国,兽医在开处方时不能开 extralabel 饲料添加剂,也不能通过商业饲料生产商或农场混合器将其混入家畜日粮中。

生活周期群体保健

为了保证养猪生产的顺利进行,在群体育种、饲喂和管理上必须采取保健、预防疾病和控制寄生虫等措施。猪保健的基本原理和目标尽管一致,但是它们的应用却随着猪群体中个体数量的增加而改变,体现了较高的集约化和复杂性。因此,出现了两种发展态势:大规模种畜场数量增加;由其他种猪场为商品猪场提供种猪的生产和销售。

两种提高群体健康的管理技术是早期断奶和分段饲养(全进全出)。这两种技术往往结合起来应用。先将早期断奶(SEW)的仔猪分离出来,然后采取全进全出制,一起断奶的仔猪从断奶到上市均同群饲养。更为详尽的讨论见第十五章。

目前,养猪业千变万化,猪的健康水平也不尽相同,因此,疾病预防和寄生虫控制方法必须与每种经营模式相适应。表 14.1 是帮助饲养者和兽医人员制定适应自己企业发展计划的一张指导示意图。应考虑每种经营模式的特殊问题。猪群的健康计划也受到猪场的位置、隔离距离、经营类型与规模以及管理方法的影响。生物安全方案包括早期断奶、分离早期断奶(SEW)、全进/全出(AIAO),无特定病原(SPF)和麦克利恩(McLean County)体系,将在第十五章进行讨论。

家畜活动管理条例

联邦和州管理条例

某些疾病对猪群的危害是毁灭性的,因此,猪的饲养者很难保证他们的猪群不受此疾病的感染。而且,一旦危害到人类健康,猪群的健康问题就不是单纯的各个猪场的问题了。因此,在美国,某些动物疾病的控制行为必须在联邦和州的各种组织的监督之下进行。联邦政府把这种职责委托给美国农业部动植物健康检疫检验部(APHIS)。

除了联邦州际管理条例外,每一个州也有家畜引入和活动的相关规定,这些规定所涉及的内容要服从州际管理条例。州一般规定,要有健康证明或健康通行证,或者两证均要有,以及根据家畜种类而附加的检验规定。必须遵守联邦和州动物健康管理条例。这些法规是为保护个人及其畜牧业而制定的。

表 14.1 猪繁殖群的群体管理时间表

时间（日龄）	疫苗和寄生虫控制	饲养和管理
青年母猪/母猪		
61 d/2 个月	驱虫治疗猪虱和疥癣,饲喂新鲜的公猪和母猪的粪便,感染传染病而产生抗体。与淘汰母猪混合在一起,打开围栏与公猪接触。接种钩端螺旋体病、猪丹毒、细小病毒、PRRS 和 PRV 疫苗	购买的青年母猪隔离 60 d。验血检查有无患有重大疾病
71 d/2 个月	除 PRRS 外,其他疫苗再接种 1 次	
配种后 3 周		未返情的母猪进行妊娠检查
配种后 35～60 d		妊娠检查（配种后 36～60 d）
分娩前 6 周	梭菌类毒素	
分娩前 4～6 周	大肠杆菌疫苗、巴斯德氏菌（AR）、支原体、TGE 和 PRV;治疗猪虱和疥癣	
分娩前 2 周	大肠杆菌疫苗、梭菌、支原体、TEG、AR	可通过在乳汁中加入饲料添加剂预防梭菌;在转入分娩舍之前用清洁剂彻底清洗母猪
分娩	给母猪接种钩端螺旋体病、细小病毒、猪丹毒、PRRS、PRV	记录产仔和母猪情况
产后 2～5 周	治疗猪虱和疥癣	仔猪断奶;提供舒适、卫生的环境并供给充足的日粮
公猪		
4～6 个月		至少在配种前 60 d 挑选出公猪并进入猪场（公猪在 8 月龄时限制使用）;外购公猪隔离饲养 60 d;验血以确定有无患有重大疾病
买后隔离的前 30 d	检查布鲁氏菌病、钩端螺旋体病、PRRS、细小病毒病、李氏放线杆菌病、TGE 和 PRV 治疗猪虱和疥癣	饲喂不加药的饲料并观察腹泻、跛、肺炎和溃疡情况
买后隔离的第 2 个 30 d	接种猪丹毒、钩端螺旋体、细小病毒疫苗	喂以其他公猪和母猪的粪便;与淘汰的青年母猪混合在一起饲养,并观察其预期结果和繁殖能力;与母猪接触并给母猪配种
每隔 6 个月	重新接种 PRV、钩端螺旋体、猪丹毒和细小病毒 1 次;然后驱虫。治疗猪虱和疥癣	剪獠牙
猪		
1 d	梭菌类毒素	
1～3 d	注射铁注射剂（200 mg）	剪掉獠牙、断尾、打耳号、去势
3～7 d	AR 和 TGE 接种	
10～21 d		开始给仔猪补料;早期断奶时进行隔离断奶
3～4 周	AR 和 PRRS、支原体和沙门氏菌接种	
断奶后 10 d	治疗猪虱和和疥癣;然后驱虫	
断奶后 20 d	猪丹毒和放线杆菌胸膜肺炎疫苗接种	
10～12 周	PRV 接种,猪丹毒和放线杆菌胸膜疫苗 2 次接种	检查粪便内有无内寄生虫
5～6 个月	在屠宰前停止所有接种	对 20% 或 30 头以上即将上市的猪群进行健康状况检查;在屠宰前停止饲喂和注射抗体

来源:养猪手册,PIH-68,普渡大学,1997。

图 14.2 生产者要具有识别猪由于生长异常而表现出身体不适的能力，例如图示为由于腿疼而使猪背部呈不正常弯曲。（爱荷华州立大学 Palmer Holden 提供）

是否需要接种疫苗取决于不同情况和流行病的控制情况。卖方需要向买方提供肉眼检查结果和健康证明。在州际贸易中，除了直接要进行屠宰的动物外，其他所有动物必须有由兽医出示的州际健康证明（图 14.2）。

关于动物疾病控制的详细信息可从联邦和州动物保健的官员处或从各州委任的兽医处获得。家畜进行州际运输前，货主需要获得以下资料：

检疫——通过检疫可以防止许多烈性传染病：(1)在一个国家立足;(2)传播。检疫包括:(1)将1头或更多的动物隔离或限制在尽可能小的区域内以防止与其他没有如此严格限制的动物直接或间接接触;(2)控制引入动物的活动。一旦暴发传染病，就必须采取严厉的检疫措施以限制该地区动物的流出或在区域内的流动。检疫种类既包括在有合格检疫证明情况下而进行的一种单纯的身体检查，又包括完全禁止动物、动物产品、车辆，甚至人类活动。

补偿——一旦发生了某种动物疫病，在扑灭计划中，养猪者可从联邦或州获得财政补贴。联邦政府向畜主支付补偿的相关信息可从 APHIS 获得，而对每个州来说，可通过书面形式下发到各州的农业部。

Harry S Truman 动物引进中心

1979 年，位于佛罗里达州西部附近的联邦检疫中心开放，命名为 Harry S Truman 引进中心，于 1998 年关闭。它隶属于美国动植物检疫检验部。

该中心一次引入的动物数量（牛或其他动物）可达 400 头左右，隔离期为 5 个月。这种最大的安全保障中心使美国家畜饲养者能够从世界各国引进种畜，同时又防止了国内畜群免受外来疫病的入侵。

普兰姆岛动物疾病中心

普兰姆（Plum）岛动物疾病中心（PIADC）是动物疾病的研究与诊断中心，该机构的设立是为了防止美国畜牧业和出口由于外来动物疾病的病原偶然或故意引入美国而造成的巨大经济损失（图 14.3）。某些外来烈性动物传染病，如口蹄疫只有 Plum 岛能进行研究。2003 年，隶属于 USDA 的 PIADC 转到国土安全部名下。

图 14.3 Plum 岛动物疾病中心坐落于纽约市的东部。（Plum 岛动物疾病中心提供）

Plum 岛的工作由 USDA 的农业研究所和动植物健康检疫检验部的科学家及全体工作人员共同完成。这些科学家共同致力于：

1)发展预防和控制外来或新出现的动物疾病流行的新策略。

2)通过与动物健康国际组织合作，指导美国或外国的外来或新出现的可疑动物疾病病例的诊断研究。

3）检验引入家畜及其畜产品以确保免受外来疫病病原的污染。

4）参与动物传染病流行国家的家畜和畜产品引入的风险评估。

5）生产和供给外来动物疫病诊断检验所用的材料。

6）对外来动物疾病疫苗进行检验和评价，并供给北美口蹄疫疫苗库。

7）在 PIADC 和其他国内和国际场所对兽医人员与动物保健官员进行外来动物疫病诊和鉴定的培训。

猪的疾病

良好的卫生是减少与病原接触的首要和最重要的条件。肮脏的畜舍、饲喂地面和饮水处有利于致病微生物进入家畜体内。除了保持良好的卫生外，一个合格的饲养员也是很重要的，他可随时观察动物的异常行为，如食欲减退、跛行、消化紊乱等。

出现严重情况时就应找兽医，但在兽医到达之前一般要先采取必要的急救措施，而且在疫病蔓延前，在发现疫情并制定相应控制措施方面取得了很大进展。饲养者应非常熟悉常见病的症状与病因，在某种情况下甚至应采取合理的预防措施。

本章讨论的是非营养性疾病和不适。由于营养的过剩或缺乏而引起的营养性疾病在第六章讨论。目前美国最流行的疫病如图 14.4 所示。

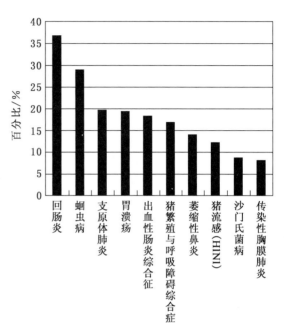

图 14.4　2000 年美国报道的生长育肥猪最常发生的 10 种疾病。（美国农业部提供，http://www.aphis.usda.gov/vs/ceah/cahm/Swine/Swine 2000/Swine 2Highlights.pdf）

猪传染性胸膜肺炎（APP）

猪传染性胸膜肺炎（actinobacillus pleuropneumonia，APP）原来称为嗜血性胸膜肺炎，是感染青年猪（到 6 月龄）的一种严重的肺炎。尽管感染 APP 的猪常会引起死亡，但是发病后如果没死而转变为慢性或潜伏于体内，可导致平均日增重下降而使平均日耗料增加，造成的经济损失更大。

APP 在世界各地均有流行，给许多国家的养猪业造成重大经济损失，这些国家有澳大利亚、加拿大、丹麦、德国、韩国、墨西哥、中国台湾、南美、瑞士和美国。

临床症状

潜伏期短，一般为 8～12 h，最常发生于上市体重为 40 lb 的猪。常表现为没有任何临床症状而突然发病死亡，突然死亡后接着进入应激期，如转群、混群或气候骤变。观察时发现，健康猪发展为呼吸困难，几分钟内窒息而死。有些猪可见鼻孔出血。感染不严重的猪可能有极端表现、高烧 104～107°F、精神沉郁和不愿走动。主要病变包括出血和肺水肿。由于病原是通过气溶胶传播，发病率达 100%，及时而有效地治疗后病死率为 20%～40%。

病因、预防和治疗

常常根据病史、患病猪的日龄、发病症状和肺部病变做出初步诊断，但确诊需要进行致病菌的培养——传染性胸膜肺炎放线杆菌——来自肺部病变组织。

目前，最佳预防措施似乎是防止它传播和引入猪群。主要的传染源是康复的带菌猪。在猪引进到一个未感染 APP 的猪群之前,应进行隔离和检验以确定它们是否为带菌者。对可疑的和与该病有过接触的家畜接种灭活疫苗是有效的预防措施。

在血液中含有高水平抗体的急性暴发期时注射如普鲁卡因、青霉素和长效四环素(LA-200)进行治疗。该疫病暴发后,应进行药敏试验以确定最有效的药物。为减少死亡造成的经济损失,健康和患病的猪都应进行治疗。由于肺部病变的发展程度不同对表现临床症状猪的治疗效果不尽一致。

非洲猪瘟

非洲猪瘟(African swine fever,ASF)于 1921 年最早在肯尼亚报道。在自然条件下仅感染猪。它主要在撒丁岛和非洲部分地区呈地方性流行,在撒哈拉地区的国家尤为盛行。在非洲以外的其他地区也出现过。

临床症状

ASF 与猪瘟和猪丹毒的临床症状类似。临床变化范围从超急性(没有明显的临床症状而突然全部死亡)至无明显临床症状。急性形式特征为内脏有出血病变,在耳部和腹壁的皮肤出血情况更为明显(图 14.5)。潜伏期为 4~19 d,主要取决于感染剂量和感染途径。

病因、预防和治疗

ASF 是由病毒引起的一种病毒性传染病并在通过野猪和软组织间形成一个周期。野猪可将该病直接传播给家猪。它能在不同国家间传播,它通过引入生的、被感染的猪肉并当做饲料喂给猪而引起,这些猪肉来源于国际机场的垃圾。

预防主要是通过禁止用来自国际机场或港口的未煮过的垃圾来喂猪。预防的一个重要方面是限制猪的活动和检查鉴定带毒猪。在非洲,建议减少家猪和野猪与软组织的接触。

本病目前尚无有效的疫苗和治疗方法。

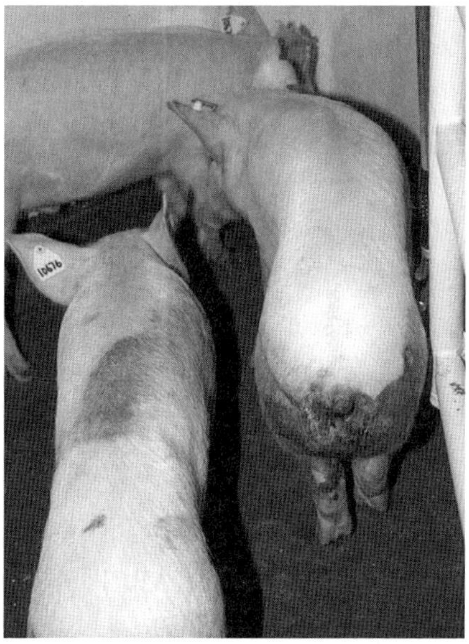

图 14.5 感染非洲猪瘟的猪在肛门附近出现界线明显的内出血点。(Plum 岛动物疾病中心提供)

炭疽热(恶性炭疽)

炭疽热(anthrax)也称为恶性炭疽(splenic fever)或炭疽(charbon),是感染所有温血动物(和人)的一种急性传染病。本病常呈散发或单个发生,但有时也可能发生几百头群发的情况。由于该病在某些地区频繁发生,因此该地区称为炭疽易发区。草食动物易感染炭疽,特别是在干旱牧区或刚刚过过洪水的地方放牧时更易感染。

在历史上,炭疽是很重要的一种传染病。它是古代文献和圣经文献中最早记载的疾病之一;它标志着现代细菌学的开端,于 1877 年由 Koch 首次报道;它是第一种使免疫系统受到破坏的疾病,巴斯德(Pasteur)在 1881 年使用稀释培养基使动物免患炭疽。

临床症状

病死率一般较高。病程很短,败血症为其典型特征。猪发生的炭疽多为咽峡炎型,表现为颈部区域(淋巴结)发生显著的肿胀,因窒息和败血症而死亡。同时伴随体温升高、食欲减退、肌肉无力、呼吸困难、精神沉郁和排出的粪便带血。

病因、预防和治疗

该病可通过显微镜观察而确诊,若在血液或淋巴结中发现特别大的、呈杆状的生物体就是炭疽的病原体——炭疽杆菌。炭疽芽孢在土壤和有机物中存活几年后,仍然具有抗各种破坏作用的特性。因此,炭疽杆菌能在土壤中存活很长时间。但是猪接触了土壤中大量的炭疽芽孢后却很少感染炭疽。猪暴发炭疽主要是由于食用了污染的饲料而感染,污染的饲料在大部分情况下都含有动物源性产品。

一般并不大规模地进行免疫操作,因为猪天生就具有抗炭疽的能力,除非接触到的炭疽杆菌的数量超过一定值时才采取措施。在疫病传播的危险没有过去之前,感染疫病的畜群应被隔离并禁止进入市场。对怀疑死于炭疽的家畜尸体,严禁解剖尸体;而代之是将兽医人员召集到疫病暴发的第一现场做调查。

当怀疑或证明发生了炭疽时,所有尸体及其污染物应在适当地点彻底焚烧或撒上石灰深埋。这种预防措施是重要的,因为炭疽能通过犬、狼、秃鹰和其他肉食动物以及苍蝇等其他昆虫进行传播。

当发现炭疽暴发时应立即向州和联邦的兽医管理官员通报。所有病畜应被迅速隔离和治疗,即使治疗效果并不令人满意。如果在早期用青霉素或四环素治疗则疗效较好。与病畜有过接触的所有未发病的家畜应予以接种疫苗;轮换牧地;隔离畜舍;采取严格的卫生防疫措施。这些控制措施必须在兽医人员的监督下执行。

萎缩性鼻炎

萎缩性鼻炎(atrophic rhinitis,AR)的分布广泛,遍及世界各地。该病只感染猪,不感染人。据估计,在美国全国范围内,AR 都以轻度的鼻甲骨萎缩为特征。

临床症状

萎缩性鼻炎是以鼻炎(鼻黏膜发炎)和鼻甲骨(小而漩涡样结构,对进入鼻内的空气起温暖、湿润和过滤作用)日益变小或生长缓慢为特征的一种传染病(图 14.6)。鼻炎有两种类型:一是由支气管败血波氏杆菌(Bb)引起的轻度退行性萎缩性鼻炎;二是由产毒多杀性巴氏杆菌(Pm)独自或与其他病原如 Bb 一起共同起作用引起的进行性萎缩性鼻炎。

一般生后 1 周的仔猪感染支气管败血波氏杆菌后,会出现持续地打喷嚏的症状;到断奶时打喷嚏更为频繁;当猪渐渐长大时,这种症状变得更加明显,是感染 Bb 后发生的初步症状。感染 Bb 会引起轻微的食欲不振。若没有同时感染 Pm,几周后症状一般会消失。较大的猪单纯感染了 Bb 仅产生轻微的症状或可能不表现任何症状。

若同时也感染了 Pm,最典型的临床症状是鼻子扭曲变形。4~12 周龄时,外观鼻开始形成较深的皱褶、膨胀和增厚。8~16 周龄时,鼻子和脸开始向一侧扭曲(图 14.7)。鼻子出血较为常见。感染的猪只全身被毛粗乱、生长缓慢和饲料转化率低。引起死亡的真正原因可能是肺炎。各年龄段的猪都易感,但几周龄的猪感染后症状最重。用棉拭子从种畜的鼻腔内沾取鼻腔深部的分泌物,取出后作病原分离培养用。

病因、预防和治疗

在美国,萎缩性鼻炎的主要病原是支气管败血波氏杆菌(Bb)和多杀性巴氏杆菌(Pm)的产毒素菌株。嗜血性(*Haemophilus parasuis*)可引起轻微鼻甲骨萎缩。败血波氏杆菌是由许多哺乳动物包括人、大鼠、猫和犬的呼吸道所携带,但各种菌株的致病能力不同。该病是通过猪传仔、分娩舍和保育舍的空气以及其他动物(如猫)进行传播的。钙、磷不平衡或钙缺乏的日粮饲喂生长猪也产生类似的病变。

图 14.6　左边是正常的鼻甲骨；中间是萎缩的鼻甲骨；右边是没有鼻甲骨的鼻子。(爱荷华州立大学 Palmer Holden 提供)

图 14.7　鼻甲骨萎缩而引起架子猪鼻子呈扭曲的典型症状。(爱荷华州立大学 Palmer Holden 提供)

预防措施——控制鼻炎必须采取如下几个措施：

1）更新的频率保持最小，即较大种畜的比例保持较高水平。

2）使用 SPF 猪。

3）保持分娩和保育场所干净，尽量采取全进全出的饲养体系。

4）种用母猪单圈隔离饲养，除了与其仔猪接触外，不与任何其他猪接触直至淘汰。每窝猪单独饲养，直至产下 1 个月断奶时与母猪分开。接着从这些仔猪中选出没有明显发病症状并检测鼻炎呈阴性的仔猪作为新种猪并单圈饲养。

5）随时将有感染症状的猪淘汰。

6）用 Bb 或 Pm 疫苗/毒苗进行免疫接种。最有效的措施是给猪免疫接种或在特殊情况下在分娩前为母猪连续进行 2 次。接种时按照疫苗的使用说明进行操作。有时也可用 Bb 和 Pm 的二联苗。接种方案一旦启动，就必须连续执行几年。

对鼻炎的治疗是在饲料中加入含有磺胺类药物和四环素。萎缩性鼻炎的最有效的管理控制措施是分娩舍和保育舍采用全进全出制，保持室内清洁。

彻底扑灭猪群中萎缩性鼻炎的最有效的方法是将该染病猪全部扑杀，重新引进没有这种病的猪。也可通过遵照生产 SPF 程序(剖腹产仔、单圈饲养)进行饲养或通过早期断奶来扑灭猪群中的萎缩性鼻炎，而保留其遗传基础(即种畜群)。新引进猪群以消灭萎缩性鼻炎后，以下步骤有助于保持猪群免受此病的感染。

1）闭锁群繁育。

2）选用连续 3 次鼻腔分泌物棉拭子检测均呈阴性的公猪或使用 SPF 公猪。

3）控制猫和啮齿类动物群体规模。

4）虽然不是必需的，但是鼻腔分泌物棉拭子及培养将有助于检测猪群中萎缩性鼻炎的发病情况。鼻腔分泌物棉拭子检测不会增加操作的费用。

布鲁氏菌病

布鲁氏菌病(Brucellosis)是一种隐性疾病，病变往往不明显。虽然采用布鲁氏菌病这个医学术语以集合名词方式命名这种疾病，但是这种病是由 3 种与布鲁氏菌有密切关系的不同细菌引起的，分别为：(1)流产布鲁氏菌(*Brucella abortus*)、(2)猪布鲁氏菌(*B. suis*)、(3)马氏他布鲁氏菌(*B. melitensis*)。

牛流产布鲁氏菌称为 Bang 病(1896 年著名的丹麦研究员 Bang 教授首次发现了牛布鲁氏菌病的致

病生物体,以后就以他的姓作为该病的病名)或传染性流产;猪布鲁氏菌引起猪 Traum 氏病或传染性流产;马氏他布鲁氏菌引起山羊马耳他热或流产。人布鲁氏菌引起的病称为马耳他热、地中海热、波状热或布鲁氏杆菌病。病原往往与马的鬐甲瘘和马颈背疮有关。

猪布鲁氏菌病的控制与扑灭有重要的意义,原因有二:(1)感染人的危险;(2)经济损失。诊断猪布鲁氏菌病的最正确、最灵敏的方法是布鲁氏菌病原体的分离。除了野猪或接触过野猪的外来猪群外,美国猪群一般不易感染布鲁氏菌病。其他国家的猪易感。

临床症状

布鲁氏菌病的症状一般不明确。应明确的是,家畜流产并不全是由于感染布鲁氏菌引起的,也不是所有的家畜感染布鲁氏菌后都会流产。但是每次流产在证明不是感染引起之前应视为疑似(图 14.8)。

猪的流产和不育不如牛常见:公猪感染布鲁氏杆菌可引起关节炎、跛行、睾丸、附睾和前列腺肿大或萎缩。

病因、预防和治疗

猪布鲁氏菌病是由猪布鲁氏菌引起的,牛是由流产布鲁氏菌引起,而山羊则由马氏他布鲁氏菌引起。猪布鲁氏菌和马氏他布鲁氏菌可在牛布鲁氏菌病中看到,但发生几率很小。

人对这 3 种布鲁氏菌都易感。猪布鲁氏菌比牛流产布鲁氏菌对人的致病性强,但比山羊马氏他布鲁氏菌弱。但是,在美国由于山羊的数量有限,患此病的山羊数量更少,因此仅有极少数人接触过后者。饲养者知道人在以下几种情况下有可能感染波状

图 14.8　感染布鲁氏菌后观察到的典型性流产胎儿。(美国农业部提供)

热:处理病猪,特别是正在产仔的病母猪时;屠宰病猪或加工生病猪肉;消费了来自牛或山羊的生奶或其他副产品以及食用了未煮熟的布鲁氏菌污染的肉。然而,采用简单的巴氏法消毒牛奶和将肉煮熟处理后,人就可放心地食用这些食品了。

虽然布鲁氏菌对干燥有一定的抵抗力,但是普通的消毒剂和巴氏消毒法就能将其杀死。流产的胎儿、胎衣、羊水及子宫渗出物等均可发现大量的布鲁氏菌。乳房中是否含有布鲁氏菌还不清楚,性腺、脾脏、肝脏、肾脏、血流、关节和淋巴结中的情况也是如此。

常常通过摄食污染的饲料和饮水、舔食病畜或污染的奶瓶或粘有病菌的其他物体而感染布鲁氏菌病。也有证据表明,公猪通过交配行为而频频发病。

保持良好的卫生状况,检查鉴定染病的猪并转走,隔离分娩,控制动物、饲料和饮水进入猪场是成功控制和扑灭布鲁氏菌病的关键。合理的管理措施包括购买无病的猪以更新猪群或饲养母猪自繁自养是预防的一种必要的辅助措施。转移或隔离疫区的排泄物,外来者(人和动物)应远离畜舍和围栏地。对参加家畜参观和展览的猪只应进行隔离检查 30 d 后才可返圈。

免疫接种还不能有效控制布鲁氏菌病。1989 年以后,美国各州都将消灭布鲁氏菌病作为其规划的一部分。在消灭布鲁氏菌病的统一方法和规则中提出了有效消灭布鲁氏菌病的指导方针[①]。其有关内容可从州兽医获得。一般地,通过血清学检查确定没有感染布鲁氏菌病的猪群可以继续饲养。如果猪群受到猪布鲁氏菌感染或怀疑被感染时,推荐采取如下 3 种方案进行预防。

①http://www.aphis.usda.gov/oa/pubs/bruumr.pdf。

方案Ⅰ——扑杀。感染群全部屠宰;对猪舍或用具进行彻底清扫和消毒;从确定没有感染布鲁氏菌的猪群中引进后备猪。

方案Ⅱ——这一方案用于保留有价值的血统。断奶仔猪留作种用,感染的成年猪尽快屠宰;配种前对后备小母猪进行隔离检查,保留阴性小母猪并用阴性的公猪进行配种;初产母猪在分娩后和从分娩舍转出前再进行1次检查,隔离阳性反应者,只保留阴性母猪作种用;重复以上操作直到检出猪群在连续两次检查时均呈阴性为止,这时猪群才被认为合格。

方案Ⅲ——仅发现很少几头阳性,并且没有发现布鲁氏菌病临床症状的猪群采用此方案。屠宰反应阳性猪;间隔一段时间再进行1次检查,阳性猪屠宰,直到整个猪群在连续2次检查时均呈阴性为止。若猪群很易被感染,放弃这个方案,采用方案Ⅰ或方案Ⅱ。

目前,还没有有效的治疗布鲁氏菌病的药物,因此饲养者不要浪费时间和金钱在所谓的"治愈"上。

古典猪瘟(猪瘟)

古典猪瘟(classical swine fever,CSF)是指感染猪的一种烈性病毒性传染病。澳大利亚、比利时、加拿大、法国、英国、冰岛、爱尔兰、新西兰、葡萄牙、斯堪的纳维亚各国、西班牙、瑞士和美国目前没有此病。美国于1962年开始启动联邦-州猪霍乱消灭计划,最后一次暴发时间是在1976年。美国,消灭猪霍乱耗费了约1.4亿$。

临床症状

病程可呈急性、亚急性、慢性、非典型性或不明显性。急性CSF由一种致死病毒引起,通常发病率和死亡率很高,然而人们常常忽视低致死性的感染。CSF被认为是美国的一种外来疾病,一旦发现任何CSF迹象,应立即向州或联邦兽医官员通报。

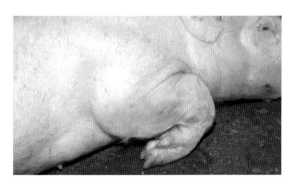

图14.9 感染古典猪瘟的猪。注意眼睛周围的分泌物、皮肤上的病变和由于血流加速引起的皮肤发红。(Plum岛动物疾病中心提供)

2~6 d的潜伏期过后,出现急性和亚急性临床症状。该病以突然发作著称,表现为高热、食欲减退、全身无力——而有些猪甚至没有表现任何症状就死去。病猪离群独处,走路摇摆不稳,食欲废绝,但大量饮水。腹下出现紫红色的出血点(在猪丹毒和其他急性发热病也有此现象)。急性感染的猪常在感染后10~20 d死亡。

有时表现怕冷,病猪钻入垫草下或拥挤在一起。常表现为便秘与腹泻交替,咳嗽。眼中有分泌物流出(图14.9)。该病常与肺炎和肠炎一起发生。由于该病易与猪丹毒相混淆,因此诊断应包括对1头或多头最近死亡的猪进行尸检、猪丹毒杆菌的细菌学检查以及必要时对血液中白细胞进行计数。病理学者诊断该病常使用荧光抗体检验(FAT)法。

慢性猪瘟一般由毒力较弱的毒株引起,分为慢性和后期发作CSF。慢性CSF初期症状类似于急性CSF,但病毒传播速度较慢。后期发作CSF的初期症状不明显,几个月后也不出现临床症状。

病因、预防和治疗

CSF的病原为黄病毒科的瘟病毒。预防包括仅从没有CSF的国家引进家畜和仅进口已灭过菌的畜产品。如果CSF在没有该病的国家出现,被感染的猪群及其留下的一切遗迹都做消灭处理。禁止动物在疫区内流动并对感染的猪舍进行彻底的消毒。

在 CSF 出现的国家,常采用免疫接种作为消灭整个猪群的辅助措施。没有有效的治疗药物。

下面简要介绍一下美国有效消灭猪霍乱的计划。1908 年,美国农业部首次提出同时接种免疫血清和猪霍乱病毒疫苗。过去,这种免疫方法阻止了猪霍乱传染病的大范围的传播。但它的副作用是猪霍乱病毒(该疫苗中含有的)是有活性的。这种疫苗有效地控制了该传染病的流行,使美国养猪者战胜了猪霍乱。

1951 年,美国农业部批准了以兔弱毒苗、猪弱毒苗或组织培养弱毒苗代替活病毒疫苗,这种改良过的(弱化的)活病毒疫苗使猪只产生了长效免疫能力。然而,这些疫苗却可能使疑似猪只感染猪霍乱。因此,从 1969 年 3 月 1 日以后,USDA 禁止改良过的猪霍乱疫苗的一切州际运输(图 14.10)。

1961 年通过的美国公法 87-209 为扑灭猪霍乱提供了法律依据。1962 年,使用联邦基金开展了以下 4 个阶段计划。

第 1 阶段:准备阶段——培训;调查以确定发病率的提高情况、诊断体系的标准化、促进疫病的及时报道以及强制某些州,特别是中西部的某些州焚烧垃圾或禁止垃圾喂猪。

第 2 阶段:降低发病率——感染和接触过病原的猪只的检疫以及禁止感染猪只的州际流动。

第 3 阶段:消灭疫病发作——感染疫病的所有猪全部宰杀(补偿)和增加生物学控制。

第 4 阶段:防止再次感染——促进第 3 阶段所有程序的执行,从外州引进猪必须隔离 21 d,严禁从流行地方性猪霍乱的州引进猪。

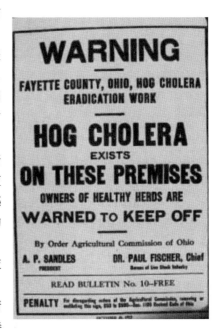

图 14.10　俄亥俄州法叶特郡的猪场发生了猪霍乱(古典猪瘟)的隔离警示牌。(美国农业部提供)

猪痢疾(血痢、出血下痢、黑痢和弧菌性痢疾)

猪痢疾(swine dysentery)是一种急性传染病,美国全国各地均有报道,但在玉米带最为常见,原因是这里的猪只饲养密集。这种传染病主要通过猪只流动或粪便接触而传染。病猪是带菌者。染病后不予治疗,猪群发病率可高达 90%,死亡率达 30%。

临床症状

猪痢疾的最典型的症状是黏液性出血性腹泻。有时粪便为黑色并含有许多组织碎片。大部分染病猪食欲下降,体温升高。有些猪染病几天后突然死亡,而另一些猪要延长至 2 周或更长时间才死亡。尸检发现大肠肿大和出血。大肠病变表现出的细微差别是由于肠内其他病原体所致。鞭虫感染也能引起类似的临床症状。

病因、预防和治疗

猪痢疾的主要致病因子为猪痢疾密螺旋体,是由于摄取被病原体污染的排泄物而染病。对结肠黏膜或粪便培养分离获得猪痢疾密螺旋体即可确诊。受污染的靴子或车辆的轮胎也能将该病从一个猪群带入另一个猪群。

扑灭染病猪群中的猪痢疾必须采取以下措施:(1)全群淘汰,对猪舍进行彻底清扫和彻底消毒,重新引进没有痢疾传染病的猪群;(2)药物治疗(carbadox、林肯霉素、Tiamulin);(3)搞好卫生;(4)消灭啮齿类动物。

水肿病(肠毒血病、肠水肿病)

水肿病(edema disease)是一种急性、致死性的传染病,常发于断奶后 1～3 周的青年猪。多见于管理和营养良好的仔猪。发病率一般较低,但死亡率极高,可达 100%。在美国,本病有增加的趋势,可能是由于早期断奶过早所致。

临床症状

本病在体格健壮、生长快的仔猪中较为常见。最早通常一个猪群中有 1 头或多头猪突然死亡。表现为便秘、食欲废绝、眼睑出现水肿和走路摇摆不定等症状。受感染的猪可能表现神经症状,如痉挛或惊厥。随着病程的发展,猪可能完全麻痹。一般在染病后几个小时至 2～3 d 死亡。肠水肿病(gut edema)由尸检时发现胃肠黏膜下层的胶胨状水肿物漏到腹腔中而得名。

病因、预防和治疗

本病由某些血清型大肠杆菌所产生的毒素(肠毒素)引起的一种疾病。推荐的预防和控制方法包括在食物和饮水中加入抗生素、限饲、少量多次饲喂、补饲以及饲喂高纤维日粮。目前,采用自体免疫可预防这种传染病。

症状一旦进一步发展,治疗效果会不乐观。一般地,治疗的目的是减少那些促进大肠杆菌增加的因素以及防止突然改变饲养条件的出现。总之,猪水肿病要想达到最佳的治疗和控制效果就必须禁食(24 h)或在很短时间内迅速减少饲料用量,避免各种应激。

大肠杆菌病(仔猪腹泻、肠型杆菌病、腹泻)

大肠杆菌病(colibacillosis)(腹泻)(scours)可感染出生不久的仔猪、稍大一点的哺乳仔猪以及断奶仔猪。各种细菌和病毒均能引起肠道机能障碍,猪群内的这些传染源也可引起并发或继发性功能障碍。因此,需要进行实验室检验以确定引起肠道功能障碍的病原。在不到 7 日龄的仔猪的小肠内致病的大肠杆菌数量迅速增加,产生了大量毒素而引起腹泻。腹泻可引起新生仔猪脱水死亡。本病通常也叫仔猪腹泻、腹泻或大肠杆菌病。

仔猪腹泻发病往往很急,即使得到了有效的治疗,死亡和复发也给饲养者带来了巨大的经济损失。本病预防比治疗更重要。

临床症状

本病的临床症状表现为排清亮、水样的稀便到黄色或黄白色糨糊样稀便,脱水,精神沉郁,迅速消瘦,会阴红肿,死亡率不定——0～4 日龄仔猪死亡率最高。

未断奶仔猪感染的肠型大肠杆菌病必须与其他引起该年龄段仔猪腹泻的普通传染源如 TGE 病毒、轮状病毒和双孢子球菌区分开来。通过测定粪便的 pH 值就可做出初步诊断。感染肠型大肠杆菌的粪便,其 pH 值为碱性。而 TGE 病毒和轮状病毒引起的腹泻,其粪便的 pH 值为酸性。

病因、预防和治疗

确诊需要进行实验室检验以确定致病菌是哪种大肠杆菌,因为其他的细菌和病毒也能引起腹泻,并不是所有的大肠杆菌都引起腹泻。

对仔猪腹泻的预防采用 3 支法:

1)良好的卫生条件可减少环境中大肠杆菌的数量。在通风不良、湿度较大、又脏又潮的环境中有大量的大肠杆菌存在。此外,在有仔猪腹泻的猪群中应对病猪予以治疗,稀粪限制了细菌的传播。

2)良好的饲养管理条件——营养和健康,确保娩出健壮的仔猪并满足哺乳的需要。此外,对分娩舍进行严格管理,防止各种应激因素对仔猪的影响,主要是降温,以保持仔猪对传染病有一定的抵抗力。全进全出的分娩舍也能有效地预防和控制仔猪腹泻。

3)仔猪从母猪获得免疫力。母猪的初乳和乳汁给仔猪提供了保护作用,直到10日龄仔猪自身能产生抗体为止。在怀孕后期,用致病性大肠杆菌给母猪接种能促进初乳抗体的形成。这种方法为仔猪提供了对大肠杆菌的被动免疫,直至仔猪的免疫系统开始产生抗体。此过程需要兽医人员与饲养者协同工作来控制仔猪腹泻。

虽然预防比治疗重要。但是一旦确诊腹泻是由大肠杆菌引起的,就应使用对各种大肠杆菌株型有效的抗菌药治疗病猪。大肠杆菌的适应力很强,它能迅速地产生耐药性。对病猪进行抗菌药治疗后,从水样粪便中排出的致病大肠杆菌数量减少。

第1胎仔猪极容易感染这种病,即使其他胎次的仔猪没有感染。免疫是关键,目前使用的疫苗都十分有效。大肠杆菌病与水肿病的病原不同,因此大肠杆菌病的控制措施也不同于水肿病。

猪丹毒

猪丹毒(swine erysipelas)是猪的一种急性或慢性传染病,但在绵羊、兔子和火鸡中也有病例的报道。人感染了此病,称为类丹毒,不要与人丹毒相混淆,人丹毒是由链球菌引起的。猪感染急性猪丹毒时,死亡率可高达50%~75%。

临床症状

本病分为3种类型:急性、亚急性和慢性。另外,亚临床感染没有明显的临床症状,然后转为慢性型。急性败血型的症状类似于猪霍乱的症状。感染猪只表现为高热,鼻、耳和四肢常出现水肿。鼻子水肿常引起感染猪只呼吸时发出呼噜声。腹下也有类似于猪霍乱的紫块。临床症状出现后2~3 d出现菱形斑块的典型皮肤病变(图14.11)。不死者,大面积皮肤坏死,变黑,干硬如皮革,最后脱落,但以耳部和尾部坏死和脱落更为常见。

亚急性型的症状不太严重。仅少数几处皮肤出现病变,且不易发现。亚急性型的典型病变是皮肤出现矩形的紫红色的疹块。若猪只出现明显的发病症状,它比急性感染的猪痊愈得更快。

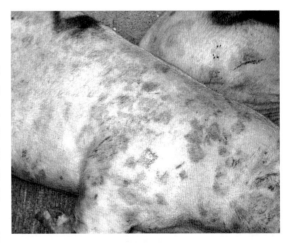

图14.11 感染猪丹毒的猪以及典型性的菱形皮肤病变。(爱荷华州立大学John Carr提供)

慢性猪丹毒可由急性、亚急性或没有明显症状的亚临床感染转变而来。在慢性型猪丹毒中,心脏和关节通常为局部病变。膝关节和跗关节最易被感染,表现为炎性肿胀和僵硬——关节炎。这些患慢性病的猪往往表现为体质虚弱、消瘦和生长缓慢。

病因、预防和治疗

已经证实,猪丹毒的病原仅有1种,为红斑丹毒丝菌(*Erysipelothrix yhusiopathiae*)(俗称丹毒杆菌)。在健康猪的扁桃体、胆囊和肠等组织中存在此菌,土壤中也普遍存在。常通过消化系统感染此病。确诊需要兽医辅助。

采用一个合理的猪群健康饲养管理方案对猪丹毒进行预防,此方案包括使用弱毒苗(无毒力活苗)或菌苗(灭活苗)进行自动免疫接种。弱毒苗可通过加入饮水中口服或注射方式进行接种。丹毒的免疫接种仅提供 3～5 个月的免疫期,多次接种时免疫期可稍长一些。

疫病发生时,必须将所有的病猪进行隔离处理,每天都检查整个猪群以发现新病例。使用抗血清可立即提供约 2 周的被动免疫期。在猪群发病期间,使用抗血清为太小而不能接种的吃奶仔猪提供免疫保护。单独使用青霉素或与抗血清联合使用治疗急性猪丹毒可收到满意的效果。四环素、Naxcel™ 和泰乐菌素也有效。使用青霉素以及其他药物必须要有适当的用法、用量和停药时间,停药时间要根据猪的体重大小和上市的大致时间来确定。

对感染猪只的居住场所进行彻底地清扫和消毒。特别是在夏季,猪场和牧场要闲置几个月再使用。从猪群中将感染慢性猪丹毒的猪淘汰,因为这些猪可能是带菌者。

口蹄疫(FMD)

口蹄疫很早就有,第 1 次报道是在 1514 年。本病是偶蹄动物(主要是猪、绵羊和牛)的一种高度接触传染性疾病,临床症状以口部(以及鼻镜)、蹄部两趾之间与周围皮肤以及乳头和乳房皮肤发生水疱为特征。发热是另一临床症状。人感染后症状较轻,但比较少见,而马不感染。

不幸的是,一次得病并不能获得终身免疫,由于致病的病毒为不同的血清型和亚型而使该病有复发的可能。美国现在没有口蹄疫,但是从 1870—1929 年期间至少暴发了 9 次(有些权威人士声称为 10 次),每一次都是通过迅速宰杀所有病畜以及与之有接触的动物而扑灭的。1929 年以后,美国就没有再暴发,该病非常可怕。美国采取了严厉的措施防止这种疫病的传入。在该病实际暴发的情况下,应扑杀所有与感染家畜有过接触的动物以及病畜。

FMD 经常在欧洲、亚洲、非洲和南美洲出现。但新西兰或澳大利亚还没有该病例的报道。严禁从有口蹄疫存在的任何国家引进猪只或进口生猪肉制品。

1946 年 9 月,墨西哥暴发了 FMD。从那时起一直到 1955 年 1 月 1 日期间,封锁了墨西哥—美国的边境线,除了 1952 年 9 月 1 日至 1953 年 5 月 23 日共 9 个月外,禁止从墨西哥进口任何活家畜以及肉制品。同样地,由于加拿大从欧洲进口了污染的肉制品而暴发了口蹄疫,从 1952 年 2 月至 1953 年 3 月 1 日期间,封锁了加拿大-美国边境线。这件事强调了禁令在肉食品的国际进出口中的重要性。

临床症状

口蹄疫以感染后 3～6 d 后形成水疱和中度发热为特征。在舌黏膜、嘴唇、上腭、两颊、两趾之间、乳头和乳房出现水疱。水疱也常见于猪的鼻面上(图 14.2 和图 14.3)。

图 14.12　口蹄疫病猪的蹄部症状。(Plum 岛动物疾病中心提供)

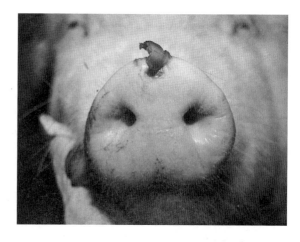

图 14.13　口蹄疫病猪鼻镜症状。(Plum 岛动物疾病中心提供)

这些水疱的出现,特别是在牛口部的出现,刺激了大量唾液从口中成串流出。继发感染症状为蹄部感染、乳房出现肿块、流产和迅速消瘦。成年动物的死亡率一般不高,但是动物感染后可能会危害其使用价值和生产力,从而造成巨大的经济损失。

病因、预防和治疗

此病的病原是一种小滤过性病毒,它至少有 7 个血清型,各型之间均无交叉免疫性。病毒存在于污染的水源、水疱皮、血液、肉、奶、唾液、尿以及病畜的其他分泌物中。接种后 200 多天也可从猪排出的尿液中检出病毒。该病毒也可通过污染的生物制品如小痘疫苗和猪瘟疫苗和血清以及牛热虱(cattle fever tick)传播。

除了提到的这 9 种情况会引起该病暴发外,美国也采取严厉的预防措施拒口蹄疫于国门之外,预防措施包括海关隔离检疫以及在邻近国家发生疫情时,协助这些国家扑灭此病。严禁有口蹄疫疫情的国家进口任何活的动物和鲜肉或冻肉。从这些国家进口的肉必须制成罐头或全部加工成腌肉。

控制口蹄疫的方法有两种:宰杀和隔离。如果已经确诊发生了疫病,立即对发生疫病的地区采取严密的封锁措施;宰杀病畜以及与病畜接触过的动物并掩埋动物尸体,按照宰杀动物的估定价值给予畜主一定的补偿。对污染的畜舍以及一切场地和物品进行彻底清洗和消毒。对感染疫病的猪只治疗没有必要。

幸运的是,价格便宜的普通氢氧化钠溶液就能迅速杀死口蹄疫病毒。由于控制行动要迅速,因此,一旦发现可疑病例,必须立即向州或联邦当局通报。

欧洲各国和阿根廷生产的疫苗含有 1 种或多种病毒免疫型。这样的疫苗产生的免疫力仅支持 3~6 个月,因此必须每年给动物进行 3~4 次接种。由于美国人还没有将疫苗看作快速、彻底地扑灭传染病的一种有力手段,因此在发生疫情时还没有使用过疫苗。美国农业部的 H Bachrach 博士以及其他科学家采用基因拼接技术开发出一种新型的口蹄疫疫苗,使疫苗的生产实现了安全批量生产,保证了疫苗的充足供给。

钩端螺旋体病

人钩端螺旋体病(leptospirosis)首次发现于 1915—1916 年,猪为 1931 年,牛为 1934 年。1952 年以来,美国人认为猪钩端螺旋体病是一种重要的疫病,但很可能此病出现得更早。在处理或宰杀染病动物时,病原可通过破损的皮肤感染人。在污染的水中游泳、食用未煮熟的受污染的食物或喝未经高温消毒的牛奶均能感染此病。

临床症状

钩端螺旋体病主要是对仔猪和肥育猪给养猪业造成损失。怀孕母猪感染后,往往会造成胎儿流产或分娩出死胎或弱仔;肥育猪感染后表现为生长缓慢和消瘦。染病猪只食欲废绝、精神沉郁、体重减轻、体温升高,稽留 2~3 d。有的病猪出现血尿。然而,肥育猪的症状一般不明显。钩端螺旋体病的确诊常要依据群体病史、尸检结果、血清学诊断进行。当发生生殖障碍时应怀疑感染了此病。慢性感染常引起胎儿流产、产下死胎和弱仔。

病因、预防和治疗

猪钩端螺旋体病的最常见的病原是钩端螺旋体属中的波摩那型钩端螺旋体 *Leptospira pomona*,是螺旋体群中的一种螺旋形细菌。可引起猪、牛、绵羊、马和人钩端螺旋体病,并易于从一个物种传染给另一物种。

钩端螺旋体病的病原通过皮肤或黏膜进入体内,并通过污染的尿传播——直接与污染的尿或被尿

污染的水接触。防治钩端螺旋体病应采取综合措施,即联合使用抗生素疗法、接种疫苗和加强管理。推荐采用以下措施进行预防:

1)在购买对所有的猪只进行血清学检验,隔离 30 d,然后在混群前再复检 1 次。

2)用钩端螺旋体菌苗进行预防接种,参照厂家提供的菌苗使用说明书进行。菌苗的免疫持续期相对较短。因此对青年母猪,在第 1 次配种前应进行 2 次接种;对经产母猪,应在每次配种时或配种前接种——大约每隔 6 个月接种 1 次。

3)不同种类的家畜应分开饲养,因为钩端螺旋体病能从一个物种传染给另一物种。

治疗选用四环素族抗生素。刚发病就迅速给予治疗,会收到相当好的疗效。饲料中加入大剂量的四环素(FDA 推荐每吨饲料中加入 400~500 g 四环素,连续饲喂 7~14 d)将有助于消除带菌状态。如果不予治疗,猪带菌可达 1 年之久。

在钩端螺旋体病暴发时,无论是病情较重的猪还是染病症状不明显的猪,均用链霉素治疗(25 mg/kg 体重),接着进行预防接种是一种行之有效的方法。然后按照定期接种方案进行防治。

乳房炎-子宫炎-无乳综合征(MMA 或无乳症)

乳房炎-子宫炎-无乳(mastitis-metritis-agalactia,MMA)综合征是青年母猪和经产母猪的一种疾病,以乳房发炎(乳房炎)、子宫发炎(子宫炎)和不能泌乳(无乳)为特征。但不是完全无乳而是泌乳减少(少乳症)。母猪的死亡率低,但仔猪的死亡率高。多产和密闭式产房分娩时 MMA 问题明显比牧场简易棚中分娩更严重。

临床症状

一般在产后前 3 d 之内表现初期症状,但也常在分娩前或仔猪断奶前表现出临床症状。从病猪的阴道流出白色或浅黄色的脓汁,体温升至 103~106°F 甚至更高。母猪食欲下降、泌乳停止、腹泻。有时甚至直到母猪急性饥饿死亡也难以确诊。

病因、预防和治疗

一般认为,MMA 综合征的病原是埃希氏菌属中的大肠杆菌。与此综合征有关的其他病原包括:放线杆菌、放线菌、产气杆菌、柠檬酸杆菌、梭菌、棒状杆菌、肠杆菌、克雷伯氏菌、假单胞菌、支原体、变形杆菌、链球菌、葡萄球菌和衣原体。要注意与大肠杆菌引起的出生前 3 周之内发生的仔猪腹泻相区别。但是该病非常复杂,往往很难确定病原。

通过合理的饲养管理、加强营养和搞好环境卫生进行预防。圈舍方式饲养母猪时,防止母猪超重和便秘以及减少应激(尤其在接近分娩时)特别重要。限饲可防止超重,在日粮中添加粗纤维或轻泻剂可防止便秘。饲养不足也有助于解决这个问题。

由于 MMA 综合征具有地方流行的特点,因此在配种前 30 d 用妊娠舍或分娩舍的粪便感染母猪而获得对某些传染性病原体的免疫性。对该病的治疗很麻烦,且效果也不是很好。以下仅列出部分治疗方法:

1)抗生素疗法。

2)催产素能引起放乳,从而缓解无乳症。

3)饲喂含糖蜜或粗纤维的日粮或早晚活动锻炼以减轻或预防便秘。

4)补饲牛奶或葡萄糖保证仔猪存活。

5)如果发生仔猪腹泻,给仔猪口服抗生素。

6)在分娩前给母猪接种菌苗;使用本群细菌菌株产生的自生菌苗或家畜菌苗效果更好。

支原体肺炎(地方流行性肺炎)

猪支原体肺炎(mycoplasmal pneumonia,MP)是一种慢性疾病,是世界上最重要的猪病之一,能感染各年龄段的猪只。在美国,它在报道最多的疾病中位居第 2 位,仅次于回肠炎(图 14.4),病猪的饲料转化率可降低 20%。

临床症状

支原体肺炎最典型的症状是咳嗽。一般在与病猪接触后的 10～16 d 开始发病,也有不确定性。清晨赶猪喂猪时或剧烈运动后,咳嗽最明显。刚开始咳嗽时常发生腹泻,但仅持续 2～3 d。体温稍有上升,甚至有时体温升到 105℉(40℃)时,也不表现发病症状。病猪一般食欲正常,但增重慢,饲料利用率低。

饲养管理条件差时,猪多发展为严重的肺炎,结果导致细菌继发性感染肺部。MP 与大量的蛔虫幼虫穿过肺同时发生时,也转变为严重肺炎。14～26 周龄的猪最易发生这种继发性肺部并发症。

病因、预防和治疗

支原体肺炎是由一种小球杆状的生物体——肺炎支原体引起的。目前,由支原体引起的疾病有 3 种:支原体肺炎、支原体多发性浆膜炎和支原体关节炎,分别由不同类型的支原体引起。

由于支原体肺炎的传播主要是通过健康猪与病猪直接接触的方式,因此应防止从感染群购买猪只。严格执行全进全出的生产方式是防治此病的最有效方法。

由于青年猪与带菌母猪的接触而导致感染群继续发病。然而,年龄较大的母猪有自己消灭病原体的倾向。血清学检查大龄猪和淘汰阳性猪可以建立起无带菌猪群。SPF 的操作规程对防治 MP 极为有效。

使用林肯霉素(200 g/t 饲料饲喂 21 d)、四环素、泰乐菌素或泰妙素治疗可缓解病情、提高生产性能。

肺炎

肺炎是所有动物(包括猪)都能感染的一种疾病。不予治疗会引起 50%～75% 的病猪死亡。

临床症状

肺炎是肺的一种炎症。它是由于气候寒冷引起的一种初期症状,接着体温升高。呼吸急促、鼻孔和眼睛中流出分泌物、咳嗽。病猪外翻腿姿势站立,泌乳母猪有乳汁滴下、食欲减退、便秘、呼吸时发出很大的杂音并气喘。

病因、预防和治疗

肺炎的致病因子很多,包括:(1)各种细菌;(2)没有受过训练的人灌药时将水或药误灌入气管中;(3)毒气;(4)支原体;(5)病毒;(6)肺虫。春秋期间气候的骤然改变以及潮湿或有贼风的猪舍使猪易发生肺炎。预防措施包括提供良好的卫生环境和采用合理的饲养管理方式。

病猪隔离在安静、清洁、防风的地方,饲喂易于消化的营养饲料。对急性肺炎采用抗生素或磺胺类药物进行治疗并防止细菌性病原体的继发感染。

猪细小病毒病(PPV)

猪细小病毒病(porcine parvovirus,PPV)造成的损失一般难以预测,因为经产母猪或青年母猪在怀孕期间表现典型的健康状态。细小病毒的发病率高,是 SMEDI(在本章的后面讨论)列出的最重要的传染病之一。细小病毒呈世界性流行。

临床症状

细小病毒病的主要临床症状表现为母源性繁殖障碍,如:(1)返情;(2)不分娩;(3)每窝仅产几头仔猪;(4)产出的胎儿有很大比例的木乃伊胎。观察到的不同临床症状主要是由于母猪或青年母猪在不同的怀孕阶段感染细小病毒所致。青年母猪特别容易感染,而公猪不感染。

病因、预防和治疗

本病是由细小病毒引起的,但是没有迹象能表明猪细小病毒与其他物种如大鼠、小鼠、猫、犬、牛和羊感染的细小病毒相同。

与其他引起猪繁殖障碍的病原相区别的基础上做出诊断。将木乃伊化胎儿送去进行荧光免疫检验。

采取的预防措施是在配种前对初产母猪使用细小病毒进行自然感染或接种获得主动免疫。一般采用后备母猪与阳性的经产母猪接触或将后备母猪赶到可能受到污染的地区促进自然感染而获得主动免疫。然而,这种方法的有效性难以确定。人工免疫接种能确保在配种前后备母猪能获得主动免疫。市场上有几种灭活苗可供选择。猪细小病毒病目前尚无有效的治疗方法。

猪增生性肠病(增生性回肠炎)

在美国的国家动物健康监测系统 2000 年报告中,声称回肠炎(ileitis)或猪增生性肠病(porcine pro-liferative enteropathies,PE)是生长肥育猪养猪场最常见的一种疾病,所有养猪场的平均发病率为 36.7%,而猪场存栏头数在 10 000 头以上的发病率为 75%,此病分布遍及全世界。

临床症状

此病的临床症状不显著,主要感染 6～20 周龄断奶以后的猪。慢性症状与正常表现差别不大,生长稍缓慢。如果发生腹泻,腹泻也不严重,粪便颜色正常。此病的最佳检验方法是坚持记录日增重和饲料转化率。严重感染的病例发展为坏死性肠炎,就是常提到的"橡胶软管肠"(garden hose gut)。

病因、预防和治疗

PE 是由细胞内劳索尼亚菌引起的。猪只的交流,包括将后备母猪运到新单位、公猪与后备母猪混群交配,常与该病的暴发有关。气候的骤然改变如温度和湿度发生大的变化也会引起该病的暴发。病原体通过粪便传播。

氯四环素(300 mg/kg)、林肯霉素(110 mg/kg)、泰妙素(120 mg/kg)或泰乐菌素(100 mg/kg)用水送服或添加到饲料中连续饲喂 14 d 是首选的治疗方法。

猪繁殖与呼吸障碍综合征(PRRS)

1987 年,美国首次报道了猪繁殖与呼吸障碍综合征(porcine reproductive and respiratory syn-drome,PRRS),紧接着加拿大、日本和几个欧洲国家也相继报道了此病。该病第 1 次在美国出现,由于病原不明确和难于治疗,因而被称为"神秘猪病"。由于有些病猪的某些部位皮肤呈现紫绀(血液氧化不足而引起皮肤呈蓝色,耳朵、外阴、腹部和鼻镜尤为明显),因此,欧洲人称为"蓝耳病"。在 20 世纪 90 年代中期,PRRS 被认为是一种最难治疗、治疗费用最高的猪病。

临床症状

正如名字所说,此综合征由两部分组成:(1)繁殖症状,以怀孕晚期流产(怀孕 107～112 d),死胎、木乃伊胎和弱胎明显增加为特征;(2)呼吸道症状,以分娩舍和保育舍仔猪呼吸困难、食欲下降、消瘦以及被毛粗乱为特征。感染 PRRS 后,仔猪对其他传染病如细菌性肺炎和猪链球菌病更易感。可观察到耳朵(蓝耳病)、外阴、腹部和鼻镜发紫,病猪体温升高(103～105°F)。染病群 2～4 个月渐渐恢复正常。

病因、预防和治疗

PRRS 由一种病毒引起,该病毒在 1991 年被首次分离。也有研究者的研究表明,病毒有不同的毒株,每一类型的毒株引起的疾病严重程度不同。

PRRS 的防治包括:(1)摸清整个群体情况;(2)分年龄段隔离以利于控制病情;(3)引入的公猪和后备母猪至少隔离 30 d;(4)采用全进全出制;(5)必要时淘汰哺乳仔猪;(6)如果使用的饲料中含有较多的毒枝菌素则更换饲料;(7)对 16 周龄以下的猪用新型安全疫苗进行免疫接种。

目前,对感染 PRRS 的猪尚无特效药物治疗。加强护理和增加营养有助于病猪缓解病情。使用抗生素减少继发感染是明智之举。

猪应激综合征(PSS)

有些猪不能适应饲养管理条件的改变而表现出的一种非病理性的机能障碍,这种病用综合征状表述比用单一的异常症状表述更贴切。生长快、肌肉发达的猪易发生此病,是由于半封闭或全封闭的饲养体系中遗传选择强度过高所致。常表现为不明原因的突然死亡,而且此病与产生劣质猪肉有关,即灰白、柔软、渗出液体(PSE)猪肉,是易感猪在屠宰时突然受到宰杀应激所致。(有关这种遗传机能障碍的详细内容参见第四章猪应激综合征部分)

伪狂犬病(PR、阿捷申氏病、狂痒病)

尽管伪狂犬病(pseudorabies,PR)与狂犬病在某些临床症状上有相似之处,但二者之间没有任何关系。伪狂犬病是引起家畜和野生动物的一种急性、高致死性的传染病。人对此病有抵抗力。1902 年,匈牙利 Aladár Aujeszky 博士首次将此病定为牛和犬的一种传染病。

伪狂犬病是世界养猪地区最重要的一种疾病。在美国,此病具有相当大的经济重要性,然而在 1989 年才开始启动扑灭计划。截止到 2003 年 10 月份,V 阶段无 PR 状态的州有 46 个,剩下的 4 个州处于 IV 阶段监测状态(已有 2 年没有发病),分别为佛罗里达州、爱荷华州、宾夕法尼亚州和德克萨斯州。此病也在欧洲广泛流行。一般认为,此病的发展与严重程度是由封闭式集约化饲养或者中断猪霍乱(古典猪瘟)预防接种造成的。

临床症状

少数临床症状表现为明显的仔猪死亡。体温升高到 105°F(40.0℃)以上、反应迟钝、食欲减退、呕吐、虚弱、共济失调和惊厥而死亡。不到 3 周龄的仔猪,死亡率高达 100%。3 周龄以上的猪临床症状较轻,死亡率也低。

成年猪症状轻微,表现为发热、食欲下降、分泌大量唾液、咳嗽、打喷嚏、呕吐、腹泻、便秘、抽搐、发痒、中耳感染和失明。母猪在怀孕中期感染,可发生流产,娩出木乃伊胎。在怀孕后期感染,常发生流产或生下虚弱、站立不住的仔猪或死胎。在出生前感染的仔猪往往在出生 2 d 内死亡。

除了猪、牛、绵羊、山羊和猫外,其他动物的伪狂犬病都是致死的。野生动物也易感染 PR。此病的确诊需要进行实验室检测,一般做血清学检查。

病因、预防和治疗

PR 病毒属于疱疹病毒科。此病的主要传播方式是通过鼻与鼻直接接触,作为病毒进入体内的基本途径。鼻分泌物和唾液含有的病毒会污染水源、垫草、饲料、饲养者以及工人穿的衣服。

免疫接种是预防伪狂犬病的有效方法。目前,PR 弱毒苗、灭活苗和基因缺失苗已经研制成功。疫苗的使用明显减少了此病带来的经济损失。然而,接过种的猪一般不感染,很短时间内就排出病毒,因此起到了带菌者的作用。以下是推荐的群体预防的控制措施:

1)采取适当方式处理病死猪(焚烧或掩埋)。

2)购买无病种猪,隔离饲养 30 d。

3)种猪场不买待肥育猪(架子猪)。

4)从没有疫病的猪场购买架子猪。

5)参观者远离猪舍。

6)犬、猫和野生动物远离猪场。

7)猪、牛分开饲养。

8)展览会结束后,用于展览的猪隔离饲养 30 d。

当此病暴发时,应隔离猪场并严格控制一切人员流动。病猪必须与健康猪分开饲养。

狂犬病

狂犬病是所有温血动物和人的一种急性传染病,以神经机能失常、麻痹并以死亡告终为特征。

当人被怀疑患有狂犬病的动物咬伤后,应对咬人的动物捕获隔离观察一段时间。如果动物患有狂犬病,就会表现出典型的病程。如果在咬人后 2 周之内动物没有表现出典型症状,此时,就可初步断定此动物没有患病。

表现临床症状后几天内,患病的动物就会死亡,进行脑组织检查可以确诊是否患有狂犬病。此时,如果被咬的部位不是颈部或头部,一般都有充足的时间对接触过的人进行治疗。由于患狂犬病的动物早在出现症状前至少 5 d 已经从唾液中排出病毒,因此在证实没有危险之前应一直认为犬的咬伤具有潜在的危险。在任何情况下,被犬咬的人或者与狂犬病接触过的人都应立即向家庭医生报告。严重的咬伤,尤其伤口在头部,必须立即注射抗血清。

临床症状

猪狂犬病不常见,其典型过程是突然发作、共济失调、反应迟钝、最后虚脱倒地而死。病猪声音嘶哑。猪也有瘫痪型狂犬病存在。大部分在出现典型临床症状后 72 h 内死亡。

病因、预防和治疗

狂犬病由一种滤过性病毒引起,常通过被患有此病的动物咬伤而感染。一般通过犬和某些野生动物如蝙蝠、狐狸、臭鼬等传染给家畜。据报道,美国每年仅有 3~8 头猪发生狂犬病。

1989 年,美国保健部和后勤部的报告中说,已记录的狂犬病病例中犬仅占 2.7%,野生动物占 88.4%。随着犬弱化疫苗的问世,应对所有的犬接种疫苗。由于野生动物是主要自然贮存宿主,因此该病很难彻底消灭。

猪被咬伤或曾与狂犬病有过接触时,应及时找兽医治疗。因为此病发展到晚期没有有效的治疗药物。

轮状病毒病

轮状病毒病对猪的重要性是最近才意识到的。1976 年首次报道,轮状病毒能引起猪腹泻。现在已经认识到,猪轮状病毒感染是普遍的和常见的。仔猪的死亡率的变化范围为 0~50%。

临床症状

轮状病毒病引起仔猪腹泻。一般在断奶后 3～4 d 感染。然而,轮状病毒病引起新生仔猪腹泻很少见报道。这种腹泻的典型症状是初期为黄白的稀便,后期则变为乳脂状,然后转为糊状,最后恢复正常。仔猪表现为精神沉郁、没有食欲、不愿走动。该病的严重程度受以下因素的影响:(1)仔猪的日龄;(2)应激,如降温;(3)与大肠杆菌或传染性肠胃炎病毒的并发感染;(4)初乳的摄入不足。一般日龄较大的猪感染此病症状较轻,但无论多大日龄的仔猪在断奶时感染此病,病情就较为严重。有些猪感染该病后不表现任何临床症状。

病因、预防和治疗

腹泻是由呼肠病毒(Reoviridae)科的轮状病毒引起的,在电子显微镜下观察,轮状病毒似车轮因而得名。轮状病毒感染易与传染性肠胃炎(TGE)相混淆。需要进行实验室检验进行鉴别诊断。

大部分猪群都会感染轮状病毒。给母猪口服预防轮状病毒的弱毒苗可保证母猪的初乳和乳汁中有足够的抗体。预防和控制青年猪感染轮状病毒病的最佳方法是确保仔猪及早吃到足够的初乳,并给仔猪提供一个干净卫生、舒适(没有应激)的环境。

采用全进全出的饲养管理方式并搞好群与群间的环境卫生和消毒工作。应缩短同一舍内母猪间的产仔间隔期以防止较大的仔猪感染较小的仔猪。

猪的轮状病毒感染没有特效治疗药物。推荐使用常规的支持疗法、饲养管理程序和抗生素将轮状病毒病和细菌的继发感染的死亡率降到最低。对病仔猪,以葡萄糖甘氨酸溶液让仔猪自由饮用,可减轻脱水和体重下降的症状。

沙门氏菌病

沙门氏菌病(salmonellosis)一发生就受到了普遍关注,原因是:此病的致病菌分布广泛、适应性强;此病可使猪发生腹泻和败血症;此病也传染给人。此病多发于集约化饲养的断奶仔猪。

临床症状

此病的主要症状有两种:败血症或腹泻(小肠结肠炎)。败血症型沙门氏菌病主要发生在不到 5 月龄的断奶猪。以好动、不食和体温升高到 105.0～107.0℉(40.6～41.7℃)为特征。一般死亡率高,但由于某些原因,发病率低,往往不超过 10%。此病通过粪便—口的路线传播,痊愈的猪成为带菌者,一段时间排出的粪便带菌。

断奶到 4 月龄之间的仔猪可发生小肠结肠炎型沙门氏菌病,该型以排水样、黄色稀粪为特征,在几天内能迅速地传染给同圈的大多数猪。猪小肠结肠炎型沙门氏菌病可反复发作。感染的猪体温升高,食欲下降。死亡率低,主要是由于连续几天的腹泻导致脱水而死。

病因、预防和治疗

常见病是由猪霍乱沙门氏菌或个别由鼠伤寒沙门菌引起。其他类型的沙门氏菌也有致病作用。败血型通常是由猪霍乱沙门氏菌引起,而腹泻由鼠伤寒沙门菌引起。

目前,使用沙门氏菌预防猪的感染还行不通。推荐使用沙门氏菌感染预防和控制措施包括:猪全进全出流动制和搞好环境卫生。

沙门氏菌传播给一个猪群的途径是:(1)通过新来的猪带入群体;(2)通过污染的饲料。将新来的猪隔离一段时间,观察粪便中有无沙门氏菌。当沙门氏菌病的临床症状不明显时,其他控制措施主要包括减少应激,保持环境干净卫生和定期消毒。

沙门氏菌对各种药物均具有抗药性,因此应选择对沙门氏菌敏感的药物进行治疗。不同抗生素的使用是在药敏试验的基础上进行的,这种做法已达成共识。但是,将抗生素加入饲料和饮水中治疗急性型病猪,疗效不显著。

SMEDI(死胎、木乃伊化、胚胎死亡、不育)

SMEDI 指的是一种综合征,而不是由一种特定病原引起的疾病。致病因子包括引起死产(S)、木乃伊化(M)、胚胎死亡(ED)和不育(I)的所有病原。

临床症状

繁殖障碍的症状包括不发情、配不上种、交配时出血、重配、流产、木乃伊化、死产、胚胎死亡、不育、每胎产仔数少、难产。

1)死产仔猪指在分娩开始时还活着,但在分娩过程中死亡的仔猪。
2)木乃伊指母体子宫将胎儿的全部体液吸收后剩下的不能吸收的组织成分,包括部分钙化的骨骼。
3)胚胎死亡指在怀孕的 1～114 d 期间发生的胚胎死亡。
4)猪的不育指猪没有繁殖的能力。

病因、预防和治疗

繁殖障碍可发生在猪育种的整个过程中,但是,繁殖水平只有降低至平均水平以下时才认为发生了显著的繁殖障碍。这些标准随着不同的操作而变化,并在对诸如母猪的发情周期、受精率、产仔率、平均产仔数和每头母猪每年产仔数等进行加权的基础上确定的。

大部分繁殖问题都涉及饲养管理、营养、环境影响、中毒、遗传或疾病等情况。研究猪繁殖障碍的第一步就是发现繁殖问题并予以治疗。在配种前 30 d 甚至以上时常用胎衣或分娩舍粪便感染青年母猪以产生免疫力。对繁殖问题的直接治疗常包括加强繁殖饲养管理和提高群体生产力。

链球菌性传染病(猪链球菌病)

在大型集约化养猪场,链球菌性传染病(streptococcal infections)相当普遍。链球菌感染会引起脑膜炎、败血症和关节炎的暴发性流行。

临床症状

最急性型:可在没有任何异常表现的情况下突然死亡。但多表现为脑膜炎型症状。多表现为食欲减退、精神沉郁、皮肤呈紫红色、发热、共济失调、麻痹、四肢划动似游泳状、角弓反张(头和脚跟向后弯曲,身体向前弯曲性痉挛)、震颤、甚至发展为惊厥。

病因、预防和治疗

该病由猪链球菌引起。合理的饲养管理、良好的卫生条件和减少拥挤、通风不良、混群或转群时的应激,是最佳的预防和控制措施。然而,无论卫生条件好与坏,链球菌感染都有可能发生。

在早期对发病个体用青霉素治疗,加强护理可防止死亡并促进病猪的彻底康复。

猪流行性感冒(猪流感)

猪流行性感冒(swine influenza)与人流感极为相似,但病情比人重。猪流行性感冒是一种急性呼吸道疾病。突然发病,猪群中多数猪同时出现症状。常在气候变冷的秋季发病。此病在美国全国都有发生。然而,死亡率一般不超过 2%,猪流感主要的危害是引起猪持久性衰弱,从而造成经济损失。

临床症状

此病发病突然,潜伏期不超过 1 周。这是一种群发病,大部分猪同时出现症状。高热、食欲减退、咳嗽、眼和鼻中流出浆液性分泌物。病猪不愿走动,采取犬坐姿势以利于呼吸,有时表现呼吸困难。

病因、预防和治疗

猪流行性感冒是由 A 型流感病毒引起,这种流感病毒与 1918 年引起世界性流感流行并引起整个世界 2 000 万多人死亡的人流感病毒相似。实际上,这是流感被首次传染给猪的重要证据——人病传染给动物的一个典型例子。而且这也是 A 型流感病毒在人与猪间交叉感染的证据。猪流感在猪与猪之间的传播是通过与具有感染性的分泌物或渗出液直接接触、飞沫或微粒气溶胶而传播的。一些研究者做出假设:以蚯蚓为中间宿主的肺虫是流感病毒的宿主,流感病毒通过肺虫长期存活和传播病毒。猪吃了含有肺虫幼虫的蚯蚓后,也可变为病毒的贮存库。然而,并没有完全证明,这种体系是病毒存活所必需的,因为一些研究已经证明,猪能成为流感病毒的携带者。

采取标准的生物安全措施去防止易感动物接触病畜是预防全群感染的一种正确的做法。避免与鸟类接触。

可用灭活苗进行预防接种。据报道,预防接种可减轻症状并减少粪便中的带毒量。唯一的治疗方法是提供温暖、干燥、干净的饲养场所、最低日粮保障、随时可饮到干净的清水。一些兽医认为,肺炎的死亡是病原体的继发感染造成的,可通过皮下注射抗生素或磺胺类药物或将药加入饮水中进行治疗。如果出现呼吸困难症状,也常使用祛痰药。

破伤风(牙关紧闭症)

破伤风(tetanus)是一种经伤口感染引起的传染病,主要影响神经系统,几乎所有动物都易感,人也易感。在美国中部的几个州,去势或其他创伤引起猪、羊羔和牛犊感染破伤风较为常见。

此病多发生于美国南部,创伤的外科处理是预防破伤风的一个基本组成部分。此病广泛分布于世界各国。

临床症状

潜伏期一般为 1~2 周,最短 1 d 天,长者可达数月。一般与伤口感染有关,但并不是受伤后都能感染。此病的最典型症状是四肢僵硬、头向后仰。常表现为咀嚼缓慢而无力、吞咽困难,而牙关紧闭更为多见。然后病猪表现为全身肌肉痉挛或收缩、保持强直状态。然而,90%以上的病例,死亡的发生一般是由多种原因引起的,但急性病例很可能由呼吸困难引起死亡。

病因、预防和治疗

此病是由破伤风梭菌引起的。破伤风梭菌进入机体组织后,在合适的条件下菌体大量繁殖,产生毒素,随后毒素到达中枢神经系统引起发病。这种细菌是一种厌氧菌(在没有氧气的条件下存活),形成已知最硬的孢子。常存在于土壤中。当此菌进入深的伤口时,由于消除了天然保护屏障而致病。在没有氧气的条件下,菌体大量繁殖并释放大量毒素,毒素通过扩散的方式进入周围组织间液或外环境,然后随之到达中枢神经系统。

预防此病主要是搞好卫生,搬走尖利的物体以减少受伤的可能,去势或断齿时做好消毒工作。本病治疗效果不佳,疗效显著的例子很少。重要的措施是当动物受伤时,用破伤风抗毒素进行被动免疫效果较好。在感染后几个小时就给予大剂量的长效青霉素或四环素治疗效果不错。妥善处理外伤,环境保持安静或将病猪单独置于一个黑暗、安静、没有苍蝇的圈舍中。

传染性肠胃炎(TGE)

传染性肠胃炎(transmissible gastroenteritis,TGE)是一种以胃肠炎症为特征、传播迅速的疾病。潜伏期仅有 18 h。一旦感染,就会迅速蔓延,在 2～3 d 内就可蔓延整个猪场。

临床症状

仔猪的典型症状是呕吐和水样腹泻,粪便常呈黄色,体重迅速减轻,严重脱水,2 周龄以下仔猪发病率和死亡率较高。各年龄段的猪均可感染此病,但随着日龄的增长,死亡率降低。死亡是由饥饿、脱水和酸中毒引起。生长育肥猪和母猪的临床表现往往不明显,腹泻 1 d 或几天停止。

病因、预防和治疗

此病由猪传染性胃肠炎病毒引起,此病毒属于冠状病毒科。

目前,在分娩前对母猪接种商业疫苗对预防仔猪 TGE 感染或腹泻意义不大。最有效的预防措施是在分娩前用病毒感染母猪——使用已知患 TGE 的肠碎末去感染母猪的一个计划。然后母猪体内就产生了对 TGE 的免疫力,仔猪就可从初乳和乳汁中获得抗体。然而,这种预防程序只能在母猪分娩时避免不受 TGE 感染且没有将此病传给临近的猪群的危险时才能使用。隔离分娩也是值得推荐的方法。避免连续分娩,因为连续分娩有使此病持续传播下去的趋势。

目前,对 TGE 尚无有效的治疗药物,因此只能对症治疗以减轻饥饿、脱水和酸中毒。注射疗法有效但不实用。口服药物疗效不显著。供应清水和营养液,并提供一个不漏风的,环境温度为 90°F 或更高的猪舍,以降低 3～4 日龄仔猪的死亡率。使用抗生素或磺胺类药物预防细菌的继发感染。

结核病

结核病(tuberculosis)是人和动物的一种慢性传染病。其病理特征是形成结合结节(结核性肉芽肿),继而结节中心钙化或干酪样坏死。此病传播速度很慢,主要感染淋巴结。结核杆菌有 3 种类型:人分枝杆菌、牛分枝杆菌和禽(鸟)分枝杆菌。猪对这 3 种类型都易感。几乎每种动物都对这 3 种类型中的一种或多种易感。

在美国,自 1922 年以来,猪结核病的发病率持续下降。1992 年屠宰的猪中阳性率为 16.38%;1995 年,阳性率为 0.21%,而被判为不适食用的胴体仅为 0.003%[①]。然而,每年仍然有约 20 万头的猪检测呈阳性。

临床症状

结核病又可分为多种类型。人结核病包括皮肤结核(狼疮)、淋巴结结核(淋巴结核)、骨关节结核、脑底结核(结核性脑炎)和肺结核。动物多患肺结核和淋巴结结核,但家禽主要患肝结核、脾结核和肠结核。牛乳房结核常发生于慢性病例。猪常通过摄入污染物而感染,因此病变常在腹腔。

感染此病的动物往往很少出现临床症状。但随着动物年龄的增长,表现体重渐渐减轻、关节发炎。若感染了呼吸道,可表现长期咳嗽和呼吸困难。受到感染的其他部位为淋巴结、乳房、生殖器官、中枢神经系统和消化系统。不同物种间症状相似。

病因、预防和治疗

病原为杆状的结核杆菌,属于耐酸的分枝杆菌科——结核分枝杆菌、牛分枝杆菌和禽分枝杆菌。此

---

①美国农业部统计汇总,1995 年、1996 年联邦肉类和家禽检查。

病常通过食入被结核病原污染的食物和饮水感染本病。猪也可通过摄入病鸡的某一部分患病。

群体结核病检查是最实用的诊断方法。目前,对猪结核病的诊断推荐使用在耳根外侧皮内注射结核菌素,对注射部位要观察 48 h 有无红肿。人则常采用 X 射线进行诊断。

1917 年,在扑灭结核病战役中,对动物的屠宰联邦和州给予了一定的补偿。

猪结核病的发生是由于与发病的牛和家禽接触所致。此病可通过乳汁,粪便或未煮过的垃圾传染。采用以下预防措施可有效地防止猪只间的相互传染:(1)淘汰患病的猪、牛和家禽;(2)进行彻底的冲洗和消毒;(3)实行轮流放牧的饲养制度。

人和动物结核病的预防性治疗包括对牛奶和乳制品采用巴氏消毒法进行消毒和对宰杀阳性动物尸体的处理和管理。也应避免同舍、同牧场饲养猪和鸡。

猪水疱病

猪水疱病(vesicular exanthema)几乎是猪特有的一种疾病,但马也有一定的感染性,而人却不感染。本病于 1932 年首发于加利福尼亚州布埃亚地区,但当时被误诊为口蹄疫,并按照口蹄疫治疗。在 20 世纪 50 年代初,在美国大面积流行,到 1956 年才最终被消灭,耗费了联邦政府约 3.3 亿 ＄。

此病的病程为 1～2 周,死亡率低。怀孕母猪感染常发生流产,哺乳母猪感染会使泌乳量显著降低。

临床症状

此病症状类似于口蹄疫。在头部出现小水疱,尤其是在鼻镜、鼻腔或嘴边。这些水疱也出现在蹄冠、蹄叉、趾间以及哺乳母猪的乳房和乳头上。病猪表现跛行、体温升高、常常 3～4 d 不吃东西。

水疱病与口蹄疫的鉴别诊断可用马和牛进行验证。豚鼠也可感染口蹄疫,但对水疱病毒有一定的抵抗力。

病因、预防和治疗

水疱病由病毒引起。与病毒接触后常在 24～48 h 出现临床症状。

没有免疫制剂可利用。只能进行预防性治疗,包括:(1)猪只远离疫区;(2)防止摄入病毒污染的饲料和水。未煮过的垃圾中有猪产生的废物或海洋生物,是病毒的来源。因此,水煮中断了病毒从饲料到易感猪的传播途径,是控制水疱病传播的主要方法。

对病猪加强护理,即使不进行治疗也能使病猪完全痊愈。对疫区进行严格检疫(对猪和猪肉制品),淘汰病猪群,制定最佳控制和扑灭措施。引起水疱病的病毒很容易被 2％氢氧化钠溶液或 4％的碳酸钠(草木灰)溶液杀死。

由于水疱病被认为是一种外来的重要疾病,因此一旦出现疑似病例就应立即通报联邦和州有关部门。

猪寄生虫病[①]

除绵羊外,猪可能比其他家畜更易感染寄生虫病。无论是内寄生虫还是外寄生虫感染都会引起青年猪消瘦、生长速度慢并增加对疾病的易感性。全世界已经发现和报道的猪蠕虫和原生动物寄生虫共有 50 多种。值得庆幸的是,这么多种的寄生虫病在美国发生的并不多,即使分布广泛的几种寄生虫病,在一般的饲养条件下,也没有给养殖业造成太大的危害。

[①]商品名的使用并不意味着产品已经被认可,而没有命名的类似产品也并不是对其的评价。与产品的通用名相比,生产商及其顾问认为商品名更为实用。

后面对寄生虫方面的有关论述,其目的是:(1)预防它们的传播;(2)通过使用有效的驱虫药或杀虫剂消灭它们。然而,驱虫并不能确保不能再次被感染,因此,如果动物饲养在疫区,由于治疗而使病情得到缓解只是暂时性的。所以寄生虫病的防治要比任何治疗都重要得多。

为了有效地将控制措施加以实施,养猪者对每种寄生虫病的情况都要有清楚地了解,如每种寄生虫病都是怎样发生的,寄居的部位在哪里,卵怎样变为成虫等。在掌握了寄生虫的生活史和生活习性后,接着就可做出计划,在哪一点打乱其生活周期以消灭它。

治疗内寄生虫的用药量很少,使用时用户可参照药品生产厂家的标签上的使用说明书。也仅有少数寄生虫需要进行治疗,原因是:(1)发生寄生虫的环境和管理上的差异;(2)不同地区对杀虫剂的使用限制不同;(3)杀虫剂的使用记录随着时间的变化而变化。在特定地区的使用登记以及购买药品的有关事项可向技术推广员、技术推广的昆虫学者或兽医人员咨询。

发生寄生虫病时,应特别强调给动物饲喂合适的日粮,保持清洁的环境条件,若做到这两点就会很少发生严重的寄生虫病。下面对危害最大的几种寄生虫病进行分别论述。

蛔虫病(大型蛔虫、猪蛔虫)

蛔虫病一种最常见对猪危害最大的寄生虫病之一。

蛔虫病的分布及其造成的损失

蛔虫分布广泛,遍及世界。曾经报道过美国有 20%～70% 或更高比例的猪感染了这种寄生虫。有时,尤其是青年猪,蛔虫可引起猪的死亡。症状轻微的感染会导致猪生长缓慢、体重下降。

生活史与习性

猪蛔虫病的病原体为猪蛔虫。成虫为淡黄色或淡红色,体长 8～12 in。接近 1 支铅笔的长度(图 14.14 所示)。寄生虫的生活史描述如下:

1)雌虫在小肠内产卵,虫卵随粪便排出体外。这些虫卵对一般外界不利因素有很强的抵抗力。

2)小幼虫在卵壳内发育并一直在卵壳内,直至与被虫卵污染的饲料和饮水一起被猪吞食进入肠道。然后破壳而出,钻入肠壁并进入血管中——通过血液循环到达肝脏,并在肝脏做短暂停留后,幼虫再次进入血液循环,随血流到达肺。

3)在肺中,幼虫穿过毛细血管进入气管并上行到咽和喉部,随吞咽作用进入小肠,在小肠发育为成虫(雌虫和雄虫)而形成了一个完整的生活周期。

危害与临床症状

主要的危害是幼虫体内移行,造成肝脏和肺脏的损害。幼虫在肝脏中移行造成的肝脏损害如图 14.15 所示。肺的病变创造了有利于细菌发育的条件并引起病毒性肺炎。明显的症状是极为不稳定。感染的青年猪会引起消瘦和生长发育受阻。由于蛔虫幼虫移行到肺部而表现的典型症状是咳嗽和呼吸粗重。由于蛔虫进入胆管,造成胆管堵塞引起黏膜发黄(黄疸)。

预防与治疗

预防措施包括通过切断含有虫卵的粪便的再循环使猪免受感染(图 14.16)。对放牧饲养的猪,已

©2001 Merial

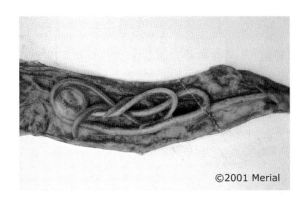

图 14.14　猪小肠内的成年蛔虫。（Merial 有限责任公司提供）

©2001 Merial

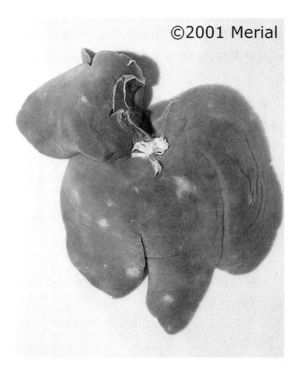

图 14.15　猪大型蛔虫体内移行造成肝脏的损害，病变为白色的牛奶样病灶。（Merial 有限责任公司提供）

大型蛔虫
3. 虫卵随粪排出
1. 虫卵被猪吞入体内
驱虫药
2. 成虫寄生于猪的小肠

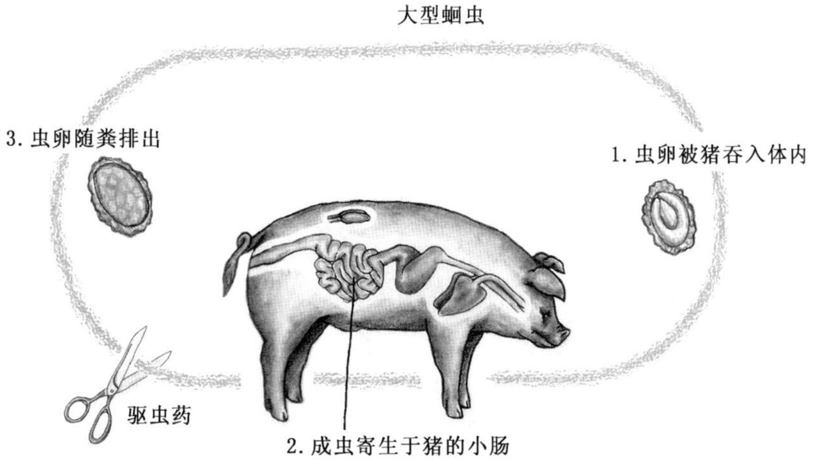

图 14.16　大型蛔虫(猪蛔虫)的生活周期和习性示意图。采取合适的驱虫措施和搞好环境卫生是有效的防治措施。(爱荷华州立大学 Nathaniel Klein 提供)

经证明 McLean County 猪卫生应用系统[①]是防止猪感染普通蛔虫的最有效措施。对舍饲的猪,对猪舍和地板进行经常彻底的清洁工作是最佳的控制措施。

尽管保持环境清洁卫生有助于预防蛔虫感染,在配种前 10～30 d,应对母猪和青年母猪定期驱虫。断奶仔猪、哺乳仔猪和公猪也应定期驱虫。

各种驱虫药对蛔虫都有效。大部分驱虫药都是广谱药,对各种寄生虫都有效。在轮牧时推荐使用不同的驱虫药(表 14.2)。

球虫病

球虫病(coccidiosis)是由寄生在小肠上皮细胞中的多种球虫引起的一种寄生虫病,猪、牛、绵羊、山羊、宠物家畜和家禽均可感染。每种家畜都有其特定类型的球虫,因此,家畜间没有交叉感染。

球虫病的分布及其造成的损失

此病分布广泛。除了极为严重的感染病例或者细菌的继发感染外,病畜一般都能康复。主要的经济损失是增重缓慢。

生活史与习性

感染的动物每日排出的粪便中含有成千上万的球虫卵囊(处于有抵抗力的孢子化阶段)。在适宜的温度和湿度条件下,卵囊在 3～5 d 内迅速孢子化,每 1 个孢子都含有 2～4 个有感染性的孢子囊。孢子囊然后随着被其污染的饲料和饮水进入动物的消化道内。在宿主的肠内,在消化液的作用下,卵囊的外膜破裂,释放出 8 个子孢子。然后每 1 个子孢子钻入上皮细胞,最终导致上皮细胞死亡。而在死亡的上皮细胞内,球虫经过有性生殖和受精作用形成新的卵囊。接着,球虫(卵囊)随粪便排出体外,再感染新宿主。

潮湿、肮脏的环境是球虫生活的最佳环境,对寒冷和普通消毒剂有一定的抵抗力,可被水流带至很远的地方。

危害与临床症状

严重的球虫感染可引起腹泻、粪便带血。粪便带血是由于肠上皮细胞破裂所致。随之发生血管裸露和破裂,然后使肠腔出血。

除了可引起血痢外,病猪也常表现消瘦、虚弱无力。7～21 日龄仔猪多发可作为猪球虫病的典型特征。一般发病率高,而死亡率差异较大,这很可能是由于感染的卵囊数量不同所致。

预防与治疗

猪球虫病的防治措施包括:(1)对分娩舍实行全进全出管理制度。(2)彻底清除干净并用 5％的漂

[①]McLean 郡猪卫生应用系统——这个系统,是美国畜牧局的 B H Ransom 和 H B Raffensperger 博士在伊利诺斯州 McLean 郡设计开发的,是为期 7 年的试验成果,于 1919 年开始着手试验。尽管本措施主要是为预防青年猪感染普通蛔虫而设计的,但它对减轻其他寄生虫的危害与疾病控制也同样有效。因此,使用本系统费用较低,对养猪业更有利。本系统主要包括以下 4 个简单步骤:
    (1)对分娩舍进行清扫和消毒。
    (2)母猪转入分娩舍前用肥皂水清洗全身。
    (3)将母猪及其仔猪驱赶到干净的猪圈或牧场。
    (4)保持养猪场所和牧场清洁。

白粉(次氯酸钠)彻底消毒。(3)分娩时使用能起降的由铁丝网制成的分娩笼或加大金属地板的缝隙(图14.17)。

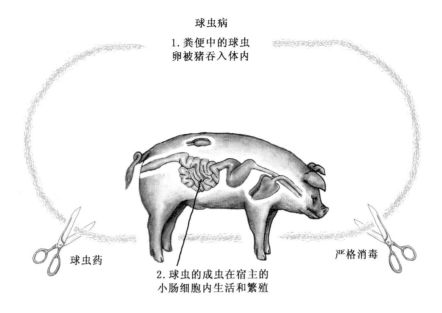

图 14.17　引起猪球虫病的寄生虫——球虫的生活周期示意图。防止猪再感染球
　　　虫病的最有效措施是保持猪舍清洁卫生。其他家畜使用的球虫抑制药也对猪有
　　　效,但猪没有自己的球虫抑制药。(爱荷华州立大学 Nathaniel Klein 提供)

　　将球虫抑制药添加到饲料中不但效果不理想,而且也不合规定——FDA 不批准。

　　猪没有球虫抑制药可用,因此,一切治疗方法都是非法的。治疗猪球虫病可采用:(1)每头猪口服2 mL 的 9.6%安普洛里溶液,连续服用 3 d;(2)每头猪口服甲氧苄氨嘧啶或磺胺类药剂。这种治疗不但效果不显著而且增加了劳动量。感染并康复的猪,对猪等孢球虫具有一定的免疫性。

肾虫病(冠尾线虫病)

　　肾虫病(kidney worm)是危害最严重的猪感染的寄生虫病之一,据报道,在美国南部有 60%以上的猪感染了此病(表 14.2)。肾虫,也叫冠尾线虫,虫体肥大、灰褐色、体长达 2 in。肾虫主要感染猪,但牛与猪同圈饲养时,也会引起牛感染。

　　肾虫病的分布及其造成的损失

　　肾虫病是美国南部养猪业发展的最大的障碍。由于此病引起猪增重缓慢、繁殖力下降给养猪户造成经济损失。不仅如此,此病也影响胴体,损害了肝脏、肾脏、腰肌、板油甚至后腿。需要对胴体进行严格的修整,甚至不能食用。像这样的胴体,由于市场价格低廉而造成的损失最终也由养猪者承担。过去,来自美国南部肾虫感染最严重地区的育成猪的价格普遍较低。这是对猪肾虫病损害胴体的一般预测。

生活史与习性

成年肾虫寄生在肾盂、肾周围脂肪和输尿管(连接肾与膀胱的导管)等处。雌虫产的卵随尿排出。据估计,中度感染的猪,每天从尿中排出的卵有百万之多。当卵落入潮湿、阴暗的土壤中,1～2 d内幼虫就从卵中孵化出来,孵化时间取决于温度。再隔3～5 d,幼虫进入感染性幼虫阶段。幼虫进入猪体内的途径有两条,一是经口感染,通过感染性幼虫污染的饲料而将其吞入体内;二是经皮肤感染,主要是皮肤与含有感染性幼虫的地面接触而感染。在温暖、潮湿和阴暗的条件下,幼虫可存活几个月(图14.18)。

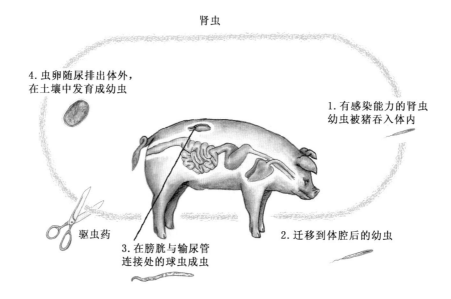

图14.18　肾虫(冠尾线虫)生活周期示意图。驱虫药和加强卫生管理有助于减少与感染性幼虫的接触。(爱荷华州立大学 Nathaniel Klein 提供)

肾虫幼虫也可通过皮肤进入猪体内,但这不是猪感染的主要来源。不管幼虫通过哪种方式进入体内,它们最终都会到达血液中并移行到肝脏、肺和其他器官——最终部分幼虫到达肾脏。幼虫进入猪体内12～14个月后,幼虫变成了成虫。成年雌肾虫开始产卵,到此就形成了一个完整的生活周期。

危害与临床症状

肾虫感染没有明显的临床症状。生长速度显著减慢,健康水平下降。病猪排出的尿中常带有脓液。只有对尿液进行显微镜检查发现有大量的虫卵存在才能确诊。

肾虫主要损害肝脏、输尿管和肾脏周围组织(腰肌)。

预防与治疗

"针对后备母猪"法,是一个有效的防治方法,在乔治亚州 Tifton 滨海平原实验站首次进行了验证。这种方法的流程是:后备母猪配种,在初产母猪分娩和第1胎断奶后,在肾虫幼虫发育为成虫之前,将初产母猪屠宰。这种方法是基于肾虫幼虫需要1年的时间才能开始产卵而制定的。这种方法执行2年后,养猪场就能彻底消灭肾虫病。也有几种药品能有效地控制肾虫病(表14.2)。

肺线虫病(长刺后圆线虫病、复阴后圆线虫病和萨氏后圆线虫病)

肺线虫病(lungworms)是分布最广泛的猪感染的寄生虫病。在美国常见的猪肺线虫有3种:长刺后圆线虫(*Metastronglylus elongates*)、复阴后圆线虫(*M. pudendotectus*)和萨氏后圆线虫(*M. salmi*)。所有的肺线虫都呈丝状,体长 1~1.5 in,白色或褐色。顾名思义,它们寄生于肺的支气管或细支气管。绵羊和牛也感染肺线虫病。

肺线虫病的分布及其造成的损失

肺线虫病遍布美国各地,但病情最重的地区是东南部的几个州。此寄生虫病除了导致一般的经济损失、生长缓慢和饲料转化率低外,也有证据表明,这种寄生虫也会传播猪流感。

生活史与习性

雌虫能产很多的卵,卵壳厚,每 1 个卵里都有 1 个幼虫。卵被咳出,在口腔被咽下并随粪便排到外界。肺线虫的中间宿主是蚯蚓,蚯蚓以粪便为食,吞食虫卵后,虫卵在蚯蚓的肠道内孵化。幼虫在蚯蚓体内发育 10 d 左右,就具有了感染能力。粪堆、粪便污染的土壤、垃圾下面和潮湿地方的蚯蚓数量最多,在这些地方,猪用嘴翻找蚯蚓吞食,因而感染肺线虫。

感染性幼虫进入猪的消化道后,从蚯蚓体内释放出来,经由淋巴系统和血液循环系统移行至肺。在这里定居,逐渐发育为成虫,需要 24 d 左右,然后开始产卵,从而形成一个完整的生活周期(图 14.19)。

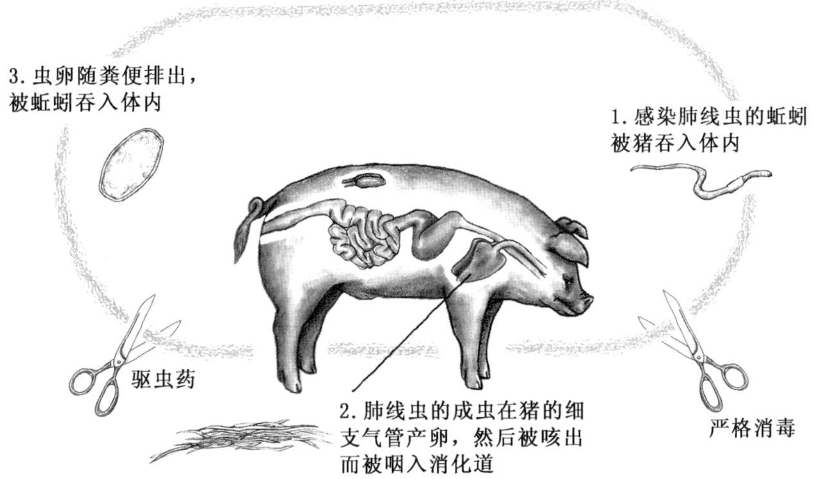

图 14.19　肺线虫(后圆线虫)生活周期示意图。有效的预防措施包括保持环境清洁、防止与蚯蚓接触和定期用几种有效的驱虫药进行驱虫。(爱荷华州立大学 Nathaniel Klein 提供)

雌虫产的卵数量之巨令人难以想象。据估计,严重感染的猪在 24 h 内通过粪便排出的卵约有300 万个,而猪场发现,仅 1 条蚯蚓体内就有 2 000 个幼虫。

危害与临床症状

严重感染肺线虫的猪表现为消瘦、发育不良和阵发性咳嗽。经虫卵检查或尸体剖检确诊。切开肺支气管,露出气管中的白色丝状虫体。

预防与治疗

预防肺线虫感染的措施是使猪只远离蚯蚓多的地方。运走粪堆和垃圾并注意低洼地的排水。总之,养猪者应保持地面清洁、干燥、便于排水——这种条件不利于中间宿主(蚯蚓)的生存。给猪上鼻环也有助于防止猪拱地。

对猪肺线虫有效的驱虫药见表 14.2。

表 14.2　驱除猪体内寄生虫的有效驱虫药[①]

项目	群体的感染率	Diclorvos Atgard	Dorammectin	芬苯哒唑 (安全型 A)	潮霉素 B	Vermectin Ivomec	Tramisol 左旋咪唑	Piperazine Wonder Wormer	Pyrantel Banminth
停药期		无	注射期: 24 d	饲喂期: 6 d	饲喂期: 15 d	饲喂期:无 注射期:18 d	饲喂期: 72 h	饲喂期: 21 d	饲喂期: 24 h
肾虫 冠尾线虫	最高可达 60%		是	是		是	是		
肺线虫 猪后圆线虫	最高可达 60%		是	是		是	是		
结节线虫 猪结节线虫	30%～60%	是	是	是	是	是	是	是	是
红色胃线虫 红色猪圆线虫	最高可达 30%		是	是		是			
蛔虫 猪蛔虫	高于 60%	是	是	是[②]	是	是	是	是	是[③]
粗胃线虫 圆形似蛔线虫	最高可达 30%	是				是			
棘头虫 蛭形巨吻棘头虫	最高可达 30%						是		
类圆线虫 蓝氏类圆线虫	高于 60%		是			是	是		
鞭虫 猪毛首线虫	最高可达 60%	是		是	是				

注:①Doramectin 是一种注射用药;Ivermectin 即可添加入饲料中饲喂又可进行注射;其他药物都添加到饲料中饲喂。详细信息请参阅标签说明。

　　②对发育未完全阶段的幼虫也有效。

　　③在蛔虫的幼虫从摄入的虫卵中孵化出来时将之杀死,以防止它们移到它处。

来源:猪肉工业手册,PIH-44,普渡大学,2001;饲料添加剂概要,2003。

结节虫病(猪食道口线虫病)

结节虫病(nodular worms)在美国东南部地区发生最多。北卡罗莱纳州进行的寄生虫病调查表明,结节虫病的发病率仅次于类圆线虫病。

由于在大肠上形成结节或结块,因此称为结节虫病。猪的食道口线虫有 4 种类型,它们体形均细长,灰白色,体长 0.3～0.5 in(图 14.20)。

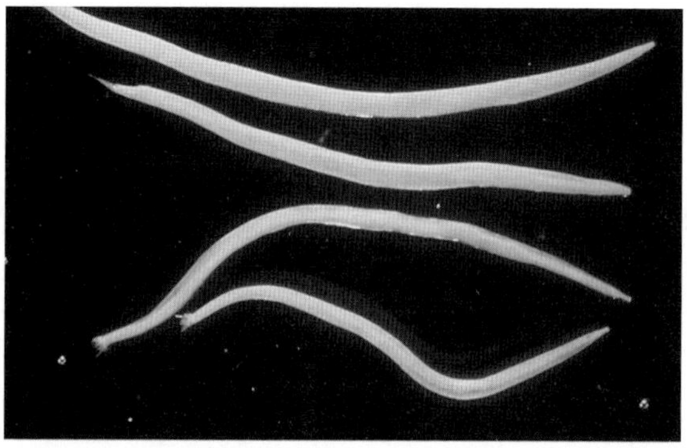

结节虫病的分布及其造成的损失

结节虫病分布广泛,但对美国东南部地区危害最大。除了寄生虫病的常见症状——消瘦外,严重

图 14.20　结节虫(食道口线虫)体长为 1～2 cm。(Merial 有限责任公司提供)

感染的猪的肠管不适于制作肠衣或食用(食用猪肠)。

生活史与习性

感染猪的 4 种结节虫分别是齿食道口线虫(*O. dentatum*)、长尾食道口线虫(*O. brevicaudum*)、短尾食道口线虫(*O. georgianum*)和瓦氏食道口线虫(*O. quadrispinulatum*)。这 4 种线虫的生活周期相似。成虫寄居在宿主的大肠内。雌虫产下大量的部分发育的卵,与肠内容物混合并随粪便排到外界环境中。在温度和湿度适宜时,发育 1~2 d 后幼虫破卵而出。再经过 3~6 d 的发育,幼虫就具有了对猪的感染能力。由于在污染的地面采食或在污染的牧场放牧,猪吞进幼虫而感染。

在宿主的消化系统中,幼虫进入大肠,钻入肠壁,继续发育 2~3 周,形成结节。然后返回肠腔继续发育。猪感染后 3~7 周,幼虫发育成成虫。雌雄交配后产卵,开始进入下一个生活周期(图 14.21)。

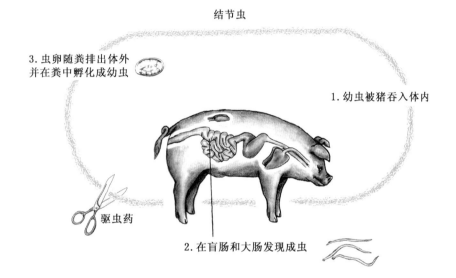

结节虫

3. 虫卵随粪排出体外并在粪中孵化成幼虫

1. 幼虫被猪吞入体内

驱虫药

2. 在盲肠和大肠发现成虫

图 14.21　结节虫(食道口线虫)的生活周期示意图。使用适当的驱虫药防治结节虫病。防治措施包括严格的卫生管理和轮牧(当牧草被污染时)。(爱荷华州立大学 Nathaniel Klein 提供)

危害与临床症状

患结节虫病的猪没有特征性的临床症状。据报道,感染结节虫病后,病猪表现为虚弱、贫血、消瘦、腹泻和发育不良等一般寄生虫病的症状。

预防与治疗

搞好猪舍和环境的清洁卫生,同时定期驱虫是一种有效而切实可行的预防措施。

结节虫病的有效驱虫药在表 14.2 中列出。

胃线虫病(圆形似蛔线虫病、六翼泡首线虫病和红色圆形线虫病)

感染猪的胃线虫病有 3 种类型,其中的 2 种即圆形似蛔线虫病和六翼泡首线虫病常称为"粗胃线虫"。成虫的虫体呈淡红色,体长近 1 in(图 14.22)。第 3 种类型红色圆形线虫病常称为"红色的细胃线虫",是一种瘦小淡红色的线虫,体长约 0.2 in。

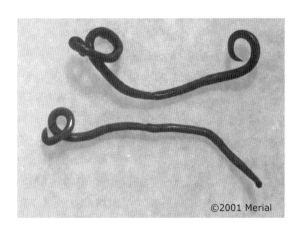

图 14.22 雄性粗胃线虫(圆形似蛔线虫)。(Merial 有限责任公司提供)

胃线虫病的分布及其造成的损失

猪胃线虫病分布广泛,遍及美国各地。调查表明,这 3 种胃线虫病的发病率均达到 30%(表 14.2)。在美国,将猪从肮脏的猪圈转到封闭式的分娩舍和饲养舍,大大减少了猪胃线虫病的发病率。

生活史与习性

食粪甲虫是粗胃线虫的中间宿主。雌虫在猪的胃里产卵,每 1 个卵中都有 1 个幼虫。随粪便排到外界环境中。卵被粗胃线虫的中间宿主——各种食粪甲虫吞入其体内。

在食粪甲虫体内发育约 1 个月后,幼虫发育成感染性幼虫。猪在污染的地面采食时将甲虫吞入体内。在猪胃中,食粪甲虫释放出幼虫,幼虫进入胃黏膜,在这里发育至成虫(图 14.23)。

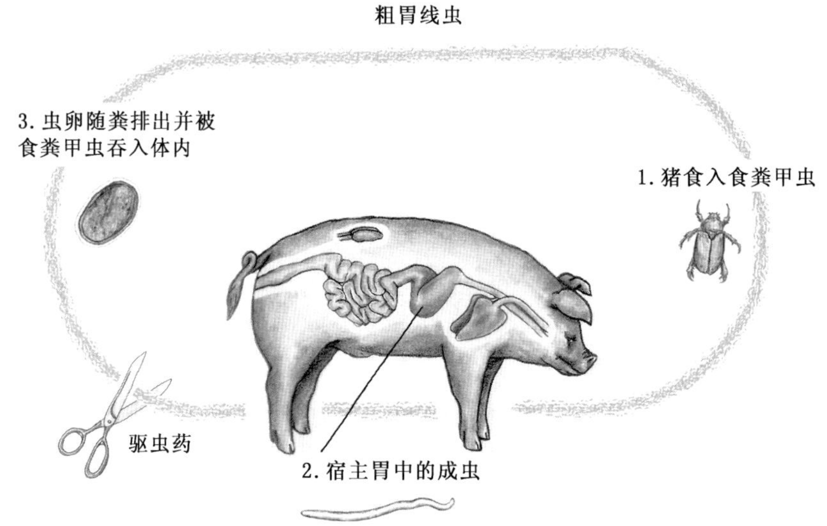

粗胃线虫

3. 虫卵随粪排出并被食粪甲虫吞入体内

1. 猪食入食粪甲虫

驱虫药

2. 宿主胃中的成虫

图 14.23 粗胃线虫(圆形似蛔线虫、六翼泡首线虫)生活周期示意图。使用合适的驱虫药防治胃线虫病。搞好环境的清洁卫生有助于减少与含有被囊幼虫的食粪甲虫的接触机会。(爱荷华州立大学 Nathaniel Klein 提供)

红色胃线虫的生活史与粗胃线虫不同,它不需要中间宿主,直接感染猪。卵随粪便排出,孵化 1~2 d,7 d 后幼虫发育成感染性幼虫。猪在有胃线虫生存的湿地采食时将胃线虫摄入体内,进入胃中,到此形成了一个完整的生活周期。

危害与临床症状

由于这种寄生虫有穴居的习性,因此胃炎和胃溃疡是常见病理症状。病猪的临床症状表现为消瘦和食欲显著下降。

预防与治疗

控制胃线虫的有效驱虫药在表 14.2 中列出。注意:粗胃线虫和红色细胃线虫需要用不同的药物治疗。二硫化碳疗效显著,对放牧饲养的猪应用 McLean County 猪卫生系统。

棘头虫病(蛭形巨吻棘头虫病)

尽管棘头虫病呈世界性分布,但对美国南部地区的经济影响尤其大。此病很容易与普通的肠蛔虫病相区别,棘头虫在吻突上有成排的小钩即多刺的吻突,在寄生时吻突附着在宿主的小肠壁上。虫体呈奶白色至淡蓝色,虫体呈圆柱形至扁平等不同形态,雄虫长 2～4 in,雌虫可达 26 in(图 14.24)。

棘头虫病的分布及其造成的损失

在玉米带所在的各州,棘头虫不是猪的一种常见寄生虫,但对南部边缘的几个州的经济影响却相当大。除了患寄生虫病的一般症状如生长缓慢、饲料转化率低以及并发其他寄生虫引起死亡外,棘头虫病还会使肠壁变薄,不适宜制作肠衣。给包装业造成的这种经济损失与较低的猪肉价格一起全都转嫁到养猪者的头上。

生活史与习性

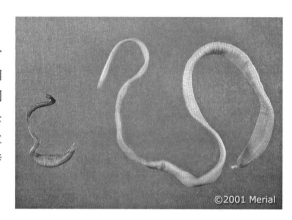

图 14.24　雌、雄棘头虫(巨吻棘头虫)。(Merial 有限责任公司提供)

成年雌虫产下大量的厚壳褐色的虫卵,每 1 个虫卵中都有 1 个发育完全的幼虫。雌虫的繁殖力非常高,每个雌虫在产卵高峰时每天产下的卵可达 60 万。这些虫卵随粪便排到外界环境中,对各种不利环境有极强的抵抗力。

甲虫的幼虫、June 甲虫的幼虫或屎壳郎是棘头虫的中间宿主。猪因吞食甲虫幼虫感染的粪土而将寄生虫卵吞入腹内。虫卵在甲虫幼虫体内孵化,3～6 个月就发育成感染性幼虫(图 14.25)。

猪用嘴拱开粪或垃圾堆、富含腐殖质的土壤或低洼的牧场而吞食甲虫幼虫或甲虫。在消化道的消化作用下,小棘头虫从甲虫幼虫或成年甲虫体内逸出,再发育 3～4 个月后就变为成虫,开始产卵。

危害与临床症状

尽管棘头虫确实对猪有危害,但病猪并不表现特征性的临床症状。病猪只表现一般的寄生虫病症状——消瘦。严重的感染甚至引起猪死亡。尸检时,肠系膜有明显的肿大或结节,肠壁苍白。

预防与治疗

防止在可能吃到甲虫的幼虫的地方养猪。保持环境清洁、地面干净、给猪上鼻环是有效的预防措施。驱虫可用左咪唑(表 14.2)。

类圆线虫病(蓝氏类圆线虫病)

只知道猪是蓝氏类圆线虫的宿主。类圆线虫体细小,雌虫体长 0.13～0.18 in,而自由生活的雌虫仅长 0.04 in。

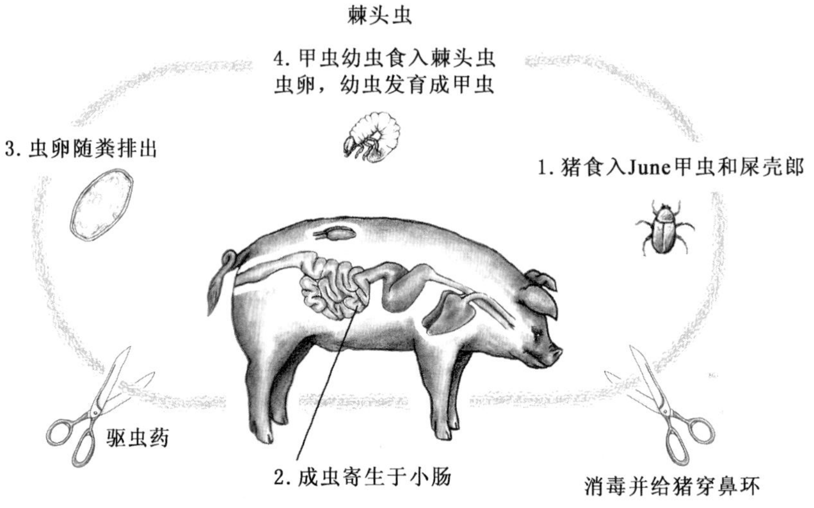

棘头虫

4. 甲虫幼虫食入棘头虫
虫卵，幼虫发育成甲虫

3. 虫卵随粪排出

1. 猪食入June甲虫和屎壳郎

驱虫药

2. 成虫寄生于小肠

消毒并给猪穿鼻环

图 14.25　棘头虫(蛭形巨吻棘头虫)生活周期示意图。选择适当的驱虫药能有效
控制猪棘头虫病。给放牧饲养的猪上鼻环和搞好卫生也是值得肯定的预防措施。
(爱荷华州立大学 Nathaniel Klein 提供)

类圆线虫病的分布及其造成的损失

类圆线虫病是南部和东南各州最重要的猪寄生虫病,此病在世界范围内流行。

生活史与习性

随粪便排出的小虫卵含有幼虫,在体外孵化 12~18 h 后,幼虫变为感染性幼虫或继续孵化 2~3 d 后转变为自由生活幼虫,感染性幼虫经皮肤进入体内并经血液循环到达肺。从肺泡到支气管、食道、胃和小肠,在小肠中发育成雌性成虫,进行孤雌生殖。口腔摄入感染性幼虫也能产生感染。仔猪也可能通过初乳而感染,已经有 4 日龄仔猪感染的病例。成年雌虫与雄虫的自由生活的后代也发育成感染性幼虫(图 14.26)。

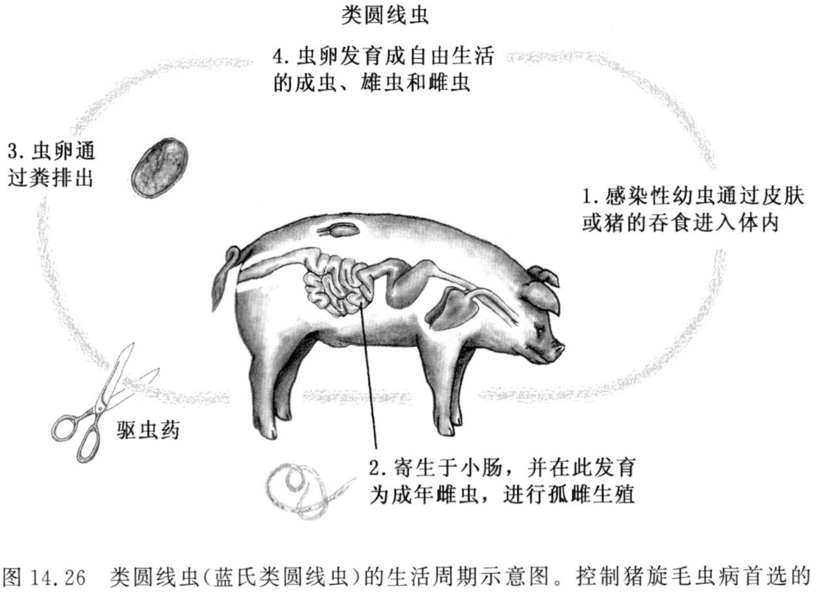

类圆线虫

4. 虫卵发育成自由生活
的成虫、雄虫和雌虫

3. 虫卵通
过粪排出

1. 感染性幼虫通过皮肤
或猪的吞食进入体内

驱虫药

2. 寄生于小肠,并在此发育
为成年雌虫,进行孤雌生殖

图 14.26　类圆线虫(蓝氏类圆线虫)的生活周期示意图。控制猪旋毛虫病首选的
方法是使用效果好的驱虫药和搞好环境卫生。(爱荷华州立大学 Nathaniel Klein)

危害与临床症状

最好根据尸检结果做出诊断。但是在感染严重的情况下,尤其是小猪,会引起严重的腹泻、贫血和体重迅速减轻,甚至引起死亡。轻度感染症状不明显。

预防与治疗

通过以下措施进行辅助预防:(1)严格的消毒程序;(2)选择干燥、阳光充足的地方建猪场;(3)实行轮牧制度;(4)选用效果好的驱虫药定期驱虫。表 14.2 中列出了对类圆线虫病治疗效果好的驱虫药。

旋毛虫病(旋毛形线虫病)

旋毛虫病(trichinosis)是旋毛形线虫(*Trichinella spiralis*)引起人感染的一种寄生虫病。主要的病源是食用了病猪肉或生的或未煮熟的熊肉。尽管寄生虫是寄生在肌肉组织中,但病猪的症状并不明显。在加拿大、美国阿拉斯加以及东北部和西部各州,感染是由于吃了熊肉所致。

旋毛虫病的分布及其造成的损失

此病呈世界性分布,在用未煮过的垃圾喂猪的地区发病率最高。1995 年,美国农业部(USDA)进行了 NAHMS 全国猪只调查,报告中称,美国的猪旋毛虫病的发病率为 0.013%。现代家猪饲养管理体系实际上已经消灭了旋毛虫病。

生活史与习性

成年旋毛虫,体长 0.06～0.16 in,寄生在人、猪、大鼠和其他动物的小肠上。雌虫钻入肠腺中并在此产下许多幼虫。交配后不久,雄虫死去。幼虫穿过小肠壁进入淋巴系统、血液循环系统,最后进入肌肉细胞中。

在肌肉中,幼虫长至 0.04 in 长后,开始卷曲盘绕成一个典型的螺旋状,外被包囊。此时的包囊内幼虫可存活几年,直至生的或未煮熟的肌肉组织被人或其他食肉动物吃掉。在另一宿主的肠内,旋毛虫开始了下一个生活周期(图 14.27)。

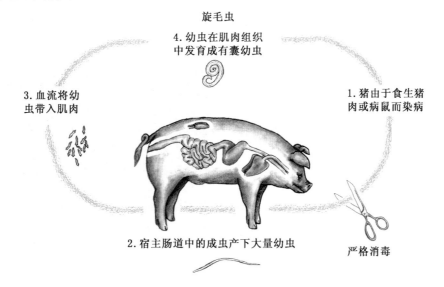

图 14.27　旋毛虫(旋毛形线虫)的生活周期示意图。严格的卫生管理程序包括灭鼠、正确处理病死猪的尸体以及屠宰间垃圾和废物的煮沸是有效的控制措施。(爱荷华州立大学 Nathaniel Klein 提供)

危害与临床症状

猪感染旋毛虫病后,不表现典型的临床症状,甚至旋毛虫在肌肉组织中出现时也不表现。

疾病控制与预防中心报道,在过去几年中,人感染旋毛虫病的病例每年下降到 25 例以下,且其中仅有少数病例是与食用猪肉有关。人患病症状随着寄生虫的感染程度而变化。此病的症状为发烧、消化紊乱、感染肌肉肿大和肌肉剧痛(呼吸肌以及其他肌肉)。人对此病的诊断采用特定皮肤检查、血清学检查或肌肉活组织检查。一般在食用了病猪肉后 10～14 d 开始表现临床症状。病人应住院治疗。

预防与治疗

实际上,病猪肉流通到消费者手中时,旋毛虫已经失去了感染能力。在加工过程中,通过加热或冷冻的这些肉大部分是安全的。然而,有少量病猪肉是以无污染的放心肉的名义卖出的,必须使这些肉内部的温度达到 137℉(58℃)时才对人没有危害。因此,预防措施包括:不管是人食用还是猪食用,所有的猪肉必须完全煮熟后才能吃。在温度不高于5℉时,连续放置 20 d 以上也可将旋毛虫杀死。

对猪肉的镜检是检测旋毛虫存在的唯一方法,但这种方法不实用。在美国,肉检一般不包括旋毛虫检查(图 14.28)。

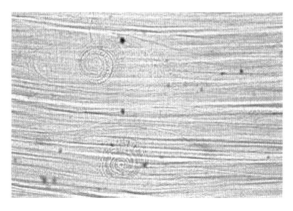

图 14.28 旋毛形线虫在肌肉活组织中的切片检查,放大100 倍。(Merial 有限责任公司 Dietrich Barth 博士提供)

可采用以下措施预防猪旋毛虫病:(1)彻底消灭猪场老鼠;(2)正确处理猪场的病死猪;(3)对屠宰间的垃圾或废物在 212℉(100℃)煮 30 min。但是,所有这些预防措施都是不可行或不实用的,必须小心处理。目前,猪肉消费者可采取的最佳保护措施是在特定温度下烹调或冷冻猪肉。州和联邦政府对垃圾的煮沸和饲喂进行管理。

鞭虫病(毛首线虫)

鞭虫常附着在猪盲肠和大肠的肠壁上。体长 1～3 in,虫体前部细长,后部粗。前部像鞭梢,后部像鞭杆,因此称为鞭虫(图 14.29)。

鞭虫病的分布以及造成的损失

在养猪的大部分地区都有鞭虫病存在。而鞭虫感染最严重的地方是东南几个州。大量证据表明,玉米带和东南部地区的鞭毛虫病呈上升趋势。

生活史与习性

鞭毛虫的生活周期简单、直接,即不需要中间宿主就可完成其整个生活周期。雌虫产下的虫卵数量众多,随宿主粪便排到体外。在卵囊内幼虫发育成感染性幼虫。当猪在含有感染性幼虫的土壤中采食时,虫卵被猪吞入体内。虫卵在胃和肠内孵化,幼虫移行到盲肠,在盲肠约需 10 周或更长一些时间发育成熟(图 14.30)。

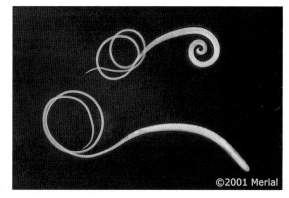

图 14.29 鞭虫(毛首线虫)。(Merial 有限责任公司提供)

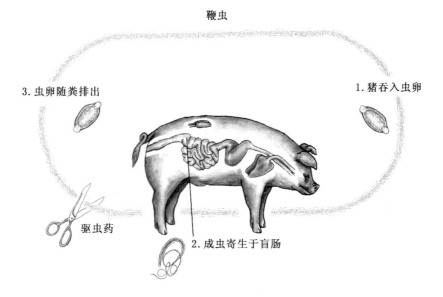

鞭虫

3.虫卵随粪排出

1.猪吞入虫卵

驱虫药

2.成虫寄生于盲肠

图 14.30　鞭虫(毛首线虫)的生活周期示意图。控制鞭虫病的关键措施是定期驱虫、保持地面清洁、干燥(或注意牧场的排水)。(爱荷华州立大学 Nathaniel Klein 提供)

危害与临床症状

病猪可发展为血痢,严重感染的猪表现贫血和严重脱水。大规模感染时,生长显著减慢,病猪衰弱无力,最终死亡。也可引起继发感染而造成巨大的损失。

预防与治疗

保持牧场干净、排水系统完善、轮牧和阳光充足有助于预防和控制鞭虫病。效果显著的驱虫药见表14.2。

抗寄生虫药物(驱虫药)

合理选择驱虫药或抗寄生虫药的首要条件是知道内寄生虫是寄生在动物的体内。由于没有一种药物能在任何情况下都满足既合适又便宜这两个条件,因此第 2 个条件是选择合适的药物,按照使用说明书,哪一种药什么时候使用效果最好而对治疗的动物产生的副作用又最小。结合当前寄生虫的有关知识,对每一动物个体的病情进行估计是必要的。

用药时应考虑的因素包括年龄、怀孕、其他疾病、药物以及用药方法。一些药物没有必要考虑以上这些因素,但是应考虑安全与价格低廉这两个因素。

每个养猪者应与当地兽医或其他顾问共同实施寄生虫的控制程序与计划。在轮牧时推荐使用几种不同的抗寄生虫药。在各种寄生虫的生活周期的有关知识的基础上,也应准备好治疗进度表,可能的话,在实施驱虫方案之前,兽医应对猪群排出的粪便进行粪便检查,以确定有哪种寄生虫存在,然后再选择驱虫药。使用漏缝地板常检查不出虫卵。

控制寄生虫病的用药指导方针是使用化学制剂,并仅限于 FDA 或 APHIS 批准的这些化学制剂(表 14.2)。而且,也应看到,抗寄生虫药物在不断地进步,不断有新的抗虫药生产出来,而一些旧的药物正被逐渐淘汰。

体表寄生虫病

丽蝇

丽蝇与螺旋蝇不同,丽蝇在腐烂组织处产卵,而螺旋蝇在伤口的边缘产卵。丽蝇属的苍蝇有许多种类,都主要在腐烂组织处繁殖后代。

分布与危害

尽管丽蝇分布广泛,但它们对太平洋西北沿岸及南部和西南各州造成的危害最大。丽蝇引起的死亡率虽不高,但会使感染的动物不舒服并引起生产力下降。

生活史与习性

此科除了麻蝇为胎生外,其余均为卵生。丽蝇的生活周期与螺旋蝇相似,但丽蝇完成一个周期所需时间仅为螺旋蝇的 1/2(参见本章后面螺旋蝇部分)。

致病作用与临床症状

丽蝇在活的动物的伤口处滋生给动物造成的危害最大。仅限于黑肉蝇(或羊肉蝇)引起的这种危害,与螺旋蝇的幼虫引起的相似。蝇蛆遍布全身,以坏死的皮肤和伤口流出的液体为食,引起伤口处剧痛,并破坏了皮肤的再生能力。患畜很快变得虚弱无力、体温升高;即使康复,家畜也长期保持消瘦的体况。

由于丽蝇在生肉或熟肉上滋生,因此它们也是附近包装厂或农家的一个主要问题。

预防、控制与治疗

防止丽蝇危害的措施包括消灭害虫,并减少害虫在易感家畜体表的滋生。

由于丽蝇主要以死尸为食,因此最有效的控制措施是迅速将病死畜焚烧或深埋。诱捕、设置毒饵和拉电网也有助于减少丽蝇的危害。适当的驱虫剂如松焦油也有助于防止丽蝇飞来产卵。

在伤口表面涂一层 Smear 62 或 EQ335(3% 的林丹和 35% 的松油)防止丽蝇接触伤口。如果伤口被幼虫侵入后,在伤口表面喷洒含有蝇毒磷、林丹或皮蝇磷的喷雾剂效果不错。

虱

虱是一种小而扁平,无翅的一类昆虫寄生虫。猪虱是其中最大的一种,体长达 0.25 in(图 14.31)。猪虱主要包括血虱(sucking lice)和咬虱(biting lice),其中血虱的危害最大。

兽虱一般都有宿主特异性,因此猪虱在其他家畜的体表不能存活,其他家畜的兽虱一般也不感染猪。虱一般在虚弱、消瘦的家畜体表较多,而冬季比其他几个季节的情况更严重。

分布与危害

虱呈世界性分布,但感染程度主要取决于家畜的营养状况和宿主对寄生虫的耐受性。虱引起皮肤瘙痒而使家畜生长、日增重和泌乳量均下降,猪虱还能传播猪痘等传染病。

生活史与习性

猪虱的整个生活周期都在宿主体内完成。虱卵附着在靠近皮肤的猪毛上,孵化期约为 2 周。2 周

后,小雌虱开始产卵,产卵后死亡。离开宿主后,猪虱2～3 d 就会死亡。猪虱分布于猪全身的各个部分,但在脖子周围的皱褶区、面部、腹部以及腿和耳的内侧分布最多。

图 14.31　猪虱,体长约 7 mm。(Merial 有限责任公司提供)

致病作用与临床症状

感染最常见于冬季身体瘦弱和管理不佳的猪只。病猪有剧烈痒感,患猪不安,体况下降。许多猪虱都是吸血者,使其宿主身体衰弱。病猪剧烈痒感,常搔抓、摩擦、啃咬皮肤。被毛粗乱、稀少、缺乏光泽,有明显的结痂现象。病猪皮肤增厚、龟裂、变脆、疼痛。在某些情况下,症状与疥癣相似,必须谨记,这两种体表寄生虫病可能会同时发生。随着春天的到来,猪开始脱毛,有些猪可能放到牧场饲养,这些症状很快消失。

预防、控制与治疗

由于家畜紧密接触,特别是在冬季的几个月中很难防止畜群轻度感染寄生虫。然而,虱是可以控制的。较为有效的控制措施是对整个畜群同时进行治疗处理,特别是在冬季圈养之前的秋季几个月中。

在寒冷的冬季应避免采用喷雾或浸渍的方式驱虫。为畜群提供房舍和垫草是值得肯定的。给猪喷洒驱虫药,使用一个压力为 100～200 lb/in^2 的动力喷雾器就足够了。撒粉效果不如喷洒或浸渍好,但猪的数量较少或在冬季的几个月中可选择使用这种方法。

以下的杀虫剂:双甲脒、二嗪农、氰戊菊酯、林丹、马拉硫磷、苄氯菊酯和亚胺硫磷按照厂家提供的产品说明书使用,控制猪虱的效果较好。用伊维菌素注射或添加到饲料中,效果也很好。在发生猪虱病的地方,建议养猪者向当局就选用何种杀虫剂和使用多大剂量等问题进行咨询。

疥癣

疥癣(或疥疮、癞疥和皮癣)是疥螨引起的一种高度接触性传染病。疥螨虫体很小,与昆虫相似,肉眼勉强可见,构成了一个很大的群体。它们能感染各种动、植物。

它们是猪、绵羊、牛和马疥癣(疥疮)的主要病原。每种家畜都有其特定的疥螨。疥螨离开其寄生的宿主就不能正常存活,在不同物种间不能永久传播。此病在仔畜和营养不良的家畜中传播最快。猪感染的螨病有两种:疥癣螨病和蠕形螨病。这两种螨病中,疥癣病最流行,呈世界性分布(图 14.32)。猪蠕形螨病不常见。由于螨在皮肤内挖掘隧道使疥癣病常伴随着皮肤剧烈瘙痒。

分布与危害

螨引起的伤害包括痒感、吸血、结痂和其他皮肤病。严重感染时,皮革的价值大减。病畜发育受阻或缓慢、逐渐消瘦。

生活史与习性

猪疥螨的整个生活周期都在宿主——猪的体内完成。疥螨钻进宿主表皮,在距离上表皮的 2/3 处挖掘隧道,雌螨交配后在隧道中每天产 1～3 个卵。孵化 1～5 d 后成为幼虫,幼虫在隧道中需 10～15 d

就发育成成虫。成年雌虫在成熟后 1 个月左右死去。通常在内耳开始感染,然后蔓延至颈部和全身(图 14.33)。

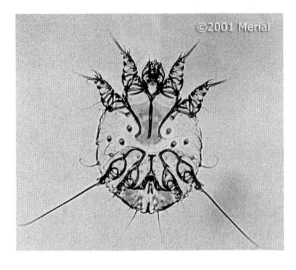

图 14.32 疥螨(猪疥螨)。(Merial 有限责任公司提供)

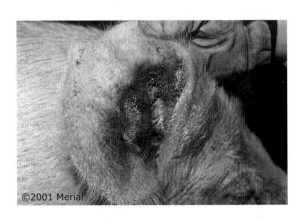

图 14.33 慢性疥螨以结痂为其典型特征。(Merial 有限责任公司提供)

冬季,动物彼此之间紧密接触使螨更为流行,因此对此病的控制比较困难。疥螨主要在仔猪间和营养不良的猪间传播。

致病作用与临床症状

病猪食欲不振导致增重缓慢。疥螨引起猪剧烈痒感、搔痒,常到处摩擦,使皮肤结痂或随着病情的发展使皮肤增厚,变得粗糙,形成皱褶,常继发皮肤感染。只有证实疥螨存在才能确诊。

预防、控制与治疗

预防:防止与病畜或受感染的场所接触。本病暴发时,应上报给当地兽医或家畜防疫人员。

控制:通过向家畜喷洒适当的驱虫剂并隔离染病畜群来控制疥螨。饲养者应有一套疥癣控制的常规喷药程序。例如,在分娩前 4～6 周应对初产母猪和经产母猪喷 1 次药,然后在分娩前 7～10 d 再喷 1 次药。推荐使用高压($100～250 \text{ lb/in}^2$)喷药方式,并进行多次驱虫治疗,这是很重要的,原因是第 1 次喷药时,隧道中还没有卵。

治疗:如果按照使用说明书的操作程序进行,以下驱虫剂:双甲脒、二嗪农、氰戊菊酯、林丹、马拉硫磷、苄氯菊酯和亚胺硫磷均有杀螨效果。用伊维菌素注射或添加到饲料中也十分有效。随着新杀虫剂的不断问世,原来的有些药逐渐被淘汰或少用。当遇到猪螨时,建议饲养者就使用哪种驱虫剂,使用多大剂量等问题向当局进行咨询。一般来说,对疥癣有效的药物对猪虱也同样有效。

癣(皮肤霉菌病)

癣(ringworm)或畜舍皮癣(barn itch)是表层皮肤的一种接触性疾病。此病由某种微真菌或真菌(毛癣菌(*Trichophyton*),癣霉(*Achorion*),小孢霉菌(*Microsporon*))引起的。所有动物和人都易感。

分布与危害

癣分布广泛,遍及美国各地。虽然此病在牧场家畜间出现,但在畜舍内,此病更流行。病畜外表难看,家畜本身感觉也极不舒服,但此病造成的经济损失不大。

生活史与习性

此病的潜伏期为 1 周左右。真菌的孢子可在畜舍或其他地方存活 18 个月甚至更长。

致病作用与临床症状

圆形、鳞状无毛区主要出现在眼和耳附近、颈侧或尾根处。可形成硬痂，呈灰白色、片状、石棉状。感染的小片病斑，若不加以治疗，将逐渐扩大。此病常伴随轻度瘙痒。

预防、控制与治疗

病原通过污染的栅栏柱和毛刷等媒介传播。因此，预防与控制措施包括对与病猪接触过的一切用具进行消毒。病猪也应隔离。搞好环境卫生也是控制癣病所必需的。

对患部剪毛、去痂，用温和的肥皂水清洗和梳理患部。用碘酊或水杨酸酒精（1∶10）涂擦患处，每隔 3 d 涂擦 1 次，直至痊愈。给猪口服霉菌素或灰黄霉素或者用碘酒、克菌丹或水杨酸局部涂擦进行治疗。

螺旋虫（螺旋蝇幼虫）

螺旋蝇幼虫（screwworms）是对家畜和其他温血动物危害极大的寄生虫。这种幼虫从伤口进入宿主动物体内，以生肉为食。报道人感染螺旋蛆病的病例很少。1966 年美国就已经消灭了螺旋蝇幼虫。

1972 年，应墨西哥家畜饲养者之邀，成立了墨西哥-美国消灭螺旋蝇幼虫管理委员会。1984 年，USDA-APHIS 与该委员会合作，在墨西哥设法建立了一道屏障，但是直到 1986 年，仍然有病例发生。墨西哥-美国管理委员会与各中美国家组成的其他委员会协作，实际上已经消灭了所有中美洲直至巴拿马海峡的螺旋蝇幼虫。直到现在，在巴拿马运河和哥伦比亚边境之间仍然保留着一道永久性不育苍蝇释放屏障（图 14.34）。

分布与危害

去势、断尾、去角、烙印和剪毛等形成的伤口为这种寄生虫提供了繁育的温床。除此之外，某种营养性生长、争斗、吸血昆虫等形成的伤口也为其提供了足够的繁殖场所。

图 14.34　用标号签给不育雄螺旋蝇做标记，用于研究苍蝇的分布、行为与寿命。（美国农业部 Peggy Greb 提供）

生活史与习性

螺旋蝇的虫体一般呈蓝绿色，背部有 3 条黑带，眼睛下面呈粉红色或橘黄色。此蝇一般在伤口边缘呈椭圆形区域或干燥地区产卵。每次产 50～300 枚卵，每只蝇一生能产约 3 000 枚。产下 11 h 后开始孵化，孵出的小白虫（幼虫或蛆）立即进入活肉中，在此发育 4～7 h，其间进行 2 次脱皮。

这些幼虫发育成熟时，虫体呈粉红色，离开伤口落到地面，它们掘开地表土，此时全身皮肤变硬，变成棕褐色的静止不动的蛹。在蛹期，幼虫发育成成蝇（图 14.35）。

蛹在土中 7～60 d 后，蛹化为蝇，钻出地面，爬向附近的物体（矮树丛、杂草等），舒展翅膀，发育成熟。在有利的条件下，新生的雌蝇与雄蝇交配，5 d 后产卵。在温暖的季节，完成整个生活周期一般需 21 d，但在气温较低的不利环境中一个周期则需要 80 d 甚至更长。

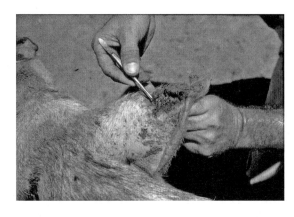

图 14.35　动植物健康检查服务中心在对患螺旋蝇蛆病猪的耳进行治疗。(美国农业部国家农业图书馆提供)

致病作用与临床症状

螺旋蝇幼虫的危害主要是蛆造成的。病猪的早期症状表现为食欲不振、健康不佳和情绪低落。如果得不到有效治疗,几天之内许多组织的大面积坏死会引起猪的死亡。

预防、控制与治疗

预防:在疫区,使猪避免产生伤口或即使产生伤口也应使其最小,并防止这些伤口结痂。将不育雄螺旋蝇释放到环境中去,是北美消灭螺旋蝇的主要方法。

在动物体表发现蛆(幼虫)时,将它们送到有关部门进行鉴定。

在伤口表面涂抹一层 Smear 62(含有二苯胺、安息油、土耳其红油和油烟)或 EQ335(含有 3％林丹和 35％松油)可防止螺旋蝇接触伤口。幼虫侵入伤口后,可将蝇毒磷、林丹或皮蝇磷的气雾剂喷洒伤口进行治疗,效果良好。

猪痘

猪痘广泛分布于美国中西部,小猪多发。

临床症状

猪痘以在身体的大部分区域尤其是耳部、颈部、腹下和大腿内侧出现红斑为特征。这些红斑迅速扩大,并达到 1 角硬币大小(图 14.36)。在每个红斑的中心都有 1 个硬结节。几天后出现豌豆粒大小的水疱,最初水疱内液体清亮,但随后就变成脓汁样的黏稠体。不久,这些水疱干燥,留下棕黑色的痂,随后脱落。在此过程中,有些猪表现为发热、怕冷和食欲废绝。很少有猪死亡。

病因、预防与治疗

猪痘有两种类型,分别由不同的病毒(猪痘病毒和痘苗病毒)引起。康复的猪对引起此病的特定病毒有一定的免疫力,但对其他病毒没有。其中的一种病毒能引起其他物种感染,而另一种则不能。

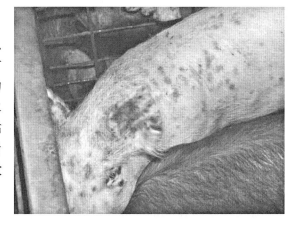

图 14.36　患猪痘的猪的结节与小疱。(爱荷华州立大学 Palmer Holden 提供)

猪痘主要通过猪虱传播,很少通过其他昆虫和接触传播。因此,控制猪虱和搞好环境卫生就是最好的预防措施。可进行预防接种,但一般不提倡使用,原因主要有两个:(1)此病治疗的经济意义不大;(2)使用活苗又会把病毒引入到环境中来。

对猪痘还没有有效的治疗方法。加强饲养管理与护理有一定的效果,干净卫生的环境也可防止皮肤病的继发感染。

杀虫药

一般使用化学制剂防治害虫。化学制剂是家畜饲养管理的重要组成部分。对化学制剂的使用应慎重,必须按照厂家标签上的使用、危险以及屠宰前多长时间停药的说明。农药对动物健康的意义与药对人体健康一样重要。生产者依赖于化学制剂——杀虫剂、除草剂、杀真菌剂以及类似物——用于防止害虫危害他们饲养的家畜或种植的饲料作物。必要时,使用生物药品来预防或治疗家畜疾病。

杀虫药的剂型

买到的兽用杀虫药有几种剂型,最常见的是可乳化浓缩剂、粉剂、可湿性粉剂和油剂。在治疗时,必须使用专门为家畜准备的杀虫药配方。

可乳化浓缩剂(EC)——可乳化浓缩剂很可能是最常见的配合类型,杀虫药溶解在石油或其他溶剂中。添加乳化剂的目的是为了使溶液易于溶解在水中。有时,常在过期后,EC可分解为不同部分。如果发生这种情况,就应丢弃。浓缩液加入到水中后,为了保持稳定状态,乳剂也可能与之分离。定期搅拌有助于防止这种情况的发生。

粉剂——粉剂以干粉形式直接给家畜使用,粉剂不能用做喷雾。

可湿性粉剂——可湿性粉剂也是干粉,分散剂和润湿剂的添加使之悬浮在水中应用。用可湿性粉剂治疗时,对混合剂进行连续的搅拌很重要。

油剂——油剂是将杀虫药溶解在油中,而不加入乳化剂。这些物质一般直接应用,不用溶解在水中。

使用杀虫药的注意事项

杀虫药使用不应当危害人、家畜、野生动物和益虫,因此在使用杀虫药时,必须遵守基本的注意事项。如果杀虫药使用得当,就会收到满意的控制效果,没有药物残留,不超过任何特定化学制剂的法定允许量。为了防止猪肉中药物残留过多,必须按照标签中有关剂量水平和化学制剂安全注意事项的使用说明用药。养猪者应谨记,要为自己的猪和产品的药物残留以及由此造成的损失负责。其他有关信息如下:

杀虫药的选择——选择配方,药物贴标签的目的是为了使用。

杀虫药的贮存——总是在原装容器中贮存。不要将它们装到没有标签的容器中,也不要装到饲料或饮料罐中。将杀虫剂放到一个干燥、孩子和动物以及无权使用的人不能触及的地方贮藏。

空容器和不用的杀虫药的处理——正确和迅速地处理所有空杀虫药容器,不再重复使用。玻璃容器打碎和掩埋;金属容器切割、压扁和掩埋以防其再利用。与当地有关部门协商确定对用过的容器的具体处理程序。

混合与配制——在开放或通风的地方混合和配制杀虫药。进行此项操作时应戴橡胶手套并穿干净、干燥的衣服(一些杀虫药产品需要呼吸装置)。如果杀虫药溅到衣服或身上,应立即用肥皂水清洗并更换衣服。尽量不使用长效吸入药。在混合与配制杀虫药时禁止吸烟、吃东西或喝水。

使用——必须按照推荐用量使用。在合适的时间用药以防止超过法定残留量。比标签规定年龄小的猪禁止使用。禁止用药次数超出标签规定的限制次数。禁止流到或喷洒到附近的庄稼、牧场、家畜或其他非靶区。禁止长期与杀虫药接触。在使用农药过程中禁止吃东西、喝水或抽烟。操作完成后彻底清洗手和脸。每天工作后必须换洗衣服。

突发事件的预防——如果意外地咽下了杀虫药,请去医院或在美国拨打国家毒药中心的免费电话——1-800-222-1222。当杀虫药吸入肺中时,没有医生的同意禁止催吐以免引起其他问题。

停药时间——给猪喷洒、浸渍或掸药后,最后一次用药和屠宰之间的间隔应遵守规定的天数或间隔。有关这方面的信息参考标签说明。

消毒剂

消毒是一种破坏、中和或抑制致病微生物增长的手段,如热、辐射或化学制剂等。猪的密度过大和封闭式猪舍的使用常导致微生物(不仅限于细菌)的增加。随着环境中致病生物体——病毒、细菌、真菌和寄生虫卵的增加,病情变得更加严重并传播给饲养在同一猪场的其他猪只。此时,清洁和消毒工作对切断微生物的生活周期具有非常重要的意义。在疫病暴发时,也必须对饲养场所进行消毒。

在一般情况下,对猪舍的彻底清洁,在清除污物的同时,也清除了大部分微生物,因此,可以不必进行消毒。有效的消毒取决于以下 5 种情况:

1)在使用前,彻底清除所有的粪便并冲洗用具。

2)消毒剂的苯酚系数,表示消毒剂相对苯酚(石炭酸)的致死强度。通过标准实验室检验进行伤寒病细菌的检验作为测定微生物的标准。

3)使用消毒剂的稀释液。

4)温度。如果使用热的消毒剂,那么大部分消毒剂的消毒效果会更好。

5)应用的完全性和接触的时间。

在任何情况下都必须先进行彻底的清洁工作,因为有机物有助于保护致病微生物并能抑制消毒剂的活性。

阳光也有消毒作用,但不稳定,消毒效果不显著。加热和一些化学消毒剂较为有效。应用蒸汽、热水、燃烧或沸腾的热能是一种有效的消毒方法。但这些方法在很多情况下并不可行。

好的消毒剂应具备以下特性:(1)能杀死致病微生物;(2)在有机物(粪便、毛发、土壤)中保持稳定;(3)易溶于水并保持溶液状态;(4)对动物和人没有毒性;(5)能迅速渗透有机物;(6)清除脏物和油脂;(7)使用价格低廉。

由于没有理想的广谱消毒剂,因此可使用的消毒剂种类很多。表 14.3 总结了一些常用消毒剂的缺点、优点和消毒效率。使用消毒剂时,一定要阅读并遵守消毒剂生产厂家的使用说明。

表 14.3　消毒剂指南[①]

消毒剂的种类	优点	浓度	缺点与备注
醇类(乙基乙醇、异丙基、甲醇)	主要用于皮肤和器具消毒	70%乙醇,常用做擦拭用酒精	做普通消毒用价格太贵;对细菌孢子无效
硼酸	用以清洗眼睛及其他身体敏感部位	每品脱水加入 1OZ 硼酸(约 6%)	抑菌能力弱;如果用量较大时会损害神经系统,它很快被抗生素溶液和盐类溶液所代替
氯化物(次氯酸钠、氯胺-T、二氧化氯)	用于设备消毒和除臭;如果消毒液的浓度足够高时,可杀死各种细菌、真菌和病毒	设备消毒和除臭一般使用浓度为 200 mg/kg	腐蚀金属并能被有机物中和
甲酚(有许多商业产品可选用)	一种较为可靠的消毒剂,对布鲁氏菌病、猪丹毒和结核病效果显著	一般使用的溶液浓度为 2%～4%(每 2 gal 水加入一杯原液后浓度约为 4%)	不能对能吸收气味的物质消毒,因此不适用于奶类和肉类的消毒

续表 14.3

消毒剂的种类	优点	浓度	缺点与备注
甲醛(气体消毒剂)	1%~2%的甲醛溶液可杀死炭疽杆菌、结核杆菌和病毒 在暴发传染病后常使用它对整个畜舍进行消毒 1%~2%的溶液可用于给烂蹄的家畜洗蹄	当做液体消毒剂使用时,常使用1%~2%的甲醛溶液 用做气体消毒剂(熏剂)使用时,1.5 lb 的高锰酸钾加 3 品脱的甲醛;也可以通过加热多聚甲醛放出甲醛气体进行消毒	气味难闻、损害活体组织并有剧毒;气体的杀菌效率取决于适宜的相对湿度(75%以上)和温度(65℉(18℃)以上,接近 80℉(27℃)时效果最理想)
热(蒸汽、热水、焚烧或煮沸)	不值钱的物品和垃圾焚烧和病畜排泄物的处理;如果正确使用,"Jenny"蒸汽是有效的消毒剂,与酚类杀菌剂联合使用时效果更佳	一般在沸水中煮 10 min 就能起到有效的杀菌作用	在沸水中煮,一般可杀死所有常见病的致病微生物,但是却不能杀死如炭疽和破伤风等致病微生物的孢子;湿热比干热效果更好;一定压力下的蒸汽效果最理想 热消毒有时也不可行且费用太高
碘酊②(酊剂)	广泛使用的皮肤消毒剂,涂擦在小伤口或擦伤上	一般使用的碘酊为 2%或 7%	不用绷带;在使用碘酊前洗净皮肤;对金属有腐蚀作用
碘递体(结合碘)	主要用于日常器具消毒;对各种细菌(阳性菌和阴性菌)、真菌和湿性病毒都有效	一般用途使用的碘递体浓度为50~70 mg/kg,用做消毒杀菌剂时为 12.5~25 mg/kg;饮水中的消毒使用 12.5 mg/kg。	其活性受到有机物的抑制价格很贵
石灰(生石灰、熟石灰和氧化钙)	撒在动物的粪便或排泄物上用做除臭剂,或撒在地板上用做消毒剂或者用做新制成的石灰乳或用做白色的涂料	撒粉、石灰乳或涂白,但不直接使用	对炭疽或破伤风的孢子无效向生石灰中加水时要戴护目镜
来沙尔(煤酚皂溶液的商品名称)	在去势或文身时用做外科器械的消毒 手术前消毒皮肤;去势前用于手的消毒	0.5%~2.0%	气味难闻;与水难以混匀;比苯酚的价格低
苯酚(石炭酸): 1.苯酚(煤焦油的提炼物) 2.合成苯酚	理想的普通用途消毒剂;消毒效果好且价格低廉 它们对残留的有机物的抑制有抗性,适用于畜舍消毒以及肢蹄的浸浴	从煤焦油中提炼出来的苯酚和与合成苯酚的消毒效率在不同的化合物间的变化很大;阅读并按照厂家提供的说明书使用 一般使用 5%的溶液	有腐蚀性;对动物和人有毒对真菌和病毒无效
季铵化合物(QAC)	极易溶于水;杀毒速度极快;除臭效果显著;价格适中 良好的清洁剂,对皮肤无害	按照厂家说明书使用	对金属有腐蚀性;对病毒的抑制作用不显著 有机物对其有抑制作用
碳酸盐	可用于口蹄疾病患处的清洗	10.5%溶液(13.5 oz 加 1 gal 水)	
碳酸盐与草木灰(碳酸钠)	可用于口蹄疾病的患处的清洗	4%溶液(1 lb 加 3 gal 水),热溶液消毒效果更好	常用于去污剂,但也有消毒作用,尤其是温溶液
肥皂水	杀菌作用有限;最常用于在使用好消毒剂前清洁和溶解皮肤等表面的污垢	有已经配制好的商品	虽然是清洁表面所不可缺少的,但是肥皂水并不用做消毒剂;它们的常规使用对葡萄球菌和引起腹泻的微生物无效

注:①公制转换参照附录。
　　②一般将其归入消毒剂,但实际上它是一种防腐剂,仅在活体组织上起作用。
来源:皮尔森教育。

毒物

应避免用有毒植物和饲料喂猪。养猪者应知道有毒植物的分布区域并禁止用之喂猪。也应避免与以下毒物接触：麦角碱、毒枝菌素、沥青（树脂）、过多的铜、氟、铅、汞、硝酸盐和硒。由于毒物一般是吃进体内的，因此有关潜在毒物成分的论述详见第八章表 8.12 毒物与毒素。

人、畜共患病

人、畜共患病指在动物与人之间或动物间传播的疾病。当在与这些疾病接触过或已经染病并表现临床症状的家畜附近工作时应多加小心（表 14.4）。

表 14.4　人畜（猪）共患病[①]

疾病	病原	主要宿主	动物临床表现	人的临床表现
炭疽（LA）	炭疽杆菌	牛、马、绵羊、山羊、猪、犬、猫	突然死亡,全身性疾病,胃肠疼痛	恶性脓包（皮肤炭疽）、胃肠炎、肺炎
布鲁氏菌病（LA）	*spp.* 布鲁杆菌	牛、山羊、猪、绵羊、马、骡、犬、猫、家禽、鹿、水牛、兔子	流产、跛行、乳房炎、肉芽肿、脓肿	发热、委靡不振、淋巴结肿大、菌血症、脾肿大、脊髓发炎
A 型产气荚膜梭状芽孢杆菌性肠炎（DOS）	A 型产气荚膜梭状芽孢杆菌	猪	腹泻	食物中毒
隐孢子虫病	spp.隐孢子虫	家畜、猫、犬	临床症状不明显；肠炎，呼吸道疾病	肠炎、痢疾
囊尾幼虫病（LA，DOS）	猪肉绦虫（猪囊尾蚴）	猪	临床症状不明显	腹痛、腹泻、体重下降、囊尾幼虫病、甚至威胁生命
丹毒（LA,DOS）	红斑丹毒丝菌	猪、家禽、绵羊、鱼	突然死亡、菱形皮肤疹块、多发性关节炎、败血症、心内膜炎	皮肤病变
日本乙型脑炎（DOS）	*spp.* 黄病毒	马、牛、绵羊、山羊、猪	死产和胎儿木乃伊化	脑炎和流产（主要通过蚊子传播）
巴斯德菌病（LA）	多杀巴斯德菌	家禽、牛、绵羊、猪、山羊、马、小鼠、大鼠、兔子	出血性败血症、肺炎	扁桃体炎、鼻炎、窦炎、胸膜炎、阑尾炎、败血症
癣菌病（DOS）	矮小孢子菌和疣发癣菌	猪	向心性病变	向心性病变
沙门氏菌病（LA）	*spp.* 沙门氏菌（不定型）	家禽、猪、牛、绵羊、马、犬、猫、啮齿类、爬行类、鸟类、牛	临床症状不明显；肠炎、败血症、产褥热	肠胃炎、病灶性感染、败血症
链球菌病	猪链球菌	猪	脑膜炎、僵猪、食欲减退、瘫痪、四肢划动似游泳状	败血症、脑膜炎、心内膜炎
猪流行性感冒（DOS）	A 型流感病毒	哺乳动物和鸟类	食欲减退、疲惫	流感
猪水疱病	猪水疱病毒	猪		
弓形体病（LA）	鼠弓形体	猫、犬、绵羊、牛、猪	死产、先天性缺陷、中枢神经系统病变	死产、先天性缺陷、视网膜脉络膜炎、脑炎

续表 14.4

疾病	病原	主要宿主	动物临床表现	人的临床表现
旋毛虫病(LA,DOS)	旋毛线虫	大部分哺乳动物（猪、熊、海象）	临床症状不明显	旋毛虫病、球结膜水肿、结膜炎、肌炎、皮疹
结核病	牛型结核菌	牛、马、猪、猫、犬	肺、淋巴结、乳房、胃肠型结核,脊椎炎	主要表现为胃肠、淋巴结、骨和肺结核
疱疹性口炎(LA)	疱疹性口炎病毒	牛、猪、马	口腔黏膜、蹄和乳头溃疡	发烧、寒战、头痛

注:①LA 为洛杉矶县(Los Angeles County),洛杉矶健康服务部;DOS 为猪病学(diseases of swine),第 8 版,爱荷华州立大学出版社。

学习与讨论的问题

1.猪的正常体温、脉搏次数和呼吸频率是多少？怎样测定？

2.联邦和州管理部门怎样帮助各养猪户？

3.名词解释:(a)无处方药;(b)处方药;(c)extralabel 药;(d)兽医饲喂指令。

4.解释自然免疫、活体免疫和被动免疫之间的差别。

5.选择一个猪场(你自己的或你熟悉的)并起草一个生活周期群体保健方案(列出 1,2,3 点)。

6.说出下面每种猪病的(a)临床症状与表现;(b)病因、预防与治疗措施:

 a.萎缩性鼻炎;

 b.肠型大肠杆菌病(仔猪腹泻);

 c.猪细小病毒病;

 d.猪呼吸繁殖障碍综合征(PRRS);

 e.猪应激综合征(PSS);

 f.遗传性肠胃炎(TGE)。

7.在美国,人能感染旋毛虫病吗？说明理由。

8.在群体保健中,即使采用了抗生素、药物和免疫接种等防治手段,为什么还要保持环境卫生清洁？

9.假设你的猪场感染了一种体内寄生虫(你选择一种),你应采取那种措施进行防治？(详细列出1,2,3 点)

10.为什么在漏缝地板上室内饲养的猪感染的寄生虫病较少？

11.推荐用于猪虱和螨的一种治疗方案。

12.怎样防治螺旋蝇幼虫？

13.养猪生产者使用化学制剂进行评价。在群体保健方案中,生产者在使用驱虫剂时应采取何种措施才能消除其不利影响？

14.举出 3 种能在人与猪间传播的重要的人、畜共患病并加以说明。

主要参考文献

Animal Health: *A Layman's Guide to Disease Control*, J. K. Baker and w. J. Greer, Interstate Publishers, Inc., Danville, IL, 1992

Diseases of Swine, 8th ed., Ed. by B. E. Straw et al., The Iowa State University Press, Ames, IA, 1999

Merck Veterinary Manual, *The*, 8th ed., Merck & Co., Inc., Rahway, NJ, 2003, http://www.merckvet manual.com/mvm/index.jsp

Pork Industry Handbook, Cooperative Extension Service, Purdue University, West Lafayette, IN, 2002

Safeguarding Animal Health, USDA, APHIS, Veterinary Services, http://www.aphis.usda.gov/vs

Stockman's Handbook, *The*, 7th ed., M. E. Ensminger, Interstate Publishers, Inc., Danville, IL, 1992

第三部分

管　理　技　能

第十五章　养猪生产和管理

测量室温时要以猪的眼高为准,而不是人的眼高为准。

(爱荷华州立大学 Palmer Holden 提供)

内容

管理者的角色

猪的管理体系与实践

　舍内和户外的集约化养猪生产

　青年母猪和经产母猪

　全年产仔

　公猪管理

　青年母猪和经产母猪的管理

养猪生产方式类型及其管理

　产仔到育肥全程生产

断奶猪和生长肥育猪生产

断奶猪和生长肥育猪的育肥

公、母猪分圈饲养

预防猪肉中药物残留的管理

养猪技能

　断脐

　剪獠牙

　断尾

　注射铁剂

　猪只标识

　去势

　断奶

剪除公猪的獠牙

分(转)群

生物安全

　早期隔离断奶

　全进全出(AIAO)

　无特定病原(SPF)猪

　麦克林县体系

饲养管理和动物福利

学习与讨论的问题

主要参考文献

目标

学习本章后,你应该:

1. 明白舍内和户外生产的优缺点。

2. 明白生产者从单季节转向全年分娩养猪所需的条件。

3. 掌握包括公猪管理在内的管理要点。

4. 能够估计后备母猪所需数量。

5. 知道发情鉴定和适时配种的技术措施。

6. 了解提高断奶仔猪数的要素。

7. 明白不同类型的猪肉生产体系,为何生产者会选择其中一种。

8. 知道怎样打耳号、剪獠牙、断尾和去势。

9. 知道决定断奶时间时所应考虑的因素。

10. 明白垫草生产体系的优缺点。

11. 了解粪肥收集、转运、贮存和使用的方法。

12. 明白液态粪肥贮存中的风险,尤其是与沼气有关的风险。

13. 了解田间作物或草地生产确定施肥量应考虑的因素。

14. 注意养猪生产中的环境问题。

养猪是对猪进行管理和护理的一门艺术。生产中的每个环节都有其管理的要点和目的。要在养猪中成功、获得收益,管理是很重要的。

管理者的角色

养猪生产中,一个成功的管理者需要胜任很多角色:计划制定者、组织者、带头人、管理者以及措施变化的决定者。各种角色在生产中所起的作用如图 15.1 所示。好的饲养员不一定是好的管理者。尽管他们擅长养猪,但可能没有能力去管理工人或企业。

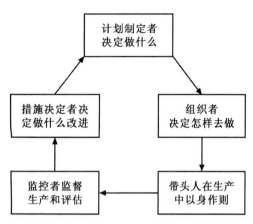

图 15.1　管理者的角色。许多的猪场生产者忙于对劳动力的管理,却忽视了一个好的长期或短期计划的制定及其执行的重要性。(皮尔森教育提供)

许多养猪生产者更多地投身于劳工事务,却没有意识到制定和执行一个好的计划(长期或短期)的重要性(皮尔森教育)。

好的管理能力并非一日之功,它是将专业知识和实践经验结合、循序渐进的过程。仅有书本的管理知识还不足以获得好的管理能力。同样地,仅有实际的管理经验而没有学习正规的管理技术,也不能获得成功。

管理需要提高和投入。假如管理者同时是猪场的所有者,那么就应固定地征求他人的意见,或者加入生产者协会,与其他同行比较彼此的技术和操作。非猪场所有者的管理者则要明确职责,定期对其工作进行总结。

猪的管理体系与实践

饲养管理和技术存在地区和养猪业主之间的差别。这差别主要受饲养规模、可利用的土地及土地用做它用的价值,还有市场、资金、劳动力和饲料以及生产个人的兴趣等的影响。

舍内和户外的集约化养猪生产

尽管与其他四蹄家畜相比,猪更能适应集约化饲养。但直到大约 1955 年,人们才开始对猪的舍内分娩方式进行改进。据估计,1960 年,美国有 3%～5%的商品猪是舍内饲养的。调查显示,1980 年,美国有 81%的母猪在猪舍内分娩,66%舍内生产提供了保育栏,70%的育肥猪在猪栏中喂养,但是只有 24%的母猪群饲养在舍内。舍内生产的如此变化和以下因素有关:(1)营养学知识更加丰富;(2)疾病的预防和寄生虫控制得到了提高;(3)建筑和设备的改进;(4)大型、高专门化企业的发展。

其实,草地养猪方式并不像一些人所认为的那样已经过时。我们更希望有两种以上的选择及其组合的生产方式,这样的话,有能力的管理者可以有更广阔的选择空间并择优而用。

20 世纪 90 年代早期,集约化户外生产开始在英国和北欧盛行。同时,市场对草地生产的猪肉,即"自由放牧猪肉(free rage pork)"需求旺盛。几个欧洲国家和欧盟已通过法律以保证猪有享有草地和垫草的权利。

德克萨斯技术大学对舍内和户外两种集约化猪肉生产方式做了对比研究,得出的相关数据如表 15.1 所示。舍内生产设施要有全部的配种、分娩和带仔舍。户外猪舍位于一个面积为 34 acre 的农场上。青年母猪要在设计成辐射状的猪棚内配种(这种猪棚的形状像一个中心有毂的马车的轮辐,为三角形)。青年母猪一起养在妊娠猪舍中,直到被转移入分娩棚——装配具有保护作用的挡板。这些挡板一直保留到分娩后 3 d。分娩舍采用全进全出方式,以麦秸为垫草。

全年每 3 周都会有 1 批青年母猪和经产母猪分娩。仔猪在 28 日龄断奶。户外用的日粮呈方形,除此之外,所用日粮没有差别。

有关结果如下:

1)总产仔数一致,但是户外妊娠母猪平均会多生 0.7 头活仔。虽然差别在统计学上并不显著,但的确说明在活仔数上存在这样一个趋势。

2)舍内饲养的初产母猪的平均断奶活仔数为 8.6 头,户外饲养初产母猪则是 7.5 头。前者的断奶前仔猪死亡率为 12.3%,后者则为 27.5%。户外分娩舍中,挤压是造成后者断奶前仔猪死亡的主要原因。

3)户外养殖的仔猪的断奶重(28 日龄)和保育期结束体重(9 周龄)都要高于舍内方式。前者断奶重的优势可能主要是与每头母猪所带的仔猪数较少有关。

4)户外养猪方式需要更多的劳动力。有时候,户外养猪的饲养员还要工作更长的时间,做更繁重的体力活。同样地,他们还暴露于各种天气条件下。

可以说,这两种生产方式各有其优势。舍内养猪生产需要更多的资金投入,但是生产力稍高。户外养猪的市场正在形成,似乎这还会带来额外的市场价值。假如专门的市场没有形成,户外养猪会有更大的竞争力。因为生产者对他们养猪的长期收益没有把握,而户外饲养设施相对投资较低,因而比较有利。

20 世纪 90 年代中期,北欧普遍采用户外养猪。美国南部地区的温暖气候也适于常年户外集约化养猪生产。另外,对成功的户外集约化养猪生产来说,除了干旱气候,低饲养密度也很重要,因为这样可以减少发病率,粪污堆积也不是问题。

在美国,与早期的户外养猪生产相比,现在已经发生了许多变化。养猪业也已经从 20 世纪 50 年代的低投入、低密度方式转变为 80 年代的高投入、高密度方式。其中许多改进是伴随着舍内养猪生产产生的。有些则能够适应集约化户外养猪,并已被应用到了生产中(见第十一章的前言和“妊娠及户外分娩”部分)。

青年母猪和经产母猪

通过对初产青年母猪和经产母猪第 2 胎或以后胎次情况的对比试验和实际观察,证实了以下结论:(1)青年母猪产仔数较少;(2)青年母猪的仔猪初生重稍低,而且往往增重较慢。

尽管有缺点,但青年母猪,尤其是对商品猪生产者来说,仍然具有优势,因为青年母猪在繁殖的同时仍继续生长,也就增加了价值。尽管初产后淘汰的超重母猪不如那些去势公猪获利多,但从某种意义上讲,在猪肉价格高的时候,一般也会得到丰厚的回报。另外,出售种猪获得的收入,其税收方面也很有利。现在,每年大约有 40% 或更多(即每个分娩组大约有 20%)的母猪要被淘汰。

这并不是提倡纯种种者只依靠青年母猪生产。那些产仔多且断奶窝重大、母性好、后代纯正的母猪,只要有繁殖力,就应该在群中保留。尽管遗传进展能够通过淘汰母猪而提高,但也可以通过使用优秀公猪获得。

全年产仔

以前,经营者安排母猪在春季分娩,然后在秋天安排其中的一些再次配种。这样会形成两个分娩高

表 15.1　分娩环境对母猪及其仔猪的影响

性状	舍内	户外	P 值[1]
窝数	148	210	—
每窝总仔数/头	10.99	11.01	0.97
每窝活仔数/头	9.91	10.59	0.08
每窝死胎/头	1.47	0.38	0.000 1
活仔出生重/lb	4.14	4.25	0.17
出生窝重/lb	43.0	44.9	0.22
断奶窝重/lb	8.6	7.5	0.007
断奶前死亡率/%	12.3	27.5	0.000 1
断奶体重/(lb/头)	14.3	15.3	0.106
断奶窝重/(lb/窝)	120.5	114.6	0.30

注:①P 值代表环境效应。当 $P < 0.05$ 时,说明两种生产体系间存在显著差异。P 值越小说明差异越显著。

来源:R. I. Nicholson 等 1995,德克萨斯农业和自然资源杂志,8:19-26。表中的数据为头两胎的最小二次均值。

峰,这是影响市场价格的主要因素。20 世纪 50 年代,屠宰加工业推出了"春季市场猪展"以此鼓励秋天分娩。现在大约 95% 以上的猪都是全年分娩制度下出生的。

母猪按计划顺序产仔可使仔猪在更多的分娩周期中产出。为了适应全年产仔方式,现在已经设计出了大型设备以及环境控制系统。全年产仔并无神秘之处,然而,它需要好的计划和对管理细节的注意。对常年产仔来说,以下几点起着积极的作用:

1)价格和收入的高低波动较少、更稳定的肉猪市场。

2)在全年产仔计划中,工作量统一。

3)更好地使用现有的建筑和设备,例如,分娩舍每年可以足够使用 12 次以上,而不是仅仅 1～2 次。

4)从屠宰厂的立场看,生猪供应越均衡就越令人满意,因为,首先这样可以充分地利用劳动力和工厂设备;其次,食品也可以更好地满足零售商和消费者的要求。同时,经营者全年都可获得收入。

5)用于零售的猪肉供应比较稳定。

6)避免出现消费者所反感的价格剧涨。

对全年分娩的一些不利因素如下:

1)养猪企业整年需要雇佣合格的工人。

2)因为可能造成病原体累积,疾病暴发的可能性将会增加,而且更难控制。在全年产仔时,很难找出一个生产间隔来清洁设备。

3)在太热和太冷的季节产仔会增加圈舍和设备的消耗。

4)全年产仔方式需要更多专门的管理技术,其中包括一些关键技术,如密切控制饲养时间,要饲养一个连续后备母猪群以使分娩设备的使用最充分。

没有人认为养猪生产中的季节产仔方式会完全消失。由于全年产仔对生产者和加工者而言,具有公认的几个方面的优势,季节产仔方式将从过去充斥市场的局面,变得越来越少(见后面的"分娩管理"部分)。

公猪管理

公猪从两个方面影响养猪生产:(1)提供遗传进展来源;(2)影响分娩率和产仔数。另外,公猪的更新也是群体疾病产生的一个潜在来源。公猪的饲养已在第七章中讨论过。

应该在开始配种前 45～60 d 购买公猪。公猪要被隔离 30 d,进行有关疾病检测,并适应群体的微生物环境。要对公猪进行试配或对其配种稳定性进行评估。大约在 8 月龄时,公猪就应准备使用(图 15.2)。

新购公猪的运输——许多种猪公司会给客户提供运输服务。运输中的适当护理能减少应激、损伤和疾病的发生,从而最大程度地保证了公猪的性能。

新购公猪的检疫——新买的公猪应当在干净、舒适的猪舍中隔离至少 30 d,最好 60 d。开始隔离后,检测布氏杆菌病、伪狂犬病、传染性胃肠炎(TGE),其他病可根据兽医要求检测。同时,隔离期要一直持续到所有的健康检测都已进行并评估之后。

公猪隔离期的喂养——在隔离期间,先给公猪饲喂接近原来的饲料。这样会减少因转群而发生的应激。然后,把饲料逐渐替换为本场的饲料。因为美国大多数的饲料都是基于玉米和大豆,所以,

图 15.2 位于爱荷华州的一个纯种猪场中的杜洛克公猪。(爱荷华州立大学 Palmer Holden 提供)

很可能两个猪场间饲喂相似的日粮。还要依赖于日粮、日龄、环境和猪舍情况,要给公猪提供含大约 0.75％赖氨酸的平衡日粮。通常,用哺乳母猪料饲喂公猪便能完全满足其需要。但大多数妊娠料的赖氨酸含量对公猪来说是不足的。一个大型猪场或公猪站需要足够数量的公猪,因此,应提供专门的公猪料。

公猪试配和精液质量评估——应在 7～8 月龄时让公猪试配。根据记录,大约有 10％的后备公猪的精液存在问题。用发情后备母猪进行试配,必要时可辅助公猪试配。如有必要,也可以收集 1 份精液并进行评估。

公猪的利用和年龄——表 15.2 中列出了根据公猪年龄,每头公猪的最大推荐配种次数。这个次数也可以当做判断公猪能力的指标。

采用个体交配可以控制公猪的使用,记录和观察配种情况,但这需要更多的劳动力和更贵的设备。采用个体交配对准确安排全进全出或按周产仔生产来说是很重要的。

单圈交配需要较少的劳动力,所以设备相对便宜。但最后的分娩率会比采用个体交配方式低。采用单圈交配时,可考虑把已断奶母猪分成 2 个或更多的组,公猪每隔 12～24 h 轮换 1 次。

表 15.2　公猪的最大配种次数因年龄而异

公猪	个体交配制度最大配种次数		单圈交配制度[①]公、母比例(7～10 d、配种期)
	每天	每周	
青年公猪(8～12 月龄)	1	5	1.2～4
成熟公猪(12 月龄以上)	2	7	1.3～5

注:①假设所有母猪同期断奶。

公猪淘汰和更新——使用 9～20 月龄的公猪配种,分娩率和产仔数通常是最好的。然而,假如公猪保持健壮、好斗,其繁殖能力可以保持 3 年甚至 3 年以上。大多数公猪是因为腿跛、缺乏好斗和体重原因,而不是因为精液质量差而淘汰。大多数管理好的公猪群的年更新率达 50％。对那些饲养本场更新母猪的猪场来说,尤其如此,这样当后备母猪进入育种群时,可以防止父女交配。

配种场地——配种场地要利于猪立足。避免使用湿滑地板并为配种员提供安全保护。

公猪舍——当采用个体交配时,公猪一般单个限制在宽 28 in、长 7 ft 的个体栏内,或在一个 6 ft×8 ft 的圈内。单个饲喂可减少公猪由于打斗、爬跨和争料带来的损伤。

在单圈交配体系中,不同组的公猪和母猪配种后还应在一起圈养。

夏季要保持公猪环境的凉爽——当温度超过 85℉(29℃),公猪精液的质量会下降,甚至暂时不育,最终将会降低分娩率和产仔数。

猪正常的呼吸频率是 25～35 次/min。在发生热应激时,呼吸频率可能会激增到 75～100 次/min。所以,可以通过观测公猪的呼吸频率来判断其是否发生热应激,呼吸频率可由胸腔运动来判断。胸腔每扩张和收缩 1 次视为呼吸 1 次。

为保持单圈交配中公猪的凉爽,可在沙子或混凝土地板上方的遮阳棚上安装一个洒水或喷雾装置。因为要控制公猪舍的环境,所以要考虑在猪舍中使用恒温控制架或蒸发冷却器。

日常公猪管理——一些好的日常公猪管理程序有:(1)每天要注意观察公猪的反常行为,如食欲下降、精神委靡和跛腿等;(2)在公猪饲养和配种的地方安装温度计;(3)给公猪注射繁殖疾病疫苗,如丹毒、钩端螺旋体和细小病毒等;(4)为公猪除掉疥癣和虱子;(5)每隔 6～8 个月,剪公猪獠牙及其包皮上的毛。

人工授精——大多数种猪场现在部分或全部采用人工授精替代使用公猪。这种情况下,公猪经常只是用来刺激母猪发情或给难以判断发情的后备母猪配种。

青年母猪和经产母猪的管理

为达到最大繁殖效率,就必须给种猪以高水平的管理。好的青年母猪和经产母猪管理,会增加产活仔数、上市猪头数和可观的收益。注:青年母猪和经产母猪的营养参看第七章。

青年母猪的管理

管理者应从每个年龄组中选留一部分(如 20%)指数较高的青年母猪,然后转入后备母猪群以备配种。在后备母猪群中,如果母猪在某个分配的配种期发情,那么就可以配种以替换淘汰母猪。

后备母猪应该从那些生产力好的家系中选择。所谓好的生产力,首先是母性强,其次是良好的胴体性状。后备母猪繁殖力高的一个标志就是能够在 4～6 月龄时第 1 次发情。

后备母猪初次配种时间通常建议在第 3 次发情期或以后,并且体重需达到 280～300 lb。如果提前配种,经常会造成青年母猪在仔猪断奶后难以发情。如果 7 月龄的青年母猪不能发情或达不到理想的配种体重,则建议将其淘汰。

母猪不发情(没有呆立发情)可能由下面的 1 种或多种原因造成的:

1)发情检查失误。

2)热应激。

3)安静发情(虽然排卵,但没有发情表现)。

4)疾病。

5)营养不足(尤其是蛋白质或能量缺乏)。

6)肥胖。

7)群体应激。

8)异常卵巢。

9)已妊娠。

根据出生和断奶记录,从那些最大、最健康的窝中选择发情较早的猪作为后备母猪,并安排这些后备猪在初次公猪试情后的 3 个发情期配种。一个简单的用来选择后备母猪的方法就是先给那些具有理想遗传基础的仔猪打耳缺来标记出生的周,然后再给那些所在窝断奶成绩好的母猪的耳朵上打 1 个孔。

几个月后选择后备猪时,只需注意那些耳朵上有孔的猪即可,淘汰其中肢蹄或腹线不好的猪。然后,在 1 个分娩期中选择其中最大的猪,因为它们将是拥有最好繁殖性能(可传递给后代)的猪中生长最快的青年母猪。

青年母猪群的管理

青年母猪经过选留用以补充经产母猪的空缺。如果出现空闲的分娩栏,则说明计划制定存在问题,没有利用好后备猪群。

正常情况下,每窝有 15%～30%的断奶母猪会被淘汰。在配种问题的多发时期,例如,天热、疾病、公猪精液质量差等,后备母猪的更新也就增加。假如 20 头经产母猪断奶,有可能至少 4 头需要替换。为保证在 7 d 的配种期内能有 4 头后备母猪可用,在后备母猪群至少需要有保留 12 头猪。所以,分娩组中每淘汰 1 头母猪,后备母猪群的就需有 3 头后备母猪作为准备。

从当前后备组中选出的后备母猪的数量可根据经产母猪的淘汰原则和配种间隔而定。假设母猪只产 4 胎,分娩后的淘汰率是 20%,则从当前后备组中选出的后备母猪数量可以通过以下公式算出:

$$选择的青年母猪数=((0.38×配种母猪数)/90\%)÷((配种间隔,d)/21)$$

式中:0.38 为生产者所出售所有 4 胎以上的母猪,以及分娩和配种之间淘汰 20%的母猪所占的比例;90%为轮换被选青年母猪的配种率(该值要切合猪群的实际情况);21 则为发情周期。

下面举例说明这个公式的使用。假设配种周期为 14 d,每组有 28 头母猪。大约 25 头(90%)分娩。那么应从每个年龄组中选出的青年母猪数等于:((0.38×28)/90%)÷(14/21)=17.7(或 18)(头)。

因此,要从每个年龄组中选出 18 头指数最高的青年母猪。假如这 18 头是从同组测定的 100 头中选出,那么选择率便是 18%。很明显,假如有些后备猪因为肢蹄、健康、繁殖性能的原因淘汰,就需要由另外的青年母猪补充。生产者应争取把每个年龄组的青年母猪选择率控制在 25% 以下(国家猪改良联合会,情况说明书 15,1992)。

母猪的管理

青年母猪在妊娠期间的体重应增加大约 90 lb,经产母猪大约是 70 lb。这些增重主要用于产生 30～35 lb 的仔猪、30 lb 的"怀孕产物"或胞衣,还有乳腺组织发育。剩下的才是身体的净增重。青年母猪在妊娠后仍继续生长,而经产母猪只需保持住它们非妊娠体重即可。

哺乳期的时间依生产者的计划而定,通常是 14～28 d。充分记录个体在各个繁殖阶段的性能表现,将利于提高种群性能;生产者也会从中获益。

对断奶后 4～7 d 发情母猪的选择,是育种管理计划的执行中非常重要的一步。假如母猪在断奶后 30 d 仍不能妊娠,就必须被淘汰。每延迟妊娠 21 d,母猪所产仔猪中就有 1～2 头用于支付这部分额外的劳力和饲料。同样地,假如后备母猪在 3 个发情周期过后仍不能怀孕,就应被淘汰,防止增加以后世代中的"配种困难"母猪。

假如带仔设施完备,仔猪在 2～4 周龄的时候即可断奶,这样就可使母猪更及时地再次配种。假如设施、饲料和管理都配套,10～14 d 就可以断奶。为保证以后仔猪的性能表现,不影响仔猪的生长能力,母猪一般在哺乳第 17 天或以后断奶,14 d 或少于 14 d 断奶的母猪可能会发情迟缓。需要 8 d 或 10 d 以上再发情的母猪不应当配种,这样会降低分娩率和产仔数。只有等到 21 d 后的下一个发情周期,母猪才能恢复正常的状态。

应使经产母猪能在断奶后 7 d 内发情并保持其高断奶健活仔数的能力。

根据生产者的管理计划,初情母猪不必配种,但发情周期要正常。

通常,泌乳母猪在奶中分泌钙和磷要比从饲料中吸收的要多。泌乳量大的母猪的哺乳期超过 21 d 是非常危险的。为了避免母猪因此受损(后肢瘫痪),要增加母猪妊娠和哺乳期饲料中的矿物质含量。另外,干燥、宽敞、便于站立的圈舍可以防止母猪滑倒。使用个体圈栏也减少了损伤的发生。

母猪的体况评分

为避免母猪体重下降,使其保持适当的膘情,我们应当定期评定母猪的体况来评估日粮的营养是否充足,以提高母猪的使用年限,减少分娩和再次配种的问题(图 15.3A 和 B)。给母猪体况评分的时间应当分别定在断奶后约 2 周、妊娠中期、分娩前 2 周,接着是分娩后大约 2 周或接近断奶时。

假如母猪在断奶时较瘦,那么发情时间将比理想的断奶后 4～7 d 要迟。若母猪在断奶后 7～10 d 才发情,一定不能在这个发情期内配种,而是提供母猪一个较高的营养水平(5～7 lb/d),使其在配种前先增加体重。这样可保证在下个发情期里有最大的排卵数。

最理想的情况是,母猪在配种时的体况评分在 2～2.5 之间,妊娠中期时达到 3,然后一直保持到分娩。日粮数量和质量、母猪的遗传基因、饲养员的观察都会影响母猪的体况评分。为维持评分的一贯性,每次都应让同一个人来打分。表 15.3 中列出了背膘厚度和相应的外表情况。

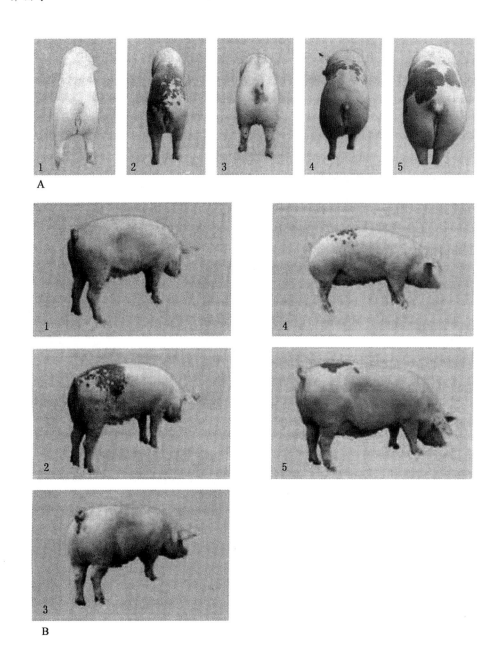

图 15.3 A 和 B:怀孕母猪在充分采食下的体况评分。得 3 分最理想,2 分和 4 分也可以接受。得 1 分的母猪将再也不会恢复到适当的体况;得 5 分的猪太胖,其产仔性能不好,泌乳能力弱。(ELANCO 动物健康)

表 15.3 体况评分

得分	体况	背膘	外　表
1	很瘦	<0.5 in(13 mm)	髋骨和脊柱清晰可见
2	偏瘦	<0.6 in(15 mm)	不用手掌按压较容易地感觉到髋骨和脊柱
3	理想	0.75 in(19 mm)	用手使劲按压才能感觉到髋骨和脊柱
4	偏肥	0.9 in(23 mm)	感觉不到髋骨和脊柱
5	肥胖	>1.0 in(25 mm)	髋部和背部脂肪很厚

来源:ELANCO 动物健康。

发情检测/排卵/妊娠

发情意味着母猪可接受公猪配种。利用性成熟的公猪进行发情检测是最有效的方式,具体做法是:把 1 头公猪和母猪放在同一圈内,或者让公猪隔着猪栏可以和母猪接触。那些直接面对公猪的母猪,饲养员可以通过压背试验来检测其是否发情。大多数的经产母猪和青年母猪发情的时候,会有"静立"反射,同时会试图竖起耳朵。假如只是竖起耳朵而没有稳定地站立,则说明母猪并没有发情。

高温(>85℉(29℃))会延缓或阻碍母猪的发情,减少排卵率并增加早期胚胎死亡。管理人员可以在地板(沙地或混凝土结构)上方的遮阳棚上安装喷水装置来给猪舍中或草地上的母猪降温。因为母猪要饲养在环境可控的猪舍中,所以要考虑使用恒温控制沥干架或蒸汽式冷却机。

要达到高的受胎率和产仔数,就需要使精子在最佳时间进入母猪生殖道。不管哪种配种方式(如单圈交配、人工辅助交配或人工授精),必须有足够数量的精子在排卵发生前几个小时到达生殖道,否则将会降低受胎率和产仔数。不同配种时间(相对排卵时间)对受胎率的影响见图15.4。

母猪整个发情期持续 48 h,发情前 8~12 h 是排卵时间。也就是说,在发情开始 36~40 d 后才开始排卵。配种太晚或太早,受胎率和产仔数都会明显减少。后备母猪比基础母猪的发情时间要短。

假如 1 d 只进行 1 次发情鉴定和人工授精,那么只要母猪静立,当天就给母猪配种。如果是每天发情鉴定 2 次,则是在第 1 次检测后,每隔 12~24 h 配种1 次。因为排卵的具体时间是不知道的,所以多配几次会提高受胎率和产仔数。

要是采用单圈交配方式,就必须有足够的公猪。假如母猪不是同步发情,在 21 d 周期内 1 头成熟公猪(1 年以上)可配 10 头母猪;1 个青年公猪(不到 1年)则只能配 4~6 头。

当同期发情的母猪成批断奶时,1 头成年公猪可以配 4 头母猪,而年轻公猪只能配 2 头(表 15.2)。

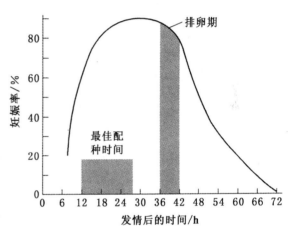

图 15.4 人工授精时间对母猪妊娠率的影响。(皮尔森教育)

在单圈配种方式中,把配种时间提前到断奶后 7~10 d 之内,这样简化了仔猪管理,但很可能只有80%~90%的母猪会在那个时候返情。

我们并不推荐使用单圈交配方式。因为公猪没有被充分利用、而且不知道所配的母猪,也不知道什么时候配的种。这样会导致分娩栏要么过剩,要么不足。

双重配种——让多头(1 头以上)的公猪和同一头母猪配种,这样可提高受胎率和产仔数。人工辅助配种和人工授精,很容易做到双重配种。当采用单圈交配时,不同的公猪要在 1 d 内至少轮流 1 次和并且按周期休息。

妊娠诊断

通常使用超声波妊娠诊断母猪子宫中的液体情况。这种方法检测配种后 30~45 d 的妊娠情况,准确率可达 90%~95%。30 d 前子宫内液体积累不足,不能进行诊断。而 60 d 后,因为胎儿的生长固体物开始转移子宫中的液体,因此准确率会急剧下降。另一个方法就是用脉冲型多普勒超声波测定仪,可检测胎儿的心跳,并且可以测的时间也更长。几种超声波仪器(B 超)即可用于妊娠诊断,又可以测背膘厚度和眼肌面积。

分娩母猪的管理

无论采用怎样的分娩频率组和配种体制,生产者要努力使分娩舍里的所有母猪在1周内分娩。明智地利用后备母猪和断奶就可实现全进全出管理。

分娩当天要对母猪限饲,但不限制水的供应。给分娩后母猪的饲料足够其当天吃完即可。分娩当天,可给母猪两捧饲料,如果不够,可以适当添加。然后在其把料吃完的情况下,每天适当增加饲喂量。然而,必须说明的是,饲料一定不能出现变质,否则会降低母猪采食量。哺乳期母猪最需要的营养是能量,所以我们必须尽可能地鼓励母猪采食(图15.5)。

图15.5 多层垫草制度中,处于哺乳期的高产仔数杂交母猪。(爱荷华州立大学 Palmer Holden 提供)

使母猪采食量(能量摄取)最大化的措施有:每天至少饲喂2次,饲喂时要让母猪醒来,日粮的纤维添加量降到最低,把环境温度控制在65~70°F(18~21℃),在分娩前6~8 d把饲喂量提高50%,最后就是向日粮中添加油脂。

下面是目前已经报道的可提高断奶仔猪数的管理方法:

1)母猪分娩时要有人在场,这样可以帮助那些出生后仍有胎衣包裹或爬到圈(栏)的偏僻角落而不是找奶头吃奶的小猪。

2)使用限位分娩栏。

3)为仔猪提供足够的保暖设施,这样防止了仔猪出生后温度急剧下降,而且又可避免仔猪依偎在母猪身旁取暖,防止母猪在起身或躺卧时压在仔猪身上。

4)后备母猪配种前催情补饲,这样会增加排卵数。在配种后再把饲喂量降到5 lb。

5)做好用后备母猪更新经产母猪的工作。

6)每次发情配2次,以保证配种时间接近排卵时间。

7)妊娠期间要限饲,这样可增加母猪哺乳期间的采食量。

8)可给母猪饲喂加入药物的日粮,时间从分娩前几天开始,经过哺乳期,直到再次配种时为止。这样可减少母猪粪便中的细菌含量(减少了仔猪和病原体的接触),提高产仔数和受胎率。

9)尽早给仔猪擦洗。

10)给断奶仔猪饲喂广谱抗生素。

也可以参见第七章"种猪营养需要"。

养猪生产方式类型及其管理

商品猪生产者要注意以下几个不同的阶段式生产:

1)出生到育肥的全程生产(farrow-to-finish production)。

2)出生到生长肥育猪生产(farrow-to-feeder pig production)。

3)生长到育肥生产(feeder pig-to-finish production.)。

采用哪种生产方式主要取决于生产者的兴趣、经验、劳动力和现金情况,还有设施设备、饲料供应及市场因素等。生产者既要熟悉全部生产过程,又要专攻某个阶段的生产,去开发针对这个阶段的更加精细的管理技术和设备。经营者可采用相应的方法解决劳动力需求问题,使养猪和其他农业之间或和非农业之间达到平衡。

如果采用谷物养猪,谷物的生产能力将是决定养猪生产类型的一个因素。表15.4列出了各种养猪生产的饲料需求比。产仔到断奶猪生产所需的饲料只是生产屠宰猪总饲料的14%。断奶到育肥生产为86%。今天,许多生产者只管喂养,而不进行谷物生产;对这些生产者而言,购买饲料的花费就是一个决定因素。

产仔到育肥全程生产

全程生产中,母猪配种、母猪分娩、仔猪断奶及最后育肥上市等所有这些环节,生产者都要参与。要想成功,全程养猪生产的管理者必须有养猪生产中各个阶段管理的经验。这一直是最传统的,也是收益最大的养猪生产。主要因为劳力要求高的分娩和保育管理部分的收益也较高,而且减少了买卖周转中的花费以及应激带来的损失。

表 15.4　预期饲料投入

饲料投入	占总饲料量的比例/%
出生到育肥(包括所有种类的饲料)	100
出生到断奶(包括妊娠料、哺乳料和公猪料)	14
出生到生长阶段(包括以上的饲料再加上开食料)	22
断奶到育肥(包括开食料和育肥料)	86
生长到育肥期(只有育肥料)	78

来源:生命周期猪营养,爱荷华州立大学,1996。

断奶猪和生长肥育猪生产

20世纪50年代至60年代初期,多阶段养猪生产有了很多重要的技术改进。例如:(1)疾病控制方法得到提高,包括无特定病原种群技术;(2)集约化生产提高了配种和分娩的专业化水平(图15.6);(3)提前断奶;(4)流水式生产;(5)提高了机械化程度。

出生到生长肥育猪生产最适合劳动力充足而饲料供应不足的生产者。同时,需要更多的资金投入,因为分娩保育的设备费用很高。该生产体系是二阶段养猪生产的第1阶段,猪在这一阶段被卖到肥育猪场。

断奶仔猪生产属于生长肥育猪生产的一个部分,同时是20世纪90年代养猪生产向专业化(带动了大型综合猪肉生产公司的发展)转变的一个标志。断奶仔猪生产者要负责猪的配种、妊娠、分娩及哺乳等阶段的管理。仔猪一般在产后14～21 d断奶,在达到美国农业部所定的基本标准(体重10 lb、瘦肉率为50%～54%)后,生产者便可以私下或者在公开市场上交易仔猪。很少采用拍卖方式,如果有,其价格也是在基于卖者要价和买者开价的范围内。

许多断奶猪生产者会同买者订立长期合同;其他生产者则不通过合同把猪卖出。断奶仔猪生产者没有保育设施,所以可以不需要为仔猪准备饲料或者准备很少量即可。

生长肥育猪生产就是为育肥猪场生产和出售40～60 lb重的猪。生长肥育猪可通过私人协定、订立合同出售,也可以参加拍卖会来定价并以价出售;50%～54%的瘦肉率才能达到美国农业部的分级要求(图15.7)。

相对育肥猪来说,饲养、生产和出售生长肥育猪具有以下优势:

图15.6　分娩栏中的母猪和仔猪,猪栏可以隔开母猪和仔猪,以免仔猪受伤。(爱荷华州立大学 Palmer Holden 提供)

1)最有效地利用大量的劳力,因为就整个养猪来说,断奶阶段要用到大约 2/3 的劳力。

2)饲料需求少。

3)粪尿排量少。

4)便于有计划地加快猪的年周转量。可制定合理分娩计划来保证充足的仔猪上市,以获得连续收入。

生长肥育猪生产的主要劣势是其价格依赖于育肥猪市场的情况。通常,断奶猪和生长肥育猪的价格是屠宰猪的未来市场价的某个百分比。

成功的断奶和生长肥育猪生产需要注意以下几点:

图 15.7　保育猪、塑料围栏、金属地板(爱荷华州立大学 Palmer Holden 提供)

1. 高水平的管理技术。生产中,有 $10\% \sim 15\%$ 的活仔死于断奶之前。所以在分娩和哺乳阶段,好的管理技术的重要性是非常明显的。

2. 稳定可靠的市场。绝大多数的断奶和生长肥育猪生产者并不配备断奶到育肥猪生产的饲养设备。现代化的终年产仔体制需要按计划将猪及时出售,为下批母猪的分娩到断奶阶段腾出猪舍。所以,假如市场不稳定可靠,生产者将会置身于不利的局面:猪卖不出去,但数量却在增加。

3. 生长肥育猪价格的变化。相对于屠宰猪来说,生长肥育猪的价格更不稳定;变化往往幅度较大、较快。这是因为目前还没有一个运作良好的全国性断奶和生长肥育猪市场体系,因此稳定的价格也就无从谈起。

4. 断奶和生长肥育猪的交易方式。交易方式有 3 类:

a.订立合同。这是基于双方的常年合同,断奶和生长肥育猪生产者直接把猪卖给育肥猪生产者。通常是当这些猪的价格根据将来达到上市体重时的商品猪的可能价格而定。那些在预先确定的体重和质量范围之外的猪,则要对价格进行调整。

b.有组织的竞争市场。经营规模较小的生产者则较适合采用拍卖的方式卖猪。正规的拍卖要体现以下优势:(1)对品种、颜色和大小进行统一的划分;(2)可以快速完成大批猪的交易,且价格合理;(3)买者对猪的大小、质量和数量兴趣不一;(4)竞争开放。这种交易方式中来自不同猪场的猪相互接触,因此客户对健康问题的顾虑成了这种交易方式的最大劣势。

c.私人交易。私人交易是指生产者和购买者直接就要出卖的某批猪进行商议。通常,通过报纸广告或者饲料供应商,买家和卖家聚到一起,然后在实际检查之后再定每头猪的价格。这种交易方式的缺点是随机而不稳定。

注:断奶和生长肥育猪的饲养请参看第七章。

断奶和生长肥育猪的育肥

如前所述,育肥猪生产者要先购买断奶猪或生长肥育猪进行肥育,喂到上市体重后出售。育肥猪生产在养猪生产中,管理和劳动力成本都是最低的。大多数的饲喂和粪便处理都采用机械化;死亡率也很低:只有 3%,甚至更低。这个阶段的猪对某些疾病和环境变化已经有了抵抗力。猪舍设备的质量要求也不像分娩和保育时那样严格(图 15.8)。

生产者只需充足的饲料供应和有限的劳力就可以购买生长肥育猪进行肥育,然后出售。其收益取决于断奶或生长肥育猪的成本、商品猪的价格、劳力费用和资金投入情况。如果生长肥育猪状态良好、来源单一可靠,生产中又按以下的几点管理,那么死亡损失很可能就最小。

1)要遵守卫生条例。

2)避免不必要的管理,在前 2 周要密切观察猪群状况,和兽医共同努力保持猪群的最佳健康状态。

3)新购买的生长肥育猪最好先不要和其他猪接触(图 15.9)。同断奶较晚又不隔离的生长肥育猪相比,早期断奶并隔离的生长肥育猪能维持更高的健康水平。

图 15.8 条缝地板上的生长肥育猪,其粪尿可漏入下面的粪沟中。(爱荷华州立大学 Palmer Holden 提供)

图 15.9 现代育肥猪舍:双帘系统、漏缝地板。(爱荷华州立大学 Palmer Holden 提供)

4)避免生长肥育猪和种猪的接触。生长肥育猪对自身携带的病毒细菌已有免疫作用,但是这些病毒细菌会在其他猪中间扩散传播。相反,本场猪的身上也带有某些新购生长肥育猪所不能接触的微生物等。

5)为了避免疾病的散播,对两组猪管理时要穿不同的衣服和靴子,管理前要先洗手。要先给易感猪群打扫,例如,先在分娩舍打扫,然后才打扫保育舍和育肥舍。

6)饲喂新鲜、适口性好、全价的饲料。假如采食量低于预期,就要提高营养浓度。

7)与兽医一起制定一份猪群卫生计划。具体的条目制定应考虑以下因素:

a. 每 1 000 lb 保育阶段饲料中加入 1 lb $CuSO_4$(等于 250 mg/kg 的铜),或者加入 1 lb ZnO(约等于 3 000 mg/kg 的锌),这是很有益的。有一点我们要注意:饲喂高水平的铜将增加粪便中的铜含量;假如粪便作为肥料使用,对铜非常敏感的羊就可能吃到这些土地上的牧草。

b. 第 1 周饲料中添加的抗生素水平要高(200 mg/kg 或以上),然后逐渐减少。假如猪生病不肯采食,则把抗生素加入水中。一些抗生素可能使水有异味,从而降低了猪对水的摄取。

c. 为猪群清除虱子和疥癣。根据不同的药物,可采用口服、喷雾或注射等方式。天气潮湿或寒冷时以及猪群刚购进的 5 d 内,不能使用喷雾的方式。

8)假如栏位圈舍和饲喂设备充足,就按性别分开饲喂。相对于小母猪,阉公猪能更快地达到上市体重而且所需的饲料氨基酸水平也较低。也可以按体形大小分开饲喂,因为体形大的猪会把体形小的猪挤开,不让其进食饮水。

9)有问题出现时,马上联系兽医解决。

表 15.5 为使早期断奶成功,保育所参考的指标[①]

指标	断奶时间/周			
	2	3	4	5
仔猪最小体重/lb	9	12	15	21
温度/℉(℃)	85(29)	83(28)	81(27)	79(26)
每猪地面空间[②]/ft	2	2	2	3
饲喂空间每纵尺的最大仔猪数/头	5	5	5	5
每个饮水器的最大仔猪数[③]/头	8	8	8	8
最大圈养量/头	10	10	15	25

注:①可参看附录中美国惯用长度单位和公制的转化。
②这是部分或全漏缝地板的数据。若是全实地面,需要再增加 50%
③如使用水槽代替水嘴,则至少每 12 头仔猪就有 1 个水槽。每个圈中,至少要准备 2 个饮水器,以免发生供水中断。

10)表 15.5 中列出了所推荐采用的环境操作,包括温度、猪舍面积、采食空间以及饮水嘴的数量。

注:猪的营养请看第七章。

公、母猪分圈饲养

现已充分证明猪性别不同,育肥性能也不同。问题是:阉公猪和青年母猪的确需要分开饲喂吗?

这要看各年龄组的设施数量、猪只数量、栏位数量以及现在所饲喂的各种饲料的量、储料罐及饲料输送线的数量。体重不足 60～70 lb 的猪并不需要饲喂专门饲料。但从 60～70 lb 开始,氨基酸的需要开始发生变化。无论如何,不同体重的猪有不同的需求,因此,不仅需要分别为阉公猪和青年母猪提供不同饲料,还要为同一育肥设施中而体重不同的猪提供不同的饲料。

如果育肥舍中所有猪的天龄和体重都比较一致,那么就把圈中的小母猪移到过道或生长肥育猪组的一侧饲喂,而把阉公猪移到另一侧饲喂。生长速度慢的猪需挑选出来并单独饲喂,或者直接淘汰。阉公猪和青年母猪分开饲喂的方式需要 1～2 种额外的生长肥育猪饲料和 1～2 种肥育猪饲料。在这种情况下(所有的猪属于同一日龄组),就需要为阉公猪和青年母猪分别配备 1 个储料罐。假如猪舍中的猪分多个日龄组,那么就至少为某个性别配备 2 个储料罐,例如,分别为体重较大和体重较小的阉公猪各配备 1 个储料罐。

预防猪肉中药物残留的管理

在猪饲料中广泛使用添加剂的历史已有 50 年了。饲料添加剂有效地提高了猪的生长速度,同时降低了死亡率和发病率。但为避免胴体药物残留超标,屠宰前的一段时间要停止添加剂使用。第八章的表 8.2 中列出了一些常用的添加剂及其适当的停药时间。

近年来,人们最关注的引起药残的饲料添加剂是磺胺药物,包括:磺胺甲嘧啶、磺胺塞唑和其他的磺胺类药物等。然而,假如停药时间没有严格执行或制定的药物残留水平较高,那么表 8.2 中所列出的任何一种产品都可能会带来药物残留。

美国猪肉生产者委员会于 1989 年开始推行猪肉质量保证(PQA)方案——三水平管理培训计划。这个计划强调好的管理措施,使用动物健康产品,鼓励生产者检查自己的猪群健康计划。PQA 所定的良好生产实践(GPPs)技术有:

1)确定并追踪那些使用饲料添加剂的猪。通常最明智方法是把这些猪放在一个隔离的"病猪"圈中,这样可以避免那些需要有停药期的饲料添加剂通过这些动物的粪尿,影响到临近的圈中那些快达上市体重的猪。

2)保留药物治疗和处理的记录。

3)药物和加药的饲料要适当地贮存、贴标签和记录。

4)采用可行的兽医-客户-患猪制度,这是决定药物使用的基础。

5)所有的员工和家庭成员都要接受正确管理的技术培训。

6)适当的时候进行药物残留检测。

7)建立一个有效果和有效率的猪群卫生管理计划并能切实贯彻。

8)细心照料猪群。

9)正确执行农场和商业饲料处理程序。包括好的饲料配合方式,比如注意配合的先后顺序,来避免饲料添加剂的残留污染快上市猪的日粮。同时,要清洁或冲洗饲料混合、输送和饲喂设备,减少这些药物被混入最后肥育饲料的可能。

10)每年要完成猪肉质量保障的各项要求,每 2 年要进行 1 次培训。

养猪技能

要想养猪成功、获得收益,就应当做到以下几项技术要求。

断脐

在脐带未干之前,要给初生仔猪断脐。断脐后要保留脐带大约 2 in,并蘸碘酒等消毒液消毒。假如脐带变干,仍要夹住。假如已经脱落,便无须对断脐位置消毒(图 15.10)。

剪獠牙

初生小猪共有 8 个小獠牙(也叫獠牙),其中上下颌的左右两边各有 2 个。绝大多数生产者会在仔猪出生后尽快剪掉这些对猪没有益处的獠牙。这些牙齿很锋利,经常造成母猪受伤,特别是柔嫩的乳房部位,而且相互撕咬和抓挠的仔猪还可能因此造成传染。

剪牙时可以使用一把小剪刀或金属钳(图 15.11)。操作的时候一定要小心,以免损伤到仔猪的上下颌或齿龈,因为伤口可能被细菌感染。正因如此,只需剪断獠牙的尖端(即乳齿的 1/3)就可以了。

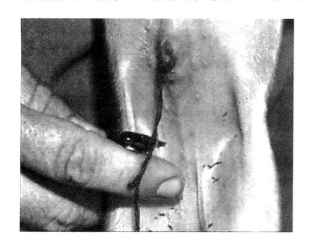

图 15.10　给仔猪断脐。(爱荷华州立大学 Palmer Holden 提供)

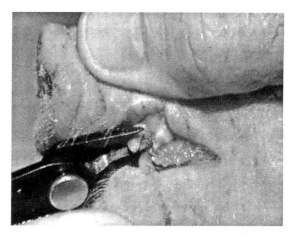

图 15.11　通常在仔猪出生 1～2 d 内剪牙。(爱荷华州立大学 Palmer Holden 提供)

虽然一些研究表明,牙齿并不一定需要剪断。然而,假如小猪的面部已因此而出现伤痕,剪牙就有必要了(图 15.12)。

断尾

仔猪断尾对猪的舍饲来说是有实际意义的。某些生长肥育猪交易中对此更有明确规定。断尾可能是最好的方法来避免或减少咬尾的发生以及由此带来的伤口引起的感染(图 15.13)。

一般应在离尾根 0.75～1 in 处断尾。可使用灭菌的金属钳或电烙刀。更多的时候,在剪牙或注射铁剂的时候即可断尾。在断尾处可喷洒或蘸上保护伤口的药。

注射铁剂

仔猪出生后不久,就要首先注射铁剂以避免发生营养性贫血。正确的注射包括合适大小的针头的使用和最佳的注射部位(图 15.14)。针头的长度取决于注射的方式(皮下或肌内)。对仔猪而言,比较

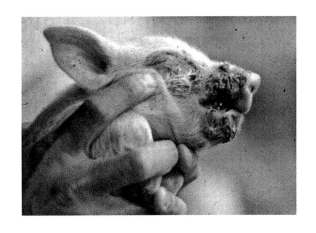

图15.12 未剪牙的仔猪由于打斗而产生的面部伤口。
（爱荷华州立大学 Palmer Holden 提供）

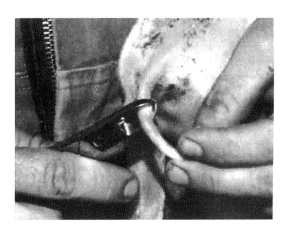

图15.13 给仔猪断尾，以减少咬尾。保留长度为1 in。
（爱荷华州立大学 Palmer Holden 提供）

稀的液体用20单位的针头注射,而比较浓的液体则使用18单位的针头。母猪绝大多数时候则用16单位或14单位的针头进行注射。高单位的针头可减少针头损坏带来的伤害。

针头应当锋利而洁净。肌肉注射的部位一般应在颈部肌肉。一定不要在猪的大腿上注射,因为可能由此产生红肿,从而损害了这块极有价值的猪肉部位。注射的时候要把猪充分固定。分别用针从药瓶中吸取药品和注射以免污染药瓶。同时,注射铁剂的时候,要求窝与窝之间要使用不同的干净针头。

猪只标识

目前最普遍的用来确定猪只身份的方法就是打耳缺(15.15)。打耳缺的时间一般同剪牙和断尾同步。为了进行个体登记和群体成绩记录,纯系育种者发现采用一个编号系统以帮助人们来识别个体的

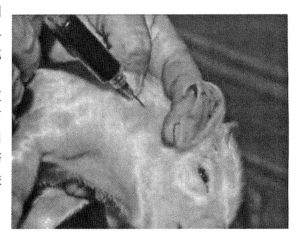

图15.14 给仔猪肌肉注射铁剂。因为注射部位可能出现红斑或肿胀,所以部位选取低价值的耳朵后部的肌肉。
（爱荷华州立大学 Palmer Holden 提供）

身份是很必要的。即便在商品猪群中,如果要从产仔数高而生长快的窝中选出后备母猪,也需要个体识别系统。

尽管还有其他的猪只识别方法,比如塑料或金属耳牌刺号或烙印等,但图15.16所示的是最为普遍的、绝大多数品种协会统一的耳缺系统。通常使用专门的 V 形耳号剪来打耳缺。

微芯片——欧洲和美国正在试用电子猪只跟踪系统。目的是给每个农场的每头猪一个号码。这样每头猪都携有自己的记录,例如繁殖记录、健康和治疗状况。现在,微芯片相对于其他方法还没有价格优势,而且微芯片还有可能从植入的地方转移到身体其他部位。我们必须在屠宰的时候可以回收微芯片,或者把微芯片植入那些不会被人们食用的部位,比如猪的后蹄。从理论上说,消费者有能力鉴别零售包中的猪肉来自猪的哪个部位。

去势

去势就是摘除公猪的睾丸以及母猪的卵巢。在美国,母猪通常不用去势;在欧洲,大多数的公猪也

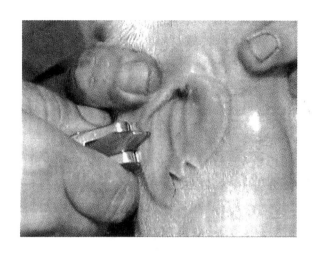

图 15.15　在仔猪的右耳上打窝号。假如这是最后的结果,那么窝号就是 33。(猪肉工业手册,普渡大学)

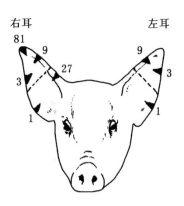

图 15.16　这是一个常用的耳号系统(也叫 1-3-9-27 系统),也是绝大多数猪注册协会使用或建议使用的系统。右耳用于打窝号,左耳用于标个体号。标记到 161 窝时就需要重新开始。(猪肉工业手册,普渡大学)

不去势。

　　公猪去势是出于保持肉质的考虑,因为这样在避免不可控制的配种发生的同时,又能避免烹调猪肉时出现性成熟公猪的气味。公猪去势应当在其出生 3 d 内进行,这时候的应激最小。另外,小猪也容易把握和控制,出血也少。

　　给小猪去势时,要根据小猪的日龄和大小以及帮手的数量来选择最好的把握和控制方式,如图 15.17 所示。假如猪很小,可用一只手把握,用另一只手来给其去势。当小猪较重,可以:(1)抓住后腿将小猪吊起,使其后背朝向帮手(用膝盖夹住小猪靠近前腿的肋骨);或者(2)将其后背按在桌面上,这需要 1 个去势架,或者让 2 个助手分别抓住小猪前腿和后腿。对大点的公猪,通常在獠牙后缘将其上颌套住,将绳子另一端绑在柱子上,然后可进一步绑定小猪四条腿或者吊起它的后腿,便可给呈躺势或立势的小猪去势。以下的方法可用于不足 7 日龄的小猪去势:

　　1)可以使用沟状刀片的外科手术刀柄(Bard Parker 3 号刀柄和 12 号刀片)。

　　2)用温和的消毒液清洗小公猪的阴囊。

　　3)用一只手抓住猪的后腿将猪固定,用拇指向上挤压小猪的睾丸直到阴囊的皮肤绷紧。

　　4)将刀片尖端扎入小猪阴囊,然后向上一直划到尾部。

　　5)在另一个阴囊上重复以上的动作。另一个方法就是用刀割开阴囊的底部并取出睾丸。

　　6)把睾丸从切口处挤出。

　　7)拿住睾丸,向上拉,拿出时尽可能少地带出组织。

　　8)只要合理操作,流血少且伤口也干净。

　　9)给一只小猪去势完后,给手术刀消毒并给小猪伤口外敷消毒粉或消毒液。

　　大一点的猪(1 周龄以上)的去势如下:把猪固定,抬高后腿,然后在小猪两腿之间,向下挤阴囊并去势。这种方法不影响猪的排泄,但需要 1 个或 2 个帮手。

　　关于去势,大概最重要的就是时间要合适;绝大多数的养猪生产者通常自己安排去势时间,也有的会向兽医请教。隐睾或患阴囊疝的猪要由兽医对其进行去势。

　　已无种用价值的公猪可在上市前去势以消除公猪的特有气味。这需要借助麻醉剂。去势的伤口经 3～4 周愈合后,气味也消失得不影响阉猪上市了。绝大多数的公猪或阉公猪的肉会用来制作加香料的

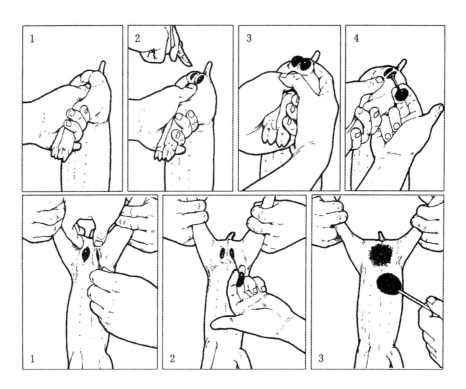

图 15.17　为减少手术应激,应早给仔猪去势。(John Hammond,养猪进展)

香肠,以此遮掩残留的公猪味道。

断奶

最佳断奶时间会因营养计划、设备、环境、仔猪健康状况以及操作的可行性有差别。在美国,时间一般在第 3～4 周。根据生产者的管理技术、集约化程度、设备情况、群和群之间的断奶日龄也有所不同。一般来说,断奶时间有很大的调整空间,然而,成功的断奶仔猪管理要很精细。下面便是一些减少仔猪断奶应激的一些措施:

1)仔猪体重在 12 lb 或以上才能断奶。

2)施行部分断奶制度,较重的仔猪先断奶,较小的仔猪在 2～3 d 后断奶。保育舍的温度起码要85℉(29℃)。

3)根据个体大小进行分组。然后再根据性别分群以便分性别饲喂。

4)每圈的仔猪要限制在 25 头。有些生产者会把很多仔猪放在一个圈中饲养,但这需要更多的经验。

5)假如出现断奶后腹泻,那么要限饲 2 d。

6)假如腹泻有所蔓延,那么就要用被认可的药物对水进行处理。

7)平均每 4～5 头猪有 1 个喂料口,每 20～25 头猪要有 1 个饮水器。

剪除公猪的獠牙

公猪留有长长的獠牙是肯定不安全的,因为这会伤害其他的公猪,对饲养员也是很危险的。首先,因为配种季节需要经常赶猪,所以在此之前要给公猪剪獠牙。在剪牙前一般要先用粗壮的绳子缚住公猪上颌,把猪拴系在一个不会对周围目标造成危险的地方。如图 15.18 所示,在公猪使劲后退并把嘴张开的时候,用铁锯剪掉公猪的獠牙。

好在由于人工授精的大范围使用,猪场所需的公猪数量已大大减少。

分(转)群

恰当的分组是生产中很重要的管理措施。除了根据性别、大小这种明显的分组,下面则是一些成功的生产者所提倡的一些分组措施:

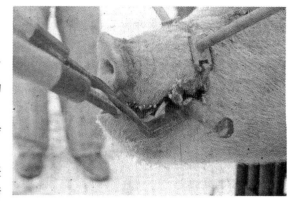

图 15.18　给公猪剪獠牙,目的是为了保障饲养员以及其他猪的安全。(爱荷华州立大学 Maynard Hogberg 提供)

1. 留做种用的青年母猪。这些猪在 4～5 月龄时就应与商品猪分圈饲养。

2. 妊娠的青年母猪和经产母猪。这两类猪在妊娠期应分开饲养,除非它们是自由采食。青年母猪和经产母猪不能一起圈养,因为经产母猪更占优势并可能伤害体形较小的青年母猪。

3. 不同年龄的公猪。年轻和成熟的公猪不能一起圈养。年龄或体形大小一致的公猪可在非配种季节一起圈养。不能把不同圈舍的公猪混养,否则,可能引起公猪争斗而受伤。

4. 不同体重的猪。体重不一致的育肥猪不应在一起圈养。所谓的不一致,建议采用的标准是比平均体重低或者高 20%。

5. 母猪以及仔猪的合圈。大约 2 周龄的仔猪才能和母猪一起圈养,尽管如果有仔猪数少的,可以在 1 周龄的时候同母猪合圈。但两种情况的差别不能超过 1 周。

6. 调整窝的大小。有可能的话,要根据有效乳头数和母猪的带仔能力调整窝的仔猪数。仔猪的寄养应当尽可能早,通常在仔猪出生 3～4 d 内完成。假如对仔猪气味进行伪装,可能容易完成寄养。关键是要让所有的仔猪吃上初乳。

生物安全

卫生措施是有效的猪群健康制度的基础。采用卫生的管理措施是为了提高猪群健康、减少疾病,但卫生措施绝不仅仅是清洗和消毒。一般认为,卫生管理首先要生产者懂得疾病及其传播的方式(参见第十四章)。以下就是和卫生有关的因素和实践措施:

环境作用——潮湿环境利于致病体的传播和存活。因此干燥和通风对于维持猪群健康是非常重要的。

猪舍的设计和建造——猪舍的建筑和设施应当耐久和易于清洗。舍内所有地方都有适当的排污装置,因此污水不会滞留而引起微生物细菌的滋生。

腾空圈栏——彻底清洗和消毒时,把所有的猪转移出去,这样会减少疾病再生,因为许多致病微生物离开猪体后时间太久是不能存活的。牧场和地块轮换也包含其中。假如需从生产线中彻底清除所出现的疾病以防止猪群再次感染,固体材料的地板(如混凝土、金属或者塑料等),需腾空 1 周甚至更长的时间;牧场或地块则需要 1 个季节或甚至更久。

清洗消毒——所有舍内设备彻底清洗后,马上进行全方位的消毒。

洗鞋设备——为防止疾病在猪舍间、生产区间和农场间的扩散,应在入口处放置有消毒液的洗鞋设备。消毒液要保持新鲜,假如有有机物质聚集,应随时更换。

给母猪清洗——为尽可能地减少初生仔猪同寄生虫卵及其他微生物的接触,应在分娩前用温肥皂水（或去垢剂）和温和的杀菌消毒液给母猪清洗。这项工作应在进入分娩舍前马上进行。当然，分娩舍已经先清洗和消毒过。

仔猪尸体及其胎衣处理——仔猪尸体和胎衣会扩散疾病，应当让清洁人员马上移走或扔到粪堆或焚烧或者在水源下游就地掩埋，掩埋时要覆盖大量生石灰。死猪的聚集区要远离生产区，这样就无须清洁卡车开进生产区（图15.19）。

第十四章针对具体疾病的扩散特点和控制给出了更详细的描述。

早期隔离断奶

图15.19　一个处理死猪的方法就是扔到粪堆中。用粪便或稻草埋住死猪尸体，使之腐烂。（爱荷华州立大学 Palmer Holden 提供）

早期隔离断奶（SEW）是与传染病控制程序有关的一个术语，其主要目的是避免母猪把疾病传染给仔猪，提高断奶后仔猪生活力。SEW虽然是个经常使用的术语，但实际管理中会分为早期断奶和隔离两部分。具体程序为：（1）在仔猪21日龄内断奶，而通常的做法是在21～28 d。（2）将仔猪同母猪隔离。要么把仔猪从分娩舍转走，要么把母猪转到配种舍而把仔猪留在分娩舍。因此，同母猪的隔离防止了传染性疾病由母猪垂直传播给仔猪。

断奶时间是早期隔离断奶成功与否的关键。初乳中的母体抗体对不同疾病的免疫能力以不同速度的下降。断奶就是要防止疾病由母体传染给仔猪，具体时间还要取决于母猪自身的免疫状况、母猪群的传染病情况，还有仔猪同母猪微生物的接触等情况。例如，要防止微生物引起的萎缩性鼻炎可在10日龄的时候断奶，然而要防止伪狂犬病毒的传播，只要不迟于21日龄断奶就可以了。其他诸如链球菌、放线杆菌、大肠杆菌、轮状病毒和双孢子球虫等的传播则无法通过早期断奶防止。早期断奶的优点有：

1）8～9周龄的早期断奶猪比较重。

2）降低了母猪哺乳期的饲料消耗。

3）可稍微地增加年产窝数。

4）哺乳期母猪体重损失较少，可更快地再次配种。

5）无论是卖掉母猪还是让母猪再配，都更有灵活性。

6）如有更多的母猪要在分娩舍分娩；如果施行早期断奶，分娩舍的总空间需要量就较少而每头猪的设备损耗也较低。

成功的早期断奶首先需要一个合理的配种和妊娠母猪饲喂制度，这样才能保证有更多的健活仔出生。泌乳力好的母猪对仔猪顺利离乳是至关重要的；哺乳期间积极的小猪母猪管理可保证断奶猪的健壮和整齐。

有高质量开食料的保育饲养制度对小猪是很重要的。假如小猪21日龄前断奶，尽管在补饲过程中耗费了人力和费用，对小猪也并无多大帮助。在保育期通常要增加劳力和设备损耗以及预防性饲料药物。要达到最好效果，在为早期断奶仔猪规划保育环境时，应当参看表15.5中列出的指导方针。

早期断奶和早期隔离断奶（SEW）都是以下两种技术结合的疾病控制程序：早期断奶和仔猪与母猪的隔离。

仔猪早期断奶和隔离防止了传染病由母猪垂直传给仔猪。断奶猪会分组饲养，组与组相互隔离并采用全进全出的生产方式。在"全进全出"生产中，不同年龄组间的隔离也有利于防止疾病在不同龄猪间的水平传播。通常，会把SEW这个术语从那些早期断奶的猪和同母猪隔离的猪扩展到早期断奶后的分组。但这个术语定义的是断奶时而不是断奶后的生产程序。

仔猪隔离可采用以下两种方式的任何一个:(1)断奶仔猪由分娩舍转走;(2)把母猪转到配种舍而让仔猪留在分娩舍。另外,断奶仔猪应和那些已断奶分组以及还未断奶的猪隔离,也不能同生长舍中与其健康状况不同的猪混合。还有,与常规的 21～28 日龄断奶相比,所谓早期断奶指的是在 21 日龄前,一般在 17～21 日龄间给仔猪断奶。

母猪初乳中的抗体保护仔猪免于感染,直到断奶。在猪群中传播的微生物以及母猪所接种的疫苗刺激了初乳抗体的产生。通过给母猪药物治疗可减少传染性微生物的传播。也可在断奶前针对某种病原微生物给仔猪进行药物治疗。

断奶时间是早期隔离断奶成功的关键。初乳中的母体抗体对不同疾病的免疫能力有着不同的下降速度。例如,要防止伪狂犬病毒的传播,只要不迟于 21 日龄断奶就可以了,但对于微生物引起的萎缩性鼻炎而言,便需要在 10 日龄的时候断奶,因为没有针对它的抗体。而链球菌在仔猪出生 1～2 d 内就能传染传播。所以,早期断奶对这种微生物是不起作用的。

SEW 的主要优点是可提高猪的性能表现、减少死亡率和发病率。这可能是因为 SEW 可减少传染病发生,尤其是呼吸系统疾病,并刺激增强了猪的免疫系统功能。假如仔猪无须给免疫系统专供营养,这些营养就可用于仔猪生长。疾病少了,猪的胃口也就增大。而且,传染病的减少会减少药物和疫苗的使用,也就降低了生产投入。

早期隔离断奶有利于降低背膘、增加眼肌面积和胴体瘦肉率。SEW 的另一个优点就是使保持母猪群的遗传基础成为可能。例如,假如母猪群受到某微生物感染,而仔猪则可以养在另一个不受母猪影响的圈舍。

SEW 制度的潜在的缺点是:(1)缩短哺乳期的同时增加母猪断奶到配种的间隔,从而降低了妊娠率和产仔数;(2)要为猪群调动而增加和协调支出费用;(3)尽管相对于 8 周龄的生长肥育猪来说,合理地SEW 的仔猪在运输中的应激及其死亡率都比较低,但仔猪如此弱小,对于运输是个特殊的挑战;(4)17日龄内断奶的仔猪需要保育设备做出相应调整,需要质量更高更贵的饲料,以及前 1～2 周更为严格的管理技术。

全进全出(AIAO)

全进全出是指让猪按组或批次同步出生、同步保育、同步生长育肥的生产方式。

全进全出管理中,同组的猪的出生保育和生长育肥都在一起。通常,一个圈舍同一周内出生的小猪才算同组,但在全进全出制度中,只要差别 10 d 之内都可以一起保育 10 d,并且育肥舍中的猪可差别2～3 周。当某批猪转到下个生产阶段,要清洗消毒所有的圈舍以便下批猪转入。无论是断奶前仔猪生产、生长肥育猪生产还是育肥猪生产,全进全出对任一种养猪方式都是有益的。

全进全出不是新鲜事物。开始的时候,这项技术应用在分娩和保育舍中以防止仔猪腹泻(大肠杆菌)和呼吸道疾病。发展到今天,全进全出已经成为猪场健康管理的一部分,比如给猪沐足、进场隔离、安全围栏、网捕雀鸟、进出沐浴、交通控制以及种猪引进隔离等也都属于该程序。在分娩、保育和育肥管理中全进全出用于控制多种猪病。

普渡大学的研究者比较了全进全出和常规体系中的生长肥育猪的性能表现和健康状况。根据 4 个重复试验,他们报道 AIAO 体制下的猪长得更快(1.72 lb/d:1.52 lb/d),饲料利用率更高(3.04 lb:3.23 lb),更早达到上市体重 231 lb(173:185 d)。

无特定病原(SPF)猪

所谓 SPF 猪是指出生时不携带某些特定疾病病原体的猪。SPF 猪虽然代价很高,但却是有效的途径来更新未曾感染外部寄生虫(虱子和疥癣)和特定病原的种猪群。这里的特定病原体包括:肺炎支原体(猪地方流行性肺炎)、支气管败血布氏杆菌(传染性鼻炎)、赤痢螺旋体(猪痢疾)、胸膜肺炎放线杆菌

（猪胸膜炎）、伪狂犬病毒（奥耶斯基氏病）、普鲁氏菌、细螺旋体等。SPF 体系包含以下几点：

1）在母猪正常分娩前 2～4 d，对其进行外科手术来获得仔猪（腹膜外式剖腹产手术）。

2）仔猪出生后 1 周内要单个隔离饲养，然后以 8～12 头为一组圈养到第 4 周。

3）从第 4 周开始，以 10～20 头为一组一直养到性成熟。所在的农场要保证所有其他的猪已转移而且没有新的种猪引进；生产者也不能接触其他的猪。

4）在这些清洁猪场中将 SPF 猪恢复常规饲养。

5）将 SPF 猪供应到其他"清洁"猪场——这些猪场没有猪或者只有 SPF 猪，农场主应避免接触其他的猪。

当然，也可以在仔猪自然分娩时用消过毒的帆布包、消毒水池或消过毒的毛巾处理仔猪来获得 SPF 仔猪。不过，这个方法并不值得提倡，因为分娩时间不好确定，又可能在分娩过程中造成污染。

还有子宫切除手术。这种方法就是将母猪杀死而把子宫和仔猪一同取出。由于不经过生殖道分娩，就排除了任何被感染的可能。尽管子宫切除手术技术能最大可能地控制病原感染，但有一个最大的缺点是许多实验室并不按照屠宰检查条例去做，因此在出售母猪胴体的时候会遇到麻烦。最后，商业实验室只能使用腹膜外式剖腹产技术获得仔猪并让初生仔猪同母猪隔离免受污染。

SPF 仔猪可以采用 1～2 种方式饲养。一种方法是让仔猪吸目的地农场中的同期待仔母猪的奶。这样就使得仔猪可从母猪获得抗体、提高自身存活能力。除非仔猪已经吃上奶，否则不能喂食给仔猪，因为它们的消化酶还没有分泌。另一方法就是在个体仔猪笼或无菌环境中人工饲养。因为仔猪不能从母猪奶水中获得抗体，因此这种方法是有风险的。

SPF 猪生产的另一个风险就是仔猪不接触各种特定病原，以后更容易被病原感染。而动物安全是生产者高度重视的问题。

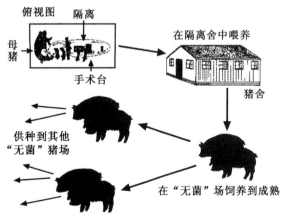

剖腹产手术获得无菌猪流程图示

图 15.20　上面显示的是通过腹膜外式剖腹产手术获得无菌猪的流程图示，其第 1 步是通过手术取出胎儿。

（皮尔森教育提供）

图 15.20　列出的就是 SPF 条例的大致情况。

基础 SPF 种群的猪需通过外科手术和严格隔离制度而获得。如要引进外血，也必须通过外科手段，比如由正规实验室（减少母猪把病原传给仔猪）操作的胚胎移植、剖腹产，或者人工授精。这些基础猪群用于扩充次级扩繁群，扩繁群则为商品猪生产者提供种猪。

次级 SPF 种群则由生产者管理，把生产的种猪卖给其他商品猪生产者。所有次级种群的种猪必须全部来自 SPF 基础群，或者是按照基础群的生产程序获得的。要维持猪群的 SPF 地位，种群要接受专门鉴定委员会的监督。

国家 SPF 协会，位于爱荷华州康拉德县，其职责就是监督猪场的 SPF 体系，并为合格者颁发鉴定证书。这个组织是由独立的猪育种生产者组成，是他们进行监督和鉴定工作。内布拉斯加州还有一个州 SPF 授权组织。

麦克林县体系

由 B H Rasom 和 H B Raffenperger 提出的猪卫生麦克林县体系（McLean County System），是早期的养猪卫生条例之一。这个体系于 1919 年在伊利诺斯州麦克林县（McLean）开始实施。今天，这个体系只有历史意义了。但它曾有效地减少了猪寄生虫和疾病的发生。这个体系在应用中主要分以下

4 步:(1)要对分娩舍进行清洗和消毒;(2)转入分娩舍前要冲洗母猪;(3)要给母猪和仔猪提供干净的牧场;(4)至少要保证 4 月龄前的猪被饲养在干净的牧场中。

饲养管理和动物福利

只有动物生产者理解和认识到给动物提供切实可行的舒服环境可以达到动物福利和经济收益的双赢;他们能以动物行为和环境为原则去管理猪场。这就要求生产者重视在饲养环境方面的投入,比如饲喂设备和猪舍(这些都会影响动物的行为以及身体舒适感)。

动物福利问题会随都市化的进程而增加。在乡下居住的非农家庭和城里人,拥有农场后院的人会越来越少。结果,动物生产者和非农职业者之间对动物福利的认识会变得相去甚远。新闻媒体和立法者也将更多地来自城市,非农场观点会对将来动物生产的影响会越来越大。

美国猪肉生产者委员会(National Pork Board)于 2003 年发起猪福利保证计划(SWCP)来帮助猪肉生产者提高他们农场的动物福利和安全水平。这个组织中受过培训的观察员会就所检查农场的福利保证能力以及缺点提出建议。

美国猪肉生产者委员会于 1989 年开始推行猪肉质量保证(PQA)——三水平管理培训体系。这个计划强调好的管理措施,使用动物健康产品,鼓励生产者检查自己的猪群健康计划。PQA 规定的良好生产实践(GPPs)技术有:

1)确定并追踪那些使用饲料添加剂的猪。通常最明智方法就是把这些猪放在一个隔离的"病猪"圈中,这样可以避免那些需要有停药期的饲料添加剂通过这些动物的粪尿,影响到临近的圈中那些快达上市体重的猪。

2)保留药物治疗和处理的记录。

3)药物和加药的饲料要适当地贮存、贴标签、记录。

4)采用可行的兽医-客户-患猪制度。这是决定药物使用的基础。

养猪生产的目的就是提供没有药物残留、质量又好的猪肉。(美国猪肉生产者委员会提供)

5)所有的员工和家庭成员都要接受正确管理的技术培训。

6)适时进行药物残留检测。

7)建立一个有效果和有效率的猪群卫生管理计划并能切实贯彻。

8)细心照料猪群。

9)正确执行农场和商业饲料处理程序。这包括好的饲料配合实践,比如配合的先后顺序,避免污染快上市猪的日粮,造成饲料添加剂的残留。同时要清洁或冲洗饲料混合、输送和饲喂设备,减少这些药物被混入最后肥育饲料的可能性。

10)每年要完成猪肉质量保障的各项要求,每 2 年要进行 1 次培训。

学习与讨论的问题

1. 管理的定义。列出一个大型养猪企业的成功管理者所应担当的 5 个角色并讨论。年轻人怎样成为一个管理者？

2. 德克萨斯技术大学对舍内和户外两种集约化猪肉生产方式做了对比研究，他们的试验结果是什么？美国温带地区的养猪生产者会恢复户外生产方式吗？

3. 在生产中要使用公猪配种还是采用人工授精，还是两者结合，列出所要考虑的因素。

4. 列出青年母猪和经产母猪管理中最重要的要素并分别讨论。

5. 描述下面的每种生产方式并说出它们的地位。

    a. 出生到肥育全程饲养；

    b. 断奶前仔猪饲养；

    c. 生长肥育猪生产；

    d. 育肥猪生产。

6. 说说下面几项技术的重要性。

    a. 给仔猪剪牙；

    b. 标记或身份识别；

    c. 去势；

    d. 断尾。

7. 在什么时间？怎样给仔猪断奶？为什么？

8. 什么是 SPF 体系？它的价值和缺点分别是什么？

9. 养猪生产中实行的"全进全出"制度的定义是什么？为什么实行？怎样实行？

10. 什么是养猪卫生麦克林县体系？

11. 列出并讨论避免猪肉中出现饲料添加剂残留的管理措施。

主要参考文献

Animal Welfare, M. C. Appleby and B. O. Hughes, CAB International, New York, NY, 1997

Farm Animal Well-Being, S. A. Ewing, D. C. Lay, Jr., and E. von Borell, Prentice Hall, Upper Saddle River, NJ, 1999

Handbook of Livestock Management, 3rd ed., R. A. Battaglia, Prentice Hall, Upper Saddle River, NJ, 1998

Pork Industry Handbook, Cooperative Extension Service, Purdue University, West Lafayette IN, 2002

Pork Quality Assurance, National Pork Board, Des Moines, IA, 2003, http://www.porkboard.org/PQA/default.asp

Stockman's Handbook, *The*, 7th ed., M. E. Ensminger, Interstate Publishers, Inc., Danville, IL, 1992

Swine Breeding and Gestation Facilities Handbook, MWPS-43, J. Harmon et al., Midwest Plans Service, Iowa State University, Ames, IA, 1997

Swine Care Handbook, National Pork Board, Des Moines, IA, 2003, http://www.porkboard.org/docs/default.asp

Swine Genetics Handbook, National Swine Improvement Federation, North Carolina State University, Raleigh, NC, http://mark. asci. ncsu. edu/nsif/handbook. htm

Swine Nursery Facilities Handbook, L. D. Jacobson, H. L. Person, and S. H. Pohl, Midwest Plans Service, Iowa State University, Ames, IA, 1997

Swine Production and Nutrition, W. G. Pond and J. H. Maner, AVI Publishing Co. , Westport, CT, 1984

第十六章 粪污和环境管理

爱荷华州 Taylor 县的一个农场的养猪场的储粪池。这个养猪场建在一个山坡的斜坡上,下面是一个人工洼地,使用细菌来净化猪场排除的污水。(Tim McCabe 摄,美国农业部自然资源保护局提供)

内容

目标

学习本章后,你应该:

1. 明白养猪生产中使用垫草的优缺点。

2. 明白粪污收集、转移、贮存和施肥的方法。

3. 明白液粪贮存的风险,尤其更要注意沼气的产生。

4. 了解给作物或牧场施肥时,决定肥料量所应考虑的因素。

5. 注意养猪生产中的环境问题。

6. 了解和美国猪肉生产者委员会的猪肉质量保证体系和猪福利保证体系相似的体系。

养猪是对猪进行饲养和管理的艺术。每项操作都有其重点和目标。一个成功而高效的养猪生产中,管理起着重要的作用。

粪污处理

粪污是动物的排泄物(粪尿)和垫草的混合物。

可持续农业

可持续农业一般是指那些既符合生态学原理又有经济可行性的农业生产方式。其中,农场的投入可低可高,规模可大可小,经营可单一也可多元化,投入和生产方式或传统或现代。很明显,农场间的具体管理操作是不同的。

可持续农业所提倡的许多管理技术并不是新鲜事物,其中包括一些经典的生产实践如:土壤腐蚀控制、地下水保持、豆类氮源利用、昆虫和杂草管理、以牧草和自产谷物为主要饲料来源等。

成功的可持续家畜生产需满足以下条件:(1)要有经济收益;(2)能维持或提高环境质量;(3)能提高生产者的生活水平;(4)要善待动物。最好的情况就是,生产者能减少投入,实现营养再循环,出售增值产品,还能获得公众的积极认可。

随着农作物改良、收割设备、灌溉技术、农场管理和市场化的发展,农场有了更多地收益。然而,要做到可持续发展并减少投入,就需要在家畜生产过程中一方面要增加谷物的产值;另一方面将粪便再循环到土地中(图16.1)。可持续发展农场的特色就是:更多地依靠生物资源和管理手段,而不是使用那些非再生性的能源和化学产品。可持续发展农业是出于对土地、农场资源和设施以及潜在的短期和长期市场的全面考虑。

粪便管理是养猪生产者所面对的最重要的问题和难题之一。为了卫生,必须要清除粪便;粪便量大又很难长时间贮存,劳动力的消耗减少了它作为肥料的价值;烧掉太浪费,而掩埋又因量大而不现实。

粪便的量、成分和价值同猪种、体重、饲料和垫草的种类和数量有关。图16.2列出了不同家畜的粪便产量。其中,猪是每1 000 lb活重粪便产量最大的家畜,其次是奶牛。

无论是猪场工作人员、附近的人、旅行者还是城市居民,都应尽量避开粪便的气味及其潜在的健康风险。生产者需全面地评估各种粪便处理的方法,选出一个能补益于整个生产系统而且不污染环境的粪便处理系统。

如果管理不当,会增加下列的棘手问题:粪便、沼气和气味、灰尘、苍蝇及其他的虫蝇。而且假如粪便没有适当处理,还会污染水源。

基本上,粪便可分为固体、液体以及介于两者之间的半固体形式,这取决于农场的设备和所处的生产阶段。固体粪便来源包括水泥地表面半干粪便的残渣、垫草中滞留的大便或液体粪便流走后留下的固体。必须采取具体措施来解决冲刷物的问题——随降雨而在垫草区和室外地面产生的。

液体一般会存于条缝地板下的粪沟中或被排到外面的储粪池中。室外的冲刷污物一般存在沉淀池中,其中固体沉淀到下面而液体可以用泵抽出。

垫草

使用垫草或干草的主要目的是给动物提供一个清洁而舒适的环境。但从粪便处理方面看,垫草还有以下附加价值:

1)垫草可吸收能量占排泄物中肥料总量一半的尿液。

2)使粪便便于清扫。

3)垫草可吸收肥料,将其中的氮和钾固定为非水溶性物质,从而避免了养分流失。这个重要的特性以泥炭苔垫草最为明显,锯屑和刨花则要稍微逊色。

但生产中通常是不使用垫草的,尤其是对室内生产而言,主要是因为这样可减少投入并且易于清扫

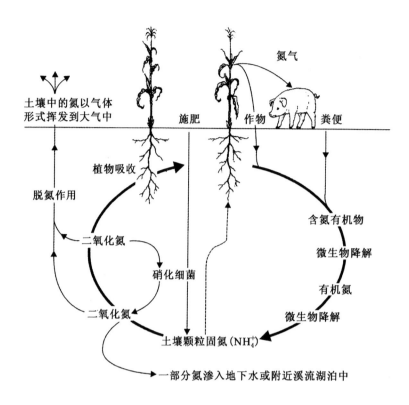

图 16.1　可持续农业提高了自然界的循环能力。粪便施肥到土地中而被微生物分解；复杂的粪便蛋白被降解并释放出氨(NH_4^+)；需氧微生物则把铵氮转化成亚硝酸盐(NO_2^-)，然后转化成硝酸盐(NO_3^-)氮。硝酸盐：(1)可被植物吸收在用于组成蛋白质；(2)假如施肥过多而造成氮过量，则可能向下渗透到土壤中并污染地表及地下水；(3)还可能当土壤中水分过大、空气缺少时，厌氧细菌就把氮转化为氮气而释放到空气中。（皮尔森教育提供）

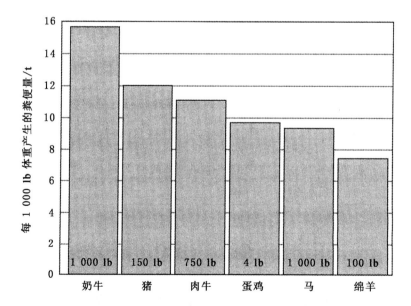

图 16.2　不同动物每年平均 1 000 lb 体重的粪便产量。（中西部规划服务，MWPS-18，爱荷华州立大学，1985）

圈舍。在室内养猪生产中,条缝地板的使用也造成了垫草的淘汰。

垫草类型

选择垫草材料主要考虑以下几点:(1)性价比;(2)吸水性;(3)要干净,无尘土;(4)便于处理;(5)便于清理;(6)其中的尘土或成分无致敏性;(7)质地;(8)富含肥料。另外,理想的垫草不能太粗糙,固定性好,不易被猪只踢开。

表 16.1 列出了常用的几种垫草及其平均吸水力。除此之外,一些其他材料,比如树叶和果皮(壳),做垫草的效果也很好。

表 16.1　不同垫草的吸水性

材料	风干垫草吸水性[①] %	材料	风干垫草吸水性[①] %
大麦秸秆	210	黑麦秆	210
可可壳	270	沙子	25
玉米秸秆(已粉碎)	250	锯屑(质量最好的松木)	250
玉米穗轴(已粉碎)	210	锯屑(阔叶树)	150
棉子	250	甘蔗渣	220
亚麻秆	260	树皮(干燥质量好)	250
干草(成熟,切短)	300	树皮(来自木材加工厂)	400
树叶(阔叶林)	200	蛭石[②]	350
松针	100	小麦秆(长)	220
燕麦壳	200	小麦秆(切碎)	295
燕麦秆(长)	280	锯末(质量最好的松木)	100
燕麦秆(切碎)	375	锯末(来自木材加工厂)	150
切碎的纸、新闻纸	340	刨花(质量最好的松木)	200
花生壳	250	刨花(来自木材加工厂)	150
泥炭苔	1 000		

注:①水已经饱和后的重量除以材料干燥时的重量。这是材料系水力的一个指标。

②这种云母矿石的主产区是南卡州和蒙大纳州。

来源:皮尔森教育提供。

当然,不同年份、不同地区间,各种垫草材料的价格和实用性是不同的。因此,林区可利用刨花和锯屑,而谷物(如小麦和燕麦)产区则利用比较充足的秸秆和稻草。玉米产区则可用玉米秸秆来做大猪的垫草。

垫草材料间的吸水力存在很大的差别,切短的秸秆(稻草)要比长的秸秆的吸水能力好。但切短的垫草也有缺点:固定能力差,易产生粉尘。从风干后的肥料价值来看,泥炭苔的价值最高,而刨花和锯屑的价值最低。

有人怀疑刨花和锯屑对土地会有负面影响,这是没有根据的。这些材料虽然降解得比较慢,但做垫草后所吸收的氮会加速刨花锯屑的降解。同时,在耕地时这类垫草会被埋在土中,虽然会提高土地的酸度,但变化的幅度较小并且效用时间较短。

对垫草的要求

现在,在大多数地区,垫草材料供应渐少而价格渐高。这主要是由以下几个方面的原因造成的:遗传学家正培育短秸秆的作物品种;由于秸秆对土地的价值,收割并出售秸秆的生产者越来越少;有些原料可以用做其他更有竞争性的用途。所谓垫草的理想最小使用量就是将猪舍中的排泄物完全吸干的必需量。下面几点将帮助生产者做到这一点:

1)全程定位饲养的生猪,对未经处理的小麦或燕麦垫草的需要量是 0.5～1 lb/(d·头)。对其他垫草原料需要量会有不同,这取决于它们各自的吸水能力。同样,能给圈舍提供多于理想垫草最小使用量的垫草就更好了,因为干净而舒适的环境对动物是非常重要。感觉舒适的动物会更多地躺卧,因此也就让更多的饲料能量用于生长。

2)一般来说,每吨猪的粪便就需要大约 500 lb 的垫草。

3)应当轻轻地给分娩母猪垫上切短的垫草,这样便不会影响仔猪的运动。

表 16.2　生长肥育猪和经产母猪的垫草平均需要量

材料	生长育肥猪/lb	经产母猪/lb
玉米秸秆	195	670～1 000
玉米穗轴	240	800～1 200
大麦秸秆(长)	240	800～1 200
燕麦秸秆(长)	180	600～900
锯屑(阔叶木)	225	750～1 130
锯屑(松木)	200	1 120～1 680
刨花(阔叶木)	335	670～1 000
刨花(松木)	250	840～1 250

来源:AED 41 和 AED 44,2004.中西部规划服务(MWPS),爱荷华州立大学。

要根据季节和用途适当地调整垫草。冬季的垫草就比夏天需要的多,表 16.2 中列出了圈中每头猪在不同垫草制度下的垫草需要量。生产者可以通过下面的方式节约垫草的使用和费用:

1)尿液的单独收集。假如尿液可以流入粪槽或池中,这样就比粪尿混合情况下需要更少的垫草。

2)碎垫草。弄碎的那些秸秆、废干草、草料或者玉米穗轴比长的垫草能更好地保持猪舍的干燥。

3)恰当的通风位置。正确的通风可降低猪舍湿度,加快了水汽蒸发,利于保持垫草的干燥。

4)饲槽和饮水器同睡眠区保持距离。猪应在远离睡眠区的地方吃料和饮水。这样管理可减少猪在睡眠区的排泄。

5)防止雨雪被吹到垫草上。

6)为猪提供运动区。如有空间,可开辟为猪的运动场,而不是只把猪局限在睡眠区附近。每天安排泌乳母猪轮流离开吃料和饮水的猪栏出去运动 2 次,这对生产尤其有利。

7)使用漏缝地板。漏缝地板可减少了垫草的使用。

粪污处理系统

养猪生产中,粪污处理也分几个不同阶段,每个阶段所需的设施设备是不同的。这几个阶段包括:(1) 粪污的收集和转移;(2)贮存和处理;(3)施肥。

粪污收集和转移方式包括:深浅排粪沟上面的条缝地板(采用开放式或地板下冲洗)、地面排水沟、铲粪机械和机动装卸车。粪便的转移设施包括引流排污沟、水泵、搅动器、螺丝钻等。

粪便贮存和处理系统包括:漏缝地板下的粪沟、距离猪舍较远的地上或地下的储粪池(可以是土制的)、厌氧或好氧池、氧化沟、固液分离机或机械脱水处理设备。

田间施肥时可用液粪罐施肥机,把粪水注进土壤或洒到地面,至于覆土则可做可不做;也可采用灌溉方式;将干燥粪便撒到地表,当然,施肥首先要有可利用的土地才行。

生产中,对所有情况都最适用的粪便处理系统是不存在的;我们只能采用最适合实际情况的粪便处理系统。除去收集、贮存、处理和施肥等方面,还有许多利弊需要考虑。情况不同,措施和效果也不一样。总的来说,粪便收集、处理和施肥设备费用要超过肥料给使用者带来的价值,但这是养猪企业的必需的运作花费。

通常,粪便处理系统的选择取决于粪便的最终用途。但在选择前,必须要综合考虑所有的变化情况。此外,投入的选择往往不会符合标准,处理效果也不能让附近的人们满意。对选择粪便处理系统而言,必须调查后才能做出明智的决定。

粪污贮存所要考虑的因素

贮粪池必须要防漏。池的大小决定于粪污产量、养猪生产方式、贮存时间和猪的数量(表 16.3)。大的储粪池在使用时更具灵活性,能更好地安排劳动力。

表 16.3　每天猪粪的大约产量,不包括垫草[①②]

生产阶段	体重/lb	粪便总量/			水分/%	密度/ (lb/ft^3)	氮/lb	P_2O_5/lb	K_2O/lb
		lb	ft^3	gal					
保育期	25	2.7	0.04	0.3	89	62	0.02	0.01	0.01
生长肥育	150	9.5	0.15	1.2	89	63	0.08	0.05	0.04
妊娠	275	7.5	0.12	0.9	91	62	0.05	0.04	0.04
哺乳	375	22.5	0.36	2.7	90	63	0.18	0.13	0.14
公猪	350	7.2	0.12	0.9	91	62	0.05	0.04	0.04

注:①这里的值只是估计值,并不反映某种处理方式;垫草量不包括其中。实际的粪便量在表中提供的值变化 ±30%。当粪便中的浪费饲料含量超过 5% 后,每增加 1% 的浪费饲料含量,固体粪便和养分的量就会提高 4%。

②N、P_2O_5、K_2O 是氮磷钾肥的实用形式。

来源:中西部规划服务(MWPS),出版物 18,第 1 节,12,2000。

除了粪污的量之外,还有其他因素需要考虑,如用高压水来清洗养猪设备,可能会使粪污量增加 15%～20%。屋顶或地面的水如果也排入贮粪池,这个影响是很难估计的。雨水流入会大大地增加贮存的时间。

如果要泵抽吸粪污的话,还需要加入占贮粪池容量 1/5～3/5 的稀释水。若用于灌溉,粪水中粪便含量只有大约 5%,水的比例占到了 95%。然而,若要用于粪罐运输,稀释水的量要降到最少。可通过下面公式去估算贮粪池容积:

$$容积 = 头数 × 每日粪便产量(表 16.3) × 计划贮存天数 + 稀释水$$

室内贮粪罐必须要通风良好,所有的贮存罐(无论室内室外)都应做到密封以抗冻。在加满粪尿前向罐中加入 3～4 in 的水,防止氨气挥发和气味散出。

类型

排粪沟、贮粪罐和贮粪池——排粪沟位于猪舍之下,通常用水泥制成(图 16.3),室外贮粪罐的材料可以是水泥、钢板或土。这些装置会把液粪一直贮存到用于田间施肥为止。通常,在贮存过程中会伴有粪便分解。

地下排粪沟是最普通的贮存液体粪污的方法。然而,为了给猪舍中的人和猪提供一个良好的环境,更多的生产者尝试着每天或每周把猪舍内粪污转移到室外去贮存。

贮粪池——贮粪池是一个粪污处理装置,用微生物降解粪污和其中的垫草。除非在蒸发率高、气候非常干燥的情况下,当蒸发量大于降水量时,必须将多余的液体用液粪罐或同灌溉车相连的导管浇地。粪池中的大部分氮会挥发掉,而磷钾等矿物质则会沉淀到贮粪池的底部。

贮粪池可分一段式或两段式。一段式贮粪池中的粪水可利用液粪车或灌溉设备喷洒到地里。在两段式贮粪池系统中,第 1 段贮粪池的粪水溢出到第 2 段贮粪池中,第 2 段贮粪池中的固体粪便的含量很少。通常,第 2 段贮粪池的液体可以重新回收,用以冲洗猪舍的粪便,粪水将再次冲入第 1 段贮粪池。由于通风的费用很高,猪场中绝大多数的贮粪池属于是厌氧性。某些情况下,为了减少气味,会在表面安置一些小型通风装置用于粪污的需氧处理(图 16.4)。

图 16.3 地上式水泥粪污贮存罐。很多规定都要求贮粪罐有 8 个月的贮粪能力,这样粪便就无须施撒到冻土上。(爱荷华州立大学 Palmer Holden 提供)

图 16.4 贮粪池上装有通风装置来减少气味。(爱荷华州立大学 Palmer Holden 提供)

氧化沟——氧化沟是一个氧化贮粪池,以提高需氧细菌的对粪污的分解。目的通常是为了控制气味,但粪水仍然是潜在的污染物。氧化沟一般是一根装有几个电动搅拌器的圆形管道。但用搅拌器通风的费用太高,所以这个系统很少用。使用贮粪池会损失很多的氮。

沉淀池或废物池——沉淀系统通常都会有贮粪池,其作用是固液分离和贮存。因为液体注入池中时流速变慢,而非溶性固体就会沉淀下来。液体慢慢地流走,沉淀的固体粪便则在变干或半干后被撒播到牧场或田间。和贮粪池相比,沉淀池一般比较小而且浅得多。沉淀池还有干燥粪便的作用。生产中我们必须采用一些措施来处理流出的废水,以免污染环境。

粪便处理系统中的贮粪罐、贮粪池或漏缝地板下的粪沟,其各自的贮存能力可用下面的公式算出:

贮存能力＝头数×每天排废物量(表 16.3)×计划贮存天数＋稀释水量

开始使用时和排空废物后,可在贮粪沟中加入 3～4 in 的水以降低猪舍中的气味和氨气的挥发。有 20%～40% 的体积用于贮存稀释水;稀释水的量取决于清洗猪舍用水量和水的浪费情况。排泄物若以灌溉为目的,其中水的含量占到了 95%,固体粪便的体积才 5%。若是用粪罐车喷洒的话,那么稀释水的添加量是最少的。

很多政府出台法规,限制在冻土上使用猪粪。所以,需要说明的是,猪场的废物贮存能力至少为 6 个月或更长的时间。同时,还要为雨季以及限制粪水施肥的收获季节准备额外的废物贮存空间。用高压水来冲洗猪舍会使废物产量加倍。

粪污产生的气体

从自身和附近人们的健康出发,所有生产者必须重视猪舍中空气质量和潜在沼气挥发的问题。曾有人和家畜因吸入硫化氢、二氧化碳或甲烷而窒息或死亡。

贮粪池、猪舍和施肥的土地是沼气的 3 个主要来源。氨气、二氧化碳和甲烷的排放同时是全球气候变化和产生酸雨的原因。

粪污会在贮存过程中通过厌氧分解产生难闻气味和危险的气体。其中人们最关心的就是氨气、二氧化碳、硫化氢和甲烷。有一些气体气味难闻并且(或)可能对人和动物有毒;一些具有爆炸性;一些加速对设备的腐蚀(表 16.4)。

大多数沼气问题发生在搅拌排泄物或者通风失败的时候。任何人不能进入贮粪罐,除非:(1)液体表面已先通风;(2)还要另一个人站在外面,同时牵着那条系在进入贮粪罐中的人身上的绳索,并给予必要的帮助;(3)两个人都要背着齐全的可用于灭火和潜水的呼吸器械。假如有沼气存在的迹象,比如头晕、恶心或者有动物尸体,则应马上离开。

表16.4　沼气特性

气体组成	重量 (空气为1)	生理作用	其他特性	说　　明
氨气(NH$_3$)	0.67	刺激性	气味强烈,有腐蚀性	危险浓度为0.5%
二氧化碳(CO$_2$)	1.33	使人窒息	无味,中等腐蚀性	浓度一般只有0.03%
硫化氢(H$_2$S)	>1	毒性	臭鸡蛋气味,腐蚀性	浓度在0.08%～0.1%时,30 min可致人死亡
甲烷(CH$_4$)	0.50	使人窒息	无味,可爆炸	当体积占到空气5%时,即可爆炸

来源:皮尔森教育。

自己不要试着去救那些在贮粪设施中已经不省人事的人。应马上联系紧急营救队。没有准备的营救行为已引起了很多起死亡事件。

因为在搅动或泵抽粪沟中的粪便时会产生大量的气体,所以要将通风量调到最大。在全封闭猪舍中安装停电警报装置(可发出很大的铃声)是非常重要的,因为当通风停止时,沼气会迅速积累。

做到以下几点,可减少气体释放和气味问题:猪舍和居住区、景观带要保持足够距离,及时地转移猪舍中的废物。向浅粪沟中加入2～3 in水或向已变空的深粪沟中加些水都会减少氨气的挥发。采用露天贮粪池是有效但非常昂贵的手段。给贮粪设施加顶是减少气体的有效方式。

氨气

粪便中的氮和尿中的尿素可转化为氨气(NH$_3$)。在氨气浓度低到5×10^{-6}时,人们还能感觉到它的刺激性味道。在冬季通风条件下,猪舍的氨气浓度一般会超过2.5×10^{-5}。当你走进一个封闭式猪舍时,眼睛有灼伤感,那么此时的氨气浓度至少为2.0×10^{-5}。适当增加冬季通风和粪沟补水可减少氨气的排放。氨气被人接受的上限浓度是2.5×10^{-5},当达到0.5%时可致人死亡。

二氧化碳

二氧化碳是动物呼吸作用的产物。过长时间地处于高浓度的二氧化碳环境中会引起死亡。二氧化碳被人接受的上限浓度是0.5%。

一氧化碳

尽管一氧化碳(CO)不是粪污分解的产物,但是分娩舍中经常出现的有害气体。一氧化碳是使用燃烧设备的结果,例如分娩和保育舍中的催化加热器和分娩区的燃气冲洗机等。过长时间处于一氧化碳中会有生命危险。其被人接受的上限浓度是5.0×10^{-5}。

硫化氢

硫化氢(H$_2$S)是微生物在厌氧条件下降解粪便中的含硫有机物而产生的,是家畜生产中最有危险的气体。硫化氢比空气重,会在贮粪沟底部或其他通风不畅的地方聚集。当浓度低于1×10^{-6}时,会有臭鸡蛋气味;浓度更高时,则会麻痹人的嗅觉。硫化氢最大可接受浓度为1.0×10^{-5},并且令人致死的浓度不到0.1%。

甲烷

甲烷(CH$_4$)是微生物在厌氧条件下分解粪便有机物而产生的;温度升高会加速其产生。甲烷无嗅无味,因此很难感觉得到。甲烷比空气轻,会聚集在通风不畅区的顶部,比如粪沟封口处。人可接受的甲烷浓度为 0.1%,当浓度大于 5% 时会发生爆炸。靠近粪便贮存设施处严禁烟火。

粪污作为肥料

几千年来,中国人能保持其土地的肥沃,主要是因为他们采用将人、畜粪尿用于施肥的这一有效而普遍的生产方式。一句为人熟知的中国谚语说:"猪多肥多,肥多粮多。"粪便在中国是很重要的资源,因此会被细心贮存并撒到田中。精耕细作生产方式下粪便是增加土地产量的一个手段。

一直以来,粪便就被当做肥料使用,在以后很长的时间中,估计还将继续被首先用做肥料。同样,以前粪便还被称作废物,把施肥称为"处理"。现在我们已经认识到,粪便是工业氮、磷、钾的最好替代品,另外,还可以大大增加土地中的有机质含量。

图 16.5 显示的是一个时间为 5 年的商业氮肥(N)和猪粪氮肥对比试验的结果。其中,试验地块加入 150 lb N 并对作物产量情况进行分析。处理分为不加氮对照组、150 lb 商业氮组、150 lb 猪粪氮肥组或 300 lb 猪粪氮肥组。很明显,不加氮肥组产量最差,工业氮肥组地块可增加产量 140 bu/acre;150 lb 猪粪氮肥组地块所提高的产量为 158 bu/acre。300 lb 猪粪氮肥组并没有比 150 lb 组有更好的产量。

施肥后迅速覆土可将氮的损失降到最低,并且能加速氮的生物活性释放养分供作物吸收。将粪水深施到土壤表层以下会减少气味的释放以及由于向空气散播或被水流冲刷而带来的养分损失。土壤施肥后的圆盘犁耕或深耕也会减少气味向空气的散播。

适时施肥有助于将随后带来的环境问题降到最少。出于对附近居民的尊重,施肥时要选择干燥的天气并注意风向。对于那些和邻居生活区临近的地块,应采用直接注射法施肥或快速覆土法施肥。良好的人际关系、对问题真诚负责的态度以及其他同邻居沟通的技巧,与好的废物处理技术是一样重要的。

影响粪污成分的因素有很多,比如饲料、收集和贮存方式、垫草和稀释水。而施肥的时间和方法则会影响土壤中的可利用氮的成分。一般来说,猪饲料中约 75% 的氮,80% 的磷和 85% 的钾最后转化成了粪便(图 16.6)。另外,饲料中约 40% 的有机质最后也以粪便的形式排出体外。据估计,一般来说,饲料总养分的 80% 最后被猪排泄掉。

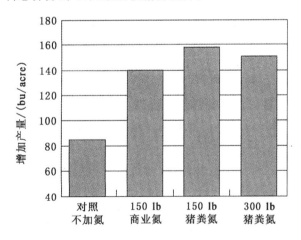

图 16.5 爱荷华州立大学做的一项为期 5 年的玉米地粪肥添加量研究。(爱荷华州立大学农业学院提供)

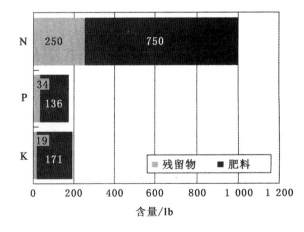

图 16.6 1 000 bu(56 000 lb)的玉米所含的氮、磷、钾的量。(爱荷华州立大学农学院提供)

尿占到了猪的排泄物总重量的 40% 和养分总量的 50%,近 50% 的氮、4% 的磷和 55% 的钾(图

16.7)。同时,猪粪肥中液体部分中的植物养分比固体部分的更适于作物生长。因此,要使粪肥获得最大肥效,保存好粪肥中的尿是很重要的。

粪肥的实际经济价值包括下面两部分:(1)增加作物产量的利润;(2)省去的用于购买等量化肥所需的钱。有很多试验和实际观察已经给出了粪污在增加作物产量上的可度量价值。

从出生到育肥一条龙猪场每头猪的液态排泄物中的平均含肥量大约为 7 lb 氮、6 lb 磷(P_2O_5) 和 6 lb钾(K_2O)。假设氮磷钾的零售价分别是 0.2 \$ /lb、0.3 \$ /lb 和 0.1 \$ /lb,那么1 头猪的粪肥的价值就是 3.80 \$。假如每头母猪可提供 20 头猪,那么 1 头母猪的粪肥的价值就是 76 \$。另外,粪便中还含有土壤中所需的有机质,但有机质却不能装在麻袋或箱子里买卖,所以这部分附加值不容易被测量的。

表 16.5 进一步列出了不同生产阶段粪肥中氮、磷、钾产量的参考指标。但有时候生产者认识不到粪肥的价值,这是因为:(1)粪肥产生不以人的意愿决定;(2)使用粪肥时不用花钱。

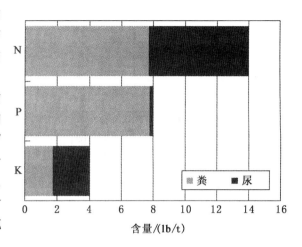

图 16.7　粪、尿的氮(N)、磷(P_2O_5)、钾(K_2O)含量比较。所以尿的流失,会造成大量的氮、磷损失。(猪肉产业手册,普渡大学)

表 16.5　施肥时肥料中总氮(N)、铵氨(NH_4^+)、磷(P_2O_5)和钾(K_2O)的平均含量

生长期	固体粪污/(lb/t)				液体粪污/(lb/1 000 gal)				贮粪沟池(lb/1 000 gal)[①]			
	N[②]	NH_4^+[③]	P_2O_5[④]	K_2O[⑤]	N[②]	NH_4^+[③]	P_2O_5[④]	K_2O[⑤]	N[②]	NH_4^+[③]	P_2O_5[④]	K_2O[⑤]
出生	9	4	6	4	15	7.5	12	11	3	2.8	1.5	1.5
保育期	13	5	8	4	25	14	19	22	4	3.5	3	3
生长育肥	16	6	9	5	33	19	26	25	5	4.5	3	4
配种妊娠	9	5	7	5	25	12	25	24	3.5	3.2	3.5	4

注:①包括冲刷猪舍用水量;单一贮粪池系统为 2 ft^3/lb 体重;双贮粪池系统,第 1 池为 1~2 ft^3/lb 体重,第 2 池为 1 ft^3/lb体重。

　②铵氮加上有机氮(降解慢)。

　③铵氮有利于植物的生长。

　④乘以 0.44 便是磷元素含量。

　⑤乘以 0.83 便是钾元素含量。

来源:猪肉产业手册,PIH-25,1996。

同时值得注意的是,粪肥可增加土壤中的腐殖质,并且粪肥氮属于慢效性,因此粪肥对土壤的作用可持续很长时间——可以是很多年。对于轮作周期中所施肥的地块,粪肥中大约有 1/2 的氮会很快被作物吸收;至于剩余的粪肥,第 2 年的作物可利用其中的 1/2;而第 3 年的作物又会利用第 2 年剩余粪肥中的 1/2,依此类推。同样,在多个周期轮作生产中连续使用粪肥为生产者额外收入的获得以及作物的增产建立了基础。

图 16.8 描述了生产区的一般类型(牧场、栅栏相隔的开放地块、猪舍),及其在施肥前的不同处理程序。

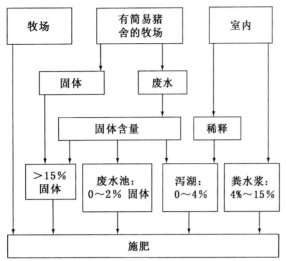

图16.8 不同养猪生产下的不同粪便处理方式。但最后都把粪肥施农田或草地。（皮尔森教育）

公共政策问题

分区制

近年来,考虑到污染和环境问题以及对人类健康的影响,还有附近居民的不断抗议——他们认为动物带来了更多的苍蝇、粉尘和气味,政府已经禁止在郊区饲养动物。这样就形成了分区制。因此,城市中那些想要在他们的后院土地上饲养动物的人们,应首先研究一下分区条例是否有限制性的条款。

有关污染的法律法规

美国环保署(EPA)已经制定了全面的粪污管理制度(CNMP)。饲养规模在1 000个动物单位以上的生产者要执行CNMP并建立档案。EPA对舍饲和户外饲养的规定是一样的,没有区别对待(表16.6)。

表16.6　EPA条例摘要

饲养量在1 000或1 000以上个动物单位①	饲养量在300～1 000之间个动物单位②	饲养量不足300个动物单位
所有的饲养场都必须有排污设施③	1. 可用非常规管道排污 2. 污物排入的水能直接同猪舍中的猪接触 只有实地检查之后才能给饲养场制定有针对性的指标并通知生产者	不会被允许通过,除非: 1. 可从非常规管道排污,或 2. 污物排入的水会直接同猪舍中的猪接触,并 3. 实地检查后,再发给生产者书面通知

注:①1 000头以上的架子牛,700头成熟的奶牛(产奶期或干奶期),2 500头体重超过55 lb(24.9 kg)的猪,500匹马,10 000只山羊或绵羊,55 000只火鸡,100 000只蛋鸡或适合烤焙的小鸡并采用连续供水系统,30 000蛋鸡或适合烤焙的小鸡并采用液粪处理系统,5 000只鸭或任何把以上动物联合养殖而饲养量达到了1 000个动物单位。

②300头以上的架子牛,200头成熟奶牛(产奶期或干奶期),750头体重超过55 lb(24.9 kg)的猪,150匹马,3 000只山羊或绵羊,16 500只火鸡,30 000只蛋鸡或适合烤焙的小鸡并采用连续供水系统,9 000蛋鸡或适合烤焙的小鸡并采用液粪处理系统,1 500只鸭或任何把以上动物联合养殖而饲养量达到了300个动物单位。

③如果发生了大暴雨,那么可以不按要求照EPA的要求去做也是允许的。

来源:美国环保署。

动物单位的计算方法如下:生长育肥肉牛数×1;成熟奶牛数×1.4;55 lb以上体重的猪的数目×0.4;绵羊数×0.1;马匹数×2.0(表16.6,表注①)。以猪为例,1 000个动物单位相当于2 500头体重在55 lb以上的猪或10 000多头保育猪。

各州可做出进一步的限制。例如,爱荷华州就要求规模在500个动物单位(而不是EPA的1 000个动物单位)的生产者提供粪污管理程序(MMP)的档案。因此,在爱荷华州,假如体重超过55 lb的猪超过2 500头,或体重不足55 lb的保育猪超过5 000头,都要把生产中MMP的执行情况纳入档案。一个附加要求就是,只要使用土质贮粪池(池或深坑),不管饲养量的大小,都必须把MMP执行情况归入档案。

土地需要量

一个大型集约化猪场应考虑的问题是怎样的施肥量才能不出现以下问题？比如作物产量降低、土壤盐碱化、饲料硝酸盐含量过高——会使地下水或地表溪流中硝酸盐含量超标或违反所在州的规定。

各州的环境条例中对粪肥使用的限制是不同的。美国的大多数州规定,粪肥的含氮量不能超过作物可吸收利用的量。这个规则对同时从事作物和养猪生产的农场主来说并不苛刻。然而,许多州正在运作新的规则标准——这个规则将会用磷平衡作为施肥量的限制指标,这意味着要把施肥量减少为现在的 1/2 以下。希望 EPA 在全国范围内会施行类似的标准。

以玉米地的施肥量(猪粪)为例,见表 16.7。表中给出了全程饲养方式下的 100 头经产母猪及其他们后代的信息,还有 1 000 头介于 40～250 lb 的生长育肥猪的信息。假如施肥量以达到不同产量的玉米的需要为标准,则需要注意的是,这样会造成大量磷的超标。例如,若要以每英亩产 150 bu 为标准,100头经产母猪的粪肥可供 78 acre 的土地使用。但这样的结果就是每英亩土地的磷含量会超标 73 lb。

假如环境条例用磷来代替目前的氮平衡,会怎样呢?若以玉米对磷的需求为准,这 100 头经产母猪的粪肥需要 182 acre 的土地,这个面积是前面土地面积的 2 倍还要多。大多数州的生产者在他们建造新的猪舍前必须要制定施肥计划来确定施肥的地点和方式。

表 16.7 施肥所需要的土地量[①]

	玉米产量/bu		
	150	175	200
100 头经产母猪,产仔到育肥			
氮平衡/acre	78	64	57
多出的磷/(lb/acre)	73	93	103
磷平衡	182	156	136
1 000 头待育肥猪			
氮平衡/acre	110	90	80
多出的磷/(lb/acre)	71	90	100
磷平衡/acre	240	205	180

注:①玉米采取连续种植,间歇为 15 d/年。
来源:微机软件,MCS-18,爱荷华州立大学,1997。

生产者要关注每年磷和硝酸盐快速积累的问题。被水从土地上冲走的过量硝酸盐会污染溪流以及地下水;如果达到了让人、畜中毒的水平,就必须在这些水会被使用前,搬离这些水源。过量的磷会留在土地中,只融入水中并腐蚀土壤。然而河湖中高浓度的磷会刺激水生植物的生长并消耗鱼所必需的氧气。施肥的最大频率要看当前土壤中的氮磷含量、土壤类型和降雨情况。

预防措施

要想避免猪粪带来的水污染和气体问题,就需要制定合理的计划。在施肥时应警惕以下几点:

1)施肥地点要远离水源、河水、邻居、公共生活区等。当然,各州还有各自不同的情况和规定。表16.8 中总结了爱荷华州的一些相关规定。在制定任何一种施肥计划前,要争取当地权威机构或人士的意见。例如,爱荷华州关于距离的要求只针对集约化养猪生产中的粪便,而不是适用于室外养猪产生的粪便或处理后的干燥粪便。

2)通过化验粪便和土壤情况来决定适当的施肥量。一块土地的不同部分需要的肥料量可能也不同。

3)根据作物的需要限制施肥量。过量的肥料会造成土壤养分积累,可能会违反相关规定。

4)不要给冻土施肥,因为可能被冲走。

5)尽量把肥料均匀地撒满整个地块。

6)临下雨前不要把肥料撒在地表。

7)要把气味降到最低,可通过以下方式:

a.施肥后尽快将肥料和土壤混合(适于采用深耕、犁耙或注射等方式)。这样最大限度地保存了养分,减少了气味,并将被冲刷降到最低限度。许多的规定都要求土壤和肥料须 24 h 内混合(图 16.9)。

表 16.8 粪便和施肥类型所需要的隔离距离

	干粪		直接浇灌	液粪（非灌溉用）	
	地表施肥			地表施肥	
	24 h 内覆土	不覆土		24 h 内覆土	不覆土
公共地带或建筑	0 覆土，时间同上	0	0	0 覆土，时间同上	750 ft[①]
污水池、水井、沼泽地等	0	200 ft（50 ft 缓冲）	0	0	200 ft（50 ft 缓冲）
高质量水资源	0	800 ft（50 ft 缓冲）	0	0	800 ft（50 ft 缓冲）
无盖排水井或地表水湾	0	200 ft	0	0	200 ft

注：①750 ft 的隔离距离只针对分娩期养猪程序或那些饲养量低于 500 动物单位的养猪场（1 250 头经产母猪和生长育肥猪或 5 000 头保育猪）中的液体粪便。

来源：爱荷华自然资源系 113；Rev. Oct. 20，2002；effective March 1，2003。

b. 天气变暖时要在一天的早些时候施肥，相反，当天气变冷时要在一天的晚些时候施肥。

c. 当风吹向居民区时不能施肥。

8）一次性液粪施加量要限制在土壤系水力所承受的湿气范围内。大量施肥还会造成积水和肥料流失。

9）施肥时一定要注意地下排水情况，尤其当土壤干裂时。如果土地干裂，应考虑先耕地后施肥。

粪便作为饲料来源

可循环动物废物指的是用动物粪便或粪便垃圾混合物加工而成的饲料产品。动物废物含有相当数量的蛋白质、纤维素和重要矿物质；把动物废物人为地混入动物饲料中作为营养成分的做法已经有 50 年以上的历史。最常用的处理方法包括用固液分离装置分离出粗糙的固体——这些固体经过消毒后可作

图 16.9 耕地的时候直接把液粪注施到土壤中，能从根本上减少气味产生，并把氨气的挥发减少到 5%，而若采用地表施肥，则会挥发损失掉 25%。（爱荷华州立大学 Palmer Holden 提供）

为反刍动物饲料。另一个方法就是把猪粪和玉米的高纤维残渣（如玉米秸秆等）混合，来为反刍动物生产肥料青贮。

不过这也是有风险的，比如：疾病的扩散问题，抗生素再循环的问题——有可能被处于休药期的家畜（禽）食用，让消费者相信粪便饲料来源的动物产品是高质量的也是一个问题。

美国食品与药品管理局（FDA）已经废除了以前对各州所做的关于饲喂粪便和树叶的相关政策，这样粪便饲喂在各州间就有了很大的灵活性。不过 FDA 还保留特定情况下限制粪便饲喂的权利，比如，当危害发生而各州又不能独立控制，诸如此类事情发生时。美国饲粮管制协会（2003）规定，只有满足以下条件时干猪粪才能出售：湿度不能超过 15%，粗蛋白含量最低为 20%，粗纤维含量不能高于 35%（包括垫草材料），不能有超过 20%的粉末。

粪污作为能源

将粪污作为能源利用已经不是新鲜事物。拓荒者就使用他们称作"野牛货币"的干牛粪来生火做饭

和取暖。欧洲和亚洲的农场已经采用粪便生产的甲烷作为能源(图16.10)。尽管设备投资很大,但是许多养猪生产者还是在农场上安装了甲烷发电机。温暖的气候下,甲烷发电会更有效率;温度低时,需要采取措施把温度保持在微生物可以生长并能产生甲烷的水平。用甲烷来发电是可行的。

当然,人们可以像利用天然气一样利用沼气。卫生工程师很早就知道,某些细菌可以在严格厌氧的条件下分解有机质产生沼气。然而,还需说明的是,因为需要资金和技术投入,沼气生产可能会受到政府或工业协会的限制。但对小规模的猪场来说,沼气仍然具有潜力和经济可行性。另外,通过生产沼气处理粪便的同时,也能除掉很多的粪便气味。以下因素决定了猪粪生产沼气的经济可行性:

1)能有效地就地消化粪浆并利用沼气。

2)能有效地收集和处理高质量的粪便(含8%~10%固体)。

3)成本低。

4)使大量的粪便实现了规模效益。

图16.10 在菲律宾岛上的一个养猪场中的甲烷贮存包。(爱荷华州立大学 Palmer Holden 提供)

关于目前粪污管理问题

在美国,猪场粪污问题已经引起了人们对整个动物粪污问题的关注。其中两个最大的问题是:(1)养分管理主要包括氮、磷,还可能有铜、锌和硒可能会限制将来的粪便利用;(2)气味控制。为了就各种问题做好积极的准备,生产者应当控制好养分和气体污染,并明白当地、所在州及国家的相关法规政策。

美国的养猪业致力于把养猪所带来的问题降到最低并在这方面处于领先位置。美国国家养猪者协会已经开展一项环境保障计划(EPA),给养猪生产者提供实用而积极的培训信息,让他们认识到并能掌握其中的重点来处理他们生产中的环境质量问题。

EPA是一个科学的、全面的计划,目的在于帮助生产者处理与环境有关的问题。这些问题由专门志愿者解答,这些志愿者由州猪肉生产者协会选拔并由国家养猪者协会培训。这项培训体系的重点是养分管理、空气和水的质量、联邦和州的法规以及邻里关系。要想了解更多的信息,请同国家猪肉者协会(NPB)联系,网址是:http://www.porkenvironment.org/。

学习与讨论的问题

1.粪污对可持续农业而言重要吗?

2.你怎样处理粪污使之肥料价值最优化,还不会引起周围邻居的反对或反感?

3.列出最常用的粪污处理方法的优缺点。

4.你是否赞同"粪污处理会是将来养猪业中的一个大问题"这种说法?

5.在现代化养猪舍中,怎样进行粪污管理,所需设备又有哪些?

主要参考文献

Common Manure Handling Systems, Ag 101, Environmental Protection Agency, Washington,

DC，http：//www. epa. gov/agriculture/ag101/porkmanure. html

Confined Animal Feeding Operations（*CAFO*）*Fact Sheets*，National Pork Board，Des Moines，IA，2003，http：//www. porkboard. org/cafo. asp

Iowa Manure Management Action Group，Iowa State University，Ames，IA，http：//extension. agron. iastate. edu /immag/

Iowa State University Air Quality Publications，Iowa State University，Ames，IA，http：//www. extension. iastate. edu/ airquality/pubs. html

Managing Manure Nutrients at Concentrated Animal Feeding Operations Draft Guidance，Environmental Protection Agency，Washington，DC，http：//www. epa. gov/ost/guide/cafo/pdf/PNPGuide. PDF

Pork Industry Handbook，Cooperative Extension Service，Purdue University，West Lafayette，IN，2002

Swine Production and Environmental Stewardship，Environmental Protection Agency，Washington，DC，http：//www. epa. gov/agriculture/swine. pdf

第十七章 猪舍与设备

一个1766年的自动饲槽。注该饲槽适用于所有家畜。
(Hale,农业设施,伦敦,1766,196)

内容
专门化猪舍
环境控制
  猪产生的热量
  猪产生的水蒸气
  推荐的环境条件
  隔热设施
  水蒸气屏障
  供暖
  通风
猪舍设计与说明
猪舍建筑体系
  分娩舍
  保育舍

  肥育舍
  妊娠舍
  公猪舍
舍内与户外的集约化养猪生产
地板
  实心地板
  漏缝地板
空间需要
  动物
  饲料与垫草
养猪设备
  仔猪补饲区
  热能灯和保温箱
  产仔箱(栏)
  装猪通道
  饲料槽
  凉棚
  母猪清洗
  疫苗接种架和去势架
  泥坑和洒水装置
  饮水
围栏
  丝网选择
  支柱
  电围栏
学习与讨论的问题
主要参考文献

目标

学习本章后,你应该:

1.熟知猪的各个生产阶段以及适合各生产阶段的猪舍类型。

2.熟知各种肥育设施的类型以及生产者选择每种类型的原因。

3.了解猪产热和产生水蒸气的重要性以及为何在猪舍设计时将其作为首要考虑的因素。

4.熟知各种通风的类型和各生产阶段选择每种通风类型的原因。

5.了解妊娠猪舍和饲养管理的种类以及选择各种类型的原因。

6.熟知可利用的地板材料的类型和每种类型的最大优点。

7.熟知在猪舍设计时,每头猪对空间的要求。

直到 20 世纪 60 年代中期,草地、肥育场和简易猪舍仍然在美国养猪生产系统中占据主要地位。在此期间,专门化的商业化猪肉生产操作得到了发展,而且随着它的发展,人们逐渐认识到,为了使猪获得最大舒适度并表现出最佳生产性能,给猪一个良好的生活环境是非常必要的。同时,也逐渐出现了更大规模的猪场、舍内生产体系以及专门化的猪舍建筑系统。

专门化猪舍

现在,有多种猪舍和生产设备可供养猪生产者选择,他们是根据管理能力、劳力、资金以及环境需要,来选择猪舍类型和生产设备的。无论他们选择哪种,都能经规划设计,使猪获得最大的舒适并达到最佳的生产性能表现。下面针对各种最常见的专门化猪舍的环境调节和改良的运作方面进行简要的阐述。

繁殖和妊娠设施——通常繁殖群(后备母猪、经产母猪和公猪)是在最后阶段才被转移到舍内的,因为这些已经性成熟的猪可以很好地经受住严酷的环境变化。母猪配种后,能够抵抗任何可能破坏妊娠的环境因素。另外,配种后不应以生长速率和效率作为饲养的主要目标,否则将会导致保育猪和肥育猪遭受环境的巨大影响。

分娩舍——专门的分娩舍环境一般是可以调节的。与草地的简易猪舍相比,专门的分娩舍需要更多的资金和更高水平的管理,而对劳力需求降低,母猪和仔猪所处的环境更舒适、安全,尤其是在高热和寒冷的条件下。分娩舍的大部分地板应该采用漏缝地板并分中央区和加热区。直到产后 14～35 d 断奶之前,母猪和仔猪都应一直呆在分娩舍。部分生产者仍在使用实心地板作产床,并且每天 2 次赶出母猪进行采食和饮水。

保育舍——断奶后仔猪被转入保育舍,一直饲喂养到体重达 40～60 lb。保育舍应保持干燥、温暖、空气流通,并使用漏缝地板以分离仔猪和其粪便,保持地板干燥,从而提高环境卫生和对疾病的控制。漏缝地板饲喂养又常被称作甲板饲喂养,这样可以使猪避免冰冷的地板而获得一个更温暖的环境。

肥育设施——当仔猪体重达到 40～60 lb 时被转入肥育舍。在出生到肥育的体系中,仔猪通常是被转移到同一个农场内距离较近的肥育舍,而另外一种体系是将转出保育舍的仔猪作为商品在市场上出售。一般到 120 lb 左右为猪的生长期,肥育期是从 120 lb 到上市体重 240～270 lb。有 4 种类型的猪舍可供肥育猪使用:(1)混凝土围栏的正面敞开式猪舍;(2)改进的正面敞开式猪舍;(3)双窗户猪舍;(4)人工通风的全封闭式猪舍。

图 17.1 典型的带有遮棚的正面敞开式猪舍,有一个配备自动饲槽的较大的混凝土活动区域。(爱荷华州立大学 Palmer Holden 提供)

混凝土围栏的正面敞开式猪舍是 4 种类型猪舍中花费最低的(图 17.1),但这种猪舍无论在冷或热的天气中都会直接影响肥育猪的舒适度和生产性能。其中一些猪舍是由谷仓改造而成,而另外一些则是直接商业设计建造而成。由于这些猪舍的地板是实心的,所以需要有相应类型的粪污处理设备,尤其是降雨后雨水的排放问题。可以通过坑道或沉淀池来处理粪污,但根据环境控制要求,不可将排泄物直接排放到任何可能会污染水源的地方。

改进的正面敞开式猪舍是因其侧面可以在夏季开放进行通风,在冬季关闭减少通风而得名的。这种类型的猪舍可利用自然通风,从而避免必要的机械通风。最初,这种猪舍正面带有窗户,后面带有木制的挡板通道,可以对窗户进行手动或自动调节。

另外,也可以对后通道进行手动调节(图 17.2)。

　　双窗户猪舍是根据改进的正面敞开式猪舍而最新设计的(图 17.3)。窗户通常被安置在与主风向垂直的地方,可对位于两侧的窗户进行自动调节控制。双窗户猪舍主要依靠自然通风来维持适合的猪舍温度并提供新鲜空气。另外,在无风高热的天气,可以关闭一侧的窗户,通过猪舍另一侧的大风扇进行通风,称作通道通风。

图 17.2　典型的改进的正面敞开式猪舍,25%～30%的开敞区装有漏缝地板,饲料槽安装在实地面区,饮水器位于沟槽上方,以将粪便冲入漏缝板区域。(爱荷华州立大学 Palmer Holden 提供)

图 17.3　双窗户猪舍主要依靠自然通风,与改进的正面开敞式猪舍不同的是地板全部为漏缝地板,中央过道两侧用围栏隔开。(爱荷华州立大学 Palmer Holden 提供)

　　环境调节的全封闭式猪舍是 4 种类型猪舍中花费最高的,但这种猪舍可以提供最合适的温度、湿度以及对昆虫的控制条件。因为要不断地使用风扇来对猪舍进行通风,所以这种猪舍对电的依赖程度较高(图 17.4)。

　　通常情况下,舍内设备的运作顺序是根据环境效应和猪的年龄和体重次序而定的。一般的运作顺序是分娩舍、保育舍、肥育舍到最后的育种群。保育猪是最易受环境影响的,而育种群对环境的耐受性最高。

　　养猪生产者与其他行业的人们一样,都期望自己的投资获得回报。因此,考虑到成本问题,应将空闲的分娩舍和肥育栏重新改造并投入使用,以使所有的猪舍都得到使用或达到最大限度的投资回报。

　　舍内养猪的废物处理和动物福利已经成为养猪生产者要考虑的问题。为了解决这些问题,养猪生产者和研究者已经研究改进了新的猪舍和设备的设计来缓解这些问题。同时,对于户外生产已经发展了一种称作户外集约化养猪生产的新的生产系统。

图 17.4　分娩舍就是依赖风扇进行不断通风的全封闭式猪舍。全封闭式猪舍的地板一般全部为漏缝地板,并且由于它能提供给管理者一个更好的环境控制体系,所以这种猪舍常被用做分娩舍和保育舍。(爱荷华州立大学 Palmer Holden 提供)

环境控制

　　大多数物种在很大程度上都能够通过自身的调节来适应周围的环境,但是猪对冷和热的适应性较差。因为它们只有很少的毛能用来抵抗寒冷,尤其是对于小猪而言,身体本来就没有毛覆盖,大面积直接暴露于外界,并且皮下无脂肪储藏,小猪很容易着凉。高温环境则会导致猪的生产性能和繁殖力下降。在缺乏自身调节来适应环境的情况下,猪就必须依靠它们的管理者来对环境进行调节。因为猪对环境应激的反应非常快,并且常常是不利于生产的。

给猪建造猪舍的主要目的就是为了能够对环境进行调节。通过精心设计的猪舍或其他圈舍,可以利用阴凉处、沥干架、隔热装置、通风设备、加热装置以及空调等对环境进行调节,达到生产者的要求。很显然,对环境控制设施的投资必须与期望的增加回报相平衡,即存在一个平衡点,当超过该平衡点时,进一步增加投入将不会再获得有效的回报增长,而结果只能是支出增加。降低回报的平衡点在不同国家,对于不同年龄的家畜以及不同的管理者是不同的。例如,使用较高的花费对分娩舍环境进行控制要比对妊娠舍进行环境控制的效果好。另外,劳力和饲料的花费也将被考虑在其中。

猪正常的新陈代谢会导致热量和水蒸气的产生,在设计猪舍时,一定要考虑这两种产物的产生。

猪产生的热量

不同年龄、体重、食欲、活跃性以及周围环境不同温度、湿度都会导致猪的产热不同。表 17.1 中给出了"总热量"和"显热量",总热量包括显热量和潜热量。潜热量是指物质发生相变,在温度不发生变化时吸收或放出的热量,用温度计不能直接测量,如水的蒸发和从肺部呼出的湿气。显热量是总热量的一部分,是可以用温度计直接测量的,可以通过加热空气等方式来补偿圈舍失去的热量。

表 17.1　猪的产热

热源	单位/		猪的产热/(Btu/h)[①]			猪的产热(kcal/h)[①]		
	lb	kg	温度/°F	总热量	显热量	温度/℃	总热量	显热量
母猪带仔(分娩后3周)	400	181.4	—	2 000	1 000	—	504.0	252.0
肥育猪	200	90.7	35	860	740	2	216.7	186.5
			70	610	435	21	153.7	109.6

注:①1 Btu(英国热量单位)相当于 1 lb 水升高 1 °F 所需的能量,而 1 kcal 相当于 1 kg 水升高 1℃所需的能量。
来源:农业工程年鉴,美国农业工程师学会记录表 D-249.2,424。

值得注意的是,猪自身的产热主要依赖于周围环境的温度。肥育猪在 35°F 环境温度下要比在 75°F 环境温度下的总产热量高 40%(860 Btu/h:610 Btu/h)。

猪产生的水蒸气

猪在正常的呼吸过程中会释放出水蒸气,会使周围环境温度升高、湿度增大,因此这些湿气就需要通过通风系统将其排出猪舍。因为冬季需要排除的湿气量比夏季少,所以冬季只需排除少量的空气,许多猪舍设计者就是按照需要排除的湿气量来确定冬天猪舍的通风量的。但是,如果缺乏加热系统,湿气就很难被排除,因为温暖的湿气比冷空气更容易被保留。在图 17.5 中给出了确定湿气排除量的必要信息。

由于通风的同时也是热量转移的过程,所以保存猪舍内的热量,维持适合的温度和降低热量的补充是非常重要的。在一个隔热很好的猪舍中,已经达到性成熟的猪能够产生足够的热量来维持热量和湿气之间的平衡关系,但是对于年轻的猪,当户外温度较低

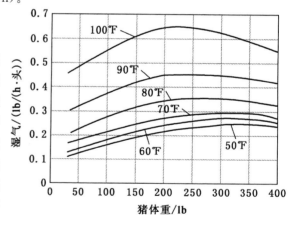

图 17.5　不同体重的猪在不同温度下,每头猪每小时所产生的湿气量(或水蒸气)。这些湿气基本上都是从猪的肺中呼出的。随着温度的升高猪的呼吸节律加快,进而会呼出更多的湿气,而大多数湿气都需要被排除。(皮尔森教育提供)

时需要给猪舍加热。夏季通风的主要目的是为了降温,所以与冬季相比,需要更大的通风量。

推荐的环境条件

动物(或人)的舒适性是温度、湿度和空气流动的综合效应。同样地,动物热量的损失也是这三者的综合效应。另外,设计猪舍时有一些常规的因素需要考虑,包括建筑结构、费用消耗、劳力的使用以及实用性。

表17.2中根据猪不同的年龄给出了推荐的不同等级的温度、湿度和通风量。根据表格中推荐的数据,经过精心的计划和设计可以获得满意的猪舍环境。猪舍要求的重点是对温度和湿度的控制,包括隔热设施、水蒸气屏障、采热系统、通风系统和自动控制系统。

湿度与温度的变化是紧密联系在一起的。猪舍的相对湿度应控制在60%~85%范围内。不同年龄段猪的不同等级的最佳温度和湿度见表17.2。

表17.2 推荐的猪的环境条件

| 猪 | 温度 | | | | 可接受的湿度/ | 一般的通风率[①] | | | |
| | 舒适范围/ | | 最佳/ | | | 冷[②]/ | | 热/ | |
	°F	℃	°F	℃	%	cfm	(m³/min)	cfm	(m³/min)
母猪和仔猪	60~70	15~20	65	17	60~85	20	0.56	500	14.0
新生仔猪(保温箱区域)	85~95	29~35	90	32	60~85	—	—	—	—
肥育猪									
12~30 lb(5~8 kg)	70~75	21~24	75	24	60~85	2	0.056	25	0.7
30~75 lb(8~34 kg)	65~70	18~21	65	18	60~85	3	0.08	35	1.0
75~150 lb(34~68 kg)	45~75	7~16	60	16	60~85	7	0.7	75	2.0
150~250 lb(68~114 kg)	45~75	7~16	60	16	60~85	10	0.20	120	3.4
种猪群									
母猪 325 lb(148 kg)	45~75	7~16	60	16	60~85	12	0.34	150	4.2
公猪 400 lb(182 kg)	45~75	7~16	60	16	60~85	14	0.39	300	8.4

注:①一般有两个不同的通风系统:一个在冬季使用,另一个在夏季附加使用。实际上,许多猪舍的夏季增加通风是通过打开猪舍的门和卷帘来进行的。

②表中给出的是大约1/4的冬季不断排除湿气的通风率。

来源:中西部规划服务部,MWPS-8.爱荷华州立大学,1983。

图17.6中给出了生长猪的最适温度范围。给青年猪一个采暖保温的区域即可,而不必对整个猪舍加热。猪舍温度应在猪的活动水平面上进行测定。

在天气较冷的时候,应该利用猪舍结构和人工手段对猪舍加热(加热猪舍、保温箱等),而在炎热夏季应通过阴凉、泥坑和洒水装置等给猪舍降温。

当环境温度低于或超过舒适温度范围时,猪的增重速度和饲料消化率都会降低。表17.3中列出了从冷应激到热应激的猪舍温度范围内肥育猪的采食量、生长速度和饲料消化率。寒冷的猪吃得多,增重少。相反地,热应激的猪吃得少,增重也少。因此,为了获得最大的生产效率,给猪提供良好的猪舍、阴凉、泥坑等,以避免环境温度的极端变化是非常值得的。

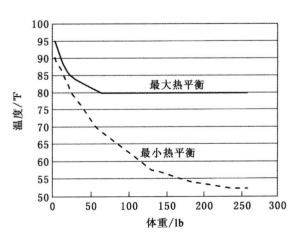

图17.6 猪从出生到出售的热平衡温度。最早期的温度范围最窄,此阶段是最关键的时期。当猪达到性成熟后就可以适应更大的温度范围。(皮尔森教育)

表 17.3　温度对肥育猪的采食量、生长速度和能量转化效率的影响

温度/		摄入的热量[①]/	生长速度/		获得的热	吸收热量
°F	℃	(kcal/d)	(lb/d)	(kg/d)	量[②]/(kcal)	的效率[③]/%
32	0	15 377	1.2	0.54	2 991	19.4
41	5	11 404	1.2	0.53	2 936	25.7
50	10	10 616	1.8	0.80	4 432	41.7
59	15	9 554	1.7	0.77	4 376	45.8
68	20	9 766	1.9	0.85	4 709	48.2
77	25	7 976	1.6	0.72	3 988	50.1
86	30	6 703	1.0	0.45	2 493	37.1
95	35	4 579	0.7	0.31	1 717	37.4

注:①热能。

②每克增重获得的热量大约为 5.54 cal。

③由获得热量与摄入热量相除计算得出。

来源:D. R. Ames,热环境影响家畜生产性能,生命科学,30,457。

隔热设施

隔热设施是指对热量的传导有很强耐受性的材料,这种材料一般用在猪舍墙壁和顶棚。适当地使用隔热材料可以使猪舍维持一个更加均匀的温度,即冬暖夏凉。另外,对于人工加热或装有空调的猪舍而言,还可以节约燃料。

隔热设施应该在猪舍最初构建时进行安装,此时安装是最简单经济的。如果对现有的隔热效果不好的猪舍进行改造,是比较困难且花费较高,此时可以选择对舍内和户外喷涂隔热材料。这样可达到长期的隔热效果。

图 17.7 给出了部分结构材料的隔热值或 R 值。聚苯乙烯泡沫、聚氨酯泡沫和矿棉都能够在最小的厚度下提供最好的隔热效果。但是其他用于墙壁和顶棚的隔热材料也可以考虑使用。

所期望达到的隔热值是由多种因素决定的,其中主要是气候因素。在温和适中的气候条件下,墙壁的隔热值能够达到 $R9$～$R12$,顶棚可达 $R12$～$R16$。在较冷的气候条件下,墙壁和顶棚的隔热值至少分别为 $R14$ 和 $R23$。由于加热花费的不断上升,使用更多的隔热设施将是节约燃料的正确选择。

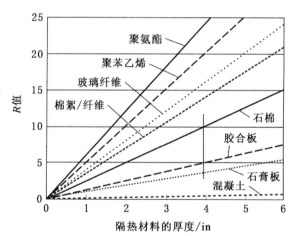

图 17.7　一些隔热材料的厚度与其 R 值之间的关系,4 in 的矿棉的 R 值为 10。(中西部规划服务部,MWPS-8. 爱荷华州立大学,1983)

水蒸气屏障

猪舍中会有大量的湿气,这些湿气主要来自饮水器、潮湿垫草、猪的呼吸以及粪便等。当猪舍内水蒸气的量超过户外空气中水蒸气含量时,水蒸气将会有从舍内向户外流动的倾向。水蒸气进入墙壁向外流动,到达较冷的地方会凝结成水,而这些凝结的水会严重降低隔热值,并且会破坏猪舍墙壁。

因为冷空气比热空气携带的水蒸气少,所以冬季水蒸气的活动更为明显。猪舍克服该问题的有效方法就是在隔热材料上使用水蒸气屏障。水蒸气屏障应该放置在温暖的一侧或猪舍内。一般水蒸气屏

障是 0.004 in 厚的塑胶薄膜和灌注少量沥青的建筑纸。

供暖

许多养猪地区的猪舍都需要进行加热,不同体重猪所产生的热量和需要给其补充的热量已在表 17.4 中列出。即使在有隔热设施的情况下,猪体产生的大约 60% 的热量也将会在排除水蒸气的通风过程中损失;假如没有隔热设施,损失的热量将会更大。

表 17.4 猪产生的热量以及在寒冷与温和气候下需补充的热量[①]

猪	猪舍温度/		大约产生的热量[②]/(Btu/h)	需补充的热量/(Btu/h)			
				漏缝地板		实心地板	
	°F	℃	(Btu/h)	寒冷	温和	寒冷	温和
母猪和仔猪							
400 lb(181 kg)	60~80	16~27	2 100	1 500	1 000	2 000[③]	1 400
猪							
20~40 lb(9~18 kg)	70	21	330	275[③]	1 253	300[③]	150[③]
40~100 lb(18~45 kg)	45~75	7~24	420	250	100	500	200
100~150 lb(45~68 kg)	45~75	7~24	500	250	100	500	200
150~210 lb(68~95 kg)	45~75	7~24	600	250	100	500	200
母猪或公猪,限饲							
200~150 lb(91~113 kg)	45~75	7~24	680	250	100	500	200
250~300 lb(113~136 kg)	45~75	7~24	760	250	100	500	200
300~500 lb(136~227 kg)	45~75	7~24	980	250	100	500	200

注:①温和气候的气温很少低于 0°F(−18℃),而寒冷气候的气温常常会低于 0°F(−18℃)。
　②在 60°F(16℃)下,根据舍内温度,大约有 2/3 总产热是显热量,这些显热量通过加热空气、猪舍热损失和水的蒸发被消耗。
　③除了补充这些热量外,给小猪的保温箱加热也是很必要的。
来源:皮尔森教育。

通风

通风是指空气的交换。其目的是:(1)将污秽的空气替换为新鲜的空气;(2)排除湿气;(3)排除异味;(4)在热天排除过多的热量。所以,应该加强猪舍的通风,但要注意避免直接的和寒冷的气流。良好的猪舍通风可以节省饲料,帮助获得最佳的生产效率。

所有的猪舍通风都是通过舍内的负压来吸入户外的新鲜空气,达到排除舍内污秽空气的效果。要达到良好的通风效果,以下 5 个因素是非常必要的:

1)新鲜空气进入猪舍(进气口)。

2)隔热设施给猪舍保温。

3)冬季较冷的地区补充热量。

4)水蒸气屏障。

5)水蒸气的排出(出气口)。如果了解了下面的情况,你就会认识到排除水蒸气的重要性。通过呼吸:

a.每头母猪和仔猪每天会摄入大约 1 gal 的水。

b.50 头 125 lb 的猪每小时会释放出大约 1 gal 的水蒸气。

对于大多数猪舍来说,可以通过对电风扇的控制来改善猪舍空气。风扇的功率是根据其每分钟的排风量(ft³/min)来衡量的。选择和使用 2~3 种不同尺寸、功率或性能的风扇,即可使空气得到流通。由于封闭畜舍可能会出现电力或者设备的问题,所以应该配备 1 种或多种下列装备:

1)电动警报器,以保证断电时发出警报并传达给管理者。

2)性能稳定的发电机。

3)螺线管或其他电动开启的门,断电时可以打开。

4)可以手动打开的门窗。

5)当猪舍打不开时,可以让生猪出入的通道。

确定通风量的依据有:(1)期望的舍内温度;(2)户外的温度;(3)相对湿度;(4)猪舍内猪的数量和体重;(5)隔热材料的效果。猪的体重是一个主要因素,因为仔猪与肥育猪是不同的。因此至少需两种通风装置:一种用于分娩舍;另一种用于肥育舍。另外,冬季和夏季的通风量也是不同的,推荐的通风量已在表17.2中给出。

一个普遍的误区是,大多数人认为使用简陋的自动调温装置来调节舍内的温度能够降低供热耗费。这是不可能的,因为通过猪舍结构损失的热量是非常少的,而由通风过程损失的热量是相当大的。

应该对进入舍内的冷空气进行加热,这样可以提高其对潮湿空气的携带能力(图 17.8),而冷空气携带湿气的能力相当低。一般来讲,空气温度每上升 20℉(11℃),其携带湿气的能力就会提高1倍。

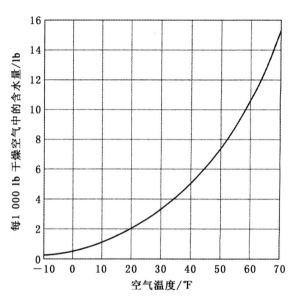

图 17.8　空气温度对其携带水能力的影响。随着温度的升高,空气携带水的能力也提高。(皮尔森教育)

自然通风

养猪生产者们即使采用机械通风,仍然对自然通风充满兴趣,主要是因为自然通风拥有低廉的建筑和操作费用。仅仅通过窗户或门来对温度进行调节,从而降低因使用大量的隔热材料、密封门窗以及机械通风系统所带来的花费。但是,对于分娩舍和保育舍等来说,舍内温度必须保持在较高水平,自然通风就不适用了。

对于肥育和妊娠猪舍可以很好地利用自然通风,因为自然通风猪舍的主要目的就是为了给动物遮挡雨雪,保护猪舍内的设施。为了避免凝结的水汽滴落到猪身上,这种自然通风的猪舍一般都有隔热的顶棚。当自然通风的猪舍内装满猪时,冬季舍内的温度是不会低于 0℃ 的,但如果大部分猪都被出售后,将很可能会出现结冰的现象。

自然通风猪舍通常会在其顶部(一般是屋脊处)开设排风口以不断地排出空气,并沿着长长的侧墙开设进风口使新鲜空气进入猪舍。虽然可以根据需要的空气流动量来估计这些通风口在冬季开放的大小,但更好的方法是凭借经验来判断,以使足够的新鲜空气进入猪舍,从而将猪呼出的湿气排出。从侧墙(一般位于屋檐下)进入的空气会被猪舍内的猪加热而变暖,并且这些空气可将上升到屋顶的湿气带走。持续地开放屋脊的通风口,使得进入猪舍的空气不断变暖并将湿气带走,从而完成空气交换的过程。

在天气暖和的时候,猪舍的主要作用就是挡雨和遮阴。夏季,侧墙持续开放的大通风口可以使得微风吹入猪舍;冬季,通过调整和减小侧墙通风口的大小,从而获得排除湿气的最小通风量。改进的正面敞开式猪舍和双窗户猪舍都属这种情况。

动力通风

动力通风系统用于需要加热的全封闭的猪舍,如分娩舍和保育舍。仅有少数肥育舍会用到该系统,因为对于那些体质较弱的成年猪舍也需要加热。一共有3种类型的动力通风方式,分别是压力通风、真空通风和通道通风。

压力通风:通过动力将新鲜空气吸入而使污秽空气通过通风口排出猪舍。

真空通风:通过风扇将污秽空气强制抽出猪舍,由风扇形成的负压使得新鲜空气经适当的通风口被吸入猪舍。

通道通风:猪舍内的湿气从猪舍的一端被推动并经过整个猪舍,最后从另一端排出。为了形成通道,这种猪舍侧面的窗户通常在炎热的天气也被关闭。一般使用4个或更多48 in风扇抽动空气进入猪舍。

猪舍设计与说明

在这里并不是要给出详细的猪舍和装置设计细节以及说明,而仅仅是为了介绍一些已经在美国不同地区使用的性能优良而实用的猪舍和装置。为了获得详细的猪舍设计和说明,特定地区的养猪生产者应该:(1)学习邻近养猪场成功的猪舍和装置;(2)请教业务广泛的代理商、专业的农业专家、商业的建筑和设备供应商等;(3)写信给中西部规划服务部,爱荷华州立大学,埃姆斯市,爱荷华州,50011-3080 (http://ww.mwpshq.org/)。尽管如此,当要开展建筑计划时,还应该考虑以下几个因素:

1)确保排水区域远离水源、农户以及其他建筑物。草地或饲养场排出的污水不可直接经排水沟排入溪流或湖泊。

2)合理布局各种猪舍,以便于饲料的储藏和道路的规划。

3)确保猪舍地址选择合理,以便有效地应对雨雪。为了减轻猪舍气味对居民区的影响,猪舍应建在居民区的下风向处。

4)设计必要的动物活动以及管理员和器具的操作空间。

5)确保用电和取水的方便。

建造猪舍首先要考虑的问题便是建造的成本。在表17.5中列举了一些不同建造成本的例子,比如,建造一个20栏的分娩舍大概要花费44 000~50 000 $。

表 17.5　大概的猪舍投入

猪　舍	投　入
环境调节设施、漏缝地板等	
分娩哺乳设施	2 200~2 500 $/箱
保育设施	110~125 $/头(3 ft²/头)
肥育设施	150~200 $/头(7.5~8 ft²/头)
妊娠保温箱	550~625 $/箱
附加设施(5~6 $/ft²,包括饮水、墙门和电力)	
肥育设施	50~90 $/头(10~15 ft²/头)
妊娠设施	120~160 $/头(24~27 ft²/头)

来源:Jay Harmon博士,爱荷华州立大学农业与生物系统工程系。

猪舍建筑体系

养猪过程中,猪要经过一系列的生产环节,结果就是不可能一直使用1个猪舍,而每个猪舍只是生产系统中的一个部分。一个完整的从产仔到肥育生产系统,每一阶段通常会有1个或更多的猪舍被投入使用(猪舍的数量取决于猪舍的大小和猪的数量):

1)分娩舍。

2)保育舍。

3)肥育舍。

4)配种或妊娠舍和公猪舍。

在断奶仔猪生产系统中,不论是早于 21 日龄断奶(早期断奶),还是在体重达到 40～60 lb 时断奶,仔猪都是在保育期的最后阶段才被出售的。因此,在这种系统中,不需要保育舍和肥育舍。而在肥育猪生产系统中,可以直接购买断奶仔猪,因此,这种生产系统只需要肥育舍。

分娩舍

分娩舍是从产仔直到断奶期间用来照顾和保护母猪和仔猪的,因此其设计和构造应该能够提供最适宜环境条件、最小的仔猪损失、最大的劳动效率以及令人满意的粪便处理。为了达到这一效果,现代化的分娩舍综合了以下几个特征:

1. 温度。母猪最佳的采食和泌乳环境温度是 60～65℉(16～18℃),但这对于刚出生小猪来说太冷了。在出生后的前 3 d,保温箱内的温度应保持在 90～95℉(32～35℃),以后每天降低 2℉,直到 70℉(21℃)左右。当给小猪补充加热时,猪舍内的温度控制在 65～75℉(18～24℃)证明是可行的。可以通过观察小猪是否拥挤(过冷)或逃避加热区(过热),来判断小猪是否舒适。

2. 地板。因为漏缝地板能够大大地提高猪舍卫生,所以在分娩舍中普遍采用。虽然部分母猪区域使用实心地板,但在小猪保温箱内一般全部使用漏缝地板。与其他任何阶段的生产相比,使用漏缝地板可节省大量的劳力。在一些较为陈旧的猪舍中有时候也会使用实心地板,这就加大了对劳动力的需求,也就不可能允许母猪和漏缝地板上的许多小猪一样一直待到断奶。为了能够使尿液和溅出畜栏的水流入排水沟,实心地板应该保持一定的倾斜度,这对于分娩舍的卫生控制是非常重要的。

在冬季,使用漏缝地板的分娩舍与使用实地面的产仔数相比,是非常严峻的。因为漏缝地板下面存在气流,所以比实地面的分娩舍就需要更多的环境控制设施。漏缝地板通常有包裹涂层的金属型、混凝土型、三角条型和金属丝编制几种。当使用漏缝地板时,缝隙大约为 3 in 宽,间隔为 3/8 in。为保证粪便能够顺利通过,母猪身后的地板缝隙应为 1 in,母猪分娩期间需要将漏缝盖上。

3. 产仔箱(或栏)。有多种不同设计和规格的产仔箱或栏(图 17.9),那些整个产仔箱下面是地沟式的非常受欢迎。典型的产仔箱为 5 ft 宽,7 ft 长。母猪的宽度通常为 24 in,而其两侧供小猪活动爬动或保温箱的宽度为 18～24 in,以保证母猪和饲养员都能够方便的触到产仔箱。

图 17.9 有两排产仔栏的分娩舍,产仔栏的前后两端都可以触到。悬挂在天花板的接触式加热器为猪舍提供热量。该猪舍刚刚被清洁和消毒过,准备迎接下一批产仔猪群。(爱荷华州立大学 Palmer Holden 提供)

保育舍

保育猪舍是为断奶仔猪准备的,在美国,一般在 14～35 日龄断奶。断奶仔猪会在保育舍一直待到体重 40～60 lb(图 17.10)。保育舍应考虑以下几个因素:

1. 温度。为使小猪舒适,保育舍内起始的温度应保持在 80～90℉(27～32℃)。当小猪适应后,逐渐降低到 70℉(21℃)左右。

2. 地板。 推荐使用漏缝地板,可以是部分使用或全部都使用。一般选择包裹涂层的金属的、三角条的或金属丝编制的地板,这样有利于粪便的清洁。由于混凝土的地板较冷,所以不像其他材料的地板那样常被使用。

3. 高床饲养。 高床饲养是指断奶猪舍将仔猪饲养在单层、双层或三层的混凝土平台上,以提供一个温暖的环境。单层平台又称平面或高床饲养。高床饲养可用于进行早期断奶、降低操作成本、更好地控制环境和加大饲养密集度。虽然多层平台可以很好地利用猪舍的空间,但是现在已很少使用,主要是因为卫生不好控制以及饲养员对猪的观察不方便。

尽管平台饲养可以使猪避免寒冷潮湿的地板,但这种方法不可行。因为即使饲养员不反对将重12～15 lb 的猪举上高床,也会拒绝将重 40～60 lb 的猪举上高床(图 17.11)。

图 17.10　金属围栏和塑胶地板的保育栏。宽 8 ft,长 10 ft 的围栏内大约有 20 头仔猪,平均每头猪有 4 ft² 的面积。每个围栏上的饲料槽,可同时供应两栏的猪。(爱荷华州立大学 Palmer Holden 提供)

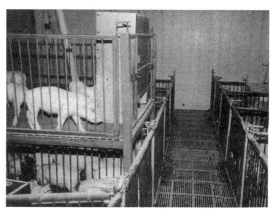

图 17.11　有部分双层平台饲养的保育舍。上面一层的平台为较小的猪提供了比较温暖的环境。地板全部为三角板条的漏缝地板。(爱荷华州立大学 Palmer Holden 提供)

4. 饲槽。 如果那些营养丰富的、昂贵的饲料因为掉进粪坑或陷入小猪无法够到的饲槽角落,猪的生长、饲料消化率和健康都会受到影响。下面是推荐的保育舍饲喂系统:

a. 饲喂空间应该允许小猪能够保持正常的进食姿势和执行正常的进食动作。允许每 2 头体重低于 30 lb 的小猪使用 1 个饲料槽,或者每 3 头体重大于 30 lb 的小猪占用 1 个饲喂空间。

b. 饲料槽应该能够避免饲料在槽中结块而导致采食被限制。

c. 饲料槽调节方便,并且为了控制饲料的浪费,只加料到覆盖大约 1/2 的饲喂槽。

d. 饲料槽的设计应该允许猪的嘴在料槽里或料槽的上方进行吞料。

e. 猪应该能够很容易吃到位于地面或接近地面水平的饲料。

f. 猪应该不能够爬进料槽,也不会被料槽卡住。

组合式保育舍

组合式保育舍在交付使用之前是由制造商构建的,其内部包含多个房间(图 17.12)。制造商一般都会负责准备交付的地点,并安装水管、下水道以及电路。模型保育舍与传统的猪舍相比,其优点是能够快速的交付使用。许多模型公司都能保证,在签约后 6 周以内或更短的时间内交付使用,而传统的建筑可能需要几个月的时间。另外,模型保育舍的第 2 大卖点是它的便捷,它能够被很容易、快速地移动。

图 17.12　带有 2 个房间和 1 条用于排出污水的浅沟的组合式保育舍。（爱荷华州立大学 Palmer Holden 提供）

肥育舍

肥育常常被分为两个阶段，即体重从 40/60～120 lb 的生长期和 120～250 lb 的肥育期。肥育猪对温度的要求不像小猪那样严格，通常在生长和肥育阶段都使用标准尺寸的肥育栏。

有时候，养猪生产者可能会将生长期和肥育期分开，尤其是对于那些没有足够的猪装满整个猪舍的农场。在这种情况下，常常将一半分为生长群，另一半分为肥育群。对其通风系统也进行分别控制，以保证年轻的生长猪有一个较温暖的环境，同时进料箱中的饲料也分开供应。

肥育猪对空间的不同要求取决于猪的大小以及围栏地板的类型（床式、实心和漏缝），并且猪的肥育可以在正面开敞式猪舍或环境调节的猪舍中顺利完成。当使用实心地板时，应该倾斜 0.5～1 in，以便于粪便的清洁和处理。生长肥育舍的舍内至少 1/3 的面积应该使用漏缝地板，但是为了方便对粪便的处理而完全使用漏缝地板也是很常见的。

妊娠舍

母猪的妊娠舍可以是多种多样的，此处只讨论以下几种猪舍。

1. 正面敞开式猪舍。一些养猪生产者为妊娠母猪提供约 15 ft^2 的面积的正面开放式猪舍（寒冷的猪舍），每栏装载 10、20 头或 30 头母猪。需要给妊娠母猪提供垫草并及时清理实心地板上的粪便。饲料槽或者饲料栏安置在圈舍外的水泥地板上（图 17.13）。

2. 封闭式猪舍。另外一些养猪生产者为妊娠母猪构建全封闭式（保暖）的猪舍，这样可以缓和由于一年中不同天气造成的影响。猪舍中可进行单栏饲养，也可将其划分成 10～30 头 1 栏来饲养。像开敞式猪舍一样，可以群饲也可单饲。

舍内温度应该保持在 50℉（10℃）以上，当猪舍装满猪时，在较冷的天气一般能达到这一要求，但通常还需要补充一些热量。某些妊娠舍的侧面装有窗户。如果墙壁是实心的，那么就需要安装隔热材料。另外，在墙壁和屋顶应该安装水蒸气屏障和通风系统。夏季还需要打开墙壁上的通风门进行通风。

在完全限制妊娠猪活动的猪舍，一般采用全部或部分的漏缝地板，而不使用产床，可将粪便当做液体（水冲）进行处理。完全舍内生产的妊娠猪舍的主要缺陷就是其最初的建造和设施需要的花费较大。

完全舍内生产的妊娠猪舍具有以下优点：

1. 节约劳力。舍内生产降低了对劳力的需求，主要表现在管理、清洁和饲喂方面。

2. 更有效地利用土地。草地可以用来种庄稼，这样就节约了围栏花费，并从有限的土地上获得更多的回报。

图 17.13　掩蔽处外带有长的水泥墙的正面敞开式妊娠猪舍。注意围栏两侧的饲料槽给猪提供了一个较大的采食空间。（爱荷华州立大学 Palmer Holden 提供）

3. 更好地环境控制。 在舍内生产可以使泥浆、尘土、苍蝇以及粪便得到更好地控制。

4. 改善对寄生虫的控制。 舍内生产可以更好的控制猪体内外的寄生虫。

5. 更好地管理。 舍内生产使得能够对进入配种期的猪群进行更好的管理，同时也能更好地观察猪的活动。

6. 提高了管理者的舒适度。 舍内生产给管理者提供了舒适和便利，尤其是在寒冷或下雨的天气。

7. 利于开展单栏饲喂。 实际上在许多养猪生产地区，妊娠母猪舍内饲养并进行单栏饲喂是很普遍的。单栏饲喂可以避免个别强势猪的出现和猪之间的斗架，利于控制饲料的添加量以及便于人工授精和对单个猪的护理。

饲料槽的安置

以下是几种饲料槽的安放类型：

单栏——单栏是指在妊娠期间每头猪被单独安排在一栏中饲喂。这种系统可以避免猪之间的打斗，并提供单独的饲料供给和呵护。栏大小通常宽24 in，长短要根据猪体的大小不同而定（图 17.14）。

系栏——系栏是指将母猪用一个绳索系于单栏中。系绳应位于饲料槽后面、猪脖子下方、地板的中心位置，长约 8 in。系栏已经很少使用。

许多欧洲国家已经禁止单栏和系栏的使用，他们认为自由放任的自由采食栏和电动饲喂系统为猪提供了更舒适的动物福利。对于哪种饲喂系统能够使促进母猪的生产表现和延长使用年限的研究结果并不一致。

图 17.14　单妊娠栏，每栏都有单独的进料管。地板是典型的完全混凝土漏缝地板。（爱荷华州立大学 Palmer Holden 提供）

放任饲喂栏——放任饲喂栏一般为 20 in 宽、8 ft 长。虽然可以使用一个门来控制猪的采食，但其后面通常是开放的。当母猪在舍内群体饲养时可采用这种系统，然而还是鼓励要使用单栏饲养。

电子饲喂器——电子饲喂系统也被用于猪的舍内群体饲养。每头猪都有一个可以被电子饲喂器识别的不同颜色的电子装置或耳标。据此，饲喂器可以提供给每头猪适当的计划好的饲料水平。虽然电子饲喂器比较昂贵，但每个饲喂器可以供应大约 40 头猪采食。

并不是所有的舍内妊娠猪的饲养都是采用单栏饲喂，许多隔开的饲养区或常规的围栏中仍保持组群饲养。

公猪舍

当采用本交的时候，公猪通常被单独圈养在宽约 28 in、长 7 ft 或宽 6 ft、长 8 ft 圈栏中。单栏饲喂可以避免公猪相互之间打斗、骑跨和抢食。一般建议将公猪和母猪分开饲养，这样就可以通过驱赶母猪进入公猪舍来检测母猪的发情。当采用一群公猪围栏交配系统时，应该将那些从母猪群中驱赶出来的公猪圈在同一猪栏内饲养。

提供精液的商业化公猪站是高度专业化的行业，其设计和要求在本书中没有谈到。

舍内与户外的集约化养猪生产

自从 20 世纪 60 年代以来美国养猪生产发生了许多变化,出现了带有便携式猪舍的草地养猪系统。这些变化开始于 20 世纪 50 年,从低投资、低强度的工业系统到高投资、高强度的工业系统。

在 20 世纪 90 年代早期,英格兰给这种带有便携式猪舍的牧场一个新的名称,即户外集约化养猪生产。从此,整个欧洲的舍内养猪生产就都受到动物福利激进主义分子的攻击。

但是,无论欧洲还是美国的养猪生产者都没有返回到旧的牧场和便携式猪舍,而是在 20 世纪 90 年代重新采用户外集约化养猪生产,并且进行了许多改变,其中包括设置专门化的分娩系统。

对于舍内与户外的集约化养猪生产已经在前面第十一章的饲草与草地生产中提到。

地板

当为猪构建猪舍时,就要考虑地板的使用。尽管地板的种类繁多,但总的来说不外乎两种:漏缝地板和实心地板。

猪舍中究竟使用哪种地板,取决于粪便的处理方式。如果粪便作为固体或半固体来处理时,通常选择实心地板;如果粪便作为液体形式处理,则应选择部分或全部的漏缝地板。

实心地板

实心地板应该向过道和排水沟保持一定的倾斜度,当地板无倾斜度或者倾斜方向不正确时,地板上会出现讨厌的水坑。如果饮水器被安置在猪栏内的话,地板最好设置 2 倍的倾斜度。过道应该每英尺倾斜 0.5 in,并在斜坡交叉处形成一个制高点,或者向排水沟每英尺倾斜 0.25 in。猪躺卧处的地板应每英尺倾斜 0.5~0.75 in,而躺卧处以外的地板每英尺倾斜 0.25~0.5 in。通常饮水器应该安置在实心地板的较低处,以避免整个猪栏内地板的潮湿。

漏缝地板

在图 17.15 至图 17.19 中共列出了 5 种类型的漏缝地板。

漏缝地板是指带有缝隙的地板,粪便和尿液可以通过缝隙进入地板下面或附近的储粪池中。这种地板并不是新发明的,早在许多年前的家禽生产中就开始应用了,并从 20 世纪 60 年代开始逐渐应用于养猪生产中。漏缝地板猪舍应该温暖、通风且地面平坦。

漏缝地板的主要优点为:(1)便于自动操作,节省劳力;(2)减少或消除了垫草;(3)粪便清理方便;(4)缩小了每头猪对空间的要求;(5)占地面积小;(6)加强了环境卫生;(7)减少了泥浆、尘土、臭味和苍蝇的问题;(8)将粪便集中储藏,减少污染。

漏缝地板的主要缺陷为:(1)最初的投资高于实心地板(不需挖坑);(2)猪舍的实用性较差;(3)溅出的饲料会经地板缝隙而被浪费掉;(4)漏缝地板上饲养的猪抗驱赶能力强于实心地板上的猪;(5)环境条件会变得更加严峻。

图 17.15　保育舍的混凝土板条。缝隙至少 1 in 宽,板条宽 4~6 in。宽于 4 in 的板条要比窄的板条更脏。(爱荷华州立大学 Palmer Holden 提供)

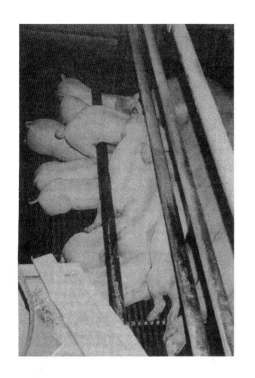

图 17.16　产仔栏中的三角形板条或 T 形板条。这种类型的地板很少或不会出现粪便堆积的现象。但由于这种地板的表面积较小,所以很容易造成猪出现寒冷的现象。(爱荷华州立大学 Palmer Holden 提供)

图 17.17　很常见的金属丝编制的地板。通过图中这些保育猪的拥挤现象可以判断,它们稍微感觉到寒冷。编制的金属丝地板是很容易清理,因此常被用于分娩哺乳栏,但是其金属丝的质量必须好,这样才能够长时间的保证其强度。(爱荷华州立大学 Palmer Holden 提供)

图 17.18　包裹塑料或硬橡胶的金属丝地板。与普通的金属丝编制的地板相比,这种地板更容易清理、更暖和、更舒适。为了支撑较重的猪,其金属丝需要有足够的强度。(爱荷华州立大学 Palmer Holden 提供)

图 17.19　塑料地板主要用于保育舍,这种地板舒适且易清理,白色的地板还可以提高猪舍内的光线。但是,这种地板下面需要借助许多支撑物来提高它的强度,不适于在肥育舍中使用。(爱荷华州立大学 Palmer Holden 提供)

部分与全漏缝地板

研究表明,除了需要加热的寒冷的冬季,在类似的猪舍中使用部分或全部使用漏缝地板,对猪的生产性能表现没有影响。

随着漏缝地板面积的增加,会稍微增加最初猪舍构建的地面投资。尽管事实如此,大多数新构建的肥育舍还是采用全漏缝地板,其原因是为了避免部分漏缝地板带来的脏乱并增加粪便储藏池的面积。因为部分漏缝地板模式的粪便储藏池的容量有限,所以需要经常对漏缝地板下面的粪便进行清理。

地板的材料和设计

选择地板时应该考虑其耐久力、是否容易清理、猪是否舒适以及其价格等因素。漏缝地板的制造可能会使用多种不同的材料,在表 17.6 中总结出了相关材料的信息,包括期望的效果及其优缺点。

表 17.6 漏缝地板的材料

材料	期望的使用寿命/年	优点	缺陷	备注
铸铁	20	高成本	易吸收猪体的热量	注意铸铁地板的锋利边缘伤害猪
混凝土	20	使用寿命长,可以自制	当被雨水淋洒时,其质量难以保证	其表面应该平坦、光滑,并稍做圆边处理
金属(钢或铝)	4~8	容易清洁	成本高,如果与其他金属接触时,铝容易老化,缩短其寿命	不锈钢比普通钢的使用寿命长;也可选择包瓷的钢质地板;还有一些钢质地板是穿孔的
包塑金属	3~5	舒适,采用菱形的孔洞	表面可能会变得较滑,需要有足够的支撑物,成本高	一般是使用焊接的金属丝或膨胀金属构建,然后再塑胶材料包裹而成;在分娩舍和保育舍使用效果较好
塑料	8~10	比混凝土和金属材质的暖和,容易清洁	表面可能会变得较滑,需要有足够的支撑物	适用于模型猪舍
三角形或 T 形金属	5~10	耐用性强,开放一半,容易清洁	成本高	一般使用钢铁编制,在分娩舍和保育舍使用效果好
木质材料	2~4	最初成本低廉	很难保证间距,使用寿命短	使用高硬度木材,如橡树
编制或焊接的金属丝	3 型号:5~10 5/16 型号:7~15	容易清洁,成本低	必须要有一个完整结实的框架来支撑	使用电镀或包裹塑料的金属丝,在分娩舍和保育舍使用效果好

来源:皮尔森教育。

板条和缝隙的宽度是根据猪体的大小和粪便清洁的效率来决定的。由于仔猪的蹄部较小,有可能会被卡在 3/8~1 in 的地板缝隙中,所以在分娩舍和保育舍中应该更多采用窄的漏缝地板。当地板缝隙窄于 3/8 in 时,仔猪蹄部就不会卡进漏缝中。同样,当地板缝隙宽于 1 in 时,漏缝也不会卡住仔猪蹄。

漏缝窄、板条宽的漏缝地板会给肥育猪肢蹄带来伤害,并且这种设计会导致地板不能自动清洁。但是在许多养猪生产阶段,那些与保温箱平行的缝窄板宽的地板会使猪表现得更舒适和灵活。表 17.7 提供了推荐的漏缝地板的缝隙宽度。

在构建漏缝地板时,有很多种设计和材料可供选择,但是实际上所有这些材料和设计都有其各自的优点和缺陷。因此选择漏缝地板时,首先应该考虑的是漏缝地板计划安装在什么地方,是分娩舍、保育舍还是肥育舍,然后再考虑猪的舒适度、地板的耐久力、寿命、摩擦力、价格、清洁性能和质量等问题。

表 17.7 推荐的漏缝地板的缝隙宽度

生产阶段	漏缝宽度/		备 注
	in	mm	
产仔	0.375	9	在分娩舍,使用后面缝隙宽、前面窄的漏缝地板;产仔时用三合板、金属板或丝网将母猪背后的宽缝处覆盖
保育(20~60 lb(9~27 kg))	0.375	9	板条的间隔取决于缝隙的宽度,缝隙越宽间隔越大
肥育(60 lb(27 kg)至出售)	0.75~1.0	19.0~25	除混凝土质地板外,当使用较窄板条的地板时,应该相应的使用较窄缝隙的地板
妊娠母猪;公猪	0.75~1.1	19~27.9	板条宽为5~8 in(13~20 cm),而缝隙宽为1 in(2.5 cm)

来源:皮尔森教育。

空间需要

动 物

养猪生产者常所遇到的首要困难就是构建猪舍或设施所需的合适尺寸和大小,在表17.8中列出的设计可能会对生产者有所帮助。通常较小的空间会危害到猪的健康和福利,但是较大的空间又会增加猪舍和设施的开支。

饲料与垫草

猪场对饲料储藏空间需要的变化幅度是非常大的,以至于很难提供一个合适的计算方法(表17.9)。饲料的储藏量的主要依据是:(1)草地季节的长短;(2)饲喂和管理的方法;(3)饲料的类型;(4)气候条件;(5)猪场自己生产和直接购买饲料的比例。一般情况下,饲料的储藏量要足够30 d饲料加工或购买供应。

遮盖垫草可有可无,有时候可能会利用杆架支撑的货棚或遮盖廉价塑料布的来储藏垫草。这些信息有利于管理者为精确的管理计算出所需的建筑空间。在表17.9中也列出了一些简单的估计饲料和垫草的储藏空间的方法。

养猪设备

成功的养猪生产必须有足够的设备以给猪提供饲料、饮水、遮蔽处以及关爱。适当的设备不仅可以节省劳力,而且还可以减少小猪甚至大猪的死亡。所以猪的设施是不能被忽视的。

某些特征对于猪的设备来说是非常必要的,即应该使用方便且经济。另外,由于猪有许多疾病和寄生虫,所以这些设备应该便于清洁和消毒。总之,这些设备应该具有实用、耐用和经济的特征。

表 17.8 猪舍和设备的空间需要①

猪的年龄和大小	优良草地(头/acre)	铺地板面积③(头/同饲槽面积)/ft²	每头猪的舍内躺卧面积/ft²	天花板高度④/ft	畜栏大门的高度/in	猪栏门的高度/in	猪栏门的宽度/in	每头猪的阴凉面积/ft²	阴凉处的高度/ft	自动饲料槽大小⑤(头/ft) 肥育场	自动饲料槽大小 草地	补充蛋白质占自动饲料槽的百分率/% 草地	补充蛋白质 肥育场	人工饲喂时饲料槽的大小/(ft/头)	人工饲喂时饮水槽的大小/(ft/头)	自动饮水器②(2个开口为2个饮水器)	备注
妊娠																	
年轻母猪	10~12	15~20	15~17	7~8	36	36	24	17	4~6	2	3	15	10~15	1.5	1.5	1个/12头仔猪	当在架子上饲喂紫花苜蓿干草时,保持4头猪/ft
成年母猪	8~10	8~10	18~20	7~8	36	36	24	20	4~6	3	4	15	10~15	2	2	1个/10头母猪	
产仔																	
年轻母猪	6~8	48	48	7~8	36	36	24	20	4~6	16	16	15	10~15	1.5⑤	2	1个/4头母猪	仔猪补饲:每5头至少提供1 ft的饲槽面积,饲槽高4 in以下,每个饲区最多40头猪。
成年母猪	6~8	64	64	7~8	36	36	24	30	4~6	16	16	15	10~15	1.5⑤	2	1个/4头母猪	
公猪	0.25 acre/头	15~20	15~20	7~8	48	36	24	15~20	4~6	1	1	15	10~15	2	2	1个/2头公猪	自由采食矿物质或每100头提供3 ft的矿物质自动料箱或箱有3个料孔
肥育																	
断奶⑦~75 lb	50~100	6~8⑧	5~6⑥	7~8	30	36	24	4	4~6	4	4~5	25	20~25	0.75	0.75		
75~125 lb	50~100	7~9⑧	6~7⑨	7~8	33	36	24	6	4~6	3	3~4	20	15~20	1.0	1.0	1个/20头	
125 lb至出售	50~100	8~10⑧	8~10⑨	7~8	36	36	24	6	4~6	3	3~4	15	10~15	1.25	1.25	1个/20头猪	

注:①表中单位可以转换为公制单位:1 ft²=0.093 m²;1 ft=0.305 m;1 in=25.4 mm;1 英亩=0.405 hm²;1 lb=0.45 kg;
②冬季饮水温度不应低于35~40℉(2~4℃);
③当使用隔缝地板时,每头猪需要常规地面一半的面积;
④在寒冷的季节,当屋顶高于7~8 ft时,不利于猪舍的保温;
⑤例如:一个6 ft两面开放的饲料槽可有12 ft的采食空间;
⑥为猪提供额外的趴窝区;
⑦对于早期断奶仔猪的空间需要参见第十五章表15.5;
⑧饲槽口的面积越大,所需的自动饲料槽的面积就越小;
⑨在夏季需要较大的面积。
来源:皮尔森教育。

表 17.9　饲料和垫草储藏空间需要[①]

饲草或垫草	储藏空间/			
	(lb/ft³)	(ft³/t)	(lb/bu)谷物	(ft³/bu)
干草-垫草				
1.松散的				
紫花苜蓿	4.4~4.0	450~500		
非豆科植物	4.4~3.3	450~600		
稻草	3.0~2.0	670~1 000		
2.捆绑的				
紫花苜蓿	10.0~6.0	200~330		
非豆科植物	8.0~6.0	250~330		
稻草	5.0~4.0	400~500		
3.剁碎的				
紫花苜蓿	7.0~5.5	285~360		
非豆科植物	6.7~5.0	300~400		
稻草	8.0~5.7	250~350		
青贮				
塔贮玉米或高粱秸	40	50		
窖贮玉米或高粱秸	35	57		
谷物				
玉米,脱粒[②]	45	45	56	1.25
玉米,带穗	28	72	70	2.50
玉米,脱粒,粉	38		48	
大麦	39	51	48	1.25
大麦,粉	28		37	
燕麦	26	77	32	1.25
燕麦,粉	18	106	23	
黑麦	45	44	56	1.25
黑麦,粉	38		48	
高粱	45	44	56	1.25
小麦	48	42	60	1.25
小麦,粉	43	46	50	
磨压的饲料				
糠麸	13	154		
小麦次粉	25	80		
亚麻粕	23	88		
棉子粕	38	53		
豆粕	42	43		
紫花苜蓿粉	15	134		
其他				
大豆	48	56		
精细食盐	50	40		
颗粒混合料	37	58		
打包的刨花	20	100		

注:①根据附录转换为公制单位。
　　②玉米含水量15%。整玉米粒含水量30%重量脱粒51 lb/ft³,粉36 lb/ft³。
来源:皮尔森教育。

猪的设备的类型和设计种类繁多,有些生产者为了结合本地可获取的材料,而将自己的构思加入设备的设计中。比较理想的是,通过对某些设备进行改造以适应个别情况。

仔猪补饲区

在2周龄以前的猪几乎不采食饲料,即使到3周龄也很少,除非母猪泌乳较少。因此,对于早期断奶的仔猪,大多数养猪生产者不再给其提供补饲饲料,而是在地面上抛撒一些干料来使其习惯采食。

在整个仔猪的哺乳期,应该在猪的补饲区提供料槽,并且料槽的长度要足够使小猪能够并排进食。为使仔猪能够顺利地进出,围栏的开口要足够大,但又不能过大,防止母猪跑出。另外,开口要有一定的高度,使得仔猪不必弯背就可通过,否则会使仔猪有可能出现令人讨厌的背部摇摆的现象。

热能灯和保温箱

新生仔猪的适宜温度为90~95℉(32~35℃),当处于70℉(21℃)时会使仔猪发生颤抖,而60℉(16℃)时会更冷。最近的研究表明,给仔猪加热可以使得每窝小猪的成活率平均提高1.5头左右。另外,还可以避免被母猪压死。

图17.20 哺乳母猪被限制在分娩栏中。注意母猪身下的丝网地板和缺仔猪的加热区。(爱荷华州立大学 Palmer Holden 提供)

保温箱或封闭加热区的设计是多种多样的,在母猪产仔的开敞式畜栏中,保温箱通常被设立在畜栏的角落处(图17.20)。可以通过悬挂的电热灯或者燃气加热装置来给小猪保温。电热灯应该使用耐热的玻璃(热过滤形式),以避免溅上水滴而破碎,并配置瓷质的插座、金属灯罩,用链条将其悬挂,绝对不能用电线来悬挂。经常调整或移动灯泡会破坏电线的连接并引起短路。250 W的灯泡应悬挂于距离保温箱地面24 in处,随着小猪的长大,可以更换较小的灯泡。

任何类型的加热装置都可能引发火灾,因此,对加热设备或灯泡的安装必须小心。要及时清理加热装置上的灰尘以免影响其正常工作。与热能灯相比,热毯和其他仔猪加热装置都是比较安全的。

产仔箱(栏)

采用适当的产仔设备非常重要,因为在断奶之前,大约有1/3,甚至更多的死亡损失是由于母猪的挤压造成的。有多种不同设计和大小的产仔箱、限位栏或、拴系式的管理可供选择。

现在出现了一种新的令人满意的妊娠和哺乳舍装置,与传统的产仔箱相比,它不仅保护了小猪的生活空间,而且为母猪提供更自由的活动范围。这种新的装置中母猪可以调转方向,因此称作舒适栏或自由栏(图17.21)。

值得注意的是,英国农业部门的法令从1998年禁止使用栏或绳系式的装置,而在其他欧盟国家从1999年也禁止使用绳系式的装置。这些规定不是基于对猪福利的研究考虑,而是基于人们对福利的理解。

图17.21 自由的产仔栏。母猪被限制在左边的栏舍,直到小猪3~4日龄为止取消限制,母猪和小猪共用整个猪栏。某些自由栏全部采用漏缝地板,但要仍然保持5 ft×7 ft的栏舍面积。(爱荷华州立大学 Palmer Holden 提供)

可参见第十五章中的"产仔管理"。

装猪通道

装猪通道对于许多猪场来说是必要的,它不仅可以减少对猪的伤害,而且还可使得猪的驱赶更方便,节省劳力。装猪通道可以是固定的,也可以是能移动的。通常采用有挡板的阶梯式的装猪通道,虽然可能会稍微增加建筑成本,但是这可以使得猪更容易和愿意攀升并减少伤害。由于斜坡式的装载装猪通道的成本低,所以仍然很受欢迎。

为防止猪转身,装猪通道应该修得窄一些,通常大约 22 in 宽。同时为避免夹板、钉子或其他任何物体伤害到猪,在驱赶猪时一定要小心。可以移动的装猪通道是非常方便的,因为这样就能够在任何猪群或牧场进行猪的装载(图 17.22)。另外,装猪通道还应该经久耐用。现在许多猪场都有液压式的可移动装猪通道,可以从地面拖车中装载上猪,然后提升并将猪卸载到卡车中。

图 17.22　可移动的阶梯式装载装猪通道。与斜坡式相比,猪更喜欢阶梯式的设计。(爱荷华州立大学 Palmer Holden 提供)

饲料槽

自动饲槽的设计非常重要,一个适合的饲槽应该按照以下标准来构建:

1)结实耐用。

2)不会堵塞饲料。饲料槽应该能够对饲料进行搅拌,以使饲料能够顺利通过分流器,并能够对分流器进行调节,以控制饲料的下流速度。

3)饲料的浪费最小。

4)可以保护饲料,避免风、雨,鸟类及老鼠等啮齿类动物对饲料的破坏。

5)容积应足够大,能够装载几天的饲料。某些新型的饲料槽,如湿干饲料槽和管状饲料槽,都只有较小的容积,不过它们是通过每天多次的自动加料将其装满(图 17.23)。

无论是从商家直接购买,还是自制都可以获得许多满意的自动饲料槽。

当饲料槽被置于户外时,应该将其放置在水泥平台上,否则,在潮湿的天气,其底部会沾满泥土,以至于浪费饲料,甚至有被破坏并泄漏饲料的可能。另外,饲料槽应该被放置在从栏外就能进行填料的地方,从而不必因此而进猪栏。

在许多猪场中,饲料槽也是普遍被使用的。常常用于病猪栏或者只有少数猪的临时猪舍中。好的饲料槽应该容易清理,并且为防止浪费,应该避免猪踏进槽内。小饲料槽的设计也应如此,这对于小猪是非常有用的。

图 17.23　有两个管状送料装置的不锈钢料槽,并在料槽的两个末端有各有 1 个乳头式饮水器,可以通过上、下移动管状送料装置来调节进料量。另外,如果料槽过高,会限制猪的采食。(爱荷华州立大学 Palmer Holden 提供)

凉棚

热应激会导致猪采食量下降、增重减少且增重效率降低（表17.3）。因此在每年的炎热季节里,应该给猪提供凉棚。当温度高于热平衡$10℉$（$5.6℃$）时,猪将停止进食（肥育猪大约为$90℉$（$32℃$））。所幸的是通常晚上会比较凉快,猪可以在此时进食。

通常可利用猪的躺卧处来代替凉棚,因为这是一个非常必要的辅助凉棚设施。

母猪清洗

在母猪进入分娩舍时应该给猪进行清洗,这是猪群保健程序的一部分。给猪进行清洗的区域通常设在妊娠舍的出口或分娩舍的进口处。给母猪清洗的设备种类繁多,其中同时具备冷、热水源以及地面排水系统的设计相对较好。

疫苗接种架和去势架

疫苗接种架和去势架是为了方便给小猪进行接种和去势而设计的,就是一个简单的架子,看起来像一个带有V形槽的普通锯木架。在槽的一端或两端用绳子或皮带将猪安全的固定在架上,也有一些商品架是固定小猪的后腿而将其颠倒过来。

泥坑和洒水装置

由于猪的汗腺非常少,猪很难通过排汗来调节体温,因此在炎热的季节,位于户外的性成熟猪和肥育猪就需要利用泥坑来散热。泥坑应该由养猪生产者自己进行设置,不允许使用不卫生的泥坑。泥坑可以是固定的,也可以是可移动的,它能够帮助猪进行降温和清洁,并且会为养猪生产者带来更快更多的经济效益。

泥坑应设在凉棚附近,但绝对不能将凉棚直接建在泥坑的上方,这样会导致猪整天都躺在泥水中。泥坑的大小应该根据猪的数量和体型大小来确定,对于达到50 lb的肥育猪来说,应该在凉棚附近为每头猪提供100 ft^2的泥坑。

洒水装置常被用于舍内降温。因为通过水的蒸发可以达到降温的效果,所以洒水应该是间歇的,而不应该是连续的。另外,洒水装置应该位于粪便池的上方。一般当温度达到$80\sim85℉$（$27\sim29℃$）时候,开始洒水。为了防止泥洞的产生,户外洒水时应该限制在水泥地面或沙质土壤区域。

每$20\sim30$头猪提供1个喷头,喷头应离地面$4\sim6$ ft高,间距为8 ft。可以通过1个定时器来控制喷头,每10 min喷洒2 min或每30 min喷洒1 min。每小时每个洒水装置喷洒$0.4\sim0.6$ gal水。为了避免喷头的堵塞,在水管内应设置过滤器或沉淀池。

饮水

猪每采食1个单位的干饲料要消耗$2\sim3$个单位的水,或每采食1 lb的饲料将消耗$1/4\sim1/3$ gal的水。温度越高,水的消耗量就越大。给猪设置自动饮水器非常方便,这样猪就可以随时喝到清凉、洁净的水。否则,每天必须人工给水至少2次。在冬季,猪的饮水温度不应低于$40℉$（$4.4℃$）。表17.10中列出了不同种类猪的估计需水量。

为了给草地或其他田地供水,推荐采用塑料水管,因为塑料水管无论安装在地上还是地下,都非常简单方便。

表 17.10　猪对水的要求

猪的种类	饮水量[1]/(gal/(头/d))
妊娠母猪	6
母猪和仔猪	8
保育猪（15～40 lb）	1
生长猪（40～120 lb）	3
肥育猪（120～250 lb）	4
公猪	8

注:[1]根据温度、水的浪费量以及采食量的不同,猪对水的需要量差异较大。

来源:猪舍与环境手册,中西部规划服务部,爱荷华州立大学,1983。

如果将饮水器安置在同一条线上,2个草场可以共用1个水管。

围栏

好的围栏应该具备以下几个前提:(1)能够保持农场的边界;(2)可以进行饲养动物;(3)可减少动物和庄稼的损失;(4)能够增加土地的产值;(5)能促进邻居之间的关系;(6)可以降低动物跑进公路的事故发生率;(7)外观漂亮且独特。

虽然用做围栏的材料有很多,如木棒、木板、石头、树篱、管子、混凝土等都在特定的条件下被使用,但使用最多的还是金属丝。当猪的饲养密度加大时,就需要比金属丝强度更高的材料作围栏。另外,在某些特殊情况下,围栏的材料要求要具有更多的美感,尤其是对于纯商业机构,此项更为重要。

丝网选择

购买丝网的类型要根据猪的类型来判定。以下是对丝网选择的相关说明。

1. 丝网编号。标准的丝网围栏一般被指定为 985、4455、849、1047、741、939、832 和 726 型号(数字通常都为斜体)。第1个或前2个数字代表丝网的行(水平的)数;最后2个数字代表其高度,用英寸表示(即 832 表示有 8 行,高 32 ft)。无论间距为 12 in 还是 6 in 都可接受。

2. 网眼大小。对于固定在柱子上的密集围栏,通常 6 in 间距(6 in 网眼)的网丝要比 12 in(12 in 网眼)的效果好。但是某些围栏生产商认为,采用 9 号金属丝间距为 12 in 的围栏比 11 号金属丝间距为 6 in 的围栏更好(两种围栏使用的材料数量基本相同)。

3. 丝网重量。较重的丝网围栏一般使用寿命都较长,并且比重量轻的丝网更经济。较重或较大尺寸的丝网的编号较小,因此,9 号丝网要比 11 号更重、尺寸更大。编制的丝网围栏型号有 9、11、12.5 号和 16 号,它们是丝网的编号,而不是围栏顶端和底端的边线。重的丝网型号有 12.5,但也有更轻高强度的如 14 号和 16 号。比平常型号较重或尺寸较大的丝网应该用于:(a)带有盐味的海洋性空气;(b)排放化学烟雾的工厂附近;(c)温度变化较快的环境;(d)洪水泛滥的地区。另外,也可用做:(a)面积较小的围栏;(b)猪密集的围栏;(c)猪已经习惯跳圈的围栏。

4. 带刺丝网的类型。带刺金属丝的类型是根据刺的形状、数量以及间距来分类的。2 个刺之间的间隔一般为 4 in,但有些是 4 个刺的间隔 5 in。无论哪种类型的带刺丝网都是令人满意的,因此可以根据个人喜好来选择。

5. 滚轴或线轴的标准尺寸。铁丝网为 20 轴和 40 轴(40-rod),带刺金属丝为 80 轴(80-rod)。

6. 丝网涂层。丝网涂层的种类和厚度会直接影响其使用寿命。电镀是防止丝网腐锈最常用一种方法。包衣的质量分为Ⅰ、Ⅱ、Ⅲ 3 个等级,等级数越高,说明涂层的厚度和质量越高。

支柱

木头、金属和混凝土是 3 种常用做围栏支柱的材料,可以根据以下几点来决定使用哪种材料的支柱:(1)实用性和成本;(2)所期望的使用寿命(支柱应该与围栏的使用寿命相同,否则其维护费用将会很高);(3)动物的种类和数量;(4)安装成本。

电围栏

当需要临时圈舍时,或者在现有圈舍中需要隔离淘气猪的时候,电围栏就是一个不错的选择,并且这种围栏成本较低。以下几点是关于电围栏的描述:

1. 安全性。当安装和使用电围栏时:(a)无论对人还是猪来说,都应该采取必要的安全防范措施;(b)养猪生产者应该首先检查电围栏安装和使用的适宜性,但要切记电围栏可能是危险的。围栏控制器应该从可靠的制造商那里购买,自制的控制器可能会存在危险。

2. 电线高度。 通常正确的电围栏的电线高度为猪体高的 3/4,当有 2 条电线时,一条应该距离地面 6～8 in,另一条距离地面 14～16 in(图 17.24)。

3. 支柱。 电围栏的支柱可以是塑料的,也可以是钢铁的。为了使得电线能够经受住必要的拉扯,拐角处的柱子应该像其他非电围栏一样,要求固定牢靠。支柱只需要能够支撑电线和其他元件的重量即可。另外,要与猪相距 25～40 ft。

4. 电线。 因为倒钩可以刺进猪的毛并接触到其皮肤,所以推荐使用带钩的电线,但人们可能更喜欢使用光滑的电线,但绝对不能使用生锈的电线,因为锈是绝缘的。

5. 绝缘材料。 应该使用绝缘材料将电线固定在柱子上,而不能让其直接与柱子、杂草或地面接触。绝缘材料要使用坚固的玻璃、瓷器或塑料,而不使用老化的橡胶或管颈。对于塑料或玻璃纤维的柱子不需要使用绝缘材料。

6. 充电器。 充电器应该安全而有效(从知名厂商处购买)。共有 5 种类型的充电器:(a)电池充电器,使用 6 V 的充电电池;(b)诱导放电系统,将电流供应给一个称作电路断路器的断续器装置并加压到电流限定变压器上;(c)电容放电系统,将电线中的电流调整为直流电并将其储藏到电容器中;(d)恒向电流类型,通过 1 个变压器将电线中的电流调整到围栏上;(e)太阳能充电器。

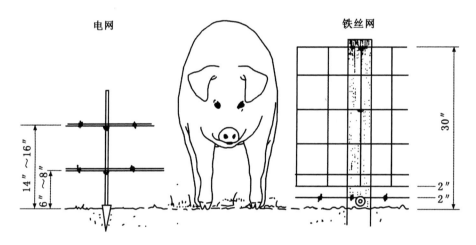

图 17.24　猪圈的丝网围栏高 30～36 in,在其底部有 1 根带钩的电线。2 根带钩电线的电围栏可作为临时的围栏,如果生产者沿着围栏撒一些饲料,当猪采食时就可以意识到电围栏的存在。(皮尔森教育提供)

7. 接地。 电源控制器应该接地,将接地线通过一根管子埋入潮湿的泥土中。绝对不要将电围栏接地线接到水管上,这样会导致闪电击中所连接的建筑物,而应该在接地线上安装闪电制动装置。

注意:千万不能给猪使用电围栏式的大门,而应该使用木质或铁质的大门。因为一旦猪被电围栏门惊吓后,即使门大敞开也很难驱赶其进出。

学习与讨论的问题

1. 20 世纪 50 年代末,开始出现了专门化的养猪生产者。随着他们的出现,过去的农场、肥育场和便携式猪舍生产系统逐渐被舍内养殖生产所代替。为什么会出现这种情况?

2. 为什么与其他动物相比,猪对过冷或过热的极端温度变化更为敏感? 对于各个阶段的猪最适宜的温度是多少? 可以通过什么方式来调节冬天和夏天的温度?

3. 为什么了解猪的产热非常重要?

4. 猪对热应激和冷应激的反应如何?

5. 为什么冬季通风的主要目的是为了将湿气排出,而夏季通风的主要是为了控制温度?

6. 什么是自然通风? 自然通风是如何完成的?

7. 在从产仔到肥育的整个系统过程中,每个阶段一般都要使用1种或多种猪舍,请描述以下各个阶段使用的猪舍类型:(a)产仔;(b)保育;(c)肥育;(d)配种或妊娠;(d)公猪群。

8. 为什么户外养猪生产会重新引发人们的兴趣,即现在所指的户外集约化养猪生产?

9. 列举并讨论各种不同材料的漏缝地板的优点和缺陷。

10. 描述并证明在保育舍应该使用哪种类型的地板。

11. 当计划构建新的猪舍和设备时,应该考虑哪些因素?

12. 为什么养猪生产者必须熟知饲料和垫草对其储藏空间的要求?

13. 对你自己的猪舍和设备或你熟知的养猪场进行一个评定性的研究,确定其适合和不适合的方面。

14. 产仔箱是否是必需的,为什么必需或为什么不必需?

15. 自动饲料槽应该具备哪些特征?

16. 在猪场中,为什么阴凉和泥坑都非常重要?

17. 描述一下猪舍的电围栏。

主要参考文献

Alternative Systems for Farrowing in Cold Weather, AED-47, 2004

Hoop Structures for Gestating Swine, AED-44, 2004

Hoop Structures for Grow-Finish Swine, AED-41, 2004

Livestock Environment, Ed. by E. Collins and C. Boon, American Society of Agricultural Engineers, 1993

Midwest Plan Service, Iowa State University, Ames, IA. http://www.mwpshq.org/

Natural Ventilating Systems for Livestock Housing, MWPS-33, 1989

Pork Facts 2002-2003, National Pork Board

Pork Industry Handbook, Cooperative Extension Service, Purdue University, West Lafayette, IN, 2002

Swine Breeding and Gestation Facilities Handbook, MWPS-43, 1983

Swine Farrowing Handbook：Housing and Equipment, MWPS-40, 1992

Swine Housing and Equipment Handbook, MWPS-8, 1983

Swine Nursery Facilities Handbook, MWPS-41, 1997

Swine Wean-to-Finish Buildings, AED-46, 2000

第十八章 猪的装饰和展览

4-H组织(Head,Hand,Heart,Health,即清醒的头脑、勤劳的双手、美好的心灵、健康的身体。它是最著名的美国农村青年组织之一,译者注)的女孩们在蒙哥马利县展览会上进行猪的展览。(Bill Tarpenning摄,美国农业部提供)

目标

学习本章后,你应该:

1.了解展览竞赛对猪的培育类型发展的正、负面的影响。

2.熟知展览中要求形态表演的原因。

3.熟知为什么可以采取不同的饲喂计划。

4.熟知如何准备猪的展览活动。

5.熟知为何给展览猪搽油、着色和搽粉等通常都被禁止。

6.知道对展览猪的健康要求。

    通过多年的展览竞赛,使得猪的展览时尚与其他动物相比,波动得更加激烈。当由展览裁判来判定猪的特殊培育方向和决定,与养猪的主要目的是生产猪肉相冲突时,展览会时尚就仅仅只是短暂的流行。

    根据展览规则,目前,在主要的展览中不允许给商品猪搽油、着色、搽粉或做其他装饰。另外,禁止使用未经批准的药物(未经美国食品与药物管理局和美国农业部批准的药物)。违反这些规定的展览者以后将被禁止进行展览。

展览的优点

虽然不是所有的展览者都能够从猪的展览中获利,但通常以下几个原因可能会促进猪的展览:

1)展览会可作为推介一个成型品种类型的有效媒体。

2)为育种者提供一个与其他竞赛者进行公平较量的机会。

3)提供了一个学习其他品种和家畜等级获得进展的机会。

4)是一个很好的广告媒介。

5)为育种者提供了一个交流的机会,即教育活动。

图 18.1 一名 4-H 组织的女孩正在为 1 对汉普夏猪为参加马里兰州乔治王子县展览会做准备。(Bill Tarpenning 摄,美国农业部提供)

6)可提供一个少量种猪的销售平台。

7)农场里的动物的销售价格可以根据展览动物的售价来判定。

8)为 4-H 和 FFA(Future Farmers of America,美国未来农场主组织,是最著名的美国农村青年组织之一。译者注)的成员提供一个接受养猪业的传统教育的机会(图 18.1)。

9)可以通过展览传授道德规范、合理 公平竞赛和专业技能。

参展猪的选择

准备展览的首要也是最重要的任务就是展览猪的选择。当选择猪准备进行展览竞赛时,除非展览者自己已经具备丰富的展览经验,并且是一个很好的猪评定者,否则,最好向有能力的评定者、育种专家或组织领导者求助和咨询。

现在许多猪的展览中都将生长速度和胴体品质的活体视觉评定相结合来评判,因此在展览猪的选择时,最好进行预展览。实际上,展览竞赛日期通常被定在配种期或断奶仔猪来进行销售展览时。一般地,除年幼的仔猪外,所有准备进行展览的猪都应该在展览前至少 4~6 个月就被选定,所以会有充足的时间来培育、装饰和训练。

由于许多猪可能得不到很好的培育,所以先预选择比展览数量更多的猪是非常明智的。到时候将那些生长速度和改良效果较差的猪剔除,而选择强健的猪只参加展览。

展览者可以展览:(1)种猪——公猪或母猪;(2)商品猪——阉猪或青年母猪。对于纯种猪的展览者来说,在有可能的情况下,最好将以上两种类型的猪全部展出。最近几年,展览的侧重点已经转移到商品猪上,因为在商品猪的展览中获胜,对于养猪生产者和生产冠军的品种/品系都是一个杰出的成就。特别是当胴体品质作为评定的一部分时,获胜猪的类型通常是消费者需求的反映。

展览者可以通过尽可能地提供不同等级和组群的猪来提高自己获胜的机会,以保证赢取足够的奖金来补偿自己的开支,这一点对种猪和商品猪的展览都是有效的。倘若猪本身表现良好,那么成本将会较低,通常会更经济地获得一个较大且均衡的展览群体。

类型

在当今猪的展览中,猪必须有适当地生长速度或日龄,并且属于瘦肉型。展览猪必须头颈部位整齐;背腰平直并有足够的宽度;眼肌要宽且发达;腿臀部大、厚并稍微凸出,肌肉覆盖到跗关节;肩部发达且平整;肋侧长、深且平整;腿间距正常,平直,与身体呈直角;骹部健壮。特定肌肉类型的猪应该是适当的平衡并综合以上所有条件,这种猪很流行和抢眼。

商品猪的展览应该侧重于整个群体质量的整齐度,而对其他性状可以只进行简要的叙述即可。理想的参展商品猪必须保持高度的一致性、完美性和品质,将向高价值分割块最大化、沉积脂肪最小化方面发展。

无论种猪还是商品猪的组群(每圈 3 头、全卡车等)等级都应该尽可能地保持一致,因为组群的名次取决于全组猪的价值和一致性,而不是其中的一个或两个突出的个体。

关于品种特征以及对参展猪选择的一些重要因素的相关详细信息参见第三、四、五章。

展览分类

种猪是按照年龄来分类的。在各个年龄段中尽可能选择年龄较大的猪比较有利,因为各个类型中年龄大的猪体型较大,可以更好地展示其优点。在许多展览中都要求有各年龄段猪的日增重,可以将其直接涂在猪的背部,也可向裁判提交书面清单。阉猪的分类通常是根据体重及其生长速度,而不是年龄。另外,某些育肥猪是根据其参展前 3~4 个月的初始体重来分类。

除基本等级外,许多商品猪的展览中还有附加等级,即同时根据基本标准和胴体品质进行评定(图18.2)。根据猪的背膘厚、眼肌面积和瘦肉率的测定结果进行销售。胴体品质的评估包括眼肌的颜色和大理石花纹。

图 18.2 2003 年爱荷华州展览会上 4-H 和 FFA 组织的公开等级目录。(爱荷华州立大学 Palmer Holden 提供)

不同商品猪展览会的体重分级差异相当大,通常会指定最大和最小的展览体重,其中并不包括生长速度的竞赛。然后将全部参展猪根据体重将近似体重的猪分到同一个类型。

除种猪和商品猪外,许多展览会可能还包括以下一些内容:(1)某一母猪所产的仔猪;(2)公猪的后代;(3)首席展览者;(4)展览会主席。

4 种主要动物展览会对猪的分级标准见表 18.1。如表 18.1 所示,分级的差别较大。

表 18.1　4 个主要的家畜展览会对展览猪的分级

展会	品种	公开类型	青年组	青年胴体
2003 年德克萨斯州休斯顿市动物展览和竞技表演会	巴克夏猪、切斯特白猪、杂种猪、杜洛克猪、汉普夏猪、波中猪、斑点猪、大白猪	无	仅允许 660 头阉公猪参加展览;上市阉公猪体重必须达到 230～270 lb; 只限德克萨斯州的 4-H 或 FFA 允许 1 头上市阉公猪和 2 头青年种母猪参展 **阉公猪奖励** 冠军和亚军 冠军品种 亚军品种 1～10 名和所有剩余出售的阉公猪 青年种母猪 7—9 月份出生,2 月或 3 月份展览 **奖励** 超级冠军 次超级冠军 品种冠军 次品种冠军 1～15 名 展览技巧,年少者,年长者	每个等级中的第一、二名阉猪参加胴体竞赛,奖励前 10 名 **胴体标准** 152～214 lb 1. 根据国家猪肉协会 2002 年制定的胴体组成和品质评估程序进行胴体肉质评估 2. 无脂瘦肉 47% 以上 3. 取消隐睾猪的竞赛资格 4. 胴体需要修整超过 1% 的,取消竞赛资格
2003 年 8 月爱荷华州得梅因市爱荷华州立展览会	巴克夏猪、切斯特白猪、杜洛克猪、汉普夏猪、长白猪(仅青年猪) 波中猪、斑点猪、大白猪、其他品种(仅青年猪)、商品青年母猪(青年猪)	**饲养** 公猪和 12 月份至次年 3 月份出生的仔猪 **品种奖励** 冠军、亚军、1～15 个名次、主席、首席展览者 **上市猪的德比展览** 冠军和亚军,活体和胴体根据参展的数量进行奖励 **爱荷华州** 体重 230～280 lb 的纯种和杂种猪 冠军、亚军 纯种和杂种冠军 纯种和杂种亚军 体重 230～280 lb 6 头猪,其中最多有 3 头青年母猪 5 种销售等级的冠军和亚军	**4-H 等级** 青年母猪(2—3 月份) 纯种和商品猪 紫色、蓝色、红色、白色和奖金 **上市猪** 225～280 lb 的纯种和杂种猪等级 (必须含有 1 个德比猪或 2 个商品猪) 总冠军 总亚军 等级冠军 等级亚军 奖牌和奖金 **德比猪** (4 月份为初始体重) 如果超过 5 个等级参展,则分为阉公猪、青年母猪和纯种猪 **活体奖励** 冠军 亚军 (在整个商品猪中的冠亚军) 奖牌和奖金 展览技巧 3 个年龄等级 **FFA 等级** 除展出纯种公猪外,与 4-H 相似	**德比生猪** 最多允许 100 头符合瘦肉率或年龄条件的猪参加胴体竞赛 采用 NPPC 质量指南,并根据猪的瘦肉率或年龄销售 **胴体奖励** 冠军 亚军 3～10 名

续表 18.1

展会	品种	公开类型	青年组	青年胴体
2003 年 1 月科罗拉多州丹佛市西部动物展览会，牛、马展览	杂种猪、杜洛克猪、汉普夏猪、大白猪、其他纯种猪	无	**奖励** 冠军 亚军 品种冠军 品种亚军 1～12 名的品种或等级	
2002 年肯塔基州路易斯维尔市北美国际展览会	杂种猪、杜洛克猪、汉普夏猪、长白猪、大白猪	无	**奖励** 品种冠军 品种亚军 总冠军 总亚军	

种猪

选择进行展览的种猪必须符合品种血统，核实其祖先，确保生产的后代在表型方面与其相似。种猪应该侧重展览其与众不同的品种特征。纯种猪展览通常包括上市生猪类型以及相应品种的纯种公猪。

参展猪的饲养及管理

应该将所有准备进行展览的猪安置在一个适宜的条件下饲养，在此期间要对它们仔细照料。

猪参展前的管理

预定参加展览的猪在农场中应该有一个较好的环境。首先应该让其保持凉爽、清洁且无寄生虫。另外，一定量的活动也是非常必要的，这样可以促进猪的血液循环，并加快其苗壮成长和增加活力。活动不仅会刺激猪的食欲，使其采食量增加，而且能够保持猪肢蹄的健康，促进肉的结实度和躯体的整齐度。性成熟的公猪、母猪和商品猪更需要活动，即强迫运动。在炎热的季节里，猪的活动最好在早晨或晚上，以避免一些不必要的操作。

公猪和母猪分群

如果展览猪的群体较小，则更应该照顾好每头猪，尤其是对采食而言。当猪达到 4 月龄的时候，应该将年龄大的公猪和青年母猪分开饲养。一般 4～8 月龄的时候，青年公猪会表现得狂躁不安，因此，将其分群饲养是必要的，最好是隔离到其看不见和听不到其他母猪的地方。在大多数情况下，将展览公猪一起饲养，但如果它们来自于不同的圈，则应分开展览。其他年龄相近或体重相近的青年母猪则可以一起饲养。

建议的日粮

在第七章中讨论的关于各种类型和年龄的猪的采食对于相同生长阶段的展览猪而言都是适合的。然而，一般情况下，除自由采食外，相信大多数有经验的展览者还可以通过人工饲喂或自由采食与人工饲喂相结合（每天 2 次人工饲喂和自由采食）的方法来获得更好的效果。当采用人工饲喂时，可以通过在饲料中混合奶、奶酪或浓缩奶酪的方式来提高猪的采食量，同时这将会加快猪的日增重。

在饲料中添加奶会导致其蛋白质含量超过猪的需要量。因此，当使用奶或奶酪时，为了不使猪受到伤害，通常应将饲料中的蛋白质降低 1%～2%。

对于展览猪,为了避免猪出现大腹,导致屠宰率低,应该在展览前2～4周减少或停止大量饲喂。

饲养指南

猪饲养的一般原则和习惯已经在第七章和第八章中进行了讨论。饲养展览猪与其他猪的主要差别在于,展览猪的饲养目的是使猪长得最快和具有旺盛的活力,而不考虑饲料和劳力的花费。然而,应该注意的是,在当今展览中主要的不利因素来自于肥猪,因为过量的饲喂会使商品猪过肥,并有可能会给猪带来伤害。相反地,体格健壮、皮毛光亮的猪才是人们所期望的。

经过多年的经验积累和细致的观察,成功的生产者已经制定出了他们自己的饲养规程,新手可以完全效仿他们的方法,其中一些规程如下:

1. 展览的类型。确定展览的评判标准只包括猪的表型观察,还是将表型和胴体品质都作为竞赛的一部分。因为展览的类型将决定猪的装饰方法。

2. 节约开支,但要避免错误的节俭。虽然对于猪的采食花费应该尽可能地节俭,但要切记,获取适当的竞赛名次才是最终目标,因而少量的附加开销也是合理的。最常见的错误可能是饲喂过量玉米或其他谷物,尤其是对于种猪的饲养更要注意。

3. 人工饲喂和自动饲喂。与种猪饲养相比,商品猪的饲养更常采用自动饲喂。大多数展览者更喜欢将谷类饲料与奶、奶酪或浓缩奶酪混合,并以流体食物的方式进行饲喂。

4. 饲喂平衡日粮。使用平衡日粮将更经济,将会获得更好的生长和育肥效果。有经验的生产者通常更喜欢精细的日粮(高蛋白质)。为了更好地选择饲料,读者可以参考第七章。

5. 饲料的体积不宜过大。猪不能够接受大量的大体积日粮。饲喂太多的大体积日粮将会降低猪的生长速度,使得猪肚子变大,导致屠宰率降低,这是展览中严格的评判条件。

6. 饲喂规律。应该采用严格的饲喂规律对准备参展的猪进行饲喂。在饲养阶段的早期,每天饲喂2次就足够了,到后期时,应该每天饲喂3～5次,特别是对于那些快速生长的猪(图18.3)。

7. 避免饲料的突然改变。无论是饲料种类还是数量的突然改变都可能干扰猪的正常消化。因此,任何饲料的改变都应该有一个渐变的过程。

8. 添加剂。使用饲料添加剂可以保持并提高猪的性能。例如一种新的添加剂 Paylean™(Ractopamine·HCl,莱克多巴胺),可以显著提高猪的生长速度、瘦肉率和降低背膘厚。

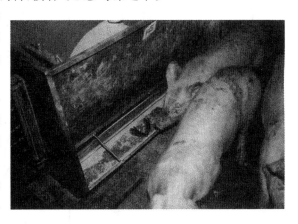

图18.3　位于可调式食槽旁的生长猪。(爱荷华州立大学 Palmer Holden 提供)

猪装饰及展览设备

给猪进行装饰、训练和修整的必要的设备有刷子、剪刀、锉刀、锋利的刀具、肥皂、藤条或鞭子以及栅栏。在准备参加展览时,这些设备都应当具备。另外,许多展览者还准备了水桶、料槽、洒水罐、叉子、扫帚、油和粉(如果展览规则允许)、锯、铁锤、短柄斧、一些钉子和绳子、手电筒、毯子或睡袋以及一些少量的食物和被褥。

存放所有小设备的展览柜一般都采用木质结构、清新的着色,并在柜子的顶端或正面清楚标明展览者的姓名和住址。另外,在展览时饲喂的饲料应该与在本场饲喂的饲料相同。

训练及修整

在大部分展览竞赛中,那些经常嚎叫、奔跑并难以控制的猪都是令人生厌的。这种猪会给参加竞赛的观众留下不好的印象,并对其他展览者造成骚扰,从而很难吸引裁判的目光。相反地,如果在竞赛中出现调教非常好的猪,并且每个类型的每头猪都身着漂亮的装饰,那么这些边际效应将会增加其获胜的机会。在这种情况下,适当的训练、修饰和展览常常会成为获胜的决定性因素。

猪的展览训练

对猪的正确训练需要有足够的时间、耐心以及要坚持不懈(图18.4)。训练的目的是为了让裁判能够看到猪的最优秀的一面。在训练中,有些展览者喜欢用鞭子,而另外一些展览者则喜欢使用传统的藤条。使猪对其中一种(鞭子或藤条)有反应即可,而不是对两种都有反应。对于性成熟的公猪来说,使用活动栅栏能起到很好的保护作用。然而,在青年猪展览中使用活动栅栏会体现猪的性情不佳或缺乏

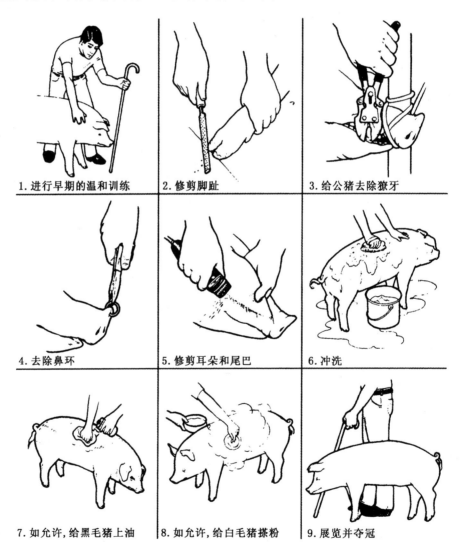

1. 进行早期的温和训练   2. 修剪脚趾   3. 给公猪去除獠牙

4. 去除鼻环   5. 修剪耳朵和尾巴   6. 冲洗

7. 如允许,给黑毛猪上油   8. 如允许,给白毛猪搽粉   9. 展览并夺冠

图18.4 猪进行成功展览需要进行的一些基本操作。注意,现在大部分展览会都不允许给猪搽油和搽粉。(爱荷华州立大学 Palmer Holden 提供)

训练。

在展览前较早的时候,展览者就应该对每头猪进行研究,以确定猪的最佳姿势。然后,将猪训练达到完美,即在需要的时候展现出合适的姿势。训练猪在必要的时候静止不动也是重要的,比如当鞭子或藤条在其面前出现时,猪静立不动。另外,通过将鞭子或藤条置于猪头部的一侧,即可很容易地引导猪的前进方向。

展览者应该避免饲养宠物猪,这样的猪在展览竞赛中可能表现出恶劣的脾气,或者当包括裁判在内的任何人接近时,它卧倒在地。应该训练展览猪站姿直立、背部拱起、头部下垂。

修整猪蹄

为了使得猪能够站姿直立、走姿势适当、系部直立、健壮,应该经常对蹄趾、猪爪进行有规律的修整。另外,较长的蹄趾和猪爪也会影响猪的美观。可以在猪侧躺时给猪进行修整,通常只要轻轻敲击猪的腹侧就可以很容易地获得猪的这种姿势,这种方法不会对猪造成伤害。

在猪的趾端被修整后,应该进行硬地行走锻炼。在给猪脚趾修整时,可以使用凿子,但这只可作为一个暂时性的调节,并不推荐使用。蹄趾的底部也应该修整,可以借助小锉刀和刀具来很好地完成。

后脚外侧的蹄趾要比内侧蹄趾生长更快,在极端情况下会导致猪的后腿弯曲。可以通过对外侧蹄趾的经常性修整来纠正这种问题。

应该对猪的蹄趾进行有规律的修整,一般每隔 6 周修整 1 次。然而,如果一次进行过多的修整,会导致猪的腿跛。根据这个原因,在猪展览前 2 周不能进行蹄趾修整。在对猪蹄趾修整时,绝对不允许出现流血的情况。

对猪爪也应该进行修剪,使其整洁,系部短且直。

去除獠牙

超过 1 岁的公猪的獠牙通常会较大,因此,应该在参展前 1～2 个月的时候,去除其獠牙。去除獠牙时,应该将猪的上颚保定于柱子上并使用钳子操作(参见第十五章)。

修剪

通常使用手动大剪刀进行修剪,并应该在参展的前几天进行。许多成功的展览者喜欢在展览前 2 周给猪修剪 2 次,在参加竞赛前进行第 2 次修剪。一般是修剪猪耳朵的内外两侧和猪尾。尾巴的修剪应该从尾巴的弯曲处开始,一直延伸到尾梢。不同猪尾巴的弯曲差异较大,要求展览者自行判定。

对于猪头部和面颊过长的毛发也可进行修剪。如果将小母猪腹部的毛发小心地剪除,可以使其乳房的展览效果更好。为了使得修剪处和未修剪处无明显界线,在所有修剪中保持猪的毛发有一个逐渐变化的过程非常重要。切记修剪应该在展览前进行,禁止在展览时修剪。

冲洗

经常给猪进行冲洗和刷拭,可以使猪保持干净整洁、皮肤光滑柔软,并且可以帮助年长猪毛皮的脱落。这一操作需要有温度适宜的水、大量的肥皂以及坚硬的刷子。首先将猪的皮毛彻底弄湿,然后用肥皂摩擦猪的毛发直到形成泡沫,接着用手或刷子使泡沫深入到皮肤。要彻底清洁猪全身的各个部位,但要避免水进入猪的耳朵。在水中混合漂白粉可以帮助有效地去除沾在白色猪身上的污渍。清洗完毕后,要用清水将猪皮毛上的肥皂彻底洗尽。最后将猪圈在清洁的栏舍中干燥。

搽油

由于搽太多油的猪会将油污沾到其他猪和展览者身上,所以许多展览会都已经禁止给猪搽油。如果展览中包括胴体性状,那么,搽油的猪在屠宰过程中拔毛将非常困难,不得不进行去皮,最终将影响它的竞赛成绩。

油通常会使得猪皮毛变软,并且使皮毛红润发亮。搽油的关键是要节俭并均匀分布于猪的全身。用浸油的衣物或毛刷在展览的前夜给猪搽油可以达到最好的光亮效果。在猪进入展览前,用刷子和毛纺的抹布进行一次彻底地刷拭,这样猪在竞赛时就不会有过剩油的迹象。任何干净清洁的植物油都可以用来给猪搽油。混合少量酒精的石蜡油是最佳选择。

在炎热的季节,给性成熟的公、母猪搽油很容易会造成猪的过热。在这种情况下,有经验的展览者通常不使用油,而是于展览前向猪身上喷洒少量水并用刷子进行刷拭。

在展览前 1 个月给猪饲喂含有 10%～15% 亚麻粕的饲料,也会使猪表现出很好的皮毛状态。

搽粉

许多展览会已经禁止给猪搽粉,展览者应该事先仔细查看展览规则。白猪或白色斑点猪最适于用滑石粉或玉米淀粉进行搽粉。在搽粉之前首先要给猪进行彻底地冲洗并干燥。于展览前给猪搽粉,为达到最好效果,搽粉应该分布均匀。

获取展览会展览许可

参展之前,展览者应该向展览会负责人或秘书索取展览规则、奖金列表以及必要的登记表格。通常在展览会开始日期前的 2～4 周将结束登记。定向产品或德比展览会,则要求参展的猪在展览前 3～4 个月就进行推荐和称重。展览者应该仔细阅读所有的展览规则和章程并严格遵守,包括相关的展览许可、登记证书、疫苗接种、健康证书、围栏费用、展览者和助手的票以及其他附加内容。

许多纯种猪的许可表格都要求填写以下信息:品种、性别、名字和登记号、出生日期、父母代的名字和登记号、标记的描述(如耳缺号)以及参展的类型。在纯种猪的展览中,注册证书通常是必须出示的。除特定的或冠军猪外,其他所有个体或组群都必须有展览许可。如果展览者有选择余地的话,最好不必详细说明组成猪群的每头猪的个体特性,因为个体等级获胜将很大程度决定于此。

出示健康证书

所有展览会都要求猪在进入展览会时必须有健康证书。虽然不同的展览会的要求、限制有所差异,但下面爱荷华州的规定可能比较典型。

2004 年对动物和家禽参加州立或地区展览会的健康要求

(http://www.ipic.iastate.edu/prv/healthexhibit04.pdf)

第一部分—— 一般要求

A. 爱荷华州所有准备参加展览的动物和家禽都必须通过检疫,直到业主或代理商出示"兽医检测证明"否则将不允许参展。在参展前 30 d 内(羊要求在 14 d 内),要求动物和家禽必须由公认的兽医检查,确认无明显的感染或传染性疾病的症状。

B. 在某些情况下,展览会负责人会提前安排官方兽医在展览前对所有动物和/或家禽进行检测。

禁止有任何明显的肿瘤、皮癣、腐蹄病、红眼、脓肿或其他任何传染性疾病的动物参加展览。

查阅你所在州或县的附加规定。

第四部分——猪

一般要求

1. 所有猪都必须有单独的"兽医检测证明",并且都来自非疫区或疫群。当在检测表格和"兽医检测证明"上对猪重新标识(耳缺号)后,由 4-H 组织发放的塑料耳标可能会被官方的金属耳标所代替。所有的标识都应记录在狂犬病检测表格和"兽医检测证明"上。

布鲁氏菌病

1. 对爱荷华州本地的猪参展无需进行布鲁氏菌病检测。

2. 对来自其他州大于 6 月龄的猪都必须是:

a. 来自非布鲁氏菌病的州。

b. 来自布鲁氏菌病检测合格的群体,并在"兽医检测证明"上标明群体证号和最后的检测日期。

c. 在参展前 60 d 内由州联邦实验室证明为布鲁氏菌病检测阴性。

伪狂犬病——所有猪

1. 爱荷华州本地的猪。不论群体的身份,对所有来自爱荷华州的阶段 4 或更低级的县级的猪都必须出示可以表明每头猪的伪狂犬病检测都呈阴性的官方检测记录和"兽医检测证明",检测时间应该在展览前的 30 d 内(个别展览会可能会有更加严格的时间限制)。对来自爱荷华州的阶段 5 县级的猪必须出示关于每头猪的官方"兽医检测证明"列表,对阶段 5 县级的猪要求进行伪狂犬病检测是必要的。为了展览的效果,将不考虑使用电子识别。

2. 来自爱荷华州以外的猪。不论群体的身份,所有展览者都必须出示可以表明每头狂犬病检测都呈阴性的官方检测记录和"兽医检测证明",检测时间应该在展览前的 30 d 内(个别展览会可能会有更加严格的时间限制)。为了展览的效果,将不考虑使用电子识别。

3. 对于那些从展览会回去的猪或展览后转移到购买者群体中的猪或出售的猪,在到达其目的地之前,必须经过30～60 d 的隔离并再次进行伪狂犬病检测(Code of Iowa 166D. 13(2))。

2004 年 4-H/FFA 对动物和家禽参加县级展览会的健康要求
(http://www. agriculture. state. ia. us/2004exhibition2. htm)

禁止有任何明显的肿瘤、皮癣、腐蹄病、红眼、脓肿或其他任何传染性疾病的动物参加展览。

虽然 4-H/FFA 县城动物或家禽展览会并不要求每个动物都有"兽医检测证明",但是在它们被卸载时或卸载后必须立即有公认的兽医对其进行检测。每个展览会都必须有一个官方兽医。

不允许疫区或来自疫群的动物参加展览。

在参加不要求"兽医检测证明"的县城展览会时,猪的展览者必须签订并出示一个宣誓书,保证展览的动物不是来自疫区,并且就其所知在过去的 12 个月里在他们的猪群中没有出现过猪痢疾。

所有参展的猪都必须出示狂犬病阴性检测记录,检测应该在展览前 30 d 内进行,对于来自阶段 4 或更低级的县城的猪按照 64.35(2)规定执行。对于来自阶段 5 县的猪无需进行狂犬病检测。

对于那些从展览会回去的猪或展览后转移到购买者群体中的猪或销售的猪,在到达其目的地之前,必须经过 30～60 d 的隔离并再次进行狂犬病检测(爱荷华州法规 166D. 13(2))。

例外

a. 倘若展览将猪从展览会直接托运到屠宰场,那么将无需对这些商品猪进行检测。但是为了保证猪能够运输到展览会场,猪的来源地必须有最近的监控报告(阶段 3 或更高地区在过去 12 个月内的统计检测)。离开展览会的商品猪必须直接托运到屠宰场。

b. 如果县城的展览会是分开的,即在纯种猪展览完并返回来源地后,商品猪再进行展览,在这种情况下商品猪就无需出示检测记录。但是为了能够运送到展览会场,商品猪必须有最近的监测报告。

官方展览会兽医的决定将是决定性的。

向展览会运送

根据展览会的规定,展览猪最好在展览会开始前 2 d 内运抵会场。由于运输的方便和快捷,因此大多都是采用私人卡车或拖车的方式运送。在运输装载猪之前应该对运输工具进行彻底消毒。运送中参展猪不能太过拥挤,对不同年龄和不同性别的猪应该使用适当的障碍物将其分开运送。在炎热的季节,应该将铺地的沙土洒湿,必要时可以湿透,但绝对不能将水洒在猪背上。不论采取哪种运输方法,在运送前或运送中都要使猪保持吃半饱的状态(大约饲喂量的1/2)。因为猪吃得过多可能会导致消化紊乱或在温暖天气里产热过高。

展览会上猪的圈栏面积、饲喂及管理

许多展览会或展销会的圈栏面积为6～8 ft²。如果天气不太热,猪要合圈饲养,下面的数字是1个圈栏饲养相同性别猪的头数:3～5头青年猪或商品猪、2头年长猪,其中,如果年长猪是公猪,那么最好单栏分开饲喂。为了避免过分拥挤,应该有足够的围栏,尤其是在炎热的天气。当拥有充足的空间时,将很容易保持猪的清洁。

通过在猪栏上摆放一个整洁、吸引人的标识,将会增强展览的广告价值。可以在标识上注明饲养者的姓名、地址、猪场或大猪场。对于一个成功的展览来说,标识的整洁、干净、吸引人也是非常重要的,因为这样可以给观众、展览者以及展览会的管理人员留下深刻印象。

经过1 d的休息和展览时的半饱饲喂后,应该恢复到正常的饲喂量并伴随适量的运动。通常应该每天饲喂2次。大多数展览者喜欢在猪进食或活动的时候,即早晨对圈舍进行彻底清洁。当猪到达展览会后,使其获得足够的且有规律的运动是非常重要的(图18.5)。

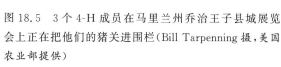

图18.5　3个4-H成员在马里兰州乔治王子县城展览会上正在把他们的猪关进围栏(Bill Tarpenning摄,美国农业部提供)

在到达会场之后,可以每隔1～2 d给猪冲洗1次,但是每天都必须进行刷拭。

猪的展览

即使你阅读了所有关于展览的手册,你也不可能完全掌握专业展览技巧,因为每次展览和每次竞赛的情况都是不同的。但是,某些指导原则还是被大多展览者一贯坚持的,具体如下:

1)参加竞赛前要对参展猪进行长期的、适当的训练。

2)对猪进行仔细的修整并准备在裁判面前展览。

3)着装整洁、得体。查阅规则,某些展览会对年轻人有指定的着装。

4)当被召唤时,应立即进入竞赛场。

5)不拥挤裁判。

6)对其他展览者要谦恭并尊重其权利。

图18.6　4-H成员和他的蓝带长白青年母猪在马里兰州乔治王子县城展览会上。(Bill Tarpenning摄,美国农业部提供)

7）以亲密伙伴的关系对待展览动物。

8）展览中要始终保证自己的参展猪在观众的视野内。

9）不允许自己的猪与其他猪斗架或咬伤其他猪。

10）在展览中，始终要一只眼睛留心裁判，另一只眼睛注意自己的参展猪，因为当你放松警惕的时候，可能正处于裁判的观察中。

11）要保持平静、自信和镇定。记住紧张的展览者会导致不好的印象。

12）展览会是一项很好的运动。胜不骄，败不馁。

展览会结束后

在展览者离开展览会场之前，通常要求签署一份来自展览会负责人的许可证书。而在此之前，要将所有的猪和设备全部都装载完毕。在返回途中应该采取与到达展览会时同样的关心和警惕措施。

由于与其他猪群和转运工具的接触，可能导致猪患病或感染寄生虫，因此，在从展览会返回后应该将展览猪群隔离观察 4 周，并在最后合群时进行抽血检验。

学习与讨论的问题

1.你对某些展览会禁止给猪搽油、化妆、搽粉或给上市猪进行其他装饰是否赞成？对禁止使用美国食品与药物管理局（FDA）未经批准的药物是否赞成？说明自己的观点。

2.讨论表 18.1 中列出的关于主要动物展览分级之间的相同点和不同点，你是否认同？

3.为什么一个纯种猪生产者或一个商品猪生产者或一个 FFA 或 4-H 成员能够展览猪，而为什么又不能呢？

4.对下面观点从正反两方面进行辩论：

    a.装饰和展览不会伤害动物；

    b.家畜展览对猪的改良有很大的推动作用；

    c.参加动物展览的花费太高；

    d.除非所有动物都以相同的完美程度进行装饰、修整和展览，否则竞赛胜利并不能反映动物的真正品质。

5.有多少家畜展会被改变，以致于它们（a）密切反映消费者的偏爱和（b）提高猪的改良？

6.通常认为动物的展览将会引起猪类型的根本转变，但其中某些方面后来被证明是有害的，如何消除这些不利的因素？

7.展览猪与商品上市猪的饲喂方法有何差别？

8.为什么在大多展览会的动物健康证书中，对布鲁氏菌病和伪狂犬病都有详细的要求？

9.你对首次参加展览会的展览者有何忠告或建议？

主要参考文献

Pork Industry Handbook，Cooperative Extension Service，Purdue University，West Lafayette，IN，2002

Stockman's Handbook，*The*，7th ed.，M. E. Ensminger，Interstate Publishers，Inc.，Danville，IL，1992

Various state 4-H Club Extension Service Offices

第四部分

商 业 技 能

第十九章 上 市 猪

冷库中的猪胴体。胴体在分割前一般要冷冻大约 24 h。
（Swift & Company 提供）

内容

内容

变化的生猪市场
屠宰猪的销售渠道
 终端或中心市场
 拍卖市场
 直销
 胴体分级和产肉量
 屠宰猪联营
 肉品加工厂的业务合同
生长肥育猪销售
 早期隔离断奶(SEW)仔猪销售
销售渠道的选择

纯种猪和种猪的出售
家畜市场信息服务
准备和运输生猪
 防止擦伤、碰伤和死亡损失
 每卡车装猪数量
 运猪车上铺垫草
 上市猪体重损耗
 空运
市场分类与等级
 确定市场分类的因素
猪瘦肉营销
 瘦肉率
联邦生猪等级
 猪胴体的联邦等级
其他生猪市场术语和影响因素
 烤乳猪
 疑似(病)猪(政府)
 跛子猪
 死猪
生猪营销考虑因素
 长期趋势
 波动
 季节变异
 扣成
学习与讨论的问题
主要参考文献

目标

学习本章后,你应该:
1.理解销售的目的。
2.了解为什么瘦肉猪非常受欢迎,为何瘦肉量如此重要。
3.了解销售渠道的类型。
4.了解以前终端市场为什么如此重要,而目前又不使用了。
5.了解级别和产量销售市场及瘦肉猪销售市场。
6.了解为什么美国农业部的分级非常重要,为什么它们没有被继续使用。
7.了解生长肥育猪的类型和销售系统。
8.了解猪运输时的安全需要。
9.了解什么是重量耗损及其重要性。
10.了解循环的、季节性的价格波动。

家畜上市包括从农场装载动物运输直到家畜被出售，进入加工渠道的一系列操作过程。

销售和育种、饲养、管理一起是现代畜产品生产过程中的完整的一个组成部分，而且它是这个程序中的最终环节；此环节是前面所有环节的重点和目的。销售凭据是返还给生产者的唯一的原始资料；交易之日也是给生产者发工资之日——因此，交易日在整个环节上来说是非常重要的一天。通过以下论据，进一步验证了销售的重要性：

1）在 1994—2003 年的 10 年内，美国平均每年屠宰 97 608 130 头猪（美国农业部）。

2）在 1992—2001 年的 10 年内，美国农场主交易收入的 11.8% 是来自家畜（猪）及其产品（猪肉事实，2002—2003）。

3）家畜市场确定了所有家畜（包括那些在农场内死亡的）的价值。据统计，2003 年 12 月 1 日美国有 60 040 000 头猪，合计价值为 47.12 亿 $，或每头 78 $（国家农业统计服务局）。

变化的生猪市场

过去的好年份中，农产品的销售相对比较简单。每到星期六，农场主到城镇出售他们贮存的一篮子鸡蛋、一麻袋母鸡或小鸡、一坛酸乳酪。剩余的上市猪或生长猪（图 19.1）通常被卖给当地买主。农场主只要稍做加工，就是出售动物的最佳时机；农场主主要担忧的并不是家畜的出售，而是它们的长势。农场主知道怎样成功地去育种、饲养和管理家畜。今天，仅做到这一点是远远不够的；必须要有预先安排，而且也有必要仔细考虑销售计划。

图 19.1　1900 年，正在出售的一马车生长猪。（美国农业部提供）

消费者的喜好已经改变了，并且还在不断地变化，因此上市猪也应该随之而变化。最近几年中，消费者的要求是：(1)较少的肥肉；(2)带有少量的脂肪和较多的瘦肉；(3)较大比例的优质切块。目前，瘦肉型猪已经满足了这些要求（图 19.2）。另外，从生产者的角度出发，饲喂瘦肉型猪非常节省成本。饲喂脂肪型猪的成本是瘦肉型猪成本的 2.5 倍以上。

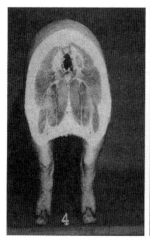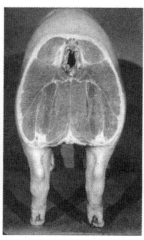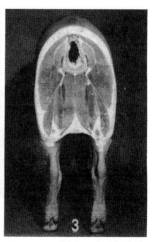

图 19.2　这些上市猪是以直立的姿势被冷冻的，然后从臀部十字部分纵切。左边的猪是一类完全脂肪型的猪，瘦肉很少，有大量脂肪。中间的猪代表了一个理想的瘦肉型猪，它带有大量的瘦肉和较少背脂。右边是被称为"无肉"类型的猪，它的脂肪并不比瘦肉型猪的脂肪多，但是瘦肉却很少。（爱荷华州立大学农学院提供）

优秀生猪的标准——2000年以前,为了满足消费者的喜好,国际猪协会提供了一个理想上市猪的描述(即标记Ⅱ,参见第四章)。即1头260 lb的上市猪,胴体体重为195 lb,经过终端杂交育种,其母系猪年产25头仔猪并且不携带氟烷或应激基因(第四章)。

屠宰猪的销售渠道

养猪生产商面临着许多复杂的问题,如决定在哪里或者怎样去销售它们的动物。通常,要选择一种销售渠道,并且这种选择由于猪的种类、等级和国家不同区域之间有所不同。因此,销售的方法通常在屠宰猪和断奶猪之间有所不同,与纯种猪用于育种时被出售所选的销售方法也不同。大多数的猪是通过以下渠道出售出的:

1)终端或中心市场。
2)拍卖市场。
3)直接出售给买主(包括乡村经销商)。
4)胴体分级和产量基础。
5)屠宰猪联营。
6)肉品加工厂业务合同。
7)生长肥育猪的销售。
8)早期隔离断奶猪的销售。
9)期货市场(参见第二十一章的讨论)。

还存在其他的销售方式,但是首选方法还是上面所列的。

注意:以上列出的与将要讨论的销售渠道是按照其历史顺序以及重要性排序的,而不是说现今每年的大量上市猪是通过这些渠道来销售。

终端或中心市场

终端市场(也指一个终端的、中心的市场,公共家畜市场和公共市场)是家畜贸易中心,通常包括几个代理部门和一个独立的家畜市场公司。第一次世界大战期间,在美国多数的家畜是农场主和当地买主通过终端市场运输出售。从那以后,这些市场相对于其他销售方式来说,其重要性大幅度地降低了。

主要的生猪终端市场——正如我们想到的,美国主要的猪市场位于玉米带内或其附近——猪群密集地。当卡车替代了火车并且高速公路大大改进了之后,猪肉加工厂也移到了猪饲养区的附近。因此,20世纪90年代后期,当地或内陆的加工厂的数量不断增加。为了迎合这种竞争趋势,一些稍远的大的加工厂家采取了直接购买内陆加工厂的手段(表19.1)。

表 19.1　主要终端市场的收据　　10³ 头

市场	1984 年	1994 年	2000 年
全国家畜市场,东圣·路易斯,IL	1 065		
南圣保罗,MN	960	406	203
南圣约瑟夫,MO	669	451	59
奥马哈,NB	837		
苏人城市,IA	1 230		
所有其他报告	4 175	1 368	998
总计①	9 139	3 018	1 260
爱荷华州和南美尼苏达州内的直接收据②	23 116	28 669	36 504

注:①家畜市场数为41~68。
②数据来自14个加工厂和30个市场。
来源:农业统计,1994,2003,国家农业统计服务局。

一些主要的猪市场地位也有很大的变化,一个典型的实例就是芝加哥的股份联盟。多年以来,这个联盟一直是主要的终端市场;1970年,这个联盟不再收购猪,并且最终解散了。1984年,有5大主要的终端站接受了大约40%的来自玉米带的猪。而到2000年只有2个主要的终端市场被保留下来,它们是南圣保罗和南圣约瑟夫,终端市场合计仅占3.5%的玉米带猪。

拍卖市场

拍卖市场(也包括与销售有关的各种畜舍,家畜拍卖的代理处,团体销售和团体拍卖)是贸易中心,在这里通过公众竞价,最终出售动物给那些出价最高的买家。拍卖可以为个人名义或合作形式的公司或者合作协会所拥有。

在美国,这种以拍卖方式出售动物的方法是非常古老的方法,很明显是以大英帝国体制为基础的,在那里拍卖出售可以追溯到几百年。

许多殖民地把拍卖作为处理财产、进口货物、二手家具、农业器具和一些动物的一种方式。根据提供的记录,在1836年美国第一个公共拍卖会是由俄亥俄公司在俄亥俄州举行的,拍卖对象是一些从英国进口的牛。

自1930年以来,家畜拍卖市场,不但在数量上而且在范围上得到了迅速地发展。1930年和1937年之间发展最为迅猛。今天,在出售生长肥育猪和肥育牛时,大多数的拍卖会是有限制的,拿猪来说,虽然猪本身并不真正出现在拍卖会现场上,而是在拍卖后它们会从卖家直接运送到买家。

影响拍卖市场的几个因素,下面列了几条:

1)分散销售,坚硬路面的改善状况,增加运送家畜的卡车数量。

2)对家畜竞价的要求程度。

3)市场信息采集和分发的改进。

4)提供处理小批量家畜,买育肥小公牛、饲养动物的便利性。

5)出售附近房屋的要求。

在家畜拍卖会出现之前,一些规模小的经营者一般采用两种方式处理动物:(1)把它们运到最近的一个终端市场;(2)将它们出售给前来农场的一些买家。通常,第一种方法花费太大,因为小批量动物的运输成本很高;第二种方法对于买家将是很有利的,因为卖家将没有更好的选择,只好接受买方提供的价格,并且他们对所养动物的价值也不是非常清楚。

拍卖,这种方法与终端市场有相似之处,因为两个市场:(1)都是对要出售的家畜进行汇集;(2)提供和安装了所有与出售活动有关的必要服务和设施;(3)受联邦政府与国家加工和家畜围栏法令监督;(4)都是以通过顾客观察后才购买为特征。

但是,在终端市场和拍卖市场之间也有几点明显的不同。其中,拍卖市场:(1)在考虑到家畜的目的时,拍卖并不是最后一个环节;(2)通常它的规模较小;(3)操作形式单一;(4)出售是通过竞价而不是通过讨价还价来实现;(5)竞价对公众完全公开,并且所有的买家在拍卖动物上都有同等的机会去竞价,而终端市场是通过私人交易完成(商议一般是保密的)。

对小的家畜经营商来说,拍卖是非常重要的。同时,拍卖会也是断奶仔猪的主要销售方式;这样,大量的猪通过拍卖回到农场。拍卖在作为促进和出售优秀饲养动物的手段也非常受人们欢迎。另外,一些纯种动物品种每一年或半年度将有一个拍卖会。

直销

直接出售,包括出售给乡村的经销商,是指生产商不需要委托公司、买卖代理商或者经纪人的参与直接出售动物给当地的买主。直接出售不是一个公共认可的市场,也不是一个购买站或者聚集站。一些乡村购买者一般在自己村的附近固定站点购买家畜。

在价格的决定上,直接出售与终端市场有相似之处,价格都是通过私下协商而定的。但是,在销售时,它允许生产商对销售执行一定的支配,当送货到较远的终端市场时,销售通常不可撤回。一些较大的、专门化养猪生产商对家畜直接出售这种方式感到非常满意。

在1865年公共家畜市场出现前,国家出售占据了所有家畜出售的主要份额。国家出售家畜数量随着终端市场的增长不断降低,直到第一次世界大战期间终端市场发展达到它的顶峰。在第一次世界大战后,一些全国性的加工厂为了与不断增加的一些小的内部加工厂竞争,加速了国家出售的发展。

随着高速公路和货车运输业的不断发展与改进,使得直接销售更加便利。农场主不再为了出售苦于将自己的厂址定在重要的铁路和河运要道上了。家畜可以任意运送了。通信的发展,例如收音机、电话和一些不断扩展的市场信息服务也帮助了家畜的直接销售,尤其是直接出售给各个加工厂。

现在,许多屠宰动物也直接出售给屠宰场。也有许多经过附近的收集点,然后再到屠宰场。仅一小部分的以活猪形式出售;大部分出售是以等级和产肉量为基础的。

胴体分级和产肉量

胴体出售通常也叫等级和产量的出售。对所有猪胴体的组成部分有一个实用的、准确的并且客观的测量标准。在组成部分中,可以利用的几个测量方法有:(1)背膘厚度测定尺;(2)瘦肉测定仪;(3)超声波法;(4)电导率法。背膘厚曾经是估计胴体瘦肉率的主要指标,因为背膘厚与瘦肉率有很高的相关性。但是,背膘厚一般都是人工测量,测量部位通常为最后肋骨处——因为该部位比较好定位,将胴体切割开,用尺子来测量,这就很容易造成测量的误差。

瘦肉测定仪有两方面的先进技术:首先,它是对第 10 或最后肋的脂肪和瘦肉进行探测,因此它测得的厚度除了背膘厚外还有眼肌厚度。这将增加胴体瘦肉率估计的精确性。其次,测量是电子化的记录,减小了数据采集的误差(图 19.3)。超声波作为一种测量工具也有类似的优点,并且在测量时潜在地加上了眼肌的十字交叉部分的厚度。现在,在屠宰场超声波法很少使用。

电导率作为一种能较精确测量胴体瘦肉率并通过对胴体的不同部分肌肉组织所提供的数据,能精确地对各个加工流程中的胴体进行分类的方法,在一些大的加工厂越来越受欢迎。这种方法的主要缺点是它的处理过程比较复杂,胴体在流通的屠宰流程上要高速运转,通常每小时超过 900 转。

胴体除了用物理法测量外,pH 值也经常作为肉品质的一个指标,主要是针对 PSE 肉的。当前,pH 值虽然没有作为评定价格的一部分,但是生产商在出售猪肉时,如果猪肉的 pH 值比较低,则被告知猪肉品质较差(参见第五章"测定方法")。

一些国家,在大规模的猪加工厂和中心屠宰场中,依据等级和产肉量销售猪变得越来越普通了。根据支付每 100 lb 满足特定等级标准的屠宰重的价格来进行交易。这种方法与通过对活体观察之后对胴体做出估计的方法相比,前者对胴体有更加精确和可靠的评价。甚至,生产者还可以出售活猪,事实上,买家支付的价格是以卖家以前交易的价格为基础的。

图 19.3　丹麦的屠宰场用电子探针测量背膘厚和眼肌厚度。(爱荷华州立大学 Palmer Holden 提供)

通常,生产商根据胴体的等级和产肉量,通过出售优质品质的动物来获取利益,而那些生产低品质肉的生产商认为这种方法对他们来说很不公平。在乡村,分级已经被广泛地采用,这在猪的育种和饲养中无疑是一种改进。

以胴体分级和重量为基础进行出售的有利因素,总结起来有以下几条:

1)鼓励生产商对猪育种和饲养品质的提高。

2)提供了许多对产品可靠性的评价。

3)肉品加工厂对由于抱怨、擦伤、酸肉和疾病带来的损失可以进行调查,并且对这些情况可以做出相应的措施。

4)也是一种动物改良最有效的方法。

注:虽然这不是活猪,但是照样进行瘦肉量的计算。

以胴体分级和重量进行出售除了优点,还有以下一些缺点:

1)从肉品加工商的立场看,操作缺乏灵活性。

2)对出售者的回报也比较迟。在美国肉品加工厂和家畜市场法令要求生产者在屠宰 24 h 内获得付款。活体猪的出售将在交易完成后立即拿到付款。

3)品质低的胴体,对出售者将有部分或全部的损失风险。

美国农业部指南——肉加工商根据胴体分级、胴体重量或者两者结合来购买家畜时,美国农业部的指南如下:

1)在出售前,让出售者知道关于购买合同的所有细节。

2)维持每个出售者的家畜和胴体的一致性。

3)要保持完整的记录使买卖交易结算实体化。

4)根据胴体离开屠宰板的实际重量付款。

5)每个加工厂,同样的家畜品种,用同样的钩、棍子、铁钩和类似的装备权衡胴体重量。

6)在决定最终的价格时,根据美国农业部胴体分级或者给售货者提供每个级别详尽的书面标准来支付。

7)屠宰后第 2 个交易日结束前,要对胴体分级。实际上,美国大多数的猪是在离开屠宰架冷冻前就进行分级了。

普遍认为,需要一个销售系统来支持付款:(1)胴体瘦肉重或者瘦肉率;(2)4 个主要分割块——腿部、腰部、肩部和腹部的最大重量,这 4 个部分占整个胴体重量的 3/4。依据胴体分级进行出售满足了这些要求。生产商在出售每一头猪时需要以下的信息:

1)胴体鉴定。

2)胴体重。

3)品质得分。

4)客观测量的胴体瘦肉量。

屠宰猪联营

屠宰猪联营包括为了达到整车出售猪的目的而联合起来的一些小的猪生产商,这种联合通常是非常迅速的,因为他们没有门路进入邻近的市场。具有代表性的就是雇用一个人去管理或调整这些联营计划。

通常,集中起来的屠宰猪是可以个体识别的,每个场主在它们各自猪的背上打上刺号。然后将所有的猪混合在一起,为了防止运输过程中相互之间的挤压,用专门的货车或者有隔间的卡车进行运输。另外,生产者对提供服务的销售协会给予服务酬金。

屠宰场能从小的生产者那里通过联营形式收购猪并且及时满足消费者的需要,这样通常可以增加销售价格和市场效益,因为联营管理者能够提供一定规模的猪。

成功的屠宰猪联营必须是以消费为目的的。养猪场必须知道不同的食品加工厂的需求。例如,当与其他加工厂比较时,一些加工厂可以支付额外费用给那些超重猪或者至少对超重猪不进行严格的扣除。几年前,在美国的几个买卖计划中,国家养猪协会“出售”各种“伪装”猪。没有一个厂家从始至终为每一批猪支付最高价。因而,管理者需要能够对联营猪分类,使得生产厂家的回报最大。

肉品加工厂的业务合同

一个生猪销售合约是卖家(通常是生产者)和肉品加工厂在一个特定的未来时期,购买特定重量和等级、特定数量并且具有特定价格猪之间的协定。最普通的生猪合同就是肉品加工厂业务合同。代表性的肉品加工厂业务合同包括以下几条:

1. 数量。运输的数量,无论在什么地方,运输最少重量在 5 000～40 000 lb 之间变化(芝加哥商人交易合同是 40 000 lb 猪胴体)。

2. 交货的时间和地点。送货的地点和时间通常细化为在一个特定的时间或者是一个时间段内进行。如交易时间变化必须经过双方的同意。

3. 可接受的重量和等级。此外,可能提供额外的费用和折扣。例如,加工商要求所有猪的瘦肉率至少达到 50%。一些合同的猪的定价是根据胴体的分级和产肉量,这将奖赏那些较好的生产商。

4. 价格管理。最受欢迎的合同是在合约期间规定了最低与最高价格。这种类型的合同将直接由加工商制定。例如,合同详细说明最低价是每英担 38 $ 和最高价每英担 48 $。如果交易是现金兑现,猪运送的时候,生产商就得到了流动资金。但是如果市场价下降 34 $,生产者和加工者在合同上的最高价与实际的现金交易之间将会有分歧;在这种情况下,生产者将得到 36 $。猪的价格超过 48 $ 的最高限度,将同样执行以上规则;生产者和加工者为了消除争议,猪若以 52 $ 的现金出售,则加工商付给50 $ 给生产商。

一些加工合同把特定的最高与最低价格列入其内,而没有对争议提供解决办法。因此,在前面的例子中,不管猪的价格有多高或者多低,生产商不会拿到少于 38 $ 或多于 48 $ 的回报。

如果产品的成本发生变化了,这些所有类型的合同将包括一些重新计算的公式,尤其是当饲养成本升高或者降低的时候。这样,在中西部玉米和大豆占生产成本的 60%,合同可以根据玉米和大豆价格的涨落来进行调整。

5. 合同有效期。合同通常有效期为 5～7 年——因为银行和其他金融机构在筹集资金前需要长期的销售管理安排。在一定程度上,5～7 年的合同是非常冒险的。合同期间,生产商认为猪价会跌落,而加工商则认为猪价会上涨。

6. 一些财政顾问建议猪生产商不要把全部产量放在合同上。这些专家建议生产者在合同中有足够的猪:(a)确保在不利的市场条件下将不会使他们破产;(b)使银行家感到满意。但是他们推荐,为了以防价格波动,一些猪(大概 40%～50%)不要包括在合同内。这就使得生产商有一定的喘息空间,以防在合同期间会有较大的损失(如 TGE 的暴发)。

7. 未来加工厂的不断缩减。猪加工市场的缩减支配了目前的形势。在传送之前,猪数量的不断增加对加工厂有贡献,在表 19.2 中有体现。目前,大于 80% 的市场猪在竞争市场上没有定价。因为所有的生产加工合同是基于每日市场定价的。当少于 20% 的猪是竞争购买的,每日市场的真正价值是怎样规定的,这种关注将是有根据的。

8. 加工市场合同的各种不同的规定。一般地,市场合同也做以下规定:(a)不能接受的猪和胴体;(b)(财务)贷方的安排;(c)根据出售方的承诺,买方对猪的检查;(d)违约。在签约之前,生产者被劝告仔细阅读合同的规定。找一个律师来使你完全明白每个条款的细节,这将是很明智的。

9. 关注。如果在合同中加工者要屠宰 70%

表 19.2　猪肉销售的结构变化　　　　%

	通过各种价格的安排,美国生猪出售百分比			
	1999 年	2000 年	2001 年	2002 年
生猪或猪肉销售比例	44.2	54.0	47.2	44.5
其他市场比例	13.2	20.8	21.9	11.8
其他方式购买	4.6	4.6	6.6	8.6
加工厂出售	—	—	—	2.1
加工厂自营	—	—	—	16.4
现场谈判	35.8	25.7	17.3	16.7

来源:1999—2001 年数据来自行业调查,密苏里州大学和全国猪肉协会;2002 年的数据来自美国农业部强制性报告。

甚至更高,在现金市场上 5～7 年的合同将会有什么影响?如果市场猪有少数(如 20%)放在现金市场上,猪是否将有较低的品质?然后,这些低品质的猪是否经常被计算在合同猪的价格内?

生长肥育猪销售

生长肥育猪市场是养猪行业和农场非常重要的一部分,它可以产生很大的效益。同时,通过市场价格,加工者将那些高品质的、一致性好的、屠宰率高的动物传递给生产商,并且将收到很高的效益。反过来,这些地方也给断奶猪的生产商不断地施加压力,使得其不断提高猪的品质、整齐度、断奶猪的健康(图 19.4)。以下是出售断奶猪的最普遍的方法:

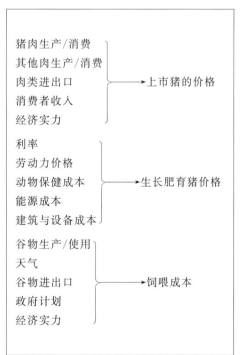

图 19.4 一群生长肥育猪饲养在塑胶漏缝板上。(爱荷华州立大学 Palmer Holden 提供)

1. 直接出售。直接出售市场包括生长肥育猪生产者出售给生长肥育猪场。通过长期契约规定,价格或是被协商或是被决定。

2. 公共拍卖。猪以运送的或分级的或联营的形式出售给买方。猪将卖给出价最高的买方,并且其价格是受需求而定的。

在最近几年内,生长肥育猪的电子化拍卖不断地得到普及。出售的生长肥育猪是以健康程序、饲养计划、猪群管理为基础来划分的。这些信息和出售方的证明通过电子信件形式一起传递给预期的买主。托运的生长肥育猪可以被那些可能的买主观察,这些买主可以参加一个公开的拍卖会。猪栏没有混合或者集中的生长肥育猪出现。生长肥育猪可以直接从卖方运给买方。生长肥育猪没有好的表现或者并没有达到预期重量和等级的规格,那么猪价将在运输过程中进行调整或者买方直接拒绝购买。

其他有创新的销售方法包括电话销售和录像销售。当活猪在拍卖场或者终端市场出售时,为了减少疾病的发生,进行网上拍卖的机会会多一点。

生长肥育猪价格、供给和需求——生长肥育猪的价格是不稳定的,受许多经济因素、供需条件的影响。因此,10 年间对于这些因素的记录都将是有价值的记录,生长肥育猪价格变动范围从每头低于 15 $ 到每头高于 50 $ 之间。

生长肥育猪的需求是受众多因素影响的(图 19.5)。买主的预期利润是决定价格的主要因素。生长肥育猪将被屠宰当时的预期上市猪价格也是一个重要的考虑因素。在预期屠宰日期附近,瘦肉猪期货价格的合同将作为一个屠宰猪销售价格水平的晴雨表。因此,增加活猪期货价格通常是生长肥育猪价格增长的一个信号。任何影响生长肥育猪价格的经济因素,包括猪肉生产、竞争肉类生产、肉类进出口、消费者的收入和施加间接影响生长肥育猪价格的经济因素等。

第 2 个影响生长肥育猪需求和价格的因素是饲养成本。饲养成本是受自身饲喂成本和动物将食物转化为猪肉效率的影响。饲养成本升高,降低了生长肥育猪的需求,驱使猪价下降。天气影响饲喂的谷物和大豆价格,从而也就影响了饲养猪的价格。以猪本身的特性,例如

猪肉生产/消费
其他肉生产/消费
肉类进出口 ——→ 上市猪的价格
消费者收入
经济实力

利率
劳动力价格
动物保健成本 ——→ 生长肥育猪价格
能源成本
建筑与设备成本

谷物生产/使用
天气
谷物进出口 ——→ 饲喂成本
政府计划
经济实力

图 19.5 生长肥育猪价格的影响因素。(猪肉产业手册,普渡大学)

基因和健康状况,加上环境因素在内共同作用于动物,同样也影响饲喂价格,最终影响生长肥育猪的价格。

影响猪成本的因素还包括利率、劳动报酬、常规的保健消费、能源成本和一些建筑物与设备的花销。在饲养成本和预期屠宰猪价格变化上设计一个预期的影响,这个方法是为了得到生长肥育猪的最后预算,从而决定不同的饲养成本和屠宰猪价格,以达到生长肥育猪购买价格的收支平衡。在美国,从不同范围的服务中可能获得较低的成本。实际的饲养成本通常是收支平衡的价格(也许带有利润的调整)。

生长肥育猪价格信息——每日饲养猪价格信息在许多地域是有限的。生产者通常必须参照每星期的拍卖价目表、终端市场的拍卖记录、合作市场的报道、定期的政府汇报等。从养猪生产者到私人条约的最终完成,饲养猪直接被投放市场的比例,降低了数据的实用性,因此在典型开放的市场上,生长肥育猪价格数据会是怎样的? 在农业市场服务网站,部分生长肥育猪拍卖清单可能会发现以上情况(http://www.ams.usda.gov/lsmnpubs/txPFAuction.htm)。

生长肥育猪价格通常是以每头为基础进行报价的,偶尔也会以 100 lb 体重报价。价格报告的阐释要求了解市场状况、位置、出售条款、等级标准、报价的猪、生长肥育猪的质量和猪的预处理和接种疫苗等情况。

竞价作为一个选择,一些生长肥育猪的生产者用一个规则去为他们的猪建立销售价。制定一个价格系统是非常困难的,因为价格的变化与屠宰猪、猪的期货、饲喂价格、利率和其他生产成本都有关系。预定的价格与市场价格很少能够匹配。当猪的定价低于市场价时,出售者往往感到受到了欺骗。当定价超过市场价时,猪的买家很可能感到对自己不利。因为这些原因,生长肥育猪的生产者长期与相同的买家交易时定价最顺利。最成功的定价是那些基于已经建立的生长肥育猪市场之上的定价。

出售生长肥育猪指南——从历史观点来看,许多生长肥育猪的生产者已经能够依靠有组织的公共市场来销售他们部分或全部的猪。在过去的 10 年中,因为各种各样的原因,这种有组织的生长肥育猪拍卖会数量已经不断地减少,并且很可能将继续减少。这种直接销售的方法可能对许多生长肥育猪生产者将是唯一的选择。

直接拍卖的场所与批量的大小、猪的一致性、遗传和健康状况有重要的关系。很明显,生长肥育猪的买主将对来自单一生产者的大批均匀的猪投入较大的费用。批量的大小与每头猪的价格有直接的关系(图 19.6)。大批量,尤其是 10～50 lb 的保育猪,每头猪将会有高的价格。小的批量(少于 250 头),每头猪的价格将是最低的。

卖方将与买家合作,买家的兽医确保运送猪的健康状况并且满足买方的要求。出售给个别买家的生长肥育猪允许卖方制定一个健康程序给买家。如下是出售生长肥育猪的一些基本的方针:

1)提供大小和质量一致的健康猪。从群体中剔除体重小的个体。全进全出保育猪生产对疾病控制和保证猪的均匀性最为关键。

2)在一个窄的年龄段内(2 周以内)供猪,有助于减少病原体由大猪向小猪传播,尤其是呼吸系统的疾病。

3)断尾猪或去势公猪应提前运送,这样在买主买到它们时伤口基本已经愈合。具有身体缺陷的猪,例如疝气或其他有缺陷的猪不能运送。

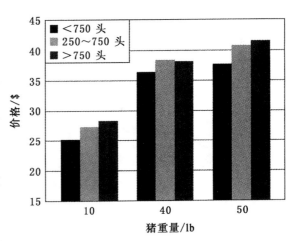

图 19.6　爱荷华州和美国中部批量对每头不同重量的猪支付价格的影响。2002 年直接运送生长猪的数据,瘦肉率 50%～54%。(Bruce Thomas,美国农业部爱荷华农业局,市场信息)

4)在销售者的育种群建立寄生虫控制管理,以确保销售猪没有内外寄生虫。

5)销售健康的猪。亲代群体没有放线杆菌胸膜炎(APP)或猪痢疾的病史。猪没有伪狂犬病(PRV)或它们状况是已知的。根据国家根除方案中每个州的实际状况,各州对于感染 PRV 猪的处理的法规是不同的。

6)接种猪丹毒疫苗。如果亲代猪群有病史或根据猪买方要求,接种萎缩性鼻炎和 APP 疫苗也是必要的。

7)向买方及其兽医提供猪群的历史和背景信息。卖方兽医必须提供猪的健康证明。

一些出售生长肥育猪的指南是遵循市场需求的,适用于单个买主的大部分指南是通过一个公共拍卖市场用于猪的出售。除买卖双方之间信息交流不可行以外,一个特定的方案不可能出台。许多市场对猪的体重和外观及健康状况有一定的要求。猪的均匀性也是被要求的,但并不是关键的,因为通常是被市场人员通过体重和等级来分类的。在它们被接受之前,要求猪没有伪狂犬病。

生长肥育猪产销合作——随着猪业的发展,对一致性好、质量高的生猪需求增加,导致了生长肥育猪生产合作的再度出现。一般地,几个生产商共享他们的资源去开发生产场所。产品在有 1 周(或一些时间段)可以运转的基础上,每一个生产商可以将剩余的猪(如果可以利用)协商卖给第三方。采用了健康、有益的多点式饲养模式,母猪和保育猪隔离饲养。猪通常是基于猪的成本价给合作成员的。这样的安排是具有专门化、一致化、经济化的开发规模。随着对早期隔离断奶猪的生产越来越感兴趣,呈现不断增加的趋势。

生长肥育猪的分级——此类猪的分级与屠宰猪的规格有密切的关系。这些等级的标准包含了两个生长肥育猪基本的决定指标:(1)生长猪与最终动物品质的关联,预期产生 50%～54%瘦肉率的上市猪;(2)它们健壮。例如,在美国分级为一级的生长肥育猪将有潜力成为一级的屠宰猪,也将生产瘦肉率为 50%～54%的一级胴体。健壮预示着生长猪增重的速度和效率(图 19.7)。

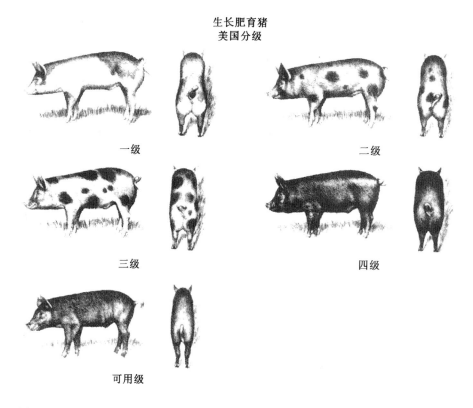

图 19.7　生长肥育猪的 5 个市场分级。(美国农业部提供)

早期隔离断奶(SEW)猪销售

早期隔离断奶猪(仔猪断奶在 3 周之内,而不是传统的 21～28 d)与母亲隔离,这种隔离从仔猪阶段一直维持到最终屠宰。

传统上,当猪体重到 30～60 lb 时,已经被出售、运送、混合。从健康角度来说,在 3 周之内转移猪非常合适;当猪离开主要的感染有机体(母猪群)时,它们已经得到了母源抗体(被动免疫)以此保护它们自己免受病原侵袭。一个保温的、封闭的运输方法和一个现代化的、环境控制的、保育猪舍是非常必要的。当体重为 40～60 lb 来自不同地方的猪混合在一起的时候,这就要求:买方从各个地方运来的猪不能携带严重的疾病。

10 lb 的早期隔离断奶猪与传统的 40～50 lb 的生长猪相比,通常会在每 1b 体重上支付溢价(图 19.8)。SEW 猪的健康包括两个前提,有潜力去获

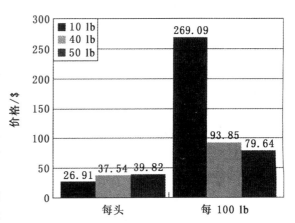

图 19.8　爱荷华州和美国中部生长猪的销售体重对每头猪和每 100 lb 体重价格的影响。2002 年直接运送生长猪的数据,瘦肉率 50％～54％。(Bruce Thomas,美国农业部爱荷华农业局,市场信息)

得早期的增重,同时增重是非常有效的。40～50 lb 的生长猪预期的花费高于 10 lb 的仔猪。但是,每 100 lb 的价格转换为 $ 时,10 lb 猪的价格变成了269 $ 而稍重的猪为 93 $ 和 79 $。

为了寻求健康的、生长快的猪,许多生产者已经把目标转向早期隔离断奶猪市场。在 20 世纪 90 年代中期的生产企业的合同上,许多 10 lb 重的仔猪以每头 32 $ 出售。今天,这个价格主要是以潜在市场价格为基础(参见第十五章,养猪生产和管理,"早期隔离断奶仔猪"一节)。

销售渠道的选择

交易是动态的。因此销售渠道、销售结构和销售服务的类型变化是不可避免的。一些场所的重要作用增加了,如销售合同;还有一些其作用降低了,如终端市场。

在数个可利用的选择中,销售途径的选择表现了出售者对良好市场的评价。没有一个简短的标准出台,作为指南来选择最有利的销售渠道。根据可利用的服务、出售成本、定价程序的竞争种类和生产者最终的净利润以及提供贡献的要求作为评价来选择市场。因此,一个精确的估计并不简单。

有时,生产者期望从一个市场转换到另外一个市场。因为在不同的市场,价格的变化不总是同时发生的,或者同一数量、甚至不是同一个趋势的,有的市场可能是特定种类在某一个时期有最有利的销售方式,而另外一些市场则在其他时期是有利的。家畜种类和级别的不同,其形式也是不同的,可以从一个区域变化为另外一个区域。

不管生产者销售猪的渠道是哪一种,他们支付或负担的是他们接收猪的价格或者其他全部的销售成本。从这一点上看,他们不选择市场,因为方便或习惯、或者因为个人对市场和对其操作的熟悉。选择将由出售猪的净利润来确定;有效的出售和净利润比出售成本更加重要。

纯种猪和种猪的出售

出售纯种猪和种猪是一个专门的、充满希望的、科学的交易。

纯种猪是品种的成员,拥有共同的祖先和独特的特性,或是已经登记或是符合登记条件的类群。纯种

猪也是种猪,但不同于来自种猪供应商的种猪。与纯种猪相比,后者是商业育种公司培育的商用品系。

种猪供应商是纯种生产者的竞争对手,他们出售具有专门化品系的公猪或青年母猪。这些品系通常称为杂优猪(合成系),用两个或两个以上的品种杂交合成,应用一些特定的选择方案进行选种。其出售主要是由销售人员与大型养猪企业联系,并且制定出一个完整的育种方案,提供全部公猪和所有后备母猪。

大部分纯种猪是通过私下协商从种猪场出售的。价格依据需求和性能指数来定。代销由一个当地的、本州的或全国的品种协会承办。纯种猪的拍卖是由一个专业的高级拍卖师执行。除了好的销售员之外,这类拍卖师必须对价格有敏感的认识,必须对种猪的血统非常地熟悉。

通常,大部分种公猪除了育种目的以外,都进入商业猪群。仅保留非常优秀的种公猪以进一步改良猪群。然而,对种母猪的出售要求非常严格,以满足现有猪群后备猪或建立新猪群的需要。

家畜市场信息服务

不管从买方还是卖方的观点来看,准确的市场销售信息对家畜有效的买卖是非常必要的。过去,市场报道是通过口头传达。因此,从农场转移家畜到市场的时间是如此重要,以至于详细的市场信息甚至是已经提供的信息几乎没有什么益处。随着卡车运输速度的加快,市场的最新信息变得非常关键。

联邦市场信息是由美国农业部于1916年启动的。这种服务体系的建立,目的是提供公正的、统一说明的市场信息。起初,收集信息是依靠自发的合作。今天,对那些大的加工商来说,要求每天报道其加工的数量和价格,包括可支付价格的范围和平均价格。在预定的出售日,生长肥育猪的拍卖记录通过电话获得。联邦市场信息服务依靠当地和私家的报纸、电台和电视频道来发布市场信息。因为有部分读者或听众对这种类型的信息感兴趣,许多当地的农业报纸和电台也很乐意通过媒体来发布信息。

另外,还有一些重要的市场信息来源,包括农业和商业杂志。许多私营的市场机构也预备和发布市场信息,通过每周的市场时事通讯和信息发送系统,主要强调价格、市场条件和他们所服务特定市场的趋势等信息。

市场报告术语——具有知识的生产者必须遵从市场的报道,为了选择一个最好的渠道去出售猪,同样可以在供需上设计将来的发展趋势,以至于他们可以以此来计划他们的目标。术语通常是与销售商品联系一起,表19.3中详细做了说明。

表19.3 联邦和州市场信息报告中用的术语[1]

术语	定义	术语	定义
市场	1.指一个商品交易的地理位置 2.商品交易的价格或价格水平 3.出售	供给	对当前交易可获得的特定商品的数量
		旺盛	供给量超过市场报道的平均值
		适度	供给量是市场报道的平均值
市场活动	销售的步调和速度	一般	供给量在市场报道平均值之下
活跃	产品很容易销售	需求	购买商品的需求与支付的意愿和能力相关联
适度	产品有一个合理比率的销售		
慢	产品不能容易地销售	很好	供给品是很容易被接受
不活跃	出售数量小且是间歇性	好	一般市场条件是好的,部分买主信心坚定。交易比平常活跃
价格趋势	价格变动趋势与先前报道期的交易相关联		
较高	预期大多数出售价格高于先前交易期	适度	买主的兴趣和交易处于平均值
坚挺	价格趋向于升高,但不可测定	一般	需求低于平均
稳定	先前的交易期后价格没有变化	较少	很少有买主对交易感兴趣
疲软	价格趋向于更低,但不可测定	大部分	大部分销售或批量
较低	预期大多数销售价格低于先前交易期	低迷	在不确定的销售情况下的趋势情形或感觉

注:[1]联邦-州市场信息报告术语,美国农业部农业营销服务局。

准备和运输生猪

运输前或者在运输过程中对猪不合理的处理,将会导致过多的体重损耗、较高的死亡率、较多的创伤和残废猪,出售不理想和买主不满(图 19.9)。通常,对所生产的猪做一项完美工作的生产者,在消散许多已经做好的事情之前,是准备和运送工作做得不好。一般来说,如此省略主要是由于缺乏诀窍造成的结果。即使销售是在运送之前完成,忽略运送的时间将会使顾客感到不满。买方很快就了解从不同的生产者期望得到什么,依此给出他们的竞价。

除了在后面章节里提到重要的、特别要考虑的事项外,在猪的准备、运输和向市场投放过程中,以下几个因素也应该协调一致:

1.选择最好的运输方式。 在这些注意事项中,运输的距离是最大的考虑因素。所有卡车车厢应该清洁、都消过毒并且在装载之前有铺垫设备。托运人亲自检查以确保这些事项满足他们的要求,这是比较合理的。在炎热的天气里,如果地板是光滑

图 19.9　屠宰场赶猪通道有坚实的地板,便于猪行走和防止猪滑倒。(猪肉产业手册,普渡大学)

的,应该铺上潮湿的沙子,冬天地板上铺上垫草取暖。为了避免一些误解,推荐对运输设备要有要求或者书面规定。

2.装载之前正常的饲喂和饮水。 运输的猪不能过饱,在运输之前禁食 10 h。如果运输在 10 h 以上,在运输过程中应该少量饲喂。尽管饲喂是杜绝的,但饮水不能停止。运输过程中为了减少应激,或者在运输和圈猪过程中避免组织损耗,充足的饮水是非常必要的。

猪在装载过程中如果饲喂过饱,则会腹泻和尿频,结果是弄脏地板或使地板变滑,也会弄脏猪本身。由于运输过程中经历了大量的损耗,猪卸载时外表会不美观。

3.保持猪安静。 在运输前或运输中,要小心地护理猪。激动、兴奋的猪会造成损耗增加或死亡率升高。

虽然有时装载可能令人不悦;放松点,决不要发脾气。避免急促装车和抽打。不能用管子、棍棒、藤条或者叉子等物体来抽打猪;相反地,要用一个扁平的、宽的帆布带拍打或者用扫帚来引导猪。

4.遵守健康许可证的要求。 当猪要跨国运输时,托运人应该检查和遵守该国家的健康证明书或许可证。通常,当地的兽医有此信息。如果关于健康有任何的问题,应咨询目的地的州家畜卫生部门(通常位于州府)。在出货前遵守这样的规定将会避免交易受挫和耽搁。通常,猪要是直接运往屠宰场则不需要健康证明,除非它们来自另外一个国家。

5.有必要时将卡车或货运车分隔开来。 当动物混合装载在同一辆卡车上时(包括猪、牛和羊),要将每一类分隔开。同样地,公猪、去势公猪、母猪也要分离开。

6.避免在极端的天气下运输。 无论何时,当天气非常热或非常冷时不要运输。在这种情况下,减缩率和死亡率带来的损失均高于正常情况。在炎热天气里,应避免猪的运输;或者将运输安排在晚上、傍晚或早晨进行。另外,还要弄湿沙地。

防止擦伤、碰伤和死亡损失

在买卖中擦伤、碰伤和死亡带来的损失是销售猪成本的一部分,即使它们被保险了,生产者也要间

接地支付大部分损失。以下是降低销售中由于擦伤、死亡等带来的损失的措施：

1)去除饲养区和猪栏里突出的钉子、碎片和已破坏的木板。

2)那些可以造成创伤的老机器、垃圾和障碍物要远离饲育场。

3)运输之前不要饲喂太湿的饲料。

4)有良好的装猪通道，不要太陡峭。

5)铺没有石头的沙子，防止滑跤。冬天用垫草覆盖沙子，炎热的天气就不要用垫草。夏天，在装载或运输猪之前铺一些湿沙子，有必要时把猪也淋湿。

6)当用有分隔区的卡车运输时，不要装载得过满，避免动物拥挤。在较长的卡车里更要避免这种拥挤现象。

7)为卡车提供棚布来防止夏季的炎热和冬季的寒冷。

8)混合装载，应该分类进行隔离，区分公猪和去势猪。

9)将车上的突出的钉子、螺钉和任何尖锐物除去。

10)缓慢地装载，避开锐转角防止拥挤和避免骚动，不要超载。

11)用帆布带或挡板来代替棍棒或藤条驱赶猪（图 19.10）。

12)小心驾车；在拐弯处要慢行，避免急速停车。

13)运输过程中进行检查，避免摔倒的猪被踩踏。使倒下的动物迅速站立起来。

14)缓慢倒车并且对准卸载码头。

15)缓慢卸载。不要从较高的地方向下驱赶猪；使用有坡度的甲板。

16)在猪上市的所有环节中，如果猪群中发现应激综合征，一定要细心照料。

图 19.10　用一个轻的挡板、扁板短桨或者扫帚来驱赶猪。不要电击或鞭打猪。（猪肉产业手册，普渡大学）

每卡车装猪数量

上市猪过度拥挤将会带来严重的损失。有时，卡车的超载是为了节约托运费用。但是，更多情况仅仅是不知道对空间的需求。生猪数量可以根据托运距离、猪群种类、天气和路面状况来适当调节。

车厢板长度不等。卡车的大小和动物的种类决定了卡车装载的头数。为了使动物在运输时较为舒适，卡车装满，使动物能靠拢站在一起，少载或超载都不应该发生（表 19.4）。

表 19.4　每卡车生猪的安全装载量　　　　　　　　　　　　　　　　　　　头

车厢板长度		生猪重量/lb								
ft	m	100	150	175	200	225	250	300	350	400
8	2.4	27	21	19	18	16	14	13	11	9
10	3.1	33	26	24	22	20	18	16	14	12
12	3.7	40	31	28	26	24	22	19	17	14
15	4.6	50	39	36	33	30	27	24	21	17
18	5.5	60	47	43	40	36	33	28	25	21
20	6.1	67	52	48	44	40	35	32	28	24
24	7.3	80	62	57	52	48	44	38	34	28

来源：皮尔森教育。

运猪车上铺垫草

在影响猪损失的几个因素之中,在运输中没有比有适当的垫草和立足处更加重要。立足处,例如沙子,在所有时期都是有要求的,是为了避免货车或卡车的车厢板变得湿滑,防止动物因滑倒或摔倒而受到伤害。垫草是在寒冷的冬季运输时被推荐来取暖的。在暖和的天气里,装载前先弄湿沙子。表 19.5 给出了推荐垫草的类型和数量及铺垫材料。

上市猪体重损耗

体重损耗是指动物离开饲养场时的体重到市场称量体重之间的体重损失。因此,如果一个猪在饲养场重 260 lb,而在上市时只有 255 lb,损耗是 5 lb 或者是 1.9%。损耗用百分比一般比较明确。大多数的重量损失是由于排泄,以粪、尿和呼出的湿气的形式存在的。随着长时间的拖运和饲喂的间断,通常多于 8 h 或 10 h,会有一些组织的损耗,这将会导致新陈代谢的紊乱。影响猪损耗最重要的因素有以下几个:

表 19.5　运输猪的垫草原料[①②③]

家畜	在温和或温暖的天气 高于 50°F(10℃)	在凉爽或寒冷的天气 低于 50°F(10℃)
猪	沙子,0.5~2 in(1.3~5 cm)	垫草覆盖沙子

注:①在运输期间垫草和其他适合的垫料(铺在沙子上)被用来保护和缓冲种畜有足够的空间并且可以躺在车上。
②沙子是干净和中细的,并且没有砖块、石头、粗糙的沙砾、污垢和灰尘。
③在热的天气里,运输前要铺湿沙子。不要在猪背上喷洒水,否则会威胁到它们的生命。

来源:皮尔森教育。

1. 季节。极端的温度、或冷或热的天气将导致较高的损耗。损耗的最低值在 20~60°F(−7~16℃)之间。当温度高于 80°F(27℃)时,在运输中要给猪洒水。

2. 年龄和重量。年轻猪的损耗高于年龄大的猪,因为较少的体脂和肠胃内容物与活重的比例大。

3. 超载或少载。超载或少载也将导致高的、不正常的损耗。装载不足引起的损耗可以通过适当的分隔手段来避免。

4. 颠簸行驶、不正常的饲喂和混合装载。所有的这些因素增加了动物的不舒适性。陌生猪的混合装运将会招致更多的争斗和擦伤。

许多猪从农场到市场,在 100 mi(161 km)或更短的运输距离时,损耗大约是 1.7%,大部分的损耗是在运输中前几千米由于排放粪尿而导致的。

空运

随着现代化的通信和运输,世界变得越来越小。伴随着这些现代化的运输,那些距离较远的国家,增加了对育种动物运输有效性的需要和要求。当代美国猪的祖先忍耐了长期的海运,这对人类也是一项艰巨的任务。许多年来,船被看作是运输大批量动物过海的唯一经济的方法,但是,动物却不能适应海运中的颠簸。损失 50% 的实例并不罕见。

在 20 世纪 60 年代后期,对大批量动物的空运观念出现了。整个飞机使家畜舒适并且有最大的承载量——称为"飞行的畜栏"。在此现代观念下,动物可以在数小时内到达世界的任何地方,从而使应激最小和真正地消除了死亡带来的损失。这样,大量的猪和其他动物将成功地空运到世界各地。

市场分类与等级

猪的市场分类与等级不同于牛和羊,因为:(1)没有通过年龄分类(如牛是分为 1 岁和 2 岁甚至更大);(2)很少在屠宰市场购买任何类型的猪作为种猪。上市猪的分类表明了这种动物是最佳利用状态,而等级是指在种类里的完美程度。

确定市场分类的因素

猪的市场分类是由以下几个因素确定的:(1)生猪或猪;(2)使用的选择方法;(3)性别种类;(4)重量分类。

一般公认的猪的市场分类和分级在表 19.6 中做了总结。

表 19.6　生猪市场分类和质量分级

生猪或猪	利用选择	性别分类	重量划分/		常用分级
			lb	kg	
生猪	屠宰生猪	阉公猪和青年母猪（通常叫屠宰猪）	120～140 140～160 160～180 180～200 200～220 220～240 240～270 270～300 300～330 330～360 360～400 ＞400	55～64 64～73 73～82 82～91 91～100 100～109 109～123 123～136 136～150 150～163 163～182 ＞182	美国一级、二级、三级、四级和可用级
		母猪（或老母猪，食用母猪）	270～300 300～330 330～360 360～400 400～450 450～500 500～600 ＞600	123～136 136～150 150～163 163～182 182～204 204～227 227～272 ＞272	美国一级、二级、三级、中等、淘汰
		成年去势公猪 公猪	所有重量 所有重量		无级别 无级别
	生长肥育猪	阉公猪和小母猪	120～140 140～160 160～180	55～64 64～73 73～82	美国一级、二级、三级、四级、可用级、淘汰
猪	屠宰猪	阉公猪、小母猪和公猪	＜30 30～60	13.6 13.6～27.2	无级别
		阉公猪和小母猪	60～80 80～100 100～120	27.2～36.3 36.3～45.4 45.4～54.5	无级别
	生长肥育猪	阉公猪和小母猪	80～100 100～120	36.3～45.4 45.4～54.5	美国一级、二级、三级、四级、可用级、淘汰

来源:美国农业部。

生猪或猪

首先,所有的猪根据年龄分为两个主要群体:生猪(hogs)或猪(pigs)。因为猪的真实年龄并不可知,所以通过猪的体重和猪的表观年龄进行分类。猪体重少于 120 lb(在 3 月龄以下)的通常是猪,而那些体重在 120 lb 以上的叫做生猪。

利用选择

生猪或猪进一步细分为屠宰猪和生长肥育猪。屠宰猪是那些适合立即屠宰的猪。在度假季节,当人们在旅馆、俱乐部、饭店、轮船和其他娱乐场所想烧烤时,对轻量级屠宰猪的需求非常大。这类猪体重一般在 30~60 lb 之间,去内脏(带头),必须是丰满的、有合适比例的胴体。屠宰猪(年龄较大的猪)在全年都有需求。

生长肥育猪包括那些有良好的生长能力的猪。此外,由于一些严重疾病威胁着生猪,所以这类猪将经过严格的监督。返回到国家之前,必须在检疫隔离站对生长肥育猪进行健康检查,然后用药物喷雾或药浴等预防措施来阻止病原微生物和寄生虫传播。

性别

只有当性别影响动物的用途和出售价格时,才对性别进行分类。对于生猪,这种细分的重要性要比牛的低,因为公牛和母牛的价格不同。而屠宰猪和生长肥育猪两种情况总是将去势公猪和小母猪分为一类,之所以这样做是因为性别对其用途的影响甚微,以至于对价格的影响也很小。另外,当猪体重低于 60 lb 屠宰时没有性别差异。阉公猪、青年母猪、母猪、公猪、成年去势公猪等术语中已经包含了性别分类。以下是各个术语的定义:

阉公猪——在达到性成熟和具有明显雄性特征之前进行早期阉割的公猪。

青年母猪——未产仔或没有达到妊娠阶段的母猪。

母猪——已产仔或已有妊娠的能力的母猪。

公猪——没有阉割的任何年龄的雄性猪。成熟的公猪在上市之前,总是要被阉割。之后饲喂 3 周或更长时间(直到伤口愈合)。因为公猪肉有膻味,所以其市场价值非常低。多数的公猪肉被加工为香味浓的香肠。

去势成年公猪——体成熟之后被阉割的雄性猪。因为皮厚、毛粗和体重大,去势成年公猪常常要扣成(指上市肉畜或因其屠宰率低,或因肉质低劣,家畜市场扣除一定的重量,是一种压价方法)。它们通常扣成的体重是 70 lb,但是可以根据市场需求扣成幅度为 40~80 lb。

公猪和去势成年公猪通常以活体销售,购买价格真正反映了肉的价值。有些小的集市在屠宰公猪和去势成年公猪上声誉好,因而卖给那些主要屠宰公猪和去势成年公猪的加工商。

重量

偶尔用术语"轻"、"中等"、"重"来说明猪的大约体重,而实际的重量是用镑计量的,并且在贸易和市场报告中都会有体现。因此,通常生猪分级是在相对比较窄的体重范围内进行,因为体重的变化会影响:(1)屠宰率;(2)分割块的重量和要求;(3)猪油产量(较重的猪产较多的猪油)。公猪和去势成年公猪不再根据体重进行细分了。

猪瘦肉营销

现在,屠宰猪的出售主要基于等级和产量来定价的,并且通过胴体重和胴体瘦肉的一定比例来调整。标准的瘦肉率通常是 50%~54%,当高于或低于此标准时将有溢价和折扣。瘦肉率是通过测量膘厚和眼肌来估计的。最新超声波和一些其他技术也给瘦肉率的测定提供了可能。

在肉品加工厂,最适宜的胴体重变化范围同时也是用来预测瘦肉率的公式。许多肉品加工厂用此方式,也就是用胴体重与瘦肉的测量结合来估计瘦肉率。生产者从加工商收到的屠宰清单列举了猪胴体重范围及其瘦肉率,对每头猪,同样也对整批猪,通常以"无脂瘦肉"为基础。

瘦肉率

瘦肉率是在猪胴体中瘦肉的含量。它是基于具有一定比例肌内脂肪的肌肉或是无脂瘦肉。因为猪的肌肉通常含有 3%～5% 的肌内脂肪,该体系报道的瘦肉率稍微高于通过"无脂"测定的瘦肉率。

同样地,瘦肉率是在胴体中预测的瘦肉量,而不是在活猪上。例如,一个 250 lb 的猪去内脏后剩下 74%,也就是胴体重为 185 lb。65 lb 的差异主要包括猪的内脏和头部。如果胴体有 50% 的瘦肉率,它有 92.5 lb 的瘦肉和 92.5 lb 的皮肤、可分离的脂肪和骨骼。反过来说,250 lb 的猪生产肌肉 92.5 lb,或者说,猪活重的 37% 是肌肉。

联邦生猪等级

联邦等级很少应用在猪业中,但是他们设置的标准是以其他猪定价方法为基础的。运用信息技术和精确的定价公式,美国农业部分级描述提供了国内或国际交易的统一术语。一些组织修改了美国农业部的标准来与自己的分级系统相吻合。美国农业部的屠宰等级包括从一级至四级和可用级 5 个级别 (图 19.11)。关于美国农业部分级的附加信息将可以从与农业部肉品加工厂和家畜市场处获得。

图 19.11　屠宰猪的 5 个销售等级。尽管没有通过联邦级别进行分类,但是这些分级形式是以其他分级系统为基础。(美国农业部提供)

活体猪的销售等级,与其他种类的家畜一样,在既定种类中其优秀程度基于体型、体重和品质。脂肪和瘦肉量是决定猪等级划分的两个主要因素。尽管美国农业部对于活体没有出台正式的等级划分,但是市场分级将为活畜出售做一个统一的报告。今天,屠宰猪以活体形式出售并不多,来自肉品加工厂的销售报告是以所有的胴体为基础。猪在终端市场仍然是以活体出售并且根据活重量来定价。

活猪分级有意与胴体的分级相联系。但是,它将花费大量的实验和研究寻找活猪及其产生胴体的关系。1931 年,美国农业部首先发布了关于猪胴体和鲜猪肉分割块试用标准。后来,这个标准在 1933 年、1952 年、1955 年和 1968 年做了修订。1985 年 1 月,根据猪的最后肋的背膘厚和眼肌对这个标准做了进一步修订。

目前,活体屠宰阉公猪和青年母猪的联邦销售等级是 1985 年就被采用的。分为美国一级、二级、三级、四级和可用级(图 19.11)。这种分级有以下的叙述:

美国一级——这个等级的屠宰阉公猪和青年母猪将生产满意的瘦肉品质、腹肉厚度和高例的瘦肉分割块(一般为 60.4% 以上)的胴体。

美国二级——这个等级的屠宰阉公猪和青年母猪将生产满意的瘦肉品质、腹肉厚度和 1 个比例稍低的瘦肉分割块(57.4%~60.3%)的胴体。

美国三级——这个等级的屠宰阉公猪和青年母猪将生产满意的瘦肉品质和腹肉厚度的胴体,但是 4 个瘦肉分块比例较低(54.4%~57.3%)的胴体。

美国四级——这个等级的屠宰阉公猪和青年母猪将生产满意瘦肉品质和腹肉厚度的胴体。但是,它们一般比较肥胖、肌肉比较少,与第三等级的 4 个瘦肉分割块相比其瘦肉的产量更低(4 个瘦肉分块少于 54.4%)。

美国可用级——这个等级的屠宰阉公猪和青年母猪典型的特征是胴体覆盖了一层稀薄的脂肪。体侧具有皱褶并且胁部比较瘦薄。它们将产出不受欢迎的瘦肉品质和腹肉厚度。

在 1956 年实施的屠宰母猪的联邦分级是美国一级、二级、三级、中等和淘汰。等级的划分是以不同的瘦肉分割块产量、脂肪分割块、猪肉品质为基础的。中等级别母猪的最低要求是生产满意风味的猪肉。淘汰级别的母猪的质量要求更低。

通常,体重低于 60 lb 的屠宰猪不进行分级,因为它们在体型、体重和猪肉品质上没有达到充分成熟,不能从本质上影响市场价格。在市场上,重量低于 220 lb 的活猪有较大的折扣,因为瘦肉分割块小,不适合加工处理。

猪胴体的联邦等级

猪胴体的等级是猪肉质量程度的一个度量指标,主要是以瘦肉质量和分割肉的预期产量为基础。应制定每个等级详细的描述,使整个美国都有统一的分级并且不分任何季节,胴体等级将与活猪等级相关。

因为在猪的成熟度与消费者对精肉的接受性之间有关联,所以标准已经被发展为:(1)阉公猪和青年母猪胴体;(2)母猪的胴体。在此仅讨论阉公猪和青年母猪胴体。

阉公猪和青年母猪的美国分级有两个考虑因素:(1)瘦肉和脂肪的质量标志特征;(2)4 个主要分割块(后腿、背腰肉、肩下端肉、肩肉)的总产量。

如果胴体规格在瘦肉品量和腹肉厚度上可以接受,并且它不是柔软和多油的,这种分级是美国一、二、三或四级,完全是基于四个胴体分割块的产量。在 4 个分割块上,每个胴体级别的预期产量是以美国农业部标准的分割和整型方法为基础的,参见表 19.7。因为它们的肥胖程度和肌肉量(肌肉厚度与骨骼大小相关)存在着差异,所以在 4 个分割块产量上会有不同。

从质量的角度来看,两个主要的公认标准——"可接受的"和"不可接受的"。可接受性是通过对切割面的直接观测,主要考虑了肉的硬度、大理石纹和肉色,瘦肉和脂肪硬度、肋骨间的脂肪条纹(feathering)作为间接指标。在评价瘦肉品质时,外部脂肪不在考虑范围内。在质量评价时,适合做培根的腹肉(根据厚度)将考虑胴体的柔软和油腻。不可接受的瘦肉品质的胴体,或者是腹肉太瘦或那种柔软和油腻的胴体被定为美国可用级。

阉公猪和青年母猪胴体的分级是由以下公式来计算的:

胴体级别=(4×最后肋背膘厚,in)-(1×肌肉得分)

表 19.7 基于冷却胴体不同等级 4 个瘦肉分割块的预期产量

主要分级	4 个分割块的产量/%
美国一级	>60.4
美国二级	57.4~60.3
美国三级	54.4~57.3
美国四级	<54.4

来源:美国猪胴体的分级标准,美国农业部农业营销服务局,1985。

应用这个公式,肌肉将得分如下:肌肉薄=1,肌肉平均=2,肌肉厚=3。肌肉薄的胴体不能定为美国一级。主要等级可根据表19.8中的给出的背膘厚度来计算,分别地对厚或薄的肌肉等级进行上下调整。最后肋测量的部位如图19.12所示。

表19.8 基于最后肋背膘厚的预测胴体分级

主要分级	背膘厚度/in
美国一级	<1.00
美国二级	1.00~1.24
美国三级	1.25~1.49
美国四级	>1.50

来源:美国猪胴体的分级标准,美国农业部农业营销服务局,1985。

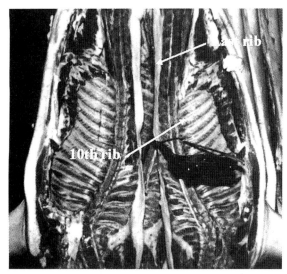

图19.12 猪胴体的最后肋和第10肋的位置。最后肋位于胴体内。最后肋的测量在胴体中线处,测量是从皮肤外部到脂肪层的底部。第10肋通过从胴体前端开始计数来定位的。在第10和第11肋之间切割(用锯),从脊柱侧面测量3/4的眼肌距离。(爱荷华州立大学Palmer Holden提供)

阉公猪和青年母猪胴体分级要考虑的第2个因素是肌肉发达程度。肌肉发达程度是通过对相对于骨骼大小的瘦肉厚度的主观评价来决定。因为总的胴体厚度是受与骨骼大小相关的脂肪量和肌肉量影响的,当估测肌肉量时脂肪也应该被考虑进去。最好的肌肉评估,是将那些受脂肪影响最小的部分作为最主要的评估对象,如后腿。在评估后腿的肌肉量时,膝部和背部都要考虑。腰部肌肉面积的大小和后腰和后腿中心相对的宽度也是评价肌肉发达程度的指标。

在阉公猪和青年母猪胴体等级中,将考虑3个肌肉等级——厚(最优)、中等和薄(最差)。

因此,阉公猪和青年母猪活体与胴体的联邦分级是美国一级、二级、三级、四级和可用级。

不像对肉类检查是以政令方式,政府分级是完全自愿的。美国商品猪肉生产中仅有很小的部分是联邦分级,因为在屠宰场胴体已被分割和修整,以修整分割块销售。分级的胴体打上标记(用一些可食用的蔬菜染料),以至于在零售肉块和批发分割肉上都可以看见肉的等级。

实际上联邦分级猪胴体数量可以不予考虑。大部分胴体是屠宰加工厂分级,用金属直尺在最后肋的中线处(与联邦分级的位置相似),用金属探针在离第10肋中线2 in处,或表19.12中显示的第10肋的位置测量。屠宰加工厂用这些测量方法预测胴体瘦肉率,溢价是以瘦肉率而不是4个主要分割块的重量为基础的。

其他生猪市场术语和影响因素

在不同的生猪市场种类和级别上,除了用比较通常的术语外,以下的术语和因素也是非常重要的。

烤乳猪

烤乳猪是指肥胖的、丰满的、乳猪,活重在30~60 lb之间。去内脏(带头),不在胸腔或后腿之间劈半。当适当地烘烤时,在嘴里放上传统上类似苹果的果实,在度假时烤乳猪被认为是最美味的食物。

疑似(病)猪(政府)

可疑猪是在猪宰前,联邦调查员或政府机构打上标签,并在宰后进行检查的生猪。如果认为猪胴体不适合于人们消费,它将被送往不可食用的容器中。

跛子猪

跛子猪是那些受到伤害而不能行走的猪。这样的猪不能上市,应该在猪场就处死。

死猪

死猪是那些到达市场上已死亡的猪。它们没有食用的价值。这些胴体将送去加工成为不可食用的油脂、肥料等。

生猪营销考虑因素

具有启发性和精明的销售策略,通常是成功的养猪企业的特征。下面是上市猪的一些应该考虑的重要因素:

长期趋势

长期趋势是指在几个周期内维持很久的趋势。1925—2002 年美国生猪数量的长期趋势是不断地增长的,如图 19.13 所示。同样地,国内猪肉产量也相应增加,因为生猪数量的增加,伴随着育种、饲养和管理的改进,这就大大提高了母猪的生产力,从而导致了猪上市的时间也大大地提早。在长期趋势中有 2 次显著的萧条,即 20 世纪 30 年代的经济危机和 40 年代早期的第二次世界大战。

波动

波动遵循着一个重复的模式。生猪周期大约平均 4 年——2 年高 2 年低(图 19.14)。基本上,循环是生产者对价格的反映,价格又反映了供需。过去,猪粮比价(hog-corn ratio)是一个晴雨表。当它超过 12 时,生猪数量将随之增加;当它低于 12 时,生猪数量则随之减少。现在,猪粮比价不再像先前那样作为一个重要因素了。同样,一些大型养猪企业倾向于维持生产,猪群规模接近最佳水平上,不再考虑波动。

这些周期直接反应了在肉类满足消费者需求的实际条件下,每个农场动物种类的数量可能会改变。这样,早期养猪生产在数量上的增长速度要高于羊或牛。正常循环经常受到干旱、战争、经济危机或通货膨胀和政府控制等的影响。

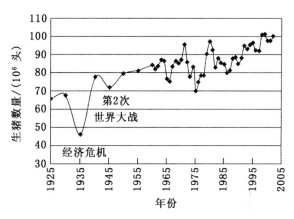

图 19.13　美国每年的屠宰生猪。除了经济危机和第二次世界大战外,猪业呈长期增长趋势。(美国农业部关于生猪和猪的报告)

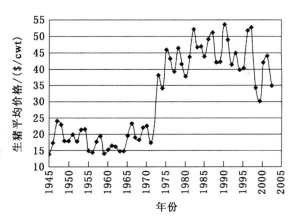

图 19.14　1945—2002 年,美国每年的生猪平均价格变化趋势。典型的猪价周期是 3～4 年。(1908—1992 年生猪价格趋势,美国农业部经济统计系统和 2003 年农业统计,美国农业部国家农业统计服务局)

季节变异

市场收据的变动导致猪价的在一年内呈季节性变化。像预期的一样,高的市场价格通常与低的销售量和淡季相联系,而低价与销售量高相联系。但应该认识到的是,在正常季节里或高或低的价格会随一些因素的变化而发生改变,如:(1)联邦农场计划和控制;(2)商业条件和平常的价格水平;(3)饲料供应和天气状况;(4)战争等。

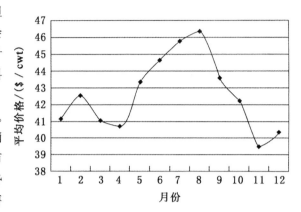

最近几年,季节模式不再像以前那样可靠了。母猪的全年产仔保证了均衡供应,减少了家畜营销的季节性影响。这样,当达到了家畜预测量和上市建议时,可适当地保留季节的模式。从历史的趋势看,有计划地增加夏季的销售量将有可能增加销售的价格。计划找到产品的最高售价并不总是明智的,因为冬季分娩会加大生产成本,与价格高出的部分抵消。不过,对正常季节价格的仔细研究将能提供一个有益的指南(图 19.15)。

图 19.15　1970—1999 年中,每月屠宰的阉公猪和青年母猪的平均活体价格。在 6—8 月份是价格高峰月,11—12 月份是价格低峰月。在 2 月份有一个较小的反弹 。(1908—1992 年生猪价格趋势,美国农业部经济统计系统和美国农业部红肉年报)

扣成

由于屠宰损失很高或部分产品的质量不高,导致一些上市动物的价值低廉。以下是一些关于上市猪的常见的扣成:

1. 妊娠母猪。通常会被扣除 40 lb,但根据市场情况和母猪妊娠的阶段可在 0～50 lb 之间变动。

2. 成年去势公猪(生猪)。通常会被扣除 70 lb,但根据市场情况可在 40～80 lb 之间变动。

学习与讨论的问题

1. 上市猪的定义。

2. 为何生猪营销是重要的?

3. 在最近几年,终端和拍卖市场的重要性下降,而直接出售、胴体分级和产量销售、合同销售的重要性提高。为什么会发生这种情况?

4. 简要地描述终端市场、拍卖市场、直接销售、胴体分级和产量销售、屠宰猪联营、加工厂业务合同、生长肥育猪销售和早期隔离断奶猪销售。

5. 为什么联邦分级可以忽略猪的数量?

6. 你认为在国内农场(或者你所熟悉的农场),猪采用什么样的销售方式是最佳的?

7. 与纯种猪和种猪相比,屠宰猪的销售方式有何不同?

8. 如果在合同里,屠宰加工厂将屠宰 80% 或更多的生猪,许多的生产者和销售专家将会有以下的考虑:

　　a. 如果有少数(20% 或低于此值)的猪在现金市场上出售,他们的猪是否有较低的品质?

　　b. 少量低品质生猪能否用来计算合同生猪的价格?

　　c. 你认为以上两个考虑是合理的吗?

　　d. 为什么公开磋商猪价要比预期的价格高或低呢?

9. 对于生猪生产者来说,下面哪个更加重要:

（a）低的销售成本；（b）有效的出售和净利润？

10.列出并讨论影响生长肥育猪价格的因素？

11.什么促使早期隔离断奶猪市场的迅速出现？

12.为什么家畜市场信息服务很重要？

13.一步一步地讲解如何准备猪并把它们送到市场销售？

14.讨论在出售猪时，有哪些实际方法和手段去防止猪的损耗？

15.列出屠宰阉公猪和青年母猪的联邦市场级别，并简要地给出每个级别的说明。

16.烤乳猪是什么？

17.讨论生猪生产者能够通过那些实际的方法来利用周期趋势和季节的变化。

18.描述猪的联邦猪肉检查。

19.如何增加屠宰体重？

主要参考文献

Animal Science，9th ed.，M. E. Ensminger，Interstate Publishers，Inc.，Danville，IL，1991

Chicago Mercantile Exchange，http://www.cme.com/

Meat We Eat，*The*，J. R. Romans et al.，Interstate Publishers，Inc.，Danville，IL，1994

Pork Facts 2002/2003，Staff，National Pork Producers Council，Des Moines，IA，1995－1996

Pork Industry Handbook，Cooperative Extension Service，Purdue University，West Lafayette，IN，2002

Reports by Commodity，USDA-National Agricultural Statistics Service，Washington，DC，http://usda.mannlib.cornell.edu

Stockman's Handbook，*The*，7th ed.，M. E. Ensminger，Interstate Publishers，Inc.，Danville，IL，1992

第二十章 猪肉及其副产品

蜜汁烤猪排、带骨猪排搭配烤玉米以及红绿青椒。（国家猪肉协会提供）

内容

猪肉生产的最终目标:消费者满意

消费者满意的猪肉品质

目标

学习本章后,你应该:

1. 对猪肉品质的方方面面有所了解。

2. 了解猪肉产业为了满足消费者追求品质的需求而进行的改革。

3. 了解猪肉批发部位产品及由其加工而成的零售产品。

4. 知道猪肉加工处理的原因及如何加工处理才能够提高猪肉的价值。

5. 知道为什么猪肉是一种营养均衡的食物。

6. 能够了解猪肉中的胆固醇、硝酸盐、亚硝酸盐和亚硝胺可能产生的危害。

7. 知道猪肉安全问题及产业效应。

8. 了解猪肉副产品对于整个猪肉产业和消费者所蕴含的价值。

人们一般把猪或生猪上的可食用的肉称为猪肉,而猪肉副产品则包括了除胴体肉之外所有可食用及不可食用的部分。可食用的器官和腺体通常被归类于猪肉副产品,而猪油则与猪肉分为一类。

本章虽然主要介绍动物生产的最终产品——肉类,但不要忘了它的高品质是代表了多年来坚持育种进展、饲喂最佳的日粮、保证环境卫生和疾病监控、实行科学的饲养管理以及建立现代化的营销、屠宰、加工和销售体系共同发展的结果。多年的努力和发展都为了生产更美味可口的猪排和火腿。每头母猪的年产肉量在肉用家畜中位于领先地位(图20.1),随着时间的推移,这种格局的形成原因是屠宰体重的增加,母猪生产力的提高也起到了重要作用。

猪肉生产的最终目标:消费者满意

猪肉生产各个环节包括育种、饲养、管理、营销和加工,最终是为了生产能够满足消费者需求的猪肉。因此猪肉生产者、相关专业的学生及养猪专家对猪肉及其副产品的屠宰加工整个生产过程有一个全面的认识是非常必要的。这些知识对选育动物及制定相关的经营策略非常有价值。

最适合用于生产上市肉的动物品种随着时代的变化也发生了明显的变化。虽然美国早期历史记载一个品种能够在竞争中幸存下来往往取决于它们跑得是否快,长得是否结实以及争斗的能力。然而,当动物开始在市场上出售时,修长的后腿以及大量的骨骼成为其重要的特征。阿肯色尖背猪(Arkansas Razorback)这个品种非常适合于这些要求。

随着铁路运输的发展以及饲养管理的提高,动物的奔跑和争斗能力显得不那么重要了。另外,通过选育能更好地使满足消费者对肉用动物日益苛刻的要求成为可能。随着大城市的发展,手艺人及他们的后辈比起那些从事木材采运、修建铁路等重体力劳动的人来说,工作需要较少的能量。与此同时,

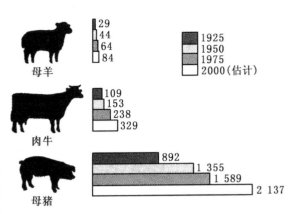

每年每头家畜生产的上市肉量/lb

	1925
	1950
	1975
	2000(估计)

1925 年,1950 年和 1975 年每头繁殖母羊、母牛和母猪分别提供的上市活体重量如图所示。多年的发展和努力为了生产高品质肉,其中母猪生产令人满意。肉牛和肉猪每年上市肉总重量及其净肉率数据源于肉用畜禽实际情况,1994,22～23,美国肉类研究所;绵羊的数据来自绵羊和山羊科学,第 5 版,216;2000 年的估计值是用 CAST 数据的每头繁殖母畜的上市活重乘以屠宰家畜可食用肉率计算的,后者引自肉用畜禽实际情况和绵羊和山羊科学。(动物食品,CAST 报告,1990,82 期,13,表 2)

October 31, 1868

图 20.1 1868 年的赶猪图。农场主坐在马车上,饲养员驱赶着猪,旁边的路标写着"距芝加哥,118 mi"。(美国猪种,F D Cobum,1916)

美国人的家庭人数也在日渐减少。因此,人们对于猪肉的需求也发生了转变,更希望买到低脂肪、高品质的火腿、咸肉和肉块等。为了满足消费者的这些需求,生产者也逐渐转变为饲养和销售可以使肉增值的幼猪。这种改变使得瘦肉型猪成为生产者喜欢选用的品种。

消费者的需求对于生猪生产类型起着非常重要的影响。当然,不仅要考虑到消费者的需求,繁殖力、饲料效率、增重率和体型等生产指标也应给予应有的考虑。但是,一旦这些因素都得到了相应地满足,不管是纯繁还是商业猪生产都应该把为消费者提供高品质的猪肉作为最终的目标。

今后,生猪生产者需要依靠选育和饲料来提高瘦肉率,减少过多的冗余脂肪。生产试验规划开始调整方向,对消费者的这些需求给予了更多的重视。

消费者满意的猪肉品质

对猪肉品质的理解因人而异。对于猪肉加工者来说,主要关心肌肉的功能特性和颜色。对于零售商而言,他们主要关心的是脂肪和骨骼的含量以及肉色和系水力等影响到零售分割肉的外观的因素。而对于消费者来说,只要是关系到猪肉的风味、食用安全性、方便性和营养价值等方面的所有因素都被认为是猪肉品质的一部分。猪肉生产者必须认识到所有的这些需求,通过管理协调使猪肉的品质得到最大的提高。

表 20.1 中的数据表明了生产者如何调整生产以产出更多的零售肉块,降低猪油含量来满足消费者的需求。从 1950—1960 年每头市售猪都产出 30 lb 以上的猪油。从 1965 年至今,每头生猪产出的猪油已经下降到 11 lb 左右,屠宰率稳步提高,而且每头生猪生产的零售肉量已经达到了 150 lb 以上。

表 20.1 猪油和零售肉生产的变化

年份	活重/		屠宰率/	屠宰重/%		猪油产量/		零售肉产量/	
	lb	kg	%	lb	kg	lb	kg	lb	kg
1950	240	109	68.9	165	75.0	35.4	16.1	137	62.1
1955	237	107	69.5	165	74.7	34.9	15.8	136	61.7
1960	236	107	69.5	164	74.4	32.2	14.6	139	63.0
1965	238	108	70.1	167	75.6	27.9	12.6	147	66.7
1970	240	109	70.3	169	76.5	22.8	10.3	155	70.3
1975	240	109	70.6	169	76.8	14.8	6.7	166	75.3
1980	242	110	71.7	174	78.7	12.8	5.8	172	78.0
1985	245	111	71.4	175	79.5	11.0	5.0	136	61.7
1990	249	113	72.7	181	82.2	11.1	5.0	140.6	64.0
1995	257	117	72.0	185	84.0	11.5	5.2	143.6	65.2
1996	255	116	72.5	185	84.0	11.1	5.0	143.6	65.2
1997	256	116	73.4	188	85.4	10.0	4.5	145.4	66.0
1998	257	117	73.2	188	85.4	10.9	5.0	146.7	66.6
1999	258	117	73.4	190	86.3	11.4	5.2	148.2	67.3
2000	262	119	73.9	193	87.7	11.0	5.0	150.8	68.5
2001	264	120	74.0	195	88.7	10.7	4.9	151.6	68.8

来源:2002—2003 年猪肉实情报告,产业统计,国家猪肉协会猪;美国农业部国家农业统计服务局 2003 年农业统计。

由于消费者的喜好对于猪肉的生产起着至关重要的作用,因此,生产者、加工者以及零售商应该对消费者关心的品质了如指掌,具体总结如下:

1. 品质。 瘦肉猪的品质主要包括硬度、结构(texture)、大理石纹和肉色。

a. 硬度。猪肉应该足够结实,感官上能够引起消费者的兴趣。结实程度主要受到猪肉中脂肪的类型和含量影响。例如,大量地饲喂花生或全脂大豆会使猪肉变软,然而饲喂含有饱和脂肪酸和低脂肪谷类后生产出的猪肉就要结实得多。

b. 结构。有着有细密纹理结构的肌肉更能得到消费者的青睐。粗糙的结构一般来说意味着屠宰日龄太晚且肌肉嫩度较差。

c. 大理石纹。大理石纹易引起消费者的购买欲。大理石纹是指存在于肋骨之间及分布于肌肉中的脂肪条纹(feathering/flecks of fat)。尽管消费者愿意购买瘦肉,但是含有少量的脂肪可以使猪肉更加可口。

　　d.肉色。大多数消费者希望买到含有洁白的大理石纹的鲜红瘦肉。

　　2.最大的瘦肉量及适度的脂肪。 消费者会不会决定购买,往往取决于猪肉中是否含有足够多的瘦肉量。此外,消费者也喜欢肌肉外面覆盖一层厚度不超过1/8 in的结实洁白的脂肪。通常外表所含的脂肪量很大程度上取决于加工者和零售者的加工方式(图20.2)。

　　3.重复率。 消费者希望每次买到的猪肉无论是嫩度还是其他食用品质都与从前买过的一样好,即可以买到标准化的产品。

　　4.安全。 虽然美国是世界上食品供应最安全的国家之一。然而,疾病控制与预防中心(2002)估计,在美国每年因食品引起的疾病将导致了7 600万人生病,32.5万人住院,5 200人死亡。食品引发的疾病主要是由于食用了被污染的食物或饮料。在多数这样的事件中,健康问题不仅给人们增添了很多麻烦,更为严重的是这已经严重地威胁到人的生命(参见第十五章"预防药物残留"部分)。

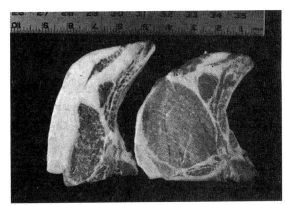

图20.2　消费者愿意购买含少量脂肪和大量瘦肉的猪肉。图示两块猪肉差别很大,左边眼肌面积只有2.7 in^2,而含有大量脂肪;右边眼肌面积却高达7.1 in^2。(爱荷华州立大学 Palmer Holden 提供)

　　如果猪肉达不到上述这些质量标准的话,其他产品则会逐渐代替它。对于猪肉生产者来说,认识到这一点非常重要,因为现在的零售食品市场中各种产品竞争非常激烈,容不得有半点的疏忽。

　　猪肉和其他肉产品组织一直在不断地针对消费者的喜好和需求进行调查研究,我们在第五章猪遗传学的应用、第六章猪营养基本原理、第七章营养需要量和供给量、日粮配方和饲养方案营养需求供给和饲喂方式等章节介绍了生产高品质猪肉需要考虑的因素。

生猪屠宰加工

　　与牛羊肉相比,猪肉的加工处理量要大得多,而且牛羊肉过剩的脂肪被归到其副产品中,猪油却不被列为副产品,所以猪的屠宰加工在肉类加工中是非常独特的。

　　1990—2002年,平均有99.8%猪的是被商业企业在联邦政府检验检疫组织或者经批准的州立检验检疫组织的监督下进行屠宰加工的(表20.2)。每年经这样处理的屠宰猪的数量也达到了9 700万头以上,其中平均15.4万头是在农场屠宰的,而且农场屠宰猪的数量也在稳步下降。

表20.2　商业企业和农场的屠宰生猪比例

年份	商业屠宰/(10^3 头)	农场屠宰/(10^3 头)	总屠宰量/(10^3 头)	商业屠宰比例/%
1990	85 136	295	85 431	99.7
1995	96 325	210	96 535	99.8
1996	92 394	175	92 569	99.8
1997	91 960	165	92 125	99.8
1998	101 029	165	101 194	99.8
1999	101 544	150	101 694	99.9
2000	97 976	130	98 106	99.9
2001	97 962	120	98 082	99.9
2002	100 263	115	100 378	99.9
9 年平均	97 432	154	97 585	99.8

　　来源:家畜屠宰年度总结,美国农业部。

联邦肉类检验

联邦政府要对州间销售和出口的猪肉产品及其生猪的屠宰、加工、炼油、准备等整个过程进行有效地监督。通过立法来监督州内的猪肉屠宰加工处理过程,则是各个州政府应负的责任。尽管所有的州都要求对出售的猪肉进行监督,然而猪肉监督法对于农场屠宰的自家食用的猪就没有约束力了。

过去,美国农业部的猪肉检查业务是以1906年6月30日通过的《猪肉检查法》为依据开展的。这部法案由1967年12月15日通过的《有益于健康肉类法》得到了改进和完善。后者要求每个州的标准不得低于联邦政府规定的州间的标准。另外,还要求确保在美国境内出售的所有猪肉都要接受联邦政府或者一个对等的州级组织的监督。州级规章制度必须达到联邦法案的标准,但是对于州间的贸易没有约束力。美国农业部动植物检验局(APHIS)主要负责肉类产品的检验。

肉类检验工作的主要宗旨是:(1)通过消除食品供应中的病猪肉或者不健康的肉类来确保大众的安全;(2)强制要求肉类及其相关产品的加工过程清洁卫生;(3)禁止使用一些有害的饲料;(4)防止在食品标签上使用一些虚假或者误导人的名称或说明。

负责执行该法案的人员主要是:一类是专业或者毕业于正规兽医院校的兽医检验员;另一类是通过国家相关业务考试的非专业食品检验员。总之,监督工作主要包括以下两个部分:

1. 屠宰前检疫。这项工作主要是猪在围栏中或者称重后进行。其主要是用于发现猪是否有生病的迹象或者任何预示着疾病的不正常表现。那些疑似患猪被戴上一个标有"美国疑似病例号"的金属耳标,并在屠宰后单独进行仔细检验。假如在屠宰前的检验中发现有确凿的证据表明这头猪不适于人们食用,则它将会被淘汰,无需屠宰后的检验了。

2. 屠宰后检疫。这项工作主要是在屠宰后进行,包括对胴体和内脏的仔细检查。所有健康的胴体都会被标上写有"美国检验合格"字样的标签,然而不宜食用的胴体则被贴上了写有"美国检验不合格"的标签。后者经炼炉处理后将不再作为人类的食品。

除了宰前和宰后的检疫,国家肉类监督员有权拒绝为卫生不合格厂家的肉类产品贴上检验标签。生产厂家的所有车间及设备必须始终保持清洁卫生。此外,工人必须穿着清洁、可洗的制服,并且工厂必须配备方便的洗手设施。

肉类检疫标准要求淘汰感染各种疾病的整个或部分胴体,这些疾病主要包括肺炎、腹膜炎、脓肿和脓毒症、尿毒症、破伤风、狂犬病、炭疽、肺结核、各类肿瘤、关节炎、放线菌病等。

联邦监督的肉类加工企业——截至2003年1月1日共有683家企业直接接受联邦政府的监督,其中13家企业猪的屠宰量占总屠宰量的57%。这相当于1994年830家企业产量的总和。

生猪屠宰加工步骤

采购来的生猪从待宰圈中被驱赶到加工车间,它们在那里洗浴后就暂时聚在一个小圈里待宰。在大型肉类加工厂里,经过一系列洗刷后,经固定传送带将待宰猪送到特定的位置击晕。

屠宰和加工全过程采用流水线作业,使得以下步骤快速连续进行:

1. 击晕。通过使用强光、电流、二氧化碳或枪击的方法将待宰猪击晕。

2. 吊挂。待宰猪一只后腿用链子吊在一根高高的横杆上,使其头下蹄上。

3. 刺杀。屠宰工人刺戳猪胸骨下方以割断主动脉,然后放血几分钟。一些厂家使用真空设备采血,从而使得到的猪血能够食用。

4. 烫洗。经过上述操作后,猪被投入烫洗池里约4 min。利用自动化的蒸汽喷射装置,池中的水温始终保持在150℉(65℃)左右。此过程可以使猪毛和皮屑变得疏松。

5. 脱毛。烫洗之后,胴体被放入脱毛机中自动脱毛。

6.再次吊挂。胴体经脱毛机处理后,弯形铁钩钩住胴体后腿,再次将其吊挂在架子上。

7.加工。传送带将胴体依次送到预定位置后,工作人员进行以下操作:

a.清洗和燎毛。

b.去头。

c.开膛并摘除内脏。

d.用电锯或锯刀劈半。

e.去除板油。

f.露出肾脏以供检查并剖开后腿(从后腿的内表面或腿根部去除皮肤和脂肪)。

g.清洗胴体后将其置于34℉(1℃)冷库中冷冻。(迅速冷却可以减少猪肉皱缩并能保持猪肉品质)

零售式和批发式

在屠宰场里,屠宰猪两种常见的模式是零售式和批发式。零售式较常见并且当胴体按分割肉销售时几乎只采用这种模式。其将胴体脊椎沿中线劈开,去除下颌以上的头部,去除肾脏和板油并露出后腿肉。

批发式主要限于批发贸易中以整个胴体出售的轻型猪。在这种加工模式中,胴体从胸骨分叉处到顶端被剖开,留有完整的脊椎、板油和整个猪头。烤猪一般用这种方式进行处理,而且在冷冻前将胴体置于槽中,即将猪前腿从膝关节处折回,后腿从腿根部拉直。

猪屠宰率

屠宰率是指猪的冷却胴体重占活重的百分比。例如,1头猪活重250 lb,屠宰后胴体重185 lb,则它的屠宰率就是74％。

猪的肥胖程度和修整胴体方式是影响猪屠宰率的重要因素。美国一级猪胴体修整方式(去除头、板油和肾)所得的屠宰率为74％,而采用批发式(保留头、板油和肾)则会提高4～8个百分点。

一般脂肪型猪比瘦肉型猪或腌肉型猪有更高的屠宰率。因为通常猪油的价格要比活猪的售价低,因此产生过多的猪油就意味着养猪生产饲料上的一种经济浪费,而且不受加工者欢迎。

过分重视猪屠宰率的时代已经过去了。因为现在大多数加工厂通常以胴体重为标准来付款,所以屠宰率对于现代市场经济体系的影响微乎其微。

与牛羊相比,猪的桶状胸腔相对较小。除此之外,胴体带皮和腿肉。因此,猪比其他肉畜有更高的屠宰率。

自1960年以来,猪的上市体重每年增加0.7 lb,而且屠宰率总共提高了4.5个百分点。这意味着通过增加活重和胴体重生产出了更多的猪肉。

胴体加工处理

几乎所有的猪胴体在屠宰场被分割并通过批发和零售的方式出售。在美国的大部分地区,大型猪肉加工厂的不到1％的猪肉以胴体的形式出售。整胴体贸易主要限于烤猪和屠宰猪(体重小)。

猪肉的加工方式远不同于牛羊肉,其有很多不同的加工方式,可以炼成猪油或者加工成猪肉产品。通常,腰肉、前肩肉和小排都是以鲜肉的形式出售。但是要记住,实际上它们都可被加工,而且在特定条件下都要被加工处理。由于猪肉适于采用各种加工方式,其与牛羊肉相比有一个明显的优势,因为牛羊肉几乎完全以鲜肉的形式出售。因此,猪肉市场相对稳定。

猪胴体和批发分割肉

几乎 100％的胴体在屠宰车间被沿着脊椎劈成两部分,然后运到冷藏室。在 33～38℉(1～3℃)温度下至少冷冻 24 h 以适当地降低猪的体温,并使胴体足够结实以便于进行整齐的分割处理。冷冻后,胴体被放到切割板上,在那里它被修整成批发分割肉。一些热处理适当地增加以节省能源。

根据不同肉的相应要求,切割的方法有所不同。尽管有些不同,最基本的几大部分包括后腿(leg/ham)、肋肉(腌肉)(side/bacon)、背肌(loin)、肩下端肉(picnic shoulder)和肩肉(Boston shoulder /butt)如图 20.3 所示。猪脸部和猪蹄也是胴体的组成部分之一。多数的内脏和腺体也被处理加工,这些方面的内容将在本章的下半部分讨论。

一头重 250 lb 的市场上的猪,其 5 个基本部分:后腿、肋肉、背肌、肩下端肉和肩肉将占其活重的58％。由于这些部分的肉价格相对较高,因此,它们占据了一头整猪价值的 3/4。

猪油

猪油是从新鲜的猪肉脂肪组织熬炼出的油脂。它是宰猪的主要产品而不是一种副产品。猪油所占的比例随着猪的类型,重量和年龄而变化。随着从肥肉型猪向瘦肉型的转变,每头猪的猪油产量也明显减少(表 20.1)。

猪油类型依据脂肪来源不同而异,其炼油工艺类型包括:罐式炼油法、蒸汽炼油法、干式炼油法 ,生产中性油、猪油替代品、猪油和硬脂。硬脂主要因其固体状态以及有助于形成脂肪的硬度而得名。

新式猪油——为了尽可能地满足消费者的需求,猪肉加工者改进了猪油加工方式。(1)漂白——经过处理的猪油变为雪白色(自然情况下猪油为淡蓝白色);(2)除臭;(3)氢化——用于提高其熔点的温度;(4)添加抗氧化剂——保证它的货架期;(5)将猪油储藏在特制的容器中以保持猪油的品质。但是这些仍没法改变猪油的命运。美国平均每人消费的猪油量从 1940 年的 14.2 lb 急剧下降到 1999 年的2.0 lb。

猪肉零售肉块及烹饪方法

常见的零售肉块如图 20.4 所示。尽管在美国猪胴体主要被分割成 5 大部分,然而日益发展的异教徒市场要求猪肉切割方式应该更加符合他们的文化习俗。

在低温 300～350℉(149～177℃)下来烹调猪肉是非常必要的。低温下慢炖,烹调出的猪肉多汁、松软,比高温下加工更加美味可口。

最好是使用一个肉类温度计来测定烤肉的成熟度(同样适用于厚猪排和排骨)。这可以降低在猪肉烹调过程中熟调时间的猜测。根据重量来确定烹调时间通常是不准确的,例如转烤要比插烤需要更长的烹调时间。

把温度计插入到猪肉中,以便使其末端接触到肌肉中心而接触不到脂肪或骨头。烤冻肉在插入温度计之前需要适当地解冻,或者使用金属棒或冰凿在冻肉上扎个洞。

由于烤炉的热气能够穿透肉类,因此肉中的温度逐渐上升并在温度计上记录下来。虽然大多数肉能够按照人们需求,烹饪成半生熟、七分熟、全熟,但对于鲜猪肉最好在 160℉(71℃)做成七分熟,170℉(77℃)做成全熟及腌制的猪肉在 155℉(68℃)烹饪较好。

猪肉烹饪方法要根据不同分割肉的性质而异。总体上,猪肉的烹饪方法主要包括以下几类:

1. 干烤法。干烤法适用于加工比较细嫩含有较少的结缔组织的肉。这种方法主要是将肉置于烤炉或烘箱中用干燥气流烘烤。常见的干烤法主要有:(1)焙烤;(2)烘箱烤;(3)平锅烤(见图 20.4)。

2. 湿热烹调法。湿热烹调法主要适于制作含有较多的结缔组织不是很嫩的肉。通过湿热处理,可

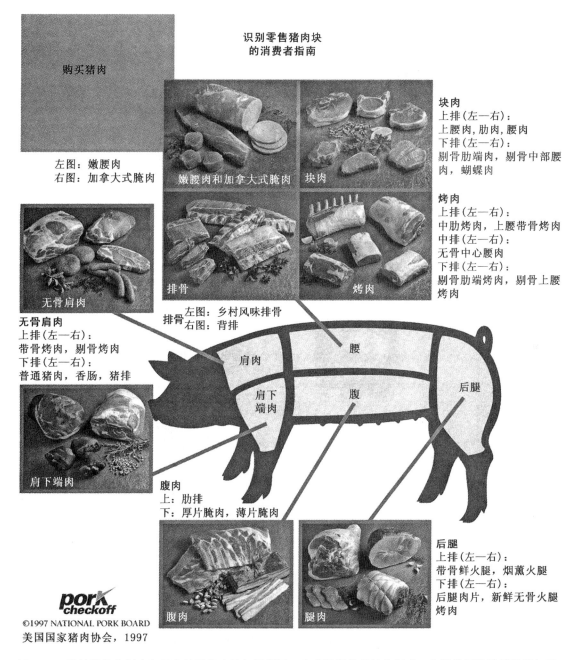

图 20.3　猪的批发分割肉和相应的零售肉块如图所示。大多数胴体都被分割成 5 个部分后装箱销售到加工商或零售商以便于进一步分割。(美国猪肉协会提供)

以使这些肉松软变嫩。在用这种烹饪方法时,肉被热的水汽所包围,其主要形式有:(a)炖;(b)蒸煮(图20.4)。

3. 油煎。当烹调前或在烹调中加入少量的油,这种方法称为煎。这种方法适用于制烹较瘦的嫩肉,还有那些经过捣碎,经评分、部位评价或碾碎的肉,还可以加工一些剩肉。当肉完全浸在油中时,这种做法叫做炸。这种方法有时用于加工脑、肝和一些剩余肉。通常肉的外部裹一层鸡蛋和面糊,或者粘上面粉或面包屑。

4. 微波炉烹调法。肉类烹调大师不提倡使用微波炉来做新鲜猪肉。然而使用微波炉烹调加工过的猪肉产品或者加热熟的鲜肉块却是非常好的方法。

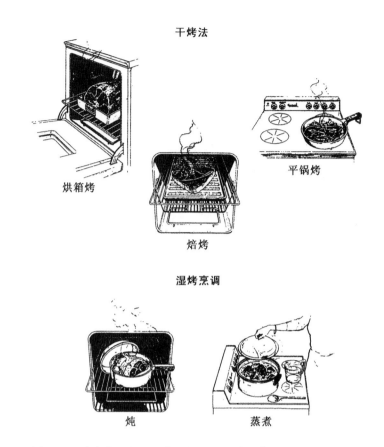

图 20.4 猪肉烹饪的一些常用方法。更多的信息见美国猪肉协会的烹饪方法、特殊加工、猪肉分割块及烹饪的温度（www.other-whitemeat.com/default.asp）。（美国猪肉协会提供）

猪肉加工

在美国，肉类加工主要是猪肉，主要原因是加工过的猪肉产品仍保持了原有的品质和风味。尽管相当多的牛肉被腌制或风干，以及一部分羔羊肉和小牛肉也用来加工，但是它们从没有像猪肉那样来大规模地进行加工(图 20.5)。

用于肉类产品加工的调料有盐、糖和其他添加剂(抗坏血酸盐、异抗血酸盐等)，而且人们还加入亚硝酸钠或硝酸钠(只在某些产品中添加)以及烟熏的方法来加工肉类产品，加入这些常见佐剂的原因如下：

盐——在加工肉时放些盐可以起到防腐和调味的作用。盐处理可以使某些易腐败的肉产品经受得住长时间复杂的运送过程，而且在诸如香肠、腊肠和罐装火腿等产品中，加入盐可以溶解肉中的主要蛋白——肌浆球蛋白，使肉纤维发生凝聚，从而可以整齐地切割。

糖——食用糖、蔗糖、葡萄糖或者转化糖可以中和盐的涩味，降低肉产品的 pH 值并使其变得更加美味。

亚硝酸钠($NaNO_2$)、硝酸钠($NaNO_3$)和硝酸钾(KNO_3)——硝酸盐和亚硝酸盐的主要作用是：(1)抑制存在于肉表面或内部的肉毒梭菌孢子(肉毒梭菌能产生肉毒素，其中毒是一种可以致命的食物中毒)；(2)使肉产生特有的口味呈现粉红色；(3)防止反复加热产生的焦煳味；(4)防止腐败。在这所有的用途中，抗肉毒梭菌的作用无疑是最重要的。

硝酸盐在肉类加工中是必不可少的,因为它发挥了很多重要的作用,包括:(1)防止肉毒梭菌中毒;(2)延缓汁液氧化;(3)使肉类形成特有的风味;(4)使加工过的肉呈现出特有的粉红色。

亚硝酸盐仅被允许在一些本地生产的火腿及那些加工过程长达几周的香肠中使用。

烟熏——烟熏法可以生产出消费者喜欢的具有特色熏肉风味的产品。许多肉类加工者现在主要使用两种烟熏方法:(1)"流动烟"源于去掉某些特殊成分的天然木材燃烧生成的烟;(2)合成烟是由人工从天然烟中提取某些化合物而制成。

磷酸盐——磷酸盐可以增强肉的系水力,并且可以使产品增重 10%。同时可以使烹调出的猪肉鲜嫩多汁。联邦法律规定了磷酸盐的使用量:(1)在加工成品中不得超过 0.5%;(2)在 10%腌汁中腌渍不得超过腌汁中含量的 5%,而且添加磷酸盐的产品必须在标签上予以说明。

图 20.5　维吉尼亚戴尔城大枫树超市待售的熏肉和香肠。(Ken Hammond 摄,美国农业部提供)

农场肉类加工而不冷藏主要限于猪肉,主要原因是加工过的猪肉产品可以保持原有的品质和风味。猪肉加工的秘诀就是使用优良的肉源、正确的加工工艺、洁净的器皿,并幸运地碰上凉爽的天气。

主要的肉类加工作料是盐、糖和硝石(硝酸钾)。将 7 lb 盐与 3 lb 红糖或白糖混合是最基本的配料。此外,用于销售的加工产品中还会添加一些香料和调味品使其具有特别的风味、外观和香味。

营养价值

或许大多数人吃猪肉仅仅是因为他们喜欢吃,并且非常钟情猪肉的口味以及各式加工方法(图 20.6)。

但是猪肉远不是一种可口的美食。在营养方面,它含有许多人们所必需的营养成分:优质蛋白、矿物质和维生素。这个方面非常重要,因为我们的生活质量和寿命很大程度上取决于饮食的好坏。对猪肉的营养价值有一个全面的了解对于高效的产品推销是必不可少的,现简介如下:

1. 蛋白质。 Protein 这个词源于希腊语中的 proteios,表示主要的意思。蛋白质是生物成长所必需的。幸运的是,猪肉中含有适量的高品质的蛋白质以用于身体组织的发育和修复。在鲜猪肉中,蛋白质的含量为 15%～20%,而且猪肉中含有新组织形成所必需的氨基酸。1 块 3 oz(85 g)的猪肉可以为 1 个 19～50 岁的成年男子提供每天所需蛋白质的 44%(图 20.7)。

2. 热量。 猪肉是一种很好的能量来源,并且它所含的能量多少很大程度上取决于其脂肪含量。

3. 矿物质。 矿物质对于构建和维持人体骨骼和组织以及调控机体功能来说都是必不可少的。猪肉含有多种矿物质,尤其富含铁、磷、锌和硒。磷与钙结合能构成人的骨骼和牙齿,并且磷参与体细胞骨架的形成,有助于保持血液的碱性,参与神经系统的能量输出,还具有许多其他重要功能。

铁是血液的必需组成成分,有助于防止营养性贫血症,它是形成红细胞血色素或红色素的一种成分。因而,它可协助将生命所需的氧运送到身体各个部位。源于猪肉等肉类中的铁最易被人体吸收,而且它还帮助吸收蔬菜中的铁。

4. 维生素。 早在公元前 1 500 年,埃及人和中国人就发现食用动物肝脏有助于提高人的夜视能力。现在我们知道肝脏中富含维生素 A,是一种对夜视能力非常重要的因子。事实上,医学专家发现,夜盲症、强光盲症和暗光弱视都是由饮食中缺乏足够的维生素 A 所引起的。

图 20.6 表面黏附着葡萄干和杏的火腿是冬日假期宴请宾客的佳品。(美国猪肉协会提供)

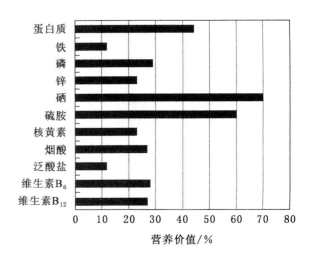

图 20.7 猪肉的营养价值以每日推荐供给量的百分比表示。此数据是用重 3 oz(85 g)的新鲜均匀的零售肉块(后腿、腰肌和肩肉)只分离瘦肉后烹饪得到的。(美国农业部农业研究服务署,2003。美国农业部国家营养标准文献数据库,第 16 版(www. nal. usda.gov/ fnic/ foodcomp)和 19~50 岁男子每日推荐供给量(www. iom. edu/ project. asp? id=4 574),2003)

肉类是摄取 B 族维生素最重要的来源之一,其中维生素 B_1、核黄素、尼克酸、维生素 B_6 和维生素 B_{12} 尤其丰富(图 20.8)。猪肉是维生素 B_1 的主要食品来源,含有 3 倍于其他食品中的维生素 B_1。

目前,这些 B 族维生素被添加到某些食品中,成为我们日常饮食中必不可少的物质。它们对于能量代谢、新组织的形成发育、神经功能和许多其他功能都是必不可少的。严重缺乏维生素 B_1 会引起脚气病,而烟酸可以防治糙皮病。实际上,在美国维生素 B 缺乏的人口迅速减少的原因之一可能就是由于日常饮食中肉类和其他富含维生素 B 的食品消费显著增长的结果。

5. 消化率。最后,除了认识到猪肉具有较高的营养价值外,还应知道猪肉可被很好地消化吸收。猪肉中蛋白质和脂肪的消化率分别高达 97% 和 96%。经常听到人们说"猪肉难消化",这是没有科学依据的。猪肉与其他所有的肉类一样都可被人类充分地吸收利用。

因此,猪肉在美国人的食谱中扮演着非常重要的角色。

消费者健康问题

人们经常写文章讨论或者谈论有关包括猪肉在内的肉类产品消费可能引起疾病的问题。消费者对猪肉的关注主要集中在以下几方面:(1)脂肪和胆固醇;(2)亚硝酸盐和亚硝胺;(3)安全性和质量保证。这些方面的探讨现分述如下:

胆固醇

1953 年,明尼苏达州立大学的 Ancel Keys 博士首先报道了人因食入动物脂肪(富含胆固醇)而患动脉粥样硬化(心脏病)之间存在的确定关系。随后,其他研究也常将血液中高胆固醇水平与人类心脏病高发联系起来。

因为许多动物产品和食品包括猪肉和猪油中都含有胆固醇,所以它不可避免地与心脏病的起因有牵连。因此,猪肉产业涉及的所有成员——生产者、加工者、零售商和消费者——都很关注胆固醇的问题。

1963—1990 年,食用猪逐渐向瘦肉型发展,使得鲜猪肉中脂肪平均含量下降了 76%,热量降低了 53%(表 20.3)。

大约到 1990 年,人们开始觉得许多猪肉脂肪含量过低且口味不佳。从那时起,脂肪含量又上升到一块 3 oz (85 g)重的猪肉中含有约 8.2 g 的脂肪。

关于胆固醇——胆固醇存在于所有的机体组织中,大脑和脊髓中含量尤其高,而且在一些生化反应中,包括人体性激素的合成,胆固醇都是一种不可或缺的底物。

胆固醇的水平和种类以及相关的发病风险如表格 20.4 所示。许多因素:如(1)年龄;(2)工作时间;(3)身体健康状况;(4)压力;(5)遗传背景;(6)实验室技术测定能力,都可能影响着胆固醇的水平。因此,如果你属于易发病的人群,逐一地排查各种因素是非常重要的。以下是对这些风险种类的介绍。

表 20.3　提高了的 3 OZ(85 g)烤猪腰肉的瘦肉量

年份	脂肪/g	热量/cal
1963	29.6	351
1983	11.7	202
1990	6.9	165
2003	8.2	165

来源:美国农业部农业研究局。

血液总胆固醇含量

健康人群——除非你有其他致病因素,否则你得心脏病的几率是非常低的。虽然几率很低,食用含有较少饱和脂肪酸和胆固醇的食物,多锻炼身体仍是你明智的选择。假如你是一位年龄超过 45 岁的男子或者年龄超过 55 岁的妇女,每隔 5 年或更经常地测定你的胆固醇水平是非常必要的。

亚高危人群——大约 1/3 的美国成年人属于亚高危人群,几乎 1/2 美国人的血液总胆固醇含量低于 200 mg/dL。你也应该尽量少摄取一些富含饱和脂肪和胆固醇的食品以使血液中胆固醇的水平降低到 200 mg/dL 以下。即使你的血液胆固醇含量处于 200~239 mg/dL 之间,你也不属于心脏病高发人群。某些人如未到更年期的妇女和年轻的有活力的男子,假如其没有其他心脏病诱发因素,则体内会含有较高的 HDL(高密度脂蛋白)胆固醇和理想的 LDL(低密度脂蛋白)水平。

高危人群——患心脏病的风险较高。通常,那些胆固醇水平达到 240 mg/dL 的人患心脏病的风险是胆固醇含量为 200 mg/dL 的人的 2 倍。

LDL 胆固醇

你的 LDL 胆固醇的水平极大地影响着你患心脏病和癫痫的风险。LDL 胆固醇水平越低,你发病的风险会越小。事实上,它比血液胆固醇总含量更能准确地预测心脏病的发病风险。

你的医生可能会建议你食用饱和脂肪和胆固醇含量低的食品,有规律地锻炼身体,并且如果你体重超标的话,还会建议你制定一个合理的控制体重计划。如果通过这些努力,胆固醇水平仍居高不下,那么就有必要通过服药来降低你的胆固醇水平了。

HDL 胆固醇

HDL 胆固醇对人体是有益的。如果你的 HDL 胆固醇水平很低,小于 40 mg/dL,你得心脏病的几率就会

表 20.4　血液总胆固醇、低密度脂蛋白(LDL)胆固醇和高密度脂蛋白(HDL)胆固醇风险指标

胆固醇种类	指标/(mg/dL)
血液总胆固醇	
正常水平	<200
临界风险值	200~239
高风险水平	>240
LDL 胆固醇	
最佳水平	<100
近似正常水平	100~129
临界高水平	130~159
高水平	160~189
极高水平	>190
HDL 胆固醇	
男子平均	40~50
女子平均	50~60
低水平	<40

来源:美国心脏协会,2002;http://www.ameri-can-heart.org/presenter.jhtml? identifier=183。

很高。吸烟、超重以及长时间坐着不活动都可以导致 HDL 胆固醇水平降低。假如你的 HDL 胆固醇水平很低,你可以通过以下方法来提高:(1)禁烟;(2)减肥(或保持在健康范围的体重);(3)坚持每天锻炼身体 30～60 min。

胆固醇比例

了解你的血液胆固醇总含量对于预测你的心脏病发病率,只是迈出了重要的第 1 步。然而,关键的第 2 步就是知道你的 HDL 胆固醇的含量高低。胆固醇比是指 HDL 胆固醇在总胆固醇中所占的比例。例如一个人的血液总胆固醇含量是 200 mg/dL,而他的 HDL 胆固醇含量为 50 mg/dL,那么胆固醇比就是 4：1。该比例的目标值是保持在 5：1 以下,最佳值为 3.5：1。

体内的胆固醇主要有两个来源:(1)饮食或者说是外源性的胆固醇;(2)人体自我产生的胆固醇即内源性的胆固醇。血液中的胆固醇含量反映了两种来源的胆固醇的代谢全部状况。关于人体胆固醇代谢的状况现分述如下:

1. 消化和吸收。每个人平均每天消耗 500～800 mg 的胆固醇。食物中的脂肪有助于胆固醇的吸收。1 个人至多能吸收其体内胆固醇总量的 10%,其余的都通过粪便排出体外。饭后 2～4 h,便不能辨认血液中的胆固醇的来源。

2. 合成。肝脏是人体合成胆固醇的主要部位。然而,除了大脑之外,大多数组织也都能合成胆固醇。人体每天合成 1 000～2 000 mg 的胆固醇。日复一日的胆固醇合成与代谢受到如下因素控制:(1)节食;(2)热量摄入量;(3)胆固醇摄入量;(4)胆汁酸;(5)激素,主要是甲状腺激素和雌性激素;(6)体内代谢紊乱所产生的疾病如糖尿病、胆结石和遗传性的高胆固醇血症。通过控制胆固醇摄入量来控制体内胆固醇的合成水平是非常重要的,因为当从体外摄入较多的胆固醇时,体内合成量就会减少,反之亦然。

3. 功能。胆固醇对人体是至关重要的。它的重要性主要与组织、胆汁酸和激素有关。

4. 排泄。人体排出胆固醇主要通过胆固醇向胆汁酸的转化反应。每天大约有 0.8 mg 的胆固醇通过这种途径排出。而且,少量的胆固醇还被转化为前面提到的激素。此外,当摄入较多的胆固醇时,有些胆固醇未被消化就而直接通过粪便排出体外。

血液叶中胆固醇含量高的人在饮食方面应做以下 7 个方面的调整:

1. 少吃高脂肪食品。摄入脂肪总量提供能量的比例应低于 30%。

提示:少摄取总脂肪是一种少摄入饱和脂肪和能量的捷径。

2. 少摄入饱和脂肪。摄入饱和脂肪提供能量的比例应在 10% 以下。

提示:饱和脂肪主要存在于动物产品中。但是某些蔬菜和许多出售的加工食品中也会含有饱和脂肪酸。购买时应仔细阅读产品标签。

3. 食用非饱和脂肪以替代饱和脂肪。在日常生活中人们应多食用非饱和脂肪酸(多聚非饱和及寡聚非饱和脂肪酸)以代替饱和脂肪酸。

提示:当食用非饱和脂肪酸来代替饱和脂肪酸时血液中胆固醇水平就会降低。

4. 少食用高胆固醇的食品。每天摄入的胆固醇量应少于 300 mg。饮食中的胆固醇能提高血液中的胆固醇水平。因此,少食用高胆固醇的食品是非常重要的(表 20.5)。

提示:在低脂肪的日常食品中,如脱脂牛奶或酸奶,含有非常少的胆固醇。而在植物食品如水果、蔬菜、植物油、谷物、坚果和种子中几乎不含有胆固醇。

表 20.5　一些常见食品中胆固醇含量

食品	胆固醇/(mg/100 g)	食品	胆固醇/(mg/100 g)
牛肉、颈肉、脂肪厚 1/4 in、煮食	104	脂肪含量 11％的冰激凌	44
牛肉、熏腊肠	53	脂肪含量 2.6％的冰激凌	12
牛肉、90％瘦肉、烤食	85	人造黄油	0
牛肉、肝脏、炖食	396	乳脂含量 1％的牛奶	4
牛肉、腰肉、无脂、烤食	83	乳脂含量 2％的牛奶	8
盐腌黄油	215	乳脂含量 3.7％的全脂牛奶	14
干酪、2％乳脂含量	8	煮食的猪肉和火腿	57
切达干酪	105	炖猪肝	355
瑞士干酪	92	煮猪腰肉	85
烤鸡胸	85	水煮小虾	195
烤肉鸡	107	烤火鸡胸肉	83
鸡丁三明治快餐	33	烤整火鸡	105
煮鸡蛋和整鸡	424	煮小牛腿	134
蛋黄、新鲜鸡肉	1 234	低脂的酸奶酪	6
干烧鱼、鲶鱼	64		

来源：美国农业部农业研究局，2003。美国农业部国家营养标准数据库，参考文献，第 16 版；http://www.nal.usda.gov/fnic/foodcomp。

5. 用复杂的碳水化合物代替饱和脂肪酸。 面包、面食、大米、谷类、干豌豆和豆类，水果和蔬菜都是复杂碳水化合物（淀粉和纤维素）的丰富来源。它们是高饱和脂肪酸和胆固醇食品很好的替代品。

提示：日常食用的富含复杂碳水化合物的食品，不仅含有较低的饱和脂肪和胆固醇，而且还富含矿物质，维生素和纤维素。

6. 保持一个适宜的体重。 超重的人的血液胆固醇水平通常会比体重适宜的人的高。

提示：为了减肥或者保持体重，每天摄入的热量应不超过身体消耗热量。

7. 食用富含可溶性纤维素的食品。 在这类食品中首选燕麦麸。

提示：基本上主要存在两种类型的纤维素：水溶性纤维素（如燕麦糠）和不溶性纤维素。只有可溶性纤维素可以用来降低胆固醇水平还可以溶于水中。

如上所述患动脉粥样硬化的原因并不仅仅是因为食用了太多的胆固醇，而且这些建议还包括了一些公认的健康标准——不吸烟、正常的血压、适宜的体重、锻炼身体、自我调节压力以及注意心脏病的家族史。每个建议相辅相成都有助于降低患动脉粥样硬化和心脏病的风险。

硝酸盐/亚硝酸盐和亚硝胺

一代一代的消费者已经习惯了加工过的肉类食品呈现的微红色，而这正是加入硝酸盐和亚硝酸盐产生的。它们被认为在肉类加工中是不可或缺的，因为其具有许多重要的功能，其中最重要的是它可以抗肉毒梭菌中毒。

肉类食品中硝酸盐和亚硝酸盐的添加量必须低于肉类监督法限定的量，但事实上除了产于乡村的火腿和需要加工时

图 20.8　一种需要添加亚硝酸盐的产品——波兰香肠，周围点缀着甘蓝。（美国国家猪肉协会提供）

间长达几周的香肠外,其他肉产品基本上不使用硝酸盐。此外,抗坏血酸也添加到了肉类食品中,因为它可以加快和改善加工过程并抑制致癌的亚硝胺的形成。

关于硝酸盐和亚硝酸盐的使用和它们的产物亚硝胺的争议,主要源于在动物实验中亚硝胺会引发癌症。所以猪肉生产者、加工者、零售商以及消费者都应对硝酸盐/亚硝酸盐和亚硝胺有所了解。

关于硝酸盐/亚硝酸盐和亚硝铵——硝酸盐是含有 1 个氮原子(N)和 3 个氧原子(O)的化学基团(NO$_3^-$),而亚硝酸盐是含有一个氮原子和两个氧原子的化学基团。食品中添加的硝酸盐和亚硝酸盐主要含有硝酸钠、硝酸钾、亚硝酸钠、亚硝酸钾。

来源——硝酸盐和亚硝酸盐是存在于我们周围的常见化学物质,它来源于自然界物质,食品添加剂或者饮用水。

1.自然产生。大多数的绿色蔬菜中都含有硝酸盐。在蔬菜中硝酸盐的含量主要取决于:(1)蔬菜的种类;(2)品种;(3)植物的部位;(4)植物的成熟度;(5)土壤状况,如缺乏钾磷钙或者含有过量的氮;(6)环境因素,如干旱、高温、日照时间及阴天长短。如果不考虑植物中硝酸盐含量变化的话,蔬菜是人们摄取硝酸盐的主要来源,其次是唾液(表 20.6)。

硝酸盐含量较高的蔬菜主要有甜菜、菠菜、萝卜和莴苣。硝酸盐的其他天然来源可以不予考虑。

2.食品添加剂。硝酸盐和亚硝酸盐主要用做肉类和肉制品中的添加剂,用量参见表20.7。尽管人们很久以前就开始使用硝酸盐加工肉类,但是是否应该在肉产品加工中使用硝酸盐仍然是目前公众讨论的话题。硝酸盐被认为是亚硝酸盐的储藏库,因为微生物可以将其转化为亚硝酸盐,但是它在肉产品加工中的作用仍然不是很清楚。但我们知道亚硝酸可分解为 NO,而 NO 又可与亚铁血红素反应生成亚硝基肌红蛋白,从而使肉产品呈淡红色。熏肉、火腿、热狗和其他肉类产品的平行品尝实验表明,那些添加亚硝酸盐产品的口味会更好一些。

表 20.6 估计美国每人平均日摄入硝酸盐和亚硝酸盐量

来源	硝酸盐/mg	亚硝酸盐/mg
蔬菜	86.1	0.20
加工肉类[①]	9.4	2.38
面包	2.0	0.02
水果,果汁	1.4	0
水	0.7	0
奶制品	0.2	0
总计	99.8	2.60
唾液[②]	30.0	8.62

注:①由于添加了抗坏血酸盐和降低了亚硝酸盐的使用量,现在的肉类制品中亚硝酸盐的残留量相当于 20 年前的 1/5。在肉加工产业里已不再使用硝酸盐了,所以在肉制品中硝酸盐含量几乎为零而含亚硝酸盐约0.50 mg(食品技术,51:2,53-55,1997)。

②此项不包括于总量中是因为口中由细菌产生的亚硝酸盐量直接取决于摄入的硝酸盐量。

来源:硝酸盐:一种客观评估,1978,美国科学院,437,表 9.1。

表 20.7 联邦肉制品中硝酸盐和亚硝酸盐含量标准

肉品类型	规定标准	
	硝酸钠或硝酸钾	亚硝酸钠或亚硝酸钾
成品	200 mg/kg 或 91 mg/lb(最多)	200 mg/kg 或 91 mg/lb(最多)
干加工	3.5 oz/100 lb 或 991 mg/lb	1.0 oz/100 lb 或 283 mg/lb
肉馅	2.75 oz/100 lb 或 778 mg/lb	0.25 oz/100 lb 或 71 mg/lb

来源:美国农业部食品安全检验局。

此外,亚硝酸盐可以延缓肉类的腐败,更重要的是,它们能够抑制微生物的生长,尤其是肉毒梭菌。因此,加工过的肉类食品是人们日常摄取硝酸盐和亚硝酸盐的来源之一。然而,其含量远低于蔬菜中硝酸盐的含量。肉类产品是亚硝酸盐主要的饮食来源,但是与口腔微生物产生的并通过唾液咽下的亚硝酸盐量相比,其数量非常低。当前,亚硝酸盐是最行之有效的抑制肉毒梭菌的方法。所以,对于那些希望彻底去除可能致癌的亚硝酸盐的人们来说,还会碰到另外一个危害健康的问题——去除亚硝酸盐后会增加危及生命的肉毒梭菌中毒的几率。

3. 其他来源。 除了在一些不同寻常的环境下,可能接触到硝酸盐和亚硝酸盐的机会微乎其微。饮用的地下水中硝酸盐的浓度从几百微克到几毫克不等。通常地下水中硝酸盐的含量要比地表水高,因为植物可以去除了地表水中的氮元素。

硝酸盐和亚硝酸盐的危害——这些化学物质主要通过 3 个途径危害人类的健康。首先,在某些情况下,食入硝酸盐和亚硝酸盐会直接危害人们的健康;其次,硝酸盐和亚硝酸盐可能产生有致癌作用的亚硝胺;第三,有些情况下人们可以不通过饮食而摄入亚硝胺。

1. 毒性。 我们对硝酸盐和亚硝酸盐毒性的认识主要是通过它们在药物中的使用,偶然的摄入以及动物实验了解到的。总之,硝酸盐的毒性是非同寻常的。一次误食 8~15 g 会引起严重的肠胃炎、血尿和血便、身体虚弱、虚脱,甚至可能致命。幸亏成年人可以通过尿液迅速将硝酸盐排出体外,而且硝酸盐在体内形成的高铁血红蛋白后便不再具有毒性。

在美国几乎所有硝酸盐引起的高铁血红蛋白症都是由饮用了含有大量硝酸盐的私家井水从而摄入了大量硝酸盐引起的。总之,尽管人类每年食用数亿磅的含有硝酸盐的甜菜和菠菜,却没有对人体健康造成损害,想到这一点,人们的心里或许会轻松很多。

2. 致癌问题。 毫无疑问,人们最关心的问题是硝酸盐和亚硝酸盐直接导致癌症发生或者间接产生一种叫做亚硝胺的化合物。因为在动物实验中亚硝胺毫无疑问是一种致癌物质,人们对硝酸盐和亚硝酸盐的憎恶很大程度上源于这个事实。

人们还不能断言任何一种癌症的发生都肯定归咎于亚硝胺。然而,在动物实验中,亚硝胺会引发每种实验动物产生癌症。

3. 亚硝胺来源。 一提起亚硝胺,人们脑子中首先想到它存在于食品中。然而,亚硝胺还可能来自于其他很多渠道,包括化妆品,洗涤液和含有二乙醇-N-亚硝胺(NDELA,小鼠的致癌物质)的洗发精。在烟草和烟草燃烧的烟中人们也发现了亚硝胺的前体。因而,人们一般可以通过吸入或食入亚硝胺,或者是经皮肤吸收。

单独考虑亚硝胺的危害后,又要讨论添加硝酸盐和亚硝酸盐的利弊这个老话题。不添加亚硝酸盐而引起肉毒素中毒确实危险极大,然而少量加入亚硝胺或亚硝酸盐会不会引发癌症却不能确定。因而,肉毒素中毒的危害要远远大于亚硝酸盐的危害,之所以允许使用少量的亚硝酸盐,是因为目前还没有一种更有效的方法来抑制肉毒梭菌。不过,只要能有效防止肉毒素中毒,亚硝酸盐的添加量越少越好。

食品安全

美国是世界上食品供应最安全的国家。不过,仍需要保持足够的警惕并继续完善,尤其是动物产品,因为它会受到其他食品(包括腐坏、杀虫剂、毒素)的影响。另外,它还能够直接或者作为被动载体将某种疾病传给人类。

在殖民期,家畜生产者屠宰家畜后加工成肉产品,挤牛奶,收鸡蛋,然后挨家挨户地将产品送到城镇消费者手中。假如消费者不满意产品(包括肉腐败,牛奶变酸,鸡蛋破碎),就需要生产者立即处理,否则将会失去一个客户。现在,公众期待着牧场主、加工者和零售商齐心协力来提供没有疾病,不含毒素、无杀虫剂和农药残留的健康安全的食品。

以杀虫剂为例,导致动物产品中杀虫剂残留主要有两种可能途径:一种是在动物饲养过程中直接使用杀虫剂;另一种是饲喂牲畜的饲料中含有残留的杀虫剂。药物残留主要是由以下途径引起的:(1)生产者在产品上市前没有及时停止使用药物;(2)饲料的储藏、搅拌和加工设备遭到了污染;(3)健康牲畜沾染了病畜的粪便。认真阅读并遵照说明书是安全使用杀虫剂和药物的关键。

前任美国外科理事 C Everett Koop 博士说:"为杀虫剂而焦虑的人们往往忽略了这样一个事实,美国在过去 40 年中癌症发病率明显地下降。在这段时间里,胃癌发病率下降了 75% 以上,而直肠癌下降了 65% 以上。现在唯一发病率上升的是由吸烟引起的肺癌。"

"同样,人们对食品安全的过分关注也影响了美国人看待饮食和健康的态度。然而,当人们发现胆固醇的问题被言过其实时,对它的关注日渐冷淡下来。胆固醇的'神话'日渐破灭。尽管胆固醇是导致冠心病的因素之一,科学家认为其他因素如吸烟、高血压和遗传因素比胆固醇的作用更加明显。因为人体自身就可产生胆固醇,饮食与血液中胆固醇水平也并没有像许多外行所说的那样有直接的关联。"[①]

因为国家的安定取决于人民的健康,所以国家由不同政府部门认真监控动物产品质量以让消费者确信它们是卫生和安全的,而且由于意识到消费者对于食品安全性的重视,地方部门还会另做检验。负责这项重要工作的部门主要有:

1)美国人类与健康局,包括疾病控制与预防中心(CDC)、食品与药物管理局(FDA)、美国国家健康学会(NIH)。

2)美国农业部,包括农业研究局(ARS),动植物健康检验检疫局(APHIS),食品安全检验检疫局(FSIS),国家科研、教育及其相关领域合作局(CSREES)。

3)州立和地方政府部门。

4)参与健康或营养活动的国际组织,包括世界卫生组织(WHO)和联合国粮农组织(FAO)。

政府和产业计划

除营养价值外,消费者非常关注食品的安全性。食品安全性和合格的肉品检验检疫在 20 世纪 90 年代就成为公众关注的焦点。为保证食品安全性可采取以下措施:

1. 辐射。世界卫生组织(WHO)、美国医药联合会(AMA)和国际原子能机构都已证实了放射性处理的安全性。然而,消费者关注的却是其有可能致人死亡。现在,一些中西部生产的牛肉在爱荷华州的一家公司进行辐射处理。同样,许多航天、军事和医疗用的香料和膳食也经过了辐射处理。

2. 危害性分析及关键控制点(HACCP)。这个 HACCP 计划主要鉴定食品加工过程中潜在的危害,并监控一些至关重要的生产环节。因为整个产品的加工和生产过程得到了有效地监控,所以会即时发现问题。这种方法可以生产出更安全的食品。大多数专业和地方的肉类加工者都接受了 HACCP 培训。

3. 微生物快速检测法。微生物快速检测法是一种在医药和啤酒工业应用的技术,它只需花费 5 min 的时间,并且适用于商品肉加工生产。它为检验畜禽生产企业的生产过程是否符合相应的微生物标准提供了一种有效的方法。

4. 追溯体系。追溯体系是一种畜产品质量识别体系,它能够追溯家畜的来源以确定污染源。一些国家强制要求对家畜进行从出生到屠宰的全程追溯。

5. 旋毛虫病预防。旋毛虫病是由一种微小的寄生虫旋毛型线虫所引起的。疾病控制预防中心(2001)报道了在过去的几年中每年感染旋毛虫病的人数不足 25 人。这些病例中只有一小部分被确认为与食用猪肉有关。美国动物健康监控中心于 1995 年对全国范围内的猪进行了一次调查,调查报告显示猪的患病率大约 0.013%。现代养猪管理体系实际上已经彻底消除了在家养猪中常见的旋毛虫病。

提示:猪肉烹调时当内部温度高达 140℉(60℃)1 min 或在 14℉(−10℃)下冷冻 4 d 的条件下都可将旋毛虫杀死(见第十四章旋毛虫病一节)。

6. 食品安全标识。1994 年 7 月 6 日食品标签条例正式生效。它要求所有未加工的畜禽产品必须贴上安全烹饪和处理标签。标签应提示食品可能含有的某种细菌,假如处理或烹饪不当可能会引发哪些疾病,并且还应告诫消费者须将生的畜禽肉冷藏或冷冻保存。标签还提示生畜禽肉应在冷藏室或者微波炉中解冻,要与其他食品分开储藏,彻底做熟后立即冷冻或丢弃。

7. 国家猪肉协会的猪肉质量保障(PQA)体系。猪肉生产者要求遵守食品与药物管理局(FDA)发

---

①海湾海岸牧牛人,55(9):9,1989。

布的政策执行指南（CPG）7125.37,规定了"非兽医从业者如何正确用药和避免药物残留的方法"。1989 年猪肉生产者制定了猪肉质量保障体系(PQA)以帮助他们遵守 FDA 政策并满足消费者对产品质量和安全性的要求。从那时起,PQA 内容即时进行修改来为能生产出安全卫生的猪肉提供即时、准确的信息(图 20.9)。现在的修订本包括了美国政府对猪肉生产者制定的规则,还介绍了国家猪肉协会如何将这些和其他科学规则合编到 PQA 纲要。这种良好生产实践(GPPs)在第十五章预防药物残留一节中进行了概述。

决定猪肉零售价的因素

如果猪肉价格尤其是精选瘦肉的价格居高不下的时候,部分消费者往往会归咎于以下一方或所有方:(1)生产者;(2)加工者;(3)零售商;(4)政府,并且这 4 者还可能相互指责。

什么人或什么事应当为猪肉的高价负责任呢? 如果要保持良好的公众关系,生产者、加工者和零售商中每位成员都应该有充足的事例和数据以回答各种问题并反驳那样的批评。因为消费者有权知道这种情况发生的真相。

供求规律决定了猪肉价格,也就是说,猪肉的价格很大程度上取决于消费者愿意为上市的猪肉出多少钱。

国际猪肉生产情况也会影响猪肉的价格。主要的猪肉输出国及地区包括欧盟、加拿大、美国和巴西(图 20.10)。巴西猪肉产量的迅速提高显示出了南美洲成为猪肉主要生产地区的巨大潜力。当这些地区的生产成本增加或降低时,世界猪肉市场变会受到影响。

图 20.9　猪肉质量保证,通常称为 PQA,有助于生产者提供安全的猪肉,无饲料添加剂残留。许多美国的猪肉加工企业要求生猪供应商鉴定 PQA 合同。(美国国家猪肉协会提供)

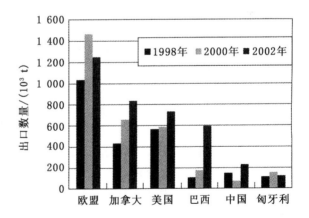

图 20.10　主要的猪肉出口国及其出口量变化,2002 年是初步数据。(全球市场和贸易,美国对外农业贸易服务署,2003)

供给

因为猪肉容易腐败,所以在特定的时间内猪肉的供给量取决于可用于屠宰猪的数量和重量。同样,养猪行业与其他农业产业相比,利润率的高低很大程度上又影响着上市猪的数量。这就是说,猪肉生产者像其他精明的商人一样,都会去做那些能够给他们带来最大利润的事情。因而,当市场上猪的供应短缺时,即意味着数月前市场上存在着使猪肉生产者赚不到钱以致不想再生产的结果,这就直接导致了养猪行业的萎缩。

以前的行情告诉我们,当猪肉供应短缺时,猪肉价格就会上升,而且通常屠宰猪的上市价也会提高,从而使养猪业的利润提高。但不幸的是,养猪业发展并不像开关水龙头那样容易。

凭经验我们还知道,当猪的价格保持较高而且饲料丰富时,生产者会在客观条件所允许的范围内尽可能地扩大生产规模,直到有太多的生产者加入这一行时他们才会发现生产过剩了。这样就会导致生产过剩,价格低廉,而且养猪业萎缩等后果。

不过,猪肉生产者依据市场价格调整生产,所以产生所谓的周期性循环。猪的生产周期性循环快,这是因为猪具有产仔多、配种早、妊娠期短、上市年龄小等特点,目前,大概每隔3~5年循环1次。

猪肉需求

猪肉的市场需求量主要取决于人们的购买力和对其他产品的消费能力。简单地说,就是猪肉需求取决于人们可支配的钱数和能否赢得数百万家庭主妇对猪肉的购买欲。就全国而言,居民就业率和收入高的地方,人们的购买力会较强,对猪肉的需求量增大。

在世界范围内,当个人收入增加时,猪肉消费也会相应增加。主要的猪肉进口国如图20.11所示。通过该图你会注意到美国既是一个猪肉出口国也是一个进口国。其进口的绝大多数产品都是些高价值产品如火腿等,而出口的都是些低价值产品。

同样,人们认识到在经济繁荣期也就是个人收入较高的时候,猪肉购买力主要受3方面的影响:(1)供不应求;(2)市场需要更多的精选分割肉;(3)由于工作时间减短、收入增加,所以人们希望有更多的时间用来休闲,从而对市场上那些容易加工的肉类产品(如排骨和后腿)的需求量增大了。换句话说,在购买力较高时,人们不仅需要更多的猪肉,而且对于上等肉和加工方便产品的需求量也增加了。

由于供求规律的作用,当精选分割肉的需求量增加时,其价格也会比廉价猪肉提高许多。这就导致

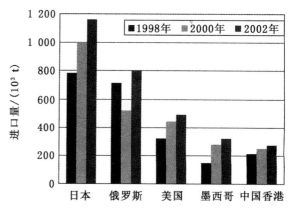

图20.11 主要的猪肉进口国及自1998年后的变化情况,其中2002年的数据是初步获得的(全球市场和贸易,美国对外农业贸易服务署,2003)

了某些猪肉产品的价格比其他产品高很多。因而,排骨的价格可能是活猪成本的4~5倍,而需求量较少的产品的价格是受欢迎产品价格的1/2还要低。这也是市场上有各种各样的肉类产品销售的原因。

但是行外人可能会纳闷,既然人们能够愿意为那些精选分割肉多付钱,为什么这些产品还那么短缺呢。答案很简单:生猪不全部都是猪肉,而猪肉也并不仅仅是排骨(表20.8。)此外,不管价格怎么样,客观条件也不会允许生产更多的精选分割肉,因为一头猪仅有两条后腿和有限的排骨。因此,生产者、消费者都应初步了解:(1)冷却胴体占猪活重的百分比;(2)不同部位产品的产量,这是非常重要的。

表 20.8　生猪不全部都是猪肉，而猪肉也并不仅仅是排骨

部位	零售猪肉/lb	其他产品/lb	整个胴体/lb	百分比/%	部位	零售猪肉/lb	其他产品/lb	整个胴体/lb	百分比/%
后腿					肩肉				
加工后腿	25.5				肉排	4.4			
新鲜后腿	2.3				烤肉	7.8			
碎肉	5.8				碎肉	1.7			
皮、脂、骨		11.4			脂肪		0.8		
合计	33.6	11.4	45.0	24.4	合计	13.9	0.8	14.7	8.0
腰肉					肩下端肉				
小排	3.2				剔骨肩下端肉	12.6			
剔骨腰肉	10.7				皮、脂、骨		4.0		
乡村式排骨	7.6				合计	12.6	4.0	16.6	9.0
烤腰肉	5.7				杂肉				
嫩腰肉	1.6				颊肉、蹄、尾				
碎肉	1.6				颈部	15.4			
脂和骨		3.4			脂、皮、骨		22.0		
合计	30.4	3.4	33.8	18.3	损耗		1.8		
腹肉					合计	15.4	23.8	39.2	21.3
加工腌肉	19.0				总计	139.8	44.4	184.2	100.0
小排骨	5.8								
碎肉	9.1								
脂		1.0							
合计	33.9	1.0	34.9	18.9					

来源：2002—2003 年猪肉实情报告，美国猪肉协会。

　　例如，平均 1 头 250 lb 的活猪仅能产出 139.8 lb 零售猪肉块和 44.41 lb 其他产品（剩余的还有内脏等）。因此，1 头活猪只有体重的 55%～60% 被作为分割肉出售。换句话说，即使没有加工和营销费用的话，猪肉的零售价格也应该接近活猪生产成本的 2 倍。除此之外，价格较高的部分仅占胴体的一小部分。因而，这 139.8 lb 肉仅能得到 10.7 lb 脱骨的腰肉，其他分割肉的零售价格要比这些精选分割肉低很多，同样还必须考虑骨头、脂肪和分割损失。

　　因而，当国家很富有时，人们会需求精选的顶级但数量有限的猪肉产品。由于那样的产品的供应有限而需求量大，所以其市场价格会很高。在这些情况下，如果价格不能平衡供求之间的关系，那么市场提供的产品将会发生严重短缺。

生猪屠宰副产品

　　宰猪主要是为了得到猪肉产品，此外也会得到大量副产品。除了猪肉和猪油外，其他所有的产品都被认为是副产品，其中许多是健康而营养价值又高的，但是人们必须意识到，屠宰 1 头猪将产出 40%～45% 的副产品。当猪肉加工者购买猪时，他们所购买的却远不是仅占活体 55%～60% 的零售肉块。

　　在猪肉加工业发展的早期，可被加工的副产品仅包括皮、毛、脂肪和舌头。剩余的头、尾、下水通常被马车运走倒入河中、焚烧或掩埋。在一些情况下，加工厂甚至花钱让人将其运走。在生猪屠宰加工厂附近，制造胶水、肥料、肥皂、纽扣和很多其他副产品的行业及时地发展起来。其中一些是加工厂的附属单位，而其他是独立的企业。以前视为废物的东西现在被转化为有价值的产品。

　　自然地，胴体肉和副产品的价格都依据家畜等级一年年地变化着。很大程度上由于非动物性源产品生产的科技进步，导致了副产品的价值相对于活猪的价值日趋降低。

　　完全利用副产品是经营规模大的加工者能够击败当地屠宰户的主要原因之一。如果不是因为将废物转化为销售产品，猪肉价格将会比现在的价格高很多。

本章不对猪屠宰后获得的所有副产品进行描述,只对其中的一些比较重要的种类进行简要地讨论(图 20.12)。

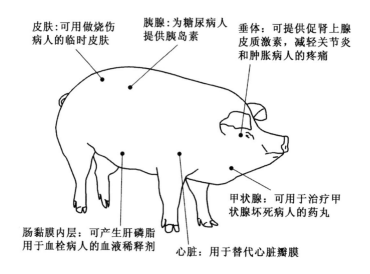

图 20.12　医学上应用的生猪躯体部位。(美国猪肉协会提供)

1. 猪皮。大部分的猪皮随着批发分割肉、腹肉、腰肉和后腿等一起出售。这些猪皮主要用来生产明胶,因为它们在屠宰过程中被烫伤,使得它们不再适于制造皮革,而这些明胶可以用来生产糖衣和胶囊。同样,猪胶原产品可用于手术中的刺激凝血。

因为猪皮与人类皮肤很相似,所以精挑细选再经特殊加工后可用于治疗人的大面积烧伤,弥补大面积皮肤受损的伤口和复原长期的皮肤溃烂。在清洁无菌的环境下它被分割成 0.008～0.020 in,然后它就可直接用于受伤部分的治疗。

有几个屠宰加工企业不经浸烫脱毛就将整张猪皮剥下来为制革业提供了大张猪皮。猪皮可用于制作皮夹、手提包、皮鞋、衣服、运动用品、室内装潢、鞍、手套、书籍装订和磨刀皮带。

2. 脂肪。不能食用的脂肪即所谓的油脂,经过处理可作为动物饲料。除了能量价值外,油脂在饲料加工过程中用于去除灰尘,改善饲料的色泽和质地,改善饲料的风味,增加粒化效率,并降低动物饲料生产过程中的机器损耗。它主要来源于软组织、骨骼、死猪、不合格产品和其他不适于人类食用的产品。

通过分解动物油脂来得到的脂肪酸可用于制造许多产品。

从白色脂中提炼出的猪油用于制作一种用在精密机器元件上的高级润滑剂。

20 世纪中期,由于用磷酸盐加工而成的清洁剂、洗衣粉和洗衣液日益广泛使用,使制皂业大幅萎缩。但是,肥皂可以生物降解,而磷酸盐加工成的清洁剂却不能。因此,人们用油脂加工成的清洁产品,由于兼具清洁剂和在硬水或冷水中使用仍高效的优点,所以得到迅速地发展并在世界各国广泛应用。对环境问题的关注和油脂利用方面的研究逐渐确立了油脂产品在清洁市场上的地位。

3. 下水。可食副产品包括脑、心、肾、肝、肺、胃、耳、皮、鼻、食管(食道)、肠以及其他许多种东西。这些产品既可以直接食用,又可以用于制作香肠。许多在商店里作为各种肉加工品或新鲜出售。它们占整猪活重的 3.25%,不可食用的副产品约占 2.5%。

一些可食生猪副产品即人们所熟知的肉类和非肉类副产品,分类归为"下水"的包括头颊肉、舌、心、尾和猪蹄。

4. 肠和膀胱。肠和膀胱可用于盛装香肠、猪油、奶酪、鼻烟和油灰。

5. 猪血。猪血蛋白用于人血 Rh 因子分型,并用于制作针剂来补充氨基酸,用来为某些外科病人提供营养。另外,猪胎儿血浆在制作疫苗和组织培养液时非常重要。注意:胎血不含有任何抗体,所以不可能引发免疫反应。

凝血酶是一种血液蛋白,有助于血液凝聚。血浆酶是一种可以降解血凝块中纤维素的酶,用于治疗患有严重心脏病的病人。猪血也被用于癌症研究,制作微生物培养基和用于细胞培养。

6. 猪鬃。以前用于制作刷子的猪鬃都是从中国进口的,但现在美国的产量也日益增长。长度适中的猪鬃主要是来源于猪肩和猪背。但多数美国产的优良猪鬃不适于制作毛刷,它经过加工和卷曲可做成装饰品。

7. 猪心。经过特殊处理和保存的猪心脏瓣膜在外科手术中能够移植入人体以替代因疾病损伤的心脏瓣膜。自从1971年第一例这种手术成功以来,数以千计的猪心脏瓣膜被成功地移植到各种年龄段的病人体内。

8. 碎肉和肌肉组织。从碎肉和肌肉组织中提炼油脂后,人们将其制作成肉粉或肉骨粉添加到家畜饲料中以提供所需的蛋白质。

9. 骨头。人们将骨头和软骨制作成饲料原料(骨粉)、肥料、胶水、钩针、骰子、刀柄、纽扣、牙刷柄和许多其他物品。

10. 内分泌腺体。猪的各种内分泌腺体,包括甲状腺、副甲状腺、垂体、松果体、肾上腺和胰腺用于制作大量的药物原材料。猪的胰腺是治疗糖尿病所需胰岛素的重要来源。因为其化学结构与人体胰岛素结构最为相似,所以很重要。

科学制备腺体要求迅速地冷却和熟练地操作处理。因此,为了尽可能地生产出更多药品,人们需要收集大量的腺体。以前,内分泌腺体是许多医药原材料的唯一来源,而现在许多产品可以用人工合成的方法制作。

11. 胶原。来源于猪结缔组织——腱、唇、头、关节、蹄和骨头的胶原可制成胶水和明胶。胶水主要用于木材加工产业,而明胶用于制作罐装火腿和肉块、烘焙、冰激凌、医药胶囊、糖衣、摄影和细菌培养基。而且,猪胶原还用于外科手术中刺激凝血。

12. 胃内容物。猪胃内容物可用于制作肥料。

13. 药物和医药品。猪是大约40种药物和医药品的主要来源,见表20.9。

14. 工业和民用产品。养猪业为工业和民用产品做出了巨大的贡献。猪副产品是制作许多产品所需的化工来源,而人工无法合成这些化学品。许多这类产品列于表20.10。

表20.9 取自猪体的药物和医药品

肾上腺	肠	皮肤	松果腺
皮质类固醇	肠抑胃素	烧伤植皮	褪黑激素
可的松	肝磷脂	明胶	脑下垂体
肾上腺素	分泌素	脾	促肾上腺皮质激素(ACTH)
去甲肾上腺素	肝	脾素	抗利尿激素(ADH)
血液	肝粉	胃	催产素
血纤维蛋白	卵巢	内因子	催乳素
胎血	孕酮	黏液素	促甲状腺激素(TSH)
血浆酶	松弛肽	胃蛋白酶	
脑	胰腺	甲状腺	
胆固醇	胰岛素	甲状腺	
丘脑下部	胰高血糖素	降血钙素	
胆囊	脂肪酶	甲状腺球蛋白	
鹅脱氢胆酸	胰液素		
心脏	胰蛋白酶		
心脏瓣膜	胰凝乳蛋白酶		

来源:2002—2003年猪肉实情报告,美国猪肉协会。

表 20.10 取自猪体的工业和消费产品

血液	脑	脂肪酸和甘油(续)
黏剂	胆固醇	制纸胶
皮革处理剂	脂肪酸和甘油	唱片
合板黏合剂	防冻剂	可塑剂
蛋白食品	玻璃纸	整形外科
织物印刷和染色	接合剂	印刷滚筒
骨和皮	粉笔	油灰
胶水	化妆品	橡皮
猪皮革、手套和鞋	蜡笔	防水剂
骨,干燥	光纤软化剂	除草剂
骨瓷	地板蜡	胆石
纽扣	杀虫剂	装饰物
骨粉	绝缘材料	毛
肥料	油布	画笔
玻璃	润滑剂	绝缘材料
饲料矿物质源	火柴	室内装潢
瓷釉	硝化甘油	肉渣
水过滤器	上光剂	食品
		宠物饲料

来源:2002—2003 年猪肉实情报告,美国猪肉协会。

因而在现代化的加工企业里,猪全身没有任何废物,理论上说一切部位都有用。这些副产品可在许多方面造福于人类,而且,它们的利用可降低屠宰加工的成本。科学家仍在不断地努力探寻猪副产品更好更新的用途以期提高其价值。

猪肉品质改良

1954 年为了发展瘦肉型猪和改良猪肉品质,一个自发的猪肉生产组织即国家猪业协会成立了。1966 年,生产者投票通过了一项自发集资方案,并于 1967 年在伊利诺斯州的 6 个县开始实施,规定每头上市猪交纳 0.05 \$、每头生长育肥猪 0.03 \$ 来为国家猪肉品质改良计划筹集资金。1968 年人们发起了一个名为"为提高利润捐献一枚硬币"的国家项目。1977 年,捐献额又提升到 0.1 \$。此时,这个协会重新命名为国家猪肉生产者协会(NPPC)。他们努力地游说议员希望国会正式批准对上市猪扣款来为肉品质改良筹集资金。他们成功了,肉品加工厂和家畜市场法案修订本允许他们对每头出售猪制定非官方的扣款。

1985 年 12 月,国会通过了一个 100% 国家立法基金扣款来为猪肉品质改良和研究提供定期资助,从而使猪肉生产者获得更多利润。1986 年,猪肉生产者高票通过(77% 的投票人赞成)了一项规定,强制性要求在美国每出售价值 100 \$ 的猪就得缴纳 0.25 \$ 的基金费。根据美国的市场价格进口猪肉按照单独的比率缴纳基金费。基金费曾攀升到 0.45 \$/100 \$,在 2002 年降到 0.40 \$/100 \$。在写本书时,有人对这项强制基金费的合理性提出了诉讼。

国家猪肉协会(NPB)于 2002 年从国家猪肉生产者协会(NPPC)中分离出来成为一个独立的组织,以管理交纳基金和开展教育、研究和改良计划。从此,NPB 迁到了得梅因(Des Moines),且 NPPC 将他们的总部迁到了华盛顿特区,在那里他们可以更加方便得游说议员来提高养猪业的利润。

学习与讨论的问题

1. 讨论第 467 页图中不同畜种每头母畜生产的上市肉量所表明的意义。

2. 猪肉品质这个词包括几种不同的含义？

3. 列举消费者对猪肉品质有哪些要求？

4. 1 头毛重为 265 lb 的肥猪可产出重 192 lb 的胴体，计算其屠宰率。

5. 概括生猪屠宰过程。

6. 描述零售式和批发式胴体修整。

7. 画出猪胴体整售切块的草图并标注。

8. 在美国，肉产品加工主要限于猪肉，很少涉及牛羊肉，为什么？

9. 讨论猪肉的营养价值。

10. 探讨猪肉脂肪和胆固醇与消费者健康之间的关系。

11. 探讨硝酸盐/亚硝酸盐和亚硝胺与消费者健康之间的关系。

12. 供需规律如何决定猪肉的零售价格？

13. 表 20.8 所示，通常 1 头重 250 lb 的活猪仅能产出 139.8 lb 的零售肉，剩余体重由哪些部分构成？

14. 有哪些主要的猪肉进出口国？为什么？

15. 为什么农场主只能得到销售价中很少的一部分？

16. 列举并讨论 10 种重要的生猪肉品加工副产品。

17. 追溯并探讨猪肉品质改良的历史。

主要参考文献

Agricultural Statistics，2002（updated annually），U. S. Department of Agriculture，Washington，DC

Guide to Identifying Meat Cuts，*The*，American Meat Science Association，Savoy，IL，1998

Meat and Poultry Facts，American Meat Institute，Washington，DC，1994

Meat We Eat，*The*，J. R. Romans et al.，Interstate Publishers，Inc.，Danville，IL，1994

Pork Facts 2002—2003，National Pork Board，Des Moines，IA

Pork Industry Handbook，Cooperative Extension Service，Purdue University，West Lafayette，IN，2002

Pork，*The Other White Meat*，National Pork Board，Des Moines，IA，2003，http://www.otherwhitemeat.com/default.asp

Pork Quality Assurance Manual，National Pork Board，Des Moines，IA，2003，http://www.porkboard.org /PQA/manualHome.asp

Statistical Abstracts of the United States，U. S. Department of Commerce，Washington，DC，2000

USDA National Nutrient Database for Standard Reference，*Release* 16，U. S. Department of Agriculture，Agricultural Research Service，2003，Nutrient Data Laboratory home page，http://www.nal.usda.gov/ fnic/foodcomp

第二十一章　养猪生产的商业面貌

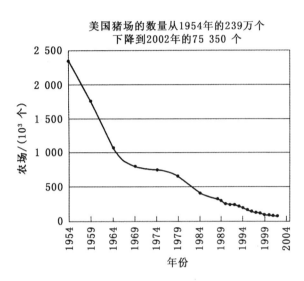

美国猪场的数量从1954年的239万个
下降到2002年的75 350个

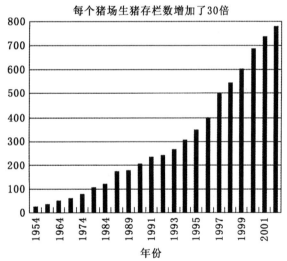

每个猪场生猪存栏数增加了30倍

在过去50年中,美国猪场数目急剧减少,而每个猪场中生猪存栏数却显著增加,所以每年上市猪的总数几乎没变,通常保持在1亿头左右。(美国农业部提供)

> **目标**
>
> 学习本章后,你应该:
>
> 1.了解在不同生产体系中猪生产所消耗饲料和非饲料成本的比重。
>
> 2.知道什么是生猪周期及其发生原因。
>
> 3.熟悉不同的商业联合方式及其对不同类型猪厂的适用性。
>
> 4.了解可被猪肉生产者使用的合同类型。
>
> 5.了解瘦肉型猪的期货市场状况。

20 世纪 80—90 年代,美国的养猪业发生了巨大的变化,由劳动密集型产业转变成知识-资金密集型产业。传统经营的生产模式如仔猪到出栏一体化的猪场越来越多地被只从事某一生产环节的企业所代替。那些只有设施的生产者以订合同的方式与猪所有者联合,并以每天或每年每头猪占有的磨损设施来计算得到报酬。

养猪业中劳动力比例逐渐减少而自动化逐渐占据主导地位。随着行业的发展,靠劳动力获得的利润逐渐减少,而知识和资金带来的利润却越来越多。

我们知道,生产规模取决于一些因素,其中有对家庭收入多少的需要及每年需要有多少猪肉市场提供那里的利润幅度。应该明白,并不是规模越大越好。爱荷华州的一家大学几年前做了一项评估表明,从仔猪到出栏一体化的经营模式下生产 100 lb 猪肉的收入在生产规模不足 2 500 头时是减少的,但超过此规模便保持相对稳定。此外,生产规模越大,环境控制问题便越突出。

养猪生产中的成本和损益

随着养猪业的不断发展,猪肉生产者必须不断地努力改善企业状况。他们还需要明确企业存在的利弊及面临的机遇和挑战。

下表列出 2001—2002 年在 3 种不同的经营方式下每年生产消耗的成本及获得的收益:仔猪到生长猪(表 21.1a)、仔猪到出栏猪(表 21.1b)和生长猪到上市猪(表 21.1c)。此外,爱荷华州立大学推广经济系还计算了每单位产品的收益所要消耗的成本。

表 21.1a　生产仔猪到 50 lb 生长猪的估计利润[①]

年份	饲料成本/($/窝)	非饲料成本/($/窝)	总成本/($/窝)	每 50 lb 猪成本/($/头)	销售价/($/头)	利润/($/头)
2001	106.46	239.24	345.69	39.28	51.85	12.57
2002	105.87	239.26	345.13	39.22	43.66	4.44

注:①假设每窝产 8.8 头断奶仔猪且母猪数量不变。

来源:*爱荷华州生产仔猪和育肥猪或生长猪的估计利润,M-1284,John Lawrence,爱荷华州立大学。*

表 21.1b　生产仔猪到 260 lb 上市猪的估计利润[①]

年份	每 50 lb 猪成本[②]/($/头)	饲料成本/($/头)	非饲料成本/($/头)	总成本/($/头)	市场价/($/cwt)	利润/($/头)
2001	39.28	39.01	20.49	98.78	44.02	15.67
2002	39.22	40.65	20.54	100.41	33.73	−12.71

注:①假设每窝产 8.8 头断奶仔猪且母猪数量不变。

　　②来自表 21.1a 的数据。

来源:*爱荷华州生产仔猪和育肥猪或生长猪的估计利润,M-1284,John Lawrence,爱荷华州立大学。*

表 21.1c　购买 50 lb 生长猪育肥到 260 lb 上市体重的估计利润

年份	每 50 lb 猪成本/($/头)	饲料成本/($/头)	非饲料成本/($/头)	总成本/($/头)	市场价/($/cwt)	利润/($/头)
2001	51.94	39.01	25.92	116.86	44.02	−2.41
2002	43.66	40.65	25.37	109.68	33.73	−21.98

来源:*爱荷华州生产育肥猪的估计利润,M-1284,John Lawrence,爱荷华州立大学。*

通常情况下,仔猪到出栏一条龙生产模式可令每头猪的收益达到最大化。但也有例外,如 2002 年随着猪价的显著降低使得仔猪长到断奶时还能获得 4.44 $ 的利润,但等到 4 个月后出栏时却亏损达12.71 $。仔猪到出栏生产模式最大优点是生产者一直享有所有权,所以不需要多花钱来销售或购买生长猪,所以生产者要时刻意识到自己可能获得的 4.44 $ 的利润在几个月后会变成 12.71 $ 的亏损(表21.1a 和表 21.1b)。

从表中我们可以看出,2001 年和 2002 年都不适于购买 50 lb 重的生长猪饲养到屠宰体重卖出,因为这样会带来亏损。此外,在本章最后推荐的参考书中我们还可以得到更多的有用信息。

生猪周期——持久及短期的波动

养猪业集中在少数生产者手中会使猪价循环周期有所改变,不同于以往的平均 4 年循环 1 次(见第十九章周期循环中的有关内容)。另一变化是生产周期中达到的波峰和波谷都有所下降(图 21.1)。虽然每年生猪的屠宰量都在增加,但变化幅度较 20 世纪 70 年代末 80 年代初小,同时,较 1985 年前期也变得缓和。

猪肉生产体系

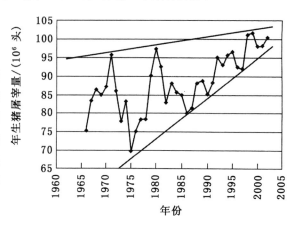

图 21.1　由于猪场数量减少、规模增大,所以美国每年生猪屠宰量变化幅度持续减小(生猪生产报告,美国农业部提供)

目前,育肥猪生产中使用了多项技术和许多设备。大体上分为以下 3 种生产体系:(1)仔猪到上市猪生产;(2)仔猪到生长猪生产;(3)生长猪到上市猪生产。每个生产体系中都各具特征:高投入,高密度;低投入,低密度;或者是舍内还是户外生产的区别。

仔猪到上市猪生产、仔猪到生长猪生产和生长猪到上市猪生产内容在第十五章中分别介绍过了。每个体系都需要独自的设备、记录和管理技巧。虽然目前生产趋于专业化,但成功的生产模式常是多个体系彼此结合、彼此互补。

商业组织形式[①]

当前,养猪企业的成功很大程度上取决于其采用的商业组织形式,没有一种组织形式在所有情形中都是最好的,要依据具体情况分别对待。其中,生产规模、家庭情况、事业心、奋斗目标这些方面都是决定企业组织形式非常重要的因素。

在养猪企业中存在 6 种组织形式:(1)个体所有制;(2)合股制;(3)公司制;(4)合同制;(5)合作制;(6)联网合作制。

具体情形下,选用哪种为最佳组织形式需要考虑以下一些因素:

1)从信用和资金的角度出发,考虑哪种组织形式更好。

2)每位合资者需要投入多少资本。

3)采用这种组织形式是否会获得税收优惠。

4)是否更具商业可行性和便利性。

5)是否风险更低,更可靠。

6)何种组织形式终止更容易、方便。

7)采用何种所有制可使过户更流畅、简便。

8)考虑靠什么来支付机构组建费及每年依法预报的支出的费用。

9)考虑谁来管理企业。

---

①本节内容引自美国农业部经济研究服务局的政府出版物 AIB768。

农场主采用各种各样的经营形式,虽然大多数采用个人所有制但他们与其他公司都会有正式或非正式的联系。他们之间商定如何获得投入(包括租赁土地、设备、税务、雇佣合同工及预算资金投入量)以及制定营销和生产合同,并且联系的范围因猪场的类型和商品的种类而异。

农场主将商业组织形式与企业的构建模式结合起来以便更好地达到个人、企业和家庭的目标。商业组织的主要形式包括个体所有制、合伙制、公司制。除了这些比较传统的组织形式外,猪场还采用其他形式,如有限责任制、信托制和合作企业制(表 21.2)。

在某种商业组织形式下,猪场主可以选择使用各种正式和非正式的商业协议,以获得实现商业或其他目标所需的技术、市场、资本和其他投入。其中常采用的包括营销生产合同协议、联合投资、战略联盟、租赁、各种协议及特许。

农场主可以依不同结合方式采用一种或所有的商业协定。具体来讲,一个猪场可以通过协议与一个谷物公司签订营销合同来共同出售产品;与一个肉产品加工企业合作加工畜产品;与临近猪场共同购买、使用设备并一起租借其他临近农场的土地。总之,正式或非正式的商业协定都可在任何一种商业组织形式下采用。

当今,猪场商业结构组织的复杂性表明,单就猪场的商业组织形式来评价其商业联系的广度或生产市场一体化的程度是远远不够的。

表 21.2　企业经营所采用的组织形式及商业协定

商业组织形式	商业协定
个人所有制	独立生产者
改良个体所有制	合同生产者
合伙制	转包合同生产者
公司制	战略联盟
家族	特权协议
非家族	特许
股份制和信托制	联盟或联合投资
有限责任公司制	租赁

1998 年农业资源管理研究(美国农业部经济研究服务局)报告,个体所有制是最常见的商业组织所有制形式(表 21.3)。其他传统的形式还包括合伙制(一般和有限)、公司制(家族和非家族)、合作制、继承制和信托制。通常采用合伙制的猪场达 5%～6%,即个人与企业联合起来生产商品、提供服务,但其不同于法律上规定的合伙制。这种非正式的联盟通常也被视为一种所有制,但常是多个业主共同拥有资本,分享猪场收益。

表 21.3　1998 年不同类型猪场的商业组织形式

项目	非专业猪场	小型家庭猪场①和专业猪场②		家庭猪场		非家庭猪场③	所有猪场
		低收入	高收入	大型①	巨大型①		
猪场总数/个	1 275 527	422 205	171 469	91 939	61 273	42 296	2 064 709
百分比/%	62	20.4	8.3	4.5	3	2	100
个体所有制/%	29	92.4	85.4	68.7	59.1	31	90.4
合伙制/%	5	5.2	8.2	11.9	23.9	2.5	5.3
公司或合作制/%	0	2.4	6.4	19.5	17.1	66.6	4.3
家族公司制/%	0	2.4	6.4	19.5	17.1	16.8	3.3
非家族公司制或其他④/%	na	na	na	na	na	49.8	1

注:①小型家庭猪场销售额少于 250 000 $,大型家庭猪场销售额在 250 000～499 999 $ 之间,超大型家庭猪场销售额在 500 000 $ 以上。

　②畜牧为主要业务的小型猪场分为低销售额(少于 100 000 $)和高销售额(在 100 000～249 999 $ 之间)。

　③非家庭猪场包括非家庭公司制或合作制以及由雇佣管理者经营的猪场。

　④其他包括股份制,信托制,和合作制。"na"意指数据不可靠。

来源:美国农业部经济研究服务局。

剩余的 4%～5% 猪场实行公司制、合作制及其他商业组织形式。虽然我们对大型非家族公司的数量及他们产品分额占有率的增加潜力给予了极大的关注,但是根据猪场的数量,家族一直以来都占据公司制中的主导地位,并且会继续保持下去。

商业组织形式的选择还因猪场类型的不同而异。其中要考虑的因素主要包括企业组织的简易性、企业和财政决策的易控性、企业的可延续性、所有者应承担责任、企业和个人税务、固定资产转让问题及如何吸纳资本。更复杂的组织形式如合伙制和公司制,常被大型猪场所采用,它们的决策和关注焦点不仅仅涉及农产品的生产和销售配送,还深入到其他关键环节。

个体所有制

个体所有制就是一个物主享有并管理一个企业。这是美国猪场最常用的商业组织形式,约 90% 的猪场都采用个体或家庭所有制。个人所有制是商业组织形式中最容易操作实施的形式。事实上,它就是个人或夫妻创办一个企业后按照个体所有制而不是采用其他的组织形式来运作。

创办企业的个人或夫妻拥有管理权,对债务和企业决策负责并获得企业创造的全部收益。商业组织的其他形式更为复杂,因为其由多人物主共同管理,他们承担的税务和应履行的责任不同并共同分配收益,而且需要法律文件规定企业的法人资格而不仅仅由自然人身份的所有者决定一切。

大多数猪场实行个体所有制,不是因为这是最好的组织形式,而是其可以方便地转换为其他组织形式。而合伙制、公司制、合同制、合作制和联网合作制却需要缜密的计划并且实施困难,但是它们却更适用于大型猪场。

个体所有制的优势包括容易组织,物主直接管理,政府管理相对宽松,所有者享有一切收益,企业税务负担较轻。

与其他组织形式相比,个体所有制有 3 大局限性:(1)个人承担无限责任;(2)获取用于发展的资本较为困难;(3)企业很难保持继承性,通常随着所有者的过世而不复存在。

股份制(一般股份制)

股份制是两个或多个个体一起作为所有者联合管理企业的模式。大约有 5% 的美国猪场施行这种制度。

两个或更多个体联合创办企业的最初想法要追溯到辛迪加(即在中世纪西欧的主要贸易中心所采用的一种形式)出现时期。早期就是通过股份制或公司制来实现在"新大陆"上的拓殖,它们就是通过提供风险金、船只、供应品和商品来得到大量陆地的殖民特权。

绝大多数合伙者包括家庭成员都要提供土地、设备、生产资本,甚至投入他们的劳力,来管理运作这样一个相对于单个成员投入经营规模更大的企业。缺乏资金的儿女也可参与到企业中来保证其父母有效参与企业事务。尽管每位合伙人都要冒一定的经济风险,并在管理决策时可能存在分歧,但是家庭的亲情会淡化这些问题。

为了使股份制可行,企业的规模必须足够大以充分发挥合伙者的能力和技术,并且企业要根据合伙者做出的贡献大小给予他们足够的回报,当然如果所有合作者之间具有互补的技能则会利于企业更好地发展。

股份制的优点:

1. 组建容易,组建成本低且政府管理宽松。 这是非常明显的优势。

2. 资源共享。 资源共享会使合伙制经营产生更高的回报。例如,一人可以提供劳动力进行管理,而另一个人则可提供资金。在这种组织形式下,合伙者认同彼此资源互补是非常重要的,并会在合伙协议中明确职责。

3. 公平管理。 如果不考虑经济利益,除了一些特殊规定外,所有合伙者拥有同等的权利。任何的限制,如表决权受限于投资比例,都应在协议中明确规定。

4. 税收优惠。 合伙制不用付企业所得税,但它也有自己的税务记录。税务是各个合伙者以个人所得税的形式缴纳的,通常税率较低。

5. 机动性。合伙制很少受外界影响而改变其组织结构和运作模式,决策只需合伙者表决就足够了。

然而,股份制存在以下缺点:

1. 分担债务和履行义务。在股份制中,每个合伙者都应承担企业的债务并履行自己的义务。

2. 协议生效期不确定性。当有合伙者死亡或退出时企业便停止运转,除非协议规定了其他合伙者可以继承其所有权。

3. 利益分配困难。由于每个合伙者都拥有企业资产的一部分,通常很难分配财产。这常使所有权转让困难重重,但通过规范的市场评估体制可以减少这一弊端。

4. 管理效率低下。合伙者间背景的差异以及总是顾虑要为其他合伙者的经营行为负责等限制,使企业管理效率低下。

总结一般股份制的特征为:(1)每个合伙者分管企业事务;(2)每个合伙者不仅要为自己的行为负责而且还要为所有合伙人的行为和责任负责(图21.2)。

有限责任制

有限责任制是两个或两个以上团体提供资金,但只有一方管理的组织形式。由于它由1个或多个"一般合伙者"及1个或多个"承担有限责任的合伙者"组成,所以这是一种特殊形式的合伙制。

图 21.2　记录规范对于评价商业协定和机遇是十分必要的。(爱荷华州立大学提供)

有限合伙制避免了许多一般合伙制存在的问题,成为了吸引投资、促进猪场发展的主要合法组织形式。尽管它被广泛地应用于油气产业,使其获得收益,成为城市中的真正"不动产"已经好多年了,但在全国范围内应用于农业领域还是崭新的。正如其名,有限责任制中每个合伙者承担的经济责任仅限于其最初的投资,而且提倡,事实上禁止所有合伙人直接参与管理。在许多方面,企业合伙者处于一个与企业的股票所有者类似的地位。

然而,有限责任制却至少需要一个能够承担企业管理并履行所有职责的一般合伙人。有限责任制的优点如下:

1)它有助于吸引外部资本。

2)它不需要分担合伙者的损失。

3)权益可以出卖或转让。

4)企业按照一般合伙制的标准纳税。

5)责任有限。

6)它有利于避税。

有限责任制的不足是:

1)一般合伙者承担无限的责任。

2)有限合伙者不参与管理。

公司制

公司是开展经济贸易的一个实体,它完全不同于那些参与并掌控企业的个人。每个州都准许公司成立,只要其遵纪守法,不管公司成员如何变更,它都可以一直经营下去。1960年以前,只有极少数猪场施行公司制。近几年来,越来越多的猪场开始施行公司制管理模式。即使这样,美国家庭猪场只有

4％实行公司制,与其形成鲜明对比的是,大约50％的非家庭猪场采用了公司制。

从经营的角度来看,一个公司具有自然人所拥有许多的特权和责任。它可以拥有资产、雇佣劳力、有诉讼权和被诉讼权,并要依法纳税。

所有权和经营权分离是公司制独有的特征。所有者以持有股票的形式来参与管理企业。董事长任命总经理并授权其选用其他管理人员。管理人员负责企业的日常运转。当然,对于家族企业来说,董事长、总经理和管理人员可集于一身。

公司制的主要优点如下:

1)即使股东过世,公司仍可存在。

2)所有权转让容易。

3)将股东的责任限于其拥有股票的价值。

4)它可以节省部分所得税。

公司制的主要缺点如下:

1)营业执照规定了公司的经营范围。

2)必须在每个州都注册登记。

3)必须遵守繁多的规章制度。

4)承担较高的税务。

5)公司有可能失控。

家族公司

公司制中有一种形式是家族公司制。17％～19％的大型和特大型家族公司采用这种经营模式(表21.3)。它不仅很好地利用了更多的外部投资且具有更少的缺点。家族公司制较合伙制的优势如下:

1. 它不用承担无限责任。由于这个原因,一起诉讼不会将整个企业及所有合伙者置于死地。

2. 它易于规划不动产投资,所有权转让容易。即使一个合资人过世,家族企业仍然可以接管不动产使企业正常运转。每个继承人都可以拥有股票,他们可以随意地出卖或转让股票并可以用做贷款抵押。企业的管理权可以交给那些善于管理的继承人也可以授权于他人。

选择纳税公司

一个公司如果其股东数不足35人,可依合伙制的标准纳税,而不用以公司制标准纳税。公司直接将红利分配给股东,股东只需按他们的收益所得纳税。这种特殊类型的公司制还可被称为税收导向公司、"假公司"或具有选择纳税形式的公司。

为了减轻税务,税务导向公司的所有者以合伙制的标准纳税。也就是说,公司的税务以所有股东个人所得税的形式缴纳。因而,公司不用缴纳任何企业所得税。然而,股东依个人收益只需交纳个人所得税,所以股东要上报他们在不动产增值中所占的份额以及他们收取公司回报的红利的金额。尽管可以依据股东个人收益来计算每个股东应承担的企业经济损失,但企业超出原始资本的损失不能由股东承担。

因而,税务导向公司拥有许多实实在在的优势。然而,其成立要满足以下条件:

1)股东人数不能超过35人。

2)所有股东必须同意按照合伙制的标准纳税。

3)无居住权的外国人不得拥有股票。

4)只能发行一种股票。

5)版税、租金、股息、利息、养老金及从股票交易买卖或投保中所得的收益不应超过公司总收入的20％,而且不超过80％的收入可以来源于境外。

有限责任制和公司制的共同优势

除了有限责任制与公司制特有的优势和它们的共同优势外,在资本获取方面有限责任制、公司制较个人所有制具有以下优势:

1)它们可以吸收几个生产者的资源来发展成为一个经济规模较大的公司,这是单凭任何一个生产者自己的力量所无法达到的。

2)它们可以让业外人通过购买企业的股票来进行投资。

3)因为其债务偿还能力不取决于一个人的经济状况和管理水平,所以更容易得到贷款。

4)即使有的所有者去世或决定变卖股权,公司仍然可以持续发展。

5)它们施行可持续发展的管理模式,大体上说,企业都引进了非常有效的管理模式。

因此,家畜养殖者可以使用这两种组织形式——有限合伙制或公司制的任一种来形成更经济的企业运作模式。事实上,没有一种商业组织形式对所有的情形都适用。所以要具体情况具体分析,根据有资历的专家的建议来判断哪种组织形式更有效,不仅这样,还要考虑特定的行业应采取哪种组织形式更有效。

合同制[①]

一个合同是指由两个或更多人之间签订的,规定做某事或禁止做某事的协议。

早期的上市猪营销合同被大多数的肉类加工者使用了多年,它是这一行业最常用的营销合同。

在一份营销合同中,加工者以商定好的价格从猪场购买一定数量的优良畜禽。在生产过程中,饲养者拥有牲畜的所有权,并且可获得反映其价值的收益。美国有超过85％以上的待售猪都是在相应的营销合同签订后才生产出来的(参见第十九章,表19.2关于养猪业营销结构的变化)。

通过签订合同,生产者可以得到更稳定的回报,同时也可在贸易中获得更丰厚的利润。许多生产者愿意签订合同,因为他们有的缺乏资金;有的不愿将大笔资金都投入到肉猪生产中。以下将分别介绍养猪业中最常见的几类合同。

屠宰猪销售合同

早期的上市猪出售合同是由买方(通常是肉类加工者或营销商)和卖方(通常是生产者)来签订的,生产者同意在规定期限内以一定的价格出售一定数量的肉猪给买方。此合同不同的定价方法列于表21.4。

公式定价法是指以外部参考价为标准,通过套用公式来计算出交易价格。在一个规范的现金交易合同中,卖方许诺在一定期限内将一定数量的肥育猪提供给买方,并且买方向卖方承诺一个底价。通常交易使卖方以高于底价的价格或在市场价基础上打折卖给买方。其中折扣是用于补偿买方由于定底价所要支付的成本(如保险费和其他相关的费用),目前,这是最常用的定价方法。

表 21.4　生猪合同不同定价方法的比例　　％

定价方法	1997 年	1999 年	2000 年
现金交易公式定价法	39.1	44.2	47.2
期货交易公式定价法	2.9	3.4	8.5
依据饲料价格定价法	5.3	9.8	12.35
窗口合同定价法	3.1	4.6	4.6

来源:国家猪肉生产委员会。

2000 年在期货市场上,依据这种定价法所制定的价格约占8.5％。它显然是依据交易时的期货价格作为外部参考价的。以依据饲料价格为基础的合同允许底价随着市场上玉米和大豆价格的变化而变化,即当饲料价格上涨时,生产者的定价也随之提高。

[①]本节内容引自猪肉产业手册,PIH 6;"合同制生猪的生产与上市",普渡大学,1992;"合同指南",国家猪肉委员会,2000。

此外,"窗口"合同将生产者的出售价限定在一定范围内以适应市场价的大幅变动。例如加工者可以把 100 lb 的胴体的定价限制在 40～50 $,当交易时如果市场价在此范围内,生产者便只可在获取底价的基础上,依据胴体重及其品质适当加减折扣。

假如市场价超出或低于窗口价,加工者和生产者会平分差价。例如,当市场价涨到 60 $,生产者将得到 1/2 差价即出售价为 55 $。如果市场价低到 30 $,生产者便只能获得 35 $。

加工者还需要做一本分类账目。在账目中,加工者记载了市场价超出窗口价时产生的损益情况。在限定的时期内,如 5 年,分类账目是损益平衡的。如果加工者在分类账目中出现盈余,就要将盈余返还给生产者。相反,如果账目出现负债,那么生产者就要付给加工者一定金额以达到平衡。

合同的规模因人而异并常受限于生产者可提供的胴体瘦肉量的多少。在早期的合同中常使用以下用语:

● 交易日期和地点。正常情况下,交易日期变动要经双方同意且卖方在一定的期限内具有选择交易日期的权利。

● 令人满意的胴体重量和品质及提供优惠和折扣的条件。

● 规定不可用于交易的活猪及胴体的标准。买方通常会因胴体品质不合标准来扣除卖方的收入。

● 规定卖方需要遵守的信誉担保。买方可以在卖方承诺的范围内要求对肉猪进行相关检疫。

● 对违反合同的一方进行处罚的规定。通常,当卖方不履行合同义务时,其有责任补偿买方受到的损失。

在一个早期销售合同中,生产者除了要承受定价后可能带来的损失外,还要承担所有的生产风险。

然而,在期货市场中,可通过保价来减少价格风险。其中,营销合同通过保价适于抵御价格风险的具体原因如下:

● 营销合同通常比交易量为 40 000 lb 的芝加哥商品贸易合同的规模要小。

● 营销合同确定了底价后,也意味着同时确定了交易价。而期货合同虽然确定了期货价格,但是地方价还会有不同的变化。

● 当营销合同签订后,即使价格上涨,它也不再需要支付初始或额外的盈余。

● 营销合同通常是与本地的营销代理商或加工者签订,而不是与芝加哥商品交易所签订。然而,其不同于期货合同,生产者要履行营销合同的规定而按时交货。

但是这些合同只会降低价格波动带来的风险,生产者仍需承担生产过程中面临的其他风险。

生长育肥猪销售合同

通常,生长育肥猪营销合同是在营销代理商与肉猪生产者之间签订的,其中代理商常是一个合作者或饲料供应商。在此合同中,营销代理商有偿地替生产者销售产品,并且许多育肥猪生产者与出售者签订了长期的合同。

生产者有必要雇佣营销专家,靠他们提高产品的市场价格,同时能更快更省事地将产品销售出去。此营销合同包含以下几方面的规定:

● 生产者准许营销代理商代售所有产品。

● 营销代理商规定生产者应遵守的特定管理规范标准,包括上市猪的体重,健康状况,进行寄生虫防疫及免疫控制。

● 许多规模较大的营销代理商还会给生产者提供技术指导。

生产合同

目前,美国家畜生产进入了一个新纪元,传统的家畜生产模式逐渐被新的饲养管理体系代替,并且常以家畜生产合同来规范生产。

　　家畜生产合同是生产者替家畜所有者饲喂管理畜禽从而获得相应报酬而签订的协议。生产合同不同于营销合同、预付现金合同和期货合同,因为后者都是生产者拥有并自己生产家畜来销售。

　　生产合同在一些大众消费品如肉鸡、猪和加工蔬菜等生产中得到了比较广泛的应用。猪场通常使用两类合同,其中,生产合同是猪场经营者(受约人或代理商)与其他个人、公司(立约人或委托人)间签订的合法协议以生产出特定品质及相当数量的农产品。委托人通常拥有畜禽的所有权而农场主只通过提供设备和劳动力来收取提供服务的报酬。

　　目前,农场主日益喜欢采用生产合同的形式,部分原因是由于许多生产者没有充足的资金。生产合同还被用于协调猪肉生产环节中从遗传育种、营养饲喂到上市出售间的过程。

　　2001 年在美国,约 9.5% 的生产者和超过 3% 的仔猪护理场采用了上市猪生产合同(表 21.5)。此外,大约 18% 的生产者都是在某种类型的生产合同签订后才开始养猪的。

　　在出栏合同中,大多数生产者每年完成 2 500 头以上的出栏任务,其中约有 17.1% 的生产者每年将生产 10 000 头的出栏猪(表 21.6)。

<table>
<tr><td colspan="2">表 21.5　美国合同制生猪生产的阶段[①]</td></tr>
<tr><td>阶段</td><td>百分比/%</td></tr>
<tr><td>出栏</td><td>9.55</td></tr>
<tr><td>产仔</td><td>3.5</td></tr>
<tr><td>保育</td><td>3.3</td></tr>
<tr><td>断奶到出栏</td><td>1.3</td></tr>
<tr><td>原种</td><td>0.7</td></tr>
<tr><td>总计</td><td>18.3</td></tr>
</table>

注:①百分比可能因情况而异。
来源:2002 全国生猪生产者读者分析,83 份回答。

<table>
<tr><td colspan="2">表 21.6　美国 2001 年合同制生猪出栏量</td></tr>
<tr><td>出栏量/头</td><td>百分比/%</td></tr>
<tr><td>500～999</td><td>5.7</td></tr>
<tr><td>1 000～2 499</td><td>17.1</td></tr>
<tr><td>2 500～4 999</td><td>20.0</td></tr>
<tr><td>5 000～9 999</td><td>40.0</td></tr>
<tr><td>10 000</td><td>17.1</td></tr>
<tr><td>总计</td><td>100.0</td></tr>
</table>

来源:2002 全国生猪生产者读者分析,39 份回答。

　　许多大的生产商为了迅速拓展生产规模采用了合同制生产以降低风险,减少投入资金。

　　投资者、饲料经销商、猪场主等常常对于猪生产感兴趣,但不愿或没能力投资生产所必需的劳力、设施及设备。因此,他们需要那些能够提供劳力和设备的生产者,从而只需支付固定的薪金或与生产者分享利润即可。所有者和生产者间签订的合同的形式和规定的每一方应承担的责任范围变化很大。同时,资历浅和资金匮乏的生产者、没有足够的资金来投资畜群的生产者及设备空闲的生产者都会对此种合同有很大的兴趣。

　　仔猪到出栏生产合同——尽管在一些地区,采用基本工资加奖金形式的合同,但是许多仔猪到出栏生产合同是常依据个人或企业投入资本的百分比来相应提成的。根据预期风险的大小,以下 3 种形式可分别获得不同收益。

　　选项 1:生产者提供设备、劳力、防疫服务、基础设施和保险措施,按其投入占总投资额的比例分享相应的销售额提成。饲料零售商提供饲料原料及标准配方以获得一定比例的回报。投资者和猪群供应者也相应获得一部分利润。此外,提供信息、数据处理和管理咨询的公司也可获得一些报酬。

　　选项 2:目前,有限制合伙企业提供所有的公猪产品,此外,它们将逐渐提供母猪产品。生产者提供设备、劳力、基础设施、防疫服务、维修设备、处理粪料污染。另外,饲料零售商提供饲料和标准配方,管理中介提供生产和营销指导。猪销售后,签订合同的每一方都可以获得一定比例的回报。剩余的收益由合伙制企业中的有限合伙人和一般合伙人所分享。

　　选项 3:立约人提供猪群、饲料和管理方案。生产者提供设备、劳力、基础设施、保险和粪料处理。猪售出后,生产者以每头或每磅为单位获得报酬,可能还会依产仔、饲养效率高低获得额外补偿。

　　生长育肥猪生产合同——育肥猪生产合同有以下几种类型。

　　选项 1:生产者提供除猪群外的一切生产所需的条件,而且依据生产质量标准如窝断奶仔猪数等来提出一个令其满意的价格,然后依据完成合同的好坏如每头母猪产仔数等对预定价打折扣或发额外奖金。生产者要承担大部分生产风险。

选项2:立约者提供猪群、饲料,执行管理监督,并以每头猪为单位付给育肥猪生产者相应的费用。费用高低依肥育猪达到重量和现有的生产成本的增减而变化。在这种模式中,大多数风险都落在了提供畜群、饲料和管理的立约者身上。

选项3:立约者提供猪群、饲料、设备和防疫费用。生产者提供劳力、基础设施、日常消耗费及粪便处理等。生产每只肥育猪的费用和每月公、母猪的护养费都要付给生产者。这种方式适合于不想从事生产,但善于在有限的资金下管理企业的投资者采用。

选项4:通常,收入分配方案是指每一方按投入资本的比例来分配收入。用具体实例说明:当生产者提供生产设备、防疫措施、公益费用、劳力和保险,他将会按照合同中商定的比例获取总销售额的一部分以补偿其所付出的生产成本。饲料经销商也将依其在总投入中所占的份额得到一定比例的回报。剩余的收益将分给畜群提供者和提供信息咨询和管理的中介公司。收入分配方案应以合同参与方投入的资本多少和所承担的风险大小来制定。

出栏猪合同——主要有3种形式的出栏合同,每一种在资金投入和收益分配方式上都有所不同。

选项1:确定报酬的合同保证生产者以每头猪为单位可以获得相应的报酬,并依据其表现好坏得到额外奖金或承担赔偿。在出栏猪生产的报酬合同中,生产者通常提供生产场所、设备、劳力、公益费用和必要的保险费。定约人提供猪、饲料、防疫和医疗措施,并负责猪群运输;他们通常还规定管理模式并监督其实施。此外,定约人还拥有畜群所有权并负责营销。

当育肥猪进入生产者的厂房时,生产者通常会依据育肥猪的体重为标准先收取一定的酬金。例如,1头30 lb的猪收取5 $,40 lb重的收取4 $,其余的报酬就要等猪出售时再被偿付。计算薪金的方法因合同类型而异,有些合同以每头猪为单位付给生产者一定的费用,而不管猪最终的重量是多少。其他一些合同则依据猪进厂与出厂时体重相差的磅数来计算酬金,还有些合同则按照每天每头猪消耗的费用来付款。

大多数合同都会附加规定:如果生产者能够保证低死亡率和高饲料利用率就会得到额外奖金。相反地,如果因死亡率高或猪品质差不能上市就会被罚。所以生产者要全面考虑他们可能被奖或被罚的一些因素,从而采取有效的应对措施。例如,他们有权拒绝饲养明显不健康的猪,或者为多种来源的猪商定一个更为宽泛的奖励制度。合同所规定的酬金支付方式基本上可分为低本金加高奖金或高本金加低奖金。

选项2:与生产者签订合同的定约人即饲料经销商直接提供猪出栏前的一切饲料。定约人签订直接喂养合同的主要目的是增加其饲料的销量。

此形式下,定约人需要提供饲料和一些管理的辅助措施并直接制定饲喂方式。订约方通常需购买育肥猪,在这种情况下,猪销售后所得利润可以随后商议分配,或许它将有助于生产者获得购买猪的资金。(图21.3)生产者同意从定约人那里购买所有的饲料和相关的服务并承担所有的生产费用。除去付给订约人应得部分,猪售出所得收益基本上都归生产者。

选项3:在一个利润共享形式的合同中,生产者和定约人根据其所投入的资本比例分得利润。一般情况下,生产者提供设备、劳力、公益费和保险费以获取应得的利润。定约人通常购买猪并提供所有的饲料,支付防疫、运输和营销费用。

在合同生效期,定约人的花费被单独做账,从销售收益中减去这些花费就是最后所得的利润。定约人通常会使用自己的饲料并提供管理辅助措施。生产者通常要保证畜群中活畜数量不低于某值,即将猪的死亡率控制在一定比例之下。此外,依据合同如果死亡率不超过3%,生产者可以每头猪获得5 $,而如果死亡率高于5%生产者则只能获得3 $。而且,不管是否盈利,生产者总会得到这笔报酬。定约人的收益来自于猪售出后所得利润及出售饲料、肉猪和一些供给品。

种猪租赁

　　人们对于种猪租赁这种形式的兴趣逐年降低,并且现在很少使用了。许多定约人不满意猪群饲养管理状况,有时不能从生产者那里得到应有的报酬。相反,生产者的收入却比定约人应得的利润多得多。租赁种猪生产只要支付相应的租金,所以这种形式对那些资金有限但有充足的饲料、设备和劳力来从事生产的人具有特别的吸引力。生产者承担所有的生产费用并付给畜群所有者一定的租金,例如,按照每头仔猪的上市体重为标准来支付租金。

图 21.3　1 个现代化的仔猪断奶到出栏生产车间,采用漏缝地板来饲喂断奶仔猪直到其屠宰。(爱荷华州立大学提供)

好合同的特征

　　在生产合同中,生产者和定约人之间的关系通常比在营销合同中更加复杂,更加彼此依赖。因而,评价一个生产合同的好坏需要特别认真细致。当签订生产合同时,定约人和生产者就需要评价每种合同的优点。

　　每一方都要努力寻找一个最适合其发挥经营管理能力的合同形式,此外,双方还应了解他们的生产成本以做出明智的决策。仅仅靠签订合同,还不能保证能够提高生产效率,获取利润。毫无疑问,假如目前生产可达到的料肉比为 3.5,而某个生产者能够达到低于 2.9 的料肉比便会得到奖励。

　　另外,仔细审查那些过去用于说明资金流通或生产者如何取得报酬的例子,仅仅是举例并不能保证其真实性,除非特殊声明。总之,当收益低于预算,生产者就应考虑其对资金流通和债务偿还能力的影响。此外,双方还要考虑签订的合同是否具有足够长的有效期以确保解决生产中可能遇到的需要添置新型设备或支付其他额外的花费等问题? 大多数合同会保证在一定时期内的出栏数及任务完成的期限,但几乎没有合同会保证在规定时间内如 1 年将投入生产的猪的数量。在猪生产周期循环的非盈利期,设备闲置可能给定约人带来一定的利润,但会使生产者的债务偿还计划中断。

家畜合同清单[①]

　　A. 咨询专家。在签订合同之前,你必须保证你完全了解了其相关的规定。

　　1. 律师。假如你还没有充分了解合同的法律效力及有关法律、财政或税务方面知识的话,最好去咨询一下律师或经济专家。

　　2. 其他生产者。与其他有签订合同经验的生产者交流,因为他们可以提供很好的建议。

　　B. 设施条件

　　1. 你能使用生产设备或在猪场中饲养除定约人的牲畜之外的其他牲畜吗?

　　2. 建筑设施格局的规范化/现代化:谁来拟定建造说明书? 仪器设备是否符合产业标准? 仪器设备能否用于其他用途? 谁有必要来为设备的升级换代支付费用?

　　3. 谁负责获得政府的批准或县区的许可? 如果仪器设备未被批准的话,将怎样应对?

　　4. 谁拥有生产所需的仪器设备? 假如定约人或其他人拥有的话,他们是否会给你预先说明?

　　5. 合同的有效期是否足以让你收回对设备和仪器的投资? 是否需要签订有关设备仪器最低使用率

---

　　①引自家畜生产合同清单,爱荷华律师事务总所,IA,2000(www. iowaattorneygeneral. org/working-for-farms/farm_brochures. html)。

方面的保证书？

C.运作问题

1.家畜运输是否有规定的时间表？是否规定仪器设备的最大或最小使用率？谁来承担运输过程中家畜死亡的风险？

2.谁来提供饲料并保证饲料的质量？假如饲料转化率低于预期值的话,谁来承担责任呢？假如销售延后和饲料利用率降低的话,谁来承担额外的饲料费用？

3.家畜健康。你能拒绝你认为有病的猪吗？设备操作失误或极端的天气条件引起的死亡损失风险由谁承担？谁来承担不健康的或低品质的家畜引起的生产水平下降所造成的损失？你有权重新谈判赔偿条款吗？谁来制定预期的和突发的健康问题的处理方案并支付相关的费用？在不同批次畜群间你如何负责仪器设备的清理和消毒工作？

4.谁来负责粪料的处理工作？谁来为由臭味、粉尘、水体或其他方面的污染所引起的抱怨、诉讼或所谓的违法行为而负责？最终由谁来承担由抱怨、诉讼或强制性行为所产生的补偿金、罚款或诉讼费用？规定畜禽所产的肥料归谁所有？

5.劳力和管理/记录工作。谁来提供家畜饲养所需的劳力并进行管理？谁来制定和监督管理工作？你和你的雇员需要具备特殊的技能或进行相关的培训吗？你需要做哪些生产方面的记录？

6.保险和其他费用。谁来为债务和伤亡购买保险？所买的保险范围是否涵盖仪器操作不当引起的家畜死亡？谁来负责公益事业方面的工作？谁来负责死畜清除(图 21.4)、粉尘控制或杂草清理方面的工作？

D.支付方式

1.留置权。饲养者有法定的肥猪留置权,但是这项权利的获得通常依据有记录的优先留置权。这意味着肥猪所有者所信赖的债权人可以不付款便从其手中取走猪。不同的州在这方面的规定也有所不同,最好咨询一下你的律师。如果所有者和其债权人愿意授予饲养者的留置权或是州政府承认此形式,那么,饲养者就有可能获得优先留置权。

2.支付条款。以什么方式向你支付费用？支付的时间表是否符合你的资金流通的需要并且是否规定对超期付款进行惩罚？是否规定了在家畜生产完全结束前支付所有费用呢？此外,支票上是否要署明贷方的姓名？

图 21.4 猪场用于处理死猪的焚化炉。(爱荷华州立大学提供)

3.假如涉及生产奖励时(以死亡率、饲料转化率或利润率高低等为依据),你需要具体达到什么标准才能得到这笔奖金呢？

4.你懂得你的生产成本将会决定合同的利润率的道理吗？假如你没有生产花费的详细记录的话,你应该咨询专业机构等以便对你的生产成本进行预先估计。

5.如果你关心如何获得报酬,定约人是否会给你一份财政说明或定约人曾合作过的所有生产者情况的清单？

6.你的证明文件。假如定约人怀疑你履行合同的能力的话,你愿意由一些可以证明你的经济状况稳定和管理能力的人来做经济担保吗？

7.总公司的责任。假如定约方是一家子公司,当其不能履行合同时,是否规定了总公司有责任支付其子公司所欠的所有费用？

E.法律问题

1.合同是否规定了争端解决方式是调解还是仲裁？

2.在什么情况下定约人可以终止合同？是规定相应标准还是定约人自行决定？在什么情况下你能终止合同？

3.合同是否可以原谅由自然力量即超出人的控制能力所引起的损失？

4.在什么情况下合同可以重新签订？是否有重新签订合同的标准还是完全由定约方来决定？

5.合同要规定你跟定约人之间存在何种法律关系？是老板与雇员的关系、雇佣者与被雇佣者之间的关系还是独立的定约人、合伙人、合资方、代理商的关系？这种关系所确立的双方的法律地位不仅决定你在合同中的权利和责任，而且还会影响纳税形式。

6.其他委托人承认合同的有效性：其他当事人如你的雇主、贷款方，配偶等能否认同合同的有效性？你或定约方能否将合同委托或转让给其他人如贷方？

7.如果定约方来自不同的州，合同是否符合这个州的法律规定？合同是否确定了一个当提出诉讼时的审判地点？当有关生产管理合同的法律发生改变时，是否允许重新谈判或取消合同？

8.将其写成书面材料。你不应该依赖口头协定或口述的合同。要将所有的例外或限制都写成书面材料。

F.邻居／目标

1.签订合同后，饲养家畜会影响你与邻里的关系吗？你与邻居谈论过你的计划吗？

2.合同是否符合你为你的猪场、家庭、团体所制定的长远目标呢？

在合同规范下饲养猪的关键是找到合适的合同类型，以使每一方都能够凭借其自身的技术、资源及承担生产风险的能力以获得最大的利润。这种能力包括管理记录，进行低死亡率生产和使饲料利用率最大化。无论如何，生产者应该明确一点，合同会对他们的成绩给予相应的奖励。

一旦找到了最好的合同类型，就应该仔细阅读和领会其书面内容。尽管拟定一个详尽的合同条款有利于生产的顺利进行，但合同双方还是需要在各自的领域中都很擅长，并且要有愿意解决出现的任何问题的诚意，因为一个合同绝不可能完备到可以预测任何可能出现的问题。此外，对于合同制生产感兴趣的人还应认真学习它们所在州的相关法律。

合作制

合作制企业是指由一些人组成一个企业，以比他们各自分别经营时获得更高效、更经济的便利。这些人为了他们共同的利益而服务，拥有所有权，负责筹措资金和经营管理。通常他们通过成立一家合作制企业来一起工作，成员之间享有同等的可利用的便利。合作制企业参与猪肉生产的每一环节，包括供给、营销、加工和零售。与所有的企业一样，他们必须依靠严格的管理才能够取得成功。

联合体

联合体是指两个或更多的人在一起合作以实现通过单人力量难以达到的个人和组织目标。它是由规模小并独立的猪肉生产者联合起来与大型猪肉生产商竞争的一种形式。事实上，联合体只是给一种已有的合作形式换了一个新名字而已。几年前，我们曾经称其为合作制，但是一些人不想由合作制企业承担养猪生产，所以就以一个新名字来命名了。

联合体不是猪肉产业所独有的。这一词语诞生于20世纪60年代的商界并盛行于20世纪80年代。如同养猪业，在商界这个词语仍拥有许多不同的定义。例如，汽车制造商不可能拥有一家玻璃生产厂来专门制造挡风玻璃，而是联合一家玻璃生产公司来进行生产。

尽管联合体在猪肉产业可以应用范围是无限的，但以下3方面的联合十分有益于养猪业：(1)信息；(2)营销；(3)生产。

信息网络——信息网络通常是由一些非正式的组织构成,例如,拥有相同记录模式的生产者,他们彼此共享信息,相互交流。一些组织会收取会费来用于聘请顾问和演讲家或为会员到其他地区进行参观学习提供全部或部分费用。

营销网络—— 营销网络要求生产者对未来上市时间、上市猪的数量和品质做出承诺。产品批量大并且接近附近的市场,就保证会卖个好价钱。营销网络包括购买及出售两个方面。

生产网络——生产网络制要求合作者共同投资生产设备或畜群。母猪联合所有制、初产母猪繁殖和集中护理都是生产联合体的一些实例。尽管联合所有制通常会集中生产设备和猪群,但这并不是必需的。在联合体中,合作者使用自己的生产设备分别从事产仔、幼猪护理、出栏生产等不同方面的经营是完全可以的。

任何联合体成功的关键是参与者及他们能否承担责任使其正常运转。成功的联合体具有以下优点:

1. 获取先进的技术。这一方面是个人能力所不能及的。例如,通过联合在一起,他们能够使用多种专业生产技术,不同的生产者可分别负责种猪产仔、幼猪护理和出栏生产等不同的生产环节。多地点生产可提高猪的健康水平、饲料的利用效率及增重率。

2. 通过批量出售和购买的方式可以获取较高的经济利益。因为生产者可以较高的价格卖出出栏猪而以较低的价格买入供应品。

3. 提高产品质量、占领市场份额。均一、高品质的猪肉产品的批量生产可以占领市场份额。

4. 利用生产、营销和信息系统。一个系统意味着生产、营销决策后,考虑整体的猪肉生产渠道,采取行动努力提高产品质量和生产效率。

联合体具有以下局限性:

1. 参与者的承诺。联合体的成功仅取决于参与者的承诺。

2. 联合负责制。联合体的成败取决于每位参与者的工作成绩。有些生产者不愿为他们的合作伙伴的行为承担责任。

3. 正式的商业程序。由于合作制中的事务更加复杂,所以严谨的管理和实行更加规范的经营模式是必不可少的。同样,联合体还要求参与者之间有更多的沟通和交流。

4. 市场损失与供应者。联合体通常是供应者和购买者之间直接进行谈判并签订合适的契约协议。这种方式可能将私人供应者和购买者拒之门外。

纵向整合

猪肉产业的纵向整合是指个人或单个公司,通过某种联合的方式(如私有制、股份制或合同制)而控制产品生产中两个或更多个生产环节的组织形式。例如,一个肉类加工者拥有猪从产出到屠宰全过程的控制权。

美国家禽产业率先进行了纵向整合,并且目前其产业整合率达到了近100%。紧随其后的是火鸡产业,其整合率超过了90%以上。当前,猪肉产业也在按照这种模式进行整合。大多数猪肉纵向整合企业的运作模式都是由加工者负责从产仔到出栏并再屠宰加工的整个生产过程。

86%以上的猪在屠宰前就已经定价,加工者控制着其遗传育种及营养饲喂,而管理却是加工者唯一没有严格控制的生产环节。2002年,在这86%的猪中,拥有屠宰设备的公司至少拥有145万头母猪,约占美国屠宰猪数量的30%。这些公司控制着从设备,育种,饲喂到管理的每个生产环节。

期货市场

期货贸易是一种使用了很久且得到认可的用于保护利润、稳定价格、促进货物流通的模式（图21.5）。例如，粮食产业很久以前就整合成为一个整体；粮食生产者、面粉加工者、饲料生产商和其他从业者使用这种模式来保护自身免受价格波动所带来的损失。多数生产者虽然喜欢获得高额的投机利润，但更愿意通过自己经商得道来获得正常的利润或服务费用。他们希望未来市场能够提供：(1)市场领域的保险中介；(2)降低价格风险的机制。

期货市场的特点是交易都是通过合同的方式来完成的，而不是采用实物现场交易的模式。然而，事实上，很少会有到交货期才履行合同条款的情况。其中，大多数合同会在交货期前通过抵消交易的方式而取消了。

在猪贸易中最大的不确定因素是上市猪的出售价格。生产者可通过过去的记录了解他们生产猪的成本并能够依据上市时间准确的计算出相应的生产成本。但是除非他们事先签订合同，否则他们出售猪是否可以得到回报无法保证，而且因为过期出栏会提高成本且是消费者所不想看到的，所以对于上市时间基本没有可以变动的空间。

大多数生产者不使用期货合同，只签订了猪的未来供货屠宰合同。他们签订合同来确保以一个双方同意的价格和地点出售以供应给加工者一定数量和品种的猪。因而通过与购买者签订合同，上市价格降低的风险减小了，而且同样购买者也避免了购买价格上升的风险。然而，不像期货交易那样，签订合同需要猪的实物交易。

图 21.5　芝加哥商品交易所的交易大厅。（芝加哥商品交易所提供）

瘦肉猪期货

芝加哥商品交易所活猪期货市场和买卖合同状况得到了很大程度的改善，包括将其改名为瘦肉猪期货并于 1997 年 2 月正式生效。改名后其中的一些新规定使这种合同成为了一种有利于保护生产者和加工者利益的工具。新的现金结算方式同样成为了保护国际生产者和猪肉进口商/出口商利益的有效工具。它取代并升级了始于 1966 年芝加哥商品交易所的活猪期货和买卖贸易。

瘦肉猪合同贸易量可达 40 000 lb 重的瘦肉，其大约产自于 220 头猪，并且在合同结算时不再需要进行猪的实货交易。交易后合同的清算将用 2 d 的时间依据交易终止当天的芝加哥商品交易所瘦肉猪指数来进行现金结算。

芝加哥商品交易所指数是指 2 d 中现金交易价格的加权平均值。从 2003 年 4 月合同生效后，用于计算指数的现金价格是指平均瘦肉率水平屠宰猪的平均净价。这些价格在"美国农业部报告 LM_HG201-全国生猪当日头天报告－屠宰猪"中可以查到（http://www.ams.usda.gov/ mnreports/lm_hg201.txt）。

这个指数是以加工者交易时育肥猪的胴体重和价格随机抽样来制定的。这个抽样是加工者对 2 d 内来源于 3 个部位的猪肉每磅的平均价格的加权值，加权系数取决于猪的胴体重，要求含有 51%～52%的瘦肉率并在最后一根肋骨处有 0.80～0.99 in 厚的背脂，而且净肉重可达到 170～191 lb。

每一个加工者要将基本费用和平均净价、屠宰猪的数量和平均胴体重上报给美国农业部。然后，美国农业部以屠宰猪的数量和平均胴体重作为加权系数来计算平均的基本费用和净价。这种加权方法允许依据出售猪的数量对每个价格按比例进行修正,从而使指数能更好地反映生产格局及生产者公认的价格(图 21.6)。

在屠宰后当天,美国农业部会公布加权平均的基本费用和净价、屠宰猪的总数量和平均胴体重量。由于信息是在实际屠宰后才发布,所以指数本身具有一定的滞后性。

当合同期满时,现金结算价格必须精确地等同于期货价格。通过这种方式可以充分地降低在合同期满时期货价格的可变性,因为其显然与现金交易市场密不可分。这使生产者可以更加放心地生产,因为在临近合同期满时需承担的基本风险要低得多。

这样规范也避免了生产者在交货期前摆脱期货市场的动机。在合同期满之前清算期货的行为可能会引起合同最终价格的高度易变性。

新的瘦肉猪合同与原来的活猪合同主要有以下几方面的不同:

尽管瘦肉猪期货合同的贸易量仍是 40 000 lb,但这个量是以胴体重为标准的——所以,以前重 240 lb 的共 167 头猪就可满足一个活猪期货合同的要求,但现在需要大约 216 头重 250 lb(40 000 lb ÷ 185 lb

图 21.6 冷库中成排的即将被分割成各主要部位的猪胴体。(Swift & Company 提供)

胴体)的猪来满足以胴体重为标准的合同,即它将需要更多的家畜来满足 4 000 lb 的要求。即使不用交货,猪的存栏数仍然是非常重要的,因为为了发挥其有效的保护作用,你总需要使期货数量与实际数量匹配。当没有交货期限的约束时,生产者可能想使两者不匹配,但那样做无疑会增加更多的风险。

屠宰猪还必须满足以下要求:51%～52%的瘦肉率,在最后一根肋骨处有 0.80～0.99 in 厚的背脂,并且净肉量达到 170～91 lb。这些要求都是新设定的,因为原来的合同都是以活家畜躯体大小为标准的。

日常限价仍是每英担 2 $——这项规定使其在合同总价值中所占的比例要低于原来的合同形式。

瘦肉猪期货的买卖

这里将介绍怎样去购买或出售瘦肉猪期货:

1)对成本进行细致准确的记录。

2)与一个在商品交换所中拥有会员资格的经纪人签订佣金合同。

3)通过签订协议授权经纪人代理交易并向其公开交易账目。

4)预留给经纪人每个合同必需的实施费用,然后经纪人会为生产者开设一个独立的账目。当通过交货或与另一个合同中购买或出售费用相互抵消而结束合同时,经纪人便可以得到一定的代理费。

期货市场术语

期货市场拥有自己特有的行话和符号语言。尽管不要求参与期货交易的生产者掌握大多数的行话,但是如果他们对以下术语能够初步了解的话,将便于其交易的进行。

基本差价——相同或相关商品的实地现金交易价格与期货价格之间的差额即当地现金市场价格减去临近期货合同中的标价。

基本差价波动——在同一地点不同时间或同一时间不同地点间基本差价的变动情况。

套期保值——个人或公司在打算购买或出售实际商品时，可利用期货市场来抵消价格风险。那些承担不起风险和想增加正常利润的个人都可以通过期货合同来保护买卖顺利。

限制规则——通常相当于"价格"。消费者对价格或其他方面设定限制，其类似于市场中制定的交易规范，并要求尽快履行实施。

多头地位——指购买了期货合同的交易者所处的地位，它并不抵消其此前所处的空头地位。

抵消——从事二手期货交易或卖出初始期货购入其他类型的期货。即购买后出售或出售后购买。

期货交易场——商品交易所贸易厅的平台，交易者和经纪人进行期货交易时所处的地方。

贴水——进行期货买卖时购买者和出售者间达成一致的金额，购买者支付贴水而出售者收取贴水。贴水即一个期货合同价格高于另一个合同价格或现金市场价格的金额，这也是一种投资的代价。这个价格由其内在价值（票面值）和时间性价值组成。

空头地位——指期货合同出售处于稍后的现金市场销售之前。用于消除或降低与在现金交易的器具或实物等价的期货价格的下降。

投机者——想从价格变动中获利的投资者和交易者。投机者利用保守者希望避免的价格风险的心理而得到相应的利润。期货市场为投机者迅速地买卖合同并能迅速地应对市场变化而脱身提供了平台。

工人的赔偿

目前，50个州都强制执行工人赔偿法，以保护因工伤或其他原因而暂时或永久性地丧失劳动能力的工人。不同州制定的工人赔偿法存在着明显的不同，主要包括赔偿金额以及雇佣者所处地位、应得利益及保险投入等方面。

工人抚恤金是用来为那些在工作中受伤的雇佣工提供医药费并补偿其经济损失的措施。当工伤导致工人死亡时，赔偿金通常支付给其家属。

通常所有的职业都会实行工人赔偿金制度，但是有些州却免除了农场劳工或全日制雇工少于10人的农场里的工人享有赔偿金，因此，这些州的猪场主可以选择工人赔偿保护措施。所以，这些州的家畜生产者可能将保险作为一种经济保护措施，因为在工人赔偿金制度下，州法律会规定解决诉讼的上限。

政府规定的雇员津贴对于家畜生产者来说是非常高昂的。由于额外津贴、追加罚款、最低保险费和竞争价格等因素影响，不同保险公司的费用是不同的。按照政策，农业产业中一些公司没有工人赔偿规定。一些州由类似政府组织来提供工人赔偿金以确保小企业和高风险行业的工人能够得到相应的赔偿。可以咨询一下对行业工人赔偿和保险富有经验的代理商来获取相应的信息。

管理

以下4个方面对于生猪企业获得成功是必需的：(1)健康优秀的种猪；(2)科学的饲喂；(3)准确的记录；(4)良好的管理。管理对于其他方面具有指向作用。管理者的技能从本质上影响着生猪买卖状况、猪群的健康、饲喂的效果、应激程度、增重速度、饲料利用率、工人的表现、公司的公众形象甚至包括猪潜在遗传优势的表现。确实，一个企业的成败与否取决于它的管理者，这在当今强调科学成果和自动化生产的年代常常被忽略，但毋庸置疑，管理对于企业的成功仍然是至关重要的。

在制造业和商业中，高级管理人才的重要性和缺乏人才的现实是人所共知的，这一点可通过那些处于管理地位的人的薪水高低体现出来。不幸的是，农业管理整体水平相当落后，然而，很多雇主仍然赞成这样的"哲理"，即猪肉产业赚钱的方式就是雇用一个薪水低廉的管理者，这样做的结果是通常使他们确实得到了一个"便宜"的管理者。

优秀管理者的特征

对于评价许多交易产品包括育肥猪和谷物,存在着许多已经确立的标准,所以可依据详细制定标准对它们进行评分。此外,我们还可使用化学方法分析饲料成分并对其进行饲喂实验,而对于管理者尽管其重要性得到公认,但却没有完善的可进行合理评价的类似标准或系统。

选择一位肥猪生产业的管理者的标准列于表 21.7 中:(1)当选择或评价一个管理者的能力时雇主会发现其重要性;(2)管理者可以将这些标准应用于自我完善;(3)当学生想要从事管理工作的话,可以将其作为行动指南。没有人会为每个品质都分配一个百分比,因为在不同的企业中关注的侧重点是不同的。然而,我们希望这个清单可以成为管理者培养优秀品质的指南并且为雇主选择管理人员提供指导。

表 21.7 养猪管理者应具备的素质

品质——非常真诚,诚实,正直并忠诚,道德高尚
勤奋——工作,工作,再工作;热情,具有首创精神且富于挑战
能力——了解猪肉生产过程,富有经验,具有商业的敏锐性,能够系统地掌握财政知识并可将其转化成明智且即时的经营决策;懂得如何实行自动化和削减成本;了解常识;善于组织;有发展潜力
计划性——能够确立目标,制定组织章程并分工明确;规划生产,并执行计划
分析能力——善于发现问题,能从正反两方面看待问题并做出决定
勇气——能够肩负改革创新并始终保持先进的责任
机敏并可信赖——自主意识强且为人可靠,能够服从分配
领导才能——能够激发员工的工作热情并善于分配任务
个性——乐观而不抱怨

组织规章制度和职业描述

对于工人来说,他们知道为谁和为哪些工作负责是非常重要的,并且经营规模越大这就越复杂,这方面的详细说明就显得越重要,所以,这些内容应该与职业描述一起写入企业的组织规章制度。

激励机制

大型猪场必须完全或在相当程度上依靠其雇工。虔诚的帮助——这一所有人都想得到的善举是很难实现的;它是很少有的并被迫切地需要,而且很难保持。这些年猪场劳工在这方面的状况一直都很糟糕,所以需要建立一个体制,它将:(1)有利于得到并维持高品质的帮助;(2)削减开支并提升利润。其中,一种让雇员参与利润分成的奖励机制就是顺应这一形势而产生的。

许多厂商很早以前就设立了奖励机制,劳动者通常可依据记件数或配额(单位数量、生产磅数)来获得奖金。大多数企业的工人可以获得加班费、保险金和退休津贴。少数产业施行了真正的净利润分享制,即雇员间按比例分享特定利润。没有两个体制是完全一样的,然而,每种奖励实际都是在工人改善生产并提高效率的前提下,雇主付给工人更多的报酬。从这方面来说,雇主和工人都能从生产的良性循环中获得利益。

家庭所有和经营的猪场具有内在的奖励机制,其充满了个人的自豪感,并且所有的家庭成员都能意识到,只有当企业生意兴隆时自己才能更富有。

许多不同类型的奖励机制都能被采用,甚至有的正在发挥作用,但没有适合所有经营模式的奖励机制。最适宜的奖励机制的选择应以具体的经营模式为依据,主要考虑经营的种类和规模大小、所有者管理的程度、现有的和目标生产力水平、企业机械化程度和其他一些因素。

学习与讨论的问题

1.美国养猪业在 20 世纪 80—90 年代发生的巨变导致了劳动力密集型经济向知识、资本密集型经济的转变。这种现象是由什么引起的?

2.表 21.1a、表 21.1b 和表 21.1c 列出了养猪产业中成本和损益的估计值。通过表中所列数据,你将如何选择适宜的企业模式:(a)仔猪到上市猪生产;(b)仔猪到生长育肥猪生产;还是(c)生长育肥猪到上市猪生产?

3.图 21.1 表明生猪周期持久及短期的波动,导致这一变化的原因是什么?

4.简要描述以下猪肉生产体系:(a)仔猪到出栏;(b)仔猪到育肥猪;(c)出栏到上市。

5.简要描述以下类型的企业组织形式:(a)个体所有制;(b)股份制(一般股份制);(c)公司制;(d)合同制;(e)合作制;(f)联合体。

6.什么原因导致了近年来合同制猪肉生产的迅速发展?

7.什么是纵向整合? 其给猪肉产业带来了何种利益和风险? 请证明你的观点。

8.假如你是一个猪肉生产者,你会参与瘦肉型猪期货交易吗? 请证明你的观点。

9.列出一个优秀管理者所具备的特征。一个刚毕业的大学生怎样才能成为一个大型企业的管理者?

主要参考文献

Estimated Livestock Returns, J. D. Lawrence, Department of Economics, Iowa State University, Ames, IA, 2003, http://www. econ. iastate. edu/faculty/lawrence/EstRet/Index. html

Livestock Enterprise Budgets for Iowa—2003, *FM 1815 revised*, May, G. et al, Iowa State University, Ames, IA 2003, http://www. extension. iastate. edu/Publications/FM1815. pdf

Livestock Production Contract Checklist, Iowa Attorney General Marketing Contracts, http://www. iowaattorneygeneral. org/working_for_farmers/brochures/livestock_production. html

Pork Industry Handbook, Cooperative Extension Service, Purdue University, West Lafayette, IN, 2002

第五部分

参 考 信 息

第二十二章　饲料组分表

在哈的森河岸的农场里收获玉米秸秆。（John Collier
摄，1941。美国农业部提供）

> **目标**
>
> 学习本章后，你应该：
>
> 1.了解用于描述饲料营养成分的基本元素。
>
> 2.理解在描述饲料中营养成分时水分含量的重要性。
>
> 3.了解猪日粮成分的营养分析是常规建立在饲喂的基础上的，同时要把干物质
> 含量列为分析的一部分。

　　营养家和养猪者都应根据准确的、最新的饲料营养组分表去拟订能达到最佳生产性能和最高纯收益的日粮方案。饲料营养成分分析和制定营养成分表是为了在饲喂动物已知营养成分的日粮时能估测其生产能力。来自犹他州立大学的 Lorin Harris 和其他人员做了具有纪念意义的工作，即为一些数据信息和由国家研究委员会制定的《猪营养需要》《动物饲料原料信息系统》中的最新的成分表奠定了基础（http://www.fao.org/ag/aga/agap/frg/afris/index_en.htm）。相关的饲料和成分信息来自实验报告、专业出版物以及其他可靠来源。

饲料名称

　　理想情况下，饲料名称应该包含与所有使用它的动物相对应的含义，而且它还应该提供有用的信息。这也是作者在挑选饲料成分表的名称时的指导思想。种和类——拉丁名称也要包含在内。为了方便全世界读者使用，作者列出了每一种饲料的国际编号。作者也尽了最大可能将来源（或亲本原料）、品

种和种类、加工方式以及等级各因素都考虑在内。

饲料水分含量

在配制和购买日粮时应了解饲料中的水分含量。通常,饲料组分的表达有以下 3 种方式:

1. 喂时状态(湿、新鲜)。指以正常方式,干物质含量在 0～100％之间饲喂的饲料。大多数谷物含85％～90％的干物质,液态乳的副产品干物质少于 10％,而饲草介于两者之间。

2. 风干(大约 90％的干物质)。指在敞开的状态下经过自然空气的流动干燥的饲料。分为实际的和假定的干物质含量,而后者占大约 90％。大部分饲料都是被风干后用于饲喂的。

3. 无水(绝干、100％干物质)。它是指饲料样品被放在烤箱中在 221°F(105℃)下干燥至所有水分散失为止。

猪的日粮是常规以喂时状态(采食时水分含量)为基础的。因此,书中的饲料表将营养成分以采食时水分含量为基础列出并注明干物质含量。

相关数据信息

以下信息与本章所列的饲料组分表有关。

组分差异——饲料组分多样化。实际上饲料分析应该在任何情况下都能获得和应用,特别是对于同一来源的大量饲料。然而,很多次无法测定实际组分或者没有足够时间进行分析。在这种情况下,表格化的数据可能就是唯一有用的信息了。

饲料组分的变化——饲料组分经过一段时期是会发生变化的,主要原因是:(1)新品种的引入;(2)气候的变化;(3)生产过程中由于副产品的出现而引起的改变。

可利用的营养——营养的可利用性是饲料化学成分的一种功能和动物从饲料中获得可用的营养价值的一种能力。后者与饲料营养的消化或利用有关。所以,烟煤和玉米粒虽然可能在弹式测热计中具有相同的总能,但是,很明显它们在被一只动物利用时却有着不同的有效能。饲料的生物学试验比化学分析更耗费人力和资金,用它来预测动物对饲料的反馈会更加精确。

当没有信息可用时——当没有信息或不能进行合理的估测导致没有指标可用时。使用者可以通过对相似饲料的对比来估计缺少的指标,但应意识到其准确性是很不稳定的。许多净能是根据国家研究委员会制定的《猪营养需要》(1998)中的公式计算出来的。

能量

消化能(DE)或许是控制随意采食量的决定性因素。它不包括在粪中流失的能量。

代谢能(ME)是消化能的 94％～97％,平均 96％。它代表了没有在粪、尿和排气(主要是甲烷)中流失的那部分的总能。它包括以热的形式流失的能量,一般地,称这种流失的能量为热增耗。

净能是不同于 ME 和热增耗(HI)的。HI 不是用于生产目的而是用于保持体温的。净能是用于动物维持和生产的能量的最好的指标。

蛋白质

粗蛋白的价值已给出。粗蛋白代表用凯氏测氮法测出的氮值的 6.25 倍,大多数蛋白质包含大约16％的氮(100/16)。

纤维

纤维的 3 种指标在表 22.1 中给出:中性洗涤纤维(NDF 或细胞壁)、酸性洗涤纤维(ADF 或细胞质）和粗纤维。

粗纤维作为大多数纤维性饲料中的低消化物质的一种量度标准正在逐渐被取消。但是美国的饲料名称仍然需要列出这项指标。新的饲草分析方法被美国农业部的 Van Soest 及其同事提出，把干物质分为两部分：一种是低消化物（细胞壁）；另一种是高消化物质（细胞质）。

细胞壁或中性洗涤纤维（NDF）——这是把一种 $0.5\sim1.0$ g 的饲料样品放在中性洗涤剂（含 3％＋二水硫酸钠的 pH 值为 7 的缓冲溶液）中煮沸 1 h 后过滤得到的不能溶解的部分。它包括纤维素、半纤维素、灰分、一些蛋白质和木质素素。细胞壁或 NDF，是一种低消化成分并且完全地依赖于消化道里的微生物来对它们进行消化，因此，它们在本质上不能被非反刍动物消化。这一部分侵占了消化道里的空间，是限制饲料消耗量的主要因素，特别是在高纤维的饲料（如饲草）作为日粮的主要成分时这种影响更严重。

酸性洗涤纤维（ADF）——这是把 1.0 g 风干物质的样品放在特别准备好的酸性洗涤剂里煮沸 1 h 然后过滤。不溶物或残渣，主要由纤维素、木质素和可变量灰分组成。ADF 是饲草可消化干物质和可消化能量的最好的指标。

粗纤维（CF）——这是把饲料先放在弱酸性溶剂里煮沸，然后再转移到弱碱性溶剂里煮沸后剩余的残渣，这是试图模仿在消化道里发生的过程。这个过程假设在这样的条件下易溶解的碳水化合物也是容易被动物消化的，并且不被溶解的物质也是不易被动物消化的。不幸的是，这种处理溶解了大量的木质素，它是一种不易被消化的成分。因此，粗纤维只是饲料中不被消化物质的一个近似值。不过它仍然是饲料能价的粗指标。

可溶的部分——细胞质由蔗糖、淀粉、果糖、胶质、蛋白质、非蛋白氮、脂质、水、可溶物质和维生素组成。这一部分（大约 98％）能被反刍动物和非反刍动物高效地消化。

矿物质

一种稳定的矿物质含量水平是构成植物有机体所必需的，但是矿物质的变化很大程度上取决于种植饲料的土壤中的矿物质成分。钙、磷、碘和硒都是大家知道的土壤营养－植物营养之间关系的例子。当我们知道了以上信息后就可以得出磷的利用率。饲料中所有微量矿物质的含量，除了铜、碘、铁、锰、硒和锌外，都足以满足猪的营养需要，而这 6 种微量矿物质在猪的日粮中是需要添加的。

维生素

许多饲料原料中的维生素能够满足猪的需要，所以不需要添加。脂溶性维生素（维生素 A、维生素 D、维生素 E 和维生素 K）和 B 族维生素（烟酸、泛酸、核黄素和维生素 B_{12}）在猪的日粮中是日常添加的。生物素、叶酸和复合维生素 B 是在不同的条件下添加而非日常地添加。

胡萝卜素能转化为维生素 A，小鼠的转化率已被用做标准值，1 mg 的 β-胡萝卜素等于 1 667 IU 的维生素 A。一般来说，拿已经收割的饲料作为胡萝卜素（维生素 A 的指标）的来源是不妥的，新鲜的饲草或是有着良好的绿色并且没有超过 1 年生长期的饲草除外。维生素 A 是非常便宜的，把它包含在混合维生素中利用比依靠饲草作为其稳定的来源要好。

普通谷仓中贮藏的去皮玉米。（Arthur Rothstein 摄，1939。美国农业部提供）

表 22.1 猪饲料原料中常量营养成分(以鲜饲料为基础)①

序号	饲料	国际饲料编号	干物质/%	消化能/(kcal/kg)	代谢能/(kcal/kg)	净能②/(kcal/kg)	粗蛋白/%	乙醚浸出物/%	亚油酸/%	中性洗涤纤维/%	酸性洗涤纤维/%	粗纤维/%
	紫花苜蓿											
1	干草,晒干,全分析	1-00-078	90	1 421	1 153	99	15.9	2.3	—	42.9	32.6	27.2
2	干草,晒干	1-08-331	91	—	—	—	14.0	2.1	—	—	37.5	30.3
3	叶,粗粉,脱水	1-00-137	—	—	—	—	20.0	—	—	—	—	—
4	叶,晒干,碾碎	1-00-246	—	—	—	—	20.5	—	—	—	—	—
5	粗粉,脱水,15%粗蛋白	1-00-022	90	—	1 291	259	15.4	2.2	—	46	33.8	26.2
6	粗粉,脱水,17%粗蛋白	1-00-023	92	1 830	1 650	910	17.0	2.6	0.35	41.2	30.2	24.4
7	粗粉,脱水,20%粗蛋白	1-00-024	92	2 095	1 885	1 290	19.6	3.3	0.44	38.8	26.4	20.4
8	粗粉,脱水,22%粗蛋白	1-07-851	93	—	—	—	—	—	—	—	—	—
	动物											
9	血浆,喷雾干燥	—	91	—	—	—	78.0	2.0	—	—	—	—
10	血细胞,喷雾干燥	—	92	—	—	—	92.0	1.5	—	—	—	—
11	血粉,常规处理	5-00-380	92	2 850	2 350	1 950	77.1	1.6	0.09	13.6	1.8	1.4
12	血粉,瞬间干燥	5-26-006	92	2 300	1 950	1 385	87.6	1.6	—	—	—	—
13	血粉,喷雾干燥	5-00-381	93	3 370	2 945	2 070	88.8	1.3	0.17	—	—	1.4
14	油脂,动物	4-00-376	99	8 800	7 900	—	—	—	—	—	—	—
15	油脂,猪油	4-04-790	99	8 285	7 950	5 100	—	15.8	—	—	—	—
16	肝脏粉,脱水	5-00-389	93	—	—	—	66.7	15.8	0.80	—	—	1.4
17	肉粉,炼脂	5-00-385	94	2 695	2 595	2 175	54.0	12.0	—	31.6	8.3	2.4
18	血肉骨粉,动物下脚饲料,炼脂	5-00-386	92	2 305	2 248	—	59.5	9.0	—	—	—	2.2
19	血肉骨粉,动物下脚饲料,炼脂	5-00-387	92	2 962	2 618	—	50.2	10.5	0.72	32.5	5.6	2.4
20	肉骨粉,炼脂	5-00-388	93	2 440	2 225	1 355	51.5	10.9	—	—	—	2.0
21	牛油脂	4-08-127	99	8 000	7 680	4 925	—	—	—	—	—	—
	动物家禽(见家禽)											
	面包店的废弃物											
22	面包干	4-00-466	91	3 940	3 700	2 415	10.8	11.3	5.70	2.0	1.3	1.5
	大麦											
23	谷粒	4-00-549	88	3 052	2 743	1 772	12.2	1.9	—	—	—	5.0

续表 22.1

序号	饲料	国际饲料编号	干物质/%	消化能/(kcal/kg)	代谢能/(kcal/kg)	净能②/(kcal/kg)	粗蛋白/%	乙醚浸出物/%	亚油酸/%	中性洗涤纤维/%	酸性洗涤纤维/%	粗纤维/%
24	谷粒,太平洋沿岸	4-07-939	90	3 156	2 577	—	9.6	1.7	—	—	—	6.3
25	谷粒,二排轮作	4-00-572	89	3 050	2 910	2 340	11.3	1.9	0.88	18.0	6.2	—
26	谷粒,六排轮作	4-00-574	89	3 050	2 910	2 310	10.5	1.9	0.91	18.6	7.0	—
27	谷粒,去壳	4-00-552	88	3 360	3 320	2 650	14.9	2.1	1.14	10.1	2.2	—
28	麦芽根,脱水	5-00-545	92	1 538	1 422	916	26.1	1.3	—	—	—	14.5
	豆											
29	四季豆	5-00-600	89	—	—	—	22.0	1.3	—	—	—	4.2
30	菜豆	5-00-623	90	—	1 323	933	22.8	1.4	—	—	—	4.4
31	花斑豆	5-00-624	90	—	—	—	22.6	1.3	—	—	—	4.0
	糖用甜菜											
32	糖蜜,>48%转化成糖 Brix(糖浓度单位)	4-00-668	78	—	2 025	1 532	6.0	0.1	—	—	—	—
33	果肉,干燥	4-00-669	91	2 865	2 495	1 860	8.6	0.8	—	42.4	24.3	17.9
	动物血液											
	啤酒发酵糟											
34	脱水(干啤酒糟)	5-02-141	92	2 100	1 960	1 630	26.5	7.3	3.14	48.7	21.9	14.4
	高粱(栗,黍)											
	蓼科荞麦											
35	谷物	4-00-994	88	2 825	2 640	1 620	11.1	2.4	0.53	17.8	14.3	10.3
	油菜子											
36	粗粉,浸提	5-06-145	90	2 885	2 640	1 610	35.6	3.5	0.42	21.2	17.2	—
37	粗粉,预压压榨,浸提 40% 粗蛋白 木薯	5-08-135	92	—	—	—	40.5	1.1	—	—	—	9.3
38	粗粉(木薯粉或树薯粉)	4-01-152	88	3 385	3 330	2 330	3.3	0.5	—	7.7	4.6	4.5
	牛											
39	黄油奶水浓缩物	5-01-159	29	—	1 084	913	10.7	2.3	—	—	—	0.1
40	黄油奶水,脱水	5-01-160	92	2 280	2 066	1 432	31.5	4.7	—	—	—	0.4
41	酪蛋白,干燥	5-01-162	91	4 135	3 535	2 555	88.7	0.8	0.03	—	—	—

续表 22.1

序号	饲料	国际饲料编号	干物质/%	消化能/(kcal/kg)	代谢能/(kcal/kg)	净能②/(kcal/kg)	粗蛋白/%	乙醚浸出物/%	亚油酸/%	中性洗涤纤维/%	酸性洗涤纤维/%	粗纤维/%
42	干酪的硬壳	5-01-163	36	—	—	—	46.2	20.0	—	—	—	0.2
43	牛奶,脱水	5-01-167	95	4 817	4 270	2 749	25.1	26.4	—	—	—	0.2
44	牛奶,新鲜	5-01-168	13	712	644	577	3.6	3.7	—	—	—	91
45	牛奶,新鲜,脱脂	5-01-170	9	390	347	220	3.1	0.1	—	—	—	0.3
46	牛奶,脱脂,脱水	5-01-175	96	3 980	3 715	2 360	34.6	0.9	0.01	—	—	—
47	乳清,脱水	4-01-182	96	3 335	3 190	2 215	12.1	0.9	0.01	—	—	0.3
48	乳清,新鲜	4-08-134	7	—	—	—	0.9	0.3	—	—	—	0.2
49	乳清,低乳糖,干燥	4-01-186	96	3 045	2 910	2 030	17.6	1.1	0.04	—	—	—
50	乳清,渗透,干燥	—	96	3 435	3 300	2 260	3.8	0.2	—	—	—	0.2
51	荸荠(油沙果)块根	4-08-374	27	930	878	760	2.1	1.8	—	—	—	2.0
	柑橘											
52	柑橘,脱水(干燥柑橘果)	4-01-237	90	3 059	2 423	1 310	6.3	3.4	—	21	21.0	11.6
53	糖浆,糖蜜	4-01-241	68	2 369	2 235	1 580	4.8	0.2	—	—	—	—
	白三叶草											
54	干草,太阳晒干	1-01-378	90	—	—	—	19.1	2.4	—	32	28.5	18.5
	椰子											
55	粗粉,机榨(干椰子肉粉)	5-01-572	93	3 308	3 393	1 946	21.2	6.5	—	—	—	11.5
56	粗粉,浸提(干椰子肉粉)	5-01-573	92	3 010	2 565	1 695	21.9	3.0	0.03	51.3	25.5	13.6
	黄玉米											
57	酒粕	5-02-842	94	3 100	2 715	1 170	24.8	7.9	4.46	40.4	17.5	11.3
58	含可溶物酒粕	5-02-843	93	3 200	2 820	2 065	27.7	8.4	2.15	34.6	16.3	—
	含可溶物酒粕 中西部酿酒植物		89	3 528	3 196	1 906	26.8	9.7	—	37.4	14.9	6.3
59	酒粕	5-02-844	92	3 325	2 945	2 250	26.7	9.1	5.36	24.8	7.5	5.2
60	玉米穗,碾碎(玉米和玉米芯粉)	4-02-849	86	3 108	2 676	1 636	7.8	3.2	—	—	—	8.3
61	玉米淀粉渣(糠麸)	5-02-903	90	2 990	2 605	1 740	21.5	3.0	1.43	33.3	10.7	8.7
62	玉米面筋粉	5-02-900	91	3 190	3 190	—	43.1	2.2	—	34	8.2	4.5
63	玉米面筋粉,60%粗蛋白	5-28-242	90	4 225	3 830	2 550	60.2	2.9	1.17	8.7	4.6	—
64	谷粒	4-02-935	89	3 525	3 420	2 395	8.3	3.9	1.92	9.6	2.8	2.1

续表 22.1

序号	饲料	国际饲料编号	干物质/%	消化能/(kcal/kg)	代谢能/(kcal/kg)	净能[②]/(kcal/kg)	粗蛋白/%	乙醚浸出物/%	亚油酸/%	中性洗涤纤维/%	酸性洗涤纤维/%	粗纤维/%
65	谷粒,压片	4-02-859	89	3 744	3 509	2 360	10.0	2.0	—	—	—	0.6
66	谷粒,二等 54 lb/bu 或 695 g/L	4-02-931	89	3 620	3 397	2 250	8.7	3.9	—	8	5.3	2.2
67	粗磨粉副产品(玉米麸)	4-03-011	90	3 355	3 210	2 260	10.3	6.7	2.97	28.5	8.1	—
68	玉米糁	4-02-887	90	3 349	3 132	1 995	11.0	7.4	—	—	—	5.0
69	谷粒,透明度-2(高赖氨酸)	4-11-445	87	3 274	3 070	2 050	9.6	4.0	—	—	—	2.6
	凹白玉米											
70	谷粒	4-02-928	91	—	—	—	10.9	—	—	—	—	—
	棉花											
71	粗粉,机榨,36%粗蛋白	5-01-625	92	—	—	—	38.9	—	—	—	—	—
72	粗粉,机榨,41%粗蛋白	5-01-617	92	2 945	2 690	1 870	42.4	6.1	3.15	25.7	18.0	11
73	粗粉,预压榨,溶液浸提 41%粗蛋白	5-07-872	90	2 575	2 315	1 325	41.4	1.5	0.51	28.4	19.4	13.6
	二粒小麦											
74	谷粒	4-01-830	91	3 095	2 890	1 715	11.7	2.0	—	—	—	9.7
	蚕豆											
75	子实	5-09-262	87	3 245	3 045	2 000	25.4	1.4	0.62	13.7	9.7	—
	脂肪(见动物)											
	羽毛粉(见家禽)											
	鱼											
76	粗粉,机榨	5-01-977	92	—	—	—	64.5	—	—	—	—	—
77	可溶物,浓缩	5-01-969	51	1 910	1 625	995	32.7	5.6	0.12	—	—	0.4
78	可溶物,脱水	5-01-971	92	3 310	3 045	1 770	64.2	7.4	—	—	—	1.6
	凤尾鱼											
79	凤尾鱼粉,机榨	5-01-985	92	3 230	2 695	1 695	64.6	7.9	0.27	—	—	1.0
	青鱼											
80	青鱼粉,机榨	5-02-000	93	3 960	3 260	2 020	68.1	9.2	0.15	—	—	1.8
	鲱鱼											
81	粗粉,机榨	5-02-009	92	3 770	3 360	2 335	62.3	9.4	0.12	—	—	0.8
	沙丁鱼											
82	粗粉,机榨	5-02-015	93	2 942	2 527	1 415	65.1	5.0	—	—	—	1.0

续表 22.1

序号	饲料	国际饲料编号	干物质/%	消化能/(kcal/kg)	代谢能/(kcal/kg)	净能②/(kcal/kg)	粗蛋白/%	乙醚浸出物/%	亚油酸/%	中性洗涤纤维/%	酸性洗涤纤维/%	粗纤维/%
83	溶液,浓缩 鳕鱼,白鱼家族	5-02-014	50	2 051	1 723	1 265	29.5	—	9.7	—	—	0
84	亚麻 粗粉,机榨	5-02-025	91	3 395	2 810	2 020	63.3	4.8	0.08	—	—	0.7
85	粗粉,机榨,33%粗蛋白(亚麻子饼粉)	5-02-045	91	3 309	2 791	1 680	34.3	4.8		23.0	15.4	8.9
86	粗粉,溶液浸提,33%粗蛋白(亚麻子饼粉)	5-02-048	90	3 060	2 710	1 840	33.6	1.8	0.36	23.9	15.0	
	泔水											
87	宾馆饭店,熟食,含水	4-07-865	26	1 212	1 124	940	4.3	5.8	—	—	—	0.7
88	宾馆饭店,熟食,脱水	4-07-879	54	2 680	2 477	1 705	9.5	14.6	—	—	—	1.6
	小扁豆											
89	子实	5-02-506	89	3 540	3 450	2 205	24.4	1.3	0.41	10.1	5.4	
	羽扁豆(甜白)											
90	子实	5-27-717	89	3 450	3 305	2 130	34.9	9.2	1.62	20.3	16.7	
	黄玉米(见玉米) 动物肉(见动物) 牛奶(见牛) 稷类,粟,黍											
91	谷粒	4-03-120	90	3 020	2 950	2 095	11.1	3.5	1.92	15.8	13.8	6.8
	高粱属植物(见高粱) 植物糖蜜糖浆(见植物) 燕麦											
92	谷类副产物(饲用燕麦粉 次级燕麦)	4-03-303	91	3 470	3 218	2 090	14.7	6.5	—	—	—	3.6
93	谷粒,全分析	4-03-309	89	2 770	2 710	1 760	11.5	4.7	1.62	27.0	13.5	4.4
94	谷粒,太平洋沿岸	4-07-999	91	3 026	2 452	1 270	9.2	4.9	—	—	—	14.5
95	谷粒,裸	4-25-101	86	3 480	3 410	2 160	17.1	6.5	2.52	9.9	3.7	2.4
96	燕麦,去壳	4-03-331	90	3 690	3 465	2 310	13.9	6.2	2.40	—	—	11.3

续表 22.1

序号	饲料	国际饲料编号	干物质/%	消化能/(kcal/kg)	代谢能/(kcal/kg)	净能①/(kcal/kg)	粗蛋白/%	乙醚浸出物/%	亚油酸/%	中性洗涤纤维/%	酸性洗涤纤维/%	粗纤维/%
	豌豆											
97	子实，脱水	5-03-600	89	3 435	3 210	2 195	22.8	1.2	0.47	12.7	7.2	5.6
	落花生											
98	花生仁，带壳，粗粉，溶液浸提	5-03-656	93	—	—	—	47.4	—	—	—	—	—
99	花生仁，粗粉，机榨 45%粗蛋白（花生粕）	5-03-649	92	3 895	3 560	2 280	43.2	6.5	1.73	14.6	9.1	7.9
100	花生仁，粗粉，溶液浸提，47%粗蛋白（花生粕）	5-03-650	92	3 415	3 245	2 170	49.1	1.2	0.30	16.2	12.2	9.7
	马铃薯											
101	果肉，脱水	4-03-775	88	3 399	3 207	2 025	6.2	0.1	—	—	—	8.8
102	蛋白，浓缩	5-25-392	91	4 140	3 880	2 040	73.8	1.7	—	1.8	—	9.1
103	块茎，水煮	4-03-784	22	741	711	698	2.4	0.1	—	—	—	0.6
104	块茎，脱水	4-07-850	91	3 344	3 210	2 145	7.9	0.5	—	—	—	2.0
	家禽											
105	副产物粗粉，炼脂	5-03-798	93	3 000	2 860	1 945	64.1	12.6	2.54	—	—	2.3
106	脂肪	4-09-319	99	8 520	8 180	5 230	—	99.1	19.5	—	—	—
107	羽毛粉，水解	5-03-795	93	2 990	2 485	2 250	84.5	4.6	0.83	—	—	1.2
	稻米											
108	胚芽糠（米糠）	4-03-928	90	3 100	2 850	2 040	13.3	13.0	4.12	23.7	13.9	11.6
109	谷粒，辗碎（糙米）	4-03-938	89	3 005	2 535	1 520	8.4	1.7	—	—	—	9.1
110	谷粒，抛光打碎（碎米）	4-03-932	89	3 565	3 350	2 295	7.9	1.0	0.28	12.2	3.1	—
111	去壳燕麦，抛光（精米）	4-03-942	89	3 529	3 329	2 265	7.3	0.4	—	—	—	0.4
112	抛光米	4-03-943	90	3 770	3 350	2 070	13.0	13.7	3.58	—	4.0	3.2
	裸大麦											
113	烧酒糟，脱水	5-04-023	92	—	—	—	21.6	7.2	—	—	—	2.2
114	含可溶物酒粕，脱水	5-04-024	91	—	—	—	27.4	4.1	—	—	—	12.3
115	谷粒	4-04-047	88	3 270	3 060	2 300	11.8	1.6	0.76	12.3	4.6	8.1
	红花											
116	粗粉，溶剂浸提	5-04-110	92	2 840	2 170	870	23.4	1.4	0.84	55.9	38.8	32.3

续表 22.1

序号	饲料	国际同料编号	干物质/%	消化能/(kcal/kg)	代谢能/(kcal/kg)	净能②/(kcal/kg)	粗蛋白/%	乙醚浸出物/%	亚油酸/%	中性洗涤纤维/%	酸性洗涤纤维/%	粗纤维/%
117	粗粉,去壳,机榨	5-08-499	90	3 352	2 908	1 741	42.1	6.7	—	—	—	8.5
118	粗粉,去壳,浸提	5-07-959	92	3 055	2 910	1 585	42.5	1.3	0.74	25.9	18.0	8.5
119	子粕,完整	4-07-958	93	2 346	1 995	743	18.2	—	—	—	37.2	23.6
	芝麻											15.0
120	粗粉,机榨	5-04-220	93	3 350	3 035	2 090	42.6	7.5	3.07	18.0	13.2	5.7
	高粱											
121	麸粉	5-04-388	90	—	—	—	44.1	2.7	—	—	—	6.4
122	糠麸	5-08-089	89	3 565	3 220	2 024	23.1	3.4	—	—	—	6.5
123	谷粒	4-20-893	89	3 380	3 340	2 255	9.2	2.9	1.13	18.0	8.3	2.3
124	谷粒,非洲芦粟(美国)	4-04-369	90	—	—	—	12.4	2.8	—	—	—	1.6
125	谷物,非洲高粱(泰国)	4-04-398	89	—	—	—	10.0	0.7	—	—	—	1.6
126	谷粒,Kaffir(美国)	4-04-428	89	3 567	3 117	2 080	11.0	2.8	—	—	—	1.6
	大豆											
127	粗粉,机榨,41%粗蛋白	5-04-600	90	3 378	2 731	1 715	43.8	4.7	—	—	—	5.8
128	粗粉,浸提	5-04-604	89	3 490	3 180	1 935	43.8	1.5	0.69	13.3	9.4	3.6
129	粗粉,去壳,浸提	5-04-612	90	3 685	3 380	2 020	47.5	3.0	0.60	8.9	5.4	5.4
130	蛋白,浓缩	5-32-183	90	4 100	3 500	2 000	64.0	3.0	—	—	—	—
131	蛋白,分离	5-24-811	92	4 150	3 560	2 000	85.8	0.6	—	—	—	—
132	子实,热加工	5-04-597	90	4 140	3 690	2 880	35.2	18.0	9.13	13.9	8.0	5.1
133	子实,完整	5-04-610	91	4 048	3 533	2 215	39.3	17.5	—	—	8.2	5.3
	斯佩尔特小麦											
134	谷粒	4-04-651	90	3 074	2 869	1 840	12.0	1.9	—	—	—	9.1
	甘蔗											
135	甘蔗,糖蜜,脱水	4-04-695	90	2 935	2 368	—	8.4	0.9	—	—	—	—
136	甘蔗,糖蜜(普通红葡萄酒)>46%转化糖>79.5°Brix	4-04-696	75	2 085	2 002	957	3.9	0.1	—	—	—	4.5
	向日葵											
137	粗粉,浸提	5-09-340	90	2 010	1 830	1 230	26.8	1.3	0.98	42.4	30.3	—
138	粗粉,去壳,浸提	5-04-739	93	2 840	2 735	1 635	42.2	2.9	1.07	27.8	18.4	11.7

续表 22.1

序号	饲料	国际饲料编号	干物质/%	消化能/(kcal/kg)	代谢能/(kcal/kg)	净能②/(kcal/kg)	粗蛋白/%	乙醚浸出物/%	亚油酸/%	中性洗涤纤维/%	酸性洗涤纤维/%	粗纤维/%
	甘薯											
139	果肉·脱水	4-08-535	90	3 351	3 198	2 250	2.5	0.3	9.1	—	—	11.0
140	块茎·脱水	4-04-788	31	1 195	1 134	680	1.7	0.4	9.1	—	—	9.6
	动物油脂(见动物)											
	黑小麦											
	小麦											
141	谷粒	4-20-362	90	3 320	3 180	2 420	12.5	1.8	0.71	12.7	3.8	2.9
142	小麦麸	4-05-190	89	2 420	2 275	1 400	15.7	4.0	1.80	42.1	13.0	10.0
143	烧酒糟·脱水	5-05-193	93	—	—	—	31.5	6.7	—	—	—	10.4
144	胚芽·碾磨(小麦胚芽粉)	5-05-218	88	3 527	2 860	1 870	24.5	8.4	—	—	4.4	3.1
145	谷粒,硬红,春播	4-05-211	88	3 157	3 258	2 155	14.9	1.8	—	—	3.3	2.5
146	谷粒,硬红,春播	4-05-258	88	3 400	3 250	2 150	14.1	2.0	0.93	13.5	11.0	2.5
147	谷粒,硬红,冬播	4-05-268	88	3 365	3 210	2 225	13.5	2.0	—	—	4.0	2.6
148	谷粒,软红,冬播	4-05-294	88	3 450	3 305	2 400	11.5	1.9	—	—	—	2.3
149	谷粒,软白,冬播	4-05-337	89	3 400	3 285	2 375	11.8	2.1	0.83	12.0	3.7	2.3
150	谷粒,软白,冬播,太平洋沿岸	4-08-555	89	3 382	3 379	2 230	10.1	1.8	—	—	—	2.3
151	次粉<9.5%纤维	4-05-205	89	3 075	3 025	1 560	15.9	4.2	1.74	35.6	10.7	7.8
152	辗磨,<9.5%纤维	4-05-206	90	3 014	2 866	1 710	15.6	4.1	—	—	—	8.2
153	次级小麦粉,<4%纤维	4-05-203	88	3 140	2 925	2 090	15.3	3.3	—	18.7	4.3	2.9
154	粗粉,<7%纤维	4-05-201	88	2 985	2 820	2 120	16.0	4.6	1.90	28.4	8.6	2.4
	硬质小麦											
155	谷粒	4-05-224	87	3 273	3 037	2 030	13.8	1.8	—	—	—	2.2
	牛乳清(见牛)											
	酵母											
156	啤酒干酵母	7-05-527	93	3 325	3 025	2 075	45.9	1.7	0.04	4.0	3.0	3.2
157	照射干酵母	7-05-529	94	—	—	—		32.4	—	—	—	6.2
	圆酵母											
158	圆干酵母	7-05-534	93	3 110	2 765	1 985	46.4	2.4	0.05	—	4.0	2.5

注：①横线表示没有可显示的数据。
②表中许多净能值采自 NRC 猪营养需要,1998. 表 1-12.

表 22.2　猪饲料原料中矿物质成分①

序号	饲料	国际饲料编号	钙/%	总磷/%	有效磷/%	钠/%	氯/%	可利用钾/%	镁/%	硫/%	铜/(mg/kg)	碘/(mg/kg)	铁/(mg/kg)	锰/(mg/kg)	硒/(mg/kg)	锌/(mg/kg)
	紫花苜蓿															
1	干草,晒干,全分析	1-00-078	1.38	0.20	—	0.14	0.31	1.98	0.30	0.25	12	—	180	27	—	15
2	干草,晒干	1-08-331	—	—	—	—	—	—	—	—	—	—	—	—	—	—
3	叶,粗粉,脱水	1-00-137	—	—	—	—	—	—	—	—	—	—	—	—	—	—
4	叶,晒干,辗碎	1-00-246	—	—	—	—	—	—	—	—	—	—	—	—	—	—
5	粗粉,脱水,15%粗蛋白	1-00-022	—	—	—	—	—	—	—	—	—	—	—	—	—	—
6	粗粉,脱水,17%粗蛋白	1-00-023	0.26	0.26	0.26	0.09	0.47	2.30	0.23	0.29	10	0.15	333	32	0.34	24
7	粗粉,脱水,20%粗蛋白	1-00-024	0.28	0.28	0.28	0.09	0.47	2.40	0.36	0.26	11	0.13	346	42	0.29	21
8	粗粉,脱水,22%粗蛋白	1-07-851	—	—	—	—	—	—	—	—	—	—	—	—	—	—
	动物															
9	血浆,喷雾干燥	—	0.15	1.71	—	3.02	1.50	0.20	0.34	—	—	—	55	—	—	—
10	血细胞,喷雾干燥	—	0.02	0.37	—	0.58	1.40	0.62	—	—	—	—	2 700	—	—	—
11	血粉,常规处理	5-00-380	0.37	0.27	—	0.50	0.30	0.11	0.11	0.48	11	—	1 922	6	0.58	38
12	血粉,瞬间干燥	5-26-006	0.21	0.21	—	0.29	0.38	0.14	0.21	0.45	6	—	2 341	10	—	16
13	血粉,喷雾干燥	5-00-381	0.41	0.30	0.28	0.44	0.25	0.15	0.11	0.47	8	—	2 919	6	—	30
14	油脂,动物	4-00-376	—	—	—	—	—	—	—	—	—	—	—	—	—	—
15	油脂,猪油	4-04-790	—	—	—	—	—	—	—	—	—	—	—	—	—	—
16	肝脏粉,脱水	5-00-389	0.56	1.27	—	0.80	0.97	0.57	0.35	0.45	90	—	630	9	—	—
17	肉粉,炼脂	5-00-385	7.69	3.88	—	1.68	1.73	0.57	0.34	0.70	10	—	440	10	0.37	94
18	血肉粉,动物下脚饲料,炼脂	5-00-386	5.80	2.99	—	—	—	—	—	—	39	—	2 100	19	—	—
19	血肉骨粉,动物下脚饲料,炼脂	5-00-387	6.97	4.59	—	1.71	—	0.57	—	0.26	40	—	—	19	0.26	—
20	肉骨粉,炼脂	5-00-388	9.99	4.98	4.50	0.63	0.69	0.65	0.41	0.38	11	1.31	606	17	0.31	96
21	牛油脂	4-08-127	—	—	—	—	—	—	—	—	—	—	—	—	—	—
	面包店废弃品															

续表22.2

序号	饲料	国际饲料编号	钙/%	总磷/%	有效磷/%	钠/%	氯/%	可利用钾/%	镁/%	硫/%	铜/(mg/kg)	碘/(mg/kg)	铁/(mg/kg)	锰/(mg/kg)	硒/(mg/kg)	锌/(mg/kg)
22	面包干	4-00-466	0.14	0.32	—	1.14	1.48	0.39	0.24	0.02	5	—	50	65	—	15
	大麦															
23	谷粒	4-00-549	0.04	0.33	—	0.03	0.18	0.40	0.14	0.15	8	—	80	16	0.17	45
24	谷粒,太平洋沿岸	4-07-939	0.05	0.34	—	0.02	0.15	0.53	0.12	0.15	8	0.04	100	16	0.10	15
25	谷粒,二排轮作	4-00-572	0.06	0.35	—	0.04	0.12	0.45	0.14	0.15	7	—	78	18	0.19	25
26	谷粒,六排轮作	4-00-574	0.06	0.36	0.11	0.02	0.15	0.47	0.12	0.15	8	—	88	16	0.10	15
27	谷粒,去壳	4-00-552	0.04	0.45	—	0.02	0.10	0.44	0.12	0.12	5	—	56	16	—	27
28	麦芽根,脱水	5-00-545	0.21	0.72	—	1.35	0.36	0.21	0.18	0.79	—	—	—	31	—	—
	豆															
29	四季豆	5-00-600	0.11	0.40	—	0.01	—	0.98	—	—	—	—	70	—	—	—
30	菜豆	5-00-623	0.13	0.52	—	0.05	0.04	1.26	0.17	0.23	10	—	100	21	—	—
31	花斑豆	5-00-624	0.13	0.46	—	—	—	—	—	—	—	—	—	—	—	—
	糖用甜菜															
32	糖蜜,>48%转化成糖,>79.5°Brix	4-00-668	0.12	0.02	—	1.10	1.50	4.63	0.19	0.47	17	—	70	4	—	—
33	果肉,干燥	4-00-669	0.70	0.10	—	0.20	0.10	0.61	0.22	0.31	11	—	411	46	0.09	12
	动物血液(见动物)															
	啤酒发酵糟															
34	脱水(干啤酒糟)	5-02-141	0.30	0.53	—	0.26	0.15	0.08	0.16	0.31	21	0.06	250	38	0.70	62
	高粱(栗,黍)															
	蓼科荞麦															
35	谷物	4-00-994	0.10	0.33	—	0.05	0.05	0.41	0.09	0.14	10	—	44	34	0.18	9
	油菜子															
36	粗粉,浸提	5-06-145	0.63	1.01	—	0.07	0.11	1.22	0.51	0.85	6	—	142	49	1.10	69
37	粗粉,预压榨,浸提,40%粗蛋白	5-08-135	0.66	0.93	0.21	—	—	—	—	—	—	—	—	—	—	—

续表 22.2

序号	饲料	国际饲料编号	钙/%	总磷/%	有效磷/%	钠/%	氯/%	可利用钾/%	镁/%	硫/%	铜/(mg/kg)	碘/(mg/kg)	铁/(mg/kg)	锰/(mg/kg)	硒/(mg/kg)	锌/(mg/kg)
	木薯															
38	粗粉（木薯粉或树薯粉）	4-01-152	0.22	0.13	—	0.03	0.07	0.49	0.11	0.50	4	—	18	28	0.10	10
	牛															
39	黄油奶水,浓缩物	5-01-159	0.44	0.26	0.25	0.31	0.12	0.23	0.19	0.03	—	—	—	—	—	—
40	黄油奶水,脱水	5-01-160	1.31	0.93	0.90	0.80	0.47	0.89	0.48	0.08	—	—	10	3	—	—
41	酪蛋白,干燥	5-01-162	0.61	0.82	0.80	0.01	0.04	0.01	0.01	0.60	4	—	14	4	0.16	30
42	干酪的硬壳	5-01-163	0.99	0.57	0.55	0.82	0.61	0.28	0.02	—	—	—	—	—	—	—
43	牛奶,脱水	5-01-167	1.29	1.02	0.97	0.35	0.90	1.56	0.12	0.32	12	—	50	2	0.12	41
44	牛奶,新鲜	5-01-168	0.12	0.10	0.10	0.05	0.20	0.14	—	—	0	—	—	0	—	—
45	牛奶,脱脂	5-01-170	0.12	0.09	0.09	—	—	0.14	0.01	0.03	1	—	10	2	—	—
46	牛奶,新鲜,脱脂	5-01-175	1.31	1.00	0.97	0.48	1.00	1.60	0.12	0.32	5	—	8	3	0.12	42
47	乳清,脱水	4-01-182	0.75	0.72	0.70	0.94	1.40	1.96	0.13	0.72	13	—	130	3	0.12	10
48	乳清,新鲜	4-08-134	0.05	0.05	0.05	—	—	0.19	—	—	—	—	20	0	—	—
49	乳清,低乳糖,干燥	4-01-186	2.00	1.37	1.33	1.85	3.43	4.68	0.25	1.59	3	—	85	8	0.06	11
50	乳清,渗透,干燥	—	0.86	0.66	0.64	1.00	2.23	2.10	—	—	—	—	—	—	—	—
	荸荠(油沙果)															
51	块根	4-08-374	0.01	0.07	—	—	—	0.14	—	—	—	—	—	—	—	—
	柑橘															
52	柑橘,脱水(干燥柑橘果)	4-01-237	—	—	—	—	—	—	—	—	—	—	—	—	—	—
53	糖浆,糖蜜	4-01-241	1.09	0.10	—	0.27	0.07	0.09	0.14	—	73	—	340	26	—	93
	白三叶草															
54	干草,晒干	1-01-378	—	—	—	—	—	—	—	—	—	—	—	—	—	—
	椰子															
55	粗粉,机榨(干椰子肉粉)	5-01-572	0.20	0.62	—	0.04	—	1.54	0.31	0.34	14	—	1 320	65	—	—

续表 22.2

序号	饲料	国际饲料编号	钙/%	总磷/%	有效磷/%	钠/%	氯/%	可利用钾/%	镁/%	硫/%	铜/(mg/kg)	碘/(mg/kg)	铁/(mg/kg)	锰/(mg/kg)	硒/(mg/kg)	锌/(mg/kg)
56	粗粉，浸提（干椰子肉粉）	5-01-573	0.16	0.58	—	0.04	0.37	1.83	0.31	0.31	25	—	486	69	—	49
	黄玉米															
57	酒粕	5-02-842	0.10	0.40	—	0.09	0.08	0.17	0.25	0.43	45	0.04	220	22	0.40	55
58	含可溶物酒粕	5-02-843	0.20	0.77	0.59	0.25	0.20	0.84	0.19	0.30	57	—	257	24	0.39	80
	含可溶物酒粕，美国中西部酿酒酒植物		0.05	0.79	0.71	0.41	—	0.83	0.29	0.41	5	—	106	14	—	86
59	酒粕	5-02-844	0.29	1.03	—	0.26	0.25	1.50	0.64	0.37	83	0.11	560	74	0.33	85
60	玉米穗，碾碎（玉米和玉米芯粉）	4-02-849	0.07	0.23	—	0.04	—	0.45	0.12	0.19	6	0.02	80	24	0.074	15
61	玉米淀粉渣（糠麸）	5-02-903	0.22	0.83	0.49	0.15	0.22	0.98	0.33	0.22	48	0.07	460	24	0.27	70
62	玉米面，筋粉	5-02-900	0.15	0.47	—	0.08	0.07	0.03	0.05	—	28	—	390	7.3	1.01	—
63	玉米面，筋粉，60%粗蛋白	5-28-242	0.05	0.44	0.06	0.02	0.06	0.18	0.08	0.43	26	—	282	4	1.00	33
64	谷粒	4-02-935	0.03	0.28	0.04	0.02	0.05	0.33	0.12	0.13	3	—	29	7	0.07	18
65	谷粒，压片	4-02-859	—	—	—	—	—	—	—	—	—	—	—	—	—	—
66	谷粒，二等，54 lb/bu 或 695 g/L	4-02-931	0.02	0.30	—	0.01	0.04	0.28	—	—	—	—	—	5	—	10
67	粗磨粉副产物	4-03-011	0.05	0.43	0.06	0.08	0.07	0.61	0.24	0.03	13	—	67	15	0.10	30
68	玉米糁	4-02-887	0.05	0.53	—	0.08	0.05	0.54	0.23	0.03	14	—	70	14	—	—
69	谷粒，透明度-2（高赖氨酸）	4-11-445	0.02	0.19	0.04	—	—	—	—	—	—	—	—	—	—	—
	回白玉米															
70	谷粒	4-02-928														
	棉花															
71	粗粉，机榨，36%粗蛋白	5-01-625														
72	粗粉，机榨，41%粗蛋白	5-01-617	0.23	1.03	—	0.04	0.04	1.34	0.52	0.40	19	—	160	23	0.90	64

续表 22.2

序号	饲料	国际饲料编号	钙/%	总磷/%	有效磷/%	钠/%	氯/%	可利用钾/%	镁/%	硫/%	铜/(mg/kg)	碘/(mg/kg)	铁/(mg/kg)	锰/(mg/kg)	硒/(mg/kg)	锌/(mg/kg)
73	粗粉,预压浸提41%粗蛋白	5-07-872	0.19	1.06	0.01	0.04	0.05	1.40	0.50	0.31	18	—	184	20	0.80	70
	二粒小麦															
74	谷粒	4-01-830	0.05	0.36	—	—	—	0.47	—	—	31	—	60	78	—	—
	蚕豆															
75	子实	5-09-262	0.11	0.48	—	0.03	0.07	1.20	0.15	0.29	11	—	75	15	0.02	42
	脂肪(见动物)															
	羽毛粉(见家禽)															
	鱼															
76	粗粉,机榨	5-01-977	—	—	—	—	—	—	—	—	—	—	—	—	—	—
77	可溶物,浓缩	5-01-969	0.22	0.59	—	0.21	2.70	1.61	0.02	0.12	45	1.10	160	14	2.00	38
78	可溶物,脱水	5-01-971	0.55	1.25	—	0.37	6.29	2.03	0.30	0.40	35	—	300	50	2.20	76
	凤尾鱼															
79	凤尾鱼粉,机榨	5-01-985	3.93	2.55	—	0.88	1.02	0.75	0.24	0.77	9	0.86	220	10	1.36	103
	青鱼															
80	青鱼粉,机榨	5-02-000	2.40	1.76	—	0.61	1.12	1.01	0.18	0.69	6	—	181	8	1.93	132
	鲱鱼															
81	粗粉,机榨	5-02-009	5.21	3.04	2.85	0.40	0.55	0.70	0.16	0.45	11	1.09	440	37	2.10	147
	沙丁鱼															
82	粗粉,机榨	5-02-015	4.60	2.68	—	0.18	0.41	0.28	0.10	—	20	—	300	23	1.77	—
83	溶液,浓缩	5-02-014	0.14	0.83	—	0.18	0.28	0.18	—	—	—	—	—	25	—	—
	鳕鱼 白家族															
84	粗粉,机榨	5-02-025	6.65	3.59	—	0.78	1.28	0.85	0.18	0.48	6	—	299	12	1.62	90
	亚麻															
85	粗粉,机榨,33%粗蛋白(亚麻子饼粉)	5-02-045	0.41	0.87	—	0.11	0.04	1.22	0.58	0.37	26	0.60	176	38	0.80	33

续表 22.2

序号	饲料	国际饲料编号	钙/%	总磷/%	有效磷/%	钠/%	氯/%	可利用钾/%	镁/%	硫/%	铜/(mg/kg)	碘/(mg/kg)	铁/(mg/kg)	锰/(mg/kg)	硒/(mg/kg)	锌/(mg/kg)
86	粗粉，浸提，33%粗蛋白（亚麻子饼粉）甜水	5-02-048	0.39	0.83	—	0.13	0.06	1.26	0.54	0.39	22	—	270	41	0.63	66
87	宾馆饭店，熟食，含水	4-07-865	0.11	0.07	—	—	—	—	—	—	—	—	—	—	—	—
88	宾馆饭店，熟食，脱水	4-07-879	0.32	0.22	—	—	—	—	0.17	—	10	—	130	5	—	—
	小扁豆															
89	子实	5-02-506	0.10	0.38	—	0.02	0.03	0.89	0.12	0.20	10	—	85	13	0.10	25
	羽扇豆（甜白）															
90	子实	5-27-717	0.22	0.51	—	0.02	0.03	1.10	0.19	0.24	6	—	54	1 390	0.07	32
	黄玉米（见玉米）															
	动物肉（见动物）															
	牛奶（见牛）															
	稷、蜀、黍															
91	合粒	4-03-120	0.03	0.31	—	0.04	0.03	0.43	0.16	0.14	26	—	71	30	0.70	18
	高粱															
	植物糖蜜糖浆															
	燕麦															
92	谷类副产品（饲用燕麦粉，次级燕麦）	4-03-303	0.07	0.44	—	0.09	0.05	0.53	0.16	0.26	4	—	300	43	—	140
93	合粒，全分析	4-03-309	0.07	0.31	0.07	0.08	0.10	0.42	0.16	0.21	6	0.09	85	43	0.30	38
94	谷粒，太平洋沿岸	4-07-999	0.10	0.31	—	—	—	—	—	0.21	—	—	—	—	0.07	—
95	谷粒，裸	4-25-101	0.08	0.38	—	0.02	0.11	0.36	0.12	0.14	4	—	58	37	0.09	34
96	燕麦，去壳	4-03-331	0.08	0.41	0.05	0.05	0.09	0.38	0.11	0.20	6	—	49	32	—	—
	豌豆															
97	子实	5-03-600	0.11	0.39	—	0.02	0.11	0.36	0.12	0.14	4	—	58	37	0.09	34
	落花生															
98	花生仁，带壳，粗粉，浸提	5-03-656	—	—	—	—	—	—	—	—	—	—	—	—	—	—

续表 22.2

序号	饲料	国际饲料编号	钙/%	总磷/%	有效磷/%	钠/%	氯/%	可利用钾/%	镁/%	硫/%	铜/(mg/kg)	碘/(mg/kg)	铁/(mg/kg)	锰/(mg/kg)	硒/(mg/kg)	锌/(mg/kg)
99	花生仁，粗粉机榨，45%粗蛋白（花生粕）	5-03-649	0.17	0.59	—	0.06	0.03	1.20	0.33	0.29	15	—	285	39	0.28	47
100	花生仁，粗粉，浸提47%粗蛋白（花生粕）	5-03-650	0.22	0.65	0.08	0.07	0.04	1.25	0.31	0.30	15	0.06	260	40	0.21	41
	马铃薯															
101	果肉，脱水	4-03-775	0.09	0.25	—	—	—	—	—	—	—	—	—	—	—	—
102	蛋白，浓缩	5-25-392	0.17	0.19	—	0.03	0.20	0.80	0.05	0.23	13	—	40	5	1.00	25
103	块茎，水煮	4-03-784	—	—	—	—	—	—	—	—	—	—	—	—	—	—
104	块茎，脱水	4-07-850	0.06	0.19	—	0.01	0.36	1.99	—	—	—	—	—	2	—	2
	家禽															
105	副产物粗粉，炼脂	5-03-798	4.46	2.41	—	0.49	0.49	0.53	0.18	0.52	10	3.07	442	9	0.88	94
106	脂肪	4-09-319	—	—	—	—	—	—	—	—	—	—	—	—	—	—
107	羽毛粉，水解	5-03-795	0.33	0.50	0.15	0.34	0.26	0.19	0.20	1.39	10	0.04	76	10	0.69	111
	油菜															
	稻米															
108	胚芽糠（米糠）	4-03-928	0.07	1.61	0.40	0.03	0.07	1.56	0.90	0.18	9	—	190	228	0.40	30
109	谷粒，辗碎（糙米）	4-03-938	0.06	0.43	—	0.04	0.08	0.52	0.23	0.05	6	0.04	100	92	—	13
110	谷粒，抛光打碎（碎米）	4-03-932	0.04	0.18	—	0.04	0.07	0.13	0.11	0.06	21	—	18	12	0.27	17
111	去壳燕麦，抛光（精米）	4-03-942	0.02	0.11	—	0.02	0.04	0.10	0.02	0.08	3	—	10	11	—	2.0
112	抛光米	4-03-943	0.09	1.18	—	0.06	0.11	1.11	0.65	0.17	6	0.06	160	12	—	26
	裸麦															
113	烧酒糟，脱水	5-04-023	0.15	0.48	—	0.17	0.05	0.07	0.17	0.44	—	—	—	18	—	—
114	含可溶物酒粕，脱水	5-04-024	—	—	—	—	—	—	—	—	—	—	—	—	—	—
115	谷粒	4-04-047	0.06	0.33	—	0.02	0.03	0.48	0.12	0.15	7	—	60	58	0.38	31
	红花															
116	粗粉，浸提	5-04-110	0.34	0.75	—	0.05	0.08	0.76	0.35	0.13	10	—	495	18	—	41
117	粗粉，去壳，机榨	5-08-499	0.32	0.59	—	—	—	—	—	—	—	—	—	—	—	—
118	粗粉，去壳，浸提	5-07-959	0.37	1.31	—	0.04	0.16	1.00	1.02	0.20	9	—	484	39	—	33
119	子粒，完整	4-07-958	—	—	—	—	—	—	—	—	—	—	—	—	—	—

续表 22.2

序号	饲料	国际饲料编号	钙/%	总磷/%	有效磷/%	钠/%	氯/%	可利用钾/%	镁/%	硫/%	铜/(mg/kg)	碘/(mg/kg)	铁/(mg/kg)	锰/(mg/kg)	硒/(mg/kg)	锌/(mg/kg)
	芝麻															
120	粗粉,机榨	5-04-220	1.90	1.22	—	0.04	0.07	1.10	0.54	0.56	34	—	93	53	0.21	100
	高粱															
121	麸粉	5-04-388	—	—	—	—	—	—	—	—	—	—	—	—	—	—
122	糠麸	5-08-089	—	—	—	—	—	—	—	—	—	—	—	—	—	—
123	谷粒	4-20-893	0.03	0.29	0.06	0.01	0.09	0.35	0.15	0.08	5	—	45	15	0.20	15
124	谷粒,非洲芦粟(美洲)	5-04-369	—	—	—	—	—	—	—	—	—	—	—	—	—	—
125	谷粒,非洲高粱(泰国)	5-04-398	—	—	—	—	—	—	—	—	—	—	—	—	—	—
126	谷物,Kaffir(美国)	4-04-428	0.03	0.31	—	0.05	0.10	0.33	0.15	0.16	7	—	60	16	0.80	13
	大豆															
127	粗粉,机榨,41%粗蛋白	5-04-600	0.27	0.63	—	0.24	0.07	1.71	0.25	0.33	18	—	160	32	—	—
128	粗粉,浸提	5-04-604	0.32	0.65	0.20	0.01	0.05	1.96	0.27	0.43	20	—	202	29	0.32	50
129	粗粉,去壳,浸提	5-04-612	0.34	0.69	0.16	0.02	0.05	2.14	0.30	0.44	20	—	176	36	0.27	55
130	蛋白,浓缩	5-32-183	0.35	0.81	—	0.05	—	2.20	0.32	—	13	—	110	—	—	30
131	蛋白,分离	5-24-811	0.15	0.65	—	0.07	0.02	0.27	0.08	0.71	14	—	137	5	0.14	34
132	子实,热加工	5-04-597	0.25	0.59	—	0.03	0.03	1.70	0.28	0.30	16	—	80	30	0.11	39
133	子实,完整	5-04-610	0.25	0.60	—	0.12	0.03	1.61	0.28	0.22	16	—	80	30	—	—
	斯佩尔特小麦															
134	谷粒	4-04-651	0.12	0.38	—	—	—	—	—	—	—	—	—	—	—	—
	甘蔗															
135	甘蔗,糖蜜,脱水	4-04-695	0.79	0.26	—	0.18	—	3.31	0.39	0.41	65	—	210	46	—	—
136	甘蔗,糖蜜(普通红葡萄酒)>46%转化糖>79.5°Brix	4-04-696	0.78	0.09	—	0.17	2.78	2.85	0.35	0.35	60	1.58	190	43	—	22
	向日葵															
137	粗粉,浸提	5-09-340	0.36	0.86	0.02	0.02	0.10	1.07	0.68	0.30	26	—	254	41	0.50	66
138	粗粉,去壳,浸提	5-04-739	0.37	1.01	—	0.04	0.13	1.27	0.75	0.38	25	—	200	35	0.32	98
	甘薯															
139	果肉,脱水	4-08-535	—	—	—	—	—	—	—	—	—	—	—	—	—	—

续表 22.2

序号	饲料	国际饲料编号	钙/%	总磷/%	有效磷/%	钠/%	氯/%	可利用钾/%	镁/%	硫/%	铜/(mg/kg)	碘/(mg/kg)	铁/(mg/kg)	锰/(mg/kg)	硒/(mg/kg)	锌/(mg/kg)
	块茎															
140	动物油脂	4-04-788	0.03	0.05	—	0.02	0.02	0.31	0.05	0.04	1.3	—	20	3	—	—
	黑小麦 麦属植物															
141	谷粒	4-20-362	0.05	0.33	0.15	0.03	0.03	0.46	0.10	0.15	8	—	31	43	—	32
142	小麦麸	4-05-190	0.16	1.20	0.35	0.04	0.07	1.26	0.52	0.22	14	0.06	170	113	0.51	100
143	烧酒糟，脱水	5-05-193	0.11	0.58	—	—	0.08	0.97	0.24	0.24	—	—	—	15	0.34	—
144	胚芽，碾磨(小麦胚芽粉)	5-05-218	0.05	0.91	—	0.02	0.07	0.36	0.15	0.16	9	—	50	133	0.22	119
145	谷粒，硬红，春播	4-05-211	0.03	0.38	—	0.03	0.09	0.41	0.16	0.17	6	0.09	60	36	0.30	44
146	谷粒硬红，冬播	4-05-258	0.05	0.36	—	0.02	0.06	0.49	0.13	0.15	7	—	64	42	0.33	43
147	谷粒，软红，春播	4-05-268	0.06	0.37	0.19	0.01	0.08	0.46	0.11	0.16	6	—	39	34	0.28	40
148	谷粒，软红，冬播	4-05-294	0.04	0.39	0.20	0.01	0.07	0.44	0.15	0.18	8	—	32	38	0.26	47
149	谷粒，软白，冬播	4-05-337	0.05	0.35	—	0.01	—	0.40	—	—	7	—	60	37	—	28
150	谷粒，软白，冬播	4-08-555	0.09	0.30	—	0.05	—	—	—	—	10	—	100	50	—	13
	太平洋沿岸															
151	次粉，<9.5%纤维	4-05-205	0.12	0.93	0.38	0.05	0.04	1.06	0.41	0.17	10	0.11	84	100	0.72	92
152	碾磨，<9.5%纤维	4-05-206	0.15	1.03	—	0.22	—	1.28	0.51	—	19	—	100	102	—	—
153	次级小麦粉，<4%纤维	4-05-203	0.07	0.57	—	0.04	0.10	0.63	0.16	0.24	6	—	46	55	0.30	65
154	粗粉，<7%纤维	4-05-201	0.09	0.84	—	0.02	0.04	1.06	0.25	0.20	12	—	100	89	0.75	100
	硬质小麦															
155	谷粒	4-05-224	0.08	0.35	—	—	—	0.44	0.14	—	7	—	40	28	0.88	32
	牛乳清 酵母															
156	啤酒干酵母	7-05-527	0.16	1.44	—	0.10	0.12	1.80	0.23	0.40	33	—	215	8	1.00	49
	照射干酵母															
157	圆酵母	7-05-529	0.78	1.42	—	—	—	—	—	—	—	—	—	—	—	—
158	圆干酵母粉	7-05-534	0.58	1.52	—	0.07	0.12	1.94	0.20	0.55	17	—	222	13	0.02	99

注：①横线处表示没有可利用数据。

表22.3　猪饲料原料中维生素成分（以鲜饲料为基础）①

序号	饲料名称	国际饲料编号	维生素A/(IU/kg)	β-胡萝卜素/(mg/kg)	维生素E/(mg/kg)	维生素K/(mg/kg)	生物素/(mg/kg)	复合维生素B/(mg/kg)	叶酸②/(mg/kg)	烟酸/(mg/kg)	泛酸/(mg/kg)	核黄素（维生素B₂)/(mg/kg)	硫胺素（维生素B₁)/(mg/kg)	维生素B₆/(mg/kg)	维生素B₁₂/(μg/kg)
	紫花苜蓿														
1	干草,晒干,全分析	1-00-078	68 400	—	83.0	15.89	0.20	—	3.07	38	28.6	12.0	2.7	5.7	2
2	干草,晒干	1-08-331	201 500	—	124.3	8.63	0.30	1 405	4.50	39	29.4	13.2	3.4	8.0	—
3	叶,粗粉,脱水	1-00-137	—	—	—	—	—	—	—	—	—	—	—	—	—
4	叶,晒干,碾碎	1-00-246	—	—	—	—	—	—	—	—	—	—	—	—	—
5	粗粉,脱水,15%粗蛋白	1-00-022	—	—	—	—	—	—	—	—	—	—	—	—	—
6	粗粉,脱水,17%粗蛋白	1-00-023	25 250	94.6	49.8	—	0.54	1 401	4.36	38	29.0	13.6	3.4	6.5	0
7	粗粉,脱水,20%粗蛋白	1-00-024	25 250	94.6	49.8	14.53	0.54	1 419	4.36	45	34.0	15.2	5.8	8.0	0
8	粗粉,脱水,22%粗蛋白	1-07-851	—	—	—	—	—	—	—	—	—	—	—	—	—
	动物														
9	血浆,喷雾干燥	—	—	—	—	—	—	—	—	—	—	—	—	—	—
10	血细胞,喷雾干燥	—	—	—	—	—	—	—	—	—	—	—	—	—	—
11	血粉,常规处理	5-00-380	—	—	1.0	—	0.03	852	0.10	31	2.0	2.4	0.4	4.4	44
12	血粉,瞬间干燥	5-26-006	—	—	1.0	—	0.08	781	0.10	23	1.0	14	1.0	4.4	44
13	血粉,喷雾干燥	5-00-381	—	—	1.0	—	0.28	485	0.40	23	3.7	3.2	0.3	4.4	—
14	油脂,动物	4-00-376	—	—	22.8	—	—	—	—	—	—	—	—	—	—
15	油脂,猪油	4-04-790	—	—	—	—	—	—	—	—	—	—	—	—	—
16	肝脏粉,脱水	5-00-389	—	—	—	—	0.02	1 142	5.59	206	29.3	36.4	0.2	—	503
17	肉粉,炼脂	5-00-385	—	—	1.0	—	0.13	2 046	0.37	58	8.4	5.3	0.2	3.9	64
18	血肉粉,动物下脚饲料,炼脂	5-00-386	—	—	1.2	—	0.08	2 077	0.50	57	5.0	4.7	0.6	2.4	80
19	血肉骨粉,动物下脚饲料,炼脂	5-00-387	—	—	0.8	—	0.07	2 150	0.57	46	3.7	3.6	0.2	—	82
20	肉骨粉,炼脂	5-00-388	—	—	1.6	—	0.08	1 996	0.41	49	4.1	4.7	0.4	4.6	90
21	牛油脂	4-08-127	—	—	—	—	—	—	—	—	—	—	—	—	—

续表 22.3

序号	饲料名称	国际饲料编号	维生素A/(IU/kg)	β-胡萝卜素/(mg/kg)	维生素E/(mg/kg)	维生素K/(mg/kg)	生物素/(mg/kg)	复合维生素B/(mg/kg)	叶酸②/(mg/kg)	烟酸/(mg/kg)	泛酸/(mg/kg)	核黄素(维生素B_2)/(mg/kg)	硫胺素(维生素B_1)/(mg/kg)	维生素B_6/(mg/kg)	维生素B_{12}/(μg/kg)
	家禽														
	面包店废品														
22	面包干	4-00-466	1 120	4.2	—	—	0.07	923	0.20	26	8.3	1.4	2.9	4.3	0
	大麦														
23	谷粒	4-00-549	4 700	—	15.8	—	0.14	903	0.55	85	8.2	1.6	4.4	6.5	—
24	谷粒,太平洋沿岸	4-07-939	—	—	21.1	—	0.15	1 003	0.51	48	7.1	1.6	4.3	2.9	—
25	谷粒,二排轮作	4-00-572	1 100	4.1	7.4	—	0.14	1 034	0.31	55	8.0	1.8	4.5	5.0	0
26	谷粒,六排轮作	4-00-574	1 100	4.1	7.4	—	0.15	1 034	0.40	48	7.0	1.6	4.0	2.9	0
27	谷粒,去壳	4-00-552	—	—	6.0	—	0.07	—	0.62	48	6.8	1.8	4.3	5.6	0
28	麦芽根,脱水	5-00-545	—	—	20.6	—	—	1 576	0.20	52	8.6	6.7	4.9	—	—
	豆														
29	四季豆	5-00-600	—	—	—	—	—	—	—	25	—	2.1	5.7	—	—
30	菜豆	5-00-623	—	—	1.0	—	0.11	1 675	1.30	25	2.4	2.0	6.4	0.3	—
31	斑点果	5-00-624	—	—	—	—	—	—	—	22	2.2	3.1	8.6	—	—
	糖用甜菜														
32	糖蜜,>48%,转化糖,>79.5°Brix	4-00-668	—	—	—	—	0.24	829	—	41	4.5	2.3	—	1.9	0
	果肉,干燥														
	动物血液														
33	啤酒发酵糟	4-00-669	2 830	10.6	13.2	—	—	818	—	18	1.3	0.7	0.4	—	0
	脱水(干啤酒糟)														
34	高粱(粟,黍)	5-02-141	53	0.2	—	—	—	1 723	7.10	43	8.0	1.4	0.6	0.7	0
	蓼科荞麦														
35	谷物	4-00-994	—	—	—	—	0.06	440	0.64	19	12.0	5.5	4.0	3.0	0
	油菜子														
36	粗粉,浸提	5-06-145	—	—	13.4	—	0.98	6 700	0.83	160	9.5	5.8	5.2	7.2	0
37	粗粉,预压榨,浸提,40%粗蛋白	5-08-135	—	—	—	—	—	—	—	—	—	—	—	—	—

续表 22.3

序号	饲料名称	国际饲料编号	维生素A (IU/kg)	β-胡萝卜素 (mg/kg)	维生素E (mg/kg)	维生素K (mg/kg)	生物素 (mg/kg)	复合维生素B (mg/kg)	叶酸② (mg/kg)	烟酸 (mg/kg)	泛酸 (mg/kg)	核黄素(维生素B₂) (mg/kg)	硫胺素(维生素B₁) (mg/kg)	维生素B₆ (mg/kg)	维生素B₁₂ (μg/kg)
	木薯														
38	粗粉(木薯粉或树薯粉)	4-01-152	—	—	0.2	—	0.05	—	—	3	0.3	0.8	1.6	0.7	0
	牛														
39	黄油奶水·浓缩物	5-01-159	25 300	—	—	—	—	—	—	—	—	12.4	—	—	19
40	黄油奶水·脱水	5-01-160	—	—	6.2	—	0.29	1 665	0.40	9	36	31.0	3.4	2.4	—
41	酪蛋白·干燥	5-01-162	—	—	—	—	0.04	205	0.51	1	2.7	1.5	0.4	0.4	—
42	干酪的硬壳	5-01-163	—	—	—	—	—	—	—	—	—	—	—	—	—
43	牛奶·脱水	5-01-167	—	—	—	—	—	—	—	—	—	—	—	—	—
44	牛奶·新鲜	5-01-168	1 500	—	—	—	—	—	—	1	2.9	1.8	0.4	—	—
45	牛奶·新鲜·脱脂	5-01-170	—	—	—	—	—	—	—	1	3.3	1.9	0.4	—	—
46	牛奶·脱脂·脱水	5-01-175	—	—	4.1	—	0.25	1 393	0.47	12	36.4	19.1	3.7	4.1	36
47	乳清·脱水	4-01-182	—	—	0.3	—	0.27	1 820	0.85	10	47.0	27.1	4.1	4.0	23
48	乳清·新鲜	4-08-134	—	—	—	—	—	—	—	1	5.4	0.8	0.3	—	—
49	乳清·低乳糖·干燥	4-01-186	—	—	0.3	—	0.27	3 571	0.69	19	69.0	37.2	5.7	4.4	25
50	乳清·渗透·干燥		—	—	—	—	—	—	—	—	—	—	—	—	—
	荸荠·油沙果														
51	块根	4-08-374	—	—	—	—	—	—	—	—	—	—	—	—	—
	柑橘														
52	柑橘·脱水（干燥柑橘果）	4-01-237	—	—	—	—	—	—	—	—	—	—	—	—	—
53	糖浆糖蜜	4-01-241	—	—	—	—	—	—	—	27	12.6	6.2	—	—	—
	白三叶草														
54	干草·晒干	1-01-378	—	—	—	—	—	—	—	—	—	—	—	—	—
	椰子														
55	粗粉·机榨(干椰子肉粉)	5-01-572	—	—	—	—	—	1 015	1.39	25	6.2	3.2	0.8	—	—
56	粗粉·浸提(干椰子肉粉)	5-01-573	—	—	7.7	—	0.25	1 089	0.30	28	6.5	3.5	0.7	4.4	—

续表22.3

序号	饲料名称	国际饲料编号	维生素A/(IU/kg)	β-胡萝卜素/(mg/kg)	维生素E/(mg/kg)	维生素K/(mg/kg)	生物素/(mg/kg)	复合维生素B/(mg/kg)	叶酸②/(mg/kg)	烟酸/(mg/kg)	泛酸/(mg/kg)	核黄素(维生素B₂)/(mg/kg)	硫胺素(维生素B₁)/(mg/kg)	维生素B₆/(mg/kg)	维生素B₁₂/(μg/kg)
黄玉米															
57	酒粕	5-02-842	5 200	—	—	—	—		0.88	38	11.8	5.3	1.7	4.4	—
58	含可溶物酒粕 含可溶物酒粕 西部酿酒植物	5-02-843	800	3.0	12.9	—	0.49	1 180	0.90	37	11.7	5.2	1.7	4.4	0
59	酒粕	5-02-844	934	3.5	—	—	0.78	2 637	0.90	75	14.0	8.6	2.9	8.0	0
60	玉米穗,碾碎(玉米和玉米芯粉)	4-02-849	1 300	—	—	—	1.66	4 842	1.10	116	21.0	17.0	6.9	8.8	3
61	玉米淀粉渣(糠麸)	5-02-903	267	1.0	8.5	—	0.14	1 518	0.28	66	17.0	2.4	2.0	13.0	0
62	玉米面筋粉	5-02-900	27 200	—	33.9	—	—	368	0.34	50	9.9	1.4	0.2	7.9	—
63	玉米面筋粉,60%粗蛋白	5-28-242		—	6.7	—	0.15	330	0.13	55	3.5	2.2	0.3	6.9	0
64	谷粒	4-02-935	213	0.8	8.3	—	0.06	620	0.15	24	6.0	1.2	3.5	5.0	0
65	谷粒,压片	4-02-859		—	0.8	—	—							—	
66	谷粒,二等 54 lb/bu 或 695 g/L	4-02-931	2 900	—	22.0	—	0.06	620	0.36	24	4.8	1.3	3.5	7.0	—
67	粗磨粉副产物(玉米麸)	4-03-011	2 403	9.0	6.5	—	0.13	1 155	0.21	47	8.2	2.1	8.1	11.0	0
68	玉米糁	4-02-887	15 300		—	—	0.13	993	0.28	47	7.5	2.1	7.9	10.9	—
69	谷粒,透明度-2（高赖氨酸）	4-11-445		—	—	—	—	500		19	4.5	1.0	—	—	—
	凹白玉米														
70	谷粒	4-02-928													
	棉花														
71	粗粉,机榨 36%粗蛋白	5-01-625		—	—	—									
72	粗粉,机榨,41%粗蛋白	5-01-617	534	0.2	35.0	—	0.30	2 753	1.65	38	10.0	5.1	6.4	5.3	0
73	粗粉,预压,浸提,41% 粗蛋白	5-07-872	534	0.2	14.0	—	0.30	2 933	1.65	40	12.0	5.9	7.0	5.1	0

续表 22.3

序号	饲料名称	国际饲料编号	维生素A (IU/kg)	β-胡萝卜素 (mg/kg)	维生素E (mg/kg)	维生素K (mg/kg)	生物素 (mg/kg)	复合维生素B (mg/kg)	叶酸 (mg/kg)	烟酸 (mg/kg)	泛酸 (mg/kg)	核黄素(维生素B₂) (mg/kg)	硫胺素(维生素B₁) (mg/kg)	维生素B₆ (mg/kg)	维生素B₁₂ (μg/kg)
	二粒小麦														
74	含粒 蚕豆	4-01-830	—	—	—	—	—	—	—	—	—	—	—	—	—
75	子实 脂肪（动物） 羽毛粉（家禽） 鱼	5-09-262	—	—	0.8	—	0.09	1 670	—	26	3.0	2.9	5.5	—	0
76	粗粉,机榨	5-01-977	—	—	—	—	—	—	—	—	—	—	—	—	—
77	可溶,浓缩	5-01-969	2 200	—	—	—	0.18	3 519	0.02	169	35.0	14.6	5.5	12.2	347
78	可溶,脱水 凤尾鱼	5-01-971	—	—	—	—	0.26	5 507	0.60	271	55.0	15.6	7.4	23.8	401
79	凤尾鱼粉,机榨 青鱼	5-01-985	—	—	5.0	—	0.13	4 408	0.37	100	15.0	7.1	0.3	4.0	280
80	青鱼粉,机榨 鲱鱼	5-02-000	—	—	15.0	—	0.13	5 306	0.37	93	17.0	9.9	0.4	4.8	403
81	粗粉,机榨 沙丁鱼	5-02-009	—	—	5.0	—	0.13	3 056	0.37	55	9.0	4.9	0.5	4.0	143
82	粗粉,机榨	5-02-015	—	—	—	—	0.10	3 272	—	75	11.0	5.4	0.3	—	237
83	溶液,浓缩 鳕鱼,白家族	5-02-014	—	—	—	—	0.13	3 009	—	356	41.2	16.8	4.0	—	1 041
84	粗粉,机榨 亚麻	5-02-025	—	—	5.0	—	0.13	3 099	0.37	59	9.9	9.1	1.7	5.9	90
85	粗粉,机榨 33% 粗蛋白 （亚麻子饼粉）	5-02-045	—	—	—	—	—	—	—	—	—	—	—	—	—
86	粗粉,浸提（亚麻子饼粉） 泔水	5-02-048	53	0.2	2.0	—	0.41	1 512	1.30	33	14.7	2.9	7.5	6.0	0
87	宾馆饭店,熟食,含水	4-07-865	—	—	—	—	—	—	—	—	—	—	—	—	—

续表 22.3

序号	饲料名称	国际饲料编号	维生素A/(IU/kg)	β-胡萝卜素/(mg/kg)	维生素E/(mg/kg)	维生素K/(mg/kg)	生物素/(mg/kg)	复合维生素B₄/(mg/kg)	叶酸②/(mg/kg)	烟酸/(mg/kg)	泛酸/(mg/kg)	核黄素(维生素B₂)/(mg/kg)	硫胺素(维生素B₁)/(mg/kg)	维生素B₆/(mg/kg)	维生素B₁₂/(μg/kg)
88	宾馆饭店,熟食,脱水 小扁豆	4-07-879	—	—	—	—	—	—	—	—	—	—	—	—	—
89	子实	5-02-506	267	1.0	0.0	—	0.13	—	0.70	22	14.9	2.4	3.9	5.5	0
90	羽扇豆(甜白) 子实	5-27-717	—	—	7.5	—	0.05	—	—	—	—	—	—	—	—
	黄玉米 动物肉 牛奶 稷、蜀、黍														
91	谷物	4-03-120	—	—	—	—	0.16	440	0.23	23	11.0	3.8	7.3	5.8	0
	高粱属 植物糖蜜糖浆 燕麦														
92	谷类副产品(饲用燕麦粉,次级燕麦)	4-03-303	—	—	24.0	—	0.22	1 148	0.51	21	18.0	1.8	7.0	—	—
93	谷物,全分析	4-03-309	988	3.7	7.8	—	0.24	946	0.30	19	13.0	1.7	6.0	2.0	0
94	谷物,太平洋沿岸	4-07-999	—	—	20.2	—	—	918	—	14	11.7	1.2	—	—	—
95	谷物,裸	4-25-101	—	—	2.0	—	0.12	1 240	0.50	20c	7.1	1.3	5.2	9.6	0
96	燕麦,去壳	4-03-331	—	—	—	—	0.20	1 139	0.50	14	13.4	1.5	6.5	1.1	0
	豌豆														
97	子实	5-03-600	267	1.0	0.2	—	0.15	547	0.20	31	18.7	1.8	4.6	1.0	0
	落花生														
98	花生仁,带壳,粗粉,浸提	5-03-656	—	—	—	—	—	—	—	—	—	—	—	—	—
99	花生仁,粗粉,机榨,45%粗蛋白(花生粕)	5-03-649	400	—	2.7	—	0.35	1 848	0.70	166	47.0	5.2	7.1	7.4	0
100	花生仁,粗粉,浸提,47%粗蛋白(花生粕)	5-03-650	—	—	2.7	—	0.39	1 854	0.50	170	53.0	7.0	5.7	6.0	0

续表 22.3

序号	饲料名称	国际饲料编号	维生素A/(IU/kg)	β-胡萝卜素/(mg/kg)	维生素E/(mg/kg)	维生素K/(mg/kg)	生物素/(mg/kg)	复合维生素B/(mg/kg)	叶酸②/(mg/kg)	烟酸/(mg/kg)	泛酸/(mg/kg)	核黄素(维生素B₂)/(mg/kg)	硫胺素(维生素B₁)/(mg/kg)	维生素B₆/(mg/kg)	维生素B₁₂/(μg/kg)
	马铃薯														
101	果肉,脱水	4-03-775	—	—	—	—	—	—	—	—	—	—	—	—	—
102	蛋白,浓缩	5-25-392	—	—	—	—	—	—	—	—	—	—	—	—	—
103	块茎,水煮	4-03-784	—	—	—	—	—	—	—	—	—	—	—	—	—
104	块茎,脱水	4-07-850	—	—	—	—	0.10	2 620	0.6	33	20.0	0.7	—	14.1	—
	家禽														
105	副产物粗粉,炼脂	5-03-798	—	—	—	—	0.09	6 029	0.50	47	11.1	10.5	0.2	4.4	—
106	脂肪	4-09-319	—	—	7.8	—	—	—	—	—	—	—	—	—	—
107	羽毛粉,水解	5-03-795	—	—	7.3	—	0.13	891	0.20	21	10.0	2.1	0.1	3.0	78
	油菜														
	稻米														
108	胚芽糠(米糠)	4-03-928	—	—	9.7	—	0.35	1 135	2.20	293	23.0	2.5	22.5	26.0	0
109	谷物,碾碎(糙米)	4-03-938	—	—	9.9	—	0.08	925	0.36	35	7.0	1.0	2.9	4.4	0
110	谷物,抛光打碎(糙米)	4-03-932	—	—	2.0	—	0.08	1 003	0.20	25	3.3	0.4	1.4	28.0	0
111	去壳燕麦,抛光(精米)	4-03-942	—	—	3.6	—	—	904	0.15	16	3.6	0.5	0.7	0.4	0
112	抛光米	4-03-943	27	0.1	61.0	—	0.37	1 237	0.20	520	47.0	1.8	19.8	27.6	0
	裸麦														
113	烧酒糟,脱水	5-04-023	—	—	—	—	—	—	—	17	5.3	3.3	1.3	—	—
114	含可溶物酒糟,脱水	5-04-024	—	—	—	—	—	—	—	63	17.5	8.2	3.1	—	—
115	谷物	4-04-047	—	—	9.0	—	0.08	419	0.60	19	8.0	1.6	3.6	2.6	0
	红花														
116	粗粉,浸提	5-04-110	—	—	16.0	—	1.03	820	0.50	11	33.9	2.3	4.6	12.0	0
117	粗粉,去壳,机榨	5-08-499	—	—	—	—	—	2 541	—	22	88.0	4.1	—	—	—
118	粗粉,去壳,浸提	5-07-959	—	—	16.0	—	1.03	3 248	1.60	22	39.1	2.4	4.5	11.3	0
119	子粒,完整	4-07-958	—	—	—	—	—	—	—	—	—	—	—	—	—
	芝麻														
120	粗粉,机榨	5-04-220	53	0.2	1.0	—	0.24	1 536	—	30	6.0	3.6	2.8	12.5	0

续表 22.3

序号	饲料名称	国际饲料编号	维生素A/(IU/kg)	β胡萝卜素/(mg/kg)	维生素E/(mg/kg)	维生素K/(mg/kg)	生物素/(mg/kg)	复合维生素B/(mg/kg)	叶酸②/(mg/kg)	烟酸/(mg/kg)	泛酸/(mg/kg)	核黄素(维生素B₂)/(mg/kg)	硫胺素(维生素B₁)/(mg/kg)	维生素B₆/(mg/kg)	维生素B₁₂/(μg/kg)
	高粱														
121	麸粉	5-04-388	—	—	—	—	—	—	—	—	—	—	—	—	—
122	糠麸	5-08-089	—	—	—	—	—	—	—	—	—	—	—	—	—
123	谷物	4-20-893	—	—	5.0	—	0.26	668	0.17	41c	12.4	1.3	3.0	5.2	0
124	谷物,非洲芦粟(美国)	4-04-369	—	—	—	—	—	—	—	—	—	—	—	—	—
125	谷物,非洲高粱(泰国)	4-04-398	—	—	—	—	—	—	—	—	—	—	—	—	—
126	谷物,Kaffir(美国)	4-04-428	600	—	—	—	0.24	436	0.20	38	11.9	1.3	3.8	6.7	0
	大豆														
127	粗粉,机榨,41%粗蛋白	5-04-600	300	—	6.6	—	0.30	2 673	6.60	30	14.9	3.5	4.0	—	0
128	粗粉,浸提	5-04-604	53	0.2	2.3	—	0.27	2 794	1.37	34	16.0	2.9	4.5	6.0	0
129	粗粉,去壳,浸提	5-04-612	53	0.2	2.3	—	0.26	2 731	1.37	22	15.0	3.1	3.2	6.4	—
130	蛋白,浓缩	5-32-183	—	—	—	—	—	—	—	—	—	—	—	—	—
131	蛋白,分离	5-24-811	—	—	—	—	0.30	2	2.50	6	4.2	1.73	0.33	5.43	0
132	子实,热加工	5-04-597	507	1.9	18.1	—	0.24	2 307	3.60	22	15.0	2.6	11.0	10.8	0
133	子实,完整	5-04-610	1 500	—	—	—	0.38	2 898	—	22	15.8	2.9	11.1	—	—
	斯佩尔特小麦														
134	谷粒	4-04-651	—	—	—	—	—	—	—	48	—	—	—	—	—
	甘蔗														
135	甘蔗糖蜜,脱水	4-04-695	—	—	5.1	—	—	772	—	35	37.5	3.3	0.9	—	—
136	糖蜜(普通红葡萄酒)>46% 转化糖,>79.5°Brix	4-04-696	—	—	5.0	—	0.71	744	0.11	41	39.2	2.9	0.9	6.50	—
	向日葵														
137	粗粉,浸提	5-09-340	—	—	9.1	—	1.40	3 791	1.14	264	29.9	3.0	3.0	11.1	0
138	粗粉,去壳,浸提	5-04-739	—	—	9.1	—	1.45	3 150	1.14	220	24.0	3.6	3.5	13.7	0
	甘薯														
139	果肉,脱水	4-08-535	—	—	—	—	—	—	—	—	—	—	—	—	—

续表22.3

序号	饲料名称	国际饲料编号	维生素A/(IU/kg)	β-胡萝卜素/(mg/kg)	维生素E/(mg/kg)	维生素K/(mg/kg)	生物素/(mg/kg)	复合维生素B/(mg/kg)	叶酸②/(mg/kg)	烟酸/(mg/kg)	泛酸/(mg/kg)	核黄素(维生素B₂)/(mg/kg)	硫胺素(维生素B₁)/(mg/kg)	维生素B₆/(mg/kg)	维生素B₁₂/(μg/kg)
140	块茎														
	动物油脂	4-04-788	222 800	—	—	—	—	—	—	6	—	0.6	1.1	—	0
141	黑小麦 谷粒	4-20-362	—	—	1.7	—	—	462	—	—	—	0.4	—	—	—
	小麦														
142	小麦麸	4-05-190	267	1.0	16.5	—	0.36	1 232	0.63	186	31.0	4.6	8.0	12.0	—
143	烧酒糟·脱水	5-05-193	1 800	—	—	—	—	—	—	56	8.1	3.7	2.0	—	1
144	胚芽,碾磨(小麦胚芽粉)	5-05-218	—	—	141.1	—	0.22	3 056	2.15	72	20.9	6.1	22.	11.3	0
145	谷粒	4-05-211	16 900	—	13.7	—	0.10	1 005	0.40	57	9.7	1.4	4.2	5.0	0
146	谷粒,硬红,春播	4-05-258	16 900	—	—	—	0.11	1 026	0.44	56	12.5	1.3	5.1	3.6	0
147	谷粒,硬红,冬播	4-05-268	107	0.4	11.6	—	0.11	778	0.22	48	9.9	1.4	4.5	3.4	0
148	谷粒,软红,冬播	4-05-294	—	—	—	—	0.11	1 092	0.35	48	9.9	1.4	4.5	2.2	0
149	谷物,软白,冬播	4-05-337	107	0.4	11.6	—	0.11	1 002	0.22	57	11.0	1.3	4.3	4.0	0
150	谷粒,软白,冬播 太平洋沿岸	4-08-555	—	—	13.1	—	—	872	—	50	9.8	0.9	5.0	—	—
151	次粉,<9.5%纤维	4-05-205	800	3.0	20.1	—	0.33	1 187	0.76	72	15.6	1.8	16.5	9.0	0
152	碾磨,<9.5%纤维	4-05-206	—	—	—	—	—	989	—	111	13.2	1.6	15.2	—	—
153	次级小麦粉,<4%纤维	4-05-203	—	—	—	—	0.11	1 534	0.80	42	13.3	2.2	22.8	4.6	—
154	粗粉,<7%纤维	4-05-201	—	—	—	—	0.24	1 170	1.40	107	22.3	3.3	18.1	7.2	0
	硬质小麦														
155	谷粒	4-05-224	—	—	10.0	—	—	—	0.38	52	8.8	1.0	4.6	2.98	—
	牛乳清														
	酵母														
156	啤酒干酵母	7-05-527	—	—	—	—	0.63	3 984	9.90	448	109	37.0	91.8	42.8	1
157	照射干酵母	7-05-529	—	—	—	—	—	—	—	—	—	18.5	—	—	—
	圆酵母														
158	圆干酵母粉	7-05-534	—	—	—	—	0.58	2 881	22.4	492	84.2	49.9	6.2	36.3	—

注：①表示没有可显示数据。
②在玉米、高粱和小麦谷物中的烟酸是很难以获得的。来自于这些谷物的大多数副产品中烟酸的生物利用度可能也是低的。
③在大豆分离蛋白质中的核黄素、维生素B₁和维生素B₆也是很难获得的。

表22.4 猪饲料原料中的氨基酸含量（以新鲜饲料为基础）①

%

序号	饲料名称	国际饲料编号	干物质	粗蛋白	精氨酸	组氨酸	异亮氨酸	亮氨酸	赖氨酸	蛋氨酸	胱氨酸	苯丙氨酸	酪氨酸	苏氨酸	色氨酸	缬氨酸
	紫花苜蓿															
1	干草,晒干	1-00-078	90	15.9	0.64	0.27	0.74	1.15	0.77	0.16	0.21	0.69	0.41	0.67	0.22	0.70
2	干草,晒干	1-08-331	90	14.0	0.68	0.24	0.60	1.26	0.69	0.20	0.24	0.69	0.57	0.61	0.36	0.77
3	叶,粗粉,脱水	1-00-137	92	20.0	0.96	0.42	1.00	1.53	1.08	0.30	—	0.99	—	0.90	0.41	1.10
4	叶,晒干,碾碎	1-00-246	92	20.5	1.20	0.37	0.92	1.38	1.01	0.37	0.37	0.92	—	0.74	0.46	1.01
5	粗粉,脱水,15%粗蛋白	1-00-022	91	15.4	0.59	0.26	0.64	1.03	0.60	0.22	0.24	0.62	0.41	0.55	0.39	0.72
6	粗粉,脱水,17%粗蛋白	1-00-023	92	17.0	0.71	0.37	0.68	1.21	0.74	0.25	0.18	0.84	0.55	0.70	0.24	0.86
7	粗粉,脱水,20%粗蛋白	1-00-024	92	19.6	0.91	0.38	0.89	1.40	0.90	0.34	0.26	0.93	0.60	0.82	0.35	1.05
8	粗粉,脱水,22%粗蛋白	1-07-851	93	22.0	0.99	0.44	1.07	1.60	1.00	0.34	0.34	1.13	0.65	0.98	0.48	1.29
	动物															
9	血浆,喷雾干燥	—	92	78.0	4.55	2.55	2.71	7.61	6.84	0.75	2.63	4.42	3.53	4.72	1.36	4.94
10	血细胞,喷雾干燥	—	92	92.0	3.77	6.99	0.49	12.70	8.51	0.81	0.61	6.69	2.14	3.38	1.37	8.50
11	血粉,常规处理	5-00-380	92	77.1	3.34	5.06	0.91	10.99	7.04	0.99	1.09	5.34	2.29	4.05	1.08	7.05
12	血粉,瞬间干燥	5-26-006	92	87.6	3.37	4.57	0.88	11.48	7.56	0.95	1.20	6.41	2.32	4.07	1.06	8.03
13	血粉,喷雾干燥	5-00-381	93	88.8	3.69	5.30	1.03	10.81	7.45	0.99	1.04	5.81	2.71	3.78	1.48	7.03
14	油脂,动物	4-00-376	100	—	0	0	0	0	0	0	0	0	0	0	0	0
15	油脂,猪油	4-04-790	100	—	0	0	0	0	0	0	0	0	0	0	0	0
16	肝脏粉,脱水	5-00-389	93	66.5	4.11	1.50	3.36	5.41	4.81	1.30	0.90	2.91	1.70	2.61	0.60	4.12
17	肉粉,炼脂	5-00-385	94	54.0	3.60	1.14	1.60	3.84	3.07	0.80	0.60	2.17	1.40	1.97	0.35	2.66
18	血肉粉,动物下脚饲料,炼脂	5-00-386	92	59.5	3.59	1.90	1.90	5.09	3.73	0.73	0.46	2.43	—	2.39	0.72	3.75
19	血肉骨粉,动物下脚饲料,炼脂	5-00-387	92	50.4	3.09	1.75	1.86	5.23	3.30	0.69	0.30	2.27	—	2.17	0.62	3.40
20	肉骨粉,炼脂	5-00-388	93	51.5	3.45	0.91	1.34	2.98	2.51	0.68	0.50	1.62	1.07	1.59	0.28	2.04
21	牛油脂	4-08-127	100	—	0	0	0	0	0	0	0	0	0	0	0	0
	家禽															
	面包店废弃品															
22	面包干	4-00-466	91	10.8	0.46	0.24	0.38	0.80	0.27	0.18	0.23	0.50	0.36	0.33	0.10	0.46

续表 22.4

%

序号	饲料名称	国际饲料编号	干物质	粗蛋白	精氨酸	组氨酸	异亮氨酸	亮氨酸	赖氨酸	蛋氨酸	胱氨酸	苯丙氨酸	酪氨酸	苏氨酸	色氨酸	缬氨酸
	大麦															
23	谷粒	4-00-549	88	12.2	0.53	0.25	0.47	0.80	0.42	0.15	0.23	0.60	0.32	0.38	0.15	0.60
24	谷粒,太平洋沿岸	4-07-939	90	9.6	0.44	0.20	0.41	0.60	0.25	0.14	0.20	0.47	0.31	0.30	0.13	0.47
25	谷粒,二排轮作	4-00-572	89	11.3	0.54	0.25	0.39	0.77	0.41	0.20	0.28	0.55	0.29	0.35	0.11	0.52
26	谷粒,六排轮作	4-00-574	89	10.5	0.48	0.22	0.37	0.68	0.36	0.17	0.20	0.49	0.32	0.34	0.13	0.49
27	谷粒,去壳	4-00-552	88	14.9	0.56	0.23	0.41	0.77	0.44	0.16	0.24	0.61	0.40	0.40	0.13	0.55
28	麦芽根,脱水	5-00-545	92	26.1	1.11	0.53	1.09	1.63	1.22	0.33	0.23	0.91	—	1.01	0.41	1.45
	豆															
29	四季豆	5-00-600	—	—	—	—	—	—	—	—	—	—	—	—	—	—
30	菜豆	5-00-623	90	22.7	1.19	—	—	—	1.29	0.25	0.23	—	—	—	0.24	—
31	花瓣豆	5-00-624	90	22.7	1.55	0.64	1.14	1.11	1.60	0.26	—	1.20	—	1.09	0.32	1.23
	糖用甜菜															
32	糖蜜,>48%转化糖,>79.5° Brix	4-00-668	74	4.4	—	—	—	—	—	—	—	—	—	—	—	—
33	果肉,干燥	4-00-669	91	8.6	0.32	0.23	0.31	0.53	0.52	0.07	0.06	0.30	0.40	0.38	0.10	0.45
	动物血液															
	啤酒发酵糟															
34	脱水(干啤酒酒糟)	5-02-141	92	26.5	1.53	1.53	1.02	2.08	1.08	0.45	0.49	1.22	0.88	0.95	0.26	1.26
	高粱(粟、黍)															
	蓼科荞麦															
35	谷物	4-00-994	88	11.1	0.92	0.25	0.40	0.64	0.57	0.19	0.23	0.45	0.31	0.41	0.17	0.56
	油菜子															
36	粗粉,浸提	5-06-145	90	35.6	2.21	0.96	1.43	2.58	2.08	0.74	0.91	1.43	1.13	1.59	0.45	1.82
37	粗粉,预压榨·浸提·40%粗蛋白	5-08-135	92	40.5	2.23	1.09	1.46	2.71	2.15	0.77	—	1.54	0.85	1.70	0.49	1.94
	木薯															
38	粗粉(木薯或树薯)	4-01-152	88	3.3	0.18	0.08	0.11	0.19	0.12	0.04	0.05	0.15	0.04	0.11	0.04	0.14

续表 22.4

%

序号	饲料名称	国际饲料编号	干物质	粗蛋白	精氨酸	组氨酸	异亮氨酸	亮氨酸	赖氨酸	蛋氨酸	胱氨酸	苯丙氨酸	酪氨酸	苏氨酸	色氨酸	缬氨酸
	牛															
39	黄油奶水,浓缩物	5-01-159	29	10.8	—	—	—	—	0.78	—	—	—	—	—	0.12	—
40	黄油奶水,脱水	5-01-160	92	31.5	1.08	0.85	2.37	3.20	2.28	0.71	0.39	1.47	1.01	1.52	0.49	2.56
41	酪蛋白,干燥	5-01-162	91	88.7	3.26	2.82	4.66	8.79	7.35	2.70	0.41	4.79	4.77	3.98	1.14	6.10
42	干酪的硬壳	5-01-163	—	46.2	—	—	—	—	—	—	—	—	—	—	—	—
43	牛奶,脱水	5-01-167	96	25.1	0.92	0.72	1.33	2.56	2.25	0.61	—	1.33	1.33	1.02	0.41	1.74
44	牛奶,新鲜	5-01-168	13	3.4	0.14	0.10	0.32	0.26	0.26	0.07	—	0.17	—	0.17	0.05	0.26
45	牛奶,新鲜,脱脂	5-01-170	9	3.4	—	—	—	—	0.30	—	—	—	—	—	0.05	—
46	牛奶,脱脂,脱水	5-01-175	96	34.6	1.24	1.05	1.87	3.67	2.86	0.92	0.30	1.78	1.87	1.62	0.51	2.33
47	乳清,脱水	4-01-182	96	12.1	0.26	0.23	0.62	1.08	0.90	0.17	0.25	0.36	0.25	0.72	0.18	0.60
48	乳清,新鲜	4-08-134	7	0.9	—	—	—	—	0.07	—	—	—	—	—	0.01	—
49	乳清,低乳糖,干燥	4-01-186	96	17.6	0.53	0.33	1.16	1.61	1.51	0.39	0.46	0.63	0.52	1.17	0.31	1.15
50	乳清,渗透,干燥	—	96	3.8	0.06	0.05	0.17	0.22	0.18	0.03	0.04	0.06	—	0.14	0.03	0.13
	荸荠(油沙果)															
51	块根	4-08-374	—	—	—	—	—	—	—	—	—	—	—	—	—	—
	柑橘															
52	柑橘,脱水(干燥柑橘果)	4-01-237	90	6.3	0.23	—	—	—	0.20	0.09	0.11	—	—	—	0.06	—
53	糖浆,糖蜜	4-01-241	—	—	—	—	—	—	—	—	—	—	—	—	—	—
	白三叶草															
54	干草,晒干	1-01-378	90	19.1	0.99	0.45	1.08	1.89	1.08	0.27	0.36	1.08	0.63	1.17	0.45	1.17
	椰子															
55	粗粉,机榨(干椰子肉粉)	5-01-572	93	21.2	2.30	—	—	—	0.54	0.33	0.20	—	—	—	0.20	—
56	粗粉,浸提(干椰子肉粉)	5-01-573	92	21.9	2.38	0.39	0.75	1.36	0.58	0.35	0.29	0.84	0.58	0.67	0.19	1.07
	黄玉米															
57	酒粕	5-02-842	94	24.8	0.90	0.63	0.95	2.63	0.74	0.43	0.28	0.99	0.82	0.62	0.20	1.24
58	含可溶物酒粕	5-02-843	93	27.7	1.13	0.69	1.03	2.57	0.62	0.50	0.52	1.34	0.83	0.94	0.25	1.30
	含可溶溶物酒粕		89	30.2	1.07	0.68	1.00	3.16	0.75	0.49	—	1.31	—	1.00	0.22	1.31

续表 22.4

中西部植物

%

序号	饲料名称	国际饲料编号	干物质	粗蛋白	精氨酸	组氨酸	异亮氨酸	亮氨酸	赖氨酸	蛋氨酸	胱氨酸	苯丙氨酸	酪氨酸	苏氨酸	色氨酸	缬氨酸
59	酒糟	5-02-844	92	26.7	0.90	0.66	1.21	2.25	0.82	0.51	0.46	1.38	0.80	1.03	0.23	1.50
60	玉米穗,碾碎(玉米和玉米芯粉)	4-02-849	86	7.8	0.36	0.16	0.34	0.85	0.17	0.14	0.13	0.39	0.32	0.32	0.07	0.31
61	玉米淀粉渣(糠麸)	5-02-903	90	21.5	1.04	0.67	0.66	1.96	0.63	0.35	0.46	0.76	0.58	0.74	0.07	1.01
62	玉米面筋粉	5-02-900	91	43.3	1.42	0.97	2.24	7.43	0.83	1.07	0.65	2.82	1.01	1.43	0.21	2.24
63	玉米面筋粉,60%粗蛋白	5-28-242	90	60.2	1.93	1.28	2.48	10.19	1.02	1.43	1.09	3.84	3.25	2.08	0.31	2.79
64	谷粒	4-02-935	89	8.3	0.37	0.23	0.28	0.99	0.26	0.17	0.19	0.39	0.25	0.29	0.06	0.39
65	谷粒,压片	4-02-859	89	9.9	0.44	0.28	0.34	1.24	0.25	0.15	0.25	0.44	0.39	0.35	—	0.47
66	谷粒,二等,54 lb/bu 或 695 g/L	4-02-931	89	8.7	0.50	0.20	0.40	1.10	0.20	0.13	0.13	0.50	0.44	0.40	0.09	0.38
67	粗磨粉副产物(玉米麸)	4-03-011	90	10.3	0.56	0.28	0.36	0.98	0.38	0.18	0.18	0.43	0.40	0.40	0.10	0.52
68	玉米糁	4-02-887	90	10.9	0.45	0.20	0.40	0.84	0.40	0.14	0.18	0.35	0.50	0.40	0.10	0.50
69	谷粉,透明度-2(高赖氨酸)	4-11-445	87	9.6	0.60	0.33	0.32	0.96	0.39	0.16	0.21	0.37	0.38	0.32	0.10	0.44
	凹白玉米															
70	谷粒	4-02-928	91	10.9	0.27	0.18	0.45	0.91	0.27	0.09	0.09	0.36	0.45	0.36	0.09	0.36
	棉花															
71	粗粉,机榨,36%粗蛋白	5-01-625	92	38.9	3.56	0.91	1.32	—	1.22	0.55	0.79	1.88	—	1.12	0.46	2.84
72	粗粉,机榨,41%粗蛋白	5-01-617	92	42.4	4.26	1.11	1.29	2.45	1.65	0.67	0.69	1.97	1.23	1.34	0.54	1.76
73	粗粉,预压压榨,溶液浸提,41%粗蛋白	5-07-872	90	41.4	4.59	1.10	1.33	—	1.71	0.52	0.64	2.22	—	1.32	0.47	1.88
	二粒小麦															
74	谷粒	4-01-830	91	11.7	0.46	0.20	0.42	0.67	0.29	0.16	—	0.46	—	0.38	0.12	0.47
	蚕豆															
75	子实	5-09-262	87	25.4	2.28	0.67	1.03	1.89	1.62	0.20	0.32	1.03	0.87	0.89	0.22	1.14
	脂肪(动物)															
	羽毛粉(家禽)															
	鱼															
76	粗粉,机榨	5-01-977	92	64.5	3.88	1.54	3.68	4.98	5.87	1.79	0.70	2.69	1.89	2.69	0.76	3.43
77	可溶,浓缩	5-01-969	51	32.7	1.61	1.56	1.06	1.86	1.73	0.50	0.30	0.93	0.40	0.86	0.31	1.16
78	可溶,脱水	5-01-971	92	64.2	2.67	1.23	1.56	2.68	2.84	0.98	0.49	1.22	0.62	1.40	0.34	1.94

续表 22.4

%

序号	饲料名称	国际饲料编号	干物质	粗蛋白	精氨酸	组氨酸	异亮氨酸	亮氨酸	赖氨酸	蛋氨酸	胱氨酸	苯丙氨酸	酪氨酸	苏氨酸	色氨酸	缬氨酸
	凤尾鱼															
79	凤尾鱼粉,机榨	5-01-985	92	64.6	3.68	1.56	3.06	5.00	5.11	1.95	0.61	2.66	2.15	2.82	0.76	3.51
	青鱼															
80	青鱼粉,机榨	5-02-000	93	68.1	4.01	1.52	2.91	5.20	5.46	2.04	0.66	2.75	2.18	3.02	0.74	3.46
	鲱鱼															
81	粗粉,机榨	5-02-009	92	62.9	3.66	1.78	2.57	4.54	4.81	1.77	0.57	2.51	2.04	2.64	0.66	3.03
	沙丁鱼															
82	粗粉,机榨	5-02-015	93	65.3	2.70	1.80	3.34	—	5.91	2.01	0.80	2.00	—	2.60	0.50	4.10
83	溶液,浓缩	5-02-014	50	29.5	1.50	2.00	0.90	1.60	1.60	0.90	0.20	0.80	—	0.80	0.10	1.00
	鳕鱼,白鲑族															
84	粗粉,机榨	5-02-025	91	63.3	4.04	1.34	2.61	4.39	4.51	1.76	0.68	2.32	2.03	2.60	0.66	3.06
	亚麻															
85	粗粉,机榨,33%粗蛋白(亚麻子饼粉)	5-02-045	91	34.3	2.72	0.64	1.76	1.88	1.19	0.54	0.58	1.41	0.89	1.12	0.50	1.57
86	粗粉,浸提,33%粗蛋白(亚麻子饼粉)	5-02-048	90	33.6	2.97	0.68	1.56	2.06	1.24	0.59	0.59	1.57	1.03	1.26	0.52	1.74
	泔水															
87	宾馆饭店,熟食含水	4-07-865	26	4.3	—	—	—	—	—	—	—	—	—	—	—	—
88	宾馆饭店,熟食脱水	4-07-879	54	9.5	—	—	—	—	—	—	—	—	—	—	—	—
	小扁豆															
89	子实	5-02-506	89	24.4	2.05	0.78	1.00	1.84	1.71	0.18	0.27	1.29	0.70	0.84	0.21	1.27
	羽扇豆(甜白)															
90	子实	5-27-717	89	34.9	3.38	0.77	1.40	2.43	1.54	0.27	0.51	1.22	1.35	1.20	0.26	1.29
	黄玉米															
	动物肉															
	牛奶															
	樱,蜀,黍															
91	谷物	4-03-120	90	11.1	0.41	0.20	0.46	1.24	0.23	0.31	0.18	0.56	0.31	0.40	0.16	0.57

续表 22.4

%

高粱

植物糖蜜糖浆

燕麦

序号	饲料名称	国际饲料编号	干物质	粗蛋白	精氨酸	组氨酸	异亮氨酸	亮氨酸	赖氨酸	蛋氨酸	胱氨酸	苯丙氨酸	酪氨酸	苏氨酸	色氨酸	缬氨酸
92	谷类副产品<4%纤维（饲用燕麦粉次级燕麦）	4-03-303	91	14.6	0.88	0.30	0.54	1.08	0.48	0.21	0.25	0.70	0.75	0.49	0.20	0.75
93	谷物,全分析	4-03-309	89	11.5	0.87	0.31	0.48	0.92	0.40	0.22	0.36	0.65	0.41	0.44	0.14	0.66
94	谷物,太平洋沿岸	4-07-999	91	9.2	0.60	0.15	0.37	—	0.33	0.13	0.17	0.42	—	0.28	0.12	0.48
95	谷物,裸	4-25-101	86	17.1	0.77	0.26	0.48	0.86	0.47	0.19	0.32	0.60	0.42	0.40	0.16	0.63
96	燕麦,去壳	4-03-331	90	13.9	0.85	0.24	0.55	0.98	0.48	0.20	0.22	0.66	0.51	0.44	0.18	0.72
豌豆																
97	子实	5-03-600	89	22.8	1.87	0.54	0.86	1.51	1.50	0.21	0.31	0.98	0.71	0.78	0.19	0.98
落花生																
98	花生仁,带壳,粗粉,浸提	5-03-656	93	47.4	5.49	1.22	2.03	3.80	1.83	0.44	0.71	2.74	1.85	1.52	0.50	2.84
99	花生仁,粗粉,机榨,45%粗蛋白（花生粕）	5-03-649	92	43.2	4.79	1.01	1.41	2.77	1.48	0.50	0.60	2.02	1.74	1.16	0.41	1.70
100	花生仁,粗粉,浸提,47%粗蛋白（花生粕）	5-03-650	92	49.1	5.09	1.06	1.78	2.83	1.66	0.52	0.69	2.35	1.80	1.27	0.48	1.98
马铃薯																
101	果肉,脱水	4-03-775	88	6.2	0.02	0.01	0.23	0.42	0.22	0.14	0.14	0.27	0.23	0.26	—	0.30
102	蛋白,浓缩	5-25-392	91	73.8	3.80	1.71	4.09	7.61	5.83	1.68	1.20	4.89	4.27	4.30	1.02	4.89
103	块茎,水煮	4-03-784	22	2.4	0.11	0.04	0.06	0.10	0.12	0.03	0.03	0.08	0.07	0.07	—	0.11
104	块茎,脱水	4-07-850	—	—	—	—	—	—	—	—	—	—	—	—	—	—
家禽																
105	副产物粗粉,炼脂	5-03-798	93	64.1	3.94	1.25	2.01	3.89	3.32	1.11	0.65	2.26	1.56	2.18	0.48	2.51
106	脂肪,家禽	4-09-319	99	0	—	—	—	—	—	—	—	—	—	—	—	—
107	羽毛粉,水解	5-03-795	93	84.5	5.62	0.93	3.86	6.79	2.08	0.61	4.13	4.01	2.41	3.82	0.54	5.88

续表 22.4

%

序号	饲料名称	国际饲料编号	干物质	粗蛋白	精氨酸	组氨酸	异亮氨酸	亮氨酸	赖氨酸	蛋氨酸	胱氨酸	苯丙氨酸	酪氨酸	苏氨酸	色氨酸	缬氨酸
	油菜															
	稻米															
108	胚芽糠(米糠)	4-03-928	90	13.3	1.00	0.34	0.44	0.92	0.57	0.26	0.27	0.56	0.40	0.48	0.14	0.68
109	谷物碾碎(糙米)	4-03-938	89	8.4	0.88	0.19	0.39	0.72	0.34	0.17	0.14	0.47	0.70	0.31	0.11	0.56
110	谷物,抛光,打碎(碎米)	4-03-932	89	7.9	0.52	0.18	0.34	0.67	0.30	0.18	0.11	0.39	0.38	0.26	0.10	0.49
111	去壳燕麦,抛光(精米)	4-03-942	89	7.2	0.44	0.18	0.45	0.71	0.28	0.25	0.09	0.53	0.62	0.36	0.09	0.53
112	抛光米	4-03-943	90	12.1	0.63	0.19	0.36	0.65	0.53	0.21	0.14	0.39	0.42	0.35	0.10	0.73
	裸麦															
113	烧酒糟,脱水	5-04-023	—	—	—	—	—	—	—	—	—	—	—	—	—	—
114	含可溶物酒粕,脱水	5-04-024	91	27.2	1.00	0.70	1.50	2.10	1.00	0.40	—	1.30	0.50	1.10	0.30	1.60
115	谷物	4-04-047	88	11.8	0.50	0.24	0.37	0.64	0.38	0.17	0.19	0.50	0.26	0.32	0.12	0.51
	红花															
116	粗粉,浸提	5-04-110	92	23.4	2.04	0.59	0.67	1.52	0.74	0.34	0.38	1.07	0.77	0.65	0.33	1.18
117	粗粉,去壳,机榨	5-08-499	90	42.1	4.48	—	—	—	1.29	0.68	0.67	—	—	0.79	0.60	—
118	粗粉,去壳,浸提	5-07-959	92	42.5	3.59	1.07	1.69	2.57	1.17	0.66	0.69	2.00	1.08	1.28	0.54	2.33
119	子粕,完整	4-07-958	93	18.2	1.60	0.48	0.80	1.20	0.60	0.33	0.35	1.00	—	0.64	0.28	1.00
	芝麻															
120	粗粉,机榨	5-04-220	93	42.6	4.86	0.98	1.47	2.74	1.01	1.15	0.82	1.77	1.52	1.44	0.54	1.85
	高粱															
121	麸粉	5-04-388	90	44.1	1.27	0.99	2.42	8.00	0.73	0.73	0.80	2.73	—	1.47	0.44	2.50
122	糠麸	5-08-089	89	23.1	0.90	0.60	1.00	2.50	0.70	0.40	0.20	1.00	0.90	0.80	0.20	1.30
123	谷物	4-20-893	88	9.2	0.38	0.23	0.37	1.21	0.22	0.17	0.17	0.49	0.35	0.31	0.10	0.46
124	谷物,非洲芦粟(美国)	4-04-369	90	12.4	0.46	0.26	0.58	1.78	0.20	0.18	—	0.67	—	0.46	0.17	0.67
125	谷物,非洲高粱(泰国)	4-04-398	89	10.0	0.29	0.18	0.47	1.40	0.17	0.11	—	0.54	—	0.36	0.11	0.55
126	谷物,Kaffir(美国)	4-04-428	89	11.0	0.37	0.27	0.55	1.62	0.26	0.19	0.16	0.63	—	0.45	0.16	0.61
	大豆															
127	粗粉,机榨,41%粗蛋白	5-04-600	90	43.8	2.90	1.11	2.83	3.64	2.81	0.71	0.63	2.12	1.42	1.72	0.59	2.23

续表 22.4

%

序号	饲料名称	国际饲料编号	干物质	粗蛋白	精氨酸	组氨酸	异亮氨酸	亮氨酸	赖氨酸	蛋氨酸	胱氨酸	苯丙氨酸	酪氨酸	苏氨酸	色氨酸	缬氨酸
128	粗粉,浸提	5-04-604	89	43.8	3.23	1.17	1.99	3.42	2.83	0.61	0.70	2.18	1.69	1.73	0.61	2.06
129	粗粉,去壳,浸提	5-04-612	90	47.5	3.48	1.28	2.16	3.66	3.02	0.67	0.74	2.39	1.82	1.85	0.65	2.27
130	蛋白,浓缩	5-32-183	90	64.0	5.79	1.80	3.30	5.30	4.20	0.90	1.00	3.40	2.50	2.80	0.90	3.40
131	蛋白,分离	5-24-811	92	85.8	6.87	2.25	4.25	6.64	5.26	1.01	1.19	4.34	3.10	3.17	1.08	4.21
132	子实,热加工	5-04-597	90	35.2	2.60	0.96	1.61	2.75	2.22	0.53	0.55	1.83	1.32	1.41	0.48	1.68
133	子实,完整	5-04-610	91	39.4	7.01	1.93	1.81	3.67	1.47	0.22	0.37	2.90	2.17	1.48	—	2.29
	斯佩尔特小麦															
134	谷粒	4-04-651	90	12.0	0.45	0.18	0.36	0.63	0.27	0.18	—	0.45	—	0.36	0.09	0.45
	甘蔗															
135	甘蔗,糖蜜,脱水	4-04-695	—	—	—	—	—	—	—	—	—	—	—	—	—	—
136	糖蜜(普通红葡萄酒)>46% 转化糖,>79.5°Brix	4-04-696	—	—	—	—	—	—	—	—	—	—	—	—	—	—
	向日葵															
137	粗粉,浸提	5-09-340	90	26.8	2.38	0.66	1.29	1.86	1.01	0.59	0.48	1.23	0.76	1.04	0.38	1.49
138	粗粉,去壳,浸提	5-04-739	93	42.2	2.93	0.92	1.44	2.31	1.20	0.82	0.66	1.66	1.03	1.33	0.44	1.74
	甘薯															
139	果肉,脱水	4-08-535	—	—	—	—	—	—	—	—	—	—	—	—	—	—
140	块茎	4-04-788	—	—	—	—	—	—	—	—	—	—	—	—	—	—
	动物油脂															
	黑小麦															
141	谷粒	4-20-362	90	12.5	0.57	0.26	0.39	0.76	0.39	0.20	0.26	0.49	0.32	0.36	0.14	0.51
	小麦															
142	小麦麸	4-05-190	89	15.7	1.07	0.44	0.49	0.98	0.64	0.25	0.33	0.62	0.43	0.52	0.22	0.72
143	烧酒糟,脱水	5-05-193	93	31.6	1.10	0.80	2.01	1.71	0.70	—	—	1.71	0.50	0.90	—	1.71
144	胚芽,碾磨(小麦胚芽粉)	5-05-218	88	24.5	1.88	0.65	0.88	1.56	1.54	0.44	0.47	0.94	0.73	0.97	0.30	1.17
145	谷粒	4-05-211	88	14.9	0.58	0.28	0.47	0.87	0.37	0.18	0.31	0.61	0.41	0.38	0.16	0.56

续表 22.4

%

序号	饲料名称	国际饲料编号	干物质	粗蛋白	精氨酸	组氨酸	异亮氨酸	亮氨酸	赖氨酸	蛋氨酸	胱氨酸	苯丙氨酸	酪氨酸	苏氨酸	色氨酸	缬氨酸
146	谷粒,硬红,春播	4-05-258	88	14.1	0.67	0.34	0.47	0.93	0.38	0.23	0.30	0.67	0.40	0.41	0.16	0.61
147	谷粒,硬红,冬播	4-05-268	88	13.5	0.60	0.32	0.41	0.86	0.34	0.20	0.29	0.60	0.38	0.37	0.15	0.54
148	谷粒,软红,冬播	4-05-294	88	11.5	0.50	0.20	0.45	0.90	0.38	0.22	0.27	0.63	0.37	0.39	0.26	0.57
149	谷粒,软白,冬播	4-05-337	89	11.8	0.55	0.27	0.44	0.79	0.33	0.20	0.28	0.55	0.36	0.35	0.15	0.53
150	谷粒,软白,冬播,太平洋沿岸	4-08-555	89	10.1	0.45	0.20	0.40	0.59	0.30	0.14	0.24	0.42	0.36	0.28	0.12	0.41
151	饮粉,<9.5%纤维	4-05-205	89	15.9	0.97	0.44	0.53	1.06	0.57	0.26	0.32	0.70	0.29	0.51	0.20	0.75
152	辗磨,<9.5%纤维	4-05-206	90	15.6	0.90	0.40	0.70	1.20	0.50	0.40	0.20	—	0.50	0.50	0.20	0.80
153	饮级小麦粉,<4%纤维	4-05-203	88	15.3	0.96	0.41	0.55	1.06	0.59	0.23	0.37	0.66	0.46	0.50	0.10	0.72
154	粗粉,<7%纤维	4-05-201	88	16.0	1.07	0.43	0.58	1.02	0.70	0.25	0.28	0.70	0.51	0.57	0.22	0.87
155	硬质小麦 谷粒	4-05-224	87	13.8	0.66	0.34	0.58	1.04	0.38	0.18	—	0.80	0.39	0.42	—	0.69
	牛乳清 酵母															
156	酿啤干酵母	7-05-527	93	45.9	2.20	1.09	2.15	3.13	3.22	0.74	0.50	1.83	1.55	2.20	0.56	2.39
157	照射干酵母	7-05-529	94	48.1	2.46	1.00	2.94	3.56	3.70	1.00	—	2.77	—	2.41	0.73	3.06
	圆酵母															
158	圆干酵母粉	7-05-534	93	46.4	2.48	1.09	2.50	3.32	3.47	0.69	0.50	2.33	1.65	2.30	0.51	2.60

注:① 横线表示有可显示数据。

表 22.5　猪常量矿物元素来源的矿物质含量（以新鲜饲料为基础）①

序号	饲料名称	国际饲料编号	干物质/%	钙/%	磷/%	有效磷/%	钠/%	氯/%	钾/%	镁/%	硫/%	氟/(mg/kg)	铜/(mg/kg)	铁/(mg/kg)	锰/(mg/kg)	锌/(mg/kg)
1	多磷酸铵溶液	6-08-042	60	0.1	14.5	—	—	—	—	—	—	—	—	—	—	—
2	骨粉	6-00-397	95	25.9	12.4	—	—	—	—	—	—	—	—	—	—	—
3	骨粉，蒸汽处理	6-00-400	97	29.8	12.5	11.2	0.04	—	0.20	0.30	2.40	—	11	850	300	126
4	黑色的下脚骨料	6-00-404	90	27.1	12.7	—	—	—	0.14	0.53	—	—	—	—	—	—
5	骨，灰粉	6-00-402	90	27.1	12.7	—	—	—	0.14	0.53	—	—	—	—	—	—
6	碳酸钙 $CaCO_3$	6-01-069	99	35.8	0	—	0.08	0.02	0.08	1.61	0.08	—	24	600	200	—
7	一水二磷酸四氢钙（一钙）$CaH_4(PO_4)_2 \cdot H_2O$	6-26-334	100	17.0	21.1	21.1	0.20	0.00	0.16	0.09	0.80	—	80	7 500	100	220
8	磷酸氢钙和二水磷酸氢钙 $CaHPO_4 \cdot 2H_2O$ 和 $CaHPO_4$	6-01-080	96	21.3	18.7	18.7	0.18	0.47	0.15	0.80	0.80	1 800	—	7 900	1 400	—
9	磷酸三钙	6-01-084	100	38.0	18.0	15.1	—	—	—	—	—	—	—	—	—	—
10	无水硫酸钙（石膏）	6-01-087	85	22.0	0	—	—	—	—	2.21	20.01	—	—	1 171	—	—
11	二水硫酸钙，硫酸二钙	6-01-090	99	21.8	0	—	—	—	—	0.48	16.19	—	—	—	—	—
12	石灰石，白云石（石灰石，镁）	6-02-633	99	22.0	0	—	—	0.12	0.36	9.87	—	—	—	760	—	—
13	石灰石，碳碎	6-02-632	99	38.0	0	—	0.06	0.02	0.11	2.06	0.04	—	—	3 500	200	—
14	碳酸镁	6-02-754	81	0.0	0	—	—	—	—	30.20	—	—	—	—	—	—
15	氧化镁	6-02-756	100	1.7	0	—	0.50	0.01	0.02	55.00	0.10	200	—	1 060	100	—
16	硫酸镁	6-02-758	49	0.0	0	—	0.00	0.01	0.00	9.60	13.04	—	—	—	—	—
17	牡蛎壳，辗碎（粉）	6-03-481	99	37.6	0	—	0.21	0.01	0.10	0.30	—	—	—	2 840	133	—
18	磷酸氢二氨	6-00-370	97	0.5	20.0	21.9	0.04	—	0.01	0.45	2.50	2 100	91	12 000	400	342
19	磷酸氢铵	6-09-338	97	0.3	23.0	7.1	0.20	—	0.16	0.75	1.50	2 500	80	4 100	100	300
20	磷酸盐，岩石	6-05-586	100	35.1	14.2	16.2	0.20	—	—	0.80	—	5 500	—	3 500	—	—
21	磷酸盐，岩石，脱氟	6-01-780	100	32.0	18.0	—	0.20	—	—	0.29	—	1 800	22	8 400②	500	—
22	磷酸盐，岩石，未加工	6-03-945	100	35.0	13.0	—	3.27	—	0.10	—	0.13	35 000	—	—	—	—
23	磷酸盐，岩石，低氟	6-03-946	100	36.0	14.0	—	—	—	—	—	—	—	—	—	—	—
24	磷酸盐，软岩石（胶黏土）	6-03-947	100	16.1	9.0	36.0	0.10	—	—	0.38	—	15 000	—	19 200	1 000	—
25	五价磷酸，饲料级	6-03-707	75	0.1	23.7	23.7	0.01	—	0.01	—	0.05	3 100	—	20	—	—
26	钾，镁的硫酸盐	6-06-177	100	0	—	—	0.76	1.25	18.45	11.58	21.97	—	—	100	20	—
27	氯化钾	6-03-755	100	0	—	—	1.00	46.93	51.37	0.23	0.32	—	—	600	10	—
28	磷酸氢二钠	6-04-286	100	—	21.1	21.1	31.04	—	—	—	—	—	—	10	—	—
29	磷酸二氢钠，无水	6-04-288	87	0.1	24.9	24.9	18.65	0.02	0.01	0.01	—	—	—	10	—	—
30	三聚磷酸钠	6-08-076	96	—	24.0	—	28.80	—	—	—	—	—	—	40	—	—

注：①黄线表表示无可显示数据。
②脱氟磷酸盐中的铁是硫酸亚铁效价的 65%。

表22.6 微量矿物元素来源的矿物质成分（以干物质为基础）①②

%

饲料名称	化学式	矿物含量	相对生物学效价	钠	氯	硫	备注
铜							
碳酸铜（一水）	$CuCO_3 \cdot Cu(OH)_2 \cdot H_2O$	50	60~100				深绿色结晶
碱式绿铜矿	$Cu_2(OH)_3Cl$	58	100		41.64		绿色结晶
碘化铜	CuI	33.36	100				黑色粉末或颗粒
氧化铜	CuO	79.88	0~10				蓝或深蓝色结晶
五水硫酸铜	$CuSO_4 \cdot 5H_2O$	25.45	100			12.84	
硫酸铜，无水	$CuSO_4$	39.8	100			40.09	
碘							
碘酸钙	$Ca(IO_3)_2$	65.08	100				稳定来源
高碘酸钙	$Ca_5(IO_5)_2$	39.28	90				
碘化铜	CuI	66.6	100				
二氢化碘乙二胺 EDDI（有机碘）	$C_2H_8N_2 \cdot 2HI$	80.3	100				白色
碘化钾	KI	76.4	100	0			用于碘盐(0.01%)
碘化钠	NaI	84.6	—	15.33			
铁							
六水氯化铁	$FeCl_3 \cdot 6H_2O$	20.66	44~100				红色，用于上色，不用于提供铁
氧化铁	Fe_2O_3	69.94	0				浅褐色
碳酸亚铁	$FeCO_3$	48.2	15~80				
六水氯化铁	$FeCl_3 \cdot 6H_2O$	20.6	40~100		39.35		红棕色
富马酸亚铁	$C_4H_2FeO_4$	32.87	100				黑色粉末
氧化亚铁	FeO	77.8	—				绿褐色结晶
一水硫酸亚铁	$FeSO_4 \cdot H_2O$	32.8	100			18.87	绿色结晶
七水硫酸亚铁	$FeSO_4 \cdot 7H_2O$	20.08	100			11.53	

续表 22.6

饲料名称	化学式	矿物含量	相对生物学效价	钠	氯	硫	备注
锰							
七水硫酸锰	$MnSO_4 \cdot 7H_2O$	22.8	100				玫瑰色结晶
碳酸锰	$MnCO_3$	47.8	30~100				玫瑰色结晶
四水氯化锰	$MnCl_2 \cdot 4H_2O$	27.7	100		19.0		玫瑰色结晶
二氧化锰	MnO_2	63.1	35~95				
氧化锰	MnO	77.4	70				绿褐色粉末
一水硫酸锰	$MnSO_4 \cdot H_2O$	29.5	100			30.8	绿褐色粉末
钠							
十水硒酸钠	$Na_2SeO_4 \cdot 10H_2O$	21.4	100	12.13			白色结晶
亚硒酸钠	Na_2SeO_3	45	100	26.00			白色或淡粉色结晶
锌							
碳酸锌	$ZnCO_3$	52.1	100				白色结晶
氯化锌	$ZnCl_2$	47.97	100		52.0		
氧化锌	ZnO	80.3	50~80				灰色粉末
一水硫酸锌	$ZnSO_4 \cdot H_2O$	36.4	100			17.86	白色结晶
七水硫酸锌	$ZnSO_4 \cdot 7H_2O$	22.7	100			11.15	白色结晶

注:①摘自:生命周期猪营养,爱荷华州立大学,1996;堪萨斯猪营养指南,堪萨斯州立大学;NRC猪营养需要,国家科学院,1998;猪营养指南,内布拉斯加州大学和南达科他州立大学,1995。

②横线表示没有可显示数据。

主要参考文献

Animal Feed Resources Information System（*AFRIS*），http://www. fao. org/ag/aga/agap/frg/ afris/default. htm

Nutrient Requirements of Swine，7th rev. ，National Academy Press，National Research Council Washington，DC，1998，http://www. nap. edu/catalog/6016. html

United States-Canadian Tables of Feed Composition：*Nutritional Data for United States and Canadian Feeds*，3rd rev. ，National Academy Press，Washington，DC，1982，http://books. nap. edu/ books/0309032458/html/ R1. html

附　　录

这个附录是完整的养猪学的要点,它提供了非常有用的补充资料,包括:(1)动物单位;(2)重量和长度单位的转换;(3)一些重量和长度单位的使用;(4)养猪杂志;(5)品种登记协会;(6)毒药信息中心。

动物单位

1个动物单位是基于饲料消耗基础上来命名的公用的动物单位。假定1头成年的母牛代表1头动物单位,那么相比较1头成年母牛来说,其他年龄组或种类的动物的饲料消耗决定它们所代表的1个动物单位的比例。例如,一般来说1头成年母牛的饲喂量相当于饲喂5头公猪到200 lb。因此,这个动物单位在这个品种和年龄阶段的动物就是0.2。表 A.1 给出了不同品种和年龄家蓄的动物单位。

表 A.1　动物单位

动物种类	动物单位
牛,不包括成年奶牛和小肉牛	1.0
小肉牛	1.0
成年奶牛	1.4
体重超过 55 lb 的猪	0.4
体重低于 55 lb 的猪	0.1
鸡	0.01
火鸡	0.018
鸭	0.2
马	2.0
羊或羔羊	0.1

来源:联邦登记簿,66(9),2962,试行规定,2001-01-12。

度量衡

度量衡是一系列包括重量、数量和体积的标准,即使对于原始社会的人类,许多标准也是必需的,尤其对于衡量那些复杂生物的生长速度,这些标准就变得越来越重要。

度量衡是现代农业最重要的部分之一。这些部分常包括被美国猪肉生产者所使用的最重要的标准(图 A.1)。

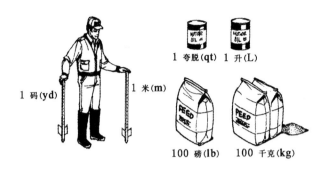

图 A.1　公制与美国惯用长度、重量和容积的比较。（皮尔森教育）

公制

美国和一些其他国家使用的标准属于这种惯例的或英制的测量体系。这个体系在英格兰的发展，从古老的测量标准，大约开始于 1 200 年前。所有其他的国家包括英格兰现在使用的测量体系被叫做公制体系，这个体系由法国建立于 18 世纪 90 年代。这个公制体系被用在所有的科学研究中，同时在美国的应用也日益增加。因此，每个人都应该掌握这个知识。

基本的公制单位是米（长度/距离）、克（重量）和升（容积）。这个单位然后扩大或缩小 10 倍。这些前缀以同样的方法在公制单位中使用，例如：

"千分之一，毫"=1/1 000

"百分之一"=1/100

"十分之一"=1/10

"十"=10

"百"=100

"千"=1 000

以下表格便于公制对美制单位的转换。反之亦然。

表 A.2，重量单位转换系数

表 A.3，重量换算表

表 A.4，度量衡

长度

表面积或面积

容积

重量

单位度量衡

表 A.2　重量单位转换系数

给出的单位	想要的单位	转换系数
磅(lb)	克(g)	453.6
磅(lb)	千克(kg)	0.453 6
盎司(oz)	克(g)	28.35
千克(kg)	磅(lb)	2.204 6
千克(kg)	毫克(mg)	1 000 000
千克(kg)	克(g)	1 000
克(g)	毫克(mg)	1 000
克(g)	微克(μg)	1 000 000
毫克(mg)	微克(μg)	1 000
毫克/克(mg/g)	毫克/磅(mg/lb)	453.6
毫克/千克(mg/kg)	毫克/磅(mg/lb)	0.453 6
微克/千克(μg/kg)	微克/磅(ug/lb)	0.453 6
兆卡(Mcal)	千卡(kcal)	1 000
千卡/千克(kcal/kg)	千卡/磅(kcal/lb)	0.453 6
千卡/磅(kcal/lb)	千卡/千克(kcal/kg)	2.204 6
百万分之一(ppm)	微克/克(ug/g)	1
百万分之一(ppm)	毫克/千克(mg/kg)	1
百万分之一(ppm)	毫克/磅(mg/lb)	0.453 6
毫克/千克(mg/kg)	%	0.000 1
百万分之一(ppm)	%	0.000 1
毫克/克(mg/g)	%	0.1
克/千克(g/kg)	%	0.1

来源：皮尔森教育。

表 A.3　重量换算表

1 磅(lb)	= 453.6 克(g)	= 0.453 6 千克(kg)	= 16 盎司(oz)
1 盎司(oz)	= 28.35 克(g)		
1 千克(kg)	= 1 000 克(g)	= 2.204 6 磅(lb)	
1 克(g)	= 1 000 毫克(mg)		
1 毫克(mg)	= 1 000 微克(μg)	= 0.001 克(g)	
1 微克(μg)	= 0.001 毫克(mg)	= 0.000 001 克(g)	
1 微克/克(μg/g)	= 1 毫克/千克(mg/kg)	ppm	

来源：皮尔森教育。

表 A.4　度量衡(公制和美国惯用)

长度单位

公制	公制	美国惯用
1 毫微米(nm)	0.000 000 001 米(m)	0.000 000 039 英寸(in)
1 微米(μm)	0.000 001 米(m)	0.000 039 英寸(in)
1 毫米(mm)	0.001 米(m)	0.039 4 英寸(in)
1 厘米(cm)	0.01 米(m)	0.393 7 英寸(in)
1 分米(dm)	0.1 米(m)	3.937 英寸(in)
1 米(m)	1 米(m)	39.37 英寸(in);3.281 英尺(ft);1.094 码(yd)
1 百米(hm)	100 米(m)	328 英尺(ft),1 英寸(in);19.833 8 杆(rd)
1 千米(km)	1 000 米(m)	3 280 英尺(ft)10 英寸(in); 0.621 英里(mi)

美国惯用	美国惯用	公制
1 英寸(in)		25 毫米(mm);2.54 厘米(cm)
1 手宽①(hand)	4 英寸(in)	
1 英尺(ft)	12 英寸(in)	30.48 厘米(cm); 0.305 米(m)
1 码(yd)	3 英尺(ft)	0.914 米(m)
1 英寻②(fath)	6.08 英尺(ft)	1.829 米(m)
1 杆(rd)	16.5 英尺(ft);5.5 码(yd)	5.029 米(m)
1 弗隆(fur)	220 码(yd);40 杆(rd)	201.168 米(m)
1 英里(mi)	5 280 英尺(ft);1 760 码(yd)	1 609.35 米(m); 1.609 千米(km)
1 海里(mile)	6 080 英尺(ft); 1.15 英里(mi)	
1 里格(陆地)	3 英里(陆地)	
1 里格(航海)	3 英里(航海)	

注：①用来测量马的高度。

②用来测量海水深度。

转换表

原始单位	转换单位	转换系数
英寸(in)	厘米(cm)	2.54
英尺(ft)	米(m)	0.305
米(m)	英寸(in)	39.73
英里(mi)	千米(km)	1.609
千米(km)	英里(mi)	0.621

(反向转换，除以转换系数)

面积单位

公制	公制	美国惯用
1 平方毫米(mm²)	0.000 001 平方米(m²)	0.001 55 平方英寸(in²)
1 平方厘米(cm²)	0.000 1 平方米(m²)	0.155 平方英寸(in²)
1 平方分米(dm²)	0.01 平方米(m²)	15.50 平方英寸(in²)
1 平方米(m²)	1 平方公尺(ca)	1 550 平方英寸(in²);10.76 平方英尺(ft²);1.196 平方码(yd²)
1 英亩(acre)	100 平方米(m²)	119.6 平方码(yd²)
1 公顷(hm)	10 000 平方米(m²)	2.47 英亩(acre)
1 平方千米(km²)	1 000 000(m²)	247.1 英亩(acre),0.386 英里²(mi²)

美国惯用	美国惯用	公制
1 平方英寸(in²)	1 in× 1 in	6.452 平方厘米(cm²)
1 平方英尺(ft²)	144 平方英寸(in²)	0.093 平方米(m²)
1 平方码(yd²)	1 296 平方英寸(in²);9 平方英尺(ft²)	0.836 平方米(m²)
1 平方杆(rd²)	272.25 平方英尺(ft²);30.25 平方码(yd²)	25.29 平方米(m²)
1 路得(rood)	40 平方杆(rod²)	10.117 英亩(acre)
1 英亩(acre)	43 560 平方英尺(ft²);4 840 平方码(yd²);160 平方杆(rd²);4 路得(rood)	4 046.87 平方米(m²);0.405 公顷(hm)
1 平方英里(mi²)	640 英亩(acre)	2.59 平方千米(km²);259 公顷(hm)
1 镇区(township)	36 部分;6 平方英里(mi²)	

转换表

原始单位	转换单位	转换系数
平方英寸(in²)	平方厘米(cm²)	6.452
平方厘米(cm²)	平方英寸(in²)	0.155
平方码(ya²)	平方米(m²)	0.836
平方米(m²)	平方码(ya²)	1.196

(反向转换,除以转换系数)

容积单位

液体和固体	公制	美国惯用(液体)	美国惯用(固体)
1 毫升(mL)	0.001 升(L)	0.271 打兰(dr)	0.061 立方英寸(in³)
1 厘升(cL)	0.01 升(lL)	0.338 盎司(oz)	0.610 立方英寸(in³)
1 分升(dL)	0.1 升(lL)	3.38 盎司(oz)	
1 升(L)	1 000 立方厘米(cm³)	1.057 夸脱(qt);0.264 2 加仑(gal)	0.908 夸脱(qt)
1 百升(hL)	100 升(L)	26.418 加仑(gal)	2.838 蒲式耳(bu)
1 千升(kL)	1 000 升(L)	264.18 加仑(gal)	1 308 立方码(yd³)

容积单位

美国惯用(液体)	美国惯用	盎司	立方英寸	公制
1 茶匙(t)	60 滴	0.166 6		5 毫升(mL)
1 点心用匙	2 茶匙(t)			
1 大汤匙(T)	3 茶匙(t)	0.5		15 毫升(mL)
1 盎司(oz)(液态)		1	1.805	29.57 毫升(mL)
1 吉耳(gi)	0.5 茶杯(c)	4	7.22	118.29 毫升(mL)

美国惯用(液体)	美国惯用	盎司	立方英寸	公制
1 茶杯(c)	16 大汤匙(T)	8	14.44	236.58 毫升(mL);0.24 升(L)
1 品脱(pt)	2 茶杯(cups)	16	28.88	0.47 升(L)
1 夸脱(qt)	2 品脱(pt)	32	57.75	0.95 升(L)
1 加仑(gal)	4 夸脱(qt)	8.34 磅(lb)	231	3.79 升(L)
1 桶(bbl)	31.5 加仑(gal)			
1 大桶(hhd)	2 桶(bbl)			

美国惯用(液体)	美国惯用	盎司	立方英寸	公制
1 品脱(pt)	0.5 夸脱(qt)		33.6	0.55 升(L)
1 夸脱(qt)	2 品脱(pt)		67.20	1.10 升(L)
1 配克(pk)	8 夸脱(qt)		537.61	8.81 升(L)
1 蒲式耳(bu)	4 配克(pk)		2 150.42	35.24 升(L)

公制体系(固体)	公制	美国惯用
1 立方毫米(mm³)	0.001 立方厘米(cc)	
1 立方厘米(cm³)	1 000 立方毫米(mm³)	0.061 立方英寸(in³)
1 立方分米(dm³)	1 000 立方厘米(cm³)	61.023 立方英寸(in³)
1 立方米(m³)	1 000 立方分米(dm³)	35.315 立方英尺(ft3);1.308 立方码(yd³)

美国惯用(固体)	美国惯用	公制
1 立方英寸(in³)		16.387 立方厘米(cm³)
1 板英尺(fbm)	144 立方英寸(in³)	2 359.8 立方厘米(cm³)
1 立方英尺(ft³)	1 728 立方英寸(in³)	0.028 立方米(m³)
1 立方码(yd³)	27 立方英尺(ft³)	0.765 立方米(m³)
1 考得(cord)	128 立方英尺(ft³)	3.625 立方米(m³)

转换表

原始单位	转换单位	转换系数
盎司(oz)(液态)	立方厘米(cm³)	29.57
立方厘米(cm³)	盎司(oz)(液态)	0.034
夸脱(qt)	升(L)	0.946
升(L)	夸脱(qt)	1.057
立方英寸(in)	立方厘米(cm³)	16.387
立方厘米(cm³)	立方英寸(in³)	0.061
立方码(ya³)	立方米(m³)	0.765

(反向转换,除以转换系数)

重量单位

公制体系	公制	美国惯用
1 微克(μg)	0.001 毫克(mg)	
1 毫克(mg)	0.001 克(g)	0.015 432 356 格令(grain)
1 厘克(cg)	0.01 克(g)	0.154 323 56 格令(grain)
1 分克(dg)	0.1 克(g)	1.543 2 格令(grains)
1 克(g)	1 000 毫克(mg)	0.035 273 96 盎司(oz)
1 十克(dcg)	10 克(g)	5.643 833 打兰(dr)
1 百克(hg)	100 克(g)	3.527 396 盎司(oz)
1 千克(kg)	1 000 克(g)	35.274 盎司(oz);2.204 622 3 磅(lb)
1 吨(t)	1 000 千克(kg)	2 204.6 磅(lb);1.102 吨(t)(短);0.984 吨(t)(长)

美国惯用	美国惯用	公制
1 格令(grain)	0.037 打兰(dr)	64.798 918 毫克(mg);0.064 798 918 克(g)
1 打兰(dr)	0.063 盎司(oz)	1.771 845 克(g)
1 盎司(oz)	16 打兰(dr)	28.349 527 克(g)
1 磅(lb)	16 盎司(oz)	453.592 4 克(g);0.453 6 千克(kg)
1 英担(cwt)	100 磅(lb)	
1 吨(t)(短)	2 000 磅(lb)	907.184 86 千克(kg);0.907 吨(t)
1 吨(t)(长)	2 200 磅(lb)	1 016.05 千克(kg);1.016 吨(t)
百万分之一(ppm)	1 微克/克(μg/g);1 毫克/升(mg/L);	0.453 592 4 毫克/磅(mg/lb);0.907 克/吨(g/t);
	1 毫克/千克(mg/kg);0.000 1%	0.000 13 盎司/加仑(oz/gal)
1%(1/100))	10 000 ppm;10 克/升(g/L)	1.28 盎司/加仑(oz/gal);8.0 磅/100 克(lb/100 g)

转换表

原始单位	转换单位	转换系数
克(g)	毫克(mg)	64.799
盎司(oz)(固体)	克(g)	28.35
磅(lb)(固体)	千克(kg)	0.453 592 4
千克(kg)	磅(lb)	2.204 622 3
毫克/磅(mg/lb)	ppm	2.204 622 3
ppm	克/吨(g/t)	0.907 184 86
克/吨(g/t)	ppm	1.1
毫克/磅(mg/lb)	克/吨(g/t)	2
克/吨(g/t)	毫克/磅(mg/lb)	0.5
克/磅(g/t)	克/吨(g/t)	2 000
克/吨(g/t)	克/磅(g/lb)	0.000 5
克/吨(g/t)	磅/吨(lb/t)	0.002 2
磅/吨(lb/t)	克/吨(g/t)	453.592 4
克/吨(g/t)	百分比(%)	0.000 11
百分比(%)	克/吨(g/t)	9 072
ppm	百分比(%)	向左移动 4 位小数点

(反向转换,除以转换系数)

度量衡单位

单位	等于
容积单位面积	
1 升/公顷(L/hm)	0.107 加仑/英亩(gal/acre)
1 加仑/英亩(gal/acre)	9.354 升/公顷(L/hm)
重量单位面积	
1 千克/平方厘米(kg/cm²)	14.22 磅/平方英寸(lb/in²)
1 千克/公顷(kg/ha)	0.892 磅/英亩(lb/acre)
1 磅/平方英寸(lb/in²)	0.070 3 千克/平方厘米(kg/cm²)
1 磅/英亩(lb /acre)	1.121 千克/公顷(kg/hm²)
面积单位重量	
1 平方厘米/千克(cm²/kg)	0.070 3 平方英寸/磅(in²/lb)
1 平方英寸/磅(in²/lb)	14.22 平方厘米/千克(cm²/kg)

来源:皮尔森教育。

温度

1 摄氏度(℃)是在 1 atm(101.3 kPa)下,融化冰和水煮沸之间 1/100 的温度差异。1℃等于 1.8℉。

1 华氏度(℉)是在 1 atm(101.3 kPa)下,融化冰和水煮沸之间 1/180 的温度差异。1℉等于 0.556℃。

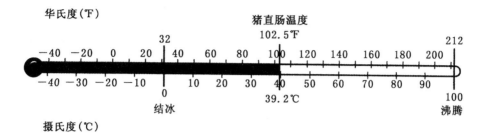

图 A.2　直接转化和读取华氏温度—摄氏温度。(皮尔森教育提供)

原始单位	转换单位	转换方法
摄氏度℃	华氏度℉	(摄氏度+32)×9/5
华氏度℉	摄氏度℃	(华氏度-32)×5/9

常用饲料的度量衡

计算日粮和浓缩饲料时通常使用重量单位来度量而不是长度单位来度量。然而,在实际饲养试验中经常更多地使用重量单位来度量浓缩料。表 A5 就给出了这样的一个例子。

生猪估重

生猪的体重可以通过用卷尺测量胸围的周长来获得。把卷尺直接放到猪前腿后面,贴身绕着生猪胸部在猪肩部后面直接读出数据。使用表 A.6 的换算方法,这个重量就是猪的体重±10 lb。通过 3 次独立的测量,取平均值,从而得到更为准确的胸围长度。注意,这种测量方法应该在猪吃饱喝足之后进行。

表 A.5　常用饲料的度量衡

饲料	近似重量[1]		饲料	近似重量[1]	
	lb/qt	lb/bu		lb/qt	lb/bu
紫花苜蓿粉	0.6	19	肉屑	1.3	42
大麦	1.5	48	买罗高粱	1.7	56
甜菜粕(干燥)	0.6	19	糖蜜饲料	0.8	26
啤酒糟(干燥)	0.6	19	燕麦	1.0	32
荞麦	1.6	50	燕麦,碾碎	0.7	22
荞麦麸	1.0	29	次燕麦粉	1.5	48
玉米,去穗	—	70	花生粕	1.0	32
玉米,碾碎	1.6	50	米糠	0.8	26
玉米,脱壳	1.8	56	黑麦	1.7	56
玉米粉	1.6	50	高粱	1.7	56
玉米棒子粉	1.4	45	大豆	1.7	60
棉子粕	1.5	48	骨粉	1.6	51
豇豆	1.9	60	藜豆属,脱壳	1.8	60

续表 A.5

饲料	近似重量[①]		饲料	近似重量[①]	
	lb/qt	lb/bu		lb/qt	lb/bu
烧酒糟(干燥)	0.6	19	小麦	1.9	60
鱼粉	1.0	35	麦麸	0.5	16
玉米淀粉渣	1.3	42	次小麦粉,标准	0.8	26
亚麻子饼(旧工艺)	1.1	35	小麦筛渣	1.0	32
亚麻子饼(新工艺)	0.9	29			

注:①转化为国际单位制见表 A.4。

来源:皮尔森教育。

表 A.6　生猪估重

胸围周长/in	猪体重/lb	胸围周长/in	猪体重/lb
25	49	37	171
26	59	38	181
27	69	39	191
28	79	40	201
29	89	41	211
30	99	42	221
31	110	43	232
32	120	44	242
33	130	45	252
34	140	46	262
35	150	47	272
36	160	48	282

来源:Swine Update,Vol. 25:1,2003,Kansas StateUniversity,Manhattan,KS。

养猪杂志

　　家畜杂志针对养猪管理者的兴趣发表行业新闻和资讯性文章。当然,在这些期刊中也有许多栏目是为家畜的购买和销售服务的。

　　在期刊的编辑目录(见表 A.7)没有列出更多家畜杂志著名刊物,仅是主要针对猪的杂志而言。

表 A.7　家畜养殖业杂志

全国生猪饲养者(*National Hog Farmer*)
PRIMEDIA Business Magazines and Media, Inc.
9800 Metcalf AvenueOverland Park, KS 66212-2215
http://www.nationalhogfarmer.com

养猪进展(*Pig Progress*)
International Agri- and Horticulture
P. O. Box 4,7000 BA Doetinchem, The Netherlands
http://www.AgriWorld.nl
猪肉交费报告(*Pork Checkoff Report*)
National Pork Board
P. O. Box 9114,Des Moines,IA 50306

猪肉杂志(*Pork Magazine*)
10901 West 84th Terrace, Lenexa, KS 66214
http://www.porkmag.com

Swine Practitioners(养猪创业者)
Livestock Division, Vance Publishing Corp.
10901 West 84th Terrace, Lenexa, KS 66214

来源:皮尔森教育。

品种登记协会

品种登记协会由一群育种者联合起来组成,目的是:(1)记录动物的血统;(2)保护品种纯度;(3)鼓励进一步改良畜种;(4)促进育种兴趣。表 A.8 中列出了猪品种登记协会名单。

表 A.8　品种登记协会

美国巴克夏猪协会(American Berkshire Association) P. O. Box 2436,West Lafayette,IN 47906 (317) 497-3618 品种出版物:巴克夏猪消息(*The Berkshire News*) http://www.americanberkshire.com	国家海福特猪记录协会(National Hereford Hog Record Association) Route 1,Box 37,Flandreau,SD 57028 (605) 997-2116
美国长白猪协会(American Landrace Association) 国家种猪登记协会(NSR)成员 P. O. Box 2417,West Lafayette,IN 47996-2417 (765) 463-3594 品种出版物:原种优势(*Seedstock Edge*) http://www.nationalswine.com	国家花斑猪记录协会(National Spotted Swine Records) 鉴定系谱猪协会(CPS)成员 P. O. Box 9758,Peoria,IL 61612 (309) 693-1804 品种出版物:育种者文摘杂志(*Breeders Digest Magazine*) http://www.cpsswine.com
美国约克夏俱乐部(American Yorkshire Club) 国家种猪登记协会(NSR)成员 P. O. Box 2417,West Lafayette,IN 47996-2417 (765) 463-3594 品种出版物:原种优势(*Seedstock Edge*) http://www.nationalswine.com	波中猪记录协会(Poland China Record Association) 鉴定系谱猪协会(CPS)成员 P. O. Box 9758,Peoria,IL 61612 (309) 691-6301 品种出版物:育种者文摘杂志(*Breeders Digest Magazine*) http://www.cpsswine.com
切斯特白猪记录协会(Chester White Swine Record Association) 鉴定系谱猪协会(CPS)成员 P. O. Box 9758,Peoria,IL 61612 (309) 691-0151 品种出版物:育种者文摘杂志(*Breeders Digest Magazine*) http://www.cpsswine.com	塔姆沃思猪协会(Tamworth Swine Association) 621 N CR 850 W,Greencastle,IN 46135 (765) 653-4913 品种出版物:塔姆沃思猪消息(*The Tamworth News*)
汉普夏猪登记协会(Hampshire Swine Registry) 国家种猪登记协会(NSR)成员 P. O. Box 2417,West Lafayette,IN 47996-2417 (765) 463-3594 品种出版物:原种优势(*Seedstock Edge*) http://www.nationalswine.com	联合杜洛克猪登记协会(United Duroc Swine Registry) 国家种猪登记协会(NSR)成员 P. O. Box 2417,West Lafayette,IN 47996-2417 (765) 463-3594 品种出版物:原种优势(*Seedstock Edge*) http://www.nationalswine.com

来源:皮尔森教育。

生猪市场实行原则编码(国家猪记录协会)

购买纯种猪、登记公猪和青年母猪作为种猪,许多因素会影响 1 头猪的种用性能。这些猪在购买时并非表现得很明显。有些问题可能是销售之前存在的管理问题,有些问题可能是由于买猪之后的管理问题,还有一些问题可能是遗传的。由于以上几个原因,买卖双方应该参与共同的调节,所有的调节包括买卖双方之间的合作。

担保标准

所有的纯种、5月龄以上(未配种7月龄以下)登记的种猪作为育种目的销售时都应有担保,保证它们符合种用要求。如果该种猪被证明不育,卖方应做出相应的调整使买方满意,买方应该在售后90 d内提供自己的信息。在所有纯种的交易过程中,品种登记证书应该邮寄给买主,费用包括在销售费用里。以下建议可作为养猪生产中一般要考虑的问题,如果买卖双方都同意还可以进行其他一些调整。

如果公猪不能配种或使母猪受胎

1)偿还购买价和公猪市场价的差额,如果公猪已售出应该出示收据。

2)提供另一头后备公猪,使购买者满意。

3)购买其他公猪时,给予购买者赊欠期(数量由买卖双方协商决定)。

售出的青年母猪

A. 如果证明妊娠了:

1)补偿购买价返给售货者。

2)补偿青年母猪购买价和商业妊娠母猪价格间的差额。

B. 如果证明不育:

1)提供另一头后备青年母猪,使购买者满意。

2)偿还购买价和青年母猪市场价的差额,如果青年母猪已售出应该出示收据。

3)购买其他青年母猪时,给予购买者赊欠期(数量由买卖双方协商决定)。

已配母猪

已配母猪可以通过指定公猪在配种期去鉴定,如果没有配上:

1)提供另一个替换母猪,使购买者满意。

2)偿还购买价和母猪市场价的差额,如果母猪已售出应该出示收据。

3)如果购买者仍要保留这头母猪,偿还购买价和母猪销售市场价差额的1/2。

毒物信息中心

目前,市场上大量的化学喷雾剂、粉末和气体使用于农业,在使用它们时意外事故可能由于操作人员的粗心引起。同样,这里也存在一个潜在的危险,孩子们可能吃掉或喝掉这些危险品。毒物信息中心在美国各地都建有分支机构,如果愿意,医生可以从那里迅速获得最新的治疗这种病例的信息。

国家毒物中心设在乔治华盛顿大学医学中心,新墨西哥大街3210,西北,公寓310,华盛顿DC,20016。这些机构每周每天24 h开放,热线电话是1-800-222-1222。毒物学研究组全体职员将答复包括任何物种的中毒或化学污染问题。

养猪学专业术语

好的养猪生产者的标志是能够掌握本专业的术语,可以正确地使用这些专业术语并知道它们的含义。即使是那些人们在商业生产中经常使用的有关猪的专业术语,初学者也会经常被其困扰。

许多术语在本书中的其他地方被定义和解释,就不会在术语表里重复出现了。如果一个特殊的术语没有在这里列出的话,读者可查阅索引或者特定的章节部分加以理解。

A

屠宰场 Abattoir:屠宰动物的场所。

断奶 Ablactation:断奶行为。

流产 Abortion:在动物可以存活之前,在正常分娩之前将胎儿排出或产出。

脓肿 Abscess:局部聚集脓汁。

适应性 Acclimation:动物对它们所生存环境的短期内的反应。

环境适应性 Acclimatization:对新的气候或环境条件变得适应的复杂过程。

获得性免疫 Acquired immunity:动物出生后获得的免疫,其可以是被动免疫也可以是主动免疫。

主动免疫 Active immunity:当动物受到自然感染或预防接种后而产生的免疫性。

急性病 Acute:指的是疾病迅速发作,病程短,症状明显。

自由采食 Adlibitum:对饲料随意进行采食。

适应性 Adaptation:机体自身来适应新的或变化的环境。

添加剂 Additive:通常指加入混合基础料中的较少的成分或物质,就是通过添加一定量的营养物质、刺激物、药物来增强畜禽体力。

脂肪组织 Adipose tissue:含脂肪的组织。

肾上腺 Adrenal gland:身体中的一个内分泌腺体,位于肾脏附近。它可分泌利用营养所必需的激素。

需氧菌 Aerobe:空气中那些需要氧气才能存活和繁殖的微生物。

猪舍 A-frame house:便携式的猪舍,形状像"A"字,它可在草地上使用,用来饲养母猪和仔猪。

胞衣(指胎盘及羊膜)Afterbirth:在产小猪时从子宫排出的胎盘和胎儿的联合物。

干乳 Agalactia:在分娩以后某个时期不再分泌乳汁。

争斗行为 Agonistic behavior:争斗或打斗行为。

人工授精 AI:人工授精的缩写。

干物质(其中大约 90% 为干物质)Air-dry(approximately 90% dry matter):通常饲料在户外通过风干的方法晾干。它可能是真正的或不全是干物质,后者大约有 90% 的干物质。大部分饲料是在风干的状态下饲喂。

蛋白,白蛋白 Albumen:在血液、奶、鸡蛋以及其他物质中存在的一种重要的蛋白质。

碱 Alkali:一种存在于贫瘠土壤或半干旱地区的可溶性盐或者是几种可溶性盐的混合物,它的存在对普通农业有害。

模仿行为 Allelomimetic behavior:做同样的事情。

全进全出系统 All-in,all-out(AIAO):这个系统是指猪以群养方式生活于以下几个时期:(1)分娩;(2)保育;(3)生长肥育。在这些时期之后每个猪群被赶出,对猪舍中的设备进行清洗和消毒。AIAO 可以用来控制猪群疾病。

环境温度 Ambient temperature：主要的周围环境温度。

美国饲料工业协会 American Feed Industry Association, Inc.（AFIA）：饲料生产商的全国性联合组织：(1)提高饲料产品质量,促进饲料贸易的发展;(2)鼓励各成员提高饲料质量的标准;(3)依照法律程序保护饲料加工和生产者的最大利益。地址是威尔逊大街 1501 号,1100 室（http://www.afia.org/）。

氨基酸 Amino acids：含氮化合物是组成很多复杂蛋白质的基本结构和功能单位,它包括 1 个氨基基团和 1 个羟基基团。

合成代谢 Anabolism：通过生命体活细胞的代谢活动将简单的小分子物质转化为更加复杂的大分子物质的代谢过程（组成代谢）。

厌氧微生物 Anaerobe：一种可以在没有空气或氧气不充足的的条件下能正常地生活和繁殖的微生物。

动物行为 Animal behavior：动物对特定的刺激或由于对周围环境的适应而形成的行为。

动物性蛋白 Animal protein：来自于肉类加工品、剩余奶和奶产品以及水产品的蛋白质。它包括肉、奶、家禽、鸡蛋、鱼以及它们的产品。

动物权利 Animal rights：人类也是动物世界大家庭的一员,所有的动物应该和人类一样受到保护,包括生存的权利。

动物福利 Animal welfare：动物福利、健康和幸福。

厌食 Anorexia：指缺乏食欲。

缺氧症 Anoxia：在血液或体组织中缺乏氧气。这种条件可能会引起不同种类的贫血症,减少血液流入体组织或指高海拔地区缺氧。

屠宰前检查 Antemortem inspection：动物屠宰之前进行的检查。

驱虫剂 Anthelmintic（dewormer）：一种用来杀死或排除动物体内虫的药物。

抗生素 Antibiotic：一种由活的生命体合成的化合物,例如细菌和病毒。它可以抑制其他细菌和病毒的生长。

抗体 Antibody：（修饰型血清球蛋白）依靠淋巴组织对抗原的刺激而产生的一种蛋白质物质。每一个抗原引发一个特定的抗体。在疾病防御中,动物血液中抗体产生必须要有病原体（抗原）的刺激。

抗原 Antigen：与动物血液异源,可刺激产生特定的抗体或在体内、体外与同源抗体特异作用的一种大分子质量的物质（通常是蛋白质）。

抗氧化剂 Antioxidant：一种可以降低氧化多不饱和脂肪酸作用的化合物。抗氧化剂用来防止饲料和食物的氧化。

防腐剂 Antiseptic：一种可以阻止微生物生长和繁殖的化学物质。

食欲 Appetite：面对食物立即想摄食的欲望。动物缺乏食欲通常由疾病和应激引起。

弓形结构 Arch：猪身体背部的弯曲程度。

关节炎 Arthritis：关节的炎症。

人工授精 Artificial insemination（AI）：技术员通过输精器将精液输入母畜生殖道内。

采食时水分含量 As-fed basis：通常饲喂动物的饲料干物质含量从 0～100%。

灰分 Ash：饲料中所含的矿物质成分。有机物经过完全燃烧后的剩余物。

化验 Assay：判断：(1)物质的纯度;(2)组成混合物的每一部分的含量。

同化作用 Assimilation：指某个群体的个体利用饲料中的营养物质的过程,这个过程包括营养的消化、吸收、分配和新陈代谢。

萎缩 Atrophy：指身体的某一部分的日渐萎缩,通常指由于受伤或疾病引起的肌肉萎缩。

拍卖市场 Auction markets：通过公开投标进行动物贸易的中心，顾客对动物的出价最高就交易成功。拍卖可能由个体户、公司企业或者联合协会组织。该中心也指畜舍的销售、家畜拍卖代理机构、团体销售以及团体拍卖。

常染色体 Autosomes：除性染色体之外的所有染色体。

平均日增重 Averge daily gain(ADG)：平均每天每头猪增加的活体重量。

度量衡 Avoirdupois weights and measures：Avoirdupois 是一个法语单词，意思是"称重"。古老的英制度量衡体系或美国惯用度量衡体系与公制体系是两种不同的系统。

B

回交 Backcross：两品种杂交的后代(F1) 与其中一个亲本再交配。

咸肉、熏肉 Bacon：腌制和熏制的猪肉。

细菌 Bacteria：环境中发现的微小的单细胞生物，通常是指细菌。它们中的一些是有益的；另外一些可以致病。

杀菌剂 Bactericide：一种可以杀死细菌的产品。

疫苗 Bacterin：一种可以杀死细菌的悬浮液(疫苗)，用来增强机体抵抗疾病的能力。

平衡日粮 Balanced diet：该日粮可以提供动物所需的适宜数量和比例的营养物质。

阉公猪 Barrow：在达到配种年龄或性成熟之前切除睾丸的公猪。

基础代谢率 Basal metabolic rate(BMR)：热量测定值是由一只动物在完全静息状态下(不是睡觉)禁食，当仅仅使用维持生命体细胞必需的活动、呼吸作用、循环作用时产生。基本条件包括环境的热平衡、安静状态(消化是停止的)、意志是静止的、性功能停止。人的 BMR 是在采食后 14～18 h 和绝对静止的状态测定的。通过一个热量计来测量每平方米体表的散热量。

预混料 Base mix：对饲料营养成分的补充，通常谷物和蛋白质饲料需要添加矿物质、维生素和添加剂。

笼养 Battery：在集中限制饲养系统中，通过一系列的围栏或笼子将动物圈养。

最佳线性无偏预测 Best linear unbiased prediction(BLUP)：用统计方法去分析猪的性能数据。

生物利用率 Bioavailability：动物对物质的利用效率，例如猪对维生素有不同的利用效率。

蛋白质生物学效价 Biological value of a protein：指动物利用饲料中蛋白质的百分率。因此，蛋白质生物学效价反映的是各种氨基酸被动物消化的能力。一种蛋白质有高的生物学效价也就是说它有好的品质。

生物合成 Biosynthesis：在活细胞或组织中生成新物质。

生物技术 Biotechnology：利用活的生物体或生物体的一部分，如利用酶来获得或修饰产品。

瞎奶头 Blind teat：小的无功能的奶头。

焕发丰满 Bloom：

● 指动物青春焕发、漂亮。猪焕发丰满表示精神饱满被毛光亮，外表非常诱人。

● 植物开花。

公猪 Boar：雄性猪，通常做种用。

能量测量器 Bomb calorimeter：用来测量饲料中总能量的设备。测量时饲料(或其他物质)放在该设备中在有氧条件下燃烧测量。

商标 Brand name：任何的字母、名字、符号、图案或它们的组合经常表现为一个商标或名字，以此作为区分该产品与其他产品的标志。

已配种 Bred：

● 指的是动物怀孕。

● 有时与交配是同义词。

品种、配种 Breed：

● 在遗传上属于纯合的，它们在外部特征的毛色和身体形态上表现出相似性，当它们相互交配产生的后代也具有相同的特征。

● 动物间的交配。

品种类型 Breed type：为了更好地适应特殊目的而培育出的具有复合性状的动物品种。

配种和妊娠设备 Breeding and gestating facilities：通常种猪群（妊娠母猪和青年母猪以及种公猪）是最后被转移的群体。育种群和繁殖设备可能在舍内或户外。

英制热量单位 British thermal unit(Btu)：将 1 lb 水升高 1℉所需要的热量，等于 252 cal 的热量。

含糖量、白利克、白利糖度 Brix：用来表示糖蜜中糖（蔗糖）含量的通用术语。它以度数表示，过去习惯上以在蔗糖溶解过程中糖的重量百分比来表示。每 1 白利克等于含蔗糖 1%。

缓冲液 Buffer：在溶解过程中可以抵抗由酸或碱含量的增加而引起的酸碱度变化的物质。

蒲式耳 Bushel：容积单位，1 bu 等于 2 150.42 in³（约等于 1.25 ft³）。

副产品饲料 By-product feeds：在工业生产和动物或植物加工过程中产生的大量粗料和浓缩品形式的副产品。

C

压榨 Cake(presscake)：通过挤压方法获取种子、猪肉或者鱼肉中的油、脂肪或其他液体。

钙化、骨化作用 Calcification：通过钙盐沉积的方法使器官组织变硬的过程。

热量 Caloric：指热和能。

卡路里（卡）Calorie(cal)：将 1 g 水升高 1℃（从 14.5℃升高到 15.5℃）所需的热量。大约等于 4.185 J 的热量，1 kcal 等于 1 000 cal，1 Mcal 等于 1 000 000 cal。

热量计 Calorimeter：一种用来测量能量的设备。

加拿大熏肉 Canadian bacon：经过适当腌制和小火熏制的猪肉。

罐装火腿 Canned ham：外部用罐装置，内部加入压缩肉产品并在肉汁中加入少量凝胶。

嗜食同类 Cannibalism.

● 动物啄食同类的习惯，例如家禽中的啄癖和猪咬同类的尾巴。

● 吃掉幼仔，例如猪和兔子在产后嗜仔。

油菜 Canola：加拿大科学家在 20 世纪 70 年代改良的一个油菜品种。其芥子油苷和芥子酸（一种长链脂肪酸）含量比较低。

胴体 Carcass：屠宰后去掉头蹄尾及内脏的动物躯体。

胴体重 Carcass weight：屠宰后去掉头蹄尾及内脏的动物躯体的重量。

屠宰率 Carcass yield：胴体重占宰前活重的百分率。

携带者、载体 Carrier：

● 带病动物。

● 某个性状的杂合子。

● 一种均匀地添加在饲料中可以食用的物质。

载畜量 Carrying capacity：以年为周期，单位面积可饲养牲畜的数量，这包括放牧的土地和提供冬天饲养的土地。

阉割、去势 Castrate：切除公畜的睾丸或母畜的卵巢使其不能繁殖。

异化作用 Catabolism：活细胞将复杂的物质通过转化和分解成为一些小分子化合物的过程（分解代谢）。

捕捉 Catch：饲养家畜的管理者习惯使用的术语，这个概念发生在饲养过程中。

摄氏温度 Centigrade(℃)：冰水混合物的温度与 1 atm(107.3 kPa)下沸水的温度之间的温度差的 1/100 定义为 1℃。1℃等于 1.8℉，摄氏度加上 32 后再乘以 9/5 即等于华氏度。

谷物类 Cereal：一种禾本科植物，它的种子被人类和动物作为食物，例如玉米和小麦。

螯合性矿物质 Chelated mineral：指能与化合物，如蛋白质或氨基酸结合的矿物质，使其能够稳定存在。

化学温度调节 Chemical temperature regulation：身体的温度保持了机体正常的新陈代谢，例如营养物质在体内的分解导致了热量的产生。

化学疗法 Chemotherapeutics：与抗生素相似的化合物，但它由化学方法产生而非由微生物方法产生。

胆固醇 Cholesterol：一种在动物脂肪、油、胆汁、血液、脑组织、神经组织、肝脏、肾脏和肾上腺中发现的白色的脂溶性物质。它在新陈代谢中起着重要的作用，还是合成特定激素的前体物，胆固醇可以引起动脉硬化。

染色体 Chromosomes：DNA 的存在形式，通常是双螺旋结构。

慢性病 Chronic：一种疾病，其病程是持续性的、长期的。

临床症状 Clinical：通过直接观察的症状。

近亲繁殖 Close breeding：一种近亲交配形式，例如同胞交配或父女交配。

消化系数 Coefficient of digestibility：食物中营养物质被吸收的百分率。例如，食物中含有 10 g 氮其中被消化吸收了 9.5 g 则消化系数为 95%。

辅酶 Coenzyme：通常包含一种维生素，与酶(主要是蛋白质)一起发挥特定功能的一种物质。

胶原质 Collagen：一种白色的像纸一样的透明连接组织，它由蛋白质组成。当与水一起加热时会形成凝胶。

初乳 Colostrum：雌性哺乳动物分娩后的几天内分泌的乳汁，其中抗体的含量较高。

燃烧 Combustion：化合物与氧气作用并伴随着热量的释放。

商品饲料 Commercial feeds：指由饲料生产商生产的饲料。

商品贸易交换 Commodity exchange：买卖双方在一个有组织的市场内同过签订协议而非实物交易的商业活动

全价日粮 Complete diet：日粮中所有的饲料(草料和谷物)的组合，全价日粮非常适合机械化饲喂和并且可以用计算机计算出最低的日粮成本。

互补 Complimentary：通过一个品种和另外一个品种或两个纯种动物的交配，产生结合它们各自优点的后代。

浓缩饲料 Concentrate：在饲料的分类中指含有能量高、粗纤维低(含量少于 18%)的饲料。为方便起见，浓缩料经常分为：(1)含碳饲料；(2)含氮饲料。

状态、体况 Condition：
● 表现在被毛和外表的健康状态。
● 肉或脂肪(脂肪覆盖层)的量。

体型 Conformation：动物的身体外形结构。

传染性的 Contagious：通过接触可以传染。

满意 Contentment：健康动物所表现出来的非应激状况。母牛将头向上伸，羊安静地站立或躺着，猪卷尾巴，马静止时毫无恐惧地环顾四周。

合同 Contract：对当事双方或多方具有法律约束力的文件。

1.营销合同。

a.上市猪的销售合同。

b.生长猪的销售合同。

2.生产合同。

a.仔猪到上市猪合同。

b.生长猪生产合同。

c.上市猪合同。

3.种猪租赁合同。

煮 Cooked:用加热的方法改变物理、化学性质或者用来消毒灭菌。

合作 Cooperative(co-op):人们在商业活动中通过合作比单独工作更有效或得到更多的经济利益。

股份制 Corporation:建立各具特色的猪肉企业的商业组织,它们由感兴趣的和控制该组织运行的人们组成。

● 家庭所有制企业 Family-owned corporation,私有制的企业。

● 选择纳税公司 Tax-option corporation(subchapter S corporation):这种类型的企业成员不能超过 35 人。公司的收入和损失都要由全体股东承担,股东交纳税款。

乡村火腿(干制火腿)Country ham(dry-cured):使用了干腌、慢火、长时间干燥程序加工的火腿。乡下的火腿很咸,在烘烤之前需要湿透慢煮。根据来源该火腿又被叫做维吉尼亚火腿或乔治亚州火腿(另一个州的名称)。

破碎 Cracked:通过破坏和压碎的方法使物体变成微粒。

补饲栏 Creep:四周有围栏的幼畜补饲栏。

幼畜补饲 Creep feeding:幼畜的补饲方法,补充的饲料用低矮栅栏隔开,以防母畜吃掉,而幼畜可以自由出入,随时采食。

跛子动物 Cripples:动物因为跛足或受伤而不能走路。

杂交 Crossbreeding:不同品种动物间的交配。

粗脂肪 Crude fat:从饲料中萃取的醚类物质,包括大部分的脂肪和油,少量的蜡、树脂和色素。在计算能量值时,它的能量是氮和蛋白质的 2.25 倍。

患隐睾病的动物 Cryptorchid:由于 1 个或 2 个睾丸没有下到阴囊中而造成不育的公畜。

淘汰 Cull:因为各项指标低于群体平均数而被淘汰的家畜。

去势、淘汰 Cutting:

● 切除睾丸。

● 从群体中淘汰 1 个或更多的动物。

周期性波动 Cyclical movements:主要指生产者对价格波动的反应周期,而价格随供求关系变化而上下波动。

D

去皮 Decortification:

● 分别从植物、种子和根部去除树皮、种子皮、果皮或脱壳。

● 从组织或器官如大脑、肾脏和肺中去除一部分皮质。

排泄 Defecation:从直肠中排出废物。

营养缺乏症 Deficiency disease:由于缺乏一种或多种基本营养成分如某种维生素、矿物质或氨基酸引起的疾病。

脱水 Dehydrate:为了贮存的目的,主要通过人工干燥的方法从物体中去除大部分或全部的水分。

脱氧核糖核酸 Deoxyribonucleic acid(DNA)：遗传信息的来源。DNA 分子是双螺旋结构。

皮炎 Dermatitis：皮肤的炎症。

干贮 Desiccate：完全干燥。

假蹄 Dewclaw：一些哺乳动物，如鹿，牛和猪，其假蹄由两个未发育的脚趾组成。

驱虫剂 Dewormer：一种帮助驱除内在的或外在的寄生虫的混合物。

右旋葡萄糖 Dextrose：由淀粉水解形成的，动植物组织中普遍存在的葡萄糖形式。

日粮 Diet：被动物所消耗的饲料成分或混合物成分，包括水分。

可消化养分 Digestible nutrient：每种饲料的营养成分都含有可被动物消化和吸收的营养部分。

可消化蛋白质 Digestible protein：食物蛋白质中可以被消化吸收的蛋白质部分。

消化系数 Digestion coefficient(coefficient of digestibility)：以百分数的形式表示吸收营养和排泄营养之间的差别。

直接销售 Direct selling：生产者将猪直接销售给食品加工者或当地经销商，包括销售给乡村经销商，不包括代理公司、贩卖代理人、购买者代理人或经纪人。

疾病 Disease：任何脱离健康的状态。

消毒剂 Disinfectant：一种能够破坏引起疾病的微生物和寄生虫的化学物质。

利尿 Diuresis：促进排尿。

利尿剂 Diuretic：促进动物排尿的药物。

DNA：见脱氧核糖核酸。

断尾 Dock：

● 切断尾巴。

● 减少体重或价格，如在市场交易时小母猪通常在 40～70 lb 之间断尾。

显性 Dominant：在一个基因座、一对等位基因中呈现表型表达的那个基因。

屠宰率 Dressing percentage：屠宰后的胴体占动物活重的百分率。

干燥的 Dried：原料中被去除水分和其他液体成分。

药物 Drugs：来源于矿物质、蔬菜或者动物组织以治疗伤痛或治愈疾病的物质。

干奶期 Dry：在两个哺乳期之间的干奶期（即母畜不分泌乳汁）。

干物质计算 Dry matter basis：在不包括水分的条件下计算饲料中所含营养水平的方法。

围栏饲养、肥育场 Drylot：一个相关的小围栏，周围没有植被，带有：(1)遮蔽处；(2)动物被限制的户外运动场。

干燥 Dry-rendered：动物组织的废弃物在户外、蒸汽套中蒸煮直到蒸发干燥。脂肪通过排水和挤压成固体残渣。

灰尘 Dust：由不同大小干物质构成的微小颗粒的混合物。

E

耳号 Ear notching：通过切口和打孔的方法打上识别的标记。

早熟 Early maturing：幼龄时就达到了性成熟。

早期隔离断奶猪 Early weaner pig marketing（SEW pigs）：销售早期隔离断奶猪——仔猪仔在 3 周龄以前就断奶而非惯例的 21～28 d 断奶，然后将仔猪与母猪隔离饲养。

早期断奶 Early weaning：对于幼畜在习惯的断奶日龄之前断奶，仔猪在 3 周前就断奶。

省饲料的家畜 Easy keeper：在限制饲喂的条件下动物迅速地生长和肥育。

生态学 Ecology：研究生物与环境以及它们相互作用的一个生物科学分支。

浮肿 Edema：体液在体细胞间不正常聚集。

饲料转化效率 Efficiency of feed conversion:增重单位活重所需消耗的饲料数量。

电解液 Electrolyte:化学物质在溶液中以游离离子的形式存在,这些离子有的携带正电荷,有的携带负电荷。

生长猪电子拍卖 Electronic feeder pig auctions:待售的生长猪在考察其健康程序、饲养程序以及动物管理的基础上予以评分。这些信息以及出售者的鉴定通过电脑提供给有意向的购买者。有意购买者可能会检查待卖的生长猪。购买者参加公开拍卖会。猪从出售者一方直接到达购买者手中,因此而将疾病和应激减少到了最小。

元素 Element:118 个已知化学元素之一,通过化学方法不能将其分解为更简单的物质。

消瘦 Emaciated:过多地失去肌肉。

内分泌 Endocrine:腺体和它们的分泌物通过血液和淋巴液而不通过内分泌系统而进入机体内。激素是被内分泌腺体分泌的。

内源性的 Endogenous:产生于机体的内部,例如激素和酶。

能量 Energy:

● 行为上的活力和力量。

● 完成任务的能力。

能量饲料 Energy feeds:含有高能量低纤维(低于 18%)的饲料,一般蛋白质的含量低于 20%。

肠炎 Enteritis:肠子的炎症。

环境 Environment:影响猪的生活的所有外部条件的总和。

麦角固醇 Ergosterol:一种植物固醇,当它被紫外线照射时变成维生素 D_2,也叫做维生素 D_2。

麦角症 Ergot:一种植物的菌类疾病。

必需氨基酸 Essential amino acids:这些氨基酸不能在身体内制造只有通过外部摄取而获得。

必需脂肪酸 Essential fatty acid:这些脂肪酸不能在机体内合成或者合成的量不能满足机体的需要。

估计育种值 Estimated breeding value (EBV):双亲作为遗传物质来源所提供的全部价值。

估计后裔差异 Estimated progeny difference (EPD):每一个亲代一半的遗传值;估计它们的多少表型将传递给下一代。EPD 是基于对全部信息充分利用,预测在一个群体中后裔的表型值与群体平均表型值之差。

发情期 Estrus:在这个时期青年母猪或成年母猪接受公猪。

醚提取物 Ether extract (EE):饲料中可溶于醚中的脂肪物质。

安乐死 Euthanasia:无痛苦死亡。

蒸馏 Evaporated:一种浓缩形式;通过蒸发或蒸馏浓缩。

排泄物 Excreta:排泄产物——主要是粪和尿。

外源性的 Exogenous:由有机体的外部提供的。

实验 Experiment:这个单词来源于拉丁文。experimentum 确意思是经验。它是一个发现和揭示事实或真理的过程。

标签外用药 Extralabel drugs:直接使用药物治疗或配药时不按照药瓶上的标签规定用药。

外因 Extrinsic factor:一些物质从前被认为是与胃的分泌物内因子相互作用产生抑制因子,现在知道是维生素 B_{12}(参见内因)。

F

华氏温度 Fahrenheit:1℉是在 1 atm(103.3 kPa)下,冰融化和水煮沸的温度之差的 1/180。1℉等于 0.556℃。

分娩 Farrow：生仔猪。

产房 Farrowing house：一般有环境控制的产仔猪舍。

产仔到育肥 Farrow-to-finish：猪场的一种管理方法，它涉及配种、分娩、保育到育肥各个方面。

脂肪 Fat：这是在一般意义上经常被使用的术语，包括脂肪、油以及两者的混合物。脂肪和油有一样的化学组成结构，但是两者有不同的物理特性。大部分脂肪的熔点如固体脂肪的熔点是室温，而液体油的熔点比室温低。

肥育、催肥 Fattening：在机体组织中以脂肪的形式贮存能量。

脂肪酸 Fatty acids：脂肪（液态）的基本组成成分。它们的饱和度以及碳链的长度决定着许多物理特性——熔点脂肪（液态）和稳定性。

粪便 Feces：消化后经肛门排出的排泄物。

生育力 Fecundity：繁殖后代的能力。

饲料 Feed (feedstuff)：用来饲喂动物，维持它们营养需要的任何成分或物质。

饲料添加剂 Feed additive：加入到饲料中用来提高饲料的利用效率，防止疾病或者防止饲料变质的成分或物质。

饲料转化效率 Feed efficiency：每产生 1 个单位的动物产品（肉）所需消耗的饲料单位。它的价值以食用 1 lb 饲料动物的体增重多少来表示。

谷物饲料 Feed grain：通常在家畜和家禽中使用的谷物饲料，如玉米、高粱、燕麦和大麦。

催肥 Feed out：饲喂猪直到体重达到上市体重。

生长猪生产 Feeder pig production：销售 30～60 lb 重的猪，使其在别的场继续生长肥育。

生长猪利润 Feeder's margin：销售每 100 lb 重的生长猪价格与它们长到 100 lb 体重的饲养成本的差值。

饲育场 Feedlot：为达到出售动物的目的而饲养、肥育动物的场所。

饲料 Feedstuff：适当搭配营养元素的天然或人工日粮产品。

野生 Feral：使家畜恢复原始或未驯化的状态。

发酵 Fermentation：由酶或微生物产生的一系列化学变化。

胎儿 Fetus：在子宫中发育的有机体，这个时期机体器官直到出生才发育完全。

饲料纤维含量 Fiber content of a feed：难消化的碳水化合物数量。大部分的纤维由纤维素和木质素组成。

填充 Fill：
● 指将畜禽的消化道填满的一个术语。
● 对于销售的动物在达上市时或之前饲喂的水和饲料的数量。

微粒 Fines：通常是由于过度磨碎在饲料中存在的微粒成分。

育成猪 Finishing pigs：猪从 120 lb 到达到上市体重的这一生活周期。

（使）适合 Fitting：指为了展示和销售使动物肥壮；通常包括专门的饲喂加上运动和修饰。

植物区系，菌群 Flora：植物的现状。在营养上，一般指在消化道内存在的细菌。

催情补饲 Flushing：雌性动物配种前 1～2 周使日增重达到 1.0～1.5 lb，有利于雌性动物：(1)多产蛋，产生更多的后代；(2)使雌性动物迅速产热；(3)使妊娠更加可靠。

叶酸 Folacin (folic acid/folate)：含有叶酸成分的一组化合物。叶酸参与许多酶反应。

追随群 Following cattle：以前让肥育猪在饲育牛群后面，以便它们能够利用其未饲用完的谷物和家畜粪肥中的营养物质。

美国食品与药物管理局 Food and Drug Administration (FDA)：(http://www.fda.gov/) 健康和公共事业部的联邦代理机构，负责保护美国消费者免受伤害、不卫生和假货之害。它保护行业，免于不正当竞争,检查和分析样本,对诸如毒性(使用实验动物)、杀虫剂的衰变曲线和药物的长期作用等进行独立的调查研究。

食品安全标签 Food safety labeling:1994 年 6 月 6 日食品标签要求正式生效。所有的未煮熟的肉类和家禽产品进行安全烹饪和标签处理。

强化 Fortify:添加一种或几种饲料或饲料营养成分以增加营养。

自由采食 Free choice:自由随意的采食饲料。

自由圈舍 Freedom stalls:产房的新系统,它具有保护个体生存空间的作用,比传统的板条箱等旧式猪舍有很大提高。

冷冻干燥 Freeze drying:见冻干法。

饱饲 Full-feed:指给动物提供丰富的饲料,可安全、无浪费地采食。

全同胞交配 Full-sib mating:兄弟和姐妹间的交配。

熏剂 Fumigant:一种固体或液体物质,以蒸汽形式杀死病原体、昆虫和啮齿动物。

真菌类 Fungi:一种植物但是没有叶绿素、花或者花瓣,例如蘑菇、伞菌和酵母菌。它们可以从活的或死的有机体上获取营养物质得以生存。

期货交易合同 Futures contract:标准化、具有法律效力的交易文件,内容包括买卖双方承诺在特定的场所和日期交易特定数量和种类的产品。

期货贸易 Futures trading:期货市场通常以以下方式提供货物:(1)通过销售领域的一个保险中介;(2)具有价格保险的机器和设备。

G

肠胃 Gastrointestinal:指胃和肠。

基因 Gene:一段携带有遗传信息的 DNA 片段。

基因组 Genome:细胞中的所有遗传信息。

基因型 Genotype:动物个体真实的遗传组成。

怀孕期 Gestation (pregnancy):猪从配种到分娩的时间间隔为 114 d。

幼畜 Get:雌性动物的后代——它的后裔。

小母猪 Gilt:小于 1 岁的青年的母猪,还未产第 1 窝仔猪。

胸围 Girth:动物肩部后侧的躯体周长。

葡萄糖 Glucose:由淀粉和其他碳水化合物水解而获得的己糖单糖。

甲状腺肿 Goitrogenic:由于日粮中缺乏碘而致使甲状腺肿大。

棉子酚 Gossypol:在棉子中发现的黄色毒性物质,可以导致猪等非反刍动物中毒以及在冷藏器内引起蛋黄变色。

等级 Grade:

● 一个动物有双亲,但不能被品种协会登记。

● 按等级划分动物及其畜产品的方法,例如猪及它胴体的联邦等级是优秀程度的一个特别表示。

分级 Grading up:在核心群体中继续使用同种的纯种雄性动物。

谷粒 Grain:来自于谷物作物的种子。

磨碎 Grind:通过碰撞、挤压、剪切或者摩擦的方法使成为小碎片。

碾去壳的燕麦(小麦) Groats:去除外壳的谷物。

猪肉末 Ground pork:瘦肉率至少 70% 并且没有调味品。

长架子 Grow out:通过饲喂以期望获得适量的生长而几乎未被肥育。

生长肥育设施 Growing and finishing facilities:猪通常从保育到生长舍,体重长到 120 lb;然后到肥育舍,体重从 120 lb 长到上市体重。

生长-育肥 Growing-finishing:猪从体重 30 lb 或 60 lb 一直长到 260～280 lb 的屠宰体重。

生长 Growth:指肌肉、骨骼、内脏以及身体其他部分的增长。

发育良好 Growthy:描述一个动物在特定的年龄健康的状态。

稀料 Gruel:用热水或冷水将饲料混合起来。

H

适应 Habituation:通过调教和经验使动物适应新环境的过程或行为。

半同胞交配 Half-sib mating:公猪与它的半胞姐妹间的交配,母猪与它的同父或同母的兄弟交配。

Ham:用来制造食物的猪大腿或后腿。

人工饲喂 Hand-feeding:每隔一定时间提供一定数量的日粮。

人工辅助交配 Hand-mating:通过限制公猪的自由交配来人为控制交配的过程。

难养的生猪 Hard keeper:不管在数量和质量上提供多少饲料,猪的生长和增膘都很慢。

危害分析关键控制点 Hazard analysis and critical control point (HACCP):HACCP 计划是确定食品加工在关键环节上的要求。发生问题时及时纠正。它是生产安全食品的方法。

健康 Health:完全健康的状态而不仅仅是没有疾病。

发情期 Heat (estrus):这个时期雌性动物接受雄性动物并与之交配。

热增耗、增生热 Heat increment (HI):热平衡状态时,动物在消耗饲料之后所产的热量。

热不稳定 Heat labile:对热不稳定。

套期保值 Hedging:指一种抵销交易法,通过购买或销售等价商品的期货合同达到商品购买和销售的平衡。

血色素 Hemoglobin:它是氧气的携带者,血红蛋白。

遗传力 Heritability:加性方差占表型方差的比例。

疝气 Hernia:腹部肌肉壁有小缺陷而使软组织突出的状况。

杂种优势 Heterosis (hybrid vigor):杂交一代的性能优于杂交所有亲本性能的均数。

杂合子 Heterozygous:个体等位基因上有两个不同的基因。

高赖氨酸玉米 High-lysine corn (opaque-2):赖氨酸含量高于正常玉米,在动物体内有更好的氨基酸平衡。高赖氨酸玉米蛋白质含量高但亮氨酸含量比常规的低。

生猪 Hog:大的或性成熟的猪,一般体重要超过 120 lb。

猪粮比价 Hog-corn ratio:每英担体重肥猪的价格与每蒲式耳玉米价格之比。

庄稼地牧猪 Hog down:将猪放在已经成熟的玉米或其他谷物地内让其自由采食。

均匀分布微粒 Homogenized:微粒破碎使其均匀分布并在很长时间保持乳化状态。

同源染色体 Homologous chromosomes:染色体有相同的大小和形状,包括由基因引起的相同特性。

纯合子,纯合性 Homozygous,homozygosity:个体等位基因上具有相同的基因。纯合性是由近交或同质选配导致表型相似性的增加。

激素 Hormone:由体内腺体分泌的调节化学物质,经血液释放到身体其他部为的物质。每种激素引起细胞、组织、器官的特殊生理反应。

外壳 Hull:谷物或其他种子的外层覆盖物,尤其在干旱的时候。

氢化 Hydrogenation:在任何不饱和化合物中用化学方法加氢。

水解 Hydrolysis:通过化学作用将物质添加到水中迅速分解的过程。

过度生长 Hypertrophied:超过正常生长的增长状态。

维生素过多症 Hypervitaminosis:由于摄入一种或几种过多的维生素而导致的反常状态。

低血钙症 Hypocalcemia:血液中钙离子浓度低于标准含量引起的手脚抽搐或临产瘫痪(产后瘫痪)。

低血糖症 Hypoglycemia:血液中葡萄糖的浓度低于正常水平。

低镁症 Hypomagnesemia:血液中镁离子的浓度低于正常水平。

视丘脑下部 Hypothalamus:它是大脑第三室的一部分,调节体温、食欲、激素释放以及其他作用。

I

理想蛋白质 Ideal protein:在日粮中,这种蛋白质的必需和非必需氨基酸含量比较完全,既不过量也不缺少。

免疫性 Immunity:动物抵抗或克服感染的能力,而此感染对于它的同类是易感的。

免疫球蛋白 Immunoglobulins:存在于机体体液中的一个蛋白质家系,具有结合抗原的特性。当抗原是致病性的,有时阻止抗原产生一个免疫状态,也叫抗体。

生物体外 In vitro:发生在人造环境中,例如化学试管中。

在机体内 In vivo:发生在活体内部。

怀孕母猪 In pig:怀孕的母猪或青年母猪。

近交 Inbreeding:交配个体间的血缘关系比群体的平均水平更加接近,可以提高纯合子的比率。

工厂化养猪 Industrialization of hog production:指大型的专门化设施养猪生产,有专门的雇工劳动力。

炎症 Inflammation:组织因受伤、发红、化脓、疼痛和发热症状的反应。

采食 Ingest:通过嘴吃食。

摄入物 Ingesta:食物或饮水被胃吸收。

摄食 Ingestion:消化食物或饮水。

成分 Ingredient:饲料物质的组分。

胰岛素 Insulin:由胰腺分泌的一种激素,在体内调节血糖的代谢。

国际单位 International unit (IU):生物学上一个标准的生物活性单位(如维生素、激素、抗生素和抗毒素)。此度量方法可用于脂溶性维生素(例如维生素 A、维生素 D 和维生素 E)以及某些激素、酶和生物(例如疫苗)。

皮层内的 Intradermal:表皮内部之间的。

肌内 Intramuscular:在肌肉内部。

腹膜内的 Intraperitoneal:在腹膜腔内部。

静脉内 Intravenous:在静脉里。

内在因素 Intrinsic factor:存在于正常胃液中的一种化学物质,是吸收维生素 B_{12} 是必需的。确切的内在化学因素还不知道,但是被认为是一种黏蛋白或是黏多糖。这些因素的不足可能会导致维生素 B_{12} 的缺乏,最终会导致贫血症(也可见外因)。

复位 Involution:器官在膨大之后返回正常的大小和状态,就像子宫在分娩后的变化一样。

辐射酵母 Irradiated yeast:酵母包含大量的麦角固醇,当暴露于紫外线之下时会产生维生素 D。

辐射 Irradiation:暴露于紫外灯之下。

J

焦耳 Joule (J):国际上公认的热量单位(1 cal＝4.184 J),用于表示机械能、化学能或电能,同时也是热量的单位。将来能量需要和饲料价值也很有可能用焦耳来表示。

颊肉 Jowl:猪颊部的肉。

K

谷粒 Kernel:指整个谷物。包括坚果的果肉和核果(去核果实)。

灭活苗 Killed vaccine:一种可以阻止抗原活动的疫苗,阻止疾病的发生,类毒素和亚单位疫苗也属于此类。

凯氏定氮法 Kjeldahl:一种测定氮元素在机体化合物中含量的方法。用氮元素的数量乘以 6.25 计算出蛋白质的数量。这种方法由丹麦化学家 J. G. C. Kjeldahl 在 1883 年发现。

L

不稳定性 Labile:容易被破坏。

哺乳期 Lactation:动物产奶的时期。

乳糖 Lactose(milk sugar):在乳汁中以 $C_{12}H_{22}O_{11}$ 形式存在的一种二糖,它水解成葡萄糖和半乳糖,通常我们称之为乳糖。

氧化塘 Lagoon:进行废物处理的地方,用生物化学的方法分解组织的废物(肥料、麦秆)。

猪油 Lard:从鲜猪肉组织中提炼出的脂肪。

幼虫 Larva:发育不完全的昆虫或其他小动物。

轻泄 Laxative:一种饲料或药物将促进肠道蠕动以减轻便秘。

瘦肉部位 Lean cuts:大腿、腰肌、前肩、前腿。

测量尺 Lean meter:长且精确的用来测量胴体卷尺。

限制饲喂 Limit feeding:给动物饲喂少于平常的饲料量。虽然可满足动物生长和维持体重的饲料,但不能满足潜在的生产或肥育的要求。

有限责任公司 Limited partnership:由 2 个或多个人提供资金但仅有 1 个人来从事经营管理的公司。

限制性氨基酸 Limiting amino acid:蛋白质中所含的必需氨基酸,它们的最大含量低于同质量蛋白质中所含的氨基酸。

品系繁育 Linebreeding:一种近亲交配形式,集中了相同血统祖先的遗传。

品系杂交 Linecross:2 个近交系的杂交。

脂解作用 Lipolysis:脂肪在酶、酸、碱或其他方法的作用下水解成为甘油和脂肪酸。

同窝仔猪 Litter:母猪一窝分娩产下的仔猪。

活疫苗 Live vaccine:疫苗通过改造,以至于它不再具有致病性但是能够在动物机体里复制,刺激产生免疫应答反应。

活重 Live-weight:动物站立时的体重。

肝脏脓肿 Liver abscesses:在观察屠宰时发现肝脏中的单个或多个脓肿。通常,脓肿由 1 个中心大量坏死的肝脏产生的脓肿和周围的结缔组织组成。在屠宰时,这些脓肿有可能侵害人类的食物。

腰 Loin:在胸部和盆骨之间的背部部分。

眼肌面积 Loin eye area:猪背最长肌的横截面积,通常测量第 10～11 根肋骨之间的位置。

低临界温度 Lower critical temperature(LCT):低于动物所能维持正常体温的低温点。

内腔 Lumen:管状器官内的空腔-胃和肠的内腔。

淋巴液 Lymph:在机体淋巴管内浅黄色的透明液体。

冻干法 Lyophilization:通过高真空冷冻的方法使液体蒸发,也叫做冷冻干燥。

M

常量矿物质 Macrominerals:主要矿物元素——钙、磷、钠、氯、钾、镁和硫。

维持需要 Maintenance requirement：指健康动物体重不增不减，不进行生产所必需的营养供给量。

营养不良 Malnutrition：任何营养元素的失调，通常是指营养缺乏的状态。

麦芽糖 Maltose：是一种二糖，也叫做麦芽糖，以 $C_{12}H_{22}O_{11}$ 的形式存在，可以从淀粉部分水解中获得。麦芽糖水解得到葡萄糖。

管理，猪 Management，swine：照顾管理猪生产的技术。

疥癣 Mangy：皮肤遭到疾病或寄生虫感染以至于皮肤变得干燥且有鳞状。

粪污 Manure：动物排泄物(包括为未消化的饲料和机体废物)和草垫的混合物。

粪污产气 Manure gases：这些气体包括由粪污分解产生的沼气、氨气、硫化氢和二氧化碳。当甲烷和二氧化碳替代氧气时，人类将面临死亡。

利润 Margin（spread）：成本价格和销售价格间的差价。

标记 Marker：DNA 的一部分，它用来检测动物与动物间的遗传差异。

上市类型 Market class：猪群按照用途组群，例如上市猪或生长肥育猪。

上市等级 Market grade：猪群按照它们的价值评定等级。这是在体型、肥育、质量的基础上做出的专门等级分类。

销售合同 Marketing contract：它是售猪者(通常是生产者)与肉类加工商之间签订的一份协议。这份协议规定了猪体出售的日期、数量和特定价格下的重量和等级。

粉料 Mash：日粮中各种粉状饲料的混合物。

树木坚果 Mast：坚果，例如橡树、毛榉树或栗子来饲喂猪。

咀嚼 Mastication：咀嚼饲料。

乳房炎 Mastitis：乳腺发炎。

粗粉 Meal：

● 颗粒大小大于粉状的饲料成分。

● 混合的浓缩饲料，通常包括所有的基础成分。

肉类、果肉 Meats：

● 动物体组织作为食物。

● 坚果和水果可使用的部分。

胎粪 Meconium：在胎儿发育过程中聚积的粪便。

药物饲料 Medicated feed：任何添加了药物成分的饲料，目的是为了治愈、缓解、治疗或预防动物疾病(不同于人类)。

新陈代谢 Metabolism：营养元素在被消化道吸收后发生的所有变化：(1)营养元素被吸收后的合成过程，包括体组织的修复和重建；(2)分解过程，营养元素被氧化产热和做功。

微生物 Microbe：同微生物。

芯片，猪 Microchips，swine：猪的电子跟踪装置，目的是为了确定每个农场每头猪的耳号。最终肉类零售商将可以跟踪它们所选猪的来源，这个设备现在正在测试阶段。

微生物区系 Microflora：一个地区的微生物的生活特性，例如细菌和原生动物居住于瘤胃中。

微量元素 Microingredient：任何饮食的组成部分，例如，矿物质、维生素、抗生素和药，通常其含量用 mg/kg 或 μg/kg 表示，或者用百万分之几来表示。

微量矿物质 Microminerals：动物对矿物质的需求量非常低——单位的需要量通常为 mg/lb 或者更少。也叫痕量元素或痕量矿物质。

微生物 Microorganism：任何微小的生物体，特别是指细菌和原生动物。

排乳 Milk ejection 或 "let-down." 这个过程是通过下丘脑分泌的一种激素控制，奶从乳腺中强制排出，进入更大的乳腺导管和乳腺池内，此时小猪就可以吮吸到奶汁了。

加工副产品 Mill by-product:加工的过程中除了主要的产品外,获得的次级产品。

矿物添加剂 Mineral supplement:1 种或多种丰富的无机物来源,是行使机体某种基本的功能的物质。

矿物质(灰分)Minerals (ash):动植物体内的无机物成分,燃烧有机物后,剩余残渣部分叫做灰分。

小型猪 Miniature swine:遗传小型猪。它们是生物医学研究很好的实验动物。

模型育仔室 Modular nursery:生产商在建农场之前设计的一个设备齐全的便携式育仔室。

湿度 Moisture:是指饲料中的含水量——以百分率表示。

干燥 Moisture-free (MF,oven-dry,100% dry matter):任何物质在炉中 221℉ (105℃)下干燥直到所有水分被去除。

真菌类 Molds (fungi):以菌丝体(网状或丝状)和孢子为特征的真菌类。

发病率 Morbidity:发病的情况或比率。

死亡率 Mortality:死亡的比例。

单蹄动物,并蹄畸形 Mule foot:猪的蹄子形状有骡足式——不是平分的。

多产 Multiple farrowing:母猪 1 年产很多小猪,因此商品猪市场交易很频繁。

木乃伊 Mummified fetus:萎缩的死胎儿仍然在子宫内,通过分娩或流产排出体外。

突变 Mutation:1 个或几个基因在传递遗传物质时发生的变异。

毒枝菌素 Mycotoxins:在生长过程中由真菌产生的一种有毒的代谢物。有时存在于饲料中。

N

Nano:十亿分之一的前缀(10^{-9})。

国家猪肉协会 National Pork Board (NPB):国家养猪协会是美国最大的养猪业联合会组织,总部设在美国爱荷华州首府得梅因,这个部门设立的目的是提高猪肉品质分配和销售猪肉产品。

国家猪肉生产委员会 National Pork Producers Council (NPPC):NPPC 反映了猪肉生产者的声音,提倡高效率的解决问题,它的总部在华盛顿。

国家研究理事会 National Research Council (NRC):美国国家科学院于 1916 年建立的一个分支机构,它促进了科学与技术的利用效率。这个私人非盈利性科学组织定期的发布公告,它包括营养需要、家畜许可证、可利用基础控制复件,国家研究委员会在 2101 大街,西北,华盛顿,20418 。

国家预防系统 Native defense system:正规的质量体系,帮助健康动物抵御疾病包括皮肤、黏膜、胃酸、内脏细菌、酶和各种白细胞疾病。

验尸 Necropsy:对动物尸体进行内脏器官检查来确定其死亡原因——尸体解剖和尸体检查。

坏疽 Necrosis:死亡组织。

獠牙 Needle teeth:在仔猪嘴中上下共 8 颗小的、尖的牙齿。

婴儿 Neonate:刚出生。

肾炎 Nephritis:肾脏发炎。

网络合作 Networking:两个或更多的人合作为达到个人的或群体的目的,独自完成该目的比较困难。小的和独立的猪肉生产商联合起来与大的联合猪肉生产商竞争。

巧配 Nick:父母畜不是很理想,但配种后却能产生优良的后代。

硝酸盐/亚硝酸盐 Nitrate/nitrite:硝酸盐是 1 个(N)和 3 个(O)原子组成的化合物或 NO_3^-;亚硝酸盐是 1 个(N)和 2 个(O)原子组成的化合物或 NO_2^- 。在食物中主要以硝酸钠、硝酸钾、亚硝酸钠、亚硝酸钾的形式存在。

氮 Nitrogen:生命中所必需的化学元素。动物从蛋白质饲料中获得氮,植物从土壤中获得,细菌直接从空气中获得。

氮平衡 Nitrogen balance:饲料中的氮减去粪尿中的氮。

固氮作用 Nitrogen fixation:微生物通过共生或非共生作用将大气中游离氮转化到有机体中的含氮化合物。

无氮浸出物 Nitrogen-free extract（NFE）:主要指糖基化合物、淀粉、戊糖和非氮有机酸的化合。NFE 的百分含量等于减去总水分、醚提取物、粗蛋白、粗纤维和灰分的百分含量。

亚硝胺 Nitrosamines:硝酸盐和亚硝酸盐会产生致癌物质——亚硝胺。食物不仅仅是亚硝胺的来源之一。

非蛋白氮 Nonprotein nitrogen（NPN）:氮元素的获得来自非蛋白质物质,是反刍动物的瘤胃产生的。包括化合物如尿素和无水氨,无水氨仅使用在反刍动物的饲料中。

育仔室 Nursery:仔猪断奶后进入的畜舍,通常在育仔室仔猪体重达到 40～60 lb。

营养供给量 Nutrient allowances:在下述情况下,允许饲料成分有变化:在贮存和加工过程中可能有损失;每天和每个时期按照动物对营养需要的差别饲喂;妊娠和哺乳阶段,活动的种类和程度;应激的程度;管理系统;健康状况;动物的性情;饲料的种类和质量——所有对营养需要有重要的影响。营养供给量高于营养需要水平。

营养需要 Nutrient requirements:满足动物最低生长需要,不会危及诸如生命、维持、生长、繁殖、哺乳和活动等。为了满足这些营养需要,不同等级的动物需要足够的营养,包括能量（碳水化合物和脂肪）、蛋白质、矿物质和维生素。

营养素 Nutrients:在饲料中可以被利用的化学物质,它对于维持动物生长、繁殖和健康是必需的。主要的营养物质包括碳水化合物、蛋白质、矿物质、维生素、水分。

营养学 Nutrition:包括营养最终提供给动物细胞在内的总的营养利用和加工过程的科学。

营养比 Nutritive ratio（NR）:消化蛋白质与其他消化的营养元素在饲料或日粮中的比率。（玉米的营养比大约是 1∶10）

O

废弃物 Offal:在屠宰时从胴体中去除的器官和组织。

油类 Oil:尽管脂肪和油有相同的结构和化学组成,但是它们在物理特性上还是有很多不同。有的油类的熔点通常是室温。

油料作物 Oil crops:主要的油类作物,包括大豆、棉子、花生、蓖麻子。

润滑油 Oiling:应用到动物的皮毛上的油类产品,它可以使皮革变得柔软,皮毛变得有光泽。在猪展示中这种做法通常禁止的。

最适温度 Optimum temperature:动物在该温度条件下感觉最舒适、生产水平最高、饲料利用效率最高。

选项、选择权 Option:一种选择;在特定的期限之前或以特定的价格购买某种东西时,购买者是有权选择买或不买,而不是被强迫购买。

骨化 Ossification:骨骼形成的过程;随着骨骼成熟骨骼不断钙化。

骨炎 Osteitis:骨骼发炎。

骨软化 Osteomalacia:成年动物由于缺乏维生素 D 的摄入而引起的骨骼疾病,通常是摄入的钙、磷缺乏或钙、磷比率不当引起。

骨质疏松症 Osteoporosis:一种不正常的多孔性、脆弱骨疾病,病因:(1)钙、磷、维生素的缺乏;(2)钙、磷比率的不当。

远交 Outcross:遗传导入的材料来自外部的或没有血缘关系的动物,但它们是同一猪群又存在或多或少的联系。

户外集约化养猪生产 Outdoor intensive swine production：在 20 世纪 90 年代英国流行的一条术语。它是关于利用现代化手段结合来改进猪生产水平的户外生产体系。

过量饲喂 Overfeeding：过度饲喂。

过度肥育 Overfinishing：过度肥育——一种浪费行为。

非处方药 Over-the-counter（OTC）drugs：某些药物可在社会药房或医药商店买到，并且可以按标签提供的说明使用。

氧化 Oxidation：与氧气化合或损失氢或损失电子，所有这些反应都产生阳离子。动物从饲料中吸收碳结合吸入的氧气产生二氧化碳、能量（如 ATP）、水和热量。

催产素 Oxytocin：一种可以控制乳汁分泌的激素。

P

适口性 Palatability：动物在寻找和消耗饲料时引起的感觉因素：饲料的外观、气味、味道、质地、温度以及其他方面如听觉（如猪吃饲料的声音），这些因素由饲料的物理和化学特性决定的。

苍白、松软、渗出性猪肉 Pale，soft and exudative（PSE）pork：与猪应急综合征（PSS）有关。

泛酸 antothenic acid：一种 B 族维生素，由在脂肪和胆固醇合成中起重要作用的辅酶 A 组成。

寄生虫 Parasites：寄居于其他有机体的生物体。

股份制 Partnership：有两个或两个以上的人联合控制和管理生意。

千兆分之一 Parts per billion（ppb）：它等于微克/千克（μg/kg）或微升/升（μL/L）。

百万分之一 Parts per million（ppm）：它等于毫克/千克（mg/kg）或毫升/升（mL/L）。

分娩 Parturition：产仔行为。

被动免疫 Passive immunity：动物出生后进行的短暂免疫，包括吃初乳、接受免疫血清注射或口服疫苗。

病原 Pathogenic：产生疾病的原因。

磨光 Pearled：通过机器打磨的方法使谷物脱壳从而变成小且光洁的微粒。

家谱 Pedigree：一份写有记录动物系谱的书面文件。

圈栏交配 Pen-mating：繁殖母猪和青年母猪群中放入公猪进行交配，通常这个时间段的交配结果是不知道的。

口服 Per os：通过口服入。

性能测定 Performance testing：对动物生产性能的测定。

有害物 Pest：在一定条件下对人和环境有害的生物体。

杀虫剂 Pesticide：任何杀死害虫的物质。

pH：测量溶液中酸碱度的方法。数值从 0（大部分酸）到 14（大部分是碱），中性 pH 值等于 7。

阶段饲喂 Phase feeding：指改变动物日粮：（1）为适应动物的年龄和生产；（2）适应季节、温度、气候的变化；（3）来计算不同动物的体重和营养差别；（4）为了更加经济和实际，调整 1 种或多种营养成分的变化。

显型 Phenotype：动物能够表现出来的性状。

光合作用 Photosynthesis：绿色植物利用能量制造出有机物的过程。

生理学 Physiological：关于研究活的生命体及其部分功能作用的科学。

生理燃烧值 Physiological fuel values：以卡为单位，在美国通常测量食物中人类所需要的营养。类似于代谢能。

生理盐水 Physiological saline：一种盐溶液（0.9％ NaCl）与血液中的离子有相同的渗透压。

植酸磷 Phytin：一种被机体利用很少的磷。

野餐肉 Picnic：像火腿一样经常被分割和熏制的分割肉，但是包括更多的肌内脂肪和结缔组织。

猪 Pig：青年猪，一般体重少于 120 lb，日龄少于 4 月龄。

小猪 Piggy：哺乳猪或者是刚产下的猪。

仔猪 Piglet：小猪。

植物蛋白质 Plant proteins：这种物质包括普通的含油副产品——大豆粗粉、棉子粉、亚麻子粉、花生饼粉红花粉、葵子饼粉。

肺炎 Pneumonia：肺部发炎。

污染 Pollution：任何使周围环境受到污染或制造污染物的过程。

多神经炎 Polyneuritis：几个外周神经在同一时间的炎症，是由金属性的物质、其他有毒物质、传染性的疾病或维生素缺乏引起的。在人类中，酒精中毒也是主要病因。

不饱和脂肪酸 Polyunsaturated fatty acids：脂肪酸中含有 1 个或多个双键，它是人体所必需的脂肪酸。其中亚麻油酸包括 2 个双键。

猪、猪科 Porcine：指猪。

猪繁殖与呼吸综合征 Porcine productive and respiratory syndrome（PRRS）：在 1987 年，这种病第一次在北美洲报道，在那时被称作"神秘的疾病"，欧洲叫做"蓝耳病"，因为病猪皮肤发蓝。

猪应激综合征 Porcine stress syndrome（PSS）：应激综合征（PSS）是由于常染色体的单个隐性基因引起的。这种疾病仅仅发生在猪的隐性纯合子中，这意味着这种疾病是由父母的遗传获得的。这种疾病是猪在管理和环境变化时出现的不良应激反应甚至死亡。猪的应激综合征通常与低质量、苍白、松软、渗水性猪肉联系在一起。这种疾病的症状是肌肉极端神经过敏、容易受惊、尾巴颤动以及皮肤出现斑点。

猪肉 Pork：可食用的猪肉。

猪肉副产品 Pork by-products：除了胴体肉外所有的产品，包括器官、皮肤、蹄、分割的骨头以及类似产品。

猪肉胴体等级 Pork carcass grade：是一种按照主要的肌肉质量、背膘厚度、主要分割肉的产量为基础来划分猪肉等级的方法。

猪肉质量保证体系 Pork Quality Assurance Program：1989 年，NPPC 第一次宣布它的猪肉质量保证计划。目的是为了加强消费者对安全猪肉的信心，鼓励他们增加对猪肉的消费量。

肉猪 Porker：青年生猪。

胴体检查 Postmortem inspection：在屠宰时对胴体的检查。

出生后 Postnatal：出生以后。

产后 Postpartum：发生在仔猪出生之后，通常指母猪。

垂腹 Pot-bellied：指动物个体有不正常的腹部发育。

前体 Precursor：一种化合物可以被机体利用变成另一种化合物，例如胡萝卜素是维生素 A 的前体。

摄食，采食 Prehension：将饲料摄取到动物嘴中。

预混料 Premix：1 种或几种微量成分的均匀混合饲料，它是最初加入到混合饲料中的成分。

出生以前 Prenatal：在出生之前。

优先遗传 Prepotency：个体可以遗传给他的后代自己性状的能力。

处方药 Prescription drugs：必须在兽医的指导下才能使用的药物。

防腐剂 Preservatives：可以添加到饲料中的成分，它可以起到改善保存饲料中的营养价值和美味口感的作用。

胴体主要部位 Primal cuts：大腿及臀部、腰部。

探针 Probe：在猪身上安装的一种测量背膘的装置。

益生菌 Probiotics：这条术语的意思是"有利于生命"。它们在微生物的消化道内对抗生素有反作用。它们增加了期望的微生物数量而杀死或抑制不期望生物体的生长。

后裔 Produce：母畜的后裔，通常是指一个雌性动物的后代。

后裔测定 Progeny testing：通过测量一个动物的后代性能来评定该动物的优劣。

下垂 Prolapse：器官或部分组织伸出或突出。

所有权 Proprietorship (individual)：独自操纵和管理商业交易的权利。

前列腺素 Prostaglandins：一组与 20-碳羟基脂肪酸有关的化学物质，通过含量的变化在机体里发挥生理作用。

蛋白质 Protein：源自希腊语，意思是"首要的、重要的物质"。主要是由氨基酸按照一定的特性比例排列组成的复杂化合物。20 种氨基酸可以组成无数种蛋白质。蛋白质通常包括碳、氢、氧、氮 4 种主要元素以及硫、磷等元素。粗蛋白中氮元素含量的计算要乘以 6.25。蛋白质中的平均含氮量为 16％，蛋白质是动植物体所必需的活性成分。饲料中粗蛋白的含量超过 20％ 的饲料通常叫做蛋白质饲料。

蛋白质补充物 Protein supplements：该产品含有多于 20％ 的蛋白质或蛋白质的等价物。

疤 Proud flesh：在伤口周围，过多的肉组织生长而产生的。

维生素原 Provitamin：动物体本身可以产生的维生素类物质。例如，在植物中的胡萝卜素（维生素 A 前体）在动物体内可转化成维生素 A。

维生素 A 原：Provitamin A 胡萝卜素。

组分分析 Proximate analysis：评价饲料化学组成的方法，饲料通常包括 6 部分：(1)水分或干物质(DM)；(2)总（粗蛋白或净蛋白×6.25)蛋白；(3)醚提取物（EE）或脂肪；(4)灰分（矿物盐）；(5)粗纤维(CF)-不完全消化的碳水化合物；(6)非自由氮（NFE)-容易被消化的碳水化合物。

猪应激综合征 PSS：见猪应激综合征。

青春期 Puberty：这个年龄时期生殖器官发育完成——性成熟。

纯种 Purebred：动物经过纯繁，符合品种志的标准的动物。

纯化日粮、纯营养物日粮 Purified diet：在饲喂试验动物时按照已知营养元素的混合饲料。

化脓 Purulent：由脓液形成。

脓液 Pus：由白细胞、淋巴、细菌、死组织细胞及它们分解产生的液体组成。

Q

质量性状 Qualitative traits：这类性状通常由 1 个或少数几个基因控制，性状变异不连续，表型不易受环境影响的一类性状。

质量、品质 Quality：一种术语，通常用来指人们对动物产品或饲料产品接受和满意的程度。

蛋白质质量 Quality of protein：用来描述蛋白质中氨基酸平衡的术语。当蛋白质中含有动物所需的适当比例和数量的必须氨基酸时，被称为优质蛋白；当蛋白质中氨基酸含量不足或必须氨基酸不平衡时，被称为劣质蛋白。

数量性状 Quantitative traits：遗传上受微效多基因控制，性状变异连续，表型易受环境影响的一类性状，包括经济性状如产仔数、体长出生重、断奶重、饲料转化效率、胴体质量。

检疫 Quarantine：

● 当动物与疾病接触，该动物必须被强制隔离，隔离的时间应该与该疾病的最长潜伏期相同。

● 阻止传染病的扩散而做出的隔离动物的规定。

R

放射性的 Radioactive：原子能量以 α、β、γ 射线的形式发射。

脂肪酸败 Rancid：脂肪组织部分分解所释放的气味。

喉闹 Ranting：一头激动的公猪的行为特性——发泄、咬牙、神经过敏。

排泄率 Rate of passage：未消化的残渣由饲料变为粪便的时间（标记的未消化材料通常用来评价排泄比率）。

定量 Ration(s)：在一定时期——通常是 24 h,提供给动物的饲料数量。

比率 Ratios："体重比率"、"增重比率"和"体型得分比率"用来表示个体生产性能与同群动物均值的比率。计算结果如下：个体记录/群体均值,这个指数表示个体占群体的百分率。百分之百的比率是一个特殊的群体,因此有高于和低于群体的比率。

隐性性状 Recessive：描述 1 个基因当与优势基因成对出现时,表型性状并不表达,除非 2 个基因都是隐性的。

红肉 Red meat：生肉是红色的因为肌红蛋白的红色,肌肉的色素。红肉包括牛肉、小牛肉、猪肉、羊肉和羔羊肉。

登记 Registered：标记出纯种的动物,它们的血统在繁殖过程中登记。

反刍 Regurgitation：反刍动物将未消化的食物从胃逆转到嘴中再次咀嚼的过程。

替代 Replacement：挑选动物作为育种群来饲养。

隐睾 Ridgeling：一些雄性动物,他们的睾丸未能遗传到阴囊中——患隐睾病。

尸僵 Rigor mortis：动物死后迅速可以观察到机体肌肉是处于僵硬状态。

环 Ring：将圆环放入猪鼻里目的是阻止用鼻拱。

烤乳猪 Roasting pig (roaster)：丰满、乳猪,重量在 30～60 lb,从头部去内脏,不在胸部或者大腿间去除内脏。

粗饲料 Roughage：饲料由大体积粗糙的植物或植物枝杆组成,含有高纤维物质,低热量可消化的营养,作为饲料至少含有 18％的纤维。粗饲料可能被归类为天然绿色饲料。

僵猪 Runt：其比同窝仔猪个体小。

S

糖类 Saccharides：指糖,包括单糖、二糖、多糖。

唾液 Saliva：由口腔中腺体分泌的干净的黏液。它可能包括唾液淀粉酶和麦芽糖酶。

沙门氏菌 Salmonella：已知的致病菌,致使生物体产生痢疾,现在我们知道的有 100 多种。有时也存在于被污染的饲料中。

过饱 Satiety：充分满足期望,关于食欲的满足度。

饱和脂肪 Saturated fat：一个完全的氢化油脂——每一个碳原子与最大数目的氢原子结合,它没有双键。

痢疾 Scouring：家畜生产者面临的最主要问题是年幼动物的腹泻。它可能由饲喂、管理、环境或疾病引起。

筛分 Screened：饲料通过筛子被分为不同大小的颗粒。

继发性感染 Secondary infection：由一个已经由其他病原体引起的感染而引发的感染。

盐水火腿 Sectioned and formed ham：由后腿取下的片肉制成,然后通过加工成一个条状肉并放置在包装袋里进行蒸煮和熏制。

长期趋势 Secular trends：即坚持几个循环周期。

种猪供应者 Seedstock suppliers：出售专门化品系的公猪和母猪。这种培育配套系猪通常被叫做杂优猪，源于 2 个或多个品种杂交，然后应用于专门化选种方案。

早期隔离断奶 Segregated early weaning (SEW)：一个传染疾病的控制程序，主要目的是通过阻止疾病的传播而提高猪的生长和肥育。通常，包括把仔猪从母猪身边分开和与其他非同窝仔猪分离。断奶通常都在 1 周内完成。

选种 Selection：选择动物群体中的个体进行交配产生下一代。猪肉生产者实行人工选择，相反自然界中进行自然选择。

硒 Selenium：组成谷胱甘肽过氧(化)物酶的功能元素，谷胱甘肽过氧(化)物酶是一个三肽，它在机体内起生物抗氧化作用。这就解释了硒元素和维生素 E 缺乏导致了猪食欲下降和生长缓慢。

自动饲喂，自由采食 Self-fed：给动物提供一部分或全部的饲料配给量，因此允许动物自由采食。

自动给料器 Self-feeder：动物可以自由采食的饲料容器(见自由采食)。

精液 Semen：由公畜生殖器射出的含有精子的液体。

公母分群饲养 Separate-sex feeding：见 Split-sex feeding。

血清 Serum：在血液凝固以后，一部分残存血液中的无色液体。它不同于血浆，因为其中不含纤维蛋白。

配种、交配 Service：指公、母畜间的交配。

已受胎 Settled：指动物怀孕。

小猪 Shoat (shote)：在断奶后任意性别的小猪，与仔猪同意。

陈列柜 Show box (tack box)：装有展示设备和随身用品的容器。

收缩 Shrinkage：指当动物遭受不利条件时身体损失的体重，例如，在运输、恶劣天气、饲料不足。在老化的过程中，胴体重的损失。

同胞 Sib：兄弟姐妹。

同胞测定 Sib testing：一种依据兄弟姐妹性能表现选择动物的选择方法。

公畜 Sire：

● 雄性亲本。

● 父亲或公畜产生后代

屠宰猪联营 Slaughter hog pooling：小的生猪生产者为了满足市场的目的而联合起来。联营通常能够提高竞争力。

漏缝地板 Slotted floors：有缝隙的地板，可以使粪尿等排泄物通过而贮存于下面或附近的粪沟。

死皮肤 Sloughing：与表皮脱离开的大量死亡组织。

肥皂 Soap：利用脂肪中的甘油三醇连同碱性物质制造加工而成的物质。

软猪肉 Soft pork：没有经过改变而使机体饲喂的脂肪水平下降。因此，当肥育猪不限制饲喂高水平脂肪量饲料，在常温下脂肪通常以液体形式存在，松软猪肉产生了。当猪不限制饲喂全脂肪饲料如大豆、花生、坚果或食物残渣.时松软猪肉就产生了。

可溶性 Solubles：液体包括从加工动植物材料中获得的溶解物质，它可能含有一些微小的悬浮微粒。

溶液 Solution：由两种或多种物质以分子形式散布于其他物质中的均匀混合物。

母猪 Sow：已产仔或妊娠的母猪。

腌猪肉 Sowbelly 用盐腌制的猪肉，非熏制法制作的腌猪肉。

浓缩大豆蛋白 Soy protein concentrate：从脱脂大豆粉中去除可溶性的糖、灰分以及其他少量组分的蛋白质，其中蛋白质的含量为 65％～70％。

大豆分离蛋白 Soy protein isolate：高蛋白来源，去除不溶解的纤维素而成。

食物特别动力作用 Specific dynamic action（SDA）：由于食物消化作用刺激代谢活动，导致机体产热增加。

密度 Specific gravity：机体重量与在同体积水中机体重量的比值。密度＝机体在空气中的重量/（机体在空气中的重量－机体在水中的重量）。

比热容 Specific heat：
● 一种物质与水相吸收热量的能力。
● 使 1 g 物质温度升高 1℃所需要释放的热量。

无特定病源猪 Specific pathogen-free（SPF）pigs：猪出生时没有疾病。

投机 Speculating：人们在期货合同种进行风险投资，以提前推测交易商品价格的上涨或下跌。

公母分群饲养 Split-sex feeding：根据公猪、母猪、阉猪性别的不同，用不同的日粮饲喂不同的群体。

喷雾干燥血粉 Spray-dried blood meal：该产品包含血液中的血浆和红细胞碎片成分。

喷雾干燥猪的血浆 Spray-dried porcine plasma：该产品由白蛋白、球蛋白、血液中球蛋白碎片组成，它含有 68％的蛋白质和 6.1％ 的赖氨酸。

稳定剂 Stabilized：通过加入一些特殊成分使饲料更加具有抵抗化学变化的能力。

成年去势公畜 Stag：雄性家畜在性器官发育成熟后被阉割，样子看起来像雌性家畜。

STAGES：见猪性能测定和遗传评估系统。

静立发情 Standing heat：这个时期的母猪或青年母猪发情，当它们的背部被按压时，母猪将保持站立静止状态。

不育 Sterile：缺乏在生殖能力。

死胎 Stillborn：出生时就死亡。

稿秆 Straw：在种子脱粒后剩余的植物残体，它包括谷壳。

应激 Stress：任何身体的或情绪的因素，都可以使动物不能达到满意状态而做出相应调节。兴奋、急躁、疲劳、运输、疾病、热或冷、神经紧张、动物聚集数量、营养水平、品种、年龄、或者管理方法都可以导致应激的产生。应激反应越厉害，对营养的需要越严格。

皮下 Subcutaneous：位于皮肤之下。

哺乳 Suckle：用乳房喂奶。

糖 Sugar：由一个甜的、可结晶的物质组成的必需蔗糖和自然界中可以稳定利用的甘蔗糖、甜菜糖、枫木糖、高粱糖棕榈糖。

补充料 Supplement：用来提高基础饲料中营养价值的添加剂或饲料混合物（如蛋白质补充料-豆粕），补充料通常富含蛋白质、矿物质、维生素、抗生素或几种物质的混合物，通过添加补充物使基础饲料变为全价饲料。

化脓 Suppuration：形成脓汁。

可疑动物 Suspect animal：在屠宰之前，通过检查被证明对人体的消费有害的动物。这些动物的胴体将进行额外的检查。

可持续农业 Sustainable agriculture：农业生产和分配产品中减少使用杀虫剂、除草剂、化学肥料以及减少对自然资源的破坏，从而提高环境质量和经济效益。

猪 Swine：不同年龄结构的猪统称。

猪性能测定和遗传评估系统 Swine Testing and Genetic Evaluation System（STAGES）：按照由猪生产者提供的性能测定数据进行品种登记的系统。

匀称 Symmetry：所有部分的平衡发展。

并蹄畸形 Syndactylism：2 个或多个脚趾联合在一起，这在许多鸟类和一些哺乳动物中是正常现象。

合成 Synthesis：由 2 个或多个物质构成的新材料。

人工合成材料 Synthetics：与天然产品相似的人造产品。

T

咬尾 Tail biting：猪咬其他猪尾巴的异常行为。

肉粉、肉骨粉 Tankage：用屠宰后动物胴体的副产品作为蛋白质的补充物。

刺标、刺号 Tattoo：刺在动物皮肤上的永久花纹和标记并涂上墨汁类染料，一般在耳部作标记。

可消化的养分总量 TDN：见可消化的养分总量。

钼中毒 Teart：动物由于饲喂了含钼高的土地上生长的饲料作物而引起的慢性钼中毒。

终端市场 Terminal market：家畜贸易中心，一般包括销售活畜的几个委托公司和独立家畜市场公司。它们也指终端产品、中心市场、公共家畜市场和公共销售市场。

手足抽搐 Tetany：动物局部肌肉痉挛现象。

拴系 Tether：用一根绳子或链子系住动物允许采食和防止离群。

热量 Thermal：关于热。

产热作用 Thermogenesis：机体中化学产热作用。

热平衡 Thermoneutral：动物和它的环境之间的热平衡状态。热平衡区域意指舒适区域。

健壮的 Thrifty：外表健康而且精力旺盛。

猪肺病 Thumps（thumping）：急促呼吸；猪急速的、持续的呼吸困难。

生育酚 Tocopherol：任何 4 种不同的酒精形式，也被称为维生素 E。

滋补剂 Tonic：一种药物、药品或饲料来刺激食欲。

可消化的养分总量 Total digestible nutrients（TDN）：饲料中的能量价值，通常使用下面公式计算：

$$TDN = \frac{DCP + DCF + DNFE + DEE \times 2.25}{\text{饲料消耗量}} \times 100\%$$

式中：DCP＝可消化粗蛋白，DCF＝可消化粗纤维，$DNFE$＝可消化氮倾出物，DEE＝可消化粗脂肪。1 lb TDN＝2 000 kcal 消化能。

有毒的 Toxic：有毒成分。

类毒素 Toxoid：由毒素产生可以杀死疫苗的物质。

微量元素 Trace element：在机体组织器官中微量使用帮助调节必需的生理作用，这些必需的微量元素是钴、铜、碘、锰、铁、硒、锌。

微量矿物质 Trace mineral：动物所需要的微量矿物成分（以 mg/lb 或百万分之一计算）。

追溯体系 Traceback：一个动物的识别系统，为了确定污染源尽可能追溯动物的起源。

块茎 Tuber：一个短的、粗的、丰满的根茎，通常位于地下，能够小范围的发芽并在合适的条件下发育为新的植物。它有一个休眠期，例如土豆和耶路撒冷朝鲜蓟。

可转身的舒适畜栏 Turn-around，comfort stalls：见自由畜栏。

獠牙 Tusk：一个长而大的齿。

法定 28 h 强制出货 Twenty-eight hour law in rail shipments：法律规定，禁止家畜交易时间超过 28 h，不允许在连续 28 h 内在准备交易前 5 h 内让动物不卸载、不饲喂、不饮水、不休息。按照业主的要求，这个时间可延长至 36 h。

类型 Type：

● 动物体型。

● 所有的身体特性决定了动物为特定目的的价值。

U

乳房 Udder：包围乳腺的组织，每 1 个腺体可提供 1 个乳头。

超声波仪 Ultrasonics：使用"脉冲反射"技术的电子设备，利用反射的声波可以测量背膘厚和眼肌面积。

饲喂不足 Underfeeding：通常指不提供充足能量，生产水平与饲喂不足的程度和时间有关。

不确定因子 Unidentified factors：在实验室没有被分离或合成的不确定或未知因素。生长因子存在于干燥的乳清中、海产品或罐头加工产品、蒸馏可溶物、抗生素发酵残留物、紫花苜蓿饲料和一定的绿色饲草中。大部分未定因子在日粮中的添加量水平为 1%～3%。

不饱和脂肪 Unsaturated fat：脂肪含有 1 个或多个双键，没有完全氢化。

不饱和脂肪酸 Unsaturated fatty acid：包含 1 个或多个不饱和双键的脂肪酸，例如亚麻油酸、亚麻酸和花生四烯酸。

不健康、羸弱 Unthriftiness：该动物缺少精力、生长发育缓慢、生存状态不好。

上限临界温度 Upper critical temperature（UCT）：动物开始降低采食并采取额外措施来降低体温的环境温度。

美国药典（USP）单位 U. S：pharmacopoeia（USP）unit：一个度量单位或生物学计量值，通常与国际单位一致（也可以视为国际单位）。

V

接种疫苗 Vaccination（shot）：注射疫苗、菌苗、抗血清或抗毒素来产生免疫性或用来抵抗疾病。

疫苗 Vaccine：一种削弱或杀死微生物（细菌、病毒或病原体）的悬浮液，它可以预防、改善或治疗传染病。

真空包装鲜猪肉 Vacuum-packed fresh pork：通常将大块去骨猪肉用一个排除氧气的真空包装保存，保质期为 21 d。在包装袋里猪肉的颜色呈暗紫色，但当打开包装袋后肉的颜色又变为粉红色。

下水 Variety meats：肝脏、大脑、心脏、肾脏——许多必需营养素的最佳来源。

带菌者 Vectors：携带病原的活体组织。

杀虫剂 Vermifuge（vermicide）：任何可以杀死动物体内寄生虫的化学物质。

垂直统一管理 Vertical integration：在猪肉生产体系中通过联合体（完全个人所有、联合体或合同）个体或公司，在 2 个或更多阶段控制生产，例如一个猪肉加工厂控制从猪的出生到屠宰。

兽医饲养指导 Veterinary feed directive（VFD）：一份书面指导材料，强调在兽医的指导下使用动物性饲料包括用 VFD 药去治疗动物，使药物和食物的管理条例一样要求。

越南大肚子猪 Vietnamese pot-bellied pigs：本土的亚洲猪，通常比传统的美国本地猪体型小 1/5。它们有大肚子、背部摇摆、尾巴笔直，当它们高兴时它们的尾巴就会摇摆。

病毒 Virus：具有传染性的生物体，它们不能独立进行新陈代谢仅能在活宿主细胞中繁殖。

内脏 Viscera：身体的内脏，特别指在胸腔和腹腔内的器官。

维生素生产标签 Vitamin product labels：当一个产品本身标有维生素补充物时，维生素 A 和维生素 D 的数量保证（单位/lb）以 USP 单位表示，维生素 E 用 IU 表示，其他维生素用 mg/lb 表示。

维生素添加剂 Vitamin supplements：在合成或天然饲料中含量丰富的 1 种或几种有机化合物叫做维生素，它所需要的量少但对于动物的正常生长、发育、繁殖以及健康都有重要的作用。

维生素 Vitamins：复杂的有机化合物，是酶系统中调节能量转化、机体新陈代谢的基本的功能组分，它所需要的量少，但对于动物的正常生长、发育、繁殖以及健康都有重要的作用，除了反刍动物（牛和羊）的 B 族维生素和维生素 C，所有的维生素都可以从日粮中获得。

排泄 Void：排泄粪或尿。

呕吐 Vomiting：强制把胃里的物质吐出来。

W

脂肪过多的、腹部过大的 Wasty：

- 一个胴体带有太多的脂肪需要额外的处理。
- 大肚活畜。

糯玉米 Waxy corn：因含有特殊种类的淀粉被用在工业中的玉米。

断奶仔猪 Weaner：猪达到断奶年龄被断奶。

断奶 Weaning：让幼龄动物停止吃奶。

小麦面筋蛋白 Wheat gluten：在小麦淀粉被萃取之后，用喷雾干燥的方法提取的蛋白质成分。

白肉 White meat：

- 肉鸡或火鸡胸部的肉。
- 大部分煮熟的猪肉——"另一种白肉"。

威特夏腌猪肉 Wiltshire side：剥去猪皮，去掉头、胫、肩胛骨和臀骨。除去大腿和肩部所有部分都作为腌肉来卖。

停药期 Withdrawal period：在屠宰动物前的一段时间，停止饲喂饲料添加剂，以确保胴体中不发生药物残留现象。

工人补偿 Workers' compensation：规定了雇工因工受伤而给予的在医药费或收入损失方面的补偿。

Z

分区制 Zoning：动物的饲养、交易类型、住所类型的规定。

索　引